吕春绪　钱华　李斌栋　等著

药物中间体化学

YAOWU ZHONGJIANTI HUAXUE

第二版

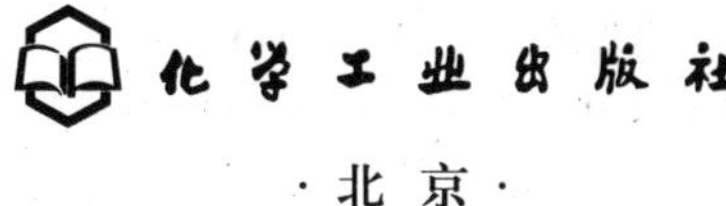

·北京·

本书在第一版的基础上，以中间体为主线，在加强理论知识的同时，详细介绍了包括药物中间体合成设计、环合反应、硝化反应、磺化反应、酰化反应、加成反应、氧化反应、还原反应、缩合反应、氨解反应、烷基化反应、卤化反应、手性药物中间体合成以及药物中间体的分离与结构鉴定等内容，并重点介绍了化合物的新型合成方法与检测手段。具有较强的理论性、系统性、新颖性、实用性和先进性。

本书可作为高等院校有关专业的教材，也可供从事医药、农药、兽药及其中间体研究、设计、生产以及使用的有关科研、设计人员及工程技术人员参考。

图书在版编目（CIP）数据

药物中间体化学/吕春绪，钱华，李斌栋等著．—2版．—北京：化学工业出版社，2014.1

ISBN 978-7-122-19025-3

Ⅰ.①药…　Ⅱ.①吕…②钱…③李…　Ⅲ.①药物-中间体-化学合成　Ⅳ.①TQ406.31

中国版本图书馆CIP数据核字（2013）第275380号

责任编辑：刘　军　　　文字编辑：刘志茹

责任校对：宋　玮　　　装帧设计：韩　飞

出版发行：化学工业出版社（北京市东城区青年湖南街13号　邮政编码100011）

印　　刷：北京永鑫印刷有限责任公司

装　　订：三河市万龙印装有限公司

787mm×1092mm　1/16　印张36½　字数953千字　2014年3月北京第2版第1次印刷

购书咨询：010-64518888（传真：010-64519686）　售后服务：010-64518899

网　　址：http://www.cip.com.cn

凡购买本书，如有缺损质量问题，本社销售中心负责调换。

定　　价：98.00元

本书著者名单

吕春绪　钱　华　李斌栋

胡炳成　叶志文　罗　军

前　言

本书自第一版（2008 年）出版以来，一直被全国药物中间体教育、科研单位和生产企业作为重要的教学和科研用书，得到许多读者的鼓励。近几年来，药物中间体的种类不断扩大，新的制备方法与工艺也获得了很大的发展。因此，感到很有修订再版的必要。

本版编写的精神与前版一致，仍以中间体为主线，在保证理论性、系统性、新颖性的基础上，重视实用性和先进性。本版加强了理论知识的阐述，并重点对第一版中重复部分进行了删除和重新编排整理，使内容更为精炼。另外，对化合物的新型合成方法及检测手段进行了更新。需要指出的是，为更联系实际应用，本书在各单元反应中，有针对性地添加了翔实的反应实例，注重它的工艺、方法、技术、控制、分析及检测等，从而使本书具有较强的实用性。

本书的修订基本按照“谁撰写谁修订的原则”，第 1、4 章由吕春绪负责编写修订，第 2、3、7 章由胡炳成负责编写修订，第 5、11、12 章由叶志文负责编写修订，第 6、13、14 章由罗军负责编写修订，第 8、9 章由李斌栋负责编写修订，第 10、15、16 章由钱华负责编写修订。

由于本书涉及面较宽，限于编者水平，书中疏漏之处在所难免，敬请广大读者批评指正。

著　者
2013 年 7 月

第一版前言

本书是医药、农药以及兽药（简称“三药”）领域的一本科技专著。到目前为止，国内外尚无一本药物中间体化学方面的专著。

药物中间体是国家“三药”重大科技工程的重要组成部分。药物中间体是“三药”发展的支撑及基础。以医药为例：每年世界首次上市的新原料药几十个，其中95%为化学合成药物，是经过上千个医药中间体的研究、开发、合成而最后成为新药的。

《药物中间体化学》欲以两大部分为重点，一部分是药物中间体合成反应，另一部分为典型药物中间体合成。以单元反应为主线，特别是硝化反应、控制氧化反应、缩合反应、加氢还原反应、氟代反应等等，通过这些反应制得的化合物多数是重要的药物中间体。

杂环化合物、含氟化合物、手性化合物以及生物工程化合物等都是国内外重点攻关的“三药”中间体，有的已经研究成功，有的经过1～2年定会开发成功或中试孵化或转化成生产力。

我们是南京理工大学化学工程与技术一级学科、应用化学国家级重点学科的重要支撑力量。江苏省药物中间体工程技术研究中心设在我们学科。我们很多教授一直从事硝化、缩合、环化、氧化等合成反应工作。我们又建有制药工程本科专业。这些都为我们欲出一本《药物中间体化学》奠定坚实的基础。

通过江苏省药物中间体工程技术中心的网址，很多药厂及中间体研发、制造企业与我们有很密切的关系及频繁的来往。他们非常希望我们工程中心能在药物中间体合成的理论及工艺上出一本书，能从不同层次、不同侧面解决他们面临的某些问题。这也是我们撰写这么一本书客观上的重要原因。该书将有很好的市场需求。

与以往制药工艺学等书相比，它是以中间体为主线，强调它的化学部分，有较强的理论性。我们在反应路线设计、硝化反应、氧化反应、环合反应、氟化反应、手性合成这几个方面进行了较深的科学研究，并取得多项国家级及省部级奖励，并对某些反应（硝化反应）已撰写出科技专著。这使我们撰写的《药物中间体化学》特色非常明显。

我们撰写的《药物中间体化学》很多章节是我们科研项目总结（卤化反应中的微波氟化、氧化反应中控制氧化、还原反应中载体加氢还原等）基本是当前科研的重大基础项目、科研攻关项目、自然科学基金等。这些科研任务的完成，就体现在这些新药物中间体制备、最佳工艺路线选择、最佳工艺条件确定等等都是我们的科研实践及科研成果，再加上我们多年来很多硕士生及博士生学位论文的完成，无疑使本书具有新颖性及先进性。

我们撰写的这本书尽管是药物中间体化学，但我们非常注重它的工艺、方法、技术、控制、分析及检测等，从而使本书具有较强的实用性。

本书可作为学校制药专业的教材或参考书，也可作为应用化学学科硕士生及博士生的教材或参考书，也可供从事“三药”研究、设计、生产以及使用的有关科研、设计人员及工程技术人员参考。

本书每章后列出了详细的参考文献，对于需要深入了解该领域的读者，将会有所裨益。

本书由吕春绪教授、胡炳成副教授、叶志文副教授、罗军副教授、李斌栋博士、钱华博士撰著。其中第1、4、10、15章由吕春绪撰写，第2、3、7章由胡炳成撰写，第5、11、

12 章由叶志文撰写，第 6，13，14 由罗军撰写，第 8、9 章由李斌栋撰写，第 16 章由钱华撰写。

我们在药物中间体合成科学研究及撰写此书过程中得到中国精细化工专业委员会主任王大全教授、《精细化工》编委会主任许国希教授、西安近代化学研究所朱春华教授、北京理工大学欧育湘教授、南京理工大学迟书义教授、张熙和教授、李伟民教授等的热情指导与真诚帮助，在此深表谢意。

蔡春教授、彭新华教授、吕早生教授、程广斌教授、曹阳博士、刘丽荣博士、金铁柱硕士、戴晖硕士、邓爱民硕士、沈祖康硕士以及李霞硕士等为本书作了大量资料及科学实验研究工作，在此一并表示感谢。

由于本书涉及面较宽，领域较深，限于本人的学识水平，书中疏漏之处在所难免，敬请读者批评指正。

著　者
2008 年 1 月于南京

缩略语

Ac：乙酰基
acac：乙酰丙酮，2,4-戊二酮
AIBN：偶氮二异丁腈
Aliquat336：甲基三正辛基氯化铵
aq：含水的，水溶液
Ar：芳基
9-BBN：9-硼杂双环［3.3.1］壬烷
Boc：叔丁氧羰基
Bmim：丁基甲基咪唑盐
Bn：苄基
BPO：过氧化苯甲酰
Bt：苯并三氮唑-1-基
BTMA：苄基三甲基二氯碘化铵
Bu：丁基
Bz：苯甲酰基
Cat：催化剂
Cbz：苄氧羰基
CCL：圆柱状假丝酵母脂肪酶
CEH：胞质环氧化物水解酶
CHMO：环己酮单加氧酶
Cod：环辛二烯
Cp：环戊二烯
DADN：1,5-二乙酰基-3,7-二硝基-1,3,5,7-四氮杂环辛烷
DAST：*N*,*N*-二乙基氨基三氟化硫
DBA：二亚苄基丙酮，1,5-二苯基-3-戊酮
DBU：1,8-二氮杂双环［5.4.0］十一-7-烯
DCC：二环己基碳二亚胺
DCE：1,2-二氯乙烷
de：非对映体过量值
DEAD：偶氮二羧酸二乙酯
DEG：二甘醇
Deoxofluor®：*N*,*N*-二甲氧基乙基氨基三氟化硫
DIAD：偶氮二羧酸二异丙酯
Diox.：1,4-二氧六环
DMAc：*N*,*N*-二甲基乙酰胺
DMAP：4-*N*,*N*-二甲氨基吡啶
DMF：*N*,*N*-二甲基甲酰胺
DMI：1,3-二甲基-2-咪唑啉酮
DMOP：2,2-二甲氧基丙烷
DMSO：二甲基亚砜
DNT：2,4-二硝基甲苯
DPE：二苦基乙烷，六硝基联苄
DPT：二硝基五亚甲基四胺
dr：非对映体比例
DTBP：过氧化二叔丁基
EDA：乙二胺
ee：对映体过量值
Emim：乙基甲基咪唑盐
enz-FAD：核黄素为辅基的单加氧酶
Et：乙基
FBS：氟两相
FGA：逆向官能团添加
FGI：逆向官能团互换
FGR：逆向官能团除去
Fmoc：9-芴基甲氧羰基
Hal：卤素
HCA：六氯代丙酮
HMPA：六甲基磷酰三胺
HMX：奥克托今，1,3,5,7-四硝基-1,3,5,7-四氮杂环辛烷
HNS：六硝基芪
IL：离子液体
K_{222}：六氧二氮双环二十六烷
LAH：氢化铝锂，$LiAlH_4$
LDA：二异丙基氨基锂
LiHMDS：六甲基二硅基氨基锂，双（三甲基硅基）氨基锂
Liq：液体

MA：硝酸和硫酸的混酸
*m*CPBA：间氯过氧化苯甲酸
Me：甲基
MEH：微粒体环氧化物水解酶
MIP：分子印迹聚合物
MIT：分子印迹技术
MNT：一硝基甲苯
Mont：蒙脱土
MOST：*N*-三氟硫基吗啉
Ms：甲磺酰基
MS：分子筛
MTAC：甲基三正己基氯化铵
MW：微波
MWI：微波辐射
NA：硝酸
NADH：烟酰胺腺嘌呤二核苷酸
NADPH：烟酰胺腺嘌呤二核苷酸磷酸
NBS：*N*-溴代琥珀酰胺
NCPB：*N*-十六烷基吡啶溴化物
NCS：*N*-氯代琥珀酰胺
NHPI：*N*-羟基邻苯二甲酰亚胺
NIS：*N*-碘代琥珀酰胺
NMP：*N*-甲基吡咯烷酮
NXS：*N*-卤代琥珀酰胺
Omim：辛基甲基咪唑盐
Oxone：过硫酸氢钾溶液
PDC：邻苯二甲酰氯
PDMDAAC：聚二烯丙基二甲基氯化铵
PE：石油醚
PEG：聚乙二醇
Pf：全氟辛基磺酰基
PFL：假单胞菌荧光酶
PhH：苯
Phth：邻苯二甲酰基
Pi：苦基，2,4,6-三硝基苯基
PLE：猪肝酯酶
PINO：邻苯二甲酰亚胺-*N*-氧化物
PMP：对甲氧基苯基
PPA：多聚磷酸
PPL：猪胰酶
Pr：丙基
PSL：假单胞菌脂肪酶
PTC：相转移催化剂
PTS：对甲基苯磺酸
Pv：新戊酰基
Py：吡啶
R：烷基
RDX：黑索今，1,3,5-三硝基-1,3,5-三氮杂环己烷
RE：稀土金属
Res：树脂
rt：室温
SA：硫酸
TBAB：四丁基溴化铵
TBAC：四丁基氯化铵
TBAF：四丁基氟化铵
TBAHS：四丁基硫酸氢铵
TBAI：四丁基碘化铵
TBDPS：叔丁基二苯基硅基
TBHP：过氧化叔丁醇，叔丁基过氧化氢
TBS：叔丁基二甲基硅基
TCC：氯铬酸三甲胺盐
TEA：三乙胺
TEBAB：三乙基苄基溴化铵
TEBAC：三乙基苄基氯化铵
TEMPO：2,2,6,6-四甲基哌啶-*N*-氧化物
TES：三乙基硅基
Tf：三氟甲磺酰基
TFA：三氟乙酸
TFAA：三氟乙酸酐
TFDA：氟磺酰基二氟乙酸三甲基硅醇酯
THF：四氢呋喃
TM：目标分子
TMAF：四甲基氟化铵
TMEDA：*N*,*N*,*N*′,*N*′-四甲基乙二胺
TMBAC：三甲基苄基氯化铵
TMS：三甲基硅基
TMSCl：三甲基氯硅烷
TMSI：三甲基碘硅烷
TNT：2,4,6-三硝基甲苯
Tr：三苯甲基
Ts：对甲苯磺酰基
UV：紫外线

目　录

1 绪论

1.1 药物中间体的概念及内涵

药物是指医药、农药、兽药等。药物中间体就是医药、农药、兽药合成及制造过程中成药前的所有化合物的总称[1,2]。

例如，对乙酰氨基苯酚在临床中大量使用，俗称心扑热息痛（Paracetamol）。它可以很简单地通过一个对氨基苯酚中间体制得：

ONa　　Fe，HCl / H_2O　　OH　　AcOH / 130～135℃　　OH

NO_2　　　　NH_2　　　　NHAc

又如诺氟沙星（Norfloxacin，**1-7**），化学名为 1-乙基-6-氟-4-氧代-1,4-二氢-7-（1-哌嗪基）-3-喹啉羧酸，又名氟哌酸。本品抗菌谱广，抗菌活性强，具有很强的杀菌作用。与抗生素及同系物之间无明显的交叉耐药性。用于治疗泌尿道、肠道、生殖器官、胆道、皮肤、软组织以及上呼吸道等感染，还可用于淋病、伤寒、恶性疟疾以及耳鼻喉感染。本品合成路线相对比较复杂，以 4-氟-3-氯苯胺为原料，与乙氧基甲烯丙二酸二乙酯缩合，再加热 250℃环合得 6-氟-7-氯-4-氧代-3-喹啉羧酸乙酯（**1-2**），在 DMF、碳酸钾存在下与溴乙烷于 75℃乙基化反应得 1-乙基-6-氟-7-氯-4-氧代-3-喹啉羧酸乙酯（**1-3**），在醋酐中与硼酸反应得稳定的六元环状硼酸螯合物 **1-4**，再在 DMSO 中与哌嗪反应，碱性水解，醋酸中和即得本品。总得率 72%。

F　Cl　NH_2　$C_2H_5O—CH═C(COOC_2H_5)_2$ / 120～130℃　F　Cl　N H　C(COOEt)$_2$　**1-1**　Ph_2O / 250℃，环合　F　Cl　O　COOEt　N H　**1-2**

C_2H_5Br,DMF / K_2CO_3,75℃　F　Cl　O　COOEt　N　Et　**1-3**　$B(OH)_3$, Ac_2O / 70℃　AcO　B　OAc　O　O　F　Cl　O　N　Et　**1-4**　HN　NH / DMSO

AcO　B　OAc　O　O　F　HN　N　O　N　Et　**1-5**　NaOH / H_2O　F　O　COONa　HN　N　N　Et　**1-6**　AcOH　F　O　COOH　HN　N　N　Et　诺氟沙星，**1-7**

从 4-氟-3-氯苯胺算起到制得氟哌酸成品，就有 6 个中间体。要从苯胺制得 4-氟-3-氯苯胺算起，则存在更多的中间体。

从这个例子可以看出，药物中间体是医药、农药及兽药发展的基础和关键。医药、农药、兽药的发展离不开中间体，中间体的发展会促进及强化医药、农药及兽药的发展。显见，中间体的研究在国民经济中具有重要的地位及作用。

1.2 药物中间体是精细化工的重要组成部分

精细化工是指化学工业中生产精细化学品行业的简称，是指能增进或赋予一种（类）产品以特定功能或本身拥有特定功能的小批量、高性能的化学品，它具有技术密集度高、附加值大、收益显著、批量小、品种多等特征。

它覆盖了医药、农药、涂料、油墨、颜料、染料、化学试剂及各种助剂、专项化学品、信息化学品、放射化学品、食品和饲料添加剂、日用化学品等 12 个行业。

精细化工具有多品种、多功能、商品性强和高技术密集度的技术特性。特别是高技术密集度，它是由几个基本因素形成的。首先，在实际应用中，精细化学品是以商品的综合功能出现的，这就需要在化学合成中筛选不同的化学结构，在剂型（制剂）生产中充分发挥精细化学品自身功能与其他配合物质的协同合作。从制剂到商品化又有一个复杂过程。以染料、颜料为例，从已经简化的示意图（见图 1-1）可以看到，这些内在的和外在的因素既相互联系又相互制约。这就形成精细化学品高技术密集度的一个重要因素。

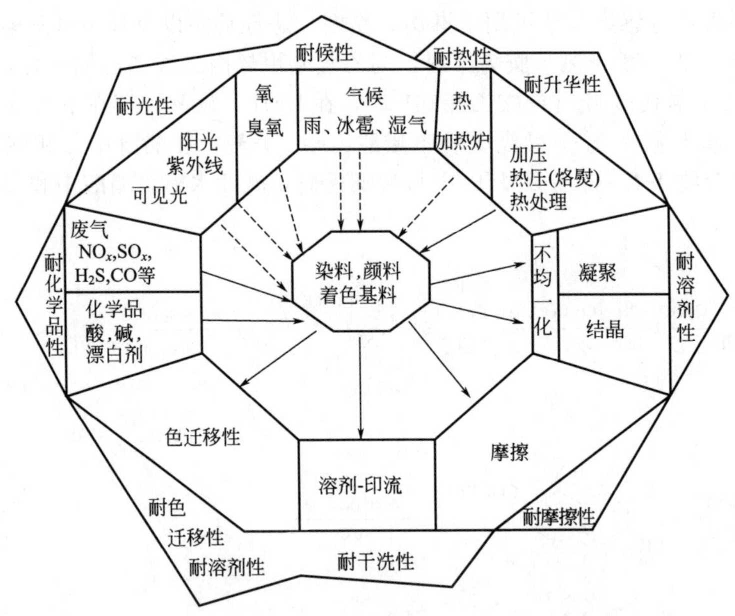

图 1-1 染料、颜料的应用性能与外界条件的关联

精细化工具有投资效率高、利润率高和附加价值高等经济特性。投资效率是指附加价值除上固定资产的百分数。就总体说，化学工业属于资本型工业，资本密集度高。如精细化工投资少、投资效率高，资本密集度仅为化学工业平均指数的 0.3～0.5，为化肥工业的0.2～0.3。

以日本为例，日本化学工业的平均投资效率为 87.6%，化肥工业为 62%；而化学纤维则为94.3%，感光材料为170.9%，医药为241.4%。日本经济计划厅1975年发表的经济白皮书，曾对国民经济中有关工业经济的（资本密集度）和技术的（技术密集度）相联关系作了综合图解（见图1-2），从中也可看出精细化工、化学工业和其他工业间资本与技术密集度的相互关系。

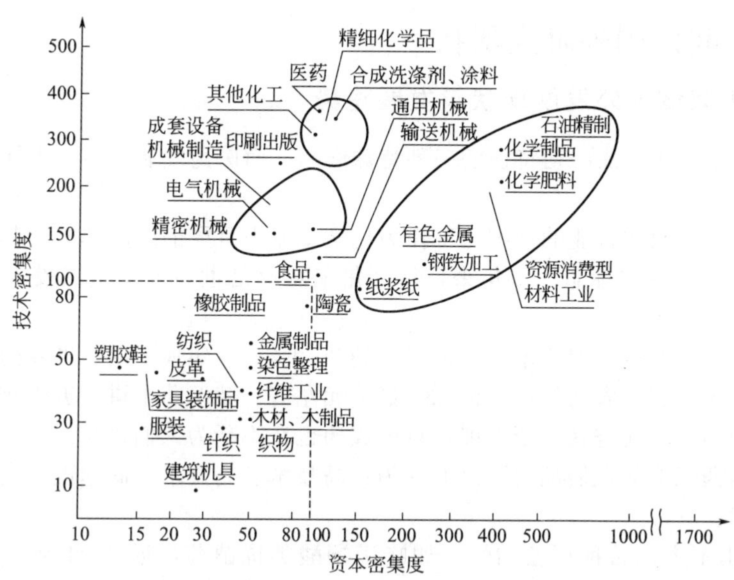

图1-2 资本密集度与技术密集度关联

精细化工已成为当今世界各国发展化学工业的战略重点，而精细化率也在相当大程度上反映着一个国家的发达水平及综合技术水平，以及化学工业集约化的程度。据统计，美国20世纪70年代精细化率为40%，80年代增至45%，目前已超过53%。原联邦德国，现已达到56%。日本最高为57%。2000年发达国家精细化率增至60%～65%。

美国尽管有丰富的天然气和石油资源，且受能源危机的冲击不大，但在70年代就开始重视精细化工技术的开发，许多化工公司纷纷调整化工产品结构，加快精细化的步伐。例如DuPont公司为了发展精细化工，关闭了在国外的纤维企业，购买了Conoco Chemicals公司，并决定重点发展精细化工。Dow Chemicals公司也决定把发展重点转向精细化工，并准备在较短时间内将精细化工的比重提高到50%以上。美国精细化工的年平均增长率达到12%，大大超过化学工业的平均增长速度，其精细化率达到50%以上。日本1987年某些精细化工产品的年平均增长率为：感光材料，12%；医药，9.1%；有机化工产品，5.8%；石油芳香烃与煤焦油产品，6.4%；塑料，6.4%。

近年来，我国在发展精细化工方面取得了较好的进展，其精细化率已由1990年的25%提高至1995年的32%。“九五”及“十五”期间，精细化工一直是中国化学工业发展的战略重点之一。其主要战略是通过明确发展方向、瞄准主要市场、加强研究开发、提高竞争能力、扩大对外开放，把我国精细化工率提高至40%～45%。由于起步晚，与发达工业国家相比，仍有较大差距。究其根源，除工业基础及结构跟不上发展之外，精细化工领域的科学研究成果的工程化转化力量薄弱是其重要原因之一。

江苏省是个化工大省，特别是精细化工有长足的发展，又高瞻远瞩地率先在全国提出医药、农药、兽药（三药）工程。

医药、农药、兽药及其中间体是一种特殊商品，是典型的精细化工产品。它具备精细化工品的一切特征，它具有很高的技术密集度及资本密集度，对精细化工率的提升有极特殊的贡献，这也就是世界各国集巨额资金，聘高智商人才，高强度而深入地投向医药、农药、兽药及其中间体研发、孵化、转化直至形成产品、商品的重要原因。它已经成为世界各国重点投入且激烈竞争的焦点。

1.3 药物中间体国外研究现状

1.3.1 医药中间体国外发展现状与发展趋势

医药是具备精细化工品一切特征的一种特殊商品。而医药发展离不开中间体，中间体是医药发展的基础。

包含有机药物中间体行业的精细化工作为化学工业中重要的组成部分，其发展水平是一个国家化工现代化水平的标志。多年来，精细化工行业是世界各国重点投入、激烈竞争的焦点[9~15]。

全世界制药工业取得了前所未有的进展，到20世纪90年代末期，世界药品市场规模已达2560亿美元/年左右，农药年销售额230亿美元左右。就医药来讲，近十年来虽然生物技术和基因药物作为一枝新秀在不断发展，重要成药也在不断为人们接受。

今后世界制药工业的发展动向可以概括为：高技术、高要求、高速度、高集中。其中主要特征是高技术。

① 新药层出不穷，品种更新加快。如喹诺酮酸类抗菌药，近30年来，已化学合成了20000多个化合物并进行抗菌筛选。1978年以来出现氟喹诺酮酸类，成为第三代喹诺酮类抗菌药，如环丙沙星（环丙氟哌酸，Ciprofloxacin）、洛美沙星（洛美氟哌酸，Lomefloxacin，Ny-198）和氧氟沙星（氟嗪酸，Ofloxacin）等。它们的抗菌谱广，活性更强，疗效可与第三代或第四代头孢菌素相媲美。

② 新药创制的难度愈来愈大，管理部门对药品的疗效和安全性的要求愈来愈高，使研究开发的投资剧增。在经济发达的国家，研究开发费用占营业额的百分比（$C/A\approx6.3\%$，$C/B\approx17.7\%$）超过了营业额利润率（$D/A\approx5.2\%$）。以上式中，A指总营业额，B指医药品营业额，C指研究开发费，D指总利润额。

③ 制药工业作为一个高技术行业，需要高知识含量。各国制药工业企业都在不断加强其研究队伍的实力。如美国制药企业中科研人员占从业人员达15%，其中获得博士、硕士学位的占科研人员的26.7%。

④ 巨型企业增多。发达国家的制药企业通过兼并，壮大其经济实力和开发研究能力，以占领市场，力求进入最佳规模。1990年的10个月内日本制药公司的兼并事件就发生36起，而近10年间总共只有10起。

目前，全世界大约有20个国家，约100家制药企业具有较大规模的药品生产。占领先地位的制药大国是美国、日本和德国，它们的产值占世界药品产值的59%；其次是法国、意大利、英国、西班牙、比利时、荷兰等国。1991年世界主要药品市场的规模依次是美国（占总销售额的30.27%）、日本（15.90%）、德国（7.21%）、法国（6.62%）、意大利（6.29%）、英国（3.21%）、西班牙（2.70%）、比利时（0.93%）、荷兰（0.79%）等。

其中，美国著名的大医药公司有：辉瑞、莫克、阿斯利康、安万特、强生、诺华、礼莱等；日本著名的大医药公司有：中外制药、第一制药、卫材制药（Eisai）、昭和制药、三萘制药、三共制药、武田制药、住友制药、大行制药、大冢制药、山纳制药等。表1-1和图1-3分别显示了近年来国外医药中间体生产技术的发展情况以及国外各医药中间体生产技术所占比例。

表 1-1 国外医药中间体生产技术发展情况

创新的制造技术	公司
组合化学	Albany Molecular Res. ,3-D Pharm CombiChem,Deltagen,Evotec OAI
生物催化	Dow Chemical,Enzymotec,Rhodia Chirex,MediChem,Biochemie
细胞生化	Bayer,BioVectra,Cambrex,DSM,Lonza Biologics
手性化学	ChiralSep,Dow Chemical,Rhodia Chirex,Synetix
多肽合成	Avecia,Biochemie,Diosynth,Lonza Novetide,Peptisyntha,Polypeptide Lab
碳水化合物的合成	Ferro Pfanstiehl,Inalco

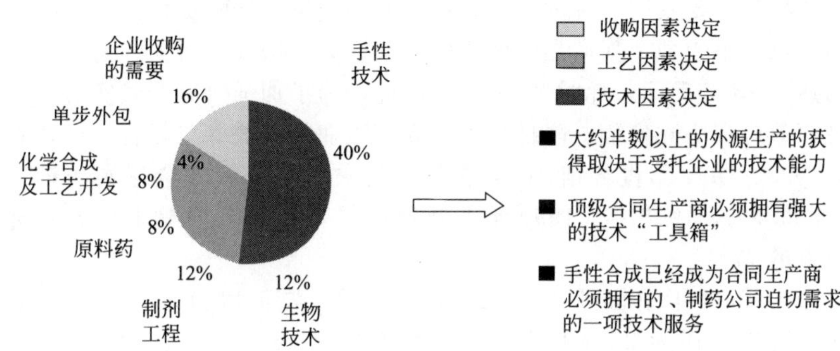

图 1-3 国外各医药中间体生产技术所占比例

2011 年 8 月，药品研发取得进展的 48 个药品中，新活性物质 31 个，新制剂 16 个，3 个新适应证。数量较上月略有减少。从未上市的新活性物质和新制剂有 29 个，占该月取得研发进展总药品数的 60.4%。该月处于注册前和Ⅲ期临床研究阶段的药品共 22 个，占总药品数的 45.8%[16]。

在 2011 年 8 月的所有药品中，抗肿瘤药为 7 个（其中 2 个为生物技术药物），位居榜首，占比 14.6%；感觉器官用药为 6 个，位居次席；抗感染药和神经系统用药各为 5 个，并列第三位。

从世界药品市场来看，2009 年世界药品销售 8370 亿美元，过去 5 年，年均增长 6.7%，远高于全球经济年均增速，继续体现药品高增长这一特点，成为金融危机下的一个亮点。一方面为发达国家药品的刚性需求，一方面中国、印度、巴西、俄罗斯、土耳其等新兴市场快速增长。预计到 2015 年，全球药品销售将达 12000 亿美元左右，年均增长 5%～8%[17]。

因此，中间体的开发可能具有广阔的市场前景。由于新药研究开发具有高投入、高效益的特点，国外大型制药公司为保持他们的高增长率日益把精力集中于新药的研究开发和新药制品及其市场开发上。

伴随着我国加入 WTO，医药中间体企业也将面临机遇与挑战，有机会投身到数十亿到上百亿美元的有机中间体产销国际市场中，直接参与国际竞争。这是国外研究与发展的需要。

1.3.2 农药中间体国外发展现状与发展趋势

1975～1995年，20年间世界农药销售额增长了2倍，尽管在此期间有所波动，但总的发展趋势是上升的。但到了1995年，由于环保压力越来越大，农药研究开发的费用激增，农药新品种问世的步子放慢，再加上转基因作物的迅猛发展，世界农药销售额增长缓慢。而到2000年以后，世界农药的销售额呈现下降趋势。

1998年世界农药销售额为312亿美元，到2002年下降至277.85亿美元。到2005年又有所回升，在2005～2010年间，世界农药销售额的年均增长率为0.8%，杀菌剂有所发展，除草剂稍有增长，杀虫剂维持现有水平[18]。

2009年12月至2010年1月，世界上草甘膦、菊酯、百草枯等农药原药价格陆续开始上涨，有关专家据此判断，农药行业的向上拐点已经初步显现。

受原料涨价的推动，2009年12月草甘膦价格在低价徘徊了半年之后，上涨了472.5美元/吨左右，前期市场价格约为3622.5美元/吨（甘氨酸法）和378.0～393.75美元/吨（IDA法）。原料价格的上涨同样驱动了其他农药品种的价格回升；2010年1月中旬起，拟除虫菊酯、百草枯等重要农药品种的生产企业也开始提价或酝酿提价。

由于农药市场竞争激烈，新产品开发难度加大，风险增加，目前开发一个商品化的新农药，需投入已达1.25亿美元，耗时8～9年。因此，为了加强研究开发实力，加强产品销售力度，寻求规模效应和协同份额、降低成本，农药工业加速兼并与联合。全球农药生产更加集中、垄断，1993、1994年世界前10家农药公司农药销售额占全球农药销售额的72%，1996年上升到80.7%，1998年、1999年上升到88%，2003年只剩下六大公司，他们的销售额占全球总额的77%。

美国拜耳公司2003年销售额高达62.07亿美元，先正达为55.07亿美元，巴斯夫为35.89亿美元，陶氏公司为28.0亿美元，孟山都为27.84亿美元，杜邦公司为20.08亿美元。

近年来，世界各国十分重视新药的研制及开发。

先正达开发的触杀型除草剂Retro（diguat）已在英国上市并将它作为不再具有应用价值的PDO（百草枯二氯化物）的直接替代品而使用。Retro被批准用在土豆、糖甜菜和蔬菜包括豌豆和蚕豆上。Retro防治土豆阔叶杂草的能力可与百草枯二氯化物媲美。作物生产者可用Retro来代替PDO，种植者的存货要在2008年7月11日之前必须用完[19]。

根据越南至2010年的化工发展计划及有关专家预计，目前越南化工产品市场对于农药有相当大的需求，市场比重约为国际市场的0.5%，总销售量年增5万吨左右。在农药生产领域，越南将增加使用防治效果好、选择性强、生产及使用简便、易分解、毒性低的产品。同时，越南还将逐渐调整产品机构，减少杀虫剂比例，增加除草剂类产品以及家用和卫生检疫类的产品。

越南大约有3000多种作物虫害、几百种杂草，尤其是苍蝇、蚊子等虫害的肆虐，给中国农药生产企业提供了广泛的出口市场空间。每年不少国产农药经越南运往老挝、柬埔寨等东南亚国家。这些国家都是传统农业国，农药工业发展滞后，主要依靠进口，市场潜力较大[20]。

发达国家农药工业起步早，知识产权保护制度完善，农药工业已经走过了高速发展时期。进入20世纪80年代后，世界农药工业面临越来越大的环保压力，农药研究开发的高投入、高风险，促使农药工业逐步走向高度集中、高度垄断。进入90年代后，国外主要农药市场趋于成熟，品种进入升级换代的新时期。其主要特征如下。

① 销售额增长缓慢　发达国家市场已趋饱和，发展中国家和地区成为大公司竞争的焦点。

② 开发费用增长迅速　国外主要公司开发费用约占其农药销售额的10%，甚至更高。一个新品种的问世，要投入1.25亿美元以上，与20世纪70年代比，增加5～6倍。进入90年代后期，由于新开发的品种要符合生物合理性、安全性（包括生产和使用过程）和环境相容性好的原则，而且在性能和价格上也要求优于已商业化产品，因此，开发费用不断上升。

③ 公司兼并、合并更趋频繁，行业发展更趋垄断　近代农药工业经过几十年的发展，在激烈的市场竞争中形成少数综合性大公司处于垄断地位的局面。通过近十年来的兼并、合并等各种形式的产业重组，过去的十大公司变成了六大公司，行业的垄断性更强。90年代后期大的合并有：巴斯夫收购美国氰胺公司农药业务、诺华公司农化部和捷利康公司合并成立先正达公司、拜耳收购安万特农化部。

④ 保护生态环境得到普遍重视　在新化学农药开发过程中，日益注重最大限度地减轻对环境的影响（包括生产和使用过程），生物源农药日益受到重视。

⑤ 生物工程迅速发展　世界各大公司加强对转基因作物和对有害生物基因的研究，力求发现更有效、更便捷的防治手段。如孟山都开发的抗草甘膦（一种除草剂）作物（小麦、玉米、大豆等），其种植已席卷全球，使草甘膦成为世界最大的农药品种，2002年全球销售额高达47.05亿美元。

1.4 药物中间体国内发展现状

1.4.1 药物中间体国内发展现状与情况

我国化学原料药的工业生产在旧中国基本上是空白。新中国成立后，化学制药工业迅速发展，经过几十年的发展，现已形成了从生产、经营、科研、教育、设计、质检等比较配套的工业体系。拥有大中型企业300家，医药职工达百余万人（不包括传统医药）。在列入的全国大型企业的77家医药企业中有68家是化学制药厂。

在我国，20世纪50年代的化学制药工业主要是通过仿制解决一些常用的大宗药品的国产化问题。60年代以后，化学制药工业的科研工作主要转向仿制国外近期出现的新药；同时，也开展新药创制工作。先后已试制和投产了1300种新化学原料药，基本上能够满足我国医疗保健事业发展的需要。生产技术和工艺水平也不断提高，化学合成原料药，如氯霉素、磺胺嘧啶、咖啡因、维生素B_1、维生素B_6等不断改进生产工艺，技术指标显著提高。

80年代以来，化学制药工业以年均17.5%的速度持续高速增长，至90年代工业总产值在1980年的基础上翻了3番。化学制药工业企业逐步向大型化、专业化发展。24大类化学原料药年产值达26万吨（已达120亿元）。目前我国已在国外兴办了近20个医药生产企业，一批跨国公司正在筹建中，可见我国化学制药工业中原料药生产在国际市场上已有了一定的位置。

然而，我国制药工业虽有很大的发展，但还不能完全满足医疗卫生事业的需要，特别是有些产品质量与经济发达国家仍存在一定差距，还达不到国际同类产品水平。产品更新换代的周期长，特别是化学合成原料药仍处于仿制性开发为主的阶段；药品制剂技术比较落后；生产规模小，经济效应未能发挥。通过表1-2，我们可以看出2008年国内畅销药品情况。

2010年1～11月，医药工业累计完成工业总产值11 239.0亿元，同比增长26.4%，较上年同期（19.9%）增幅提高6.5个百分点，但低于全国工业平均水平（30.4%）4个百分点。如表1-3所示[20～26]。

表 1-2 2008 年畅销药品的情况

品牌	治疗范围	公司	亿美元
Cerstor	降血脂	阿斯利康	37.76
pitavastain	降血脂	诺华/三共公司	31.88
Exanta	预防静脉栓塞及中风	阿斯康	22.80
Oral insulin	糖尿病	Nobex/GSK	18.26
Pregabalin	癫痫	辉瑞制药	15.88
Iressa	癌症	阿斯利康	11.73
cethromycin	细胞感染	雅培制药	11.61
Spiriva	慢性阻塞性肺病	辉瑞制药	10.97
adalimumab	风湿性关节炎	雅培制药	10.31
duloxetine	忧郁症	礼莱制药	9.20
Arcoxia	关节炎	默克公司	8.84
avasimibe	降血脂	辉瑞制药	7.99
Abilitat	精神分裂症	B-MO/Otsuka	7.98
COX-189	关节炎	诺华公司	7.50
Substance pantagonist	忧郁症	默克公司	7.50
PKC-beta in gibitor	糖尿病黄斑部长肿与视网膜病变	礼莱制药	7.50
Forteo	骨质疏松症	礼莱制药	7.50
Zetia	降血脂	S-P/默克公司	7.50

表 1-3 2010 年 1～11 月医药工业总产值累计完成情况

行业	工业总产值/亿元	占比/%	同比增长/%
化学药品原药制造	2157.0	19.2	24.4
化学药品制剂制造	3185.6	28.3	24.1
中药饮片加工	670.6	6.0	39.5
中成药制造	2295.2	20.4	26.1
生物生化药品制造业	1178.7	10.5	31.0
卫生材料及医药用品制造	631.4	5.6	29.4
制药机械制造业	72.8	0.6	32.4
医疗仪器设备及器械制造	1048.3	9.3	23.2
医药行业	11239.5	100	26.4

美国著名医药咨询公司之一的 Mindbranch 不久前发表了一份有关中国原料药产业现状的研究报告，其中披露了大量中国原料药产业的统计资料。该报告对中国原料药产业概况、发展程度、在世界原料药市场中的地位以及与西方发达国家制药业的技术差距等作出了较为公允的评判。

以原料药工业为例，中国只用 30 多年时间即从原来自给自足的国家一跃成为世界原料药产业的“领头羊”。这从以下数字可看出端倪。如 2010 年中国年产各种原料药总量超过 221 万吨，在数量上已压倒美国位居世界第一。目前国际市场上每年成交的原料药中 3/4 来自中国。在中国庞大的原料药产能中，抗生素与抗菌剂类抗感染药物（其中包括青霉素、阿莫西林、大环内酯类、四环素类、链霉素类、磺胺类和沙星类等）产能合计超过 20 万吨，约占全球同类药物的 37%，维生素类原料药的产能超过 30 万吨，占全球的 60%。上述 2 大类原料药的出口量也居世界第一。

2010 年，中国原料药出口数量已大大超过前几年的出口量。如 2010 年比 2009 年纯增加 15%左右，反映了外国客商对中国原料药质量的放心。据悉，2012 年中国原料药生产总值已达 320～330 亿美元，而且远超过同为亚洲原料药生产和出口大国的印度。如中国医药工业总产值 2012 年约为印度的 5.2 倍之多，中国出口原料药同样为印度出口原料药的 5 倍。

国外分析师预测到 2015 年中国原料药产业总产值将达惊人的 650 亿美元。如果届时中国的蛋白质/多肽类等高附加值原料药产品能获得美国或欧盟原料药出口资质证书，则中国出口原料药肯定将比现在“更上一层楼”。据了解 2012 年中国出口原料药总金额达 170 亿美元，约占其总产值的一半左右。

我国是 13 亿人口的大国，本身就是医药的潜在大市场。因此，我国医药工业具有良好的发展前景。

目前我国各种医疗保险已覆盖 12.5 亿人，医疗卫生支出明显增加，2009 年达到 3902 亿元，比上年增长 38.1%，2010 年达 4439 亿元，比上年增长 13.8%。人口老龄化、城镇化都是医药需求增长的因素。

我国已进入人口老龄化、高龄化的快速发展期，2009 年末，60 岁以上人口 1.6734 亿人，占总人口的 12.5%。预计到 2015 年，60 岁以上老年人将超过 2 亿人，其中 80 岁以上高龄人口将超过 2600 万人。这些都是使医药成为重要需要的主要原因。

我国是原料药出口大国，原料药仿制能力很强，面对国际通用名药发展的良好机遇，到 2015 年，将有 100 亿美元的专利药到期，这是我国通用名制剂走向世界的难得机遇。

综上所述，可以认为：今后我国制药上发展战略的根本任务为与国际相接轨，为赶超世界先进水平，须从仿制中走出来，研制具有我国自主知识产权的新药，尤其是中间体研究与开发是基础；跨学科、多方位、高起点地抓住新生长点，培育孵化它们为生产力；适应工程中心、科研基地，为新品诞生创造更多的技术平台。

近年来我国政府十分重视药品行业的技术创新，每年投入数千万元进行新药的开发，但是这一规模还远远不能与国外一个中型公司新药开发水平相比。

我国实施药品专利保护以后，可以仿制的药品越来越少，走自主开发创新药的道路势在必行。要想达到该目标，药物中间体的开发研究成为关键。

1.4.2 农药中间体国内发展现状与情况

经过五十多年的发展，中国农药工业已形成了完整的生产体系。据中国农药工业协会统计，截至 2003 年 7 月底，我国农药生产企业有 2200 多家，其中原料药生产厂家 550 多家，加工企业 1600 多家。

根据国家统计局发布的数据：2003 年我国原药生产能力达 90 万吨以上（折 100%有效成分，下同），产量 86.3 万吨。但国家统计局数据与实际产量差距很大，究其原因是将部分农药制剂产量计入原药产量，造成统计数据严重失实。根据石油和化学工业规划院及中国农药工业协会共同核对，2003 年我国农药实际产量达 54 万吨，产量仅次于美国，居世界第二位。

近年来，我国农药的产量增长很快，1998～2003 年的年均增长率达到 7.2%，杀虫剂占农药产量的比例由 1998 年的 69%下降到 2003 年的 49%，除草剂的比例也由 1998 年的 19%上升到 2003 年的 36%，我国杀虫剂中高毒有机磷杀虫剂的产量比例也由 1998 年的 70%左右下降到目前的 50%～60%，说明我国农药的产品结构正在改善。

2008 年 1～11 月规模以上企业农药总产量 171.1 万吨，同比增长 14.22%；产品销售率达到 96.7%，同比提高 0.96 个百分点，全行业呈产销两旺的良好发展态势。在产销两旺的同时，农药行业产品结构进一步优化。受金融危机影响，农药随宏观经济的走弱出现阶段性下滑。尤其是在 2008 年下半年，原药产量增幅出现明显下降，2008 年 6～11 月的单月增幅为－4.52％、－15.26％、－13.66％、2.16％、－9.15％和8.53％[27]。

在全球经济发展放缓的背景下，农药受宏观经济的影响小于普通化工产品。根据全国30个省（自治区、直辖市）植保植检站统计预测分析，2009年全国农药需求总量为31.36万吨，比2008年增长5％。从我国农药工业的产能和产量来看，2009年农药总体供应充足。全国农业技术推广服务中心药械处处长邵振润在第24届中国植保信息交流暨农药械交易会上介绍，2009年杀虫剂需求总量预计为15.27万吨，比上年增加8.55％。其中有机磷类9.59万吨，比上年增加8.21％；氨基甲酸酯类1.02万吨，同比增长30％；拟除虫菊酯类4471.94吨，同比增长19.4％；其他类杀虫剂3.16万吨，同比增长5.22％。

杀菌剂需求同比稳步增长。2009年我国杀菌剂需求总量预计为7.99万吨，比2008年增长5.14％。除草剂需求同比基本持平。自1999年以来，除草剂预测需求量一路飙升。但2009年总需求量为7.71万吨，与2008年基本持平，没有继续上升。植物生长调节剂有所增加。2009年植物生长调节剂需求量为3210.54吨，比上年增长3.37％，但增长幅度趋缓。杀鼠剂需求同比下降，2009年杀鼠剂需求量689.36吨，比2008年减少26.28％。

据报道，全球1,2,4-三氯苯的市场需求量约在3.5万吨/年以上，未来几年中将以年均10％的速度递增。邻苯二酚所生产的农药是目前国内主流的杀虫剂品种，2010年国内邻苯二酚市场需求量达到12000吨左右。未来几年中国国内市场壬基酚年均增长率为8％。2010年国内市场需求量约为7万吨。间甲酚在农药领域中的需求稳定增长，2010年国内市场需求量达18200吨左右[28]。

浙江新安化工集团股份有限公司是国内最大的草甘膦生产企业，年产能接近8万吨。该公司除具有产能、资金、技术、销售渠道、有机硅消化副产氯甲烷的优势外，2009年还在开发草甘膦制剂的终端市场上下足工夫，从原粉制造延伸到海外制剂销售终端市场的开发。2009年12月14日，该公司投资3500万元收购加纳阳光农资有限公司70％的股权。该公司表示，加纳阳光公司的经营范围为农具和化学品，其所在的西非属传统农业区，农药大量依靠进口。因此，收购此公司可以扩大新安股份包括草甘膦在内的产品大规模进入非洲市场。

当然，全力开拓国际市场的并不只有新安股份一家。2008年产能为2.7万吨的南通江山农药化工股份有限公司就先后与先正达和汉姆公司签订了草甘膦供应和分销协议。根据协议，先正达到2011年底将向江山股份采购IDAN法草甘膦累计不少于10万吨，汉姆公司则在2009～2012年每年向江山股份采购9000～15000t的草甘膦，这样江山股份就拥有了相对稳定的国际客户。据悉，江山股份与先正达公司采取的是制造成本加利润的结算模式，这种脱离市场即时行情的结算模式为江山股份度过低迷的2009年奠定了基础[29]。

我国含氟中间体生产厂家有50多家，主要集中在辽宁、浙江、江苏和江西、安徽等省，生产的品种不少，主要服务于医药工业，但这些企业规模小、品种单一，产品主要出口国外，而农药含氟中间体生产厂家还不多，主要还是相应的含氟农药生产厂家生产。我国含氟农药中间体要积极发展，应该建立有一定经济规模的企业，同时建立多功能生产装置，生产工艺类似的产品，不仅要技术创新、提高工艺水平，还要注意重视环境保护问题，减少三废、降能节耗，逐步做到规模化和系列化，与医药工业所需的含氟中间体互动发展，不仅要满足出口，并且要保证国内需要，才能使我国的农药含氟中间体得到蓬勃发展[30]。

1.5 药物中间体国内及研究方向

1.5.1 医药中间体国内及研究方向

医药中间体是我国医药发展的基础。由于各种原因我国医药中间体企业已经不能适应世界医药工业对医药中间体供应的要求，也无法适应我国医药行业进一步快速发展的需求，失去了市场竞争力。因此，大专院校及科研院所必须尽快研发新医药中间体并使技术尽快工程化、转化成生产力是当务之急。也应该拥有我国自主知识产权的新药及中间体，加快合成新药及其中间体的创新步伐，建立一套与创新开发体系相配套的中间体研究、开发、孵化、转化、产业化体系也是势在必行。

（1）药物中间体的主要方向

应用性科研工作很好地结合企业生产实际，为中间体生产企业及时提供可转让的新技术和新产品是大势所趋。对药物中间体的研究主要方向体现在杂环化合物、含氟化合物、手性化合物、生物化合物等的合成上[31～33]。

① 杂环化合物的合成　杂环化合物广泛应用在医药、农药及兽药的成药及中间体中，多数是母体（核）。目前广泛应用于临床治疗高血压的科索亚（氯沙坦钾片）、络活喜（氨氯地平）等都是杂环化合物。

② 含氟化合物的合成　向医药中间体中引进新元素以改性，最成功的应是氟。无论是医药还是农药的中间体中含氟化合物都被视为重点。这些都与氟原子的特殊结构及具备的特殊功能有关。

含氟精细化学品主要指含氟中间体、含氟医药、含氟农药、含氟表面活性剂及各种含氟处理剂等。其中最主要的是芳香族氟化物。

目前国际、国内研制开发出来的芳香族氟化物有十几大类，近千个品种，其主要种类如下：氟（甲）苯类、三氟甲苯类、氯溴碘氟苯类、硝基氟苯类、氟苯胺类、氟苯酚类、氟苯甲醛类、氟苯甲酮类、氟苯甲酸类、氟苯甲酰类、氟苯甲醚类、氟吡啶类等。

在上述氟化物中，绝大部分在欧、美、日有工业化生产，在我国仅氟苯类、三氟甲苯类、氟氯苯类、氟苯胺类、硝基氟苯类及氟苯甲酸类化合物有小批量或工业化生产。

我国一半以上的含氟中间体实际上是出口进入国际市场，主要是欧、美、日等国家和地区。因此，含氟精细化学品的发展应抓两个方面：一是继续大力开拓国际市场；二是大力发展国内自己的含氟医药等下游含氟精细化工品，既提高经济效益，又为含氟中间体开拓市场。

有机含氟化合物在医药方面具有广泛的应用前途。目前市场上畅销的抗感染药氟哌酸就是含氟的有机物，另外氟麻醉剂如 Halothane、Penthrane、Ethrane Isoflurane 等都是麻醉效力较高的、无后麻醉作用的有机氟化物。

5-氟尿嘧啶、Halotestim 等已用于治疗癌症；Haloperiolol 用于镇静药；Sulindac 用于治疗风湿性关节炎；Flumelramide 用作利尿剂等。

氟喹诺酮药物是 1979 年问世的一类全合成抗感染药物，其抗菌机制是选择性抑制细菌 DNA 回旋酶和托扑异构酶Ⅳ，导致细菌 DNA 不能正常合成和修复，对革兰阳性和阴性菌、衣原体、支原体以及结合分枝杆菌具有广谱抗菌作用。喹诺酮类药物具有新颖的化学结构、独特的作用机制，以及高效、毒副作用小、良好的抗菌活性、无青霉素类过敏性、吸收快无积累作用、维持时间长等特点，被誉为超抗生素的抗菌药物。它的问世在抗生素史上揭开了新的一页，成为最有希望、最有活力的抗菌药物研究领域之一。接踵而至的是对其中间体的研发，具有诱人的研究和开发前景，引起了科研和产业界的高度关注。这些中间体包括：2,3,4-三氟-4-硝基苯、2,4-二氯-5-氟苯甲酸、4-丁酰氯、2,6-二氯-5-氟烟酰乙酸乙酯、2,4-二氯-5-氟苯乙酮、2,4-二氯氟苯等。另外，对某些合成方法的改进作了较详细叙述，如 2,4-二氯氟苯、2,4-二氯-5-氟苯甲酸等。如其中以 1,2,3-三氯苯为起始原料，经硝化、氟化两步反应制得的 1,2,3-三氟-4-硝基苯产品质量分数大于 99%，收率达 60%[34～39]。

相对于头孢抗感染药物，氟喹诺酮（Fluoroquinolone）类药物具有价低、药效高等比较好的优势。据 Datamonitor 研究，2004 年头孢市场占有率为 26.3%，由于氟喹诺酮市场增长，2009 年降至 17.1%；而氟喹诺酮抗菌药也将由 2005 年的 18%，成为第 1 位抗生素药物，2009 将占据 34%的市场份额。因此，世界抗感染药物研究与市场重心正在向氟喹诺酮类药物转移。

近年，将迎来世界氟喹诺酮市场最快增长阶段，主要以环丙沙星与左氧氟沙星为主，两者总和约占氟喹诺酮全球销售额的 65%。随着强生公司左氧氟沙星（Levaquin）和拜耳公司的莫西沙星（Avelox）这两个喹诺酮重磅炸弹药物的成长，喹诺酮药物市场也将进一步成长。目前除少数专利外，我国氟喹诺酮原料药的生产和出口已具有一定规模，在国际上占据了 30%的市场份额，其中诺氟沙星、环丙沙星、氧氟沙星生产量最大，约占国内喹诺酮抗菌药总量的 90%。

喹诺酮药物系列已问世 40 多年了，它以其突出的疗效、优良的药代动力学性质在感染性疾病的治疗中被广泛使用，它代表了当代抗菌药物的新生力量。

③ 手性化合物的合成　在立体化学的基础上，通过不对称合成或拆分办法得到手性化合物。

不对称合成始于 1966 年，不对称氢化、不对称催化等反应的应用，使定向反应得率高达 93%的伟哥（Viagra）药物的很多中间体都是通过不对称合成获得的。

④ 生物化合物的合成　现代医药生物技术重点研究方向是应用 DNA 重组技术、细胞工程技术和酶工程技术研究治疗心血管疾病、糖尿病、肝炎、肿瘤、抗感染、抗衰老等药物，以及应用现代生物技术改造传统制药工业。

（2）药物中间体工程技术的发展

药物中间体工程技术是改变我国药物中间体水平的重要手段，也是药物中间体发展的关键。开展对它的研究也势在必行。

促进药物中间体的研究着重发展工程技术，如：绿色硝化技术、微波技术、缩合技术、控制氧化技术、加氢还原技术、手性技术。

① 绿色硝化技术　通过载体或非载体的区域选择性定向硝化使苯环及芳香稠环的异构体比例发生较大变化，或具有可调性。

采用中性酸硝化（清洁硝化）以达到降低成本，消除污染，达到绿色硝化的水平。

在绿色中性硝化中，人们十分注意 N_2O_5 硝化。与硝酸或硝硫混酸硝化剂相比较，N_2O_5 硝化有很多优点。

N_2O_5 硝化分为 N_2O_5-硝酸体系与 N_2O_5-有机溶剂体系。

N_2O_5-硝酸体系：高酸度和高活性，适用面广，尤其适用高度钝化的硝基芳烃和硝胺类化合物的合成；N_2O_5-有机溶剂体系：活性不高但反应条件更温和、选择性也更高。尤其适用于含氧或氮的张力环的开环硝化。这两种硝化体系可以优势互补。

鉴于 N_2O_5 在硝化领域的重要性，越来越多的科研工作者研究了 N_2O_5 的硝化特性及其与芳烃、胺类等的反应[40~44]。

离子液体（ionic liquid，IL）作为一种环境友好性溶剂和催化剂，近几年来已经成为研究的热点，在芳香化合物的硝化反应中的应用研究较多，在胺类硝化和硝解反应中的应用研究较少。但是，在 N_2O_5-IL 及硝化（有机溶剂）硝化剂方面做了较多的工作[45~74]。

N_2O_5 硝化剂越来越多的得到应用，越来越大地呈现出它的优越性。

② 微波技术[75~82]　微波是频率在 300MHz～300GHz、即波长在 1000nm～1mm 范围内的电磁波，它位于电磁波谱的红外光波和无线电波之间。在 20 世纪 60 年代，Williams 就

曾报道了用微波加速化学反应的研究结果，但在化学合成中应用微波技术则直到20世纪80年代初期才开始，当时人们并未预料到它对化学研究领域的重大作用。微波应用于有机合成的研究则始于1986年，Gedye和Smith等通过分析比较其在常规条件和微波辐射条件下进行酯化、水解、氧化等反应，发现在微波辐射下，反应得到了不同程度的加快，而且有的反应速率被加快了几百倍甚至上千倍。至今，微波促进有机合成反应已经越来越被化学界人士所看好，而且形成了一门备受关注的领域——MORE化学（microwave-induced organic reaction enhancement chemistry）。将微波用于有机合成的研究涉及酯化、Diels-Alder、重排、Knoevenagel、Perkin、Wittig、Reformatsky、Dieckmann、羧醛缩合、开环、烷基化、水解、烯烃加成、消除、取代、自由基、立体选择性、成环、环反转、酯交换、酯胺化、催化氢化、脱羧等反应及糖类化合物、有机金属、放射性药剂等的合成反应。

微波有机合成反应是使反应物在微波的辐射作用下进行反应，它需要特殊的反应技术，这与常规的有机合成反应是不一样的。微波反应技术大致可以分为3种：微波密闭合成技术、微波常压合成技术和微波连续合成技术。

微波技术在化学中用途十分广泛，几乎涉及了有机合成的各个领域。但是，微波诱导催化卤素交换氟化反应方面的研究还很少，而以单独以氟化钾为氟化剂在微波辐射下反应在我们研究之前还未见报道。

我们研究主要内容是含氯和硝基的芳烃卤素交换氟化合成含氟化合物；选择微波反应合适的氟化剂、溶剂和催化剂以及脱硝基氟化中亚硝酸根离子的消除剂的选择等；高分子季铵盐的设计、合成及应用；研究反应动力学。主要目标：微波加热快速高得率地合成目标化合物；选择适合于微波加热下反应溶剂；选择合适催化剂，设计出高效高稳定的高分子季铵盐并方便合成及应用；通过动力学研究，证明微波在卤素交换反应中存在“非热效应”。

将微波运用于氟化反应是一个创新。虽然到目前为止，以美国CA及中国化学化工文摘为准有4篇文献报道用微波进行氟化，但这里的氟化剂都是采用放射性元素氟在微波中进行的交换氟化，另有一篇文献所报道的在微波辐射下的交换氟化也只不过是用四甲氯化铵为氟化剂。而用碱金属氟化盐为氟化剂进行交换氟化在微波中进行的研究还未见报道。

运用由$KF \cdot 2H_2O$通过共沸脱水制备的无水KF和用微波干燥处理的无水氟化钾作为氟化剂还未见报道。其中，以微波干燥制备无水KF的工艺为首创。

有人成功地将微波技术用于硝化反应，使甲苯定向硝化，在极短的时间内，极快的反应速率下达到同样的产率，同时对位产物大幅度增加[83]。

③ 缩合技术　通过mannich缩合，Aldol醛酮缩合获取大分子。催化剂的选择是技术的关键。

④ 控制氧化技术　脂基芳香族氧化成酸是比较容易的，但往往它的中间体芳香醛却是医药、农药的重要中间体。如何控制氧化，让其停留在芳香醛，而不被深度氧化，是控制氧化技术的重要内容。同时氧化剂的确定也是有相当大的技术难度。

⑤ 氟化技术　向有机中间体中引进氟基，合成氟化物是重要的药物中间体。如何把氟引入母体是合成氟化物的关键。近年来，一些具有高新技术含量的氟化技术，如微波氟化已开始用于氟化物的制备。与常规氟化相比，可提高反应速率50倍，并提高产率，抑制副反应。

⑥ 加氢还原技术　传统的还原技术，如铁粉还原、硫钠还原等均存在污染严重的问题。而加氢还原，具有高得率、低成本、无污染的优点。因此，加氢还原技术对药物研究的发展起重要作用。而催化剂选择与应用是加氢还原成功与否的关键。

⑦ 手性技术　现代药物几乎都以单一立体构型的手性化合物为主，由于不同立体构型

药效不同甚至可能产生严重副作用，因此，手性合成技术是世界药物发展的必然。以生物催化、天然手性催化剂应用和天然手性原料合成技术具有低成本、条件温和、产物选择性好、环境友好等优点，使手性技术的研究也将成为药物研究的发展方向。

（3）医药中间体发展中的注意事项

为了使医药中间体更好地发展，对它的宏观方向、有力措施及具体规划应该注意到以下几点：

① 加强药物中间体学科领域、学术方向内涵建设　强化药物中间体分子设计、药物中间体合成与工艺、药物中间体最佳工艺路线选择及最佳工艺条件确定、表面活性剂理论与技术及复配理论和应用、生物化学品制剂与助剂、生物化工与生物制药技术、药物中间体化学等领域的研究及发展[84~88]。

② 加强重点化合物的研究　药物中间体的化合物有近万种，但是能够赋之于使用、并已被临床证明由其形成的药物具有很好疗效及很小副作用的中间体却为数有限，其中几个核心化合物应加强研究。

③ 核心合成反应技术的实施及运用　关键化合物要靠合成反应来实施，合成反应本身及其工程化是解决合成反应的核心，也就是说，药物中间体工程技术是改变我国医药中间体水平的重要手段，也是医药中间体发展的关键。开展对它的研究也势在必行。

④ 加强药物中间体合成工艺的绿色化研究[89~91]　绿色化学是20世纪90年代兴起的研究领域。绿色化学的目标是从源头上防止污染、最大限度地从资源合理利用、环境保护及生态平衡等方面满足人类的可持续发展要求。

精细化工作为现代化学工业的重要组成部分，正面临过程复杂和环境保护的严峻挑战。要高效、理性地推进精细化工的发展，就要从可持续发展的高度重新审视传统的化学研究和化工过程，努力实现精细化工原料、精细化工生产工艺和精细化工产品的绿色化，最终使精细化工发展成为绿色生态工业。

探寻绿色原料、开发绿色工艺、生产绿色产品是目前绿色精细化工的三大主题。

国内外精细化工绿色化学的进展表明，绿色化学为人类解决化学工业与环境的污染、实现经济和社会可持续发展提供了有效的途径。绿色化学领域继续取得跨越式的技术进步，将指日可待。

⑤ 从原子经济性角度提高药物中间体合成收率及质量　原子经济性是按原子计考虑它反应前后的得失，而获取最大量利益的反应分子设计及反应实施条件的总体思路。站在精细化工经济学的观点，考虑其研究费用、能耗、生产成本、物流及资源再生及再利用等经济问题。

合成路线优劣决定着药物中间体的制造成本，确定最优化合成路线是药物中间体生产廉价化的前提。制定合理的、可行的合成路线，必须进行从化学热力学、反应动力学方面分析合成路线的可行性；在此基础上，从原子经济性及精细化工经济学的观点综合分析合成路线中反应原材料成本、反应转化率、废物产生总量等的经济性，选择最优化合成路线，确定药物中间体低成本制造工艺路线。通过对药物中间体合成反应的原子经济性分析，研究最佳合成工艺条件路线，探索新的绿色合成方法，实现原子经济性，获取得率及纯度的最大值，提高产品得率及纯度，减少三废的产生和污染。

⑥ 强化药物中间体工程化平台——工程技术中心建设　药物中间体的开发、研究、转化、孵化，特别是工程化需要一个平台。它就是产学研相结合的以研发为主线、具有工程化功能、以主管部门为领导、以高等学校、科研院所为龙头、以企业为支持的各种工程技术研究中心。

作为医药中间体开发及工程化试验的载体，工程中心本身的开发和工程化能力应达到国内一流水平，部分建设项目水准达到国际先进水平，对行业的健康发展起积极作用；同时中心将成为对外技术交流合作的重要窗口，对加速医药中间体行业的科技进步，带动整个医药化工行业的经济发展起到巨大的推动作用。强化工程中心建设对药物中间体总体发展、技术水平的提升是至关重要的。

1.5.2 农药中间体国内研究及发展方向

1.5.2.1 具有一定发展潜力的农药中间体

随着农药生产日趋精细化、系列化，发展农药中间体产业，对促进农药工业的发展具有重要的意义。根据“市场是前提，原料是基础，技术是关键”的三要素原则，加快农药中间体产业的发展，是做大做强农药工业的保障。如果农药中间体产业发展滞后，就会严重影响和制约农药产业的发展。根据中投顾问发布的《2010—2015年中国农药市场投资分析及前景预测报告》，吡啶类及其衍生物、邻苯二胺、1,2,4-三氯苯、邻苯二酚、间甲酚、壬基酚、氯化亚砜等中间体发展前景广阔，建议加快这些农药中间体的发展速度。现将市场看好且具有极大发展潜力的农药中间体介绍如下[92]。

（1）2，3-二氯吡啶

2，3-二氯吡啶是生产新型杀虫剂氯虫苯甲酰胺的关键中间体。氯虫苯甲酰胺高效、广谱，是杜邦公司的主打产品，它对鳞翅目的夜蛾科、螟蛾科、蛀果蛾科、卷叶蛾科、粉蛾科、菜蛾科、麦蛾科、细蛾科等均有很好的控制效果，还能控制鞘翅目象甲科、叶甲科，双翅目潜蝇科，烟粉虱等多种非鳞翅目害虫。由于氯虫苯甲酰胺的化学结构具有其他任何杀虫剂不具备的全新杀虫原理，能高效激活昆虫鱼尼丁的肌肉受体，过度释放细胞内“钙库”中的钙离子，导致昆虫瘫痪死亡，对鳞翅目害虫的幼虫活性高，杀虫谱广，持效性好。根据目前的试验结果，氯虫苯甲酰胺对靶标害虫的活性比其他产品高出10～100倍，并且可以导致某些鳞翅目昆虫交配过程紊乱。研究证明，该产品能降低多种夜蛾科害虫的产卵率，由于其持效性好和耐雨水冲刷的生物学特性，这些特性实际上是渗透性、传导性、化学稳定性、高杀虫活性和导致害虫立即停止取食等作用的综合体现。因此决定了其比目前绝大多数在用的杀虫剂有更长、更稳定、更环保的效果，从而达到对作物保护的作用。

主要生产路线以烟酰胺为起始原料，经过霍夫曼酰胺降解，再氯化反应、重氮化反应、Sandmeyer反应，即可得到2,3-二氯吡啶。收率以烟酰胺计达62%，2,3-二氯吡啶含量达99%以上。另外有生产路线以3-氨基吡啶为主要原料，中间产物不纯化，采取“一锅法”合成2,3-二氯吡啶。该办法操作简单，易于工业化生产。收率以3-氨基吡啶计达66%，2，3-二氯吡啶含量达98%以上。2,3-二氯吡啶的出口前景十分看好。

（2）2-氯-3-吡啶甲酸

2-氯-3-吡啶甲酸是生产吡啶取代的杂环类新型除草剂的重要中间体。目前市场流行的吡氟草胺和烟嘧磺隆的合成就离不开它。由于其特殊的生理活性，被作为最具市场潜力的中间体日益受到业界的关注。

吡氟草胺属于类胡萝卜素生物合成抑制剂，是广谱的选择性麦田除草剂，导致叶绿素破坏及细胞破裂，使植物死亡。以125～250g/hm^2芽前或芽后施于秋播小麦和大麦田，防除禾本科和阔叶杂草，尤其是猪殃殃、婆婆纳和堇菜杂草。本药剂具有以下特点：杀草谱广，可防除恶性杂草，土壤中药效期长，药效稳定，可与其他除草剂混配。药剂施用后，在土表形成一层抗淋溶的药土层，并在作物整个生长期保持活性。当杂草萌发通过这一药土层时，接触并吸收药剂，杂草根系若接触到药土层，也可以吸收。总之，能防除绝大部分一年生阔叶杂草，对禾本科莎草也有效。如与其他使用禾本科除草剂混用，可扩大杀草谱。

烟嘧磺隆是内吸性除草剂，可为杂草茎叶和根部吸收，随后在植物体内传导，造成敏感植物生长停滞、茎叶褪绿，逐渐枯死，一般情况下20～25d死亡，但在气温较低的情况下对某些多年生杂草需较长的时间。在芽后4叶期以前施药药性好，苗大时施药药性下降。该药具有芽前除草活性，但活性较芽后低，可以防除一年生和多年生禾本科杂草、部分阔叶杂草。试验表明，对药敏感性强的杂草有稗草、狗尾草、野燕麦、反枝苋；敏感性中等的杂草有本氏蓼、律草、马齿苋、鸭舌草、苍耳和苘麻、莎草；敏感性较差的杂草主要有藜、龙葵、鸭趾草、地肤和鼬瓣花。

目前，国内生产2-氯-3-吡啶甲酸的合成路线主要有两条：一是基于已有的吡啶“母体”，直接在吡啶环上“氯化”或引入相关的“官能团”合成“目前产物”；二是选择合适的“活性”直链化合物，通过“接枝”和“闭环”来合成“目的物”。二者均可得到2-氯-3-吡啶甲酸。但它们的优缺点主要表现在：前者工艺路线简单，成本低，但产品纯度低；后者产品纯度高，但工艺复杂，投资过高，成本也高。目前国内流行的生产路线主要是采用“烟酸工艺路线”，也有的采用“丙烯醛环合”的工艺路线。

（3）五氟吡啶

五氟吡啶是十分重要的农药原药中间体，在我国农药工业已有广阔的应用，可用于生产毒死蜱、二氯吡啶酸、氟草烟等杀虫剂、杀菌剂、除草剂原药；它又是重要的医药中间体，可用于生产心血管、脑血管及其他药品原药。

毒死蜱具有胃毒、触杀、熏蒸三重作用，对水稻、小麦、棉花、果树、蔬菜、茶树上多种咀嚼式和刺吸式口器害虫均具有较好防效。混用相容性好的，可与多种杀虫剂混用且增效作用明显（如毒死蜱与三唑磷、阿维菌素等混用）。与常规农药相比毒性低，对天敌安全，是替代高毒有机磷农药（如1605、甲胺磷、氧乐果等）的首选药剂。杀虫谱广，易与土壤中的有机质结合，对地下害虫特效，持效期长达30d以上。无内吸收作用，保障农产品、消费者的安全，适用于无公害优质农产品的生产。

二氯吡啶酸是一种人工合成的植物生长激素，它的化学结构和许多天然的植物生长激素类似，但在植物的组织内具有更好的持久性。它主要通过植物的根和叶进行吸收，然后在植物体内进行传导，所以其传导性能较强。对杂草施药后，它被植物的叶片或根部吸收，在植物中上下移动并迅速传导到整个植株。低浓度的二氯吡啶酸能够刺激植物的DNA、RNA和蛋白质的合成，从而导致细胞分裂的失控和无序生长，最后导致管束被破坏；高浓度的二氯吡啶酸则能够抑制细胞的分裂和生长。

氟草烟是吡啶氧乙酸类除草剂。具有内吸传导作用，有典型的激素型除草剂反应。苗后使用，敏感作物出现典型激素类除草剂的反应。在禾谷类作物上使用适期较宽，可用于小麦、大麦、玉米、葡萄及果园、牧场、林场等地防除阔叶杂草，如猪殃殃、田旋花、荠菜、繁缕、卷茎苋、马齿苋等杂草。

五氯吡啶的生产路线以二甲基甲酰胺为溶剂，以季铵盐为催化剂，将碳酸钾、2-氯-5-氯甲基吡啶和过量的咪唑烷缩合反应制得1-（6-氯-3-吡啶甲基）-*N*-硝基咪唑-2-亚胺。在季铵盐的催化下，以DMF（二甲基甲酰胺）为溶剂，利用咪唑烷的过量最大限度地抑制副反应双取代产物的合成，得到1-（6-氯-3-吡啶甲基）-*N*-硝基咪唑-2-亚胺，反应过程周期短，产品其含量，即纯度可达到97%，收率达到90%。当然，在现有条件下，合成五氯吡啶的方法还有很多，各企业可根据自身的设备、工艺条件采取不同的合成路线。

五氯吡啶的应用领域在不断拓宽，它可广泛应用于农药杀虫剂、杀菌剂、除草剂的合成，还可应用于医药的生产，应用前景十分广阔。

吡啶类及其衍生物用于农药中间体的产物很多，随着一些新产品的不断问世，其应用领域在不断拓宽。吡啶是目前杂环化合物中开发应用范围最广泛的品种之一，作为一种重要精细化工原料，其衍生物主要有2-甲基吡啶、3-甲基吡啶、4-甲基吡啶、氯代吡啶等，主要应用于农药、医药、染料、日用化工、香料、饲料添加剂、橡胶助剂等领域。尤其作为农药中间体发展尤为迅速，近年来含吡啶基团的农药发展很快，不仅有高效的杀虫剂、除草剂，而且开发出高效杀菌剂，并逐渐形成一大类特有的农药系列，含有吡啶环结构的化合物已成为新农药创制的主要方向之一。农药占吡啶系列产品消费总量的50%左右，饲料添加剂约为30%，医药及其他领域占20%。吡啶本身除可合成上述衍生物产品外，还是重要的溶剂，可用于制备维生素、中枢神经兴奋剂、抗生素及一些高效医药、农药、还原染料和重要的杂环化合物哌啶等。

(4) 甲基吡啶

甲基吡啶包括2-甲基吡啶、3-甲基吡啶及4-甲基吡啶，它们都是十分重要的农药中间体。

2-甲基吡啶可用于合成除草剂、兽药、氮肥增效剂、橡胶助剂、染料中间体、胶片感光材料、医药扑尔敏、长效磺胺、局部麻醉药和泻药等。最近国外开发出以2-甲基吡啶为原料合成重要农药中间体2-羟基-3,5,6-三氯吡啶、2-三氟甲基-6-氯吡啶、4-氨基-3,4,5-三氯吡啶-2-羧酸等很有开发前景的产品。除上述用途外，2-甲基吡啶主要用于生产2-乙烯基吡啶和2-甲基-5-乙烯基吡啶、2-乙烯基吡啶或2-甲基-5-乙烯基吡啶与丁二烯、苯乙烯的乳液共聚为橡胶骨架材料的浸胶丁吡胶乳，其中2-乙烯基吡啶或2-甲基-5-乙烯基吡啶占丁吡胶乳组成的15%，目前国内仅极少数企业小规模生产乙烯基吡啶，因此国内丁吡胶乳主要依赖进口。

3-甲基吡啶是最重要，也是应用最为广泛的吡啶衍生物产品。在农药工业中可以合成除草剂吡氟禾草灵、吡氟草胺、羟戊禾灵、烟嘧磺隆、啶嘧磺隆等；合成的杀虫剂包括吡虫啉、定虫隆、烯啶虫胺、噻虫啉、啶虫脒、TI-304等数十个品种，合成的杀菌剂包括啶斑肟、氟啶胺等，杀鼠剂有灭鼠安、灭鼠腈、灭鼠优等。其中吡氟禾草灵是美国、日本等除草剂的主导品种。

吡虫啉是目前全球高效新型杀虫剂的三大品种之一。另外许多农药已形成系列产品，如系列含吡啶拟除虫菊酯、含吡啶二芳醚类除草剂、含吡啶磺酰脲类除草剂、含吡啶苯甲酰脲类杀虫剂、含吡啶的烟碱硝基烯类杀虫剂等新型农药。在医药行业中，3-甲基吡啶用于合成烟酸、烟酰胺、维生素B、尼可拉明和强心药等。烟酸和烟酰胺除用于医药外，还大量用于饲料工业。近年来烟酸在国内发展较快，已有数家企业拟建或正在建设较大规模的烟酸装置，瑞士龙莎公司早在1998年就在广州合资建成3400t/a烟酸装置，产品全部出口。在其他行业，3-甲基吡啶还可用于合成香料、染料、日化用品等。3-甲基吡啶可合成多种系列化的衍生物产品，这些产品多为高附加值、专用型的精细化工中间体，如2-氯-5-吡啶甲胺、2-氯-5-氯甲基吡啶、2-氯-5-三氟甲基吡啶、2-氯-3-三氯甲基吡啶、2，3-二氯三氟甲基吡啶、2-氯烟酸、5-氯烟酸、3-吡啶甲腈、3-吡啶甲胺、3-吡啶甲醛、3-吡啶甲醇等，3-甲基吡啶的新用途正在不断开发之中。分析国内市场需求变化的情况，3-甲基吡啶消费热点正在开始转移，原来的主要消费领域烟酸、烟酰胺对其需求量正在萎缩，取而代之的将是蓬勃发展的吡啶类农药。

4-甲基吡啶在医药行业用于合成异烟肼、解毒药双复磷和双解磷，另外在杀虫剂、染料、橡胶助剂、合成树脂等领域也有应用。特别是由4-甲基吡啶合成的4-乙烯基吡啶，可以与苯乙烯、丙烯腈或丙烯酸酯等进行共聚得到聚乙烯基吡啶，作为纸张增强剂和改性剂，另外聚乙烯基吡啶可与溴甲烷进行烷基化反应，得到重要的弱碱性离子交换树脂。4-甲基吡啶还可用于合成结核病防治药物异烟肼，由于近十年来全球结核病发病率呈明显上升趋势，作为抗结核的高效药物异烟肼，具有很好的发展前景。

（5）2-氯吡啶和 2，6-二氯吡啶

2-氯吡啶的衍生物吡啶硫铜锌在日化领域主要用于防治头皮屑的药物的合成；医药工业中，以 2-氯吡啶为原料可以合成组胺拮抗药物非尼拉敏、抗组胺药物马来酸氯苯那敏、抗心律失常药双异丙吡胺，中枢神经兴奋药醋哌甲酯，镇咳止痰药吡哌乙胺等。农药工业中，由吡啶合成的吡啶硫酮是一种高效低毒的杀菌防霉剂，广泛应用于化工、涂料、水处理等多个领域，其钠盐是名称为万亩定的高效杀菌剂，用于多种农作物，并且是优良的蚕用杀菌剂；2-氯吡啶衍生物 2-氯-4-氨基吡啶是新型脲类植物生长调节剂的关键单体；由 2-氯吡啶还可以合成多种高效农药。2,6-二氯吡啶是一种重要的专用精细化工中间体，主要用于特定的医药和农药的合成，2,6-二氯吡啶本身就可作杀菌剂，将其用氢氧化钠水解，然后氯化得到 3,5,6-三氯-2-吡啶酚，该产品用于合成 *O*,*O*-二乙基-*O*-3,5,6-三氯-2-吡啶基磷酸酯，另外还可合成重要的香料麝香吡啶等产品。

（6）邻苯二胺与邻苯二酚

邻苯二胺与邻苯二酚都是很重要的农药中间体。

邻苯二胺在农药合成领域应用广阔，不仅可以合成多菌灵、甲基硫菌灵等市场应用广泛的杀菌剂，还可以合成多种苯并咪唑环结构的新型杀菌剂。近年来，市场对邻苯二胺的需求正在逐年扩大，其发展前景十分看好。

我国传统邻苯二胺的生产工艺是采用邻硝基苯胺-硫化碱还原法，该生产路线产品质量差、生产过程产生的废水量大。目前一种清洁生产工艺取得成功，工业化技术取得突破，就是催化加氢还原生产邻苯二胺。该工艺生产成本下降、产品质量上升，可谓物美价廉。随着硝基氯化苯的产能逐年扩大，副产大量的间硝基氯化苯，通过对间硝基氯化苯进行高压氨化，而后对混合的氨化物料进行催化加氢，即可得到苯二胺类产品，再经过精馏分离得到间苯二胺、邻苯二胺、对苯二胺三个重要的中间体。该生产工艺与传统工艺相比，吨产品生产成本可节约 5000 元左右，而且邻苯二胺含量可达到 99%以上。

邻苯二酚是十分重要的农药中间体，在许多杀虫剂的合成中都少不了它。邻苯二酚又名儿茶酚，分子式为 1,2-（HO)$_2$C$_6$H$_4$，儿茶酚多数以衍生物的形式存在于自然界中。例如，邻甲氧基酚和 2-甲氧基-4-甲基苯酚，是山毛榉杂酚油的重要成分。哺乳动物体内的拟交感胺，如肾上腺素、去甲肾上腺素等是儿茶酚的苯环上带有一个 β-羟基乙胺侧链的化合物。儿茶酚为无色结晶；熔点 105℃，沸点 245℃（750mmHg)，密度 1.1493g/cm^3（21℃)；溶于水、醇、醚、氯仿、吡啶、碱水溶液，不溶于冷苯中；可水蒸气蒸馏，能升华。邻苯二酚最早是由干馏原儿茶酸或蒸馏儿茶提取液得到的。后来发现，干馏某些植物和碱熔融某些树脂等也能得到邻苯二酚。工业上是通过重氮邻氨基苯酚后水解，或者在高压釜中水解邻氯苯酚制得。目前大部分邻苯二酚的工业制法为苯酚羟基化法，其过程为苯酚经氧化物（过氧酸、双氧水等）氧化可制得邻、对苯二酚，经分离可得邻苯二酚。

（7）1,2,4-三氯苯

1,2,4-三氯苯广泛应用于医药、农药、染料、助剂等领域，可以合成多种重要的农药、医药和染料，如农药麦草畏、杀螨砜、五氯酚钠、五氯酚等，合成硫化染料、偶氮染料、盐基性染料、冰染料等；还可用于白蚁的防治、脱油脂溶剂、润滑油添加剂、特种工程塑料的功能性助剂等。近年来国内外对其下游产品应用开发方兴未艾，新用途层出不穷，尤其是高纯度 1,2,4-三氯苯需求更为强劲，成为国际市场上紧俏的精细化工原料和中间体。

国外有机氯原料的生产减少，为中国1,2,4-三氯苯的发展提供了良好的发展机遇。鉴于林丹产量减少，应迅速开发新的合成路线，最有前景的路线应为二氯苯氯化法和2,4-二硝基氯化苯氯化法。近年来国内二氯苯发展很快，国内能够提供高纯度的邻、对二氯苯产品；另外中国已成为世界上最大的对、邻硝基氯化苯生产国，每年副产大量2,4-二硝基氯化苯，亟待解决出路问题。因此为中国三氯苯生产提供优质丰富低价的原料。目前上述两条路线在国内已基本能够小规模生产，今后要继续完善提高，争取早日建成规模化工业装置，推进三氯苯产业化进程。

(8) 间甲酚

间甲酚主要用作农药中间体，生产杀虫剂杀螟松、倍硫磷、速灭威、二氯苯醚菊酯，也是彩色胶片、树脂、增塑剂和香料的中间体。

间甲酚又名间甲苯酚，是农药及其他精细化学品的重要中间体。无色到微黄色液体，具有如苯酚的气味。沸点202℃（0.1MPa），凝固点12.22℃，相对密度1.034（20℃），折射率1.9368（20℃），闪点86.1℃（闭杯）。微溶于水，溶于乙醇、乙醚和氯仿。

在20世纪50年代以前，间甲酚的主要来源是从炼焦副产煤焦油和石油精炼碱渣中回收，但回收量很小，不能满足工业需要。以后发展了间甲酚的合成法，其工艺路线有两条，一是以甲苯为原料，经磺化碱熔合成；另一种是异丙基甲苯法，联产丙酮。90年代初，我国由美国引进这一技术，在北京燕山石化建立装置投产。这套装置，除生产1.2×10^4t/a主产品间甲酚外，还联产0.99万吨丙酮。与其他方法相比，这套装置生产的产品质量高、产品比例可以自由调节。后来发展到甲苯磺化碱熔法：由甲苯和硫酸（98%）进行反应（100～110℃），然后升温到150℃，继续加入甲苯，接着升温至190℃进行异构化，最后碱熔得甲醇，其组成如下：苯酚3.1%、对甲苯酚37.4%、邻甲苯酚4.7%、间甲苯酚54.8%。上述反应所得的间、对甲酚，用高效蒸馏塔重蒸，切割出201～208℃的窄馏分，即得到间、对甲酚等的混合物。以此物料，用苯稀释后，加入尿素，在−10℃下反应1h，离心抽滤，用−10℃的苯或甲苯洗涤两次，得到间甲酚-尿素的白色固体络合物。然后在15～80℃用甲苯水解络合物，取上面液层，在精馏塔内，常压下蒸出甲苯和水后，在真空度0.1MPa下切取91～104℃馏分，即得含量为95%以上的间甲酚。本法是最早工业化的方法，工艺路线成熟，国外早期采用此法生产。

总之，农药原药的合成离不开农药中间体，只有农药中间体产业与时俱进，我国的农药原药产业才能发展壮大。在“十二五”期间，我国农药工业必须采取“两手抓”，一手抓农药中间体，一手抓农药原药，真正做到“两手都要硬”，才能确保农药工业健康可持续发展，才能在短时间跟上世界农药工业发展的步伐。

1.5.2.2 我国农药中间体的特点

农药用有机中间体在农药生产中起到承上启下的重要作用，国民经济的发展对农药工业在质量上要求越来越高，品种越来越多，农药产品的发展依赖于高质量、低成本的有机中间体作为原料，因此也刺激和推动了有机中间体品种、质量和合成技术的进步。我国已经成为世界重要的农药有机中间体生产国与供应国，因此农药有机中间体将成为我国化学工业未来发展的重要领域。

目前农药中间体产品具有以下特点[92]。

(1) 生产技术水平已达到世界先进水平

在我国，生产规模与技术水平已经基本达到世界级先进水平的农药用有机中间体主要有氯化苯、对二氯苯、硝基氯苯、二硝基氯苯、对硝基酚、氟氯苯胺、2,4-二氯氟苯、氯化苄、苯甲酸、氯乙酸、吗啉、氯代苯酚、二甲基亚砜、4-甲基咪唑、环己胺等产品。上述这些产品国内均能够大量生产，而且有部分企业的生产规模和产品质量基本上已达到世界先进水平，有的产品装置规模属世界第一，产品已大量出口到国外许多国家和地区。

(2) 生产能力严重过剩，不宜再重复建设的产品

在我国生产能力严重过剩，不宜再重复建设的农药用有机中间体产品有对硝基酚钠、DSD酸、2-萘酚、蒽醌、氨基蒽醌、对氨基苯甲酸、邻氨基苯甲醚、邻苯二胺、对苯二胺、间苯二胺、对氨基苯磺酸、三聚氯氰、苯甲酸、三聚氰胺、二苯胺、2-萘胺、1-萘胺、双氰胺、对甲酚、三聚氰酸、异丙胺等。上述农药用有机中间体产品国内生产能力严重过剩，国内不宜再重复建设新生产装置，应加快产品结构调整的步伐。

(3) 受到国外产品冲击影响的农药有机中间体产品

国内已有一定生产能力但是由于技术落后而质次价高，受到国外产品冲击或影响市场进一步开发的农药有机中间体产品主要有乙二胺、乙醇胺、壬基酚、邻苯二酚、异丙醚、碳酸二甲酯、邻二氯苯、氯乙酰氯、氯乙酸、氯化亚砜、苯乙酸、偏苯三酸酐、甲乙酮、巯基乙酸、氨基乙酸、乙二醛、乙醛酸、亚氨基二乙酸、对氯苯甲酸、间甲酚、四氢呋喃、间氨基酚、叔丁胺、对氨基二苯胺、3,3′-二氯联苯胺、苯基苯酚、环丙胺、间苯二甲胺、环丁砜、戊二醛、三氯苯、异辛酸等。这些产品国内已经能够生产，但是合成技术参差不齐，有许多产品采用传统的落后工艺生产，环境污染严重，产品质量差，有部分产品由于合成技术不成熟，导致生产成本高，不能满足国内下游农药产品的需求，受到国外优质低价产品的冲击。

(4) 市场需求迅速发展，需要依赖相当数量的进口

市场需求迅速发展，而国内生产不能满足要求，需要依赖相当数量进口，或者因为国内不能生产，而导致下游农药产品的开发处于停滞状态的农药用有机中间体产品。主要有三羟甲基丙烷、丙酸、邻甲酚、三甲基乙酸、无水哌嗪、吲哚、喹啉、丙酮醛、2,4,6-三溴酚、噻吩-2,5-二羧酸、巯基乙醛等。随着我国近年来农药用有机中间体的快速发展，像这类产品并不多。该类产品之所以国内一直没有形成规模化工业生产，主要原因是国内不掌握该类产品的合成技术，有的掌握了但是技术不过硬，无法与国外产品相抗衡，经济效益不理想。

(5) 亟待发展的农药精细化工中间体或专用中间体产品

下游农药产品市场处于成长发展期或者出口前景看好，国内合成技术基本成熟，亟待发展农药精细化工中间体或专用中间体产品。其主要产品有对氯甲苯、邻氯甲苯、烷基吡啶、间氯三氟甲基苯、对氯三氟甲基苯、间硝基三氟甲苯、间氨基三氟甲苯、对氨基三氟甲苯、2,4-二氯三氟甲基苯、3,4-二氯三氟甲基苯、间二（三氟甲基）苯、3,5-二硝基三氟甲苯、3,5-二氨基三氟甲苯、间溴三氟甲苯、间羟基三氟甲苯、对三氟甲基苯胺、4-氯-2-三氟甲基苯胺、2,6-二氯-4-三氟甲基苯胺、2-三氟甲基苯甲酰氯、对氟苯甲醛、2,6-二氟苯甲醛、4-氟-3-苯氧基苯甲醛、2-氯-6-氟苯甲醛、邻氟苯甲酸、对氟苯甲酸、2,4,5-三氟苯甲酸、2,4,6-三氟苯甲酸、3,4,5-三氟苯甲酸、2,4-二氯-5-氟苯甲酸、5-氟尿嘧啶、2-氯-5-三氟甲基吡啶、2,6-二氟-3-硝基吡啶、2-氰基吡嗪、邻对溴甲苯、1-氯甲基萘、2-氯甲基萘等。该类产品很多，而且大多数是小吨位的农药精细化工或专用中间体，近年以来国内发展非常迅速，其中最引人注目的系列吡啶产品、系列巯基产品、系列乙酰乙酸类产品、系列乙酰苯胺类产品、系列哌嗪类产品、系列三氟甲基苯类产品、系列吲哚类产品、系列含溴类芳香化合物类产品等。

国内农药中间体首先要加强技术改造工作，提高产品质量、推广催化加氢、SO_3磺化、连续硝化、溶剂法反应和相转移催化等技术，大力开展生物化工技术和环境友好工艺的研发，尤其对一些关键中间体的合成技术和一些共性技术进行重点研究，使科研成果尽快地转

化为生产力。进一步规模化生产，提高农药中间体生产设备及自动化控制水平，实现设备通用化和高效化。进一步开发新品种、大力发展专用型和高附加值的农药中间体品种，改善我国农药中间体品种的高低档次的比例。

国内农药中间体产品生产加强体制及机制改革，转变观念，向更有利于发展的方向转化，应该注意以下几点。

① 原药生产企业已从中间体自我配套向外购中间体发展　改革开放以后，我国化工中间体行业技术水平提高较快，部分中间体实现规模化生产，其外购比农药企业自己生产成本更低，因此，农药生产企业逐步外购中间体。

② 生产由中间体向原药方向转化　为追求更高利润，中间体企业已不满足于仅生产农药中间体，而是向生产原药方向发展。

③ 产品更新快，各类新产品也逐渐形成　农药产品因抗药性等因素，更新速度较快，中间体适应其发展，更新的速度也较快。进入 90 年代后，随着对靶标专一性要求的提高，农药向杂环类发展，因此，杂环类农药也成为一重大方向。

④ 由污染型、单一型企业向环保型、多重复合型企业转变，大大地增强企业自身实力及竞争力。

⑤ 强化研发队伍及平台建设，提升技术创新能力，加大技术开发力度，进一步提高总体技术水平。

⑥ 在加强原料药中间体研发的同时，重视强化剂型药中助剂的研发，特别是功能性表面活性剂、水溶性剂、易生物降解无毒制剂等。

1.5.2.3　我国农药中间体发展趋势

为适应我国农药发展、农药产品结构调整的要求以及缩短与国外农药工业的差距，农药中间体未来将重点发展以下产品：国内尚不能生产的农药中间体、高毒农药替代产品的中间体、含杂环的农药中间体、含氟的农药中间体和手性农药的农药中间体等[93～104]。

（1）国内尚不能生产的农药中间体

受技术基础及工艺装备条件的限制，国外某些中间体目前我国还不能生产，但必须加强它们的研发，研发过程中创造条件，尽快添补空白。

（2）高毒农药替代品的中间体

很多农药结构本身决定了它具有高毒性。例如含磷农药，应研究综合性比较优异的农药中间体。有的农药性能优异，例如含氨基的化合物，但它的制造过程由巯基还原氨基、铁粉还原、硫钠还原都有极严重的污染，必须用加氢还原取代反应。这些先进的制法工艺研发对农药中间体的发展起了关键性的作用。

（3）含杂环的农药中间体

① 含杂环的有机磷杀虫剂的中间体，例如二嗪农、毒死蜱、喹硫磷、杀扑磷、氯唑磷的中间体；

② 含杂环的高效杀虫剂的中间体，例如吡虫啉、吡虫清、锐劲特、氟唑虫清的中间体；

③ 含杂环的高效杀菌剂的中间体，例如喹氧灵、呋吡唑灵的中间体；

④ 含杂环的除草剂的中间体，例如通用的磺酰脲类除草剂中间体，咪唑啉酮类除草剂咪草烟，灭草喹的中间体以及定草酯、二氯喹啉酸、丁噻隆的中间体、四唑酰革胺等四唑类化合物除草剂。

（4）含氟的农药中间体

在寻求改进生物活性的途径时，常常使用氟取代氢或氯。这种取代方式可以大大提高药效，在拟除虫菊酯结构中引进氟原子，会提高对害虫的药效，并具有杀螨作用，因此含氟拟除虫菊酯已被人们所关注。但是，要制备活性最高的化合物有必要选择分子的氟代位置。Colm Swithenbank 明确地概括了氟原子插入对生物活性所起的作用，他以许多实例说明了氟取代氢常会降低活性，但是活性最高的化合物常常会在分子结构某些位置上含有氟原子，同时要制备活性高的含氟化合物，必须要有含氟的中间体，因此研究和开发含氟中间体也非常必要。

（5）手性中间体

手性农药将成为21世纪新农药开发的热点。据统计，世界上现有的2000余个农药品种中，有30%左右具有光学活性。

参考文献

[1] 倪文升，李安良．药物化学．北京：高等教育出版社，2000.
[2] 朱淬砺．药物合成反应．北京：化学工业出版社，1987.
[3] 殷宗泰．精细化工概论．北京：化学工业出版社，1998.
[4] 钱旭红．精细化工概论．第2版．北京：化学工业出版社，2002.
[5] 杨锦宗，张淑芬．精细化工，2001，18（12）：683.
[6] 王大全．科技导报，2004，（10）：41.
[7] 许秋塘．上海化工，2005，30（9）：1.
[8] 王大全．化工进展，2004，23（5）：457.
[9] 钱伯章．医药化工，2008，（7）：29.
[10] 柏杨．精细化工原料及中间体，2009，（2）：12.
[11] 杨福顺．医药化工，2008，（5）：1.
[12] 杨福顺．医药化工，2008，（1）：8.
[13] 方巍．精细化工原料及中间体，2008，（9）：7.
[14] 魏文珑．应用化工，2009，38（2）：277.
[15] 徐兆瑜．化工科技市场，2009，（1）：35.
[16] 刘玲玲．中国医药工业杂志，2012，43（4）：A44.
[17] 俞观文．中国制药信息，2010，26（11）：1.
[18] 王韧．化工中间体导刊，2005，（19/20）：3.
[19] 张平．化工中间体，2008，（7）：39.
[20] 李然．化工中间体，2008，（5）：44.
[21] 胡江宁．中国医药工业杂志，2011，42（2）：151.
[22] 徐铮奎．中国制药信息，2011，27（9）：3.
[23] 齐继承．中国制药信息，2010，26（10）：12.
[24] 吴霖芹．中国医药工业杂志，2010，42（8）：A71.
[25] 张骁．中国制药信息，2010，26（11）：5.
[26] 俞观文．中国制药信息，2010，26（5）：1.
[27] 庾莉萍．精细化工原料及中间体，2009，（9）：16.
[28] 王经纬．原料及中间体，2010，（4）：37.
[29] 王文峡．化工科技市场，2010，33（1）：43.
[30] 方巍．农化新世纪，2008，（12）：23.
[31] 李运波．有机化学，2009，29（7）：1068.
[32] 张屹．化工中间体，2011，（1）：15.
[33] 肖艳华．武汉工程大学学报，2012，34（1）：14.
[34] 徐兆瑜．化工科技市场，2009，32（1）：35.
[35] 陈磊等．精细石油化工进展，2005，6（11）：37.
[36] 徐兆瑜．精细化工原料及中间体，2006，（7）：21.
[37] 邱继平等．中国医药工业杂志，2007，38（10）：694.
[38] 卞明．化学工程师，2007，（6）：48.

[39] 梁诚．精细与专用化学品，2005，13（5）：1.
[40] 钱华，吕春绪，叶志文．火炸药学报，2006，29（5）：9.
[41] 钱华，叶志文，吕春绪．化学世界，2006，47（12）：717.
[42] Qian Hua，Lü C X，Ye Z W. Preceedings of the 2nd International Seminar on Industrial Explosive. Beijing：The Publishing House of Ordnance Industry，2006：50.
[43] 葛学忠，李高明，洪峰等．火炸药学报，2002，（1）：45.
[44] 何志勇，罗军，吕春绪等．火炸药学报，2010，33（2）：1.
[45] 齐秀芳，程广斌，段雪蕾等．火炸药学报，2007，30（5）：12.
[46] 岳彩波，魏运洋，吕敏杰．含能材料，2007，15（2）：118.
[47] 方东，施群荣，巩凯．含能材料，2007，15（2）：122.
[48] Fang D，Luo J，Zhou X L，et al. J Mol Catal A：Chem，2007，116（1-2）：76.
[49] Fang D，Luo J，Zhou X L，et al. J Mod Catal A ：Chem，2007，274：208.
[50] Laali K K，Gettwert V J. J Org Chem，2001，66（1）：35.
[51] Qiao K，Hagiwara H，Yokoyama C. J Mod Catal A：Chem，2006，246：65.
[52] Lancaster N L，Llopis-Mestre V. Chem Commun，2003，22：2812.
[53] Smith K，Liu S，El-Hiti G A. Ind Eng Chem Res，2005，44：8611.
[54] 刘丽蓉，职慧珍，罗军等．含能材料，2009，17（6）：517.
[55] 职慧珍，罗军，马伟等．高等学校化学学报，2008，29（4）：772.
[56] Qi X F，Cheng G B，Lü C X，et al. Central European Journal of Energetic Maperials，2007，4（3）：105.
[57] Zhi H Z，Lü C X，Zhang Q，et al. Chem Commun，2009，20：2878.
[58] Cheng G B，Duan X L，et al. Catalysis Communications，2008，10（2）：201.
[59] 程广斌，钱德胜，齐秀芳等．应用化学，2007，24（11）：125.
[60] 齐秀芳，程广斌，吕春绪．含能材料，2008，16，（4）：398.
[61] Qi X F，Cheng G B，Lü C X，et al. Central European Journal of Energetic Maperials，2007，4（3）：105.
[62] Qi X F，Cheng G B，Lü C X，et al. Synth Commun，2008，38（4）：537.
[63] Zhi H Z，Luo J，Lü C X，et al. Chin Chem Lett，2009，20：379.
[64] 何志勇，罗军，吕春绪．火炸药学报，2010，33（2）：36.
[65] Cheng G，Li X B，Qi X F，et al. Theory and Practice of Energetic Materials（Ⅷ）. Beijing：Science Press，2009，8：48.
[66] 程广斌，李霞，齐秀芳等．北京：北京理工大学，2008 年火炸药学术研讨会论文集．2008：7.
[67] 石煜．黑索金的合成工艺研究．南京：南京理工大学，2010.
[68] ZHI H Z，Luo J，Feng G A，et al. Chinese Chemical Letters，2009，20（4）：379.
[69] 钱华，吕春绪，叶志文．火炸药学报，2006，29（3）：52.
[70] 钱华，叶志文，吕春绪．应用化学，2008，25（3）：424.
[71] 钱华，吕春绪，叶志文．精细化工，2006，23（6）：620.
[72] 钱华，叶志文，吕春绪．含能材料，2007，15（1）：56.
[73] 马晓明，李斌栋，吕春绪等．火炸药学报，2009，32（6）：24.
[74] 何志勇，罗军，吕春绪．火炸药学报，2010，33（1）：1.
[75] 罗军，蔡春，吕春绪．江苏化工，2000，29（增刊）：40.
[76] 罗军，蔡春，吕春绪．合成化学，2002，10（1）：171.
[77] 罗军，曲文超，蔡春等．南京理工大学学报，2002，26（5）：98.
[78] 罗军，蔡春，吕春绪．精细化工，2002，19（10）：593.
[79] 罗军，蔡春，吕春绪．石油化工，2003，32（1）：37.
[80] 罗军，蔡春，吕春绪．现代化工，2002，（22）：43.
[81] 罗军，蔡春，吕春绪．应用化学，2003，20（1）：47.
[82] 罗军，蔡春，吕春绪．精细化工，2003，20（1）：53.
[83] 钱华．五氧化二氮在硝化反应中的应用研究．应用化学，2008，25（1）：4.
[84] 化工中间体研究小组．化工中间体，2001，（14）：19.
[85] 陆鳌珠．亚洲化工中间体网刊，2001，（1）：1.
[86] 和英．今日科技，1999，（7）：18.

[87] 赵美法．中国氯碱，2003，(2)：1.
[88] 吴学玉．化工中间体，2002，(15)：19.
[89] 钱伯章．精细化工原料及中间体，2005，(12)：12.
[90] 王光明．化学工程师，2005，(1)：43.
[91] 钱伯章．化工中间体，2004，(8)：1.
[92] 汪建沃，张群．农药市场信息，2012，(15)：46.
[93] 王志飞．农药市场信息，2011，(14)：30.
[94] 方巍．精细化工原料及中间体，2008，(9)：7-8.
[95] 江镇海．市场行情，2010，(2)：20.
[96] 江镇海．农药市场信息（10日版），2011，19 (621)：31.
[97] 江镇海．化工中间体，2008，(8)：32.
[98] 王树．市场行情，2012，(1)：40.
[99] 江镇海．山东农药信息，农药中间体，2010，(1)：30.
[100] 梁诚．中国农药，2011，(4)：20.
[101] 吴晶晶．精细与专应用化工品，2010，18 (7)：1.
[102] 梁诚．有机氧工业，2011，(4)：38.
[103] 张一宾．精细化工与专用化学品，2009，(17)：25.
[104] 米娜，王唤．世界农药，2009，31 (2)：24.

2 药物中间体的合成设计

合成设计又称有机合成的方法论，即在有机合成的具体工作中对拟采用的种种方法和步骤进行分析、评价和比较，从而确定一条最经济有效的合成路线，简单来说，就是在进行有机合成实验之前制定一个合理的规划。它既包括了对已知合成方法进行归纳、演绎、分析和综合等逻辑思维形式，又包括在学术研究中开拓的创造性思维形式。

有机化合物，特别是结构复杂的精细有机物分子的合成，首要的工作便是制定一个合理的合成计划，要采用最恰当的策略，设计出切实可行的合成路线，它是整个合成工作的灵魂。犹如要建造一座宏伟的大厦，动工之前必须要有建筑大厦的设计图，然后才能把建筑师的设计思想在建造过程中一一落实，才能实施变图纸中的楼阁为现实中的建筑物，否则无法可行。在这个意义上，合成路线设计可看作“艺术”和“建筑学”中的一种形式，有机合成像是在从事分子建筑的精细工程，合成路线的设计是否非常巧妙、合理，不仅需要有丰富的化学知识，还要善于运用这些知识，即需要丰富的经验，才能建造好复杂分子这座“大厦”。作为科学的“艺术”，有机合成充分地体现在合成中装配复杂分子骨架的简短性、正确性和巧妙性。为了达到这个目的，在合成设计时必须对合成策略、分子骨架的建立、官能团转化和选择性控制等做出正确的判断，最后找到理想的合成方案。

1967 年，Corey 在总结前人逻辑推理构建复杂分子的基础上，吸取了计算机程序设计的思维方式，对许多合成反应系统进行整理归纳，提出了逆向合成设计的概念以及一些相关原则，这便是合成设计的概念和原则的首次提出[1]。随后，Turner[2]、Warren[3] 等相继从不同角度对合成设计方法作了进一步阐述，他们的努力为有机合成设计的发展奠定了重要基础。随着计算机技术的发展，有机合成设计又发展了电子计算机辅助合成分析，并逐步形成为有机合成的一种重要方法学[4]。

合成设计涉及的学科众多，其内容异常丰富，限于篇幅，下面将主要介绍逆向合成设计和逆向切断的原则和技巧、合成设计路线的评价标准等内容，在此基础上，通过一些药物中间体的合成分析，简单介绍 C—X 键（X 指杂原子）和 C—C 键逆向切断法在单官能团和双官能团化合物合成设计中的应用。

2.1 逆向合成路线设计及其技巧

2.1.1 逆向合成法常用术语

（1）逆向合成法

在设计合成路线时，由准备合成的化合物——常称为目标分子（Target Molecule，简称 TM）——开始，向前一步一步地推导到需要使用的起始原料。这是一个与合成过程方向相反的途径，因而称为逆向合成法（Retrosynthesis）。在逆推过程中，通过对结构进行分析，能够将复杂的分子结构逐渐简化，只要每步逆推得合理，当然就可以得出合理的合成路线。

（2）逆向切断、逆向连接及逆向重排

逆向切断（Antithetical Disconnection）是一种分析方法，通常简称为切断，是逆向合成法中用来简化目标分子必不可少的手段，即将目标分子中的化学键切断，将其剖析转变成各种不同性质的结构单元，用符号“⇒”和画一条S形曲线穿过被切断的键来表示，意思是通过一定的化学反应，可以从后者得到前者，它与有机化学反应中正向反应“→”所表示的意思恰好相反。例如：

$$H_2N-C_6H_4-C(=O)\wr OC_2H_5 \Longrightarrow H_2N-C_6H_4-\overset{+}{C}(=O) + {}^{-}OC_2H_5$$

逆向连接（Antithetical Connection）是指将目标分子中两个适当的碳原子用新的化学键连接起来，它是实际合成中氧化断裂反应的逆向过程。把目标分子骨架拆开和重新组装，则称为逆向重排（Antithetical Rearrangement），它是实际合成中重排反应的逆向过程。

（3）合成子及其等效试剂[5]

合成子（Synthon）是指逆向合成法中切断目标分子或中间体骨架所得到的各组成结构单元的活性形式。根据成键的需要，合成子可以是离子形式、自由基形式或周环反应所需的中性分子，其中前两种合成子不稳定，其实际存在形式称为它们的等效试剂（Equivalent Reagent），而周环反应合成子与其等效试剂在形式上是完全相同的。

（4）逆向官能团变换

所谓逆向官能团变换是指在不改变目标分子基本骨架的前提下变换官能团的性质或位置的方法。一般包括下面三种情况：①仅仅变换官能团的种类，而不改变其位置，称为逆向官能团互换（Antithetical Functional Group Interconversion，简称FGI）；②向目标分子的结构中添加官能团，称为逆向官能团添加（Antithetical Functional Group Addition，简称FGA）；③从目标分子的结构中去掉某种官能团，称为逆向官能团除去（Antithetical Functional Group Removal，简称FGR）。官能团变换是使切断成为可能的一种方法，也是化学反应的逆过程。一般用符号“⇒”上写有FGI、FGA或FGR来分别表示这三种情况。在合成设计中应用这些变换的主要目的如下：

① 将目标分子变换成在合成上更容易制备的前体化合物，该前体化合物构成了新的目标分子，称为可替换目标分子（Alternative Target Molecule）；

② 为了作逆向切断、连接或重排等变换，必须将目标分子上原来不适用的官能团变换成所需的形式，或暂时添加一些必要的官能团；

③ 添加一些活化基、保护基、阻断基或诱导基等，以提高化学、区域或立体选择性。

2.1.2 逆向切断的基本原则

2.1.2.1 逆向合成设计的例行程序[6]

（1）分析

① 对目标分子的结构特征及其已知的理化性质进行收集和考察，分辨出目标分子中所含的官能团；

② 采用已知的和可靠的化学反应对目标分子进行切断；

③ 必要时进行重复切断，直至达到易于获取的起始原料。

（2）合成

① 根据前面的分析写出合成计划，注明试剂和反应条件；

② 根据实验进行的情况，修改并完善合成计划。

2.1.2.2 逆向切断应遵循的基本原则

① 应有合适的反应机理，遵照“能合才能分”的道理，即切断必须有连接成键的有机

化学反应为依据；

② 遵循最大可能的简化原则，如在分子中央处切断，在支链处切断，利用分子的对称性切断等；

③ 切断有几种可能时，应选择合成步骤少、反应产率高、原料易得的方案切断；

④ 涉及官能团时，则在官能团附近切断，如果是由两种官能团形成的官能团，则应切断原官能团；

⑤ 分子中如含有 C—X 键时，一般选择对 C—X 键进行切断，特别是当杂原子为氧、氮、硫时，应在氧、氮、硫处切断。

2.1.3 逆向切断技巧

2.1.3.1 优先考虑骨架的形成

有机化合物是由骨架和官能团两部分组成的，在合成过程中，总存在着骨架和官能团的变化，一般有以下四种可能：①骨架和官能团都没有变化，只是官能团的位置有所改变；②骨架不变而官能团变化；③骨架变化而官能团不变；④骨架和官能团都发生变化。无疑，目标分子骨架的建立是设计合成路线的核心，一般是由较小的、较简单的骨架转变为较大的、较复杂的骨架。解决这类问题首先要正确地分析、思考目标分子的骨架是由哪些碎片（即合成子）通过 C—C 成键或 C—X 成键而一步一步地连接起来的。如果不优先考虑骨架的形成，那么连接在它上面的官能团也就没有归宿。

但是，考虑骨架的形成却又不能脱离官能团。因为反应是发生在官能团上，或由于官能团的影响所产生的活性部位（如双键或羰基的 α-位等）。因此，要发生 C—C 或 C—X 成键反应，碎片中必须要有成键反应所要求存在的官能团。

例如，化合物 **2-1** 分子中含有三个官能团，将六元环双键切断后转变成含有三个羰基的合成子，可以分别通过三个前体化合物带入或由它们所含官能团转换而成。

逆分析：

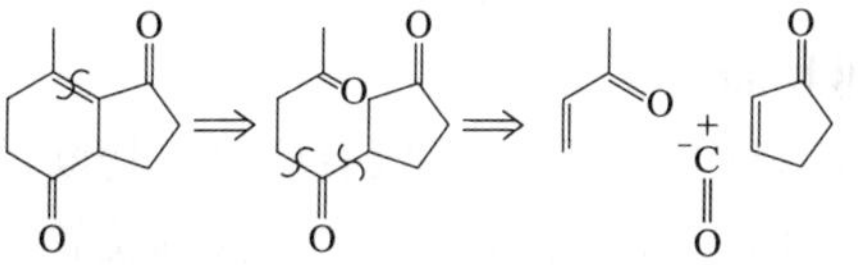

2-1

合成[7]：

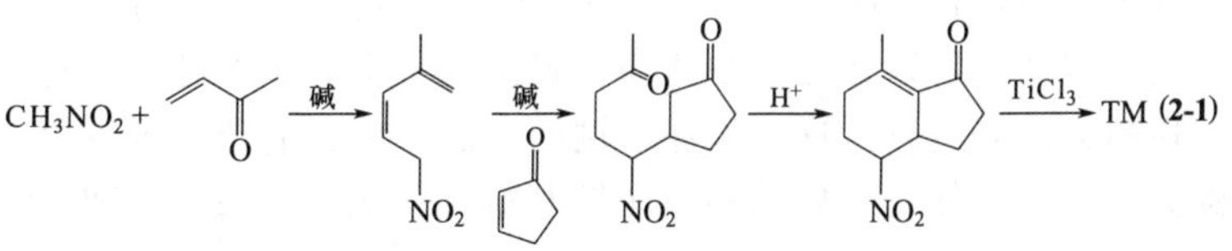

CH_3NO_2 + —碱→ —碱→ —H^+→ —$TiCl_3$→ TM (**2-1**)

NO_2　　NO_2　　NO_2

由上述过程可以看出，首先应该考虑骨架是怎样形成的，而且形成骨架的每一个前体（碎片）都带有合适的官能团。

2.1.3.2 C—X 键优先切断

由于碳原子和杂原子之间存在着电负性的差异，C—X 键一般具有极性，往往不如 C—C 键稳定，而且 C—X 键也较容易生成。因此，对于复杂分子的合成来说，比较有利的做法是将 C—X 键的形成放在最后几步完成。一方面可以避免 C—X 键受到早期一些反应的干扰；另一方面可以选择在较温和的反应条件下来实现 C—X 键的生成，避免在后期的反应中损害已经引入的官能团。从合成设计的角度来说，在合成方向后期形成的键，逆向分析时应该先行切断。

例如，化合物 **2-2** 具有内酯结构，首先应选择切断酯官能团中的 C—O 键，得到开链的羟基酸，接下来的切断分析就变得比较容易了。

分析：

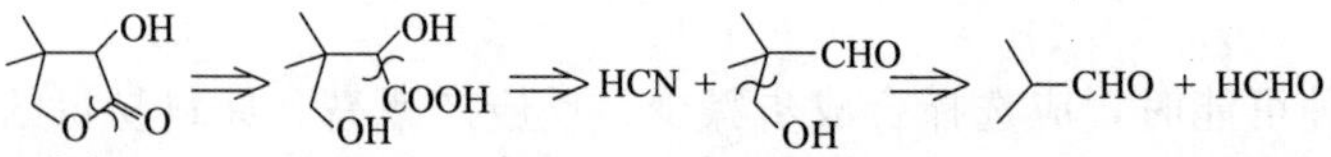

合成：

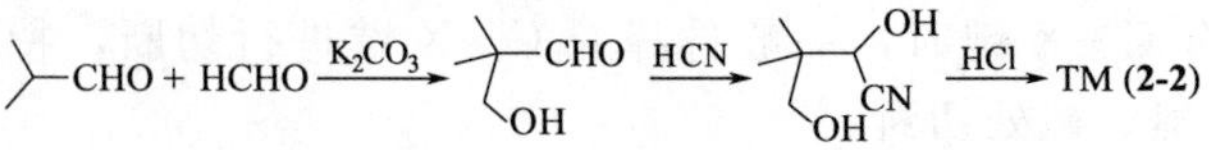

2.1.3.3 目标分子活性部位先切断

目标分子中官能团部位和一些支链部位可先切断，因为这些部位往往是最活泼、最易结合成键的地方。

例如，化合物**2-3**分子中含有苯环，因此，首先应考虑切断与苯环相连的键，即优先切断支链，为此需要先对支链作相应的变换，然后再切断。

分析：

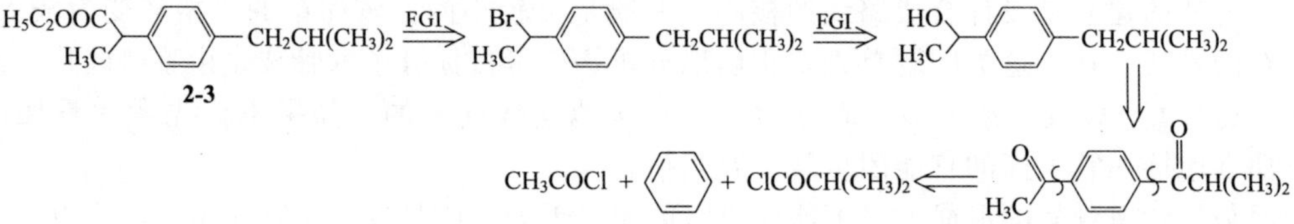

合成：

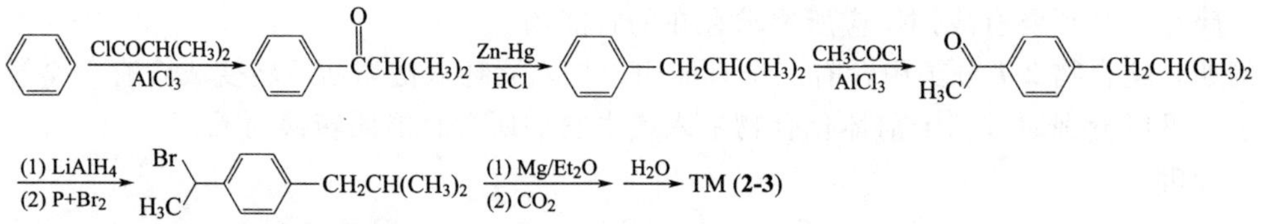

2.1.3.4 添加辅助基团后再切断

有些化合物结构上没有明显的官能团，或没有明显可切断的键。在这种情况下，可以在分子的适当位置添加某个官能团，以便于找到逆向变换的位置及相应的合成子。但在添加辅助基团时应考虑到使其在正向合成时易被除去。

一般来说，分子中不含官能团的多为烃类化合物，如烷烃、烷基芳烃等。但这些化合物可由烯烃加氢得到，因此，可以在分子中适当位置添加一个碳碳双键，再将其转化为醇，然后可以采用醇的切断方法来进行。这种添加双键的方法，位置的选择很重要，应尽可能选在取代基较多的碳原子上，并使得随后的切断能顺利推出原料，或使得该步反应能顺利进行，而无副反应发生。

例如，化合物**2-4**分子中含有环己烷结构，可以考虑通过Diels-Alder反应来合成，为使目标分子成为Diels-Alder加成物，需要在环己烷的结构上添加一些辅助基团，如双键和吸电子基团等，然后才能通过切断获得合适的反应原料。

分析：

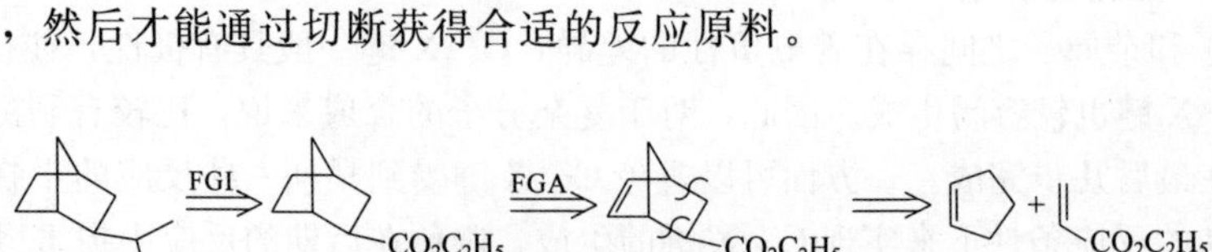

合成：

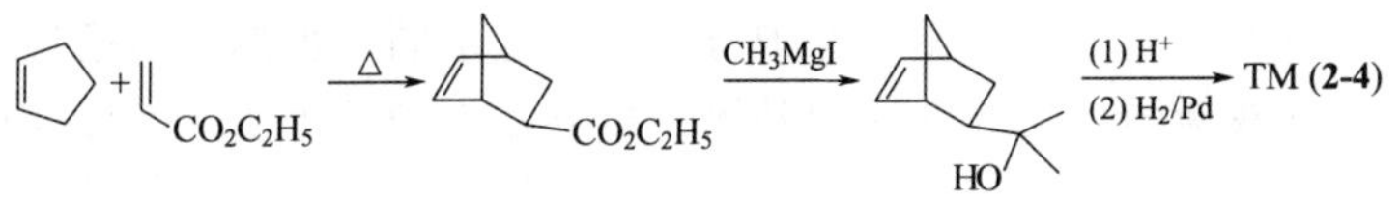

$\xrightarrow{(1)\ H^+}_{(2)\ H_2/Pd}$ TM (**2-4**)

2.1.3.5 回推到适当阶段再切断

有些分子可以直接切断，但有些分子却不能直接切断，或经切断后得到的合成子在正向合成时没有合适的方法连接起来。此时应通过逆向官能团互换、逆向连接或逆向重排等手段，将目标分子回推到其某一可替换目标分子后再行切断。如在合成二醇 **2-5** 时，若直接从 **2-5** 分子中 a 处切断，得到两个合成子，其中 $^-CH_2CH_2OH$ 合成子找不到合适的等效试剂。如果通过官能团互换将目标分子变换为羟基醛后再在 b 处切断，就可以采用两分子乙醛经醇醛缩合反应来合成。

分析：

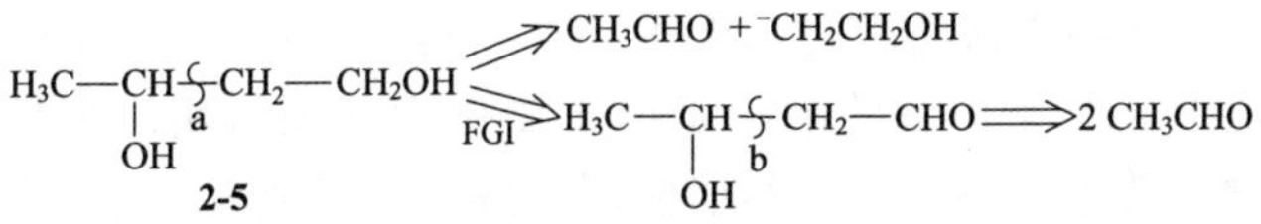

$H_3C—CH(OH)—CH_2—CH_2OH$ (**2-5**，a 处切断) $\Rightarrow CH_3CHO + {}^-CH_2CH_2OH$

$\xRightarrow{FGI} H_3C—CH(OH)—CH_2—CHO$（b 处切断）$\Rightarrow$ 2 CH_3CHO

合成：

$$2CH_3CHO \xrightarrow{KOH} H_3C—CH(OH)—CH_2—CHO \xrightarrow{LiAlH_4} TM \quad (\textbf{2-5})$$

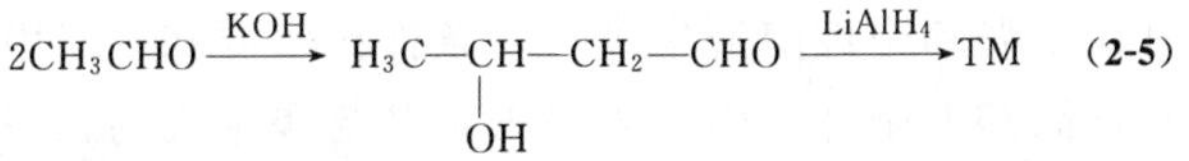

2.1.3.6 利用分子的对称性切断

有些目标分子具有对称面或对称中心，利用分子的对称性可以使分子结构中的相同部分同时接到分子骨架上，从而使合成问题得以简化。

例如，化合物 **2-6** 分子呈对称结构，因此可以选择切断分子结构的对称中心，得到两个相同的合成子。

分析：

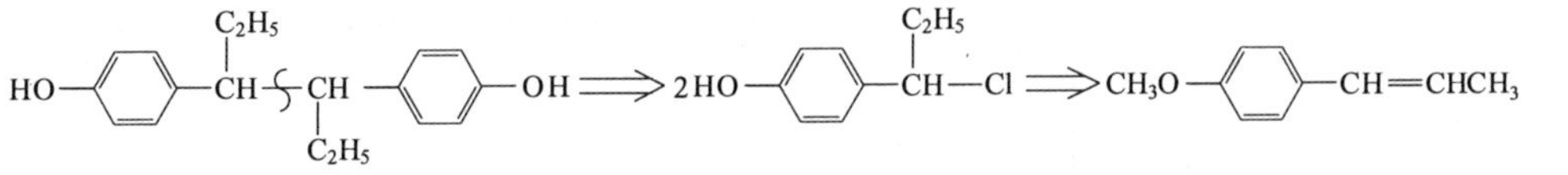

$HO—C_6H_4—CH(C_2H_5)—CH(C_2H_5)—C_6H_4—OH$ (**2-6**) $\Rightarrow$ 2 $HO—C_6H_4—CH(C_2H_5)—Cl \Rightarrow CH_3O—C_6H_4—CH{=}CHCH_3$

合成：

$$2CH_3O—C_6H_4—CH{=}CHCH_3 \xrightarrow[5\sim10℃]{苯，氯化氢气体} 2CH_3O—C_6H_4—CH(C_2H_5)—Cl \xrightarrow[85\sim90℃]{Fe}$$

$$CH_3O—C_6H_4—CH(C_2H_5)—CH(C_2H_5)—C_6H_4—OCH_3 \xrightarrow{HI} TM \quad (\textbf{2-6})$$

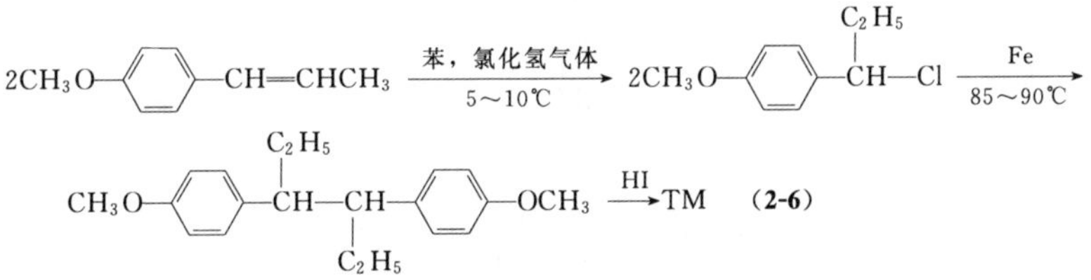

2.1.4 官能团的保护

在合成一个多官能团化合物的过程中，如果反应物中有几个官能团的活性类似，要使一个给定的试剂只进攻某一官能团是比较困难的。解决这个问题的办法，除可以选用高选择性的反应试剂外，还可以应用可逆性去活化的策略。所谓可逆性去活化就是以保护为手段，将暂不需要反应的官能团用保护基团保护起来，暂时钝化，然后到适当阶段再除去保护基团。一个合适的保护基团应具备下列条件：①引入时反应简单、产率高；②能经受必要的和尽可能多的试剂的作用；③除去时亦反应简单、产率高，且其他官能团不受影响；④能选择性保护不同的官能团。

能否找到必要的合适的保护基团，对合成的成败起着决定性的作用。由于不同的化合物需要加以保护的理由不同，因而所用的保护方法也自然不同。虽然目前已经创造了许多保护基团，但仍在继续寻找新的、更好的保护基团，以满足不同的需要。一般常用的官能团保护反应归纳如下。

① 羰基的保护　最常用的方法是将羰基化合物在酸存在下与乙二醇反应生成1，3-二氧戊环化合物，该化合物对钠/液氨、钠/醇催化氢化、硼氢化钠、氢化铝锂、在碱性和中性条件下几乎所有氧化剂（除臭氧外）和格氏试剂等都较稳定；但对酸不稳定，这一点恰好可以利用来脱除保护基团而释放出羰基。

$$\rangle C{=}O + HOCH_2CH_2OH \underset{H_2O/H^+}{\overset{BF_3\text{或}H^+}{\rightleftharpoons}} \rangle C\langle\begin{smallmatrix}O-\\O-\end{smallmatrix}\rangle$$

② 羟基的保护　醇易被氧化、酰化和卤化，仲、叔醇常易脱水，所以在进行一些反应时，一般通过醚化或酯化的方法将醇羟基保护起来。其中，醇与异丁烯作用生成的叔丁醚对碱和催化氢解均很稳定，此保护法的缺陷是由于脱保护基团所用的酸性条件比较剧烈，因此，当分子中存在对酸敏感的基团时，不能应用；醇与氯（或溴）苄作用制成的苄醚，不受碱的影响，对酸水解相当稳定，对过碘酸钠、四乙酸铅和氢化铝锂等试剂也很稳定，除去苄基的钯催化氢解反应可在室温和中性溶液中进行，条件比较温和；三甲基硅保护基团的一个重要特色是它可以在非常温和的条件下引进和除去，其与醇生成的三甲基硅醚较为稳定，能耐受氢氧化钾/醇的酯水解条件，以及温和的还原条件；伯、仲、叔醇都可以与二氢吡喃结合生成四氢吡喃醚，该产物对强碱、格氏试剂和烷基锂、氢化铝锂、烷基化和酰基化试剂都稳定，可在温和的条件下进行酸催化水解脱除保护基团。

最常用来保护羟基的方法，是将醇与酸酐、酰卤作用形成羧酸酯，或与氯甲酸酯作用形成碳酸酯。此法可使醇在酸性或中性的反应中不受影响。该保护基团可以用碱水解的方法除去。

$$-\overset{|}{\underset{|}{C}}-OH\left\{\begin{array}{l}
+ H_2C{=}\overset{CH_3}{\overset{|}{C}}-CH_3 \underset{F_3CCOOH}{\overset{BF_3\text{-}H^+}{\rightleftharpoons}} -\overset{|}{\underset{|}{C}}-O-C(CH_3)_3\\
+ C_6H_5CH_2Cl \underset{H_2/Pd}{\overset{KOH/(CH_3)_2SO}{\rightleftharpoons}} -\overset{|}{\underset{|}{C}}-O-CH_2C_6H_5\\
+ (CH_3)_3SiCl \underset{ROH/H_2O}{\overset{\text{吡啶},0℃}{\rightleftharpoons}} -\overset{|}{\underset{|}{C}}-O-Si(CH_3)_3\\
+ \text{二氢吡喃} \underset{H_3O^+}{\overset{CHCl_3/H^+}{\rightleftharpoons}} -\overset{|}{\underset{|}{C}}-O-\text{(四氢吡喃-2-基)}\\
+ (CH_3CO)_2O \underset{OH^-/H_2O}{\overset{\text{吡啶}}{\rightleftharpoons}} -\overset{|}{\underset{|}{C}}-O-\overset{O}{\overset{\|}{C}}CH_3
\end{array}\right.$$

③ 氨基的保护　一个简便而应用很广的氨基保护方法是将胺转变成取代的酰胺，可以使氨基在氧化、烷基化等反应中保持不变，一般采用酸酐和酰卤作为酰基化剂；此外，邻苯二甲酸酐、丁二酸酐也是常用的酰化剂，它们与胺形成的环状酰亚胺是非常稳定的。这些保护基团均可在酸性或碱性条件下水解除去。

$$-NH_2\left\{\begin{array}{l}
+ (CH_3CO)_2O(\text{或}\ CH_3COCl) \underset{H^+/H_2O}{\rightleftharpoons} -NHCOCH_3\\
+ \text{邻苯二甲酸酐}\ (\text{或丁二酸酐}) \underset{H^+\text{或}OH^-/H_2O}{\rightleftharpoons} \text{邻苯二甲酰亚胺基}N-\ (\text{或丁二酰亚胺基}N-)
\end{array}\right.$$

④ 羧基的保护　在药物合成反应中，羧基的保护其主要目的是阻止碱性试剂与羧酸质

子之间的反应，少数情况下是为了羰基以防止亲核试剂加成反应和金属氢化物的还原。一般情况下将其转变成酯的方法来保护羧基，对于氨基酸则可以用 Me_3SiCl 或 $SOCl_2$ 活化酯化反应，也可以生成叔丁基酯，如与异丁烯反应或β-取代的乙基酯，如与 2，2，2-三氯乙基酯（TCE）反应来保护羧基。

$$
-COOH\begin{cases} +ROH \underset{OH^-/H_2O}{\overset{H^+}{\rightleftharpoons}} -COOR \\ +Me_3SiCl \xrightarrow[\text{rt, 20h}]{MeOH} -COOCH_3 \\ +(CH_3)_2C{=}CH_2 \xrightarrow[\text{二噁烷}]{H_2SO_4} -COOBu\text{-}t \end{cases}
$$

2.1.5 导向基的应用

2.1.5.1 导向的概念

有机分子在进行化学反应时，分子骨架上所连的官能团往往能决定发生反应的难易及位置。利用这一现象，在设计合成路线时，可以在某一反应发生之前在反应物分子上引入一个通常被称为导向基的控制基团，此基团可以依靠自己的定位效应来引导该反应按需要进行，导向基所起的这种作用便被称为导向作用。一个好的导向基还应具有容易生成、容易去掉的功能。根据引入的导向基所起的作用不同，可分为活化、钝化及封闭特定位置三种导向形式。

2.1.5.2 活化导向

导向手段中使用最多的便是利用活化作用来导向。所谓活化导向是指在分子中引入一个活化基作为控制基团，把反应导向指定的位置。

例如，化合物 **2-7** 可以按下列方式切断成丙酮和苄基溴。

分析：

$$CH_3COCH_2\text{≀}CH_2Ph\ (\mathbf{2\text{-}7}) \Longrightarrow CH_3COCH_3 + BrCH_2Ph$$

若以丙酮为起始原料，制备的目标分子的收率很低，因为目标分子与反应物活性相近，可以进一步发生下列反应：

$$CH_3COCH_2CH_2Ph + BrCH_2Ph \xrightarrow{OH^-} PhCH_2CH_2COCH_2CH_2Ph + CH_3COCH(CH_2Ph)_2$$

要解决这个问题，必须设法使丙酮上两个甲基有显著的活性差异。可以将一个乙酯基（导向基）引入丙酮的一个甲基上，这样使所在碳上的氢较另一个甲基上的氢有大得多的活性，使这个碳成为苄基溴进攻的位置，那么起始原料将是乙酰乙酸乙酯，在引入苄基后将乙酯基水解成羧基，再利用β-酮酸易于脱羧的特性将活化基除去，完成使命。

合成：

$$CH_3COCH_2COOC_2H_5 + PhCH_2Br \xrightarrow{C_2H_5ONa} CH_3COCH(CH_2Ph)COOC_2H_5 \xrightarrow[H_2O]{KOH} CH_3COCH(CO_2K)CH_2Ph \xrightarrow[\triangle]{H^+} TM\ (\mathbf{2\text{-}7})$$

2.1.5.3 钝化导向

所谓钝化导向，也是在分子中引入一个钝化基作为控制基团，在把反应导向指定位置的同时，使所得产物的活性降低，因而能阻止反应进一步进行。

例如，在以苯胺为原料制备对溴苯胺时，就需要考虑引入钝化基团。因为氨基是一个很强的邻、对位定位基，进行溴代反应时容易生成多元取代物。为避免多溴代物的产生，必须使氨基的活性降低，也就是使氨基钝化到一定程度。这可以通过乙酰化反应，使氨基的一个氢原子被乙酰基取代后，氮原子上的未共用电子对仍保留着，但它不仅与苯环共轭，同时也与羰基发生共轭，酰基的引入将夺去氮原子上的一部分电子云，从而降低了氮原子对苯环的供电能力；此外，由于乙酰氨基（$H_3CCONH—$）的空间位阻较大，可以阻止其邻位取代反应的发生。因此，当乙酰苯胺进行溴化时，主要产物是对位溴代乙酰苯胺。溴化后，在酸性条件下水解可将乙酰基除去。

合成：

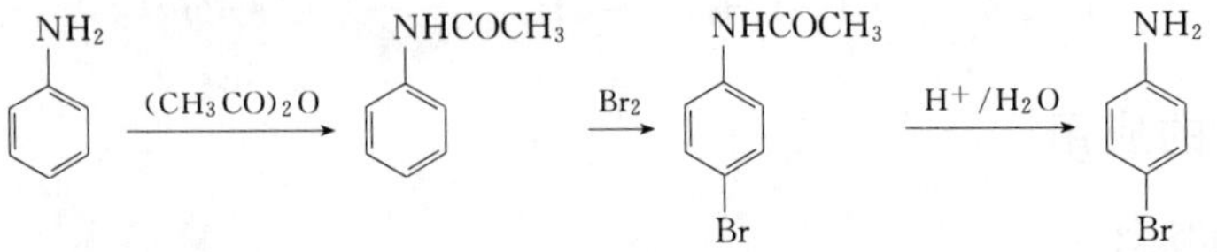

$$C_6H_5NH_2 \xrightarrow{(CH_3CO)_2O} C_6H_5NHCOCH_3 \xrightarrow{Br_2} p\text{-}BrC_6H_4NHCOCH_3 \xrightarrow{H^+/H_2O} p\text{-}BrC_6H_4NH_2$$

2.1.5.4 封闭特定位置导向

一些有机分子对于同一反应，可以存在多个活性部位。在合成中，除了可以利用上述的活化导向、钝化导向以外，还可以引入一些基团，将其中的部分活性部位封闭起来，以阻止不需要的反应发生。这些基团被称为阻断基，反应结束后再将其除去。在苯环上的亲电取代反应中，常引入$—SO_3H$、$—COOH$、$—C(CH_3)_3$ 等作为阻断基。

例如，化合物**2-8**可以3，4-二甲基苯酚为原料、通过溴化反应来合成，但是，在3，4-二甲基苯酚分子中，羟基有两个邻位，且6-位比2-位更易发生反应，因此需要先用羧基将6-位封闭起来，然后再溴化。

分析：

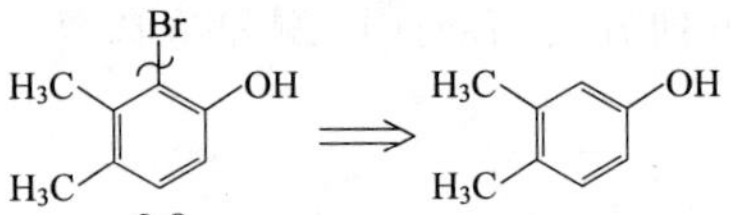

2-溴-3,4-二甲基苯酚（**2-8**）⟹ 3,4-二甲基苯酚

合成[8]：

3,4-二甲基苯酚 $\xrightarrow{CO_2/KHCO_3}$ 2-羟基-4,5-二甲基苯甲酸 $\xrightarrow{Br_2/HOAc}$ 3-溴-2-羟基-4,5-二甲基苯甲酸 $\xrightarrow[\Delta]{-CO_2}$ TM (**2-8**)

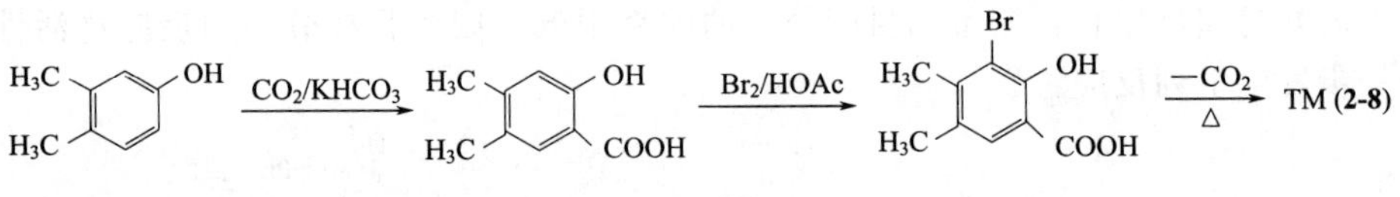

2.2 合成设计路线的评价标准

一个有机化合物的合成，往往可以由相同或不同的原料经由多种合成路线得到。有机合成首先必须要解决的问题在于：如何选择合成路线，根据什么原则来选择合成路线。一般来说，如何选择合成路线是个非常复杂的问题，它与原料的来源、产率的高低、成本的贵贱、中间体的稳定性及分离、设备条件、安全度及环境保护等都有关系，而且还受着生产条件、产品用途和纯度要求等的制约，往往必须根据具体情况、具体场合和具体条件作出合理的选择，需要综合地、科学地考察设计出的每一条路线的利弊，择优选用。通常在选择理想的合成路线时应考虑以下几方面的问题。

2.2.1 原料和试剂的选择

原料和试剂是组织有机合成工作的基础。因此，设计合成路线时，首先应考虑每一条合成路线所用原料和试剂的利用率、价格及来源。

所谓原料的利用率包括原料分子骨架和官能团的利用程度，这主要是由原料的结构、性质和所进行的反应来决定。考虑的基本原则是：使用的原料种类应尽可能少一些，结构的利用率应尽可能高一些。原料和试剂的价格直接影响到成本，对于准备选用的那些合成路线，应分别考虑各自的原料消耗及价格，以资比较。此外，原料和试剂的来源和供应情况也是不可忽略的问题。一方面，原料、试剂应立足于国内，且来源丰富，有些原料一时得不到供应则还要考虑可否自行生产的问题，对于一些用量较大的产品，选用工艺路线时还要考虑到原料的运输和贮存等问题。另一方面，原料的供应会随市场行情的变化而波动，在设计合成路线时必须具体了解。

由于有机原料数量很大，较难掌握，因此，下面对在设计合成路线时如何选择适当的原料，进行简单归纳。

① 一般来说，小分子比大分子、直链分子比支链分子更容易得到。少于六个碳原子的脂肪族单官能团化合物通常是比较容易得到的，如少于六个碳原子的醛、酮、羧酸及其衍生物、醇、醚、胺、溴（氯）代烷等。至于低级的烃类，如三烯一炔（乙烯、丙烯、丁烯和乙炔）则是基本化工原料，可从生产部门大量获得。

② 脂肪族多官能团化合物比较容易得到，而且在有机合成中常用的有：

$H_2C{=}CH{-}CH{=}CHR$（R = H 或 CH_3）

$X{-}(CH_2)_n{-}X$（X=Cl 或 Br，$n=1\sim6$）

$HO{-}(CH_2)_n{-}OH$（$n=2\sim4,6$）

$H_2N{-}(CH_2)_n{-}NH_2$（$n=2\sim4,6$）

$H_3CCOCH_2COCH_3$

$ROOC(CH_2)_{2\sim4}COOR$

$ROOC{-}COOR$

（环氧乙烷，O）

XCH_2COOR（X=Cl 或 Br）

$ROOCCH_2COOR$

H_3CCOCH_2COOR

$NCCH_2COOR$

$H_2C{=}CHCN$

$H_2C{=}CHCOCH_3$

③ 脂环族化合物中环戊烷、环己烷及其单官能团衍生物较易得到，其中常见的为环己烯、环己醇和环己酮。此外，环戊二烯也有工业来源。

④ 芳香族化合物中苯、甲苯、二甲苯、萘及其直接取代衍生物（$-NO_2$、$-X$、$-SO_3H$、$-R$、$-COR$ 等），以及由这些取代基容易转化成的化合物（$-OH$、$-OR$、$-NH_2$、$-CN$、$-COOH$、$-COOR$、$-COX$、$-CONH_2$、$-CHO$ 等）均较易得到。

⑤ 杂环化合物中，含五元环及六元环的杂环化合物及其取代衍生物较易获得。

2.2.2 反应步数和反应总收率

合成步骤的多少直接影响到合成路线的价值，所以对合成路线中反应步数和反应总收率的计算是评价合成路线最直接、最主要的标准。这里，反应的总步数指从所有原料或试剂到达目标分子所需反应步数之和；总收率是各步反应收率的连乘积。在设计一条新的合成路线时，不可避免地会遇到个别以前不熟悉的新反应，因此，简单地预测和计算反应总收率常常比较困难。一般主要从以下几个方面来考虑。

① 在选择合成反应时，要求每个单元反应尽可能具有较高的收率。

② 应尽可能减少反应步骤。因为每一步反应都有一定的损失，反应步骤增多，则以各步反应收率乘积计算的总收率必将大大降低。例如，一条由十步反应组成、各步反应平均收率为 90%的合成路线，其总收率仅为 35%；若另一条路线只需五步完成，各步平均收率仍为 90%，则总收率上升至 59%；如果合成路线仅需三步就能完成，各步平均收率还是为 90%，则总收率增加到 73%。由此可见，合成反应步骤越多，总收率也就越低。而各步反应收率不高时，其总收率将降低得更为严重，合成中将消耗大量的原料和人力，成本也就越

高。加之反应步骤的增加，必然带来反应周期的延长和操作步骤的繁杂，甚至使合成路线失去应用价值。

③ 应用收敛型（汇聚型）的合成路线也可提高反应总收率。收敛型是先分别合成较大的中间体，然后将所得的中间体进行反应，这与将原料逐一进行反应的线型合成是有区别的。例如，某化合物 P 有两条合成路线，第一条路线是以 A 为原料逐一进行反应、经七步反应得到 P；第二条路线分别从两种原料 H 和 I 出发，各经三步反应得到中间体 N 和 O，然后相互反应得产物 P。假定两条合成路线的各步收率都为 90%，则从总收率的角度考虑，显然选择第二条路线较为时宜。

路线一：

$$A \rightarrow B \rightarrow C \rightarrow D \rightarrow E \rightarrow F \rightarrow G \rightarrow P$$

$$总收率=(90\%)^7 \approx 0.48$$

路线二：

$$\left.\begin{matrix} H \rightarrow J \rightarrow L \rightarrow N \\ I \rightarrow K \rightarrow M \rightarrow O \end{matrix}\right] \rightarrow P$$

$$总收率=(90\%)^4 \approx 0.66$$

一般来说，简单分子合成步骤少，可采用线型合成；复杂分子合成步骤多，路线长，应尽量采用收敛型合成。尤其是进行复杂分子的合成时，还可以采用多重收敛的方式，这样不仅提高合成效率，而且也为合成多种衍生物开了方便之门。采用收敛法的另一个好处是，即使其中一个中间体的合成不顺利，对整个合成路线的影响也不是太大。

④ 尽可能多地采用一瓶多步串联反应。在设计和实现一项高效、简捷的合成时，一个非常重要的环节是注意各步反应前后之间的衔接，应该尽量减少繁琐的反应后处理工作和避免上一步反应产物中的杂质对下一步反应的影响。在一个反应瓶中进行连续多步串联反应，可以省略中间体的分离、纯化操作，是一种环境友好的“一锅法”反应。由于串联反应一般经历了一些活性中间体，如碳正离子、碳负离子、自由基或卡宾等，这样，一个反应就可以启动另一个反应的发生，多步反应因此可以连续进行，而无需分离出中间体，不产生相应的废弃物，可免去各步后处理和分离带来的消耗和污染，减少反应步数，提高反应总收率。

⑤ 在合成反应的选择上，必须尽可能避免和控制副反应的发生，因为副反应不但降低反应收率，而且会造成分离和提纯上的困难。

2.2.3 中间体的分离与稳定性

任何一条两步以上的有机合成路线在合成过程中都会有中间体生成，中间体的选择常常是合成设计成败的关键，一个理想的中间体应稳定且易于纯化。一般而言，一条合成路线中有一个或两个不太稳定的中间体，可以通过选取一定的手段和技术解决分离、纯化问题；但若存在两个或两个以上相继的不稳定中间体就很难成功。因此，在选择合成路线时，应尽量少用或不用存在对空气、水汽敏感或纯化过程繁杂、纯化损失量大的中间体的合成路线。例如，在实验室有机合成中，有机金属化合物是一类非常有用的合成试剂，它们能发生许多高选择性的反应，可使一些采用常规方法难以实现的反应变得容易进行。但是有机金属化合物在工业生产中的应用却并不广泛，这主要是因为它们在通常的反应条件下化学性质很活泼，容易发生其他的副反应。

2.2.4 反应设备要求

在设计合成路线时，应尽量避免采用复杂、苛刻的反应条件，如需在高温、高压、高真空或严重腐蚀等条件下才能进行的反应。因为在上述条件下的反应，需要采用特殊材质、特殊设备，这就大大提高了投资和生产成本，也给设备的管理和维护带来一系列复杂问题。这对于一些中小型的药物中间体生产企业更为重要。当然对于那些能显著提高收率、缩短反应步骤和时间，或能实现机械化、自动化、连续化、显著提高劳动生产力以及有利于劳动防护和环境保护的反应，即使设备要求高些、技术复杂些，也应根据情况予以考虑。

2.2.5 安全度

在许多精细有机合成反应中，经常遇到易燃、易爆和有毒的溶剂、原料和中间体。为了确保安全生产和操作人员的人身健康和安全，为了避免国家和人民财产受到不必要的损失，在进行合成路线设计和选择时，应尽量少用或不用易燃、易爆和有毒的原料和试剂，同时还要考虑中间体的毒性问题。若必须采用易燃、易爆和有毒的物质时，则必须考虑相应的安全措施，防止事故的发生。

2.2.6 环境保护

当今人们赖以生存的地球正受到日益加重的污染，这些污染严重地破坏着生态平衡，威胁着人们的身体健康，环境保护、环境治理已成为刻不容缓的工作。国际社会针对这一状况提出了“绿色化学”、“绿色化工”、“可持续发展战略”等概念，要求人们保护环境、治理已经污染的环境，在基础原料的生产上应考虑到可持续性发展问题。

化工生产中排放的废气、废水和废渣（即“三废”）是污染环境、危害生物的重要因素之一，因此在设计和选择新的合成路线时，要优先考虑“三废”排放量少、容易治理的工艺路线，并对路线过程中存在的“三废”的综合利用和处理方法提出相应的方案，确保不再造成新的环境污染；而对一些“三废”排放量大、危害严重、处理困难的工艺路线应坚决摒弃。

在进行合成路线设计的具体工作中，应尽量选用：①不需特殊要求的反应条件且与环境相容性好的合成路线；②原子经济性反应；③高效、高选择性、环境友好的催化反应；④开发可再生资源为原料的合成路线；⑤避免使用有毒和/或危险的试剂和溶剂，所用溶剂应能尽量回收再利用。

2.3 单官能团化合物的C—X键切断设计

从本节开始，将以一些典型药物中间体分子的合成路线设计为例，分别介绍几种常见类型目标分子和官能团的切断和合成设计技巧。

对于单官能团目标分子，若结构含有 C—X 键，切断位置当首选 C—X 键，合成时用到的相关反应大多为亲核性杂原子参与的离子型反应，如酰胺、醚、卤代烃和硫醚等的合成。因此，这类分子经切断后将得到一个碳正离子合成子 R^+。通常选用一个容易脱除的离去基团与 R 相连组成分子作为 R^+ 合成子的等效试剂，如 RBr、ROTs 等，这是因为 C—X 键一般都是通过取代反应生成，最好的等效试剂自然是那些容易发生取代反应的物质，如卤代烷、酰氯及其类似物等。

2.3.1 羰基化合物 RCOX 的合成设计

羰基化合物 RCOX（X＝OR、NHR、SR 等）是羧酸的衍生物，通常选择 C—X 键作为第一切断位置，如路线（1）所示。合成时有多条路线可以选择，其中以酰氯（Y＝Cl）作为合成子的反应运用得最多。酰氯是所有羧酸衍生物中化学性质最活泼的，可以方便地由羧酸与 PCl_5 或 $SOCl_2$ 来制取，因此，酰氯常常被用来合成其他羧酸衍生物，如酸酐、酯和酰胺等。

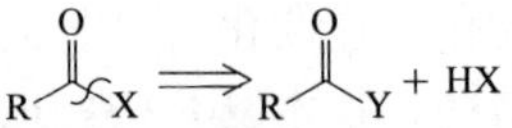

$$R-CO\text{-}X \Longrightarrow R-CO\text{-}Y + HX \quad (1)$$

例如，化合物 **2-9** 是生产稻田除草剂的重要中间体[9]，它具有酰胺结构，因此可以通过酰氯和胺来合成。**2-9** 的切断分析如下：

分析：

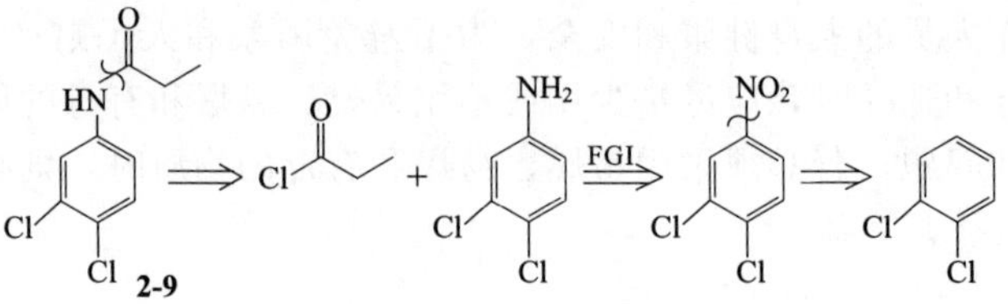

2-9 ⟹ Cl-CO-CH₂CH₃ + 3,4-二氯苯胺 $\overset{FGI}{\Longrightarrow}$ 3,4-二氯硝基苯 ⟹ 邻二氯苯

合成：

邻二氯苯 $\xrightarrow[H_2SO_4]{HNO_3}$ 3,4-二氯硝基苯 $\xrightarrow[Pd/C]{H_2}$ 3,4-二氯苯胺 $\xrightarrow{C_2H_5COCl}$ TM (**2-9**)

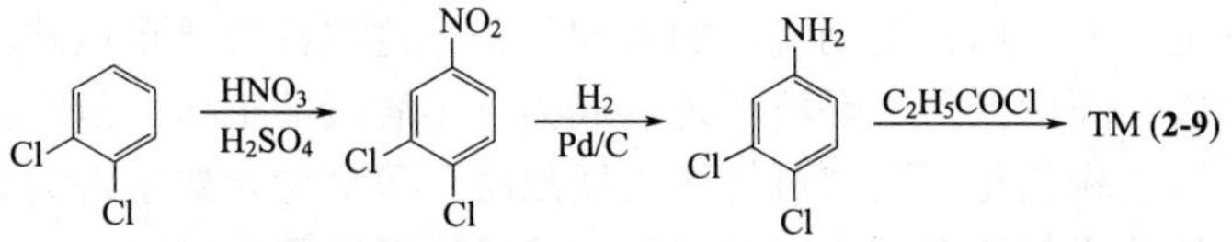

2.3.2 卤代烃、醚和硫醚的合成设计

结构中只含一个 C—X 键的脂肪族单官能团化合物经 C—X 键切断后，得到亲核试剂 HX 和一个亲电的碳正离子合成子 R^+，如路线（2）所示。RY 是 R^+ 的等效试剂，通常是卤代烷（如 RBr）、甲苯磺酸酯（ROTs）、甲基磺酸酯（ROMs）等化学活性较高的物质。合成时可以相应的醇为原料，先制得等效试剂 RY，然后再通过 RY 来制备醚、卤代烃、硫醇和硫醚以及由脂烃基 R 与其他亲核基团构成的单官能团化合物 RNu。

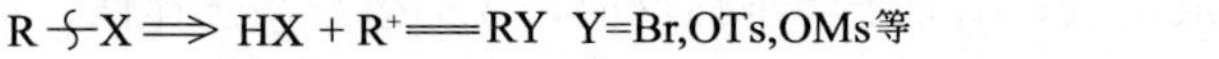

$$R-X \Longrightarrow HX + R^+ == RY \quad Y=Br,OTs,OMs等 \quad (2)$$

2.3.2.1 一般原则

同一等效试剂（RY）可以用来合成不同类型的目标产物（醚、卤代烃、硫醚和 RNu），但反应条件对合成工作的成效影响较大，必须选择适合目标分子结构的反应条件。甲基和伯烃基衍生物一般按 S_N2 机理进行反应，因此，这类反应适合采用强亲核试剂和非极性溶剂等条件。例如，硝基化合物 **2-10** 和叠氮化合物 **2-11** 均为伯烃基化合物（都属于 RNu），可以很容易地从各自相应的溴代物通过 S_N2 反应制备[10,11]。

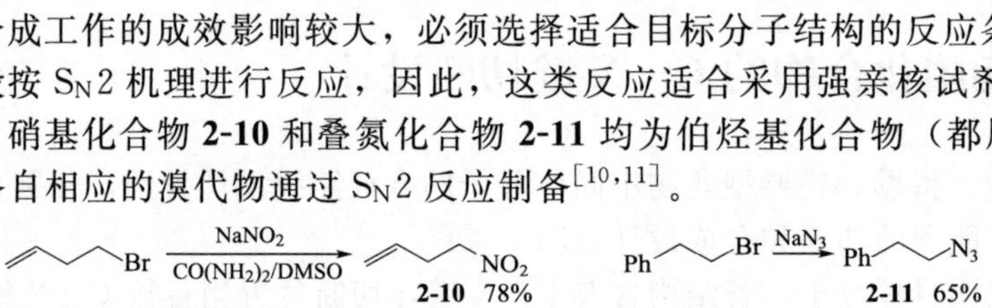

$CH_2=CHCH_2CH_2Br \xrightarrow[CO(NH_2)_2/DMSO]{NaNO_2} CH_2=CHCH_2CH_2NO_2$ **2-10** 78%　　$PhCH_2CH_2Br \xrightarrow{NaN_3} PhCH_2CH_2N_3$ **2-11** 65%

叔烃基化合物更容易通过稳定的碳正离子按 S_N1 机理进行反应，如叔醇、卤代叔烃、甚至多取代的烯烃在一定条件下都可以产生碳正离子。在这种情况下，强亲核试剂对反应并没有多大的益处，而极性溶剂和催化剂（通常为酸或路易斯酸）可以促进碳正离子的产生，加快取代反应的进行。

例如，化合物 **2-12** 显然可以通过傅-克反应从苯和氯代叔烃 **2-13** 来制取，而 **2-13** 可以非常方便地从叔醇 **2-14** 制备。**2-12** 的切断分析如下：

分析：

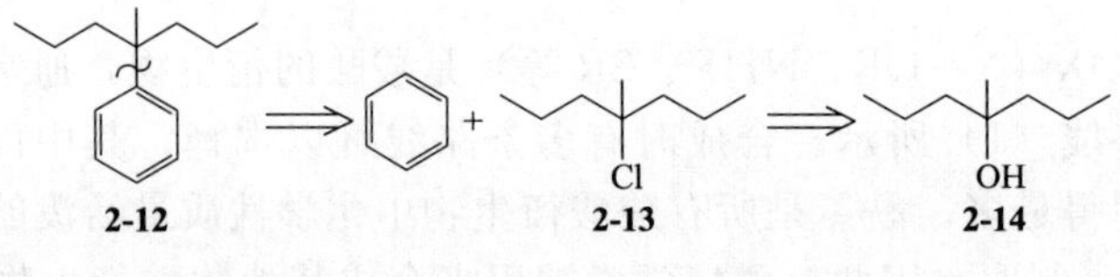

2-12 ⟹ 苯 + **2-13**（Cl） ⟹ **2-14**（OH）

合成：

$$\textbf{2-14} \xrightarrow{HCl} \textbf{2-13} \xrightarrow[AlCl_3]{\text{苯}} \text{TM}（\textbf{2-12}）\quad 70\%$$

烯丙基和苄基衍生物既是伯烃基化合物，又容易转变成稳定的碳正离子，因此，这两类物质一般按 S_N1 和 S_N2 的协同机理进行反应，反应条件相对来说不是太重要。而仲烃基衍生物是最难制备的，多数情况下都需要较为苛刻的反应条件。

2.3.2.2 醚和硫醚的合成设计

一般情况下，可以根据目标分子中氧原子两侧基团活性的不同来确定醚的切断位置，将活性较高的基团处理成碳正离子合成子（一般采用卤代烃等效试剂）。例如，栀子香料化合物 **2-15** 是由两个伯烃基形成的醚，从氧原子的两侧切断都可以得到卤代伯烃合成子。由于苄基的活性更高，因此按路线 b 进行切断更为合理。该合成反应按 S_N2 机理进行，因此碱可以起到较好的催化作用。

分析：

Ph⌇b O⌇a （**2-15**）$\overset{a}{\Longrightarrow}$ Ph–CH₂OH + X–CH₂CH₂CH(CH₃)₂

$\overset{b}{\Longrightarrow}$ Ph–CH₂X + HO–CH₂CH₂CH(CH₃)₂

合成：

$$\text{HOCH}_2\text{CH}_2\text{CH(CH}_3)_2 \xrightarrow{\text{碱}} {}^{-}\text{OCH}_2\text{CH}_2\text{CH(CH}_3)_2 \xrightarrow{\text{PhCH}_2\text{Cl}} \text{TM}\ (\textbf{2-15})\quad 85\%$$

如果醚分子中氧原子两侧基团的活性相差不大，这时最好先写出两个基团的醇形式，通过对两个醇进行分析、比较，然后再决定将其中的一个转变成碳正离子合成子。例如，苄醚 **2-16** 分子中的两个基团活性相近，它们所对应的醇分别为苄醇和醇 **2-17**，两者在脱掉羟基后生成的碳正离子都比较稳定，但由于苯环可以通过共轭作用分散正电荷，使苄基正离子的稳定性得到提高，因此，选择将苄醇转变成卤代苄[12]。

分析：

$$\text{PhCH}_2\text{OCH}_2\text{CH{=}C(CH}_3)_2\ (\textbf{2-16}) \Longrightarrow \text{PhCH}_2\text{OH} + \text{HOCH}_2\text{CH{=}C(CH}_3)_2\ (\textbf{2-17})$$

合成：

$$\textbf{2-17} \xrightarrow[\text{碱}]{\text{PhCH}_2\text{Br}} \text{TM}（\textbf{2-16}）$$

上述关于醚的合成设计原则同样适合于硫醚（R^1SR^2）。由于硫醇比相应醇的电离常数小，阴离子 R^1S^- 对碳正离子的亲和力与比 R^1O^- 更强，因此，与相应醚的合成相比，硫醚合成所需的反应条件更温和一些。

$$R^1 ⌇ S ⌇ R^2 \Longrightarrow R^1S^- + R^2Y$$

2.3.3 胺的合成设计

2.3.3.1 仲胺的合成设计

与醚和硫醚结构相似，仲胺也属于单官能团化合物，其合成路线可以通过切断 C—N 键进行设计。但如果仍然采用类似醚和硫醚的合成方法，往往会遇到麻烦。

例如，按照醚的合成设计方法，仲胺 **2-18** 经切断得到两个合成子伯胺 **2-19** 和碘甲烷：

$$\text{R—NH} ⌇ \text{CH}_3\ (\textbf{2-18}) \Longrightarrow \text{RNH}_2\ (\textbf{2-19}) + \text{CH}_3\text{I}$$

在合成过程中，由于甲基的诱导效应，产物 **2-18** 的反应活性比反应物 **2-19** 更高，它将与碘甲烷进一步反应生成叔胺 **2-20**，甚至生成季铵盐 **2-21**。即使是加入与 **2-19** 等摩尔量的碘甲烷也不能控制反应的进行，因为**2-18**一经生成便会与**2-19**争夺碘甲烷。

$$RNH_2 \xrightarrow{CH_3I} RNHCH_3 \xrightarrow{CH_3I} \underset{\textbf{2-20}}{RN(CH_3)_2} \xrightarrow{CH_3I} \underset{\textbf{2-21}}{R\overset{+}{N}(CH_3)_3 \cdot I^-}$$

只有在产物的活性比反应原料胺低时，才可以采用卤代烃对胺进行烷基化反应。一般有下列三种情形：①产物分子自身呈电离状态（如**2-22**）；②产物分子空间位阻大（如**2-23**）；③产物由分子内的烷基化反应产生。因此，在进行合成设计时，除非对反应结果有绝对把握，否则应避免使用这类反应。

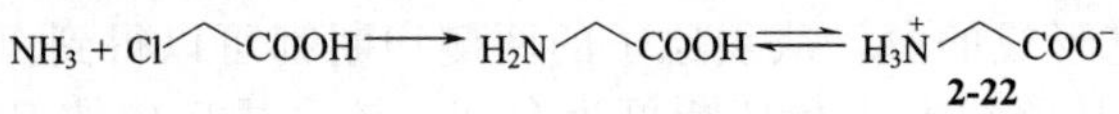

$$NH_3 + ClCH_2COOH \longrightarrow H_2NCH_2COOH \rightleftharpoons \underset{\textbf{2-22}}{H_3\overset{+}{N}CH_2COO^-}$$

HOOC, HO-取代苯基-CO-CH₂Br + PhCH₂NHBu-*t* ⟶ HOOC, HO-取代苯基-CO-CH₂-N(Bu-*t*)CH₂Ph **2-23**

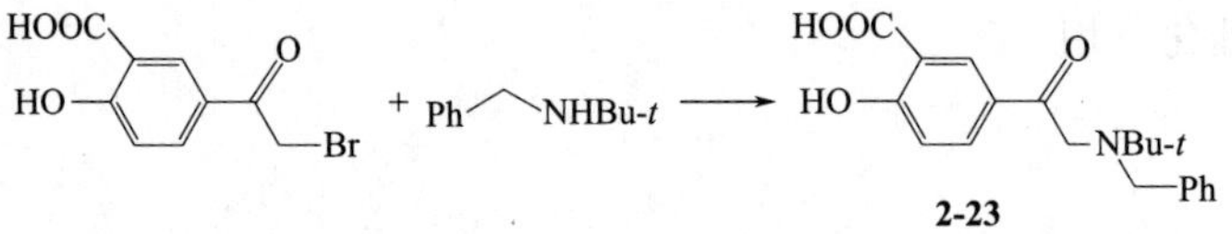

解决上述问题的办法，只有另选亲电试剂代替卤代烃对胺作为烷基化试剂。例如，酰卤、醛或酮就是很好的例子，它们与伯胺的反应产物酰胺或亚胺活性均比原料胺低，很难再进一步发生反应，从而使反应进程得到控制。酰胺和亚胺产物都可以通过还原转变成仲胺。其中，采用酰胺法合成仲胺时，将不可避免地在氮原子旁边产生一个 CH_2 基团；亚胺法则适合于支链仲胺的合成。因此，在切断仲胺的C—N键之前，需要对目标分子作官能团互换（FGI）处理。例如，化合物**2-24**按酰胺法（路线a）或亚胺法（路线b）切断均可以获得较好的合成方案，文献报道**2-24**是采取亚胺法合成的，其优点在于亚胺中间体可以不经分离直接被还原成目标产物。毋庸置疑，采用酰胺法同样也可以获得成功[13]。

分析：

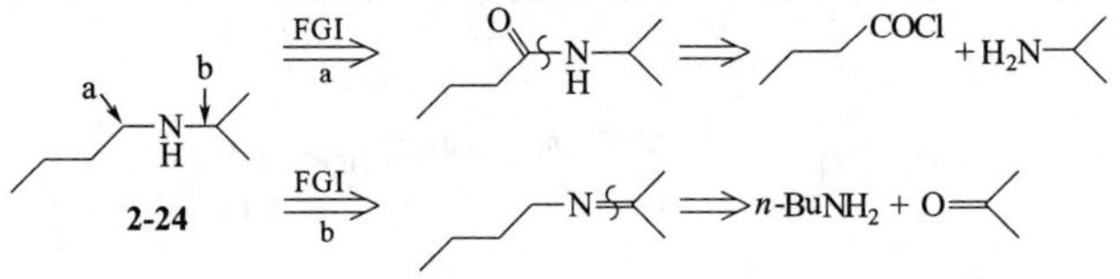

2-24 $\xRightarrow[a]{FGI}$ 正丁酰胺（C(=O)–NH–异丙基）$\Rightarrow$ $CH_3CH_2CH_2COCl$ + H_2N-异丙基

2-24 $\xRightarrow[b]{FGI}$ 亚胺（正丁基–N=C(CH₃)₂）$\Rightarrow$ n-$BuNH_2$ + $O=C(CH_3)_2$

合成：

$$n\text{-}BuNH_2 + O{=}C(CH_3)_2 \xrightarrow[\text{HAc/NaAc}]{NaBH_4} \text{TM } (\textbf{2-24}) \quad 63\%$$

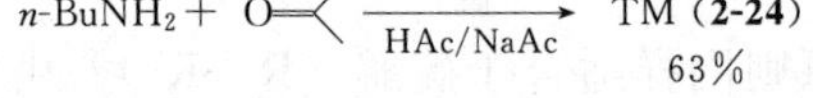

2.3.3.2 伯胺的合成设计

由于氨的反应活性不如取代胺高，它与酰卤或酮反应时产物产率较低，而且氮原子上非烷基取代的亚胺（$R^1R^2C=NH$）不稳定，因此，通常不采用酰胺法或亚胺法来制备伯胺。伯胺一般可采取下列方法来合成。

① 氰基还原法　氰化物还原除可以用来制备直链胺**2-25**以外，更适合于制备苄胺**2-26**及其同系物胺**2-27**，因为它们的前体化合物芳氰和苄氰都很容易制备[14,15]。

$$RBr \xrightarrow{KCN} RCN \xrightarrow{LiAlH_4} \underset{\textbf{2-25}}{RCH_2NH_2}$$

$$ArNH_2 \xrightarrow[\text{(2) CuCN}]{\text{(1) HNO}_2} ArCN \xrightarrow[H^+]{H_2,\text{Pd-C}} \underset{\textbf{2-26}}{ArCH_2NH_2}$$

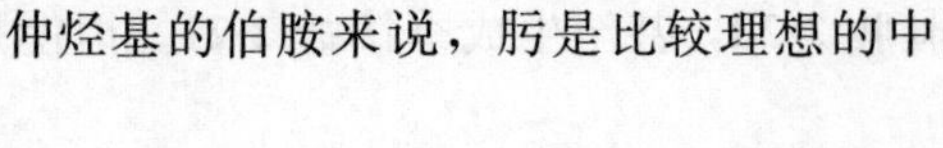

$$ArCH_2Cl \xrightarrow{CN^-} ArCH_2CN \xrightarrow[AlCl_3,Et_2O]{LiAlH_4} \underset{\textbf{2-27}}{ArCH_2CH_2NH_2}$$

② 肟还原法　对于含仲烃基的伯胺来说，肟是比较理想的中间体，因为肟可以很容易

地从酮（醛）与羟胺来合成，而且可以不经分离直接还原成伯胺。肟与氢化铝锂等还原剂作用时，随着分子中的 C—N 键被还原，N—O 键因结合较弱容易断裂。例如，化合物 **2-28** 是一种用来治疗中枢神经系统的药物，利用两次 C—N 键切断可以设计出它的合成路线，其中合成子伯胺 **2-29** 可以利用肟还原法从芳酮 **2-30** 来制备[16]。

分析：

F_3C NHC$_2$H$_5$ FGI ⟹ Ar NH O ⟹ CH_3COCl + Ar NH$_2$ ⟹ Ar NOH ⟹ Ar O

2-28 **2-29** **2-30**

合成：

F_3C O **2-30** $\xrightarrow[(2)\ H_2, cat.]{(1)\ NH_2OH}$ **2-29** $\xrightarrow[(2)\ LiAlH_4]{(1)\ CH_3COCl}$ TM（**2-28**）

③ 硝基还原法　芳伯胺一般通过硝基芳烃的还原来制备。脂族硝基化合物除可以直接还原制备伯胺以外，还可以利用硝基 α-碳上氢原子的活性，将反应物转变成叔烃基硝基化合物后再还原成叔烃基伯胺。

④ 叠氮化物还原法　叠氮化物也可以还原成伯胺，这一方法主要是利用 N_3^- 的亲核作用，将其作为 NH_2^- 基团的替代物连接到烃基上，所以采用一次正常的 C—N 键切断就可以设计出合成路线。例如，β-羟基胺 **2-31** 就可以采用此法从叠氮化物 **2-32** 还原来制备，而 **2-32** 可以环氧化物和叠氮盐为原料合成[17]。

分析：

R OH NH$_2$ FGI ⟹ R OH N$_3$ ⟹ R (环氧) + N_3^-

2-31 **2-32**

合成：

R (环氧) $\xrightarrow[\text{二噁烷}]{NaN_3}$ **2-32** $\xrightarrow[\text{或}LiAlH_4]{H_2, PtO_2}$ TM (**2-31**)

⑤ 邻苯二甲酰亚胺法　伯胺经 C—N 键切断后得到两个合成子 RY（通常为卤代烃）和 NH_2^-（氨基负离子），可以看出，伯胺最简捷的合成路线便是以 NH_2^- 取代卤代烃中的卤离子。

$$R \nmid NH_2 \Longrightarrow HH_2^- + R^+ = RY \quad Y=Cl,Br,I\text{等}$$

然而在实际合成中，虽然 NH_2^- 可以方便地从 $NaNH_2$ 等无机盐获得，但是 NH_2^- 的亲核性很强，具有强烈地攫取质子的趋势，在与卤代烃反应时，它更容易进攻烃基上的质子导致消除反应产生烯烃，而不会发生取代卤离子生成伯胺的反应。因此，为促使反应按取代反应机理进行，必须在反应之前适当降低 NH_2^- 的亲核性，即反应中应采用能释放 NH_2^- 基团的、较为温和一些的等效试剂。

在所有 NH_2^- 基团的等效试剂中，邻苯二甲酰亚胺的钾盐 **2-33** 是应用得最多的一种，它可以方便地从邻苯二甲酸酐经邻苯二甲酰亚胺制得。在两个羰基的吸电子效应作用下，**2-33** 的阴离子较稳定[18]。由于空间位阻较大，**2-33** 与卤代烃只能发生一次反应生成取代产物 **2-34**，后者在肼（NH_2NH_2）的作用下很容易释放出伯胺。

(邻苯二甲酸酐) $\xrightarrow{NH_3}$ (邻苯二甲酰亚胺, NH) 97% $\xrightarrow[C_2H_5OH]{KOH}$ N^-K^+ 90% (**2-33**) $\xrightarrow{RBr}$ NR (**2-34**) $\xrightarrow{NH_2NH_2}$ (NH—NH 环酰肼) + RNH_2

2.4 双官能团化合物的C—X键切断设计

对于结构中含有多个官能团的目标分子，除了分析单官能团分子所用的那些准则外，一个更为有效的方法就是研究其官能团对，并且画出来，从每一个键合处切断，从而找出一种或多种合理的切断方案。除了考虑官能团本身的性质外，还要注意官能团之间的位置，或者称为官能团之间的跨度，即两个官能团之间的碳原子数目。如果目标分子中含有两个相距不远的官能团（1,1-到1,6-双官能团），则在两官能团之间进行“二基团”切断。本节主要讨论对双官能团目标分子进行C—X键切断的方法。

2.4.1 1,1-双官能团化合物的C—X键切断

此处的“1,1-双官能团”可以理解为同一碳原子上接有两个杂原子，可以简单采取将这两个C—X键同时切断的方法来设计这类物质的合成路线，即1,1-双切断法。例如，缩醛**2-35**就是一个结构简单的、含杂原子的1,1-双官能团化合物，其分子中有一个碳原子同时与两个氧原子相连，对这两个C—O键进行切断处理即得到醛和醇两个合成子。合成时直接采用醇醛缩合法一步制得目标分子。

分析：

$$\underset{\textbf{2-35}}{PhCH_2CH(OMe)_2} \Longrightarrow PhCH_2CHO + 2MeOH$$

合成：

$$PhCH_2CHO \xrightarrow[H^+]{MeOH} TM\ (\textbf{2-35})$$

缩醛是分子结构类型为**2-36**的一种特殊情形（X=Y=OR）。对于**2-36**其他类型分子的合成也可以采用类似于缩醛的合成方法，在合成设计时采取1,1-双切断法将目标分子切断成含羰基的合成子和两个亲核试剂（HX、HY）。当其中一个杂原子以羟基氧原子的形式出现时，则只需要一个亲核试剂就可以了，例如氰基化合物**2-37**显然是从羰基化合物和HCN制备的。另外，**2-37**分子中的氰基可以通过水解作用转变成羧基而得到α-羟基酸，或者通过还原作用转变成氨基而得到β-羟基胺，因此，α-羟基酸（酯）或β-羟基胺类化合物也可以采用类似的方法，以相应的羰基化合物和HCN为原料来制备。

$$\underset{\textbf{2-36}}{>C(X)(Y)} \Longrightarrow >C{=}O + \begin{matrix}HX\\HY\end{matrix} \qquad \underset{\textbf{2-37}}{>C(OH)(CN)} \Longrightarrow >C{=}\overset{+}{O}H + {}^-CN \Longrightarrow >C{=}O + HCN$$

当两个杂原子都是非氧原子时，1,1-双切断有时可能难以一下子认出。例如，α-氨基酸**2-38**本身不属于**2-36**一类的1,1-双官能团化合物，但通过逆向官能团互换可以将**2-38**转变成**2-39**，然后再对**2-39**采取1,1-双切断得到醛、氨和HCN。这样，便可以得到**2-38**的合成路线。

分析：

$$\underset{\textbf{2-38}}{H_2N{-}CH(R){-}CO_2H} \overset{FGI}{\Longrightarrow} \underset{\textbf{2-39}}{H_2N{-}CH(R){-}CN} \Longrightarrow RCHO + NH_3 + HCN$$

合成：

$$RCHO \xrightarrow[HCN]{(NH_4)_2CO_3} \textbf{2-39} \xrightarrow[\text{或}H^+,H_2O]{NaOH,H_2O} TM\ (\textbf{2-38})$$

2.4.2 1，2-双官能团化合物的C—X键切断

下面要讨论的1，2-双官能团化合物是指分子中相邻两个碳原子分别连有一个杂原子的一类化合物。

2.4.2.1 乙醇衍生物

结构类似于**2-40**和**2-41**的1，2-双官能团化合物，可以当作是乙醇的衍生物，按保留CH_2CH_2基团的方式来作切断处理。将亲核基团切断后即转变成羟乙基正离子合成子，其等效试剂为环氧乙烷。合成时采用环氧乙烷和相应的亲核试剂作为起始原料。

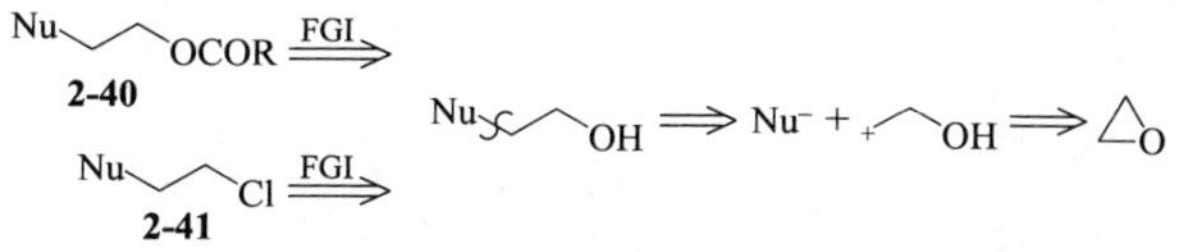

Nu～OCOR (**2-40**) $\xRightarrow{FGI}$; Nu～Cl (**2-41**) $\xRightarrow{FGI}$ Nu～OH ⟹ Nu^- + $^+$～OH ⟹ 环氧乙烷

化合物**2-42**分子中含有酯、醚和胺等官能团，显然，切断的位置应首选酯键。合成子之一羟乙基二乙胺的合成路线设计即可以按乙醇衍生物来处理，将其切断成环氧乙烷和二乙胺；另一合成子**2-43**经逆向切断可以得到对羟基苯甲酸。合成时，为避免酯化反应中发生副反应，**2-43**分子中的氨基应放在反应最后形成[19]。

分析：

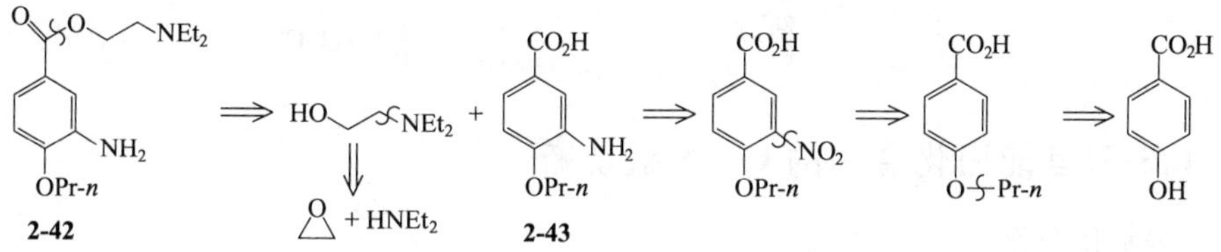

2-42 ⟹ HO～NEt_2 + **2-43**（CO_2H, NH_2, OPr-*n*）⟹（CO_2H, NO_2, OPr-*n*）⟹（CO_2H, O-Pr-*n*）⟹（CO_2H, OH）

HO～NEt_2 ⟹ 环氧乙烷 + $HNEt_2$

合成：

对羟基苯甲酸 $\xrightarrow{HNO_3}$（CO_2H, NO_2, OH）$\xrightarrow[OH^-]{n\text{-PrCl}}$（$CO_2H$, NO_2, OPr-*n*）$\xrightarrow{SOCl_2}$（COCl, NO_2, OPr-*n*）**2-44**

环氧乙烷 + $HNEt_2$ ⟶ HO～NEt_2 $\xrightarrow{\textbf{2-44}}$（酯, NO_2, OPr-*n*）$\xrightarrow[cat.]{H_2}$ TM (**2-42**)

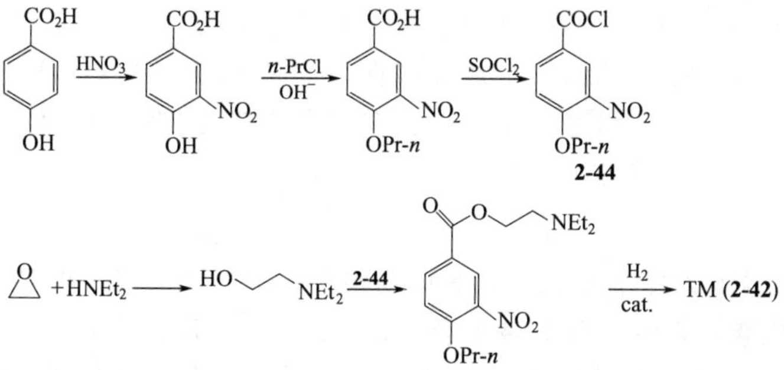

在与非对称结构的取代环氧乙烷反应时，亲核试剂将优先进攻含取代基较少的碳原子。因此，在设计化合物**2-45**的合成路线时，也可以把它当作乙醇衍生物来处理，得到合成子甲基烯丁醇**2-46**和苯基环氧乙烷。合成时，作为亲核试剂的**2-46**将进攻苯基环氧乙烷上不含取代基的碳原子而生成目标分子[20]。

分析：

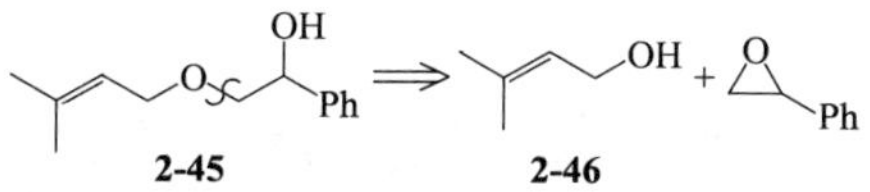

2-45 ⟹ **2-46**（OH）+ 苯基环氧乙烷（Ph）

合成：

2-46 + 苯基环氧乙烷（Ph）$\xrightarrow{NaH}$ TM (**2-45**)

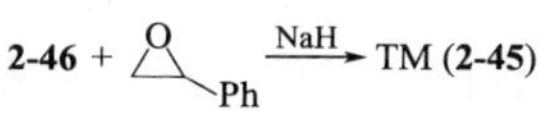

2.4.2.2 羰基化合物

结构如**2-47**的一类羰基化合物也属于1,2-双官能团化合物，可以把它们当作氧化态的乙醇衍生物来处理，将亲核基团切断后得到亲电合成子正离子**2-48**。α-卤代羰基化合物是**2-48**的最佳等效试剂，其制备比较方便，也容易受到亲核试剂的进攻。

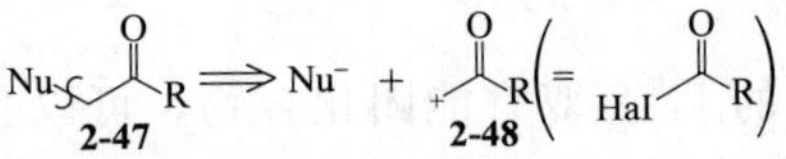

化合物**2-49**是制备一种高效广谱杀虫剂的重要中间体，采用上述方法来设计它的合成路线，最终可以推导出起始原料苯酚。

分析：

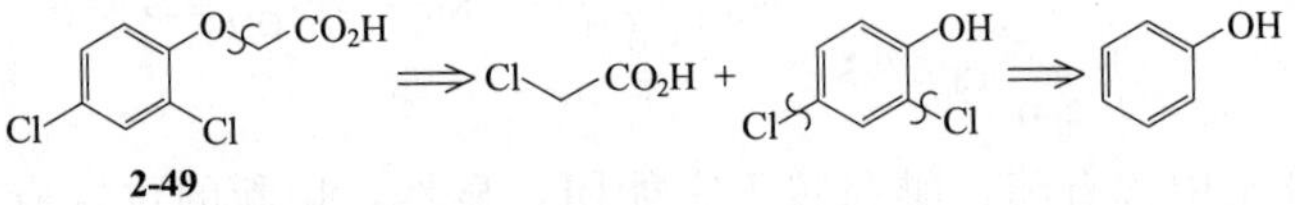

合成时，由于氯原子会降低苯环的反应活性，因此可以控制对苯酚的氯化只生成2,4-二氯苯酚。在碱性条件下，2,4-二氯苯酚可以转变成苯酚阴离子，然后与氯代乙酸反应生成目标化合物[21]。

合成：

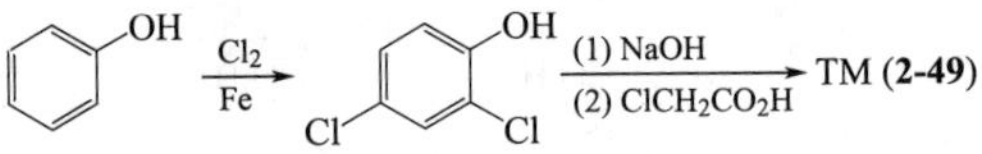

2.4.3 1,3-双官能团化合物的C—X键切断

2.4.3.1 羰基化合物

这类化合物的结构如**2-50**，其合成路线设计采取保留羰基β-位正离子（即正离子**2-51**）的切断方法，因为该正离子有一个化学活性高、且稳定的等效试剂α，β-不饱和羰基化合物**2-52**，**2-52**与亲核试剂通过Michael加成反应直接生成**2-50**。该反应适用于所有α，β-不饱和的羰基化合物、氰化物、硝基化合物与绝大多数亲核试剂之间的反应。

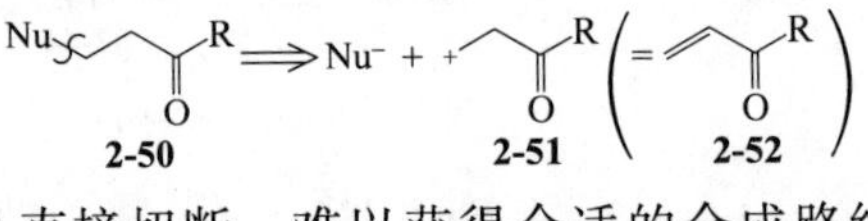

例如，如果将醚胺**2-53**直接切断，难以获得合适的合成路线。但是，通过官能团互换可以将**2-53**转变成醚氰**2-54**，而**2-54**的合成路线就可以采取上述方法来设计。环庚醇**2-55**与丙烯腈通过Michael加成反应即生成**2-54**。Michael加成是亲核加成，碱性条件有利于该反应的进行[22]。

分析：

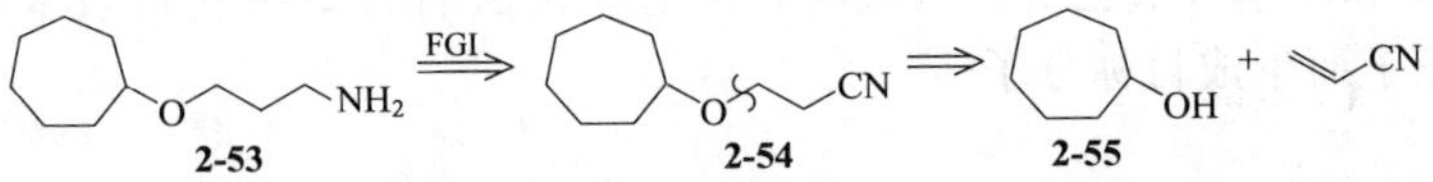

合成：

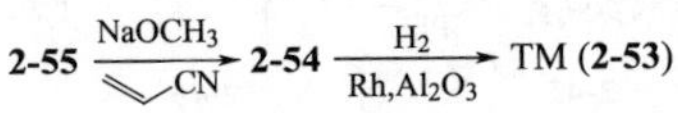

$$\mathbf{2\text{-}55}\ \xrightarrow[\diagup\!\!\diagdown CN]{NaOCH_3}\ \mathbf{2\text{-}54}\ \xrightarrow[Rh,Al_2O_3]{H_2}\ TM\ (\mathbf{2\text{-}53})$$

2.4.3.2 非羰基化合物

对于分子结构中不含羰基的1,3-双官能团化合物进行C—X键切断，必须先通过官能团互换将其中一个官能团转变成羰基后再行切断。如果目标分子中没有含氧取代基，则应先通过取代反应添加一个含氧基团。例如，将化合物**2-56**的酯键切断后得到1,3-双官能团化合

物氯丁醇**2-57**，如果将**2-57**分子中的醇羟基转换成羧基，则很容易推导出简单的起始原料2-丁烯酸[23]。

分析：

合成：

$$\text{CH}_3\text{CH}{=}\text{CHCO}_2\text{H} \xrightarrow{\text{HCl}} \textbf{2-58} \xrightarrow{\text{LiAlH}_4} \textbf{2-57} \xrightarrow{\text{PhCOCl}} \text{TM}\ (\textbf{2-56})$$

2.5 单官能团化合物的C—C键切断设计

本节主要讨论对单官能团目标分子中一个C—C键进行切断的方法。由于有机分子中一般含有多个C—C键，必须考虑选择其中哪个键作为切断对象的问题，因此，C—C键切断要比C—X键切断复杂得多。但是，C—C键经过切断后可以得到亲电试剂（如RBr）和亲核试剂（如RMgBr），而C—X键切断后杂原子几乎都出现在亲核试剂中，从这点意义上来讲，C—C键切断比C—X键切断容易一些。

2.5.1 醇的C—C键切断

对于醇类物质的C—C键切断，可以采用类似上一节（2.5节）中讨论的双官能团化合物的C—X键切断法，如方法Ⅰ、Ⅱ和Ⅳ，两种官能团的切断方法对比列于表2-1中。第Ⅲ种类型C—C键的切断主要是为了避免使用极性转变手段，而利用烯醇负离子的自然极性成键的方法，将在后面详细讨论。

表2-1 一组C—C官能团与两组C—X官能团的切断方法比较

单官能团C—C键切断	逆向合成设计	双官能团C—X键切断①
Ⅰ	$R^1R^2C(OH)R \Rightarrow R^- + R^1R^2C^+OH\ (= R^1R^2C{=}O)$	1,1
Ⅱ	$RCH_2CH(OH)R^1 \Rightarrow R^- +$ 环氧化物(R^1)	1,2
Ⅲ	$RCH_2COR^1 \Rightarrow R^+ + {}^-CH_2COR^1\ (= CH_2{=}C(O^-)R^1)$	
Ⅳ	$RCH_2CH_2COR^1 \Rightarrow R^- + CH_2{=}CHCOR^1$	1,3

① 对于C—X化合物，通式中的“R”表示成键原子为杂原子的亲核基团“Nu”。

2.5.1.1 碳阴离子合成子

表2-1中所列的Ⅰ、Ⅱ和Ⅳ类型的C—C键切断方法都需要利用碳阴离子合成子R^-。单个的碳阴离子不能在化学反应中形成，而只能以离子对的形式出现。一般通过一个电负性比碳原子小的金属原子与烷基碳原子相连形成的离子对形式的试剂来产生碳阴离子，最常用的金属原子是Li和Mg。例如，丁基锂（BuLi）可以从市场上购得，其他的烷基锂试剂可以通过交换反应（a）从丁基锂来制取；格氏试剂通常直接以卤代烃与金属镁反应来制备

(b)；烷基锂也可以卤代烃和金属锂为原料制得（c)。芳基化合物（R=Ar）也可以采用上述类似的方法来制备。RHal是共价化合物，而RLi和RMgHal都是离子化合物，因此，上述几种转化反应中都包含着化合物极性转变过程。

$$\mathrm{RCl + BuLi \longrightarrow BuCl + RLi} \quad (a)$$

$$\mathrm{RHal + Mg \xrightarrow{Et_2O} RMgHal} \quad (b)$$

$$\mathrm{RHal + Li \longrightarrow RLi} \quad (c)$$

2.5.1.2 1,1-C—C键切断(Ⅰ型)

即将醇分子中与C—O键邻接的一个C—C键切断，可以推导出醛（或酮）和格氏试剂作为合成起始原料（见表2-1中方法Ⅰ）。如对化合物**2-59**采取1,1-C—C键切断，就可以推导出合成起始原料丙酮和异丁基溴。

分析：

OH MgBr Br
2-59 **2-60**

合成：

$$\text{i-BuBr} \xrightarrow[\mathrm{Et_2O}]{\mathrm{Mg}} \textbf{2-60} \xrightarrow{\mathrm{Me_2CO}} \mathrm{TM}\ (\textbf{2-59})$$

对于结构比较复杂的分子，在格氏试剂合成步骤的前后可能需要对目标分子作进一步的切断或官能团互换。化合物**2-61**是一种止痛药的重要合成前体，将其分子中的酯键切断后即得到醇**2-62**，对**2-62**进行1,1-C—C键切断，就可以推导出简单的环状化合物**2-63**，然后将**2-63**作为1,3-双官能团化合物采取C—X键切断，即推导出容易获取的起始原料烯酮**2-64**和二甲胺。合成时采用PhLi和丙酸酐来分别获取负离子Ph^-和形成酯键[24]。

分析：

NMe_2 Ph O O NMe_2 Ph OH NMe_2 O O + $HNMe_2$
2-61 **2-62** **2-63** **2-64**

合成：

$$\textbf{2-64} \xrightarrow[\mathrm{Et_2O}]{\mathrm{HNMe_2}} \textbf{2-63} \xrightarrow{\mathrm{PhLi}} \textbf{2-62} \xrightarrow[\text{吡啶}]{\mathrm{(EtCO)_2O}} \mathrm{TM}\ (\textbf{2-61})$$

对于结构中含有两个相同取代基R的叔醇分子**2-65**，还有另外一种切断方法：将这两个基团同时切断，得到酯**2-66**和格氏试剂作为合成起始原料。在反应过程中，酯分子中的EtO^-基团被一分子的格氏试剂取代转化为酮**2-67**，由于酮的反应活性比酯高，它会立即与另一分子格氏试剂反应生成目标分子。

分析：

$$\mathrm{R^1C(OH)R_2}\ (\textbf{2-65}) \Longrightarrow \mathrm{R^1CO_2Et} + 2\,\mathrm{RMgBr}\ (\textbf{2-66})$$

合成：

$$\mathrm{R^1COOEt} + \mathrm{R{-}MgBr} \longrightarrow \mathrm{R^1COR} + \mathrm{R{-}MgBr}\ (\textbf{2-67}) \longrightarrow \mathrm{R^1CR_2O^-} \xrightarrow{\mathrm{H_2O}} \mathrm{TM}\ (\textbf{2-75})$$

2.5.1.3 1，2-C—C 键切断（Ⅱ型）

对于环氧化物来说，只要其环上所带取代基不是太多，它与格氏试剂的反应很容易进行，反应收率高，如下所示：

RMgBr + (环氧化物, R^1) ⟶ R-CH_2-CH(R^1)-OH

利用这一特点，香料中间体醇 **2-68** 的合成路线就可以采用 1，2-位 C—C 键切断法来设计，即将醇羟基 α-和 β-位碳原子之间的 C—C 键作为切断键[25]。该方法还具有另外一个优点：格氏试剂与环氧化物间的反应是立体定向的。

分析：

Ph∿CH(OH)CH₂CH₃ (**2-68**) ⟹ PhMgBr + 1,2-环氧丁烷 ⟹ 1-丁烯

合成：

1-丁烯 $\xrightarrow{RCO_3H}$ 1,2-环氧丁烷 $\xrightarrow{PhMgBr}$ TM (**2-68**)

2.5.1.4 重复切断

利用格氏反应来合成醇时，采用的起始原料一般是卤代烃与醛或酮。由于这些起始原料本身就是通过取代或氧化反应从其他的醇来制备，因此，反复利用格氏反应可以构筑大分子醇，即可以重复采用 1,1-位 C—C 或 1，2-位 C—C 键切断法来设计复杂醇的合成路线。如支链辛醇 **2-69** 经 1,2-位 C—C 键切断后可得到卤代烃 **2-70**，经官能团互换即得到另一种醇 **2-71**。对 **2-71** 采取 1,1-位 C—C 键切断即可以推导出简单的起始原料溴代丙烷和丙醛[26]。

分析：

2-69 (OH) ⟹ 环氧乙烷 + **2-70** (Br) ⟹ **2-71** (OH) ⟹ 丙基MgBr + 丙醛 (CHO)

合成：

正丙基Br $\xrightarrow[(2)\ CH_3CH_2CHO]{(1)\ Mg, Et_2O}$ **2-71** $\xrightarrow[H_2SO_4]{HBr}$ **2-70** $\xrightarrow[(2)\ 环氧乙烷]{(1)\ Mg, Et_2O}$ TM (**2-69**)

2.5.2 羰基化合物的 C—C 键切断

由于醇经过氧化可以转化成相应的醛（或酮），进一步氧化则生成羧酸，因此，羰基化合物通常可以采用醇氧化法来制备。此外，羧酸还可以通过腈水解或者采用格氏试剂与二氧化碳反应来制备。上述这些都是羰基化合物的间接制备方法，在此不作讨论。下面要介绍的是通过 C—C 键切断来设计羰基化合物合成路线的方法。

2.5.2.1 1,1-C—C 键切断

酮分子的 1,1-C—C 键切断是指将与 C═O 键邻接的一个 C—C 键切断，假设断开的是 R^2 基团，则可以得到正离子合成子 **2-72**，在 2.6.1 节中曾以酯作为其等效试剂，使一分子的酯与一分子的格氏试剂反应得到酮。但是，若采用此法来制备酮却注定要失败，因为反应生成的酮比酯活泼，它会继续与格氏试剂反应而转变成醇。

R^1COR^2 ⟹ R^2MgBr + R^1C^+=O (**2-72**) ⟹ R^1COOEt

可以采取两条途径来解决这一问题。一条途径是采用反应活性较低的有机金属试剂，它可与活泼的酰氯发生反应生成酮，但不能与活性较低的酮反应。金属镉就可以很好地实现这

一目的，有机镉试剂 **2-73** 可以从格氏试剂或金属锂化合物制备。

$$R^2MgBr \xrightarrow{Cd(II)} R^2_2Cd\ (\mathbf{2\text{-}73}) \xleftarrow{Cd(II)} R^2Li;\quad R^2_2Cd \xrightarrow{R^1COCl} R^1COR^2$$

例如，蚂蚁预警用信息素 **2-74** 的合成就采用了这一方法，**2-74** 分子具有旋光性，且只有右旋异构体才具有警告蚂蚁的作用，因此需要采用羧酸 **2-75** 的右旋异构体作为合成所用原料[27]。

分析：

$$\mathbf{2\text{-}74} \Rightarrow \text{COCl} \Rightarrow \text{CO}_2\text{H}\ (\mathbf{2\text{-}75})$$

合成：

$$(+)\text{-}\mathbf{2\text{-}75} \xrightarrow[(2)Et_2Cd]{(1)SOCl_2} (+)\text{-TM}\ (\mathbf{2\text{-}74})$$

另一条途径是采用其他试剂代替合成子 **2-72**，该试剂能与格氏试剂反应，但不能直接生成酮。腈类物质（氰化物）**2-76** 就是一个非常理想的选择，它可与格氏试剂作用生成比较稳定的亚胺 **2-77**，而 **2-77** 只有在酸性条件下才能水解生成酮。另外，以羧酸锂 **2-78** 与烷基锂作用也可以获得相同的结果。

$$R^1CN\ (\mathbf{2\text{-}76}) \xrightarrow{R^2MgBr} R^1R^2C{=}N{-}MgBr\ (\mathbf{2\text{-}77}) \xrightarrow[H_2O]{H^+} R^1R^2C{=}O$$

$$R^1CO_2H \longrightarrow R^1CO_2Li\ (\mathbf{2\text{-}78}) \xrightarrow{R^2Li} R^1R^2C(OLi)_2 \xrightarrow[H_2O]{H^+} R^1R^2C{=}O$$

2.5.2.2 1,2-位 C—C 键切断

酮分子 **2-79** 经 1,2-位 C—C 键（酮羰基 α-和 β-位碳原子之间的 C—C 键）切断，可以得到烯醇负离子合成子 **2-80**（表 2-1 中第Ⅲ类 C—C 键切断法）。负氧离子的 α-位碳原子具有亲核性，按常理，可以采用卤代烃对烯醇或烯醇负离子进行烷基化反应来合成酮。然而，该反应实施起来非常困难，因为反应生成的产物也会参与烷基化反应，而且与卤代烃相比，**2-80** 与酮（包括反应物酮和产物酮）之间的反应更容易进行。

$$R^1CH_2COR^2\ (\mathbf{2\text{-}79}) \Rightarrow R^{1+} + {}^-CH_2COR^2 \left(= CH_2{=}C(O^-)R^2\ (\mathbf{2\text{-}80})\right)$$

为使烷基化反应顺利进行，需要在烯醇的 α-位碳原子上连接一个致活基团，通常是 CO_2Et，这样烷基化反应按下式进行：

$$EtO_2CCH_2COR^2\ (\mathbf{2\text{-}81}) \xrightarrow{EtO^-} \left[EtOC(O)CH{=}C(O^-)R^2 \longleftrightarrow EtOC(O^-){=}CHCOR^2\right]\ (\mathbf{2\text{-}82}) \xrightarrow{R^1Br} EtO_2CCH(R^1)COR^2\ (\mathbf{2\text{-}83})$$

致活基团的作用原理是：由于羰基的共轭效应，烯醇负离子 **2-82** 的稳定性得到加强，因此，在 EtO^- 存在的条件下，酮酯 **2-81** 能完全转变成 **2-82**。然后再让 **2-82** 与卤代烃反应，就可以得到取代产物 **2-83**。在这种情形下，可以避免 **2-82** 与 **2-81** 之间的反应，一方面是因为 **2-82** 的稳定性远大于 **2-81**，另一方面的原因是此时已没有 **2-81** 剩下。此外，由于卤代烃是滞后一步加入反应体系的，等到产物 **2-83** 出现时，体系中已经没有碱存在，不会产生产物的负离子，因此，也避免了 **2-82** 与 **2-83** 之间反应的发生。**2-83** 经过水解、加热脱羧就可以转变成目标产物 **2-79**。

根据上述原理，在有机合成中常常采用价廉易得的试剂乙酰乙酸酯和丙二酸酯分别作为羰基化合物合成子$^{-}CH_2COCH_3$和$^{-}CH_2CO_2H$的等效试剂，即活化形式的乙酸和丙酮。如3-甲基戊酸**2-84**就是以丙二酸二乙酯为原料来合成的[28]。

分析：

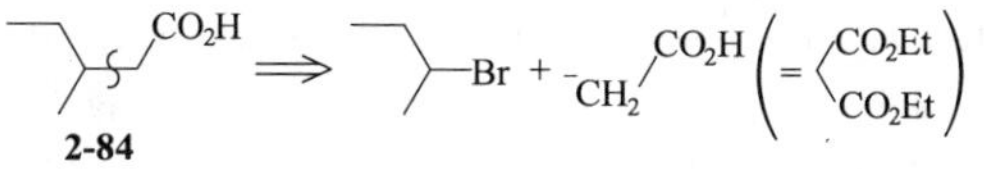

2-84

合成：

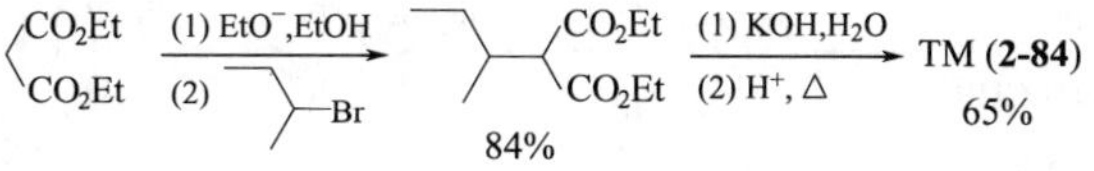

84%　　65%

2.5.2.3 1,3-位C—C键切断

酮类物质**2-85**的1,3-C—C键切断，即切断酮羰基β-和γ-位碳原子之间的C—C键，该法类似于1,3-双官能团化合物的C—X键切断法（见2.5.3.1节），利用碳阴离子对α，β-不饱和羰基化合物的Michael加成反应来实现目标分子的合成，此时可以选用格氏试剂或RLi作为碳阴离子的等效试剂。

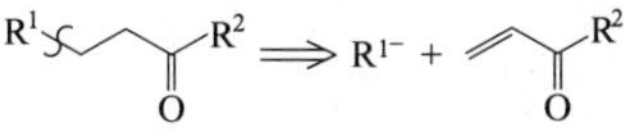

2-85

当羰基β-或γ-位碳原子接有支链时，特别是在选择用来切断的键连着环和支链的情况下，应注意找准切断位置。按此方法，化合物**2-86**的切断位置就很容易确定[29]。

分析：

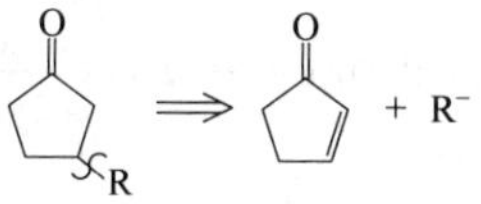

2-86

合成：

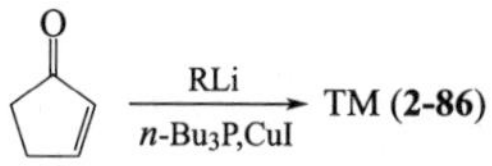

支持羰基化合物1,3-位C—C键切断法的化学反应是Michael加成反应，芳香族化合物因具有较强的亲核性而很容易发生该反应，因此，该法常常被用来向α，β-不饱和羰基化合物中引入芳基。例如，芳基羧酸**2-87**的合成条件很温和，不需使用有机金属试剂[30]。

分析：

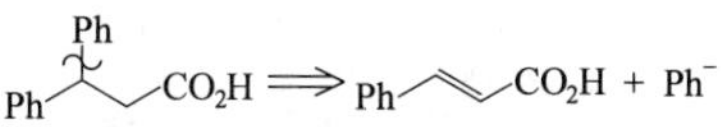

2-87

合成：

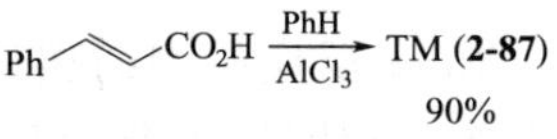

90%

2.5.3 烯烃的C═C键切断

传统的烯烃制备方法是通过消除反应，使醇在酸性条件下脱水生成烯烃，或者使卤代烃消除卤化氢转变成烯烃，两者的反应机理基本相同，只是伯卤代烷的消除反应需要在碱，而不是酸催化下发生。采用消除法合成烯烃的主要缺点是氢原子的脱除位置存在不定因素，这

样就造成双键的位置难以控制。因此，消除法现在已渐渐被后面发展起来的 Wittig 合成法取代，因为 Wittig 合成法不仅可以完全控制双键的位置，而且还能一定程度地控制双键的顺反构型。下面主要介绍烯烃的 Wittig 合成法，其反应机理如下[31]。

（1）Wittig 反应所用试剂（叶立德试剂）**2-89** 的制备：

$$\underset{\textbf{2-88}}{R^1CH_2Br} \xrightarrow{PPh_3} Ph_3\overset{+}{P}-CH_2R^1 \xrightarrow{碱} \underset{\textbf{2-89}}{Ph_3\overset{+}{P}-\overset{-}{C}HR^1}$$

（2）Wittig 反应历程：

$$Ph_3\overset{+}{P}-\overset{-}{C}HR^1 + \underset{\textbf{2-90}}{O{=}CHR^2} \longrightarrow \cdots \longrightarrow Ph_3P{=}O + \underset{\textbf{2-91}}{R^1CH{=}CHR^2}$$

从上面的反应历程可以看出，组成烯烃双键的 σ 键和 π 键是通过一步反应形成的，因此，在设计烯烃 **2-91** 的合成路线时，可以很轻松地将切断位置选择在碳-碳双键上，双键两端的基团分别由起始原料卤代烃 **2-88** 和羰基化合物 **2-90** 带入。

Wittig 反应中的叶立德试剂在一定条件下能用膦酸酯代替，如取代烯烃 **2-92** 可以环己酮与膦酸酯 **2-93** 为原料合成，**2-93** 分子因吸电子酯基的稳定作用而比相应的叶立德试剂具有更高的反应活性[32]。

分析：

$$\underset{\textbf{2-92}}{C_6H_{10}{=}CHCO_2CH_3} \Longrightarrow C_6H_{10}{=}O + \underset{\textbf{2-93}}{(EtO)_2P(O)CH_2CO_2CH_3}$$

合成：

$$BrCH_2CO_2CH_3 + (EtO)_3P \longrightarrow \textbf{2-93} \xrightarrow[\text{环己酮}]{CH_3O^-} \text{TM } (\textbf{2-92})\ 70\%$$

2.6 双官能团化合物的 C—C 键切断设计

2.6.1 Diels-Alder 反应

Diels-Alder 反应是指共轭双烯（如 **2-94**）与双键 α-碳原子上含其他吸电子基团的共轭烯烃（即亲双烯体，如 **2-95**）之间的环加成反应，反应产物是环己烯衍生物（如 **2-96**）。Diels-Alder 反应不仅可以通过一步反应促成两个 C—C 键的形成，而且还具有很高的区域选择性和立体选择性，它因此而成为有机合成上最重要的反应之一[33]。

$$\textbf{2-94} + \textbf{2-95} \longrightarrow \textbf{2-96}$$

在合成设计时，如果先将 Diels-Alder 反应机理的逆过程写出来，就能很容易地找到切断位置。因此，对于环己烯双键的两个 β-位碳原子至少有一个连着吸电子基团（Z）的化合物，如 **2-97**，可以先用箭头从双键开始、沿顺时针或逆时针方向在环内标出电子转移方向，然后再确定要切断的两个 C—C 键。

$$\textbf{2-97} \Longrightarrow CH_2{=}CH-CH{=}CH_2 + CH_2{=}CH-Z$$

这是一个典型的双官能团 C—C 键切断法，该法只有在以下两个条件同时满足时才能采用：一方面目标分子需含有环己烯结构并含有吸电子基团，另一方面环己烯双键与吸电子基团之间的相对位置是有效的——后者必须接在前者的 β-位碳原子上。无论目标分子的结构有多复杂，只要它含有环己烯结构并在正确的位置出现吸电子基团，Diels-Alder 切断法都值得一试。例如化合物 **2-98** 只能按上述方法切断成 **2-99** 和 **2-100** 两个合成子，注意不要被目标分子中的四元环等其他结构特征迷惑。事实上，**2-99** 与 **2-100** 在一起经过简单的加热即生成 **2-98**，**2-98** 是制备苯衍生物 **2-101** 的重要中间体[34]。

分析：

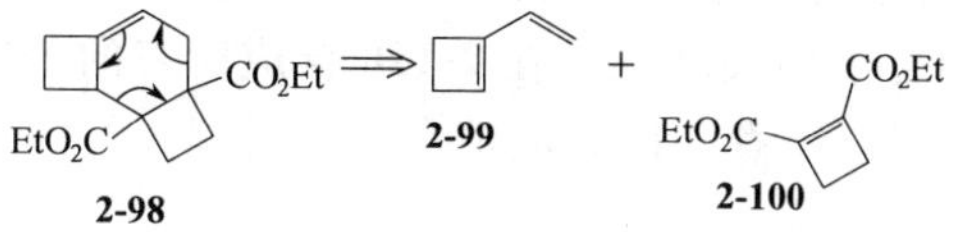

CO_2Et ⟹ + CO_2Et
EtO_2C **2-99** EtO_2C
2-98 **2-100**

合成：

2-99 + **2-100** —Δ→ TM (**2-98**) ⟶
2-101

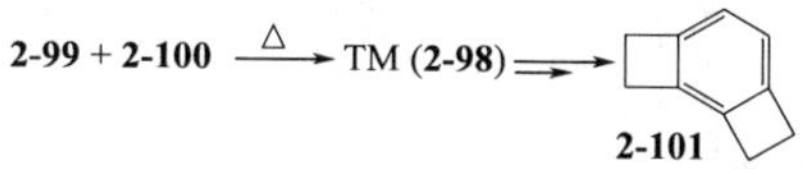

2.6.2 1,3-双官能团化合物和 α，β-不饱和羰基化合物的 C—C 键切断

本节主要讨论结构中含有 1,3-二羰基 **2-102** 或 β-羟基羰基 **2-105** 的双官能团化合物的直接切断设计方法，α，β-不饱和羰基化合物（如 **2-106**）通常可通过相应的 β-羟基羰基化合物（如 **2-105**）脱水来制备，因此也放在一起讨论。

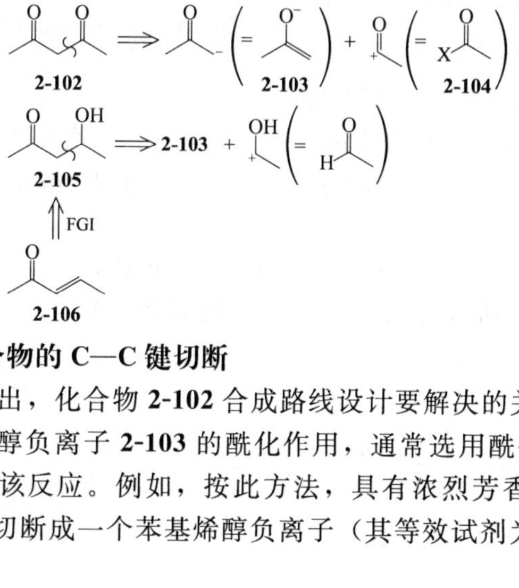

2-102 ⟹ **2-103** + **2-104** (X)

2-105 ⟹ **2-103** + (OH, H)

⇑ FGI

2-106

2.6.2.1 1,3-二羰基化合物的 C—C 键切断

从前面的分析可以看出，化合物 **2-102** 合成路线设计要解决的关键问题就是寻找合适的酰化剂 **2-104** 来实现对烯醇负离子 **2-103** 的酰化作用，通常选用酰化能力较强的酰氯（X=Cl）和酯（X=OR）用于该反应。例如，按此方法，具有浓烈芳香脂气味、且香味持久的香料化合物 **2-107** 就可以切断成一个苯基烯醇负离子（其等效试剂为苯乙酮）和乙酸乙酯合成子。

分析：

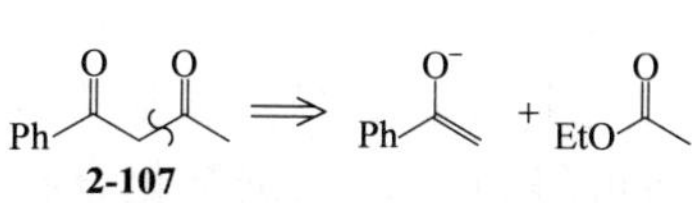

Ph **2-107** ⟹ Ph + EtO

苯乙酮与乙酸乙酯之间的反应需在强碱（常用乙醇钠）催化下进行。反应要经历一系列平衡过程，其中，烯醇负离子 **2-108** 所带负电荷因分子内的共轭效应而离域，因此比较稳定。**2-108** 在酸性条件下水解即得到目标分子 **2-107**[35]。

合成：

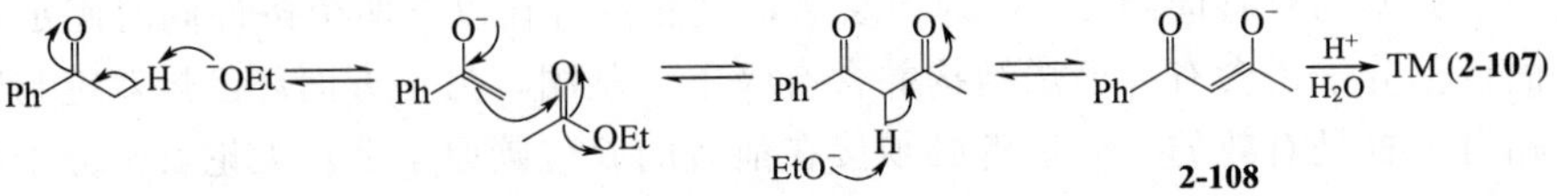

Ph—CO—CH₂—H ⁻OEt ⇌ ... ⇌ 2-108 $\xrightarrow[H_2O]{H^+}$ TM (2-107)

上述 **2-107** 的制备反应实际上就是人们现在所熟知的 Claisen 缩合反应。有机合成中常用的重要试剂乙酰乙酸乙酯也是采用此法制备的，不过所用原料是两个分子相同的化合物，即乙酸乙酯。化合物 **2-109** 是一种毒鼠剂，其分子中含有三个互为 1,3-位关系的酮基，因此，按照 1,3-双官能团的 C—C 键切断法，可以有 a 和 b 两种方案[36]。显然，采用方案 b 可以很快推导出简单的起始原料，方案 b 更合理一些。实际上，按方案 b 设计的路线实施合成时，从 **2-110** 到 **2-109** 的分子内关环反应在 **2-110** 合成所需的条件下就能顺利进行，因此，两步反应只需要一次加料，"一锅煮"即完成整个反应过程。

分析：

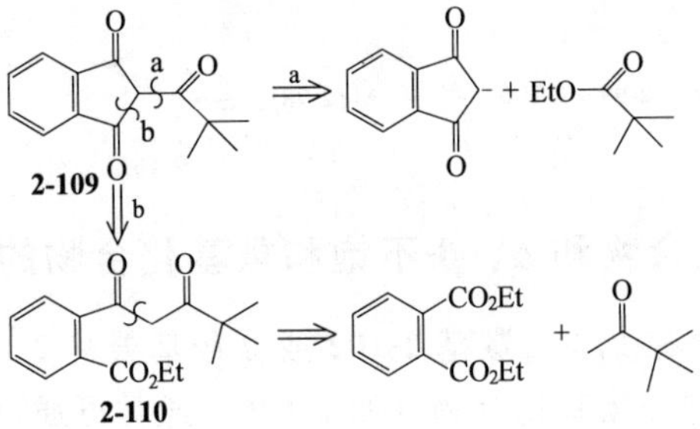

2-109 $\xRightarrow{a}$ ⁻ + EtO—CO—C(CH₃)₃

2-109 $\Downarrow$ b

2-110 ⟹ CO_2Et / CO_2Et + CH₃CO—C(CH₃)₃

合成：

CO_2Et / CO_2Et + CH₃CO—C(CH₃)₃ $\xrightarrow{碱}$ **2-110** ⟶ TM (**2-109**)

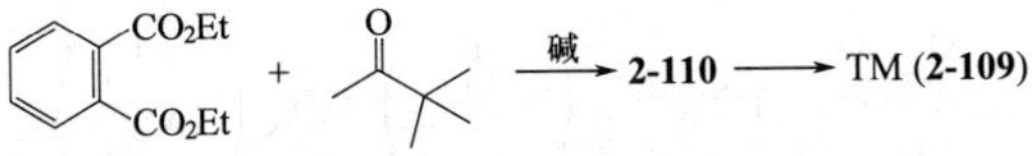

2.6.2.2 β-羟基羰基化合物的 C—C 键切断

从结构上来看，β-羟基羰基化合物属于 1,3-二羰基化合物的还原态形式，因此，对前者的合成设计可以采取类似于后者的切断方法，只不过需要适当降低酰化剂的氧化状态，即采用醛或酮来代替酯。例如，化合物 **2-111** 看起来结构比较复杂，但分析其分子中主要官能团的位置，可以看出它是一个 β-羟基羰基化合物，采用类似于 1,3-二羰基化合物的 C—C 键切断方法，只需经过一次切断就可以推导出简单的起始原料，即两个相同的分子——二乙基酮[37]。

分析：

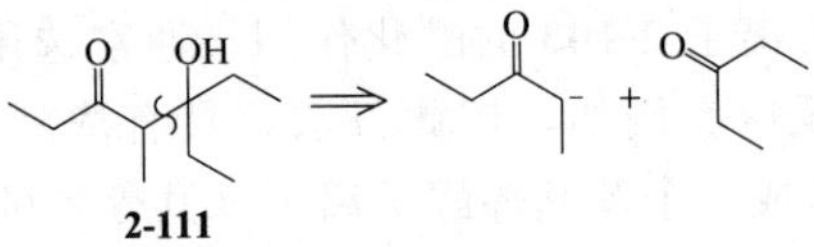

2-111 ⟹ ⁻ +

合成：

$\xrightarrow{碱}$ TM (**2-111**)

在一些情形下，1,3-二羰基化合物经由 β-羟基羰基化合物来合成反而更容易一些。例如，化合物 **2-112** 经 C═C 键切断可得到 1,3-二羰基化合物 **2-113**。接下来，如果按方案 a 直接对 **2-113** 进行 C—C 键切断，可以推导出两个碳原子骨架相同、氧化状态不同的起始原料酯 **2-114** 和醛 **2-115**；但如果对 **2-113** 作官能团互换（方案 b），将它转变成 β-羟基羰基化合物 **2-116** 后再进行 C—C 键切断，则可以推导出起始原料为两分子的醛 **2-115**。

分析：

2-112 ⇒ $^{-}$Ph / $^{+}PPh_3$ + 2-113 $\xRightarrow{a}$ 2-114 + 2-115

2-113 $\Downarrow$ b 2-116 ⇒ 2-115 + 2-115

合成[38]：

$$\text{2-115} \xrightarrow{\text{NaOH}} \text{2-116} \xrightarrow[\text{吡啶}]{CrO_3} \text{2-113} \xrightarrow{Ph_3\overset{+}{P}-\overset{-}{C}H-Ph} \text{TM (2-112)}$$

2.6.2.3 α，β-不饱和羰基化合物的 C—C 键切断

利用羰基邻位碳原子上 α-H 容易离去的特点，α，β-不饱和羰基化合物通常由 β-羟基羰基化合物脱水来制备。例如，对烯酮 **2-117** 或其他 α，β-不饱和羰基化合物的切断分析，可以先通过官能团互换将它们转变成 β-羟基羰基化合物（如 **2-118**）后再进行 C—C 键切断。实际上，α，β-不饱和羰基化合物具有比 β-羟基羰基化合物更稳定的共轭结构，后者的分子内脱水反应常常伴随缩合反应发生，因此，在前者的制备过程中不需要将中间产物（如 **2-118**）分离出来[39]。

分析：

2-117 ⇒ 2-118 ⇒ 2 (CH$_3$)$_2$C=O

合成：

$$(CH_3)_2C{=}O \xrightarrow{H^+} \text{TM (2-117)}$$

在合成设计中，对 α，β-不饱和羰基化合物的切断还可以采取下列简化方式：只需简单地切断双键，然后在 β-碳原子上添加一个羰基，即直接写出其两个含羰基的合成子。按照上述简化方法，化合物 **2-119** 的两个合成子很容易就能写出来，均为 γ-丁内酯 **2-120**[40]。

分析：

2-119 ⇒ 2-120 + 2-120

合成：

$$\text{2-120} \xrightarrow{OH^-} \text{TM (2-119)}$$

安神药 **2-121** 的分子中含有环氧基和酰胺结构，其合成路线设计需要运用多次 C—X 键切断和官能团互换之后才能推导出 α，β-不饱和酸 **2-122**，将 **2-122** 分子中的双键切断可以推导出两个分子骨架完全相同的起始原料正丁醛和正丁酸。在合成时，为避免使用两种反应原料，可以直接投入两分子的醛 **2-123**，后面可以通过 α，β-不饱和醛的氧化来制备 α，β-不饱和酸。合成实践证明，酰胺基团最好在环氧基团之前引入到分子结构中[41]。

分析：

2-121 ($CONH_2$) ⇒ 2-122 (CO_2H) ⇒ 2-123 (CHO) + CO_2H

合成：

2-123 $\xrightarrow{OH^-}$ (CHO) $\xrightarrow{Ag_2O}$ 2-122 $\xrightarrow[(2)\ NH_3]{(1)\ SOCl_2}$ ($CONH_2$) $\xrightarrow{RCO_3H}$ TM（2-121）

上述 α，β-不饱和羰基化合物切断方法的主要依据是得到的两个羰基化合物均含有 α-氢原子，这样可以保证它们之间的缩合反应顺利进行。但是，对于不含 α-氢原子的羰基化合物，如甲醛、苯甲醛等，就不能直接采取这种切断方法。以甲醛为例，甲醛的化学反应活性较高，在与其他含 α-氢原子的羰基化合物作用时，往往通过 Cannizarro 缩合反应直接生成结构类似于 **2-124** 的多羟甲基衍生物。

$CH_3CHO \xrightarrow[OH^-]{CH_2O}$ **2-124**

因此，为获得等分子的缩合产物，就需要另找一个反应活性弱一些的等效试剂来代替甲醛。通常通过 Mannich 反应来达到这一目的，即让甲醛与含 α-氢原子的酮（如 **2-125**）和仲胺缩合成 Mannich 碱（即酮胺，如 **2-126**），然后通过烷基化反应、消除反应便可以转变成乙烯基酮（如 **2-127**），此即为甲醛的缩合产物。

Mannich 反应的结果，是在酮羰基的 α-位引入了一个乙烯基，该反应的机理如下[42]：

$CH_2O + HNR_2 \xrightarrow{H^+} H_2C{=}\overset{+}{N}R_2 \longrightarrow$ **2-126** $\xrightarrow{CH_3I}$ ($\overset{+}{N}R_2$Me) $\xrightarrow[H_2O]{OH^-}$ **2-127**

2-125 $\xrightleftharpoons{H^+}$ (烯醇)

乙烯基酮具有较高的反应活性，其稳定性较差，而 Mannich 碱很稳定，因此，乙烯基酮常常以曼尼希碱的形式贮存，需要时再临时从 Mannich 碱制备。从针叶松树心分离出来的一系列含松柏基的化合物，具有重要的药用价值，它们的人工合成颇受重视。缩醛 **2-128** 是合成这类物质的重要中间体，对 **2-128** 进行简单的切断分析就可以看出，它是从乙烯基芳酮 **2-130** 演变而成的，而 **2-130** 可以由芳酮 **2-131** 通过 Mannich 反应来合成。芳酮 **2-131** 可由简单的起始原料通过 Friedel-Crafts 反应来制备[43]。

分析：

2-128 ⇒ **2-129** ⇒ **2-130** ⇒ (NR_2) ⇒ **2-131** ⇒ MeCOCl + ArH

合成：

(OMe) $\xrightarrow[AlCl_3]{MeCO}$ 2-131 $\xrightarrow[(2)\ NaHCO_3\ (3)\ MeI]{(1)\ Me_2NH,CH_2O,HCl}$ ($^+NMe_3$, 81%) $\xrightarrow{NaHCO_3}$ 2-130 84% $\xrightarrow[OH^-]{H_2O_2}$ (80%) $\xrightarrow[H_2O]{H^+}$ 2-129 62% $\xrightarrow[H^+]{Me_2CO}$ TM (2-128) 72%

2.6.3 1，5-双官能团化合物的 C—C 键切断

本节主要针对两个官能团均为羰基的双官能团化合物进行讨论。

2.6.3.1 Michael 加成反应

1，5-二羰基化合物 **2-132** 可以看成是由 Michael 加成反应产物经过脱羧反应转变而成

的。根据 Michael 加成反应的逆过程，可以将 **2-132** 分子中两个羰基之间的任一 α，β-键切断，即得到两个起始反应物，如烯酮 **2-133** 和烯醇负离子 **2-80**（见 2.6.2.2 节）。前已述及，**2-80** 的使用一般需要在其烯醇 α-位碳原子上连接一个致活基团 CO_2Et，即使用其等效试剂 **2-81**。在这里，致活基团 CO_2Et 同样可以促进 **2-81** 对 **2-133** 的亲核加成反应[44]。Michael 加成反应产物 **2-134** 分子中的 CO_2Et 基团很容易除去，从 **2-134** 到目标分子 **2-132** 的反应非常简单。

分析：

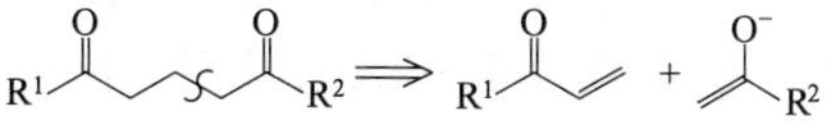

2-132　**2-133**　**2-80**

合成：

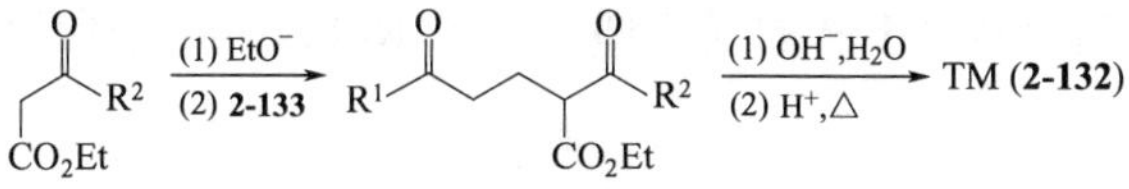

2-81　**2-134**

酮酸 **2-135** 是一个由六元环带支链构成的 1,5-二羰基化合物，将其羧基的 α,β-键（C_2—C_3 键）切断无疑是最佳选择，因为这样既满足支链优先切断原则，又符合 Michael 加成反应的逆过程，而且可以采用丙二酸酯来代表其中的一个合成子 $^-CH_2CO_2H$[45]。

分析：

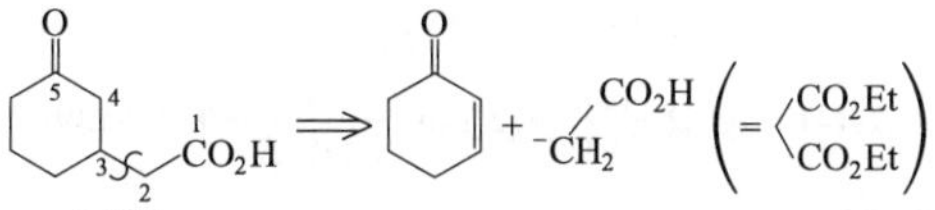

2-135

合成：

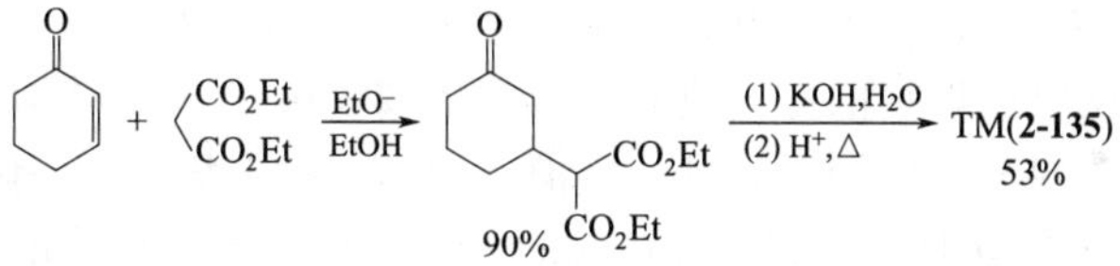

2.6.3.2 Robinson 成环反应

Michael 加成反应可以用来构筑六元环，这也是制备六元环化合物的一条重要途径。例如，化合物 **2-136** 乍一看满足 Diels-Alder 切断法所需条件：分子中含有环己烯结构，且在环己烯双键的一个 β-碳原子上接着吸电子基团 CO_2Me。但是，在 **2-136** 分子中环己烯双键的一个 α-位上同时也含有羰基，无法找到相应的共轭双烯，因此，对 **2-136** 不能采取 Diels-Alder 切断。然而，在将 **2-136** 当作 α,β-不饱和羰基化合物切断后，却得到一个结构较为简单的 1,5-二羰基化合物 **2-137**。**2-137** 实际上是一个 Michael 加成反应的直接产物，可以将其分子中与 C_2 原子相连的 CO_2Et 基团（或 CH_3CO）视为致活基团，因此，将 **2-137** 分子中的 C_2—C_3 键切断几乎是唯一的选择[46]。

分析：

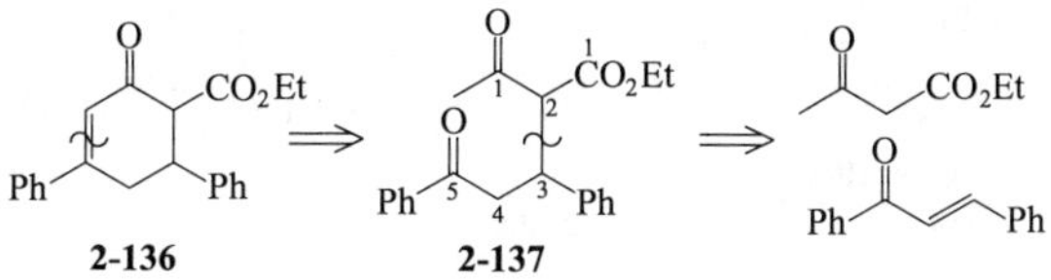

2-136　**2-137**

合成：

TM (2-136)

在合成的实施过程中，从 **2-137** 到 **2-136** 的环化反应是伴随在 Michael 加成反应之后自发进行的。从这个由 Michael 加成和环化两步反应组成的合成反应的结果来看，它是一个成环过程，或者说是一个增环过程，该反应是 Robinson 最先发现的，因此被人们称为 Robinson 成环反应。

在甾族化合物（如 **2-138**）的合成中，双环酮 **2-139** 是一个比较理想的中间体。对 **2-139** 分子采取 α,β-不饱和键切断，可得到 1,5-二酮 **2-140**。**2-140** 也是一个 Michael 加成反应产物，可将其分子中任一 C_5 原子上的羰基看作致活基团，因此选择切断 C_3—C_4 键，同时，这种切断方法又符合支链优先切断原则。这样可以推导出两个反应物 **2-141** 和 **2-142**，其中乙烯基酮 **2-141** 可由丙酮通过 Mannich 反应来制备，而对称酮 **2-142** 的合成也较容易[47]。以 **2-141** 和 **2-142** 为原料合成 **2-139** 的反应即是一个 Robinson 成环反应。

分析：

2-138 ⟹⟹ **2-139** ⟹ **2-140** ⟹ **2-141** + **2-142**

合成：

$$\textbf{2-141} + \textbf{2-142} \xrightarrow[\text{MeOH}]{\text{KOH}} \textbf{2-140} \xrightarrow[\text{(2) H}^+,\Delta]{\text{(1) pyrrolidine}} \text{TM}(\textbf{2-139})$$

对于结构简单的环己烯酮，也可以采用 Robinson 成环反应来合成，但在设计合成路线时，需要在其分子的适当位置添加致活基团，然后再按 Michael 加成反应的逆过程进行切断。例如，化合物 **2-143** 经 α,β-不饱和键切断后得到一个非对称的、开链式 1,5-二酮 **2-144**，为控制 Michael 加成反应按设计的方向进行，需要在 **2-144** 的分子结构中添加一个致活基团 CO_2Et，使它转变成 **2-145**，然后按 Michael 加成反应的逆过程切断 **2-145**，即可以推导出简单的起始原料。在实施合成时，可以将 Mannich 碱（从丙酮、甲醛和二乙胺制备）与碘甲烷一并加入反应体系，使乙烯基酮 **2-141** 从反应混合物中一释放出来便直接参与后面的反应[48]。

分析：

2-143 ⟹ **2-144** ⟹ **2-145** ⟹ **2-141** + (CO_2Et) ⟹ **2-146**

合成：

$$\textbf{2-146} \xrightarrow[\text{EtO}^-]{\text{CO(OEt)}_2} (CO_2Et)$$

$$\xrightarrow[\text{(2) MeI}]{\text{(1) CH}_2\text{O, HNEt}_2} \overset{+}{\text{N}}\text{MeEt}_2$$

$$\xrightarrow[\text{EtOH}]{\text{EtO}^-} \textbf{2-145} \xrightarrow[\text{HOAc}]{\text{H}_2\text{SO}_4} \text{TM}(\textbf{2-143})$$

2.6.4 1,2-双官能团化合物的C—C键切断

1,2-双官能团化合物的种类繁多，其制备途径各不相同，难以归纳出一致的、规律性的合成方法，因此，在对这类物质进行合成设计之前，先弄清它们的形成机理就显得非常重要。1,2-双官能团化合物的结构通式为**2-147**，通过C—X键切断对**2-147**进行合成设计的方法已在2.5.2节作了介绍，下面主要讨论通过切断两个官能团之间的连接键（C—C键）来设计**2-147**合成路线的方法。

2-147

2.6.4.1 采用酰基负离子等效试剂

结构类似于**2-148**的α-羟基酮经C—C键切断得到一个酰基负离子合成子**2-149**。由于炔基容易在二价汞离子的催化作用下水合成酰基，因此，通常采用炔烃（如乙炔）作为酰基负离子的等效试剂[49]。

分析：

2-148 **2-149**

合成：

H—≡—H $\xrightarrow[(2)\ Me_2CO]{(1)\ NaNH_2,NH_3}$ $\xrightarrow[H^+,H_2O]{Hg^{2+}}$ TM (**2-148**)

$^-CO_2H$也是一个酰基负离子，通常以^-CN作为$^-CO_2H$的等效试剂，利用氰基的水解来获得羧基。例如，利用氰化物对羰基化合物**2-150**的亲核加成反应生成α-羟基（或氨基）腈，然后再水解，可以制得α-羟基酸**2-151**或α-氨基酸**2-152**。根据这一反应原理，在合成设计中，可以先通过官能团互换将一些1,2-双官能团化合物转变成α-羟基酸或α-氨基酸，然后再按照上述反应的逆过程推导出简单的起始原料。

2-150 $\xrightarrow[H^+,EtOH]{NaCN}$ $\xrightarrow{NaOH}$ **2-151**；**2-150** $\xrightarrow[(NH_4)_2CO_3]{HCN}$ $\xrightarrow[H_2O]{NaOH}$ **2-152**

例如，芳基丁二醇**2-153**是一种安神药，它含有两个相邻的叔羟基，其中与两个甲基相邻的一个羟基可以看作是酯（羧基）与格氏试剂的加成产物，因此，可由**2-153**推导出其合成前体α-羟基酯**2-154**，接下来，经α-羟基腈**2-155**可以推导出简单的合成反应物芳香酮与氰化氢[50]。

分析：

2-153 ⟹ **2-154** ⟹ **2-155** ⟹ ArCOMe + ^-CN (Ar=4-氯苯基)

合成：

$\xrightarrow[AlCl_3]{MeCO}$ $\xrightarrow[(2)\ H_2SO_4]{(1)\ KCN}$ Ar—C(OH)(Me)—$CONH_2$ $\xrightarrow[(2)\ H^+,EtOH]{(1)\ OH^-}$ **2-154** $\xrightarrow{MeMgI}$ TM (**2-153**)

2.6.4.2 通过苯偶姻缩合反应

氰化物也可以参与苯偶姻缩合反应，最简单的例子是以苯甲醛为原料合成苯偶姻**2-157**。该反应只适合于分子结构中不含 α-氢原子的醛，其机理如下：一分子苯甲醛与⁻CN 经亲核加成反应生成酰基负离子等效试剂 **2-156**，然后再与另一分子的苯甲醛发生亲核加成反应转变成 **2-157**。因此，**2-157** 类似物质的切断分析与 **2-148** 完全一样[51]。

PhCHO →(⁻CN) Ph–C(O⁻)(H)(CN) ⇌ Ph–C⁻(OH)(CN) →(PhCHO) ... ⇌ ... → PhCOCH(OH)Ph

2-156 **2-157**

2.6.4.3 利用烯烃

烯烃的制备比较容易，它含有两个相邻的官能团原子，能通过环氧化、卤化或羟基化等反应转变成环氧化物、邻卤醇、邻二卤、邻二醇等官能团化合物，然后再通过取代、氧化或还原等反应转变成其他的 1,2-双官能团化合物。根据这一反应原理，可以将一些 1,2-双官能团化合物经官能团互换回推到烯烃后再切断双键，根据 Wittig 反应选择合适的基团分别作为羰基组分和叶立德试剂。例如，化合物 **2-158** 具有顺式邻二醇结构，可以用烯烃 **2-159** 在诸如 OsO_4 或 $KMnO_4$ 之类的氧化剂进行羟基化反应来合成，而 **2-159** 通过 Wittig 反应即可以制得。

分析：

2-158 ⇒ **2-159** ⇒ 环己酮 + $Ph_3\overset{+}{P}$–⁻CH–CH₂Ph ⇒ Br–CH₂CH₂Ph

合成：

Br–CH₂CH₂Ph →(Ph_3P) $Ph_3\overset{+}{P}$–⁻CH–CH₂Ph →(环己酮, BuLi) **2-159** →(OsO_4 或 $KMnO_4$) TM (**2-158**)

2.6.5 1，4-双官能团化合物的 C—C 键切断

1,4-双官能团化合物的两个官能团之间含有三个 C—C 键，可以采取两种办法直接切断这类化合物的 C—C 键，一种办法是对称切断，即将 C_2—C_3 键切断；另一种办法是非对称切断，即切断的键为 C_1—C_2 键或 C_3—C_4 键。此外，可以通过逆向官能团添加（FGA）的办法在一些 1,4-双官能团化合物的 C_2 和 C_3 原子之间添加一个 C≡C 键（炔键），然后再将 C≡C 键两端的 C—C 键切断，推导出包括乙炔在内的三个合成子。

2.6.5.1 对称切断法

1,4-二酮 **2-160** 经对称切断得到 α-羰基正离子**2-161**和烯醇负离子 **2-80**。前面已多次提到，烯醇负离子需要活化以后才能使用，一般采用 **2-81** 作为 **2-80** 的等效试剂（见 2.6.2.2 节）。**2-161** 的等效试剂一般可以选用 α-卤代羰基化合物（R^1COCH_2Hal）。

$R^1COCH_2CH_2COR^2$ (**2-160**) ⇒ $R^1COCH_2^+$ (**2-161**) + CH_2=C(O⁻)R^2 (**2-80**) (=$EtO_2CCH_2COR^2$ **2-81**)

1,4-二羰基化合物 **2-162** 经对称切断可以获得两个合成子溴代乙酸乙酯和烯醇负离子 **2-163**(卤代乙酸酯比 α-卤代环戊酮更容易制备)[52]。在合成操作中，**2-163** 须以其等效试剂 **2-164**的形式进入反应体系，**2-164** 的制备也很容易（对 **2-164** 按 1,3-二羰基化合物进行 C—C 键切断，可以看出，它实际上是由己二酸二乙酯经分子内缩合而得到的）。

分析：

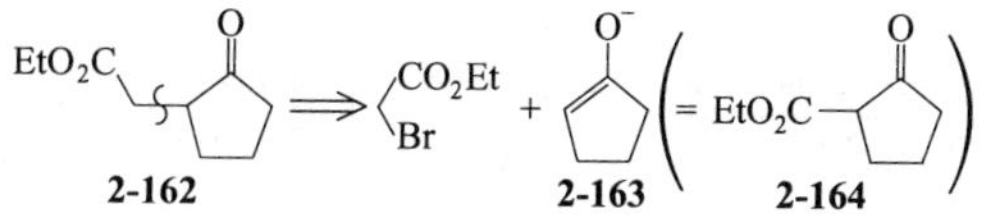

合成：

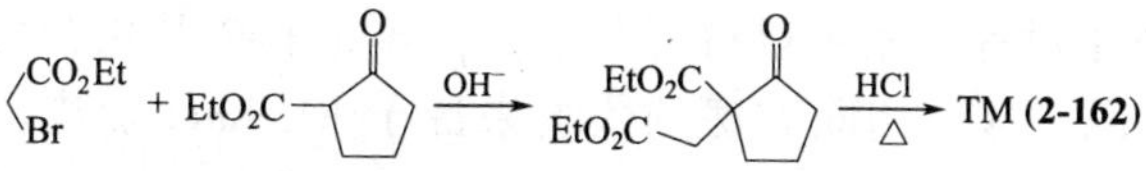

不饱和酮酯 **2-166** 是合成抗生素次甲霉素 **2-165** 的重要中间体，将 **2-166** 分子中的 α,β-双键切断后得到一个带有致活基团 CO_2Et 的 1,4-二酮 **2-167**，对 **2-167** 采取对称切断即可以推导出两个简单的起始原料。

分析：

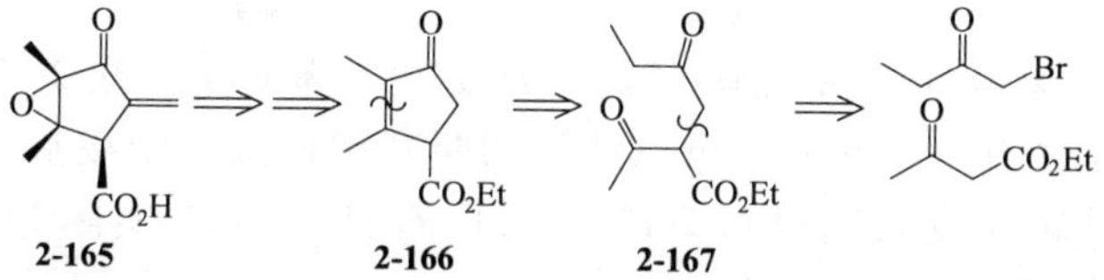

在上面设计的合成路线中，关于 **2-167** 的环化反应产物似乎存在一些疑问。对此解释如下：**2-167** 分子 C_3 原子上（与 C_1 原子之间）的烯醇化反应产物是一个不稳定的三元环，容易开环复原成反应物；**2-167** 环化生成五元环 **2-168** 的反应也不会发生，因为 **2-166** 分子中双键含有更多的取代基，其热稳定性高于 **2-168**，而生成双键的脱水反应是在较高温度下进行的，因此，受热力学控制，反应产物只有 **2-166**[53]。

合成：

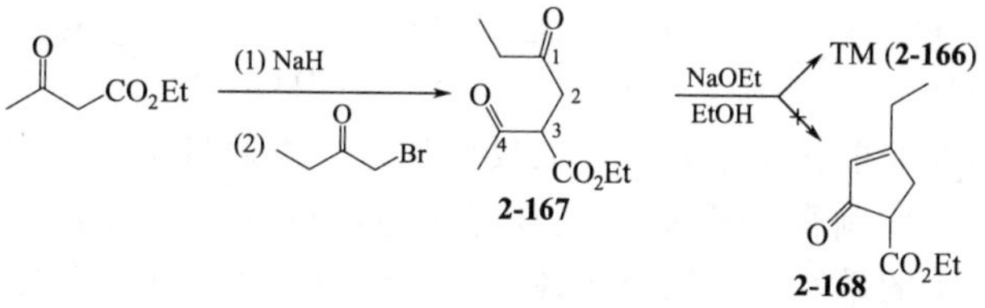

羟基酮类 1,4-双官能团化合物 **2-169** 经对称切断也可以得到烯醇负离子 **2-80**，同时还得到 α-羟基正离子 **2-170**，显然，环氧化物 **2-171** 是 **2-170** 的等效试剂。其他从羟基或酮官能团衍生而成的 1,4-双官能团化合物，如羟基酸、卤代酮（酸）等，都可以采取这种切断法来设计合成路线。

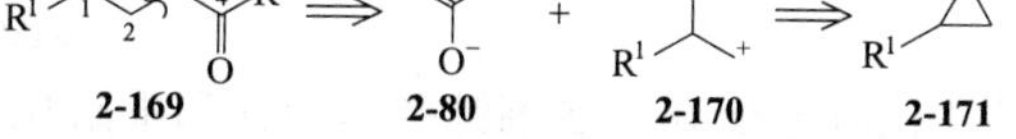

反式羟基酸 **2-172** 常用于立体化学研究，很明显，对 **2-172** 分子的切断应该选择连接支链与六元环的键，对于 1,4-位的两个官能团羟基和羧基来说，正好也是对称切断，得到两个合成子 $^-CH_2CO_2H$[等效试剂为 $CH_2(CO_2Et)_2$] 和环氧化物 **2-173**[54]。

分析：

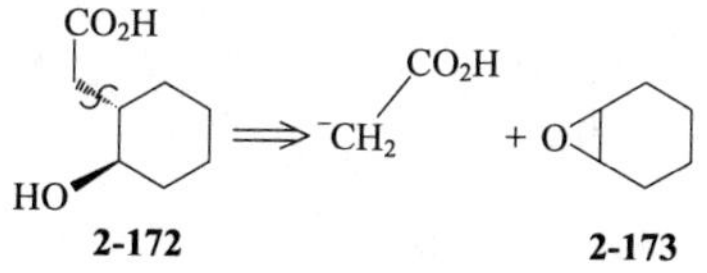

合成：

$$CH_2(CO_2Et)_2 \xrightarrow[(2)\ \mathbf{2\text{-}173}]{(1)\ NaOEt, EtOH} (EtO_2C)_2CH\text{-(2-羟基环己基)} \xrightarrow[(2)\ H^+, H_2O]{(1)\ KOH, H_2O} TM\ (\mathbf{2\text{-}172})\ 75\%$$

2.6.5.2 非对称切断法

1,4-二酮 **2-160** 经非对称切断可以得到一个 *α*,*β*-不饱和羰基化合物和一个酰基负离子 **2-174**，从合成的角度来说，这一切断方法的依据来源于 Michael 加成反应机理。因此，作为 **2-174** 的等效试剂，应该是能促进 Michael 加成反应进行的亲核试剂，一般选用 ^-CN 和 $^-CHRNO_2$（硝基烷烃负离子）。

$$R^1COCH_2CH_2COR^2\ (\mathbf{2\text{-}160}) \Longrightarrow R^1COCH{=}CH_2 + {}^-COR^2\ (\mathbf{2\text{-}174})$$

抗惊厥药物 *N*-甲基-*α*-苯基琥珀酰亚胺 **2-175** 是由 *α*-苯基丁二酸 **2-176** 制备的。在 **2-176** 分子中的 1,4-位分别含有一个羧基，可以选择切断其中任意一个羧基，不过支链羧基更合适一些。将支链羧基转换成氰基得到 **2-177**，可以看出，**2-177** 实际上是由 ^-CN 与肉桂酸 **2-178**经 Michael 加成反应生成的产物[55]。

分析：

$$\mathbf{2\text{-}175} \Longrightarrow PhCH(CO_2H)CH_2CO_2H\ (\mathbf{2\text{-}176}) \Longrightarrow PhCH(CN)CH_2CO_2H\ (\mathbf{2\text{-}177}) \Longrightarrow {}^-CN + PhCH{=}CHCO_2H\ (\mathbf{2\text{-}178}) \Longrightarrow PhCHO + {}^-CH_2CO_2H$$

合成：

$$PhCHO + CH_2(CO_2Et)_2 \xrightarrow{EtO^-} PhCH{=}C(CO_2Et)_2 \xrightarrow{KCN} PhCH(CN)CH(CO_2Et)_2 \xrightarrow[H_2O]{H^+} \mathbf{2\text{-}176} \xrightarrow[\text{甲苯}]{MeNH_2} TM\ (\mathbf{2\text{-}175})$$

利用仲硝基容易在酸催化下水解成酮的反应特点，先通过 *α*,*β*-不饱和羰基化合物与硝基烷烃经 Michael 加成反应制得 1-羰基-4-硝基化合物，然后再使硝基水解得到 1,4-二羰基化合物。硝基烷烃分子中的硝基是个缺电子体系，有吸收一个电子而稳定的强烈趋势，在碱性条件下它容易失去一个 *α*-质子形成亲核性较强的碳阴离子——硝基烷烃负离子，进而进攻 *α*,*β*-不饱和羰基化合物分子中带部分正电荷的 *β*-碳原子，生成 Michael 加成产物。因此，在 1,4-二酮 **2-160** 的合成中，可以采用硝基烷烃作为酰基负离子 **2-174** 的等效试剂。

$$R^1COCH{=}CH_2 + R^2CH_2NO_2 \xrightarrow{\text{碱}} R^1COCH_2CH_2CH(NO_2)R^2 \xrightarrow[H_2O]{TiCl_3} R^1COCH_2CH_2COR^2\ (\mathbf{2\text{-}160})$$

化合物 **2-179** 是合成 *β*-位含乙酸和丙酸侧链基团的饱和吡咯烷的一个中间体，具有 1,4-二酮分子结构。采用非对称切断法，将 **2-179** 分子中的一个羰基转换成硝基之后，可以看出，**2-180** 是硝基乙烷与哈格曼乙酯 **2-181** 的 Michael 加成产物[56]。

分析：

$$\mathbf{2\text{-}179} \Longrightarrow \mathbf{2\text{-}180} \Longrightarrow H_3CCH_2NO_2 + \mathbf{2\text{-}181}$$

合成：

$$H_3C\diagdown\diagup NO_2 + \textbf{2-181} \xrightarrow{Bu_4NF} \textbf{2-180} \xrightarrow[(2)\ TiCl_3,NH_4Ac]{(1)\ NaOEt,THF} TM\ (\textbf{2-179})$$

2.6.5.3 逆向官能团添加法

这是一个通过 C≡C 键(炔键)来搭建 1,4-双官能团的简单方法，它主要利用了下述反应原理。乙炔分子中的氢原子比较活泼，容易被金属原子取代生成炔化物，如乙炔钠、乙炔二钠等，通过炔化物与环氧化物和醛、酮类羰基化合物（或 CO_2）的亲核加成反应可以生成 α-碳原子上含羟基(或羰基)的炔烃衍生物，然后通过催化加氢将 C≡C 键还原成 C—C 键，即得到 1,4-二羟基(或羰基)等双官能团化合物。例如，1,4-二醇 **2-182** 可以通过炔醇 **2-183** 的加氢还原来制备，而 **2-183** 则可以乙炔、R^1CHO 和 R^2CHO 为原料合成。

$$\textbf{2-182} \Longrightarrow \textbf{2-183} \Longrightarrow R^1CHO + \equiv + R^2CHO$$

根据上述方法，γ-内酯 **2-184** 经 C—O 键切断、C≡C 键添加可以转换成炔酸 **2-185**，而 **2-185** 分子中炔键两端的羟基和羧基可以分别由醛和 CO_2 带入乙炔分子中形成。可以看出，如此设计的合成路线非常简捷，特别是在 **2-185** 到 **2-184** 的转化反应中，环化反应可以跟在氢化反应之后自发进行[57]。

分析：

$$\textbf{2-184} \Longrightarrow R\text{-}CH(OH)CH_2CH_2CO_2H \xRightarrow{FGA} \textbf{2-185}\ (CO_2H) \Longrightarrow CO_2 + \textbf{2-186} \Longrightarrow RCHO + \equiv$$

合成：

$$H\text{—}\equiv\text{—}H \xrightarrow[(2)RCHO]{(1)NaNH_2,NH_3} \textbf{2-186} \xrightarrow[(2)CO_2]{(1)BuLi} \textbf{2-185} \xrightarrow[Pd,EtOH]{H_2} TM\ (\textbf{2-184})$$

2.6.6 1,6-双官能团化合物的合成设计

2.6.6.1 C═C 键重接法

在有机合成中，环己烯衍生物因其制备简单、分子中所含不饱和双键容易被氧化裂解转化成两个羰基，常被利用来制备 1,6-二羰基化合物。例如，己二酸可以通过环己烯在 O_3 或 $KMnO_4$ 等氧化剂作用下制得；环己烯衍生物 **2-187** 可从环己酮和格氏试剂制备，**2-187** 在不同的条件下氧化，可以裂解成酮酸 **2-188** 或酮醛。

$$\text{环己酮} \xrightarrow{RMgBr} \text{1-R-环己醇} \xrightarrow{H^+} \textbf{2-187} \xrightarrow{[O]} \textbf{2-188}\ (RCO(CH_2)_4CO_2H)$$

从合成设计的角度来说，将目标分子 1,6-二羰基化合物转换成环己烯衍生物，采取的办法是用双键重新连接目标分子中两个官能团碳原子，即 C═C 键重接法。例如，在双环酮 **2-189** 的合成中，需要用到中间体烯酮 **2-190**，将 **2-190** 分子中 α,β-不饱和键切断，即得到 1,6-二羰基化合物 **2-191**，然后采用 C═C 键重接法，得到叔丁基环己烯 **2-192**，它是由叔丁基环己酮 **2-193** 经格氏反应转变而来的，至于 **2-193**，找到其简单的合成原料苯酚并不难[58]。

分析：

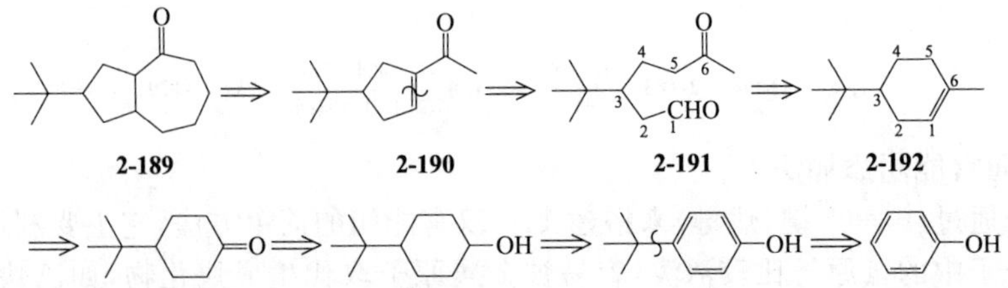

2-189 2-190 2-191 2-192

2-193 2-194 2-195

合成：

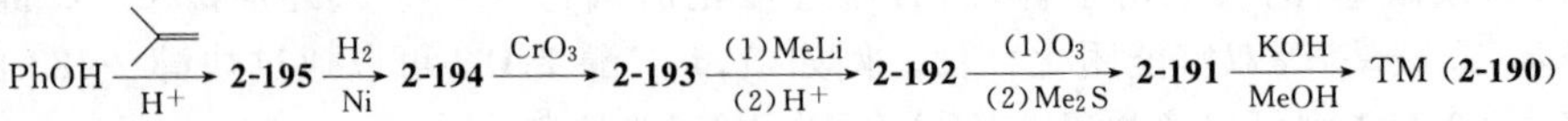

PhOH $\xrightarrow[H^+]{}$ 2-195 $\xrightarrow[Ni]{H_2}$ 2-194 $\xrightarrow{CrO_3}$ 2-193 $\xrightarrow[(2)H^+]{(1)MeLi}$ 2-192 $\xrightarrow[(2)Me_2S]{(1)O_3}$ 2-191 $\xrightarrow[MeOH]{KOH}$ TM (2-190)

关于环己烯衍生物的制备，最重要的途径也许是 Diels-Alder 反应。利用这一反应，可以在环己烯的环碳原子上引入带有多种官能团的侧链基团，通过这些环己烯衍生物的氧化裂解反应，可以制得各种各样的 1,6-二羰基化合物。

双酯 **2-196** 是 Heathcock 在合成一种五元环并内酯结构的抗生素时需要使用的中间体。**2-196** 经 C═C 键重接可以得到一个具有 Diels-Alder 加成物部分结构特征的对称环己烯 **2-197**（见 2.7.1 节），若对 **2-197** 分子环碳原子上取代基的氧化状态作适当调整——将给电子基团（CH_2OCH_3）转换成吸电子基团，就能使它成为 Diels-Alder 加成物，因此使人联想到酸酐 **2-199**，而且，通过在 Diels-Alder 反应中使用顺丁烯二酐的办法，可以保证目标分子 **2-196** 的立体化学特征[59]。

分析：

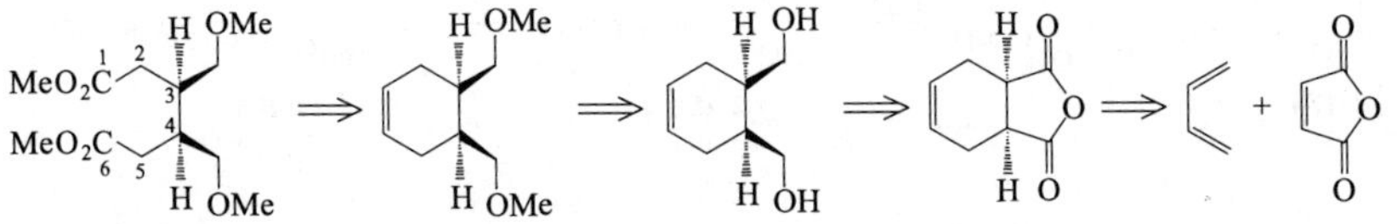

2-196 2-197 2-198 2-199

合成：

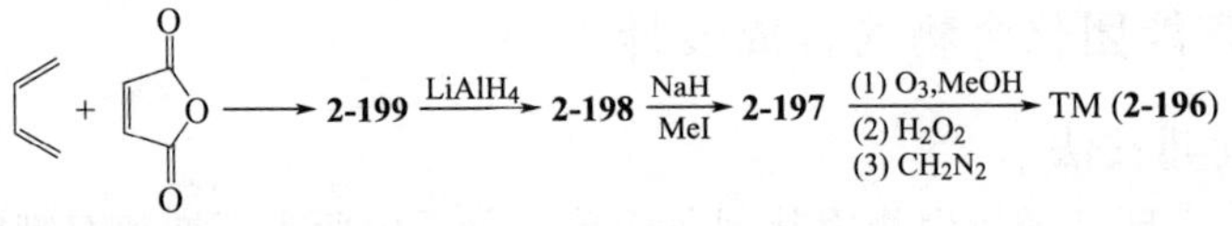

2-199 $\xrightarrow{LiAlH_4}$ 2-198 $\xrightarrow[MeI]{NaH}$ 2-197 $\xrightarrow[(2)\ H_2O_2;\ (3)\ CH_2N_2]{(1)\ O_3,MeOH}$ TM (2-196)

2.6.6.2 C—O 键重接法

根据酮类物质的 Baeyer-Villiger 反应，环己酮在过氧酸 **2-200** 的作用下也能被氧化裂解，形成过渡态产物 **2-201**，然后经基团迁移、重排而转化成七元环内酯 **2-202**。以 **2-202** 为原料，通过水解、格氏反应等手段可以制备各种 6-羟基羰基化合物。

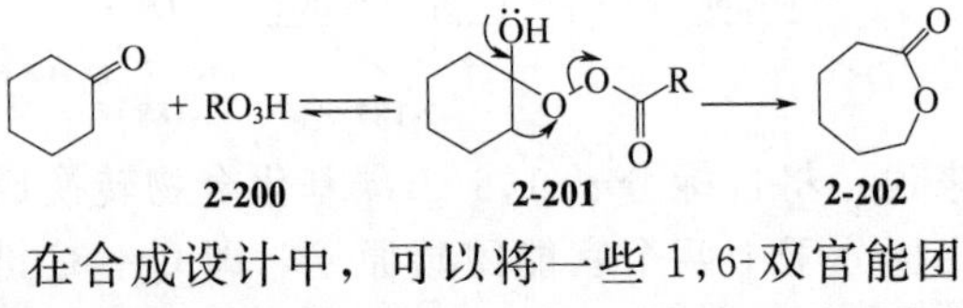

+ RO_3H

2-200 2-201 2-202

基于上述反应原理，在合成设计中，可以将一些 1,6-双官能团化合物先通过逆向官能团变换转换成 6-羟基羰基化合物，然后将羰基碳原子与羟基氧原子重新用键连接起来，即得到一个可以采用 Baeyer-Villiger 反应来合成的七元环内酯。例如，对于维生素 H 的合成中间体醛酯 **2-203**，若以环己烯或其他脂肪族化合物为原料来制备，则难以解决反应的化学选择性问题；如果通过逆向官能团变换将 **2-203** 转换成 **2-204**，再采用 C—O 键重接法，可以推导出 **2-202**，那么，可以看出，环己酮即是 **2-203** 的合成起始原料。

分析：

2-203 $\Rightarrow$ HO/\/\/\CO$_2$Me $\Rightarrow$ 2-202

2-203　　2-204

合成：

$$\text{2-202} \xrightarrow{\text{MeOH}} \text{2-204} \xrightarrow{\text{PCC}} \text{TM (2-203)}$$

Baeyer-Villiger 反应具有区域选择性和立体专一性——与羰基碳原子相连的两个取代基中给电子能力强的基团优先迁移，而且基团在迁移之后能保持其原有的立体化学特征不变。例如，昆虫信息素的合成中间体羟基酮 **2-205** 是一个 1,6-双官能团化合物，对 **2-205** 采取 C—O 键重接，则可以得到一个 Baeyer-Villiger 反应产物 **2-206**，从 **2-206** 可以很容易地推导出简单的起始原料 **2-209**。

分析：

2-205 (C_8H_{17}-n) $\Rightarrow$ 2-206 $\Rightarrow$ 2-207 $\Rightarrow$ 2-208 $\Rightarrow$ 2-209

合成时，二甲酚 **2-209** 经加氢还原生成的环已醇 **2-208** 是包含顺反异构体的混合物，先通过色谱分离可以获得单一的顺式异构体 **2-210**，接着经 CrO_3 氧化得到顺式酮 **2-207**。在 Baeyer-Villiger 反应中，**2-207** 分子中给电子能力强的多取代基团发生迁移并保持其顺式构型，形成内酯 **2-206**。在正辛基锂的作用下，可以将 **2-206** 转变成目标分子 **2-205**[60]。

合成：

$$\text{2-209} \xrightarrow[\text{Cat}]{H_2} \text{2-208} \xrightarrow{\text{分离}} \text{2-210} \xrightarrow{CrO_3} \text{2-207} \xrightarrow{ClC_6H_4CO_3H} \text{2-206} \xrightarrow{n\text{-}C_8H_{17}Li} \text{TM (2-205)}$$

2.6.6.3 其他方法

1,6-双官能团化合物也可以忽略其官能团之间的位置关系，采用传统的方法来制备。例如，对称螺环酮 **2-211** 可以切断成 1,6-二羰基化合物 **2-212**，对 **2-212** 的合成设计显然可以采取 C═C 键重接法，即通过化合物 **2-213** 的氧化裂解来制备 **2-212**。另一种办法是对 **2-212** 分子中环上的支链进行切断，得到一个烯醇负离子（需要使用其活化形式 **2-214**）和卤代丁酸酯 **2-215**，**2-215** 可通过 γ-丁内酯开环来合成[61]。

分析：

2-211 $\Rightarrow$ 2-212 (CO$_2$Et) $\stackrel{a}{\Rightarrow}$ 2-213

2-212 $\stackrel{b}{\Rightarrow}$ 环戊酮负离子 (2-214, CO$_2$Et) + Br-CH$_2$CH$_2$CH$_2$-CO$_2$Et (2-215) $\Rightarrow$ γ-丁内酯

合成：

$$\text{2-214} \xrightarrow[(2)\ \gamma\text{-丁内酯} + HBr]{(1)\ EtO^-,EtOH} \text{(CO}_2\text{Et, CO}_2\text{Et)} \xrightarrow{H^+} \text{(CO}_2\text{H)} \xrightarrow{PPA} \text{TM (2-211)}$$

参 考 文 献

[1] Corey E J. *Pure Appl Chem*，1967，14 (1)：19.

[2] Turner S著. 有机合成设计. 罗宜德译. 北京：化学工业出版社，1984.

[3] Warren S. Designing Organic Syntheses. Wiley：Chichester，1978.

[4] Corey E J，Long A K. *J Org Chem*，1978，43 (11)：2208.

[5] Fuhrhop J，Penzlin G. Organic *Synthesis*，Concepts，Methods，Starting Materials. Weinheim：Verlog Chemie，1983. 10.

[6] Warren S. Organic *Synthesis*：The Disconnection Approach. New York：Chichester，1982.

[7] Macalpine G A，Raphael R A，Shaw A，et al. *J Chem Soc*，*Chem Commun*，1974，(20)：834.

[8] Hunsberger I M，Lednicer D，Gutowsky H S，et al. *J Am Chem Soc*，1955，77 (9)：2466.

[9] Schäefer W. Eue L，Wegler R. DE1039779，1958.

[10] Benn M H，Ettlinger M G. *Chem Commun*，1965，(19)：445.

[11] Boyer J H，Hamer J. *J Am Chem Soc*，1955，77 (4)：951.

[12] Baldwin J E，DeBernardis J，Patrick J E. *Tetrahedron Lett*，1970，11：353.

[13] Schellenberg K A. *J Org Chem*，1963，28 (11)：3259.

[14] Hartung W H. *J Am Chem Soc*，1928，50 (12)：3370.

[15] Nystrom R F. *J Am Chem Soc*，1955，77 (9)：2544.

[16] Beregi L，Hugon P，LeDouarec J C，et al. Chem Abstr，1963，59：3831f.

[17] VanderWerf C A，Heisler R Y，McEwen W E. *J Am Chem Soc*，1954，76 (5)：1231.

[18] Noyes W A，Porter P K. *Org Synth Coll*，1941，1：457.

[19] Clinton R O，Salvador U J，Laskowski S C，et al. *J Am Chem Soc*，1952，74 (3)：592.

[20] Kachinsky J L C，Salomon R G. *Tetrahedron Lett*，1977，37：3235.

[21] Dendrickson J B，Kandall C. *Tetrahedron Lett*，1970，11：343.

[22] Freifelder M. *J Am Chem Soc*，1960，82 (9)：2386.

[23] Nakajima T，Masuda S，Nakashima S，et al. *Bull Chem Soc Jpn*，1979，52 (8)：2377.

[24] Mertes M P，Hanna P E，Ramsey A A. *J Med Chem*，1970，13 (1)：125.

[25] Levene P A，Walti A. *J Biol Chem*，1931，94 (2)：367.

[26] Dorough G L，Glass H B，Gresham T L，et al. *J Am Chem Soc*，1941，63 (11)：3100.

[27] Rossi R，Salvadori P A. *Synthesis*，1979：209.

[28] Vliet E B，Marvel C S，Hsueh C M. *Org Synth Coll*，1943，2：416.

[29] Suzuki M，Suzuki T，Kawagishi T，et al. *Tetrahedron Lett*，1980，21：1247.

[30] Pfeiffer P，DeWaal H L. *Liebigs Ann Chem*，1935，520 (1)：185.

[31] Wittig G，Schoellkopf U. *Org Synth Coll*，1973，5：751.

[32] Wadsworth W S，Emmons W. *Org Synth Coll*，1973，5：547.

[33] Sauer J. *Angew Chem Int Ed*，1966，5 (2)：211.

[34] Martin J G，Hill R K. *Chem Rev*，1961，61 (6)：537.

[35] Inglis J K H，Roberts K C. *Org Synth Coll*，1932，1：235.

[36] Gutteridge N J A. *Chem Soc Rev*，1972，1 (3)：381.

[37] Nielsen A T，Houlihan W J. *Org React*，1968，16：115.

[38] Dauben W G，Kellogg M S，Seeman J I，et al. *J Am Chem Soc*，1970，92 (6)：1786.

[39] Lorette N. *J Org Chem*，1957，22 (3)：346.

[40] Curtis O E，Sandri J M，Crocker R E，et al. *Org Synth Coll*，1963，4：278.

[41] Wheeler K W，Van Campen M G，Shelton R S. *J Org Chem*，1960，25 (6)：1021.

[42] Tramontini M. *Synthesis*，1973：703.

[43] Beracierta A P，Whiting D A. *J Chem Soc*，*Perkin Trans l* ,1978，(10)：1257.

[44] Bergmann E D，Ginsburg D，Pappo R. *Org React*，1959，10：179.

[45] Bartlett P D，Woods G F. *J Am Chem Soc*，1940，62 (11)：2933.

[46] Connor R，Andrews D B. *J Am Chem Soc*，1934，56 (12)：2713.

[47] Ramachandran S，Newman M S. *Org Synth Coll*，1973，5：486.

[48] Roy J K. Chem Abstr，1954，48：13660g.

[49] Ansell M F，Hickinbottom W J，Hyatt A A. *J Chem Soc*，1955：1592.

[50] Mills J. Chem Abstr，1961，55：5427d.
[51] Ide W S，Buck J S. *Org React*，1948，4：269.
[52] Linstead R P，Meade E M. *J Chem Soc*，1934：935.
[53] Jernow J，Tautz W，Rosen P，et al. *J Org Chem*，1979，44 (23)：4210.
[54] Newman M S，VanderWerf C A. *J Am Chem Soc*，1945，67 (2)：233.
[55] Miller C A，Long L M. *J Am Chem Soc*，1951，73 (10)：4895.
[56] 胡炳成，吕春绪. 应用化学. 2005，22 (6)：669.
[57] Vigneron J P，Bloy V. *Tetrahedron Lett*，1980，21：1735.
[58] House H O，Yau C C，Vanderveer D. *J Org Chem*，1979，44 (17)：3031.
[59] Plavac F，Heathcock C H. *Tetrahedron Lett*，1979：2115.
[60] Magnusson G. *Tetrahedron*，1978，34 (9)：1385.
[61] Bachmann W E，Struve W S. *J Am Chem Soc*. 1941，63 (10)：2589.

3 环合反应

3.1 概述

环合反应是指在有机化合物分子中形成新的碳环或杂环的反应，有时也称“闭环”或“成环缩合”。环合反应是通过形成新的C—C键、C—X键（X指杂原子）或X—X键来完成的。在形成碳环时，当然是以形成C—C键来完成环合反应；在形成含有杂原子的环状结构时，它可以是以形成C—C键的方式来完成环合反应，也可以是以形成C—X键（C—N、C—O、C—S键等）来完成环合反应。在个别情况下，也可以是在两个杂原子之间成键（如N—N、N—S键等）来完成环合反应。从环合反应的类型来说，形成新环可以有许多不同的形式，概括起来分为两大类：分子内环合和分子间环合。其反应历程包括亲电环合、亲核环合、自由基环合及协同效应等历程。大多数环合反应在形成环状结构时，总是脱落某些简单的小分子。

（1）分子内环合

即在一个分子内部的适当位置发生环合反应，例如，吗啉可由二乙醇胺经分子内脱水、C—O键环合而成[1]：

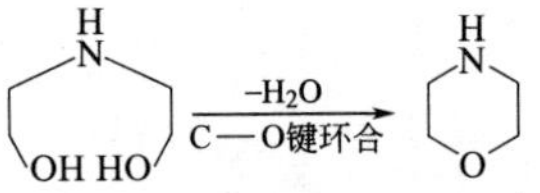

$$\text{HN(CH}_2\text{CH}_2\text{OH)}_2 \xrightarrow[\text{C—O键环合}]{-H_2O} \text{吗啉}$$

（2）分子间多步环合

绝大多数环合反应都是由两个分子之间先在适当位置发生反应、成键，连接成一个分子，但是还没有形成新的环状结构，这个分子不经分离接着发生分子内环合。例如，苯并三氮唑的合成[2]：

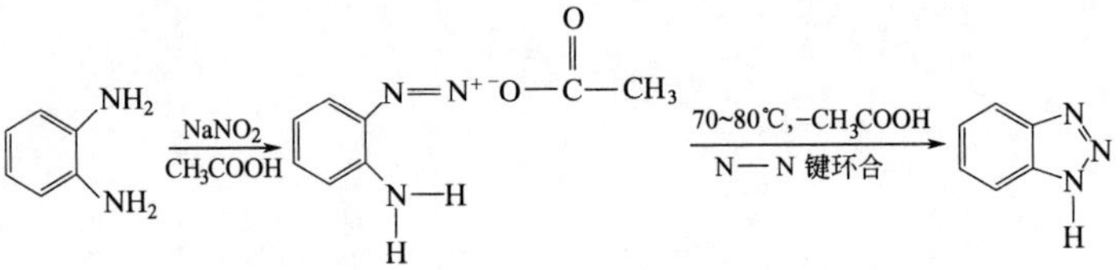

$$\text{邻苯二胺} \xrightarrow[CH_3COOH]{NaNO_2} \text{Ar(N=N}^+\text{-}{}^-\text{O—C(=O)—CH}_3\text{)(NH)} \xrightarrow[\text{N—N 键环合}]{70\sim80^\circ C,\ -CH_3COOH} \text{苯并三氮唑}$$

（3）分子间一步环合（协同环合）

两个分子之间在两个适当位置同时发生反应，成键而形成新的环状结构。例如，维生素K的中间体**3-1**的合成：

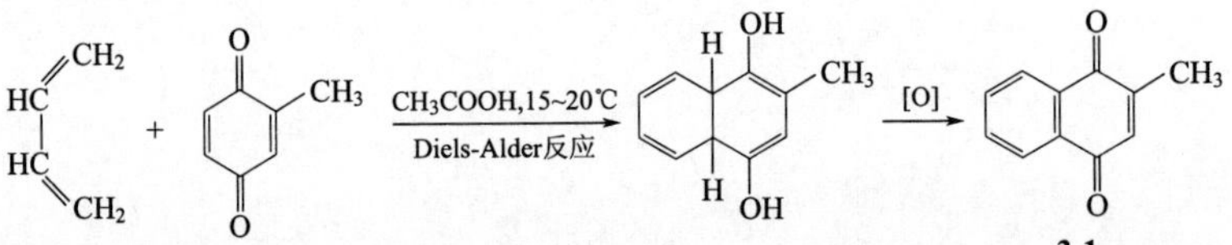

$$CH_2{=}CH{-}CH{=}CH_2 + \text{2-甲基-1,4-苯醌} \xrightarrow[\text{Diels-Alder反应}]{CH_3COOH,15\sim20^\circ C} \text{加成产物(OH, OH, CH}_3\text{)} \xrightarrow{[O]} \textbf{3-1}$$

环合反应的类型很多，而且所用的反应试剂也是多种多样的。因此，不能像一般的单元反应那样，写出一个反应通式，也不能提出一般的反应历程和比较系统的一般规律。但是，根据大量事实可以归纳出以下一些规律。

① 具有芳香性的六元环和五元环都比较稳定，而且也比较容易形成。

② 除了少数以双键加成方式形成环状结构的环合反应以外，大多数环合反应在形成环状结构时，总是脱落某些简单的小分子，例如水、氨、醇、卤化氢和氢气等。

③ 为了促进上述小分子的脱落，常常需要使用缩合促进剂。例如，脱水环合常常在浓硫酸介质中进行；脱氨和脱醇环合常常在酸或碱的催化作用下完成；脱卤化氢环合常常需要在缚酸剂的存在下进行；脱氢环合常常在无水氯化铝或苛性钾的存在下进行。

④ 为了形成杂环，起始反应物之一必须含有杂原子。

利用环合反应来合成新环，关键是要选择合适的起始原料，这一方面取决于目标产物的结构，另一方面还要考虑起始原料是否价廉易得，所发生的各步反应是否容易进行，收率是否良好，产品是否易于分离精制等问题。这将结合具体的应用实例来叙述。

在药物中间体的合成中，将遇到各种各样的环状化合物，如芳环、杂环、饱和碳环与非饱和碳环等。本章主要介绍一些典型的六元碳环和杂环衍生物制备常用的环合反应。对于碳环化合物，主要介绍由两个开链反应物直接合成目标产物的偶联反应，这些反应常常能够高产率地形成产物，并且具有高度的立体选择性，能为普通合成提供有用的中间体。对于杂环化合物，主要介绍由两个开链化合物通过一些常用的加成、缩合等反应来合成目标产物的方法，杂环所带的取代基，通常由开链化合物引进，再经转化而成。本章并未对环合反应给予系统介绍，需要相关知识请参见有关文献。

3.2 形成六元碳环的环合反应

3.2.1 Diels-Alder 反应

Diels-Alder 反应又称为“4＋2”环加成反应，在六元环的合成中用处特别大。烯烃（最好带吸电子基）对共轭二烯的热环化反应，能够高产率地生成环己烯衍生物。该反应具有高度的立体选择性，由于烯烃总是加在共轭的二烯上面（类顺式加成），所以保留了两个反应组分原来的构型。它是合成环己烷的最有效反应之一：

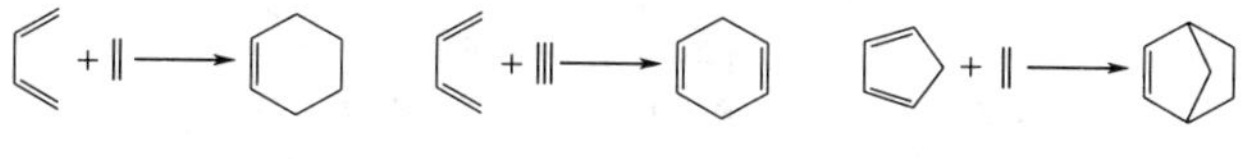

α,*β*-不饱和羰基化合物是极活泼的亲二烯体系，并且代表了该合成方法中最有价值的组分，其典型的例子有丙烯醛、丙烯酸及其酯、顺反式丁烯二酸及其酸酐和丁炔二酸。另一组重要的*α*,*β*-不饱和羰基化合物亲二烯是醌类。由于 Diels-Alder 反应是同步发生的，因此二烯和亲二烯体均没有时间进行旋转，故它们的立体化学必然重现于产物之中，顺式亲二烯体给出顺式产物，反式亲二烯体给出反式产物。例如，利用 Diels-Alder 反应，采用顺式亲二烯 **3-2** 可以得到顺式化合物 **3-3**，以反式亲二烯 **3-4** 为原料可以制得反式化合物 **3-5**[3]。

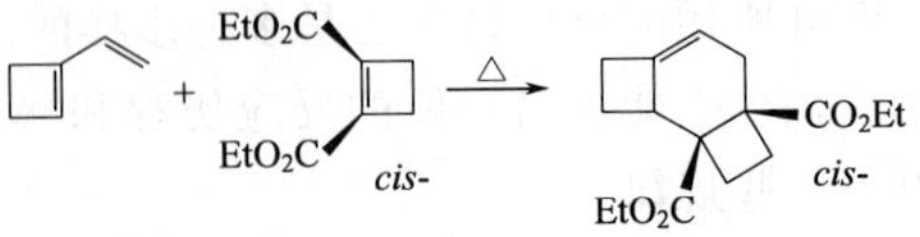

3-2　　3-3

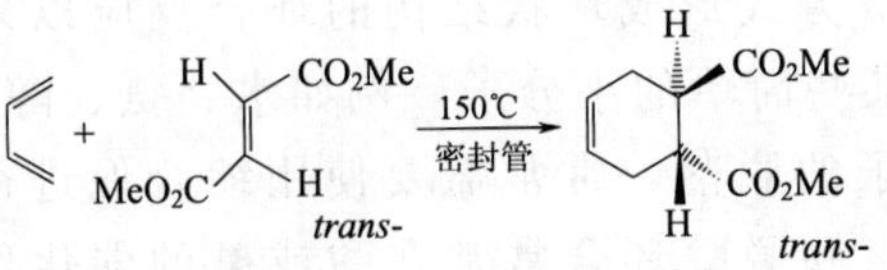

cis-　　cis-

150℃ 密封管

trans-　　trans-

3-4　　3-5

3.2.2 Robinson 成环反应

活泼亚甲基化合物与 α,β-不饱和酮、酯、腈等起 Michael 反应，继之起分子内醇醛缩合反应，称之为 Robinson 成环反应。该反应常用于合成环状化合物，在合成六元环烃类物质，特别是在甾体化合物的合成上具有重要作用。这种方法分两个阶段进行，先在催化量碱的作用下起 Michael 反应得到 1,4-加成产物，接着在当量碱的作用下起分子内羟醛缩合反应得到环合产物，这样可以利用两步合一的反应方便地合成六元环。

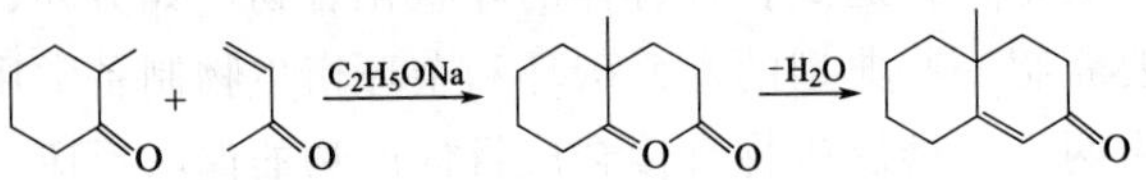

C_2H_5ONa　　$-H_2O$

此反应在 2.7.3 节有详细介绍，这里不再详述。

3.2.3 芳香族化合物的还原反应

在利用芳环引入一系列取代基后，将芳环完全还原可以生成环己烷衍生物。对芳环采取局部还原，特别是采用 Birch 还原反应可以得到许多有用的官能团。

Birch 还原是芳香族化合物的部分还原法。一般是在弱质子给予体（醇）中，将金属钠溶解于液氨或乙胺时，电子转移至苯环上完成的。

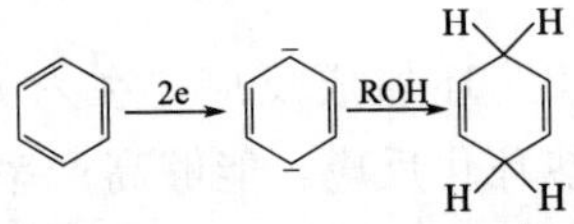

反应过程仿佛生成双负离子，最后生成非共轭二烯，若在苯环上有推电子基，则排斥双负离子生成取代二烯如 **3-6**；若有吸电子基，则吸引双负离子生成取代二烯如**3-7**。

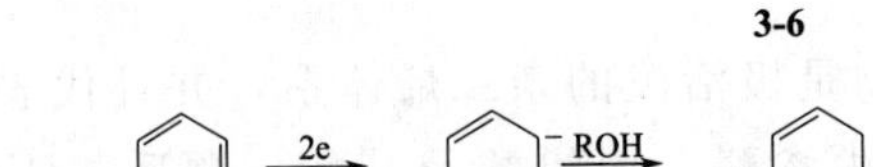

3-6

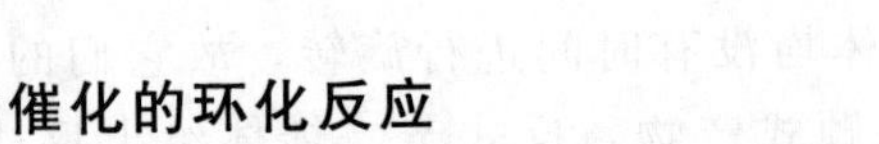

3-7

3.2.4 金属有机化合物催化的环化反应

在有机锆催化下，由 1,4,7-三烯化合物**3-8**的分子内环化反应，可以高产率地合成顺式环己烯衍生物**3-9**。

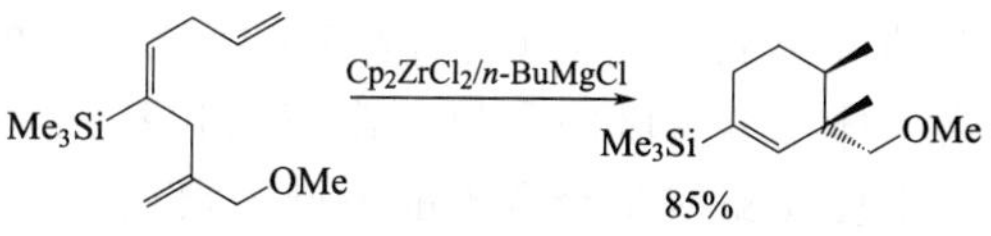

Me₃Si ... OMe → Cp₂ZrCl₂/n-BuMgCl → 85%

3-8　　3-9

δ,ε-不饱和醛在有机铑、铝等催化下，立体选择性地发生分子内环化反应，得到环己醇。如不饱和醛**3-10**在有机铝催化作用下高立体选择性地成环反应即是典型的例子：

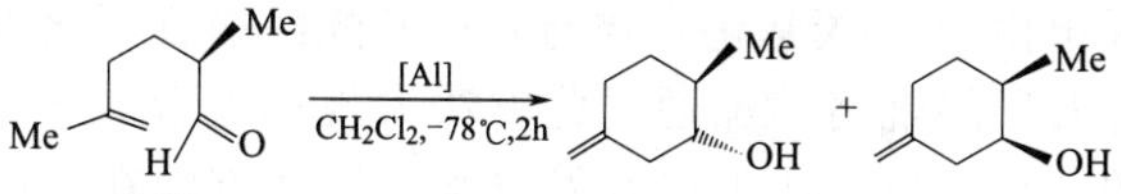

[Al]，CH_2Cl_2，−78℃，2h

3-10

[Al]= [t-Bu—(2,6-二-t-Bu-苯基)—O]₂AlMe

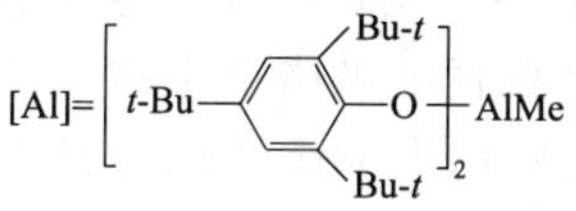

由有机镍催化的环丁烯酮与炔的反应可有效地制备取代苯酚，如化合物**3-11**的合成。这种在过渡金属催化下由四元环有机物与不饱和化合物之间的反应，在五元环、六元环结构化合物的合成中非常有用。

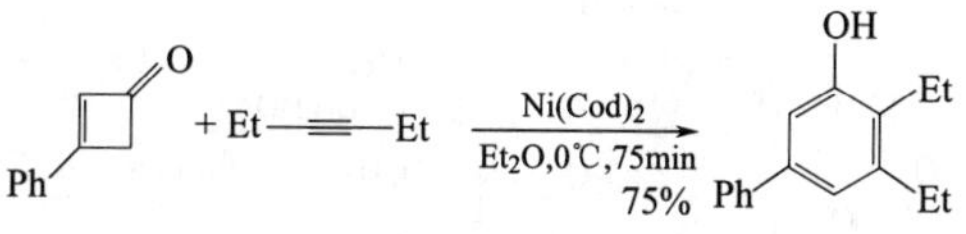

$Ni(Cod)_2$，Et_2O，0℃，75min，75%

3-11

3.2.5 取代苯分子内的 Friedel-Crafts 反应

利用多聚磷酸使 β-或 γ-芳基烷酸起分子内的 Friedel-Crafts 反应，可以容易地合成苯环稠合的六元环化合物，如 2,3-二氢-1-茚酮和 α-四氢萘酮等。例如 α-四氢萘酮**3-12**就是采用这一方法来合成的：

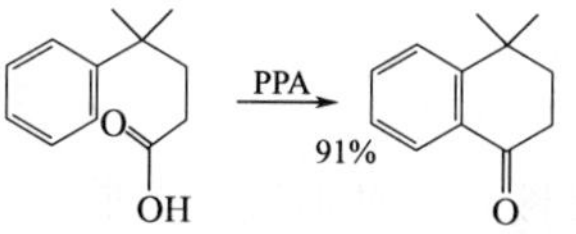

PPA，91%

3-12

用脂肪族和芳香族化合物的 Friedel-Crafts 烷基化反应相结合，经环化而合成苯环稠合的六元环化合物，如合成雌性激素的重要原料 β-四氢萘酮**3-13**的合成：

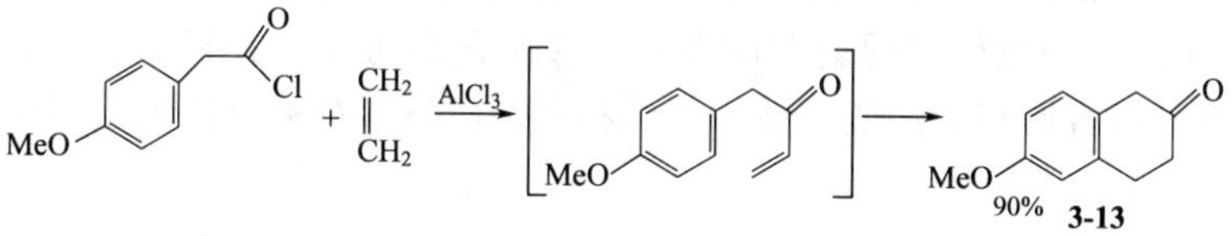

$AlCl_3$，90%

3-13

3.3 形成吡咯衍生物的环合反应

吡咯，即氮杂环戊二烯，是五元杂环中最重要的杂环母核。各种形式的吡咯衍生物广泛地存在于整个自然界，其中最重要的一类是环状四吡咯化合物，如血红素、叶绿素、维生素 B_{12} 等[4]。此外，含吡咯环的衍生物还广泛地存在于生物碱、蛋白质等天然物质中，香料、染料和药物中有许多化合物也含有吡咯环[5]。

近半个世纪以来，在有机化学领域天然环状四吡咯化合物的全合成研究一直是人们关注的焦点，其中一个非常重要的环节就是各种取代吡咯单体合成子的构筑[6]。根据吡咯母环氧化状态的不同，这些吡咯单体可分为吡咯和氢化吡咯（包括二氢吡咯以及四氢吡咯），它们获得的难易程度往往是决定反应路线是否合理的关键因素[7~9]。

3.3.1 形成吡咯环的环合反应

3.3.1.1 Knorr 合成法

1884 年，Knorr 提出由 β-二羰基化合物与 α-氨基酮经缩合环化得到 3,5-二甲基-2,4-二乙酯基吡咯，至此以后大量的吡咯二酯通过此方法大规模地合成[10]。在此方法的基础上，许多类似于 Knorr 法的吡咯合成方法得以开发出来，这些方法在以后许多吡咯化合物单体的合成中得到了应用[11,12]。例如，有人尝试用 β-二羰基化合物与 α-氨基酸或 α-氨基腈发生反应，结果得到了 3-位羟基或氨基取代的吡咯衍生物，这是采用 Knorr 法不能得到的化合物。蔡超君等在托尼卟吩的全合成中以 Knorr 反应为基础，以乙酰乙酸乙酯为原料，先经过亚硝化和还原反应生成氨基取代 β-二羰基化合物**3-14**，然后通过**3-14**合成得到其中的两个吡咯衍生物合成子**3-15**和**3-16**[13]。

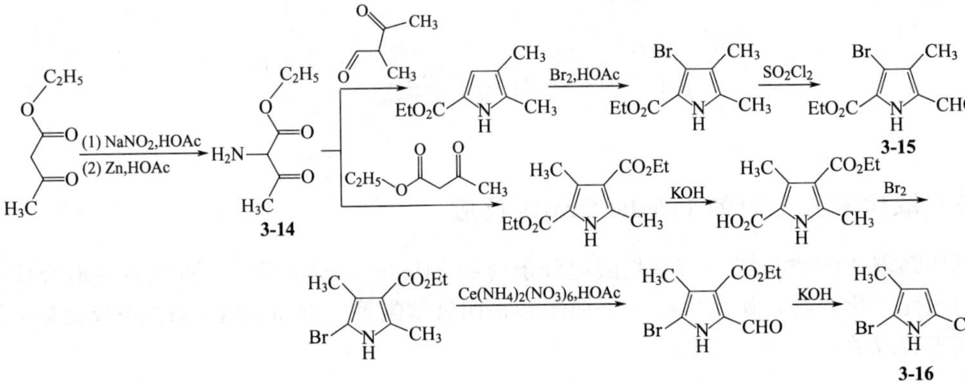

3.3.1.2 Paal-Knorr 合成法

1,4-二羰基化合物与氨、碳酸铵、烷基伯胺、芳胺、杂环取代伯胺、肼、取代肼和氨基酸等含氮化合物发生缩合环化反应生成相应的吡咯或取代吡咯，即为 Paal-Knorr 反应[14]。这类环合反应一般需要在较苛刻的条件下进行，如反应中需通过加入沸腾的乙酸来延长反应时间等，而且当反应物为不对称 1,4-二羰基化合物时较难生成所需的产物。针对上述情况，Minetto 等提出了通过微波辐射促进 Paal-Knorr 反应的新方法，并且通过实验证明通过此方法能够解决以前人们所遇到的问题，适用于结构如**3-17**类不对称取代吡咯衍生物的合成。其反应过程如下[15]：

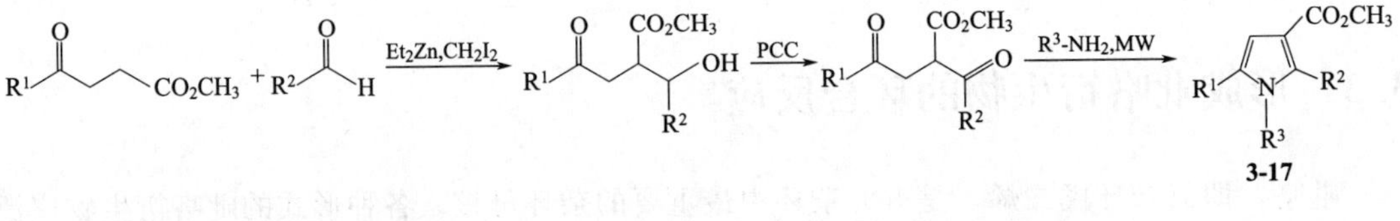

3.3.1.3 其他缩合环化合成法

不对称的偶姻、酮酯类化合物与氨或胺反应生成吡咯化合物的反应称为 Feist 合成。由于 2,3-二芳基类吡咯用 Feist 合成方法能得到接近 50%的产率，因而在有芳基取代的吡咯合成上应用较广泛。但研究者们不满足于此，为了克服其产率不高以及反应时间较长等缺点，有人在反应中以二价钐化物为还原剂做了一系列反应，最后由实验结果证明二价钐化物能促进反应，提高吡咯类化合物的产率[16]。

在卟啉的合成中，3,4-二取代吡咯-2-酯是一类较为重要的中间体。为合成这类化合物，Barton 等人提出以 4-醛基丁酸甲酯和硝基乙烷为原料，通过它们的加成产物**3-18**与异氰基乙酸丁酯发生 Michael 加成和成环反应而最后得到吡咯**3-19**[17,18]。为了后面形成线性多吡咯化合物，可以再通过碘化反应得到碘代吡咯**3-20**，碘代吡咯在线性以及环状四吡咯化合物的合成中发挥了至关重要的作用[19,20]。

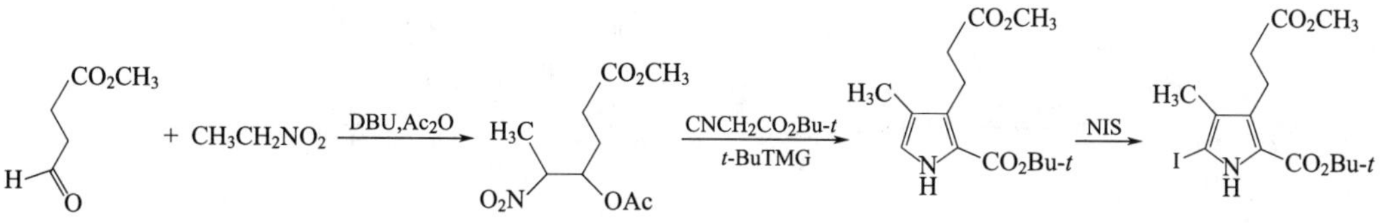

由于异腈的环化反应能直接制备 2-位或 2,5-位未取代的吡咯化合物，因而成为了人们关注的热点。简单异腈 XCH_2NC，用碱脱质子后产生的负离子和不饱和亲电基团反应，形成中间体，该中间体通过 5-endo-dig 过程，得到 2-位未取代的吡咯化合物。其中，甲苯磺酰基甲基异氰（TOSMIC）的应用范围最广泛，因为它所需要的反应条件温和，而且甲苯磺酰基在成环后的芳化步骤中常常离去。近来有文献报道，用 TOSMIC 和市场上大量出售的芳烯烃只需经过一步反应就能得到 3-芳基或 3,4-二芳基吡咯，大大缩短了其合成路线[21]。

3.3.1.4 环转变合成法

吡咯化合物的形成可以通过其他的环状化合物转化而成，其中比较常见的是通过五元环或六元环转化。除呋喃环和噻吩环可以转变为吡咯环以外，还有一些五元杂环也可以转变为吡咯环。

由 *N*-酰基-α-氨基酸环化而来的噁唑酮环，容易与炔酸酯发生环化反应，然后脱羧转变为吡咯环。例如吡咯**3-21**的合成[22]：

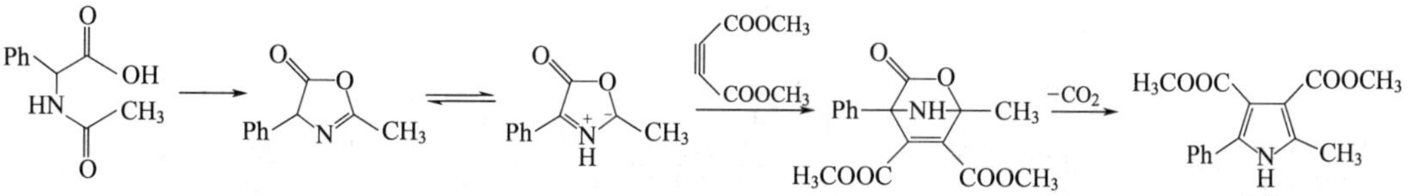

某些五元碳环化合物也可转变为吡咯环。四苯基环戊二烯酮与亚硝基苯共热，先加成环化，然后消去 CO_2，最后生成吡咯**3-22**[23]：

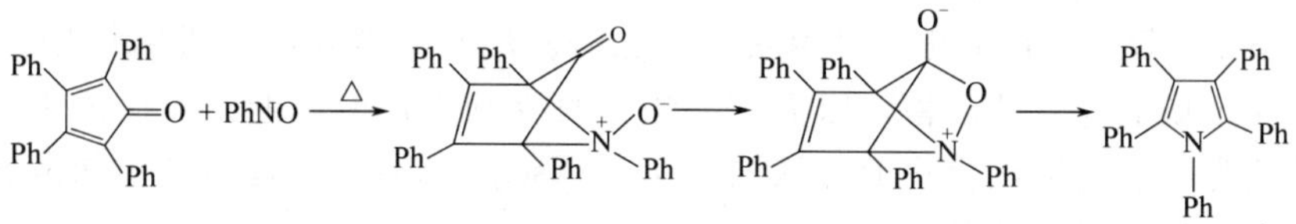

3.3.2 形成氢化吡咯环的环合反应

在含有卟吩、异菌卟吩、可啉等官能团的环状四吡咯化合物以及植物色素、藻青素、藻红素等线性四吡咯化合物的全合成研究中，氢化吡咯环是非常重要的结构单元[24~27]。此外，四氢吡咯化合物中的吡咯烷酮在医药、食品、日用化学品、涂料、纺织、印染、造纸、感光材料、高分子材料等领域也有许多用途[28～30]。

3.3.2.1 形成二氢吡咯环的环合反应

Jocabi 等在植物色素和藻青素等线性四吡咯化合物的合成中，通过羰基化合物**3-23**与二甲缩醛氨基丙酮经过几步反应来制备二氢吡咯化合物**3-24**，其中，**3-23**由丁内酯在对氯苯硒阴离子作用下开环得到[31]。

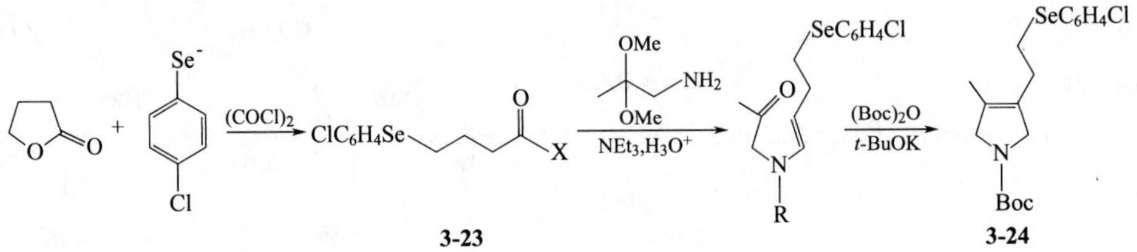

叶吩、细菌叶吩、可啉等氢化卟啉化合物的全合成往往需要利用二氢吡咯环作为中间体，因此，围绕维生素 B_{12} 重要前体钴比氨酸的全合成，诞生了许多二氢吡咯化合物的合成方法。例如，Mulzer 等在合成钴比氨酸时采用的吡咯单体衍生物在结构上都属于二氢吡咯化合物[32]。其中，A-B-半可啉环的 A、B 环都采用同一吡咯烯酮为原料来合成，而该吡咯烯酮由乳酸酯经一系列的反应转化而成；C 环也是一个吡咯烯酮化合物，由呋喃演变而来[33]；D 环则是一个典型的二氢吡咯化合物，从 2,3-二甲基-2-环戊烯酮**3-25**出发只需约 10 步反应即合成出 D 环结构单元**3-26**，与 Eschenmoser 等[34]在钴比氨酸的全合成中采用 22 步反应来合成 D 环的路线相比，此合成方法无疑是一个重大突破[35]。

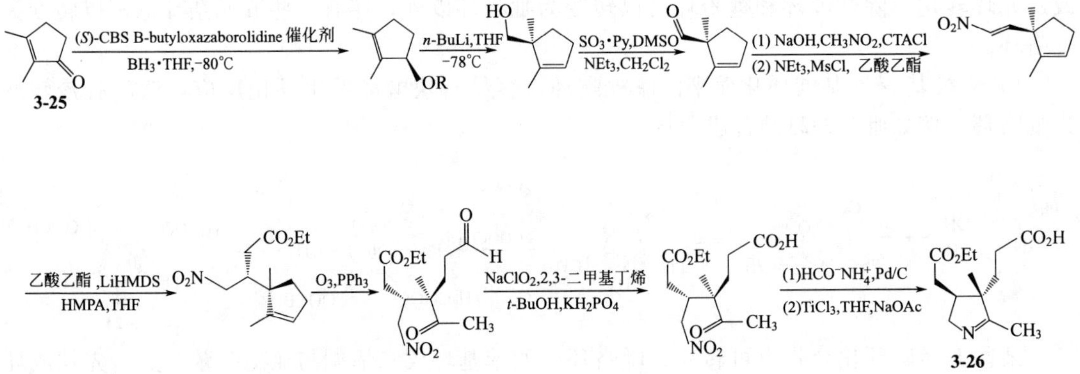

3.3.2.2 形成四氢吡咯环的环合反应

Eschenmoser 等曾由炔醇出发经由炔基丙二酸乙酯最后得到四氢吡咯烯酮[36]。由于所用原料炔醇在市场上有大量出售，因而该方法一直受到人们的欢迎。而后来 Jacobi 等提出的由炔酸转化为二氢吡咯化合物的方法实际上与 Eschenmoser 等提出的由炔醇转化为四氢吡咯烯酮的方法是相同的机理[37,38]。

同样，吡咯烯酮**3-28**的合成以前也一直采用 Eschenmoser 等在可啉合成中提出的合成方法：以 2-(1,1-二甲基)丙炔基丙二酸二乙酯为反应物，经过 8～10 步反应来实现[39]。虽然此方法由于原料易得而得到广泛应用，但该法所用反应物分子中含有炔基，其合成存在一定的难度，因此，整个合成路线缺乏实用价值。鉴于此，胡炳成等以容易获取的戊烯酸酯**3-27**为原料来合成**3-28**和四氢吡咯酮**3-29**，合成路线简捷，产物收率较高[40]。

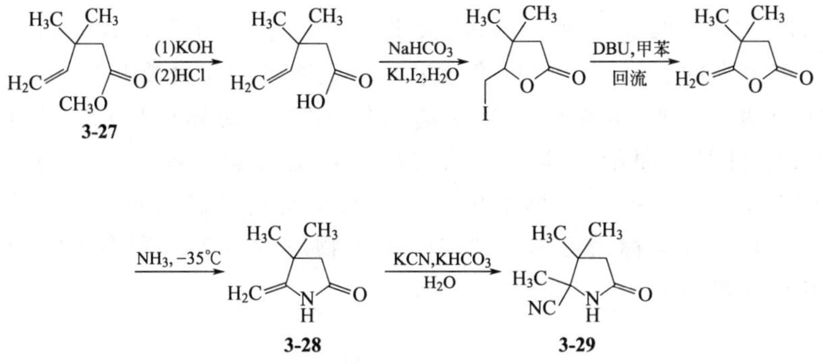

四氢吡咯环对于分子中含有部分饱和吡咯烷结构的环状四吡咯化合物来说，是非常重要的合成子，如叶绿素 a、Tolyporphin 等。胡炳成等在 Tolyporphin 结构模型的合成中，采用 2,3-丁二酮和丙二腈为原料，经环并内酰胺内酯**3-30**来合成四氢吡咯酮**3-31a**和**3-31b**[41]。他们还通过采用色谱分离[42]、添加手性试剂[43]等方法探索了获得单一异构体四氢吡咯酮的途径[44]。

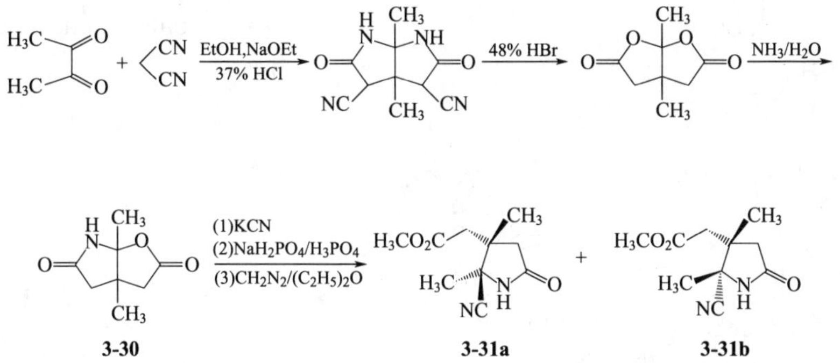

在维生素 B_{12} 等环状四吡咯化合物的全合成中，常常利用 2-硫代-5 氧代四氢吡咯合成子来实现吡咯单体之间的连接，而 2-硫代-5-氧代四氢吡咯从四氢吡咯二酮转化而来，于是四氢吡咯二酮便成为人们研究的热点。其中，具有代表性的合成方法是 Battersby 等提出的以丙二酸二乙酯衍生物**3-32**为原料经过四步反应合成四氢吡咯二酮**3-33**[45]。

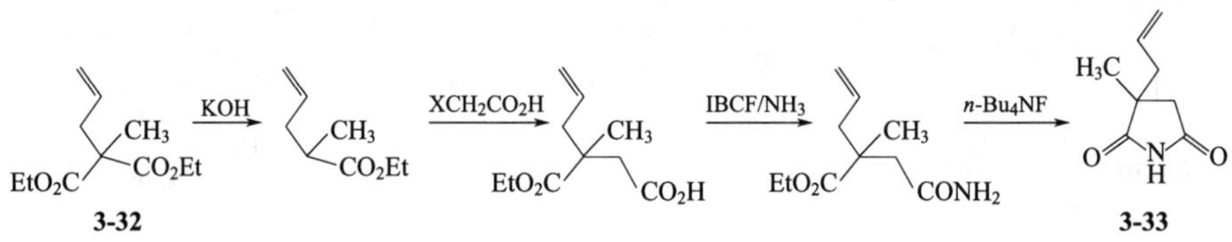

3.3.3 形成环状四吡咯环的环合反应

环状四吡咯化合物是根据四吡咯环骨架结构来进行分类的[46]。其中，存在于动物血液中负责呼吸过程中氧和电子转移的血红素(**3-34**)具有环周完全不饱和的骨架结构，称为卟啉；卟啉环周的四个吡咯环之一上的一个双键被饱和后就得到卟吩（按照 IUPAC 命名规则，卟吩也叫做 2,3-二氢卟啉），如参与植物光合作用的绿色光合色素——叶绿素 a (**3-35**)；卟啉分子中相对的两个吡咯环各有一个双键被饱和后形成的结构称为细菌卟吩（2,3,12,13-四氢卟啉），如从太平洋海藻微生物 *Tolypothrix nodosa* 的亲脂性萃取物中分离出来的、具有优良抗癌效果的环状四吡咯化合物托尼卟吩 A(**3-36**)；卟啉分子中相邻的两个吡咯环各有一个双键被饱和则得到异菌卟吩（2,3,7,8-四氢卟啉），如参与化学自养代谢细菌体内亚硝酸盐及亚硫酸盐还原反应的还原酶血红素 d_1 (**3-37**)；此外还有六氢卟啉等卟啉衍生物。存在于动物肝脏内的“抗毒”红色素维生素 B_{12}(**3-38**) 的基本骨架称为可啉，它与卟啉类物质的显著区别在于它的 A 环和 D 环之间没有次甲基桥相连。

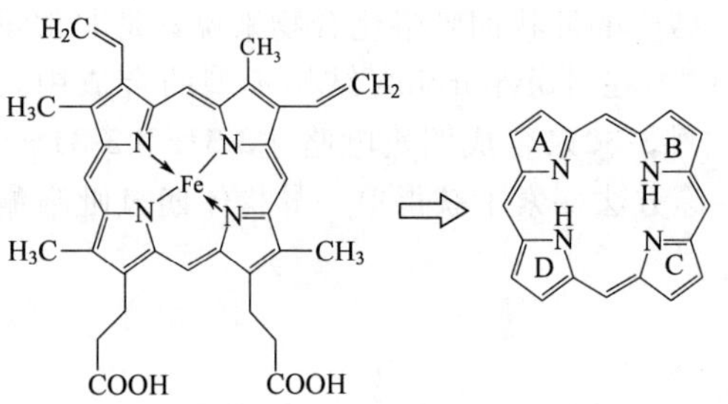

3-34

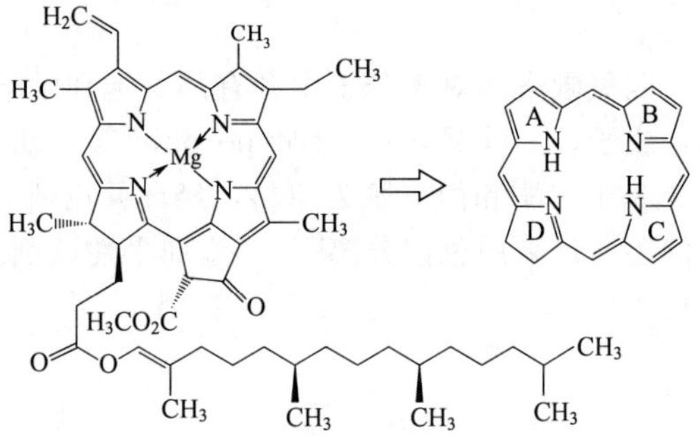

3-35

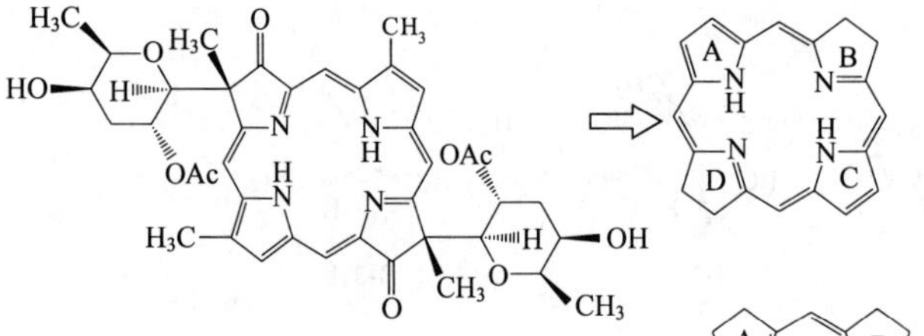

3-36

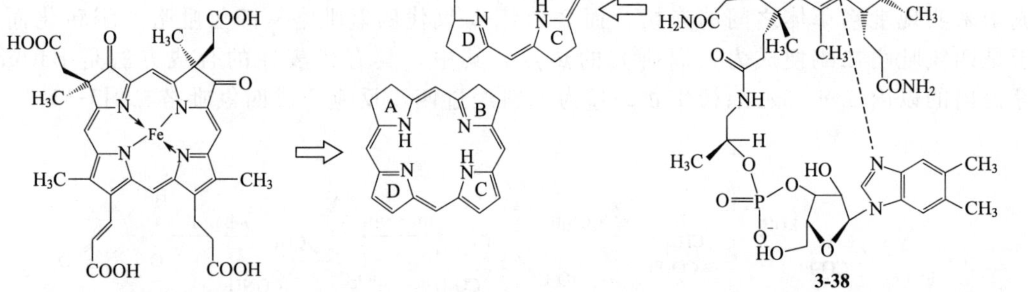

3-37

3-38

环状四吡咯化合物可以采用半合成法和全合成法两类方法来合成。半合成法是采用相对来说容易获得的天然环状四吡咯化合物，如血红素和叶绿素 a 等为原料，通过对环周上的化学键或侧链取代基进行改造来合成其他的环状四吡咯化合物，例如以血红素为原料经过六步反应制备联二巯基丙次卟啉 **3-39**[47~49]。

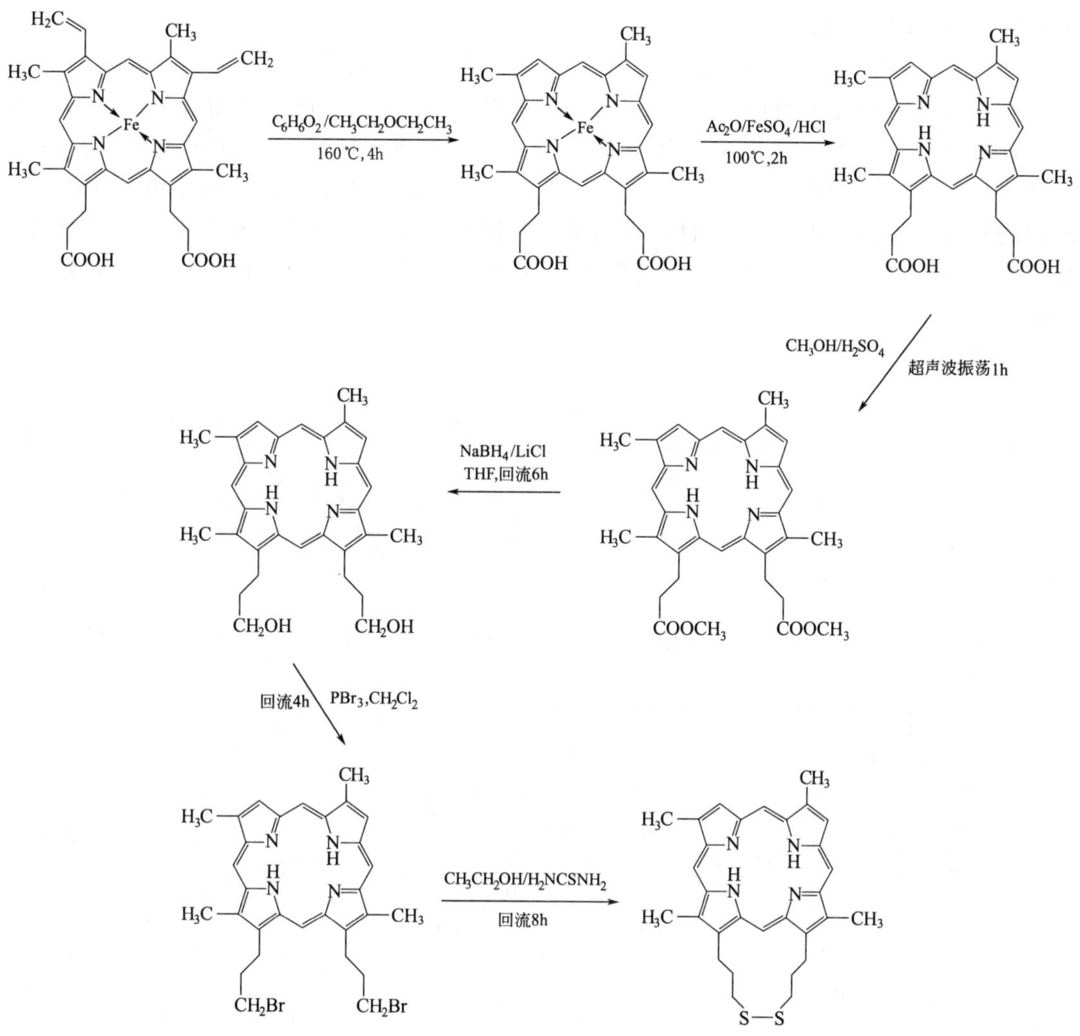

$C_6H_6O_2/CH_3CH_2OCH_2CH_3$, 160℃, 4h

$Ac_2O/FeSO_4/HCl$, 100℃, 2h

CH_3OH/H_2SO_4, 超声波振荡1h

$NaBH_4/LiCl$, THF, 回流6h

回流4h, PBr_3, CH_2Cl_2

CH_3CH_2OH/H_2NCSNH_2, 回流8h

3-39

全合成法是以各种取代吡咯单体为原料来构筑环状四吡咯化合物，它包括两种类型，一是对于分子结构完全对称的卟啉化合物，可以采用相应2,5-位上不含取代基的吡咯单体与甲醛（或苯甲醛）经缩合、氧化生成，或者采用2-位上含甲基（或亚甲基）的吡咯单体经自身缩合、氧化而得到（2-位上的甲基用来产生次甲基桥），前提条件是吡咯单体3,4-位上的取代基完全相同；二是对于分子结构不对称的卟啉化合物以及其他环状四吡咯化合物，只能先分别合成各个取代吡咯单体，然后再将它们逐个连接成环[50]。在此仅介绍非对称结构环状四吡咯环的全合成方法。

根据各吡咯单体连环的顺序以及合成过程中所采用中间体的不同，环状四吡咯环的全合成可以分为以下三种情况。其一是东西2+2法，即先分别合成出含有两个吡咯中间体的A-D与B-C二吡咯甲烷，（亚甲基）再将两个中间体连接成环；其二是南北2+2法，即先分别合成出A-B与D-C二吡咯甲烷，（亚甲基）再将它们连接成环；第三种方法是由Johnson等首先提出的3+1合成法，即先合成线性三吡咯中间产物B-C-D三吡咯二甲烷（亚甲基），然后让它与吡咯单体A缩合得到环状四吡咯化合物（也可以采用A-B-C与D作为中间体）[51]。绝大多数卟啉化合物、卟吩、细菌卟吩等氢化卟啉化合物以及可啉化合物都具有非对称的分子结构，它们的全合成只能采用上述三种方法来进行[52]。

3.3.3.1 东西 2+2 法

1960 年，Woodward 首先提出了叶绿素 a **3-35**的全合成路线[53]，然而直到 1990 年才报道叶绿素 a 重要前身卟吩 e_6 三甲酯**3-43**的合成方法[12]。该法采用典型的 A-D 与 B-C 二吡咯甲烷法，先合成出中间体卟啉**3-40**，然后再将**3-40**转变成目标产物卟吩**3-43**，历经 46 步反应，反应的总收率不到 1%。这一方法的局限性在于，从卟啉**3-40**到卟吩**3-43**的转化，即部分饱和 D 环的形成利用了叶绿素 a 分子所特有的位于 C_{15} 上的侧链基团。然而在合成饱和吡咯环上含双取代烷基的氢化卟啉或可啉环时，该法就受到了限制。

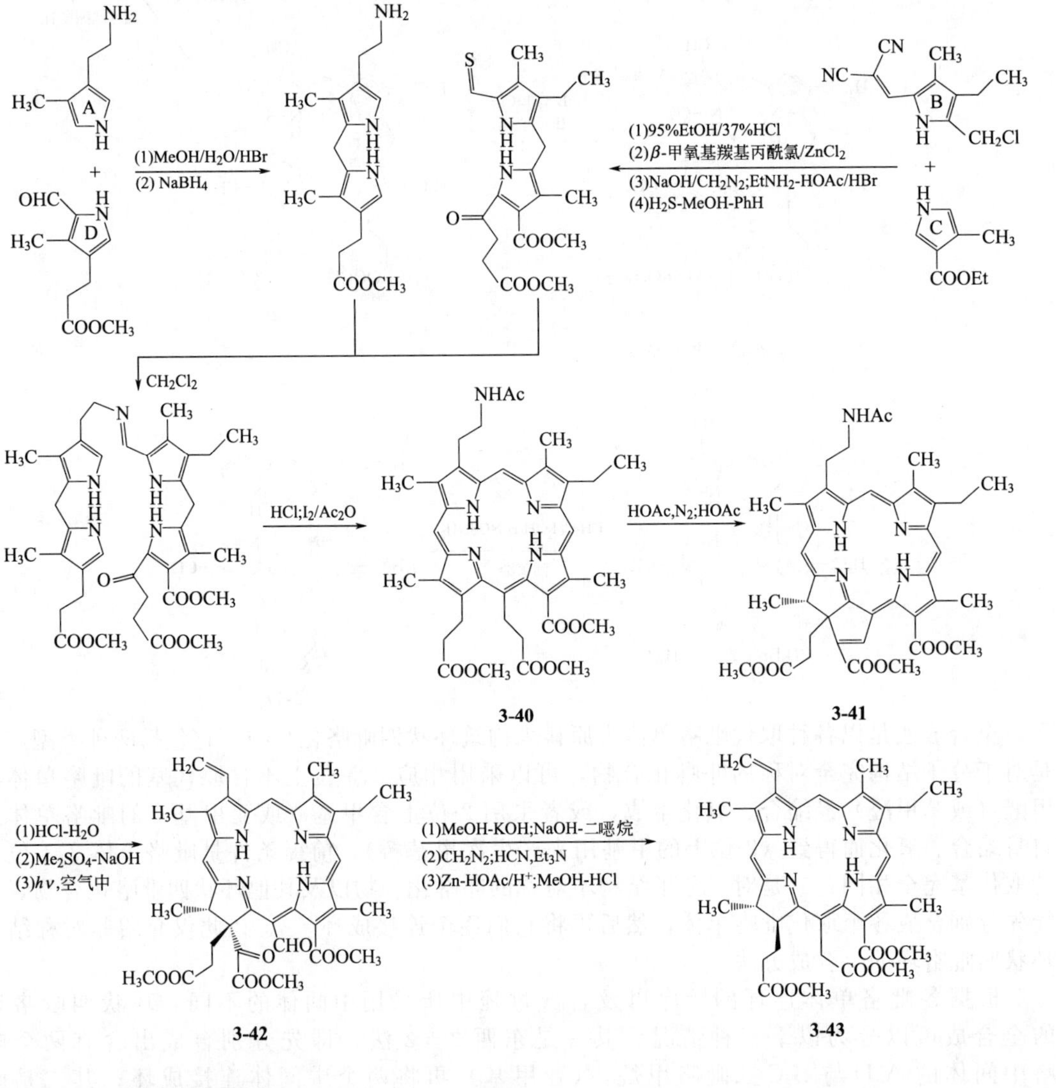

(1)MeOH/H_2O/HBr
(2) $NaBH_4$

(1)95%EtOH/37%HCl
(2)β-甲氧基羰基丙酰氯/$ZnCl_2$
(3)NaOH/CH_2N_2;$EtNH_2$-HOAc/HBr
(4)H_2S-MeOH-PhH

CH_2Cl_2

HCl;I_2/Ac_2O

HOAc,N_2;HOAc

3-40

3-41

(1)HCl-H_2O
(2)Me_2SO_4-NaOH
(3)$h\nu$,空气中

(1)MeOH-KOH;NaOH-二噁烷
(2)CH_2N_2;HCN,Et_3N
(3)Zn-HOAc/H^+;MeOH-HCl

3-42

3-43

3.3.3.2 南北 2+2 法

为实现含有双烷基取代饱和吡咯结构单元卟吩（氢化卟啉）的合成，从 20 世纪 80 年代开始，合成化学家开发了一些全新的环状四吡咯环合成法。其中最著名的是由 Battersby 提出的卟吩模型的选择性合成路线，该卟吩模型的主要特征是其分子中饱和吡咯环上的一个 β-碳原子含有两个典型的烷基[54]。

根据卟吩模型的合成方法，Battersby 合成出了因子Ⅰ八甲酯**3-47**，采用的方法为南北2＋2法，两个中间体是二吡咯亚甲基 A-B **3-44**与 D-C **3-45**。在酸性反应条件下，具有光学活性的 A－B组分**3-44**在其不含取代基的吡咯 α-位与 D-C 组分**3-45**上的醛基缩合生成线性四吡咯中间体**3-46**。Battersby 的独到之处在于，他在线性四吡咯化合物**3-46**到卟吩**3-47**的环合反应中采用了一个新型光化学反应步骤。现已证实，这一方法对其他几类环状四吡咯化合物的合成也同样适用[55,56]。

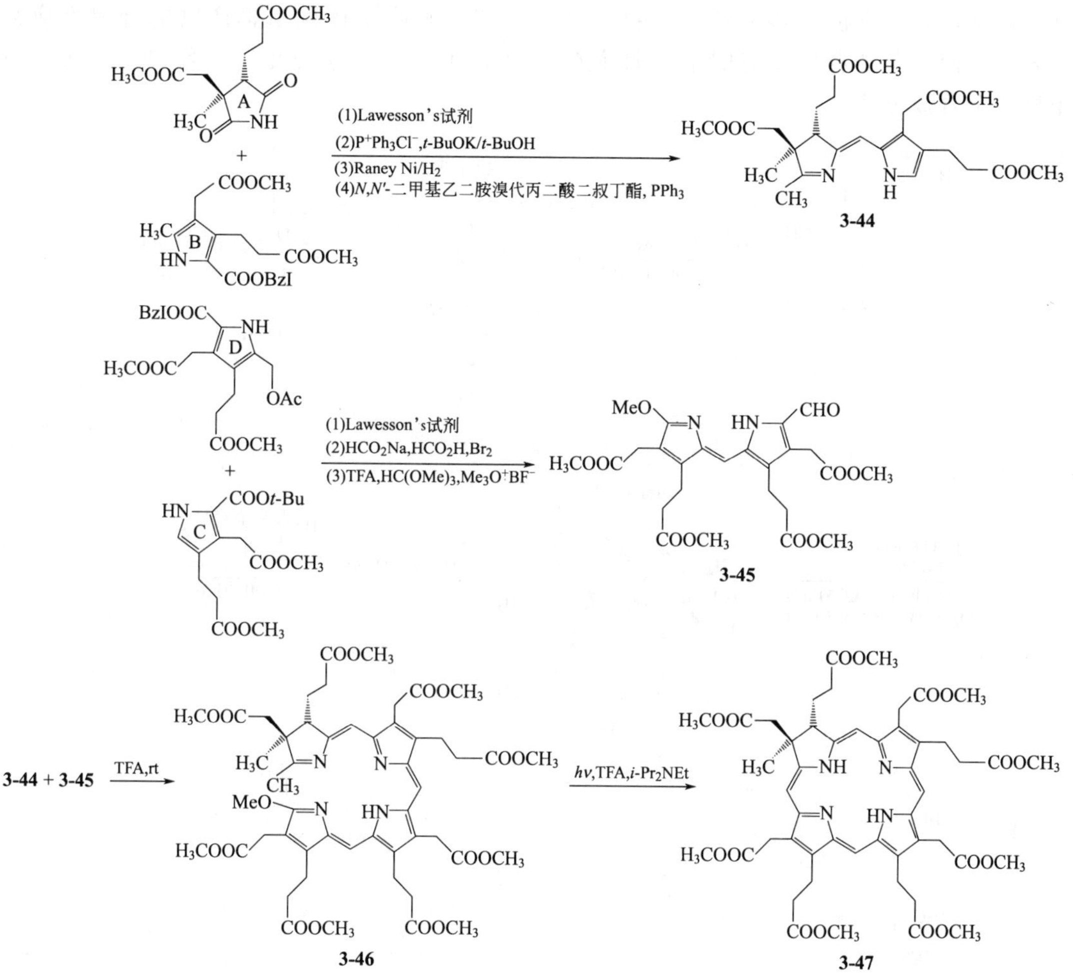

(1)Lawesson's试剂
(2)$P^+Ph_3Cl^-$,t-BuOK/t-BuOH
(3)Raney Ni/H_2
(4)N,N'-二甲基乙二胺溴代丙二酸二叔丁酯, PPh_3

3-44

(1)Lawesson's试剂
(2)HCO_2Na,HCO_2H,Br_2
(3)TFA,$HC(OMe)_3$,$Me_3O^+BF^-$

3-45

3-44＋**3-45** TFA,rt → **3-46** $h\nu$,TFA,i-Pr_2NEt → **3-47**

3.3.3.3 3＋1 法

所有环状四吡咯化合物的全合成方法都显示出高选择性和高适应性的优点，但同时都有一个不足之处：反应步骤太多。在环状四吡咯环的合成中构筑大环之前必须先合成出四个带有各种取代基团的吡咯单体，为控制和获得最终产物的绝对结构，或者至少是相对结构，在全合成的前期工作中就必须有目的地在吡咯单体上建立起立体中心，因此就造成了反应步骤过多。几乎所有卟吩等非对称环状四吡咯环的全合成方法反应步骤都超过了 20 步，如 Woodward 在合成卟吩 e_6 三甲酯**3-43**时采用了 46 步反应，Battersby 提出的因子Ⅰ八甲酯**3-47**的合成路线历经约 50 步反应[57]。由于反应步骤过多，制造费用昂贵，因此，这些反应路线都没有经济实用价值。

针对上述这些情况，Montforts 等根据天然卟吩化合物 Bonellin **3-51**的结构特征提出了新的卟吩模型，其特点是饱和吡咯环的一个 β-碳原子上含有两个甲基，并采用新的合成路线来合成此模型[58]。在此基础上，完成了 Bonellin-二甲酯**3-52**的全合成。如下面的反应路线所示，Montforts 采用的是 3＋1 法，先从吡咯单体合成得到 B-C-D 三吡咯（烷）二亚甲基中间体**3-48**，对**3-48**分子中的苄氧羰基进行选择性还原处理后再与吡咯单体 A **3-49**缩合生成线性四吡咯**3-50**，在最后的环合反应中也采用了 Battersby 在合成**3-47**时提出的光化学反应步骤。该方法的特点在于，在反应过程中多次引入金属络合离子如 Ni(Ⅱ)、Zn(Ⅱ) 等作为模板，然后又使之方便地脱除，其目的是为了增加中间产物的稳定性。此合成路线简捷，选择性高，从四个吡咯单体到目标产物的合成反应只有 8 步，而且每步合成反应的平均收率在 50％以上，是迄今为止比较理想的叶盼（氢卟啉）全合成方法[59,60]。

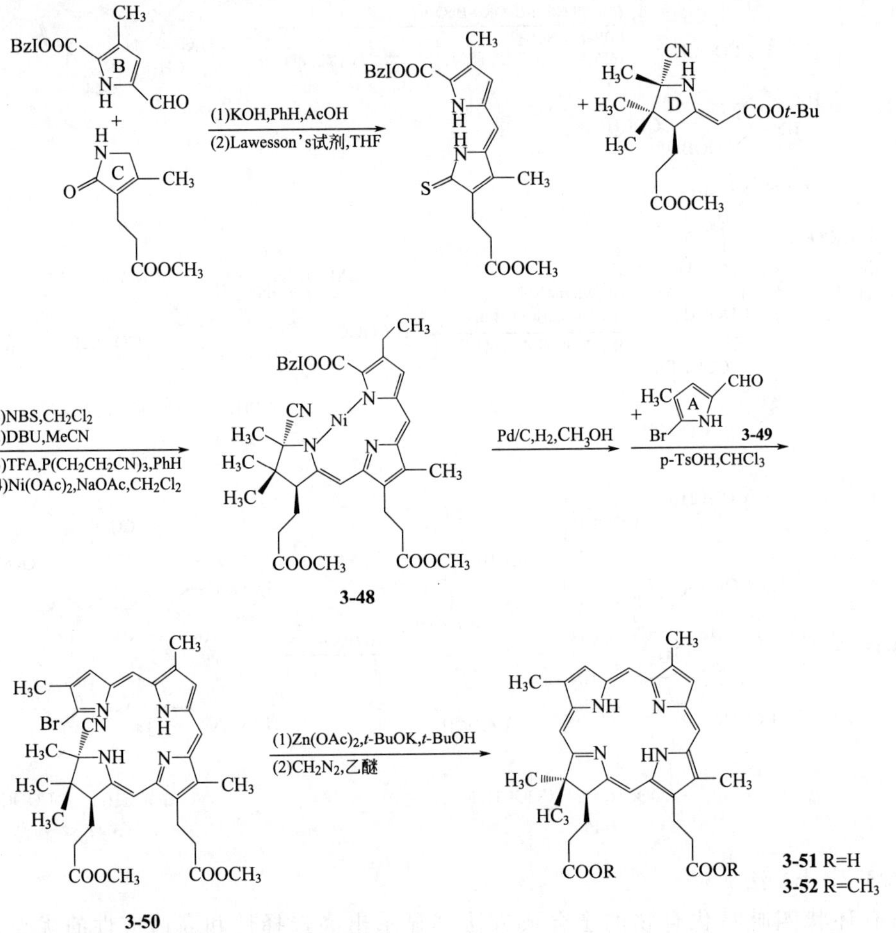

(1)KOH,PhH,AcOH
(2)Lawesson's试剂,THF

(1)NBS,CH_2Cl_2
(2)DBU,MeCN
(3)TFA,$P(CH_2CH_2CN)_3$,PhH
(4)$Ni(OAc)_2$,NaOAc,CH_2Cl_2

3-48

Pd/C,H_2,CH_3OH

3-49
p-TsOH,$CHCl_3$

(1)$Zn(OAc)_2$,*t*-BuOK,*t*-BuOH
(2)CH_2N_2,乙醚

3-50

3-51 R=H
3-52 R=CH_3

3.3.4 形成苯并吡咯环的环合反应

苯并吡咯又叫吲哚，是由 9 个原子组成的 10π 电子芳香杂环，但分子中的 π 电子分布不均匀，亲电反应主要发生在吡咯的 β-位。许多天然化合物都含有吲哚环，如蛋白质中的色氨酸，生物碱中的新长春碱、马钱子碱、番木鳖碱等。吲哚染料及吲哚药物在染料和医药中也起重要作用。

（1）Fischer 合成法

Fischer 合成法是吲哚环合成最重要的方法，指芳香肼与某些醛或酮生成的腙在酸催化剂（二氯化锌、三氟化硼和多聚磷酸等）存在下加热，形成吲哚的取代衍生物[61]。例如吲哚化合物**3-53**的合成：

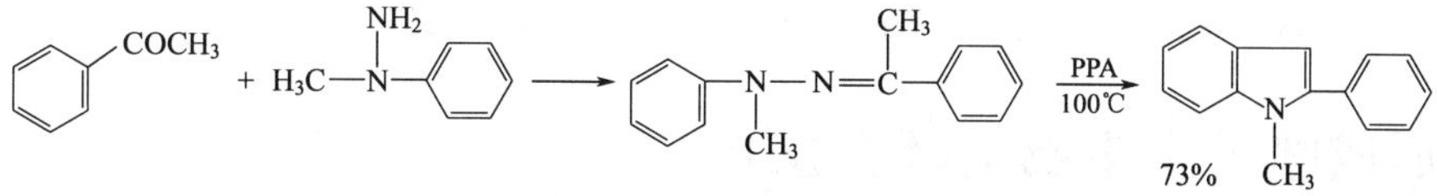

73%

3-53

这个反应十分简便，使用非常广泛，通过选取不同的腙，能够制备各种吲哚衍生物，主要条件如下：

① 羰基化合物必须是在其 α-位至少要有一个氢原子，可以是醛、酮和醛酸、酮酸以及它们的酯；

② 用于形成腙的肼，必须是芳香基取代的肼，芳香环上可以有各种不同的取代基，但是吸电子取代基对反应是不利的；

③ 多种酸和 Lewis 酸都能催化这个环化反应，如多聚磷酸、浓盐酸、氯化锌、氯化亚铜和三氟化硼等。

（2） Madelung 合成法

指用 N-酰基邻甲苯胺在强碱作用下进行高温脱水，一步环化生成吲哚，中间有脱水作用并放出一氧化碳。反应通式如下：

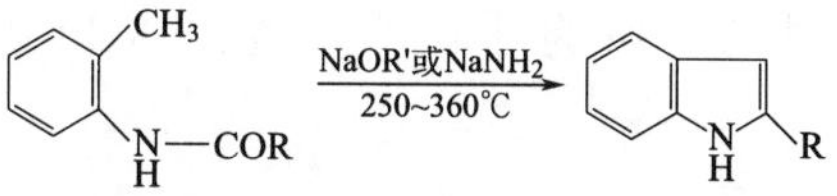

Madelung 反应由于是在高温下进行的，所以必须要隔绝空气，而且它也只是适用于一些较稳定的吲哚衍生物，如烷基取代吲哚等[62]。

（3） Bischler-Moehlau 合成法

由 α-卤代酮或 α-羟基酮与芳香胺一起加热，先生成 α-氨基酮中间体，最后环化得到相应的吲哚衍生物，反应通式如下：

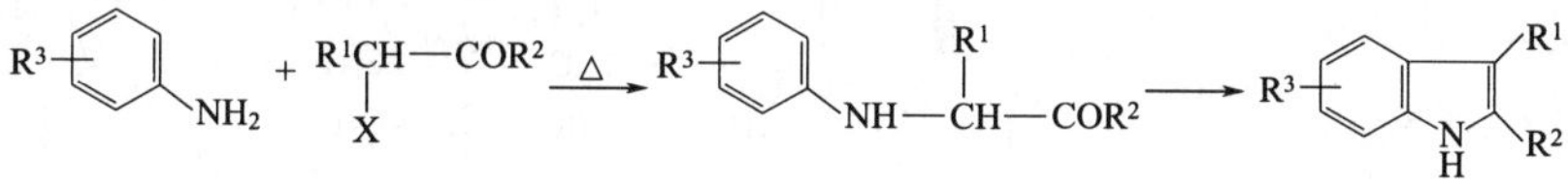

式中，R^1、R^2、R^3 为各种烷基或芳基；X 为 Br、Cl、OH、NH—C_6H_5 等[63]。

（4） Reisset 合成法

由邻硝基甲苯与草酸酯反应，先得邻硝基苯基丙酮酸酯，然后在还原剂的作用下硝基被还原为氨基，同时发生脱水作用而关环生成相应的吲哚化合物，如吲哚化合物**3-54**的合成[64]。该反应中的还原剂可以用锌-醋酸、硫酸铁-氢氧化铵、锌汞齐-盐酸等。这个方法非常适合于合成苯环上带有取代基的吲哚化合物。

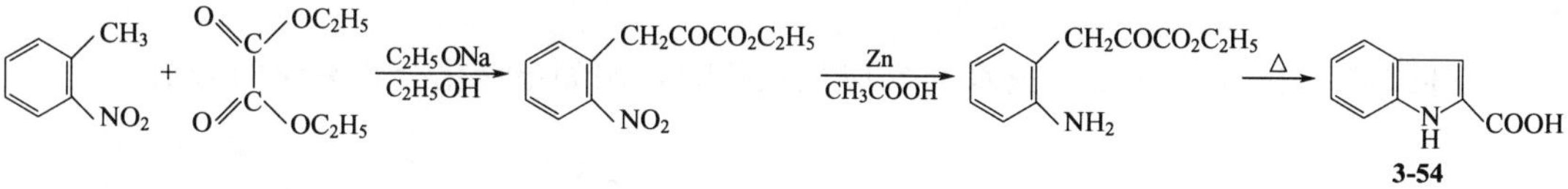

3-54

（5） Nenitzescu 合成法

对苯醌与 β-氨基巴豆酸酯在丙酮等溶剂中回流，生成相应的吲哚衍生物**3-55**，反应可能的进行方式如下：

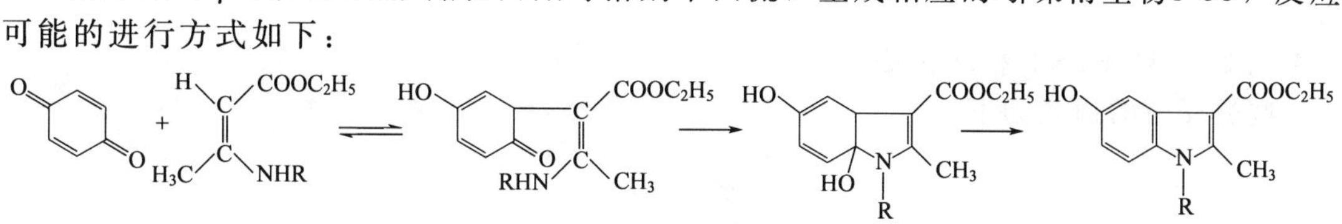

3-55

式中，R 为烷基、芳基或氢；醌分子中也可以有各种取代基[65]。

3.4 形成唑类衍生物的环合反应

含两个或两个以上数目杂原子的五元杂环根据其结构和性质的不同可分为三类，即唑、氢化唑和只含硫或氧原子的非唑化合物。其中，唑类衍生物是数量最多的一类物质，它们在实际生活中起着重要作用。药物中的青霉素、维生素 B_1、磺胺噻唑，染料中的吡唑酮染料，农药中的苯并噻唑杀菌剂、吡唑杀菌剂杀虫剂等都含有唑环结构。

3.4.1 形成唑环的环合反应

唑是分子中含有两个杂原子、且其中至少一个杂原子为氮原子的五元杂环芳香体系，可以把唑环系看成是由氮原子分别置换了吡咯、呋喃和噻吩中的一个次甲基后衍生出来的，其环电子数符合 $4n+2$ 规则，结构比较稳定，一般都不易氧化。当氮原子置换 3-位次甲基时，得到正系唑环；2-位次甲基被置换，则得到异系唑环。

唑及其衍生物最通用的制备方法是利用两个相应分子的缩合环化。根据所用原料的不同，可以将这些重要的合成方法分为［4+1］型、［3C+2X］型、［2C+3X］型和佩希曼吡唑合成法四种类型。

3.4.1.1 ［4+1］型环化法

由链状含氮原子的 1,4-二羰基化合物进行类似 Paal-Knorr 型的环化反应，这是合成咪唑、噻唑、噁唑及其衍生物的最好方法。这种方法操作简便，产率较高，其主要原料 α-酰基氨基酮也容易制得[66]。例如咪唑化合物**3-56**的合成：

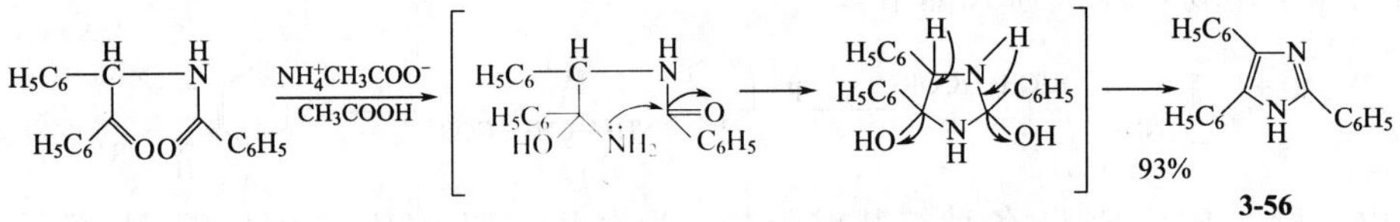

H_5C_6—CH(—C(=O)C_6H_5)—NH—C(=O)C_6H_5 $\xrightarrow[CH_3COOH]{NH_4^+CH_3COO^-}$ [H_5C_6—CH(—C(OH)(NH_2)C_6H_5)—NH—C(=O)C_6H_5 ⟶ 环状二羟基中间体] ⟶ 4,5-二苯基-2-苯基咪唑 **3-56**（93%）

链状含氮原子的 1,4-二羰基化合物与 P_2S_5 反应则制得相应的噻唑，例如噻唑化合物**3-57**的合成：

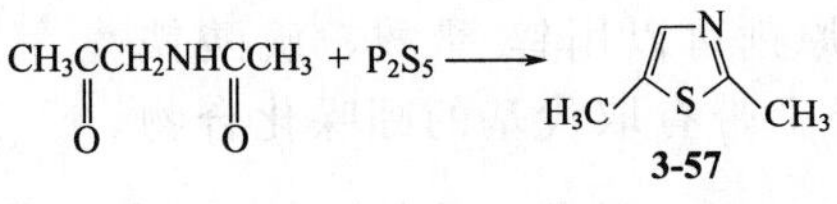

$$CH_3COCH_2NHCOCH_3 + P_2S_5 \longrightarrow \text{2,5-二甲基噻唑 } \mathbf{3\text{-}57}$$

上述二羰基化合物直接与脱水剂反应生成噁唑，例如噁唑化合物**3-58**的合成：

$$CH_3COCH_2NHCOCH_3 \xrightarrow[(CH_3CO)_2O]{H_2SO_4} \text{2,5-二甲基噁唑 } \mathbf{3\text{-}58}$$

3.4.1.2 ［3C+2X］型环化法

这类反应的通式如下：

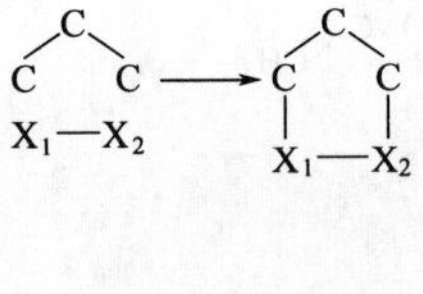

$$\text{C—C—C} + X_1\text{—}X_2 \longrightarrow \text{五元环（C—C—C—}X_2\text{—}X_1\text{）}$$

这是合成异唑系的通用方法。其中，3C 为 1,3-二羰基化合物或 α,β-不饱和羰基化合物，如 1,3-二酮、1,3-二醛、β-羰基酸酯等；2X 为相同或不同的杂原子，如肼、氨基尿、羟胺及其盐等。例如吡唑化合物**3-59**的合成：

$$H_2C—CHO(—CHO) + CH_3NHNH_2 \longrightarrow \textbf{3-59}$$

1,3-二醛，通常用其二缩醛，在酸性溶液中它首先游离出二醛再与肼反应。若用羟胺反应则得到异噁唑[67]：

$$CH_2[CH(OC_2H_5)_2]_2 + NH_2OH\cdot HCl \xrightarrow[回流]{H_2O} 异噁唑\ (84\%)$$

3.4.1.3 ［2C＋3X］型环化法

此处的 2C 组分通常为 α-取代的活泼羰基化合物。例如噻唑化合物**3-60**的合成[68]：

$$ClCH_2COCH_3 + CH_3C(=S)NH_2 \xrightarrow[\triangle]{PhH} [CH_3COCH_2SC(=NH)CH_3] \longrightarrow \textbf{3-60}$$

3.4.1.4 佩希曼吡唑合成法

利用炔键与重氮键加成生成吡唑及其衍生物，反应过程如下：

$$R—C\equiv CH + R'CH_2N_2 \xrightarrow{乙醚} \left[\begin{array}{l} CH=\bar{C}—R \\ R'—CH—\overset{+}{N}\equiv N \end{array}\right] \longrightarrow \longrightarrow$$

式中，R 为 H、烷基、芳基、醛基、羧基或酯基；R′为 H、烷基、芳基、酯基等。

3.4.2 形成氢化唑及其酮类化合物的环合反应

唑是具有芳香性的分子，氢化以后就失去了原来的芳香特征，而变成普通的环胺、环醚和环硫醚，是脂肪族性质的化合物，它们的各种衍生物广泛地用于合成染料药物和某些功能性材料。

3.4.2.1 二氢吡唑及其酮类化合物的合成

二氢吡唑，又叫吡唑啉，随分子中双键位置的不同有三种结构异构体。某些芳基取代的吡唑啉化合物具有优良的光电导性质，可以用于电子照相技术中的感光材料，现在复印机中通用的感光材料就是由某些吡唑啉衍生物分散在高分子材料（如聚酯、聚磺酸酯）中而组成的光生载流子输送层[69]。最重要的二氢吡唑酮类衍生物是退烧镇痛药安替比林(**3-61**)，可用甲基苯肼（或苯肼）与乙酰乙酸乙酯为原料来合成的，(**3-61**)经亚硝基化和还原可得同系药物匹拉米冬(**3-62**)和安乃近(**3-63**)，反应式如下：

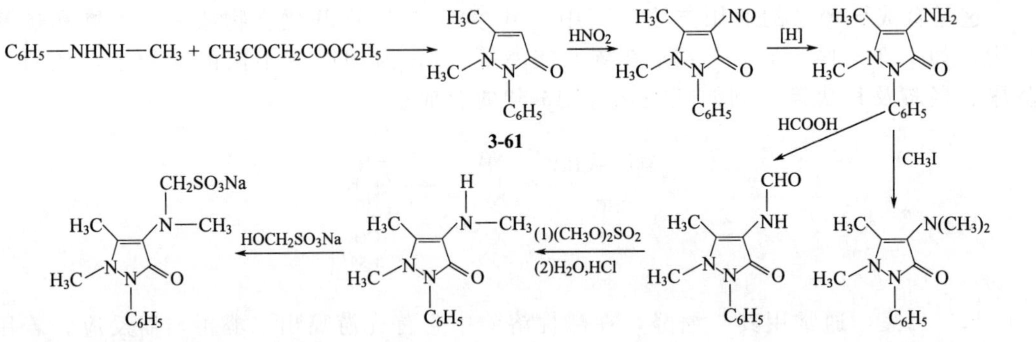

C_6H_5—NHNH—CH_3 + $CH_3COCH_2COOC_2H_5$ ⟶ 3-61 $\xrightarrow{HNO_2}$ ⟶ $\xrightarrow{[H]}$ ⟶ (HCOOH / CH_3I) 3-62；⟶ $\xrightarrow{(1)(CH_3O)_2SO_2,\ (2)H_2O,HCl}$ ⟶ $\xrightarrow{HOCH_2SO_3Na}$ 3-63

芳基取代的吡唑酮都是含有生色基团的结构，各有其特定的颜色，可以作为染料。例如羊毛染料酒石黄(**3-64**)属于吡唑酮类物质，其结构中含有两个苯磺酸基和一个偶氮基，是一种黄色染料，可由乙氧酰基丙酮酸乙酯为原料来合成：

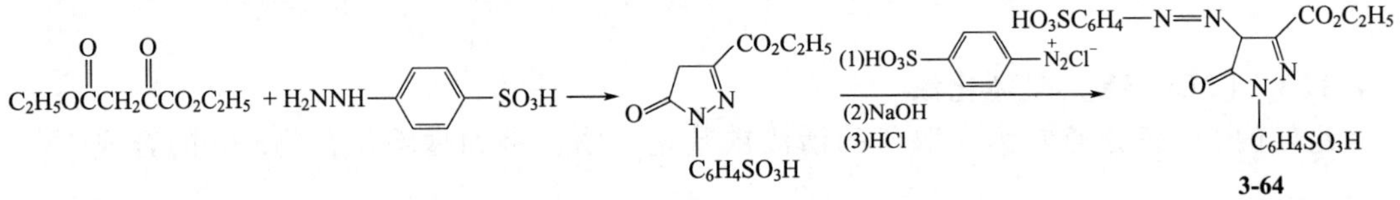

$C_2H_5OCOCH_2COCO_2C_2H_5$ + H_2NNH—C_6H_4—SO_3H ⟶ $\xrightarrow{(1)HO_3S-C_6H_4-\overset{+}{N_2}Cl^-,\ (2)NaOH,\ (3)HCl}$ 3-64

3.4.2.2 噁唑啉及其酮类化合物的合成

噁唑啉同样因分子中双键位置的不同有三种异构体，但实际上只有 2-噁唑啉是有意义的。它具有亚氨基醚的结构，不太稳定，在水中煮沸即可分解开环，利用这一性质，常将 2-噁唑啉用作许多有机合成中间体[70]。

利用环氧化合物可以制得 2-噁唑啉，例如噁唑啉**3-65**的合成：

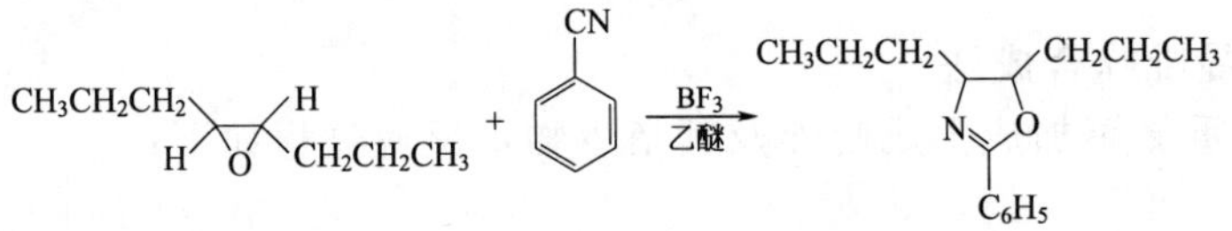

$CH_3CH_2CH_2$-环氧-$CH_2CH_2CH_3$ + C_6H_5CN $\xrightarrow{BF_3,\ 乙醚}$ 3-65

噁唑啉的酮类衍生物有噁唑-5-酮、噁唑-2-酮和噁唑烷-2-酮等。噁唑-5-酮的一个重要用途是作为合成氨基酸的中间体。如用 *N*-酰基甘氨酸在醋酸酐和醋酸钠作用下关环生成 2-取代的噁唑-5-酮，然后使之与各种醛反应，接着再还原开环则得所期望的氨基酸。例如氨基酸**3-66**的合成就利用了两个噁唑酮中间体。

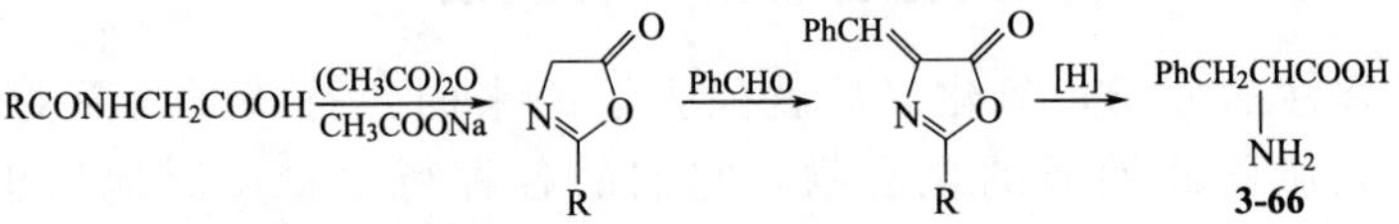

$RCONHCH_2COOH$ $\xrightarrow{(CH_3CO)_2O,\ CH_3COONa}$ ⟶ $\xrightarrow{PhCHO}$ ⟶ $\xrightarrow{[H]}$ $PhCH_2CH(NH_2)COOH$ 3-66

3.4.2.3 氢化咪唑类化合物的合成

氢化咪唑的衍生物都具有非常高的药用价值。咪唑氢化即得咪唑烷，它具有类似于缩醛的结构，非常容易被稀酸水解而开环。用乙二胺与醛缩合可合成咪唑烷，反应式如下：

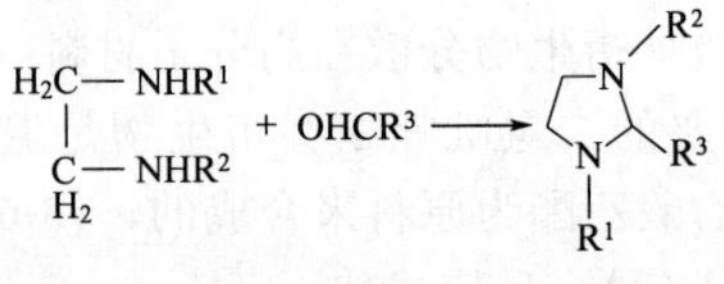

H_2C-NHR^1 / H_2C-NHR^2 + $OHCR^3$ ⟶ 咪唑烷（R^1, R^2, R^3）

式中，R^1、R^2 和 R^3 为 H、烃基或芳基。

二氢咪唑（咪唑啉）不能用咪唑氢化的方法制备，通常是由乙二胺与羧酸反应合成。例如：

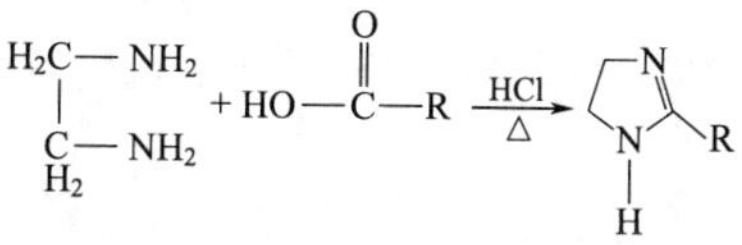

3.4.3 形成苯并单唑环的环合反应

含两个杂原子的五元唑环与苯环稠合时只可能有一种方式，就是在唑环的3,4-位间的碳-碳边上并合，所以这类化合物主要是以下六种稠环体系：苯并咪唑、苯并吡唑、苯并噁唑、苯并噻唑、苯并异噁唑和苯并异噻唑。一个苯环和一个唑环的其他稠合方式，势必要破坏苯环的结构完整性，虽然有的稠合结构可能存在，但一般来说它们是不会稳定的。这六种苯并唑环的化学性质，基本上与原唑环的性质相同，所不同之处主要是程度上有些增减而已。

苯并单唑环的合成方法，几乎都可以从相关的取代苯化合物环化生成。根据起始原料和反应方式的不同，苯并单唑环的环合反应大致可以分成三类。

3.4.3.1 邻位二取代苯的分子内缩合环化反应

以邻位二取代苯为原料，通过两个取代基之间发生反应并同时脱掉一个小分子而关环生成苯并单唑环，例如镇痛药物消痛静**3-67**的合成：

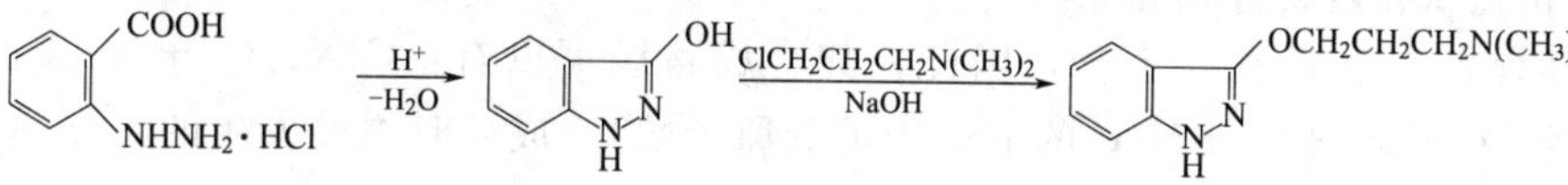

3-67

3.4.3.2 取代苯的分子内取代环化反应

以取代苯为原料，通过分子内的亲核或亲电取代环化反应生成苯并单唑环。例如苯并吡唑**3-68**和苯并噻唑**3-69**的合成：

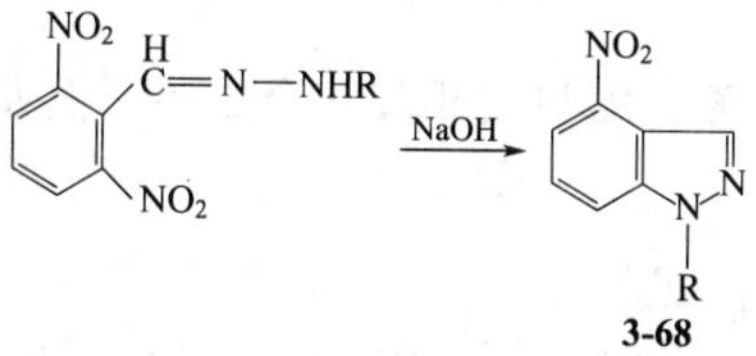

3-68

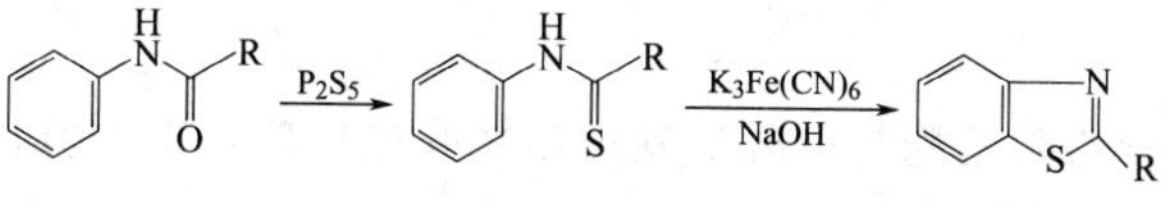

3-69

3.4.3.3 邻位二取代苯与另一分子间的缩合环化反应

由邻位二取代苯与另外一个分子反应，从而插入一个环碳原子生成相应的苯并唑系化合物。合成苯并唑系化合物的一个广泛使用的简便方法就是选择适当的邻二取代苯与各种不同的羧酸反应。例如，邻苯二胺类化合物与羧酸（酯）、*N*-氰基取代胺化合物反应，能生成苯并咪唑衍生物。降血压药物地巴唑**3-70**和驱虫药甲苯咪唑**3-71**的合成便是上述方法的应用实例：

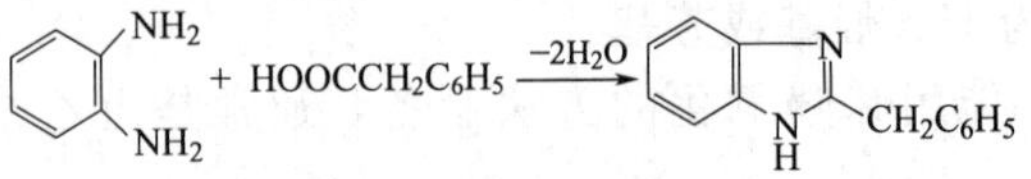

+ $HOOCCH_2C_6H_5$ $\xrightarrow{-2H_2O}$ 3-70

+ NC—NH—$COOCH_3$ $\xrightarrow{-NH_3}$ 3-71

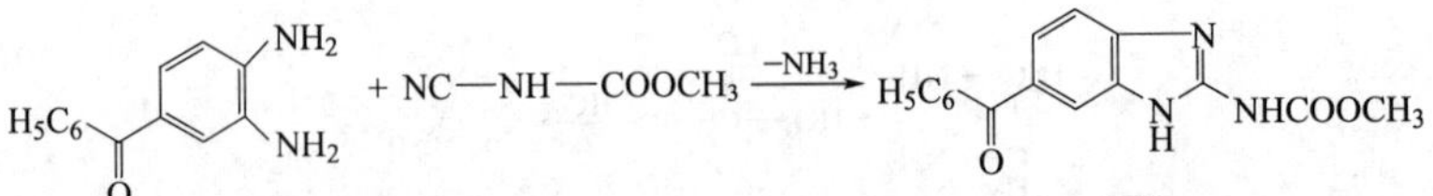

3.5 形成吡啶衍生物的环合反应

含一个杂原子的六元杂环，包括吡啶环（氮杂原子）、吡喃环（氧杂原子）和噻喃环（硫杂原子），是一类十分重要的杂环化合物，它们不仅广泛地存在于自然界中，也大量出现于人工合成的化学产品中，在药物、染料、色素等领域都起重要作用。其中，吡啶类化合物是最为重要的一类有机化合物，无论在应用上和理论上，吡啶化学都具有十分重要的意义。本节主要介绍吡啶及其相关化合物的合成方法。

3.5.1 形成吡啶及氢化吡啶环的环合反应

吡啶分子是苯分子中的一个 CH 被置换为 N 而形成的一个平面的、连续封闭的芳香性共轭体系，因此又名氮苯。吡啶环可由链状化合物经加成或缩合反应形成，也可由其他环状化合物转变而成。

3.5.1.1 由链状化合物合成吡啶环

吡啶环含有 5 个 C 和一个 N，因此，其合成路线可以有：C_5N、C_5+N、C_4+C_1N、C_3+C_2+N、$C_2+C_2+C_1+N$（C 的下标表示碳原子数）。成环时主要发生的是羰基的反应，其次是酯、腈、羟酸等的反应，得到的初级产物可能是吡啶环，也可能是氢化吡啶环或吡啶酮环。后一种初级产物容易进一步转变为吡啶环。

① 相隔 5 个碳的二腈的环化：

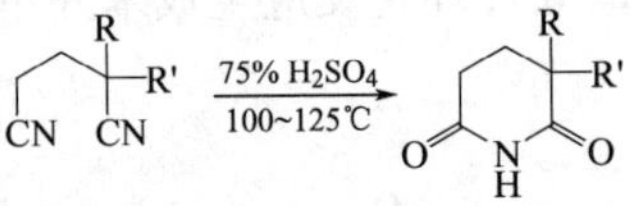

$\xrightarrow[100\sim125℃]{75\%\ H_2SO_4}$

R=Ph,R'=Me,得率45%
R=Ph,R'=CH=CH_2,得率约100%

② 相隔 5 个碳的醛、酮、酸、酯与氨或胺缩合成环，例如：

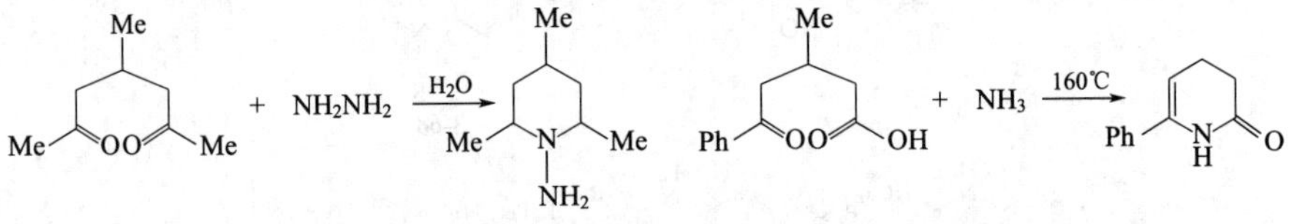

+ NH_2NH_2 $\xrightarrow{H_2O}$ + NH_3 $\xrightarrow{160℃}$

③ 带取代基的乙酰乙酸乙酯与甲醛或其类似物和氨反应，得到氢化吡啶环：

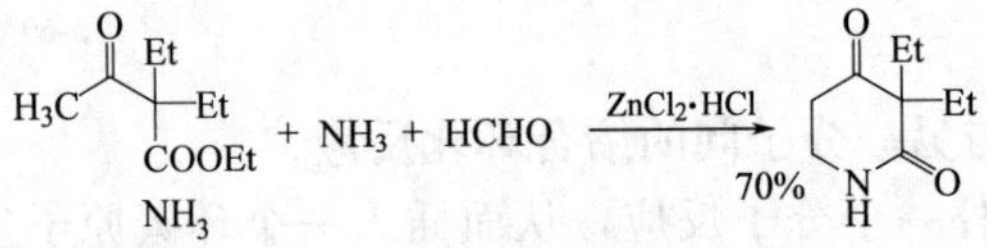

+ NH_3 + HCHO $\xrightarrow{ZnCl_2\cdot HCl}$ 70%

④ 由 C_3+C_2+N 形成吡啶环的合成路线是最重要和最常见的方法。C_3 或 C_2 组分可含有 N，这样就不必另加“氮源”。这类反应范围很广，实例很多。一般说来，β-二羰基化合物、β-酮酸酯或酰胺、氰乙酸酯或酰胺、α,β-不饱和（烯或炔）醛、酮或酯以及甲基酮、亚

甲基酮等中任选两组分的组合与 NH_3 反应，多能形成吡啶环。NH_3 可先形成酰胺、醛或酮亚胺、烯胺等。这条路线在工业中最重要的应用实例是维生素 B_6（**3-72**）的合成。其反应路线如下：

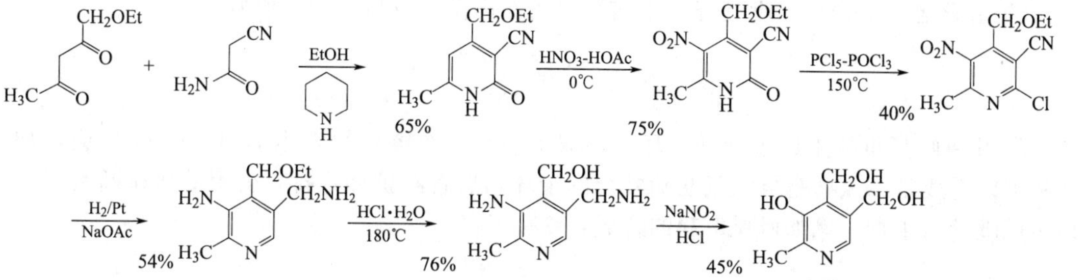

3-72

⑤ Hantzsch 合成法：由两分子的 β-酮酸酯与一分子的醛和一分子的氨进行缩合，先形成链状的 δ-氨基羰基化合物，然后通过分子内的加成-消除反应环化生成二氢吡啶环系，最后在氧化剂作用下生成芳构化的吡啶环。例如**3-73**的合成：

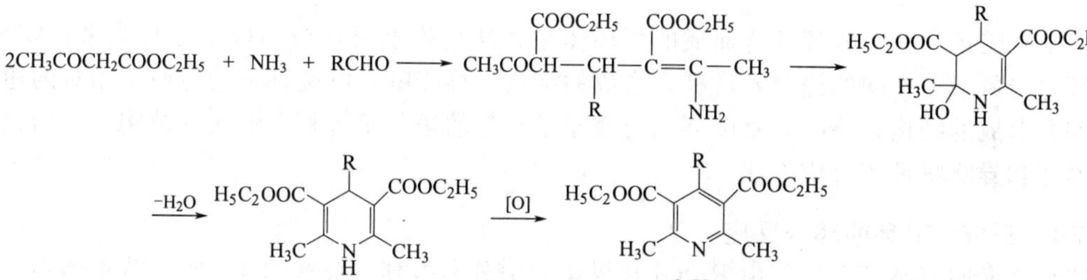

3-73

⑥ 由简单的醛或酮与氨反应合成吡啶环。例如醛氨缩合法，这是目前世界上主要的吡啶工业生产方法，一般采用甲乙混合醛与氨在沸石分子筛催化作用下生成吡啶及其衍生物。按反应式，一分子甲醛、两分子乙醛和一分子氨反应即可得一分子吡啶。但实际情况要复杂得多，因为仅是乙醛与氨反应，就可得到许多吡啶的同系物。

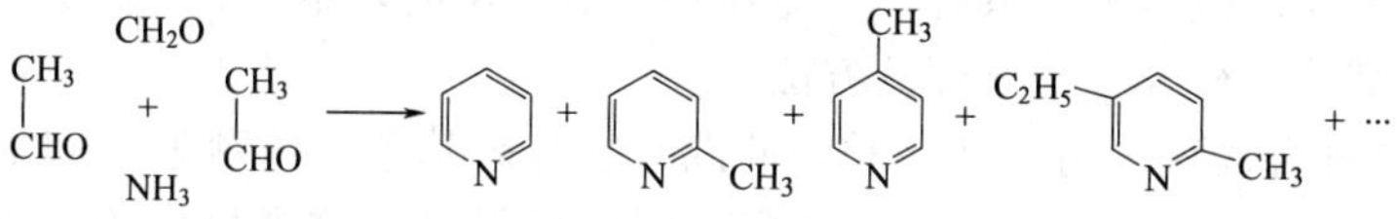

3.5.1.2 由环状化合物转变为吡啶环

含氮的三元或五元杂环经分子内重排生成六元吡啶环系。

① 由氮杂环丙烯重排生成吡啶环。带有烯丙（丁）基侧链的氮杂环丙烯，发生分子内重排能生成各种相应的取代吡啶，这是一种适用于实验室合成杂环化合物的方法[71]。

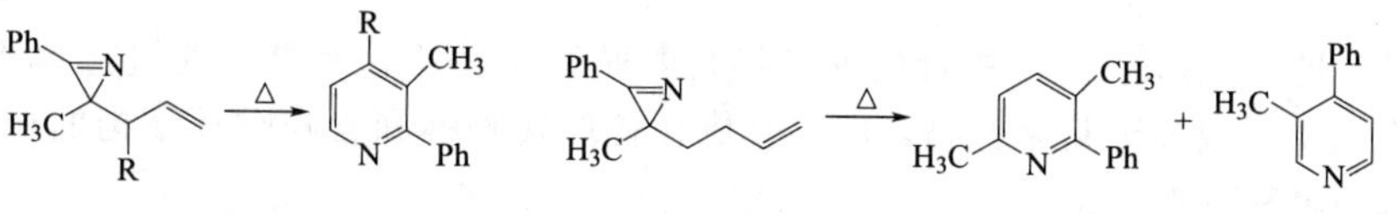

② 由呋喃环重排生成吡啶环。四氢呋喃与 HCN 反应可得吡啶，但收率低。带取代基的较好，例如四氢呋喃甲醇与 NH_3 反应，吡啶的收率可达 45%：

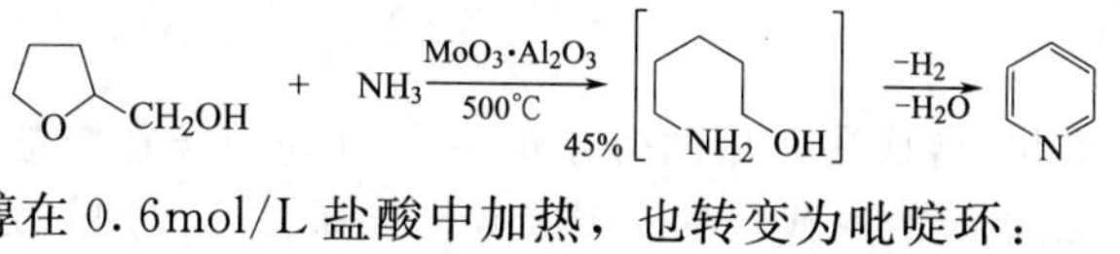

5-氨甲基呋喃甲醇在 0.6mol/L 盐酸中加热，也转变为吡啶环：

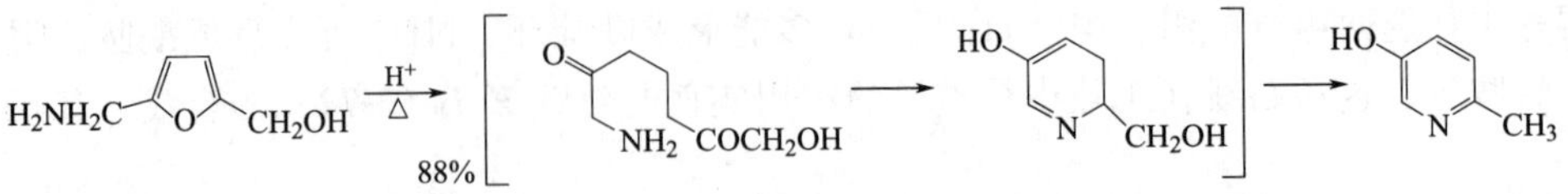

③ 由吡咯环重排生成吡啶环。吡咯与氯仿在高温下反应，得氯吡啶：

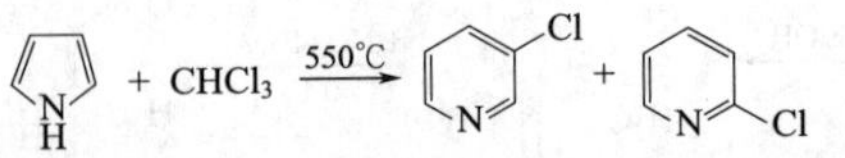

④ 由噁唑环重排生成吡啶环　环中的双烯能与一个嗜双烯发生 Diels-Alder 反应，加成产物可以看成是二氢噁唑与四氢呋喃并合的杂环，后者经扩环重排，公用的氧桥断裂了，结果生成吡啶衍生物，例如吡啶**3-74**的合成：

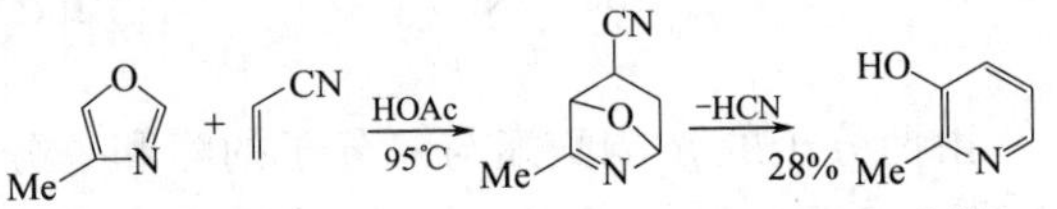

3.5.2　形成苯并吡啶环的环合反应

一个吡啶环和一个苯环并合而成的稠环体系，从结构上可以分为以下三种类型：喹啉，吡啶环上与氮原子相间的边与苯环稠合形成的结构；异喹啉，吡啶环上与氮原子相对的边与苯环稠合形成的结构；喹嗪，吡啶环上与氮原子相邻的边与苯环稠合形成的结构。下面仅介绍喹啉环和异喹啉环的合成方法。

3.5.2.1　形成喹啉环的环合反应

喹啉，又叫氮杂萘，最早由 Rungl 从煤焦油中分离得到（1834 年），属于芳香体系。喹啉的衍生物在自然界中普遍存在，如奎宁、辛可尼等。喹啉本身在有机合成中起重要作用，可用来作碱性催化剂和溶剂。喹啉衍生物在医药中起十分重要的作用，这类化合物至今仍是主要的抗疟药物。

喹啉环的形成理论上有三条途径：先有苯环后形成吡啶环，先有吡啶环后形成苯环，苯环和吡啶环同时形成。但实际上只有第一途径是普遍使用的，第二、三条途径实例较少。下面着重介绍通过第一途径合成喹啉环的方法。

① Skraup 喹啉合成法。将苯胺、甘油的混合物与硝基苯和浓硫酸一起加热生成喹啉的反应，1880 年，Skraup 首先报道了这个反应，因此而得名。这个反应的过程，首先是甘油在浓硫酸的作用下脱水形成丙烯醛，然后立即与体系中的苯胺发生 Michael 加成，加成产物在酸作用下关环形成二氢喹啉，二氢喹啉被硝基苯氧化为喹啉，即

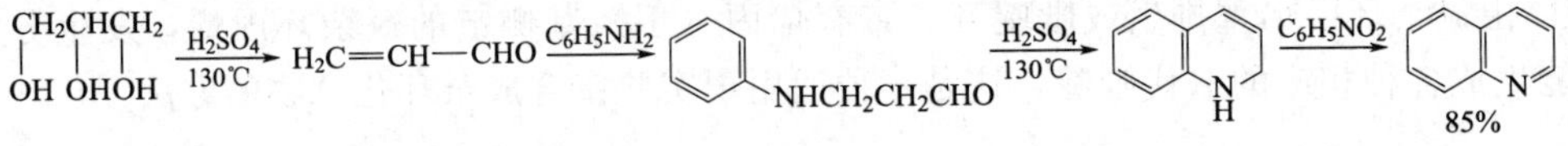

由上式可见，Skraup 反应的直接反应物是苯胺和 α,β-不饱和醛。通过选择不同的芳香胺和取代的 α,β-不饱和羰基化合物，能够合成各种取代喹啉和含喹啉环结构的稠环化合物，例如 8-羟基喹啉**3-75**的合成：

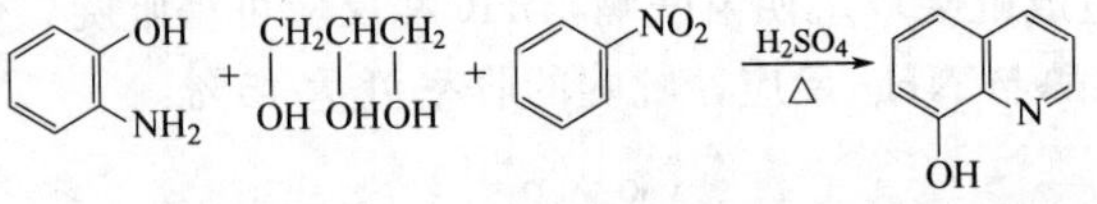

② Doebner-Von Miller 合成法。用两分子的醛与芳香伯胺在浓盐酸存在下共热，无须加入任何氧化剂就能生成相应的取代喹啉；或者在同样条件下改用一分子的醛和甲基酮进行

上述反应，则得 2,4-二取代喹啉：

$$\text{PhNH}_2 + 2CH_3CHO \xrightarrow[\triangle]{HCl} \text{2-methylquinoline}$$

$$\text{PhNH}_2 + R^1CHO + R^2COCH_3 \xrightarrow[\triangle]{HCl} \text{4-}R^2\text{-2-}R^1\text{-quinoline}$$

③ Combes 合成法。β-二酮与芳香胺在酸性环境中缩合为喹啉环[72]，例如喹啉**3-76**的合成：

$$\text{PhNH}_2 + MeCOCH_2COMe \xrightarrow[\triangle]{H_2SO_4} \text{PhNHC(Me)=CHCOMe} \longrightarrow \text{2,4-dimethylquinoline}\ \mathbf{3\text{-}76}\ (75\%)$$

④ Conrad-Limpach 合成法。此法类似于 Combes 合成，只是将其中的 β-二酮换为 β-酮酸酯[73]，例如喹啉**3-77**的合成：

$$\text{3-ClC}_6H_4NH_2 + EtOCOCH_2COCOOEt \xrightarrow[40℃]{HOAc} \text{(80\%)} \xrightarrow{250℃} \mathbf{3\text{-}77}\ (80\%)$$

⑤ Friedlander 合成法。邻氨基芳香醛或酮与甲基或亚甲基酮反应，在酸或碱催化下缩合成 2-,3-或 4-位带有取代基的喹啉化合物。例如：

$$\text{2-NH}_2C_6H_4COPh + CH_3COC_2H_5 \xrightarrow[H_2SO_4]{CH_3CO_2H} [\ ] \longrightarrow \mathbf{3\text{-}78}\ (88\%)$$

$$\text{2-NH}_2C_6H_4COPh + CH_3COC_2H_5 \xrightarrow[C_2H_5OH,0℃]{67\%\ KOH} [\ ] \longrightarrow \mathbf{3\text{-}79}\ (71\%)$$

由上式可以看到，Friedlander 反应的特点是在不同的介质中能生成不同结构的过渡态和产物。在酸性介质中，脂肪酮或醛容易生成烯醇式，后者与芳胺反应时，占优势的方向是亚甲基碳原子进攻芳胺的邻位羰基，所以生成喹啉**3-78**；而在碱性条件下，则是甲基酮部分的甲基形成的负碳离子优先进攻芳胺中的羰基，所以主要产物是喹啉**3-79**。

⑥ Pfitzinger 合成法。靛红类化合物在碱性环境中与甲基或亚甲基酮生成喹啉的反应：

$$\text{isatin} \xrightarrow[rt]{KOH} \text{2-NH}_2C_6H_4COCOOK \xrightarrow[100℃]{CH_3COC_2H_5} \text{2-}C_2H_5\text{-quinoline-4-COOH}$$

$$\text{5-Me-isatin} \xrightarrow[rt]{KOH} \xrightarrow[100℃]{MeCOCH_2OPh} \text{2-}C_2H_5\text{-quinoline-4-COOH}$$

⑦ Niementowski 合成法。指邻氨基苯甲酸或其酯与含活泼甲基亚甲基酮反应合成喹啉环的方法。例如喹啉酮**3-80**的合成：

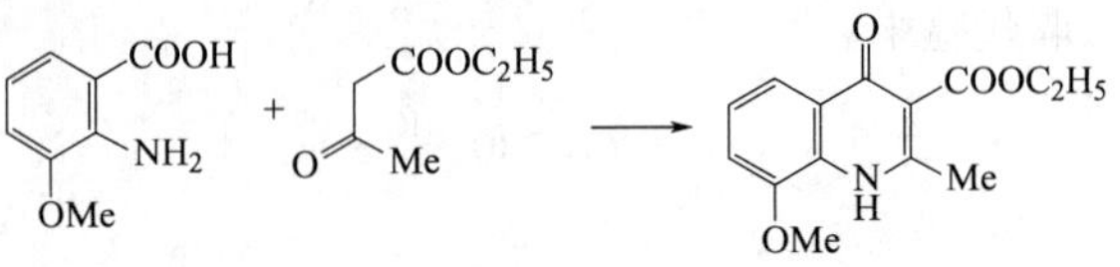

3-80

3.5.2.2 形成异喹啉环的环合反应

异喹啉也是一个芳香体系，其物理化学性质与喹啉相似。异喹啉环的合成类似于喹啉环，主要方法是先有苯环后形成吡啶环，可以由苯乙胺型的结构为起始原料来合成，常常初步得到的是氢化异喹啉，经氧化脱氢转变为异喹啉环。

① Bischler-Napieralski 合成法。β-苯乙胺的酰基化衍生物在五氧化二磷、三氯氧磷或氯化锌等缩合剂的存在下加热，则发生分子内的缩合环化反应生成氢化异喹啉环，然后脱氢芳构化即得异喹啉化合物[74]：

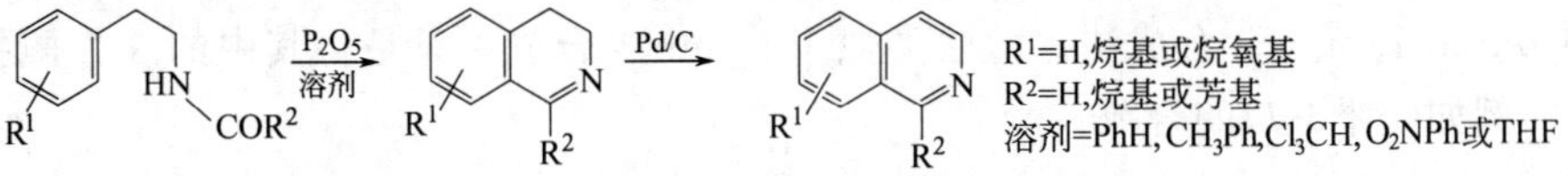

R^1=H,烷基或烷氧基
R^2=H,烷基或芳基
溶剂=PhH, CH_3Ph, Cl_3CH, O_2NPh或THF

该环化反应是亲电反应。苯环上带有致钝基不利于成环反应，如对硝基苯乙胺的酰胺环化时，产物异喹啉**3-81**的收率仅约为5%；而致活基有利于成环反应，如果理论上可得到两种产物时，取代反应以对位为主，如间甲氧基苯乙胺的酰胺环化时，主要生成对位取代产物异喹啉**3-82**：

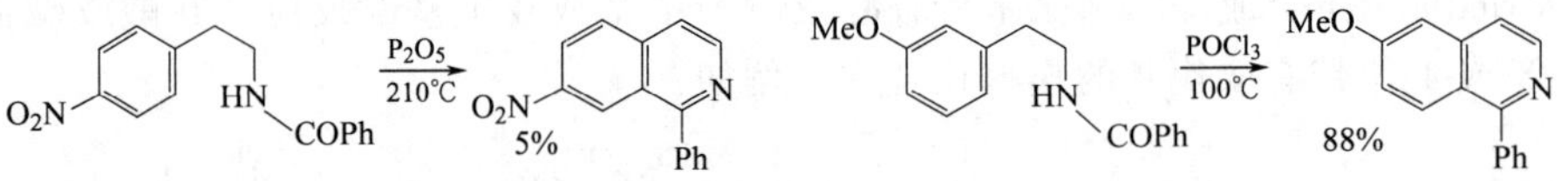

3-81　　3-82

② Pictet-Spengler 合成法。醛或酮与苯乙胺或苄胺反应得到的亚胺，在酸催化下环化为四氢异喹啉环。亚胺的反应活性较差，要求苯环上有强的致活基团，并且要求致活基团位于反应点的邻、对位，氢化异喹啉**3-83**的合成[75]：

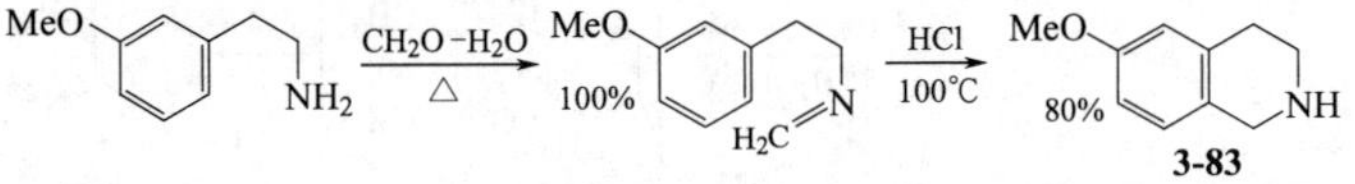

3-83

③ Pomeranz-Fritsch 合成法。从苯甲醛与氨基乙醛的缩醛为原料，先缩合为醛亚胺，然后环化[76]：

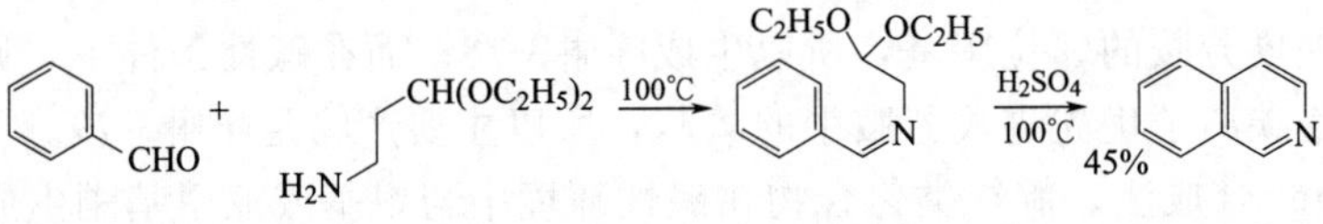

从苄胺或类似物出发，与乙二醛的缩醛反应，得到的亚胺再缩合环化为异喹啉环，也属于 Pomeranz 合成法：

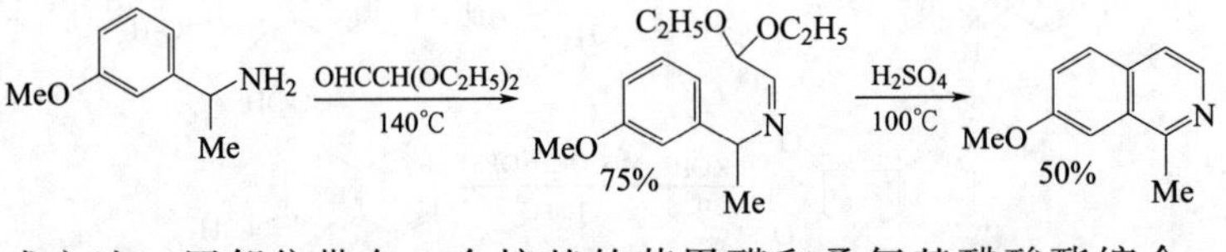

④ 其他合成方法。用邻位带有一个烷基的苯甲醛和叠氮基醋酸酯缩合，然后经热解即环化生成异喹啉化合物，这是一个一般性的合成异喹啉环的方法[77]。例如异喹啉**3-84**的合成：

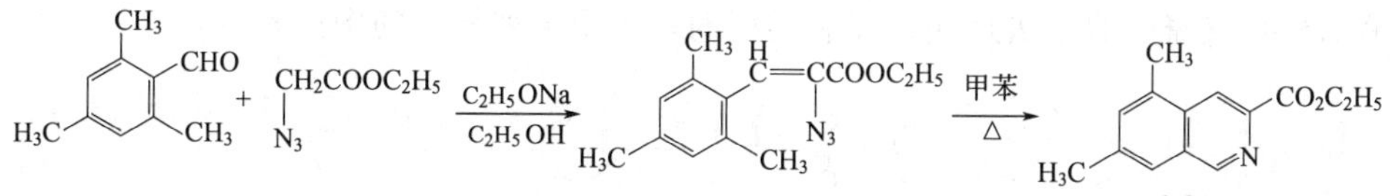

3-84

3.6 形成含两个及两个以上杂原子的六元杂环及其稠环体系的环合反应

含有两个及两个以上氮原子的六元杂环化合物统称为嗪；环中既含有氮原子，又含有氧原子的六元环，称为噁嗪；既含氮又含硫的叫噻嗪。这些环系，有的是以其单环衍生物存在于动植物体中，有的是以各种稠合环的形式存在的，其中最重要的如嘧啶、嘌呤、蝶啶等，都是决定生物体的各种生物功能的天然化合物中最关键的结构单元。

3.6.1 形成二嗪和苯并二嗪环的环合反应

二嗪，可以看成是吡啶分子中的一个“CH”环节被“N”置换而形成的结构。随着它的分子中的两个氮原子的相对位置不同，有三个异构体，即互为邻位、间位或对位关系，这三种异构体分别称为哒嗪、嘧啶和吡嗪。二嗪环都是芳香环，都具有一般的芳香性征。二嗪本身没有重要用途，它们的主要衍生物多不从母核出发制取，而是由其他化合物出发合成。

3.6.1.1 形成哒嗪环的环合反应

哒嗪及其衍生物都可以用相应的1,4-二羰基化合物和肼缩合制得，属于［4+2］型环合方法，可用下面的通式表示。

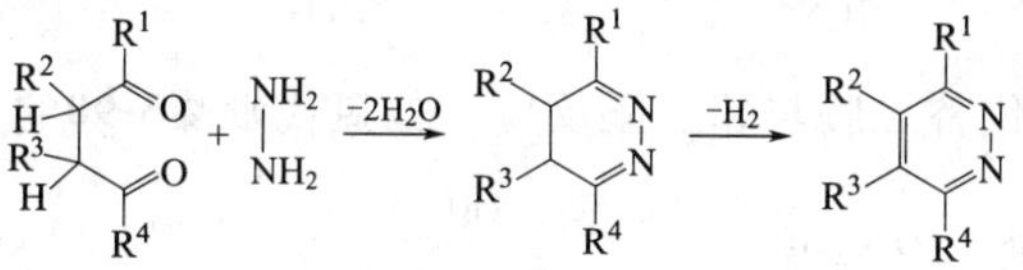

式中，R^1～R^4 为 H、烷基、芳基等，R^1 和 R^2 还可以是 OR、OH 等基团[78]。

哒嗪化合物也可以利用扩环重排[79]和缩环重排[80]反应来合成，例如哒嗪化合物**3-85**和**3-86**的合成：

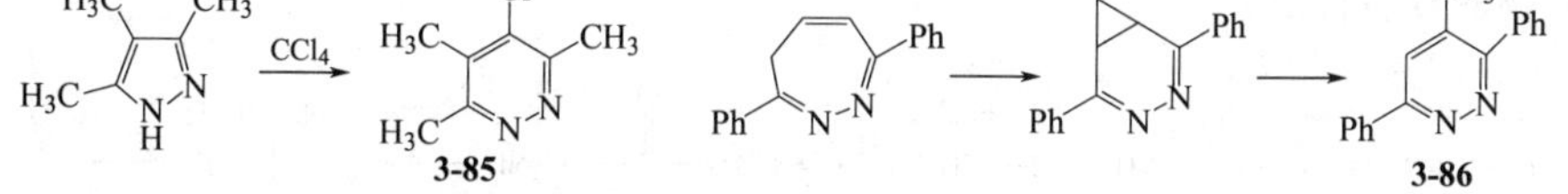

3-85

3-86

3.6.1.2 形成嘧啶环的环合反应

由于嘧啶分子中的两个环氮原子处于1,3-位，所以合成嘧啶最简便的方法，是采取［3+3］型的环合方法，即由一个含三碳链单位和含一个 N—C—N 链单位缩合而成，可用下面的通式表示：

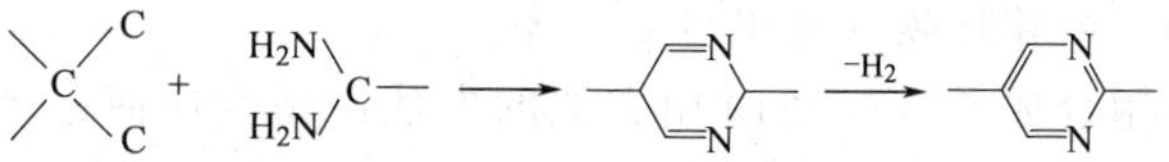

通常用于合成嘧啶的三碳链段化合物有1,3-丙二醛、β-酮醛、β-酮酯、β-酮腈、丙二酸酯、丙二腈等，含氮部分为尿素、硫脲、胍、脒等，例如嘧啶化合物**3-87**的合成：

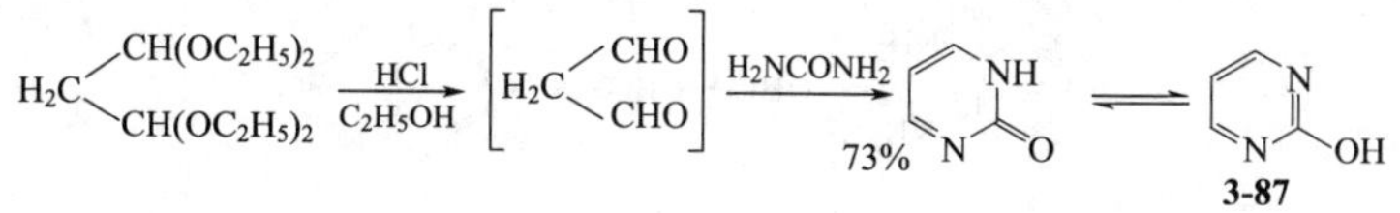

73%

3-87

第二种合成嘧啶的方法是［4＋2］类型的，可用下列简单的图式表示：

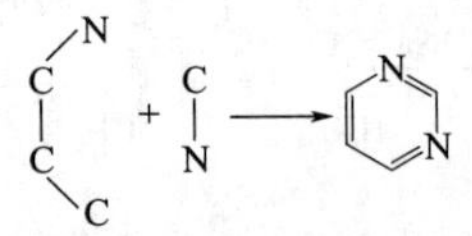

这里的“4”和“2”两个组分，可以有各种不同结构类型的分子[81]，例如嘧啶化合物**3-88**和**3-89**的合成：

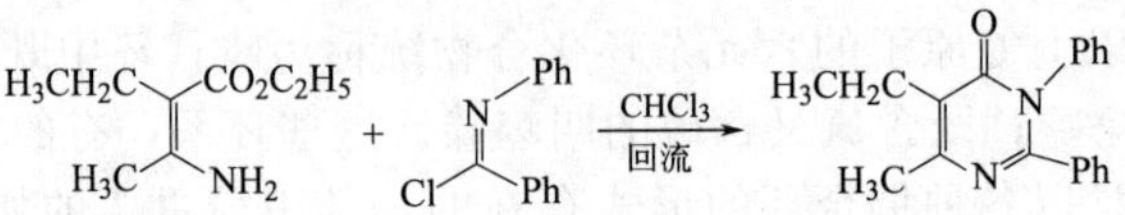

3-88

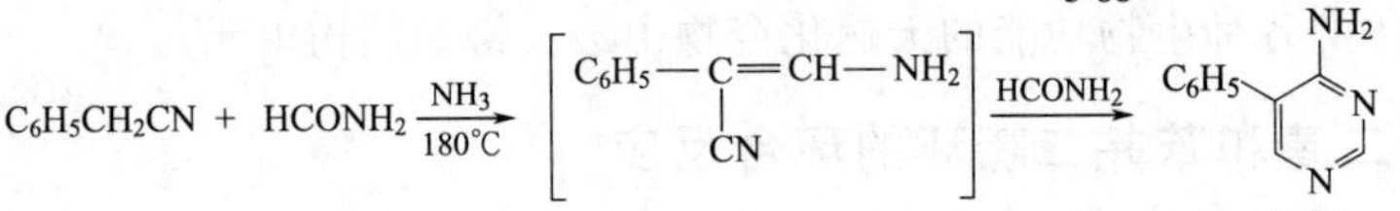

3-89

3.6.1.3 形成吡嗪环的环合反应

吡嗪本身用实验室方法不太好合成，工业上是由哌嗪气相脱氢制得的，而哌嗪可以采用环氧乙烷和乙二胺在高温下反应生产。各种取代吡嗪，可采用相应的邻二酮与邻二胺缩合经二氢吡嗪环、再高温催化脱氢来制备[82]，如下面的通式所示：

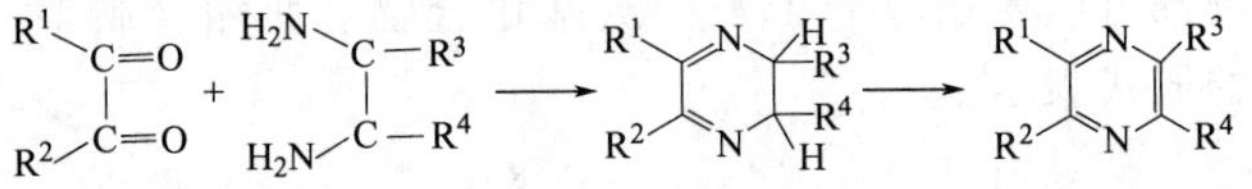

也可用 α-氨基酰胺代替二胺与邻二酮反应，如氯代吡嗪**3-90**的合成：

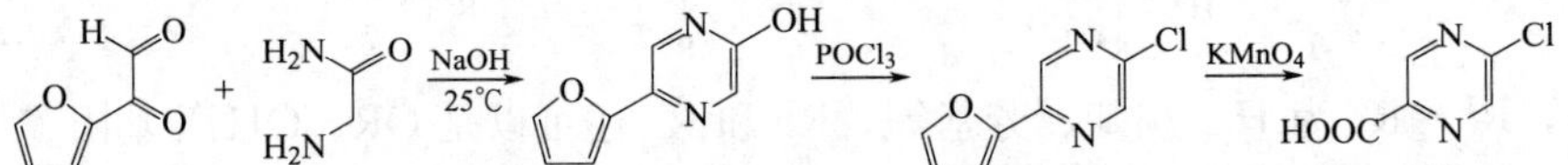

3-90

对于对称取代吡嗪来说，更好的合成方法是用 α-氨基羰基化合物自身缩合来制备，例如吡嗪化合物**3-91**的合成：

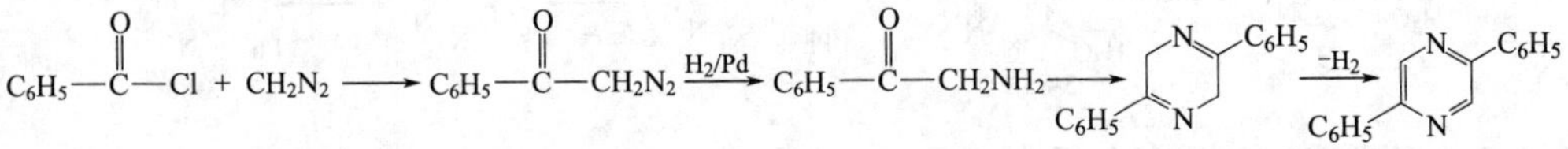

3-91

3.6.1.4 形成苯并二嗪环的环合反应

苯环与二嗪并合的母体环系，最主要的有下列几种：1,2-苯并哒嗪、2,3-苯并哒嗪、苯并嘧啶、苯并吡嗪和二苯并吡嗪（又叫吩嗪）等。

苯并二嗪环可以用合成单环二嗪时相类似的方法制备。任何一个1,2-二羰基化合物都能和邻苯二胺反应生成各种相应的苯并吡嗪衍生物，例如苯并吡嗪自身是用邻苯二胺和乙二醛反应制得的[83]：

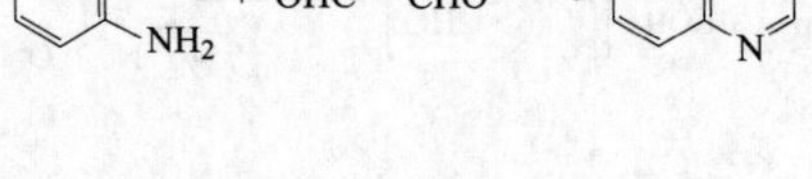

苯并哒嗪的合成方法是以肼为基本原料。例如，现在临床使用的一种起扩张血管作用的降压药硫酸双肼屈嗪**3-92**，属于2,3-苯并哒嗪化合物，它是采用下列方法合成的：

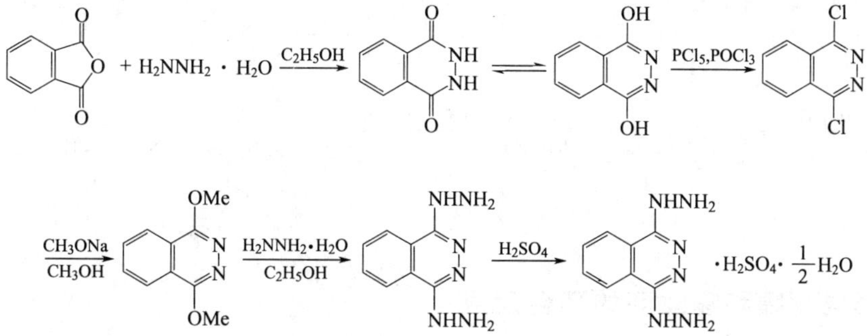

3-92

1,2-苯并哒嗪可以由邻位取代的芳香胺与亚硝酸盐反应制得[84]。这里的“邻位取代基”，通常是指含有和芳环相连的碳碳重键，因为这个反应的机制可能是通过重氮基对重键的加成反应进行的。如化合物**3-93**的合成：

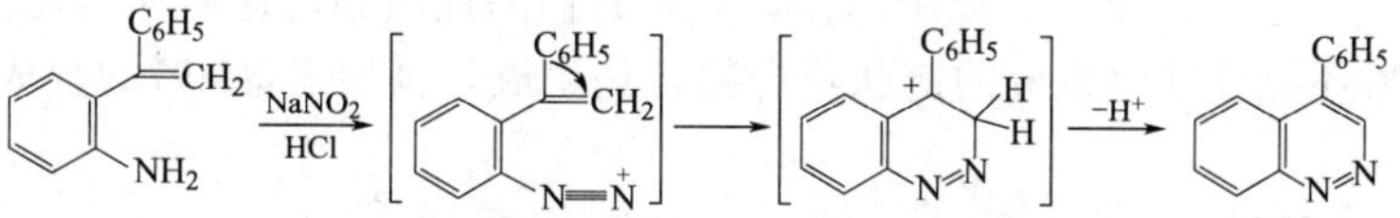

3-93

与合成嘧啶的方法相似，用邻氨基苯甲酸或邻氨基苯基酮与一个含有C—N键官能团分子反应，是制备苯并嘧啶的一个较好方法[85]，例如，采用这一方法可以合成得到化合物**3-94**和**3-95**：

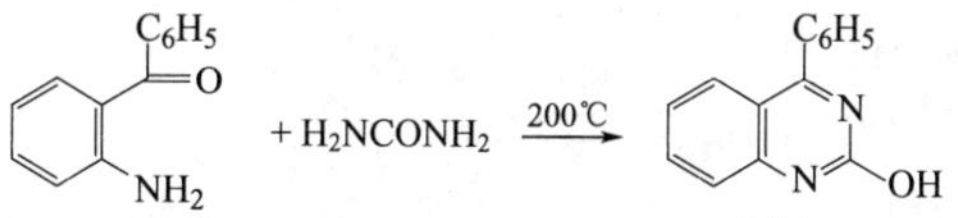

3-94

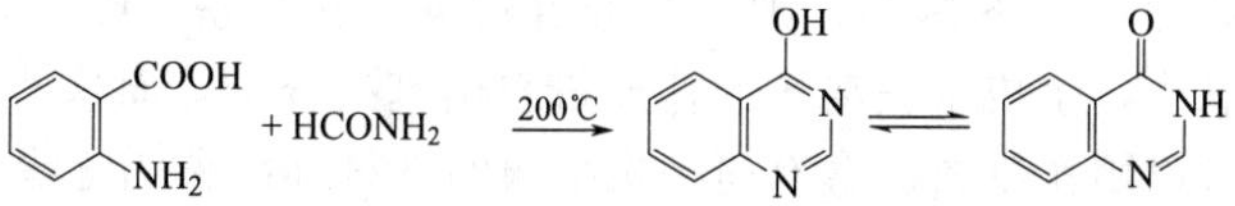

3-95

对称二苯并吡嗪（又叫吩嗪）的一个最简单的合成方法是用邻苯二胺和邻苯二酚共热，然后氧化脱氢制得：

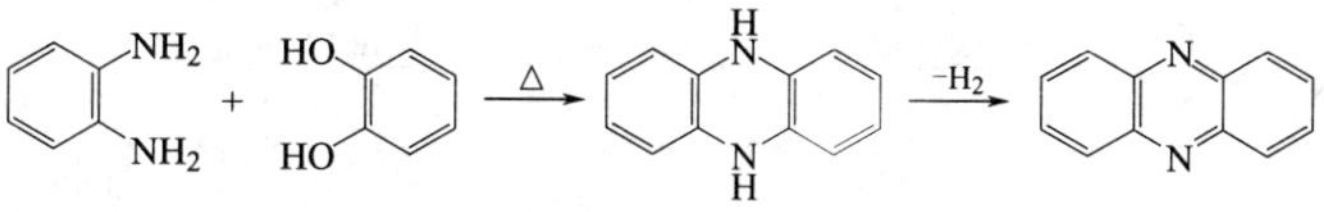

当吩嗪的环上带有羟基、氨基或取代氨基等活泼基团时，这样的吩嗪化合物一般都很容易被氧化，从而生成具有醌式结构的离子，并具有各种特别的颜色，可以用作染料，通常称为吩嗪染料。有些取代吩嗪化合物，同时还有强烈的生物活性和药用价值，例如，2-异丙氨基-3,10-二对氯苯基吩嗪**3-96**，是一种治疗麻疯病的常用药，俗称克风敏，又叫氯苯吩嗪，工业上是按照下列路线合成的：

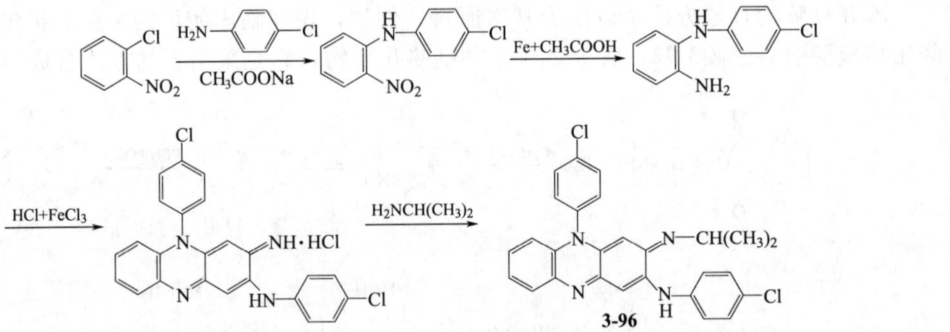

3.6.2 形成噁嗪和噻嗪环的环合反应

将二嗪分子中的一个氮原子置换成氧（硫）原子即形成噁（噻）嗪环。噻嗪与噁嗪化合物的物化性质类似，由于环上氧（硫）原子的存在，噁嗪和噻嗪分子均不具有连续封闭的π键，因此不是芳香环。噁嗪像脂肪族不饱和醚和不饱和胺，很不稳定，但它们的氢化产物和噁嗪酮是比较稳定的，带取代基特别是与芳香环稠合的噁嗪环也是比较稳定的。单环的噁嗪和噻嗪，现在一般还只是作为合成中间体，对于它们的性质和用途研究得还很不够。

噁嗪和噻嗪环都可以由相应的链状化合物环化生成，例如噁嗪**3-97**的合成：

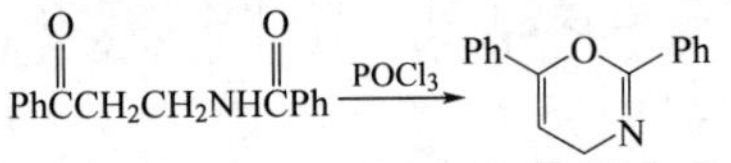

腈与β-二醇在酸性环境中容易环化为二氢噁嗪环[86]，而β-二醇容易从烯和醛制得。例如二氢噁嗪**3-98**的合成：

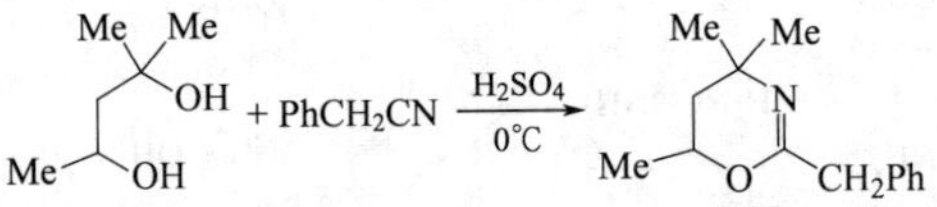

邻氨基苯酚在盐酸存在下热解，则得二苯并噁嗪，又称吩噁嗪。吩噁嗪本身是无色固体，但它很容易被氧化，生成带正离子的盐或带自由基的分子，而这些状态的分子都有各种特殊的颜色，所以可以用作染料。含有吩噁嗪结构的染料都统称为噁嗪染料。例如，由萘酚和对亚硝基二甲基苯胺缩合而成的吩噁嗪盐(**3-99**)是苯并吩噁嗪化合物，俗称麦尔多拉蓝。**3-99**分子式中的正电荷并不是定域在氧原子上的，这种盐可能是一个复杂的共振杂化体。

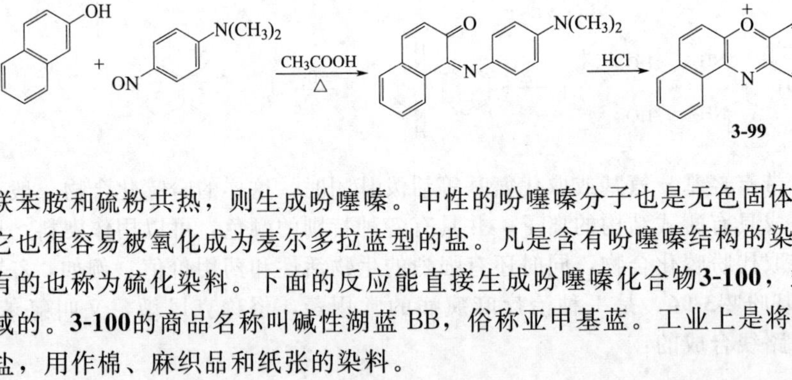

联苯胺和硫粉共热，则生成吩噻嗪。中性的吩噻嗪分子也是无色固体，但是像吩噁嗪一样，它也很容易被氧化成为麦尔多拉蓝型的盐。凡是含有吩噻嗪结构的染料，统称为噻嗪染料，有的也称为硫化染料。下面的反应能直接生成吩噻嗪化合物**3-100**，式中的正电荷也不是定域的。**3-100**的商品名称叫碱性湖蓝 BB，俗称亚甲基蓝。工业上是将它与氯化锌一起制成复盐，用作棉、麻织品和纸张的染料。

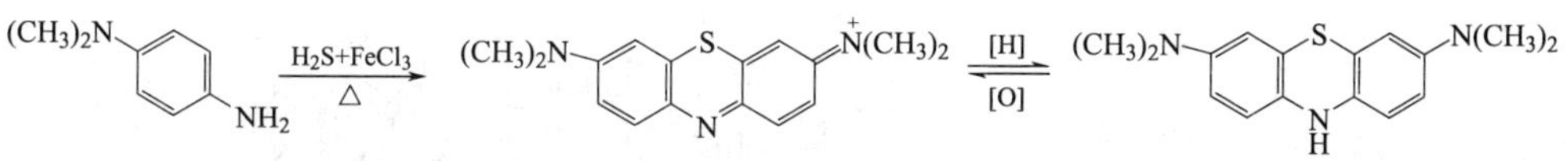

3-100

吩嗪、吩嗯嗪和吩噻嗪类化合物，不但是一大类重要的染料（统称为吩嗪染料），而且有的还有显著的生理活性和药用价值。例如，亚甲基蓝，临床上用于治疗磺胺过敏症，同时它对于硝酸盐中毒和氰化物中毒也有解毒作用。

3.6.3 形成嘌呤和蝶啶环的环合反应

嘌呤和蝶啶是最重要的两个杂环并杂环环系。嘌呤是嘧啶并咪唑，蝶啶是嘧啶并吡嗪。它们都以各种衍生物的形式存在于生物体中，并在生物的生命发展过程中起着重要作用。

3.6.3.1 形成嘌呤环的环合反应

理论上，嘌呤有四种可能的互变异构体：

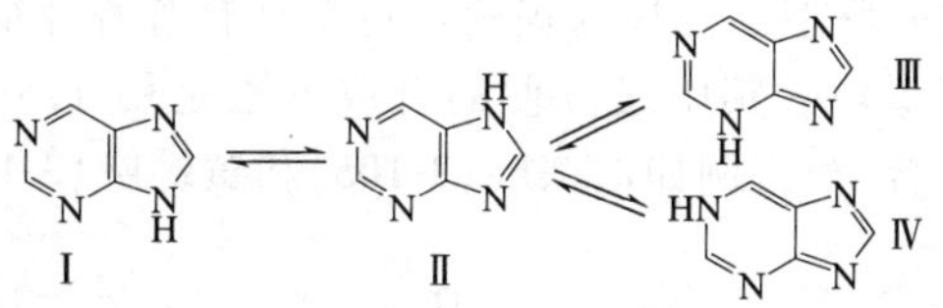

Ⅰ Ⅱ Ⅲ Ⅳ

但实际上，在结晶状态下，嘌呤主要以Ⅱ式存在；在溶液中则主要以Ⅰ式和Ⅱ式接近于等分子比形式存在。Ⅲ式和Ⅳ式现在还没有直接鉴定它们的存在。

合成嘌呤环有三条较为重要的路线，包括：最常见的是先有嘧啶环，后形成咪唑环；其次是先有咪唑环，后形成嘧啶环；第三路线是两个环同时形成。

（1）由嘧啶化合物形成嘌呤环的环合反应

嘌呤及其取代衍生物的一般性合成方法，是由嘧啶二氨基化合物和甲酸、硫代甲酸酯或盐反应[87]。例如，2-甲基-4,5-二氨基-6-嘧啶酮与硫代甲酸钠反应可以制得嘌呤(**3-101**)：

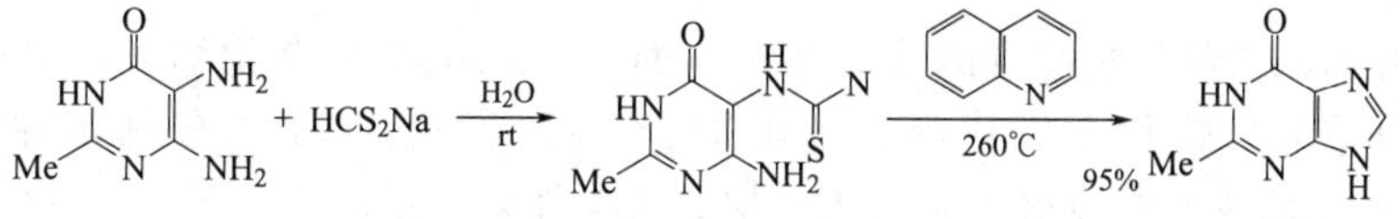

3-101

甲酸还可以用醛代替，二氨基嘧啶也可以用氨基亚硝基嘧啶代替。例如嘌呤(**3-102**)的合成：

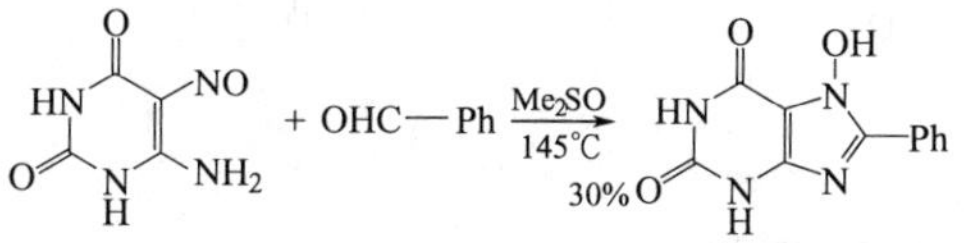

3-102

（2）由咪唑化合物形成嘌呤环的环合反应

嘌呤环系的生物合成过程可能是按下列途径进行的：首先由甘氨酸与甲酸衍生物反应生成咪唑环系，然后再与甲酸或其衍生物如甲酰胺、原甲酸酯、光气或氰酸钾等反应，关环形成嘌呤环。用其他酰氯代替甲酸组分，可以制得带取代基的嘌呤衍生物，如嘌呤(**3-103**)的合成：

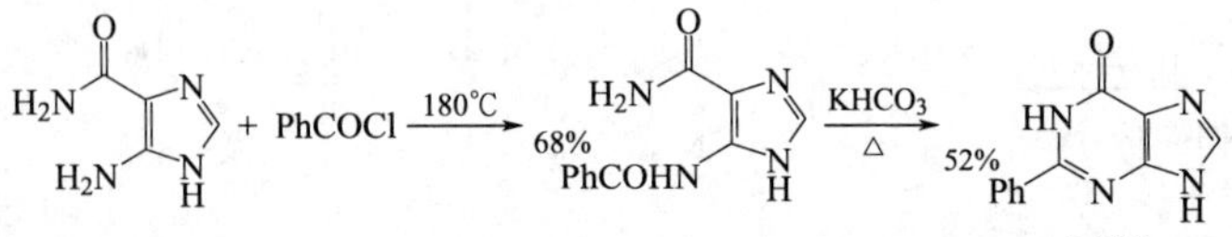

3-103

（3）由其他化合物形成嘌呤环的环合反应

氢氰酸和氨气在压力下加热，经过一系列的反应生成腺嘌呤(**3-104**)。用乙醚代替氢氰酸与氨反应，得甲基腺嘌呤，但甲基的位置比较复杂。

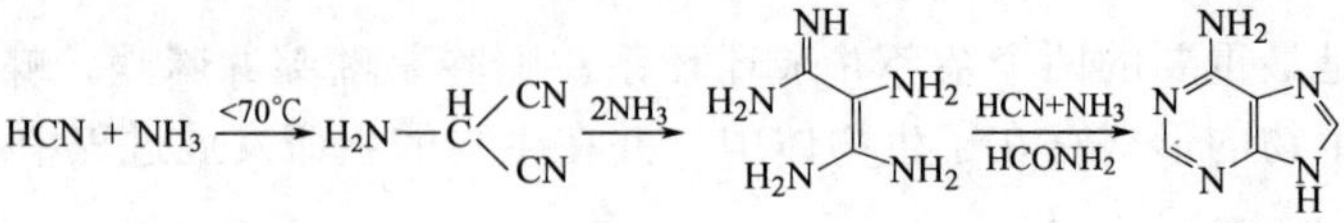

3-104

3.6.3.2 形成蝶啶环的环合反应

由嘧啶并合吡嗪形成的萘型结构称为蝶啶，也是具有芳香性征的环系。蝶啶环的合成一般是先有嘧啶环后形成吡嗪环，其中最方便的合成方法是用4,5-二氨基嘧啶及其取代衍生物和1,2-二羰基化合物缩合[88]。例如白蝶啶(**3-105**)和黄蝶啶(**3-106**)的合成：

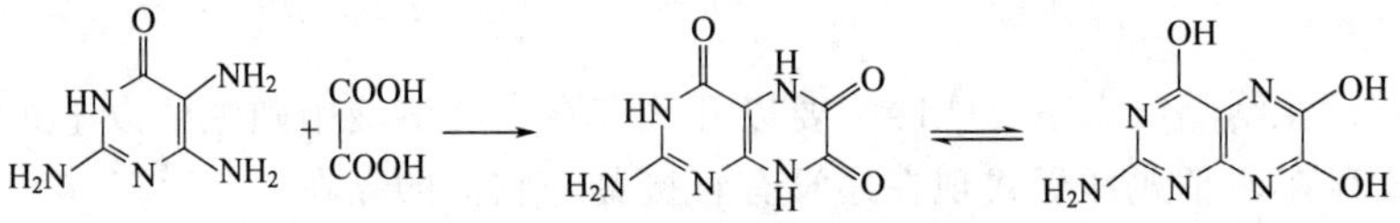

3-105

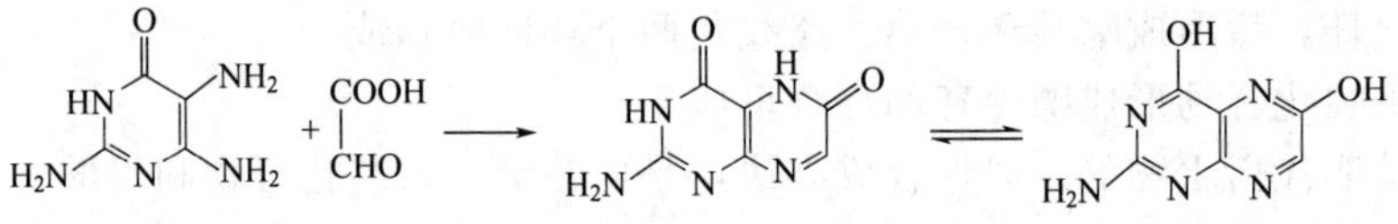

3-106

如果使用4,5-二羟基嘧啶（酮式）和相应的1,2-二氨基化合物缩合，也能生成蝶啶环系。例如，用邻苯二胺和2-氧代丙二酰脲缩合，可以制得2,4-二羟基苯并蝶啶(**3-107**)。**3-107**又称咯嗪，是核黄素等重要天然化合物的基本骨架环系。

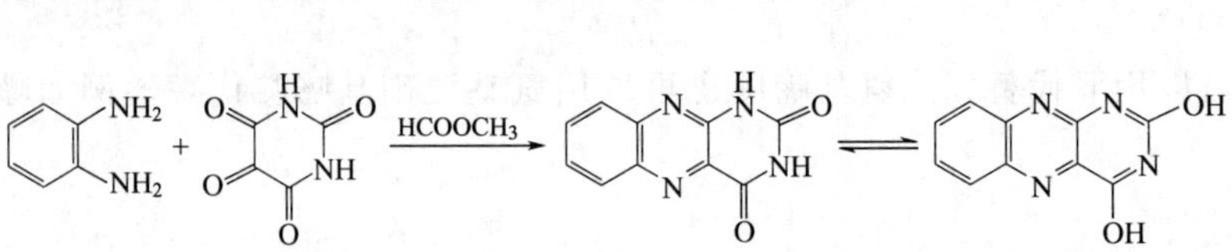

3-107

3.6.4 形成三嗪环的环合反应

含有三个氮原子的六元杂环称为三嗪。三嗪环都是芳香环，随着环氮原子间的相互位置不同，有三种结构异构体，即1,2,3-三嗪，又叫联三嗪；1,2,4-三嗪，又叫偏三嗪；1,3,5-三嗪，又叫均三嗪[89]。均三嗪的衍生物知道得最早，也最重要，它们在染料和农药工业中起着极其重要的作用。偏三嗪的衍生物在新药中正受到越来越多的重视。目前联三嗪衍生物的重要性较小，这类化合物知道得晚，联三嗪至今未合成出来。

3.6.4.1 形成均三嗪环的环合反应

均三嗪环的合成可用通式表示如下；R＝H 时，产物即为均三嗪：

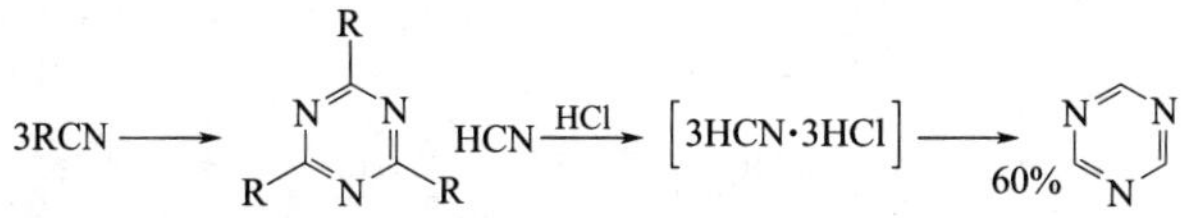

$$3RCN \longrightarrow \text{(2,4,6-R}_3\text{-均三嗪)} \qquad HCN \xrightarrow{HCl} [3HCN \cdot 3HCl] \xrightarrow{60\%} \text{均三嗪}$$

在工业上有重要意义的是 R 为 Cl、OH 或 NH_2。R 还可以是烷基、芳香基或其他基团，但实用意义较小。2,4,6-三氯均三嗪（又称三聚氯氰）的重要性远远大于均三嗪本身，因为三聚氯氰的三个氯原子都可被亲核试剂取代，第一个氯最容易被取代，第三个最难，改变试剂和反应条件，可得到各类所需要的产物。因此，三聚氯氰是制备许多均三嗪衍生物的中间体。例如作为活性染料和农药中间体，制造炸药和各种表面活性剂等。三聚氯氰在工业上是由氰化氢和氯气制取的。两者反应得氯化氰，氯化氰在活性炭催化下进行气相聚合得到三聚氯氰。

带烷基、芳香基的均三嗪衍生物用途较小，它们可由脒出发合成，如均三嗪化合物（**3-108**）的合成：

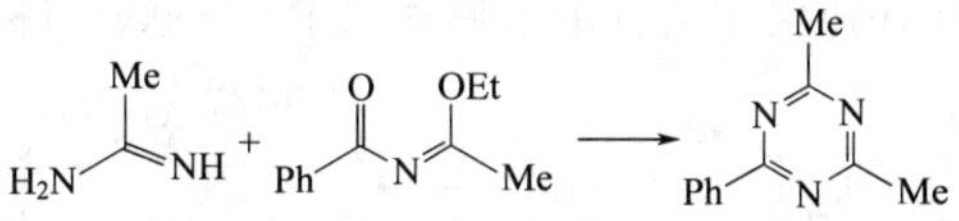

$$H_2N-C(Me)=NH + PhCO-N=C(OEt)Me \longrightarrow \text{3-108}$$

3-108

3.6.4.2 形成偏三嗪环的环合反应

偏三嗪及其衍生物的合成主要有下列三种方法。

① 由邻二羰基化合物出发制取。邻二羰基化合物与氨基脒反应，例如用乙二醛与氨基脒盐酸盐反应可以制得偏三嗪：

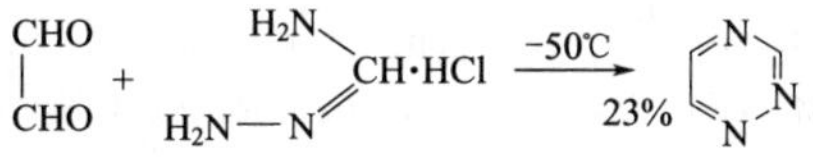

$$\text{OHC-CHO} + H_2N-NH-CH=NH\cdot HCl \xrightarrow[23\%]{-50℃} \text{偏三嗪}$$

邻二羰基化合物与氨基脲或氨基胍反应。例如偏三嗪化合物**3-109**的合成：

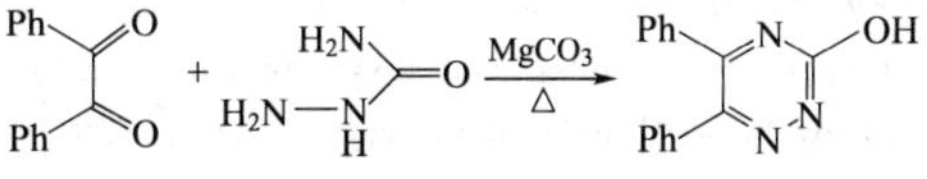

$$PhCO-COPh + H_2N-NH-CO-NH_2 \xrightarrow[\triangle]{MgCO_3} \text{3-109}$$

3-109

② 由肼与酰氨基乙酸反应制取。例如偏三嗪化合物**3-110**的合成：

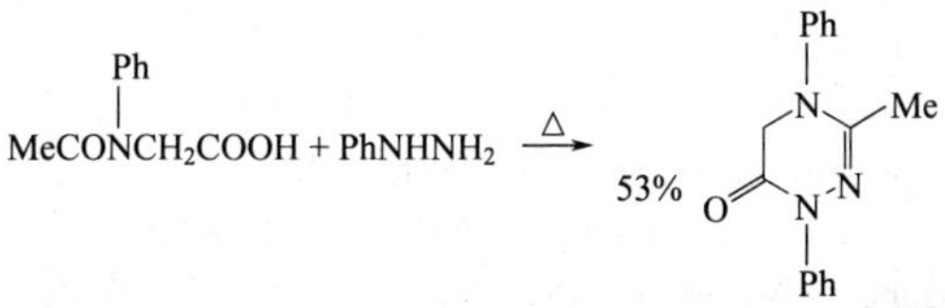

$$MeCON(Ph)CH_2COOH + PhNHNH_2 \xrightarrow{\triangle} \text{3-110}\ (53\%)$$

3-110

③ 由含肼、酰肼、偶氮等基团的分子制取。含有这些基团的分子在有其他适当试剂存在的情况下，可以环化为偏三嗪环，例如偏三嗪化合物**3-111**、**3-112**和**3-113**的合成：

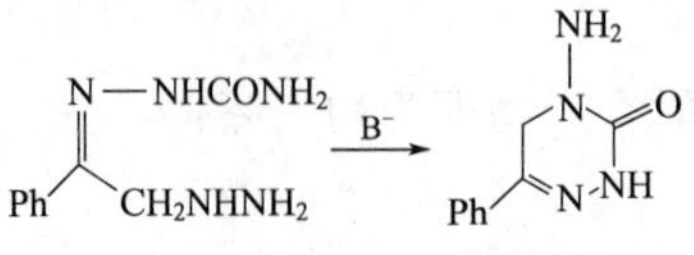

3-111 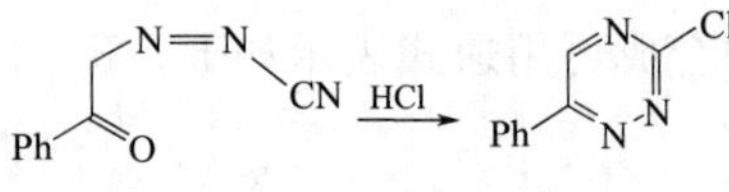　3-112

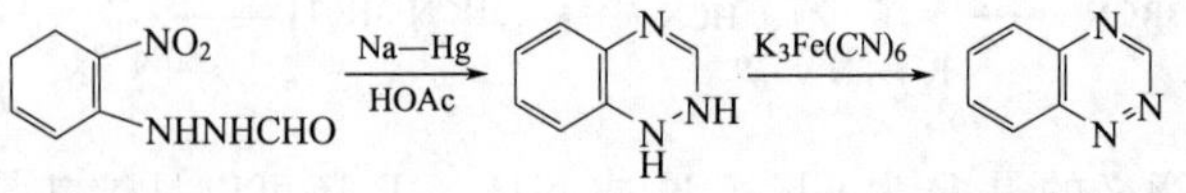

3-113

3.6.4.3 形成联三嗪环的环合反应

联三嗪主要以稠环化合物的形式出现，它们可从邻氨基甲酰胺或其类似物与亚硝酸反应制得。例如联三嗪衍生物**3-114**和**3-115**的合成：

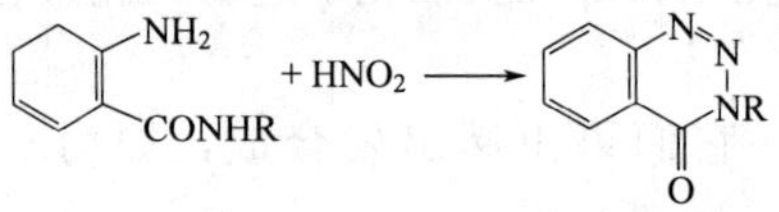

3-114 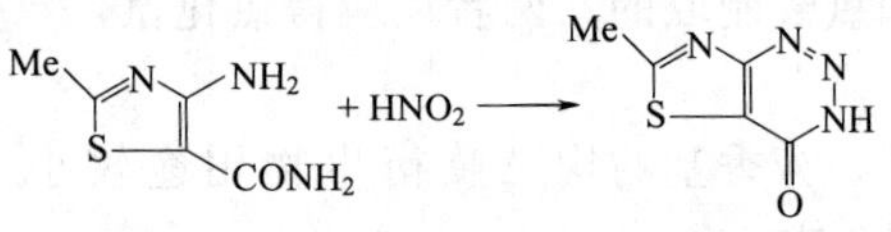　3-115

用这个方法可以合成具有强生理活性的嘌呤类似物——联三嗪衍生物**3-116**[90]：

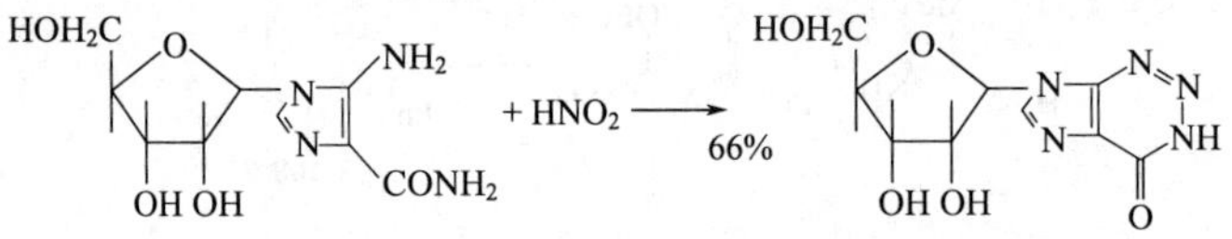

3-116

参 考 文 献

[1] 赵雁来，何森泉，徐长德. 杂环化学导论. 北京：高等教育出版社，1992,431.

[2] Horning E C. *Org Syn Coll*，1955，3：106.

[3] Brutcher F V，Rosenfeid J D D. *J Org Chem*，1964，29 (11)：3154.

[4] Jordan P，Fromme P，Witt H T，et al. *Nature*，2001，411：909.

[5] Ortega H G，Crusats J，Feliz M，et al. *J Org Chem*，2002，67 (12)：4170.

[6] 胡炳成，吕春绪. 应用化学，2005，22 (6)：669.

[7] Neya S，Funasaki N. *Tetrahedron Lett*，2002,43：1057.

[8] Naik R，Joshi P，Kaiwar S P，et al. *Tetrahedron*，2003，59 (13)：2207.

[9] Cammidge A N，Ozturk O. *J Org Chem*，2002，67 (21)：7457.

[10] Jones R A. Chemistry of Heterocyclic Compounds：Pyrroles，Part One：The synthesis and the physical and Chemical aspects of the pyrrole ring. New York：John Wiley & Sons，Inc.，1990，108.

[11] Shenoy S L，Cohen D，Erkey C，et al. Ind Eng Chem Res，2002,41 (6)：1484.

[12] Woodard R B，Ayer W A，Beaton J M，et al. *Tetrahedron*，1990，46 (22)：7599.

[13] 蔡超君，胡炳成，吕春绪. 应用化学，2006，23 (7)：798.

[14] 花文廷. 化学通报，1980，(11)：22.

[15] Minetto G，Raveglia L F，Taddei M. *Org Lett*，2004，6 (3)：389.

[16] Farcas S，Namy J L. *Tetrahedron*，2001，57 (23)：4881.

[17] Barton D H R，Kerbagore J，Zard S. *Tetrahedron*，1990，46 (21)：7587.

[18] Sessler J L，Mozattari A，Johnson M. *Org Synth*，1991,10：68.

[19] Tang J S，Verkade J G. *J Org Chem*，1994，59 (25)：7793.

[20] Jacobi P A，Guo J S，Rajeswari S，et al. *J Org Chem*，1997，62 (9)：2907.

[21] Smith N D，Huang D H，Cosford N D P. *Org Lett*，2002,4 (20)：3537.

[22] Gotthardt H，Huisgen R，Bayer H O. *J Am Chem Soc*，1970，92 (14)：4340.

[23] Kuhn R. *Chem Ber*, 1952, 85 (6): 498.
[24] Zhao K. H, Ran Y, Li M, et al. *Biochemistry*, 2004, 43 (36): 11576.
[25] Tu S L, Gunn A, Toney M D, et al. *J Am Chem Soc*, 2004, 126 (28): 8682.
[26] Tu B, Ghosh B, Lightner D A. *J Org Chem*, 2003, 68 (23): 8950.
[27] Jacobi P A, Lanz S, Ghosh I, et al. *Org Lett*, 2001,3 (6): 831.
[28] Bullington J L, Wolff R R, Jackson P F. *J Org Chem*, 2002, 67 (26): 9439.
[29] Lee D,. Swager T M *J Am Chem Soc*, 2003, 125 (23): 6870.
[30] Azioune A, Slimane A B, Hamou L A, et al. *Langmuir*, 2004, 20 (8): 3350.
[31] Jacobi P A, DeSimone R W, Ghosh I, et al. *J Org Chem*, 2000, 65 (25): 8478.
[32] Mulzer J, List B, Bats J W. *J Am Chem Soc*, 1997, 119 (24): 5512.
[33] Mulzer J, Riether D. *Tetrahedron Lett*, 1999, 40: 6197.
[34] Eschenmoser A, Winter C E. *Science*, 1977, 196 (4297): 1410.
[35] Mulzer J, Riether D. *Org Lett*, 2000, 2 (20): 3139.
[36] Montforts F P, Schwartz U M. *Liebigs Ann Chem*, 1985, 1985 (6): 1228.
[37] Jacobi P A, Li Y. *Org Lett*, 2003, 5 (5): 701.
[38] Jacobi P A, Liu H. *J Org Chem*, 1999, 64 (6): 1778.
[39] Gotschi E, Hunkeler W, Wild H J, et al. *Angew Chem*, 1973, 12 (11): 910.
[40] 胡炳成，吕春绪，蔡起君．有机化学．2006，26 (2)：219.
[41] 胡炳成，吕春绪，应用化学．2004. 21 (11)：1165.
[42] 胡炳成、吕春绪、刘祖亮，等．化学通报．2004，67 (4)：w028.
[43] 胡炳成．吕春绪．有机化学，2004，24 (6)：697.
[44] Hu B C, Zhou W Y, Liu Z L, et al. *J. Porphyrins Phthalocyanines*, 2010; 14: 89-100.
[45] Battersby A R, Westwood S W. *J Chem Soc*, *Perkin Trans* 1, 1987: 1679.
[46] Montforts F P, Glasenapp B M, Kusch D. In Houben-Weyl-Methods of Organic Chemistry, VoL E9, EdS: E. Schaumann, Thieme D, Stuttgard《New York》, 1998: 577.
[47] Sun C G, Hu B C, Zhou W Y, et al. *Chin. Chem. Lett.* 2011, 18: 527.
[48] Sun C G, Hu B C, Zhou W Y, et al. *Ultrason. Sonochem.* 2011, 18: 501.
[49] Sun C G, Hu B C, Zhao D H, et al. *Dyes Pigm*. 2013, 96: 130.
[50] 胡炳成，吕春绪，刘祖亮. 有机化学. 2004，24 (4)：270.
[51] Montforts F P, Ofner S, Rasetti V, et al. *Angew Chem*, 1979, 18 (9): 675.
[52] Montforts F P, Gerlach B, Hoeper F. *Chem Rev*, 1994, 94 (2): 327.
[53] Woodward R B. *Angew Chem*, 1960, 72: 651.
[54] Snow R J, Fookes C J R, Battersby A R. J *Chem Soc*. Chem Commun, 1981, (11): 524.
[55] Battersby A R, Fookes C. J R, Snow R J. J *Chem Soc*. *Perkin Trans* 1, 1984, 2733.
[56] Battersby A R, Turner S P D, Block M H, et al. *J Chem Soc*. *Perkin Trans* 1, 1988, (6): 1577.
[57] Arnott D M, Battersby A R, Harrison P J, et al. *J Chem Soc*. Chem Commun, 1984, (8): 525.
[58] Montforts F P. *Angew Chem*, 1981, 20 (9): 778.
[59] Montforts F P, Schwartz U. M. *Angew Chem*, 1985, 24 (9): 775.
[60] Montforts F P, Schwartz U. M. *Liebigs AnN Chem*, 1991, 1991 (8): 709.
[61] Robinson B. *Chem Rev*, 1969, 69 (2): 227.
[62] Tyson F T. *Org Syn Coll*, 1955, 3: 479.
[63] Verkade P E. *Rec Trav Chim*, 1946, 65: 912.
[64] Allen G R, Poletto J J F, Weiss M J. *J Org Chem*, 1965, 30 (9): 2897.
[65] Allen G R. *Org React*, 1973, 20: 337.
[66] Davidson D, Weiss M, Jelling M. *J Org Chem*, 1937, 2 (4): 319.
[67] Justoni R. *Gazz Chim Ital*, 1955, 85: 34.
[68] Bredereck H, Wagner A, Beck E H, et al. *Angew Chem*, 1958, 70 (9): 268.
[69] 花文廷. 杂环化学. 北京：北京大学出版社，1991：194.
[70] Brown H C, Tsukamoto A. *J Am Chem Soc*, 1961, 83 (22): 4549.
[71] Padwa A, Carlsen P H J. *J Org Chem*, 1978, 43 (10): 2029.
[72] Claret P A. *Org Prep Proc Int*, 1972, 4: 225.
[73] Surrey A R, Hammer H F. *J Am Chem Soc*, 1946, 68 (7): 1244.

［74］ Manske R H F. *Chem Rev*，1942，30（1）：145.
［75］ Kametani T. *J Chem Soc*（C），1968，112.
［76］ Grethe G，Lee H L，Uskokovic M，et al. *J Org Chem*，1968（2），33：491 .
［77］ Gilchrist T L. J *Chem Soc*，1979：627.
［78］ Levisailles J. *BulL Soc Chim France*，1957：1004.
［79］ Jones R L. *J Chem Soc*（C），1969，2251.
［80］ Voelker E J，Pleiss M G，Moore J A. *J Org Chem*，1970；35（11）：3615.
［81］ Bredereckef H，Gompper R，Morlok G. *Chem Ber*，1957，90（6）：942.
［82］ Marion J P. *Chimia*，1967，21：510.
［83］ Jones R G. *Org Syn*，1950，30：86.
［84］ Schofield K.，Swain T. *J Chem Soc*，1949：2393.
［85］ Armarego W L F. *J Appl Chem*，1961，11：70.
［86］ Tillmanns E J，Ritter J. *J Org Chem*，1957，22（7）：839.
［87］ Traube W. *Chem Ber*，1900，33（1）：1371.
［88］ Isay O. *Chem Ber*，1906，39（1）：250.
［89］ Atwood J L. *J Heterocyclic Chem*，1974，11：743.
［90］ Andres J I. *J Heterocyclic Chem*，1984，21：1221.

4 硝化反应

4.1 概述

硝化是硝基芳烃合成中向母体引入硝基最常用的反应。硝化反应分常规硝化反应和其他硝化反应。常规硝化反应指的是在溶液相进行的亲电取代反应，其他硝化反应指的是催化硝化、羟代硝化、自位硝化等。这里重点讨论常规硝化反应。早在 1834 年，就有人用硝化的方法硝化苯成为硝基苯。自 1842 年发现可以将硝基苯还原为苯胺以后，硝化反应在有机化学工业中的应用和研究就开始迅速发展起来了。1873 年苦味酸作为炸药被使用后，硝化反应更有其研究及使用意义[1~8]。

20 世纪 50 年代以后，英果里德（Ingold）和季托夫（Титов）等化学家们深入地研究了硝化反应并发表了大量论文，成果显著，使硝化剂、硝化机理及硝化动力学逐渐形成体系，为现代混酸硝化理论奠定了初步基础。特别到了 70 年代，围绕着工业及实验室硝化，各国科学家又做了大量工作，并公布了很多新的成果及理论观点[9~19]。

近期围绕着硝化反应、硝化反应机理以及区域选择性定向硝化作了较广泛而深入的研究，对硝酰阳离子反应理论的认识更深刻、更全面。尤其是绿色硝化，一个崭新的概念，它的实施将是对硝化反应传统的突破，将是硝化反应的一次技术革命。

4.2 硝化反应的类型

硝化反应分为亲电取代反应和亲核取代反应两大类。脂肪族硝基化合物通常通过卤代物与亚硝酸盐反应得到，属于亲核取代反应；芳香族硝基化合物则常用亲电取代反应。

芳烃和胺类的硝化反应是典型的亲电取代反应。

精细有机合成中的亲电取代反应也可称为阳离子型取代反应。进攻试剂的性质和反应物分子中 C—H 键的断裂方式，可按下列反应通式表示：

$$:R \vdots H + Z^+ \longrightarrow R—Z + H^+$$

或

$$:R \vdots H + Z \vdots Y: \longrightarrow R—Z + H—Y$$

式中，R 可以是芳基或烷基。此式表明反应既包括芳香族亲电取代，也可包括脂肪族亲电取代，但应用较多的是芳香族亲电取代反应。

芳香族是一个环状共轭体系，由于环上 π 电子云高度离域，电子云密度较高，容易发生亲电取代反应。它服从芳香族亲电取代定位规律，人们深入研究了影响定位效应的各种因素[20,21]。

一些通过直接亲电硝化不能得到的芳香族硝基化合物需要用其他方法得到，比较常见的是两种：一是氨基经过重氮化得到重氮盐，再与亚硝酸盐进行 Sandmeyer 反应合成；二是氨基进行氧化得到。

由于篇幅所限，本章仅涉及应用最广泛的芳烃直接亲电硝化反应。

4.3 芳烃及其硝化特征

4.3.1 芳烃的芳香性

由有机化学中知道：结构决定它们的特征。芳烃的结构决定它们具有芳香性。芳烃的芳香性是指和一般孤立双键相比较，它容易发生取代反应以及对氧化剂作用的稳定性。即尽管芳烃在形式上不饱和，但它和烯烃不同，容易发生取代反应并且对氧化剂较为稳定。后来又发现芳烃具有较高的热力学稳定性。一般地说，芳香环都具有高度的平面性和对称性（$C_芳$—$C_芳$ 键长均接近 1.40×10^{-10} m，$C_芳$—$C_芳$—$C_芳$ 键角均为 120°），在碳环中 π 电子平面对称，π 电子云平均化，形成了完整的共轭体系。

Hükel 定则认为：当构成平面单环分子中的每 1 个原子都有 1 个 p 电子参与共轭时，只要 p 电子数符合 $4n+2$，则这个化合物就具有芳香性（n 为 0，1,2,3…自然数）。

由苯的结构知道，它具有高度的饱和性和稳定性。苯的衍生物例如甲苯，在结构及性能上与母体苯相类似，只是由于取代基（如甲苯的甲基）的引进，使其衍生物的结构及性能按取代基的特征作相应的改变而已。

4.3.2 芳烃的难硝化性

芳烃相对于加成反应来说，易发生取代反应。许多学者根据不同浓度硝酸状态的研究和大量的硝化反应动力学数据，公认硝化是取代反应。但是，芳烃的取代与胺类和醇类相比较，由于它不具有孤对电子，苯环母体电子云密度又平均化，使其较难发生，即芳烃相对于胺类和醇类具有难硝化的特征。这一点可以从芳烃硝化的活化硝化剂种类上明显看出，例如即便是很活泼的芳烃甲苯，硝化成 TNT 时，其活化剂只能是具有最大能力的硝酰阳离子（NO_2^+）。根据资料[22,23]，可以绘制出混酸组成与 NO_2^+ 浓度的关系图（见图 4-1）。从图中显见甲苯的二硝化及三硝化的活化硝化剂是 NO_2^+。至于甲苯一硝化的活化硝化剂目前认为还很不统一，因为一段硝化酸相对而言属于弱酸，其范围在 NO_2^+ 浓度极限曲线以外。但是有人提出一个证据，即 NO_2^+ 在浓度太稀以致于不能由分光光度法检出的浓度中，仍然可以是活化硝化剂。还有人将芳烃溶解在硫酸中，然后将此溶液与硝酸混合后硝化，测定其速率常数，并发表了动力学论文，他们的结果更加证实了弱酸中的 NO_2^+ 理论，并且提出弱酸中的活化硝化剂可能是硝酸合氢离子（$H_2NO_3^+$）以及亚硝酰阳离子（NO^+）等。

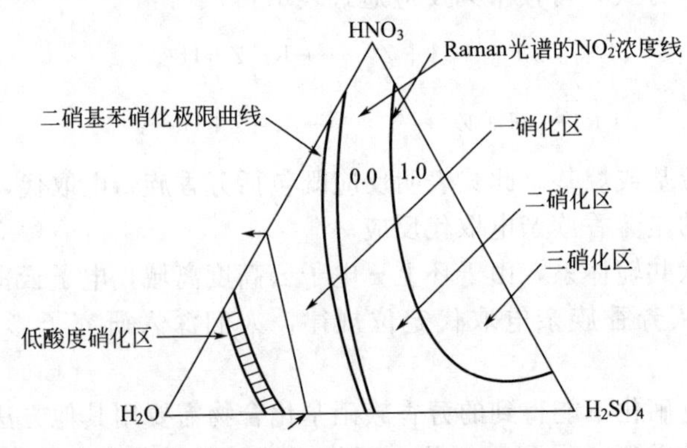

图 4-1 混酸组成与 NO_2^+ 浓度的关系

另外，还必须指出：芳烃中引进取代基以后，硝化反应进行的难易有较大变化。例如甲苯的二硝化，由于引进一个吸电性的硝基，使苯环电子云密度下降并产生一定的空间位阻，从而使硝化反应进行困难；而三硝化则因引进两个吸电性的硝基使硝化反应进行更加困难。此时，欲使硝化反应仍能进行，必须使反应条件更加强化。

4.3.3 芳烃的难氧化性

典型的芳烃都有完整的共轭体系，它们在化学性质上表现出特殊的稳定性，即不易发生氧化反应，例如苯不能使高锰酸钾褪色，1,6-二苯-1,3,5-己三烯不被碱性高锰酸钾所氧化，甚至在较强烈的反应条件下，苯环也不易破裂等。但是，苯环中引进取代基后，由于取代基的影响，氧化性能有所变化。例如甲苯和稀硝酸在封闭管中共热时氧化所得的苯甲酸可达到理论产值，这个反应充分说明了甲苯中甲基氢原子的活泼性，同时证明了共轭体系的苯环的稳定性。但是，如果苯环上引进吸电性的硝基以后，例如硝基甲苯，则更不易发生氧化反应。所以不同取代基的影响不同，具体芳烃需具体分析。但是，总的来说，芳烃较难被氧化。

4.4 硝化剂及其应用

硝化剂是硝化反应中的重要成分。最常用的硝化剂是硝酸、硝硫混酸、硝酸-醋酐-醋酸混合物以及超酸硝化剂。在某些特殊情况下，也有使用其他硝化剂的。

4.4.1 硝酸硝化剂

硝酸是常用的硝化剂，用于直接硝化，对于芳烃而言，多数只获得一硝基化合物。硝酸硝化具有两重性，即硝化性及氧化性。在1941年曾经证明，硝酰阳离子（NO_2^+）是最强的活化硝化剂[24]。但是，从硝酸组成成分看来，无水硝酸中只含有少量NO_2^+，硝酸中含有少量水时，NO_2^+就消失，而且随着含水量的增加，大部分的硝酸将转化为它的水化物。因此，硝酸不是一种强硝化剂。事实上，用硝酸对芳烃硝化时，一般只生成一硝基化合物，甚至用高浓度的发烟硝酸，于较高温度下反应，也只能制得二硝基化合物。但是，硝酸中含有$H_2NO_2^+$，$H_2NO_2^+$尽管较NO_2^+正电荷较为分散，反应活泼性不如NO_2^+高，但是仍是有比较高的硝化能力，因此对于活泼的有机物如胺类，它仍然是有效的活化硝化剂。在关于硝基胺的反应历程中，将会知道，用硝酸硝解乌洛托品制备黑索今时，黑索今生成速率曲线与硝酸中$H_2NO_2^+$浓度曲线很一致，充分说明$H_2NO_2^+$是乌洛托品于硝酸中硝解时的活化硝化剂。同时，对活泼有机物使用硝酸硝化，也避免了质子加成。但是，在硝酸硝化反应中，除了生成硝化产物外，同时释出反应所生成的水，水将其余的硝酸稀释，在硝酸被稀释到一定程度后，硝化反应就不能继续进行，因此，用硝酸硝化具有较大的耗酸系数。例如，对于芳烃硝化来说，废酸中硝酸浓度须在70%以上才能顺利地进行反应。如1000kg的甲苯，用浓度为98%的硝酸硝化成一硝基甲苯时，理论上只需约700kg98%的硝酸，但为了保证反应最后的硝酸浓度在70%以上，就需多加515kg 98%的硝酸，也就是说，须多用相当于理论量约74%的硝酸。假如原料硝酸的浓度更低，则所消耗的硝酸还要多。又比如乌洛托品用硝酸硝解成黑索今时，为保证反应顺利进行，硝化机内硝化液的硝酸含量必须在72.5%～76%，那么就要求对于98%的浓硝酸的硝化系数必须在10.5～12以上。这样，显然看出：单独用硝酸硝化，由于其硝化能力不足，较适合于易硝化有机物如胺类等；对于不活泼的有机物如芳烃等，难以制得芳烃的多硝基化合物，而且硝化利用率低，耗酸量较多。

此外，硝酸也是强氧化剂，特别在高温情况下氧化作用增强，并使反应体系不易控制，反应过程不安全因素增加；同时，硝酸腐蚀性大，硝化设备需用不锈钢或铝制成，而这些材料价格昂贵且来源不丰富，使产品成本增高。由于这些情况，在炸药合成及制造方面，又出现了硝硫混酸硝化剂。

4.4.2 硝硫混酸硝化剂

在耐热硝基芳烃，特别是耐热多硝基芳烃合成中，多数都是使用硝硫混酸作为硝化剂。与硝酸硝化剂相比，硝硫混酸硝化剂具有如下特点[25]。

① 由于混酸中活化硝化剂是 NO_2^+，而且混酸中硝酸转化为 NO_2^+ 的转化率比硝酸中高，也就是说混酸中的 NO_2^+ 浓度大，因此，混酸的硝化能力强，硝化速率快，能制得多硝基化合物，并且具有较高的生成率。所以，对于难硝化的芳烃如苯、甲苯、二甲苯、苯酚、萘等均采用混酸硝化，甚至带上两个硝基使苯环相当钝化的芳烃，用混酸硝化也具有相当高的得率。如由二硝基甲苯硝化成 TNT 的三段硝化的得率一般高达 97.6%。若采用发烟硫酸或硫酐配制成的混酸的硝化能力则更强。

② 由于硫酸是强脱水剂，使硝酸不被反应生成的水所稀释，能使硝酸充分被利用，提高硝酸利用率，降低炸药成本。

③ 硫酸可以与氮的氧化物作用生成亚硝基硫酸，从而减少氧化副反应。硫酸的热容量大，使硝化反应所释出的热量不致引起反应温度剧升而导致副反应增加，甚至造成燃烧、爆炸事故。因此，在混酸中进行硝化，反应较平稳而安全地进行。

④ 混酸对金属腐蚀性小，可用廉价的钢铁设备。因此，设备投资及折旧费均较小。

4.4.3 硝酸-醋酐-醋酸或硝酸-醋酸硝化剂

为了提高得率，降低副反应或达到某特殊目的，需采用硝酸与其他物质的混合物作硝化剂，硝酸与醋酐或醋酸的混合物就是其中一个[25]。比如苯胺用硝酸-醋酐硝化主要得到邻位产物，于 20℃下硝化得到邻硝基苯胺 68%、对硝基苯胺 30%、间硝基苯胺 2%。又比如随着宇宙飞行器的发展，耐热炸药奥克托今需求量不断加大，因而醋酐法制造奥克托今工艺路线及工艺条件的研究及改进国内外均在进行。此时，这类硝化剂更有其重要意义。那么对于这类硝化剂来说，活化硝化剂究竟是什么，各组分的作用及此硝化剂的特点等是我们十分关心的问题。通过对可能的活化硝化剂的能力以及醋酐作用的研究发现，该硝化剂具有以下特点。

① 醋酸及醋酐的酸度远比硫酸为低，因而用此混合物硝化时，反应较缓和并且有比较强的硝化能力。

② 和硝酸硝化相比，硝化时氧化副反应较少。因此，常需借乙酰化以保护氨基，从而避免氧化作用的胺类硝化常使用这类混合物。

③ 硝化产物中，不希望的某些异构体较少。例如，有人曾用硝酸与醋酐的混合物硝化甲苯，得到 88%邻位硝基甲苯及 12%的对位硝基甲苯，用一般分析方法，没有发现间位产物。

④ 反应释出醋酸而不释出水，因此，它特别适用于产物（如硝基胺及硝酸酯）容易发生水解脱硝的反应过程。

⑤ 但是醋酐及醋酸的造价较高，另外硝化废酸中主要成分是醋酸，回收的设备及工艺又比较复杂，因此，此类硝化剂目前的使用范围受到一定限制。

4.4.4 超酸硝化剂

过去认为 HNO_3、H_2SO_4 等的浓水溶液是强酸，现在知道有很多强酸体系的酸度比

98%或100%的硫酸水溶液的酸度高几万倍甚至几亿倍。这种比100% H_2SO_4 溶液的酸度高的强酸体系叫做超强酸。这种超强酸不仅酸度高，而且有很强的给出质子的能力，即它的酸度函数远比硫酸为低，从而由它组成的硝化剂具有相当高的硝化能力。其中发烟硫酸体系是最常见的一种超强酸，在硝化行业中习惯将含 SO_3 的混酸硝化剂叫超酸硝化剂。许多难硝化的化合物往往需要在这种负水硝硫混酸下进行硝化。

超酸硝化剂分为硝酸-三氧化硫-硫酸体系和硝酸-三氧化硫体系，它们的活化硝化剂无疑是 NO_2^+，但是多是以离子对或硝酰盐的形式参加反应。

超酸硝化剂在国内外获得广泛应用，主要用于制造多硝基化合物，特别是多硝基芳烃的高段硝化反应都是使用超酸硝化剂。

4.4.5 其他硝化剂

硝镁硝化剂是获得广泛应用的一种硝化剂。硝镁硝化剂中硝镁有较强的脱水作用，有一定的硝化能力，特别对醇类、胺类硝化有比较好的结果。但硝镁脱水作用比硫酸低，与醋酐相当，所以不能硝化难以硝化的物质，因而它不可能在所有领域内代替硝硫混酸。当然，用 $Mg(NO_3)_2$ 代替硫酸组成的硝化剂的优点主要在于废酸回收时不必浓缩硫酸，从而避免了硫酸雾对大气的污染[23]。

氮的氧化物硝化剂是一种很有发展前景的硝化剂。四氧化二氮的结构目前看法还很不统一，但多数认为它与二氧化氮之间存在着平衡。可是，对于硝化反应而言，更有实际意义的是它们与硝酸或硫酸组成的溶液具有较强的硝化能力。例如，五氧化二氮与硝酸的溶液呈现明显的 NO_2^+ 及 NO_3^- 的 Raman 光谱特征线。它与硫酸溶液具有完全类似于硝硫混酸溶液的硝化特征。它与硫酸的电离方程如下：

$$N_2O_5 + 3H_2SO_4 \longrightarrow 2NO_2^+ + 3HSO_4^- + H_3O^+$$

该方程也被溶液的拉曼光谱所证实。

还有人为了保证一定的硝化能力，又避免使用硫酸，从而避免环境污染，试图利用氮的氧化物作为 NO_2^+ 的载体，以路易斯酸作催化剂。例如 N_2O_5 与 BF_3 的硝化剂，在某些研究部门给予了极大重视。

特别是在最近，有人在生成 RDX 及 HMX 的硝解反应中，使用 N_2O_5-HNO_3 等一系列 N_2O_5 硝化剂，有其一定特点。目前已经广泛使用于实验研究中，并对采用制备环硝胺作了初步经济评价，同时指出：用低成本的 N_2O_5 作组分的系列硝化剂的工业化是有前途的。

离子交换树脂型硝化剂是用脱水的硫酸离子交换树脂（$ResSO_3H$）代替硫酸和硝酸一起组成混合物作为甲苯硝化反应中的硝化剂。硝化反应的活化硝化剂是硝酰阳离子 NO_2^+ 或它的活化基团。硝酰阳离子产生的证据是存在的，同时确认硝酸同树脂反应形成 NO_2^+ 和 $ResSO_3^-$，而且不解离，以“离子对”形式保持在引起空间效应的树脂表面上。显然此离子对（或称之为盐）的尺寸比 NO_2^+ 要大得多。硝酰阳离子生成机理被认为具有硝酸和其他强酸反应相同的机理。离子交换树脂硝化剂广泛用于区域选择性定向硝化反应中，依靠树脂表面吸附的化学作用，而硝化剂又有较大的空间效应，使得在相同条件下，甲苯邻对位产物比率由不使用树脂的1.72下降到0.68。因此，离子交换树脂硝化剂特别适用于欲获得较多对位产物的反应，而且反应较为缓和地进行。目前工业上采用无水聚苯乙烯磺酸离子交换树脂和硝酸的混合物作为硝化剂。

还有硝酸-五氧化二磷体系、金属硝酸盐体系、硝酰卤体系、烷基硝酸酯体系、硝基烷体系以及钯盐体系硝化剂等。

4.5 硝酰阳离子（NO_2^+）理论

硝化反应是耐热硝基芳烃合成时最常用的反应之一。硝化反应是向被硝化物中直接引进硝基的过程，而这个过程的实质是通过硝化剂和被硝化物在一定的条件下相互转化来实现的。硝化剂是个宏观的概念，它的体系中存在着很多离子及基团。例如，硝酸或硝硫混酸硝化液中就存在着 NO_2^+、$H_2NO_3^+$、NO_3^- 及未电离的分子硝酸等。对于硝化反应来说，究竟由哪一个参加反应转变成为硝基而生成炸药呢？也就是说，哪一个是活化硝化剂？它是怎样产生的，又如何与被硝化物反应？这是人们很关心的问题。而目前研究比较多的又主要是硝酰阳离子（NO_2^+），所以，应该对它比较深入地讨论。

4.5.1 硝酰阳离子结构与光谱

4.5.1.1 NO_2^+ 结构测定与研究

证明硝酰阳离子的存在时作了大量工作，并拥有充分的实验事实，例如：对两种酸混合时的热效应及蒸气压、混酸电化学、混酸下降的范特荷甫系数测定等都证明混酸中存在有 NO_2^+，这是众所周知的。

但是，对 NO_2^+ 的进一步探讨还是通过对氮的含氧酸及氧化物其电子型式的振动光谱的研究，获得了硝酰阳离子其联合散射光谱的特征频率为 $1400cm^{-1}$ 的光谱证据，从而证明 NO_2^+ 在硝化剂中是确实存在的[26~34]。

NO_2^+ 具有对称直线形结构，它的结构特征见表 4-1。

表 4-1 NO_2^+ 结构特征示性数据

价电子数	形成大 π 键电子数	键长/nm	中心原子杂化轨道	键角/(°)	结构式
16	4+4	0.0115	等性 sp	180	:O═N═O:

2000～2002 年南京理工大学曹阳博士以“硝酰阳离子的结构、光谱与硝化反应中的电子转移”为学位论文题目，他从硝化反应的活性进攻试剂，硝酰阳离子（NO_2^+）的结构和反应特性出发，对有关硝化反应的理论进行深入研究并进行量子化学计算，从而得到一些重要结论[35,36]。

曹阳博士采用密度泛函理论的 B3LYP 方法（G-311-G＊基组），计算了 NO_2^+、NO_2 以及其他与硝化反应机理研究相关的分子、离子和激发态的结构与性质。进而研究了当键角在 90°～180°之间变化时，这些相关物质能量的变化规律。由此探讨了不同硝化机理发生的可能性，为以后进一步研究不同结构与活性的芳香化合物的硝化反应机理提供依据。

4.5.1.2 NO_2^+ 的红外与拉曼光谱

红外光谱与拉曼光谱是两种研究分子（或离子）振动的方法。基于振动分析求得 IR 频率，通过与实测光谱的比较，可以方便地检测计算结论的可靠性，也为计算配分函数进而求得热力学函数准备条件。此外，在反应机理的研究中，通过频率分析可以帮助他们识别反应位能面上的中间体与过渡态。

由上一节的计算可知，NO_2^+ 是对称直线结构，属 $D_{\infty h}$点群。采用群论方法推知它有四个（$3N-5$）振动基频，对称性分别为 π_μ、σ_g 和 σ_μ（两个 π_μ 基频发生简并），分别对应于 NO_2^+ 的弯曲变形振动、N—O 键对称和不对称伸缩振动。其中 σ_g 对称伸缩振动无偶极矩的改变，为红外非活性，但极化率改变显著，显示出较强的拉曼活性。在实验上，人们就是通过 NO_2^+ 对称伸缩振动的拉曼谱线发现和研究它的。此外，σ_g 振动的对称性较高，还应有较明显的退偏振性。σ_μ 非对称伸缩振动有很强的偶极矩变化，而无极化率的改变，因而该振动表现为很强的红外活性，而没有拉曼活性。它的振动频率也比 σ_g 振动频率高。π_μ 弯曲振动仅有较小的偶极矩变化，也无极化率的改变，因而只显示出较弱的红外活性，没有拉曼活性。实际上，在 IR 光谱图中很难观测到 NO_2^+ 的弯曲振动峰。

对 NO_2^+ 来说，$1396cm^{-1}$处的对称伸缩振动（σ_g）是最重要的谱线，以上方法中，对此频率计算准确的方法有 B3LYP、QCISD(T) 和 CCSD(T)，后两种方法需要在很大基组之下［如 6-311+G(3df)］才能得到很精确的计算值。

4.5.2 硝酰阳离子的生成反应

硝化反应是炸药制造时最常用的反应之一，硝化反应是向被硝化物中直接引进硝基的过程，而这个过程的实质是通过硝化剂和被硝化物在一定的条件下相互转化来实现的。硝化剂是个宏观的概念，它的体系中存在着很多离子及基团。例如，硝酸或硝硫混酸硝化液中就存在着 NO_2^+、$H_2NO_3^+$、NO_3^- 及未电离的分子硝酸等。对于硝化反应来说，究竟由哪一个参加反应转变成为硝基而生成炸药呢？也就是说，哪一个是活化硝化剂？它是怎样产生的，又如何与被硝化物反应？这是人们很关心的问题。而目前研究比较多的又主要是硝酰阳离子（NO_2^+），所以，应该对它比较深入地认识，进行比较深入的讨论。

人们首先是关心它的结构问题，在前一节已作了详细叙述。人们另一方面就是关心它的生成反应问题。通常认为 NO_2^+ 具有较大的硝化能力，是一种较强的活化硝化剂。这是由于 NO_2^+ 中的氮原子具有较大的亲电性和配位不饱和性以及空间可接近性，因而它最易与存在活泼 π 电子或自由电子对的化合物相作用形成硝基化合物。

由硝基结构如图 4-2 中可知道它最易断裂 HO—N 键[37]：

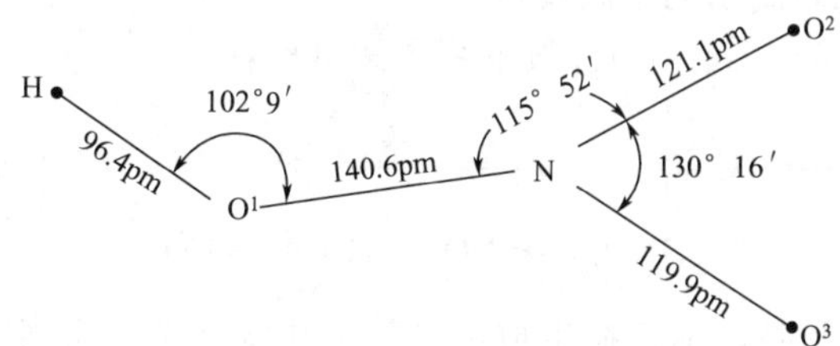

图 4-2 硝基的结构

产生所谓的“酸式电离”给出 H^+ 和“碱式电离”给出 NO_2^+。这就是硝酸及其组成的溶液可能的各种电离方程的结构基础。从硝化的观点出发是希望它进行碱式电离比例增大，更多地获得硝酰阳离子，此时，它具有的硝化能力较强，这样的硝化剂就叫强硝化剂，强硝化剂通常是由硝酸（或 NO_2^+）与一个活性添加剂组成。活性添加剂又可称为硝化活性剂，例如 H_2SO_4、$AlCl_3$、$TiCl_4$ 等。曾经提出：所有的硝化活化剂，从广义上理解是属于一些酸度函数很大的物质，并且以它们能够使硝化剂中的氮原子的亲电性及配位不饱和性提高，极限情况是强化生成 NO_2^+ 的过程的特点。硫酸就是这样一个活化剂，它与硝酸相比具有较大的酸度函数（100%硝酸的-H_0 值是 6.3；100%硫酸的-H_0 值是 11）。它可以把质子给予硝酸，使硝酸作更多的碱式电离，生成更多的 NO_2^+，因此，由硫酸和硝酸组成的硝化剂（混酸）是比单一硝酸更强的硝化剂。所以 NO_2^+ 生成的实质在于所用溶剂（单一硝酸兼作溶剂）酸度函数的大小，酸度函数越大，越有利于 NO_2^+ 的生成，这样组成的硝化剂就是强硝化剂。否则相反。因此，酸度函数的引出，为比较浓强酸的酸度大小提供了数量概念，为评定硝化剂硝化能力大小增加了理论根据，它的应用有其实际意义。

酸度函数是指溶质给出质子能力的大小。它不仅决定了氢质子的活度，而且还决定于质子受体与质子加成物活度系数之比。通常它的数学表达式为：

$$H_0=-\lg\frac{\alpha_{H^+}\gamma_A}{\gamma_{AH^+}}$$

而 pH 值代表稀酸中存在的氢质子的浓度。当然，这一点也很显然的，当在极稀溶液或在接近理想溶液中，α_{H^+}、γ_A 及 γ_{AH^+} 都是 1 时，酸度函数值就是 pH 值。显然两者是有联系的，但也是有区别的，主要区别在于酸度函数是表征浓酸溶液中酸度的大小，它代表的是给出质子的能力强弱。两者的比较见表 4-2。

表 4-2 酸度函数与 pH 值比较

名称	表达式	意 义	应用范围	相 互 关 系
酸度函数	$H_0=-\lg\frac{\alpha_{H^+}\gamma_A}{\gamma_{AH^+}}$	溶液中溶剂给出质子的能力	比较浓酸的酸性	极稀及理想溶液中两者相等
pH 值	$pH=-\lg[H^+]$	溶液中 H^+ 的浓度	比较稀酸的酸性	

具体到硝硫混酸中 $HNO_3+H^+\rightleftharpoons H_2NO_3^+$ 的反应，其酸度函数为 $H_0=-\lg\frac{\alpha_{H^+}\gamma_{HNO_3}}{\gamma_{H_2NO_3^+}}$。

有人给出了硝酸、硫酸及发烟硫酸各浓度下的酸度函数值；有人也给出混酸用质量分数及摩尔分数表示的各种浓度下的酸度函数值。

4.5.2.1 在硝酸中硝酰阳离子的生成反应[30,38,39]

于无水硝酸中，－40℃，有 3.4%按下列方式电离：

$$2HNO_3\rightleftharpoons H_2NO_3^++NO_3^-\xrightleftharpoons{+HNO_3}NO_2^++NO_3^-+HNO_3\cdot H_2O$$

或者写成：
$$3HNO_3\rightleftharpoons NO_2^++H_3O^++2NO_3^-$$

当硝酸浓度低于 92%时，不存在生成 NO_2^+ 的电离反应；而当浓度低于 83%时，也不存在生成 $H_2NO_3^+$ 的电离反应；浓度继续降低，将主要进行酸式电离。所以，92%及 83%是两个很重要的浓度极限。

4.5.2.2 在混酸中硝酰阳离子的生成反应[30,38,39]

混酸中由于硫酸的加入，强化了它的碱式电离，使硝酰阳离子的浓度增大，硝化能力增强，所以混酸和硝酸相比是个强硝化剂。

它的电离方程如下：

$$HNO_3+H_2SO_4\underset{k_2}{\overset{k_1}{\rightleftharpoons}}HNO_3^++HSO_4^-\underset{k_4}{\overset{k_3}{\rightleftharpoons}}NO_2^++H_2O+HSO_4^-$$

$$H_2O+H_2SO_4\rightleftharpoons H_2O^++HSO_4^-$$

或者写成：
$$HNO_3+2H_2SO_4\rightleftharpoons NO_2^++H_3O^++2HSO_4^-$$

混酸中，很大的浓度范围内都存在着 NO_2^+，如图 4-3 所示。

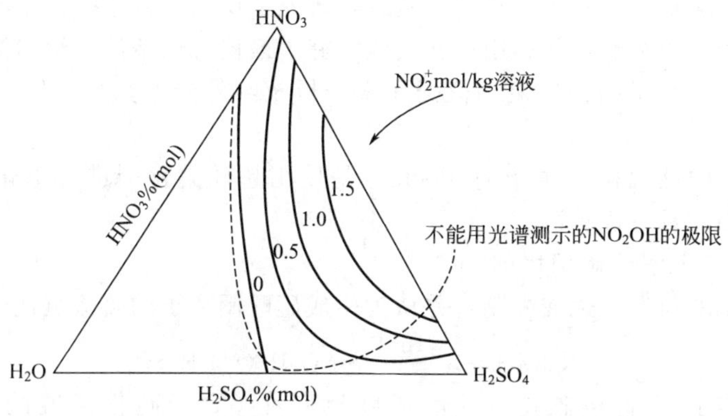

图 4-3 混酸中 NO_2^+ 与 HO-NO_2 的浓度关系

由混酸电离方程可以得到硝酸转变为 NO_2^+ 的转化率。

$$\frac{[NO_2^+]}{[NO_2^+]+[HNO_3]}=\frac{1}{1+\dfrac{[H_2O^+][HSO_4^-]^2}{k[H_2SO_4]}}$$

其中$[NO_2^+]+[HONO_2]$约为加入硝酸的总浓度，因此上式的左端可代表其转化率。由上式可知：混酸中的硝酸含量大时，即［HNO_3］大而［H_2SO_4］小时，此时硝酸的转化率将较低；若在混酸中加入水或硫酸盐时，也将使硝酸转化率降低。

有人从混酸电离方程推出了硝酰阳离子的浓度方程。

$$[NO_2^+]=\frac{k_1k_3}{k_2k_4}\times\frac{[HNO_3][H_2SO_4]}{[HSO_4^-][H_2O]}\times\frac{\gamma_{HNO_3}\gamma_{H_2SO_4}}{\gamma_{HSO_4^-}\gamma_{H_2O}\gamma_{NO_2^+}}=\frac{k_1k_3}{k_2k_4}\times\frac{1}{\gamma_{NO_2^+}}\times\frac{\alpha_{HNO_3}\alpha_{H_2SO_4}}{\alpha_{HSO_4^-}\alpha_{H_2O}}$$

其中，k_1、k_2、k_3、k_4 是速率常数。当具有一定的溶剂组成，且芳烃浓度低时，［NO_2^+］直接正比于［HNO_3］。

有人给出了 NO_2^+ 的生成速率常数，混酸中硫酸浓度在74%～82%时，均相硝化甲苯条件下，NO_2^+ 的生成速率常数被表示为 k_1：

$$HNO_3+H^+ \underset{k}{\overset{k_1}{\rightleftharpoons}} NO_2^+ +H_2O$$

其速率常数值见表 4-3。

表 4-3 不同硫酸浓度下 NO_2^+ 生成速率

硫酸浓度/%	k_1/s^{-1}	硫酸浓度/%	k_1/s^{-1}
74.70	0.8	78.95	5.0
76.35	1.1	80.10	6.4
78.15	4.0	81.45	8.3

4.5.2.3 在超酸硝化剂中硝酰阳离子的生成反应[30,38,39]

超酸硝化剂已被广泛应用在炸药制造工艺中，特别适用于反应活化较低的芳烃硝化中。

人们利用硝酸盐-发烟硫酸超酸剂制备了苦基氯，苦基氯是耐热炸药合成中的重要中间体。使用该硝化剂反应周期短，成本低，所得产品的熔点及红外谱图与标准谱图基本一致。同时研究了超酸硝化剂的电导及红外光谱，实验数据与预测的酸化体系溶液的电导状况基本相符。

人们还利用超酸硝化剂制备了氯代苦基氯，研究了反应参数（硝化温度、发烟硫酸浓度及硝酸钾用量）变化的影响。并利用正交实验研究了最佳工艺条件，给出制备氯代苦基氯的最佳工艺并对产品进行了结构鉴定，依据元素分析及红外光谱数据表明，该产物是氯代苦基氯。

国外大量报道的低温硝化法制造 TNT 也是使用超酸硝化剂进行硝化，据称因不需精制，消灭红水，因而具有优越性。

（1）硝酸-硫酸-三氧化硫硝化剂

混酸由无水硝酸与发烟硫酸配制，并认为生成硝酰阳离子的硫酸氢盐及硫酸。

$$HONO_2 + SO_3 \xrightarrow{H_2SO_4} NO_2HSO_4 + H_2SO_4$$

此混酸对甲苯进行直接硝化，反应温度控制在 0℃至硝化混酸的冰点之间时（如－10℃），DNT 的得率可达 99%。

（2）金属硝酸盐-硫酸-三氧化硫硝化剂

此混酸是金属硝酸盐与饱和的 15%的发烟硫酸在一定温度下配制的，其活化硝化剂也认为是 NO_2HSO_4。

$$MNO_3 + SO_3 + H_2SO_4 \xrightarrow{H_2SO_4} NO_2HSO_4 + MHSO_4$$

用 KNO_3 制备的硝化剂中含有 20.2%的 NO_2HSO_4 和 1.5%的游离 SO_3，用 $NaNO_3$ 制备的硝化剂中含有 14.2%的 NO_2HSO_4 和 5.7%的游离 SO_3。这两个硝化剂在－10℃时很容易把甲苯硝化成 TNT，前者的得率为 97%，后者的得率为 88%。

4.5.2.4 硝酸-醋酐-水硝化剂及其硝酰阳离子的生成反应[30,38,39]

对于硝酸-醋酐-水硝化剂中的活化硝化剂，早期认为：按摩尔分数，当硝酸不超过 50%时是硝酰阳离子乙酸盐，硝酸含量增加，硝酰阳离子乙酸盐减少，而逐渐生成醋酐，当硝酸含量达到 90%时基本上都是醋酐（存在有 NO_2^+ 及 NO_2^- 谱线）。

近期资料表明，在硝酸-醋酐-水混合物中，按摩尔比当硝酸含量较低及中等时将生成硝酰阳离子乙酸盐以及它的质子形式，资料给出了质子化硝酰阳离子乙酸盐的生成过程。硝酸是质子化剂。

$$HNO_3 + (CH_3CO)_2O \rightleftharpoons CH_3COONO_2 + CH_3COOH$$
$$HNO_3 + CH_3COONO_2 \rightleftharpoons (CH_3COHONO_2)^+ + NO_3^-$$
$$2HNO_3 + (CH_3CO)_2O \rightleftharpoons (CH_3COHONO_2)^+ + NO_3^- + CH_2COOH$$

进一步增加硝酸比例，硝酰阳离子乙酸盐被完全地分解生成一个分子醋酸及五氧化二氮：

$$CH_3COONO_2 + HNO_3 \rightleftharpoons CH_3COOH + N_2O_5(NO_2^+ + NO_3^-)$$

并在 85%～90%时达到最大值，在这个范围内五氧化二氮以共价分子形式存在。

在超过 85%～90%范围内，五氧化二氮解离成 NO_2^+ 及 NO_2^-，此时仅存在很微量的乙酰硝化酯，体系的性质逐渐接近硝酸自身的性质。

$$N_2O_5 \rightleftharpoons NO_2^+ + NO_3^-$$

并以红外、紫外及联合散射光谱的数据，以及溶液电导变化值论证了上述观点。资料特别指出：在其酯基氧上质子化的硝酰阳离子乙酸盐比硝酰阳离子乙酸盐有更大的硝化能力，在醋酐法制备 HMX 中，由于硝酸的比例不会超过 10%，所以，它的主要活化硝化剂应该是质子化的硝酰阳离子乙酸盐，并给出了乌洛托品和质子化的硝酰阳离子乙酸盐作用生成 HMX 的结合过程。

综上所述，可以看出：在硝酸-醋酐-水的硝化剂中，生成什么活化硝化剂主要取决于混合物的组成，对于比较温和而有选择性的硝化，应使用较低或中等含量硝酸的硝化剂；而对于较强烈的硝化，应使用较高含量硝酸的硝化剂；既然硝酸是质子化剂，那么硫酸的加入应该有利于反应。

4.5.2.5 在离子交换树脂中硝酰阳离子的生成反应[30,38,39]

离子交换树脂和硝酸组成的混合物是强硝化剂。生成的 NO_2^+ 和 $ResSO_3^-$ 阴离子并不解离，而是以“离子对”形式存在，显然它的体积比 NO_2^+ 大得多，有较大的空间效应，使邻位硝化困难，易产生对位反应。例如甲苯一段硝化中，一硝基甲苯的 *o*/*p* 比由混酸中的 1.72 下降到 0.68，因此，它特别适用于欲获得较多对位产物的硝化反应中，工业上已有采用无水聚苯乙烯磺酸离子交换树脂和混酸的混合物于甲苯硝化制造对位 MNT 的。硝酰阳离子的生成反应如下：

$$HNO_3 + 2ResSO_3H \rightleftharpoons NO_2^+ H_2O + 2ResSO_3^-$$

改变甲苯硝化的 *o*/*p* 比是国内外十分关注的问题，很多人开展了大量研究工作。对硝基甲苯以及对它进行深加工制成的精细化工中间体及产物在有机合成中具有重要的地位。而在液相中采用离子交换树脂硝化剂改变 *o*/*p* 比的反应路线更具有实际意义。

人们对此也有很大兴趣，在采用负载工艺及磺酸催化剂改变 *o*/*p* 比方面，研究了最佳反应路线、最佳反应条件的确定、反应参数的影响，以及载体优化等。

4.5.2.6 在其他强酸中硝酰阳离子的生成反应[30,38,39]

硝酸同 HBF_4、$HClO_4$、MsOH 等强酸均可组成强硝化剂，生成 NO_2^+。最近资料报道较多的是硝酸同 MsOH 组成的硝化剂对甲苯的硝化制造 TNT，有其独特的长处。

$$HNO_3 + 2CF_3SO_3H \longrightarrow \underset{\text{三氟甲基磺酸硝酰阳离子盐}}{NO_2^+ CF_3SO_3^-} + H_3^+ OCF_3SO_3^-$$

如在有机溶剂中上述硝化剂与甲苯在−110℃、−90℃、−60℃下反应 1min，以较高的得率获得 MNT，其中 *m*-MNT 含量分别为 0.23%、0.36%、0.53%。如果甲苯一硝化在−110℃、−90℃、−30℃以及 0℃进行后，接着在 0℃下进行二硝化，有很高的得率，其综合间位产物含量分别为 0.33%、0.51%、0.75%以及 1.33%。

它是比硝酰阳离子氟硼酸盐（NO_2BF_4）以及硝酰阳离子氟磷酸盐（NO_2PF_6）更好的硝化剂。它们之间的比较见表 4-4。

表 4-4 硝酰阳离子硝化剂的比较

实验次数	硝酰盐	用量/mmol	甲苯用量/mmol	温度/℃	时间/min	得率/%	MNT 异构化		
							o-	*m*-	*p*-
1	NO_2BF_4	14.85	3.47	−65	150	70.25	56.55	0.65	42.80
2	NO_2PF_6	10.39	2.60	−65	150	88.5	46.44	0.81	52.75
3	$NO_2^+ TfO^-$	19.99	4.99	−60	1	>99	62.18	0.54	37.28

4.5.3 硝酰阳离子与芳烃反应机理

对于如何向芳烃中引入硝基，目前充分研究了三种硝化剂，即硝酸或硝硫混酸、含氟硝酰阳离子盐络合物、硝酸-醋酐混合物的情况。

硝酸或硝硫混酸中的活化硝化剂均为硝酰阳离子，这一点已为 Raman 光谱所证实。但是，有一点要引起重视：根据许多情况，应该把硝硫混酸或其他强硝化剂的正常硝化与硝酸的正常硝化相区别，即在这些硝化剂中，尽管都有 NO_2^+，但 NO_2^+ 的活泼性稍有不同，它取决于上述体系中 NO_2^+ 的溶剂化特征和程度。例如氢氟酸中 NO_2^+ 的活泼性较低，原因在于氟原子较小，因而 NO_2^+ 被氟化氢和氟化物离子深度溶剂化。溶剂化是溶剂分子通过和溶质分子间相互作用而积累在溶质分子周围的过程。它往往借助于静电力和氢键的作用实现。积累在溶质外围的溶剂分子数叫溶剂化数，溶剂化数将是影响溶剂化程度的因素之一。溶剂分子体积减小，其溶剂化数就增大。例如 Li^+ 被 MeOH、EtOH、丙酮及丁酮所溶剂化，其溶剂化数为 7、6、5、4。因此 NO_2^+ 所处的环境依 $H_2S_2O_7$、H_2SO_4、HNO_3、HF 次序溶剂化程度递增。从这一观点出发，可以理解在硫酸中 NO_2^+ 的活性比在硝酸中大。而硝化反应由无水硫酸中过渡到发烟硫酸中进行时，NO_2^+ 的活性提高的事实已被芳基三烷基胺的硝化所证实。

从苯及其衍生物的硝化过程可以看出，含氟硝酰阳离子盐例如 NO_2BF_4 所组成的混合物和混酸一样是强硝化剂，它在磺酸和二甲亚砜中，不是以游离的离子对（$NO_2^+ + BF_4^-$）形式存在，而主要是以被溶剂化了的离子对的形式存在，并且该离子对是强烈的活化硝化剂。

在大量的有机溶剂中，硝酸的硝化能力不强，不能使硝基苯硝化成二硝基苯。因为除非在该溶剂中加入大量的硫酸，否则 Raman 光谱将证明，其中不含 NO_2^+。例如对于醋酸、二甲亚砜和硝基甲烷，它们以 1∶1(摩尔比）与无水混酸组成混合物，其中的混酸质量含量必须分别在 58%、42%和 25%以上时，才能用光谱检出存在 NO_2^+。鉴于上述情况，在有机溶剂中用硝酸进行的硝化反应。活化硝化剂可能是 $H_2NO_3^+$。目前又有人提出了活化硝化剂可能是被质子化的硝酰阳离子乙酸盐（$AcONO_2H^+$）或硝酰阳离子乙酸盐，它们的活性显然比 NO_2^+ 要弱得多，这也就是此类硝化剂用于亲电取代反应具有较低反应能力的原因。

(1) 芳烃硝化可能的历程

综上所述，可以看出，芳烃硝化反应因条件的不同而使参加反应的活化硝化剂也不同，因此反应历程是很复杂的。但是，此反应历程较为共同的看法是基于过渡态理论而提出的中间络合物学说。但是，究竟是经由哪种中间络合物目前看法还不统一。为了便于今后分析和思考问题，现将目前占有的资料介绍如下。

早期人们认为，硝化作用的进行是由于正离子（如 NO_2^+）作用的结果，反应是双分子亲电取代，即 S_E 机理：

$$\underset{\text{I}}{C_6H_6} \xrightarrow[k_1\ (\text{慢})]{NO_2^+} \underset{\text{II}}{[C_6H_6NO_2]^+} \xrightarrow[k_2\ (\text{快})]{-H^+} \underset{\text{III}}{C_6H_5NO_2} \qquad (4\text{-}1)$$

在状态Ⅰ时，“自由电子”是属于芳烃系统的（π 电子的六分之一），它和亲电性试剂 NO_2^+ 的结合，导致生成 σ-配合物（Wheland 中间配合物）。实验数据证明，σ-配合物生成阶段决定过程的速率。由此配合物中释出氢是很快的，配合物在其“配位反应-能量”曲线上具有最小值。在适当的条件下，这个配合物能够被分离，正如在三甲苯中用氟化乙烷于 −80℃以 BF_3 作催化剂进行反应时，可得熔点为 −15℃的 σ-配合物。把 σ-配合物（A）加热，即可得反应产物：

$$\text{1,3,5-}Me_3C_6H_3 \xrightarrow[BF_3,\,-80℃]{Et\text{-}F} \underset{\text{A}}{[Me_3C_6H_3(H)(Et)]^+} \xrightarrow{\triangle} Me_3C_6H_2Et \qquad (4\text{-}2)$$

即使最简单的σ-配合物（苯鎓离子结构式）也都可以分离出来。

1950 年 Melander 曾首次用同位素效应研究苯的硝化反应以确定反应速率的最慢步骤。

后来考虑到在没有σ-配合物以前，由于正性离子同反应体系中芳烃的π电子相互作用，能够生成其他低稳定性的中间加合物π-配合物，从而提出π-配合物学说，反应历程如下：

I $+NO_2^+ \rightleftharpoons$ Ⅱπ-配合物 $\longrightarrow$ Ⅲσ-配合物 $\longrightarrow$ Ⅳ $+H^+$ (4-3)

人们认为：当反应没有发生时，苯环电子云作均匀分布如式(4-3) 中Ⅰ。当亲电的配位不饱和的 NO_2^+ 的氮原子深入π电子运动空间（如 2、3 碳原子之间）时，因 NO_2^+ 的亲电作用，增加了碳原子 2、3 范围内相应π电子的定位效应，并且由于共轭引起 4、5 碳原子之间和 1、6 碳原子之间的π电子相应增强，而 1、2 碳原子及 3、4 碳原子键相对减弱，也就是说 NO_2^+ 能够沿着π电子系统稍有移动，最后停留在能力有利的位置上，而生成加合物Ⅱ（即π-配合物）。当 NO_2^+ 与苯环进一步作用时，NO_2^+ 与碳原子 2 接近，并在活化力的作用下，部分地生成临界配合物Ⅲ（即σ-配合物）。随着 C—H 键和带正电的碳原子 2 及硝化共轭过程的自动加强，使 H 强烈质子化，以致被极性较高的溶剂以离子形式除去，生成硝基化合物Ⅳ。

后来，又有人在π-配合物学说的基础上，提出双π-配合物学说，认为在两个π-配合物相互转换中要通过中间体σ-配合物，并用式(4-4) 表示：

Ⅰ $+NO_2^+ \longrightarrow$ Ⅱ π_1-配合物 $\rightleftharpoons$ Ⅲ σ-配合物 $\rightleftharpoons$ Ⅳ π_2-配合物 $\longrightarrow$ Ⅴ $+H^+$ (4-4)

该学说的基点是认为π-配合物的形成并非停止在一个局部位置上，H 作为一个正性质子经生成σ-配合物后并不排除和仍具有π电子体系的硝基芳烃形成不稳定的π-配合物的可能性，并且指出决定过程的慢步骤是由 π_2-配合物转换成σ-配合物。

对于π-配合物学说，有人又进行了深入的研究，并给出过渡态与活化能之间的关系。

最近，有人研究了活泼芳烃的硝化过程，认为反应性比二甲苯小的芳烃在含水酸中的硝化是符合常规的，但反应性约达苯 50 倍的芳烃，在含水酸中的硝化具有极限反应速率。其速率极限可认为与扩散控制形成碰撞配合物的速率极限相同，同时还提出了硝化反应的碰撞对机理和单电子转移机理。

(2) Wheland 中间体的结构及形成

Melander 和 Ingold 用下图中的结构Ⅰ表示了硝化反应中形成产物的中间体，这时 NO_2^+ 的正电荷由环携带，虽然不能认为正电荷在环中 5 个碳原子上均匀分布（见Ⅲ），但这可方便地写为结构Ⅱ。有证据说明这类结构的存在，以及它们在一般亲电取代反应中，尤其在硝化反应中的重要性。由于亲电试剂连接在环上，所以把它们称为σ-配合物，也可以称为 Wheland 中间体、Aronium、Arenium 或 Arenonium 离子。一般类型（结构Ⅳ）的例子已经广泛地加以研究。由于这类阳离子的存在和性质已被普遍地确认，这里将只讨论与亲电取代反应，特别是与硝化反应有关的一些问题。

芳烃的相对碱性已被测定，可以用 HF 和 BF_3 的混合物中它们质子化作用的平衡常数来表示。Brown 指出取代基对这些碱性的影响类似于它们对亲电取代反应速率的影响。对于各种取代反应，在相对碱性的对数值和相对反应速率常数的对数值之间存在线性关系。例如，在 TFA 和 H_2SO_4 的混合液的质子化作用，在 AcOH 中的去质子化作用和氯化反应，以及在 Ac_2O 中的硝化反应等均存在着该线性关系。

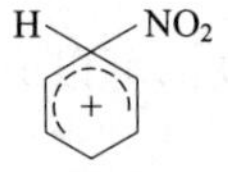

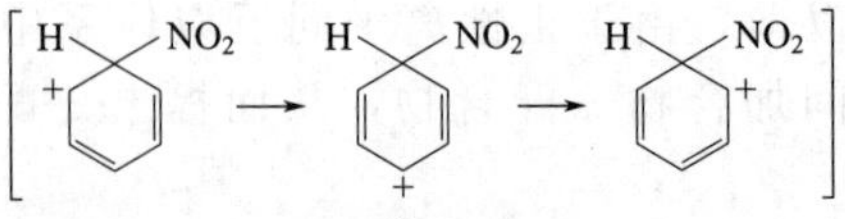

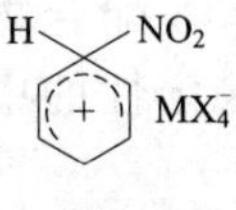

关于 Wheland 中间体的过渡态的结构，许多年前有人提出 NO_2^+ 可能以恰当的角度在平面上接近苯环上受进攻的碳原子。在过渡态中，NO_2^+ 可能已经稍微变形，使其氧原子处于苯环中和被取代的位置相邻的两个位置上，这可以解释硝化作用对空间位阻的灵敏度大于溴的阳离子溴化的灵敏度的事实。也有些老的观点认为，在过渡态中苯环保留了它的大部分离域能。

经过反复研究，这种 Wheland 中间体过渡态的新观点，将把我们引入原子结构化学的领域。涉及 π-配合物或自由基-自由基阳离子对的有力证据都有可能使这些新的观点作必要的修正。

桥碳硝酰阳离子中间体以及可能的桥式过渡态的问题已经从理论上得到检验，主要是参考了离子回旋加速共振反应，这与溶液中的硝化反应大相径庭。

在最通常的情况下，产物形成的一步包括从母环上一去 1 个质子，这个过程和硝基去烷基作用过程中均存在着空间抑制作用。在硝酸中和在硝酸-硫酸的 CH_3NO_2 溶液中硝化 1,3,5-三叔丁基-2-硝基苯及其衍生物的差别归因于这些介质碱性的不同。

通常认为产物形成步骤是不可逆的。然而，有一些已知反应，当用酸处理硝基化合物时，硝化反应显示可逆性。例如，当 9-硝基蒽与硫酸水溶液在 CCl_3COOH 中加热时，释放出硝酸。当 9-硝基蒽的三甲苯溶液被加热进行反应时，约有 5%的硝基三甲苯生成。同时，甲苯反应生成 2%的硝基甲苯，苯反应生成微量的硝基苯。由于从甲苯硝化得到的大部分产物是对硝基甲苯，所以一般认为反应不涉及自由的 NO_2^+。

2-硝基-3,4,6-三异丙基-*N*-乙酰苯胺和盐酸在热的乙醇中生成 2,4,5-三异丙基-*N*-乙酰苯胺；3,5,6,7-四硝基吲唑在不同的酸中给出 3,5,6-三硝基吲唑，在其他情况下产生异构体的硝基化合物，如从 3-硝基-4-氨基邻二甲氧苯生成 5-硝基化合物，从 2,3-二硝基苯胺或其 *N*-乙酰基衍生物生成 2,5-二硝基化合物和 3,4-二硝基化合物，2,3-二硝基苯酚的反应与之类似。一般来说，在这些例子中，一个活化的位置易于涉及空间位阻，并且反应条件比较严格。对于苯胺衍生物来说，已经提出了与硝胺重排相反的反应机理。

(3) π-配合物学说

Olah 强调位置选择性的客观性，取代选择降低某些硝化反应条件的重要性，以及在生成决定物的 Wheland 中间体之前认识一个新的中间体作为结果的必然性。他认为这种新的中间体为 π-配合物。但是，Olah 有关取代选择性以及位置选择性的证据不很充分，不能排除硝化反应中形成的一些碰撞复体是 NO_2^+ 和芳环的 π-配合物的可能性。

Olah 所用的 π-配合物的意义很清楚，因为他声称，在惰性有机溶剂中用 NO_2^+ 硝化烷基苯时，所测得的位置选择性与烷基苯和 Ag^+、Br^-、ICl、SO_2、苦味酸形成的配合物的稳定性一致。这些是分子配合物，其键合作用可能存在电荷转移力、偶极-偶极力及色散力。

Dewar 首次引入了 π-配合物的观点，他认为它是一个非定域的结构，并且将其广泛地应用在讨论结构和反应机理之中。随着定域 π-配合物概念的提出，这种观点逐渐得到改变，结果使具有空的 p 轨道的亲电试剂必定结合在芳烃的周围，而对具有空的 d 轨道的亲电试剂则不必如此。Dewar 强调，他所指定的 π-配合物的本体具有完全共价的特征，它们与具有很小生成热的分子配合物是有区别的。

如上所述，分子配合物——其中一些称为 π-配合物——的生成热较小。苯和三甲苯在四氯化碳中与碘形成的配合物的-$\Delta H_{25℃}$ 分别为 5.5kJ/mol 和 12.0kJ/mol。虽然取代效应使亲电取代速率增加，同样地使 π-配合物的稳定性增加，但是后者远比前者的影响弱。将刚才引用的生成热数值同 25℃在乙酸中苯和三甲苯的氯化作用的相对速率作比较，分别为 1∶3.06×10^7 和 1∶1.189×10^8。

这类配合物似乎很可能存在于发生亲电取代反应的溶液中，但是它们仅仅偶尔（用强的 π-接受体）表现为存在于反应途径上，很可能从不形成于速率决定步骤中。在 G 酸二价阴离子的溴化中可以观察到 σ-配合物（或 π-配合物），而且无取代反应发生。NO_2^+ 和芳环作用形成配合物，该配合物为一种通过亚硝化作用而形成的中间体。一般来说，活泼的芳烃与硝酸在乙酸中作用生成深色溶液的原因，很可能是因为存在亚硝酸的缘故，这个深色的配合物与硝化无关。

对一般类型的配合物，很清楚它们不是通常意义的亲电取代反应所形成产物的中间体。当然，在碰撞对硝化反应机理中，键合作用的种类目前尚无肯定的结论，它们被包括在亲电取代反应中，也纯粹是一个假设。

4.5.4 硝酰阳离子与芳烃的副反应

由硝酰阳离子引起的硝化反应是主反应，是我们所希望的。但是，具体到硝化过程中其主反应和副反应往往是同时存在又互相竞争的，而氧化反应就是一个例子。硝化剂及被硝化物往往具有两重性，前者既是硝化剂又是氧化剂，后者既是被硝化物也是被氧化物。无论是芳烃、胺类、醇类都存在同样的情况，而芳烃更为典型些，应给予重点讨论。

芳烃由混酸硝化时，硝酰阳离子也可能引起氧化作用，生成酚类多硝基化合物，因为硝酰阳离子 $O{=}N{=}O^+$ 中 π 键电子云运转时，有相当强地向阳离子状态的氮原子移动的趋势，使氧原子呈现正电性，表现为强大的亲电能力。所以，NO_2^+ 进攻苯环时，表现出作用的两重性，它既能在氮原子上发生硝化反应，也能在氧原子上发生氧化反应，氧化反应历程如下：

$$\text{Ar-H}+\overset{\delta^+}{\text{O}}{=}\text{N}{=}\text{O}\longrightarrow \overset{\delta^+}{\text{Ar}}\begin{smallmatrix}\text{H}\\ \text{ONO}\end{smallmatrix}\xrightarrow{-\text{H}^+}\text{Ar-ONO}\xrightarrow[-\text{NO}]{\text{H}^+}\text{ArOH}$$

含烃基的芳烃例如甲苯还可能发生侧链烃氧化生成苯甲酸类副产物。在非常强烈的条件下，往往造成苯环的破裂。不对称 TNT 中苯环破裂时，可生成乙炔，乙炔还可以进一步被氧化。

有人比较系统地研究了 2,4-DNT 在硝硫混酸中的硝化及氧化产物及动力学问题[40,41]，深入地讨论了硝硫混酸中介质酸度对 2,4-DNT 氧化产物成分的影响；定量地给出了某一酸度下硝化及侧链氧化及苯环破裂性氧化所占的百分比，如图 4-4 所示。

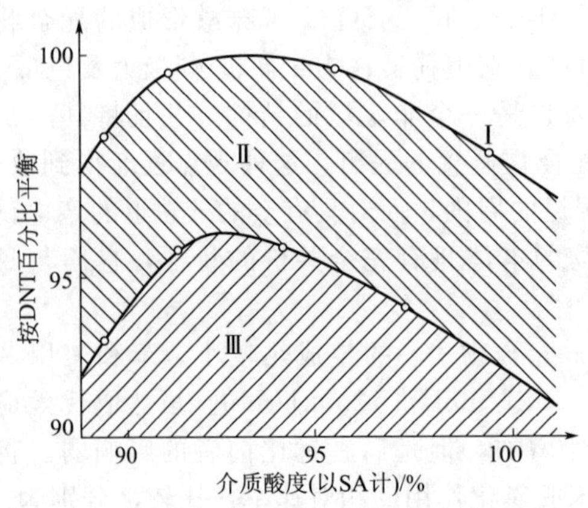

图 4-4 DNT 反应平衡与介质酸度的关系

Ⅰ—甲基氧化；Ⅱ—苯环破裂性氧化；

Ⅲ—2,4-DNT 的硝化

由图中显示：在硫酸浓度为 93%（接近最佳酸度）时，TNT 的得率达到最大值，同时，在这个酸度下，仅发生苯环破裂性氧化，而不发生甲基氧化反应。

同时研究了硝硫混酸中介质酸度对 2,4-DNT 硝化及氧化速率的影响，结果如图 4-5 和图 4-6 所示。

图中，k 表示硝化反应速率常数；$k_{氧化}$ 表示苯环破坏性氧化速率常数；$k_{侧链}$ 为苯环侧链（甲基）氧化速率常数。

从图 4-5 可见，在 H_2SO_4 浓度为 93%时，破坏性氧化及硝化速率均达最大值，而相反在此酸度下侧链氧化速率为最小值。

4.5.5 硝酰阳离子与芳烃反应动力学

前面研究了硝化反应的硝化剂及被硝化物各自的特性和相互之间的联系，也就是说研究了硝化反应发生的可能性。同时也研究了硝化反应过程的机理，反应机理属于化学动力学问题。硝化反应动力学中另一个重要问题是研究硝化反应的进行速率和影响反应速率的因素。掌握有关规律，使硝化反应以适宜速率进行，简化硝基化合物生产工艺，缩短生产周期，这是研究硝化反应动力学的目的。

在硝基化合物生产中，大多是两相硝化反应，即被硝化物和产物为一相，混酸为一相。而在进行理论研究时，为了排除复杂因素的影响，便于观察、分析反应本身的某些因素，经常采用单相硝化的形式，即少量的被硝化物和较多的硝化剂共同溶解在大量溶剂中（硝化剂可兼作溶剂）进行单相反应，单相反应的研究结果可以作为两相硝化的理论基础，这是处理复杂问题的一种手段，所以，首先研究单相硝化反应。

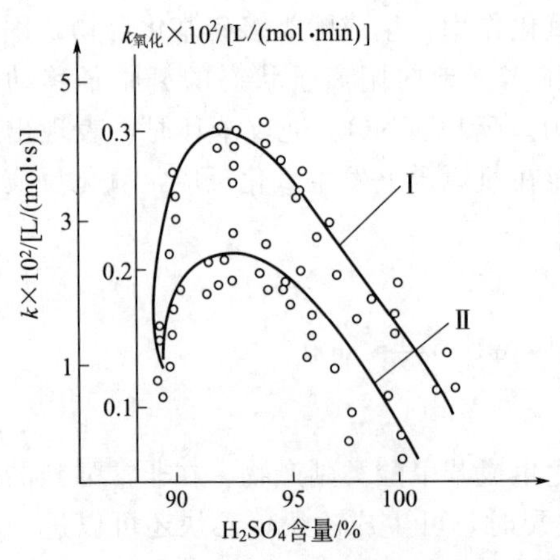

图 4-5 在 92℃ DNT 硝化（Ⅰ）及苯环破坏性氧化（Ⅱ）速率和介质酸度的关系

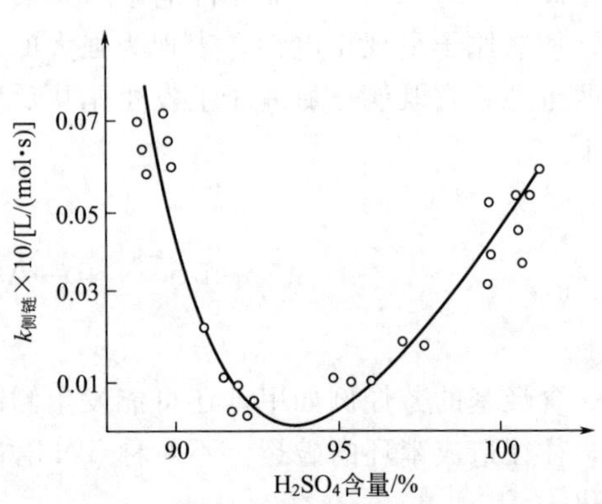

图 4-6 在 90℃ DNT 的甲基氧化速率和介质酸度的关系

(1) 硝化反应速率及其决定步骤

按照 Ingold 观点，当用浓硫酸作为溶剂对不活泼的芳烃进行硝化时，是二级反应；而在有机溶剂中，对活泼芳烃硝化时，是零级反应。他还证明了 NO_2^+ 为活化硝化剂，同时推导出反应速率方程如下：

$$HNO_3 + HA \underset{k_2}{\overset{k_1}{\rightleftharpoons}} H_2NO_3^- + A^- \quad 快 \tag{4-5}$$

$$H_2NO_3^- \underset{k_4}{\overset{k_3}{\rightleftharpoons}} H_2O + NO_2^+ \quad 慢 \tag{4-6}$$

$$NO_2^+ + ArH \xrightarrow{k_5} ArNO_2H^+ \quad 慢 \tag{4-7}$$

$$ArNO_2H^+ + A^- \xrightarrow{k_6} ArNO_2 + HA \quad 快 \tag{4-8}$$

(HA 为强酸，A^- 是它的共轭碱)

其中式(4-6)、式(4-7) 为两个决定步骤，利用稳态处理，可得

$$\frac{d[NO_2^+]}{dt} = k_3[H_2NO_3^+] - k_4[H_2O][NO_2^+] - k_5[NO_2^+][ArH] = 0$$

所以
$$[NO_2^+] = \frac{k_3[H_2NO_3^+]}{k_4[H_2O] + k_5[ArH]}$$

对于不活泼芳烃而言，$k_4 \ll k_5$；则有 $[NO_2^+] = \dfrac{k_3[H_2NO_3^+]}{k_4[H_2O]}$

又由式(4-5) 平衡得 $k_1[HA][HNO_3] = k_2[H_2NO_3^+][A^-]$

所以
$$[H_2NO_3^+] = \frac{k_1[HA][HNO_3]}{k_2[A^-]}$$

代入前式得
$$[NO_2^+] = \frac{k_1k_3}{k_2k_4} \times \frac{[HA]}{[H_2O][A^-]}[HNO_3]$$

总反应速率由式(4-7) 得

$$\frac{d[ArH]}{dt} = k_5[NO_2^+][ArH] = \frac{k_1k_3k_5}{k_2k_4} \times \frac{[HA]}{[H_2O][A^-]}[HNO_3][ArH]$$

因此当反应物很稀时，[HA]、$[H_2O]$、$[A^-]$ 组成固相，为二级反应，当硝酸过量时，则变为一级反应。

对活泼芳烃而言，式(4-6) 同样为主要步骤，可有：

$$r = k_3[H_2NO_3^+]$$

所以
$$r = \frac{k_1k_3}{k_2} \times \frac{[HA]}{[A^-]}[HNO_3]$$

可知为一级反应，当硝酸过量时则变为零级反应。此结果与实验事实一致。

至于式(4-8)，为过渡状态中配合物释出质子的过程。一般认为这是一个快速而不可逆的过程，它不是决定硝化反应速率的步骤。支持这个观点最有力的事实根据是同位素芳烃硝化反应的研究：在硫酸中硝化时，硝基苯与五氘硝基苯具有相同的硝化速率；含氘和氚的甲苯、苯及萘的硝化反应速率与一般的甲苯、苯及萘的硝化速率相同。由于 C—H、C—D 和 C—T(D 及 T 分别代表氘、氚) 键的能量不同，其释出 D^+ 和 T^+ 的速率将分别比释出 H^+ 约慢 10 倍和 20 倍，但是硝化反应总速率并没受到此同位素效应的影响，仍然大致相同，这充分地说明释出质子不是决定反应速率的步骤而是较快的步骤。

通过对硝化反应历程的深入研究，人们又发现，虽然形成过渡配合物这一步是最慢的，但是，使用不同的活化硝化剂可以形成不同的决定反应速率的过渡配合物。

(2) 硝酰阳离子的活性

Olah 自 20 世纪 50 年代至今在硝化理论方面特别是在过渡配合物方面做了大量工作。他认为在硝硫混酸、硝酰阳离子乙酸盐以及硝酰阳离子四氟化硼盐的硝化体系中，NO_2^+ 以三种不同形式存在，而且它们的活性也有所不同。

在硝硫混酸中，NO_2^+ 以溶剂化的硝酰阳离子形式出现，如图 4-7(a) 所示：

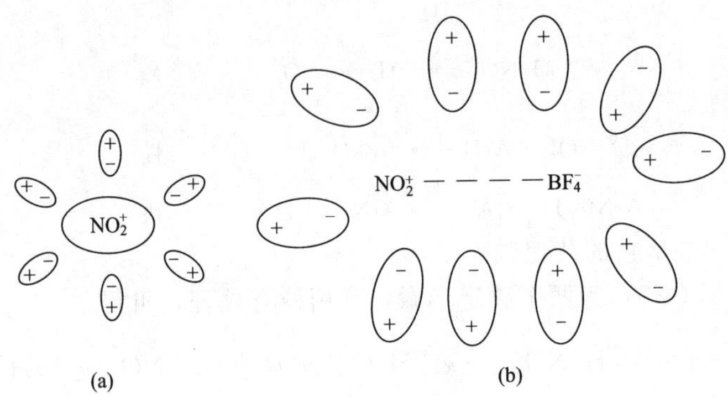

图 4-7 硝硫混酸中的 NO_2^+

硝酸在醋酐中，作为硝化剂的硝酰阳离子乙酸盐以质子化的 $AcONO_2H^+$ 形式出现。

硝酰阳离子四氟化硼盐在环丁砜或其他类似溶剂中，以质子化的离子对形式出现，如图 4-7(b) 所示。这三种硝化剂的活泼性为：硝酰阳离子四氟化硼盐＞硝硫混酸＞质子化的硝酰阳离子乙酸盐。

硝硫混酸及硝酸对芳烃（特别是不活泼芳烃）硝化的活化硝化剂一般是硝酰阳离子，这一点已被 Raman 光谱所证明。但是，有一点要引起重视，根据许多情况，应该把硝硫混酸或其他硝化剂的正常硝化与硝酸的正常硝化相区别，即在这些硝化剂中，尽管都是 NO_2^+，但 NO_2^+ 的活泼性稍有不同，它取决于溶液中 NO_2^+ 的溶剂化程度及特征，溶剂化程度越大，NO_2^+ 的活性越低。

(3) 硝化反应速率最大值及其影响因素

芳烃于混酸中单相硝化时，随着硫酸浓度的增加，硝化速率往往出现最大值。Martinsen 于 0℃时在各种浓度的硫酸中对硝基甲苯进行硝化时，获得了著名的 Martinsen 曲线，如图 4-8 所示。

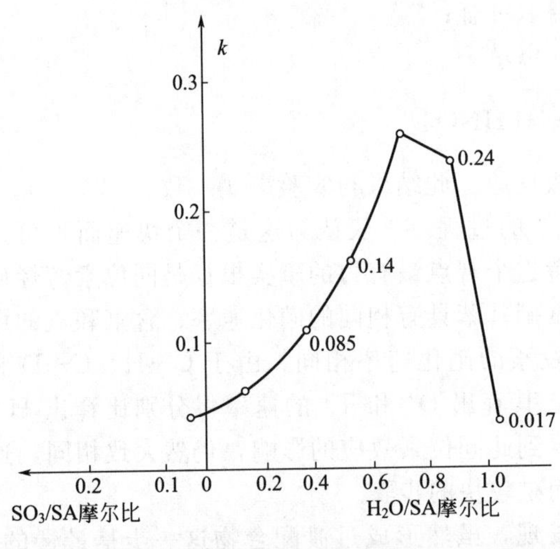

图 4-8 Martinsen 曲线

随着硫酸浓度的增加，硝化反应速率迅速增加，按照 TOПиеВ 的数据，硫酸质量浓度由 80% 增加到 90% 时，反应速率增加约 3000 倍。当硫酸质量浓度为 89.5%（相当于水和硫酸摩尔比为 0.63）时，硝化反应速率达到最大值，再继续增加硫酸浓度，硝化反应速率又逐渐下降。

有人研究了其他芳烃的硝化动力学，发现在不同温度下，反应速率常数与混酸浓度的曲线变化过程几乎相同。

研究表明：混酸成分中硫酸浓度对硝化反应速率的影响主要表现在三个方面：硫酸与硝酸作用，硫酸的强给质子能力有力地促

进 HNO_3 转变为 NO_2^+；硫酸对被硝化物也存在质子加成作用；硫酸自身存在介质效应。

这就是说，硫酸具有两重性，在浓度增加时，它既有增加混酸中 NO_2^+ 浓度、提高反应速率的作用；又有质子加成或形成配合物以及介质效应降低反应速率作用。这两者是相互矛盾的，其结果是出现硝化反应速率的最大值。这就是对 Martinsen 曲线的理论解释。

4.6 芳烃的两相硝化

在理论研究时，常采用单相硝化的方式，以简化问题。但在实际生产中，为了节省混酸用量，降低成本，一般采用两相硝化的方式，此时被硝化物和硝化产物不能完全溶解在混酸中，称为有机相；混酸中仅溶解少量的被硝化物和硝化产物，称为混酸相。

讨论两相硝化的影响因素是以单相硝化为基础的，但它有其特殊性，即在一般硝基化合物生产中，有机相只溶解少量的硝酸，基本上不溶解硫酸，因而在有机相中硝化速率很慢或者不能进行硝化，相反在混酸相中的硝化速率比在有机相中大 10 倍。两相硝化和单相硝化最大的不同在于它具有传质问题，也就是说在两相硝化时，被硝化物常先由有机相扩散到混酸相中，经过硝化成为硝化产物又回到有机相中。

有人曾证明了传质会影响反应速率[42]。例如，在甲苯硝化反应中分别以 100～150r/min 和 350r/min 的速率搅拌，发现反应速率常数相差 18%，他们认为这是因为低搅拌速率难以迅速达到混合平衡，而高搅拌速率则能克服物料转移阻力的缘故。

两相硝化可以划分为在反应过程中变为均相的反应有两种类型。在第一种类型中，那些在均相溶液中受微观扩散控制的反应必然受宏观扩散控制，然而那些在均相溶液中不受微观扩散控制的反应中可能或多或少地受宏观扩散控制。在第二种类型中，虽然相的组成发生变化，但是在相内以及两相的界面上都包括反应物和产物的微观扩散。工业上重要的硝化反应通常就是这种类型。

保留两相的反应也称为混合控制反应，有研究认为它容易受质量扩散的影响。随着 Olah 开展的对有机溶剂中使用硝酰盐硝化的研究，这类硝化反应的研究变得更加引人关注。

这类硝化反应之所以重要，是因为它们考虑了大工业生产中的某些实际问题。我们关心的是它们是否显示出那些不能用 NO_2^+ 机理充分解释的由于扩散过程而复杂化的特征。在工业硝化中，酸相组成（典型的组成按摩尔比例计为 HNO_3 15%、H_2SO_4 30%、H_2O 55%）与在 NO_2^+ 机理研究中所用的不同，而且 NO_2^+ 机理研究中确定的硝化反应速率常数与工业硝化中实际的速率常数有较大的区别。

在早期，人们关心的是硝化反应究竟是发生在酸相或有机相还是兼而有之，以及反应速率由扩散所控制还是由硝化本身固有的动力学所控制。人们已经指出了所作假定中的一些缺陷。例如，人们假定随搅拌速率增大而增大反应速率时，硝化反应的固有动力学是速率控制。但是人们发现当液滴变小时，在液滴中扩散的减少能够减少物质转移速率，而两相间物质转移的速率不一定随搅拌速率的增大而增大。现在毫无疑问，硝化反应发生在酸相。通过比较还发现，任何发生在有机相的硝化反应均可以忽略。

适用混酸中的硝化的 NO_2^+ 机理指出，多相体系的反应速率受取代物的反应活性和酸相酸度的影响。取代物的反应活性和酸相酸度越高，硝化速率越大，而且在确定反应总速率时扩散变得更加重要。

根据膜理论已经对多相反应体系进行了广泛的讨论，尽管这种膜理论不很现实，而且其最简单的形式也不可能正确，但是它仍然很有用，为讨论提供了依据。根据物质转移的相对重要性和固有的反应速率，人们充分认识到：在慢反应区域，一个反应物可以看作为穿过和界面相邻的后一层薄膜扩散进入另一相，反应发生在第二相的层内，取代物的扩散速率或固有反应速率可以成为速率控制，薄膜中的反应可以忽略；在快反应区域，反应发生在薄膜中，而且反应物扩散进入薄膜是决定速率的步骤，扩散速率依赖于薄膜中的反应速率，因为反应速率越大，界面的浓度梯度越陡。

有人[43~45]比较深入地研究了苯酚、对甲酚及氯苯的两相硝化，对其影响因素、反应机理以及添加剂的作用给出了一些有意义的结果。

4.7 芳烃区域选择性硝化（定向硝化）的理论与技术

4.7.1 芳烃区域选择性催化硝化（定向硝化）国内外研究现状

芳烃区域选择性催化硝化，即所谓定向硝化，一直引起国内外硝化工作者的注意。特别是甲苯及氯苯的选择性硝化更是人们十分关心的研究课题。

工业上大规模地进行甲苯一段硝化，以生产用于制造染料、药物等有机合成中间体邻硝基甲苯（*o*-MNT）和对硝基甲苯（*p*-MNT）。目前工业上甲苯一段硝化仍广泛采用工艺成熟的传统硝化法，即用硝硫混酸进行硝化，在45℃进行硝化反应时，所得硝化产物中含有36.5%的*p*-MNT、59.5%的*o*-MNT以及4.0%的*m*-MNT，随反应条件不同，邻对位产物异构体比例（*o*/*p*）在1.4～1.7之间变动，而在实际生产中大多数情况下只需要*p*-MNT，*m*-MNT和*o*-MNT由于用途较少甚至被视为废品。由于生成这些异构体使原材料消耗定额上升，同时在处理这些异构体时还会造成环境污染，因此，即使在产物中所含*p*-MNT比率稍有增加，也是对硝化过程的重大改进。由于在实际生产中*p*-MNT一直供不应求，特别是近年来荧光增白剂用量不断增加，除草剂绿麦隆产量上升，染料行业又呈现一片繁荣景象，使*p*-MNT的供求矛盾更加突出，因此在试图改变甲苯硝化产物的异构体比例（即如何提高*p*-MNT生产比例）方面，许多化学工作者都进行了大量的研究，大致归纳如下。

总体而言，影响甲苯硝化异构体分布的因素是多种多样的。研究认为，烷基苯在25～75℃、有H_2SO_4存在时在有机溶剂中以HNO_3硝化，在质子和偶极非质子溶剂中，底物和位置的选择性主要由立体效应决定。Hanson Carl等研究了溶剂性质对异构体比例的影响[46,47]，并得到关系$o/p=1.201+0.214\mu/\lg\varepsilon(\varepsilon\neq1)$，此式中，$\mu$和$\varepsilon$分别为溶剂偶极矩和介电常数。此外，酸度也影响异构体分布，然而研究更多的是变换硝化剂种类或添加某些有催化作用的物质来改变o/p值。以H型磺酸离子交换树脂代替常规硝硫混酸中的硫酸，与HNO_3组成硝化剂，结果可以有效地降低o/p值，以不同型号的离子交换树脂作为催化酸得到的结果如表4-5所示。

表4-5 不同型号离子交换树脂为催化剂时的结果

树脂型号	相对于硝酸得率/%	o/p	树脂型号	相对于硝酸得率/%	o/p
Nafion	95	0.71	Dowex 50W	57	0.72
Amberlyst	76	0.65	D002	89	0.64

使用这种方法，树脂含水量要尽量少，否则作为稀酸就不能起到很好的催化作用，但由于树脂水不可能脱干，因此需要用浓硝酸（90%～100%）。该条件下反应平缓，基本上无二硝化产生。

与离子交换树脂相似，许多人也研究了芳磺酸作为催化剂和HNO_3组成硝化剂，结果也能有效地降低o/p值。Olah研究认为，以$BuONO_2$为硝化剂在全氟磺酸（Nafion H）的催化下，对甲苯硝化时具有较好的位置选择性，使邻位取代下降，磺酸中的含水量也较大程

度上影响 o/p 值，当含水量相当于磺酸的 0.46 倍时，o/p 值为 0.85；含水量为 0.2 倍时，o/p 值为 0.68；一般认为含水量少于 0.55 倍时才能显示较好的催化作用。另外，由于磺酸是黏稠液体，因此，有无载体存在，催化效果也有较大不同。研究认为硅藻土 Ceilite 545 为较好的载体，有关反应结果选择为 $p:m:o=79:1:20$。

在有多孔物质存在时，也可以提高 p-MNT 的生成比例，如酸性黏土、硅藻土、活性炭等存在时，以混酸硝化时也能提高 p-MNT 的生成比例。

Tsang 研究了硝基烷与多磷酸一起作为硝化剂对 o/p 的影响，以硝基新戊烷与多聚磷酸作硝化剂时得到 $o/p=0.94$，用硝酸戊酯与多聚磷酸作为硝化剂得到 $o/p=0.64$，同时他的研究指出，烷基至少含有 5 个碳原子，这样每个硝基烷至少有 2 个磷原子，硝化结果 $o:p=0.448:1.000$。

另外的研究认为，Lewis 酸也有利于 p-MNT 的形成，17g $NaNO_3$ 于 1.3h 内加入 21g 无水 $AlCl_3$ 和 150mL 甲苯的混合体系中 42℃反应所得的产物异构体比例为 $p:m:o=51:3:46$。

近年来分子筛在该领域的应用研究也有报道，如大孔丝光沸石存在时用硝酸苯甲酰酯硝化甲苯，在四氯化碳介质中可以使 p-MNT 含量高达 67%，而对于混酸硝化而言，目前还没有合适的催化剂来有效地提高 p-MNT 的生成比例。

最近有人研究了四烷基季铵硝酸盐的亲电硝化反应，用改进的无水芳香族及杂环芳香族-硝酸盐与四甲基季铵硝酸盐、三氟酸酐的反应，还运用了微波催化反应[48]。

新的一步硝化法通过四甲基季铵硝酸盐和三氟甲基磺酸酐在二氯甲烷中反应，得到硝化剂——硝酰阳离子三氟甲磺酸盐的准备原料。通过与一系列芳香化合物及杂环芳香化合物进行的快速而有选择性的硝化反应，可合成一些新的有机物化合物。此方法一个显著的优点是通过水相除去不需要的副产物。这个非常温和的硝化反应可以用于大规模的合成，并且得率高，产品通常也不需要进一步提纯。以四甲基铵硝酸盐为基础的硝化反应已经被用于微波催化的情况下。并且与一些化合物的反应结果已有报道。

还有人研究了相转移催化剂作用下稀硝酸对苯酚及取代苯酚的硝化反应[49]。在温和条件及相转移催化剂作用下，于液-液两相体系中，以稀硝酸（6%）对苯酚及取代苯酚进行了高度选择性硝化，得到相应的硝基化合物。对各类相转移催化剂对反应速率的影响进行了研究。四丁基溴化铵（TBAB）是最有效的相转移催化剂，在其作用下有较好的转化率和选择性。基于相转移催化剂的双重作用对反应结果进行了解释。相转移催化剂的作用一是通过形成氢键复合物将硝酸转移至有机相，二是提供 HBr，HBr 是反应中通过阴离子交换原位产生的，它对于有机相中形成 NO_2^+ 活性硝化中间体起到了关键作用。

南京理工大学于 20 世纪 80 年代开始研究定向硝化，1990 年深入研究芳烃区域选择性催化硝化反应。蔡春博士以“芳香族化合物的控制硝化及机理研究”为题[50～55]，研究认为：控制立体效应、溶剂效应等影响因素可以在一定程度上提高有机反应的位置选择性。主要研究了甲苯的硝酸-离子交换树脂硝化及动力学，优化条件下可以使产物的 o/p 值降至 0.7 以下。在有 β-环糊精参与时的苯酚两相硝化反应中，产物的异构体比例明显受反应介质的影响。利用高效液相色谱研究了苯酚的两相硝化反应机理，利用气相色谱得到了氯苯硝化反应中溶剂效应的动力学参数。对 Menke 条件下金属硝酸盐所进行的硝化反应进行了详细的研究，结合反应中的线性自由能关系与光谱分析结果，认为该条件下进行硝化反应的活化硝化剂是 NO_2^+。硝化能力对反应的位置选择性有明显影响。根据轨道控制反应与电荷控制反应理论，研究了醋酸汞催化条件下的硝化反应，取得了较理想的实验结果。1990～1992 年顾建良深入研究了乙酰苯胺和对甲氧基乙酰苯胺的选择性硝化研究，并完成了其硕士学位论文[56,57]。

彭新华博士从 1995 年开始以“固体催化剂和载体上芳烃的选择性硝化反应”为题[58~83]，研究认为：芳烃硝化反应研究的现实意义之一是探索适宜环境质量发展要求的更具选择性的硝化反应。应用硝酸盐、浓硝酸和硝酸酯等硝化试剂，在黏土、ZSM-5 及其改性物质等固体催化下，能够显著提高芳烃的对位选择性硝化能力。采用现代方法对催化剂予以表征，并将催化剂在芳烃硝化反应中呈现的位置（区域）选择性催化能力和催化活性与其结构和表面性质相关联。理论计算了被研究分子的几何参数和电子结构参数，并将其应用于芳烃选择性硝化反应化学和固体催化剂制备化学。金铁柱深入研究了正十二烷基苯的合成及选择性硝化，戴晖深入研究了甲苯的混酸选择性硝化研究，并完成了他们的硕士学位论文[84,85]。

程广斌博士从 2000 年开始以“固体酸催化剂上芳香族化合物区域选择性硝化反应研究”为题[86~96]，研究了一系列固体酸催化剂，TiO_2-柱撑黏土、SO_4^{2-}/ZrO_2、SO_4^{2-}/TiO_2-ZrO_2、SO_4^{2-}/WO_3-ZrO_2 及 SO_4^{2-}/MoO_3-ZrO_2 等，被制备并加以表征。在这些催化剂上研究了氯苯的硝酸硝化和 NO_2 硝化，结果表明：硝酸硝化能显著提高硝化产物的对位选择性，对卤苯的硝化得率能达到 98%以上；NO_2 硝化能使硝化产物邻/对硝基异构体比在 0.36～1.11之间变化。采用 UAM13 方法对氯苯自由基阳离子的电子自旋密度进行计算后发现，过渡金属阳离子与氯苯的作用能改变氯苯自由基阳离子的电子自旋密度分布，并以单电子转移机理对硝化反应的选择性加以解释。

还有人运用密度泛函理论（DFT）B3LYP 方法，在 6-31G** 基组水平上，全优化计算了硝酰阳离子 NO_2^+ 对苯和从 *o*-、*m*-、*p*-位进攻甲苯的亲电取代硝化反应，求得 4 条反应途径上包括反应物、过渡态和 Wheland 中间体共（4×3）12 个反应驻点 σ-络合物的分子几何、电子结构、能力和 IR 光谱等性质，阐明了反应中无同位素效应的实验事实，求得各反应途径的活化能排序：*p*-PhMe＞*o*-PhMe＞PhH＞*m*-PhMe，和 σ-络合物（R，TS 或 INT）的相对稳定化排序：*p*-ArMe-NO_2^+＞*o*-ArMe-NO_2^+＞*m*-ArMe-NO_2^+＞PhH-NO_2^+，从而阐明了甲基对苯环致活（或致钝）以及增加甲苯硝化络合物稳定性的双重功能，对甲苯定向硝化的理论预示与实验结果相吻合。

显然，人们非常关注对芳烃区域选择性催化硝化的研究，尤其是甲苯及氯苯的硝化，又特别是对改变甲苯硝化异构体比例的研究较多，但目前仍没有方法能够用于工业化，主要原因是因为操作的复杂性，或者是不能用常规的硝硫混酸为硝化剂以及相对于甲苯的低得率，人们寄希望于这方面有所突破。

4.7.2 硝化反应选择性的定性解释

在芳香族化合物发生亲电取代反应时，环上的取代基对取代反应发生的位置以及反应进行的速率都有一定的影响，前一种影响被称为取代基的定位效应，硝化反应产物的位置选择性取决于取代基的定位效应。

和其他芳环上的亲电取代反应一样，芳环上已经有的取代基对芳香族化合物的亲电硝化反应的影响表现在两个方面，一是影响硝化反应的活性，二是影响硝基进入的位置，即硝化反应的选择性。就对硝化反应活性的影响而言，可将取代基分为致钝基团和致活基团。就对硝化反应选择性而言，又可以将取代基分为邻、对位定位基和间位定位基。

根据反应速率的过渡态理论，反应速率取决于活化自由能的大小，即取决于过渡态与反应物的 Gibbs 自由能之差。如果取代基对过渡状态的稳定化作用比对反应物的稳定化作用大，就会使反应的活化自由能减小，从而使反应速率增加，这类取代基对反应物的稳定化作用小，就会使反应的活化自由能增大，从而使反应速率降低，这类取代基就是致钝基团。

由此可见，要解释取代基效应，必须同时考虑取代基对反应物和过渡状态的影响。但对芳香族化合物的亲电硝化反应而言，反应底物通常为中性分子，取代基对其能量的影响较小，而过渡状态一般带有电荷，取代基对其能量的影响较大。因此，在考虑取代基效应时，可以忽略取代基对反应底物能量的影响，只考虑过渡状态的能量变化。

众所周知，芳环上的亲电硝化反应首先生成σ-配合物，它带有一个单位的正电荷，是非常活泼的反应中间体，它的生成通常是反应的速率控制步骤。根据 Hammond 假设："沿着反应坐标相继出现的两个状态，若其能量相近，结构也相近"，可认为芳香族化合物亲电硝化速率控制步骤的过渡状态具有与σ-配合物类似的结构，由取代基诱导效应和共轭效应对σ-配合物稳定性的影响即可判断取代基效应。

从诱导效应考虑，由于σ-配合物带有一个单位的正电荷，任何给电子基团都能使σ-配合物稳定，使得该中间体容易生成，因而是致活基团；相反，吸电子基团将使σ-配合物变得不稳定，因而是致钝基团。

关于取代基的定位效应，只有同时考虑诱导效应和共轭效应才能得到满意的解释。设 X 为芳环上已有的取代基，则硝酰阳离子进攻芳环时，可以生成邻、间、对三种σ-配合物。

次高占有轨道能级：

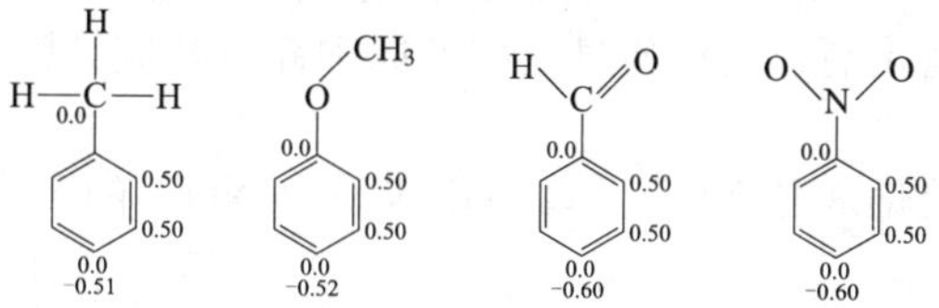

某些取代苯的电荷分布（STO-3G）：

给电子基：

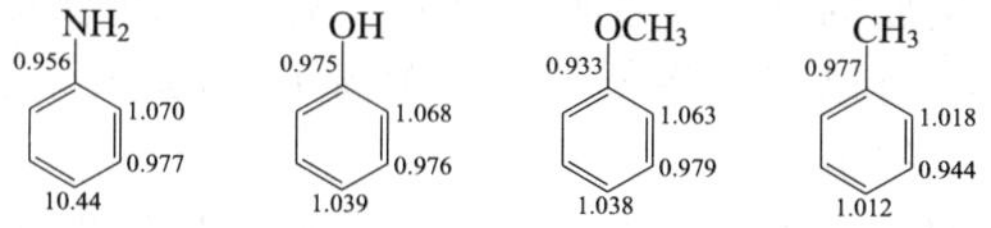

吸电子基：

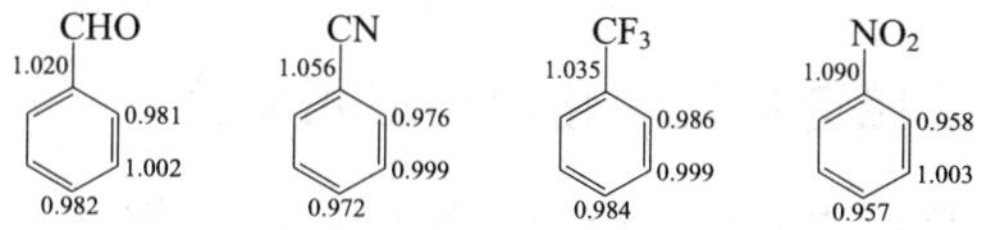

由上面可以看出，在作用物的最高占有轨道中，给电子基的邻、对位轨道系数值较高，有利于硝酰阳离子进攻，因而给电子基是邻、对位定位基。由上面还可以得出类似的结论，即给电子基使邻、对位电子云密度增加较多，是邻、对位定位基。对于吸电子基为间位定位基，未能给出满意的解释。例如，在硝基苯的最高占有轨道中，硝基对位的轨道系数值（0.50）反而比间位的轨道系数值（0.26）高，由此推测，硝基应为对位定位基，与实验结果相反。产生这一矛盾的原因不在于分子轨道法本身，而在于处理问题时的某些假设不够合理。首先，前线分子轨道理论只考虑最高占有轨道和最低空轨道，忽略了其他分子轨道的影响。例如，在硝基苯的次高占有轨道中，硝基间位的轨道系数值（0.5）就明显高于对位的轨道系数值（0.0）；其次，用反应物的分子轨道来解释取代基定位效应的前提是，反应的过渡状态类似于反应物。对于含有吸电子基的芳香族化合物来说，这一假设较难满足，因为含有吸电子基的芳香族化合物硝化活性较低，反应活性较高，其过渡状态结构通常类似于中间体或产物，在这种情况下，根据σ-配合物的最低空轨道来讨论取代定位效应更为合理。

曹阳博士除了对 NO_2^+ 及相关硝化反应用量子化学进行理论研究外，还对硝基蒽醌及相关化合物的分子结构、性质及反应，硝酰氯及亚硝酰氯互变异构以及自由基对特性分子的密度泛函理论等进行了研究与计算[97~102]。

4.7.3 芳烃选择性硝化反应中的前线轨道理论

分子轨道理论方法已日益渗透于化学、物理等学科，为了从微观本质上了解芳烃选择性硝化反应中芳烃和硝化试剂的几何结构、电子结构与反应性能的关系，而且从文献中很难找到不同芳烃分子的同一计算方法的系统结果，为此蔡春博士及彭金华博士应用量子化学PM3方法在全优化几何构型下对所研究的物质的几何结构和电结构参数进行了理论计算[58,103]。他们计算了芳烃分子的几何参数和电结构参数、硝酸烷基酯的几何参数和电结构参数、硝化试剂或活性硝化剂的几何参数和电结构参数、甲苯自由基阳离子的几何参数和电结构参数等。特别深入研究了芳烃硝化反应性能和位置选择性相互影响。

4.7.4 甲苯的硝酸-离子交换树脂选择性硝化

控制立体效应、溶剂效应等影响因素，可以控制反应试剂与底物的不同可取代位置之间基于静电相互作用的碰撞概率，从而能够提高反应的位置选择性。基于这一思想，采用无水的强酸性离子交换树脂（$ResSO_3H$）代替混酸硝化剂中的硫酸，和浓硝酸一起组成的混合物作为甲苯硝化反应的硝化剂，期望通过立体效应和介质效应等因素的变化来提高反应的位置选择性[103]。

硝化反应中的活化硝化剂是 NO_2^+，该硝化体系中 NO_2^+ 的产生具有硝酸和其他强酸反应相同的机理：

$$HNO_3 + 2H_2SO_4 \longrightarrow NO_2^+ + H_3^+O + 2HSO_4^- \tag{4-9}$$

$$HNO_3 + 2ResSO_3H \longrightarrow NO_2^+ + H_3^+O + 2ResSO_3^- \tag{4-10}$$

在非质子性溶剂中，生成的 NO_2^+ 形成紧密离子对，从而增大了进攻试剂 NO_2^+ 的有效体积，由于空间位阻效应，可以有效降低一硝产物中的 o/p 值，实验表明在一定的反应条件下，可以使该值降至 0.7 以下。

由于离子交换树脂成型工艺不同，在比表面、交换容量等方面有较大的不同，经大量实验得出结论认为，D002、54 号两种树脂具有较好的催化作用。

4.7.5 分子筛在甲苯区域选择性硝化中的应用研究

分子筛在对位选择性反应中有广泛应用，如在 ZSM-5 型分子筛催化下由甲苯可以选择性地合成对甲乙苯和对二甲苯，采用丝光沸石或者 ZSM-5 型分子筛为催化剂，由氯苯和甲醇选择性合成对氯甲苯，其催化效果也比较明显，近年来国外有研究者在硝化反应体系中引入了分子筛来改变芳香族化合物硝化产物的异构体分布，取得了一定的进展[58,104]。如采用大孔丝光沸石为催化剂，在室温下用硝酸苯甲酸酯硝化甲苯，结果可以使硝化产物中对硝基氯苯含量高达 80%以上。可以看出分子筛在一元取代苯的硝化中起着一定的选择催化作用，以下的研究工作主要基于此类文献报道，在对甲苯的一段硝化研究中，由于主要立足于寻找能够工业化的方法，因此在研究中采用通常的硝硫混酸作硝化剂，没有催化剂时，硝硫混酸对甲苯的一段硝化产物中，邻硝基甲苯与对硝基甲苯的生成量之比（o/p）在 1.5 左右，一硝基甲苯得率 95%以上，对硝基甲苯的单程转化率为 35%。

4.7.6 固体酸催化剂在芳烃区域选择性硝化中的应用研究

固体酸作为硝化反应的催化剂，近年来的报道愈来愈多，金属氧化物作为固体酸的研究早已开始，应用范围也在不断扩大，但自 Arata1979 年报道了卤素的 SO_4^{2-}/M_xO_y 固体强酸体系以来，许多研究者对 SO_4^{2-} 促进型固体强酸进行了大量的研究[86]，随后便不断地有这类单组分及复合型固体强酸被合成的报道，基于该类化合物的强酸性质，其在酸催化反应，如烷烃异构化、烯烃二聚、醇脱水、酯化、芳烃的酰化、醚类的聚合中的催化作用有较多的报道，同时对酸强度和不同酸强度下的酸量的调节也有较多报道，应用领域不断地拓展。这类催化剂之所以能成为人们研究的焦点，是因为其具有一些独特的优点：作为一种简单的无机物，其制备十分简单，因而成本低；对设备无腐蚀，克服了许多液体酸严重腐蚀设备的缺点；对水稳定，分离容易；再生容易，能重复使用；更主要的是酸强度及不同酸强度下的酸量的可调节性而且使用过程中对环境不产生污染。

随着材料科学的发展，一些新型分子材料催化剂、载体或溶剂在各种化工单元操作中不断涌现，它们也被成功地移植应用在芳烃选择性硝化反应中。诸如分子印迹聚合物催化技术、全氟溶剂催化技术、分子仿生催化技术、离子液体、溶剂催化技术等呈现出独特的选择特性及较好的转化率。

4.7.7 分子印迹聚合物催化技术在芳烃选择性 NO_2 硝化中的应用研究

应用 NO_2 硝化剂，研究分子印迹聚合物（MIPs）催化剂在单取代芳烃硝化反应中的催化特性[105]。采用现代分析方法对 MIPs 进行表征，并将 MIPs 在催化单取代芳香烃反应中表现的催化活性和区域选择性与其结构相联系。实验结果说明，聚合单体中有酸性基团、聚合物有较高的交联度、聚合过程所有溶剂为原料时，MIPs 有较高的催化活性和选择性。与硝硫混酸硝化相比，NO_2 中 MIPs 催化硝化的对位选择性普遍提高。在以甲基丙烯酸为单体制备的 MIPs 催化下，甲苯硝化产物的邻对位异构体比例达到 0.89，氯苯也达到 0.61。

有人详细而深入地研究了分子印迹技术（MIT），研究了分子印迹聚合物的合成，作为催化剂的 MIPs 的制备，MIPs 的结构表征，以及用分子印迹聚合物催化技术对甲苯、氯苯进行选择性硝化。他们作了大量实验研究，并得出某些重要结论如下。

① 用现代分析方法对 MIPs 的结构进行表征。由 IR 图谱可以看出，聚合链上的功能基和聚合单体一致，在聚合过程中没有遭到破坏。通过比表面积及孔容、孔径的测定，表明 MIPs 的比表面积与其聚合单体和制备方法有关，但孔穴的大小与预期一致，接近于模板分子的大小。扫描电镜说明在制备方法过程中，聚合链间的空隙与孔穴的结构发生了变化，结构变得规整。在热差分析中，MIPs 表现出了优良的耐热性，能在高温下进行催化，这是生物酶所不具备的。

② 以产物类似物为模板制备的 MIPs 在 NO_2-O_2 硝化体系中有一定的催化活性和结构选择性。甲苯在此系统中的一硝化产物的邻/对位比可达 0.89，与传统的硝硫混酸相比，对位的选择性得到了提高。

③ 印迹单体上带有酸性基团的 MIPs 的催化活性比较好。同时，增加交联度、选用极性小的溶剂可以提高催化选择性。

④ MIPs 的催化效应具有专一性。即一种 MIPs 只能特定地催化某种底物。

⑤ 从实验结果来看，可以改进 MIPs 的催化性能，使其催化和选择性更好。具体措施是：首先，根据沸石等催化剂表面有无可功能化的特性，可以把 MIPs 的功能基转化为磺酸基等具有酸性基团，可能更有利于提高反应速率；其次，选择更适宜的功能单体和交联剂，使单位质量 MIPs 的孔容和功能基的个数增加，使催化选择性更好。

⑥ 目前在 MIPs 表征方面还存在问题：分子印迹过程和分子识别过程的机理和表征问题，尽管有不少研究者在这方面作过努力，但结合位点的作用机理、聚合物的形态和传质机

理仍然是研究者们所关注的问题。如何从分子水平上更好地理解分子印迹过程和识别过程，仍需努力。

4.7.8 氟两相技术在芳烃选择性硝化中的应用研究

目前，绿色有机合成化学，即环境友好的有机合成方法，已越来越引起人们的重视，正成为当代化学的一个重要内容。氟两相催化（FBC，fluorous biphasic catalysis）是指在氟两相体系（FBS，fluorous biphasic system）中进行的催化反应过程，是近年来发展起来的一种新型均相催化剂固定化（多相化）和相分离技术，于1994年由Horvath首次使用。氟两相催化具有反应活性高、选择性高的特点，而且能实现在简单而温和的条件下对所有有机金属催化剂分离和重复使用。将氟两相体系运用于硝化反应是一个全新领域。2002年首次将氟两相体系运用于芳香族化合物的亲电硝化反应中[106~109]。

氟两相催化用于反应过程的基本内涵如下：

通常情况下，即使反应温度为0℃，反应过程中NO_2亦会逸出，不仅污染环境，还会使反应计量难以控制。而全氟溶剂由于其独特的分子结构，易固定气体NO_2，从而使反应顺利进行。

有人详细研究了氟两相技术在硝化中的应用，制备了全氟辛基磺酸镧系稀土金属盐[$Ln(OPf)_3$，Ln＝Y、La、Sm、Eu、Yb]催化剂并研究了该催化剂作用下以全氟萘烷（$C_{10}F_{17}$）为氟溶剂对甲苯进行了氟两相硝化，反应具有强对位选择性硝化能力。研究表明全氟辛基磺酸镱是最有效的催化剂。测定了不同温度下氟相在甲苯中的分配系数，考察了反应温度对氟两相硝化的影响。发现分配系数最大时所对应的温度就是最佳氟两相硝化温度。含有催化剂的氟相通过简单的相分离，就可回收利用，氟相重复使用5次，其催化活性减少不大。含有催化剂的氟相通过简单的相分离，就可回收利用，反应具有强对位选择性硝化能力。发现甲苯、乙苯、氟苯、氯苯、溴苯、碘苯和二苯醚的最佳氟两相选择性硝化温度分别为60℃、60℃、60℃、60℃、80℃、80℃和70℃，减少体系中含水量和在氟相和有机相能完全互溶的体系中升高氟相和有机相的相比将有利于降低邻对位比值。

他们具体研究了甲苯的氟相选择性硝化，制备了全氟辛基磺酸稀土金属盐[$RE(OPf)_3$，RE＝La、Sm、Eu、Yb、Lu]，并研究了该催化剂作用下甲苯的氟相硝化反应。全氟己烷（C_6F_{14}）、全氟甲苯（C_7F_8）、全氟甲基环己烷（C_7F_{14}）、全氟辛烷（C_8F_{18}）、1-溴代全氟辛烷（$C_8F_{17}Br$）和全氟萘烷（$C_{10}F_{18}$，顺式与反式的混合物）可作为该反应的氟溶剂。考察了催化剂用量和带有不同配体的稀土金属催化剂对反应的影响。研究表明，$Yb(OPf)_3$和$C_{10}F_{18}$中甲苯硝化反应得率为58%，对位选择性为45%。含有催化剂的氟相通过简单的相分离，就可回收利用。

他们还研究了卤代苯的氟两相选择性硝化，以全氟萘烷$C_{10}F_{18}$为氟溶剂，以$Yb(OPf)_3$为催化剂，对卤代苯进行氟两相硝化。含有催化剂的氟相通过简单的相分离，就可回收利用。氟苯、氯苯、溴苯和碘苯的p/o值（产物中对位和邻位异构体的比）可分别提高至7.20、2.45、4.01和0.91。测定了不同温度下氟相在卤代苯中的分配系数，考察了反应温度、氟相和有机相的相比与体系中的含水量对硝化反应的影响，发现氟苯、氯苯、溴苯和碘苯的最佳两相反应温度分别为60℃、60℃、80℃和80℃，降低氟相和有机相的相比与减少体系中含水量，将有利于提高p/o值。

全氟辛基稀土金属磺酸盐为氟代催化剂在全氟萘烷中用硝酸-NO_2对胺类及醇类进行的氟两相硝化反应的工作正在进行中。

4.8 绿色硝化理论与技术

4.8.1 绿色硝化的意义

芳烃硝基化合物是作为许多产品的一重要原料，每年有大量这样化合物被用来制备炸药以及染料、医药、农药、合成纤维、合成橡胶等[110]。芳烃硝基化合物的商业生产是利用硝酸或混酸处理芳烃。自从 1834 年由 Mischerlich 首先发现该方法以来[111]，一个世纪以来一直作为向芳烃引入硝基的主要方法，但该种工艺过程要产生大量含有机物的酸性废水、废酸，同时存在高腐蚀性，造成大量的环境污染及资源浪费。为了解决这方面问题，化学工作者进行了大量研究工作。如气相硝化技术[112~115]和液相载体硝化技术[116]，这些硝化技术要实现工业化还存在许多技术上的难题。近来有一种新型硝化方法，使用 NO_2-O_3 硝化，发现该种硝化方法具有许多混酸硝化体系无法比拟的优点，如无废酸产生，可用于硝化对酸敏感的物质，具有很强的位置选择性等，因此被称为清洁硝化技术，也就是绿色硝化技术。

4.8.2 绿色硝化技术的现状与发展

前苏联在 20 世纪 70 年代研究了 NO_2 的无酸硝化，并成功地用于纤维素的硝化制造硝化棉。美国等美欧国家也相继开展研究并先后有一些报道。自 1980 年以来，日本京都大学铃木仁美（Hitomi Suzuki）教授及其合作者在不同杂志上发表了许多关于 O_3 存在下 NO_2 硝化芳烃的论文，在日本将它命名为 Kyodai 硝化，并对该种硝化方法进行了大量探索性研究。但发现 NO、N_2O_3、NO_2 这样的氮氧化物在 O_3 存在下能被活化，顺利地与许多芳烃反应，产生相应的硝基化合物[114]。经过他们十多年潜心探索与研究，选择了 NO_2-O_3 硝化体系，研究了其动力学特征与机理，确立了 NO_2-O_3 硝化体系的特点，并在苯、烃基苯、卤苯、胺类及醇类等化合物上获得应用[117~125]。

近期，铃木教授等还深入研究了苯二甲酸以及萘甲酸酯的无酸硝化[126]。在 O_3 和 $FeCl_3$ 催化剂作用下，在惰性溶剂中苯二甲酸酯用 NO_2 硝化，温度控制在－10～＋5℃之间，可平稳硝化高产率地得到相应的单硝化产物，萘甲酸酯和萘-1,8-二甲酸酯在无催化剂条件下得到预期产物。与传统的混酸硝化不同，在此硝化进程中无酯的水解副反应存在。萘甲酸酯的硝化异构体检测中，由光谱分析可知其异构化反应较传统方法为低。

我国西安 204 所、北京理工大学以及南京理工大学等单位对绿色硝化技术先后开展了研究工作，在不同方面不同领域都取得可喜成果，并发表了较多的论文。

有人进行了绿色硝化技术合成 HMX 的小试工艺研究[127]。以 DADN（1,5-二乙酰基-3,7-二硝基-1,3,5,7-四氮杂环辛烷）为原料在新型硝化剂 N_2O_3-HNO_3 溶液中合成 HMX 的方法，HMX 的得率在 96％以上，熔点为 272.0～272.8℃。此外，对影响 HMX 得率的几种因素作了初步分析。

有人对清洁硝化工艺进行了研究[128]。研究认为清洁硝化工艺反应通过改变硝化剂和使用相应的催化剂和介质，不仅成功地避免了浓硫酸的使用，而且提高了原子经济性，具有良好的环境效益。并研究了某些硝化工艺。

南京理工大学自 1990 年开始研究绿色硝化，研究工作集中在选择性硝化、硝化机理、硝化动力学以及芳烃硝化最佳工艺条件选择等方面。彭新华博士就绿色硝化的研究工作及发表的大量论文，引起日本铃木教授的高度重视，为此 1998 年在振兴基金会的资助下在铃木教授研究室进行博士后研究工作，重点研究芳烃、胺类及醇类的绿色硝化反应，并发表大量论文。

1999～2001 年吕早生博士以 NO_2-O_3 研究芳烃的宏观动力学及机理研究为题，重点研究了 NO_2-O_3 的绿色硝化并发表了一些研究论文[129～134]。特别是深入对 NO_2-O_3 硝化芳烃反应的宏观动力学进行了研究[135]。讨论了 NO_2-O_3 硝化芳烃的动力学行为，利用稳态处理方法得出了反应动力学模型。Raman 光谱显示 NO_2-O_3 反应体系不存在硝酰阳离子，说明 NO_2-O_3 硝化芳烃不是硝酰阳离子的亲电取代过程。NO_2-O_3 硝化苯和甲苯时，反应速率对苯和甲苯的浓度为零级、对四氧化二氮为 0.5 级；当用 NO_2-O_3 体系硝化氟苯时，反应速率对氟苯为 1 级、对四氧化二氮为零级，实验结果与动力学模型相吻合。通过竞争实验测定出 NO_2-O_3 硝化芳烃的哈米特方程为 $\lg f_P^R=-7.26\sigma_P^+-0.125$，反应常数为－7.26，与混酸硝化取代芳烃的反应常数相近，说明这两种硝化反应过程中决定异构体分布的过渡态具有相似结构。

传统的硝化方法给人类社会所带来问题是显而易见的，产生大量无法处理的废水、废酸给环境带来严重的污染，高腐蚀及高能耗而造成人类资源的极大浪费，NO_2-O_3 硝化方法为一中性硝化方法。其产生的废水可以大大降低，不存在高腐蚀问题，但该种方法现处于实验研究阶段，要使它实现工业化还有许多问题需要解决：

① 该反应是在有机溶剂中进行的，如何回收溶剂或无溶剂化反应需要进一步摸索；

② 如能将 NO_2-O_3 体系变为 NO_2-O_2 体系将使工艺流程更简单，能耗进一步下降；

③ NO_2-O_3 的反应机理过程还无定论，今后的进一步研究需要它作为理论指导，所以机理的研究是今后深入研究的关键；

④ NO_2-O_3 的硝化过程会使一些芳烃产生氧化副反应，如何抑制氧化过程也是一重要的研究课题；

⑤ 如何提高 NO_2 利用率是降低生产成本的关键；

⑥ 使用 NO_2-O_3 硝化不同芳烃的工艺条件不大相同，所以不同芳烃硝化工艺条件的研究有大量工作要做。无论如何，以上这些问题会随研究工作的进一步深入而得到解决，所以 NO_2-O_3 硝化体系是取代传统硝化工艺极有前景的一种硝化方法。

今后研究发展的重点应该是：

① 建立具有高度原子经济效率的绿色硝化新技术，应用分子氧替代臭氧以清洁选择性制备硝基化合物。新方法的原子经济效率现已经达到 90%以上，芳香族甲苯的硝化反应区域选择性已超过 91%。我们将瞄准国际前沿，实现高能炸药制备行业绿色硝化单元反应新技术革命。

② 以甲苯、氯苯及二甲苯为具体研究对象，深入研究其绿色硝化反应机理、动力学方程及最佳工艺条件。

③ 绿色硝化技术小试无论对芳烃、胺类还是醇类都是可行的，其特点也十分明显，优点也非常明确。但是，如何工程化，即在大工业生产上实施是人们更为关心的问题，也是十分困难的问题。

4.8.3 NO_2-O_3 硝化芳烃的反应机理与动力学研究

4.8.3.1 NO_2-O_3 硝化反应机理

NO_2-O_3 硝化芳烃反应中，普遍认为是经过氧化硝化反应过程，即 NO_2 与 O_3 反应生成 NO_3，NO_3 再将芳烃氧化为自由基正离子，芳烃自由基正离子再与 NO_2 发生偶合反应生成硝基芳烃产物，所以该反应的难易与芳烃的还原电势很有关。

$$NO_2+O_3 \longrightarrow NO_3$$

$$NO_3+ArH \longrightarrow [ArH]^{\cdot +}+NO_3^-$$

$$[ArH]^{\cdot +} + NO_2 \longrightarrow ArNO_2 + H^+$$

当体系中没有适当可氧化的芳烃底物时，NO_3 被另一分子 NO_2 所捕获形成 N_2O_5，N_2O_5 在酸催化作用下为一强硝化剂，但它是以亲电取代方式进行。

$$NO_3 + NO_2 \rightleftharpoons N_2O_5 \xrightarrow{H^+} NO_2^+ + NO_3^-$$

$$NO_3 + NO_2 \rightleftharpoons N_2O_5 \longleftrightarrow NO_2^+ NO_3^- \rightleftharpoons NO_2^+ + NO_3^-$$

所以 NO_2-O_3 硝化芳烃一般通过两种机理形式进行，具体采取哪一种形式取决于反应体系的环境，即底物的可氧化性及体系的极性。

氟苯、甲苯、氯苯的 NO_2-O_3 硝化所得的异构体比例与混酸硝化结果相当（见表 4-6）。

表 4-6 芳烃不同硝化体系硝化产物异构体比较

化合物	混酸硝化($o:m:p$)	NO_2-O_3($o:m:p$)
氯苯	30∶1∶69	30∶0∶70
氟苯	12∶1∶87	11∶0∶89
甲苯	59.5∶4∶36.5	52∶2∶46

提出 NO_2-O_3 硝化芳烃的机理过程如下：

$$N_2O_4 \underset{k_{-1}}{\overset{k_1}{\rightleftharpoons}} 2NO_2 \qquad (4\text{-}11)$$

$$NO_2 + O_3 \xrightarrow{k_2} NO_3 + O_2 \qquad 快 \qquad (4\text{-}12)$$

$$NO_3 + NO_2 \underset{k_{-3}}{\overset{k_3}{\rightleftharpoons}} N_2O_5 \qquad 快 \qquad (4\text{-}13)$$

$$NO_2 + NO_3 \xrightarrow{k_4} NO_2 + NO + O_2 \qquad 慢 \qquad (4\text{-}14)$$

$$NO + NO_3 \xrightarrow{k_5} 2NO_2 \qquad 快 \qquad (4\text{-}15)$$

$$NO_3 + ArH \xrightarrow{k_6} ArH^{\cdot +} NO_3^- \qquad 慢 \qquad (4\text{-}16)$$

$$NO_2 + ArH^{\cdot +} NO_3^- \xrightarrow{k_7} ArNO_2 + HNO_3 \qquad 快 \qquad (4\text{-}17)$$

4.8.3.2 NO_2-O_3 硝化芳烃的动力学方程

根据前面所提出的机理模型

式(4-17) 为一自由基偶合过程，式(4-16) 为一氧化过程，故 $k_7 \gg k_8$

得
$$-\frac{d[ArH]}{dt} = k_6[NO_3][ArH] \qquad (4\text{-}18)$$

而 NO_3 为一非常活泼的物质，利用稳态处理法得：

$$\frac{d[NO_3]}{dt} = k_2[NO_2][O_3] + k_3^{-1}[N_2O_5] - k_3[NO_3][NO_2] - k_4[NO_2][NO_3]$$
$$-k_5[NO][NO_3] - k_6[NO_3][ArH] = 0$$

在式(4-13) 中正逆过程都为一快速过程，故可认为它处于一相对平衡状态，故：

$$k_3^{-1}[N_2O_5] = k_3[NO_3][NO_2]$$

而 $k_5 \gg k_4$，可认为 $k_5[NO][NO_3] = k_4[NO_2][NO_3]$

将两式代入 $\frac{d[NO_3]}{dt}$ 中，得：

$$[NO_3]=\frac{k_6[NO_2][O_3]}{2k_4[NO_2]+k_6[ArH]} \tag{4-19}$$

由式(4-9) 得：

$$[NO_2]=\sqrt{\frac{k_1}{k_{-1}}}[N_2O_4] \tag{4-20}$$

由式(4-18)～式(4-20) 可得

$$\frac{-d[ArH]}{dt}=\frac{k_6[ArH]k_2\sqrt{\frac{k_1}{k_1^{-1}}[N_2O_4]}[O_3]}{2k_4\sqrt{\frac{k_1}{k_1^{-1}}[N_2O_4]}+k_6[ArH]} \tag{4-21}$$

式(4-21) 即为 NO_2-O_3 硝化芳烃的速率方程式，根据不同反应环境，式(4-21) 有三种情况。

(a) 当 ArH 为一活泼芳烃，或 ArH 过量时，则 $k_6 \gg 2k_4\sqrt{\frac{k_1}{k_1^{-1}}[N_2O_4]}$，式(4-21) 变为：

$$\frac{-d[ArH]}{dt}=k_2\sqrt{\frac{k_1}{k_1^{-1}}[N_2O_4]}[O_3] \tag{4-22}$$

则反应速率对 ArH 表现为零级。对 N_2O_4 表现为 0.5 级，对 O_3 表现为 1 级。

(b) 当 ArH 为一非活泼芳烃，或 $[N_2O_4]$ 过量时，则 $2k_4\sqrt{\frac{k_1}{k_1^{-1}}[N_2O_4]} \gg k_6[ArH]$，式(4-21) 变为：

$$\frac{-d[ArH]}{dt}=\frac{k_2k_6[ArH][O_3]}{2k_4} \tag{4-23}$$

则反应速率对 ArH、O_3 分别表现为 1 级，对 N_2O_4 表现为零级。

(c) 当 $2k_4\sqrt{\frac{k_1}{k_1^{-1}}[N_2O_4]} \backsim k_6[ArH]$时

则

$$\frac{-d[ArH]}{dt}=\frac{1}{2}k_2\sqrt{\frac{k_1}{k_1^{-1}}[N_2O_4]}[O_3] \tag{4-24}$$

反应速率对 O_3 表现为 1 级，对 ArH 和 N_2O_4 表现为非整数级。

4.8.4 NO_2-O_3 在硝基氯苯绿色硝化中的应用研究

将绿色硝化技术应用于一硝基苯的制备，获得了氧气流量、二氧化氮的初始浓度及氯苯的初始浓度对一硝基苯产量的影响。

重点研究了初始浓度对硝化产物生成量的影响，其结果如下。

(1) 氧气流量对硝化结果的影响

氯苯 4mL，硝基甲烷 40mL，液态二氧化氮 1mL，反应温度为 0℃，从图 4-9 可看出当氧气流量从 300mL/min 减少到 160mL/min 时，其反应诱导期相应地延长，并且出现最大产品收率的时间也推迟。当氧气流量为 300mL/min 时，延长反应时间反而使产品收率下降，这说明生成的产品被臭氧进一步氧化生成其他物质。

(2) 氯苯初始浓度对硝化结果的影响

硝基甲烷 40mL，氧气流量 200mL/min，液态二氧化氮 0.6mL，反应温度为 0℃。从图 4-10 可看出氯苯的加入量从 2mL 增加到 4mL 时，同一反应时间内一硝产品收率明显增加。

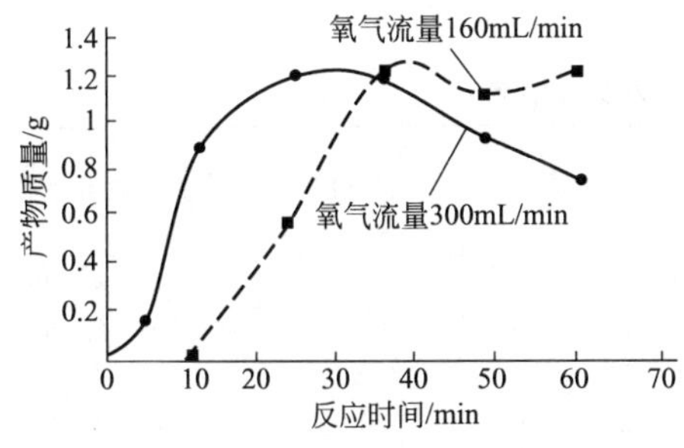

图 4-9 氧气流量对硝化结果的影响

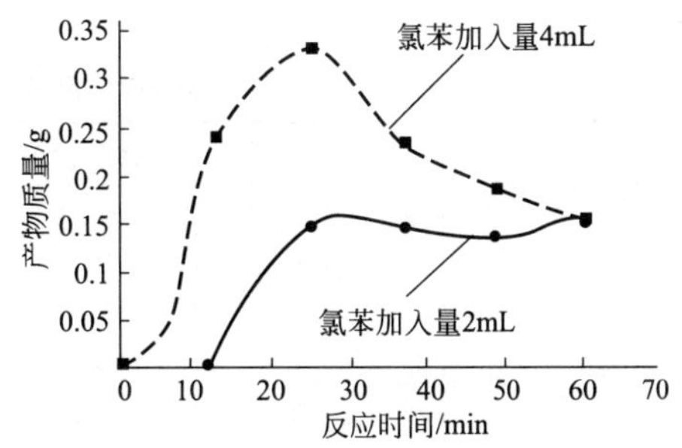

图 4-10 氯苯的初始浓度对硝化结果的影响

(3) 二氧化氮的初始浓度对硝化结果的影响

氯苯 10mL，硝基甲烷 40mL，氧气流量 200mL/min，反应温度为 0℃，从图 4-11 可以看出二氧化氮的初始浓度对产物的产量影响很大，当加入液态二氧化氮从 0.6mL 增加到 1mL 时，同一反应时间内产物产量增加三倍。

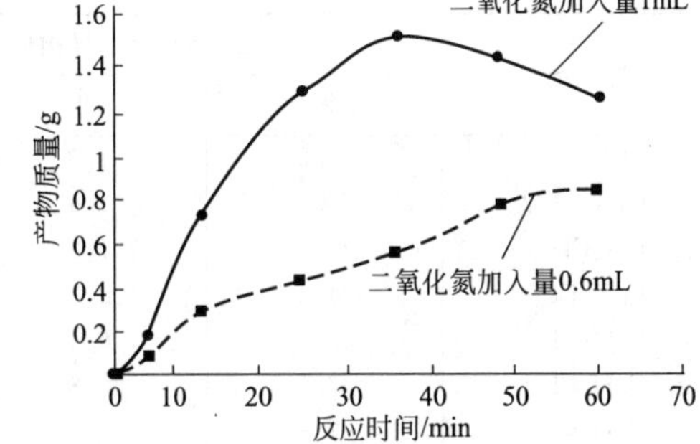

图 4-11 二氧化氮的初始浓度对硝化结果的影响

从上述实验结果，可得出如下结论。

① 从实验结果看出，反应时间小于 12min，则几乎无产物产生，但反应时间在 24～36min 内产物数量急剧增加到最大，可见该种反应存在一反应诱导期，诱导期的长短与氧气流量有关。

② 由于在反应过程中，二氧化氮的流失造成产品收率小于理论收率。

③ 由图 4-9～图 4-11 看出，反应时间过长反而会导致产品收率下降，这是产品被臭氧氧化分解造成的，所以该反应存在一最佳反应时间。

4.8.5 固体酸催化剂在硝基苯绿色硝化中的应用研究

从现有文献看，Kyodai 硝化应用于氯苯硝化的一个有趣现象是硝化产物中邻/对位硝基异构体的比例随氯苯初始浓度的变化而变化，对氯苯在固体酸催化下 O_3 介质中的 NO_2 硝化进行了较为详尽的探讨，发现固体酸的存在，可以促进氯苯硝化反应的过程，同时对硝化产物的选择性产生很大的影响。

重点研究了 SO_4^{2-}/ZrO_2、SO_4^{2-}/TiO_2 及其复合的 $SO_4^{2-}/ZrO_2\text{-}TiO_2$ 催化剂上 $NO_2\text{-}O_3$ 硝化氯苯。

(1) 反应时间对硝化反应的影响

为考察氯苯的氮氧化物硝化反应速率，取 550℃下焙烧 3h 后的 SO_4^{2-}/ZrO_2 固体酸催化剂 0.5g，1mL 液态 NO_2，在 CH_2Cl_2 溶剂中，按上述实验方法，反应不同的时间，结果列于表 4-7。

表 4-7 表明：随着反应时间的增加，氯苯硝化产物得率也相应增加，特别是反应初期，产物得率增加较快，但 45min 之后趋向缓和；硝化产物邻/对硝基氯苯异构体的比例随反应时间的增加而发生着变化，有降低的趋势，说明反应初期，邻硝基氯苯的生成较快，但随着时间的增加，有利于对位产物的生成，在 45min 之后产物异构体的比例变化不大，趋于

固定。

表 4-7　反应时间对硝化反应的影响

反应时间/min	硝基氯苯异构体/%			邻/对	产率/%
	邻	间	对		
15	34.7	1.1	64.2	0.54	26.9
30	36.6	0.9	62.5	0.58	36.6
45	29.1	0.4	70.5	0.42	45.9
60	25.8	1.9	72.3	0.36	52.3
120	24.7	1.7	73.6	0.34	74.8

(2) 溶剂对硝化反应的影响

溶剂的存在，对氯苯硝化反应的选择性和产物得率均产生较大的影响，为考察该反应受溶剂的影响，按上述实验方法，选取不同的反应溶剂，加 550℃下焙烧 3h 后的 SO_4^{2-}/ZrO_2 固体酸催化剂 0.5g，1mL 液态 NO_2，所得结果列于表 4-8。

表 4-8　溶剂对硝化反应的影响

溶　剂	硝基氯苯异构体/%			邻/对	产率/%
	邻	间	对		
CCl_4	22.5	1.3	76.2	0.30	46.0
$CHCl_3$	26.7	1.6	71.8	0.37	35.2
CH_2Cl_2	25.8	1.9	72.3	0.36	52.3
C_6H_5Cl①	34.4	0.3	65.3	0.53	5.4
C_6H_5Cl②	35.0	0.4	64.6	0.54	3.8
C_6H_5Cl③	37.5	0.8	61.7	0.61	6.3
C_6H_5Cl④	33.8	0.5	65.7	0.51	4.9

① 反应在 20mL 氯苯中进行。

② 反应在 20mL 氯苯及 0.5g SO_4^{2-}/ZrO_2-TiO_2(1∶1) 催化剂作用下。

③ 反应在 20mL 氯苯及 0.5g SO_4^{2-}/ZrO_2-TiO_2(2∶1) 催化剂作用下。

④ 反应在 20mL 氯苯及 0.5g SO_4^{2-}/ZrO_2-TiO_2(3∶1) 催化剂作用下，在反应①，②，③，④中氯苯与 NO_2 的物质的量之比为 5.87∶1。

至于溶剂，文献指出，臭氧介质中 NO_2 的硝化反应选择性仅受含氯原子的溶剂的影响，我们选择了一系列含氯原子的溶剂，考察了它们对氯苯硝化反应结果的影响。结果表明：溶剂的不同，对硝化产物得率和选择性有较大的影响，且有一定的规律。在 CCl_4 和 CH_2Cl_2 溶剂中反应的得率较在 $CHCl_3$ 中的高，可能是由于前者极性较后者小的缘故；当以反应物氯苯自身作溶剂时，其硝化产物的邻位选择性增加，另一有趣现象是其硝化产物的选择性随催化剂组成的变化而变化，SO_4^{2-}/ZrO_2-TiO_2(2∶1) 催化下氯苯的硝化显示出较好的邻位选择性，硝化产物异构体的邻/对比达 0.61。

(3) 催化剂组成对硝化反应的影响

取 550℃下焙烧 3h 后所得的 SO_4^{2-}/ZrO_2-TiO_2 固体酸催化剂 0.5g，1mL 液态 NO_2 按上述实验方法，在溶剂中进行反应，结果列于表 4-9。

从表 4-9 可以看出，在 SO_4^{2-}/ZrO_2 中引入不同量的 TiO_2 所得的催化剂下，在相同的反应时间里，硝化产物的得率变化较大，并有一个最大值，邻/对硝基氯苯异构体之比可在 0.36～1.11 之间变化，说明改变催化剂中 TiO_2 和 ZrO_2 的物质的量之比，可以改变硝化产物的选择性，而且随着 TiO_2 含量的增加，硝化产物异构体的邻/对比有增高的趋势。其原因可能是由于催化剂中的 TiO_2 引入，改变了催化剂的酸强度和酸量，ZrO_2 和 TiO_2 之间协同作用的结果，使得催化活性和催化选择性产生了变化。另一方面，Zr^{4+}、Ti^{4+}原子所引起的氯苯自由基阳离子各个碳原子上的电子自旋密度的变化可能是引起硝化产物异构体变化的更重要的因素。

表 4-9 不同催化剂上氯苯的 NO_2 硝化

催化剂	硝基氯苯异构体/%			邻/对	产率/%
	邻	间	对		
SO_4^{2-}/TiO_2-ZrO_2(3∶1)	52.4	0.6	47.0	1.11	31.8
SO_4^{2-}/TiO_2-ZrO_2(2∶1)	43.3	0.7	56.0	0.77	56.1
SO_4^{2-}/TiO_2-ZrO_2(1∶1)	34.8	0.4	64.8	0.54	62.4
SO_4^{2-}/TiO_2-ZrO_2(1∶2)	34.1	0.3	65.6	0.52	59.6
SO_4^{2-}/TiO_2-ZrO_2(1∶3)	31.4	1.2	67.4	0.46	54.3
SO_4^{2-}/ZrO_2	25.8	1.9	72.3	0.36	52.3

(4) NO_2 的初始浓度对硝化反应的影响

硝化剂的量一般对硝化反应产生较大的影响，按前述实验方法，改变初始 NO_2 的浓度，取 550℃下焙烧 3h 后所得的 SO_4^{2-}/ZrO_2-TiO_2 固体酸催化剂 0.5g，反应 1h，结果列于表 4-10。

表 4-10 NO_2 的初始浓度对硝化反应的影响

NO_2 的体积/mL	硝基氯苯异构体/%			邻/对	产率/%
	邻	间	对		
0.5	37.3	0.8	62.8	0.59	22.7
1.0	35.9	0.9	63.2	0.57	34.4

从表 4-10 可以看出，当加入液态 NO_2 的量从 0.5mL 增加到 1mL 时，同一反应时间内产物的产率增加 11.7%，而产物的邻/对硝基氯苯异构体之比没有显著的变化。

SO_4^{2-}/ZrO_2 及其添加 TiO_2 后的改性物 SO_4^{2-}/TiO_2-ZrO_2 对臭氧介质中 NO_2 硝化氯苯的反应有明显的催化活性，硝化产物的选择性随催化剂的组成而变化，邻/对硝基氯苯异构体之比可在 0.36～1.11 之间调节，550℃下焙烧温度下的固体酸催化剂 SO_4^{2-}/TiO_2-ZrO_2(1∶1)对该反应有较好的得率，在 CH_2Cl_2 溶剂中反应 1h 可达 62.4%，反应在纯氯苯中也能顺利进行，1mL 液态 NO_2 硝化 20mL 纯氯苯，使其在冰水浴中冷却至 0℃，同时通入臭氧 1h，产率最高可达 6.3%。

4.8.6 原子经济性在硝基芳烃合成中的应用

4.8.6.1 原子经济性的基本内涵

美国斯坦福大学 Trost 教授在 1991 年首先提出了原子经济性（atom economy）的概念，即原料分子中究竟有百分之几的原子转化成了产物。理想的原子经济反应是原料分子中原子百分之百地转化成产物，不产生副产物或废物，实现废物的“零排放”（zero emission），因此既可以充分利用资源，又不产生污染。“原子经济性”是绿色化学的重要特点，运用这一概念，化学工作者在设计合成路线时要减少“中转”，多“直快”，更加经济合理地利用原料分子中的每一个原子，减少中间产物中废弃物的产生，少用或最好不用保护基或离去基团，避免副产物中废弃物的产生。对于大宗基本有机原料的生产来说，选择原子经济反应十分重要。目前，在基本有机原料的生产中，有的已采用原子经济反应，如丙烯甲酰化制丁醛，甲醇碳化制醋酸，乙烯或丙烯的聚合，丁二烯和氢氰酸合成己二腈，乙烯直接氧化成环氧乙烷等。

原子利用率是一种很有用的度量。在理论收率的基础上来比较原子利用率，是衡量用不同路线合成特定产品时，对环境影响的快速评估方法。其计算方法是以所需产物的相对分子质量被所有反应产物的相对分子质量之和去除，如果准确的收率不清楚时，就以100%为基础，做理论上的比较。例如制造环氧乙烷的方法，经典的氯乙醇路线，其原子利用率为25%。

$$CH_2{=}CH_2 + Cl_2 + H_2O \longrightarrow ClCH_2CH_2OH + HCl$$

$$2ClCH_2CH_2OH + Ca(OH)_2 \xrightarrow{HCl} 2H_2C\overset{O}{—}CH_2 + CaCl_2 + H_2O$$

总反应

$$C_2H_4 + Cl_2 + Ca(OH)_2 \longrightarrow C_2H_4O + CaCl_2 + H_2O$$

相对分子质量　　44　　111　　18

原子利用率＝44/173＝25%

而在石油化学工艺中，一步催化氧化实现了100%的原子利用率：

$$CH_2{=}CH_2 + 0.5\,O_2 \xrightarrow{催化剂} H_2C\overset{O}{—}CH_2$$

近年来，开发新的原子经济反应成为绿色研究的热点之一，是绿色化学与技术发展的方向之一。将绿色化学和原子经济的概念引入硝化反应制造，对硝基芳烃的原材料选择，原料的绿色化，使用无毒、无害原料以及可再生资源原料；对硝基芳烃生产过程及工艺进行改革，化学反应的绿色化，运用“原子经济”的理念提高反应选择性；使用催化剂及助剂的绿色化，最终实现产品的绿色化，从本质上提高硝基芳烃生产过程的稳定性及安全性的同时，追求到最大的原子利用率，显然具有重要的理论与现实意义。

4.8.6.2 原子经济性在绿色硝化中的应用

在炸药合成领域实行原创性基础和应用基础的原子经济性研究，为该领域发展奠定了坚实基础。在坚实的基础之上为创新性突破带动我国新型高能炸药技术和领域的发展和新技术应用，研究原子经济性问题是十分必要的。

开发新的硝化体系，替代传统的硝硫混酸方法，实施TNT、RDX、HMX和硝基民用化学品的工业制备新技术。利用二氧化氮为硝化剂，实现硝基化合物的制备，消除传统硝硫混酸硝化工艺所引起的环境污染，降低了硝基化合物制备过程的成本。直接应用二氧化氮为硝化剂，在无溶剂条件下发生气液芳烃硝化反应，直接引入硝基到底物分子，这就是定位硝化绿色技术，在高效率催化剂作用下，定向合成炸药分子，从而满足社会、环境、经济的发展需求。

4.8.6.3 原子经济绿色硝化主要研究方向

研究新技术反应动力学和热力学特性，特别是传质传热条件下的宏观动力学规律。探讨催化剂的定位仿生催化活性和再生特性，探讨全氟溶剂在定位反应中的应用，特别是研究催化剂对芳烃氮氧化物的硝化反应特性以及催化剂的再生特性，提高催化剂的强度，加强催化剂的催化能力，形成所制备的固体催化及与二氧化氮的表面作用机理。为实现高原子经济性制备高能材料奠定坚实的科学基础。解决高效率、高选择性环境经济制备高能化合物关键问题。从战略眼光出发转移到全新的新方法和新技术研究，开创具有环境经济特性的制备技术，在非酸条件下控制性制备高能化合物炸药，使CHNO型高能材料合成新方法的原子经济效率达到94%以上。

4.8.7 绿色硝化理论与技术的新进展[136～139]

围绕着绿色硝化理论与技术，一些先进的物理化学手段被引进到硝化体系中。实践表明：它们对提高硝化反应速率或对提高硝化产物得率有重大促进作用，其中比较突出的是氟两相技术、微波技术以及超声波技术。

4.8.7.1 氟两相体系中的硝化

氟两相催化（Fluorous Biphasic）是指在氟两相体系（FBC，Fluorous Biphasic System）中进行的催化反应过程，是近年发展起来的一种新型均相催化剂固定化（多相化）和相分离技术，于 1994 年由 Horvath 首次使用。氟两相催化既保持均相催化反应活性高、选择性高的特点，又具有负载催化剂及水两相体系的催化剂易分离、回收的优点。

将催化剂固定在氟相，反应物溶于有机相，在合适的全氟溶剂/有机溶剂体系中，加热（高于该全氟溶剂/有机溶剂对的临界温度 T℃）使两相体系变成均相，从而使反应在均相中进行。反应完成后，温度降低，又分成两相，通过简单的相分离就能方便地分离出产物（有机相）和回收催化剂（氟相），不需进一步处理就可将含催化剂的氟相用于新的反应循环。

根据硝化反应的特点，南京理工大学将氟两相体系用于芳烃及胺类的硝化中，较好地提高了选择性及转化率[140～145]。

4.8.7.2 微波技术在硝化反应中的应用

甲苯在微波（MW）作用下进行硝化反应，其对邻位比及产率都有很大变化，反应速率可提高 10 倍以上，异构体的含量等数据见表 4-11。

表 4-11 甲苯在微波作用下的硝化结果

反应条件	t/min	w(硝化异构体)/%			产率/%
		-o	-m	-p	
大气压	30	0	0	0	0
大气压	60	47.6	2.1	50.3	93
大气压	90	46.9	2.5	50.6	100
MW	4	44.1	2.2	53.7	54.7
MW	6	43.0	2.1	54.9	89.0
MW	8	39.7	1.8	58.5	100

表 4-11 结果表明，在微波作用下，极短时间内可以达到同样的产率，且对邻位比明显提高[146]。

4.8.7.3 超声波技术在硝化反应中的应用

超声波对化学反应的作用是源于超声波在溶液中产生的空化现象和自由基反应机理。空化现象是指液体中的微小气泡核在超声波作用下被激活，表现为泡核的振荡、生长、收缩及崩溃等一系列力学过程。在空化泡崩溃的极短时间内，空化泡及其周围及小空间范围内出现热点，产生极大的能力，在这些极端条件下，进入空化核内的物质在高温和高压下发生超临界反应。声化学反应的声空化机制和声致自由基的生产机制，集超临界点湿式催化和光催化的优点，从而使超声波催化成为绿色、高效的化学反应的一条新途径。超声波用于硝化反应，是由于其加快反应速率，提高反应收率。

当用 TRAT 合成 RDX，在 95%（质量分数，下同）HNO_3、100% HNO_3、HNO_3/H_2SO_4 体系作用下产率极低，P_2O_5/HNO_3 体系制备 RDX 的产率可提高到 57.3%。

在超声波作用下用 DAPT 合成 HMX 的产率可由 9.6%提高到 66.8%[147]。

4.8.8 N_2O_5 绿色硝化反应研究

绿色硝化，是以提高反应转化率和选择性，从源头上减少有毒有害副产物的产生，以达到清洁生产为目的。当前国内外研究开发的各种清洁硝化反应，都从根本上杜绝了酸的使用，彻底消除了废酸污染。其中最具代表性的新型硝化技术是采用 N_2O_5 作硝化剂的新工艺。

N_2O_5 在低温下与大多数有机化合物化学反应剧烈，因此被推荐为催化剂。X 射线研究结果表明[149]，N_2O_5 分子存在两种不同的结构：固态 N_2O_5 是硝酰阳离子和硝酸根离子（$NO_2^+NO_3^-$）型结构，反应中易发生离子化而成为有效的火花硝化剂 NO_2^+。但在极低的温度下，或在非极性溶剂中则为共价化合物。

Olah 等[150]对 N_2O_5 硝化剂的硝化能力进行了比较全面的阐述。根据产生的 NO_2^+ 的有效浓度，常用硝化剂硝化能力的排序为：

NO_2^+，BF_4^- > HNO_3/H_2SO_4 > N_2O_5/HNO_3 > N_2O_5/卤代烃 > HNO_3/Ac_2O > HNO_3

由此可见，N_2O_5 硝化剂的硝化能力仅次于硝硫混酸，与硝酸或硝硫混酸硝化剂相比具有很多突出的优点，具有较好的工业应用前景。尤其是近年来，随着环境污染问题日益受到各国关注，对环境污染小的硝化剂颇受青睐。

N_2O_5 硝化反应体系可分为两大类：①N_2O_5-硝酸体系，具有高酸度和高活性，适用面广，无选择性，尤其适用于高度钝化的硝基芳烃和硝铵类化合物的合成；②N_2O_5-有机溶剂体系，具有活性不高但反应条件更温和、选择性也更高，尤其适用于含氧或含氮的张力环的开环硝化。这两种硝化体系可以优势互补，广泛应用于芳烃、胺类、醇类等的硝化反应。

4.8.8.1 N_2O_5 对芳烃的硝化技术研究[151～154]

我们比较深入地研究了 N_2O_4-O_3 体系、N_2O_5-有机溶剂体系及 N_2O_5-HNO_3 体系等对芳烃的硝化。研究了氯苯、甲苯、N_2O_5 在催化剂作用下的硝化。研究了 N_2O_5-CH_2Cl_2 体系对硝基甲苯的催化选择性硝化。

N_2O_5-CH_2Cl_2 运用在芳烃的硝化反应中，最主要的原因就是 N_2O_5-CH_2Cl_2 硝化过程中极强的位置选择性。但由于该硝化体系相对温和，对芳烃的硝化能力很弱，因此需要特殊的催化剂。

以邻硝基甲苯的硝化为例，0℃下反应的结果见表 4-12。

由表 4-12 可见，N_2O_5-CH_2Cl_2 对芳烃的硝化能力很弱，在适当的催化剂下，得率可提高到 90%以上。

表 4-12 不同固体催化剂对 N_2O_5 硝化的影响

催化剂种类	N_2O_5/(mol/L)	t/min	产率/%	o-p
无	0.28	180	6	0.53
HZSM-5	0.17	90	7	0.50
H-丝光沸石	0.17	15	85	0.30
H-八面沸石 780	0.18	3	88	0.28
H-八面沸石 720	0.17	3	92	0.23
Na-八面沸石	0.17	60	16	0.33

由于 N_2O_5-CH_2Cl_2 温和的硝化性能，反应的副反应很少，几乎无氧化、多硝化等副反应发生，杂质含量大大低于用其他方法制备时产生的杂质，具有很好的原子经济性、很高的原料利用率。

4.8.8.2 N_2O_5-HNO_3 对胺类的硝化（硝解）技术研究[155～160]

N_2O_5-HNO_3 是中等强度的硝化酸，该体系是一种强有力的、最有应用前景的硝化体系，其硝化能力接近于硝硫混酸的硝化能力，不仅消除了废酸的污染，而且反应可在低温下进行。其温和可操作性使其应用范围愈加广泛，以其作为硝化剂的硝化技术显示了巨大的优越性。由于上述特点，主要用于胺类的硝化（硝解），它有望用于 RDX、HMX 及 CL-20 等的制造中。

以 N_2O_5-HNO_3 为硝化剂，硝解乌洛托品与脲，成功制得 1,3,5-三硝基-1,3,5-三氮杂环已酮-2（RDX 酮），当 n（HNO_3）/n（N_2O_5）＝4，n（N_2O_5）/n（乌洛托品）＝1.5，T＝5～20℃，t＝40min 时，产品得率 120%（按乌洛托品计），熔点 183～184℃（文献值为 184℃）。

以 N_2O_5-HNO_3 为硝化剂，也可以制备 HMX。硝解底物有两种，分别是 DANA（1,5-二乙酰基-3,7-二硝基四氮杂环辛烷）和 TAT（1,3,5,7-四乙酰基-1,3,5,7-四氮杂环辛烷）。

单就硝化剂而言，有许多合适的硝化剂。以 DANA 的硝解为例，将各方法的优缺点比较见表 4-13。

表 4-13 N_2O_5-HNO_3 与其他硝化体系的比较

硝化体系	收率/%	优点	缺点
HNO_3	40	步骤简单	得率低
H_2SO_4、NH_4NO_3、HNO_3	80～85	工艺成熟	废酸量大，难处理
$(CF_3CO)_2O$-HNO_3	82～91	工艺成熟	试剂价格昂贵，废液难处理
聚磷酸-HNO_3	86～99	得率高，纯度好(100%)	聚磷酸和 HNO_3 需大大过量，腐蚀性大
P_2O_5-HNO_3	99	得率高，纯度好(100%)	P_2O_5 和 HNO_3 需大大过量，腐蚀性大
SO_3-HNO_3	60	硝化能力强	得率低，纯度低
N_2O_5-有机溶剂	65	无需废酸处理	得率低，溶剂易挥发
N_2O_5-HNO_3	94	得率高，废酸少，硝化剂的过量比少	

由表 4-13 可知，将 DADN 硝解成为 HMX 的硝化剂中，SO_3、P_2O_5、$(CF_3CO)_2O$ 和 HNO_3 的混合物都能产生 N_2O_5，因此反应的活性硝化剂是 N_2O_5。其中聚磷酸-HNO_3 和 P_2O_5-HNO_3 的产率和纯度最好，但原料耗费量太大，按硝解剂中 N_2O_5 与被硝解底物的摩尔比看，聚磷酸/HNO_3 法是 9.1 倍，P_2O_5-HNO_3 法是 25.8 倍，而 N_2O_5-HNO_3 法只有 3 倍。在保持较高的得率和纯度下，N_2O_5/HNO_3 法不仅节约了原材料，还减少了环境污染。因此，N_2O_5-HNO_3 制备 HMX 是一种得率高、环境友好的硝化方法。

作为一种新型硝化剂，以 N_2O_5 为硝化剂的硝化技术显示了巨大的优越性。由于反应可以在无硫酸条件下进行，后处理比较方便，不仅节约了能源，而且基本上做到了无污染。随着人们环保理念的增强，作为绿色硝化剂的 N_2O_5 在有机合成方面将有更加广阔的应用前景。

4.8.8.3 离子液体在 N_2O_5-HNO_3（有机溶剂）体系中的应用

离子液体（ionic liquid）可以定义为完全由正、负离子组成的在较低温度下为液体的盐，由于阴、阳离子数目相等，因此整体上显电中性。一般来说，所指的离子液体是在室温或接近室温（低于 100℃）下为液体状态的通常完全由体积相对较大、不对称的有机阳离子和体积相对较小的无机阴离子组合而成的物质。通常也称为室温离子液体（room temperature ionic liquid)。1948 年，以 Lewis 酸和有机阳离子卤化物组成的离子液体为第一代离子液体。最近，酸性离子液体广泛应用于芳香化合物的硝化反应中[161~169]，而且同时还研究了它在胺类硝解中的应用[170~182]。

在上述研究工作的基础上，结合某些科研项目任务，重点是在 N_2O_5 制备工程化及 HMX、RDX、CL-20 及 TATB 绿色制备的研究上，并结合离子液体的作用，使 HMX、RDX、CL-20 及 TATB 等产率得到新突破!

(1) N_2O_5 与离子液体用于黑索今合成

将酸性离子液体应用于芳香化合物硝化反应的研究中，结果表明其对芳香族化合物的硝化有明显的催化作用，可以使硝化产物收率和反应选择性都有一定程度的提高[176~180]，还将 Bronsted 酸性离子液体应用于发烟硝酸（质量分数 95%）硝解乌洛托品的反应研究[181~182]中，结果表明，其对 HA 的硝解反应也有显著的催化作用，黑索今的收率较未加离子液体时显著提高。离子液体作为绿色溶剂、反应试剂和催化剂等应用于有机合成和催化反应中，反应条件温和、选择性好、产率明显提高、易于与产物分离、反应后可回收利用，与传统硝化催化剂相比表现出明显优势和发展前景。

以甲基咪唑 *N*-质子化离子型酸性离子液体，用于乌洛托品硝解反应体系中，研究了它对 HA 硝解反应制取 RDX 的催化活性和最佳的硝解条件，取得了较满意的结果。

在研究了离子液体的用量、硝酸用量、反应时间、离子液体种类的基础上，对离子液体催化下 HA 硝解生成黑索金的硝解反应进行了正交实验研究。在上述研究工作基础上，作了大量优化组合条件下的验证实验。

在以上正交实验所得出的各个因素中较优水平下，即：离子液体：硝酸用量＝12：1；IL 用量：1.5%，进行平行实验，并且与不加 IL 条件下的结果进行对比，验证加入 IL 的最终效果。

从表 4-14 可以看出在较优水平条件下，不加 IL 下 RDX 的得率为 68.3%，加入与 HA 摩尔比为 1.5%的离子液体后得率为 75.9%。加入 IL 后 RDX 的得率明显比不加 IL 的要高，这说明加入 IL 对 HA 硝解反应制取 RDX 有显著的催化作用。离子液体的加入给反应体系提供了离子氛围，从而提高了活性硝解剂 $H_2NO_3^+$ 和少量的 NO_2^+ 的生成速率，加快了 RDX 母体被硝化成 RDX 的速率。但是有关 IL 加入后 HA 硝解生成 RDX 的机理还有待于进一步研究。

表 4-14　较优水平下 HA 硝解反应平行及对比实验

实验次数	RDX 熔点/℃		RDX/g		产率/%	
	加 IL	不加	加 IL	不加	加 IL	不加
1	203.8-204.2	203..5-203.8	3.3	2.98	75.9	68.5
2	204.4-204.7	203.3-203.5	3.29	2.94	75.7	67.6
3	203.9-204.0	203.5-203.7	3.31	2.98	76.1	68.5
4	203.8-204.1	203.9-204.0	3.31	2.95	76.1	67.8
5	204.2-204.4	203.8-204.4	3.29	2.98	75.7	68.5
平均	204.0-204.3	203.6-203.9	3.3	2.97	75.9	68.3

注：1. 硝解 HA 的反应时间是 90min，HA 的用量为 2.8g，HNO_3（95%）的用量为 33.6g，*n*（IL）/*n*（HA）＝1.5%。

2. RDX 的得率/%＝1.021×*m*（RDX）×140/［*m*（HA）×222］×100%。

(2) N_2O_5 与离子液体用于 HMX 合成

钱华等[170]研究了 DAPT 在离子液体中进行的硝解反应。以 N_2O_5/HNO_3 为硝解体系，常规反应产率仅为 9.6%，加上超声波后产率提高到 34.5%，离子液体为反应溶剂时，硝解反应产率可以提高到 66.8%，而且二氯甲烷为溶剂时产率也仅为 31.2%，如 Scheme1。原因认为是由于离子液体无蒸气压，能大大改变体系在超声波体系中空穴的特性，有利于空化气泡的产生，同时其具有强烈的吸收超声波的能力，因此可以提高超声波的利用率。而传统的分子溶剂在超声波条件下，空化气泡破裂时易挥发而不好回收，同时还对超声波的吸收率低。由于反应体系存在固体 DAPT、不互溶的离子液体和硝化剂，因此为非均相反应，超声波的加入可以有效促进相转移进行。

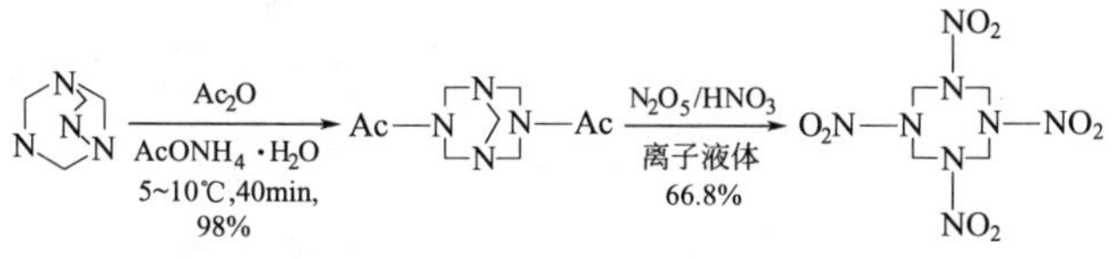

$$\text{HA} \xrightarrow[\text{5~10℃, 40min, 98\%}]{Ac_2O,\ AcONH_4 \cdot H_2O} \text{DAPT} \xrightarrow[\text{离子液体, 66.8\%}]{N_2O_5/HNO_3} \text{HMX}$$

HA DAPT HMX

职慧珍等研究了一种新型酸性离子液体[171]，并将之用于 DPT 的硝解反应中，可以有效提高 HMX 的产率[172]；何志勇等研究了 N_2O_5 在 DPT 硝解反应中的应用[173]，同时也研究了酸性离子液体对 DPT 硝解的影响，发现它可以提高 HMX 的产率。

可用于催化硝解反应的酸性离子液体的合成与常用酸性离子液体相似。叔胺可以直接与无机酸（主要是硫酸、硝酸和三氟甲酸等）反应生成 H 型离子液体。

内酰胺磺酸盐离子液体 [Caprolactam] X 也被合成出来并用于硝化反应中[174]。

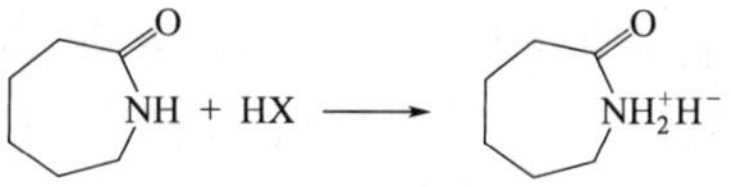

$$\text{Caprolactam (NH)} + HX \longrightarrow \text{(}NH_2^+\text{)}H^-$$

[Caprolactom]X

最近一种基于聚乙二醇桥链的新型酸性离子液体被合成出来。离子液体 PEG_{200}-DAIL[171]和 PEG_{1000}-DAIL[175]是典型代表。

采用离子液体的用量摩尔分数为底物的 4.0%，硝酸（95%）与 DPT 的摩尔比为 36∶1，考察了 18 种离子液体对 DPT 硝解反应的影响。

研究表明：所用离子液体对 DPT 的硝解反应都有一定的催化作用。7 种类型的离子液体中阴离子不同对 DPT 硝解反应的影响未呈现出一定的规律性，说明离子液体的阴离子对 DPT 硝解反应的影响不大。总体来看，离子液体的阳离子类型对硝解反应的影响较明显，尤其是胺类离子液体，这可能与阳离子的酸性强弱有一定关系。

最近的研究结果表明，酸性离子液体和 N_2O_5 均可不同程度地提高 DPT 硝解反应的产率；其中，采用 N_2O_5 与 PEG_{200}-DAIL 结合的新方法可以制得产率为 64%的 HMX；作为催化剂的酸性离子液体可以多次回收重复使用。

(3) N_2O_5 与离子液体用于 CL-20 合成

鉴于 N_2O_5/HNO_3 在胺类硝解中巨大的应用前景，钱华[156~159]以 N_2O_5/HNO_3 为硝解剂，以 TADN-SIW 和 TAIW 为底物，分析工艺条件对收率和纯度的影响，在温和条件下高收率地制备 CL-20。具体实验路线如下。

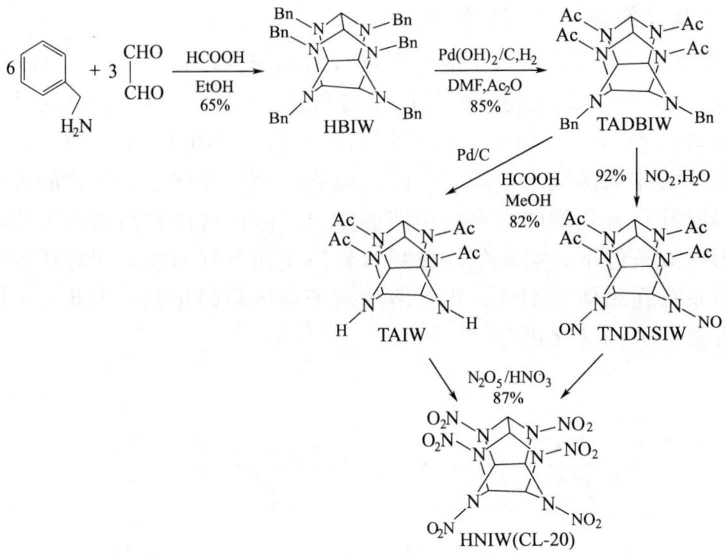

（4）N_2O_5 与离子液体用于 TATB 合成[184]

TATB 是最早的耐热、钝感炸药之一，黄色粉状结晶，在太阳光或紫外线照射下变为绿色。不吸湿，室温下不挥发，高温时升华，除能溶于浓硫酸外，几乎不溶于有机溶剂，高温下略溶于二甲基酰胺和二甲基亚砜。TATB 对枪击碰撞摩擦等意外刺激非常钝感，是美国能源部批准的唯一单质钝感炸药，常被用作衡量钝感炸药的标准物质。美国绝大部分核航弹及核弹头使用了以 TATB 为基的高聚物黏结炸药，其配方 PBX-9502、LX-17 从 1979 年就开始使用。此外，TATB 现还被用作活性钝感剂对 HMX、CL-20 等高能炸药进行钝化处理。在民用方面，TATB 可用于深井射孔弹和制作液晶材料及电磁材料的原材料。

TATB 的含氯量一直是人们关注的问题，含氯量对 TATB 的热安定性有明显影响，其中杂质 NH_4Cl 的分解产物对接触材料有较强的腐蚀作用，对药柱成型、药柱强度、金属弹体等也有不良作用。因此，研究无氯 TATB 合成新方法具有重要意义。从 20 世纪 70 年代末期开始，国内外开始了无氯 TATB 的合成研究。Estes 以三硝基三丙氧基苯为中间体合成了无氯 TATB。

Atkins 和 Nielson 以 TNT 为原料，在二氧六环中与 H_2S 反应产生 4-氨基 2,6-二硝基甲苯，然后用硝硫混酸硝化制得五硝基苯胺，再在苯、氯化亚甲基或其他合适的溶剂中与 NH_3 反应得到 TATB。魏运洋以廉价的苯甲酸为原料经硝化、Schmidt 反应、硝化和氨化 4 步反应成功合成出 TATB，该路线选择性好，产率高。Anthony J. Bellamy 等人以 1,3,3-三羟基苯为起始反应物通过三步法合成无卤 TATB，避免了卤化物试剂的使用，是比较新颖的无氯 TATB 合成方法。

TATB 的合成：实验以间苯三酚为原料，经过五氧化二氮（N_2O_5）硝化、甲基化和氨气氨化得到 TATB，合成路线：

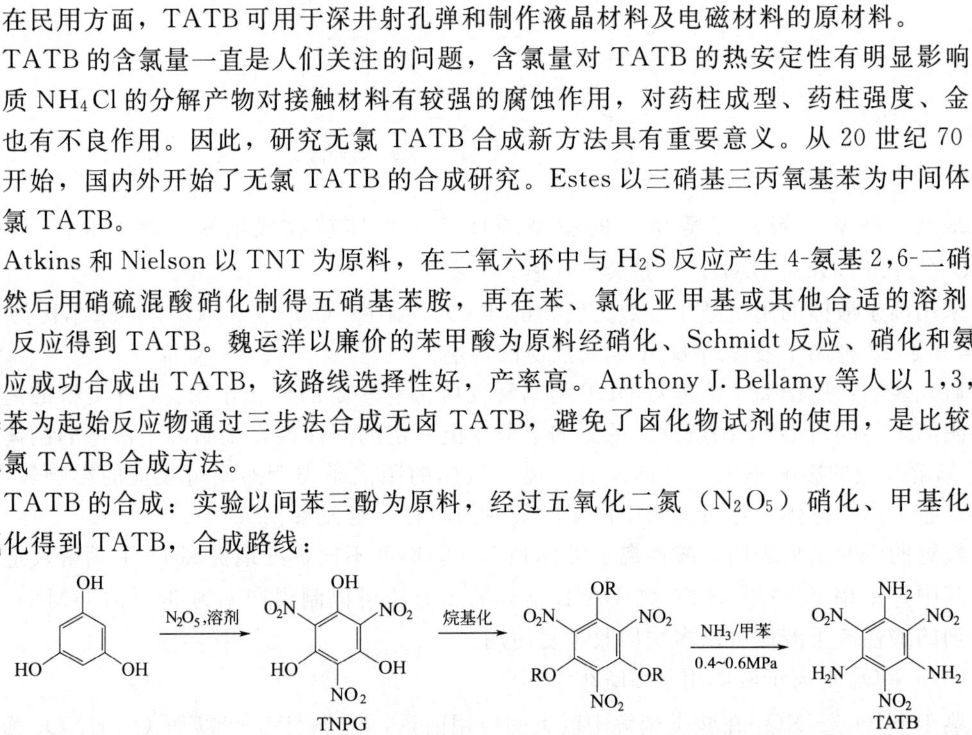

采用 N_2O_5/溶剂硝化间苯三酚可获得高纯度的 1，3，5-三羟基-2，4，6-三硝基苯（TNPG），平均收率可达 97%。经过烷基化、氨气氨化可得到无氯 TATB，反应总收率可

达 92%，TATB 热分解峰值温度 385℃，达到国军标 GJB 3292—98 要求。

4.8.8.4 N_2O_5 合成的工程化技术研究[185~193]

N_2O_5 的合成主要有 P_2O_5 脱水法、氮氧化物氧化法、电解法等，其中 P_2O_5 脱水法仅适于实验室小规模合成；N_2O_4 臭氧氧化法虽然早就出现了中试放大生产，但由于大规模臭氧制备的能耗很高，而且效率不高，因此并没有进一步应用；从工艺、成本、能耗等考虑，HNO_3 电解脱水法是目前最有应用前景的方法，国外称已可达到 1000kg/d 规模，最近作者与天津大学建立了合作关系，共同承担某些科研项目，他们以 N_2O_5 工程化为主，以 N_2O_5 应用在 RDX、HNX、CL-20 等合成上为主。天津大学可以在实验室达到 1kg/批规模，而且电解装置体积小，并可进行并联，这为实现硝化场所 N_2O_5 的现场制备打下了良好的工程化基础。因此，N_2O_5 的工程化应用可以方便实现，而且现场制备还可以避免稳定性不高的 N_2O_5 的储存、运输及相应的安全性问题，是以后工业 N_2O_5 清洁硝化的发展方向。

以 N_2O_5 为硝化剂的绿色硝化技术国外研究开发较早。作为一种新型硝化剂，以 N_2O_5 为硝化剂的硝化技术显示了巨大的优越性。在有机合成中，使用 N_2O_5/硝酸体系和 N_2O_5/有机溶剂体系，很容易得到理想结构的化合物；对含能材料如 HMX、硝化棉及对酸、水敏感的不稳定化合物的硝化，有其独特的优势。该工艺需解决的主要问题是 N_2O_5 的来源。目前英、美等国已开发成功生产能力为 5000/h 的电解槽，因此有望实现方便、廉价地生产 N_2O_5。由于反应可以在无硫酸条件下进行，后处理比较方便，不仅节约了能源，而且基本上做到了无污染。随着人们环保理念的增强，作为绿色硝化剂的 N_2O_5 在有机合成方面将有更加广阔的应用前景。

4.9 结构与硝化反应活性

4.9.1 单环化合物

对芳烃化合物的反应性，通常考虑它与苯在相同条件下，经过相同机理时其反应速率的关系式。根据过渡态理论，它可以表示为：

$$2.303RT\lg k/k_0=\Delta G_0^{\neq}-\Delta G^{\neq}$$

式中 $\Delta G_0^{\neq}$——苯的 Gibbs 活化函数值（自由能）；

$\Delta G^{\neq}$——取代芳烃的活化函数值（自由能）；

k——取代芳烃的反应速率常数；

k_0——苯的反应速率常数。

与热焓的活化形式相比，Gibbs 活化函数的形式更有利于结构对反应性影响的理论处理。根据硝化反应动力学方程，其反应速率常数可表示为：

$$k=\frac{k_1k_2k_3}{k_{-1}k_{-2}}$$

于是

$$\frac{k}{k_0}=\frac{k_2k_{-2}^0}{k_{-2}k_2^0}\times\frac{k_3}{k_3^0}$$

上式忽略了扩散因素，虽然是不严格的，但当反应是扩散控制时，分子间反应活性也就失去了意义。

4.9.2 双环及多环化合物

人们深入地研究了联苯的定向硝化及结构对反应活性的影响。

联苯在含水硫酸中的硝化动力学研究表明其反应活性与甲苯相似。在 60.3%、63.1%、68.2%和 72.6%的硫酸中二级反应速率常数 k_{2obs} 分别是 2.2×10^{-3} L/(mol·s)、1.4×10^{-2} L/(mol·s)、0.97L/(mol·s)和 24L/(mol·s)。另外还有一些在高氯酸中的硝化反应数据。这充分表明了反应是受扩散过程控制的。

同时还研究了联苯及其衍生物的取向硝化反应和反应活性的影响因素。例如 2-乙酰氨基联苯在醋酸中用硝酸硝化得到 2-乙酰氨基-5-硝基联苯，而在乙酰和硫酸中用硝酸硝化则得到 2-乙酰氨基-4′-硝基联苯。这两个一硝化物进一步硝化时，所用试剂也影响其硝化反应的取向和反应活性。二苯基甲烷中基团的活化作用小于甲苯中甲基的活化作用，联苯和芴之间的差别表现为 C_2 和 C_4 有更大的分速率因子，表现出很高的反应活性，这主要由于甲烯桥的作用和芳烃共轭效应增加的结果。

在很多介质中，萘的硝化比甲苯更迅速。萘的硝化主要发生在 C_1 上。萘硝化反应的动力学研究表明：当有亚硝酸存在时，1-甲基萘和 1,6-二甲基萘的硝化反应变得敏感而且容易进行。

一些多环芳烃及其衍生物的硝化反应具有很大的活性。有人研究了三蝶烯和 β-硝基三蝶烯在醋酐中硝化的反应动力学。研究表明：三蝶烯比甲苯还要活泼，β-位比 α-位活泼。

蒽醌主要在 C_1 位上发生反应，它在 87%～100%硫酸中硝化的反应动力学研究表明：由于蒽醌的质子化，在 90%～100%硫酸中，其硝化速率的下降较硝基苯和苯基三甲铵还要剧烈，而且酸度对蒽醌硝化反应的取向和活性有很大影响。

1-氯蒽醌在硫酸中硝化的反应动力学及异构化比例的研究表明：该化合物以非质子化形式参加反应，较蒽醌更活泼，有较强的反应活性。

4.9.3 杂环芳香化合物

许多杂环芳烃的硝化反应被当作研究它们对亲电试剂反应活性的基础，因此，对于杂环化合物必须首先决定碱或它们共轭酸的硝化反应是否能够发生。

或者由于共轭酸较碱的活性差，或者由于共轭酸是强钝化的，或者由于体系自由碱的组分较少，使得总体活性较小。

在某些情况下，直接测量硝化反应速率是不可能的，但是，通过测定同系的带有活化取代基的共轭酸的活性来推导原母体化合物的硝化反应速率是可取的。

有人研究了吡咯、噻吩、2-甲基噻吩、吡啶、吲哚、喹啉等杂环化合物的硝化反应。吡咯在硫酸中的硝化反应多数定向在 C_4 原子上。1,3,5-三甲基吡咯和相关的正离子硝化表明，在 75%～98%硫酸中，反应温度为 20.9℃时，其反应活性较吡咯自身高 10^4 倍。非碱性的噻吩的硝化反应速率接近碰撞速率，并很容易发生亚硝化反应。2-甲基噻吩的碰撞速率接近噻吩的数值，而一氯噻吩有较弱的钝化作用。离解常数 pK_a 大于+1 的吡啶衍生物以其正离子形式被硝化，硝化反应究竟发生在其吡啶环上的 α-位还是 β-位，决定于可能出现的活化取代基的取向；而 pK_a 小于−2.5 的吡啶衍生物以自由碱的形式被硝化。吲哚对酸的强敏感性使这类化合物的硝化机理的研究比较困难。pK_a 为 1,2 的吲哚，在 71%～80%硫酸中于 25℃进行的正离子硝化，C_5 硝化可以很容易地发生。

4.10 硝化技术

4.10.1 配酸技术

硝硫混酸是使用最广泛、成本最低廉的一种硝化剂，但是，配酸计算比较复杂，特别是含有三氧化硫的混酸计算、用废酸配制新硝化酸、硝化酸的修正以及整体调酸等更为繁琐，所以，掌握简单的配酸计算方法和混酸配制技术具有重要的实际意义[194～196]。

配酸有解析法配酸、行列式法配酸、叉乘法配酸、调酸及整体配酸计算等。

4.10.2 硝化反应器设计及控制

设备的设计，主要指非标准设备的设计。一台合理的生产设备，能降低原料的消耗定额，提高产品质量，增加产量。在硝化反应中，人们最关心的是硝化机（硝化反应器）的设计。

硝化机由机体、蛇管换热气、螺旋桨搅拌器、提升器、分离器、进出料管、安全阀等主要部件组成，是一个完成反应、传热、传质、提升、分离等过程的组合体[197]。

采用在线分析仪检测化学反应器的产品质量指标，具有滞后大、维修难、价格贵等缺点，因此，大多数反应器的产品质量指标采用间接指标（例如采用反应温度）。随着计算机技术的发展，软测量和推断控制技术正越来越广泛地被用于工业过程产品质量控制指标的检测。

硝化反应一般是一个快速而高能热的反应。在工艺实施过程中危险性更大一些。为此，对硝化反应器自动控制硝化反应器，在满足化学反应器控制一般过程的前提下，还必须真正做到遥感、遥控、遥测。使硝化过程真正安全地进行。醇类硝化已完全做到这一步。胺类与芳香烃硝化也正在努力向这一步发展。

4.10.3 硝化过程计算机模拟的应用

硝化过程的计算机模拟用来完成硝化过程的各种研究，其中最有意义的是利用稳态模拟研究最佳过程操作条件及通过动态模拟研究容器中酸的成分的多变量控制方案。

稳态最佳化是在以子程序的形式加入到模拟过程中去的方案探索算法的控制下，通过多路稳态运行的方案实现的。方案探索算法是若干直接寻优技巧中的一种方法，这种技巧可以根据响应区域内以前的一些信息向着多位目标函数的极值前进。使用的具体方案探索算法是由 Hooke 和 Jeeves 所发明的方法的一种改进形式，这种方法具有加速寻优和峰值跟踪特性。

在方案算法探索子程序的控制下，每一次稳态运行都要对目标函数进行计算，这里的目标函数定义为每千克 TNT 原料成本。在探索过程中的独立变量包含加料成分、加料流速、硝化器温度和内循环速率。由于实际过程的物理限制，需在目标函数中对一些独立变量加上若干约束条件，以便使所考虑的过程的运行条件可以实现，这一点是通过向目标函数赋予一些代价值来达到。无论什么时候，在所研究的探索程序中都要考虑一个或几个独立变量的约束值。通过稳态最佳化可以得到一组运行条件，它预示出每千克 TNT 的原料成本可以降低 20%。

动态模拟用于研究某种方法，当正确运行中过程受到扰动时，这时方法可以在指定的运行水平上保持过程的运行。已经研究出一种方案，它可以在每段硝化中控制酸相反应混合物的成分。详细情况在此不做介绍，这里只指出其中的几点：首先，由于过程中有很多循环流体，故必须应用去耦合机构来抵消加料发生变化时所引起的邻近硝化器中产生的扰动；其次，由于实际测量控制变量的困难性，因此必须建立一种计算方法，它能够根据已测得的数据和某些由稳态程序求得的理论常量计算出需要的控制变量值。过程模拟供给必要的过程动力学，其精度与假设的传递函数一样，没有在详细的过程模型中应用过。对模拟控制方案，应进行若干次运行，以便求得一组合理的控制器调节参数。

近几年来，计算机模拟与优化应用在三硝基甲苯及硝化甘油生产中，收到良好的效果。

有人运用硝化反应动力学理论，建立用甲苯生产 TNT 硝化反应动力学数学模型。采用蒙特卡洛法和拟牛顿法进行模拟计算，所得结果与生产数据符合较好。并运用建立的模型分析每台反应器的硝化温度对产品产量与质量的影响，确定主要影响机台及三段硝化反应的最佳温度，解决了过去只能凭经验指导生产的缺陷[198]。

目前，国内外生产 TNT 甲苯采用三段硝化工艺。混合硝基甲苯生产线是由甲苯硝化成一硝基甲苯，然后再将一硝基甲苯根据其异构体性质的不同分离成对位（36.1%）、邻位（59.2%）、间位硝基甲苯（4.7%）三种产品，市场上对硝基甲苯的需求量远远大于邻、间硝基甲苯，在生产中占较大比例的邻硝基甲苯未能得到充分使用，如用其代替甲苯生产 TNT，可将三段硝化工艺减为二段，且邻硝基甲苯能得到合理利用。有人根据已建立的二硝基甲苯硝化与氧化反应动力学理论建立了用邻硝基甲苯生产 TNT 的末段硝化过程的稳态模型，根据生产数据对反应动力学参数进行估值，并对末段硝化过程进行计算机仿真模拟计算，为改进工业生产过程提供指导[199]。

硝化甘油是双基火药和改进双基药中的主要成分之一，在工业和军事上占有极其重要的地位。但硝化甘油又是一种敏感度极高的危险品，在生产和使用中存在着爆炸的危险性，其事故频数和伤亡人数历来被列为火炸药事故之首。经调查分析发现，硝化甘油的安全生产与生产工艺和操作人员的操作水平有很大关系，通过改进生产工艺以及提高操作人员的素质（安全意识、操作能力、异常情况处理能力）等手段来减少安全事故的发生，减轻安全事故造成的损失是可行的。目前硝化甘油的生产工艺已基本实现了自动连续化生产，使操作人员脱离了危险的操作现场，但随着硝化甘油生产中工艺流程和工艺设备的自动化、连续化、复杂化，对人员的培训提出了新的更高的要求，使用传统的以师傅带徒弟的方式进行技能培训方式已无法满足技安需要，因此，采取一种科学的有效的培训手段对硝化甘油的安全生产意义重大。为此，有人运用计算机仿真技术，研制开发了硝化棉生产工艺模拟培训系统，使操作人员可以在计算机上逼真地模拟真实工厂的开工、停工、正常运行和各种事故状态的现象，无需投料，没有危险性，节省培训时间，对于提高人员素质，培养处理突发性事故的能力，确保安全生产，加强企业管理有着重要意义[200]。

参 考 文 献

[1] 唐培堃. 精细有机合成化学及工艺学. 天津：天津大学出版社，1993.
[2] 郝爱友，孙昌俊. 精编有机化学教程. 山东：山东大学出版社，2003.
[3] Hughes E D，Ingold C K. J Chem Soc，1950：2400.
[4] Halberstad E S，Ingold C K. J Chem Soc，1950：2441.
[5] Gold V，Ingold C K. J Chem Soc，1950：2452.
[6] Gold V，Ingold C K. J Chem Soc，1950：2467.
[7] Bunton C A，Ingold C K. J Chem Soc，1950：2628.
[8] Galzer J，Ingold C K. J Chem Soc，1950：2657.
[9] Hughes E D，Jomes G. T. J Chem Soc，1950：2678.
[10] Blackall E L，Ingold C K. J Chem Soc，1952：28.
[11] Титов А И. ЖОФ，1940，10：1880.
[12] Титов А И. ЖОФ，1947，17：382.
[13] Титов А И. ЖОФ，1948，18：190.
[14] Титов А И. ЖОФ，1948，18：733.
[15] Титов А И. ЖОФ，1949，19：517.
[16] Титов А И. Докл . АНСССР，1949，66：1101.
[17] Титов А И. ЖОФ，1952，22：1329.
[18] Титов А И. ЖОФ，1952，22：1335.
[19] Титов А И. Докл . АНСССР，1952，83：243.

[20] Olah G A，Kobayashi S，Tashiro M. J Am Chem Soc，1972，94 (21)：7448.
[21] Olah G. A. Symposium on Advances in Industrial and Laboratory Nitrations. New York：Phijadephia，1975.
[22] Carl S，Gorzynshi J，Maycock J N. J Spacecraft and Rockets，1974，11 (4)：211.
[23] Prince E，Rouse J. J Chem Eng Data，1976，21 (1)：16.
[24] 钟一鹏. 国外火炸药参考资料，1977：2.
[25] 吕春绪. 硝化理论. 南京：江苏科技出版社，1993.
[26] Ingold C K. J Chem Soc，1950：2559.
[27] Ingold C K. J Chem Soc，1950：2612.
[28] Ingold C K. J Chem Soc，1950：2576.
[29] Ingold C K. J Chem Soc，1950：2606.
[30] Титов А И. УХ，1958，(27)：845.
[31] Титов А И. ЖОХ，1948，(18)：733.
[32] Ingold C K. J Chem Soc，1950，200.
[33] Титов А И. ЖОХ，1947，(17)：382.
[34] Топчиев А Я. Механизм нптрования азотной Кисотой и серно-азотной.
[35] 曹阳. 硝酰阳离子的结构、光谱与硝化反应中的电子转移：南京：南京理工大学，2002.
[36] 曹阳，吕春绪，吕早生等. 物理化学学报，2002，18 (6)：527.
[37] 吕春绪. 耐热硝基芳烃化学. 北京：兵器工业出版社，2000.
[38] 吕春绪. 硝酰阳离子理论. 北京：兵器工业出版社，2006.
[39] Орола Е Ю. ЖФХ，1947，48 (10)：2453.
[40] Орола Е Ю. ЖФХ，1974，48 (10)：2457.
[41] Albright L F. I/EC，1965，57 (10)：53.
[42] 蔡春. 芳烃控制硝化及机理研究：南京：华东工学院，1992.
[43] 蔡春，吕春绪. 精细化工，1992，9 (3)：27.
[44] 吕春绪，蔡春. 兵工学报，1996，(4)：312.
[45] Hanson C. J Appl Chem Biotechnol，1975，25 (10)：727.
[46] Kamal A，Rao A B，Sattur P B. Tetrahedron Lett，1970，28：2425.
[47] Shackelford S A，Anderson M B，Christie L C，et al. J Org Chem，2003，68 (2)：267.
[48] JoshiA V，Baidoosi M，Mukhopadhyay S，et al. Org Proc Res Dev，2003，7 (1)：95.
[49] 蔡春，吕春绪. 精细化工，1991，8 (3)：35.
[50] 蔡春，罗桂琴，吕春绪. 华东工学院学报，1991，(4)：40.
[51] 蔡春，吕春绪. 兵工学报 (火化工分册)，1991，(1)：1.
[52] 蔡春，吕春绪. 华东工学院学报，1992，(2)：26.
[53] 蔡春，吕春绪. 江苏化工，1992，(1)：8.
[54] 蔡春，吕春绪. 精细石油化工，1993，(3)：27.
[55] 顾建良. 乙酸苯胺和对甲氧基乙酰苯胺的选择性硝化研究：南京：南京理工大学，1992.
[56] 吕春绪，顾建良. 兵工学报，1998，19 (1)：28.
[57] 彭新华. 固体催化剂和载体上芳烃的选择性硝化反应研究：南京：南京理工大学出版社，1997.
[58] 彭新华，吕春绪. 硝基芳烃溶液的紫外可见光谱. 分析化学进展. 南京：南京大学出版社，1994，324.
[59] Peng X H，Chen T Y，Lü C X. et al. Org Prep Proc Int，1995，27 (4)：475.
[60] Peng X H，Lü C X. Proceeding of the Third Beijing International Symposium on Pyrotechnics and Explosives. Beijing：China Ordnance Society，1995：237.
[61] Lü C X，Gu J L，Peng X H. Proceedings of the Third Beijing International Symposium on Pyrotechnics and Explosives. Beijing：China Ordnance Society，1995：225.
[62] 彭新华，吕春绪. 精细化工，1995，12 (5)：47.
[63] 彭新华，吕春绪. 精细化工，1995，12 (6)：41.
[64] 彭新华，吕春绪. 含能材料，1995，3 (4)：27.
[65] 彭新华，吕春绪. 火炸药，1995，18 (3)：1314.
[66] 彭新华，吕春绪. 火炸药，1996，19 (1)：9.
[67] 彭新华，吕春绪. 江苏化工，1996，24 (3)：7.
[68] 彭新华，吕春绪. 南京理工大学学报，1996，20 (2)：117.
[69] 彭新华，吕春绪. 兵工学报 (火化工分册)，1996，18 (1)：5.

[70] 彭新华，吕春绪. 火炸药，1996，19 (3)：21.
[71] 彭新华，吕春绪. 精细化工，1997，14 (3)：17.
[72] 彭新华，吕春绪. 火炸药，1997，14 (4)：57.
[73] 彭新华，吕春绪. 火炸药，1997，20 (3)：8.
[74] Lü C X，Peng X H. Degioselective of Toluene Nitration on Betonite Catalysts by Using of Alkyllvitrate. Proceeding of the 26th Znternational Pyrotechnics Seminal. 1999：353.
[75] Peng X H，Lü C X. Metal Ion-Exchanged Bentotites Proceeding of the 26th Intarnationd Pyrotchnics Semiuar. 1999：434.
[76] 彭新华，吕春绪. 南京理工大学学报，1999，23 (6)：539.
[77] 彭新华，吕春绪. 火炸药学报，2000，(3)：33.
[78] 吕春绪，彭新华. 南京理工大学学报，2000，24 (3)：207.
[79] 彭新华，吕春绪. 有机化学，2000，20 (4)：570.
[80] 彭新华，吕春绪. 精细化工，2000，(1)：17.
[81] 吕春绪，彭新华. 火炸药学报，2001,24 (1)：11.
[82] Peng X H，Suzuki，Lü C X. Tetrahedron Lett，2001，42 (26)：4357.
[83] 魏运洋，金铁柱. 应用化学，1995，12 (1)：43.
[84] 戴晖. 甲苯的混酸选择性硝化研究. 南京：南京理工大学，1994.
[85] 程广斌. 固体酸催化剂上芳香族化合物区域选择性硝化反应研究：南京：南京理工大学，2002.
[86] 程广斌，吕春绪，彭新华. 分析实验室，2000，19 (5)：85.
[87] 程广斌，吕春绪，彭新华. 精细化工，2001,18 (7)：426.
[88] 吕春绪，程广斌，祝未非，等. 化工时刊，2000，14 (3)：24.
[89] 程广斌，吕春绪，彭新华. 应用化学，2002，19 (3)：181.
[90] 程广斌，吕春绪，彭新华. 应用化学，2002，19 (2)：271.
[91] 程广斌，吕春绪，彭新华. 火炸药学报，2002，25 (1)：61.
[92] 程广斌，吕春绪. 含能材料，2002，10 (4)：168.
[93] 程广斌，侍春明，彭新华，等. 含能材料，2004，12 (2)：110.
[94] Cheng G B，Peng X H，Lü C X. Synth Commun，(in press).
[95] 彭新华，程广斌，吕春绪. 2002 全国精细化工有机中间体学术研讨会论文集，南京，2002：247.
[96] 程广斌，彭新华，吕春绪. 含能材料，2004，12 (2)：18.
[97] 曹阳，吕早生，蔡春，等. 染料工业，2002,39 (2)：41.
[98] 曹阳，吕春绪，蔡春，等. 染料工业，2002,39 (2)：29.
[99] 曹阳，吕春绪，蔡春，等. 化学通报，2002，65 (12)：831
[100] 曹阳，吕春绪，蔡春，等. 分子科学学报，2002，18 (3)：125.
[101] 曹阳，吕春绪，张劲松，等. 染料工业，2002,39 (2)：29.
[102] 曹阳，吕春绪，蔡春，等. 分子科学学报，2002，18 (4)：120.
[103] 蔡春. 芳香族化合物的控制硝化及机理研究：南京：华东工学院，1992.
[104] Feuer H. The Nitro Group in Organic Synthesis Organic Nitro Chemistry Series. New York：Ajohn Wiley and Sons，Inc. Publication，2001.
[105] 陆霜. 二氧化氮中芳烃的催化选择性硝化：南京：南京理工大学，2005.
[106] 易文斌，蔡春. 含能材料，2005，13 (4)：52.
[107] 易文斌，蔡春. 火炸药学报，2005，28 (3)：45.
[108] 吕春绪. GF 报告，2003.
[109] 吕春绪. GF 报告，2004.
[110] 吕早生. N_2O_4-O_3 硝化芳烃的宏观动力学及机理研究：南京：南京理工大学，2001.
[111] Mitscherlich E. Ann Phys Chem，1834，31：625.
[112] Owsley D C，Bloomfield J J. US4107220，1978.
[113] Schumacher I，Wang K B. US4426543，1984.
[114] Glawe R，Delf K，Moll W，et al. DE2826433，1979.
[115] Germain A，Akouz T，Figueras F. J Catal，1994，147 (1)：163.
[116] Smith K，Fry K. Tetrahedron Lett，1989，30 (39)：5333.
[117] Suzuki H，Yonezawa S，Mori T，et al. J Chem Soc，Perkin Trans 1,1994，(11)：1367.
[118] Suzuki H，Takeuchi T，Mori T. J Org Chem，1996，61 (17)：5944.

[119] Suzuki H，Tatsumi A，Ishibashi T et al. J Chem Soc，Perkin Trans 1,1995，4：339.
[120] Suzuki H，Takeuchi T，Mori T. J Org Chem，1996，61 (17)：5944.
[121] Suzuki H，Murashima T，Tatsumi A，et al. Chem Lett，1993，22 (8)：1421.
[122] Suzuki H，Murashima T，Mori T. J Chem Soc，Chem Commun，1994，(12)：1443.
[123] Suzuki H，Mori T，Maeda K. J Chem Soc，Chem Commun，1993，(17)：1335.
[124] Suzuki H，Yonezawa S，Mori T，et al. J Chem Soc，Perkin Trans 1,1996，(19)：2385.
[125] Suzuki H，Mori T. J Chem Soc，Perkin Ttrans 2，1996，(4)：677.
[126] Nose M，Suzuki H，Suzuki K. J Org Chem，2001，66 (12)：4356.
[127] 葛忠学，李高明，洪峰等. 火炸药学报，2002，25 (1)：45.
[128] 任永利，王莅，朱镇涛. 含能材料，2003，11 (1)：50.
[129] 吕早生，吕春绪. 火炸药学报，2000，23 (4)：9.
[130] 吕早生，吕春绪. 火炸药学报，2000，23 (4)：29.
[131] 吕早生，吕春绪. 江苏化工，2001，(29)：48.
[132] 吕早生，吕春绪，蔡春. 南京理工大学学报（自然科学版），2001,25 (4)：432.
[133] 吕早生，吕春绪，蔡春. 武汉科技大学学报，2001,24 (2)：153.
[134] 吕早生，吕春绪. 火炸药学报，2001,24 (4)：24.
[135] 吕早生，吕春绪，蔡春. 火炸药学报，2004，27 (3)：66.
[136] 吕春绪．炸药的绿色制造．北京：国防工业出版社，2010.
[137] 吕春绪．硝酰阳离子理论．北京：兵器工业出版社，2006.
[138] 吕春绪．绿色硝化研究进展．火炸药学报，2011,34 (1)：1.
[139] 吕春绪．N_2O_5 绿色硝化研究及其新进展．含能材料，2010，18 (6)：611.
[140] 易文斌，蔡春．含能材料，2005，13 (1)：52.
[141] 易文斌，蔡春．含能材料，2006，14 (1)：29.
[142] Yi W B，Cai. C Synth Commun，2006，36：2957.
[143] Yi W B，Cai. C J Energy Mater，2007，25：129.
[144] Yi W B，Cai. C Journal of Hazardous Materials，2008：8392.
[145] Yi W B，Cai. C Prop，Expl，Pyro，2009：161.
[146] 钱华．应用化学，2008，4.
[147] Qian H，Te Z WLüC X. Ultrasonics Sonochemistry，2008，15 (4)：326.
[148] 黄卫华．上海航天，2003 (2)：56.
[149] McClelland B W，Hederg，L. J Am Chem Soc，1983，105：3789.
[150] Olah G A，Malhotra R，Narang S C . Nitration. New York：VCH Publishers，1989.
[151] 钱华，叶志文，吕春绪．含能材料，2007，15 (1)：56.
[152] 钱华，吕春绪，叶志文．火炸药学报，2006，29 (5)：9.
[153] 钱华，叶志文，吕春绪．化学世界，2006，47 (12)：717.
[154] Qian H，Lü C X，Ye Z W. Proceedings of the 2nd International Seminar on Industrial Explosive. Beijing：The Publishing House of Ordnance Industry，2006，50.
[155] 葛学忠，李高明，洪峰等．火炸药学报，2002 (1)：45.
[156] 钱华．五氧化二氮在硝化反应中的应用研究．南京：南京理工大学，2008.
[157] 钱华，吕春绪，叶志文．火炸药学报．2006，29 (3)：52.
[158] 钱华，叶志文，吕春绪．应用化学，2008，25 (3)：424.
[159] 钱华，吕春绪，叶志文．精细化工，2006，23 (6)：620.
[160] 何志勇，罗军，吕春绪等．火炸药学报，2010，33 (2)：1.
[161] 齐秀芳，程广斌，段雪蕾等．火炸药学报，2007，30 (5)：12.
[162] 岳彩波，魏运洋，吕敏杰．含能材料，2007，15 (2)：118.
[163] 方东，施群荣，巩凯．含能材料，2007，15 (2)：122.
[164] Fang D，Luo J，Zhou X L，et al. Catal. Lett，2007，116 (1-2)：76.
[165] Fang D，Luo J，Zhou X L，et al. J Mod CatalA：Chem，2007，274：208.
[166] Laali K K，Gettwert V J. J Org Chem，2001，66 (1)：35.
[167] Qian K，Haqiwara H，Yokoyama C. J. Mod. Catal. A：Chem，2006，246：65.
[168] Lancaster N L，Llopis-Mestre V. Chem. Commun.，2003，22：2812.
[169] Smith K，Liu S，El-Hiti G A. Ind. Eng. Chem. Res.，2005，44：8611.

[170] Qian H, Ye Z W, Lü C X. Ultrasonics Sonochem., 2008, 15 (4): 326.
[171] 职慧珍，罗军，马伟等．高等学校化学学报，2008，29 (4)：772.
[172] Zhi H Z, Luo J, Lü C X. Chin Chem Lett, 2009, 20: 379.
[173] 何志勇，罗军，吕春绪．火炸药学报，2010，33 (2)：36.
[174] Qi X F, Cheng G, Lü C X, et al. Central European Journal of Energetic Materials, 2007, 4 (3): 105.
[175] Zhi H Z, Lü C X, Zhang Q, et al. Chem Commun, 2009, 20: 2878.
[176] Cheng G, Duan X, Qi X, et al. Catalysis Communications, 2008, 10 (2): 201.
[177] 程广斌，钱德胜，齐秀芳，等．应用化学，2007，24 (11)：1255.
[178] 齐秀芳，程广斌，吕春绪．含能材料，2008，16 (4)：398.
[179] Qi X, Cheng G, Lü C, et al. Central European Journal of Energetic Materials, 2007, 4 (3): 105-110.
[180] Qi X, Cheng G, Lü C. Synth Commun, 2008, 38 (4): 537.
[181] Cheng G B, Li X, Qi X F, et al. Theory and Practice of Energetic Materials (Ⅷ). Beijing: Science Press, 2009, 8: 48.
[182] 程广斌，李霞，齐秀芳等．北京：北京理工大学，2008年火炸药学术研讨会论文集．2008：7.
[183] 何志勇，罗军，吕春绪．火炸药学报，2010，33 (1)：1.
[184] 马晓明，李斌栋，吕春绪．等．火炸药学报，2009，32 (6)：24.
[185] Harrar J E, Pearson R K. Journal of Electrochemical Society, 1983.
[186] Wang Q F, Mi Z T, Wang YQ, et al. J Mod Catal A: Chem, 2005, 229: 71.
[187] 张香文，王庆法．CN1746335A，2006，03 (15)．
[188] Wang Q F, Su M, Zhang XW, et al. Electrochimica Acta, 2007, 52: 3667.
[189] Wang Q F, Hang X-W, Li W, et al. Ind Eng Chem Res, 2007, 5: 381.
[190] 王庆法，石飞，米镇涛等．含能材料，2007，15 (4)：416.
[191] 石飞，王庆法，米镇涛．火炸药学报，2007，132 (2)：75.
[192] 苏敏，王庆法，张香文．含能材料，2006，1491：66-67.
[193] 王庆法，米镇涛，张香文等．化学推进剂与高分子材料，2008，6 (2)：11.
[194] 孙荣康，魏运洋．芳香族与脂肪族化合物化学及工艺学．北京：兵器工业出版社，1992.
[195] 杨光，华京．梯恩梯．北京：国防工业出版社，1974.
[196] 302教研室．炸药制造工艺．南京：华东工学院，1990.
[197] 叶毓鹏．炸药工艺设计．北京：国防工业出版社，1988.
[198] 刘敏，陈晋南．北京理工大学学报，2001,21 (3)：382.
[199] 刘敏，张洪刚，官波，等．聊城师院学报 (自然科学版)，2001,14 (4)：48.
[200] 任晓莉，刘有智．四川兵工学报，2002，23 (4)：16.

5 磺化反应

5.1 概述

5.1.1 磺化与硫酸化反应及其重要性

磺化（sulfonation，sulphonation）是有机化合物分子中引入磺基（—SO_3H）或其相应的盐或磺酰卤基（—SO_2X）的任何化学过程，这些基团可以和碳原子相连生成C—S键，得到的产物为磺酸化合物（RSO_2OH 或 $ArSO_2OH$），也可以和氮原子相连生成N—S键。硫酸化（sulphofication）是向有机化合物分子中引入—OSO_3H 基的化学过程，生成C—O—S键，得到的产物为硫酸烷酯（$ROSO_2OH$）。

磺化与硫酸化反应在精细有机合成中具有多种应用和重要意义[1]，主要体现在以下方面。

① 向有机分子中引入磺基后所得到的磺酸化合物或硫酸烷酯化合物具有水溶性、酸性、乳化、湿润和发泡等特性，可被广泛用于合成表面活性剂、水溶性染料、食用香料、离子交换树脂及某些药物。

② 引入磺基可以得到另一个官能团化合物的中间产物或精细化工产品，例如磺基可以进一步转化为羟基、氨基、氰基等或转化为磺酸的衍生物，如磺酰氯、磺酰胺等。

③ 有时为了合成上的需要而暂时引入磺基，在完成特定的反应以后，再将磺基脱去。

此外，可通过选择性磺化来分离异构体等。

5.1.2 引入磺基的方法

引入磺基的方法通常有四种：①有机分子与 SO_3 或含 SO_3 的化合物作用；②有机分子与 SO_2 的化合物作用；③通过缩合和聚合的方法；④含硫的有机化合物氧化。其中最重要的是第一种方法。

5.2 磺化及硫酸化反应基本原理

5.2.1 磺化剂及硫酸化剂

工业上常用的磺化剂和硫酸化剂有三氧化硫、硫酸、发烟硫酸和氯磺酸。此外，还有亚硫酸盐、二氧化硫与氯、二氧化硫与氧以及磺烷基化剂等。

理论上讲，三氧化硫应是最有效的磺化剂，因为在反应中只含直接引入 SO_3 的过程。

$$R—H+SO_3 \longrightarrow R—SO_3H$$

使用由 SO_3 构成的化合物，初看是不经济的，首先要用某种化合物与 SO_3 作用构成磺化剂，反应后又重新产出原来的与 SO_3 结合的化合物，如下式所示：

$$HX+SO_3 \longrightarrow SO_3 \cdot HX$$

$$R—H+SO_3 \cdot HX \longrightarrow R—SO_3H+HX$$

式中，HX为 H_2O、HCl、H_2SO_4、二噁烷等。

然而在实际选用磺化剂时，还必须考虑产品的质量和副反应等其他因素。因此各种形式的磺化剂在特定场合仍有其有利的一面，要根据具体情况作出选择。

(1) 三氧化硫

三氧化硫又称硫酸酐，其分子式为 SO_3 或 $(SO_3)_n$，在室温下容易发生聚合，通常有表 5-1 所示的三种聚合形式，即有 α-、β-、γ-三种形态。

表 5-1 SO_3 的三种聚合形式

名称	结构	形态	熔点/℃	蒸气压(23.9℃)/kPa
γ-SO_3	环状：O_2S、SO_2、SO_2 经 O 相连的六元环	液态	16.8	1903
β-SO_3	$(—O—SO_2—O—SO_2—)_n$	丝状纤维	32.5	166.2
α-SO_3	与β型相似,但包含连接层与层的键	针状纤维	62.3	62.0

室温下只有 γ-型为液体，α-型、β-型均为固态，工业上常用液体 SO_3（即 γ-型）及气态 SO_3 作磺化剂，由于 SO_3 反应活性很高，故使用时需稀释，液体用溶剂稀释，气体用干燥空气或惰性气体稀释。

SO_3 的三种聚合体共存并可以相互转化。在少量水存在下，γ-型能转化成 β-型，即从环状聚合体变为链状聚合体，由液态变为固态，从而给生产造成严重的困难，为此要在 γ-型中加入稳定剂，如 0.1%的硼酐等。

(2) 硫酸与发烟硫酸

浓硫酸和发烟硫酸用作磺化剂适宜范围很广。为了使用和运输上的便利，工业硫酸有两种规格，即 92%～93%的硫酸（亦称绿矾油）和 98%的硫酸。如果有过量的 SO_3 存在于硫酸中就成为发烟硫酸，它有两种规格，即含游离的 SO_3 分别为20%～25%和 60%～65%，这两种发烟硫酸分别具有最低共熔点－11～－4℃和 1.6～7.7℃，在常温下均为液体。

发烟硫酸的浓度可以用游离 SO_3 的含量 c_{SO_3}（质量分数，下同）表示，也可以用 H_2SO_4 的含量 c_{SA} 表示。两种浓度的换算公式如下：

$$c_{SA}=100\%+0.225c_{SO_3}$$

$$c_{SO_3}=4.44(c_{SA}-100\%)$$

(3) 氯磺酸

氯磺酸也是一种较常见的磺化剂，它可以看作是 $SO_3 \cdot HCl$ 配合物，其凝固点为－80℃，沸点为 152℃，达到沸点时则离解成 SO_3 和 HCl。用氯磺酸磺化可以在室温下进行，反应不可逆，基本上按化学计量比进行。氯磺酸主要用于芳香族磺酰氯、氨基磺酸盐以及醇的硫酸化。

(4) 其他磺化剂

有关磺化与硫酸化的其他反应剂还有硫酰氯（SO_2Cl_2）、氨基磺酸（H_2NSO_3H）、二氧化硫以及亚硫酸根等。

硫酰氯是由二氧化硫和氯化合而成，氨基磺酸是由三氧化硫和硫酸与尿素反应而得。它们通常是在高温无水介质中应用，主要用于醇的硫酸化。

SO_2 同 SO_3 一样也是亲电子的，它可以直接用于磺氧化和磺氯化反应，不过它的反应大多数通过自由基反应。亚硫酸根作为磺化剂，其反应历程则属于亲核取代反应。表 5-2 列出了对各种常用的磺化与硫酸化试剂的综合评价。

表 5-2 各种常用的磺化与硫酸化试剂评价

试 剂	物理状态	主要用途	应用范围	活泼性	备 注
三氧化硫(SO_3)	液态	芳香化合物的磺化	很窄	非常活泼	容易发生氧化、焦化、需加入溶剂调节活性
	气态	应用于有机产品	日益增多	高度活泼，等物质的量，瞬间反应	干空气稀释至 2%～8% SO_3
20%、30%、65%发烟硫酸($H_2SO_4 \cdot SO_3$)	液态	烷基芳烃磺化，用于洗涤剂和染料	很广	高度活泼	放出 HCl，必须设法回收
氯磺酸($ClSO_3H$)	液态	醇类、染料与医药	中等	高度活泼	生成 $SOCl_2$
硫酰氯(SO_2Cl_2)	液态	炔烃磺化，实验室方法	主要用于研究	中等	
96%～100%硫酸	液态	芳香化合物的磺化	广泛	低	
二氧化硫与氯气(SO_2+Cl_2)	气态	饱和烃的氯磺化	很窄	低	移除水，需要催化剂，生成 $SOCl_2$ 和 HCl
二氧化硫与氧气(SO_2+O_2)	气态	饱和烃的磺化、氧化	很窄	低	需要催化剂，生成磺酸
亚硫酸钠(Na_2SO_3)	固态	卤烷的磺化	较多	低	需在水介质中加热
亚硫酸氢钠($NaHSO_3$)	固态	共轭烯烃的硫酸化，木质素的磺化	较多	低	需在水介质中加热

5.2.2 磺化及硫酸化反应历程及动力学

5.2.2.1 磺化反应历程及动力学

(1) 磺化反应的活泼质点

以硫酸、发烟硫酸或三氧化硫作为磺化剂进行的磺化反应是典型的亲电取代反应。磺化剂自身的离解提供了各种亲电质点。如 100%硫酸能按下列几种方式离解。

$$2H_2SO_4 \rightleftharpoons SO_3 + H_3O^+ + HSO_4^-$$

$$2H_2SO_4 \rightleftharpoons H_3SO_4^+ + HSO_4^-$$

$$3H_2SO_4 \rightleftharpoons H_2S_2O_7 + H_3O^+ + HSO_4^-$$

$$3H_2SO_4 \rightleftharpoons HSO_3^+ + H_3O^+ + 2HSO_4^-$$

若在 100%硫酸中加入少量水时，则按下式完全离解。

$$H_2O + H_2SO_4 \longrightarrow H_3O^+ + HSO_4^-$$

发烟硫酸可按下式发生电解。

$$SO_3 + H_2SO_4 \longrightarrow H_2S_2O_7$$

$$H_2S_2O_7 + H_2SO_4 \longrightarrow H_3SO_4^+ + HS_2O_7^-$$

因此硫酸和发烟硫酸是一个多种质点的平衡体系。其中存在着 SO_3、$H_2S_2O_7$、H_2SO_4、HSO_3^+ 和 $H_3SO_4^+$ 等亲电质点，实质上它们都是不同溶剂化的 SO_3 分子，都能参加磺化反应，其含量随磺化剂浓度的变化而变化。在发烟硫酸中亲电质点以 SO_3 为主；在浓硫酸中，以 $H_2S_2O_7$($H_2SO_4 \cdot SO_3$) 为主；在 80%～85%的硫酸中，以 $H_3SO_4^+$($H_3O^+ \cdot SO_3$) 为主，在更低浓度的硫酸中，以 H_2SO_4($H_2O \cdot SO_3$) 为主。

各种质点参加磺化反应的活性差别较大，在 SO_3、$H_2S_2O_7$、$H_3SO_4^+$ 三种常见质点中，SO_3 的活性最大，$H_2S_2O_7$ 次之，$H_3SO_4^+$ 最小，而反应选择性则正好相反。

(2) 磺化反应历程及动力学

① 芳烃磺化历程及动力学 芳香化合物进行磺化反应时，分两步进行。首先，亲电质

点向芳环进行亲电进攻，生成σ-配合物，然后在碱作用下脱去质子得到芳环酸。反应历程如下：

$$C_6H_6 \underset{-H_2SO_4}{\overset{+SO_3\cdot H_2SO_4}{\rightleftharpoons}} [C_6H_6SO_3^-]^+ \underset{-H_2SO_4}{\overset{+HSO_4^-}{\rightleftharpoons}} C_6H_5SO_3^-$$

$$C_6H_6 \underset{-H_3O^+}{\overset{+SO_3\cdot H_3O^+}{\rightleftharpoons}} [C_6H_6SO_3^-]^+ \underset{-H_2SO_4}{\overset{+HSO_4^-}{\rightleftharpoons}} C_6H_5SO_3^-$$

$$C_6H_6 \underset{-H_2O}{\overset{+SO_3\cdot H_2O}{\rightleftharpoons}} [C_6H_6SO_3^-]^+ \underset{-H_2SO_4}{\overset{+HSO_4^-}{\rightleftharpoons}} C_6H_5SO_3^-$$

研究证明，用浓硫酸磺化时，脱质子较慢，第二步是整个反应速率的控制步骤。用稀酸磺化时，生成σ-配合物较慢，第一步限制了整个反应速率。

采用发烟硫酸或硫酸磺化芳烃时，其反应动力学可如下表示。

当磺化质点为 SO_3 时：$v=k_{SO_3}[ArH][SO_3]=k'_{SO_3}[ArH][H_2O]^{2-}$

当磺化质点为 $H_2S_2O_7$ 时：$v=k_{SA}[ArH][H_2S_2O_7]=k'_{H_2S_2O_7}[ArH][H_2O]^{2-}$

当磺化质点为 $H_3SO_4^+$ 时：$v=k_{H_3SO_4^+}[ArH][H_3SO_4^+]=k'_{H_3SO_4^+}[ArH][H_2O]^-$

由以上三式可以看出，磺化反应速率与磺化剂中的含水量有关。当以浓硫酸为磺化剂，水很少时，磺化反应速率与水浓度的平方成反比，即生成的水量越多，反应速率下降越快。因此，用硫酸作磺化剂的磺化反应中，硫酸浓度及反应中生成的水量多少对磺化反应速率的影响是一个十分重要的因素。

② 烯烃磺化历程　SO_3 等亲电质点对烯烃的磺化属亲电加成反应。烯烃用 SO_3 磺化，其产物主要为末端磺化物。亲电体 SO_3 与链烯烃反应生成磺内酯和烯基磺酸等。其反应历程为：

R—CH═CH$_2$+SO$_3$
↓
$R\overset{+}{C}HCH_2SO_3^-$ → R-(四元环磺内酯, O—SO$_2$)；R—CH═CHSO$_3$H
↓
$R\overset{+}{C}HCH_2CH_2SO_3^-$ → R—CH═CHCH$_2$SO$_3$H；R-(五元环磺内酯, O, SO$_2$) → R—CH(OH)—CH$_2$CH$_2$—SO$_3$H；R—CH═CHCH$_2$CH$_2$SO$_3$H
↓
$R\overset{+}{C}HCH_2CH_2CH_2SO_3^-$ → R—CH═CHCH$_2$CH$_2$SO$_3$H；R-(六元环磺内酯, O, SO$_2$)；R—CH═CHCH$_2$CH$_2$CH$_2$SO$_3$H
↓
$R\overset{+}{C}H(CH_2)_nSO_3^-$ ⟶ R—CH═CH(CH$_2$)$_n$SO$_3$H

可见，反应产物为链烯磺酸化合物和羟基链烷磺酸。

③ 烷烃磺化历程　烷烃的磺化一般较困难，除含叔碳原子外，磺化的收率很低。工业上制备链烷烃磺酸的主要方法是氯磺化和氧磺化法。

烷烃的氯磺化和氧磺化就是在氯或氧的作用下，二氧化硫与烷烃化合的反应，两者均为自由基的链式反应。现以链烷烃为例说明如下。

氯磺化的反应式为

$$RH+SO_2+Cl_2 \xrightarrow{h\nu} RSO_2Cl+HCl$$

$$RSO_2Cl+2NaOH \longrightarrow RSO_3Na+H_2O+NaCl$$

烷烃氯磺化时首先是氯分子吸收光量子，发生均裂而引发出氯自由基，而后开始链反应。

链引发：

$$Cl_2 \xrightarrow{h\nu} 2Cl\cdot$$

链增长：

$$RH+Cl\cdot \longrightarrow R\cdot+HCl$$

$$R\cdot+SO_2 \longrightarrow RSO_2\cdot$$

$$RSO_2\cdot+Cl_2 \longrightarrow RSO_2Cl+Cl\cdot$$

链终止：

$$Cl\cdot+Cl\cdot \longrightarrow Cl_2$$

$$R\cdot+Cl\cdot \longrightarrow RCl$$

$$RSO_2\cdot+Cl\cdot \longrightarrow RSO_2Cl$$

烷基自由基 R· 与 SO_2 的反应比它与氯的反应约快 100 倍，从而可以很容易地生成烷基磺酰自由基，避免生成烷烃的卤化物。烷基磺酰氯经水解得到烷基磺酸盐。

烷烃的氧磺化也是在紫外线照射下激发的自由基反应。如

$$RH \xrightarrow{h\nu} R\cdot+H\cdot$$

$$SO_2 \xrightarrow{h\nu} SO_2\cdot$$

$$RH+SO_2. \longrightarrow R\cdot+H\cdot+SO_2$$

$$R\cdot+SO_2 \longrightarrow RSO_2\cdot$$

$$RSO_2\cdot+O_2 \longrightarrow RSO_2OO\cdot$$

$$RSO_2OO\cdot+RH \longrightarrow RSO_2OOH+R\cdot$$

$$RSO_2OOH+H_2O+SO_2 \longrightarrow RSO_3H+H_2SO_4$$

$$RSO_2OOH \longrightarrow RSO_2O\cdot+HO\cdot$$

$$HO\cdot+RH \longrightarrow H_2O+R\cdot$$

$$RSO_2O\cdot+RH \longrightarrow RSO_3H+R\cdot$$

应该指出，这样制得的烷基磺酸绝大部分是仲碳磺酸，因为仲碳原子上的氢比伯碳原子上的氢活泼约 2 倍。低碳烷烃的氧磺化是一个催化反应，一旦自由基链反应开始后无需再提供激发剂。高碳烷烃的氧磺化需要不断提供激发剂，工业上常加入乙酸酐使反应得以连续进行。

5.2.2.2 硫酸化反应历程及动力学

（1）醇的硫酸化反应

醇类用硫酸进行硫酸化是一个可逆反应。

$$ROH+H_2SO_4 \rightleftharpoons ROSO_3H+H_2O$$

其反应速率不仅与硫酸和醇的浓度有关，而且酸度和平衡常数也直接对速率产生影响。由于此反应可逆，所以在最有利的条件下也只能完成 65%。

醇类进行硫酸化，硫酸既作为溶剂，又是催化剂，反应历程中包括 S—O 键断裂。

$$H_2SO_4 \xrightleftharpoons{H^+} H_2O^+{-}SO_3H^- \xrightleftharpoons{ROH} R{-}\overset{+}{\underset{\displaystyle H}{\underset{|}{O}}}{-}SO_3H \;+H_2O \rightleftharpoons ROSO_3H$$

在醇类进行硫酸化时，条件选择不当则会产生一系列副反应，如脱水得到烯烃；对于仲醇，尤其是叔醇，生成烯烃的量更多。此外，硫酸还会将醇氧化成醛、酮，并进一步产生树脂化和缩合。

当以氯磺酸为反应剂时，反应对于醇和酸都是一级。

$$r=k[\mathrm{ROH}][\mathrm{ClSO_3H}]$$

反应历程为

$$\mathrm{ClSO_3H+ROH} \rightleftharpoons \underset{\substack{|\\ \mathrm{ROH}}}{\mathrm{Cl{-}SO_3H}} \longrightarrow \mathrm{Cl^-} + \mathrm{R}{-}\underset{\substack{|\\ \mathrm{H}}}{\overset{+}{\mathrm{O}}}{-}\mathrm{SO_3H} \longrightarrow \mathrm{HCl+ROSO_3H}$$

当用气态三氧化硫进行醇类的硫酸化时，化学反应几乎立刻发生，反应速率受气体的扩散控制，化学反应在液相的界面上完成。由于硫原子存在空轨道，能与氧原子结合形成配合物，而后转化为硫酸烷酯。

$$\mathrm{ROH+SO_3} \rightleftharpoons \underset{\mathrm{\dot{S}O_2O^-}}{\mathrm{R\ddot{O}H}} \longrightarrow \mathrm{ROSO_2OH}$$

除脂肪醇以外，单甘油酯以及存在于蓖麻油中的羟基硬脂酸酯都可以进行硫酸化而制成表面活性剂。

(2) 链烯烃的加成反应

链烯烃的硫酸化反应符合 Markovnikov 规则，正烯烃与硫酸反应得到的是仲烷基硫酸盐。反应历程为：

$$\mathrm{R{-}CH{=}CH_2} \overset{\mathrm{H^+}}{\rightleftharpoons} \mathrm{R{-}\overset{+}{C}H{-}CH_3} \xrightarrow{\mathrm{HSO_4^-}} \mathrm{R{-}\underset{\substack{|\\ \mathrm{OSO_3H}}}{CH}{-}CH_3}$$

5.2.3 磺化及硫酸化影响因素

影响磺化及硫酸化的因素有很多，主要有以下几种。

5.2.3.1 有机化合物的结构及性质

被磺化物的结构、性质，对磺化的难易程度有着很大的影响。通常，饱和烷烃的磺化较芳烃的磺化困难得多；而芳烃磺化时，若其芳环上带有供电子基，则邻位、对位电子云密度高，有利于 σ-配合物的形成，磺化反应较易进行；相反，若存在吸电子基，则反应速率减慢，磺化困难。在 50～100℃用硫酸或发烟硫酸磺化时，含供电子基团的磺化速率按以下顺序递增：

$$\mathrm{H \approx Et < Me < Pr \ll OEt < OMe \ll OH}$$

含吸电子基团的磺化速率按以下顺序递减。

$$\mathrm{H > Cl \gg Br \approx COMe \approx COOH \gg SO_3H \approx CHO \approx NO_2}$$

苯及其衍生物用 SO_3 磺化时，其反应速率按以下顺序递减。

苯＞氯苯＞溴苯＞对硝基苯甲醚＞间二氯苯＞对硝基甲苯＞硝基苯

芳烃环上取代基的体积大小也能对磺化反应产生影响。环上取代基的体积越大，磺化速率就越慢。这是因为磺基的体积较大，若环上已有的取代基体积也较大，占据了有效空间，则磺基便难以进入。同时，环上取代基的位阻效应还能影响磺基的进入位置，使磺化产物中异构体组成比例也不同。表 5-3 列出了烷基苯用硫酸磺化的速率大小及异构体组成比例。

在芳烃的亲电取代反应中，萘环比苯环活泼。萘的磺化根据反应温度、硫酸的浓度和用量及反应时间的不同，可以制得一系列有用的萘磺酸，如图 5-1 所示。

表 5-3 烷基苯一磺化时各异构产物生成比例（25℃，89.1% H_2SO_4）

烷基苯	与苯相比较的相对反应速率常数 k_R/k_B	异构产物的比例/%			邻位/对位
		邻位	间位	对位	
甲苯	28	44.04	3.57	50	0.88
乙苯	20	26.67	4.17	68.33	0.39
异丙苯	5.5	4.85	12.12	84.84	0.057
叔丁基苯	3.3	0	12.12	85.85	0

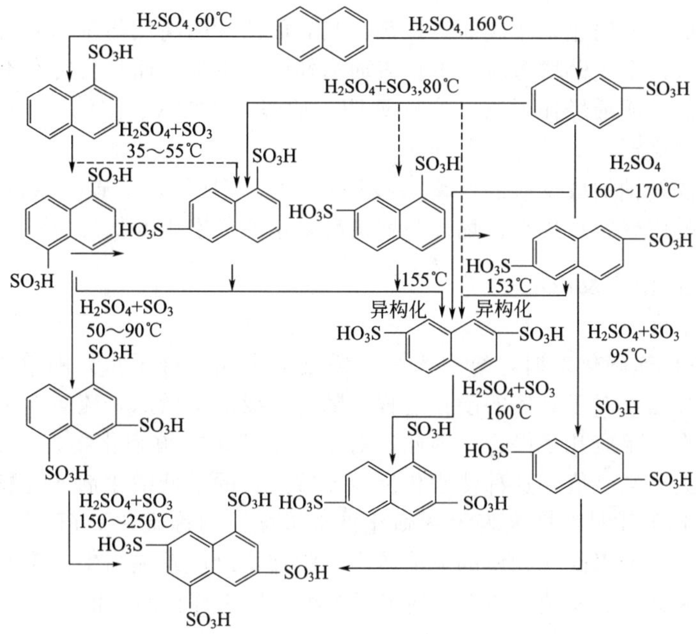

图 5-1 萘在不同条件下磺化时的主要产物（虚线表示副反应）

2-萘酚的磺化比萘还容易，使用不同的磺化剂和不同的磺化条件，可以制取不同的 2-萘酚磺酸产品，如图 5-2 所示。

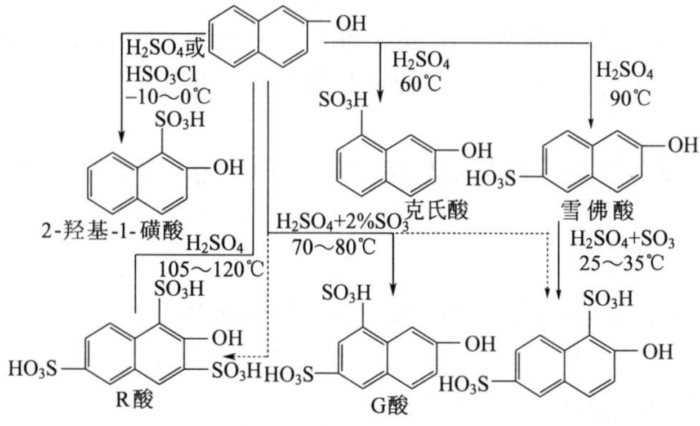

图 5-2 2-萘酚磺化时的主要产物（虚线表示副反应）

蒽醌环很不活泼，只能用发烟硫酸或更强的磺化剂才能磺化。采用发烟硫酸作磺化剂，蒽醌的一个边环引入磺基后对另一个环的钝化作用不大，所以为减少二磺酸的生成，要求控制转化率为50%～60%，未反应的蒽醌可回收再用。

许多杂环化合物，如呋喃、吡咯、吲哚、噻吩、苯并呋喃及其衍生物，在酸的存在下要发生分解，因而不能采用三氧化硫或它的水合物进行磺化。

醇与硫酸的反应是可逆反应，其平衡常数与醇的性质有关。例如，当同样采用等物质的量配比时，伯醇硫酸化的转化率约为65%，仲醇为40%～45%，叔醇则更低。按反应活性比较，也有同样的顺序，伯醇的反应活性大约是仲醇的10倍。

在硫酸的存在下，醇类脱水生成烯烃是进行硫酸化时的主要副反应，产生脱水副反应由易到难的顺序是：叔醇＞仲醇＞伯醇。

烷基硫酸盐的主要用途是作表面活性剂，其表面活性的高低与烷基的结构及硫酸根的所在位置有关。当碳链上支链增多时，不仅表面活性明显下降，而且其废水不易生物降解，因此要求采用直链的醇或烯烃作原料。实践证明，伯醇和直链 C_{12}～C_{18} α-烯烃最适合用来合成烷基硫酸盐型洗涤剂[2]。

烯烃与亚硫酸氢钠加成反应的产率一般只有12%～16%，若碳碳双键的碳原子上连有吸电子取代基，反应就容易进行；烯烃与亚硫酸氢钠亦可发生类似反应，生成二元磺酸。

5.2.3.2 磺化剂的浓度及用量

(1) 磺化剂浓度

当用浓 H_2SO_4 作磺化剂时，每引入一个磺基就生成1分子水，随着磺化反应的进行，硫酸的浓度逐渐降低，对于具体的磺化过程，随着生成的水增加，硫酸不断被稀释，反应速率会逐渐下降，直至反应几乎停止。因此，对于一个特定的被磺化物，要使磺化能够进行，磺化剂浓度必须大于某一值，这种使磺化反应能够进行的最低磺化剂（硫酸）浓度称为磺化极限浓度。用 SO_3 的质量浓度来表示的磺化极限浓度，则称磺化 π 值。显然，容易磺化的物质其 π 值较小，而难以磺化物质的 π 值较大。为加快反应及提高生产速度，通常工业上所用原料酸浓度必须远大于 π 值。表5-4列出了各种芳烃化合物的 π 值。

表 5-4 各种芳烃化合物的 π 值

化合物	π 值	H_2SO_4/%	化合物	π 值	H_2SO_4/%
苯一磺化	64	78.4	萘二磺化(160℃)	52	63.7
蒽一磺化	43	53	萘三磺化(160℃)	79.8	97.3
萘一磺化(60℃)	56	68.5	硝基苯一磺化	82	100.1

用 SO_3 磺化时，反应不生成水，反应不可逆。因此，工业上为控制副反应，避免多磺化，多采用干空气-SO_3 混合气，其 SO_3 的体积分数为2%～8%。

(2) 磺化剂用量

当磺化剂起始浓度确定后，利用被磺化物的 π 值概念，可利用下式计算出磺化剂用量。

$$x=\frac{80(100-\pi)n}{a-\pi}$$

式中 x——原料酸（磺化剂）的用量，kg/kmol 被磺化物；

a——原料酸（磺化剂）起始浓度，用 SO_3 质量分数表示；

n——被磺化物分子上引入的磺基数。

由上式可以看出，当 SO_3 用作磺化剂，对有机化合物进行一磺化时，其用量为80kg SO_3/kmol 被磺化物，即相当于理论量；当采用硫酸或发烟硫酸作磺化剂时，其起始浓度降低，磺化剂用量则增加，当 a 降低到接近于 π 时，磺化剂的用量将增加到无穷大。

需要指出的是，利用 π 值的概念，只能定性地说明磺化剂的起始浓度对磺化剂用量的影响。实际上，对于具体的磺化过程，所用硫酸的浓度及用量以及磺化温度和时间都是通过大量最优化试验而综合确定的。

5.2.3.3 磺酸基的水解与异构化

芳磺酸在一定温度下于含水的酸性介质中可以发生脱磺水解反应，即磺化的逆反应。此时，亲电质点为 H_3O^+，它与带有供电子基的芳磺酸作用，使其磺基水解。

$$ArSO_3H + H_2O \longrightarrow ArH + H_2SO_4$$

对于带有吸电子基的芳磺酸，芳环上的电子云密度降低，其磺基不易水解；相反，对于带有供电子基的芳磺酸，磺基易水解。此外，介质中 H_3O^+ 浓度越高，水解速率越快。

磺基不仅可以发生水解反应，且在一定条件下还可以从原来的位置转移到其他热力学更稳定的位置上去，这称为磺基的异构化。

由于磺化-水解-再磺化和磺基异构化的共同作用，使芳烃衍生物最终的磺化产物含有邻、间、对位的各种异构体。随着温度的变化、磺化剂种类、浓度及用量的不同，各种异构体的比例也不同，尤其是温度对其影响更大。

5.2.3.4 磺化温度和时间

磺化反应是可逆反应，正确选择温度与时间，对于保证反应速率和产物组成有十分重要的影响。通常，反应温度较低时，反应速率慢，反应时间长；温度高时，反应速率快而时间短，但易引起多磺化、氧化、生成砜和树脂物等副反应。温度还能影响磺基引入芳环的位置。对于甲苯一磺化过程，采用低温反应时，则主要为邻位、对位磺化产物，随着温度升高，间位产物比例升高，邻位产物比例则明显下降，对位产物比例也下降。再如萘一磺化，低温时磺基主要进入 α-位，而高温时，则主要在 β-位，如表 5-5 所示。

表 5-5 温度对萘磺化异构体比例的影响

温度/℃	80	90	100	110.5	124	129	138.5	150	161
α-异构体/%	96.5	90.0	83.0	72.6	52.4	44.4	23.4	18.3	18.4
β-异构体/%	3.5	10.0	17.0	27.4	47.6	55.6	76.6	81.7	81.5

磺化反应的时间可通过终点控制。常用的方法：①通过实验找出合适的反应时间；②取样放在水中观察有无油珠存在；③色谱分析，一般磺化产物于紫外灯下出现带荧光的斑点。此外，用硫酸磺化时，当到达反应终点后不应延长反应时间，否则将促使磺化产物发生水解反应，若采用高温反应，则更有利于水解反应的进行。

在醇类硫酸化时，烯烃和羰基化合物的生成量随温度升高而增多，这些副产物将会影响产品的质量。抑制副反应的一项重要措施就是使温度保持在 20～40℃。

5.2.3.5 添加剂

磺化过程中加入少量添加剂，对反应常有明显的影响，主要表现在如下不同方面。

① 抑制副反应　磺化时的主要副反应是多磺化、氧化及不希望有的异构体和砜的生成。当磺化剂的浓度和温度都比较高时，有利于砜的生成。

$$ArSO_3H + 2H_2SO_4 \longrightarrow ArSO_2^+ + H_3O^+ + 2HSO_4^-$$

$$ArSO_2^+ + ArH \longrightarrow ArSO_2Ar + H^+$$

在磺化液中加入无水硫酸钠可以抑制砜的生成，这是因为硫酸钠在酸性介质中能解离产生 HSO_4^-，使平衡向左移动。加入乙酸与苯磺酸钠也有同样的作用。

在羟基蒽醌磺化时，常常加入硼酸，它能与羟基作用形成硼酸酯，以阻碍氧化副反应的发生。在萘酚进行磺化时，加入硫酸钠可以抑制硫酸的氧化作用。

② 改变定位　蒽醌在使用发烟硫酸磺化时，加入汞盐与不加汞盐分别得到 α-蒽醌磺酸和 β-蒽醌磺酸。此外，钯、铊和铑等也对蒽醌磺化有很好的 α-定位效应。又如，萘的高温磺化，要提高 β-磺酸的含量达 95%以上，可加入 10%左右的硫酸钠或 S-苄基硫脲。

③ 使反应变易　催化剂的加入有时可以降低反应温度，提高收率和加速反应。例如，当吡啶用三氧化硫或发烟硫酸磺化时，加入少量汞可使收率由 50%提高到 71%。又如，2-氯苯甲醛与亚硫酸钠的磺基置换反应，铜盐的加入可使反应容易进行。

5.2.3.6 搅拌

在磺化反应中，良好的搅拌可以加速有机物在酸性中的溶解，提高传热、传质效率，防止局部过热，提高反应速率，有利于反应的进行。

液态反应物（如苯）磺化时，可用推进式搅拌器；中等黏度的反应物（如 β-萘磺酸）生产时，可用推进式或锚式搅拌器；黏稠反应物（α-萘磺酸）生产时，只有锚式搅拌器可使用。

5.3 磺化方法及硫酸化方法

5.3.1 磺化方法

根据使用磺化剂的不同，磺化可分为三氧化硫磺化法、过量硫酸磺化法、氯磺酸磺化法以及共沸脱水磺化法等。此外，按操作方式还可以分为间歇磺化法和连续磺化法。

5.3.1.1 三氧化硫磺化法

三氧化硫磺化法具有反应迅速；磺化剂用量接近于理论用量，磺化剂利用率高达 90%以上；反应无水生成，无大量废酸，三废少；经济合理等优点。常用于脂肪醇、烯烃和烷基苯的磺化。随着工业技术的发展，以三氧化硫为磺化剂的工艺将日益增多。

(1) 用三氧化硫磺化的方式

用三氧化硫磺化，通常有以下几种方法。

① 气体三氧化硫法　此法主要用于由十二烷基苯制备十二烷基苯磺酸钠。磺化采用双膜式反应器，三氧化硫用干燥的空气稀释至 2%～8%。此法生产能力大、工艺流程短、副产物少、产品质量好，可替代发烟硫酸磺化法。

$$C_6H_5C_{12}H_{25} \xrightarrow[\text{磺化}]{SO_3} C_{12}H_{25}C_6H_4SO_3H \xrightarrow[\text{中和}]{NaOH} C_{12}H_{25}C_6H_4SO_3Na$$

② 液体三氧化硫法　此法主要用于不活泼液态芳烃的磺化，生成的磺酸在反应温度下必须是液态，而且黏度不大。例如，硝基苯在液态三氧化硫中的磺化。

$$C_6H_5NO_2 + SO_3(\text{液态}) \xrightarrow{90\sim120℃} m\text{-}O_2NC_6H_4SO_3H \xrightarrow{NaOH} m\text{-}O_2NC_6H_4SO_3Na$$

其操作是将稍过量的液态三氧化硫慢慢滴加至硝基苯中，温度自动升至 70～80℃，然后在 95～120℃下保温，直至硝基苯完全消失，再将磺化物稀释、中和，即得到间硝基苯磺酸钠。此法也可用于对硝基甲苯的磺化。

液体三氧化硫的制备是将 20%～25%发烟硫酸加热到 250℃，蒸出的 SO_3 蒸气通过一个填充粒状硼酐的固定床层，再经冷凝，即可得到稳定的 SO_3 液体。液态三氧化硫使用方便，但成本较高。

③ 三氧化硫-溶剂法　此法应用广泛，优点是反应温和且易于控制；副反应少，产物纯度和磺化收率较高；适用于被磺化物或磺化产物是固态的情况。常用的溶剂有硫酸、二氧化硫等无机溶剂和二氯甲烷、1,2-二氯乙烷、四氯乙烷、石油醚、硝基甲烷等有机溶剂。

无机溶剂硫酸可与 SO_3 混溶，并能破坏有机磺酸的氢键缔合，降低磺化反应物的黏度。其操作是先向被磺化物中加入质量分数为 10%的硫酸，再通入气体或滴加液体 SO_3，逐步进行磺化。此过程技术简单、通用性强，可替代一般的发烟硫酸磺化。

有机溶剂价廉、稳定，易于回收，可与有机物混溶，对 SO_3 的溶解度在 25%以上。这些溶剂一般不能溶解磺酸，磺化液常常变得很黏稠。因此，有机溶剂要根据被磺化物的化学活性和磺化条件来选择确定。磺化时，可将被磺化物加到 SO_3-溶剂中；也可以先将被磺化物溶于有机溶剂中，再加入 SO_3-溶剂的溶液或通入 SO_3 气体进行反应。

有专利报道[3]，以石油馏分中宽馏分为原料，液相 SO_3 为磺化剂，采用超重力技术制备的阳离子表面活性剂，具有可适用范围广，性能优良，生产周期短，活性物含量高等特点。

萘的二磺化多用此法。

$$\text{萘} + 2SO_3 \xrightarrow[\text{或二氯甲烷}]{H_2SO_4} \text{1,5-萘二磺酸}(SO_3H, SO_3H)$$

④ SO_3-有机配合物法　三氧化硫能与许多有机物生成配合物，其稳定次序如下：

$$Me_3N \cdot SO_3 > Py \cdot SO_3 > diox \cdot SO_3 > R_2O \cdot SO_3 > H_2SO_4 \cdot SO_3$$

有机配合物的稳定性都比发烟硫酸大，即 SO_3-有机配合物的反应活性比发烟硫酸小。所以，用 SO_3-有机配合物磺化时，反应温和，有利于抑制副反应，可得到高质量的磺化产品；适用于活性大的有机物的磺化。应用最广泛的是 SO_3 与叔胺和醚的配合物。但是由于络合需要一定量的有机物，成本较高，工业应用较少。

(2) 采用三氧化硫磺化法应注意的问题

① SO_3 的液相区狭窄（熔点为 16.8℃，沸点为 44.8℃），室温下易自聚形成固态聚合体，使用不便。为防止 SO_3 形成聚合体，可添加适量的稳定剂，如硼酐、二苯砜和硫酸二甲酯等。其添加量以 SO_3 的质量计，硼酐 0.02%，二苯砜 0.1%，硫酸二甲酯为 0.2%。

② SO_3 反应活性高，反应激烈，副反应多，特别是使用纯 SO_3 磺化时。为避免剧烈的反应，工业上常用干燥的空气稀释 SO_3，以降低其浓度。对于容易磺化的苯、甲苯等有机物，可加入磷酸或羧酸以抑制砜的生成。

③ 用 SO_3 磺化，反应热效应显著，瞬时放热量大，易造成局部过热而使物料焦化。由于有机物的转化率高，所得磺酸黏度大。为防止局部过热，抑制副反应，避免物料焦化，必须保持良好的换热条件，及时移出反应热。此外，还要适当控制转化率或使磺化在溶剂中进行，以免磺化产物黏度过大。表 5-6 列出了烷基苯磺化反应热的相对值。

表 5-6　烷基苯磺化反应热的相对值

磺　化　剂	反应热的相对值	磺　化　剂	反应热的相对值
100%硫酸	100	液态三氧化硫	206
20%发烟硫酸	150	气态 SO_3+空气	306
65%发烟硫酸	190		

④ SO_3 不仅是活泼的磺化剂，而且是氧化剂。使用时必须注意安全，特别是使用纯净的 SO_3，要注意控制温度和加料顺序，防止发生爆炸事故。

5.3.1.2 过量硫酸磺化法

被磺化物在过量的硫酸或发烟硫酸中进行磺化称为过量硫酸磺化法，生产上也称为“液相磺化”。硫酸在体系中起到磺化剂、溶剂及脱水剂的作用。过量硫酸磺化法虽然副产较多的酸性废液，而且生产能力较低，但因该法适用范围广而受到广泛的重视。

烷基二苯醚双磺酸盐是一类新型的阴离子型表面活性剂，是由壬醇在硫酸催化下与二苯醚烷基化反应生成壬烷基二苯醚，再用发烟硫酸磺化生产壬烷基二苯醚磺酸，最后壬烷基二苯醚磺酸用氢氧化钠中和成盐。反应式如下：

$$C_9H_{17}OH + C_6H_5\text{-O-}C_6H_5 \xrightarrow{H_2SO_4} C_9H_{17}\text{-}C_6H_4\text{-O-}C_6H_5 + H_2O \quad (1)$$

$$C_9H_{17}\text{-}C_6H_4\text{-O-}C_6H_5 \xrightarrow{H_2SO_4(\text{发烟})} C_9H_{17}\text{-}C_6H_3(SO_3H)\text{-O-}C_6H_4(SO_3H) + 2H_2O \quad (2)$$

$$C_9H_{17}\text{-}C_6H_3(SO_3H)\text{-O-}C_6H_4(SO_3H) \xrightarrow{NaOH} C_9H_{17}\text{-}C_6H_3(SO_3Na)\text{-O-}C_6H_4(SO_3Na) + 2H_2O \quad (3)$$

过量硫酸磺化法可连续操作，也可间歇操作。连续操作常采用多釜串联操作法。采用间歇操作时，加料次序取决于原料的性质、反应温度以及引入磺基的位置和数目。若被磺化物在磺化温度下呈液态，常常是先将被磺化物加入釜中，然后升温，在反应温度下将磺化剂徐徐加入。这样可避免生成较多的二磺化物。如果被磺化物在反应温度下呈固态，则先将磺化剂加入釜中，然后在低温下加入固体被磺化物，待其溶解后再缓慢升温反应。例如，萘和2-萘酚的低温磺化。

当制备多磺酸时，常采用分段加酸法。即在不同的时间和不同的温度条件下加入不同浓度的磺化剂。目的是使每一个磺化阶段都能选择最适宜的磺化剂浓度和磺化温度，以使磺酸基进入预定位置。例如，由萘制备1,3,6-萘三磺酸就是采用分段加酸磺化法。

$$\text{萘} \xrightarrow[145℃]{100\%H_2SO_4} \text{2-萘磺酸} \xrightarrow[60\sim80℃]{65\%\text{发烟硫酸}} \text{2,6-萘二磺酸} \xrightarrow{\text{异构化}}$$

$$\text{2,7-萘二磺酸} \xrightarrow[155℃]{65\%\text{发烟硫酸}} \text{1,3,6-萘三磺酸}$$

（收率89%～91%）

磺化过程要按照确定的温度-时间规程来控制。加料之后通常需要升温并保持一定的时间，直到试样的总酸度降至规定数值。磺化终点可根据磺化产物的性质来判断，如试样能否完全溶于碳酸钠溶液、清水或食盐水中。

过量硫酸磺化法通常采用钢或铸铁的反应釜。磺化反应釜需配有搅拌器，以促进物料迅速溶解和反应均匀。搅拌器的形式主要取决于磺化物的黏度，常用的是锚式或复合式搅拌器。复合式搅拌器是由下部为锚式或涡轮式和上部为桨式或推进搅拌器组合而成。

磺化是放热反应，但反应后期因反应速率较慢而需要加热保温。一般可用夹套进行冷却或加热。

5.3.1.3 共沸脱水磺化法

为克服采用过量硫酸法用酸量大、废酸多、磺化剂利用效率低的缺点，工业上对挥发性较高的芳烃常采用共沸脱水磺化法进行磺化。此法是用过量的过热芳烃蒸气通入较高温度的浓硫酸中进行磺化，反应生成的水与未反应的过量芳烃形成共沸一起蒸出。从而保持磺化剂的浓度下降不多，并得到充分利用。未转化的过量芳烃经冷凝分离后可以循环利用，工业上又称此法为“气相磺化”。

此法仅适用于沸点较低、易挥发的芳烃（如苯、甲苯）的磺化。所用硫酸浓度不宜过高，一般为92%～93%，否则，起始时的反应速率过快，温度较难控制，容易生成多磺酸和砜类副产物；此外，当反应进行到磺化液中游离硫酸的含量下降到3%～4%时，应停止通入芳烃，否则将生成大量的二芳砜副产物。

共沸脱水磺化采用的磺化设备也为铸铁或铸钢制成，带有夹套，长径比为（1.5～2）∶1，比普通反应锅大。

5.3.1.4 氯磺酸磺化法

氯磺酸的磺化能力仅次于 SO_3，比硫酸强，是一种强磺化剂。在适宜的条件下，氯磺酸和有机物几乎可以定量反应，副反应少，产品纯度高。副产氯化氢可在负压下排出，用水吸收制成盐酸。但是氯磺酸的价格较高，其应用受到了限制。

用氯磺酸磺化，根据氯磺酸用量不同，可制得芳磺酸或芳酰氯。通常是把有机物慢慢加入到氯磺酸中，反过来加料会产生较多砜副产物。对于固体有机物则有时需要使用溶剂，常用的溶剂有硝基苯、邻硝基乙苯、邻二氯苯、二氯乙烷、四氯乙烷、四氯乙烯等。

应当指出，氯磺酸遇水立即水解为硫酸和氯化氢，并且大量放热。若向氯磺酸中突然加水会引起爆炸。因此，使用本法磺化时，原料、溶剂和反应器均须干燥无水。

$$ClSO_3H + H_2O \longrightarrow H_2SO_4 + HCl\uparrow$$

若用等物质的量或稍过量的氯磺酸磺化，所得产物是芳磺酸。例如：

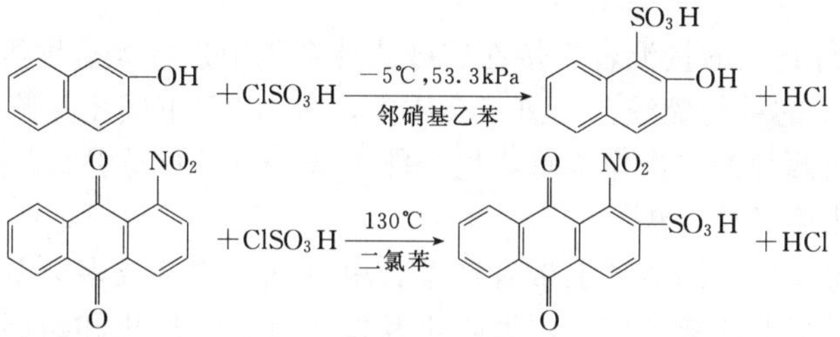

$$C_{10}H_7OH + ClSO_3H \xrightarrow[\text{邻硝基乙苯}]{-5℃,\ 53.3kPa} HO_3S\text{-}C_{10}H_6OH + HCl$$

$$\text{1-硝基蒽醌}(O, NO_2) + ClSO_3H \xrightarrow[\text{二氯苯}]{130℃} \text{(O, }NO_2\text{, }SO_3H\text{)} + HCl$$

若用过量很多的氯磺酸磺化，所得产物是芳磺酰氯。

$$ArH + ClSO_3H \longrightarrow ArSO_3H + HCl$$

$$ArSO_3H + ClSO_3H \longrightarrow ArSO_2Cl + H_2SO_4$$

后一反应是可逆的，所以制芳磺酰氯要用过量的氯磺酸，一般为1∶(4～5)（物质的量比）。过量的氯磺酸还可以使反应物保持良好的流动性。有时也加入适量的添加剂以除去硫酸。例如，在制备苯磺酰氯时加入适量的氯化钠，可使收率由76%提高到90%。这是因为氯化钠与硫酸作用生成硫酸氢钠和氯化氢，从而使平衡向右移动的结果。

如果单独使用氯磺酸不能使磺酸全部转化成磺酰氯时，可加入少量的氯化亚砜。

$$ArSO_3H + SOCl_2 \longrightarrow ArSO_2Cl + SO_2\uparrow + HCl\uparrow$$

芳酰氯一般不溶于水，在冷水中分解较慢，温度较高时容易水解。因此，只要将氯磺化物倒入冰水中，芳磺酰氯即可析出，然后迅速分出液层或滤出固体产物，再用冰水洗去酸性以防水解。对于不宜水解的芳磺酰氯（如2,4,5-三氯苯磺酰氯）也可以用热水洗涤。

磺酰氯基是一个活泼的基团。由芳磺酰氯可以制得一系列有价值的芳磺酸衍生物，如芳磺酰胺、芳磺酸烷基酯、烷基芳基砜、硫酚等，它们都是非常有价值的中间体。

5.3.1.5 氨基磺酸磺化法[4]

氨基磺酸是一种无毒无臭、稳定性好的白色晶体，化学式为 H_2NSO_3H。其性能优良，具有反应缓和，设备简单，腐蚀性小的特点，在控制工艺和生产设备方面具有优势，产品性能较好。特别是不产生“三废”，具有清洁性，符合环保要求。

用氨基磺酸做磺化剂生产AES，反应如下所示，生成的氨气用稀酸吸收，最后再用真空脱出，产品色泽好。

$$RO(CH_3CH_2O)_nH + H_2NSO_3H \rightarrow RO(CH_3CH_2O)_nSO_3NH_4$$

$$RO(CH_3CH_2O)_nSO_3NH_4 + NaOH \rightarrow RO(CH_3CH_2O)_nSO_3Na + NH_3 + H_2O$$

氨基磺酸作为一种温和而特效的磺化剂，日益受到国内外的重视。氨磺酸价格昂贵，仅适合于生产少量高附加值的特殊化学品。

5.3.1.6 其他磺化法

(1) 烘焙磺化法

这种方法多用于芳伯胺的磺化。反应过程为：将芳伯胺与等物质的量的硫酸混合制成芳胺硫酸盐，然后在高温下烘焙脱水，同时发生分子内重排，主要生成对氨基芳磺酸。当对位存在取代基时则进入邻位，生成邻氨基芳磺酸。例如，苯胺磺化得到对氨基苯磺酸。

$$C_6H_5NH_2 \xrightarrow{H_2SO_4} C_6H_5\overset{+}{N}H_3\cdot HSO_4^- \xrightarrow[-H_2O]{180\sim190℃} C_6H_5NH_2\cdot SO_3H \xrightarrow{分子内重排} p\text{-}H_2NC_6H_4SO_3H$$

烘焙磺化法在工业上有三种方式：

① 芳胺与硫酸等物质的量混合制得固态硫酸盐，然后在烘焙炉内于 180～230℃下进行烘焙；

② 芳胺与硫酸等物质的量混合直接在转鼓式球磨机中进行成盐烘焙；

③ 芳胺与等物质的量的硫酸在三氯苯介质中，于 180℃下磺化并蒸出反应生成的水。

三种方法中，前两种方式操作笨重，生产能力低，而且容易引起苯胺中毒，目前已很少采用，而大多数采用第三种方法。

烘焙磺化是高温反应，当芳环上带有羟基、甲氧基、硝基或多卤基（如邻氨基苯甲醚、2,5-二氯苯胺和 5-氨基水杨酸等）时，为防止其发生氧化、焦化和树脂化而不宜采用此法，须用过量硫酸或发烟硫酸磺化。

(2) 用亚硫酸盐磺化法

这是一种利用亲核置换引入磺基的方法，用于将芳环上的卤素或硝基置换成磺基，通过这条途径可制得某些不易由亲电取代得到的磺酸化合物。例如

$$2\ \text{(1-氯-2,4-二硝基苯)} + 2NaHSO_3 + MgO \xrightarrow[水介质]{60\sim65℃} 2\ \text{(2,4-二硝基苯磺酸钠)} + MgCl_2 + H_2O$$

$$\text{(1-硝基蒽醌)} + Na_2SO_3 \xrightarrow{100\sim102℃} \text{(蒽醌-1-磺酸钠)} + NaNO_2$$

亚硫酸盐磺化法也将用来精制苯系多硝基化合物。例如：在二硝基苯的三种异构体中，邻二硝基苯、对二硝基苯的硝基易与亚硫酸钠发生亲核置换反应，生成水溶性的邻硝基苯磺酸或对硝基苯磺酸；间二硝基苯则保持不变，由此可精制提纯间二硝基苯。

$$o\text{-}C_6H_4(NO_2)_2\ [或\ p\text{-}C_6H_4(NO_2)_2] + Na_2SO_3 \longrightarrow o\text{-}O_2NC_6H_4SO_3Na\ [或\ p\text{-}O_2NC_6H_4SO_3Na] + NaNO_2$$

5.3.2 硫酸化方法

5.3.2.1 高级醇的硫酸化

具有较长碳链的高级醇（C_{12}～C_{18}）经硫酸化可制备阴离子型表面活性剂。高级醇与硫酸的反应是可逆的。

$$ROH + H_2SO_4 \rightleftharpoons ROSO_3H + H_2O$$

为防止逆反应，醇类的硫酸化常采用发烟硫酸、三氧化硫或氯磺酸作反应剂。

$$ROH + SO_3 \longrightarrow ROSO_3H$$

$$ROH + ClSO_3H \longrightarrow ROSO_3H + HCl$$

用氯磺酸硫酸化遇到的一个特殊问题是氯化氢的移除，因为反应物料逐渐变稠，所以解决的办法是选用比表面积大的反应设备，以利于氯化氢的释出。此外，若原料配比采用等物质的量比，所得表面活性剂中不含无机盐，产品质量好。

牛磺酸，又名2-氨基乙磺酸，具有特殊的生理功能和药理作用，被广泛运用于医疗保健品和食品添加剂，其合成路线如下[5]：

$$NH_2CH_2CH_2OH + H_2SO_4 \xrightarrow{\triangle} NH_2CH_2CH_2OSO_3H + H_2O$$

$$NH_2CH_2CH_2OSO_3H + Na_2SO_3 \xrightarrow{\triangle} NH_2CH_2CH_2SO_3H + Na_2SO_4$$

此反应具有时间短、工艺条件温和、“三废低”的特点，但收率不高。

一些天然多糖经过硫酸化得到了用途更为广泛的多糖衍生物，尤其是在抗病毒活性方面。硫酸化多糖的抗病毒活性随硫含量的增高而增强，通常认为每个单糖单位需要2～3个硫酸根离子才能有最佳的抗病毒活性。多糖的硫酸化反应是以氯磺酸为硫酸化剂在路易斯碱溶液中由 SO_3H^+ 取代多糖羟基中的 H^+，经中和而得的多糖硫酸盐[6]。

R=H，SO_3Na

5.3.2.2 天然不饱和油脂和脂肪酸酯的硫酸化

天然不饱和油脂或不饱和酯经硫酸化后再中和所得产物总称为硫酸化油。天然不饱和油脂常用蓖麻籽油、橄榄油、棉籽油、花生油等；硫酸化除使用硫酸以外，发烟硫酸、氯磺酸及 SO_3 等均可使用。

$$CH_3(CH_2)_5-\underset{\displaystyle OH}{\underset{|}{CH}}-CH_2-CH{=}CH(CH_2)_7-\overset{\displaystyle O}{\overset{\|}{C}}-O-G \xrightarrow[\text{硫酸化}]{H_2SO_4\text{ 或 }SO_3}$$

蓖麻油（G代表甘油基）

$$CH_3(CH_2)_5-\underset{\displaystyle O-SO_3H}{\underset{|}{CH_2}}-CH{=}CH(CH_2)_7-\overset{\displaystyle O}{\overset{\|}{C}}-O-G$$

土耳其红油

由于硫酸化过程易引起分解、聚合、氧化等副反应，因此需要控制在低温下进行硫酸化。一般反应生成物中残存有原料油脂与副产物，组成复杂。例如：蓖麻籽油的硫酸化产物称红油，在蓖麻籽油的硫酸化产物中，实际上只有一部分羟基硫酸化，可能有一部分不饱和键也被硫酸化，还含有未反应的蓖麻籽油、蓖麻籽油脂肪酸等。这种混合产物经中和以后，就成为市面上出售的土耳其红油。外形为浅褐色透明油状液体，它对油类有优良的乳化能力，耐硬水性较肥皂强，润湿、浸透力优良。小批量生产时，一般用98%的硫酸在40℃左右进行硫酸化。用SO_3-空气混合物进行硫酸化，不仅可以大大缩短反应时间，而且产品中无机盐含量和游离脂肪酸含量较少。

除了天然油类外，还有不饱和脂肪酸的低碳酸酯，它经过硫酸化也能制得阴离子表面活性剂。例如：油酸与丁醇反应制得的油酸丁酯在0～5℃与过量20%发烟硫酸反应，然后加水稀释、破乳、分出油层、中和，即得到磺化油AH，它是合成纤维的上油剂。

$$CH_3(CH_2)_7CH{=}CH(CH_2)_7COOC_4H_9 \xrightarrow[0\sim5^{\circ}C]{+H_2SO_4\ \text{硫酸化},NaOH\ \text{中和}} CH_3(CH_2)_7\underset{\displaystyle OSO_3Na}{\underset{|}{CH}}{-}CH_2(CH_2)_7COOC_4H_9$$

碳原子数为C_{12}～C_{18}的不饱和烯烃，经硫酸化后，可制得性能良好的硫酸酯型表面活性剂。其代表产品为梯波尔（Teepol）[7]。

梯波尔是由石蜡高温裂解所得的C_{12}～C_{18}的α-烯烃经硫酸化后所制得的洗涤剂。

$$R{-}CH{=}CH_2+H_2SO_4 \rightleftharpoons R{-}\underset{\displaystyle OSO_3H}{\underset{|}{CH}}{-}CH_3 \xrightarrow{NaOH} R{-}\underset{\displaystyle OSO_3Na}{\underset{|}{CH}}{-}CH_3 + H_2O$$

硫酸酯不连在端基碳原子上，而是在相邻的一个碳原子上。产品极易溶于水，可制成浓溶液，是制造液体洗涤剂的重要原料。

5.4 磺化产物的分离

磺化产物后处理有两种情况：一种是磺化后不分离出磺酸，直接进行硝化和氯化等反应；另一种是需要分离得到磺化产物磺酸或磺酸盐，再加以利用。而磺酸产物中常常含有过剩的酸及副产物（多磺化物、异构体或砜等），选择适当的分离方法对提高收率和保证产品质量至关重要。

磺化产物的分离具有两层意思，即它与硫酸等磺化剂的分离和它与副产物的分离。磺化产物难以用蒸馏等分离方法，但芳磺酸及其相应的钾、钠、钙、镁和钡等磺酸盐易溶于水，且可以盐析结晶。因此，磺化产物的分离常根据磺酸或磺酸盐在酸性溶液或无机盐溶液中溶解度的不同来进行，常见的有下面几种分离方法。

5.4.1 加水稀释法

某些磺酸化合物在中等浓度的硫酸（50%～80% H_2SO_4）中的溶解度很小，高于或低于此浓度则溶解度剧增。因此，可以在磺化结束后，将磺化液加入水中适当稀释，磺酸即可析出。如十二烷基苯磺酸、对硝基氯苯邻磺酸、1,5-蒽醌二磺酸等可用此方法分离。

5.4.2 直接盐析法

利用磺酸盐在无机盐溶液中的溶解度不同，向稀释后的磺化物中直接加入氯化钠、硫酸钠或氯化钾，使一些磺酸盐析出。

$$ArSO_3H+NaCl \rightleftharpoons ArSO_3Na\downarrow +HCl$$

反应是可逆的，但只要加入适当浓度的盐水并冷却，就可以使平衡移向右方进行。盐析法被用来分离许多常见的磺酸化合物，如硝基苯磺酸、硝基甲苯磺酸、萘磺酸、萘酚磺酸等。

此外，利用不同磺酸的金属盐具有不同溶解度，还可以分离某些异构磺酸。例如：2-萘酚磺化同时生成2-萘酚-6,8-二磺酸（G酸）和2-萘酚-3,6-二磺酸（R酸），根据G酸的钾盐溶解度较小，R酸的钠盐溶解度较小即可分离出G酸和R酸。通常向稀释的磺化液中加入氯化钾溶液，G酸即以钾盐形式析出，在过滤后的母液中再加入氯化钠，R酸即以钠盐形式析出。

采用氯化钾或氯化钠直接盐析分离的缺点是有盐酸生成，对设备有强的腐蚀性。因此，此法的应用受到限制。

5.4.3 中和盐析法

稀释后的磺化物用亚硫酸钠、氢氧化钠、碳酸钠、氨水或氧化镁进行中和，利用中和生成的硫酸钠、硫酸铵或硫酸镁可以使磺酸以钠盐、铵盐及镁盐形式盐析出来。这种分离方法对设备的腐蚀小，是生产上常用的分离手段。例如：用磺化-碱熔法制2-萘酚时，可以利用碱熔副产物亚硫酸钠来中和磺化产物，中和时生成的二氧化硫气体又可以用于碱熔物的酸化。

$$2ArSO_3H + Na_2SO_3 \xrightarrow{\text{中和}} 2ArSO_3Na + H_2O + SO_2 \uparrow$$

$$2ArSO_3Na + 4NaOH \xrightarrow{\text{碱熔}} 2ArONa + 2Na_2SO_3 + 2H_2O$$

$$2ArONa + SO_2 + H_2O \xrightarrow{\text{酸化}} 2ArOH + Na_2SO_3$$

从总的物料平衡看，此方法可以节省大量的酸碱。

5.4.4 脱硫酸钙法

当磺化物中含有大量废硫酸时，可先把磺化物稀释后用氢氧化钙的悬浮液进行中和，生成的磺酸钙能溶于水，而硫酸钙则沉淀下来。过滤，得到不含无机盐的磺酸钙溶液，将此溶液再用碳酸钠溶液处理，使磺酸钙盐转变为钠盐，生成的碳酸钙经过滤除去。

$$(ArSO_3)_2Ca + Na_2CO_3 \longrightarrow 2ArSO_3Na + CaCO_3 \downarrow$$

此方法可减少磺酸盐中的无机盐，适用于将磺化产物（特别是多磺酸）与过量硫酸的分离。但是，此法操作复杂，而且需要处理大量的硫酸钙滤饼，因此，一般尽量避免使用。

5.4.5 萃取分离法

萃取分离法是用有机溶剂将磺化产物从磺化液中萃取出来。例如：将萘高温磺化，稀释水解除去1-萘磺酸后的溶液，用叔胺的甲苯溶液萃取，叔胺与2-萘磺酸形成后的配合物可被萃取到甲苯层中，分出有机层，用碱溶液中和，磺酸即转入水层，蒸发至干可得纯度达86.8%的萘磺酸钠，叔胺和甲苯均可回收再用。这种分离方法为芳磺酸的分离和废酸的回收开辟了新途径，流程见图5-3。

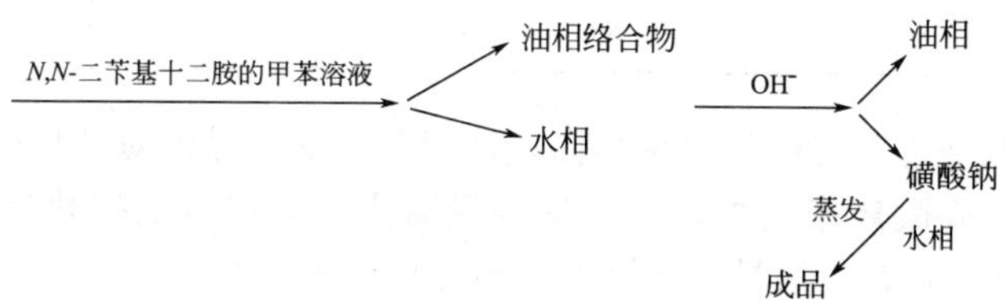

图5-3 有机溶液将磺化产物从磺化液中萃取的流程

5.5 磺化反应现状及进展

磺化反应工艺与技术在现代化工领域中占有重要地位。磺酸化合物和硫酸烷基化合物是目前产量最大、应用最广泛的阴离子表面活性剂。磺化甲苯、磺化硝基苯和磺化蒽醌分别是生产对甲酚、荧光增白剂和蒽醌染料的重要中间体。皮革工业用的加酯剂磺化油、亚硫酸化油等也由磺化反应制备。目前我国生产磺酸化合物的工艺普遍存在产率低、产品纯度低等缺点，高产率、高纯度、低成本和低污染地合成磺酸化合物成为当今磺化工艺路线努力实现的目标。

常见的磺化反应有苯及其衍生物磺化、萘及其衍生物磺化、蒽醌磺化、饱和与不饱和脂肪烃的磺化等。

近年来，作为提高原油采收率的表面活性剂-石油磺酸盐的制备，越来越受到各国油田化学工作者的重视，其发展前景也是非常肯定的。

5.5.1 苯衍生物的磺化

(1) 甲苯磺化

对甲苯磺酸是一种重要的有机化工中间体，主要用于医药、农药、纺织、染料、塑料、涂料等行业，是生产对甲酚的重要中间体。甲苯磺化可使用的磺化剂有浓硫酸、发烟硫酸、氯磺酸、三氧化硫等。前三种磺化剂氧化能力较差，反应生成物对邻位比低（9∶1左右)、副产物多、不易分离、产品色泽差、反应速率慢，会引起严重的废酸污染及设备腐蚀问题[8]。用三氧化硫作为磺化剂是解决上述问题的主要途径。三氧化硫与甲苯的磺化反应属于快速强放热反应，会造成反应器局部过热。故三氧化硫通常在气态下由氮气、二氧化碳、空气、氟里昂等气体稀释到4%～9%[9]或液态下与DMF、1,4-二氧六环、尿素、咪唑等生成络合物后使用[10]。SO_3 与甲苯的反应式如下：

$$CH_3C_6H_5+SO_3 \longrightarrow CH_3C_6H_4SO_3H$$

反应的副产物有砜、二磺化物及三磺化物等，副反应有：

$$2CH_3C_6H_5+SO_3 \longrightarrow (CH_3C_6H_4)_2SO_2+H_2O$$

$$CH_3C_6H_5+2SO_3 \longrightarrow CH_3C_6H_3(SO_3H)_2$$

$$CH_3C_6H_5+3SO_3 \longrightarrow CH_3C_6H_2(SO_3H)_3$$

其中以生成砜的副反应为主，生成的多磺酸基化合物一般较少。

反应温度对甲苯三氧化硫磺化反应的影响很大，如表5-7所示。

表5-7 反应温度对甲苯三氧化硫磺化反应的影响

反应温度/℃	收率/%	对邻位比	砜含量/%	甲苯损耗量/%
28	78.0	88.94∶11.06	4.0	20.0
15	81.2	90.69∶9.31	3.4	17.5
8	85.4	93.54∶6.46	2.9	13.0

温度越低，磺酸基进入对位的概率越高，即甲苯磺酸产品的对邻位比越高，同时，砜副产物显著减少，甲苯磺酸产率增加，甲苯损耗量减少。故甲苯的磺化反应一般在低温下进行。但反应温度低于4℃时，物料黏度增大，局部反应不完全。

加入定位剂可以增大产品的对邻位比，常用的定位剂有无机盐和有机酸。无机盐兼有阻止砜副产物生成的作用，故亚硫酸盐常用在反应中，定位剂用量一般为甲苯质量的1%。

目前，磺化反应器主要有釜式、降膜式和喷射式环流反应器。

传统工艺使用的反应器一般以釜式为主[11]，由3～5个反应釜以阶梯形式排列串联而成，之间都有一定的位差，每个反应器内都有强搅拌器。将三氧化硫按一定比例分别通入各釜内的有机层中进行吸收反应，反应热通过夹套及罐内布置的冷却面传出。气体通过分布器分散成泡，借助搅拌加强气、液接触反应与质、热传递。此种反应器效率低，副产多，不适于热敏性物质的磺化。

降膜式磺化反应器是使有机液体在竖直管壁面上呈下流，三氧化硫气体沿液膜表面流过，进行吸收反应，反应热通过壁面另一侧的冷却介质带走。众所周知，一些偶氮染料长期与皮肤接触会形成致癌的芳香族化合物，危害人类健康，许多国家颁布了相关的禁用法令之后，代用染料及中间体的研究异常活跃。据文献[12]，有人以*N*-乙基邻甲苯胺为原料，采用气相SO_3磺化法在降模式磺化反应器中合成染料中间体3-乙氨基-4-甲基苯磺酸，并用红外（IR）、电喷雾质谱（ESI-MS）和高效液相色谱（HPLC）对产物进行了表征，结果表明为目标产物。此外，该反应器已成功应用于十二烷基苯的磺化，但由于热量间壁传出的主要阻力在液膜内，所以进一步提高冷却能力的难度很大，在应用于甲苯与三氧化硫反应时，会出现局部过热而影响产品的质量。

喷射环流反应器是近几年发展起来的一类应用于生物化工领域的新型反应器。液体由喷嘴高速喷出以吸引气体与之密切接触，并造成器内液体的强烈循环。该反应器可避免局部过热，使反应器内温度均衡，而且反应器结构简单，成本低，便于连续化操作，是今后甲苯磺化反应器研究和发展的方向。

磺化反应最好在无水条件下进行，水的引入会形成酸雾而腐蚀设备，并且会使间位副产物增加。在反应器中加入硅胶床吸收水分[13]，可达到减少副产物的目的。甲苯磺化较佳的反应条件为[14]：反应温度0～10℃，气相三氧化硫体积分数4%～8%。反应结束后，甲苯转化率30%～40%；甲苯磺酸中异构体质量分数为对位异构体≥82%、间位异构体≤1.5%、邻位异构体≤15%、游离酸及其他成分含量≤2%。

(2) 长直链烷基苯磺化

长直链烷基苯一般指C_{10}～C_{16}的烷基苯，其反应与甲苯类似，由于其磺化产物是洗涤剂的重要组成部分，故磺化产物的颜色是衡量产品质量的一项重要指标。它不仅直接表达了产品质量的稳定水平[15]，而且影响下游洗涤剂产品的质量。

长直链烷基苯磺化反应过程中多种副反应的发生是产品色泽加深的因素，其中主要的有形成砜和多磺酸的副反应。砜是黑色有焦味的物质，对烷基苯磺酸色泽影响较大，并且使终产品中不皂化物增加。

除此之外，还会发生生成酐的副反应，也会使颜色加深。

$$2\ \text{R-C}_6\text{H}_5 + 2SO_3 \rightleftharpoons \text{R-C}_6\text{H}_4\text{-}SO_2\text{—O—O}_2S\text{-C}_6\text{H}_4\text{-R}$$

十二烷基苯的磺化反应也是强放热反应，温度增高，副反应增加，产品颜色变深，故反应应控制在较低温度下进行。考虑到反应产物的黏度等因素，通常选择反应温度为35～50℃。磺化反应时间越长，产品的产率越高，但同时副反应也会增加，使产物颜色变深，所以反应时间不宜过长，一般为5～50h。

硫酸作为磺化试剂时，逆烷基化反应较严重，产品不皂化成分增多，产物颜色变深，故十二烷基苯一般以发烟硫酸或三氧化硫磺化。

$$\text{R-C}_6\text{H}_4\text{-}SO_3^- \xrightleftharpoons[\text{加热}]{H^+} \text{C}_6\text{H}_5\text{-}SO_3H + \text{R—CH═CH}_2$$

以发烟硫酸作为磺化剂的反应产率较低，只有88%～90%，而且形成较多砜副产物。

而以三氧化硫磺化的十二烷基苯颜色较浅，产率最高可达到98%左右。故在生产中一般以稀释到5%～6%的三氧化硫作为磺化试剂。随着磺化试剂用量的增加，反应产率增加，但同时产品颜色加深。故一般三氧化硫与十二烷基苯的摩尔比为（1.01～1.05）：1。Uner Hakan 等人以三氧化硫气体磺化十二烷基苯、十四烷基苯[16]，在40～50℃下反应10h后，加入1%～2%[17]的水，得到的产品产率较未加入水时提高了2%左右，而且克勒脱色值也从90降到了55。

降膜式磺化反应器在十二烷基苯磺化中应用较广，近两年发展很快，有单管式、多管式、双套筒式等。十二烷基苯用分布器均匀分布在管壁四周，呈膜状自上而下流动。喷入的三氧化硫与十二烷基苯在管壁上反应[11,18]。三氧化硫浓度自上而下越来越低，物料黏度也越来越大，反应趋于完成。该类反应器较釜式反应器有副产物少的特点。

还有一种薄膜式反应器也应用在十二烷基苯的磺化中[19]。这种反应器是用一种薄膜将两个反应组分分开。此薄膜一般采用碳氟聚合物制备，其特点是薄膜并不起催化剂作用，而是起速控作用，它对两种反应物均呈惰性，不会因为长时间的反应而遭到破坏。为了加快反应速率，薄膜制得非常薄。薄膜的孔隙要求极小，大约为分子量级，以控制三氧化硫流入十二烷基苯中的速度。两种反应物中只有三氧化硫可以穿过薄膜往来于两反应物之间，而十二烷基苯则不能透过薄膜。由于薄膜的存在，反应的剧烈程度大大降低了，产生的热量能在聚集之前分散到反应物的各部分去，避免了局部反应过热而造成的产品质量下降。使用该类反应器能减少副产物产生，使反应可以在较高的温度下进行并得到较高的产率。

十二烷基苯磺酸钠是合成洗涤剂工业中产量最大、用途最广的阴离子表面活性剂，它是由直链烷基苯经磺化、中和而得。目前，世界上合成的十二烷基苯磺酸大多是用三氧化硫气相薄膜磺化连续生产法，其优点是停留时间短、原料配比精确、热量移除迅速、能耗低和生产能力大。

三氧化硫气相薄膜法的工艺流程如图5-4所示。其工艺工程如下：由贮罐9用比例泵将十二烷基苯打到列管式薄膜磺化反应器顶部的分配区，使形成的薄膜沿着反应器壁向下流动。另一台比例泵将所需比例的液体三氧化硫送入汽化器，出来的三氧化硫气体与来自鼓风机的干空气稀释到规定浓度后，进入薄膜反应器中。当有机原料薄膜与含三氧化硫气体接触，反应立即发生，然后边反应边流向反应器底部的汽-液分离器，分出磺酸产物后的废气，

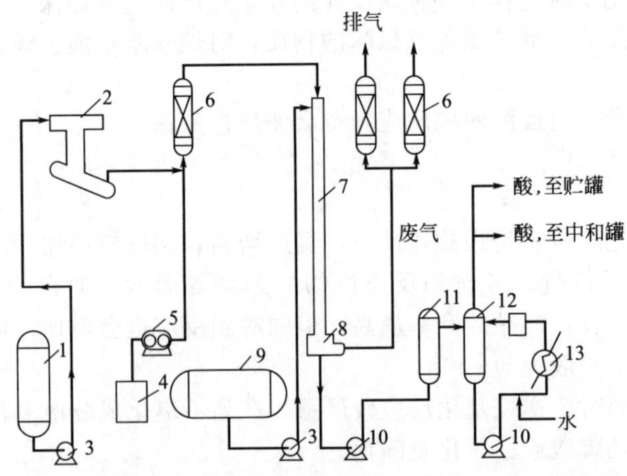

图5-4　用气体三氧化硫薄膜磺化连续生产十二烷基苯磺酸

1—液体三氧化硫；2—汽化器；3—比例泵；4—干空气；5—鼓风机；6—除沫器；7—薄膜反应器；8—分离器；9—十二烷基苯贮罐；10—泵；11—老化罐；12—水解罐；13—热交换器

经过滤和碱洗除去微量二氧化硫副产物后放空。

分离得到的磺酸在用泵送往老化罐以前，需先经过一个能够控制三氧化硫进气量的自动控制装置。制得的磺酸在老化罐中老化 5～10min，以降低其中游离硫酸和未反应原料的含量。然后送往水解罐，加入约 0.5%的水以破坏少量残存的酸酐。

三氧化硫气相薄膜磺化法的关键技术是薄膜磺化反应器，迄今为止，已经出现了许多类型的三氧化硫薄膜磺化反应器。图 5-5 是目前应用比较广泛的一种管式薄膜磺化反应器。

该反应器由一套直立式并备有内、外冷却夹套的两个不锈钢同心圆筒组成。整个装置分原料分配区、反应区和产物分离区三部分。液相烷基苯经顶部环形分布器均匀分布，沿内外反应管壁自上而下流动，形成均匀的内膜和外膜。空气-三氧化硫的混合物也被输送到分布器的上方，进入两个同心圆管间的环隙（即反应区），与有机液膜并流下降，气液两相接触而发生反应。在反应区，三氧化硫浓度自上而下逐渐降低，烷基苯的磺化率逐渐增加，磺化液的黏度逐渐增大，到反应区底部磺化反应基本完成，反应热由夹套冷却水移除。废气与磺酸产物在分离区进行分离，分离后的磺酸产品和尾气由不同的出口排出。

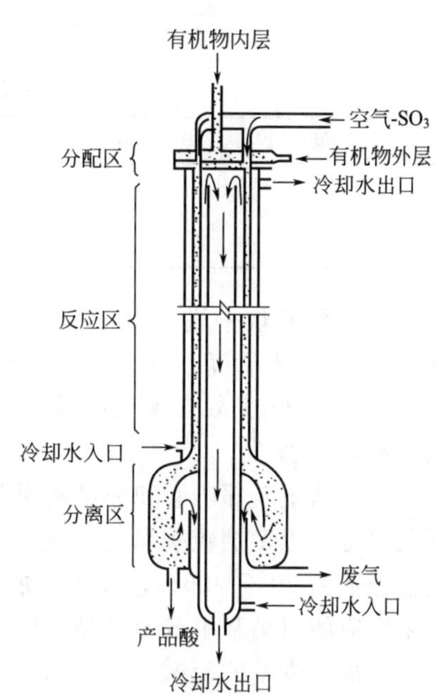

图 5-5 管式薄膜磺化反应器

气相三氧化硫磺化十二烷基苯具有如下特点。

① 反应属于气-液非均相反应，反应速率很快，几乎在瞬间完成；总反应的速率取决于气相三氧化硫分子至液相烷基苯的扩散速度。

② 反应是一个强放热过程，反应热达到 711.75kJ/kg 烷基苯。大部分反应热在反应初期放出。因此，控制反应速率、快速移走反应热是生产的关键。

③ 反应系统黏度急剧增加。烷基苯在 50℃时，黏度为 1×10^{-3} Pa·s，而磺化产物的黏度为 1.2Pa·s，黏度增加使传质传热困难，容易产生局部过热，加剧过磺化等副反应。

④ 副反应极易发生。过程中的反应时间、三氧化硫用量等因素如控制不当，许多副产品将发生。基于以上反应特点，工业上除了选用合理的磺化反应器外，还充分考虑磺化工艺条件，以确保生产的正常进行和产品质量。

a. 三氧化硫浓度及用量：由于三氧化硫反应活性很高，为避免反应速率过快和减少副反应，需使用三氧化硫-干空气混合气，其中三氧化硫含量一般为3%～7%(体积分数)，原料配比采用三氧化硫：烃＝1.03：1(物质的量比)，接近理论量。

b. 气体停留时间：由于反应几乎在瞬间完成，且反应总速率受气体扩散控制，因此，进入连续薄膜反应器的气体保持高速，以保证气-液接触呈湍流状态；同时，也为避免发生多磺化，这就要求气体在反应器内的停留时间一般应小于 2s。

c. 反应温度：温度能直接影响反应速率、副产物的生成和产品的黏度。由于磺化反应是强放热反应，且反应主要集中早反应区的上半部，因此，应快速移热、充分冷却，控制反应温度。一般控制反应器出口温度在 35～55℃；温度过低，磺化物黏度过高，不利于分离。

(3) 硝基苯磺化

由于硝基具有强拉电子效应，使得苯环上的电子云密度大大降低，在进行磺化反应时，较烷基苯要困难得多，而且几乎不可能进一步形成双磺酸。因此磺化产品纯度高、副反应极少、产率可达到96%以上。由于反应相对缓和，硝基苯磺化一般在液相中进行，先将三氧化硫溶于二氯乙烷中，然后再与硝基苯反应。溶剂的用量过多会使反应变得缓慢，不易进行到底；过少使副产物增多。

当三氧化硫与硝基苯等摩尔比反应时，不发生苯环亲电取代反应，三氧化硫只与取代基上的氧发生络合[20]。加入过量三氧化硫时才发生正常的间位磺化反应，得到3-磺酸取代产物。以二氯乙烷为原料，在22℃下反应时，三氧化硫与硝基苯的配比对产率的影响列于表5-8。

表5-8 三氧化硫与硝基苯的配比对产率的影响

三氧化硫与硝基苯摩尔比	反应时间/min	间位产物收率/%
1.0	320	0
2.0	320	≥98
14.0	8320	≥98

在二氯乙烷中进行液相反应时，温度较低。如果用气态三氧化硫作磺化剂，反应温度较高。加料温度一般在30～60℃之间，然后逐渐升温，反应结束时温度可达到120℃[21]。与气态三氧化硫反应时，三氧化硫同样要用惰性气体稀释到3%～10%，以减少副反应发生。

对硝基甲苯邻磺酸和邻硝基甲苯邻磺酸是硝基苯衍生物磺酸中较重要的两种化合物[22]，磺化剂可采用发烟硫酸和三氧化硫。用发烟硫酸磺化对硝基甲苯时，发烟硫酸所含三氧化硫质量分数为20%～25%，反应后加入水中和，控制中和液硫酸质量分数为60%～75%，此时未反应的对硝基甲苯会结晶析出，该方法的缺点是废酸量大；用100%三氧化硫进行磺化时，需加入少量的硫酸，以保证反应体系在后期的流动性。当转化率达到60%～70%时，反应会变得缓慢，需加入过量的三氧化硫和硫酸使反应进行到底，这使得产物中含有大量的未反应的三氧化硫和硫酸，不利于产品直接进行下一步反应；以惰性气体稀释到20%的三氧化硫进行磺化，反应后用活性炭吸附未反应的对硝基甲苯及有色成分时，由于活性炭的用量大，价格较高，使产品成本增加。对硝基甲苯的去除方法还可以用有机溶剂提取或加入盐水盐析，但此两种方法也分别存在着成本高和废酸量大的问题。

Suzuki Fumio等[23]用含三氧化硫5%～40%的惰性气体进行磺化。对硝基甲苯磺化反应的起始温度为60～105℃，邻硝基甲苯为室温到80℃。为了减少硝基甲苯的损失，反应快结束时升温到105～115℃，保持3h，以将反应进行到底。整个反应中，三氧化硫的用量控制在理论用量的90%～130%。反应结束后，分别加入水将产物稀释到25%～30%和30%～40%的水溶液，然后进行蒸馏，未反应的硝基甲苯会与水一并蒸出。整个过程中随时加水以保持水溶液浓度不变。之后将溶液冷却，砜类副产物则会沉淀出来。过滤后，将溶液蒸到淤泥状，干燥后得到产物。此方法的优点在于反应产生的废酸量少、产物纯度较高、不含未反应的硝基甲苯和砜类副产物。

5.5.2 萘及其衍生物的磺化

用过量的硫酸磺化法生产萘系磺化物的品种很多，现以2-萘磺酸钠生产为例加以说明。2-萘磺酸钠是白色结晶或粉末，易溶于水而不溶于醇，主要用途是制取2-萘酚和扩散剂NNO，也可进一步磺化制成萘-1,6-二磺酸、萘-2,6-二磺酸、萘-2,7-二磺酸以及萘-1,3,6-三磺酸等。由萘合成2-萘磺酸共包括磺化、水解-吹萘及中和盐析三道工序。各步反应式如下。

磺化：

$$C_{10}H_8 + H_2SO_4 \xrightleftharpoons[2h]{160℃} \text{2-}C_{10}H_7SO_3H + \text{1-}C_{10}H_7SO_3H + H_2O$$

水解-吹萘：

$$\text{1-}C_{10}H_7SO_3H + H_2O(气) \xrightleftharpoons{H_2SO_4} C_{10}H_8\uparrow + H_2SO_4$$

中和盐析：

$$2\ \text{2-}C_{10}H_7SO_3H + Na_2SO_3 \longrightarrow 2\ \text{2-}C_{10}H_7SO_3Na + H_2O + SO_2\uparrow$$

$$H_2SO_4 + Na_2SO_3 \longrightarrow Na_2SO_4 + H_2O + SO_2\uparrow$$

（1）磺化

将已熔融的精萘加到带有锚式搅拌和夹套的磺化锅中，加热到140℃，慢慢加入98%的硫酸，两者摩尔比为1∶1.09，在160～162℃保温2h，这时有少量萘及反应水蒸出，当磺化液总酸度达到25%～27%，2-萘磺酸含量为67.5%～69.5%时，停止反应。

（2）水解-吹萘

将磺化液送入水解锅，并加入少量水稀释，再加入少量碱液，将少部分2-萘磺酸转变成相应的盐并作为下一步盐析的种子。在140～150℃通入水蒸气，使大部分1-萘磺酸水解成萘，并与未反应的萘一起随水蒸气蒸出，冷却后回收再用。

（3）中和盐析

在装有桨式搅拌和耐酸衬里的中和锅中加入水解-吹萘后的磺化液，并在90℃左右缓慢加入亚硫酸钠溶液（碱熔副产），中和2-萘磺酸和过剩的硫酸。利用负压将中和产生的二氧化硫气体送到酸化锅，酸化碱熔产物2-萘酚钠盐。将中和液冷却至32℃左右，离心过滤（这时亚硫酸钠溶解度最大），用15%盐水洗涤，得到的湿滤饼即为产品2-萘磺酸钠，可作为碱熔制2-萘酚的原料。

萘磺化主要是定位问题，不同反应条件下磺酸基会进入萘的不同位置。当使用三氧化硫作为磺化剂时，先要与有机溶剂形成络合物后再进行反应，不同络合剂决定着最终产物的组成。diox・SO_3与萘摩尔比为1∶1，80℃下反应2h，可得到只含单磺酸的产物（含1-萘磺酸83%～90%）；同样条件下，使用SO_3-DMF则得到单、双萘磺酸混合物[24]。萘与4倍摩尔的Py・SO_3反应，250℃时得到的产物只有1,3,6-萘三磺酸，无单、双萘磺酸出现。加入卤化氢可以降低三氧化硫的反应活性而增加选择性[25]。在同样的条件下加入卤化氢后萘的磺化产物与未加时相差很多，HCl对萘磺化产物组成的影响见表5-9。

表5-9 HCl对萘磺化产物组成的影响

反应条件	1-萘磺酸/%	2-萘磺酸/%	双磺酸/%
加入HCl	91.8	6.5	0.3
未加HCl	76.0	8.4	14.1

1-萘酚与三氧化硫摩尔比为1∶1时，产物为2-和4-磺酸混合物，温度升高后，2位产物明显增加[26]。当三氧化硫用量达到4倍时，产物变为O（氧）、2,4-三磺酸盐和相应的酐。延长反应时间，O、4,7-三磺酸产物逐渐形成。2-萘酚与三氧化硫摩尔比1∶1时，1位和8位产物比为85∶15，当三氧化硫用量为2倍时，1位产物消失，出现5位和6位产物，5位、6位和8位产物比为8∶14∶78。

卤代萘与等摩尔三氧化硫反应时[24]，1-氟萘只得到4位产物，其他的还可得到少量5

位产物。进一步磺化，均可生成 2,4-和 4,7-二磺化产物。其中比较特殊的是 1-氟萘，无论反应时间和磺化剂浓度怎样变化，它的 2,4-和 4,7-二磺化产物比例总是恒定在一定范围之内。其他 1-卤代萘的 2,4-和 4,7-二磺化产物随着三氧化硫的增加而减少。2-氯萘、2-溴萘和等摩尔的三氧化硫反应，得到含约 85%的 8 位磺化产物和少量 4 位磺化产物。当三氧化硫增加到 4～6 倍时，可得到 4,7-和 6,8-二磺化产物。

5.5.3 蒽醌磺化

大部分的蒽醌衍生物都是经过蒽醌单磺化、双磺化而制得的，常见的有 1-、2-蒽醌磺酸和 1,5-、1,8-、2,6-、2,7-蒽醌二磺酸。磺化剂一般采用发烟硫酸或三氧化硫，两者得到的产物不尽相同。如果要得到 1 位产物，需加入汞盐作为定位剂。磺化产物加水中和后加入无机盐将产物析出时，由于在磺化过程中发烟硫酸既充当磺化剂又充当溶剂，会产生严重污染，增加生产成本。而加入汞盐做定位剂时，汞随废酸一起排放出去，会造成更严重的污染。目前的主要解决办法是利用金属还原脱汞、非金属还原脱汞等。金属还原脱汞会造成蒽醌环的结构破坏，而且将金属离子引入到产品中。非金属还原剂价格昂贵，而且反应不彻底。用保险粉将汞还原成硫化汞，是除去汞的有效方法，除汞率可达到 93%～99%[28]。

据报道[29]，蒽醌与磺化试剂可在二氧化硫介质中进行反应。加压使二氧化硫成液态，将发烟硫酸或三氧化硫溶于其中，再将蒽醌加入反应器中进行磺化反应。如要得到 1 位产物，可在其中加入汞的硫酸盐。反应结束后将产物转移到压力较低的容器中，蒸发掉二氧化硫，滤出未反应的汞盐，以便循环使用。通入氮气吹出未反应的三氧化硫，此时产物呈泥状。在分离器中加入少量热水使产物溶解，冷却使未反应的蒽醌沉淀，干燥后蒽醌循环使用。溶液中加入碱金属硫酸盐、卤化盐、氢氧化物或硝酸盐使得蒽醌磺酸盐沉淀下来，过滤得到最终产物。此方法的优点在于汞盐可循环使用，避免了汞污染，同时也可降低成本。

蒽醌磺化得到单取代或二取代物由加入的磺化试剂决定。如要得到二磺化产物则需用游离三氧化硫含量≤70%的发烟硫酸作为磺化试剂；如果要得到单磺化产物，一般应用三氧化硫或游离三氧化硫含量≥95%的发烟硫酸作为磺化剂。单磺化反应时，磺化剂与蒽醌摩尔比为 (1∶1)～(3∶1)；双磺化反应时，磺化剂与蒽醌摩尔比为 (3∶1)～(6∶1)。磺化剂用量过少，反应不完全；过多对反应影响不大，而且增加成本。汞盐的用量控制在二氧化硫溶剂质量的 0.05%～0.1%。反应温度在 110～130℃较适宜，温度过高会使得二磺酸和三磺酸产物增多。

以贵金属，如钯、铑等代替汞进行催化，催化性能为 Pd>Ru>Rh[30]。其他金属如 Ti、Mn、Fe、Co、Ni、Cu、Mo、Ag 对反应都呈惰性。钯化合物的催化性能按如下顺序依次降低：$Pd(OAc)_2$>Pd/C>$PdSO_4$、K_2PdCl_4、$(PhCN)_2PdCl_2$、$Cl_2Pd(PH_3)_2$>$PdCl_2$。德国的 Bell 公司曾用 $PdCl_2$ 和铂作催化剂合成蒽醌一磺酸，收率分别为 81%和 82%。由于使用贵重金属成本高，而且回收较困难，故此种方法没有成为研究的主流。

5.5.4 脂肪烃的磺化

直链烷烃与三氧化硫在二氯乙烷中反应，低温条件下将三氧化硫缓慢滴入溶有直链烷烃的 1,2-二氯乙烷中。反应结束后加入冰水以除去未反应的三氧化硫，静置分层，水层用 30%的氢氧化钠溶液中和至中性。再用乙醇除水，干燥后得最终产物。反应物为混合物，其中含有一磺酸、二磺酸和羟基磺酸等，由于性质相近，分离较困难。

值得注意的是，虽然反应温度对直链饱和烃的磺化程度影响不大，但如果温度过高，反应物的碳化程度加大，造成颜色加深，故反应宜在低温下进行。随着三氧化硫用量的增加，反应产物中的总酸量、硫酸酯和磺酸量均有不同程度的增加，而且硫酸酯增加程度显著，故反应物的摩尔比应控制在一定范围内，不宜过高。

烯烃的磺化一般指 $C_{14}\sim C_{18}$ 的直链 α-烯烃和 $C_{10}\sim C_{22}$ 的内烯烃与磺化试剂进行的反应。烯烃磺化产品具有很好的相容性和表面活性，极好的泡沫结构、稳定性及抗硬水能力，而且毒性较小，易于生物降解，无潜在危险性，适量使用不会对人体造成危害，是洗涤剂的重要组成部分。α-烯烃磺酸盐（简称 AOS）由烷基羟基磺酸盐和链烯基磺酸盐的多种异构体组成，组成比例由磺化试剂和反应条件共同决定。α-烯烃磺化反应较复杂，详见图 5-6[31]。

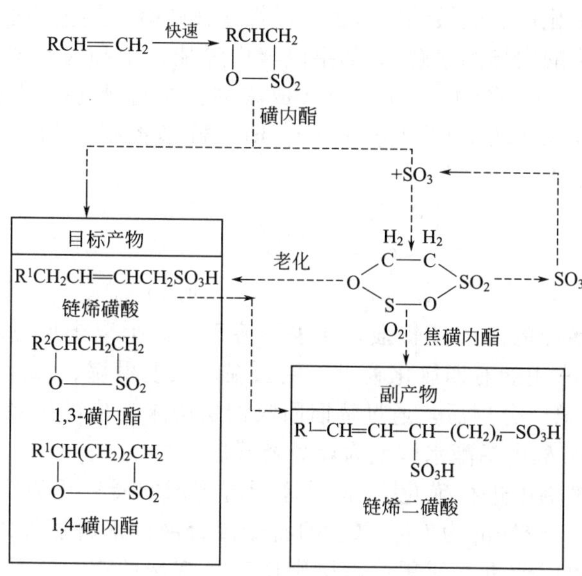

图 5-6 α-烯烃磺化反应

上述各产物经中和、水解后生成相应的链烯磺酸盐和羟基烷基磺酸盐。

磺化剂三氧化硫的浓度和使用量对反应的影响最大，尤其是对产物的色泽。三氧化硫浓度过大，不仅会使原料转化率降低，而且使产物颜色加深，故通常采用以惰性气体稀释到 2.5%左右的三氧化硫作为磺化试剂。温度对反应影响不大，适当的改变温度不会对反应结果造成影响，此反应宜在低温下（25℃左右）进行，高温会使产物颜色变深。磺酸内酯水解速率慢，加工过程中应尽量避免其形成，老化时间以 3～10min 较为适宜。中和所用的试剂最好是 NaOH、Na_2CO_3 与 Na_2HPO_4 的混合物。水解温度、压力和时间对反应物中的 δ-磺酸内酯含量也有重要影响，水解反应一般在 100～180℃下进行，也有分别在 40℃和 90～180℃进行两次水解的。三氧化硫与烯烃的反应器中可加入羟乙基十二烷或类似的羟乙基化合物，得到的产物色泽好，产率高，双磺化产物含量低。反应器普遍采用的是降膜式反应器。Keiichi 等采用降膜式反应器[32]，反应条件为 $5<(2vdWC)<55$（其中 v=气体线性流动速度，m/s；d 为反应器直径，W 为加料速度/反应器长度单位，kg·mol/m；C 为三氧化硫在入口处的体积分数），得到的产物颜色浅或无色，而且烯烃转化率高。

与 α-烯烃相比，内烯烃由于空间位阻等因素，其反应活性较低，磺化较为困难，在用传统工艺进行磺化时只可得到少量变色的磺化产物，大部分烯烃都未反应[33]。如果在较为苛刻的条件下进行反应，会使得烯烃转化率增高，但产物的颜色变化更加显著。表 5-10 列出了不同内烯烃磺化反应条件对产物的影响。

表 5-10 不同内烯烃磺化反应条件对产物的影响

内烯烃碳原子个数	三氧化硫与内烯烃摩尔比	温度/℃	色调	未反应的内烯烃/%	内烯烃碳原子个数	三氧化硫与内烯烃摩尔比	温度/℃	色调	未反应的内烯烃/%
C_{11}～C_{14}	0.95	20	300	37.4	C_{16}～C_{18}	0.9	50	140	40
C_{14}	0.95	20	240	41.5	C_{16}～C_{18}	1.5	50	2900	8.3

采用三氧化硫磺化内烯烃时摩尔比（三氧化硫∶烯烃）一般不超过1，最好控制在0.89～0.95，而磺化α-烯烃时摩尔比要大于1，三氧化硫用惰性气体稀释至1%～20%后使用。中和碱一般用氢氧化钠、碳酸钠等，也可用钾或铵的碱，用量要适度（既要使烯烃磺酸完全中和，又不能使磺酸内烯酯水解）。如果磺酸内烯酯在中和时水解，未反应的烯烃无法除去。中和温度控制在10～80℃，过高会造成磺酸内烯酯水解。水解温度一般在100～250℃[34]，最好在130～200℃，时间为5min～4h，pH值控制在11以上。磺酸内烯酯用氢氧化钠中和的反应式如下：

$$R^2-\underset{O-}{\overset{R^1}{C}}-\underset{SO_2}{\overset{R^3}{C}}-R^4 \xrightarrow[NaOH]{H_2O} R^2-\underset{OH}{\overset{R^1}{C}}-\underset{SO_3Na}{\overset{R^3}{C}}-R^4$$

低碳卤化物对于烯烃的溶解性较强，几乎不溶于水。提取未反应烯烃应采用相对密度≥1.2的低碳卤化物，常用的有四氯化碳、三氯乙烷、三溴甲烷、二溴乙烷等，用量为反应混合物质量的0.1～5倍。分层后，通过蒸馏回收油层中未反应的烯烃和溶剂；水层则加热到110～180℃，使得磺酸内烯酯水解成为烯烃磺酸盐。

内烯烃也可以在溶剂中进行磺化[35]，烯烃所占溶剂的质量比为5%～40%。溶剂可用C_6～C_{16}的石蜡混合液，较好的为C_{10}～C_{16}的石蜡混合液。水解后加入醇（如异丙醇），使溶液分层。有机层回收以便重复使用；水层则用正己烷洗两次，之后中和至pH值为9左右，得到最终产品。

脂肪醇硫酸钠盐（AS）是一种性能优良的阴离子表面活性剂。具有乳化、起泡、渗透和去污性能好、生物降解快等特点；在洗涤用品和牙膏配方中广泛使用，是重垢型洗涤剂的主要活性物之一。它以高碳脂肪酸为原料，采用氯磺酸、三氧化硫、硫酸和氨基磺酸等反应试剂进行硫酸化，而后中和制得。

用氯磺酸为试剂时的反应式如下：

$$ROH+ClSO_3H \longrightarrow ROSO_3H+HCl\uparrow$$
$$ROSO_3H+NaOH \longrightarrow ROSO_3Na+H_2O$$

脂肪醇硫酸钠主要是月桂醇或椰油醇硫酸钠。月桂醇与氯磺酸按物质的量比为1∶1.03进行酯化，而后加碱中和生成月桂醇硫酸钠，调节pH值，加入絮凝剂絮凝除去杂质，用双氧水漂白，最后喷雾干燥得到成品。

前已述及，在用氯磺酸进行醇类硫酸化时，由于物料逐渐变稠，生成的氯化氢难以除去。解决此问题的最佳方案是设计具有大的比表面积以利于氯化氢释出的反应设备。图5-7是这类设备的示意图。设备中装有带侧冷却管的浅盘、夹套及搅拌，氯磺酸与醇加到浅盘的中部，一部分参加反应的物料穿过侧冷却管沿被夹套冷却的反应器壁向下流动，处于薄膜状态的物料在流动过程中完成反应，并释放出氯化氢气体，得到的反应物送往中和单元。

三氧化硫的价格低于氯磺酸，并且不放出氯化氢气体，因此，近年来工业上广泛采用三氧化硫与脂肪醇进行硫酸化。与烷基苯磺化不同，脂肪醇的三氧化硫硫酸化是三氧化硫分子通过氧原子与碳链相连，形成C—O—S键，这是一种不稳定的结构。

$$ROH+2SO_3 \longrightarrow ROSO_2SO_3H \text{（烷基焦硫酸酯）}$$

$$ROSO_2SO_3H + ROH \longrightarrow 2ROSO_3H$$

（烷基硫酸酯）

反应高度放热，而且反应速率很快，所以此方法需要用干空气稀释三氧化硫到 4%～7%（体积分数）。图 5-8 是用三氧化硫与脂肪醇进行硫酸化制备脂肪醇硫酸盐洗涤剂的生产流程。

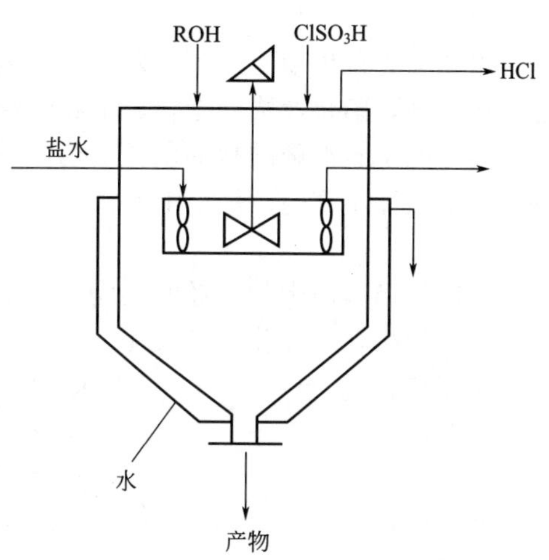

图 5-7 醇用氯磺酸硫酸盐化反应器

向薄膜反应器 1 中连续通入醇、空气及空气稀释的三氧化硫气体，再送入分离器 2，从液体中分出的废气在吸收塔 3 除去残留三氧化硫，得到脂肪醇硫酸在设备 4 中用浓的氢氧化钠中和，通过外循环冷却使中和温度不超过 60℃，然后再在设备 6 中和到 pH 值为 7，送往混合器 7，在此设备中加入其他添加剂（磷酸盐或焦磷酸盐、纯碱、漂白剂、羧甲基纤维素），然后用泵打到喷雾干燥器 8 中，干燥后的粉状物料在旋风分离器 9 捕集下来，通过螺旋输送机 10 进行成品包装。

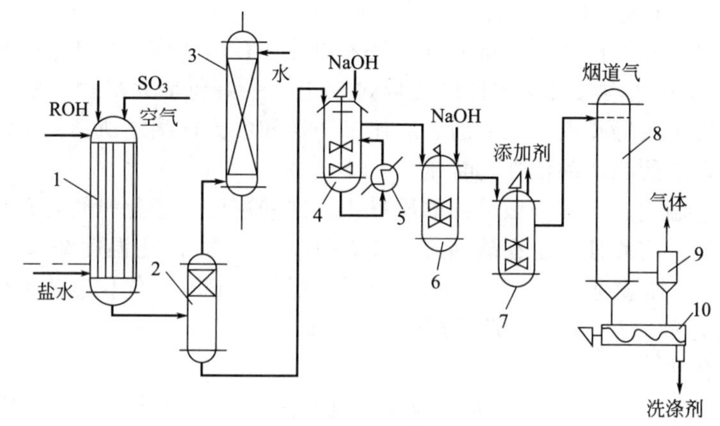

图 5-8 脂肪醇硫酸盐洗涤剂的生产流程

1—反应器；2—分离器；3—吸收塔；4，6—中和设备；5—冷却器；7—混合器；8—喷雾干燥器；9—旋风分离器；10—螺旋输送机

用氨基磺酸与醇反应可以方便地制得其硫酸铵盐，而不需要再进行中和操作。作为硫酸化试剂，氨基磺酸的活性相对较低，它与醇的反应在 100～125℃进行。硫酸或发烟硫酸作为硫酸化试剂，由于副反应较多，一般不宜采用。

5.5.5 三次采油用石油磺酸盐的制备

石油是世界上的重要能源，但其存量是有限的。在目前的油田开采过程中，通过一次采油、二次采油只能采出地层中 30%～40% 的原油，因此三次采油新技术的研究和应用具有重大的经济和学术价值。三次采油技术包括表面活性剂驱油、碱水驱油、热力驱、CO_2 驱油等。表面活性剂驱油因投资低、收益高而成为国内外主要研究发展方向，其中石油磺酸盐由于在油系统中显示出优良的表面活性，同时以其原料来源广、数量大、与原油配伍性好、水溶性好、生产工艺简单且成本较低的优点，一直受到广泛重视，被认为是最具商业前景的三次采油用表面活性剂。下面介绍了它的两种制备方法。

(1) 液相磺化法[36]

以新疆克拉玛依炼厂减压四线糠抽馏分油为原料，用液相三氧化硫作磺化剂，1,2-二氯乙烷作溶剂，磺化产物经老化、中和、分水、浓缩等工序处理，得到了石油磺酸盐产品。此外，还研究了石油磺酸盐的制备工艺，得到了其较优的工艺条件。以克拉玛依油为原料合成的石油磺酸盐 KPS 产品具有无酸渣，不需分离未磺化油，生产工艺简单，产品成本低等优点。

SO_3 与馏分油中的芳烃的反应是一不可逆的快速反应。同时随着反应的进行，可能发生多磺化、异构化、歧化等副反应。

主反应：
$$RArH + SO_3 \longrightarrow RArSO_3H$$

副反应：
$$SO_3H + SO_3 \longrightarrow SO_2OSO_3H$$
$$RArSO_2OSO_3H + RArSO_3H \longrightarrow (RArSO_2)_2O + H_2SO_4$$

老化阶段：
$$RArSO_2OSO_3H + RArH \longrightarrow 2RArSO_3H$$

水解中和：
$$(RArSO_2)_2O + H_2O \longrightarrow 2RArSO_3H$$
$$RArSO_3H + NH_3 \cdot H_2O \longrightarrow RArSO_3NH_4 + H_2O$$

式中，R 和 Ar 分别代表烷基和芳基。

石油磺酸盐（俗称活性物）含量的测定是采用胜利石油磺酸盐活性物分析方法：两相滴定-比较分析法。在石油磺酸盐参比样的提取过程中，主要包括无机盐、未磺化油、挥发组分和活性物含量的测定等步骤，最后通过对比未知样和参比样滴定所消耗十六烷基三甲基溴化铵溶液的量来确定所测产品活性物含量。

酸油比、反应温度、溶剂与馏分油的质量比、加酸速度及老化时间对石油磺酸盐的含量产生了一定的影响。实验证明，在酸油比（1.2～1.3）：1，磺化温度 20℃，溶剂：馏分油为 1：1（质量比），加酸速度 1.50mL/min，老化时间为 5min 的优化工艺条件下，可以制备出活性物含量高达 67.27%的石油磺酸盐产品。

(2) 气相磺化法[37]

气相磺化法是用 SO_3 气体作为磺化剂与有机物进行磺化反应，此方法成本低且易于操作，其用途从传统的洗涤剂行业逐步扩大到石油、精细化工、农药等行业，是目前发展的重点。而液相 SO_3 磺化法主要用于芳香化合物的磺化，应用范围较窄。

以气体 SO_3 为磺化剂与馏分油制备石油磺酸盐的反应是不可逆反应，其反应机理与液相磺化反应相似。

合成石油磺酸盐的实质是 SO_3 和有机原料的快速气液反应。气相组分 SO_3 与液相组分 RArH 之间的反应过程，需经历以下步骤：①溶质由气相主体传递到两相界面，即气相内的物质传递；②溶质在两相界面上的溶解，由气相转入液相，即界面上发生的溶解过程；③溶质自界面被传递至液相主体，即液相内的物质传递。总过程进行的速率是由气相与液相内的传质速率所决定的。

膜式磺化反应器是典型的气相 SO_3 磺化反应器，主要用于 LAS、AES、AOS 及 MES 等表面活性剂的生产，它是目前磺化的一个主流反应器。据文献报道[38,39]，采用绥中原油在膜式反应器中制备了石油磺酸盐，在最佳工艺条件下，石油磺酸盐产物的收率为 53.7%，在单独使用时，可使油水界面张力降低到 0.154mN/m，与正戊醇、碳酸钠或氯化钠复配后，界面张力会降至 10^{-3}mN/m，适合用作三次采油用驱油表面活性剂。另外，采用大庆馏分油在膜式磺化反应器中进行反应[40]，产品的三元弱碱复合体系与大庆原油的界面张力可降至 10^{-4}mN/m，在室内岩心模拟实验中，驱油效率比水驱提高采收率 22.6%，能够满足油田对该类产品的驱油效率要求。

目前，国内外使用石油磺酸盐的三元复合体系进行的矿场试验中，驱油效率比水驱提高15%～25%，且其发展空间还有很大。

参 考 文 献

[1] 薛叙明． 精细有机合成技术．北京：化学工业出版社，2005.

[2] 蒋登高，章亚东，周彩荣．精细有机合成反应及工艺．北京：化学工业出版社，2001.

[3] 陈建峰，张迪，张鹏远等．一种驱油用阴离子表面活性剂的制备方法．

[4] 宋相丹，刘有智，姜秀平，杜彩丽．磺化剂及磺化工艺技术研究进展．当代化工，2010，39 (1)：84-85.

[5] 朱子珍，李东其，戴玲．广东药学．2000，10 (6)：227.

[6] 冯秀梅，陈帮银，张汉萍．中国药科大学学报．2002,33 (2)：147.

[7] 孙明和，冷晓力．日用化学品科学．1999，107 (4)：3.

[8] 张斌斌，袁亦然，樊晓东．硫酸工业，1995，(6)：46.

[9] Mikio S. JP52133945，1977.

[10] Giho S. 1978，35 (23)：68.

[11] 宋光复，旺宝和，张德利等．化学反应工程与工艺，1998，14 (2)：216.

[12] 张广良，杨效益，郭朝华，沈寒晰．气相 SO_3 磺化法合成染料中间体 3-乙氨基-4-甲基苯磺酸．印染助剂，2011,28 (6)：21.

[13] 顾建栋．日用化学工业．1999，(6)：39.

[14] 白鹏，吴金川．现代化工，1999，19 (1)：12.

[15] 王光绚，杨玉国．沈阳化工，1999，28 (1)：26.

[16] Hakan U. DE19743836，1999.

[17] OlafR D. GB2155474，1985.

[18] 周晴中．精细化工，1995，12 (3)：59.

[19] Ronald J V. US4308215，1980.

[20] 邹友思，林静．有机化学．1995，15 (4)：376.

[21] Kazuhito K. JP4013655，1992.

[22] 宋东明，李树德．精细化工．1996，13 (1)：48.

[23] Fumio S，Yasunobu A. EP0534360，1993.

[24] Takehiko S. Nippon Kagaku Kaishi，1978，38 (11)：1532.

[25] Behre Horst Dipl Chem Dr (DE)，Blank Heinz Ulrich Dipl Chem D (DE)，Koehler Wilfried Dipl Chem Dr (DE，et al. DE3330334，1985.

[26] Ansink H RW. Red Trav Chim，1993，112 (3)：210.

[27] 邹友思，林静．高等学校化学学报，1995，16 (11)：1727.

[28] 刘东志，张伟，李永刚等．染料工业．1999，36 (3)：19.

[29] Louis G，Morris B，James O，et al. US4124606，1978.

[30] Yasuziro K. Nippon Kagaku Kaishi，1980，32 (3)：322.

[31] 孟海林，孙明和．日用化学工业．1994，(2)：13.

[32] Keiichi T，Kenzo K. DE3334523，1984.

[33] Sekiguchi S，Nagano K，Miyawaki Y，et al. US4248793，1981.

[34] Johan S，Roelof V G. EP0351928，1990.

[35] Upali W，John L. WO9506632，1995.

[36] 关晓明，张鹏远，陈建峰．液相磺化法制备三次采油用石油磺酸盐．高校化学工程学 报，2010，24 (2)：296.

[37] 焦静娜．气相 SO_3 磺化制备石油磺酸盐的研究进展．河南化工．2012，29 (6)：29.

[38] 于芳，范维玉，南国枝等．一种油用石油磺酸盐的制备及评价．石油炼制与化工，2007，38 (4)：6.

[39] 范维玉，张数义，李水平等．降膜式磺化工艺合成驱油用石油磺酸盐的研究．中国石 油大学学报，2007，31 (2)：126.

[40] 王玉梅．新型石油磺酸盐性能研究．油气田地面工程，2009，28 (8)：21.

6 酰化反应

在有机化合物分子中的碳、氮、氧、硫等原子上引入脂肪族或芳香族酰基的反应称为酰化反应。酰基是指从含氧的无机酸、有机羧酸或磺酸等分子中除去羟基后所剩余的基团。常用的酰化剂有羧酸、酰氯、酯、酸酐、酰胺、烯酮等。

酰化反应通式：

$$R-\overset{\overset{\large O}{\|}}{C}-Z+G-H\longrightarrow R-\overset{\overset{\large O}{\|}}{C}-G+HZ$$

式中，Z 指卤素、OCOR、OH、OR′、NHR′等；GH 指被酰化物；G 指 ArNH、R′NH、R′O、Ar 等。

酰化反应的难易程度不仅决定于被酰化物，还决定于酰化剂的活性。对被酰化物来说，其亲核能力大小顺序一般规律是：$RCH_2^- > RNH^- > RO^- > RNH_2 > ROH$；对于酰化剂来说，当酰化剂 RCOZ 中 R 基团相同时，酰化能力随 Z^- 的离去能力增大而增加，常用酰化剂 Z^- 的离去能力强弱顺序为[1]：$ClO_4^- > BF_4^- > Hal^- > RCOO^- > OR^-$，$OH^- > NHR^-$。酰化反应按酰基引入原子分为 *O*-酰化、*N*-酰化和 *C*-酰化三大主要类型。

6.1 *O*-酰化反应

O-酰化反应就是常说的酯化反应，狭义的 *O*-酰化是指醇或酚和含氧的酸类（包括无机酸和有机酸）作用生成酯和水的过程，广义的酯化反应还包括醇交换等其他 *O*-酰化反应。羧酸盐与卤代烃反应合成酯的方法也是广义的酯化反应，但不是 *O*-酰化反应。酯是重要的香料、医药、农药、增塑剂和溶剂，因此酯化反应在有机合成工业中占极其重要的地位，相应地也有很多种合成酯的方法，如醇与羧酸、羧酸酐、酰氯、酰胺、酯等的直接引入酰基的酯化以及与腈、烯酮、炔反应的间接酯化等方法[2]。本书主要涉及较为常用的羧酸、羧酸酐、酰氯、酯、烯酮酰化剂的酯化反应，简单叙述近年来发展迅速的氮杂卡宾催化的醛与醇的氧化酯化反应，以及药物合成中常用的酯化反应的羟基保护。

6.1.1 羧酸为酰化剂

用羧酸和醇合成酯是典型的酯化反应，这种酯化也叫直接酯化法：

$$R'OH+RCOOH\overset{H^+}{\rightleftharpoons}RCOOR'+H_2O$$

由于原料醇和羧酸容易获得，所以是合成酯类的最重要的方法。通常伯醇的酯化产率较高，仲醇较低，叔醇和酚直接酯化产率很低，烯丙醇与相同碳链的饱和醇相比活性低，因为氧原子与烯键共轭，使其亲核性降低。通常存在少量酸性催化剂加热回流反应，共沸除水或加脱水剂。共沸溶剂如苯、甲苯、二甲苯、氯仿或四氯化碳或一些混合溶剂（如乙醇和苯）。如酯沸点低，则可直接蒸出酯，如制备甲酸甲酯、甲酸乙酯、乙酸甲酯、乙酸乙酯等。常用酸性催化剂有硫酸、盐酸、磺酸（如 PTS)、硼酸、氯化锡、有机钛酸酯、硅胶、阳离子交换树脂等。质子酸的缺点是可能存在形成氯代烃、脱水、异构化或聚合等副反应；Lewis 酸催化剂可以减少副反应，但往往需要更高的反应温度。

如苯甲酸与甲醇的直接酯化反应，用硫酸为催化剂在微波加热下反应 1h 可得 84%产率[3]，如用硫酸氢钠为催化剂，则产率仅有 54%[4]，如用四氯化硅为催化剂，产率可以得到 96%以上[5]。

Petrini 等运用磺酸树脂 Amberlyst-15 可在室温下催化脂肪酸 **6-1** 与甲醇的酯化反应，酯 **6-2** 可以得到很高的收率，而且这种方法没发现消旋化、异构化和缩醛化副产物[6]。

$$\textbf{6-1} + MeOH \xrightarrow[\text{rt,9h}\ 90\%]{\text{Amberlyst-15}} \textbf{6-2}$$

Amberlyst-15 还可以催化间苯二酚与丙烯酸的酯化和环合串联反应合成 7-羟基-3，4-二氢香豆素 (**6-3**)[7]。

$$\text{间苯二酚} + CH_2{=}CHCOOH \xrightarrow[\text{PhMe, 回流80 min}\ 66\%]{\text{Amberlyst-15}} [\ \ ] \longrightarrow \textbf{6-3}$$

对甲基苯磺酸（PTS）在离子液体体系中催化直接酯化反应是一种比较高效的方法，如溴乙酸与正辛醇的直接酯化反应[8]。

$$BrCH_2COOH + Me(CH_2)_7OH \xrightarrow[\text{PTS,80℃,1h}]{[Omim]BF_4} BrCH_2COO(CH_2)_7Me \quad 90\%$$

Lewis 酸为催化剂时，反应产率和产品纯度往往都很高，并可避免双键的分解或重排，但同样不适用于位阻大的叔醇酯化。

$$MeCH(OH)COOH + MeOH \xrightarrow[\text{rt,过夜}]{B(OH)_3} MeCH(OH)COOMe \quad 80\% \qquad [9]$$

$$PhCOOH + PhCH_2CH_2CH_2OH \xrightarrow[\text{150℃, 6h}]{TiCl_4/Mont} PhCOO(CH_2)_3Ph \quad 99\% \qquad [10]$$

$$PhCOOH + n\text{-}BuOH \xrightarrow[\text{MeCN,rt,2h}]{AlCl_3,NaI} PhCOOBu\text{-}n \quad 71\% \qquad [11]$$

$$PhCH{=}CHCOOH + MeOH \xrightarrow[\triangle\text{, 21h}]{BF_3 \cdot Et_2O} PhCH{=}CHCOOMe \quad 94\% \qquad [12]$$

二环已基碳二亚胺（DCC）及其类似物是强脱水剂，常用于不易发生的直接酯化及对强酸和热敏感的酯化反应，也非常适用于大环内酯的分子内酯化反应，如化合物 **6-6** 和 **6-8** 的合成。

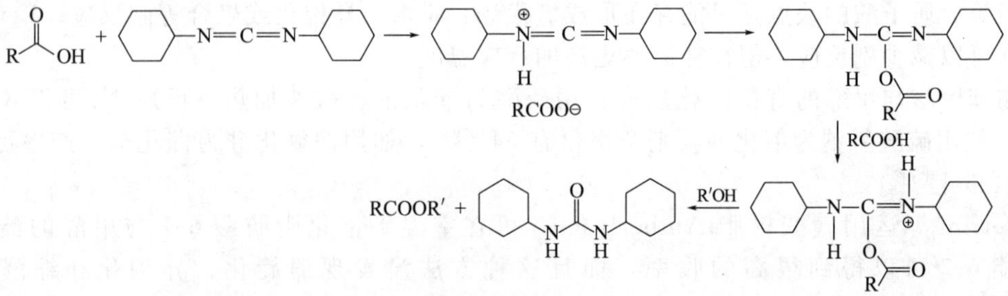

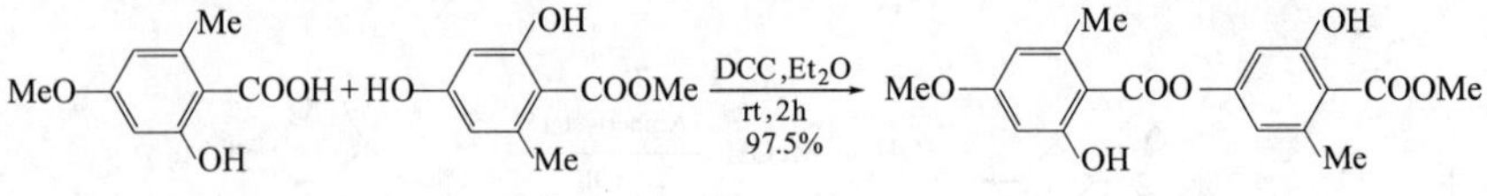

化合物 **6-6** 的制备中，如采用 **6-4** 的酰氯与 **6-5** 反应，则由于羧酸邻位有羟基，在生成酰氯之前需要加入保护，如采用 DCC 则可避免这一步骤并得到更好的产率。

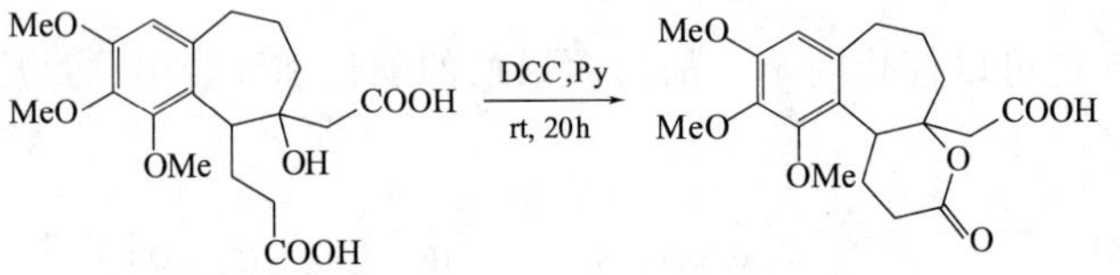

DMAP 等强有机碱有利于提高 DCC 的催化活性，反应温度更低，通常可以在室温下进行，如化合物 **6-9** 的合成[13,14]。

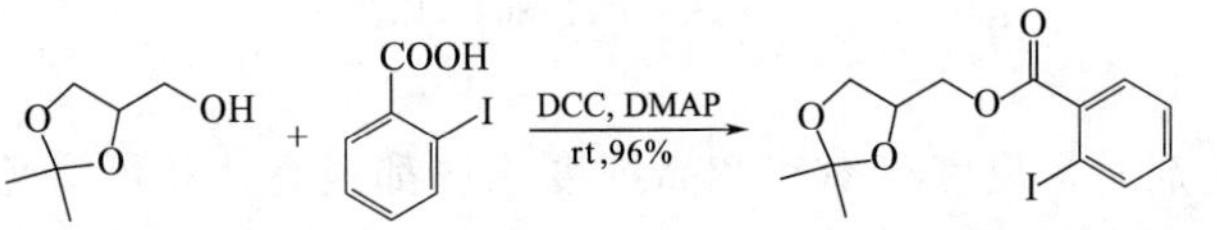

偶氮二羧酸二乙酯（DEAD）和三苯基膦的组合也是一种非常常用的催化酯化体系，与 DCC 通过活化羧酸来实现催化不同，DEAD 和三苯基膦体系是通过活化醇来实现催化酯化反应的。

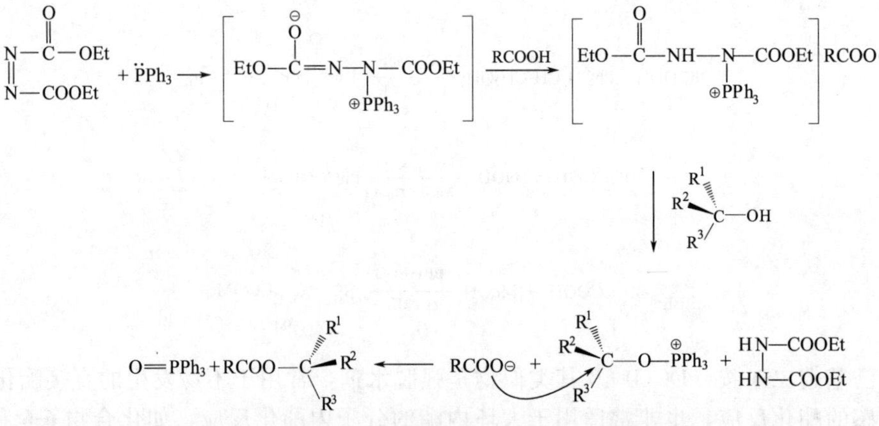

例如核苷 **6-10** 与对硝基苯甲酸的酯化反应合成相应的核苷酯 **6-11**[15]。

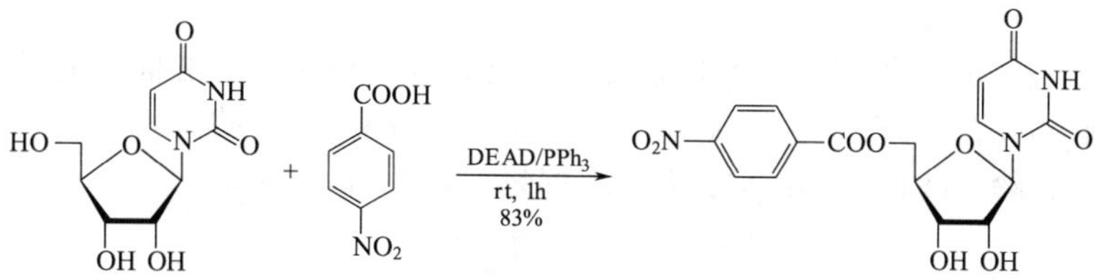

6-10　6-11

DEAD的一些类似物也可以进行此类反应，如偶氮二羧酸二异丙酯（DIAD）可用于活性很低的没食子酸（**6-12**）与3,4-二羟基苯乙醇的酯化反应生成酯**6-13**[16]。

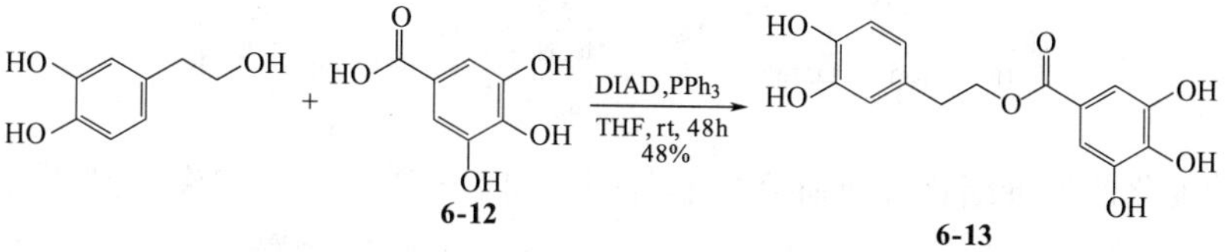

6-12　6-13

含吸电子基团的芳酸酐对羧酸与醇的直接酯化有较强的催化作用，其原理是认为更强酸的酸酐先与弱酸生成混酐，再与醇反应。其实这类酯化反应相当于酸酐与醇的酯化反应，如酸酐**6-14**和**6-15**应用到苯丙酸与苄醇的酯化反应，都可以取得很高的产率，而且反应条件温和[17,18]。

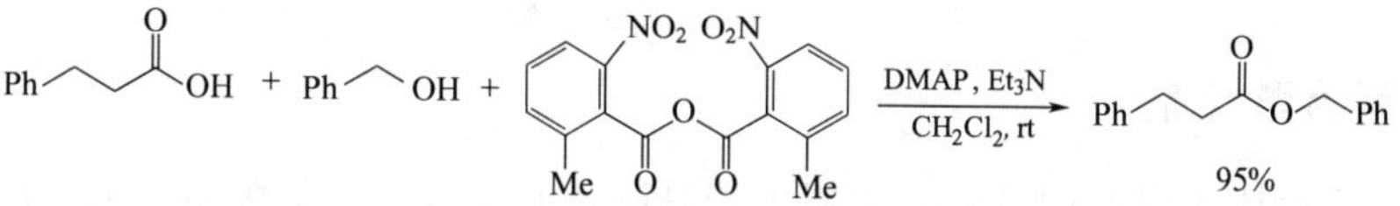

6-14

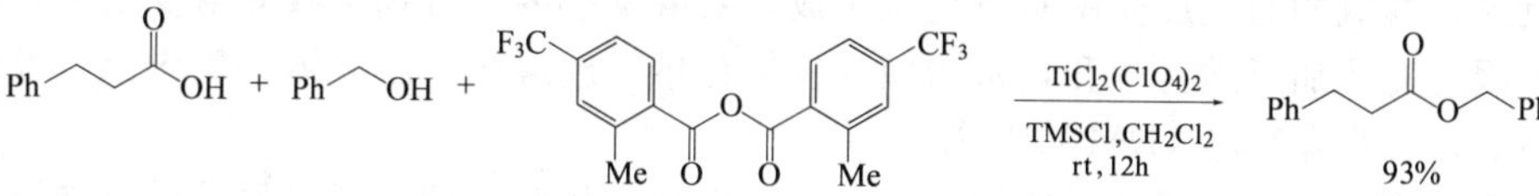

6-15

$(Boc)_2O$和碱的催化酯化体系也是先与羧酸反应生成混酸酐再与醇反应[19]。

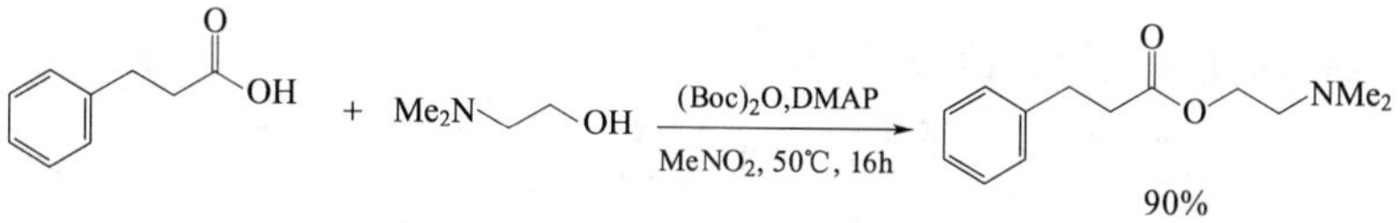

除上述常用的酯化方法外，光催化有时也可应用到直接酯化反应中，如癸酸甲酯的合成在光催化下的酯化反应可以得到90%的产率[20]。

$$Me(CH_2)_8COOH + MeOH \xrightarrow[CCl_4,12h]{h\nu} Me(CH_2)_8COOMe$$

90%

6.1.2 酸酐为酰化剂

酸酐比羧酸的酰化活性大，适用于较难反应的酚类化合物及空间位阻较大的叔羟基衍生物的直接酯化，也可与多元醇、糖类、纤维素及长碳链不饱和醇等进行酯化。醇和酸酐反应难易程度与醇的结构关系较大，一般来说：伯醇 > 仲醇 > 叔醇，空间效应为主要影响因素。

反应通式：$R'OH + (RCO)_2O \longrightarrow RCOOR' + RCOOH$

酸酐的酰化可被酸或碱催化，如硫酸、高氯酸、PTS、氯化锌、三氯化铁、酸性黏土、酸性沸石、碘、吡啶、咪唑、无水乙酸钠、叔胺等。以硫酸、吡啶和无水乙酸钠最为常用。

酸催化剂活性通常比碱强。

如苄醇与乙酸酐的酰化可在酸催化条件下进行，以硫酸氢铝为酸催化剂时，无溶剂反应1min就可得到95%的产率，在己烷中反应2min只得到87%的产率[21]，其他催化剂如碘[22]、沸石[23]、磷钨酸铝[24]等都可以得到94%～100%的产率。

$$\text{PhCH}_2\text{OH} + Ac_2O \xrightarrow[\text{rt,1min}]{Al(HSO_4)_3} \text{PhCH}_2\text{OAc} \quad 95\%$$

咪唑对糖类的多乙酰化是良好的碱催化剂，如化合物**6-16**的合成[24]。

$$\text{methyl glucoside} + Ac_2O \xrightarrow[\text{MeCN, rt, 1～12h}]{\text{咪唑}} \textbf{6-16} \quad 98\%$$

Lewis 酸催化的酸酐酯化反应研究也非常多，如 $Cu(BF_4)_2$[25]和沸石[26]等。

$$\text{2-naphthol} + Ac_2O \xrightarrow[\text{rt,15min}]{Cu(BF_4)_2} \text{2-naphthyl acetate} \quad 95\%$$

$$\text{cyclohexanol} + Ac_2O \xrightarrow[\text{MeCN, 2.5h}]{\text{ZSM-35}} \text{cyclohexyl acetate} \quad 98\%$$

6.1.3 酰氯为酰化剂

酰氯反应活性比相应的酸酐强，适用于较难制备的酯类，如叔醇酯，也常用于对热敏感的酯化反应。酰氯的酯化反应中有氯化氢生成，对酸敏感的醇特别是叔醇易发生氯代和消除副反应，因此需要加碱进行中和，常用碱为氢氧化钠、碳酸钠、乙醇钠、氧化铝、吡啶、三乙胺或 *N*,*N*-二甲基苯胺（DMAP）等。

用无机碱作缚酸剂时通常是非均相反应，可以加入相转移催化剂以促进反应进行[27]。

$$Me_2N\text{CH}_2\text{CH}_2\text{OH} + AcCl \xrightarrow[0\sim5^\circ C,\ 5min]{NaOH,PTC} Me_2N\text{CH}_2\text{CH}_2\text{OAc} \quad 83\%$$

反应也可以在碱性氧化铝表面进行[28]。

$$\text{Ph(CH}_2)_3\text{OH} + AcCl \xrightarrow[\text{rt,10h}]{Al_2O_3} \text{Ph(CH}_2)_3\text{OAc} \quad 96\%$$

由于酰基取代基的不同，酰氯的活性显示差异，如脂肪族酰氯活性通常大于芳香族酰氯，乙酰氯最高，烃基碳原子增多，活性下降。

醇的活性也会影响反应的进行，较易反应的醇，在酸性或碱性条件下都可以进行；对难于酯化的醇类，如三氯乙醇，还需要加强的 Lewis 酸如三氯化铝或三溴化铝进行催化。

溶剂对酰氯的酯化反应也有一定的影响。活泼脂肪族酰氯在水中易水解，因此如果水解反应速率较大，则反应不能在水相中进行，此时要用到非水溶剂，如苯和二氯甲烷等；芳香族酰氯活性较弱，通常水解反应并不明显，可以在碱性水溶液中进行，但现已不常用，而改用艾因霍恩（Einhorn）反应，即以吡啶代替碱的水溶液。因为吡啶不仅能中和氯化氢，还兼有催化剂的作用，与酰氯生成活性中间体[29]：

$$\text{pyridine} + RCOCl \longrightarrow \text{N-acylpyridinium} + Cl^- \xrightarrow{R'OH} RCOOR' + \text{pyridinium}(H^+)\ Cl^-$$

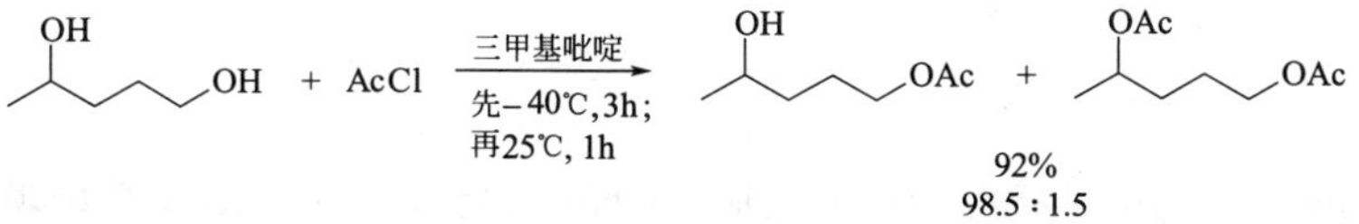

最新开发的抗流感药 Inavir® （Laninamivir octanoate，**6-19**）药效比 Laninamivir 好，这一结果就是通过酯化在羟基上引入辛酰基带来的。第一步酯化反应式由 Boc 保护的 Laninamivir（**6-17**）用重氮二苯甲烷进行酯化得到相应的二甲醇酯 **6-18**，然后在三乙胺作用下与辛酰氯反应，在端羟基上引入辛酰基得到目标产物[30]。

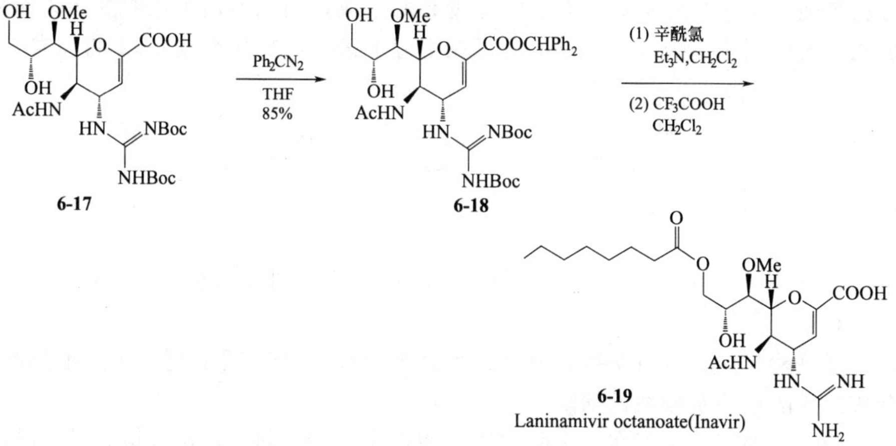

6-17

6-18

6-19

Laninamivir octanoate(Inavir)

6.1.4 酯交换法

酯可与其他的醇、羧酸或酯分子进行交换，这是一种温和的合成酯的重要方法，利用反应的可逆性实现。酯交换又可分为醇解、酸解和酯间交换。

$$RCOOR'+R''OH \rightleftharpoons RCOOR''+R'OH$$

$$RCOOR'+R''COOH \rightleftharpoons R''COOR'+RCOOH$$

$$RCOOR'+R''COOR''' \rightleftharpoons RCOOR'''+R''COOR'$$

（1）醇解

酯交换反应中最常用的方法就是醇解，由于反应是可逆的，因此为了使反应进行，常用过量的醇，或将生成的醇不断蒸出。醇解反应的催化剂选择取决于醇的性质，如果用的是含碱性基团的醇或是叔醇，则宜选用醇钠为催化剂。如聚乙烯醇虽可用聚乙烯醇乙酸酯在酸或碱性水溶液中皂化制备，但不如用甲醇醇解方法简便。此反应仅需微量的碱就可以了，这样生成的聚乙烯醇中无机盐类杂质就可以降低到最低程度[31]。

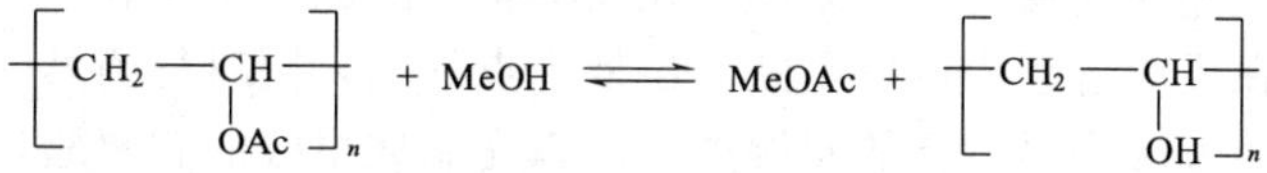

$$\left[CH_2-\underset{OAc}{\underset{|}{CH}}\right]_n + MeOH \rightleftharpoons MeOAc + \left[CH_2-\underset{OH}{\underset{|}{CH}}\right]_n$$

醇解反应还可用强碱性离子交换树脂或分子筛为催化剂，不仅可以简化反应后处理过程，而且反应条件温和，适合于对酸敏感的酯的合成。分子筛可以吸附低分子量的醇如甲醇和乙醇，因此可用甲醇酯或乙醇酯与高级醇进行醇解反应[32]。

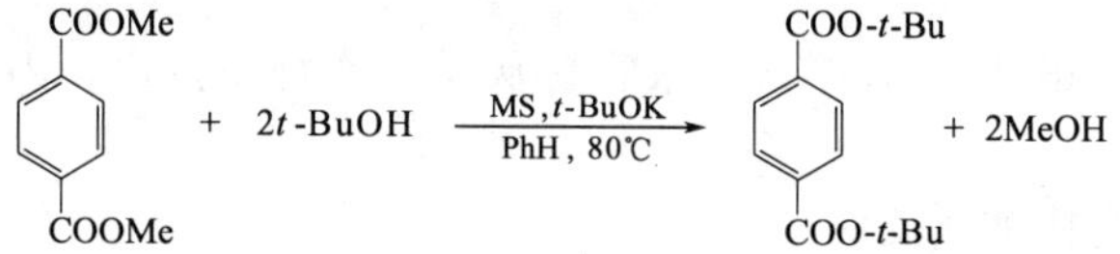

$$C_6H_4(COOMe)_2 + 2t\text{-BuOH} \xrightarrow[\text{PhH, 80℃}]{\text{MS}, t\text{-BuOK}} C_6H_4(COO\text{-}t\text{-Bu})_2 + 2MeOH$$

$$\text{HO-C}_6\text{H}_4\text{-CH}_2\text{CH}_2\text{OH} + \text{EtOAc} \xrightarrow[\text{rt}, 9\text{h}]{\text{BF}_3/\text{SiO}_2} \text{HO-C}_6\text{H}_4\text{-CH}_2\text{CH}_2\text{OAc}\ \ 81\%$$

用 Amberlyst-15 也可进行酯的醇解反应，Chavan 等将之用于酮酸酯 **6-20** 与空间位阻较大的醇的醇解反应，例如与正丁醇反应合成环戊酮甲酸丁酯（**6-21**）[33]。

$$\textbf{6-20} + n\text{-BuOH} \xrightarrow[\text{PhMe, 100℃, 3h}]{\text{Amberlyst-15}} \textbf{6-21}\ \ 90\%$$

乙酸乙烯酯由于进行醇解后只有乙醛而没有醇生成，因此不用为乙醇的除去而采用高温蒸馏或加乙醇吸附剂等多余步骤，反应可以在室温下进行，如化合物 **6-22** 的合成[34,35]。

$$\text{geraniol} + \text{AcO-CH=CH}_2 + \text{Cy-NHC-Cy} \xrightarrow[\text{THF, rt, 1h}]{\text{4AMS}} \textbf{6-22}\ \ 99\%$$

碘[36]、锌粉[37]、硼酸钠[38]、NBS[39]、Bu_2SnO[40]等都可以催化此类反应。

（2）酸解

酸解是通过酯与羧酸进行交换合成另一种酯的反应，醇基团不变。此法不如醇解普遍，适用于合成二元酸单酯及羧酸乙烯酯等。

如己二酸二乙酯与己二酸在二丁醚中浓盐酸催化下加热回流，可以得到己二酸单乙酯：

$$\text{(CH}_2)_4(\text{COOEt})_2 + (\text{CH}_2)_4(\text{COOH})_2 \rightleftharpoons 2\,(\text{CH}_2)_4(\text{COOEt})(\text{COOH})$$

乙酸乙烯酯和乙酸丙烯酯都是易得原料，通过酸解反应，可以合成多种羧酸乙烯酯或丙烯酯。如在催化剂乙酸汞及浓硫酸存在下，乙酸乙烯酯与十二酸加热回流，即酸解得到十二酸乙烯酯：

$$C_{11}H_{23}COOH + CH_3COOCH=CH_2 \rightleftharpoons AcOH + C_{11}H_{23}COOCH=CH_2$$

（3）酯间交换

酯间交换就是两种不同酯发生醇或酰基互换得到另外两种酯的反应。适用于不能采用直接酯化或其他酰化方法制备的酯类。

为了能顺利完成酯间交换，先决条件是在反应生成的酯中至少有一种酯的沸点要比另一种酯低得多，这样在反应过程中可以不断蒸出低沸点的酯，同时得到另一种酯。

例如对于用其他方法不易制备的叔醇酯，可以先制成甲酸的叔醇酯，再和指定酸的甲酯进行交换：

$$HCOOCR_3 + R'COOMe \xrightarrow{MeONa} HCOOMe + R'COOCR_3$$

因为甲酸甲酯沸点很低（31.8℃），很容易从反应产物中蒸出，因此酯间交换反应可以进行得很完全。

（4）醇与酰胺的交换酯化反应

最近 Mashima 等人运用一种简单的 Lewis 酸 Zn（OTf)$_2$ 在碳酸二甲酯存在条件下将一系列乙醇胺的酰胺与正丁醇发生交换酯化反应合成了相应的酯，此反应对脂肪族酰胺、芳香族酰胺和二肽同样适用[41]。

反应机理：

羰基氧先与锌离子配位，然后发生分子内重排得到乙醇胺的酯，然后发生酯交换得到相应的丁酯，脱下来的乙醇胺的亲核性比正丁醇大，为了防止逆反应发生，需要用碳酸二乙酯将生成的乙醇胺捕获得到噁唑酮。

6.1.5 烯酮法

乙烯酮由乙酸在高温下裂解得到，反应活性极高，马上就可以与醇反应得到乙酸酯：

$$H_2C{=}C{=}O + R\ddot{O}H \xrightarrow{\text{加成}} H_2C{=}C(OH){-}OR \xrightarrow{\text{互变异构}} CH_3COOR$$

此法产率很高，常用于工业上大规模制备乙酸酯。反应可用酸（如硫酸和 PTS）或碱（如叔丁醇钾）作催化剂。

此法还适用于反应活性较差的叔醇和酚类的酯化反应，含 α-氢的醛或酮与乙烯酮反应可以生成乙酸烯醇酯[42]：

$$H_2C{=}C{=}O + t\text{-BuOH} \xrightarrow[0^\circ C]{H_2SO_4} CH_3COOBu\text{-}t$$

乙烯酮的二聚体二乙烯酮也有很高活性，在酸或碱的催化下，与醇可以生成 β-酮酸酯（乙酰乙酸酯）：

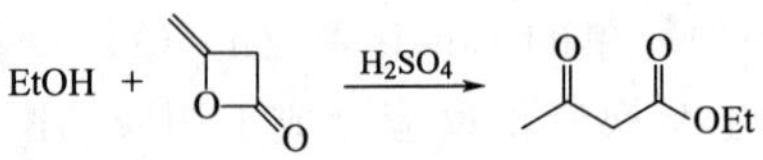

EtOH + (双乙烯酮) $\xrightarrow{H_2SO_4}$ 乙酰乙酸乙酯

6.1.6 氮杂卡宾催化醛和醇的氧化酯化反应

基于氮杂环卡宾（NHCs）的亲核催化反应在最近十年来受到广泛关注，可用于构建碳碳键和碳杂原子键。其中研究得最多的就是用羰基化合物为原料的 NHC 催化酰化反应。最近 NHC 在氧化条件下的反应研究较多，其中醛和醇的氧化酯化是研究的重点[43]

NHC-催化酰化反应依赖于氮杂卡宾 **6-23** 与醛形成的加成中间体（Breslow 中间体，**6-24**）的氧化，氧化过程可以是将两个电子转移给氧化剂（路径 **A**）生成亲电的酰基氮鎓离子 **6-25** 或氧化剂中氧原子加成到加合物上而生成羧基氮鎓离子 **6-26**（路径 **B**）。两路线都体现出不同的电性和反应活性。路径 **A** 中的羰基受醇的亲核进攻完成酯化反应。这一路径先后经过亲核加成、氧化和亲核取代过程，前两者为转极过程。对路径 **B** 来说，涉及 Breslow 中间体的氧加成，经过一两性离子过氧化物，然后生成羧酸根负离子，这种情况可与亲电试剂反应。

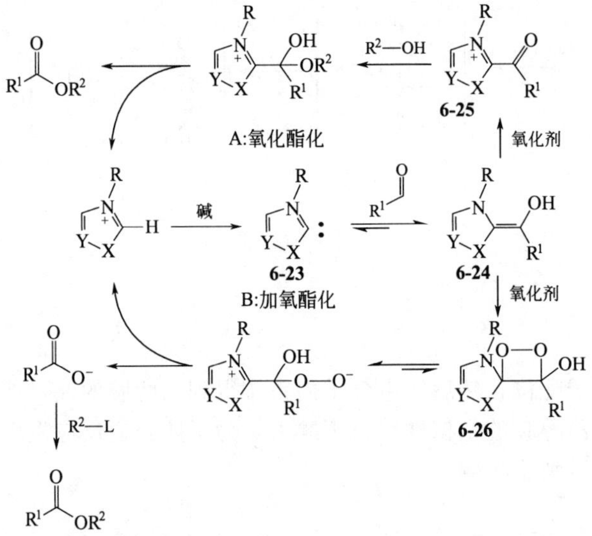

R^2—OH　6-25　氧化剂　A:氧化酯化　碱　6-23　B:加氧酯化　6-24　氧化剂　6-26　R^2—L

Connon 等报道甲苯醛的氧化酯化反应，运用 3-苄基噻唑溴鎓盐为催化剂前体，用偶氮苯为氧化剂，可用 1 当量伯胺或伯醇为亲核试剂。采用这一方法可在室温下以中等以上产率得到酯，含给电子基团的苯甲醛需要提高反应温度。反应按路径 **A** 机理进行[44]。

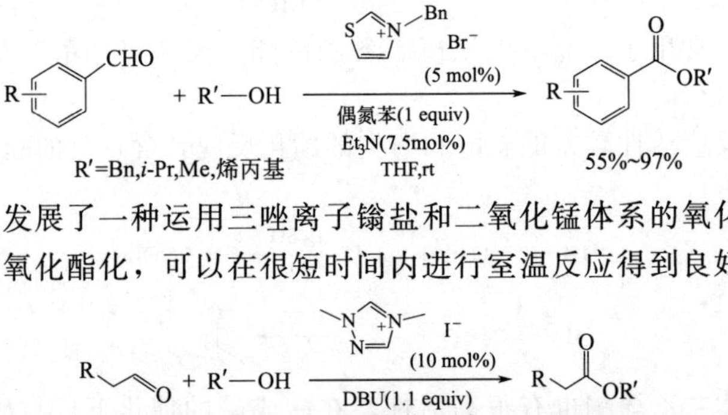

R-C$_6$H$_4$-CHO + R′—OH $\xrightarrow[\text{偶氮苯(1 equiv)},\ Et_3N(7.5mol\%),\ THF,rt]{\text{3-苄基噻唑溴鎓盐}\ (5\ mol\%)}$ R-C$_6$H$_4$-COOR′　55%~97%

R′=Bn,*i*-Pr,Me,烯丙基

Maki 和 Scheidt 发展了一种运用三唑离子鎓盐和二氧化锰体系的氧化酯化方法，应用到一系列脂肪醛与醇的氧化酯化，可以在很短时间内进行室温反应得到良好的收率[45]。

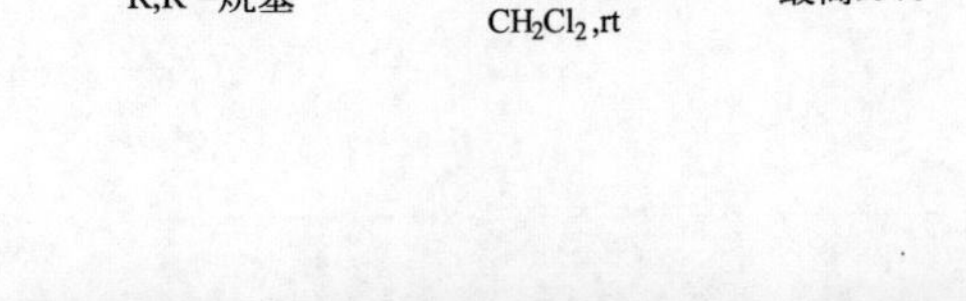

RCH_2CHO + R′—OH $\xrightarrow[DBU(1.1\ equiv),\ MnO_2(5\ equiv),\ CH_2Cl_2,rt]{\text{三唑鎓碘盐}\ (10\ mol\%)}$ RCH_2COOR'　最高99%

R,R′=烷基

Scheidt 等则应用串联氧化过程直接将烯丙醇和苄醇转化为酯，醇可先被二氧化锰氧化为醛，然后发生 NHC 催化氧化酯化[46]。

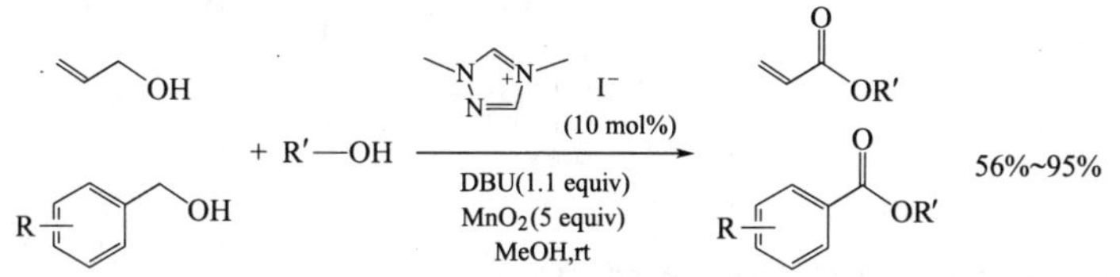

Goswami 和 Hazra 运用维生素 B_1（**6-27**）为氮杂卡宾来源，在空气条件下进行了芳香醛的氧化酯化，可以应用到天然产物和药物合成中[47]。

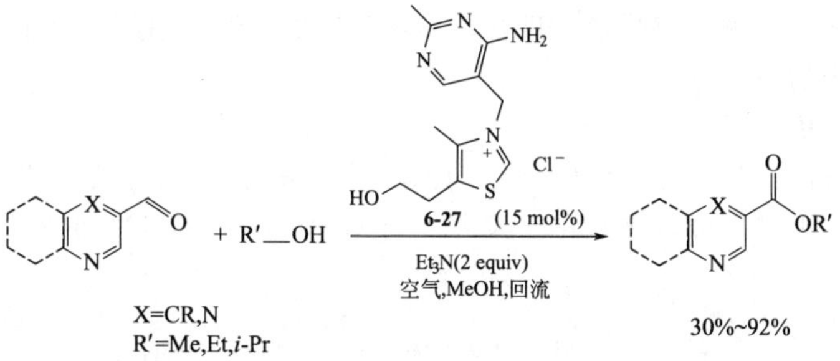

Gois 等运用 1,3-二叔丁基咪唑氯化物（**6-28**）和三氟乙酸亚铁体系催化苯甲醛和肉桂醛与酚的氧化酯化反应。在这一反应过程中三价铁将 Breslow 中间体进行氧化，生成二价铁可被氧气氧化再生[48]。

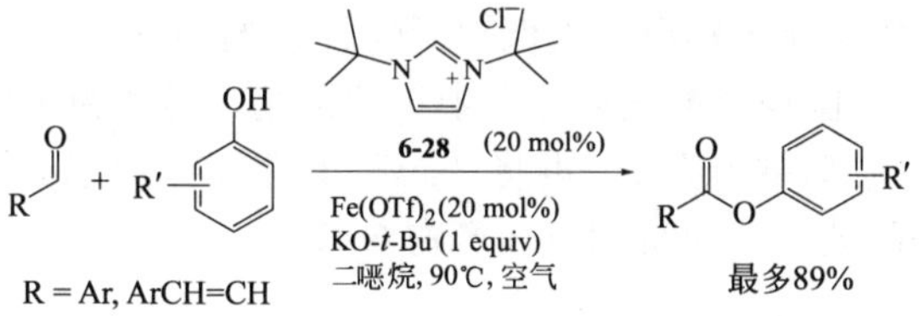

Rose 和 Zeitler 将这种方法用于分子内氧化酯化合成内酯[49]。

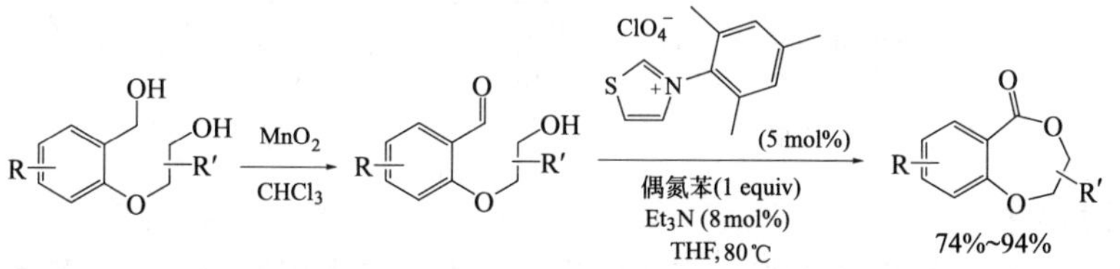

在亲电试剂存在下的加氧氧化酯化反应按路径 **B** 进行，Deng 等建立了苯甲醛与溴苄的 NHC 催化酯化反应生成苯甲酸苄酯[50]。

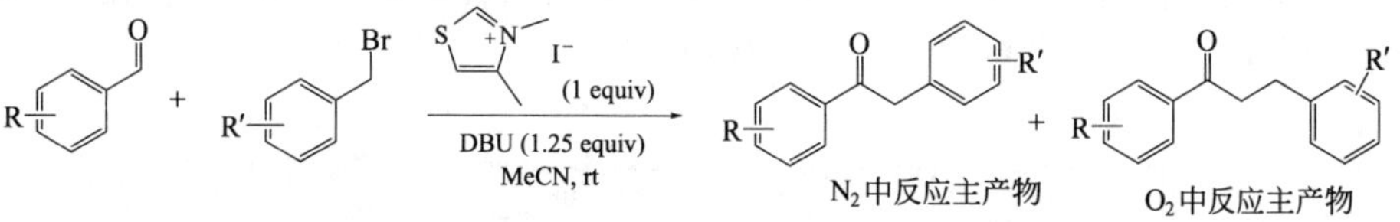

在空气条件下 Breslow 中间体被氧化为两性过氧离子，然后放出过氧酸，另一个可能的途径是有另一个醛分子参与得到两分子的苯甲酸根，然后与溴苄反应得到酯。Liu 等也用肉桂醛与肉桂基溴或烯丙基溴反应生成相应的肉桂酸酯，可用空气或二氧化锰作为氧化剂[51]。

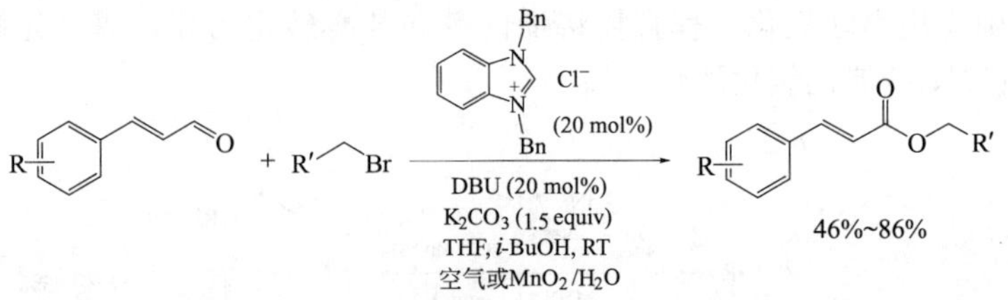

Bn
Cl⁻
(20 mol%)
Bn
DBU (20 mol%)
K_2CO_3 (1.5 equiv)
THF, *i*-BuOH, RT
空气或MnO_2/H_2O
46%~86%

6.1.7 *O*-酰化反应在羟基保护中的应用

羟基保护在复杂分子合成中占有重要地位，由于羟基易被氧化、取代、消除等，因此在合成过程中经常需要进行保护。醇羟基和酚羟基保护通常以形成酯、醚形式进行，二羟基保护可以为酯、硅醚、缩酮、缩醛形式进行，三羟基保护则形成原酯。这里仅简要举一些酯化反应在羟基保护中的应用例子。

(1) 甲酰基保护

甲酰基保护方法分为甲酸酰化(主要用 DCC 脱水法)、甲酸与乙酸的混合酸酐酰化（碱催化)、DMF 与苯甲酰氯加合物酰化三大类[52~54]。如龙脑（**6-29**）的甲酰化反应[55]。

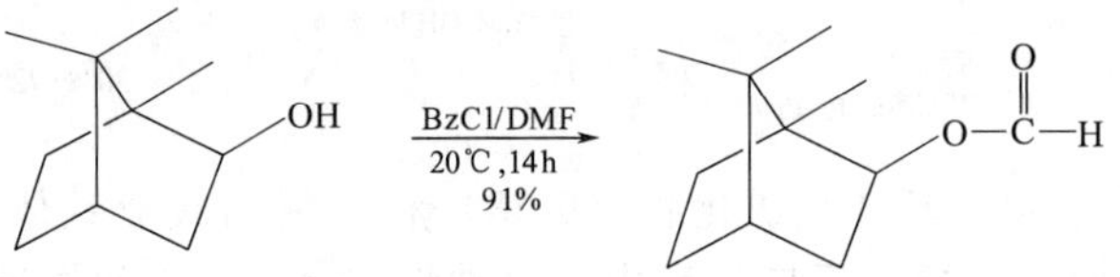

BzCl/DMF
20℃,14h
91%
6-29

甲酸酯稳定性较差，在弱碱或稀氨溶液中反应就可脱除，而苯甲酸酯、缩酮、硅醚保护基等不受影响。因此甲酰基保护常用于为保护活性较差的羟基时预先使用的临时保护措施。如核苷 **6-30** 的核糖环上 5-位羟基酯化活性大于 3-位羟基，因此为了实现对 3-位羟基的保护，可以先将 5-位羟基用甲酰基保护起来，再将 3-位羟基用苯甲酰基保护，最后利用酰基活性差异将 5-位上的甲酰基脱去，从而得到目标产物 **6-31**[56]。

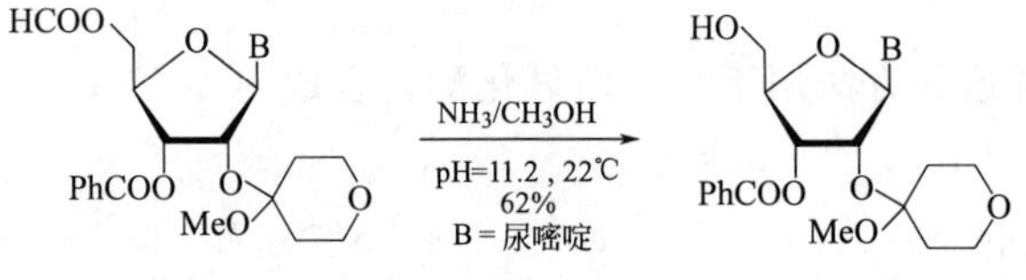

NH_3/CH_3OH
pH=11.2，22℃
62%
B＝尿嘧啶
6-30　　**6-31**

(2) 乙酰基保护

乙酰基引入方便，稳定性较强，应用较广泛。引入时多用醋酐、乙酰氯和乙酸乙烯酯为酰化剂，加碱催化；若用三氟化硼为催化剂，在同时含有醇羟基和酚羟基时可以选择性酰化醇羟基[32]；若有伯羟基、仲羟基共存时，以氧化铝或二氧化硅为载体，用乙酸乙烯酯可选择性酰化伯醇基，如化合物 **6-32** 的伯羟基保护[57]。

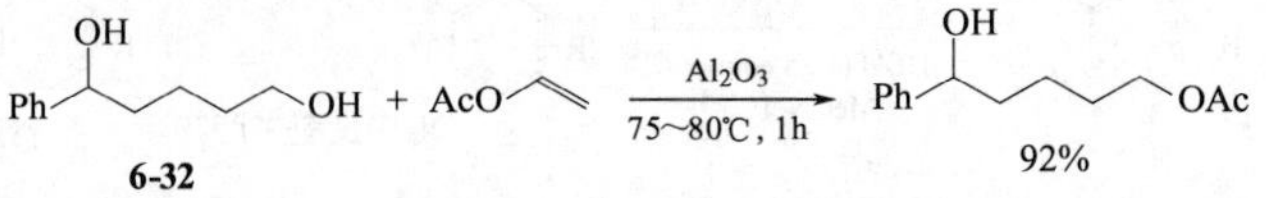

Al_2O_3
75~80℃，1h
6-32
92%

在一些多羟基的复杂分子中，可以在适当的条件下实现高选择性乙酰化反应，如化合物 **6-33** 的选择性保护反应[58,59]。

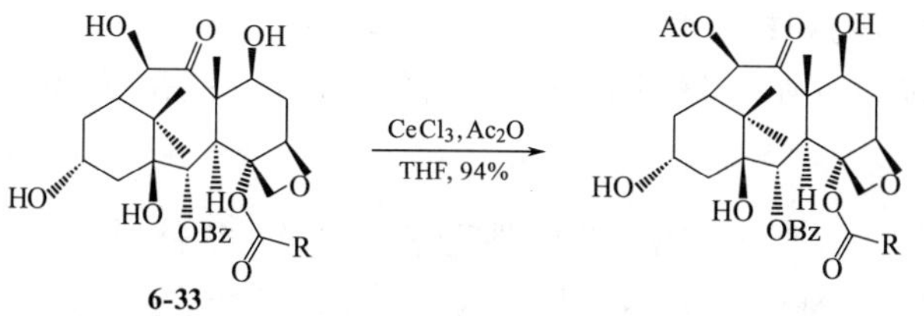

6-33

乙酸酯稳定性较高，脱除条件较甲酸酯要苛刻一些。脱仲醇或烯丙醇上的乙酰基时，可用碳酸钾-甲醇水溶液，此时若同时还有苯甲酰基存在时，可以选择性地脱去乙酰基；DBU或甲氧基镁对葡萄糖差向异构体上的乙酰基的选择性脱除较为常用。其他如 Bu_3SnOMe[60]、$BF_3 \cdot Et_2O$[61]、$Sc(OTf)_3$[62]等 Lewis 酸也可用于乙酰基的脱除。

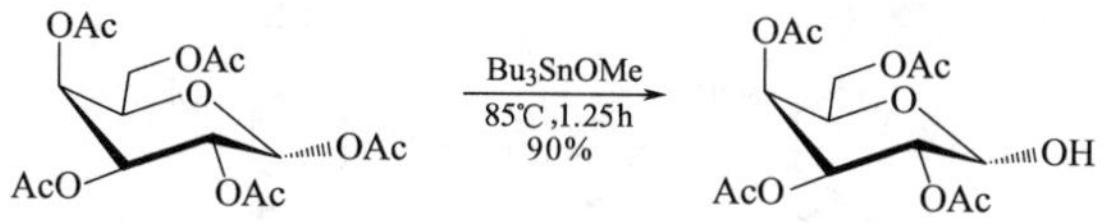

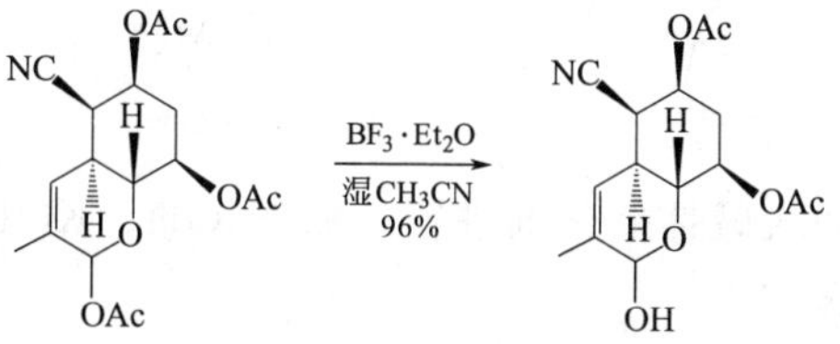

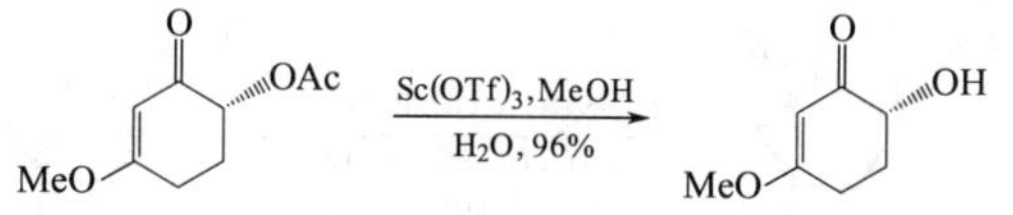

（3）氯乙酰基保护

氯乙酸酯活性较乙酸酯大，常用于对多羟基进行多酰化保护中作临时保护基团。通常用氯乙酸的酸酐或酰氯与醇反应，由于活性较高，用吡啶就足够使反应顺利进行，也有其他方法，如化合物 **6-34** 的氯乙酰化可用二丁基氧化锡进行催化酯化[63]。

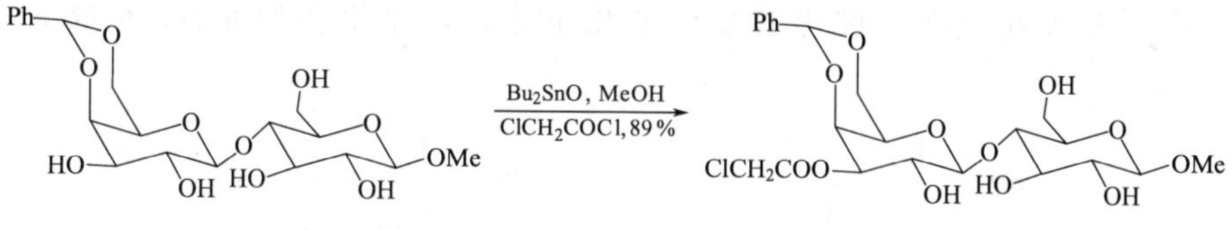

6-34

脱保护则在碱性条件下水解，如果要选择性地脱去氯乙酰基，可以加硫脲或肼基黄原酸，如化合物 **6-35** 的选择性脱保护[64,65]，对多氯乙酰基保护的区域选择性脱除一个，可用乙酸肼进行，如化合物 **6-36** 中 4-位保护基的脱除[66]。

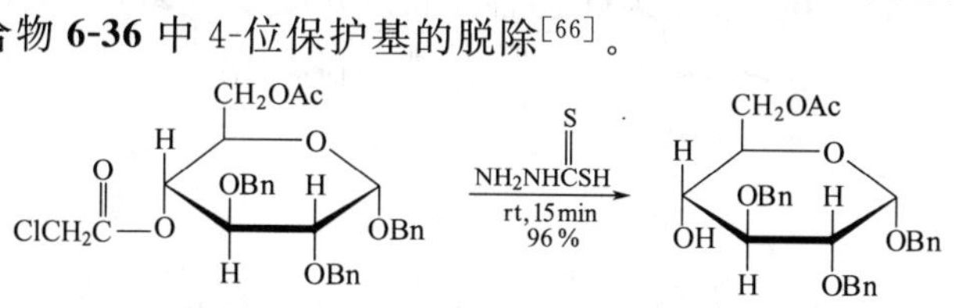

6-35

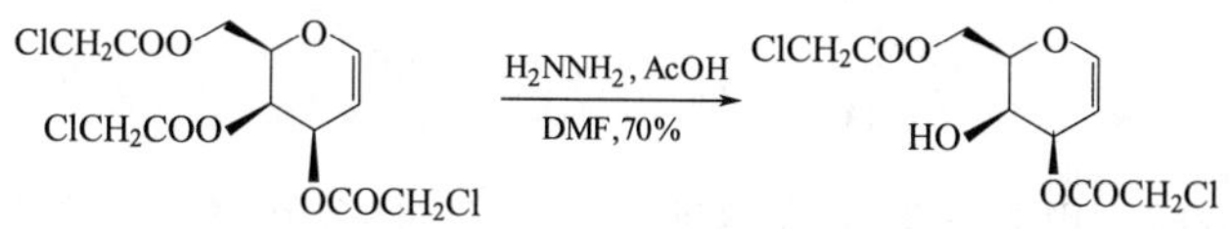

6-36

（4）苯甲酰基保护

多应用在糖类化合物和核苷醇羟基的保护。苯甲酰基的引入可用苯甲酸（如**6-37**的合成[67]）及其相应的酰氯（如**6-38**的合成[68]）、醋酐及活性酯（如**6-39**的合成[69]）或活性酰胺等为酰化剂。

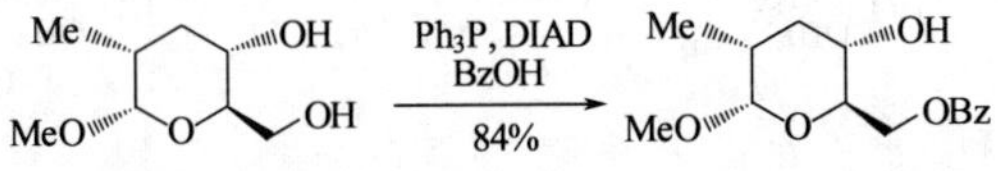

Ph_3P, DIAD, BzOH, 84%

6-37

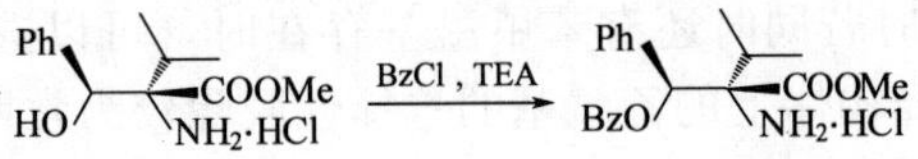

BzCl, TEA

6-38

BzOTf, CH_2Cl_2, Py, −78°～rt, 95%

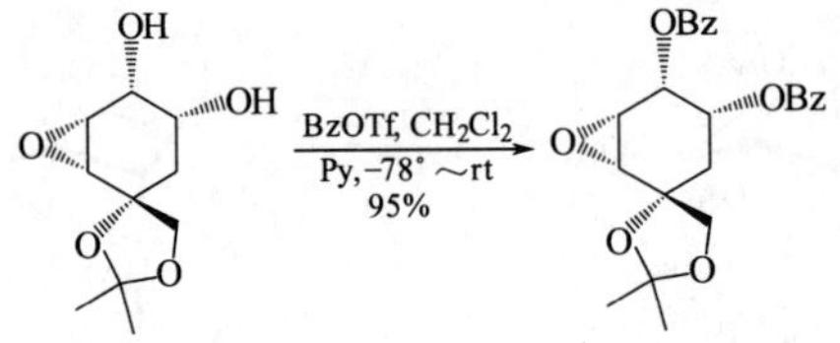

6-39

脱保护通常在甲醇中加入碱性催化剂进行，如NaOH、KOH、肼等，如肼用于化合物**6-40**的选择性脱苯甲酰基保护[70]。

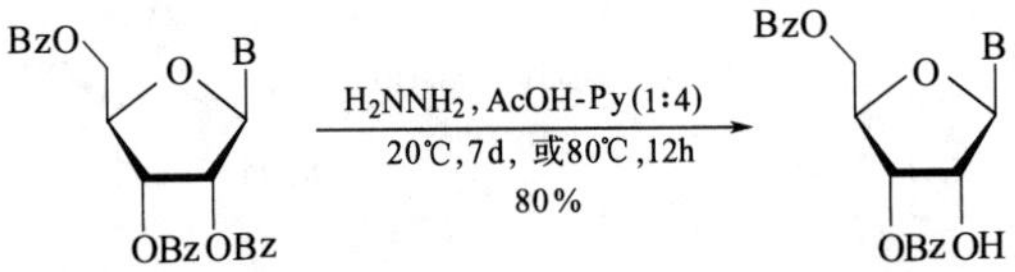

H_2NNH_2, AcOH-Py(1∶4), 20℃, 7d, 或80℃, 12h, 80%

6-40

(5) 新戊酰基保护

新戊基体积大、位阻大，在多羟基存在时可区域选择性地保护伯羟基。由于活性较小，在保护时常用新戊酰氯在吡啶等有机碱催化下进行，如化合物**6-41**、**6-42**和**6-43**的保护[71～73]。

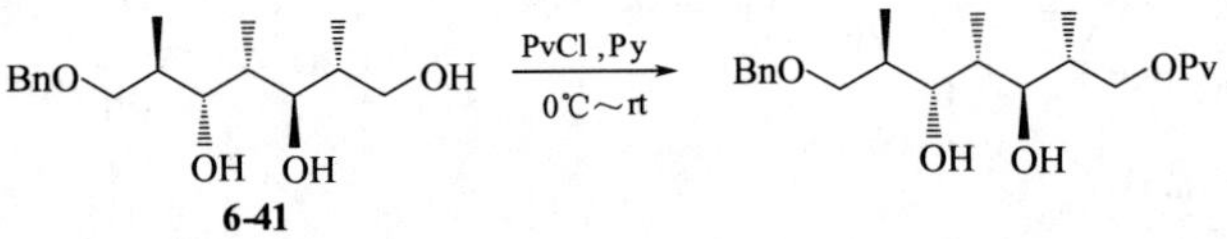

PvCl, Py, 0℃～rt

6-41

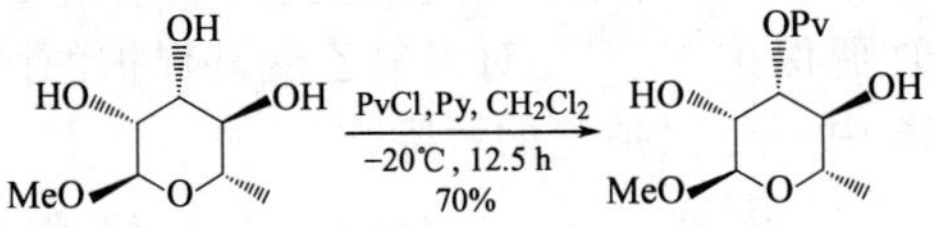

PvCl, Py, CH_2Cl_2, −20℃, 12.5 h, 70%

6-42

PvCl, Py, 0℃～rt

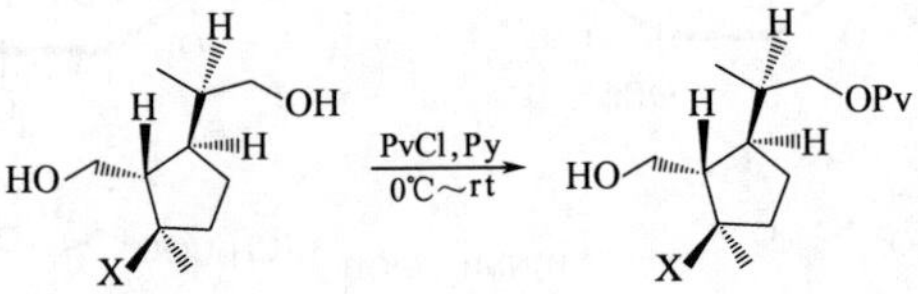

6-43

脱保护可用季铵碱、甲胺水溶液或醇钠进行，但对氨-甲醇溶液稳定，还可以三乙基硼氢化钾在低温下进行脱除[74]。

PvO OPv $\xrightarrow[-78℃, THF]{KBHEt_3}$ 78% HO OPv

6.2 N-酰化反应

N-酰化反应是胺类化合物与酰化剂的反应，在氨基的氮原子上引入酰基而成为酰胺衍生物。胺类化合物可以是脂肪胺，也可以是芳香胺类。

胺类的酰化反应有两种目的：一种是将酰基保留在最终产物（也称永久性酰化），如活性染料、冰染色酚等，目的是赋予染料或其他有机化合物某些新的性能；另一种是为了保护氨基，在氨基上暂时引入一个酰基，再进行其他有机合成反应，最后再脱除酰基保护（也称为临时性酰化或保护性酰化）。后一种是利用酰氨基比氨基稳定，不易发生其他反应的性质。

N-酰化反应主要是 S_N2 反应历程，因此氨基氮原子上电子云密度越大，空间位阻越小，反应活性就越强。一般来说，胺类活性有如下规律：伯胺＞仲胺，脂肪胺＞芳香胺，无空间位阻胺＞有空间位阻胺，给电子芳烃＞吸电子芳烃。酰化剂活性与 *O*-酰化一致：酰氯＞酸酐＞羧酸，脂肪酰氯＞芳香酰氯。反应活性随着烷基链的增长而减弱，因此引入低碳链酰基，可用弱活性的羧酸或酸酐为酰化剂；引入长链酰基，则采用活性最高的酰氯为酰化剂。

6.2.1 用羧酸为 N-酰化剂

羧酸对胺的酰化是合成酰胺的重要方法，反应生成水，是一个可逆反应，为使反应向酰化方向移动，除去生成的水是最常用的方法。除水方法主要采用共沸脱水，少数情况下也可加入五氧化二磷、三氯氧磷、三氯化磷等现场除去生成的水。常用质子性强酸或 Lewis 酸催化反应。但催化用酸的用量和强度需要控制，因为酸可以与胺成盐，如量过大、强度过高，则会阻碍酰化反应进行。

如环己烷甲酸与苄胺的酰化反应可以用取代苯基硼酸 **6-44** 为催化剂进行共沸脱水合成，产率可达到 96%[75]。

OH + $PhCH_2NH_2$ + [$B(OH)_2$, $F_{21}C_{10}$, $C_{10}F_{21}$] **6-44** $\xrightarrow[共沸, 3h]{邻二甲苯}$ 96%

五氯化铌对羧酸与胺的酰胺化反应有着良好的催化作用，由于自身具有吸水作用，因此在催化苯甲酸与二乙胺的酰化反应中不用共沸方法也可以得到较高的产率[76]。

OH + Et_2NH $\xrightarrow[40\sim50℃, 2h]{NbCl_5, CH_2Cl_2}$ NEt_2 85%

Hosseini-Sarvari 和 Sharghi 等报道了第一例用氧化锌作为催化剂的无溶剂 *N*-甲酰化反应，可以在很短的时间内以很高的产率得到甲酰胺，氧化锌可以回收重复使用三次[77]。

$$HCOOH + R^1R^2NH \xrightarrow[\text{无溶剂，70℃，10～180min}]{ZnO\ (50mol\%)} HCONR^1R^2$$

73%～99%分离产率

Deoxofluor®也可用于催化羧酸和胺的酰化反应，可高产率地得到酰胺，其机理是Deoxofluor®先对酸进行氟化得到酰氟，高活性的酰氟再与胺反应得到酰胺[78]。

$$MeO\text{-}C_6H_4\text{-}COOH + Et_2NH \xrightarrow[98\%]{Deoxofluor^{®}} MeO\text{-}C_6H_4\text{-}CONEt_2$$

$$RCOO^- + F_2S(F)\text{-}N(CH_2CH_2OMe)_2 \longrightarrow RC(O)OS(F_2)N(C_2H_4OCH_3)_2 \longrightarrow RCOF + F\text{-}S(O)\text{-}N(C_2H_4OCH_3)_2 + F^-$$

$$F\text{-}S(O)\text{-}N(C_2H_4OCH_3)_2 + RCOO^- \longrightarrow RC(O)OS(O)N(C_2H_4OCH_3)_2 \xrightarrow{F^-} RCOF + SO_2 + HN(CH_2CH_2OMe)_2$$

6.2.2 用酸酐为 *N*-酰化剂

酸酐活性较羧酸高，而且反应中没有水生成，反应是不可逆的，应用广泛。有些酸酐如乙酸酐在水中水解较慢，可以在水中进行，例如，正丁胺的乙酰化[79]。

$$BuNH_2 + Ac_2O \xrightarrow[H_2O,5\sim10min]{\text{十二烷基硫酸钠}} BuNHAc \quad 71\%$$

合成驱虫药硝噻唑的中间体 *N*-乙酰基哌嗪的合成，是用六水哌嗪与乙酸酐在乙酸中进行单乙酰反应制得，不过产率只有40%[80]。

$$HN(CH_2CH_2)_2NH\cdot 6H_2O \xrightarrow[AcOH]{Ac_2O} HN(CH_2CH_2)_2NAc$$

酸酐活性较高，酰化时通常不用加催化剂，但对活性低的胺可以加少量强酸作催化剂，如 *N*-甲基邻硝基苯胺的乙酰化。

$$o\text{-}O_2N\text{-}C_6H_4\text{-}NHCH_3 + Ac_2O \xrightarrow[\text{加热}]{H_2SO_4} o\text{-}O_2N\text{-}C_6H_4\text{-}N(CH_3)Ac + AcOH$$

对二元胺来说，如果只要进行一酰化，则可以用等摩尔的盐酸先将一个氨基变成盐酸盐，再进行酰化，如间苯二胺的单乙酰化。

$$m\text{-}C_6H_4(NH_2)_2 \xrightarrow{HCl} m\text{-}H_2N\text{-}C_6H_4\text{-}NH_2\cdot HCl \xrightarrow{Ac_2O} m\text{-}AcHN\text{-}C_6H_4\text{-}NH_2\cdot HCl \xrightarrow{\text{碱}} m\text{-}AcHN\text{-}C_6H_4\text{-}NH_2$$

一系列 N-磺酰基酰胺可由磺酰胺与酸酐在 Amberlyst-15 催化下进行无溶剂反应得到，树脂催化效果比传统的催化剂效果更好[81]。

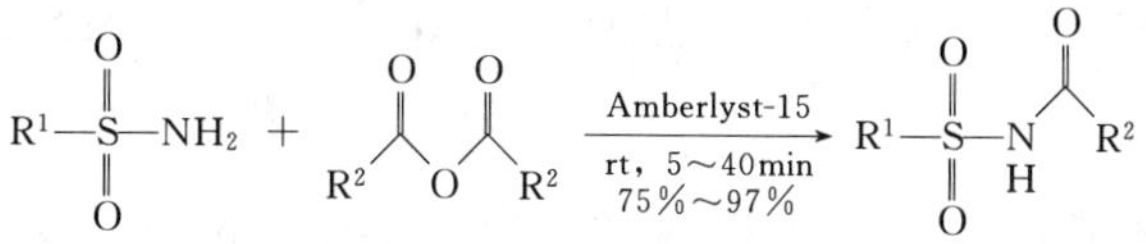

$$R^1-SO_2-NH_2 + (R^2CO)_2O \xrightarrow[\substack{rt，5\sim40min \\ 75\%\sim97\%}]{Amberlyst-15} R^1-SO_2-NH-CO-R^2$$

R^1＝芳基，烃基

R^2＝Ph，Me，*i*-Pr

6.2.3 用酰氯为 N-酰化剂

酰氯与胺反应副产物为氯化氢，因此反应也是不可逆的，是合成酰胺最简便和有效的方法。但要注意的是，反应是放热的，有时还非常激烈，因此常用在冰冷却条件下进行反应，也可用溶剂以减缓反应速率。另外，反应释放出的氯化氢能与游离胺成盐，因此通常需要加入碱性缚酸剂，使氨基处于游离状态。常用的碱有氢氧化钠、碳酸钠、碳酸氢钠、乙酸钠、三甲胺、三乙胺、吡啶等。

如用于合成抗丝虫药物海群生的中间体二乙氨基甲酰基哌嗪（**6-45**）是通过六水哌嗪与二乙氨基甲酰氯进行酰化反应得到，反应可在水相中进行[82]。

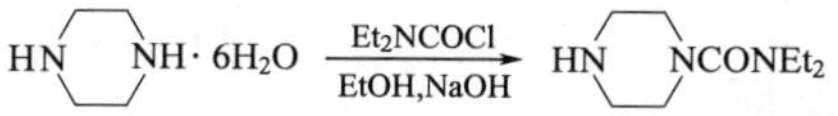

$$HN(C_4H_8)NH\cdot 6H_2O \xrightarrow[EtOH,NaOH]{Et_2NCOCl} HN(C_4H_8)NCONEt_2$$

6-45

对不活泼的胺的酰化，如果酰氯还不能进行，则要通过活化胺来使反应能够进行，如化合物 **6-46** 已有一个羰基连在胺上，如果再进行酰化，可先将之变成钠盐，再与酰氯反应生成产物 **6-47**[83]。

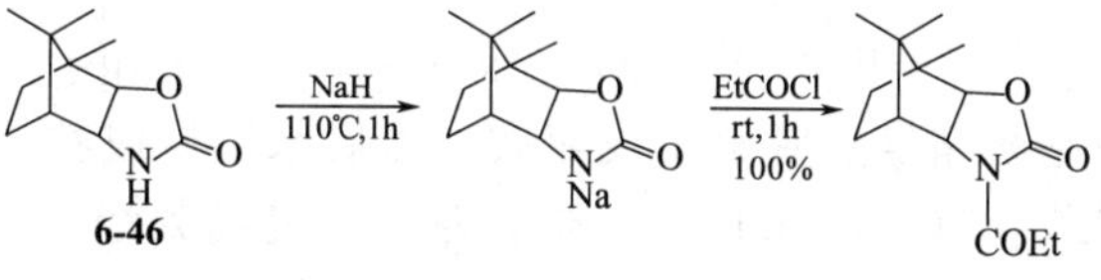

6-46 $\xrightarrow[110℃,1h]{NaH}$ (N-Na) $\xrightarrow[\substack{rt,1h \\ 100\%}]{EtCOCl}$ **6-47** (N-COEt)

芳酰氯的活性通常不如脂肪酰氯，但是不易水解，因此可以在碱性水相条件下直接滴加酰氯进行酰化。如重要的药物中间体马尿酸（**6-48**）的合成[84]。

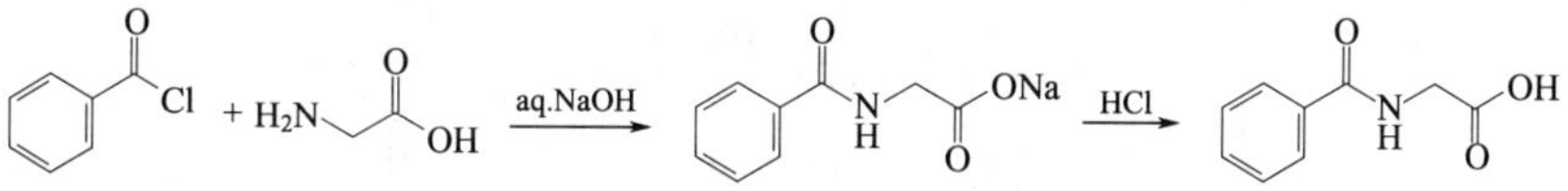

$$PhCOCl + H_2NCH_2COOH \xrightarrow{aq.NaOH} PhCONHCH_2COONa \xrightarrow{HCl} PhCONHCH_2COOH$$

6-48

6-APA（**6-49**）与相应的侧链进行缩合，可制得各种半合成青霉素（**6-50**）。

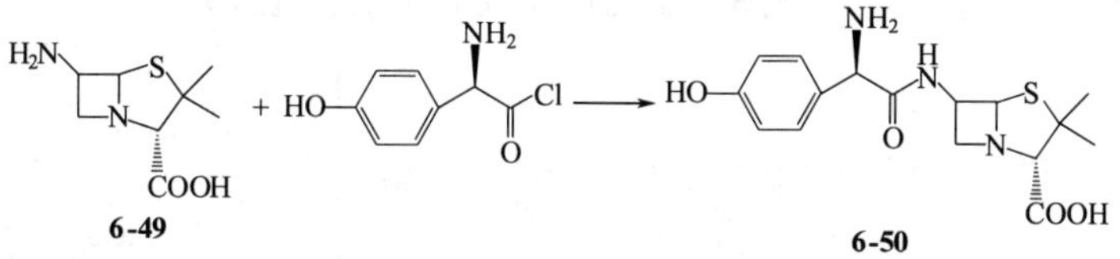

6-49 + HO-C₆H₄-CH(NH₂)-COCl ⟶ **6-50**

6.2.4 胺与酯交换

羧酸酯在酸性或碱性催化剂作用和较高温度下可以作为酰化剂，使活泼胺进行酰化，得到一分子醇。

Lewis 酸是这种交换反应常用的催化剂，如乙酰乙酰异丙胺（**6-51**）的合成[85]。

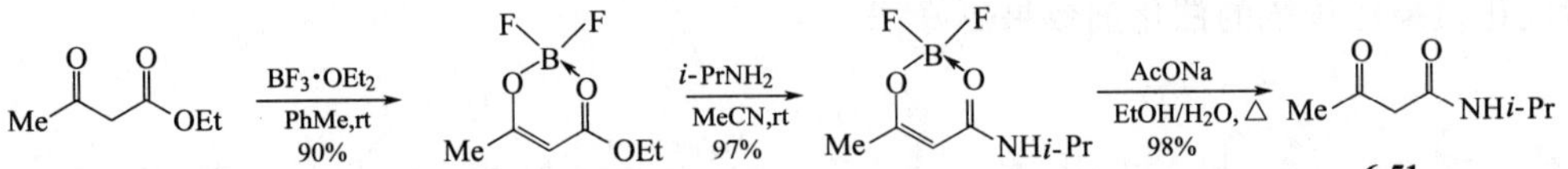

$BF_3 \cdot OEt_2$, PhMe, rt, 90%; i-$PrNH_2$, MeCN, rt, 97%; AcONa, $EtOH/H_2O$, △, 98%

6-51

酯与胺的交换在碱的催化下也可以顺利进行，醇钠、醇钾、氨基锂等是常用的碱催化剂[86,87]。

$$MeCO_2Et + BuNH_2 \xrightarrow[95^\circ C, 3min]{t\text{-}BuOK, MW} MeCONHBu \quad 70\%$$

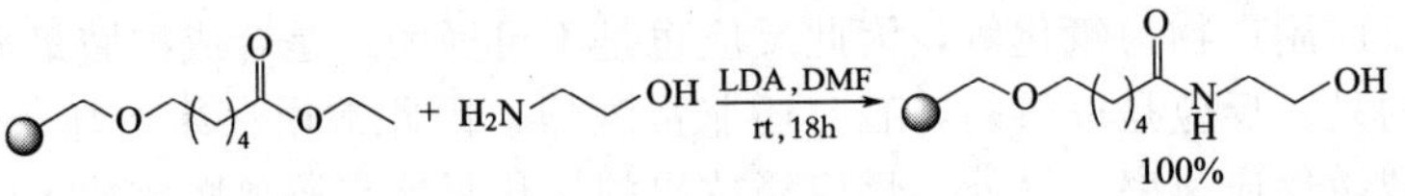

LDA, DMF, rt, 18h, 100%

反应有时不用外加催化剂也可以进行，如水杨酸苯酯与苯胺在微波辐射下仅用 5min 就可以得到 90%以上的水杨酰苯胺[88]。

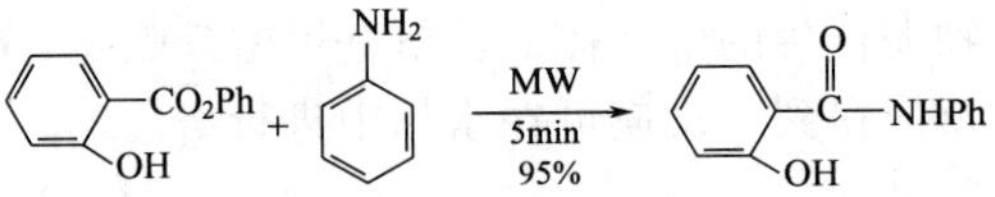

MW, 5min, 95%

6.2.5 醛的氧化酰胺化反应

醛的氧化酰胺化反应早在 20 世纪 80 年代就已开始研究，机理被认为是经过半缩氨醛中间体再氧化为酰胺的过程。

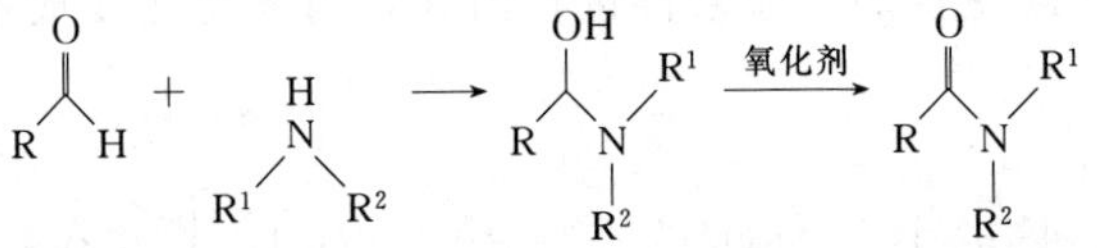

氧化剂

一个可能的副反应是半缩氨醛脱水生成亚胺，然后水解生成胺。第一个催化体系是 Pd$(OAc)_2$（5mol%）、三苯基膦（15mol%）、碳酸钾。用溴代芳烃为氧化剂，也可用碘化铜催化这一氧化酰化反应，还可用叔丁基过氧化氢水溶液作为氧化剂。用胺的盐酸盐为原料可以减少副反应，如果用脂肪醛或缺电子芳香醛活性更低，如果用手性胺，不会发生消旋化[89]。

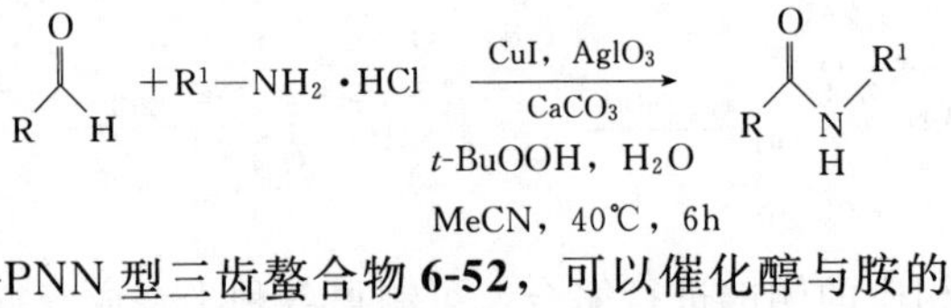

CuI，$AgIO_3$，$CaCO_3$，t-BuOOH，H_2O，MeCN，40℃，6h

Milstein 开发了 Ru-PNN 型三齿螯合物 **6-52**，可以催化醇与胺的氧化酰胺化反应。这种络合物先将醇脱氢变成醛，然后再按上述机理完成氧化酰胺化反应[90]。

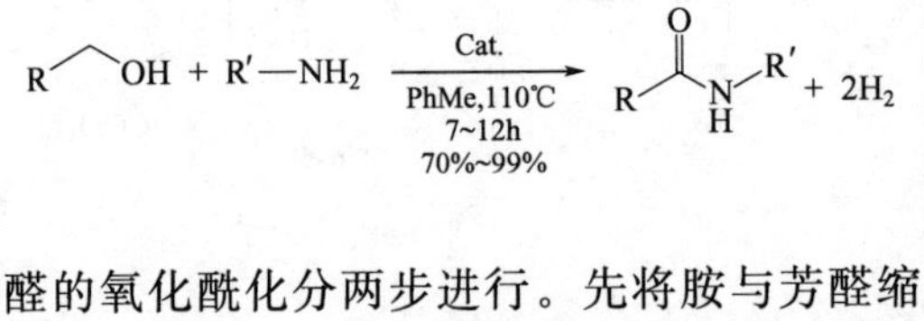

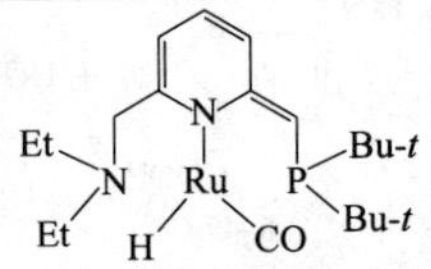

Cat., PhMe, 110℃, 7~12h, 70%~99%

6-52

还有一种醛的氧化酰化分两步进行。先将胺与芳醛缩合生成亚胺，然后再用过氧酸进行氧化可以得到相应的芳酰胺，但仅在芳环上含有吸电子基团时才能得到芳酰胺，否则得到脱芳基的甲酰胺化合物，如 **6-53** 用 mCPBA 的氧化可以 82%产率得到甲酰胺 **6-54**，另得到

7%产率的芳酰胺 **6-55**[91]。

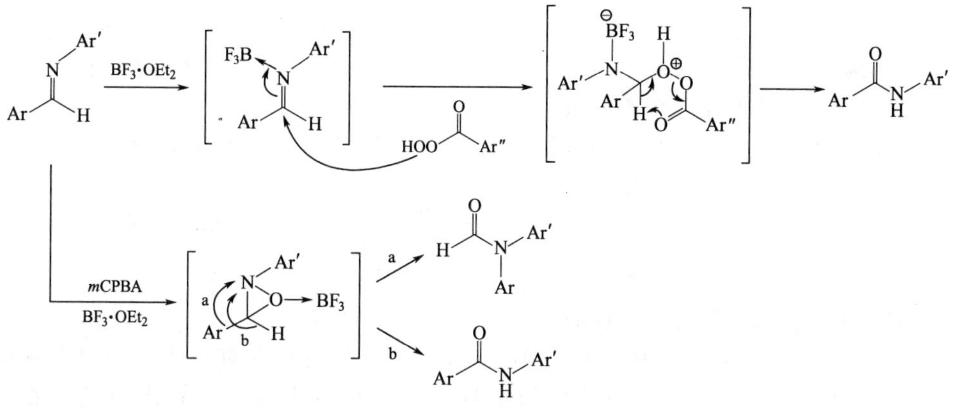

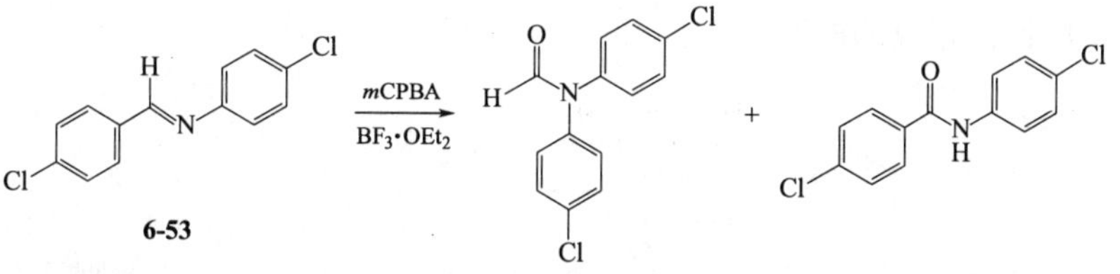

6-54 82%　　**6-55** 7%

6.2.6 用其他酰化剂的 *N*-酰化

在 *N*-酰化反应中，比较重要的酰化剂还有二乙烯酮和三聚氯氰[92]，另外也可用腈与胺反应或异氰酸酯与羧酸反应等。

(1) 二乙烯酮酰化

二乙烯酮与芳胺反应是合成乙酰乙酰芳胺的最好方法。二乙烯酮与胺的反应比与羟基的反应快得多，因此可以在羟基存在下选择性地对胺进行酰化，表现出良好的化学选择性。反应条件也更温和，可以在低温（0℃～室温）下反应，在略过量（5%）下就可以得到高于95%的产率，反应可用水或乙醇等作溶剂。

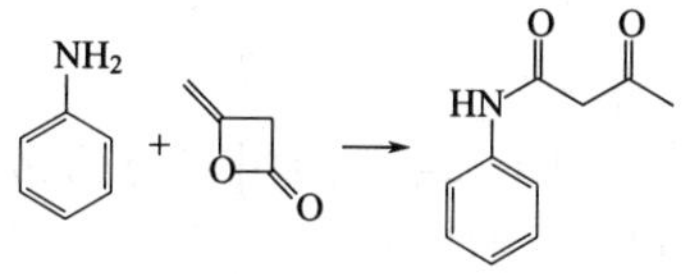

(2) 三聚氯氰酰化

三聚氯氰也叫氰尿酰氯，有三个氯原子，在不同条件下可以控制氯被胺取代的个数，在较高温度下可以使三个氯原子都被取代：

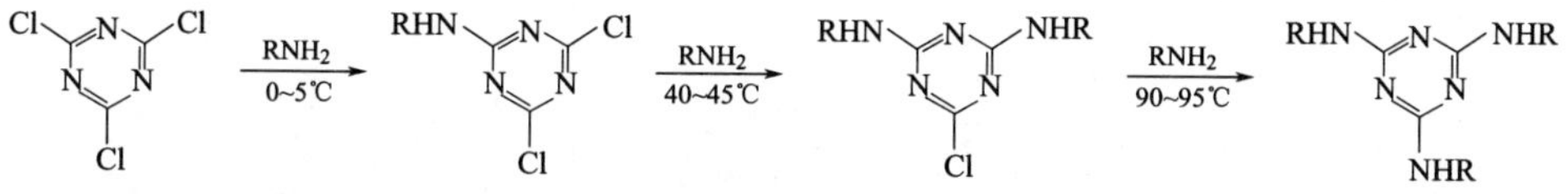

(3) 腈与胺的反应

腈与胺的加成水解酰胺化反应研究较少。Murahashi 在 1986 年首先报道了钌催化剂 $RuH_2(PPh_3)_4$ 可以催化这个反应。这个反应可以用来合成一系列药物中间体，如腈 **6-56** 与胺 **6-57** 反应可以合成酰胺 **6-58**[93]。

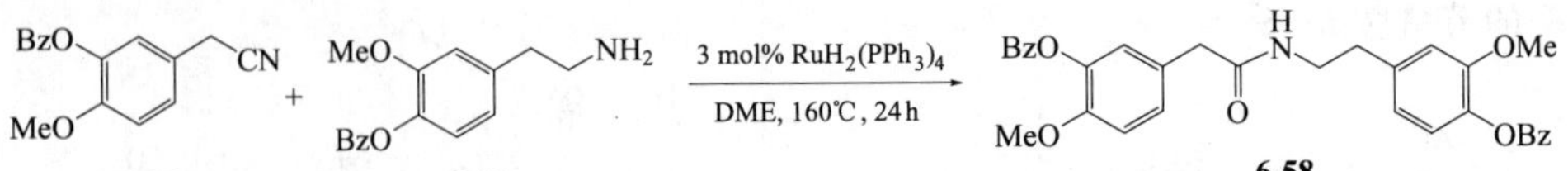

6-56　6-57　6-58

(4) 羧酸与异氰酸酯反应合成酰胺

羧酸还可以在 Lewis 酸催化下与异氰酸酯反应合成酰胺，如酰胺 **6-59** 的合成[94]。

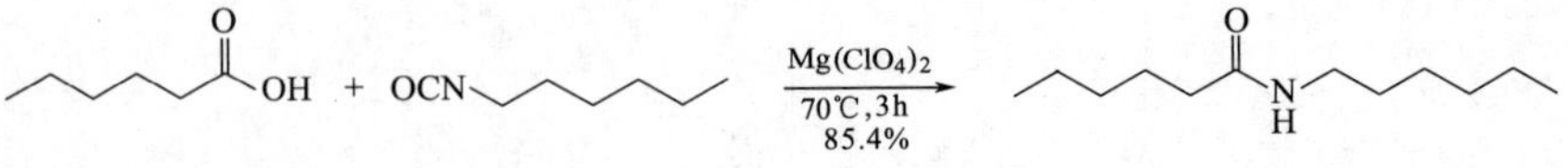

6-59

(5) 钯催化氨羰基化反应合成酰胺

最近 Buchwald 等报道了运用 Pd $(OAc)_2$/xantphos 作为催化剂溴代芳烃的氨羰基化反应，可以取得很高的产率。这一反应涉及活性零价钯对卤代芳烃的氧化加成，然后插入 CO，再与胺反应得到相应的酰胺[95]。

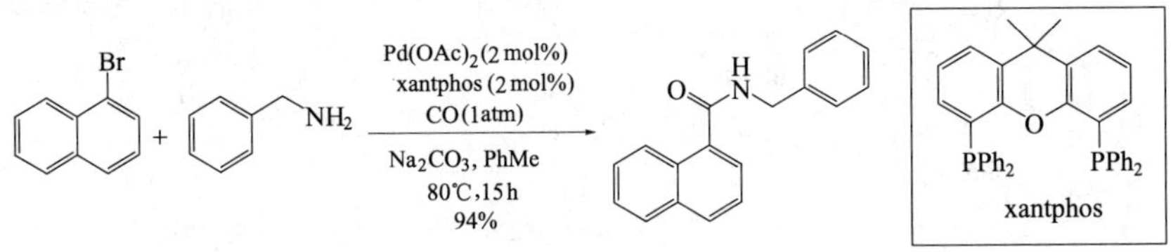

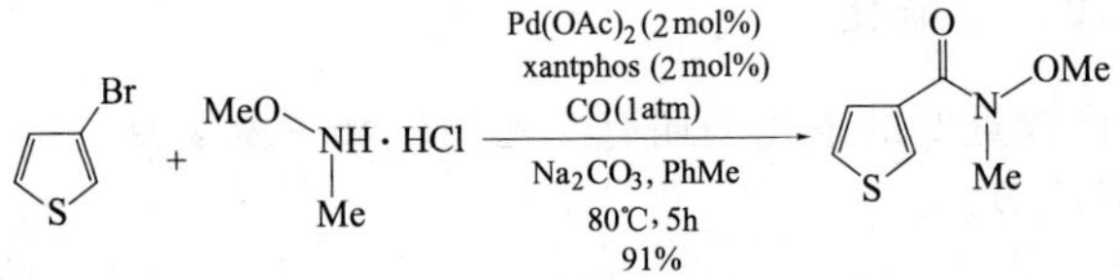

xantphos

Beller 等用未保护的 5-溴吲哚、一氧化碳和哌嗪衍生物 **6-60** 为原料在钯络合物催化下合成了具有 CNS 活性的安非他明衍生物 **6-61**[96]。

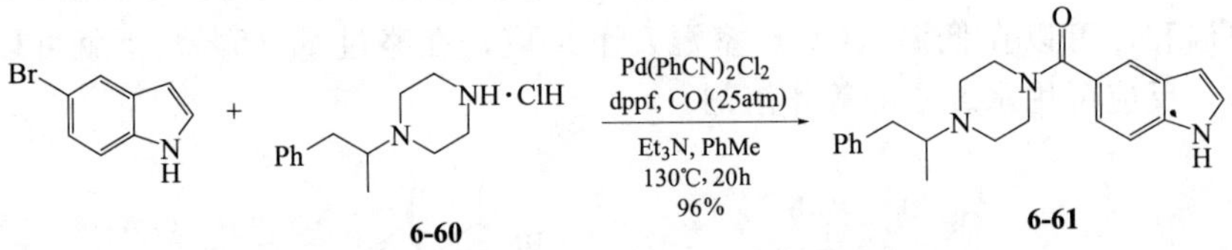

6-60　6-61

烯烃的氨羰基化反应研究较少。Chung 等运用非均相钴催化剂催化了 1-戊烯与苯胺的反应。但是需要较高的反应温度和较长的反应时间[97]。

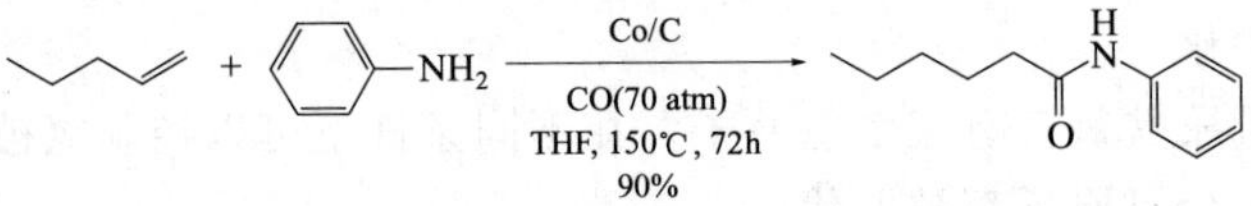

如果用苯乙炔为原料，则可发生二氨羰基化反应生成二酰胺。如化合物 **6-62** 的合成[98]。

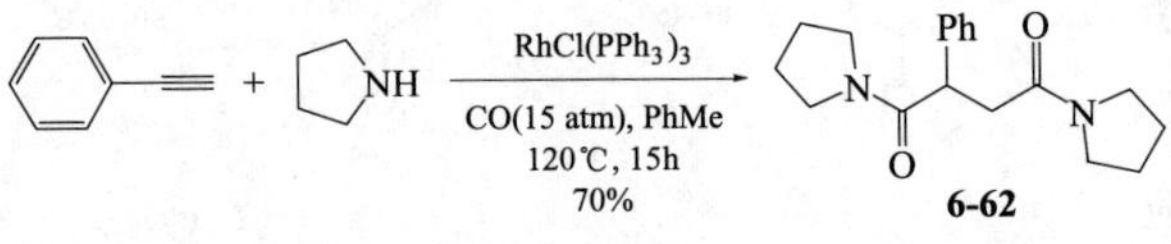

6-62

6.2.7 *N*-酰化反应在氨基保护中的应用

氨基对氧化、缩合等很多反应不稳定，因此为了在这些反应中防止氨基变化，需要对之进行保护，等反应结束后再脱去保护基。常用的氨基保护基有：酰基、氨基甲酸酯基和烃基（常用三苯甲基）。其中引入酰基和氨基甲酸酯的保护较稳定，是最常用的氨基保护方法。

简单的酰胺通常是由酰氯或酸酐与胺合成。酰胺对酸和碱稳定，水解通常需要在强酸或强碱溶液中加热进行。对简单的酰胺来说，水解稳定性从甲酰基到乙酰基再到苯甲酰基依次增加。氯取代的乙酰胺对酸水解的稳定性随氯原子增加而减小，乙酰基＜氯乙酰基＜二氯乙酰基＜三氯乙酰基＜三氟乙酰基[99]。

（1）甲酰基保护

甲酰基保护氨基用途并不广泛，因为无水甲酸较难制备，而且甲酰胺并不太稳定，通常仅用于稳定的小分子氨基保护。

甲酰胺可以用胺与甲酸直接脱水得到，常用 DCC 为脱水剂。如氨基酸叔丁酯中氨基保护，这种方法产率较高，但有少许消旋发生[100]。

$$\text{R-CH(NH}_2\text{)-C(O)OBu-}t + \text{HCOOH} \xrightarrow[0℃,\ 4\text{h}]{\text{DCC, Py}} \text{R-CH(NHCHO)-C(O)OBu-}t \quad 87\%\sim90\%$$

不活泼的胺可与活性甲酸酯（如五氟苯酚甲酸酯）[101]反应，DMF[102]、短链烷醇甲酸酯[103]、原甲酸酯[104]等也经常用到。

脱甲酰基的方法很多，酸[105]、碱[106,107]、氧化[108]、还原[109]、光解[110]都可以顺利进行脱除，如图 6-1 所示：

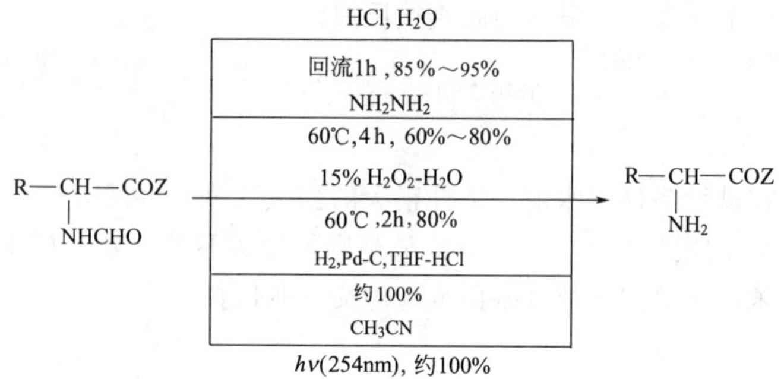

图 6-1 脱甲酰基方法

（2）乙酰基保护

乙酰胺的稳定性较高，常应用在小分子的氨基保护中。乙酰氯和乙酸酐是用得最多的酰化试剂，活性非常高，有时表现为化学选择性和区域选择性不高。因此，一些特殊试剂可用于高选择性的氨基乙酰化，如乙酸乙烯酯[111]对脂肪胺的保护可以达到 99％的产率，*N*,*N*-二乙酰基-2-三氟甲基苯胺[112]和 *N*,*N*-二乙酰基甲氧基胺[113]由于具有很大的空间体积，因此显示出对伯氨基的良好选择性，乙酰酚酯也可用于区域选择性乙酰化，如 **6-63** 的合成[114]。

$$\text{H}_2\text{N-CH(COOH)-(CH}_2)_4\text{-NH}_2 \xrightarrow[\text{pH}=11,\ 52\%]{\text{AcO-C}_6\text{H}_4\text{-NO}_2} \text{H}_2\text{N-CH(COOH)-(CH}_2)_4\text{-NHAc}\ \ (\textbf{6-63})$$

乙酰胺较稳定，需要在强烈的条件下进行脱保护，通常在酸或碱性条件下水解，对芳胺的脱酰基保护，可以用强 Lewis 酸如三氟化硼乙醚在甲醇溶液中回流进行[115]。还可以用酶法进行脱保护，同时可进行手性拆分，如乙酰氨基酸 **6-64** 的酶催化拆分[116,117]。

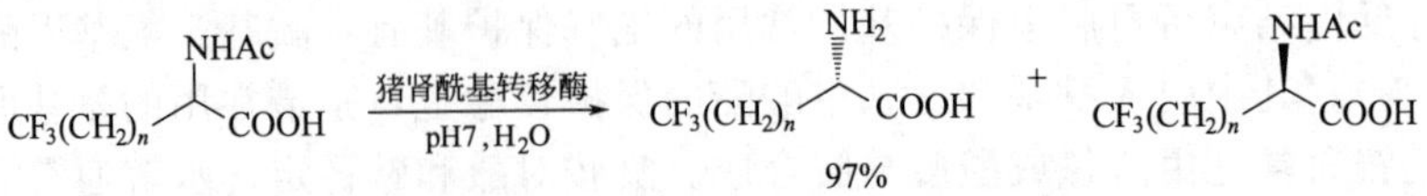

$CF_3(CH_2)_n CH(NHAc)COOH$ (6-64) —猪肾酰基转移酶, pH7, H_2O→ $CF_3(CH_2)_n CH(NH_2)COOH$ (97%) + $CF_3(CH_2)_n CH(NHAc)COOH$

如果酰胺不易脱除，可以将之转化为Boc衍生物，使酰基的亲电性降低同时增加空间体积，进而用一些弱碱就可以将之脱去[118,119]。

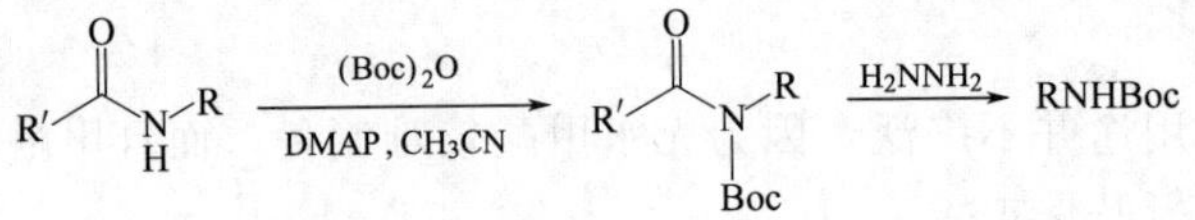

R′CONHR —$(Boc)_2O$, DMAP, CH_3CN→ R′CON(Boc)R —H_2NNH_2→ RNHBoc

吖丙啶 **6-65** 中仲氨基的乙酰基脱除可以在硼氢化钠体系中进行，不影响其他乙酰基[120]。

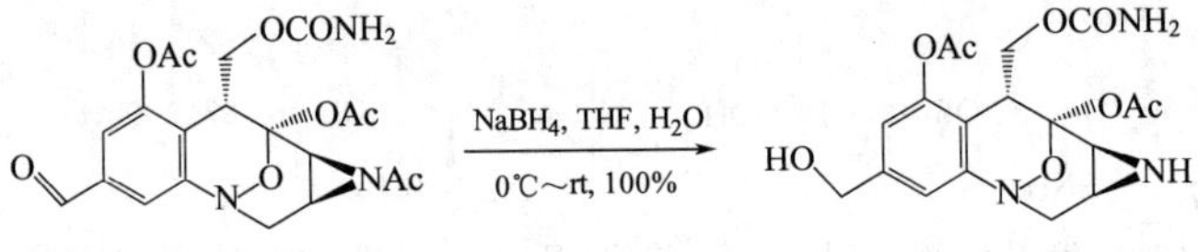

6-65 —$NaBH_4$, THF, H_2O, 0℃~rt, 100%→

(3) 卤代乙酰基保护

为了使肽类、核苷酸等不至于在水解时受破坏，可用卤代乙酰基保护。此类保护基由于卤素存在，较乙酰基更易水解，常用氯乙酰基、二氯乙酰基、三氯乙酰基和三氟乙酰基等。保护方法是在碱存在下用卤代乙酰氯与胺直接反应。

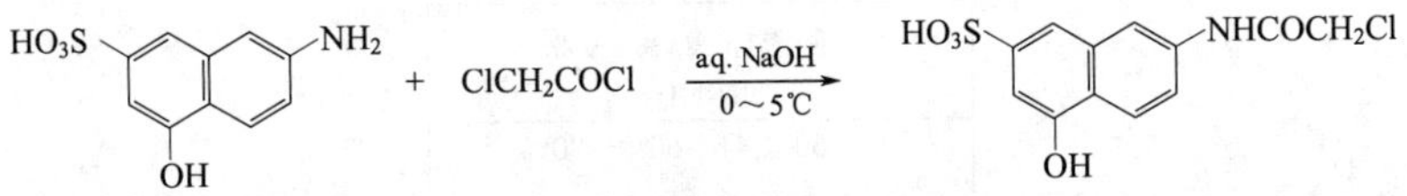

+ $ClCH_2COCl$ —aq. NaOH, 0~5℃→ (NHCOCH₂Cl product)

卤代乙酸酯常在碱性条件下水解。活性很大的三氟乙酰基可用碳酸钾或碳酸钠水解，而不影响甲酯，如 **6-66** 的脱保护[121]；三氯乙酰基则可用碳酸铯分解，如 **6-67** 的脱保护[122]；氯乙酰氯还可用邻苯二胺等双亲核性基团或硫脲交换脱保护[123]。

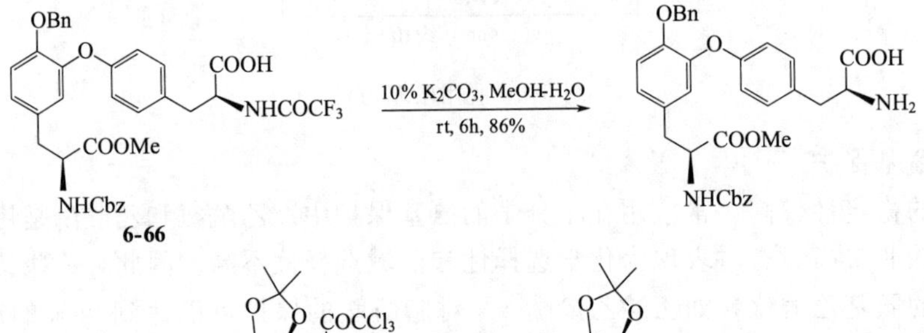

6-66 —10% K_2CO_3, MeOH-H_2O, rt, 6h, 86%→

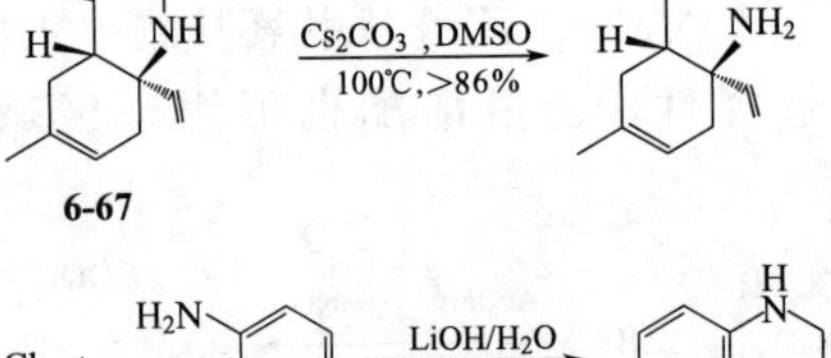

6-67 —Cs_2CO_3, DMSO, 100℃, >86%→

$R^1R^2N—C(=O)—CH_2—Cl$ + 邻苯二胺 —LiOH/H_2O, 100℃, 1h, 65%~75%→ + $R^1R^2N—H$

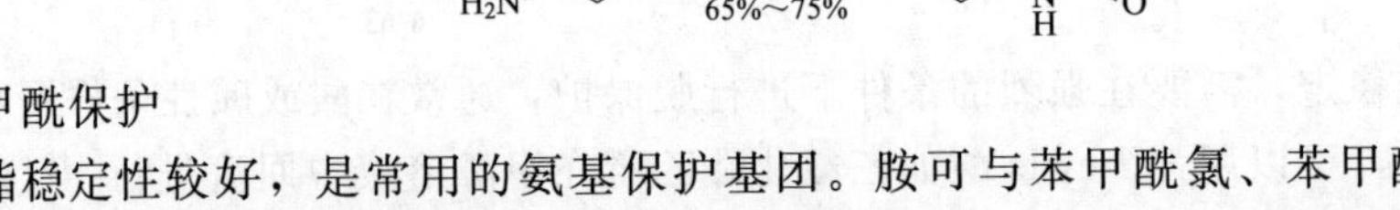

(4) 苯甲酰保护

苯甲酸酯稳定性较好，是常用的氨基保护基团。胺可与苯甲酰氯、苯甲酰腈、苯甲酸酯、*N*-甲氧基二苯甲酰亚胺等作用进行保护[124~126]。

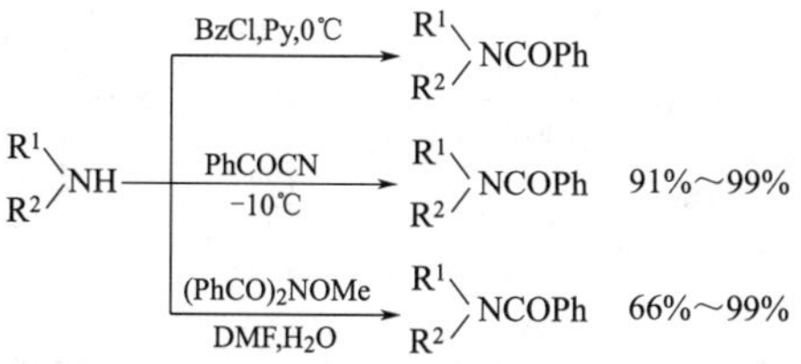

对多个氨基要实现区域选择性保护时，可用一些体积较大的特殊试剂进行，如 2-氟-*N*-苯甲酰基-*N*-甲磺酰基苯胺用于 2-甲基哌嗪的 4-位仲胺保护，具有非常高的区域选择性[127]。

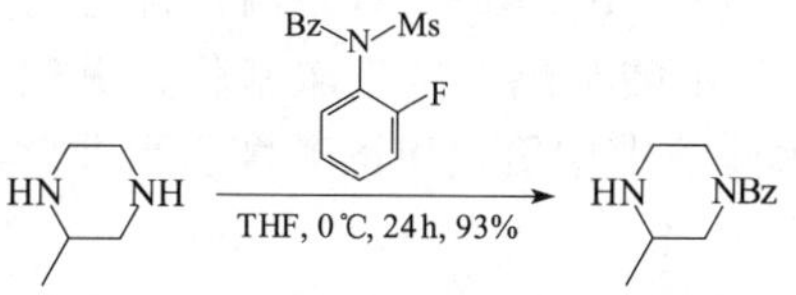

9-BBN 的应用可以对邻二氨基化合物实现单苯甲酰基保护[128]。

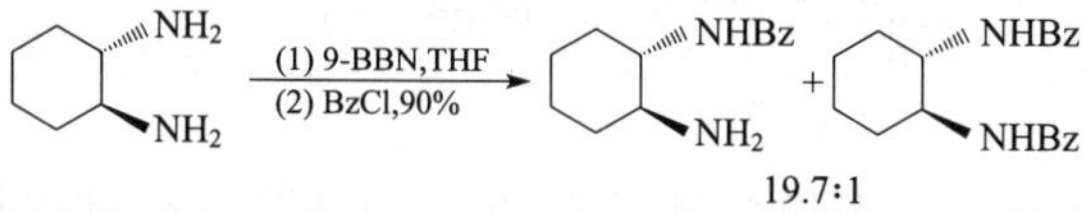

苯甲酰基的脱保护可在酸、碱条件下进行。如浓盐酸、氟化氢吡啶盐、电解还原、DIBAL、水合肼等。

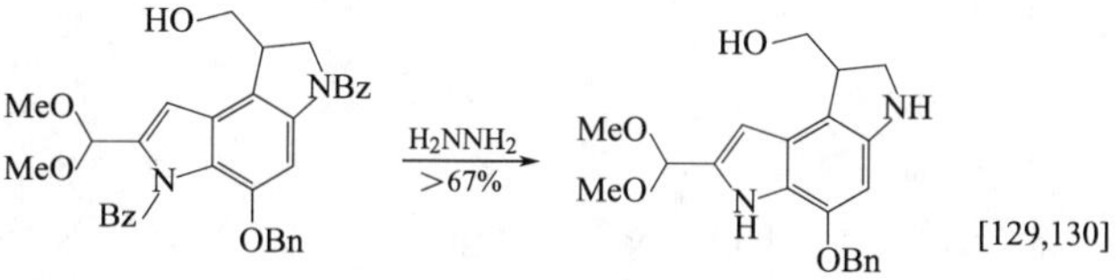

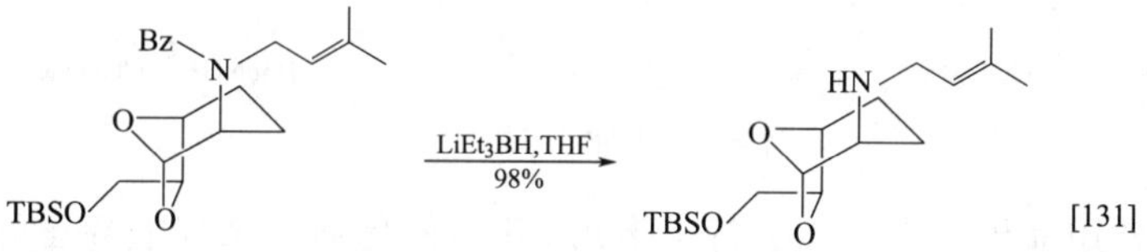

(5) 邻苯二甲酰基保护

适合于保护伯胺，*N*-邻苯二甲酰亚胺的特点是性质稳定，不受催化氢化、双氧水氧化、Birch 还原、醇解等影响。保护方法简单，甚至不用加催化剂，将苯酐与胺在苯或甲苯等带水剂中回流反应即可，对不活泼的胺进行保护有时加酸催化反应，或用活性更高的邻苯二甲酰氯在有机碱存在条件下进行酰化，如 **6-68** 的保护[132]。

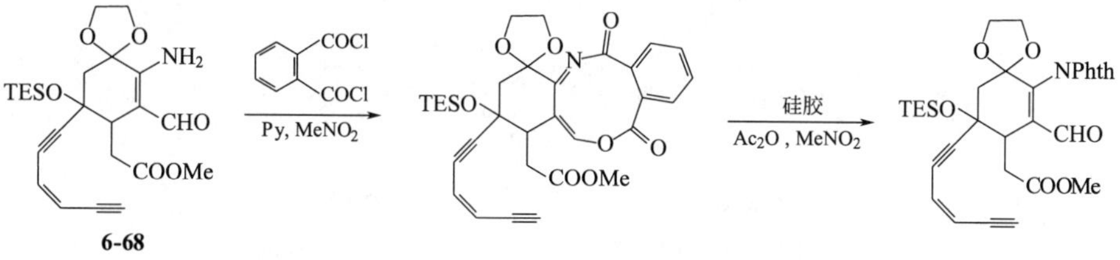

脱邻苯二甲酰基保护常用碱进行，如肼、甲胺，也可用硼氢化钠还原法。

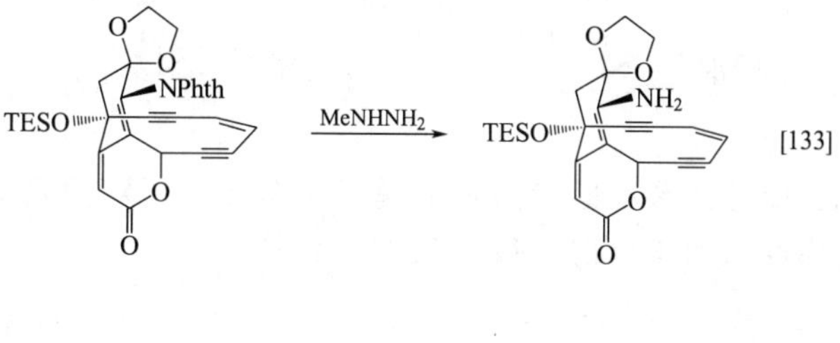

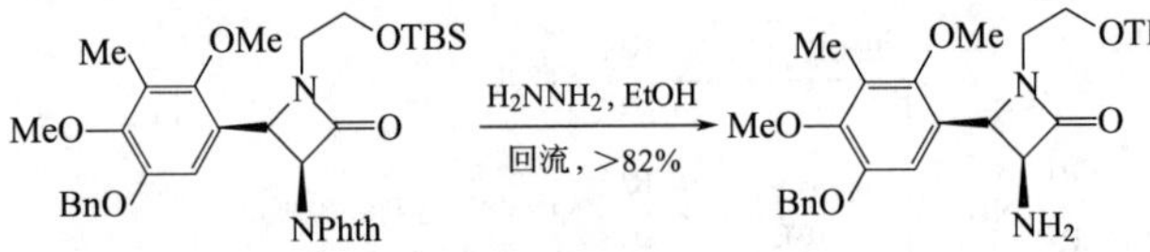

[134]

(6) 苄氧羰基保护 (Cbz)

氨基甲酸酯类衍生物是非常重要的氨基保护基，其引入和脱除都非常容易，在现代肽合成化学中的应用非常广泛。对手性氨基酸来说，用这类保护基可以使消旋化降至最低。Cbz 保护基对肼、热乙酸、三氟乙酸和 HCl-MeOH(室温) 都稳定。

Cbz 的引入方法主要是氯代甲酸苄酯、苄氧羰基腈、甲酸酐二苄酯等在碱性条件下直接与氨基化合物反应。在碱性水溶液中用氯代甲酸苄酯就可非常温和地进行反应。如脯氨酸的氨基保护[135]。

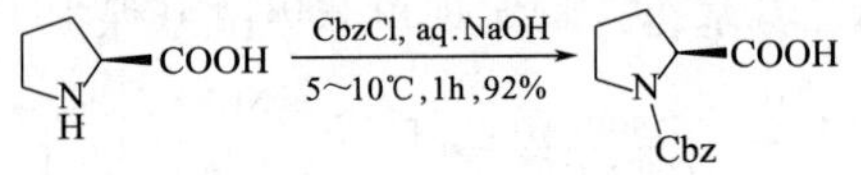

Rapoport 试剂 (1-Cbz-3-乙基咪唑四氟硼酸盐，**6-69**) 是一种特殊的引入 Cbz 的试剂，如化合物 **6-70** 的 Cbz 保护用其他方法都得不到满意的结果，用 Rapoport 试剂则可以得到 82%的产率[136]。

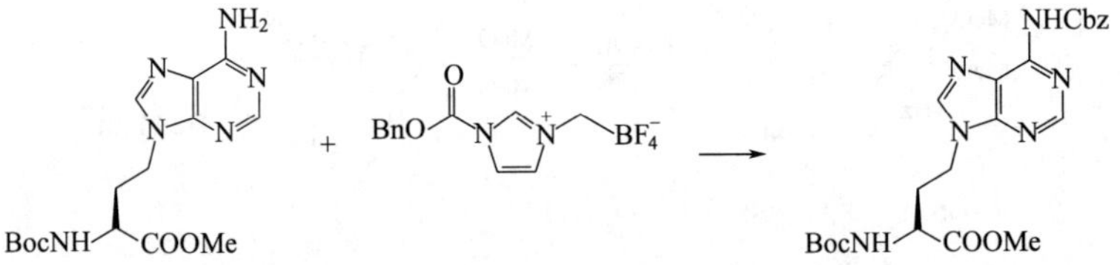

6-70 **6-69**

Cbz 的脱除常用催化氢化方式进行，多用 Pd 为催化剂以氢气或环已烯为氢供体进行，也可用三甲基卤硅烷进行，得到胺和甲苯，放出 CO_2。还可以用强碱如氢氧化锂脱保护[137~139]。

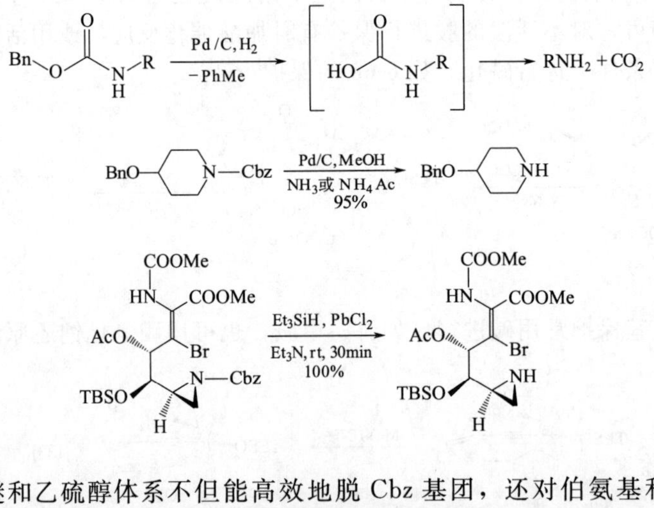

三氟化硼乙醚和乙硫醇体系不但能高效地脱 Cbz 基团，还对伯氨基和仲氨基的 Cbz 脱除具有良好的区域选择性，如化合物 **6-71** 的脱 Cbz 保护[140]。

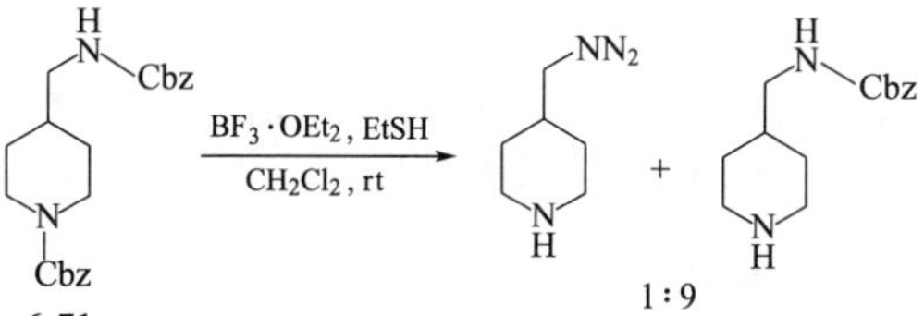

6-71

1∶9

(7) 叔丁氧羰基保护 (Boc)

Boc是最常用的氨基保护基之一，对氢解、钠-液氨还原、碱分解、肼解等条件稳定。以卤代甲酸叔丁酯、活泼碳酸酯（如碳酸叔丁基对硝基苯酚混酯）、甲酸酐二叔丁酯（Boc_2O）等为试剂在碱存在下与胺反应实现保护，也可采用无水溶剂体系中进行[141~143]。

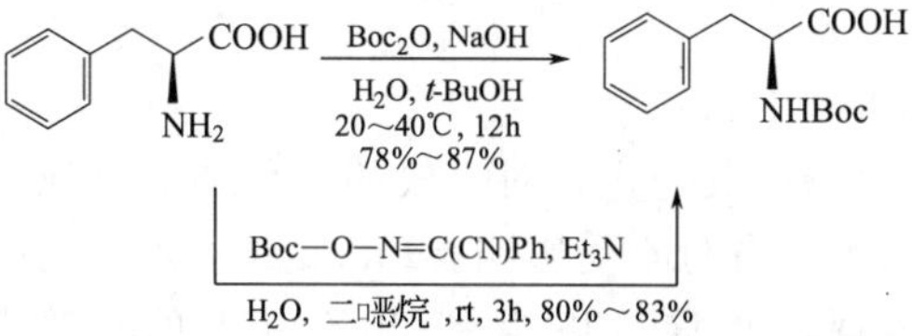

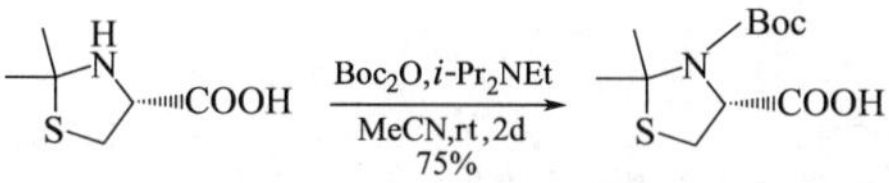

在 Amberlyst-15 催化下也可以实现化学选择性保护，一系列伯胺、仲胺和芳香胺都可在二氯甲烷中于室温下与 $(Boc)_2O$ 反应，以良好的产率得到 N-保护产物，而当同时还存在羟基或羰基时只与氨基反应[144]。

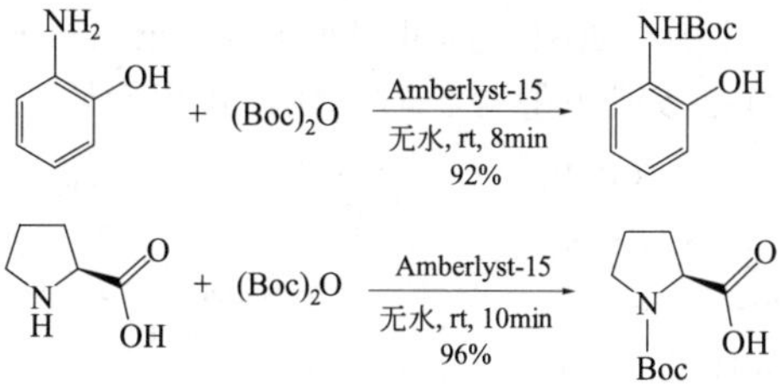

脱保护常在酸性条件下进行，如 HCl-EtOAc、TFA-PhSH、HBr-AcOH、10% H_2SO_4 以及一些 Lewis 酸（如 $SnCl_4$）等，最常用的就是三氟乙酸或三氟乙酸在二氯甲烷中的溶液，一般在室温下就可迅速去保护。在含双键的 Boc 保护氨基化合物在用三氟乙酸脱保护时，为了防止双键重排，必须加上一定量的水，如化合物 **6-72** 的脱保护[145]。

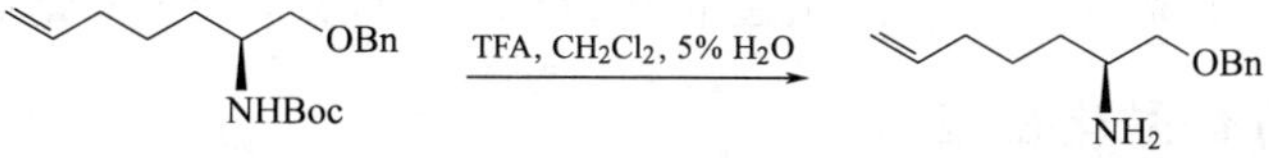

6-72

Amberlyst-15 也可用于脱 Boc 保护，伯胺和仲胺的 Boc 保护基都可以在室温下在 4～29h 内脱去，而酯和羧基都不会影响这一反应，不过对于活性较低的芳香胺来说则反应要慢一些[146]。

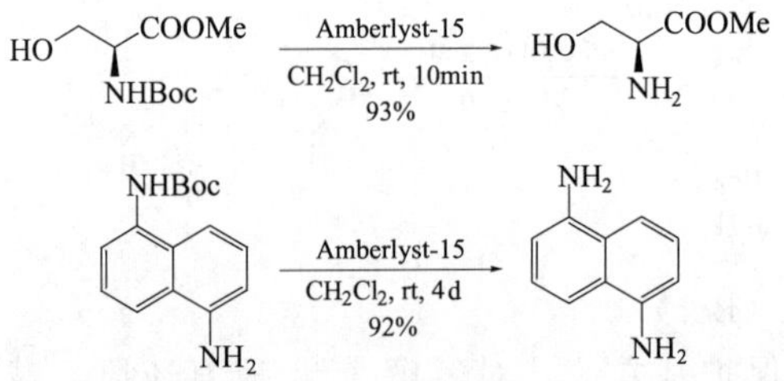

三氟化硼乙醚溶液也可用于脱 Boc 保护，产率很高，如化合物 **6-73** 的脱保护[147]。

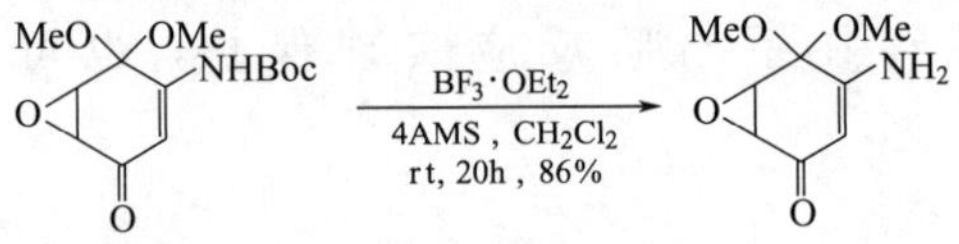

(8) 9-芴基甲氧羰基保护（Fmoc）

Fmoc 保护的优点是其对酸极其稳定，对一般的催化加氢也稳定，当存在 Boc 和苄基基团时，可以将 Boc 和苄基除去，自身不受影响。Fmoc 的引入常用 Fmoc-Cl 在碱，如碳酸氢钠存在下直接与胺反应实现，通常可以得到 90% 以上的产率，如色氨酸中伯氨基的保护[148]。

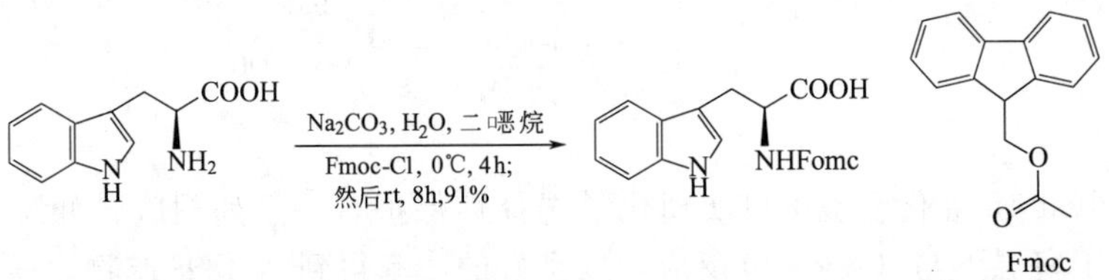

其他如 Fmoc-N_3[149]、Fmoc-OBt[150,151]、Fmoc-OC_6F_5[152]等也可用于进行保护反应。

Fmoc 对碱敏感，常用碱脱除，如吡啶、吗啉（如化合物 **6-74** 的脱保护[153]）、哌嗪；在极性非质子溶剂中氟化物可作为强碱，也可用于 Fmoc 的脱除；在较强的催化加氢条件下可以被脱除，如 H_2/Pd-C 与乙酸或甲醇等长时间作用可以脱除。

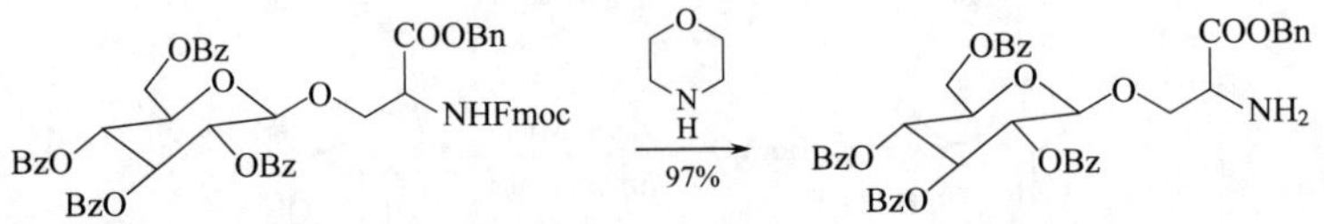

6.3 *C*-酰化反应

C-酰化反应是向碳原子上引入酰基的反应。从目标碳原子所处的环境可分为芳环上 *C*-酰化反应、饱和烃上的 *C*-酰化反应、不饱和脂肪烃上的 *C*-酰化反应和含活泼氢的亚甲基的 *C*-酰化反应几大类。酰化剂常用酰卤和酸酐，羧酸、烯酮和酯类较少使用。含活泼氢亚甲基的酰化通常用碱为催化剂，一般 *C*-酰化通常用 Lewis 酸或质子酸为催化剂。

6.3.1 芳环上的 *C*-酰化反应

6.3.1.1 用酰氯的 *C*-酰化反应

C-酰化反应的历程通常认为是酰卤和在 Lewis 酸催化剂作用下生成碳正离子，进攻质点为正离子络合物或游离状态。以苯为例酰化反应历程：

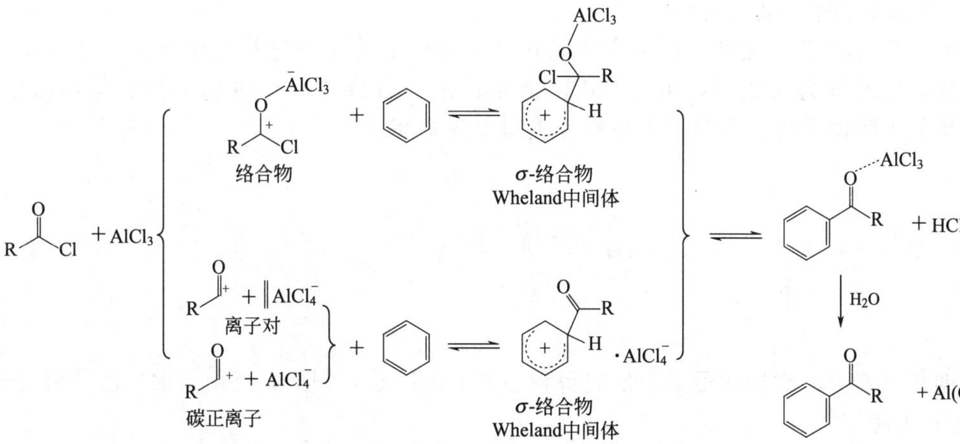

反应历程与反应物的结构和溶剂的极性有关。当具有位阻时，酰化反应主要按酰基正离子方式进攻，因为其体积较小。溶剂介电常数较高、极性较大时，离子形式的酰基正碳离子浓度相对较高，也有利于酰基正离子进攻。

常用的 Lewis 酸有 $AlCl_3$、$FeCl_3$、$TiCl_4$、$ZnCl_2$ 等，如间甲酚与乙酰氯的 C-酰化反应可以用 $TiCl_4$ 在无溶剂条件下加热进行[154]。

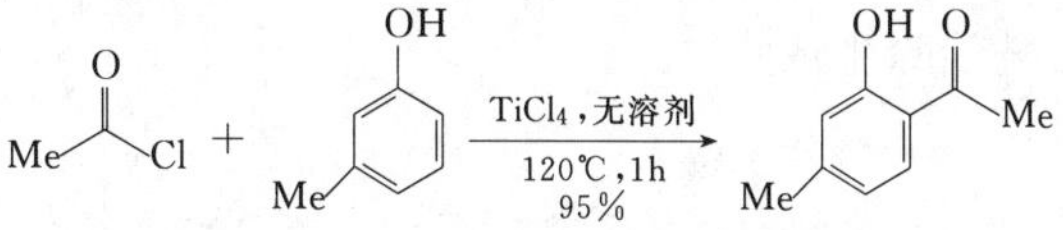

锌粉在无溶剂条件下有效地催化乙酰氯与芳烃的酰化反应[155]。

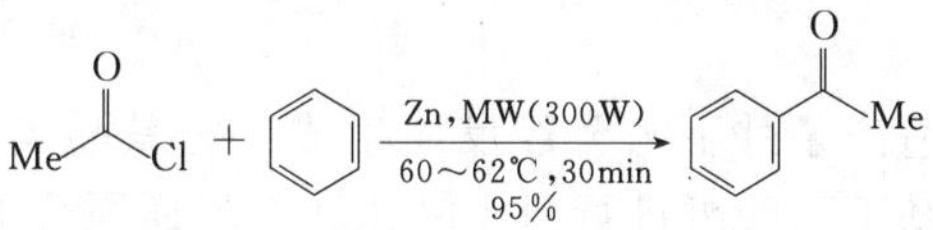

在重金属催化剂作用下，酰氯可与芳硼酸发生偶合生成相应的 C-酰化产物。如在钯催化剂的催化下，酰氯还可与芳基硼酸进行 Suzuki-Miyaura 偶合反应，如酮 **6-75** 的合成[156]。

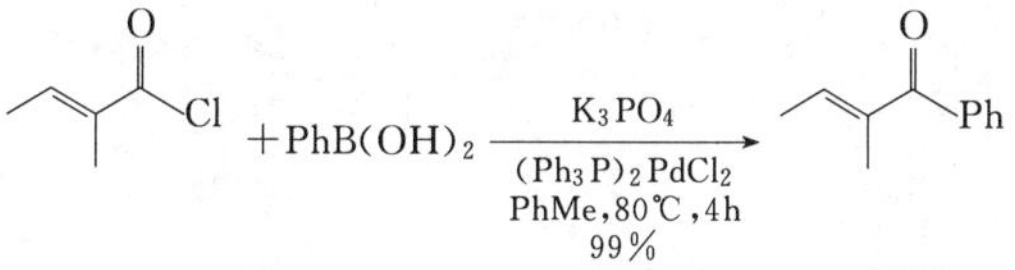

6-75

最近有人研究将碘代芳烃（如对碘苯甲酸甲酯）制成芳基锌试剂，再与苯甲酰氯反应生成二芳酮 **6-76**[157]。

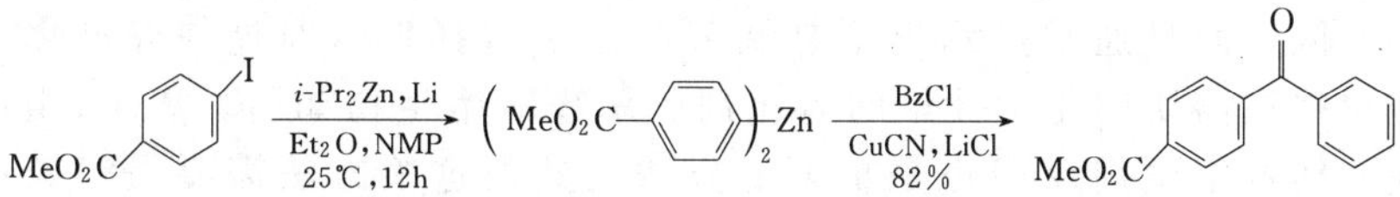

6-76

酰氯也可与格氏试剂反应得到 C-酰化物，如化合物 **6-77** 的合成[158]。

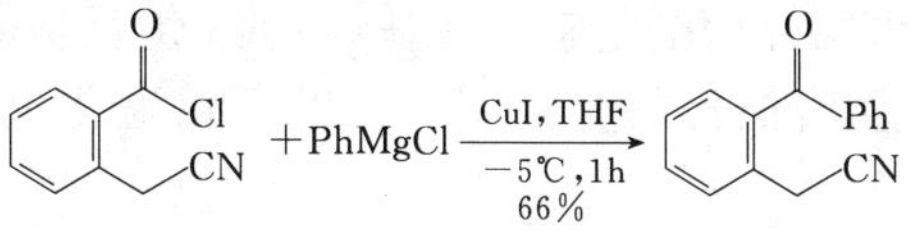

6-77

6.3.1.2 用羧酸酐的 *C*-酰化反应

酸酐也是常用的 *C*-酰化剂，通常在酸尤其是 Lewis 酸催化下进行酰化反应。如 3,5-二甲基叔丁苯，以乙酐为酰化剂，可在 $AlCl_3$ 催化作用下合成 2,6-二甲基-4-叔丁基苯乙酮，是制备香料的中间体，再引入两个硝基可合成酮麝香 **6-78**。

$+Ac_2O \xrightarrow[\text{冰醋酸},45℃]{AlCl_3}$ $COCH_3$ $\xrightarrow{\text{硝化}}$ $COCH_3$, O_2N, NO_2 **6-78**

氯化铟或三氟甲磺酸铟在最近是研究得较多的 Lewis 酸，例如，可用于催化乙酸酐与吲哚的 *C*-酰化反应[159]。

$+Ac_2O \xrightarrow[\substack{25\sim30min\\52\%\sim65\%}]{InCl_3\text{或}In(OTf)_3}$

如果用磺酸树脂 Amberlyst-15 为催化，2-甲基吲哚则会生成三种产物。除了 3-乙酰基吲哚外，还有部分 *N*-乙酰吲哚生成[160]。

$+ Ac_2O + \xrightarrow[\substack{\text{无水, rt, 3h}\\27\%\sim42\%}]{Amberlyst\text{-}15}$ Ac + Ac, Ac + Ac

二元分子内酸酐可在适当条件下与芳烃反应生成二氢萘醌类化合物，如化合物 **6-79** 的合成就可用对二甲苯和甲基丁二酸酐进行两步酰化和一步还原合成，但要注意第一次酰化反应的区域选择性[161]。

$\xrightarrow[82\%]{AlCl_3}$ $\xrightarrow[95\%]{Pd/C,\ H_2,\ AcOH}$ $\xrightarrow[\substack{\Delta\\94\%}]{PPA}$ **6-79**

6.3.1.3 重金属催化的 C-H 活化酰化反应

芳香酮通常由 Friedel-Crafts 酰化反应合成，要用到化学计量的 Lewis 酸，对取代基的适用范围有限，而且通常显示出不易调节的区域选择性。通过仲醇氧化合成酮也非常常用，但也往往需要用化学计量的氧化剂。用羧酸衍生物如腈、Weinreb 酰胺、酸酐或酰氯与锂、镁或铝试剂反应也是重要的方法。然而这些方法需要强的碱性条件和亲核性或强酸条件，这样对取代的适应范围也比较小，因此很多酮的合成都需要多余的转化步骤和较长的反应时间，产率也较低。为了解决这些问题，近年来一系列新的方法被开发出来，例如烯烃的氢酰化反应、芳基卤的酰化反应、羰基偶联反应和芳基硼酸与醛的酰化反应。过渡金属催化的芳烃 C—H 键活化酰化反应是一个非常直接和有前景的合成酮的方法[162]。

例如，2009 年 Cheng 等开发了一个钯催化的芳烃 C—H 键活化酰化反应，合成了一系列芳香酮[163]。

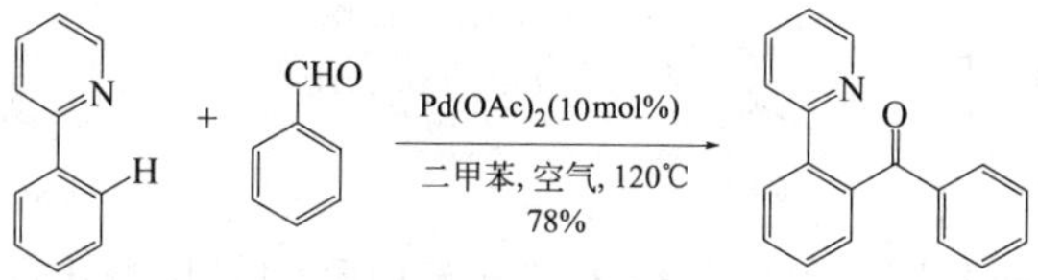

反应机理：

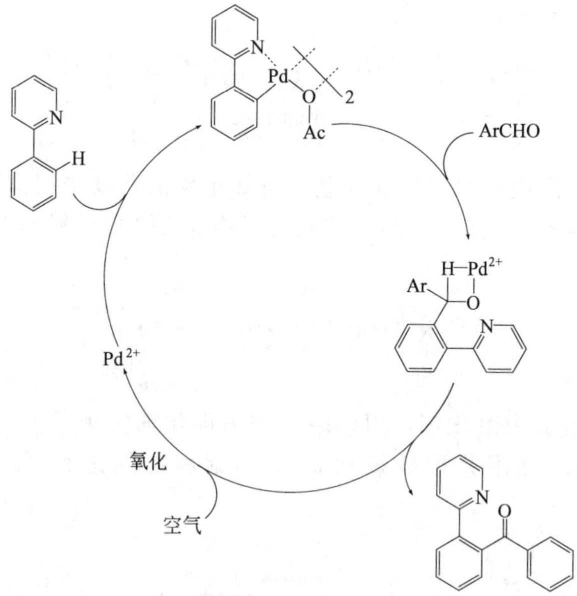

用叔丁基过氧化氢为氧化剂时，醋酸钯可在无溶剂条件下催化芳香醛和脂肪醛的氧化酰化反应。如果用苯并喹啉（**6-80**）与香茅醛（**6-81**）进行氧化酰化反应合成酮 **6-82**，没有发现消旋化[164]。

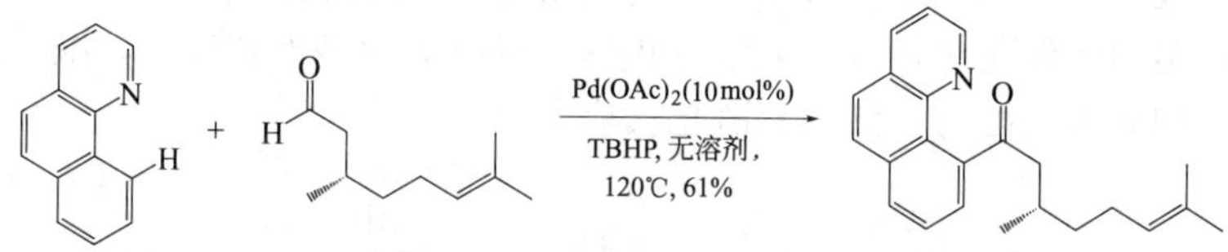

Deng 等运用苄醇和脂肪醇为原料进行芳环的氧化酰化反应，其实是醇先被氧化为醛，然后按上述机理进行氧化酰化得到相应的酮[165]。

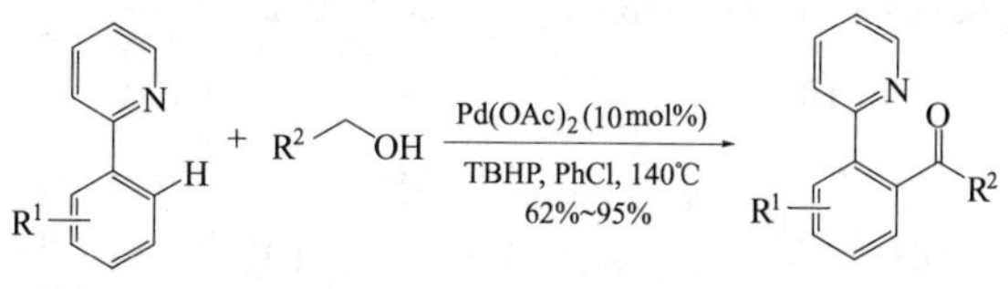

2010 年 Yu 等应用肟为导向基团完成了 C—H 键活化氧化酰化反应，具有广泛的取代基适应性，脂肪醛和杂环芳香醛都可发生这种反应，如氯代噻吩-2-甲醛（**6-83**）与甲基萘满酮肟甲醚（**6-84**）的氧化酰化反应合成二芳酮 **6-85**。由于用维生素 C 捕获到了自由基，因此作者认为是一自由基反应机理[166]。

$$\text{Cl–(thiophene)–CHO}\ (\textbf{6-83}) + \textbf{6-84} \xrightarrow[\text{TBHP, PhMe, 100℃, 90\%}]{Pd(OAc)_2(10\,mol\%)} \textbf{6-85}$$

酰胺也可用来作导向基团，例如乙酰苯胺与苯甲醛的氧化酰化反应合成乙酰氨基二苯甲酮。此反应中如果同时加入芳香醛和脂肪醛，结果芳香醛可以顺利反应生成二苯甲酮，而脂肪醛基本不反应[167]。

$$\text{AcNH–C}_6\text{H}_5 + \text{PhCHO} \xrightarrow[\text{TBHP, PhMe, 90℃, 75\%}]{Pd(tfa)_2} \text{2-AcNH–C}_6\text{H}_4\text{–COPh}$$

分子内的氧化酰化反应相对更容易一些，例如重要的药物中间体吲哚二酮衍生物 **6-86** 的合成，就可用氯化铜在氧气存在条件下进行分子内氧化酰化得到[168]。

$$\text{PhN(Bn)COCHO} \xrightarrow[\text{THF, } O_2(1atm), \text{100℃, 80\%}]{CuCl_2} \textbf{6-86}$$

Kakiuchi 等运用酰氯为酰化剂，用钌络合物为催化剂实现了 C—H 键活化酰化反应，此反应不需要氧化剂。可用芳香酰氯和 α，β-不饱和酰氯进行反应，都能取得良好的收率[169]。

$$\text{2-arylpyridine} + R^2COCl \xrightarrow[K_2CO_3,\ \text{PhMe, 120℃, 23\%～88\%}]{RuCl_2(PPh_3)_3\ (10\,mol\%)} \text{ortho-}COR^2\ \text{product}$$

6.3.1.4 用其他酰化剂的 *C*-酰化反应

含羟基、烷氧基、二烷氨基、酰氨基的芳香族化合物比较活泼，为避免 *C*-酰化时发生副反应，通常用温和的催化剂，例如无水氯化锌，有时也用多聚磷酸等，酰化剂也可以用活性更低的羧酸，如间苯二酚与乙酸的乙酰化反应[170]。

$$\text{间苯二酚} + \text{AcOH} \xrightarrow[\text{115～120℃, 61\%～65\%}]{ZnCl_2} \text{2,4-二羟基苯乙酮}\ (COCH_3) + H_2O$$

腈类化合物也可以作为 *C*-酰化试剂，和多元酚或其酚醚在无水氯化氢或氯化锌存在下反应生成芳香酮，这种反应叫 Hoesch（赫海）酰基化反应[171]。

$$\text{间苯二酚} + R\text{–C≡N} \xrightarrow{HCl/ZnCl_2} \text{2,4-(HO)}_2\text{C}_6\text{H}_3\text{COR}$$

$$\text{甲苯}\ (CH_3) + \text{Ph–C≡N} \xrightarrow[\text{DMSO, THF, 90℃, 24h}]{Pd(OAc)_2} H_3C\text{–C}_6\text{H}_4\text{–COPh}\quad 68\%$$

$o : m : p = 51 : 16 : 33$

三氯甲苯也可在 Lewis 酸催化下与活泼芳烃发生取代反应，水解得到二芳酮化合物，如 3-甲基-4-羟基二苯酮 **6-87** 的合成[172]。

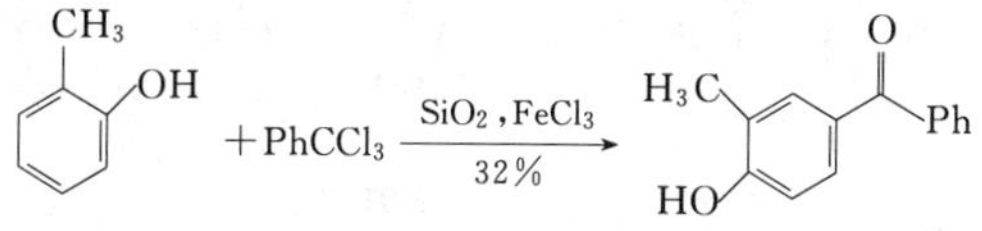

6-87

酰胺也可以作为芳烃 *C*-酰化试剂，如 *β*-内酰胺可在三氟甲磺酸催化下与溴苯发生 Friedel-Crafts 反应生成如化合物 **6-88** 的合成[173]。

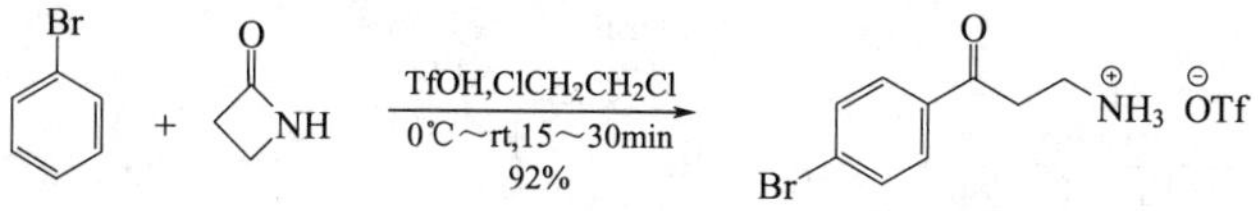

6-88

6.3.1.5 *C*-甲酰化反应

C-甲酰化反应主要有 Gattermann 反应、Vilsmeier-Haack 反应和 Reimer-Tiemann 反应三种。

(1) Gattermann 反应

如果酰化剂腈中的 R 为氢，则变成 Gattermann 甲酰化反应。如化合物 **6-89**[174] 和 **6-90**[175] 的合成。

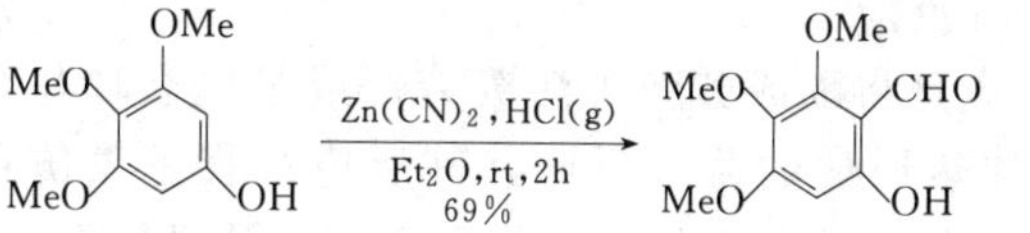

6-89

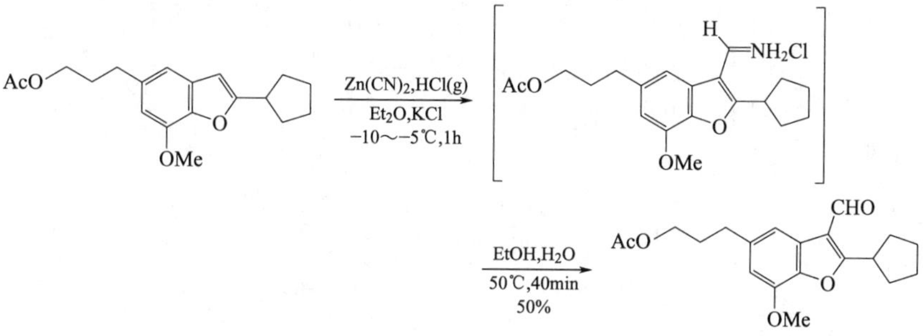

6-90

Gattermann-Koch 反应是以氯化亚铜和 Lewis 酸为催化剂向芳烃中通入一氧化碳和氯化氢制取芳烃的反应，随反应介质酸性的增加，对位的区域选择性增大，这是工业上制备芳香醛的主要方法，如对甲基苯甲醛的合成[176~178]。

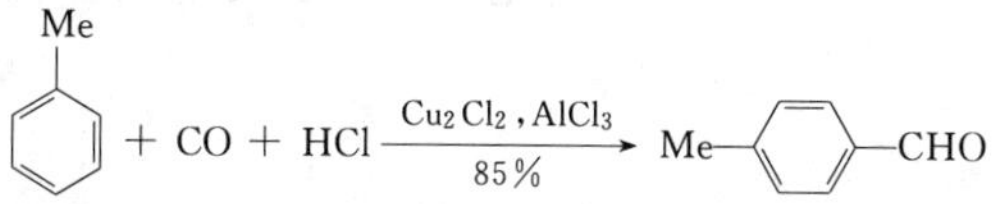

(2) Vilsmeier-Haack 甲酰化反应

以 *N*-取代甲酰胺为酰化试剂，在酰氯（如三氯氧磷、二氯亚砜、草酰氯等）作用下向芳烃中引入甲酰基，是常用的甲酰化方法之一。适应于酚、酚醚、*N*,*N*-二烷基芳胺、吡啶、酚噻、吲哚等的甲酰化，如 (—)-Calanolide A 中间体 **6-91** 的合成就用了 *N*-甲基-*N*-苯基甲酰胺为酰化剂[179]。

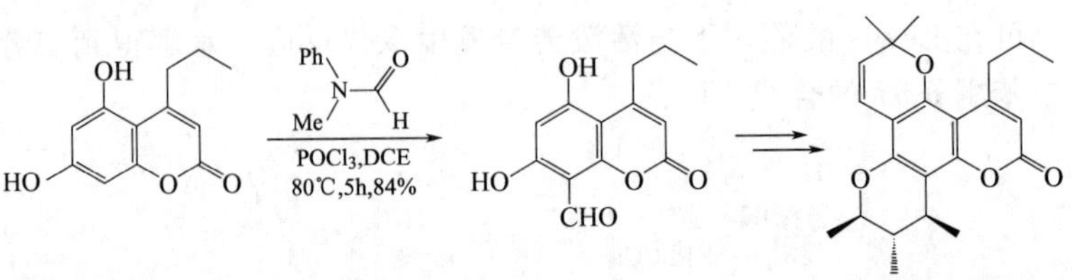

在 Ziegler 实验室开发的一种抗肿瘤药物 FR-900482 的关键中间体 **6-92** 也是用这种方法合成的[180]。

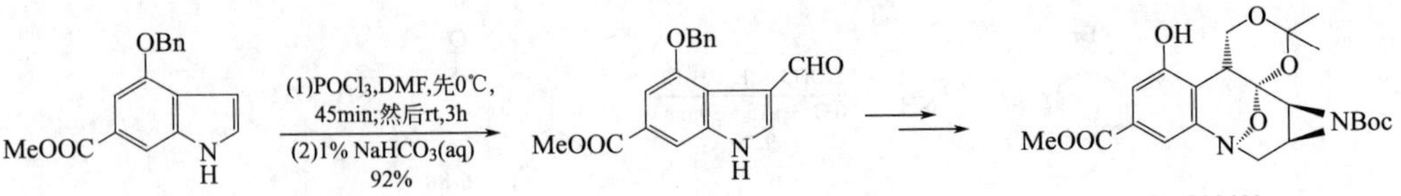

还有就是重要药物中间体 2,4-二羟基苯甲醛 **6-93** 的合成[181]。

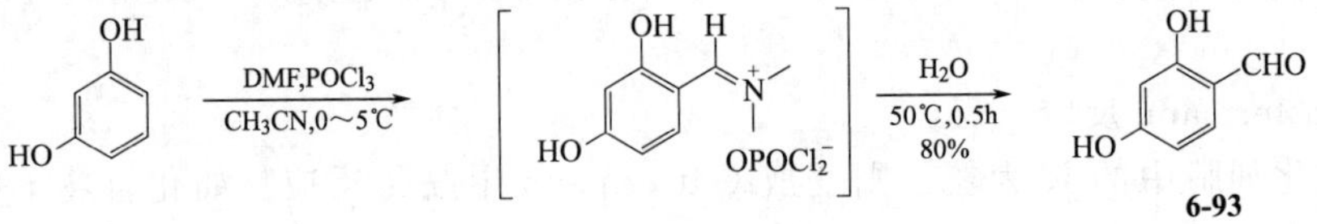

(3) Reimer-Tiemann 反应

Reimer-Tiemann 反应是将酚或芳胺等活泼芳烃或某些杂环化合物与碱金属的氢氧化物溶液和过量的氯仿一起加热形成的芳醛反应，其反应过程是氯仿在碱的作用下生成二氯卡宾，再对芳环进行亲电进攻得到二氯甲基，最后经水解得到芳醛。

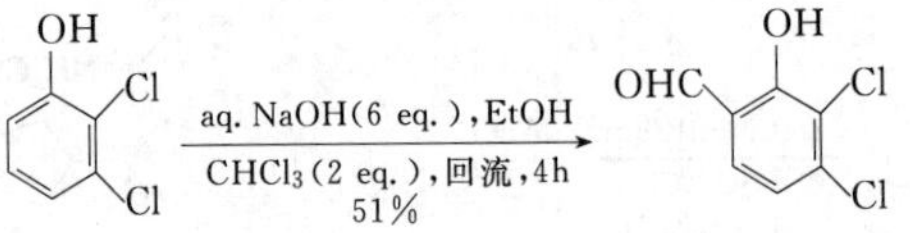

6.3.2 烯烃的 *C*-酰化反应

6.3.2.1 羧酸衍生物作为酰化剂

烯烃与酰氯在氯化铝存在下可发生 *C*-酰化反应，也可以看作是脂肪族碳原子的 Friedel-Crafts 反应：

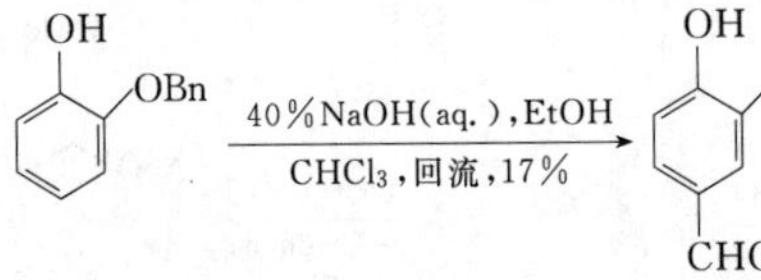

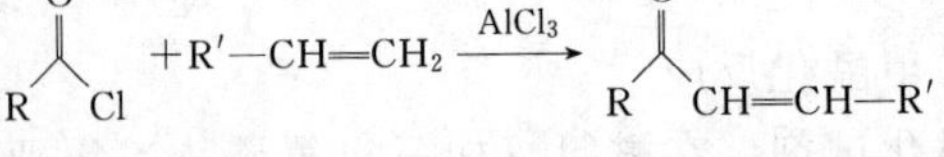

$$\mathrm{RCOCl} + \mathrm{R'{-}CH{=}CH_2} \xrightarrow{AlCl_3} \mathrm{RCO{-}CH{=}CH{-}R'}$$

反应历程可能是亲电加成-消除机理。酰基优先进攻氢原子较多的碳原子。用强质子酸(氢氟酸、硫酸、多聚磷酸等)为催化剂时，可用酸酐和羧酸代替酰氯，如化合物 **6-94** 就用两种酰化方法合成[184,185]。

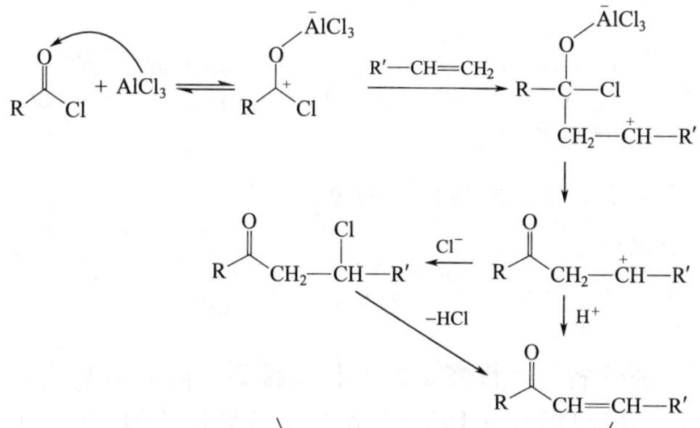

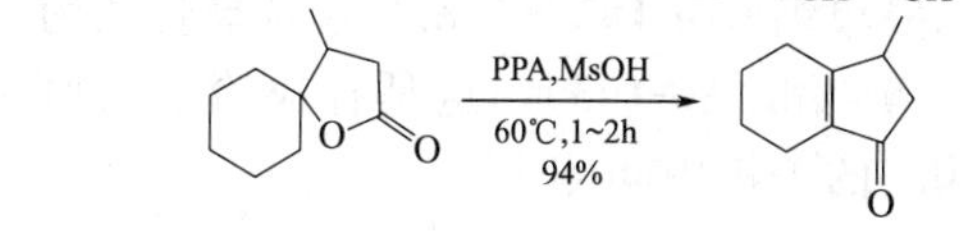

R'—CH=CH₂ ; Cl⁻ ; −HCl ; H⁺

PPA,MsOH 60℃,1~2h 94%

6-94

72%

$AlCl_3$,CH_2Cl_2 −78℃

6.3.2.2 氢甲酰化反应

氢甲酰化反应是将合成气（一氧化碳和氢气混合气体）在催化剂存在条件下加成到烯烃合成醛的反应，这是一个原子经济性反应。氢甲酰化反应是1938年由Roelen偶然发现的。除了乙烯外，其他烯烃为底物时通常生成正烷基醛（线性）和异烷基醛（支链）两种不同的异构体[186]。

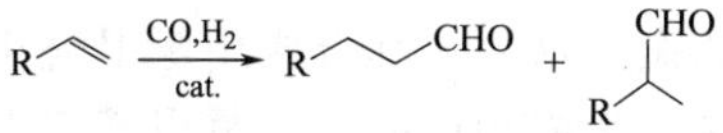

CO,H_2 / cat.

沉香醇（linalool，**6-95**）可以作为原料经过氢甲酰化反应合成治疗溃疡性膀胱药物愈创蓝油烃（guaiazulene，**6-98**），对二烯酮**6-96**的氢甲酰化反应显示出良好的区域选择性[187]。

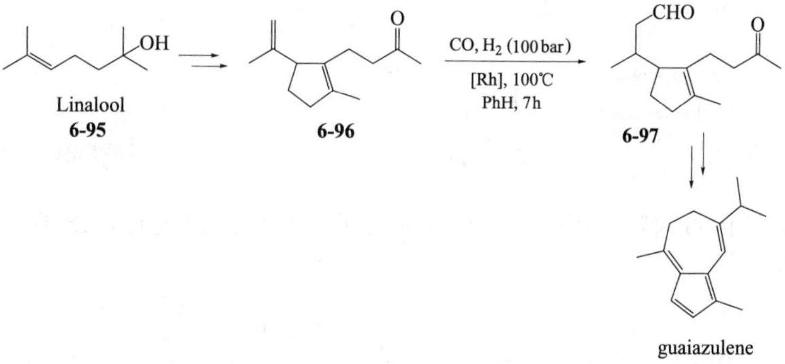

Linalool **6-95** ; **6-96** ; CO, H_2 (100 bar) [Rh], 100℃ PhH, 7h ; **6-97** ; guaiazulene **6-98**

用铑催化香茅烯（**6-99**）的氢甲酰化可以以良好的区域选择性得到香茅醛（**6-100**）[188]。

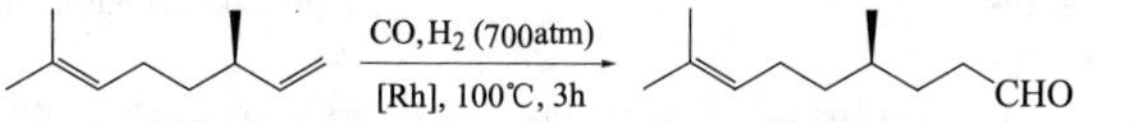

6-99 ; CO, H_2 (700atm) [Rh], 100℃, 3h ; **6-100**

氯乙烯也可进行这种反应，以高区域选择性得到热稳定的2-氯丙醛，再经过氧化和碱性水解可以合成重要的化工原料乳酸[189]。

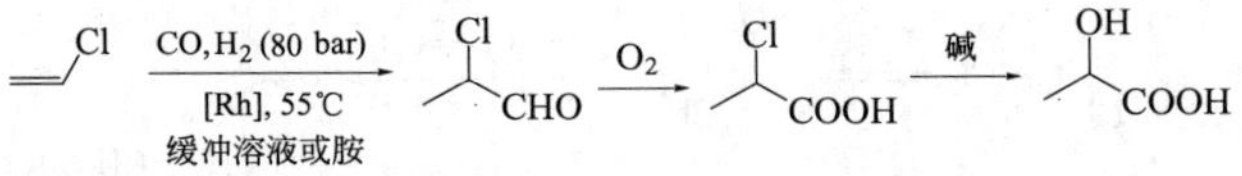

烯醇酯也可发生这种反应生成相应的酰氧基醛[190]。

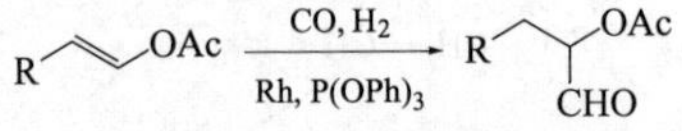

巴豆醛先用乙二醇进行缩合，将醛基保护起来得到缩醛 **6-101**，然后用铑催化剂催化氢甲酰化反应可以得到戊二醛单缩醛 **6-102**（1-和 2-位选择性约为 15∶1）。这一反应可用于大规模合成乙二醇缩-ε-醛基赖氨酸（**6-103**），这是合成治疗高血压药物奥马拉曲（omapatrilat）和艾尔帕曲（ilepatil）的关键中间体[191]。

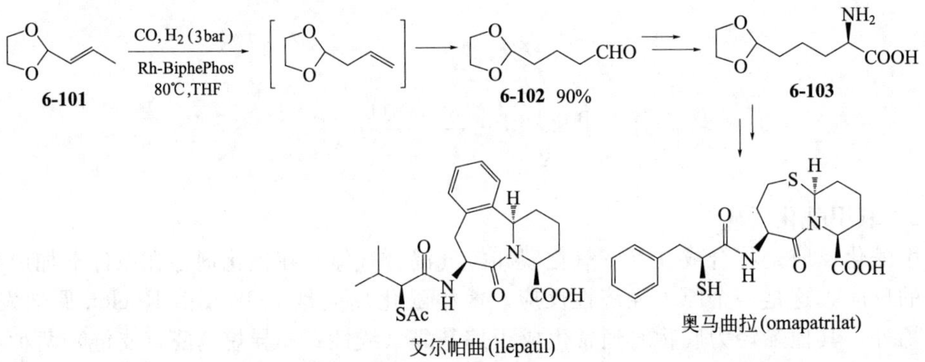

艾尔帕曲(ilepatil)

奥马曲拉(omapatrilat)

盐酸西那卡塞可用于治疗透析的慢性肾病患者的继发性甲状旁腺功能亢进症，以及降低甲状旁腺癌症病人血液中增高的血钙水平。其合成用氢甲酰化反应非常高效。以间三氟甲基苯乙烯为原料进行氢甲酰化反应，生成相应的间三氟甲基苯丙醛（**6-104**），不用分离，直接加入甲基萘胺进行还原胺化得到西那卡塞[192]。

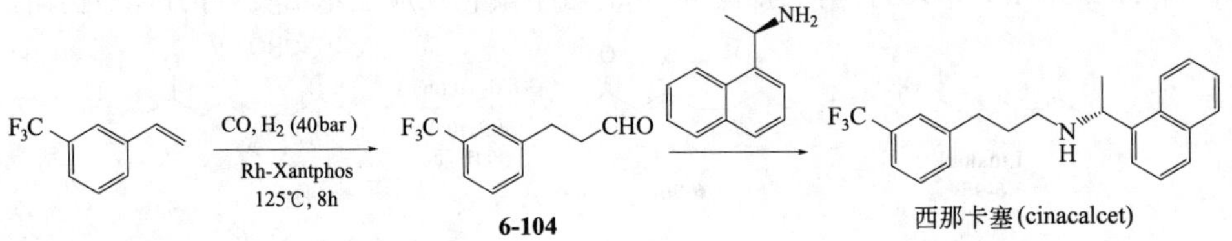

西那卡塞(cinacalcet)

抗心律失常药伊布利特（ilbutilide）合成也可用相似路线进行，以烯丙醇类化合物 **6-105** 为原料[193]。

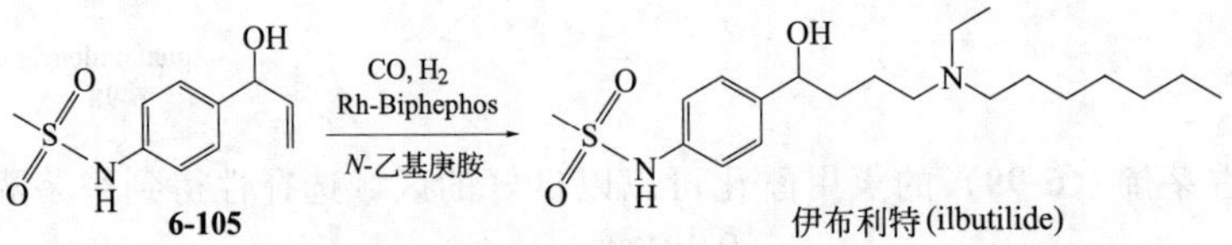

伊布利特(ilbutilide)

褪黑激素（melatonin）则用烯丙胺为原料，氨基醛 **6-106** 进行氢甲酰化反应的区域选择性极高[194]。

$\mathrm{CH_2{=}CHCH_2NHAc} \xrightarrow[\text{70℃, PhMe, } H_2O]{CO, H_2(10bar),\ \text{Rh-TPPTS}}$ OHC⌒⌒NHAc ($l/d = 99:1$, **6-106**) $\xrightarrow{\text{MeO-}C_6H_4\text{-NHNH}_2}$ [腙中间体] $\xrightarrow{H^+}$ 褪黑激素(melatonin)

在手性配体存在下，铑可以催化不对称氢甲酰化反应。例如抗真菌药安布鲁星（ambruticin）合成就以化合物 **6-107** 为原料，在（S，R）-Binaphos 配体存在下可以取得良好的区域选择性和立体选择性[195]。

6-107 $\xrightarrow[\text{30～35℃, PhH}]{CO, H_2 (20atm),\ \text{Rh-}(S,R)\text{-Binaphos}}$ OHC… + OHC…（iso）+ OHC…（n）

$dr = 96:4$

$i\text{-}/n\text{-} = 91:9$

安布鲁星(ambruticin)

6.3.3 羰基化合物 α-位的 C-酰化反应

6.3.3.1 活性亚甲基化合物的 C-酰化反应

活性亚甲基化合物通常含有两个致活基团，如 1,3-二酮、丙二酸衍生物、丙二腈、氰基乙酸衍生物、苯乙酸衍生物等。这类物质很容易进行酰化反应，在活泼亚甲基处引入酰基，常用酰氯为酰化剂，羧酸、酸酐和酰基咪唑等也有应用。反应常在惰性溶剂中进行。所得产物分子中有三个活性基团，通过活性基团的分解和转换，可合成一些有用的化合物。反应常用碱（如三乙胺、格氏试剂等）为催化剂和缚酸剂。

如丙二酸单酯进行酰化反应然后脱羧得到酮酸衍生物[196～199]。

$H_2C(COOEt)(COOH) \xrightarrow{MgCl_2/Et_3N}$ [Mg^{2+} 螯合物] $\xrightarrow[\text{0℃，然后，rt；83\%～94\%}]{RCOCl/CH_3CN}$ $RCOCH_2COOEt$

丙二酸酯进行酰化后还可以同时脱两个羧基，最后是酰基碳原子上引入一个甲基，如化合物 **6-108** 的合成[200]。

$H_2C(COOEt)_2 \xrightarrow{MgCl_2/Et_3N} {}^{\ominus}HC(COOEt)_2 \xrightarrow{\text{5,6-二氯烟酰氯}}$ 酰基丙二酸二乙酯 $\xrightarrow[\text{150～160℃，2h；92.8\%}]{DMSO/H_2O}$ **6-108**

6.3.3.2 羰基 α-位的 C-酰化反应

这里仅指一个羰基作为活化基团的情况。

（1）Claisen 酯缩合

羧酸酯与其他具有 α-活泼氢的酯发生的缩合反应叫 Claisen 酯缩合。两种含 α-活性氢的酯缩合应用有四种产物，所以具有实际意义的 Claisen 缩合通常要求有一种酯没有 α-活性氢，如甲酸酯、苯甲酸酯、草酸酯及碳酸酯等。苯基丙二酸二乙酯**6-109**[201] 和炔基酮酸酯 **6-110**[202] 就是成功的 Claisen 缩合反应应用例子。

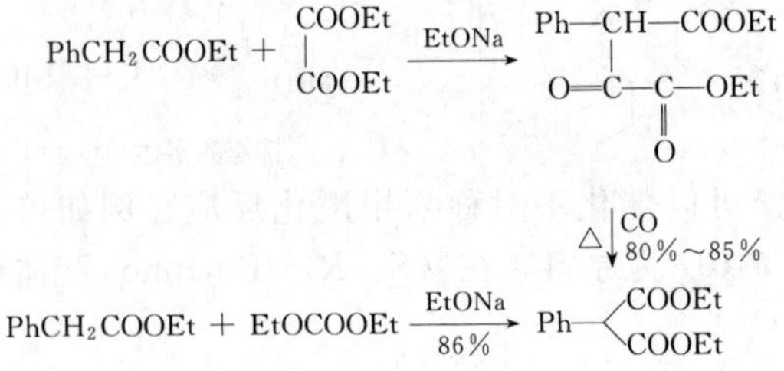

$$PhCH_2COOEt + (COOEt)_2 \xrightarrow{EtONa} Ph{-}CH(COOEt){-}CO{-}COOEt \xrightarrow[\triangle]{-CO,\ 80\%\sim85\%}$$

$$PhCH_2COOEt + EtOCOOEt \xrightarrow[86\%]{EtONa} PhCH(COOEt)_2$$

6-109

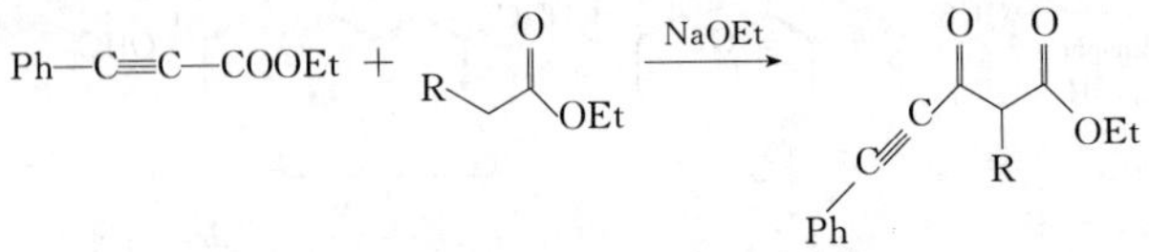

6-110

为了防止分子自身缩合和相互间的交叉缩合得到混合产物，也可以将被酰化酯与锂试剂反应生成烯醇锂，并将另一酰化试剂制成酰氯，这时反应通常可以得到高产率，如 **6-111**[203] 和 **6-112**[204] 的合成。

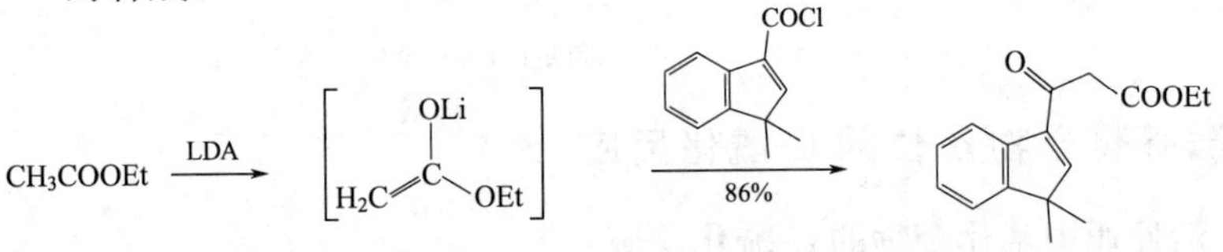

6-111

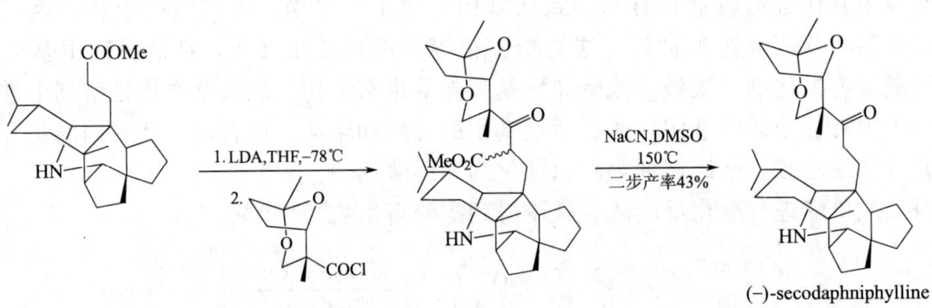

(−)-secodaphniphylline

6-112

如两个酯基在同一分子中，则可发生分子内缩合，得到环状酮酸酯，这一反应称为 Dieckmann 反应，是分子内的 Claisen 酯缩合反应。这种反应产率通常比分子间反应高，比较有实际意义。如一个酯基团存在 α-取代基时，热力学控制产物占绝对优势，如 **6-113**[205] 和**6-114**[206] 的合成。

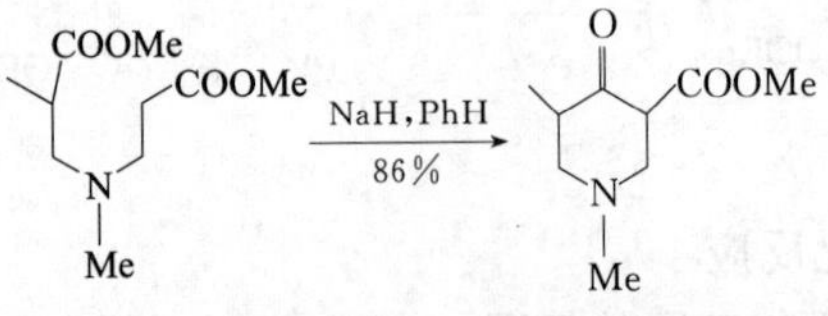

6-113

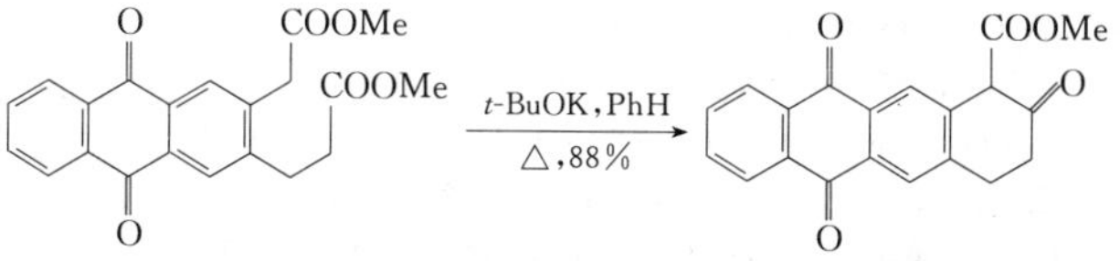

$\xrightarrow[\triangle,88\%]{t\text{-BuOK,PhH}}$

6-114

（2）酮的 α-位的 C-酰化

酮与酯及其他羧酸衍生物作用进行酮的 α-位的 C-酰化反应，是合成 β-二酮和 β-酮醛的有效方法，机理与 Claisen 反应相似，如 **6-115** 的合成[207]。

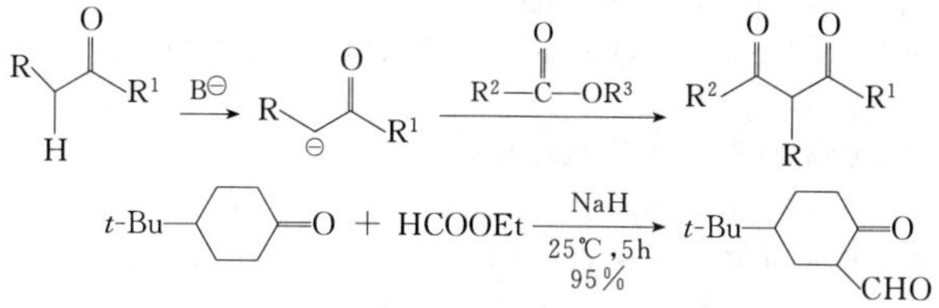

$\xrightarrow{B^{\ominus}}$ $\xrightarrow{R^2-\overset{O}{\overset{\|}{C}}-OR^3}$

t-Bu + HCOOEt $\xrightarrow[25℃,5h\ 95\%]{NaH}$ t-Bu CHO

6-115

（3）酮或醛经烯胺的 α-酰化

醛或酮与仲胺缩合脱水得到烯胺，原来羰基的 α-碳具有强亲核性，易与卤代烃、酰卤等亲电试剂发生反应。与直接酰化相比，经烯胺的酰化具有很多优点，它不再需要其他催化剂，因此可以避免醛和酮在碱性条件下的自身缩合。虽然烯胺中氮原子也可以发生酰化，但形成的 N-酰基铵盐本身也是一个良好的酰化试剂，也可以对烯胺进行酰化，因此烯胺的 C-酰化反应通常都具有较高的收率，例如环己酮 2-位苯甲酰化反应[208]。

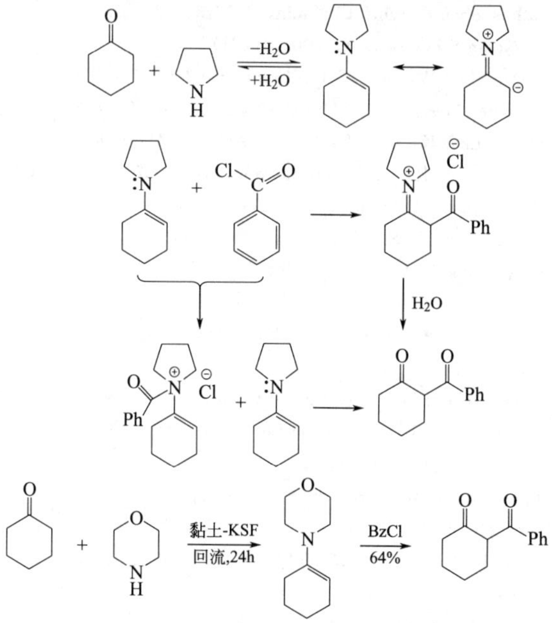

$\underset{+H_2O}{\overset{-H_2O}{\rightleftharpoons}}$

$\xrightarrow{H_2O}$

$\xrightarrow[回流,24h]{黏土\text{-KSF}}$ $\xrightarrow[64\%]{BzCl}$

参 考 文 献

[1] 闻韧．药物合成反应．第 2 版．北京：化学工业出版社，2003：115.

[2] 张铸勇．精细有机合成单元反应．第 2 版．上海：华东理工大学出版社，2003：336.

[3] Zhang Z，Zhou L，Zhang H，et al. Synth Comm，2001,31 (16)：2435.

[4] You P，Wen R，Deng Z，et al. Hecheng Huaxue，2003，11 (6)：544.

[5] Srinivas K V N S，Mahender I，Das B. Synthesis，2003，(16)：2479.

[6] Petrini M，Ballini R，Marcantoni E. Synth Commun，1988，18：847.

[7] Gunnewegh E A, Hoefnagel A J, Bekkum H V. J Mol Catal, 1995, 100: 87.
[8] Nguyen H P, Znifeche S, Baboulene M. Synth Comm, 2004, 34 (11): 2085.
[9] Houston T A, Wikinson B L, Blanchfield J T, Organic Lett, 2004, 6 (5): 679.
[10] Kawabata T, Mizugaki T, Ebitani K, et al. Tetrahedron Lett, 2003, 44 (51): 9205.
[11] Karade N N, Shirodkar S G, Potrekar R A, et al. Synth Comm, 2004, 34 (3): 391.
[12] Kadaba P K. Synthesis, 1971, (6): 316.
[13] Moss R A. Tetrahedron Lett, 1987, 28 (42): 5005.
[14] Plata D J, Kallmerten J. J Am Chem Soc, 1988, 110 (12): 4041.
[15] Shimokawa S, Kimura J, Mitsunobu O. Bull Chem Soc Jpn, 1976, 49 (11): 3357.
[16] Appendino G, Minassi A, Daddario N, et al. Org Lett, 2002,4 (22): 3839.
[17] Shiina I, Kubota M, Oshiumi H, et al. J Org Chem, 2004, 69 (6): 1822.
[18] Shiina I. Tetrahedron, 2004, 60 (7): 1587.
[19] Gooben L J, Dohring A. SYNLETT, 2004, (2): 263.
[20] Hwu J R, Hsu C Y, Jain M L. Tetrahedron Lett, 2004, 45 (26): 5151.
[21] Shirini F, Zolfigol M A, Abedini M. Monastsh Chem, 2004, 135 (3): 279.
[22] Phukan P. Tetrahedron Lett, 2004, 45 (24): 4785.
[23] Bhaskar P M, Loganathan D. Indian J Chem, 2004, 43B (4): 892.
[24] Tiwari P, Kumar R, Maulik P R, et al. Eur J Org Chem, 2005, (20): 4265.
[25] Chakraborti A K, Gulhane R. Synthesis, 2004, (1): 111.
[26] Srivastnv R, Venkatathri N. Indian J Chem, 2004, 43B (4): 888.
[27] Pernak J, Chwala P, Syguda A. Pol J Chem, 2004, 78 (4): 539.
[28] Yadav V K, Babu K G. J Org Chem, 2004, 69 (2): 577.
[29] Lal G S. J Org Chem, 1993, 58 (10): 2791.
[30] Honda T, Kubo S, Masuda T, et al. Bioorg Med Chem Lett, 2009, 19 (11): 2938.
[31] Das B, Venkataiah B, Madhusudhan P. Synth Commun, 2002,32 (2): 249.
[32] Grasa G A, Kissling R M, Nolan S P. Org Lett, 2002,4 (21): 3583.
[33] Chavan S P, Subbarao T, Dantale S W, et al. Synth Commun, 2001,31: 289.
[34] Singh R, Kissling R M, Letellier M A, et al. J Org Chem, 2004, 69 (1): 209.
[35] Chavan S P, Kale R R, Shivasankar K, et al. Synthesis, 2003, (17): 2695.
[36] Chavan S P, Shivasankar K, Sivappa R, et al. Tetrahedron Lett, 2002,43 (47): 8383.
[37] Bandgar B P, Sadavarte V S, Uppalla L S. Chem Lett, 2001,30 (9): 894.
[38] Bandgar B P, Uppalla L S, Sadavarte V S. SYNLETT, 2001, (11): 1715.
[39] Baumhof P, Mazitschek R, Giannis A. Angew Chem Int Ed, 2001, 40 (19): 3672.
[40] Hurd C D, Roe A S. J Am Chem Soc, 1939, 61 (3): 3355.
[41] Kita Y, Nishii Y, Higuchi T, et al. Angew Chem Int Ed, 2012, 51: 5723.
[42] Dynicky M. Org Prep Pro Int, 1982, 14 (3): 177.
[43] Knappke C E I, Imami A, von Wangelin A J. Chem Cat Chem, 2012,4: 937.
[44] Noonan C, Baragwanath L, Connon S J. Tetrahedron Lett, 2008, 49: 4003.
[45] Maki B E, Scheidt K A. Org Lett, 2008, 10: 4331.
[46] Maki B E, Chan A, Phillips E M, et al. Tetrahedron, 2009, 65: 3102.
[47] Goswami S, Hazra A. Chem Lett, 2009, 38: 484.
[48] Reddy R S, Rosa J N, Veiros L F, et al. Org Biomol Chem, 2011, 9: 3126.
[49] Rose C A, Zeitler K. Org Lett, 2010, 12: 4552.
[50] Lin L, Li Y, Du W, et al. Tetrahedron Lett, 2010, 51: 3571.
[51] Maji B, Vedachalan S, Ge X, et al. J Org Chem, 2011, 76: 3016.
[52] Reber F, Lardon A, Reichstein T. Helv Chim Acta, 1954, 37 (1), 45.
[53] Zemlicka J, Beranek J, Start J. Collect Czech Chem Commun, 1962, 27: 2784.
[54] Barluenga J, Campos P J, Gonzalez-Nunez E, et al. Synthesis, 1985, (4): 426.
[55] Reese C B, Stewart J C M. Tetrahedron Lett, 1968, (40): 4273.
[56] Nishiguchi T, Taya H. J Am Chem Soc, 1989, 111 (25): 9102.
[57] Metaferia B B, Hoch J, Glass T E, et al. Org Lett, 2001,3 (16): 2461.
[58] Holton R A, Zhang Z, Clarke P A, et al. Tetrahedron Lett, 1998, 39: 2883.

[59] Nudelman A, Herzig J, Gottlieb H E, et al. Carbohydr Res, 1987, 162 (1): 145.
[60] Askin D, Angst C, Danishefsky S. J Org Chem, 1987, 52 (4): 622.
[61] Demir A S, Sesenoglu O. Org Lett, 2002,4 (12): 2021.
[62] Naruto M, Ohno K, Naruse N, et al. Tetrahedron Lett, 1979, 20 (3): 251.
[63] Liakatos A, Kiefel M J, VonItzstein M. Org Lett, 2003, 5 (23): 4365.
[64] VanBoeckel C A A, Beetz T. Tetrahedron Lett, 1983, 24 (35): 3775.
[65] Bouhroum S, Vottero P I A, Tetrahedron Lett, 1990, 31: 7441.
[66] Brown L, Koreeda M, J Org Chem, 1984, 49: 3875.
[67] Szeja W. Synthesis, 1979, (10): 821.
[68] Smith III A B, Hale K J, Tetrahedron Lett, 1989, 30 (9): 1037.
[69] Ito Y, Sawamura M, Shirakawa E, et al. Tetrahedron, 1988, 44 (17): 5253.
[70] Ishido Y, Nakazaki N, Sakairi N, J Chem Soc, Perkin Trans 1,1979, 2088.
[71] Jiitten P, Scharf H D, J Carbohydr Chem, 1990, 9: 675.
[72] Kato N, Kataoka H, Ohbuchi S, et al. Chem Commun, 1988, (5): 354.
[73] Schuda P F, Heimann M R. Tetrahedron Lett, 1983, 24: 4267.
[74] Danishefsky S J, Armistead D M, Wincott F E, et al. J Am Chem Soc, 1989, 111 (8): 2967.
[75] Ishihara K, Kondo S, Yamanoto H. SYNLETT, 2001, (9): 1371.
[76] Nery M S, Ribeiro R P, Lopes C C, et al. Synthesis, 2003, (2): 272.
[77] Hosseini-Sarvari M, Sharghi H. J Org Chem, 2006, 71: 6652.
[78] White J M, Tunoori A R, Turunen B J, et al. J Org Chem, 2004, 69 (7), 2573.
[79] Naik S, Bhattacharjya G, Talukdar B, et al. Eur J Org Chem, 2004, 2004 (6): 1254.
[80] 陈立功，王东华，宋传君等．药物中间体合成工艺．化学工业出版社，2001,17.
[81] Wu L, Yang C, Zhang C, et al. Bull Korean Chem Soc, 2009, 30: 1665.
[82] 陈立功，王东华，宋传君等．药物中间体合成工艺．化学工业出版社，2001,16.
[83] Banks M R. Tetrahedron, 1992,48 (37): 7979.
[84] 陈立功，王东华，宋传君等．药物中间体合成工艺．化学工业出版社．2001，82.
[85] Stefane B, Polane S. SYNLETT, 2004, (4): 6982.
[86] Zradni F Z, Hamelin J, Derdour A. Synth Commun, 2002,32 (22): 3525.
[87] Weissberg A, Portnoy M. SYNLETT, 2002, (2): 247.
[88] Veverkova E, Meciarova M, Toma S, et al. Monatsh Chem, 2003, 134 (9): 1215.
[89] Ekoue-Kovi K, Wolf C. Chem-Eur J, 2008, 14: 6302.
[90] Gunanathan C, Ben-David Y, Milstein D. Science, 2007, 317: 790.
[91] 张铸勇．精细有机合成单元反应．第 2 版．上海：华东理工大学出版社，2003，265.
[92] An G, Kim M, Kim J Y, et al. Tetrahedron Lett, 2003, 44 (10): 2183.
[93] Murahashi S I, Naota T, Saito E. J Am Chem Soc, 1986, 108: 7846.
[94] Curtler C, Kanielmeier K. Tetrahedron Lett, 2004, 45 (12): 2515.
[95] Martinelli J R, Watson D A, Freckmann D M M, et al. J Org Chem, 2008, 73: 7102.
[96] Kumar K, Zapf A, Michalik D, et al. Org Lett, 2004, 6: 7.
[97] Lee S I, Son S U, Chung Y K, ChemCommun, 2002: 1310.
[98] Huang Q, Hua R. Adv Synth Catal, 2007, 349: 849.
[99] Goody R S, Walker R T. Tetrahedron Lett, 1967, 8: 289.
[100] Waki M, Meienhofer J. J Org Chem, 1977, 42 (11): 2019.
[101] Kisfaludy L, Otvos L J. Synthesis, 1987, 510.
[102] Takahashi K, Shibagaki M, Matsushita H. Agric Biol Chem, 1988, 52: 853.
[103] Schmidhammer H, Brossi A. Can J Chem, 1982, 60: 3055.
[104] Chancellor T, Morton C. Synthesis, 1994, 1023.
[105] Sheehan J C, Yang D D H. J Am Chem Soc. 1958, 80 (5): 1154.
[106] Geiger R, Siedel W. Chem Ber, 1968, 101 (10): 3386.
[107] Hengartner U. , Batcho A D, Blount J F, et al. J Org Chem, 1979, 44 (22): 3748.
[108] Losse G, Zonnchen W. Justus Liebigs Ann Chem, 1960, 636 (1): 140.
[109] Losse G, Nadolski D. J Prakt Chem, 1964, 24: 118.
[110] Barnett B K, Roberts T D. J Chem Soc, Chem Commun, 1972, (13): 758.

[111] Ishii Y, Takeno M, Kawasaki Y, et al. J Org Chem, 1996, 61 (9): 3088.
[112] Murakami Y, Kondo K, Miki K, et al. Tetrahedron Lett, 1997, 38: 3751.
[113] Kikugawa Y, Mitsui K, Sakamoto T. Tetrahedron Lett, 1990, 31: 243.
[114] Kanai F, Kaneko T, Morishima H, et al. J Antibiotics (Tokyo), 1985, 38 (1): 39.
[115] Miltsov S, Rivera L, Encinaas C, et al. Tetrahedron Lett, 2003, 44: 2301.
[116] Tsushima T, Kawada K, Ishihara S, et al. Tetrahedron, 1988, 44: 5375.
[117] Cox R J, Sherwin W A, Lam L K P, et al. J Am Chem Soc, 1996, 118 (32): 7449.
[118] Grehn L, Gunnarsson K, Ragnarsson U. J Chem Soc, Chem Commun, 1985, (19): 1317.
[119] Kempf D J. Tetrahedron Lett, 1989, 30: 2029.
[120] Katoh T, Itoh E, Yoshino T, et al. Tetrahedron, 1997, 53: 10229.
[121] Boger D J, Yohannes D. J Org Chem, 1989, 54 (11): 2498.
[122] Urabe D, Sugino K, Nishikawa T, et al. Tetrahedron Lett, 2004, 45: 9405.
[123] Holley R W, Holley A D. J Am Chem Soc, 1952, 74 (3): 3069.
[124] White E. Org Synth Coll, 1973, 5: 336.
[125] Murahashi S I, Naota T, Nakajima N. Tetrahedon Lett, 1985, 26: 925.
[126] Kikugawa Y, Mitsui K, Sakamoto T, et al. Tetrahedron Lett, 1990, 31: 243.
[127] Kondo K, Sekimoto E, Miki K, et al. J Chem Soc, Perkin Trans 1,1998, (18): 2973.
[128] Zhang Z, Yin Z, Meanwell N A, et al. Org Lett, 2003, 5: 3399.
[129] Boger D L, Machiya K, J Am Chem Soc, 1992, 114 (25): 10056.
[130] Boger D L, McKie J A, Nishi T, et al. J Am Chem Soc, 1997, 119 (2): 311.
[131] Tanaka H, Ogasawara K. Tetrahedron Lett, 2002,43: 4417.
[132] Nicolaou K C. Angew Chem Int Ed, 1993, 32 (10): 1377.
[133] Smith A L, Hwang C K, Pitsinos E, et al. J Am Chem Soc, 1992, 114 (8): 3134.
[134] Herberich B, Kinugawa M, Vazguez A, et al. Tetrahedron Lett, 2001, 42: 543.
[135] Bergman M, Zervas L. Ber Dtsch Chem Ges, 1932, 65 (7): 1192.
[136] Howarth N M, Wakelin L P G. J Org Chem, 1997, 62 (16): 5441.
[137] Meienhofer J, Kuromizu K. Tetrahedron Lett, 1974, 15: 3259.
[138] Sajiki H. Tetrahedron Lett, 1995, 36: 3465.
[139] Sakaitani M, Ohfune Y. J Org Chem, 1990, 55 (3): 870.
[140] Bose D S, Thurston D E. Tetrahedron Lett, 1990, 31: 6903.
[141] Pope B M, Yamamoto Y, Tarbell D S. Org Synth Coll, 1988, 6: 418.
[142] Itoh M, Hagiwara D, Kamiya T. Bull Chem Soc Jpn, 1977, 50 (3): 718.
[143] Kemp D S, Carey R I. J Org Chem, 1989, 54 (15): 3640.
[144] Kumar K S, Iqbal J, Pal M. Tetrahedron Lett, 2009, 50: 6244.
[145] Ripka A S, Bohacek R S, Rich D H. Bioorg Med Chem Lett, 1998, 8 (4): 357.
[146] Liu Y S, Zhao C, Bergbreiter D E, et al. J Org Chem, 1998, 63: 3471.
[147] Evans E F, Lewis N J, Kapfer I, et al. Synth Commun, 1997, 27 (11): 1819.
[148] Hoogerhout P, Guis C P, Erkelens C, et al. Reel Trav Chim Pays-Bas, 1985, 104: 54.
[149] Tessier M, Albericio F, Pedroso E, et al. Int J Pept Protein Res, 1983, 22: 125.
[150] Paquet A. Can J Chem, 1982, 60: 976.
[151] Sigler G F, Fuller W D, Chaturvedi N C, et al. Biopolymers, 1983, 22 (10): 2157.
[152] Schoen I, Kisfaludy L. Synthesis, 1986, 303.
[153] Schultheiss-Reimann P, Kunz H. Angew Chem Int Ed, 1983, 22 (1): 62.
[154] Bensari A, Zaveri N T. Synthesis, 2003, (2): 267.
[155] Paul S, Nanda P, Gupta R, et al. Synthesis, 2003, (18): 2877.
[156] Urawa Y, Nishiura K, Souda S, et al. Synthesis, 2003, (18): 2882.
[157] Kneisel F F, Dochnahl M, Knochel P. Angew Chem Int Ed, 2004, 43 (8): 1017.
[158] Canepa A S, Bravo R D. Synth Commun, 2004, 34 (4): 579.
[159] Nagarajan R, Perumal P T. Tetrahedron, 2002, 58 (6): 1229.
[160] Das B, Pal R, Banerjee J, et al. Indian J Chem, 2005, 44B: 198.
[161] Eisenbraum E J, Hinman C W, Springer J M, et al. J Org Chem, 1971,36 (17): 2480.
[162] Pan C D, Jia X F, Cheng J. Synthesis, 2012,44: 677.

[163] Jia X, Zhang S, Wang W, et al. Org Lett, 2009, 11: 3120.
[164] Baslé O, Bidange J, Shuai Q, et al. Adv Synth Catal, 2010, 352: 1145.
[165] Xiao F, Shuai Q, Zhao F, et al. Org Lett, 2011,13: 1614.
[166] Chan C W, Zhou Z, Chan A S C, et al. Org Lett, 2010, 12: 3926.
[167] Li C, Wang L, Li P, et al. Chem Eur J, 2011,17: 10208.
[168] Tang B, Song R, Wu C, et al. J Am Chem Soc, 2010, 132: 8900.
[169] Kochi T, Tazawa A, Honda K, et al. Chem Lett, 2011, 40: 1018.
[170] Cooper S R. Org Synth, 1941,21: 103.
[171] Zhou C, Larock R C. J Am Chem Soc, 2004, 126 (8): 2302.
[172] Bendale P M, Khadilkar B M. Indian J Chem, 2002,41B (8): 1738.
[173] Anderson K W, Tope J J. Tetrahedron, 2002, 58 (42): 8475.
[174] Burke J M, Stevenson R. J Nat Prod, 1986, 49 (3): 522.
[175] Wong H N C, Niu C R, Yang Z, et al. Tetrahedron, 1992,48: 10339.
[176] Gattermann L, Koch J A. Ber, 1897, 30: 1622.
[177] Tanaka M, Fujiwara M, Xu Q, et al. J Org Chem, 1998, 63 (13): 4408.
[178] Olah G A, Ohannesian L, Arvanaghi M. Chem Rev, 1987, 87 (4): 671.
[179] Deshpande P P, Tagliaferri F, Victory S F, et al. J Org Chem, 1995, 60 (10): 2964.
[180] Ziegler F E, Belema M. J Org Chem, 1997, 62 (4): 1083.
[181] Ramadas S, Krupadanam G L D. Tetrahedron: Asymmetry, 2000, 11: 3375.
[182] Gu X. H, Yu H, Jacobson A E, et al. J Med Chem, 2000, 43 (25): 4868.
[183] Makela T, Matikainen J, Wahala K, et al. Tetrahedron, 2000, 56: 1873.
[184] Jacobson R M, Clader JW. Tetrahedron Lett, 1980, 21 (13): 1205.
[185] Hacini S, Pardo R, Santelli M. Tetrahedron Lett, 1979, (47): 4553.
[186] Franke R, Selent D, Börner A. Chem Rev, 2012, 112: 5675.
[187] Hoffmann W, Siegel H. Tetrahedron Lett, 1975, 16: 533.
[188] Aquila W, Himmele W, Hoffmann W. DE 2050677, 1972.
[189] Ono H, Kasuga T, Kiyono S, et al. EP 0260944, 1987.
[190] Drent E. GB 2217318, 1989.
[191] Cobley C J, Hanson C H, Loyd M C, et al. Org Process Res Dev, 2011,15: 284.
[192] Thiel O, Bernard C, Larsen R, et al. WO 2009002427, 2008.
[193] Briggs J R, Klosin J, Whiteker G T. Org Lett, 2005, 7: 4795.
[194] Verspui G, Elbertse G, Sheldon F A, et al. Chem Commun, 2000: 1363.
[195] Liu P, Jacobsen E N. J Am Chem Soc, 2001,123: 10772.
[196] Ireland R E, Marshall J A. J Am Chem Soc, 1959, 81 (11): 2907.
[197] Maibaum J, Rich D H. J Org Chem, 1988, 53 (4): 869.
[198] Moos W H Gless R D, Rapoport H. J Org Chem, 1981, 46 (25): 5064.
[199] Clay R J, Collom T A, Karrick G L, et al. Synthesis, 1993, (3): 290.
[200] Kuo D L. Tetrahedron, 1992,48 (42): 9233.
[201] 闻韧. 药物合成反应. 第2版. 北京: 化学工业出版社, 2002, 157.
[202] Al-Jallo H N, Al-Hajjar F H. J Chem Soc, 1970, 2056.
[203] Kurihara T, et al. Chem Pharm Bull, 1986, 34 (7): 2786.
[204] Heathcock C H, Stafford J A. J Org Chem, 1992, 57 (9): 2566.
[205] Bell K H, Hyne R V. Aust J Chem, 1986, 39 (11): 1901.
[206] Alexander J, Flynn D L, Mitscher L A, et al. Tetrahedron Lett, 1981,22 (28): 3711.
[207] Corey E J, Cane D E. J Org Chem, 1971,36 (20): 3070.
[208] Hammadi M, Villemin D. Synth Commun, 1996, 26 (15): 2901.

7 加成反应

7.1 概述

加成反应是不饱和化合物所特有的反应，也是有机合成上最重要的反应之一。该反应是在分子中含有重键（双键或者叁键）的原子上，另加两个原子或两个基团，生成加成产物。按照分子轨道理论，加成反应过程是分子中以重键结合的两个原子之间一个 π 键断裂，然后分别与其他原子或基团结合生成两个 σ 键的反应。根据反应的历程，加成反应可以分为以下三类。

（1）自由基加成

由自由基进攻分子中重键所引起的加成反应。例如，丙烯与溴化氢在光照射条件下生成1-溴丙烷的反应：

$$CH_3CH{=}CH_2 + HBr \xrightarrow{h\nu} CH_3CH_2CH_2Br$$

（2）离子型加成

离子型加成又可分为以下两种情况。

① 亲电加成。由亲电试剂进攻分子中重键所引起的加成反应。例如，2-甲基丙烯与氯化氢在无水氯化铝催化下发生的加成反应：

$$(CH_3)_2C{=}CH_2 + HCl \xrightarrow{AlCl_3} (CH_3)_2CClCH_3$$

② 亲核加成。由亲核试剂进攻分子中重键所引起的加成反应。例如，4-甲基-3-烯基-2-戊酮与氰化氢在碱催化下发生的加成反应：

$$(CH_3)_2C{=}CHCOCH_3 + HCN \xrightarrow{OH^-} (CH_3)_2\underset{\displaystyle CN}{\underset{|}{C}}CH_2COCH_3$$

（3）环加成

生成环状化合物的协同加成反应。例如，1,3-丁二烯与丙烯醛一起加热生成4-甲酰基环己烯的反应：

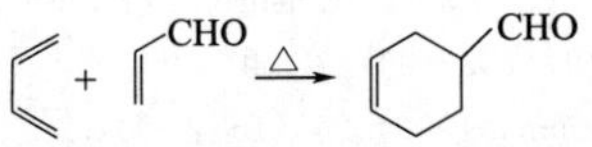

$$\text{1,3-丁二烯} + CH_2{=}CHCHO \xrightarrow{\triangle} \text{4-甲酰基环己烯（CHO）}$$

在加成反应的各种类型中，最常见和最重要的是亲电加成和亲核加成，本章将结合碳-碳重键的亲电加成和碳-氧双键的亲核加成来重点介绍这两类反应。对于自由基加成反应，主要介绍卤素和卤化氢对碳-碳重键的加成以及碳-碳重键的加成聚合反应。通常情况下，环加成是指对烯烃、炔烃的加成，例如卡宾、氮宾与烯烃的加成，双烯合成反应等，在机理上属于亲电加成反应。

7.2 亲电加成反应

亲电加成一般发生在碳-碳重键上，因为烯烃、炔烃分子中的 π 电子具有较大的活动性，表现出亲核性能，因此它们能与多种亲电试剂发生亲电加成反应。常用的亲电试剂有：强酸（例如硫酸、氢卤酸）、Lewis 酸（例如三氯化铝、三氯化铁）、卤素、次卤酸、卤代烷、醇、羧酸和卡宾等。烯烃与炔烃都易发生亲电加成反应，若碳-碳重键连有给电子取代基时，将使亲电加成反应更易进行；反之，若连有吸电子取代基时，则使亲电加成反应较难进行，而负离子进攻碳-碳双键形成亲核加成反应（Michael 加成）。

7.2.1 卤素对碳-碳重键的亲电加成反应

7.2.1.1 亲电加成反应的分步机理

任何分子 X—Y 对碳-碳双键加成时，可能有两种情况，一种是 X 和 Y 同时加到双键上；另一种是 X 和 Y 分步加到双键上。

$$\mathrm{>C{=}C<} + \mathrm{X}\vdots\mathrm{Y} \longrightarrow -\underset{\mathrm{X}}{\mathrm{C}}-\underset{\mathrm{Y}}{\mathrm{C}}- \quad \text{(同步机理)}$$

$$\mathrm{>C{=}C<} + \mathrm{X}\vdots\mathrm{Y} \longrightarrow -\underset{\mathrm{X}}{\mathrm{C}}-\overset{+}{\mathrm{C}}- \longrightarrow -\underset{\mathrm{X}}{\mathrm{C}}-\underset{\mathrm{Y}}{\mathrm{C}}- \quad \text{(分步机理)}$$

许多实验事实证明，卤素对烯烃的加成反应是按分步机理进行的。在这一反应过程中，先是一个卤原子加上去，随后又是另一个卤原子加上去，而第一个卤原子是带正电性的，第二个卤原子是带负电性的[1]。

究竟是正离子（亲电质点）先加上去还是负离子（亲核质点）先加上去呢？以溴和乙烯的反应为例，溴分子首先极化、电离成溴正离子和溴负离子，由于溴正离子的稳定性较小，反应活性高，它能进攻电中性的烯烃分子，并能依靠烯烃分子的 π 电子对而加上去；而溴负离子的反应活性较弱，不能靠自己的电子对来和电中性的烯烃加成，但在反应的第二步，溴负离子却容易加到溴正离子与烯烃加成后生成的碳正离子上。因此，卤素（X_2）对烯烃的加成是 X^+ 首先对烯烃进行亲电加成，生成碳正离子中间体，继而 X^- 再加到碳正离子上。

烯烃的结构及卤素的不同，对反应速率的影响也完全与上述亲电分步加成机理一致。当碳-碳双键连有给电子取代基时，由于增加了碳-碳双键的电子云密度，因而增加了反应速率；当带有吸电子取代基时，由于减少了碳-碳双键的电子云密度，因而降低了反应速率，其活性次序为：

$$R_2C{=}CR_2 > R_2C{=}CHR > R_2C{=}CH_2 > RCH{=}CH_2 > H_2C{=}CH_2 > H_2C{=}CHCl$$

对于与烯烃反应的卤素而言，随着它们亲电性的增加，反应速率加快[2]。例如，Cl^+ 的亲电性能比 Br^+ 强，而 Br^+ 比 I^+ 强，因此卤素与烯烃反应的活性次序为：$Cl_2 > Br_2 > I_2$。

7.2.1.2 亲电加成反应的立体化学

对碳-碳双键加成反应的立体化学研究，也证实了分步加成的假设。如果卤素分子的两个原子同时加到碳-碳双键上，则必发生顺式加成；如果卤素分子的两个原子不是同时上去，则第二步加成既可以是顺式的，也可以是反式的。

实验证明，烯烃与卤素的加成一般按反式进行加成。对此解释如下：在加成反应第一步中形成的碳正离子既有缺电子，因而带正电的碳原子，但另一碳原子上又有具有未共用电子对的卤素原子，正电碳原子有亲电性，而卤素原子有亲核性，它们之间可能相互结合而生成三元环中间体—环状的卤鎓离子。因此，碳-碳键就不可能自由旋转了。

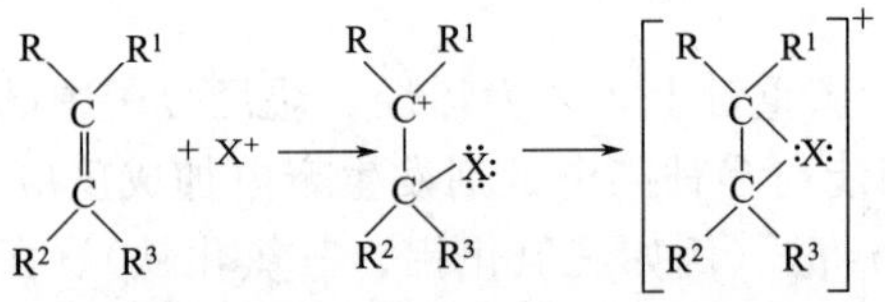

显然，进一步反应时，X^- 从反面进攻三元环中间体的碳原子在能量上是有利的，此时环开裂生成反式加成物：

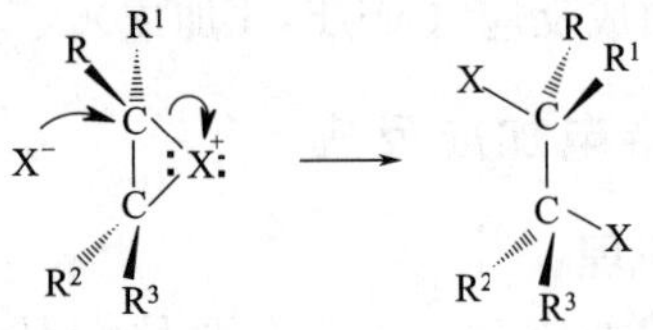

但是，如果碳-碳双键的碳原子上连有芳基，由于正电荷分散到芳环上，生成环状正离子的趋势降低，顺式加成产物的比例会增加，有时甚至主要生成顺式加成物。例如顺式二卤代烷 **7-1** 的合成：

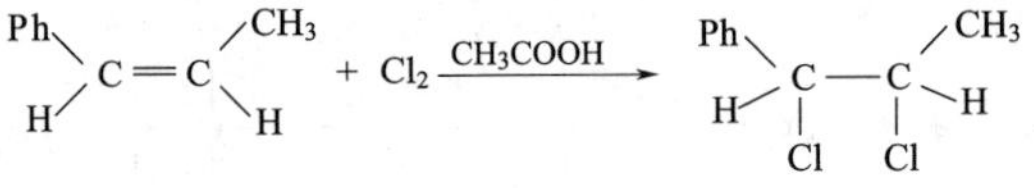

$$PhCH=CHCH_3 + Cl_2 \xrightarrow{CH_3COOH} PhCHCl-CHClCH_3$$

7-1

7.2.2 卤化氢对碳-碳重键的亲电加成反应

卤化氢与烯、炔烃的加成与上述卤素的加成类似，也是按分步机理进行的亲电加成反应，不过最初进攻的正离子是质子。卤化氢是极性分子，在溶液中易离解而生成质子，烯烃首先与带正电的质子结合生成碳正离子中间体。这个碳正离子进一步与卤离子结合而生成卤代烷。卤化氢中 HCl、HBr、HI 的加成有实际应用，HF 的加成因副反应多而无实用价值。

卤化氢与对称烯烃的加成只能生成一种产物，而与不对称烯烃加成时，一般情况下遵守马尔科夫尼科夫规则，即氢原子加到含氢较多的双键碳原子上，卤素原子加到含氢较少的双键碳原子上。当乙烯碳原子上带有强的吸电子取代基时，如—COOH、—CN、—CF_3、—$N^+(CH_3)_3$等，由于吸电子取代基的诱导效应，使双键上的 π 电子云向取代基方向移动，它们与卤化氢加成时，质子加到带有负电荷的连有取代基的碳原子上，卤素则加到带有正电荷的亚甲基碳原子上，它们的加成方向正好与马氏法相反：

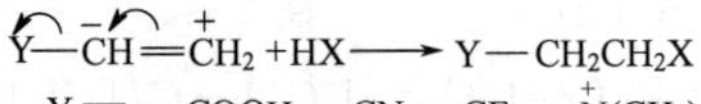

$$Y-\overset{-}{C}H=\overset{+}{C}H_2 + HX \longrightarrow Y-CH_2CH_2X$$
$$Y = -COOH、-CN、-CF_3、-\overset{+}{N}(CH_3)_3$$

卤化氢与碳-碳重键加成在立体化学上也属于反式加成，根据炔烃与卤化氢反应所生成的取代烯烃构型，可以证实加成反应是按反式进行的。

7.2.3 顺式加成反应

烯烃、炔烃的许多加成反应也可按顺式机理进行，这些反应的共同特征是烯、炔烃的 π 键打开，并在同侧同时形成两个新的 σ 键。绝大多数的反应均生成稳定的环状化合物。环加成反应，例如卡宾、氮宾与烯烃的加成，双烯合成反应，1,3-偶极加成反应等都是顺式加成反应。

与烯烃进行顺式加成的另一类反应是首先生成环状中间体，继而环裂解，生成顺式加成的开链产物。例如烯烃的羟基化反应、臭氧化反应、硼氢化反应均属这类顺式加成反应。

7.2.3.1 顺式羟基化反应

高锰酸钾或四氧化锇可与烯烃迅速反应，通过顺式加成形成五元环中间体，经水解开环，生成顺式 α-二醇。这种方法对长链单烯酸的羟基化，产量几乎定量。例如油酸氧化成顺式二羟基硬脂酸 **7-2** 的反应[3]：

$$CH_3(CH_2)_7CH{=}CH(CH_2)_7COOH \xrightarrow[0\sim10℃ \quad 96\%]{KMnO_4/NaOH} CH_3(CH_2)_7\underset{|}{\overset{OH}{C}}H{-}\overset{OH}{C}H(CH_2)_7COOH$$

7-2

四氧化锇是个很好的烯烃顺式羟基化试剂。通常是在室温下，将四氧化锇与烯烃在醚中进行反应，渐渐生成锇酸酯沉淀，然后分解锇酸酯，生成 α-二醇。例如顺式二醇 **7-3** 的合成：

$$\xrightarrow[(2)\ H_2S, 43\%]{(1)\ OsO_4/C_5H_5N/THF}$$

7-3

由于四氧化锇毒性较大，因此四氧化锇法主要用于复杂结构化合物的合成和结构测定。

7.2.3.2 臭氧化反应

烯烃的臭氧化反应不仅用于合成，更广泛地用于结构的测定，是极其有用的降解反应。反应的历程是臭氧首先对烯烃进行顺式加成，生成分子臭氧化物 **7-4**，继而重排成过氧化物 **7-5**，再经还原裂解生成羰基化合物[4]。

$$\begin{matrix}R \\ H\end{matrix}C{=}C\begin{matrix}R^1 \\ R^2\end{matrix} + O_3 \longrightarrow [\textbf{7-4}] \longrightarrow \textbf{7-5} \begin{cases} \xrightarrow{H_2/Pd} RCHO + \begin{matrix}R^1 \\ R^2\end{matrix}C{=}O \\ \xrightarrow{H_2O_2} RCOOH + \begin{matrix}R^1 \\ R^2\end{matrix}C{=}O \end{cases}$$

该方法对醛的合成更为重要。一般操作是将含有 2%～10% 臭氧的氧气通到烯烃溶于适当溶剂的溶液中。常用的溶剂有二氯甲烷、甲醇等。加成物不需离析即可进一步还原。利用催化氢化或用锌及亚磷酸酯、二甲硫醚作还原剂，均可使臭氧加成物还原，其中以二甲硫醚作还原剂的产率最好，而且反应具有高度选择性，若分子中存在硝基、羰基均无影响[5]。

7.2.3.3 硼氢化反应

硼烷(B_2H_6、RBH_2、R_2BH) 具有空的轨道，因此它们可以作为亲电试剂与烯、炔烃加成。硼氢化反应也是按顺式加成进行的，首先形成四元环过渡态，继而环裂解，氢原子与硼原子按顺式加到碳-碳双键上，生成烷基硼烷 **7-6**。

$$RCH{=}CH_2 + H{-}B\langle \longrightarrow \left[\begin{matrix}H\cdots B\langle \\ \vdots \quad \vdots \\ RCH{=}CH_2\end{matrix}\right] \longrightarrow \begin{matrix}H \quad\ B\langle \\ | \quad\ | \\ RCH{-}CH_2\end{matrix}$$

7-6

生成的烷基硼烷用过氧化氢碱性水溶液氧化，即生成醇。因此，整个过程是一个烯烃顺式加水的合成方法。必须指出，硼烷 **7-6** 中的硼原子是显正电性的，而氢原子显负电性。因此经硼氢化反应使烯烃加水的方向是反马氏加成规则，其特点如下：顺式加成，—OH 连在双键中带氢多的碳原子上，反应物的碳骨架能在最终产物醇中保留下来，没有重排现象发生[6]。硼氢化反应能选择性地在孤立双键上发生，例如化合物 **7-7** 的合成：

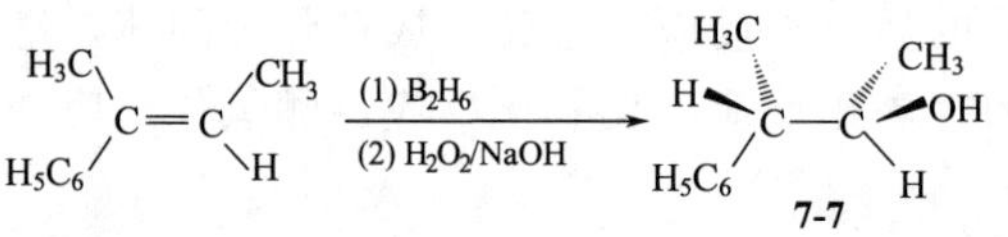

$$\text{(H}_3\text{C)(H}_5\text{C}_6\text{)C=C(CH}_3\text{)H} \xrightarrow[\text{(2) H}_2\text{O}_2\text{/NaOH}]{\text{(1) B}_2\text{H}_6} \text{7-7}$$

7-7

若将硼氢化反应生成的烷基硼烷与卤素反应，则生成卤代烷。这一反应可看成是烯烃与卤化氢的间接加成方法，其重要性在于加成方向是反马氏规则的。

$$RCH=CH_2 + B_2H_6 \longrightarrow (RCH_2CH_2)_3B \xrightarrow[\text{(2) } H_2O]{\text{(1) } X_2} 3RCH_2CH_2X$$

7.2.4 环加成反应

环加成反应通常是指在光或热的作用下，烯烃（或炔烃）与烯烃或共轭烯烃加成、形成环状化合物的反应。根据反应物中参加反应的π电子数目的不同，可将环加成反应分成以下两种类型：①［4+2］环加成反应：由一分子共轭二烯烃和一分子烯烃（或炔烃）进行1,4-加成，生成六元环化合物；②［2+2］环加成反应：两分子烯烃彼此加成，生成四元环化合物。在此仅讨论与形成碳-碳单键有关的环加成反应。

7.2.4.1 ［4+2］环加成反应

［4+2］环加成反应，即Diels-Alder反应，是指共轭二烯（简称二烯）与亲双烯试剂（烯、炔等）之间进行的、由六电子参与的环加成协同反应[7]。反应的结果是亲双烯试剂加到二烯的两端（1,4-位）上，生成环已烯衍生物。反应通式如下所示：

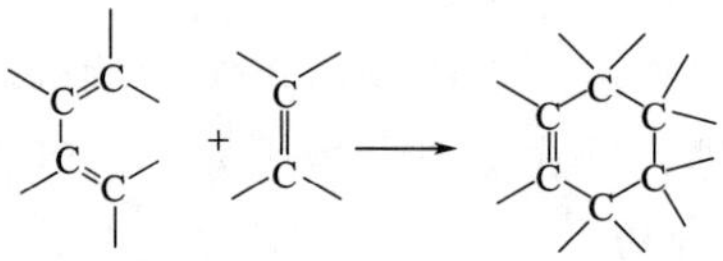

参与反应的化合物有以下两种基本类型。

（1）亲双烯试剂

与二烯发生1,4-加成反应生成环状化合物的烯或炔类化合物称为亲双烯试剂。在双键或叁键上连有吸电子基团（如 $-\overset{O}{\overset{\|}{C}}-$、$-CN$、$-\overset{O}{\overset{\|}{C}}-Cl$、$-\overset{O}{\overset{\|}{C}}-OR$、$-NO_2$ 等）的亲双烯试剂具有较强的反应活性。不饱和碳原子上所连吸电子基团越多，反应速率越快。当亲双烯体的不饱和碳原子上连有甲基等推电子基团时，环加成反应只有在高温下才能缓慢进行。

（2）共轭二烯

参与环加成反应的二烯（即共轭二烯）可以是开链的，也可以是环状的。例如：

—C=C—C=C—

开链二烯　　环内二烯 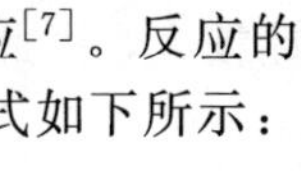　　跨环二烯

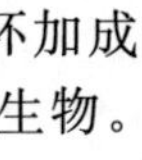

许多二烯存在着顺式(*cis-*）和反式(*trans-*）两种构型。在参与环加成反应时，二烯的两个双键必须呈顺式构型，或者能在反应过程中通过单键旋转而转变成顺式构型才能完成反应。

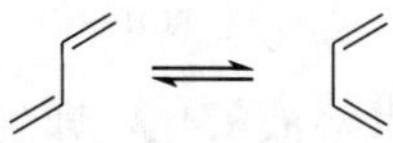

trans-　　*cis-*

如果二烯的两个双键固定于反式构型，则不能发生双烯合成反应。例如：

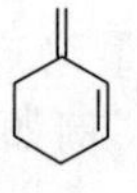

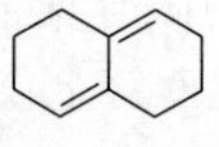

当二烯的双键碳原子上连有推电子基团时，其反应活性增加。例如，甲基或甲氧基等取代的丁二烯反应活性大于丁二烯的反应活性。进行双烯合成的难易程度主要取决于反应物的性质，反应基本上是自发进行的，不需要催化剂。但在室温或低温条件下反应难以进行时，可适当加些催化剂，以加速反应的进行。一般采用 Lewis 酸作为该反应的催化剂，如 $AlCl_3$、BF_3、$SnCl_4$、$TiCl_4$ 等。

Diels-Alder 反应具有高度的立体专一性：二烯与亲双烯试剂按顺式进行加成。顺、反构型的亲双烯试剂在进行反应时，能保持其原有的基本构型，而且带有取代基的二烯也是按顺式进行加成的，这与环状过渡态的协同反应历程相一致。

通过 Diels-Alder 反应可以合成各种类型的含有六元环的化合物。所以，该反应广泛用于精细化工产品及其中间体的合成。例如，染料中间体蒽醌 **7-8** 就是采用这一方法制备的[8]。天然产物麦角酸 **7-9** 可以通过分子内的 Diels-Alder 反应制备。

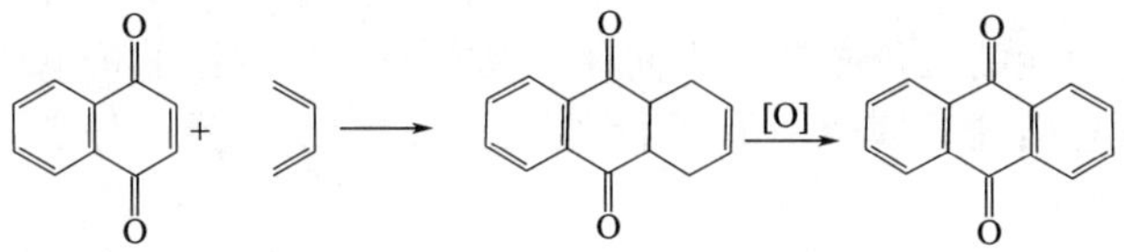

[O]

7-8

OMe N NH H_3COOC Diels-Alder 200℃ OMe N H NH H_3COOC H 65% 水解 OMe N NH HOOC

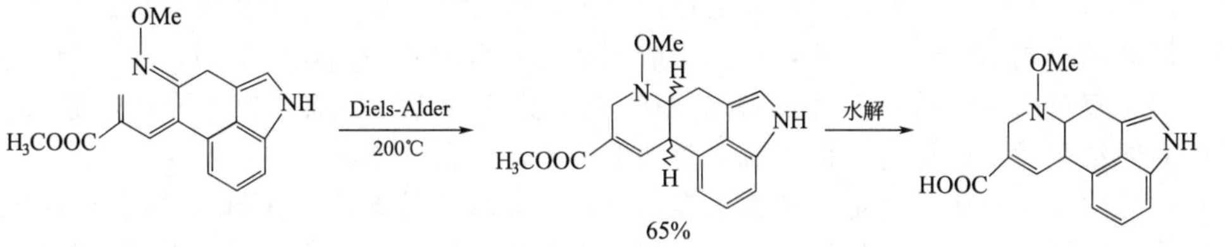

7-9

7.2.4.2 ［2+2］环加成反应

该反应又可称作烯烃二聚环加成反应，包括烯烃的环加成及碳烯对双键的环加成反应。

（1）烯烃的环加成反应

在光作用下，两分子烯烃很容易彼此加成形成四元环衍生物。此反应称为［2+2］环加成反应或者光二聚合反应，它是制备环丁烷衍生物的好方法，具有高度的立体定向性。例如，2-环己烯酮与乙烯在光照和低温条件下很容易生成双环化合物 **7-10**[9]。

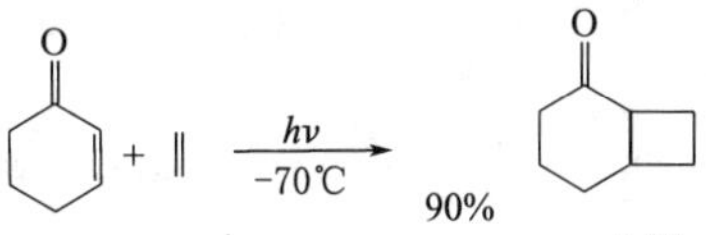

O + ‖ $h\nu$ −70℃ 90% O

7-10

一般的烯烃在加热条件下很难进行二聚合反应。但有些取代烯烃可以顺利进行该反应，这些烯烃主要是多氟烯烃（$F_2C{=}CXY$；X，Y 为卤素、氢原子、烃基等）、累积双烯（$R_2C{=}C{=}CR_2$）、丙烯腈、苯乙烯等。例如，二氟二氯烯烃在高温下可以聚合形成多卤代环丁烷 **7-11**。

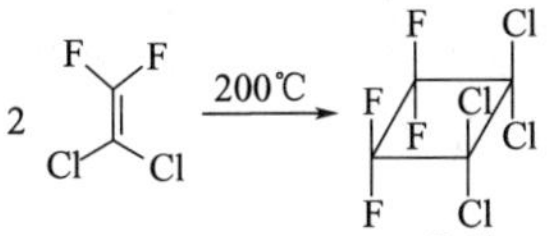

2 F F Cl Cl 200℃ F Cl F Cl F Cl F Cl

7-11

热反应和光反应的一个很大区别就在于：光反应是协同反应，而热反应是非协同反应，它可能经过一个双自由基中间体的阶段，因而立体定向性较差。

热环化加成反应一般不用溶剂，只有在反应剧烈时才加溶剂作为稀释剂。反应一般需要在加压条件下进行。光照环化加成反应大多在溶剂中进行，并需加入光敏剂。光源一般采用全色光。为避免烯烃在光照下自行聚合成多聚物，常加入适量的阻聚剂，如对苯二酚等。

(2) 碳烯对双键的环加成反应

碳烯在铜和铜盐以及其他盐类（如 ZnI_2）或有机金属化合物（如 R_2AlCH_2I）的存在下，对烯烃进行［2+2］环加成形成环丙烷。此反应又称为烯烃环丙烷化反应。反应通式如下所示：

$$>C: + >C=C< \longrightarrow -C-C- \text{(cyclopropane with C)}$$

碳烯是活泼的电中性的二价碳活性中间体，具有两个未成键的价电子。它具有两种可能的结构，一种是单线态碳烯，即两个价电子的自旋方向相反；另一种是三线态碳烯，即两个价电子的自旋方向相同。

碳烯对烯烃加成的立体定向性，主要取决于碳烯的电子存在状态。当单线态的碳烯与取代烯烃反应时，其加成产物可保持原烯烃的构型，因为此反应是一个协同反应过程。三线态碳烯与烯烃的加成是分步进行的，首先生成三线态双自由基中间体，然后发生自旋变换，转变成单线态双自由基，再行关环；如果绕碳-碳单键的旋转比自旋变换还要快，那么关环后烯烃的立体结构就不能保持，而生成非对映的环丙烷类混合物。

环丙烷化反应中所用碳烯的种类很多，可以是无取代基碳烯（$:CH_2$，即卡宾），也可以是带取代基的烃基碳烯、卤代碳烯、烷氧羰基碳烯等。碳烯的制备方法包括裂解法和消除法两种。裂解法主要以重氮烷烃的裂解为多，在光、热或某些盐类的存在下进行；消除法中，以卤仿消除生成卤代碳烯应用最广。例如，采用裂解法可以制备得到卡宾、乙氧羰基碳烯 **7-12** 等[10]：

$$H_2C{=}N_2 \xrightarrow{h\nu} :CH_2 + N_2$$

$$N_2CHCOOC_2H_5 \xrightarrow[\text{或 } CuSO_4]{h\nu \text{ 或 } \triangle} :CHCOOC_2H_5 + N_2$$

7-12

采用消除法可以制备卤代碳烯和多卤代碳烯，如 **7-13** 等[11,12]：

$$H{-}CX_3 + B^- \xrightarrow[-X^-]{-BH} :CX_2\ (X=Cl, Br, I)$$

$$HCXI_2 + NaOH \xrightarrow{PhCH_2\overset{+}{N}Et_3\cdot OH^-} \overset{X}{\underset{I}{>}}C:\quad (X=Br,\ Cl)$$

7-13

碳烯与烯烃之间发生的是亲电加成反应，所以烯键上带有推电子基团时有利于反应的进行，例如双环己二烯与氯代碳烯的反应产物为 **7-14**[13]：

$$\text{(双环己二烯)} + :CCl_2 \longrightarrow \text{(二氯环丙烷产物)}$$

7-14

7.3 亲核加成反应

亲核加成中最重要的是碳-氧双键（羰基）的亲核加成。与碳-碳双键不同的是，碳-氧双键是由两种不同的原子所构成的。由于氧原子的电负性比碳原子高得多，因此碳-氧双键是高度极化的，它们之间的电子云分布很不均等。其中，碳原子带有部分正电荷，而氧原子带有部分负电荷。

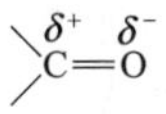

$$\rangle\overset{\delta^+}{C}=\overset{\delta^-}{O}$$

碳-氧双键在进行加成反应时，带负电荷的氧原子总是要比带正电荷的碳原子稳定得多。因此，在碱性催化剂存在下，总是带正电荷的碳原子与亲核试剂发生反应，即碳-氧双键易于发生亲核加成反应。参与加成反应的亲核试剂，按其性质可分为三类。

① 具有未共用电子对的化合物或离子，如 H_2O、ROH、H_2S、SO_3H^-、NH_2OH、$C_6H_5NHNH_2$、$RCONH_2$ 等。这些亲核试剂与羰基化合物加成可形成 C—O、C—S、C—N 键等。

② 能形成碳负离子的化合物，如醛、酮、羧酸及其衍生物、亚砜（SOR_2）、叶立德试剂（$Ph_3P{=}CHR$）等。它们在碱性催化剂存在下可形成碳负离子，碳负离子容易与羰基化合物发生加成反应。这类亲核加成是在酯键上形成新的 C—C 键的重要方法。

③ 能提供氢负离子的有机物，如没有 α-氢的醛、多种金属氢化物、醇淦等。它们可以作为负氢的供给体与羰基化合物加成，形成 C—H 键。

7.3.1 亲核加成反应的历程

7.3.1.1 分步加成机理

与碳-碳双键的加成反应类似，碳-氧双键与亲核试剂（HA）的加成反应也是分成两步进行的，其中，生成碳负离子的第一步反应进行得较慢，是整个亲核加成反应速率的决定步骤。反应通式如下：

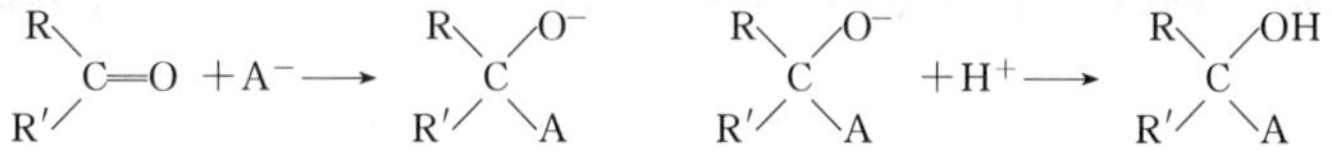

$$RR'C{=}O + A^- \longrightarrow \underset{(\text{I})}{RR'C(O^-)(A)} \qquad RR'C(O^-)(A) + H^+ \longrightarrow \underset{(\text{II})}{RR'C(OH)(A)}$$

7.3.1.2 醛酮的结构对反应速率的影响

羰基亲核加成的分步进行机理，可以用来解释羰基化合物的结构对反应性能的影响。当羰基连有给电子取代基时，增加了羰基碳原子的电子云密度，使亲核试剂不易加成。故反应速率依下列次序降低。

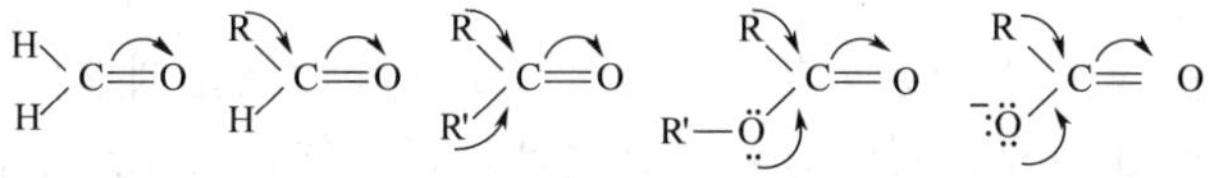

$$H_2C{=}O \quad RHC{=}O \quad RR'C{=}O \quad R(R'\ddot{O})C{=}O \quad R(^-\ddot{O})C{=}O$$

反之，当羰基连有吸电子取代基时，降低了羰基碳原子的电子云密度，即增加了碳原子的正电荷，使亲核试剂易于加成。

取代基的立体效应对羰基化合物的反应性能也有一定的影响。烷基取代酮的反应性能以甲基酮为最强，其他烷基酮的反应速率都较慢，一方面由于推电子的诱导效应，更主要的是立体位阻效应对反应速率起显著影响。例如，羰基与硼氢化钠的反应：

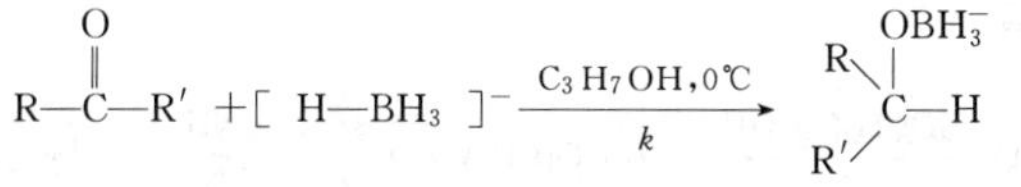

$$R{-}\overset{O}{\overset{\|}{C}}{-}R' + [\,H{-}BH_3\,]^- \xrightarrow[k]{C_3H_7OH,0℃} RR'C(H)(OBH_3^-)$$

反应试剂	C_6H_5CHO	CH_3COCH_3	$C_6H_5COCH_3$	$C_6H_5COC_6H_5$
$k\times10^4$	12400	15.1	2.0	1.9

在决定反应速率的步骤，羰基碳原子由 sp^2 杂化转变成 sp^3 杂化，键角由 120°变为

109.5°，碳原子周围的空间由松弛到拥挤，因此羰基碳原子上取代基体积的大小对反应速率有显著的影响，氢原子的体积比烃基小得多，因此醛起反应的速率比酮快得多。苯乙酮起反应的速率比丙酮慢，一方面是苯基的体积比甲基大，另一方面是由于作用物中羰基与苯环组成共轭体系，而在过渡态及加成物中，该共轭体系就不再存在，由于反应物中有共轭体系存在，因此它处的能量较低，相应使活化能加大，反应速率减慢。

7.3.2 含未共用电子对物质对碳-氧双键的亲核加成反应

7.3.2.1 C—O 键的形成

醛、酮在稀酸中生成水合物。酸的催化作用是使羰基活化，有利于水的亲核进攻，反应结果形成了 C—O 键：

$$\text{R—CH=O} + H^+ \overset{\text{快}}{\rightleftharpoons} \text{R—CH=}\overset{+}{\text{O}}\text{H}$$

$$\text{R—CH=}\overset{+}{\text{O}}\text{H} + H_2O \overset{\text{慢}}{\rightleftharpoons} \text{R—CH(}\overset{+}{\text{O}}H_2\text{)—OH} \rightleftharpoons \text{R—CH(OH)—OH} + H^+$$

上述反应是一个平衡反应，水是一个很弱的亲核试剂，除了甲醛、乙醛和 α-多卤代醛、酮外，其他醛、酮难以生成水合物。在 20℃时，甲醛的水溶液中 99.9%是水合物，乙醛为 58%，而丙酮几乎没有。需要注意的是，虽然甲醛的水溶液几乎全部以水合物的形式存在，但并不能把它离析出来，因为在离析过程中水合物极易失水，若醛、酮分子中连有吸电子取代基，则它们可使水合物稳定。

在酸催化下，醛（酮）与一分子醇加成生成半缩醛（酮）的反应也是一种平衡反应，平衡一般偏向于生成原来的醛（酮），但半缩醛（酮）可进一步与醇进行亲核取代反应，生成缩醛（酮）。

$$\text{RCH=O} + H^+ \rightleftharpoons \left[\text{RCH=}\overset{+}{\text{O}}\text{H}\right] \overset{R'OH}{\rightleftharpoons} \text{R—CH(OR')—OH} \underset{-H^+}{\overset{H^+}{\rightleftharpoons}} \left[\text{R—CH(OH)—}\overset{+}{\text{O}}\text{(H)R'}\right]$$

$$\rightleftharpoons \left[\text{R—CH(OR')—}\overset{+}{\text{O}}H_2\right] \overset{-H_2O}{\rightleftharpoons} \left[\text{R—CH=}\overset{+}{\text{O}}\text{R'}\right] \overset{R'OH}{\rightleftharpoons} \text{R—CH(OR')}_2 + H^+$$

上述一系列中间反应都是可逆反应。缩醛虽然是在酸性催化剂催化下生成的，但同时它也可被酸分解成原来的醛和醇。缩醛对碱及氧化剂是稳定的，利用这个性质，在有机合成中将醛基用缩醛保护起来，然后在碱性介质中起氧化还原反应或其他有干扰类型的反应，等反应完毕后，再利用酸将缩醛分解。

一个非常重要的醛基保护方法是利用醛与乙二醇反应制得半缩醛后又进一步反应制得缩醛，这一过程是分子内反应，且形成结构比较稳定的五元环产物。例如，在将 7-氧代辛醛氧化成正辛醛的反应中，可采用酸性还原，也可采用碱性还原，为了保存醛基先将醛基保护起来，然后用酸水解复原。

$$CH_3CO(CH_2)_5CHO \xrightarrow[H^+]{HOCH_2CH_2OH} CH_3CO(CH_2)_5CH\langle\text{O—CH}_2\text{CH}_2\text{—O}\rangle \xrightarrow[KOH]{NH_2NH_2} \xrightarrow{H^+} CH_3CH_2(CH_2)_5CHO$$

酮一般得不到缩酮，因为平衡反应是偏向于反应物方向，但在特殊装置中把反应产生的水除去，使平衡移向右方，这样就可以制备缩酮。

7.3.2.2 C—S 键的形成

H_2S、RSH 分子中硫原子的电负性比氧原子小，因此它们的亲核性能比水或醇强，也就更容易与羰基化合物发生加成反应，反应生成硫代缩醛（酮）。

$$(CH_3H_2C)(H_3C)C{=}O + 2C_2H_5SH \longrightarrow (CH_3H_2C)(H_3C)C(SC_2H_5)_2$$

$$RCHO + HSCH_2CH_2CH_2SH \longrightarrow \text{2-R-1,3-二噻烷(2-H)}$$

1,3-二硫六环（硫代缩醛），由于分子中具有两个电负性的硫原子，它能与丁基锂作用形成稳定的碳负离子，此碳负离子与卤代烃迅速烃化，继而在铜或汞盐存在下水解，生成醛或酮。当以甲醛制得的不含取代基的硫代缩醛与卤代烃为原料时，可以合成比烃基多一个碳原子的醛[14]；当以两个及两个以上碳原子醛制得的含取代基的硫代缩醛与卤代烃为原料时，可以合成酮[15]。

$$\text{1,3-二噻烷} \xrightarrow{n\text{-}C_4H_9Li} \text{2-H-2-}Li^+ \xrightarrow{n\text{-}C_8H_{17}Br} \text{2-H-2-}C_8H_{17}\text{-}n \xrightarrow[H_2O/CH_3COCH_3]{CuCl_2/CuO} n\text{-}C_8H_{17}CHO$$

$$\text{2-R-2-H-1,3-二噻烷} \xrightarrow{n\text{-}C_4H_9Li} \text{2-R-2-}Li^+ \xrightarrow{R'X} \text{2-R-2-R'} \xrightarrow[H_2O]{HgCl_2/HCl} RCOR'$$

亚硫酸氢钠与羰基化合物的亲核加成可以看成是另一类重要的 C—S 键形成的反应。加成物 α-羟基磺酸钠通常是晶体化合物，它与酸、碱共热，又分解为原来的醛和酮。醛、甲基酮及环酮能和亚硫酸氢钠顺利反应，其他酮一般不起反应，因此常利用这一方法来分离或提纯醛、甲基酮和环酮。

7.3.2.3 C—N 键的形成

醛、酮的羰基与氨、一级胺、二级胺发生亲核加成，初产物一般很不稳定，马上进行下一步反应，生成亚胺。

$$>C{=}O + H_2NR \longrightarrow >C(O^-)(\overset{+}{N}H_2R) \longrightarrow >C(OH)(NHR) \xrightarrow{-H_2O} >C{=}NR$$

亚胺是不稳定的化合物。当亚胺分子中的 R 是脂族烃基时，亚胺很容易分解；当 R 是芳香基时，则形成席夫碱，比较稳定。一般来说，在同一碳原子上有一个羟基及一个氨基和同一碳原子上同时有两个羟基的结构类似，一般都是不稳定的，生成后马上失去水，接着发生一系列反应。例如，甲醛与氨可以进行一系列反应，最终生成六亚甲基四胺。

如果羰基 α-碳上有氢原子，与二级胺反应则生成烯胺。烯胺与卤代烃反应，得到碳烷基化或氮烷基化产物。

$$-\overset{H}{C}-C{=}O + HNR_2 \longrightarrow \left[-\overset{H}{C}-\overset{O^-}{C}-\overset{+}{N}HR_2\right] \longrightarrow \left[-\overset{H}{C}-\overset{OH}{C}-NR_2\right]$$

$$\longrightarrow \underset{\text{烯胺}}{-C{=}C-NR_2} \xrightarrow{R'X} \begin{cases} -\overset{R'}{C}-C{=}\overset{+}{N}R_2 & \text{碳烷基化} \\ -C{=}C-\overset{+}{N}HR_2R' & \text{氮烷基化} \end{cases}$$

羰基化合物与肼、羟胺和氨基的反应均属于亲核加成反应，反应生成的加成物极易失水，分别生成稳定的缩合产物腙、肟和缩氨脲。

$$R(R')C{=}O \xrightarrow{H_2NNHC_6H_5} R'{-}C(R)(OH){-}NHNHC_6H_5 \xrightarrow{-H_2O} R(R')C{=}NNHC_6H_5$$

$$R(R')C{=}O \xrightarrow{NH_2OH} R'{-}C(R)(OH){-}NHOH \xrightarrow{-H_2O} R(R')C{=}NOH$$

$$R(R')C{=}O \xrightarrow{H_2NNHC(O)NH_2} R'{-}C(R)(OH){-}NHNHC(O)NH_2 \xrightarrow{-H_2O} R(R')C{=}NNHC(O)NH_2$$

由于腙、肟及缩氨脲等基团对 NaOH、Na/液 NH_3、NaH、RMgX、$NaBH_4$ 和 $LiAlH_4$ 等试剂稳定，而且可以借助多种方法将它们水解成原来的羰基化合物，因此在有机合成中常常将羰基转变成这些基团来保护羰基。

甲醛（或其他醛）、氨或胺（伯胺或仲胺）和至少含一个 α-氢的醛、酮、酯等羰基化合物缩合生成酮胺(Mannich 碱）盐酸盐[16]：

$$-C(=O)-\overset{|}{\underset{|}{C}}-H + HCHO + HCl\cdot HNR^1R^2 \longrightarrow -C(=O)-\overset{|}{\underset{|}{C}}-CH_2-NR^1R^2\cdot HCl$$

该反应一般是在水、乙醇等溶剂中，弱酸性、室温条件下进行的。甲醛先与胺缩合成亚胺盐，后者再与醛、酮的烯醇式起缩合反应：

$$H_2C{=}O + HCl\cdot HNR^1R^2 \longrightarrow H_2C{=}\overset{+}{N}R^1R^2\cdot Cl^- + H_2O$$

$$-C(OH){=}C< + H_2C{=}\overset{+}{N}R^1R^2\cdot Cl^- \longrightarrow -C(=O)-\overset{|}{\underset{|}{C}}-CH_2-NR^1R^2\cdot HCl$$

反应液经碱中和得到游离酮胺是有机合成的重要中间体。Mannich 碱在加热时分解成 α，β-不饱和羰基化合物[17]：

$$(CH_3)_2CHCH(CH_2N(CH_3)_2)CHO \xrightarrow{\triangle} (CH_3)_2CHC(=CH_2)CHO + HN(CH_3)_2$$

应用 Mannich 反应可以在相当于生物体内的生理条件下，合成一些含氮的天然产物。例如托品酮 **7-15** 的合成：

$$\begin{matrix}CH_2CHO\\ CH_2CHO\end{matrix} + H_2NCH_3 + (HOOCCH_2)_2C{=}O \xrightarrow[20\sim22^\circ C]{pH=5,HOAc} \textbf{7-15}$$

7-15

7.3.3 碳负离子对碳-氧双键的亲核加成反应

7.3.3.1 烯醇负离子对羰基化合物的加成

在碱性催化剂存在下，含有 α-氢的羰基化合物可以形成烯醇负离子，它对羰基化合物的亲核加成是形成 C—C 键的重要方法。

$$B: + -\overset{H}{\underset{|}{C}}-C(=O)- \rightleftharpoons [\,-\overset{-}{\underset{|}{C}}-C(=O)- \longleftrightarrow -\underset{|}{C}{=}C(O^-)-\,] + BH$$

(1) 醇醛缩合反应（Aldol 缩合）

在碱性催化剂存在下，含有α-氢的醛首先失去质子形成烯醇负离子，继而对另一分子醛进行亲核加成，结果生成β-羟基醛（酮）。β-羟基醛常用减压蒸馏法将它蒸出来。

$$RCH_2-\overset{O}{\overset{\|}{C}}H + OH^- \rightleftharpoons \left[R\bar{C}H-\overset{O}{\overset{\|}{C}}H \rightleftharpoons RCH=\overset{O^-}{\overset{|}{C}}H \right] + H_2O$$

$$RCH_2-\overset{O}{\overset{\|}{C}}H + R\bar{C}H-\overset{O}{\overset{\|}{C}}H \longrightarrow RCH_2\overset{O^-}{\overset{|}{C}}H\underset{R}{\underset{|}{C}}H\overset{O}{\overset{\|}{C}}H \xrightarrow{H_2O} RCH_2\overset{OH}{\overset{|}{C}}H\underset{R}{\underset{|}{C}}H\overset{O}{\overset{\|}{C}}H + OH^-$$

如果醛分子中含有两个以上活泼α-氢，而且反应温度较高和催化剂的碱性较强，则β-羟基醛可以进一步发生消除反应，脱去一分子水而生成α，β-不饱和醛。

若两个含有α-氢的不同羰基化合物之间的醇醛缩合，可得到交叉的四种可能产物的混合物。为了制备纯的化合物，一般采用一个含有α-氢的醛、酮与另一个不含α-氢的醛、酮反应。例如，芳醛可以供给羰基与脂肪醛起羟醛缩合，生成的羟醛容易失水成为α，β-不饱和醛酮：

$$C_6H_5-CHO + CH_3CHO \rightleftharpoons C_6H_5-\overset{OH}{\overset{|}{C}}HCH_2CHO \rightleftharpoons C_6H_5-CH=CHCHO$$

上述反应的副产物为 CH_3CHO 的自身缩合产物脱水形成的 $CH_3CH=CHCHO$。

(2) Knoevenagel 反应

在碱性试剂胺的催化下，含有强活泼亚甲基的化合物以碳负离子亲核试剂的形式与醛、酮的羰基碳原子缩合，生成α，β-不饱和化合物。常用的催化剂有吡啶、哌啶、乙二胺、氨基丙酸等有机碱，它们的羧酸盐以及氨和乙酸铵。这类催化剂的特点是它们只能使含有强活泼亚甲基的化合物脱质子转变为碳负离子，而对于亚甲基不够活泼的醛或酮，则不能使它们脱质子转变为碳负离子，因此可以避免 Aldol 缩合副反应。例如，丙二酸酯的缩合反应：

$$R_3N + CH_2(COOC_2H_5)_2 \rightleftharpoons R_3\overset{+}{N}H + {}^-CH(COOC_2H_5)_2$$

$$\underset{R'}{\overset{R}{>}}C=O + {}^-CH(COOC_2H_5)_2 \rightleftharpoons \underset{R'}{\overset{R}{>}}\overset{O^-}{\overset{|}{C}}-CH(COOC_2H_5)_2 \xrightarrow{H^+} \underset{R'}{\overset{R}{>}}C=C(COOC_2H_5)_2 + H_2O$$

(3) Doebner 反应

羰基化合物与氰乙酸或丙二酸在吡啶中共热，在发生缩合的同时，放出二氧化碳，生成α，β-不饱和酸。

$$R_3N + CH_2(COOH)_2 \rightleftharpoons R_3\overset{+}{N}H + {}^-CH(COOH)_2$$

$$\underset{R'}{\overset{R}{>}}C=O + {}^-CH(COOH)_2 \rightleftharpoons \underset{R'}{\overset{R}{>}}\overset{O^-}{\overset{|}{C}}-CH(COOH)_2 \xrightarrow{H^+} \underset{R'}{\overset{R}{>}}C=CHCOOH + CO_2 + H_2O$$

Knoevenagel-Doebner 缩合，醛、酮与含活泼亚甲基的化合物（丙二酸酯、丙二酸、氰基乙酸等）在缓和的条件下（有机碱的催化下）起缩合反应，它们不会使脂肪族醛起羟醛缩合反应。

(4) Perkin 反应

脂肪族酸酐在相应的脂肪酸碱金属盐的催化作用下与芳醛（或不含α-氢的脂醛）一起共热，通过亲核加成、消除脱水生成β-芳基丙烯酸类化合物。

$$CH_3COO^- + (CH_3CO)_2O \rightleftharpoons {}^-CH_2COOCOCH_3 + CH_3COOH$$

$$ArCHO + {}^-CH_2COOCOCH_3 \rightleftharpoons Ar-\overset{O^-}{\overset{|}{C}}HCH_2COOCOCH_3 \xrightarrow[H_2O]{H^+} ArCH{=}CHCOOCOCH_3$$

$$\xrightarrow{H_2O} ArCH{=}CHCOOH + CH_3COOH$$

参加反应的羧酸盐可被其他碱性试剂如碳酸钾、叔胺所代替。Perkin 反应的收率与芳醛上取代基的性质有关。芳环上带有吸电子基团时，亲核加成反应容易进行，收率较高。反之，芳环上带有给电子基团时，则亲核加成反应较难进行，收率也低，甚至不能发生反应。

（5）Darzens 反应

α-卤代羧酸酯在强碱作用下脱质子生成碳负离子，然后与醛或酮的羰基碳原子进行亲核加成，再脱卤素负离子而生成 α，β-环氧羧酸酯。

$$ClCH_2COOC_2H_5 + C_2H_5O^- \rightleftharpoons Cl\bar{C}HCOOC_2H_5 + C_2H_5OH$$

$$Cl\bar{C}HCOOC_2H_5 + C_6H_5\overset{O}{\overset{\|}{C}}CH_3 \rightleftharpoons C_6H_5-\underset{CH_3}{\overset{O^-}{C}}-\underset{Cl}{C}HCOOC_2H_5 \longrightarrow C_6H_5-\underset{CH_3}{C}\overset{O}{\frown}CHCOOC_2H_5$$

常用的强碱有醇钠、氨基钠、氢化钠和叔丁醇钾等。在缩合时，为了避免卤基和酯基的水解，反应要在无水介质中进行。所用的卤代羧酸酯一般都是氯代羧酸酯。此外，α-氯代酮也可以用于该反应。

（6）Stobbe 反应

在碱催化下，丁二酸二乙酯形成的烯醇负离子可与酮进行亲核加成，首先生成环状内酯，继而在碱催化下开环。

$$\begin{array}{l}CH_2COOC_2H_5\\|\\CH_2COOC_2H_5\end{array} \xrightleftharpoons{(CH_3)_3COK} \begin{array}{l}\bar{C}HCOOC_2H_5\\|\\CH_2COOC_2H_5\end{array} \xrightleftharpoons{RR'C{=}O} RR'\overset{O^-}{C}-\underset{COOC_2H_5}{C}HCH_2COOC_2H_5 \xrightleftharpoons{-C_2H_5O^-}$$

$$\text{(R)(R')C(O-C(=O)-CH}_2\text{-CH(COOC}_2\text{H}_5\text{)-)} \xrightleftharpoons{(CH_3)_3COK} RR'C{=}\underset{COOC_2H_5}{C}CH_2COO^- \xrightarrow{H^+} RR'C{=}\underset{COOC_2H_5}{C}CH_2COOH$$

在 Stobbe 反应中，碱不仅用作催化剂而且参加反应。1mol 羰基化合物与酯反应，需要消耗 1mol 碱。常用的碱有醇钠、叔丁醇钾、氢化钠等。

（7）安息香缩合反应

芳香醛在水-醇体系中，用氰化钠或氰化钾处理，生成 α-羟基酮的反应，称安息香缩合。反应过程首先是氰离子对羰基进行亲核加成，继而发生质子转移，形成碳负离子中间体，接着该碳负离子与另一分子羰基化合物再发生加成，最后消除氰负离子，生成 α-羟基酮。

$$Ar-\overset{O}{\overset{\|}{C}}-H + CN^- \rightleftharpoons Ar-\underset{CN}{\overset{H}{C}}-O^- \rightleftharpoons Ar-\underset{CN}{\bar{C}}-OH$$

$$Ar-\overset{O}{\overset{\|}{C}}-H + Ar-\underset{CN}{\bar{C}}-OH \rightleftharpoons Ar-\underset{CN}{\overset{OH}{C}}-\underset{Ar}{\overset{O^-}{C}}-H \rightleftharpoons Ar-\overset{O}{\overset{\|}{C}}-\underset{Ar}{\overset{OH}{C}}-H + CN^-$$

含有烷基、烷氧基、卤素、羟基、氨基的苯甲醛不能生成对称的 α-羟基酮。但是它们可以与苯甲醛反应，生成不对称 α-羟基酮。例如，*N*,*N*-二甲氨基苯甲醛自身不能生成对称的 α-羟基酮，但是它们可以与苯甲醛反应，生成不对称 α-羟基酮 **7-16**：

$$C_6H_5CHO + (CH_3)_2N\text{-}C_6H_4\text{-}CHO \xrightarrow{CN^-} C_6H_5\text{-}CH(OH)\text{-}CO\text{-}C_6H_4\text{-}N(CH_3)_2$$

7-16

(8) Claisen 缩合反应

这类反应包括酯酯缩合和酮酯缩合两种情况。酯酯 Claisen 缩合是指酯的亚甲基活泼 α-氢在强碱性催化剂的作用下，脱质子形成碳负离子，然后与另一分子酯的羰基碳原子发生亲核加成、并进一步脱 RO^- 而生成 β-酮酸酯的反应。最简单的典型实例是两分子乙酸乙酯在无水乙醇钠的催化作用下缩合，生成乙酰乙酸乙酯：

$$C_2H_5ONa + H—CH_2COOC_2H_5 \rightleftharpoons C_2H_5OH + Na^{+}\ {}^{-}CH_2COOC_2H_5$$

$$CH_3\overset{O}{\overset{\|}{C}}—OC_2H_5 + {}^{-}CH_2COOC_2H_5 \rightleftharpoons H_3C—\underset{OC_2H_5}{\underset{|}{\overset{O^-}{\overset{|}{C}}}}—CH_2COC_2H_5 \rightleftharpoons CH_3COCH_2COOC_2H_5 + C_2H_5O^-$$

酯酯缩合可分为同酯自身缩合和异酯交叉缩合两类。异酯缩合时，如果两种酯都含有活泼 α-氢，则可能生成四种不同的 β-酮酸酯，难以分离精制，没有实用价值。如果其中一种酯不含活泼 α-氢，则缩合时有可能生成单一的产物。常用的不含活泼 α-氢的酯有甲酸酯、苯甲酸酯、乙二酸二酯和碳酸二乙酯等。

酮酯 Claisen 缩合是指在均含有活泼 α-氢的酯和酮之间进行的一种缩合。当酯 α-氢的酸性比酮 α-氢的酸性低时，则与 Knoevenagel 反应相反，强碱性催化剂使酮优先脱质子形成碳负离子，然后与酯的羰基碳原子发生亲核加成反应和脱 RO^- 而生成 β-二羰基化合物。例如，丙酮在甲醇钠的催化作用下与甲氧基乙酸甲酯缩合可制得 1-甲氧基-2,4-戊二酮 **7-17**：

$$CH_3O—CH_2\overset{O}{\overset{\|}{C}}—OCH_3 + CH_3\overset{O}{\overset{\|}{C}}CH_3 \xrightarrow{CH_3ONa/C_6H_4\ (CH_3)_2,\ 60\sim65℃} CH_3O—CH_2\overset{O}{\overset{\|}{C}}—CH_2\overset{O}{\overset{\|}{C}}CH_3 + CH_3OH$$

7-17

7.3.3.2 Wittig 反应

1953 年，Wittig 发现亚甲基三苯膦和二苯酮作用，得到几乎定量的偏二苯乙烯，这个发现引起了有机化学界的重视，称为 Wittig 反应。

碳负离子被邻近的磷原子或硫原子的 *d*-轨道所形成共轭稳定的化合物称叶立德 (ylides)。它们可以与羰基化合物直接缩合生成相应的烯类化合物，这是非常重要的制烯方法。例如磷叶立德与醛、酮反应生成烯烃与氧化膦：

$$[(C_6H_5)_3\overset{+}{P}—CH_2R]\ Br^- \xrightarrow{NaNH_2} [(C_6H_5)_3\overset{+}{P}—\overset{-}{C}H_2R] \xrightarrow{RR'C=O} RR'C=CHR + (C_6H_5)_3PO$$

Wittig 反应可在缓和的条件下进行，它生成的双键处于原来羰基的位置，可以制得能量上不利的环外双键化合物[18]。该反应具有一定的立体选择性，利用不同的试剂，控制一定的反应条件，可获得一定构型的产物。羰基化合物可含多种类型的取代基，可以是链状、脂环、芳香族醛、酮，因此该法对于合成具有一定构型的天然产物是很有用的[19]。例如合成拟除虫菊酯中间体、番茄红素、β-胡萝卜素、胆甾醇母体等[20]。

7.3.3.3 金属有机化合物对羰基化合物的加成

许多金属有机物均可作为碳负离子的供给体，它们与卤代烃的亲核取代反应是形成 C—C 键的另一大类重要的合成方法。

(1) 有机镁试剂与羰基化合物的加成

有机镁试剂(Grignard 试剂) 是应用最久的亲核试剂。虽然 Grignard 试剂未能真正析离获得，但它的化学性质充分表现出是一个碳负离子供给体。Grignard 试剂与羰基化合物的加成是合成醇的重要方法。

$$R''MgX + \underset{R'}{\overset{R}{\diagdown}}C{=}O \longrightarrow R''{-}\underset{R'}{\overset{R}{|}}C{-}OMgX \xrightarrow{H_3^+O} R''{-}\underset{R'}{\overset{R}{|}}C{-}OH$$

Grignard 试剂与甲醛反应生成多一个碳原子的伯醇。一般而言，伯烃基、仲烃基 Grignard 试剂生成醇的产率往往比叔烃基 Grignard 试剂好。

Grignard 试剂与酯的加成也是合成醇的一种常用的方法。Grignard 试剂与甲酸酯反应生成对称的仲醇，而与高级酸酯反应则生成叔醇。对称三级醇最好的制备方法是用 Grignard 试剂与碳酸乙酯反应，三个烃基均由 Grignard 试剂提供，例如化合物 **7-18** 的合成[21]。

$$3C_2H_5MgBr + (C_2H_5O)_2CO \xrightarrow[82\%\sim88\%]{} (C_2H_5)_2C(OH)C_2H_5$$

7-18

(2) 有机锂试剂与羰基化合物的加成

有机锂试剂是新近发展起来的一类金属试剂，由于它的种类很多，因此它们与羰基化合物的加成可以合成具有各种官能团的化合物，广泛用于烯烃、羧酸及其衍生物的合成。

$$[(CH_3)_3Si\bar{C}RR^1]Li^+ + \underset{R^3}{\overset{R^2}{\diagdown}}C{=}O \longrightarrow RR^1C{=}CR^2R^3 + (CH_3)_3SiOLi$$

硅原子与磷、硫原子类似，亦具有空的 d 轨道，它可与 α-碳负离子发生 d-p 共轭，故硅烷与强碱作用易于形成三烷基硅基取代的碳负离子，这种碳负离子与羰基化合物反应，可高产率地生成烯烃[22]。例如，取代乙酸与 2 当量的二异丙基氨基锂在四氢呋喃中于 0℃ 反应生成二锂盐，继而与二苯酮反应，高产率地生成相应的 β-羟基酸 **7-19**：

$$(CH_3)_3CCH_2COOH \xrightarrow[THF,\ 0℃]{LiN[CH(CH_3)_2]_2} (CH_3)_3C\underset{Li}{\underset{|}{C}}HCOOLi \xrightarrow[92\%]{(C_6H_5)_2CO} (C_6H_5)_2\underset{OH}{\underset{|}{C}}{-}\overset{C(CH_3)_3}{\overset{|}{C}}HCOOH$$

7-19

(3) 有机锌试剂与羰基化合物的加成

在有机镁试剂分子中，不能含有能与镁试剂相作用的活性基团如酯基、酰氨基等。但有机锌试剂活性较弱，它与酯基、酰氨基等不能反应，因此 α-卤代酯、α-卤代酰胺均能生成相应的锌试剂，它们与羰基化合物的加成是合成 β-羟基酸酯、β-羟基酰胺的有效方法。

$$Zn + BrCH_2COOC_2H_5 \longrightarrow BrZnCH_2COOC_2H_5$$

$$BrZnCH_2COOC_2H_5 + \underset{R'}{\overset{R}{\diagdown}}C{=}O \longrightarrow \underset{R'}{\overset{R}{\diagdown}}\overset{OH}{\overset{|}{C}}{-}CH_2COOC_2H_5$$

7.3.4 氢负离子对碳-氧双键的亲核加成反应

7.3.4.1 Cannizzaro 反应

没有 α-氢的醛，例如甲醛、苯甲醛、糠醛和 2,2-二甲基丙醛等，它们虽然不能发生自身缩合反应，但是在碱的催化作用下，可以发生歧化反应，生成等分子比的羧酸和醇。其中一分子醛作为负氢的供给体，自身被氧化成酸；另一分子醛则作为氢接受体，自身被还原成醇。其反应历程如下：

$$OH^- + \underset{R}{\overset{O}{\overset{\|}{C}}}-H \rightleftharpoons HO-\underset{R}{\overset{O^-}{C}}-H$$

$$HO-\underset{R}{\overset{O^-}{C}}-H + \underset{R}{\overset{O}{\overset{\|}{C}}}-H \longrightarrow HO-\underset{R}{\overset{O}{\overset{\|}{C}}} + H-\underset{R}{\overset{O^-}{C}}-H \longrightarrow RCOO^- + RCH_2OH$$

因此，Cannizzaro 反应既是形成 C—H 键的亲核加成反应，又是形成 C—O 键的亲核加成反应。在该反应中，对芳环上带有烷基、卤素、羟基、甲氧基和硝基的芳醛，这些取代基均不受影响[23]。若采用两个不同醛之间进行反应，称之为交叉的 Cannizzaro 反应。在合成中有意义的反应的一个组分是甲醛，它易被氧化成甲酸，而另一组分的醛被还原成醇。

7.3.4.2 金属有机化合物作为氢负离子供给体对羰基化合物的加成

(1) 梯森柯(ТИЩИНКО) 反应

它是芳醛与醇盐作用生成酯和醇的反应。它与 Cannizzaro 反应类似，反应过程中也是负氢对羰基的亲核进攻。

$$RCHO + R'O^- \longrightarrow R-\underset{OR'}{\overset{O^-}{C}}-H$$

$$R-\underset{OR'}{\overset{O^-}{C}}-H + \underset{R}{\overset{O}{\overset{\|}{C}}}-H \longrightarrow R-\underset{OR'}{\overset{O}{\overset{\|}{C}}} + H-\underset{R}{\overset{O^-}{C}}-H \longrightarrow RCOOR' + RCH_2OH$$

梯森柯反应与 Cannizzaro 反应不同之处在于，前者用于合成酯，并对具有 α-氢的醛也可适用，最常用的催化剂为醇铝；而后者生成醇和羧酸，反应物是无 α-氢的醛，且在浓碱催化下进行。在梯森柯反应中，若醛分子中含有吸电子取代基，则必须采用酸性较强的醇形成的醇铝作催化剂，才能获得满意的结果[24]。例如，三氯乙醛在三氯乙醇铝的作用下生成三氯乙酸酯 **7-20**：

$$CCl_3CHO \xrightarrow[99\%]{Al(OCH_2CCl_3)_3/C_6H_5} \underset{\textbf{7-20}}{CCl_3COOCH_2CCl_3}$$

(2) Meerwein-Poundort 反应

伯醇铝或仲醇铝可将负氢转移给醛酮，而使它们还原制得醇。由于醇铝可以与醇发生迅速的酸-碱交换，因此只需催化量的醇铝即可作为负氢的来源。若反应过程中不断蒸出生成的丙酮，则使平衡向产品方向移动。

$$(H_3C)_2CH-OH + \overset{R}{\underset{R'}{}}C=O \xrightleftharpoons{[(CH_3)_3CO]_3Al} (H_3C)_2C=O + \overset{R}{\underset{R'}{}}CH-OH$$

在还原反应中，由于试剂对烯键、硝基、酯基及卤素等基团不起作用，因此本法对有上述官能团存在时的醛、酮选择性还原特别有价值。

研究还发现，在脱水铝胶上，异丙醇能在十分温和的条件下迅速还原醛成相应的醇。它仅需使用稍过量的异丙醇，因而消耗低，产品易分离、纯化，选择性好，在反应条件下，烯键、硝基、酯基、酰氨基、氰基、卤素等基团，甚至酮均可不受影响[25]。

(3) 金属氢化物对羰基的加成

许多金属氢化物如氢化铝锂、硼氢化钠等都是负氢的供给体，它们可通过对羰基的亲核加成使羰基化合物，如醛、酮、羧酸及其衍生物还原成醇。

氢化铝锂还原性较强，除羰基以外，它还可以还原碳原子和其他杂原子之间的双键或叁键，但一般不能还原碳-碳之间的双键或叁键。硼氢化钠的还原作用较氢化铝锂缓和，它仅能使羰基化合物和酰氯还原为醇，不能使硝基还原。

（4）Leuckart 反应

酮或芳醛与甲酸铵共热生成伯胺。反应的第一步可能是氨与羰基化合物缩合成亚胺。然后，甲酸根负离子作为负氢的供给体，将亚胺还原成胺。反应式如下：

$$RR'C{=}O + NH_3 \longrightarrow RR'C{=}NH \xrightarrow{NH_4^+} RR'C{=}\overset{+}{N}H_2 \xrightarrow{^-O-C(=O)-H} RR'CH-NH_2$$

在该反应中，甲酸用作还原剂，具有较好的选择性，一些易还原的基团，如硝基、亚硝基、碳-碳双键等不受影响，许多不溶于水的脂肪酮、脂肪芳香酮、杂环酮用甲酸铵或甲酰胺处理，接着水解，生成得率较高的伯胺。例如，苯乙酮与甲酸铵反应，可得 α-甲基苄胺：

$$C_6H_5COCH_3 \xrightarrow[180\sim185℃]{HCOONH_4} C_6H_5CH(CH_3)NH_2 \quad 60\%\sim66\%$$

7.3.5 对其他重键的亲核加成反应

与碳-氧双键一样，碳-氮双键和碳-氮叁键都是具有极性的不饱和键，它们也能发生类似于羰基化合物的亲核加成反应。例如，Mannich 反应就是通过烯醇负离子对亚胺盐中间体进行的亲核加成反应。此外，还有许多重键也可以进行亲核加成，这里仅讨论对氰基的加成、共轭加成和插烯作用。

7.3.5.1 对氰基的加成

腈水解成羧酸或醇解成羧酸酯的反应，可以看成是水或醇分子对氰基的亲核加成。卤代烃极易转变成腈，生成的腈不需要离析即可直接水解，整个过程是由卤代烃合成增加一个碳原子羧酸的方法。腈的水解既可在碱性介质中进行，也可在酸性介质中进行。氢氧化钠、氢氧化钾的水溶液或醇溶液、硫酸水溶液、浓盐酸水溶液均为常用的试剂。伯卤代烃转变成腈的产率较高，因此常用此法将伯卤代烷转化成相应的羧酸。

$$C_6H_5CH_2C{\equiv}N \xrightarrow{H^+} C_6H_5CH_2C{\equiv}\overset{+}{N}H \xrightarrow{H_2O} [\,C_6H_5CH_2C(OH){=}NH \rightleftharpoons C_6H_5CH_2C(=O){-}NH_2\,] \xrightarrow{H_3^+O} C_6H_5CH_2COOH$$

脂肪、芳香、杂环族的腈化物均可转变成相应的酯[26]。该法特别适用于合成多官能团的酯，例如化合物 **7-21** 的合成：

$$NCCH_2COOCH_2C_6H_5 + C_2H_5OH \xrightarrow[-5℃]{HCl} H_2C(COOCH_2C_6H_5)(COOC_2H_5)$$

7-21

71%

金属有机化合物与氰化物进行的亲核加成反应，也是一种很重要的形成 C—C 键的方法。其中，有机镁试剂不与中间体酮亚胺加成，副反应较少，因此腈与有机镁试剂合成酮是最简便的方法之一。例如，苯基丙酮 **7-22** 的合成：

$$C_2H_5MgBr + C_6H_5CN \longrightarrow (H_5C_6)(H_5C_2)C{=}NMgBr \xrightarrow{H_2O} C_6H_5COC_2H_5$$

7-22

7.3.5.2 共轭加成和插烯作用

（1）醇对烯键的加成反应

虽然烯烃一般不发生亲核加成反应，但是带有吸电子取代基的缺电性烯烃却能发生1,4-亲核加成反应。在有机合成中常利用醇在碱催化下对缺电子烯烃进行加成，来合成带有其他一些官能团的醚。例如，在甲醇钠催化下，甲醇与丙烯酸甲酯反应，生成β-甲氧基丙酸甲酯**7-23**[27]：

$$CH_3OH + H_2C{=}CHCOOH \xrightarrow[91\%]{NaOCH_3\ \triangle} \underset{\textbf{7-23}}{CH_3OCH_2CH_2COOCH_3}$$

β-硝基丙烯酸中的碳-碳双键，由于受到两个吸电子基的影响，所以即使在没有催化剂存在下，也能与醇反应生成α-甲氧基-β-硝基丙酸**7-24**：

$$CH_3OH + O_2NCH{=}CHCOOH \xrightarrow[100\%]{} \underset{\textbf{7-24}}{O_2NCH_2CH(OCH_3)COOH}$$

（2）Michael加成反应

一个含有活泼亚甲基的化合物（亲核试剂）与一种含有活泼双键共轭体系的不饱和化合物（α,β-不饱和化合物）所发生的加成反应称Michael加成反应[28]。例如，丙二酸二乙酯与β-苯基丙烯酸乙酯在乙醇钠催化下缩合生成化合物**7-25**：

$$H_2C(COOC_2H_5)_2 + C_2H_5O^- \rightleftharpoons \overset{-}{H}C(COOC_2H_5)_2 + C_2H_5OH$$

$$(C_2H_5OOC)_2\overset{-}{C}H + PhCH{=}CHCOOC_2H_5 \xrightarrow{C_2H_5OH} \underset{\textbf{7-25}}{PhCH(CH(COOC_2H_5)_2)CH_2COOC_2H_5} + C_2H_5O^-$$

Michael反应中所用α,β-不饱和化合物称为Michael受体，常用的包括：α,β-不饱和羰基化合物、α,β-不饱和羧酸酯、α,β-不饱和硝基化合物、α,β-不饱和腈以及对醌类化合物等。活泼亚甲基化合物，如丙二酸二乙酯、氰乙酸乙酯、乙酰乙酸乙酯及乙酰丙酮等，在碱催化下形成的碳负离子，称为Michael给体。

C_2H_5ONa是常用的碱性催化剂，反应通常是在乙醇等溶剂中室温放置条件下进行的。只要用催化量就可使反应进行。如使用等当量的催化剂，较高的反应温度和较长的反应时间，可使缩合反应继续进行。

（3）插烯作用

这里的插烯作用指通过亲核加成反应导致烯键的生成。丁烯-2-醛是乙醛的插烯物，它可以与苯甲醛在碱性条件下缩合成共轭二烯醛**7-26**：

$$C_6H_5CHO + CH_3CH{=}CHCHO \xrightarrow{C_2H_5ONa} \underset{\textbf{7-26}}{C_6H_5CH{=}CHCH{=}CHCHO}$$

虽然炔烃的亲电性能比烯烃差，但它的亲核性能却比烯烃强。因此，炔烃可与多种试剂发生亲核加成反应。例如，在乙醇钠催化下，苯乙炔与乙醇反应生成β-乙氧基苯乙烯**7-27**：

$$C_6H_5C{\equiv}CH \xrightarrow{C_2H_5ONa} \left[C_6H_5\overset{-}{C}{=}CH(OC_2H_5)\right] \xrightarrow{C_2H_5OH} \underset{\textbf{7-27}}{C_6H_5CH{=}CH(OC_2H_5)}$$

7.4 自由基加成反应

自由基反应可归纳为五种基本类型：①受光照、辐射或过氧化物等作用，使分子键断裂而产生自由基的反应，如自由基加成反应；②自由基和分子起反应产生新的自由基和分子的反应，如金属卟啉空气催化氧化环己烷的反应[29,30]；③自由基和分子起反应产生较大自由基的反应；④自由基分解成小的自由基（和分子）的反应；⑤自由基彼此之间的反应。本节主要探讨自由基加成反应，即反应试剂在光、高温或引发剂的作用下先生成自由基，然后与碳-碳重键发生加成反应，它们是连锁反应。重要的自由基加成反应包括卤素和卤化氢对碳-碳重键的加成反应以及游离型的聚合反应。

7.4.1 卤素和卤化氢对碳-碳重键的自由基加成反应

7.4.1.1 卤素对碳-碳重键的自由基加成反应

卤素对烯烃的自由基加成是卤素在光的激发、高温或在引发剂的存在下，首先生成卤原子自由基，然后与双键发生加成反应。其反应历程是：

链引发：

$$Cl_2 \xrightarrow{h\nu} 2Cl\cdot$$

链传递：

$$H_2C{=}CH_2 \xrightarrow{Cl\cdot} ClCH_2{-}CH_2\cdot$$

$$CH_2Cl{-}CH_2\cdot \xrightarrow{Cl_2} ClCH_2{-}CH_2Cl + Cl\cdot$$

链终止：

$$CH_2Cl{-}CH_2\cdot \xrightarrow{Cl\cdot} ClCH_2{-}CH_2Cl$$

$$2CH_2Cl{-}CH_2\cdot \longrightarrow ClCH_2{-}CH_2CH_2{-}CH_2Cl$$

$$Cl\cdot + Cl\cdot \longrightarrow Cl_2$$

光卤化加成的反应特别适用于双键上有吸电子基的烯烃。例如，三氯乙烯中有三个氯原子，进一步加成氯化很困难，但用光催化氯化可以制取五氯乙烷。五氯乙烷经消除一分子的氯化氢后，可以制得驱钩虫的药物四氯乙烯：

$$ClCH{=}CCl_2 \xrightarrow[60\sim70℃]{Cl_2/h\nu} Cl_2CH{-}CCl_3 \xrightarrow{-HCl} Cl_2C{=}CCl_2$$

自由基加成卤化的影响因素取决于自由基的引发和终止。常用的自由基引发剂除光照以外，还有过氧化苯甲酰(BPO)、偶氮二异丁腈(AIBN)、过氧化二叔丁基(DTBP) 等。

卤素与烯烃的自由基加成反应常伴随有顺反异构现象发生。如在光催化下，顺丁烯二酸与溴加成，产品以反式加成物为主，且有反丁烯二酸生成，原因是为了满足自由基内能降低的要求，极性较强的两个羧基必须远离，结果碳自由基围绕碳-碳单键发生自由旋转所致。

$$Br_2 \xrightarrow{h\nu} 2Br\cdot$$

$$\text{(H)(COOH)C=C(H)(COOH)} + Br\cdot \longrightarrow \left[\text{Br(H)C(COOH)}{-}\dot{C}\text{(H)(COOH)} \rightleftharpoons \text{Br(H)C(COOH)}{-}\dot{C}\text{(HOOC)(H)} \right] \begin{cases} \xrightarrow{Br_2} \text{H(Br)C(COOH)}{-}\text{C(HOOC)(Br)(H)} \\ \xrightarrow{-Br\cdot} \text{(H)(COOH)C=C(HOOC)(H)} \end{cases}$$

氯与炔烃的加成，多半为光催化的自由基反应。刚开始时反应缓慢，但经过一段时间后，反应变得十分剧烈。若加入催化剂三氯化铁或铁粉等，可使反应平稳地进行。而溴与炔烃的加成一般情况下较难进行自由基反应。

7.4.1.2 卤化氢对碳-碳双键的自由基加成反应

溴化氢对烯烃的反马尔科夫尼科夫加成反应是在坚实的基础上提出的最早的自由基反应之一。卤化氢与烯烃若在光照或引发剂的存在下进行加成反应，属于自由基加成反应。反应历程如下：

链引发：

$$H—Br \xrightarrow{h\nu} H\cdot + Br\cdot$$

链传递：

$$RCH═CH_2 + Br\cdot \longrightarrow R\dot{C}HCH_2Br$$

$$R\dot{C}HCH_2Br + HBr \longrightarrow RCH_2CH_2Br + Br\cdot$$

链终止：

$$Br\cdot + Br\cdot \longrightarrow Br_2$$

$$R\dot{C}HCH_2Br + Br\cdot \longrightarrow RCHBrCH_2Br$$

从反应历程上看，不对称烯烃和 HBr 发生自由基加成时，其加成反应与马尔科夫尼科夫规则相反，溴是加成到取代基最少的双键碳原子上。值得注意的是烯烃只和 HBr 发生自由基加成[31]。关于反应机理，早期工作的研究主要是为了了解为什么在某些情况下是违反马尔科夫尼科夫规则，最后将反马尔科夫尼科夫加成反应追查到反应条件上，发现过氧化物或光引发了自由基链式过程。曾用非环烯和环烯研究了溴化氢对烯烃进行自由基加成反应的立体化学，他们更倾向于反式加成。如果中间体自由基中形成的 sp^2 碳相对于分子的其余部分迅速旋转，则所得结果应当与反式加成是相反的：

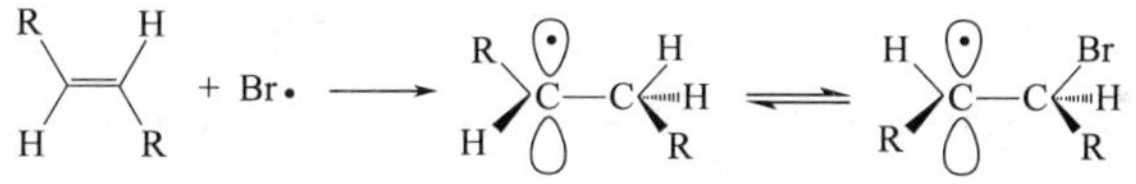

这种立体专一性可以用桥型结构来解释，这与讨论烯的离子溴化反应时所涉及的桥的结构式是相似的[32]：

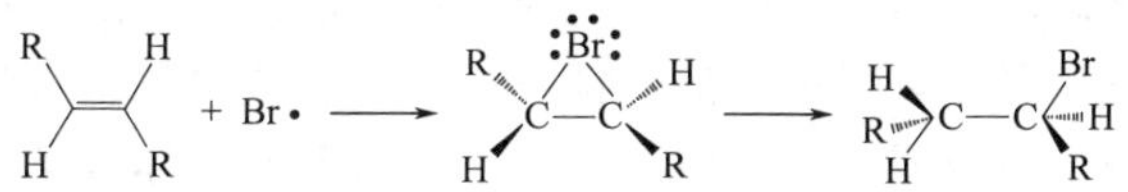

7.4.2 自由基加聚反应

7.4.2.1 一般性概念

不饱和烯烃类单体经加成聚合而形成高分子的反应称为加聚反应。这种反应速率快、产物分子量大，聚合物链节组成与单体组成相同，链增长反应主要是通过单体逐一加在链的活性中心上，在整个反应过程中单体的浓度逐渐减少。通过加聚反应可以制得一系列重要的高分子物质，例如聚乙烯、聚氯乙烯、聚苯乙烯、聚丙烯腈、聚丙烯酰胺、聚甲基丙烯酸甲酯、聚四氯乙烯等。下面的反应式是其中一个简单的例子：

$$nH_2C═\underset{\displaystyle X}{\underset{|}{C}H} \longrightarrow \left(H_2C—\underset{\displaystyle X}{\underset{|}{C}H} \right)_n$$

式中，X 表示 H、Cl、CN、苯环及杂环等。

根据反应的历程，加聚反应可以分为自由基聚合和离子型聚合两种类型。在自由基加聚反应中，引起反应的活化中心是自由基；在离子型加聚反应中，引起反应的活化中心是正、负离子。

7.4.2.2 反应历程

自由基加聚反应是以自由基为活性中心的连锁反应。整个反应过程可分为链的引发、链的增长、链的转移和链的终止四个阶段。

(1) 链的引发

链的引发可以借助光照、加热、辐射实现。但工业上以加入引发剂最为方便和易于控制。使用较普遍的引发剂有过氧化苯甲酰、偶氮二异丁腈，它们在加热条件下可以产生自由基，继而引发加聚反应。

$$C_6H_5-\overset{O}{\overset{\|}{C}}-O-O-\overset{O}{\overset{\|}{C}}-C_6H_5 \xrightarrow[\Delta]{70\sim80℃} 2\,C_6H_5COO\cdot \xrightarrow[\Delta]{约100℃} C_6H_5\cdot + CO_2$$

$$H_3C-\underset{CN}{\underset{|}{\overset{CH_3}{\overset{|}{C}}}}-N=N-\underset{CN}{\underset{|}{\overset{CH_3}{\overset{|}{C}}}}-CH_3 \xrightarrow[\Delta]{40\sim50℃} 2H_3C-\underset{CN}{\underset{|}{\overset{CH_3}{\overset{|}{C}}}}\cdot + N_2$$

由引发剂分解产生的自由基称为初级自由基（以 R・表示），当 R・作用于烯烃单体时，使其双键 π 电子云激发并分离成两个 p 电子，R・与其中一个 p 电子结合成 σ 键，而另一个 p 电子形成新的自由基，称为单体自由基。由于引发剂分解所需的活化能较高，所以它是反应较慢的一步，也是决定反应速率的一步。

(2) 链的增长

形成的自由基不断与单体分子起加成作用而形成大分子，它是聚合反应的主要阶段。例如：

$$R-\underset{H_2}{C}-\underset{Cl}{\underset{|}{CH}}\cdot + H_2C=\underset{Cl}{\underset{|}{CH}} \longrightarrow \underset{(链自由基)}{R-\underset{H_2}{C}-\underset{Cl}{\underset{|}{\overset{H}{C}}}-\underset{H_2}{C}-\underset{Cl}{\underset{|}{CH}}\cdot} \xrightarrow{H_2C=\underset{Cl}{\underset{|}{CH}}} \underset{(链自由基)}{R\!+\!H_2C-\underset{Cl}{\underset{|}{CH}}\!+_n\underset{H_2}{C}-\underset{Cl}{\underset{|}{CH}}\cdot}$$

链增长反应的活化能比链引发反应的活化能要低，所以它的反应速率要快，反应很快即可完成。链的增长反应是多次重复进行的连锁反应，在反应中放出大量的聚合热。链的自由基的活性并不因链的增长而减弱，在反应终止前一直可激发单体分子，使之成为大分子，因此聚合物的分子量可以很高。链增长过程决定着聚合物的分子量大小和高聚物的分子结构。

(3) 链的转移

在链增长过程中，链的自由基可以与低分子（单体、引发剂、溶剂）或其他大分子作用，把活性转移给后者，自身成为中性高分子，这些反应均称为链的转移。

链的转移实际上都是活性中心的转移，活性中心的总数并不减少。若新形成的自由基的活性不比原来的低，则链转移的结果仅影响聚合物分子量的大小，并不影响聚合反应速率；若新形成的自由基的活性比原来的低，不仅影响聚合物分子量的大小，还会减缓或完全阻止聚合反应的进行，前者称为缓聚作用，后者称为阻聚作用。

(4) 链的终止

链增长到一定程度时，自由基失去活性而使连锁反应终止，最后形成无活性的聚合物大分子。链终止方式主要是两个自由基之间的双基终止，例如：

$$\cdots\cdots-\underset{H_2}{C}-\underset{\underset{Cl}{|}}{C}H\cdot + \cdot H\underset{\underset{Cl}{|}}{C}-\underset{H_2}{C}-\cdots\cdots \longrightarrow \cdots\cdots-\underset{H_2}{C}-\overset{H}{\underset{\underset{Cl}{|}}{C}}-\overset{H}{\underset{\underset{Cl}{|}}{C}}-\underset{H_2}{C}-\cdots\cdots$$

链终止反应活化能比链增长反应活化能要低，所以链终止反应较容易进行。但是在整个聚合反应过程中，在反应体系中单体的浓度较高而自由基的浓度较低，自由基与单体的接触机会较多，一旦生成自由基即与周围的单体起作用，自由基之间的接触则较少，所以不易发生链的终止，因此在聚合反应过程中，链增长反应是主要反应。

参 考 文 献

[1] 徐寿昌．有机化学．第2版．北京：高等教育出版社，1992：49.

[2] Lucas H J，Could C W. *J Am Chem Soc*，1941，63（10）：2541.

[3] Gunstone F D. *Advan Org Chem*，1960，1：115.

[4] Noller C R，Banneret R A. *J Am Chem Soc*，1934，56（7）：1563.

[5] Pappus J，Keareney N P. *Tetrahedron Lett*，1966：4273.

[6] 唐培堃. 精细有机合成化学及工艺学. 第2版. 天津：天津大学出版社，1993：184.

[7] 陈金龙. 精细有机合成原理与工艺．北京：中国轻工业出版社，1992：216.

[8] 唐培堃. 中间体化学及工艺学. 北京：化学工业出版社，1984：348.

[9] Scharf H D，Korte F. *Chem Ber*，1964，97（9）：2425.

[10] 王葆仁. 有机合成反应下册. 北京：科学出版社，1985：1169.

[11] Skatteb L，Solomon S. *Org Syn Coll*，1973，5：306.

[12] Mathias R，Weyerstahl P. *Angew Chem Intern Ed Engl*，1974，13：132.

[13] Small A. J *Am Chem* Soc，1964，86（10）：2091.

[14] Meyers A I，Collington E W. *J Am Chem Soc*，1970，92（22）：6676.

[15] Seebach D，Corey E J. *J Org Chem*，1975，40（2）：231；Crobel B T，Seebach D. *Synthesis*，1977：357.

[16] Mannich C，Krosche W. *Arch Pharm*. 1912，250：647.

[17] Woodbury R P，Long N R，Rathke M. W. *J Org Chem*，1978，43（2）：376.

[18] Witschard G，Griffin C E. *J Org Chem*，1964，29（8）：2335.

[19] Maercher A. *Org React*，1965，14：270.

[20] Vodes E，Snoble K. A J. *J Am Chem Soc*，1973，95（17）：5778.

[21] Moyer W W，Marvel C S. *Org Syn*，1943，2：620.

[22] Ojima I，Kumagai M. *Tetrahedron Lett*，1974：4005.

[23] Pearl I A. *Org Syn*，1963，4：974.

[24] Saegusa T，Ueshima T. *J Org Chem*，1968，33（8）：3310.

[25] Posner G H，Runguist A W. *Tetrahedron Lett*，1975，16（42）：3601.

[26] Robbitt J M，Socla D A. *J Org Chem*，1960，25（4）：560.

[27] Rehberg C E，Dixon M B，Fisher C H. *J Am Chem Soc*，1946，68（4）：544.

[28] Bergmann E D，Ginsburg D，Pappo R. *Org React*，1959，10：179.

[29] 周维友．金属次卟啉衍生物的合成及其仿生催化性能研究：[博士论文]．南京：南京理工大学，2010.

[30] Zhou W Y，Hu B C，Liu Z L. *Appl Catal A*，2009. 358：136

[31] 蒋登高，章亚东，周彩荣．精细有机合成反应及工艺．北京：化学工业出版社，2001，113.

[32] 夏炽中　译，高等有机化学-A卷结构与机理．北京：人民教育出版社，1981，440.

8 还原反应

8.1 概述

有机化合物还原反应的含义早已明确，那就是在有机化合物的分子中除去氧，或者加上氢得到电子的反应。还原反应，内容丰富，范围广泛，几乎所有的复杂化合物的合成都涉及还原反应。还原反应，一般来说，按照使用的还原剂不同和操作方法不同，还原方法可以分为催化氢化法和化学还原法两种。

① 催化氢化法　即在催化剂存在下，有机化合物与氢发生的还原反应称为催化氢化反应。

② 化学还原法　即使用化学物质作为还原剂的还原方法。化学还原剂的种类繁多，在医药和精细化工中应用广泛。化学还原剂包括无机还原剂和有机还原剂。目前使用较多的是无机还原剂，常用的无机还原剂有以下几类。a. 活泼金属及其合金，如 Fe、Zn、Na、Zn-Hg、Na-Hg 等；b. 低价元素的化合物，如 Na_2S、NaS_x、$FeCl_2$、$SnCl_2$、$Na_2S_2O_4$ 等；c. 金属氢化物，如 $NaBH_4$、KBH_4、$LiAlH_4$、$LiBH_4$ 等。常用的有机还原剂有异丙醇铝等烷基铝、甲醛、葡萄糖等。

8.2 催化氢化还原

催化氢化按其反应类型可分为氢化（加氢）反应和氢解反应。

氢化是指氢分子加成到烯基、炔基、羰基、氰基、芳环类等不饱和基团上使之成为饱和键的反应，它是 π 键断裂与氢加成的反应。氢解是指有机化合物分子中某些化学键因加氢而断裂，分解为两部分氢化产物，它是指在反应中 σ 键断裂并与氢结合的反应。通常容易发生氢解的有碳卤键、碳硫键、碳氧键、氮氮键、氮氧键等。本章不再区分氢化（加氢）和氢解而通称为氢化。

催化氢化按反应的体系可分为：非均相催化氢化（也称为多相催化氢化）和均相催化氢化。前者催化剂自成一相故称为非均相催化剂，后者催化剂溶解于反应介质中故称为均相催化剂。均相催化氢化也称为均相络合催化氢化。下面只介绍非均相催化氢化的有关问题。

催化氢化的优点是反应易于控制，产品纯度较高、收率较高、“三废”少，在工业上已广泛运用。缺点是反应一般要在加压设备中进行，因此要注意采取必要的安全措施，同时要选择适宜的催化剂。在工业生产上目前采用两种不同的工艺：液相氢化法和气相氢化法。多相催化氢化在工业上已得到广泛应用。

液相氢化是在液相介质中进行的催化氢化。实际上它是气-液-固多相反应。它不受被还原物料沸点的限制，所以适应范围广泛。气相氢化是反应物在气态下进行的催化氢化，实际上它是气-固相反应。它仅适用于易气化的有机化合物，而且在反应温度下反应物和产物均要求稳定。

8.2.1 非均相催化氢化

多相催化氢化反应一般指在不溶于反应体系中的固体催化剂的作用下，氢气还原底物的反应。它主要包括碳碳、碳氧、碳氮等不饱和重键的加氢和某些单键发生的裂解反应。常用的多相催化氢化催化剂有：PtO_2（Adams 催化剂）、钯催化剂、铂催化剂、雷尼镍（Raney Ni）催化剂以及亚铬酸铜催化剂等。

多相催化氢化具有以下四个特点[1]。

① 能有效地氢化 C═C、C≡C、C═N、C≡N 和 C═O 等多种不饱和基团。与其他还原方法相比，多相催化氢化操作方便，活性高，能氢化一些用其他还原剂难以或根本不能氢化的化合物。

② 反应时不需要加任何还原剂和试剂，只需加少量的催化剂，使用廉价的氢气，因而极为经济。

③ 反应完毕，只要把催化剂滤去，蒸去溶剂，即可得到所需产物。基本上免去了应用其他还原剂所需的烦琐分离手续。特别应该提到的是催化氢化反应干净，不会造成污染。

④ 反应条件比较温和，相当一部分反应可在中性介质中、于常压和室温下进行。对于那些易被酸、碱或高温破坏的化合物尤为适用。

表 8-1 列出了一些官能团发生催化氢化时由易到难的大致顺序。这个顺序不是固定不变的，在某种程度上它受被还原物质的结构及所用催化剂的影响。通常列在表上部的官能团和下部的官能团共存于一个有机分子时，可以进行选择性还原。但在表上部的活性较大的官能团存在时，下部的官能团很难发生选择性还原。

表 8-1 各种有机官能团的多相催化氢化反应[2]

底物	产物	相对难易
RCOCl	RCHO	容易
RNO_2	RNH_2	↓
RC≡CR	(*Z*)—RHC═CHR，RCH_2CH_2R	
RCHO	RCH_2OH	
RCH═CHR	RCH_2CH_2R	
RCOR	RCH(OH)R，RCH_2R	
$PhCH_2OR$	$PhCH_3$＋HOR	
RCN	RCH_2NH_2	
萘	四氢萘	
RCO_2R'	RCH_2OH＋HOR′	
RCONHR′	RCH_2NHR'	
苯	环己烷	
$RCOO^-Na^+$	$RCOO^-Na^+$	不能还原

8.2.1.1 液相催化氢化

常用的催化剂有贵金属钯、铂、钌和铑及其化合物和雷尼镍（Raney Ni）。

（1）烯烃的催化氢化[3]

当烯烃和氢混合在 200℃时不反应，但有催化剂镍存在时，烯烃可以被催化氢化生成烷烃：

$$R—CH═CH_2 \xrightarrow{Ni,H_2} R—CH_2—CH_2$$

蒈烷作为一种人造有机物，可以由3-蒈烯在Ni或Pd/C催化氢化下制备而成[4]。

$$\xrightarrow[H_2]{Ni或Pd/C}$$

催化氢化反应在工业上和研究上都很重要。例如，汽油中若含有不饱和的烯烃，放置时间长了就会变黑生成高沸点的杂质，要生产稳定的汽油，可采用催化加氢，把汽油中所含的烯烃转变为烷烃。在油脂工业中常常使油脂烃基上的双键加氢，这样可使含有不饱和双键的液态油脂氢化为固态的脂肪，以改良油脂的性能，提高利用价值。

(2) 芳环的氢化

由于芳环具有闭合共轭体系、能量低、结构稳定的特点，芳环比烯烃难还原，但在高温和催化剂存在的条件下，芳环可以被氢化。芳环氢化使用的催化剂通常为镍。这是工业上生产环己烷的方法，产品纯度较高。

$$\xrightarrow[120\sim170℃]{H_2,Ni}$$

近年来半夹心钌膦配合物催化剂被引入到苯的催化加氢研究中，且有着较好的效果[5]。

(3) 羰基的氢化

羰基化合物氢化制备相应的醇是有机合成的重要方法。醛、酮的氢化活性大于芳环，小于不饱和键。分子中如果有易被氢化的其他基团同时存在，使用Ni、Pd等催化剂容易被同时氢化，若采用$CuO\text{-}Cr_2O$为催化剂，仅羰基被还原。一般情况下醛比酮容易发生氢化反应。当使用镍为催化剂时，要提高反应温度和压力才可使氢化反应顺利进行。例如γ-丁内酯(**8-1**)的制备：

$$\xrightarrow[200\sim300℃]{Pd,Ni等催化剂}$$

8-1

根据催化氢化进行的程度，可联产1,4-丁二醇、四氢呋喃，它们均是有机合成产物。在反应过程中通过控制不同的反应条件可以得到不同比例的产品。

用铂和氧化铝作催化剂，在70℃进行催化氢化时，可供酮基选择性还原，而酯基不被还原[6]。

$$CH_3COCH_2CO_2Et \xrightarrow[H_2,70℃,1h]{10\%Pt/Al_2O_3} CH_3CH(OH)CH_2CO_2Et \quad 100\%$$

用$Cu/ZnO/Al_2O_3$催化剂下，在250℃进行催化氢化，可将酯还原为醇[7]。

$$H_3COOC(CH_2)_4COOCH_3 \xrightarrow[H_2]{Cu/ZnO/Al_2O_3,\ 250℃} HO(CH_2)_6OH + CH_3OH$$

(4) 腈的氢化

腈还原为伯胺是有机合成中引入氨基的重要方法之一。在脂肪族氨基化合物的制备中应用较多，可以在较温和的条件下进行氢化。反应用钯作催化剂时，一般在常压下反应；用镍作催化剂时，一般在加压条件下反应。产物中除伯胺外还可得到较多的仲胺，选择适当的条件可以减少仲胺的生成。

$$CH_3(CH_2)_{10}CN \xrightarrow[80℃]{H_2,Ni} CH_3(CH_2)_{10}CH_2NH_2$$

$$C_6H_5\text{-}CN \xrightarrow[80\sim120℃]{H_2,Ni,C_2H_5OH} C_6H_5\text{-}CH_2NH_2$$

舒巴坦(**8-2**)为β-内酰胺酶抑制剂，与β-内酰胺类抗生素合用可提高抗生素的抗菌效果，舒巴坦的生产工艺是以 6-氨基青霉烷酸（**8-3**）为起始原料，先与亚硝酸钠、溴在硫酸存在下进行双溴化反应（**8-4**），再经高锰酸钾氧化得砜（**8-5**），最后砜在雷尼镍存在下经催化氢化还原脱溴而得[8]。

$NaNO_2, Br_2$ / H_2SO_4；$KMnO_4$, 二噁烷 / H_3PO_4, H_2O

8-3　**8-4**

H_2, Raney Ni / EtOH

8-5　**8-2**

8.2.1.2 气相催化氢化

气相氢化还原的催化剂中含铜催化剂是普遍使用的一类，最常用的是铜-硅胶（$Cu\text{-}SiO_2$）载体型催化剂及铜-浮石、$Cu\text{-}Al_2O_3$。硫化物系催化剂，如 NiS、MoS_3、WS_3、CuS 等具有抗中毒能力的催化剂，这是一类有希望的催化剂，例如 $NiS\text{-}Al_2O_3$ 作为硝基苯加氢制备苯胺的催化剂，苯胺收率可达到 99.5%，催化剂的寿命可达到 1600h 以上。

$$H_3C\text{-}C_6H_4\text{-}NO_2 \xrightarrow{Cu\text{-}SiO_2} H_3C\text{-}C_6H_4\text{-}NH_2$$

$$C_6H_5\text{-}NO_2 \xrightarrow{Ni\text{-}Al_2O_3} C_6H_5\text{-}NH_2$$

Cardenas 等[9]将 Au 负载于 Al_2O_3 上用于卤代硝基化合物的气相催化氢化反应中，研究结果显示不会出现脱卤现象，且对氯苯胺的选择性为 100%。

$$Cl\text{-}C_6H_4\text{-}NO_2 \xrightarrow[H_2]{Au/Al_2O_3,\ 120\sim250℃} Cl\text{-}C_6H_4\text{-}NH_2$$

铜负载于无机载体 SiO_2[10]或者 Al_2O_3[11]上，催化氢化 α,β-不饱和酮的碳碳双键，而分子中其他双键不受影响。例如：

Cu/Al_2O_3, PhMe / H_2, 363K

81%

Pd/Al_2O_3 催化剂对丙烯腈气相催化加氢有很好的选择性，但催化剂的稳定性较差，助剂 CaO 能与载体和活性组分作用，提高催化剂的稳定性，在常压下，反应温度 120～160℃，氢气与丙烯腈的摩尔比为 1∶7，催化剂负载小于 2mol/（g・h）时，丙烯腈的转化率较高，气相色谱中没有检测到除丙腈外的其他产物[12]。

$$CH_2{=}CH{-}CN \xrightarrow{Pd/Al_2O_3} CH_3CH_2CN$$

Ni/Al_2O_3 是芳烃饱和气相加氢工艺中的常用催化剂，具有较好的活性与优良的选择性。条形 Ni/Al_2O_3 催化剂经 1200h 连续运转后，甲苯加氢转变为甲基环己烷的转化率仍保持在 99%以上[13]。

$$C_6H_5\text{-}CH_3 \xrightarrow{Ni/Al_2O_3} C_6H_{11}\text{-}CH_3$$

Ni-Cr-Cu 作为六氟丙酮气相加氢催化剂，转化率达 90%，选择性达 96%[14]。

$$CF_3-\overset{\overset{O}{\|}}{C}-CF_3 \xrightarrow{\text{Ni-Cr-Cu}} CF_3-\overset{\overset{OH}{|}}{CH}-CF_3$$

8.2.2 均相催化氢化反应

在以上所讨论的多相催化氢化反应中所用的催化剂尽管很有用，但仍有以下缺点：它们可能引起双键位移；而双键位移常常使氘化反应生成含有两个以上位置不确定的氘代原子化合物；一些官能团容易发生氢解，使产物复杂化，而均相催化氢化反应能够克服上述一些缺点。

均相催化氢化反应的催化剂都是第八族元素的络合物，它们带有多种多样的有机配体。这些配体能促进络合物在有机溶剂中的溶解度，使反应体系成为均相，从而提高催化效率；使得反应可以在较低温度、较低氢气压力下进行，并有很高的选择性。

常见的均相催化剂有 $RhCl(Ph_3P)_3$、$RhH(CO)(Ph_3P)_3$、$RuHCl(Ph_3P)_3$、$Co(CN)^{3-}$ 络合物、$RhCl_3Py_3/NaBH_4/DMF$ 等。本节主要介绍由 $RhCl(Ph_3P)_3$ 催化剂和 $Co(CN)^{3-}$ 络合物催化的反应。

$RhCl(Ph_3P)_3$ 催化剂可由 $RhCl_3$ 与 Ph_3P 在乙醇中加热制得，反应式如下：

$$RhCl_3 \cdot 3H_2O + 4PPh_3 \longrightarrow (Ph_3P)_3RhCl + Ph_3PCl_2$$

在常温、常压下，以苯或类似物作溶剂，它是非共轭的烯烃和炔烃进行均相氢化的非常有效的催化剂。它的催化特点是选择氢化碳碳双键和碳碳叁键，对于羰基、氰基、硝基、氯、叠氮等官能团都不发生反应。单取代和双取代的双键比三取代或四取代的双键还原快得多，因而含有不同类型的双键的化合物可以部分氢化。例如[15]，氢对里哪醇（**8-6**）的乙烯基选择加成，得到收率为 90% 的二氢化物（**8-7**）；同样香芹酮（**8-8**）被转化为香芹鞣酮（**8-9**），反应式如下：

$$\textbf{8-6} \xrightarrow[C_6H_6]{H_2,(Ph_3P)_3RhCl} \textbf{8-7}$$

$$\textbf{8-8} \xrightarrow[C_6H_6]{H_2,(Ph_3P)_3RhCl} \textbf{8-9}$$

在单氢钌配合物催化下，苯乙烯被催化氢化成乙基苯[16]。

$$C_6H_5-CH=CH_2 \xrightarrow[H_2]{TpRuH\ (PPh_3)\ (CH_3CN)} C_6H_5-CH_2CH_3$$

由 ω-硝基苯乙烯还原为苯基硝基乙烷的这一奇特反应可进一步显示出催化剂的选择性，例如：

$$PhCH=CHNO_2 \xrightarrow[C_6H_6]{H_2,(Ph_3P)_3RhCl} PhCH_2CH_2NO_2$$

$$H_3C-C_6H_4-CH=CH-NO_2 \xrightarrow[H_2]{(Ph_3P)_3RhCl} H_3C-C_6H_4-CH_2CH_2NO_2 \quad 90\%$$

这种催化剂还有一个非常有价值的特点，那就是不发生氢解反应。因此，烯键可以选择性地氢化，而分子中的其他敏感基团并不发生氢解。例如，肉桂酸苄酯能顺利地转化成二氢化合物而苄基不受影响，烯丙基苯基硫醚能以 93% 的收率还原为丙基苯基硫醚。反应式如下：

$$PhCH{=}CHCO_2CH_2Ph \longrightarrow PhCH_2CH_2CO_2CH_2Ph$$

$$CH_2{=}CHCH_2SPh \longrightarrow C_3H_7SPh$$

三（三苯基膦）氯化铑能使醛脱去羰基，因而含有醛基的烯烃化合物在通常的条件下，不能用这种催化剂进行氢化。例如：

$$PhCH{=}CHCHO \xrightarrow{H_2,(Ph_3P)_3RhCl} PhCH{=}CH_2 + CO$$

$$PhCOCl \xrightarrow{H_2,(Ph_3P)_3RhCl} PhCl + CO$$

这是因为三（三苯基膦）氯化铑对一氧化碳具有很强的亲和性。

关于三（三苯基膦）氯化铑对烯烃化合物进行催化氢化的机理，通常认为是$(Ph_3P)_3RhCl$在溶剂（S）中离解生成溶剂化的$(Ph_3P)_3Rh(S)Cl$。这种溶剂的络合物在氢存在下与二氢络合物$(Ph_3P)_3Rh(S)ClH_2$之间建立平衡，在二氢络合物中氢原子是与金属直接相连的。在还原反应中，首先是烯烃取代络合物中的溶剂，并与金属发生配位，然后络合物中的两个氢原子经过一个含有碳-金属键的中间体，立体选择性地从金属上顺式转移到配位松弛的烯键上。被氢化后的饱和化合物从络合物上离去，络合物再与溶解的氢结合，继续进行还原反应。该反应过程表示如下：

$$(Ph_3P)_2Rh(S)Cl \xrightleftharpoons{H_2} (Ph_3P)_2Rh(S)ClH_2 \xrightleftharpoons{RCH{=}CHR'}$$

$$(PH_3P)_2RH(Cl)(RCH{=}CHR')H_2 \longrightarrow RCH_2CH_2R' + (Ph_3P)_2Rh(S)Cl$$

五氰氢化钴络合物，可用三氯化钴、氰化钾和氢作用制得，反应式如下：

$$CoCl_3 + KCN + H_2 \xrightarrow{\text{水或乙醇}} [Co(CN)_5H]^{3-}$$

它具有部分氢化共轭双键的特殊催化功能。例如，丁二烯的部分氢化。首先与催化剂加成生成丁烯基钴中间体，然后再与第二分子催化剂作用，裂解成1-丁烯，反应式如下：

$$CH_2{=}CH{-}CH{=}CH_2 + [Co(CN)_5H]^{3-} \longrightarrow CH_2{=}CH{-}CH(CH_3){-}Co(CN)_5^{3-} \xrightarrow{[Co(CN)_5H]^{3-}}$$

$$CH_2{=}CH{-}CH_2{-}CH_3 + 2[Co(CN)_5]^{3-}$$

$$2[Co(CN)_5]^{3-} + H_2 \longrightarrow [Co(CN)_5H]^{3-}$$

1996年，Kaneda[17]采用羰基铑络合物对α,β-不饱和醛在一定条件下反应，不是脱去羰基，而是高区域选择性还原醛基为醇。例如：

$$Ph{-}CH{=}CH{-}CH{=}CH{-}CHO \xrightarrow[H_2/CO,\ 303K]{Rh_6(CO)_{16},\text{苯}} Ph{-}CH{=}CH{-}CH{=}CH{-}CH_2OH\ (88\%)$$

Beller等[18]报道了0.05mol%的$[Rh(cod)Cl]_2$与TPPTS（tris sodium salt of meta trisulfonated triphenylphosphine）形成络合物催化各种醛与胺的还原胺化，得到高收率的胺化产物（最高97%）。

$$R{-}C_6H_4{-}CHO + NH_3 \xrightarrow[H_2O,50kPa\ H_2,2h]{[Rh(cod)Cl]_2,TPPTS} R{-}C_6H_4{-}CH_2NH_2$$

周娅芬等[19]用水溶性含Ru-Pt双金属催化剂催化卤代硝基化合物的选择性加氢，在H_2压力1.0MPa下，用0.50Ru/0.50Pt-TPPTS催化还原对硝基氯苯，转化率达100%，对氯苯胺的选择性为99%。

$$p\text{-}Cl{-}C_6H_4{-}NO_2 \xrightarrow[H_2]{0.50Ru/0.50Pt\text{-}TPPTS,\ 70^{\circ}C} p\text{-}Cl{-}C_6H_4{-}NH_2$$

2004年，Andersson[20]报道了Ir的络合物催化亚胺还原胺化反应。由酮与胺反应，经过亚胺，然后被膦-噁唑啉与铱的络合物（A）进行催化氢化，可得R-型为主的手性胺。

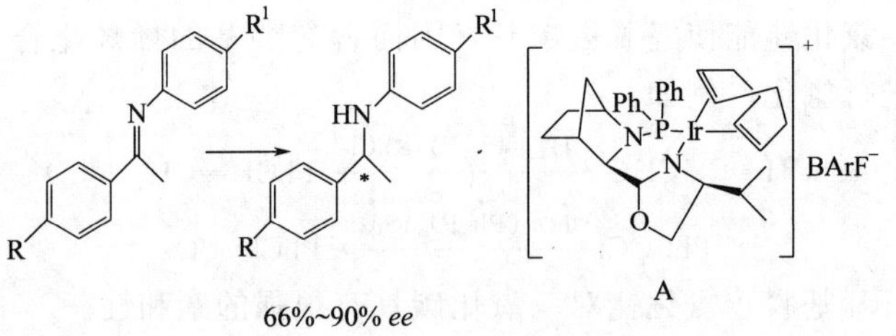

66%~90% *ee*

A

均相催化剂具有效率高、选择性好、反应方向容易控制等优点。但是也存在着不足，正因为它与溶剂、反应物等呈均相，难以分离。近年来，结合多相催化剂和均相催化剂的优点，出现了均相催化剂固相化。让均相催化剂沉积在多孔载体上，或者结合到无机、有机高分子上成为固体均相催化剂。这样，既保留了均相催化剂的性能，又具有多相催化剂容易分离的长处，引起了广泛的关注。

8.3 金属还原

8.3.1 溶解金属反应

溶解金属进行还原反应是电子对不饱和官能团加成引起的反应。作用物从电子转移试剂得到电子后再从质子源得到质子而被还原。

8.3.1.1 Fe粉[21]

铁屑的主要还原反应是还原硝基化合物为氨基化合物，在有卤素原子存在时，卤素原子不受影响。

(1) 化学历程

铁屑在盐如$FeCl_2$、NH_4Cl等存在下，在水介质中使硝基物还原，由下列两个基本反应来完成：

$$ArNO_2+3Fe+4H_2O\xrightarrow{FeCl_2}ArNH_2+3Fe(OH)_2$$

$$ArNO_2+6Fe(OH)_2+4H_2O\longrightarrow ArNH_2+6Fe(OH)_3$$

所生成的二价铁和三价铁按下式转变成黑色的磁性氧化铁（Fe_3O_4）：

$$Fe(OH)_2+2Fe(OH)_3\longrightarrow Fe_3O_4+4H_2O$$

$$Fe+8Fe(OH)_3\longrightarrow 3Fe_3O_4+12H_2O$$

整理上述反应式得到总反应式：

$$4ArNO_2+9Fe+4H_2O\longrightarrow 4ArNH_2+3Fe_3O_4$$

Fe_3O_4俗称铁泥，它是FeO和Fe_2O_3的混合物，其比例与还原条件有关，尤其是与所用电解质关系很大。

(2) 电子历程

与其他金属还原剂一样，在电解质溶液中的铁屑还原反应也是个电子得失的转移过程。铁粉是电子的供给者，电子向硝基转移，使硝基物产生负离子自由基，它与质子供给者（如水）提供的质子结合形成还原产物。其过程为：

$$Ar-\overset{+}{N}\begin{matrix}=O\\ -O^-\end{matrix} \xrightarrow[+e]{Fe} \left[Ar-\overset{+}{N}\begin{matrix}=O^-\\ -O^-\end{matrix}\right] \longrightarrow \left[Ar-\overset{\cdot}{\underset{+}{N}}\begin{matrix}-OH\\ -O^-\end{matrix}\right] \xrightarrow[+e]{Fe} \left[Ar-\ddot{N}\begin{matrix}-OH\\ -O^-\end{matrix}\right] \xrightarrow{-OH} Ar-\ddot{N}=O \xrightarrow[+e]{Fe}$$

$$\left[Ar-\ddot{N}-O^-\right] \xrightarrow{+H^+} \left[Ar-\ddot{N}-OH\right] \xrightarrow[+e]{Fe} \left[Ar-\ddot{N}^--OH\right] \xrightarrow{+H} Ar-\ddot{N}-OH \xrightarrow[+H^+]{Fe(+e)}$$

$$\left[Ar-\ddot{N}H\right] \xrightarrow[+e]{Fe} \left[Ar-\ddot{N}H\right] \xrightarrow{+H^+} ArNH_2$$

从上式可以看出，1 个分子硝基物要得到 6 个电子才可以还原成氨基物。若铁由零价成正二价需 3mol 铁，若成正三价需 2mol 铁。实际上既有生成正二价又有生成正三价的，所以表现为总反应式：1mol 硝基物还原成氨基物理论上需要 2.25mol 铁。如间二硝基苯和新型镇静催眠药扎来普隆中间体的合成[22]。

$$2\,C_6H_4(NO_2)_2 + 9Fe + 4H_2O \xrightarrow[95℃]{HCl} 2\,C_6H_4(NH_2)_2 + 3Fe_3O_4$$

$$4\,CH_3CO{-}C_6H_4{-}NO_2 + 9Fe + 4H_2O \longrightarrow 4\,CH_3CO{-}C_6H_4{-}NH_2 + 3Fe_3O_4$$

在铁粉的还原反应中，一般对卤素、烯基或羰基等基团无影响，可用于选择性还原。2-碘-6-硝基甲苯（**8-10**）用铁粉与 5%乙酸水溶液于 70℃ 回流反应 1h，即可被还原成相应的芳胺（**8-11**），芳环上的碘不受影响[23]。

$$\underset{\textbf{8-10}}{C_6H_3(NO_2)(CH_3)(I)} \xrightarrow{Fe/5\%CH_3COOH/H_2O} \underset{\textbf{8-11}}{C_6H_3(NH_2)(CH_3)(I)}\ (98\%)$$

在化工生产制造技术领域中，铁粉可以还原含铜酸性浸出液制取海绵铜，该技术劳动强度小、自动化程度高[24]。

在医药工业中，铁粉仍常被用于硝基化合物的还原剂。如双氯咪唑青霉素中间体（**8-12**）、甲氧非那明中间体（**8-13**）和痢特灵中间体（**8-14**）的制备[25]。

$$C_6H_3(NO_2)(CH_3)(Cl) \xrightarrow[\triangle,3h]{Fe/H_2O/HCl} C_6H_3(NH_2)(CH_3)(Cl)\ (93\%)$$

8-12

$$o\text{-}CH_3O{-}C_6H_4{-}CH{=}C(NO_2){-}CH_3 \xrightarrow[\triangle,1h]{Fe/H_2O/FeCl_3} o\text{-}CH_3O{-}C_6H_4{-}CH{=}C(NH_2){-}CH_3\ (70\%)$$

8-13

$$\text{(2-噁唑烷酮)}N{-}NO \xrightarrow[10\sim15℃,30min]{Fe/H_2O/HCl} \text{(2-噁唑烷酮)}N{-}NH_2\ (60\%\sim70\%)$$

8-14

一些含铁化合物作为催化剂使用，可对硝基进行选择性还原，效果良好[26]。

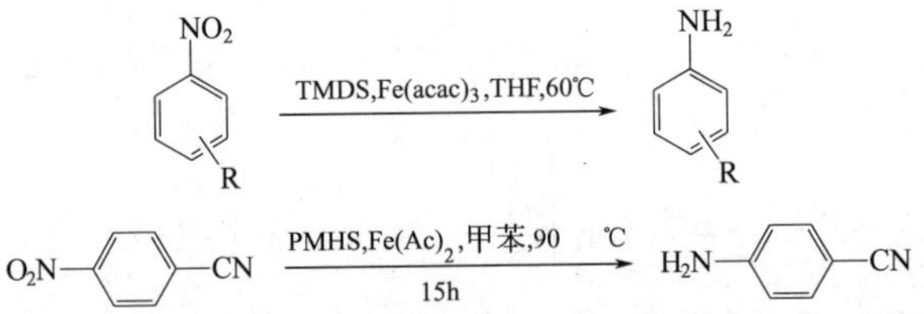

TMDS,Fe(acac)$_3$,THF,60℃

PMHS,Fe(Ac)$_2$,甲苯,90 ℃ 15h

纳米铁粉在环境化学中也发挥着重要作用，通过还原硝基可以达到降解水体中有害有机物的目的[27]。

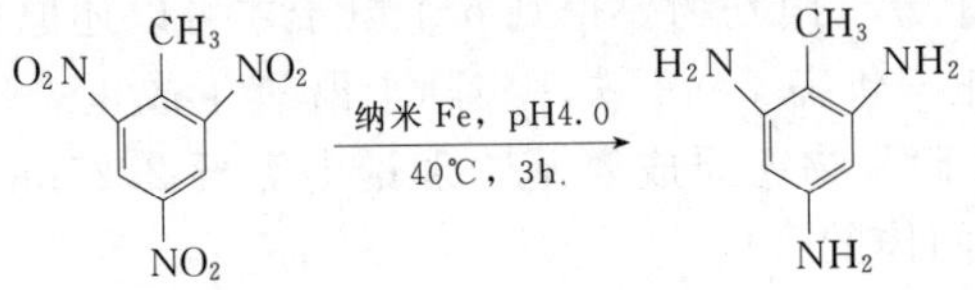

纳米 Fe，pH4.0 40℃，3h.

8.3.1.2 Zn 粉

锌原子的电子排布式为 $3d^{10}4s^2$，其最外层的 s 电子非常容易失去，其独特的电子结构决定了其独特的反应活性。锌是一种强还原剂，它在中性、酸性和碱性条件下均具有较强的还原能力，它可以还原硝基、亚硝基、氰基、羰基、碳碳重键、碳卤键、碳硫键等多种官能团，在不同介质和催化剂作用下，得到的产物不同[28]。

(1) 碳碳重键的还原

① 碳碳叁键的还原 文献报道，当碳碳叁键与吸电子基团相邻存在时，用锌粉可以高选择性地还原炔键成烯键。与传统的 Lindar 催化剂催化氢化不同的是，利用金属锌或锌合金和质子溶剂还原炔烃，锌提供电子，溶剂提供质子，可以高选择性地顺式加成生成烯烃，而且，还可以防止过度还原，炔醇类的化合物对锌粉还原，活性非常高，在乙醇溶液中回流，可以获得95%以上的转化率。White 等利用 Rieke Zn 试剂，还原共轭烯炔成共轭的二烯，还原二炔为烯炔和二烯烃，其反应条件非常温和：温度为 65℃，反应时间为10～60min[29]。

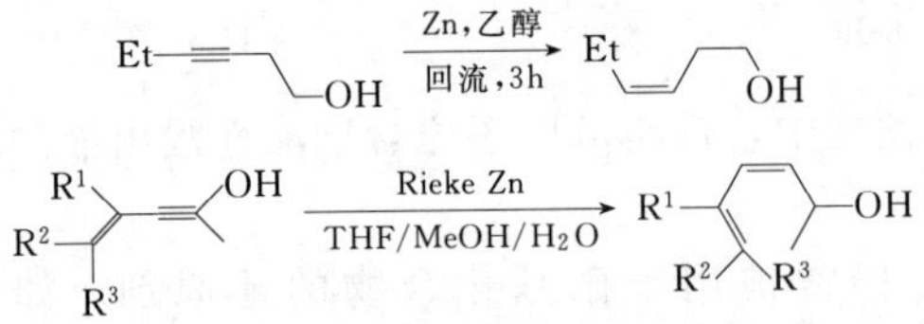

Zn,乙醇 回流,3h

Rieke Zn THF/MeOH/H_2O

随后，又有人将这一方法加以改进，用它来合成共轭三烯[30]。

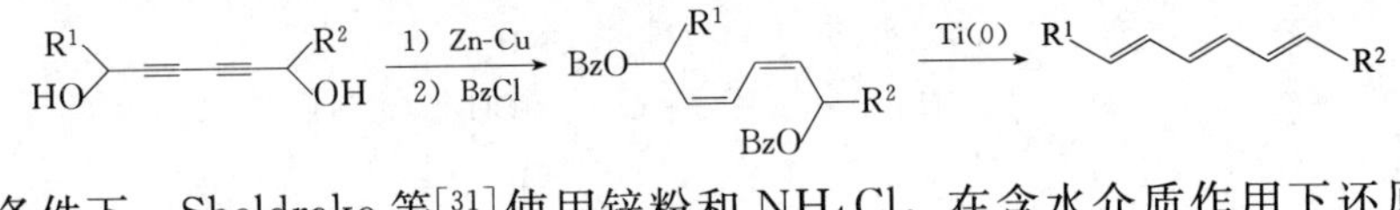

1) Zn-Cu 2) BzCl

Ti(0)

在室温条件下，Sheldrake 等[31]使用锌粉和 NH_4Cl，在含水介质作用下还原碳碳叁键，转化率达到 99%。

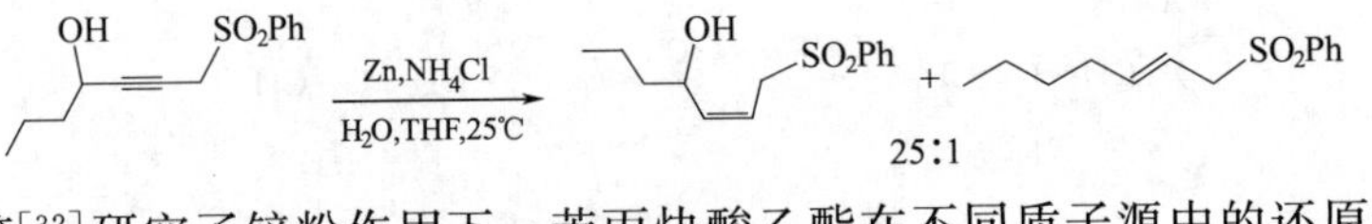

Zn,NH_4Cl H_2O,THF,25℃

25∶1

Kaufman 等[32]研究了锌粉作用下，苯丙炔酸乙酯在不同质子源中的还原情况，如下：

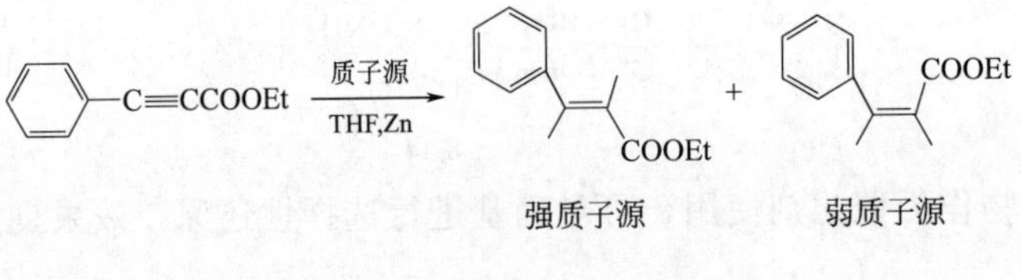

质子源 THF,Zn

强质子源 弱质子源

② 碳碳双键的还原 用锌粉还原碳碳双键的文献报道不多，Petrier 等[33]使用 $NiCl_2$ 为催化剂，在含水介质和超声波的作用下，用锌粉还原 α,β-不饱和羰基化合物（**8-15**）的碳碳双键，可以获得 97%的转化率。实验证明，超声波能活化金属锌，加速反应的进行。

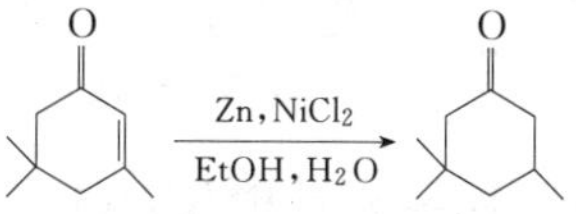

$$\textbf{8-15} \xrightarrow[EtOH,H_2O]{Zn,NiCl_2}$$

当前，文献报道使用锌粉在醋酸的介质中直接发生还原反应，可以用于合成多种药物的中间体哌啶酮及其衍生物，其转化率最高可达 95%[34]。采用该方法，不仅操作简单，条件温和（室温下搅拌 30h），而且还能有效地避免羰基被还原。

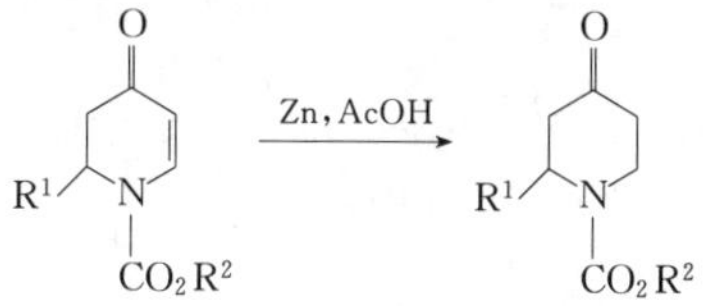

$$\xrightarrow{Zn,AcOH}$$

Latypova 等[35]认为，在 Zn-H_2SO_4 体系中，噻吩环可以被还原。

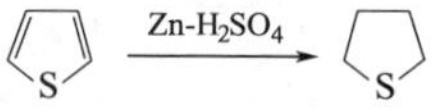

$$\xrightarrow{Zn\text{-}H_2SO_4}$$

（2）碳氧双键的还原

用金属锌为还原剂还原羰基化合物，在不同的催化剂及反应条件下，一般可以得到不同的产物或基团：简单还原加成生成醇[36~42]，羰基碳间的偶联生成频哪醇[43~45]，脱氧生成亚甲基（Clemmensen 还原反应）[46]。

① 羰基化合物还原生成醇[36~42] Swami 利用锌粉、季铵盐和甲醇体系在回流条件下，成功还原多种芳香醛成醇。如果对两个羰基相邻的二酮，采用这一反应，用锌粉和醋酸回流，可以高选择性地生成 α-羟基酮。我国化学家黄耀曾先生等利用 $SbCl_3$ 为催化剂，在含水的 DMF 溶液中，用锌粉还原醛生成醇，最高获得了 98%的转化率。

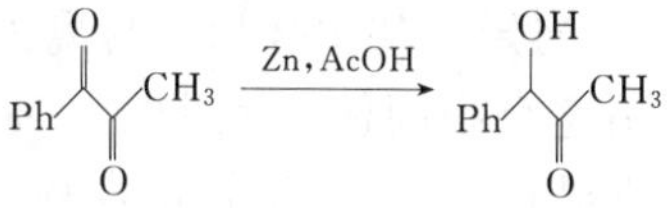

$$PhCOCOCH_3 \xrightarrow{Zn,AcOH} PhCH(OH)COCH_3$$

$$R—CHO \xrightarrow[DMF,H_2O]{SbCl_3,Zn} R—CH_2OH$$

（R=芳基，烷基）

Liao 等将色谱柱进行特殊处理，采用合适的流动性，用锌粉将羰基还原为羟基。

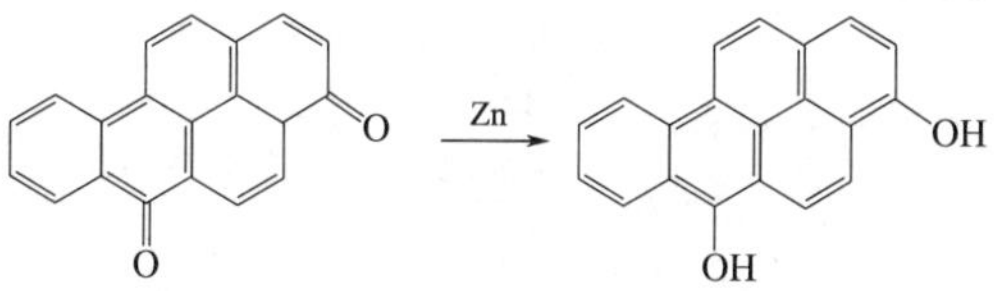

$$\xrightarrow{Zn}$$

在超临界二氧化碳中，以水为氢授体，Zn 为电子受体，高选择性地还原对甲基苯甲醛为相应醇。

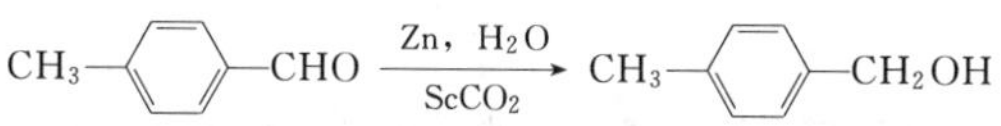

$$CH_3—C_6H_4—CHO \xrightarrow[ScCO_2]{Zn,\ H_2O} CH_3—C_6H_4—CH_2OH$$

Sasson 等通过研究证实，利用锌粉和水还原这一类型的反应机理是金属锌提供电子，而质子来自被活化水分子（溶剂）。

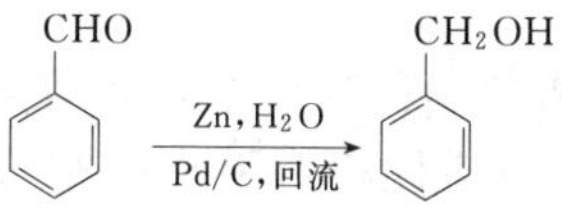

$$C_6H_5CHO \xrightarrow[Pd/C,回流]{Zn,H_2O} C_6H_5CH_2OH$$

利用 $CO_2/H_2O/Zn$ 反应体系，在超临界二氧化碳介质中成功地还原醛生成相应的醇，其转化率最高可达 99%以上，而且还有效地避免了催化剂、有机溶剂的使用。我们推测其反应机理与锌粉在醋酸中的反应机理类似，这一体系能够提供反应所需的酸性环境。

$$RCHO \xrightarrow[ScCO_2]{Zn, H_2O, CO_2} RCH_2OH + ZnCO_3$$

② 还原成频哪醇　利用 Zn-Cu 偶联芳基醛生成 1,2-二醇（pinacol）的最早报道见于 1892 年，近年来使用 $TiCl_3$ 作催化剂，在酸性水溶液中可以合成频哪醇。人们推测这一反应是自由基反应机理。利用锌和铜还原混合酮反应生成频哪醇的方法，与经典的钠和镁还原的方法相比，不仅所需的试剂价廉易得，而且操作简便，在醋酸和超声波的作用下，可以获得 87%的产率[43~35]。

$$2\ PhCHO \xrightarrow[CH_2Cl_2]{TiCl_4, Zn} PhCH(OH)CH(OH)Ph$$

(环己-2-烯酮 + 丙酮 $\xrightarrow{Zn\text{-}Cu, H_2O}$ HO/OH 二醇)

③ Clemmensen 还原[46]　利用锌汞齐在盐酸存在下，把羰基还原成亚甲基，这就是熟知的 Clemmensen 还原反应。

(2-草酰基环戊酮 CO_2H $\xrightarrow{Zn(Hg), HCl}$ 2-氧代环戊基乙酸 CO_2H)

(3) 碳氧单键的还原

在盐酸中，不饱和键的 α-羟基很容易被锌汞齐还原脱除，生成亚甲基或发生偶联反应[47]，烯丙基和苄基醚、酯和醇也能用锌粉还原，这是因为烯丙基和苄基的高反应活性，会与亲电试剂发生偶联反应[48,49]。当烯丙基化合物与易离去基团相连时，用锌粉作还原剂，很容易生成丙二烯的中间体，利用这个中间体，派生出一系列的烯丙基化反应。Cope 等对 α-羟基酮进行还原，选择性很好地得到酮[47]。环氧化合物也可以用这一试剂开环，生成仲醇[50]。在零价 Pd 催化剂的存在下，断开的碳氧键中的碳可以发生偶联反应，即自身偶合，也可以作为亲核试剂进攻活化的羰基碳，形成新的碳碳单键[51]。

(3-甲基环己-2-烯醇 $\xrightarrow[Et_2O]{Zn(Hg), HCl}$ 甲基环己烯)

(环己烯基-OAc $\xrightarrow[THF]{Zn, Pd/C}$ 联环己烯)

(巴豆基-OAc + PhCHO $\xrightarrow[THF]{Zn,\ Pd/C}$ Ph-CH(OH)-CH(CH_3)-CH=CH_2)

(4) 碳卤键的还原

在不同的反应条件下，利用锌粉为还原剂，可以成功地还原卤代烷基和卤代烯基化合物。在醋酸介质中，这一反应先会产生自由基，然后自由基生成新的碳碳键（Barbier reaction），或者被进一步还原[52,53]。

① 还原脱卤　脂肪族的碘代物和溴代物和苄基氯等采用醋酸和锌的还原体系，很容易获得烃类化合物。尽管卤代芳烃还原活性相对困难一些，但 Gronowitz 等[54,55]在醋酸和水

的混合溶剂中实现了对三氯噻吩的还原脱卤生成一氯代噻吩，其转化率可达 90%。β-卤代烯酮和 α-二氯代酮都可以转化率较高地脱氯生成酮。

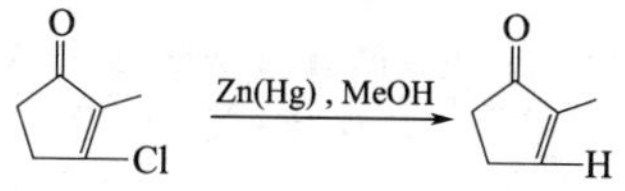

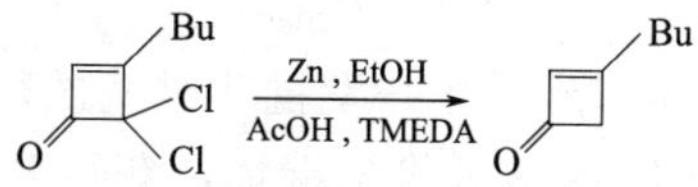

Zn(Hg), MeOH

Zn, EtOH / AcOH, TMEDA

Canturk 等[56]研究了卤代羧酸酯的脱卤过程如下：

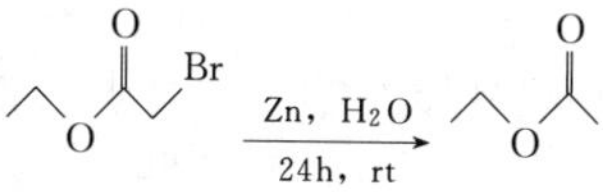

Zn，H_2O / 24h，rt

② 烯丙基化反应　如果在脱卤过程中，体系中存在亲电基团，就会产生自由基的加成反应。苯乙酰卤代物会与环己基烯加成发生偶联反应。对不饱和的环己酮可以发生 1,4-加成。烯丙基溴是一个非常有用的合成子，在以锌为还原剂的反应中，首先生成的自由基进攻羰基碳，生成各种醇，这一方法已被广泛采用[57~59]。我国科学家戴立信、侯雪龙等[39]利用烯丙基溴、锌粉在碱性的碳酸氢钠水溶液中，进攻亚胺的碳原子，取得了很好的效果。

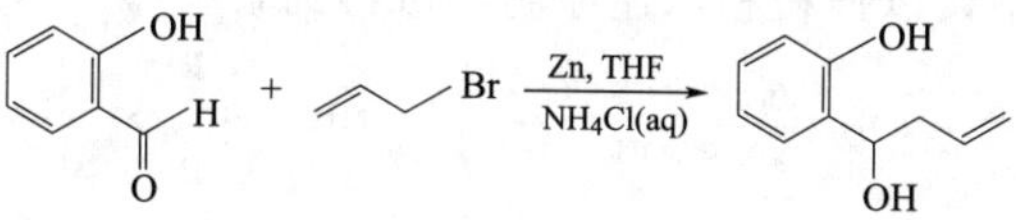

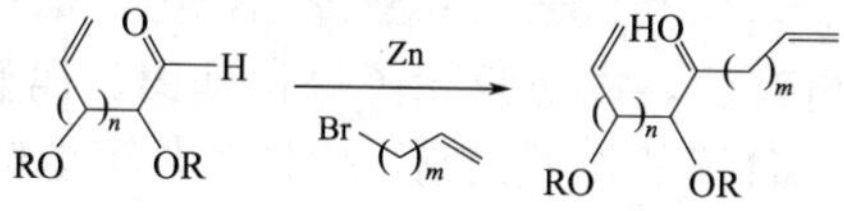

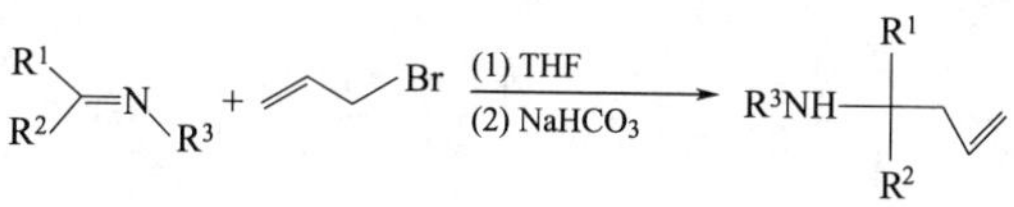

Zn, THF / $NH_4Cl(aq)$

Zn

(1) THF / (2) $NaHCO_3$

③ 烷基化反应　在含水介质中，烯丙基化反应很容易进行，但烷基化反应却不容易进行，于是有人认为烷基卤在含水介质中的离子化严重，会失去反应活性。但后来，Luche 等[60,61]发现，在含水介质和超声波作用下，锌铜可以促进烷基卤与不饱和羰基化合物的烷基化反应。他们还发现，利用这一反应，可以合成带三元环官能团的醇类化合物，这一反应可以用于许多天然产物的合成：

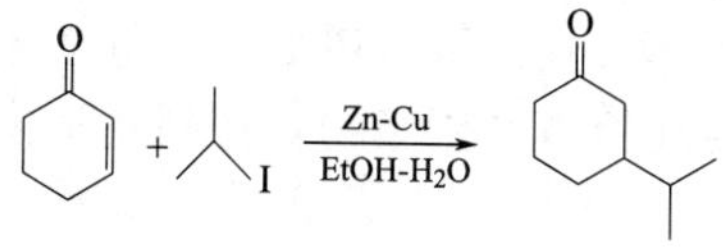

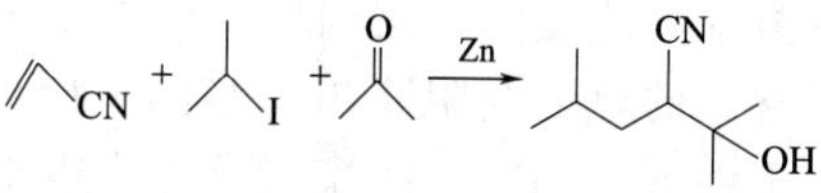

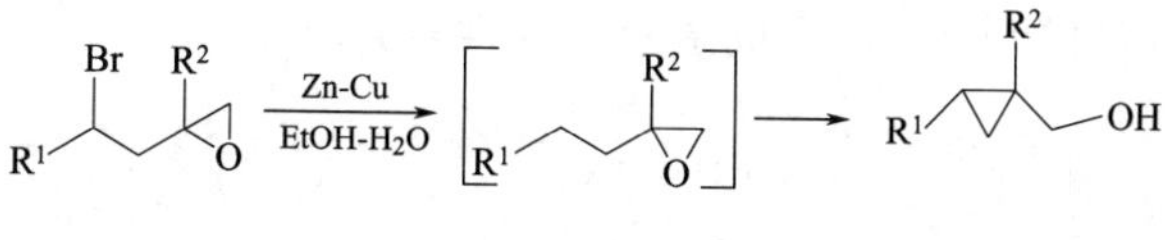

Zn-Cu / $EtOH-H_2O$

Zn

Zn-Cu / $EtOH-H_2O$

④ 脱卤偶联反应　对于芳基卤化物，用锌粉和质子溶剂还原，如果有零价 Pd 的存在，很容易发生 Ullmann 偶联，生成联苯类化合物。在这一偶联反应中，冠醚的加入，能提高反应速率和产率[62,63]。

$$\text{R-C}_6\text{H}_4\text{-Cl} \xrightarrow[\text{H}_2\text{O}]{\text{Zn, Pd/C}} \text{R-C}_6\text{H}_4\text{-C}_6\text{H}_4\text{-R}$$

$$\text{NC-C}_6\text{H}_4\text{-Br} + \text{I-C}_6\text{H}_4\text{-CO}_2\text{Et} \xrightarrow[\text{Pd(0)}]{\text{Rieke Zn}} \text{NC-C}_6\text{H}_4\text{-C}_6\text{H}_4\text{-CO}_2\text{Et}$$

杜邦公司药物研究人员 Wang 等[64]在开发抗艾滋病的药物研究中，利用金属锌还原脱卤这一反应，用一锅法从醛开始制备二氯代末端烯，获得 85%～95%的产率，这是一种替代 Wittig 反应合成该类化合物的有效手段之一。

$$\text{R—CHO} + \text{CCl}_3\text{COOH} \longrightarrow \text{R-CH(OH)-CCl}_3 \xrightarrow[\text{AcOH}]{\text{Zn}} \text{RCH=CCl}_2$$

(5) 碳氮键的还原

在酸性环境中，锌可以还原腈、亚胺和肟成胺，还原胺腈为胺，还原酰基腈为 α-氨基酮的衍生物；芳基酰胺可以用锌还原生成芳醛[65]。

$$\text{MeO}_2\text{C-CH}_2\text{CH}_2\text{-CO-CN} \xrightarrow[\text{Ac}_2\text{O}]{\text{Zn, THF}} \text{MeO}_2\text{C-CH}_2\text{CH}_2\text{-CO-CH}_2\text{NHAc}$$

在超临界二氧化碳中，以锌粉和水还原肟，可得到胺[66]。

$$\text{R}^1\text{R}^2\text{C=NOH} \xrightarrow[\text{NaOH}]{\text{Zn, H}_2\text{O/ScCO}_2} \text{R}^1\text{R}^2\text{CH-NH}_2 + (\text{R}^1\text{R}^2\text{CH})_2\text{NH}$$

生物化学中保护氨基酸、多肽和低聚核苷酸等化合物中氨基的重要方法就是转化为氨基甲酸酯。Dunach 等[67]利用电解法，成功脱除了保护基团。他们在室温下以金属锌为电极，在 DMF 溶剂中加入 10%的二价镍盐作催化剂，中性条件下电解，对多种氨基化合物进行反应，其转化率为 40%～99%。

$$\text{R-NH-CO-O-CH}_2\text{CH=CH}_2 \xrightarrow[\text{DMF, }-\text{CO}_2\text{, }-\text{C}_3\text{H}_6]{\text{Zn 电极, Cat}} \text{R—NH}_2$$

(6) 碳硫键的还原

金属锌还可以还原羰基 α-位的硫醇，这是因为羰基是吸电子基团，可以活化与它相邻的巯基。含硫的叶立德盐也可以用锌粉和醋酸来还原，断开碳硫键[68]。

(7) 杂原子间的化学键还原

在酸性介质中，用锌粉还可以还原硝基、亚硝基和肟中的氮氧键，生成胺类化合物；还原磺酰氯和二硫化物成亚硫酸盐和硫醇[69,70]。

在中性介质中，水作为质子供体，在二甲氧甲烷、二氧杂环己烷、1,2-二甲氧乙烷等醚做配合基及溶剂的条件下，用锌粉还原芳香硝基物，得到氨基化合物，而且其他还原性基团不受影响[71]。

芳基硫醇传统上是用还原芳基磺酰氯的方法制备，在酸性水溶液中用金属锌还原，可以得到较高收率的硫醇，但这种含水的硫醇会阻止进一步的反应，Kobayashi 用锌粉、二甲基乙酰胺和二氯二甲基硅在无水条件下，75℃下回流，成功地还原芳基磺酰氯为芳基硫醇和连硫化物，其转化率最高可达 97%，生成硫醇选择性可达 99%。

$$\text{R—SO}_2\text{Cl} \xrightarrow[\text{ClCH}_2\text{CH}_2\text{Cl}]{\text{Zn, Me}_2\text{SiCl}_2} \text{R—SH} + \text{R—SS—R}$$

在适当条件下，锌粉还可以将硝基苯还原成羟基氨基苯，实现硝基的部分还原，所得收率可达 95%[72]。

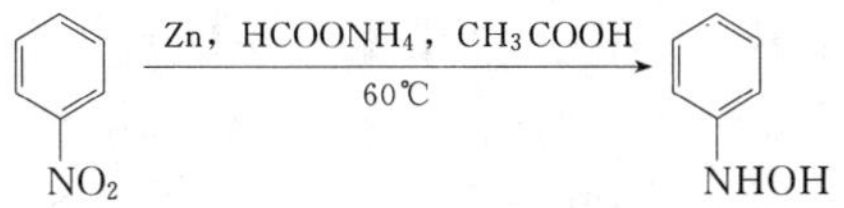

$$C_6H_5NO_2 \xrightarrow[60℃]{Zn,\ HCOONH_4,\ CH_3COOH} C_6H_5NHOH$$

综上所述，分别介绍了用锌粉作还原剂的各种反应及其在有机合成中的应用。由于锌的独特外层电子构型，突出的还原特性，可以还原多种官能团，还能与亲电试剂发生加成反应，生成新的碳碳键。正是因为其特有的物理、化学性质，锌作为一种重要的还原剂，已广泛被有机合成化学家采用。从它的研究发展趋势上看，金属锌作还原剂在药物化学和生物化学等领域的研究中必将得到更大的发展。

8.3.1.3 碱金属还原反应

(1) 芳环的还原

碱金属锂、钠或钾与液氨组成的还原体系，能够转变芳环为不饱和酯环。例如：

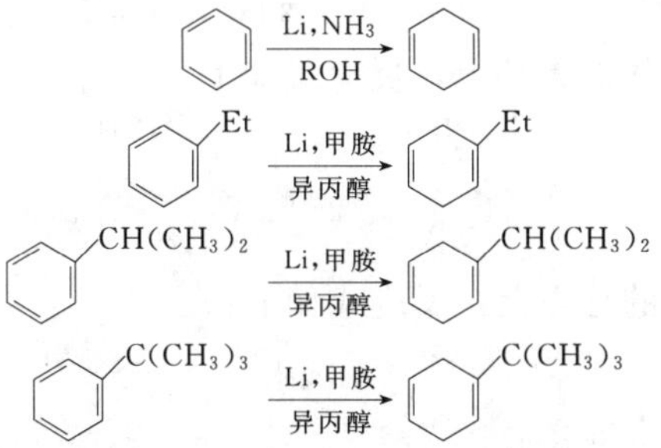

$$\text{苯} \xrightarrow[ROH]{Li,NH_3} \text{1,4-环己二烯}$$

$$\text{乙苯(Et)} \xrightarrow[\text{异丙醇}]{Li,\text{甲胺}} \text{1-乙基环己烯(Et)}$$

$$\text{异丙苯}(CH(CH_3)_2) \xrightarrow[\text{异丙醇}]{Li,\text{甲胺}} \text{1-异丙基环己烯}(CH(CH_3)_2)$$

$$\text{叔丁苯}(C(CH_3)_3) \xrightarrow[\text{异丙醇}]{Li,\text{甲胺}} \text{1-叔丁基环己烯}(C(CH_3)_3)$$

还原的历程是由电子转移开始的。芳香环从碱金属得到一个电子，成为自由基负离子，从醇那里夺得质子，成为中性自由基，再接受一个电子转变为负离子，最后质子化，生成二氢化合物。整个历程表示如下：

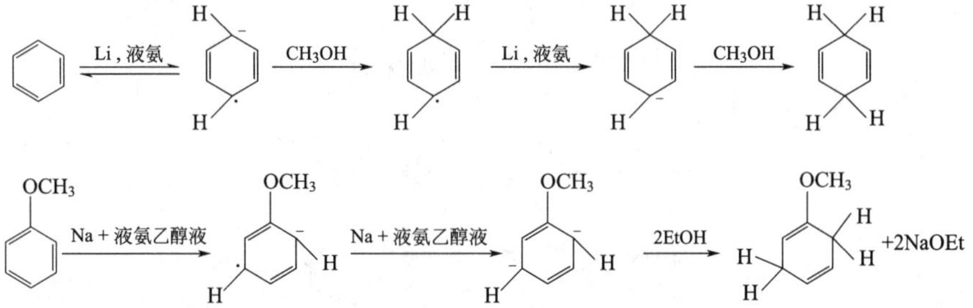

$$\text{苯} \underset{}{\overset{Li,\text{液氨}}{\rightleftharpoons}} \text{自由基负离子} \xrightarrow{CH_3OH} \text{自由基} \xrightarrow{Li,\text{液氨}} \text{负离子} \xrightarrow{CH_3OH} \text{1,4-环己二烯}$$

$$\text{苯甲醚}(OCH_3) \xrightarrow{Na+\text{液氨乙醇液}} \cdots \xrightarrow{Na+\text{液氨乙醇液}} \cdots \xrightarrow{2EtOH} \text{1-甲氧基-1,4-环己二烯} + 2NaOEt$$

胺对有机化合物有较大的溶解度和较高的沸点，因此，以胺代替液氨效果更好，在反应体系中加入一些铵盐能促进还原反应的进行。

芳环上的取代基会影响还原反应的速率。给电子基团将阻碍电子的转移；吸电子基团有利于反应的进行。例如，α-萘酚的还原，反应式如下：

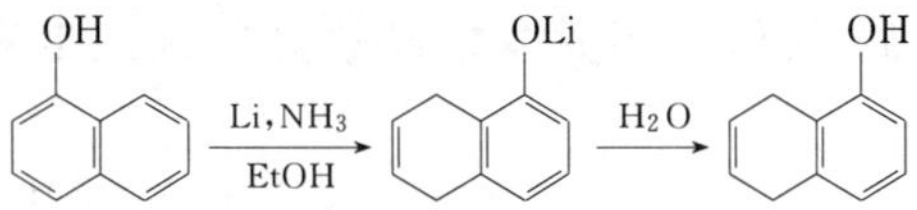

$$\alpha\text{-萘酚(OH)} \xrightarrow[EtOH]{Li,NH_3} (OLi) \xrightarrow{H_2O} (OH)$$

羟基所在的环不受影响，生成 5,8-二氢-1-萘酚。

芳环上取代基的性质对质子化的位置进行着有效的控制，吸电子基团质子化后生成 1-取代-1,4-二氢化合物，给电子基团生成 1-取代-2,5-二氢化合物。例如：

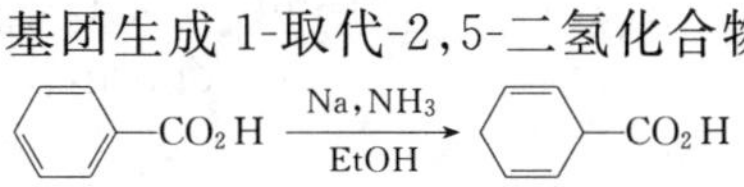

$$C_6H_5CO_2H \xrightarrow[EtOH]{Na,NH_3} \text{1,4-二氢苯甲酸}(CO_2H)$$

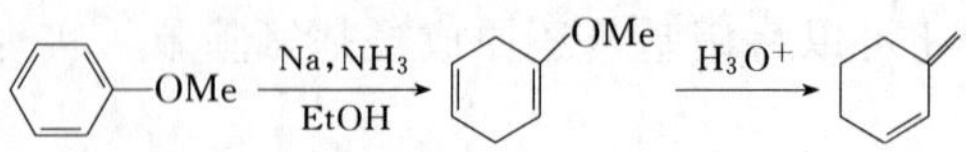
OMe
Na,NH3
EtOH
OMe
H3O+

后一个反应在合成避孕药 18-甲基炔诺酮（**8-16**）中得到了应用，反应过程表示如下[32]：

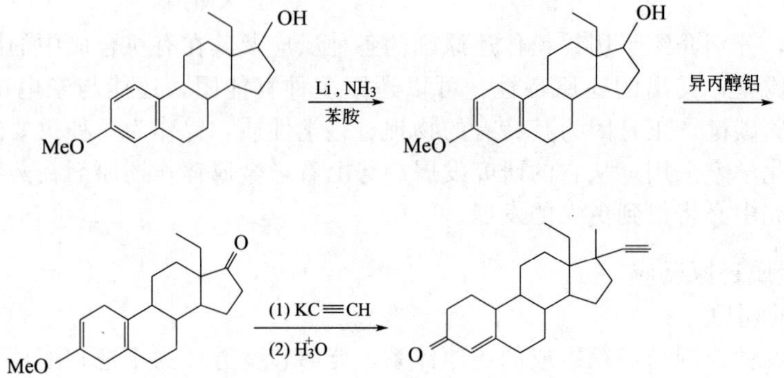
OH
MeO
Li,NH3
苯胺
OH
MeO
异丙醇铝
O
MeO
(1) KC≡CH
(2) H3O+
O

8-16

α-萘胺还原发生在未取代的芳环上，反应式如下：

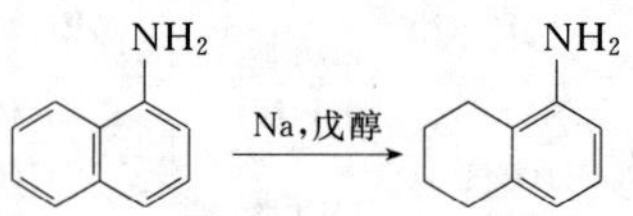
NH2
Na,戊醇
NH2

β-萘胺还原发生在取代的芳环上，反应式如下：

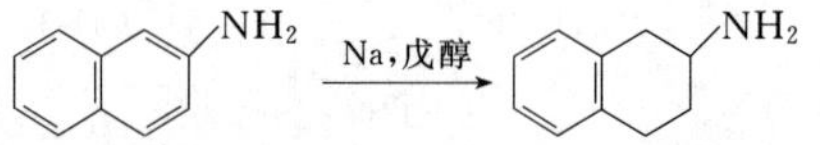
NH2
Na,戊醇
NH2

萘及其取代萘在反应条件下能发生选择性还原，反应表示如下：

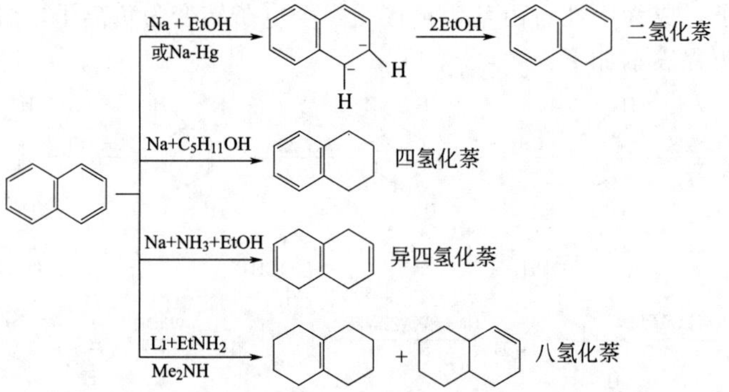
Na + EtOH
或Na-Hg
H
H
2EtOH
二氢化萘
Na+C5H11OH
四氢化萘
Na+NH3+EtOH
异四氢化萘
Li+EtNH2
Me2NH
八氢化萘

杂环体系也能用钠-醇试剂还原。例如：

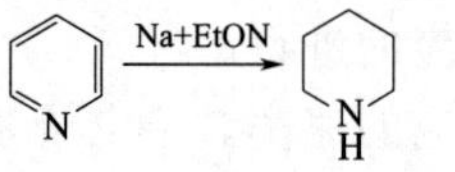
N
Na+EtON
N
H

（2）碳碳重键的还原

采用碱金属-胺或碱金属-氨体系还原非末端炔烃得到纯度和收率都很高的反式烯烃。例如：

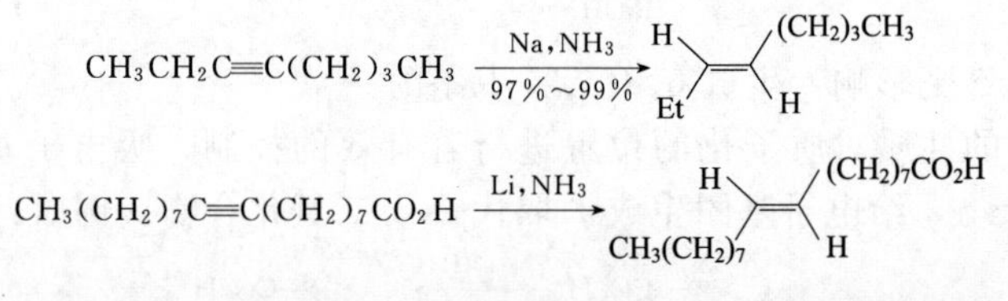
CH3CH2C≡C(CH2)3CH3
Na,NH3
97%~99%
H
(CH2)3CH3
Et
H
CH3(CH2)7C≡C(CH2)7CO2H
Li,NH3
H
(CH2)7CO2H
CH3(CH2)7
H

$$\text{环壬炔} \xrightarrow{Na,\ NH_3} \text{反式环壬烯}$$

得到的产物是反式烯烃，这和反应历程有关，反应历程表示如下：

$$RC\equiv CR + Na \longrightarrow \underset{\text{自由基钠化物}}{R(Na)C{=}\dot{C}R} \xrightarrow{H^+} R(H)C{=}\dot{C}R \xrightarrow{Na} \underset{\text{钠化物}}{R(H)C{=}C(Na)R} \xrightarrow{H^+} R(H)C{=}C(H)R$$

反应历程经过两次电子转移和两次质子化。由直线形炔化物转变为平面结构的自由基钠化物是生成反式烯烃的关键步骤，反式结构更为稳定，这就决定了最后产物是反式烯烃。

如果炔键处在碳链的末端，则 1/3 被还原成烯，2/3 生成炔的钠化物。例如：

$$3RC\equiv CH \xrightarrow{Na,NH_3} RCH{=}CH_2 + 2RC\equiv CNa$$

若在反应体系中添加硫酸铵，则可以将一烷基乙炔顺利地转变成相应的烯。例如：

$$CH_3(CH_2)_5C\equiv CH \xrightarrow[(NH_4)_2SO_4]{Na,NH_3} \underset{90\%}{CH_3(CH_2)_5CH{=}CH_2}$$

共轭烯烃也能被还原成相应的烯烃，例如：

$$PhCH{=}CHCH{=}CH_2 \xrightarrow{2Na} Ph{-}CH^-{-}CH{=}CH{-}CH_2^- \xrightarrow{EtOH} Ph{-}CH_2{-}CH{=}CH{-}CH_3$$

孤立的双键通常不能被碱金属胺或氨试剂还原，但对于链的末端的孤立双键能被还原，例如：

$$CH_2{=}CH(CH_2)_3CH_3 \xrightarrow[CH_3OH]{Na,NH_3} \underset{41\%}{CH_3(CH_2)_4CH_3}$$

采用钠-胺（氨）等还原体系，α,β-不饱和酯被还原为相应的饱和醇。反应过程发生双键转移，首先生成饱和羧酸酯，反应通式如下：

$$RCH{=}CHCO_2R' + Na + EtOH \longrightarrow RCH_2CH_2CO_2R'$$

其历程可表示为：

$$RCH{=}CHCO_2R' + Na \longrightarrow R{-}CH{=}CH{-}\overset{\dot{O}}{\overset{|}{C^-}}{-}O{-}R' \rightleftharpoons R{-}\ddot{C}H{-}CH{=}\overset{\dot{O}}{\overset{|}{C}}{-}O{-}R' \xrightarrow{EtOH}$$

$$R{-}\underset{H}{\underset{|}{CH}}{-}CH{=}\overset{\dot{O}}{\overset{|}{C}}{-}O{-}R' \xrightarrow{Na} R{-}\underset{H}{\underset{|}{CH}}{-}CH{=}\overset{\bar{O}:}{\overset{|}{C}}{-}O{-}R' \xrightarrow{EtOH}$$

$$R{-}\underset{H}{\underset{|}{CH}}{-}CH{=}\overset{OH}{\overset{|}{C}}{-}O{-}R' \rightleftharpoons R{-}\underset{H}{\underset{|}{CH}}{-}CH{-}\overset{O}{\overset{\|}{C}}{-}O{-}R'$$

饱和羧酸酯被进一步还原成醇。

α,β-不饱和羧酸能够被钠汞齐还原为相应的饱和羧酸，反应式如下：

$$PhCH{=}CHCO_2Na + 2Na\text{-}Hg \xrightarrow{H_2O} PhCH_2CH_2CO_2Na + 2NaOH$$

(3) 羧酸酯的还原

羧酸酯的还原反应称为 Bouvealt-Blanc 反应，是将酯转变为醇的方法，尤其是制备长链的一元醇和二元醇。例如，由月桂酸乙酯制取月桂醇，反应式如下：

$$CH_3(CH_2)_{10}CO_2Et \xrightarrow{Na,EtOH} CH_3(CH_2)_{10}CH_2OH + EtOH$$

75%

其还原历程为：

$$RCO_2R' + Na \longrightarrow R\dot{C}(\dot{O})^{-}-OR' + Na^+ \xrightarrow{EtOH} RCH(\dot{O})-OR' \xrightarrow{Na} RCH(O^-)-OR' \xrightarrow{-OR'} RCHO \xrightarrow{Na} R\dot{C}(\dot{O})H^- \xrightarrow{EtOH} RC(\dot{O})H-H \xrightarrow{Na} RC(O^-)H-H$$

由癸二酸二乙酯制备癸二醇的反应条件表示如下：

$$(H_2C)_8(CO_2Et)_2 \xrightarrow{Na,\ EtOH} (H_2C)_8(CH_2OH)_2$$

73%~75%

在非质子溶剂中，碱金属与羧酸酯作用，发生 α-羟酮缩合反应。例如：

$$\text{环状 COOMe/COOMe} \xrightarrow[PhH]{Na} \text{(ONa)C=C(ONa)} \xrightarrow{MeOH} \text{环状 α-羟基酮 (OH, O)} \longrightarrow \text{环酮 (O)}$$

又如三环化合物的形成：

$$\text{双环二烯 }(CO_2CH_3)_2 \xrightarrow[\text{二甲苯}]{Na} \text{三环 α-羟基酮 (O, OH)}$$

其反应机理为：

$$RCO_2R' \xrightarrow{Na} R\dot{C}(\dot{O})^{-}-OR' \longleftrightarrow R\dot{C}(O^-)(OR') \longrightarrow RC(O^-)(OR')-CR(O^-)(OR') \longrightarrow RC(=O)-CR(=O) \xrightarrow{Na} RC(O^-)=CR(O^-) \xrightarrow{H_2O} RC(=O)-CHR(OH)$$

酯接受一个电子形成自由基负离子之后，由于在非质子溶剂中不能立即质子化，有时间发生互变异构，生成碳自由基，两个自由基偶联并失去两个烷氧基变成 1,2-二酮，进一步还原，水解，生成 α-羟基酮。

反应中加入三甲基氯硅烷以捕捉还原产物，促进反应进行，提高反应效率，这是目前合成环系化合物最好的方法，收率通常为 50%～95%。例如

$$\text{环己烯 }(CO_2CH_3)_2 \xrightarrow[(2)\ TMSCl]{(1)\ Na,\ PhMe} \text{双(OSiMe}_3\text{)环丁烯} \xrightarrow[\triangle]{MeOH} \text{环丁酮 (O, OH)}$$

94%

$$\text{双环二烯 }(CH_2CO_2CH_3)_2 \xrightarrow[(2)\ TMSCl]{(1)\ Na\text{-}K} \text{三环 (OTMS)}_2$$

82%

（4）肟的还原

肟可以在试剂钠和醇存在下还原成伯胺[73]。

$$\text{(11-肟基甾体)} \xrightarrow[\text{回流, 5h; 71\%}]{\text{Na}/n\text{-PrOH}} \text{(11-氨基甾体)}$$

8.3.1.4 其他还原反应

汞齐类（Na-Hg、Zn-Hg 等）试剂是一类重要的还原试剂，可以在惰性或在水（酸）介质中使用，把碳氧双键还原成亚甲基或生成醇。例如：

$$\mathrm{>C{=}O} + 2\mathrm{Na\text{-}Hg} \xrightarrow{\mathrm{H_2O}} \mathrm{>CHOH} + 2\mathrm{NaOH} + 2\mathrm{Hg}$$

$$\mathrm{>C{=}O} \xrightarrow[\triangle]{\mathrm{Na\text{-}Hg,HCl}} \mathrm{>CH_2}$$

$$\mathrm{HO{-}C_6H_3(OH){-}COCH_3} \xrightarrow[\triangle]{\mathrm{Na\text{-}Hg,HCl}} \mathrm{HO{-}C_6H_3(OH){-}CH_2CH_3}$$

$$\mathrm{C_6H_5COCH_2CH_2CO_2H} \xrightarrow[\triangle]{\mathrm{Na\text{-}Hg,HCl}} \mathrm{C_6H_5CH_2CH_2CH_2CO_2H}$$

$$\mathrm{OHC{-}C_6H_3(OCH_3){-}OH} \xrightarrow[\triangle]{\mathrm{Na\text{-}Hg,HCl}} \mathrm{H_3C{-}C_6H_3(OCH_3){-}OH}$$

$$\text{2-氧代环戊基-C(=O)CO}_2\text{H} \xrightarrow[\mathrm{HCl}]{\mathrm{Zn\text{-}Hg}} \text{2-氧代环戊基-CH}_2\text{CO}_2\text{H}$$

金属镁、镁汞齐在非质子溶剂中具有类似的还原作用。如频哪醇的合成：

$$2\ \mathrm{(CH_3)_2C{=}O} + \mathrm{Mg(Hg)} \xrightarrow[\triangle]{\text{苯}} \text{(镁频哪醇盐)} \xrightarrow{\mathrm{H_2O}} \mathrm{(CH_3)_2C(OH){-}C(OH)(CH_3)_2}$$

$$2\ \text{环戊酮} + \mathrm{Mg(Hg)} \xrightarrow[\triangle]{\text{苯}} \text{1,1'-联环戊基-1,1'-二醇 (OH OH)}$$

8.3.2 金属氢化物还原

金属氢化物还原剂在有机合成上，特别是在精细化工中的应用近期发展十分迅速，其中研究及应用最广的为 $LiAlH_4$（氢化铝锂）和 $NaBH_4$（硼氢化钠）。使用这类还原剂还原反应速率快、副反应少、产品产率高、反应条件温和、选择性好。这类还原剂可使羧酸及其衍生物还原成醇，羰基还原成醇，也可以使硝基、氰基等基团还原，一般不能还原碳碳不饱和键。也就是说它可以还原碳原子和杂原子之间的双键和叁键，而一般不能还原碳碳之间的双键和叁键，这是与催化氢化还原显著的不同之处。

金属氢化物还原剂最常用的是氢化铝锂和硼氢化钠。可以把它们看作如下反应过程：

$$\mathrm{LiH} + \mathrm{AlH_3} \longrightarrow \overset{+}{\mathrm{Li}}\mathrm{Al}\overset{-}{\mathrm{H_4}}$$

$$NaH + BH_3 \longrightarrow \overset{+}{Na}B\overset{-}{H_4}$$

这两种复合氢化物的负离子是亲核试剂，它们通常进攻C═O或C—N极性重键，然后把负离子转移到正电性较强的原子上。一般情况下它们不还原孤立的碳碳双键和叁键，这两种试剂的四个氢原子都可以用于还原反应。

8.3.2.1 氢化铝锂还原

氢化铝锂比硼氢化钠的还原性强，它可以还原大多数官能团（见表8-2）。

表8-2 能被氢化铝锂还原的常见官能团

官能团	产物
>C=O	>CHOH
$—CO_2R$	$—CH_2OH + ROH$
—COOH	$—CH_2OH$
—CONHR	$—CH_2NHR$
$—CONR_2$	$—CH_2NR_2$ 或 $[—CH(OH)—NR_2] \longrightarrow —CHO + R_2NH$
—C≡N	$—CH_2NH_2$ 或 $[—CH═NH] \xrightarrow{H_2O} —CHO$
>C=N—OH	>CH—NH_2
—C(—)—NO_2（脂肪族的）	—C(—)—NH_2
$ArNO_2$	ArNHNHAr 或 ArN═NAr
$—CH_2OSO_2Ph$ 或 $—CH_2Br$	$—CH_3$
—CH(—)OSO_2Ph 或 —CH(—)Br	>CH_2
环氧化物（三取代环氧乙烷）	$H_3C—CH_2—$C(OH)<

（1）羰基的还原

例如：

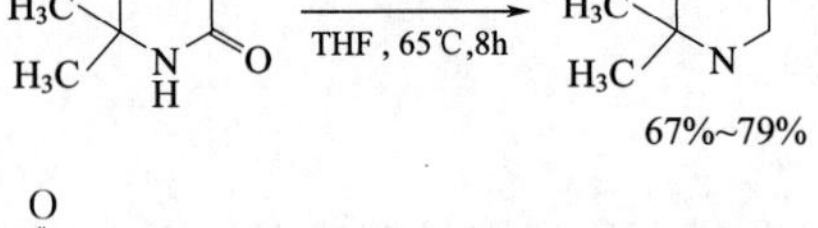

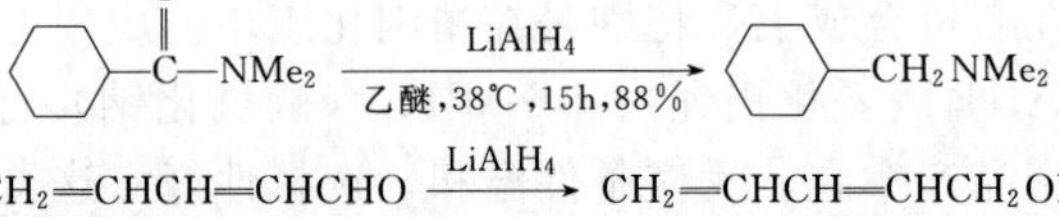

$$\text{5,5-二甲基吡咯烷-2-酮} \xrightarrow[\text{THF, 65℃, 8h}]{LiAlH_4} \text{2,2-二甲基吡咯烷} \quad 67\%\sim79\%$$

$$C_6H_{11}—C(=O)—NMe_2 \xrightarrow[\text{乙醚, 38℃, 15h, 88\%}]{LiAlH_4} C_6H_{11}—CH_2NMe_2$$

$$CH_2═CHCH═CHCHO \xrightarrow{LiAlH_4} CH_2═CHCH═CHCH_2OH$$

与羟基相连的叁键也能被氢化铝锂还原，因此，利用该反应可用来制备标记的烯丙醇类化合物，例如：

$$HC≡C(CH_2)_2C≡CCO_2Et \xrightarrow{LiAlH_4} HC≡C(CH_2)_2CH═CHCH_2OH$$

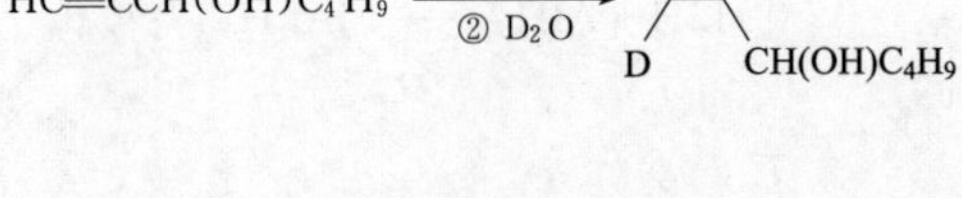

$$HC≡CCH(OH)C_4H_9 \xrightarrow[\text{② } D_2O]{\text{① } LiAlH_4} (H)(D)C═C(H)CH(OH)C_4H_9$$

通常条件下，烯烃双键不能被氢化物还原剂还原，但在用 $LiAlH_4$ 还原 β-芳基-α,β-不饱和羰基化合物时，C═C 和 C═O 一起被还原，然而在这种情况下降温，缩短反应时间，用 $NaBH_4$ 和 $LiAlH_4$ 能将羰基选择性还原。例如：

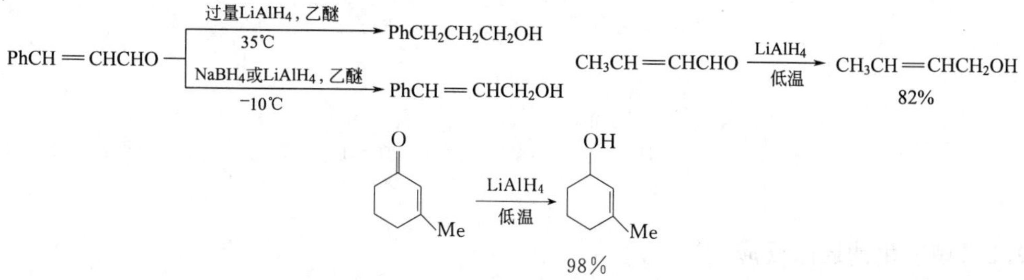

$$PhCH{=}CHCHO \xrightarrow[35^\circ C]{\text{过量}LiAlH_4,\text{乙醚}} PhCH_2CH_2CH_2OH$$

$$PhCH{=}CHCHO \xrightarrow[-10^\circ C]{NaBH_4\text{或}LiAlH_4,\text{乙醚}} PhCH{=}CHCH_2OH$$

$$CH_3CH{=}CHCHO \xrightarrow[\text{低温}]{LiAlH_4} CH_3CH{=}CHCH_2OH \quad 82\%$$

3-甲基-2-环己烯酮 $\xrightarrow[\text{低温}]{LiAlH_4}$ 3-甲基-2-环己烯醇 98%

乙酰乙酸乙酯含有酯基和酮基两类官能团，采用下列方法可以选择性地得到还原产物。

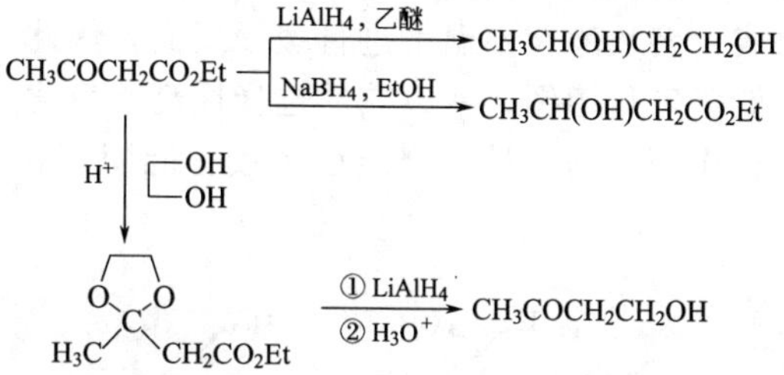

$$CH_3COCH_2CO_2Et \xrightarrow{LiAlH_4,\text{乙醚}} CH_3CH(OH)CH_2CH_2OH$$

$$CH_3COCH_2CO_2Et \xrightarrow{NaBH_4,\ EtOH} CH_3CH(OH)CH_2CO_2Et$$

$CH_3COCH_2CO_2Et$ $\xrightarrow{H^+,\ HOCH_2CH_2OH}$ 缩酮（H_3C、CH_2CO_2Et 取代的1,3-二氧戊环） $\xrightarrow[\text{② } H_3O^+]{\text{① } LiAlH_4}$ $CH_3COCH_2CH_2OH$

$LiAlH_4$ 还原羰基的历程一般认为：

$$LiAlH_4 \xrightarrow{-Li^+} H_3\overset{-}{Al}H$$

$$H_3\overset{-}{Al}{-}H + Me_2CO \longrightarrow Me_2CH{-}O\overset{-}{Al}H_3 \xrightarrow{Me_2CO} (Me_2CH{-}O)_2\overset{-}{Al}H_2 \xrightarrow{Me_2CO} (Me_2CH{-}O)_3\overset{-}{Al}H$$

$$\xrightarrow{Me_2CO} (Me_2CH{-}O)_4\overset{-}{Al} \xrightarrow{H^+} 4Me_2CH{-}OH$$

通常不对称酮羰基的还原反应生成的是外消旋醇。然而，对于含有手性中心的酮来说，生成的两种醇的量是不同的。例如，用 $LiAlH_4$ 还原酮时，主要生成苏式醇，反应式如下：

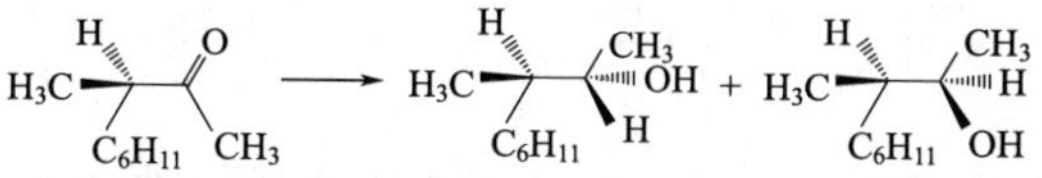

$H_3C(H)(C_6H_{11})C{-}CO{-}CH_3 \longrightarrow H_3C(H)(C_6H_{11})C{-}C(CH_3)(OH)H + H_3C(H)(C_6H_{11})C{-}C(CH_3)(H)OH$

这类反应的主要产物可根据 Cram 规则判断。该规则可用纽曼投影式表示如下：

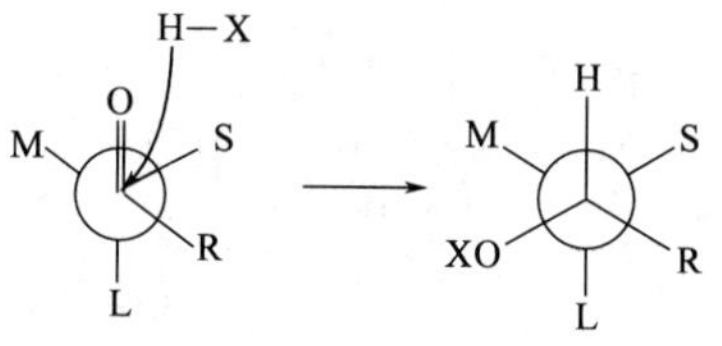

H−X；O，M，S，R，L → H，M，S，XO，R，L

能量最低的过渡态　　主要的立体异构体

或

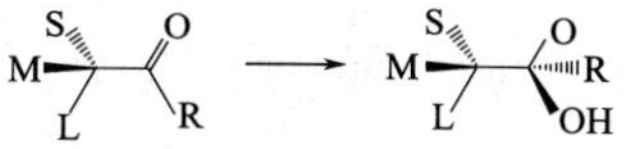

S，M，L，O，R → S，M，L，O，R，OH

式中，S、M、L 分别表示小、中、大取代基。对于酮的还原来说，金属氢化物负离子从构象中羰基位阻较小的一侧进攻，因此苏式醇是主要产物。

(2) 氰基的还原

5-氰基-4-氨基-2,6-二烷硫基嘧啶(**8-17**)以氢化铝锂为还原剂得到5-氨甲基-4-氨基-2,6-二烷硫基嘧啶(**8-18**)。

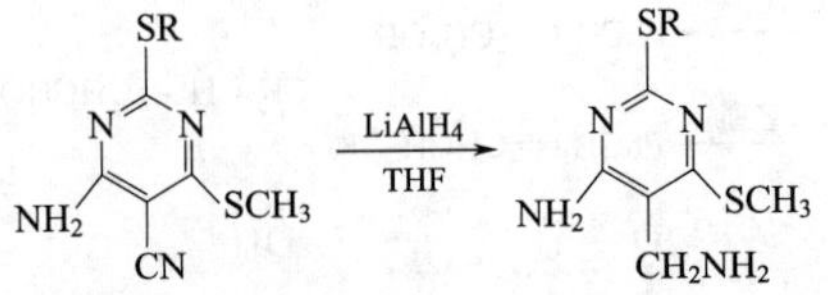

SR, N, N, NH_2, SCH_3, CN **8-17** $\xrightarrow[\text{THF}]{LiAlH_4}$ SR, N, N, NH_2, SCH_3, CH_2NH_2 **8-18**

8.3.2.2 硼氢化钠还原反应[74]

(1) 醛和酮的还原

它是和含活泼氢的化合物的反应,因此,必须在无水或非羟基型溶剂中使用,如醚、四氢呋喃等。硼氢化钠与水或大多数醇在室温下进行缓慢反应,因此,这种试剂可以在醇溶液中进行。硼氢化钠的活性低于氢化铝锂,所以它的选择性高于氢化铝锂,在室温下很易还原醛和酮,但它不和酯和酰胺作用,用这种试剂能在多数官能团存在下选择性地还原醛和酮。例如:

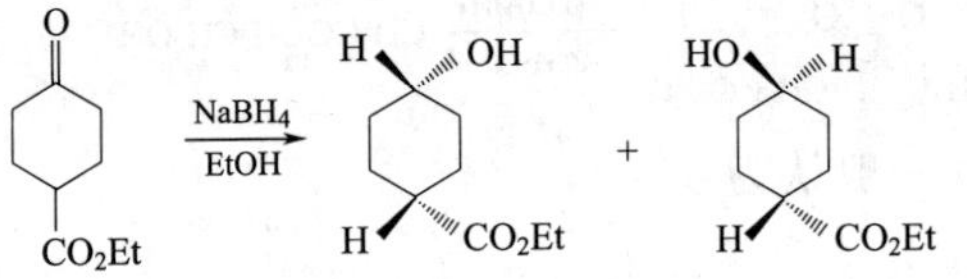

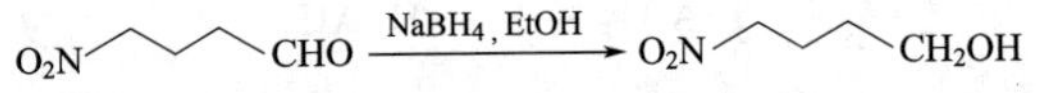

$\xrightarrow[\text{EtOH}]{NaBH_4}$ (O, CO_2Et → H, OH, H, CO_2Et + HO, H, H, CO_2Et)

O_2N~~~CHO $\xrightarrow{NaBH_4,\ EtOH}$ O_2N~~~CH_2OH

在镧系盐[75]如四氯化铈存在下,$NaBH_4$ 能区别酮羰基和醛羰基的不同,选择性地还原活性小的羰基。例如,α,β-不饱和酮能被选择性地还原为饱和酮。在醛存在下,用有四氯化铈存在的等物质的量的 $NaBH_4$ 乙醇水溶液能将酮选择性地还原。通常认为,在这些条件下,醛基作为水合物被保护起来,这种水合物通过与铈离子络合而被稳定,在分离出产物后可以使醛基再释放出来。例如:

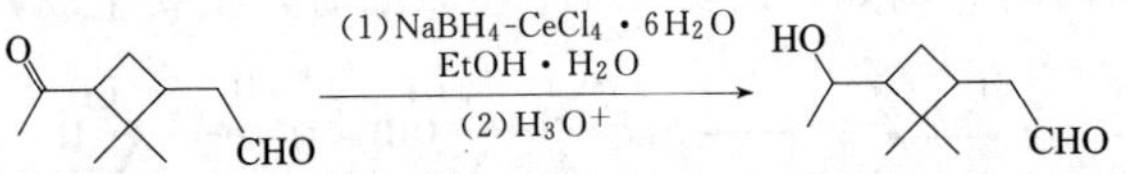

O, CHO $\xrightarrow[\text{(2)}\ H_3O^+]{\text{(1)}\ NaBH_4\text{-}CeCl_4\cdot 6H_2O,\ EtOH\cdot H_2O}$ HO, CHO

四氯化铈对于 α,β-不饱和酮(**8-19**,**8-20**)区域选择性地还原成烯丙醇(**8-21**,**8-22**)也是一种有效的催化剂。若无四氯化铈存在,双键同时也被还原。例如:

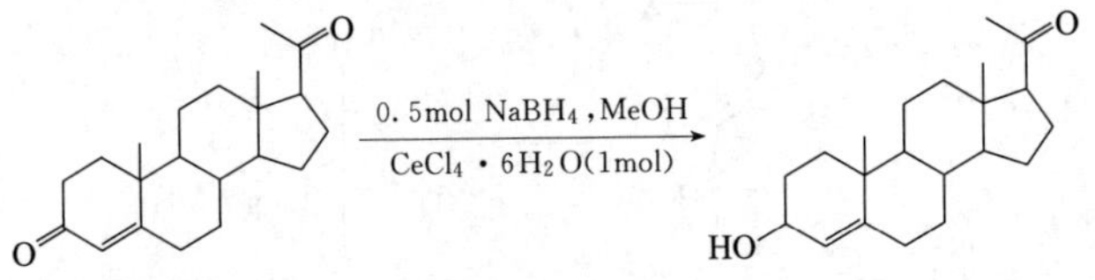

8-19 $\xrightarrow[\text{CeCl}_4\cdot 6H_2O(1mol)]{0.5mol\ NaBH_4,\ MeOH}$ **8-21**

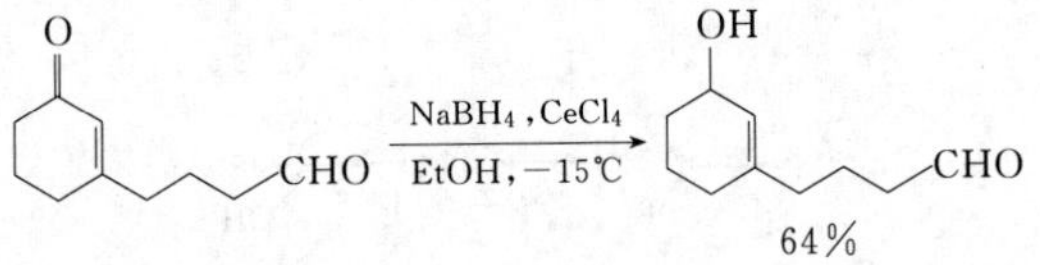

8-20 (O, CHO) $\xrightarrow[\text{EtOH},\ -15℃]{NaBH_4,\ CeCl_4}$ **8-22** (OH, CHO) 64%

(2) 酸、酯的还原

虽然在通常条件下，$NaBH_4$ 不能还原酯。但研究表明，$NaBH_4$ 能够将 α-羟基、α-和 β-羰基酯分别还原成 1,2-和 1,3-二醇[76]。此外，金属氢化物在一些金属盐存在下其还原性能往往大大改变。比如：$NaBH_4$ 在有 LiCl 存在时可以还原酯[77]。

$NaBH_4$-$ZnCl_2$ 在叔胺存在下是一个很强的还原试剂，能够将酯还原成醇。但该反应在无胺存在时不发生。$NaBH_4$-I_2 在回流条件下也能将酯还原成醇[78]。

R = Me, Et
X = 2-Br, 2-SCH_2Ph, 4-NO_2, 4-OH
52% ～ 98%

$$\text{X-C}_6\text{H}_4\text{-CO}_2\text{R} \xrightarrow[\text{叔胺,THF,加热,2h}]{\text{NaBH}_4/\text{ZnCl}_2} \text{X-C}_6\text{H}_4\text{-CH}_2\text{OH}$$

$$\text{PhCH}_2\text{COOEt} \xrightarrow[70℃]{\text{NaBH}_4\text{-I}_2,\text{THF}} \xrightarrow{\text{H}_2\text{O}} \text{PhCH}_2\text{CH}_2\text{OH} \quad 85\%$$

李杜等[79]采用 $NaBH_4$ 将乙烷-1,1,2-三羧酸乙酯还原为 2-羟基-1,4-丁二醇。

$$\text{C}_2\text{H}_5\text{OOC-CH}_2\text{-CH(COOC}_2\text{H}_5)_2 \xrightarrow[\text{(CH}_3)_3\text{OH,CH}_3\text{OH}]{\text{NaBH}_4} \text{HO-CH}_2\text{CH}_2\text{-CH(CH}_2\text{OH)}_2$$

手性氨基醇是有机合成中常用的手性诱导试剂，在不对称合成[80]、制药化学[81]等方面有着广泛的应用。它们主要由相应的氨基酸或其衍生物还原而得。$NaBH_4$-I_2 体系是近年来发现的羧酸良好的还原剂[82]。例如 D-(－)-苯甘氨酸的还原[83]：

$$\text{H-C(COOH)(NH}_2\text{)(Ph)} \xrightarrow[\text{THF}]{\text{NaBH}_4\text{-I}_2} \text{H-C(CH}_2\text{OH)(NH}_2\text{)(Ph)}$$

(3) 腈的还原

用一些金属盐（如二价铜盐、钴、镍等金属卤化物、硫酸盐和羧酸盐）与 $NaBH_4$ 共同作用，以及用 $NaBH_4$-I_2 在 THF 中回流都能够将腈还原成胺。例如[78]：

$$\text{PhCH}_2\text{CN} \xrightarrow[\text{THF}]{\text{NaBH}_4\text{-ZrCl}_4} \text{PhCH}_2\text{CH}_2\text{NH}_2 \quad 91\%$$

$$\text{PhCN} \xrightarrow[\text{THF}]{\text{NaBH}_4\text{-I}_2} \xrightarrow{\text{NaOH}} \text{PhCH}_2\text{NH}_2 \quad 72\%$$

具有抑制去甲肾上腺素重吸收和拮抗 5-HT 双重作用机制的苯乙胺类抗抑郁药盐酸文拉法辛中间体 α-(1-羟基环己基) 对甲氧基苯乙腈 (**8-23**) 氰基的还原[84,85]。

$$\text{H}_3\text{CO-C}_6\text{H}_4\text{-CH(CN)-C}_6\text{H}_{10}\text{(OH)} \xrightarrow[\text{甲苯/HCl}]{\text{NiCl}_2/\text{NaBH}_4} \text{H}_3\text{CO-C}_6\text{H}_4\text{-CH(CH}_2\text{NH}_2\text{)-C}_6\text{H}_{10}\text{(OH)} \cdot \text{HCl}$$

8-23

(4) 硝基化合物的还原

在金属离子作用下，$NaBH_4$ 可使 N—O 键断裂。如用 $NaBH_4$-$CuSO_4$ 或 $NaBH_4$-$BiCl_3$ 能将硝基化合物还原成胺[78]。

$$\text{RNO}_2 \xrightarrow[\text{THF}]{\text{NaBH}_4/\text{BiCl}_3} \text{RNH}_2 \quad 35\%\sim90\%$$

$$\text{PhNO}_2 \xrightarrow[\text{EtOH},0℃]{\text{NaBH}_4/\text{CuSO}_4} \text{PhNH}_2 \quad 94\%$$

将硼氢化钠慢慢加至含有 1% 氨的 1-硝基-5,10-蒽醌-2-羧酸 (**8-24**) 的水溶液中，还原反应在室温下即可发生，几乎生成定量产率的相应的胺[86]。

8-24 —$NaBH_4$→ 约 100%

(5) 卤代烃的还原

$NaBH_4$ 能否还原卤代烃，不同教科书[77,87]对此观点不一，但从查阅的文献来看，$NaBH_4$ 不像 $LiAlH_4$ 那样能在非极性溶液中还原卤代烃。

$NaBH_4$ 需要在二甲基亚砜、六甲基磷酸酰胺、二甲基甲酰胺和二甘醇等极性溶剂中对伯、仲、叔、烯丙基、苄基等各种卤化物以及某些二卤化物还原。但反应主要在 80℃左右才能进行[88]。

$$CH_3(CH_2)_8CH_2I \xrightarrow[85℃, 0.25h]{NaBH_4, MeSO_4} C_{10}H_{32} \quad 93\%$$

Rolla 等在三丁基十六烷基溴化铵作用下，成功地用 $NaBH_4$ 在 18℃以下使有机卤化物还原，而对有机卤化物分子中同时存在的酰基、酰氨基和氰基等官能团不起作用[88]。

8.3.2.3 聚合物硼氢阳离子还原反应

聚合物硼氢阳离子还原剂 BER 对酰卤的还原，取得了很好的效果。例如：

$$PhCOCl \xrightarrow[CH_2Cl_2]{BER} PhCH_2OH$$

93%　　—Ⓟ—$CH_2\overset{+}{N}Me_3\overset{-}{B}H_4$ (BER)

在室温下，BER 不仅可以选择性地还原醛酮化合物中的醛，而且还可以选择性地还原醛酮[89]，例如：

$$\left.\begin{matrix} PhCHO \\ CH_3(CH_2)_4CHO \end{matrix}\right\} \xrightarrow[EtOH, 25℃]{BER} \begin{matrix} PhCH_2OH & 100\% \\ CH_3(CH_2)_4CH_2OH & 微量 \end{matrix}$$

在甲醇中，BER 可以还原 α,β-不饱和硝基化合物中的碳碳双键，而不还原硝基[90]，例如：

$$\text{(环己烯基)}-NO_2 \xrightarrow[86\%]{BER, MeOH} \text{(环己基)}-NO_2$$

8.3.3 硼烷和二烷基硼烷

提供负氢离子还原的另一种试剂是硼烷和二烷基硼烷。硼烷，BH_3（以气态二聚硼烷 B_2H_6 存在）是一种强还原剂，它能进攻许多不饱和官能团，在室温下就能进行，所得硼化物中间体水解可得高产率的产物（见表 8-3)。但硼烷易与水反应，因此，要在无水条件下进行，最好用氮气保护。

二硼烷能够很容易地将羧酸还原为伯醇，即使在有其他不饱和基团存在下也能选择性地进行。如可把对硝基苯甲酸以 79%的收率还原为对硝基苄醇。

二硼烷对环氧化合物的还原，主要生成取代基较少的醇，这正好与用络合氢化的还原产物相反。例如：

$$\xrightarrow[THF, 0℃]{B_2H_6, LiBH_4} Me_2C(OH)—Et + Me_2CH—CH(OH)CH_3$$

25%　　75%

$$\xrightarrow[THF, 0℃]{B_2H_6, LiBH_4} \text{OH} + \text{OH}$$

72%　　28%

表 8-3 二硼烷还原的官能团

官能团	产物	官能团	产物
—COOH	$-CH_2OH$	—CH═CH—	—CH—CH—B＜（水解前）
—CHO	$-CH_2OH$	＞C═O	＞CHOH
—C≡N	$-CH_2NH_2$	$-CONR_2$	$-CH_2NR_2$
RCO—O—COR	RCH_2OH	$-CO_2R$	$-CH_2OH+ROH$
环氧化合物	＞CH—C(OH)＜	$-NO_2$	不反应
—COCl	不反应		

二硼烷与 $NaBH_4$ 的反应不完全相同，因为 $NaBH_4$ 是个亲核试剂，它是通过负氢离子对偶极重键较正的一端进行加成的，而二硼烷是 Lewis 酸，进攻的是负电子中心。如 $NaBH_4$ 易把酰氯还原为伯醇，反应被卤原子的吸电子效应促进，而二硼烷在通常条件下不反应。通常认为二硼烷对羰基的还原反应，首先是缺电子的硼原子对氧原子的加成，然后将负氢不可逆地从硼原子转移到碳原子上。例如：

$$>C=O+BH_3 \rightleftharpoons >C=\overset{+}{O}-\overset{-}{B}H_2(H) \longrightarrow -\underset{H}{C}-O-BH_2 \xrightarrow{H_2O} -\underset{H}{C}-OH$$

立体位阻比较大的硼烷，如二（1,2-二甲基丙基）硼烷和 1,1,2-三甲基丙基硼烷都比硼烷温和、选择性高，且由于烷基的立体效应，反应速率会受被还原物结构的影响。尽管酮的反应活性受其结构的影响变化很大，但是醛和酮都能转化为相应的醇。酰氯、酸酐和酯不发生反应。环氧化合物只能很慢地被还原，与二硼烷相反，羧酸并不被还原，它们简单地形成二烷基硼的羧酸盐，这种盐水解后重新生成羧酸。这可能是由于形成的羧酸盐中大体积的二烷基硼基阻止了试剂对羰基的进一步进攻。

烷基硼化物的一个有价值的特点是高立体选择性，这种选择性表现在将脂肪酮还原为醇的反应中。例如，2-甲基环己酮用硼烷还原时，主要生成较稳定的反-2-甲基环己醇，而用二异戊基硼烷还原时，则主要生成顺式异构体；若用体积大的光学活性的萜类衍生物二(3-蒎基）硼烷作为还原剂，所得产物中顺式异构体的比例可达 94%，且具有光学活性。

8.4 其他还原试剂

8.4.1 Wolff-Kishner 还原法

Wolff-Kishner 还原法是将许多醛和酮的羰基还原为甲基或亚甲基的极好的方法。该方法是将羰基化合物、水合肼和氢氧化钠或氢氧化钾的混合物，在高沸点的溶剂中，于 180～200℃下加热几个小时即可。还原产物的收率通常都特别好。对共轭不饱和酮或醛还原时，有时会伴随有双键的移位。有时还可能生成吡唑啉衍生物，该衍生物分解时生成所预想的烃的环丙烷异构体。例如：

（2,6,6-三甲基环己烯甲醛 → 亚甲基环己烷产物，80%）

$$Me_2C{=}CHCOMe \xrightarrow{H_2NNH_2} \text{吡唑啉} \longrightarrow \text{环丙烷衍生物}$$

一般认为，此类反应的过程为：

$$RR'C{=}O + H_2NNH_2 \rightleftharpoons RR'C{=}NHNH_2 + H_2O \xrightarrow{OH^-} RR'C{=}N\ddot{N}H^- \longrightarrow$$

$$RR'CHN{=}\ddot{N}^- \xrightarrow[-N_2]{} RR'CH^- \longrightarrow RR'CH_2$$

8.4.2 二酰亚胺还原法

二酰亚胺一般在反应溶液中用氧或氧化剂氧化肼制得，也可用对甲苯磺酰肼的热分解或偶氮二甲酸制得，反应式如下：

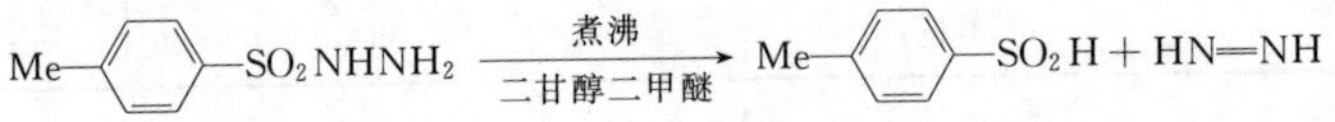

$$Me\text{-}C_6H_4\text{-}SO_2NHNH_2 \xrightarrow[\text{二甘醇二甲醚}]{\text{煮沸}} Me\text{-}C_6H_4\text{-}SO_2H + HN{=}NH$$

二酰亚胺是一种选择性很高的试剂。一般条件下，对称的重键，如 C≡C、C═C、N═N、O═O 很容易被还原，而不对称的、极性较大的键，如 CN、NO_2、C═N、S═O、S—S、C—S 等则不易被还原。例如，二烯丙基二硫醚几乎能定量地被还原成二丙基二硫醚，反应式如下：

$$(CH_2{=}CHCH_2)_2S_2 \xrightarrow[\text{沸腾的乙二醇}]{\text{对甲苯磺酰肼}} (CH_3CH_2CH_2)_2S_2$$

93%～100%

一般认为，二酰亚胺还原反应是一对氢原子通过六元环过渡态进行同步转移的。这就解释了反应的高立体专一性——氢原子都是按顺式进行加成的。在基态下进行的氢的协同顺式转移是对称性允许的反应[91]。例如：

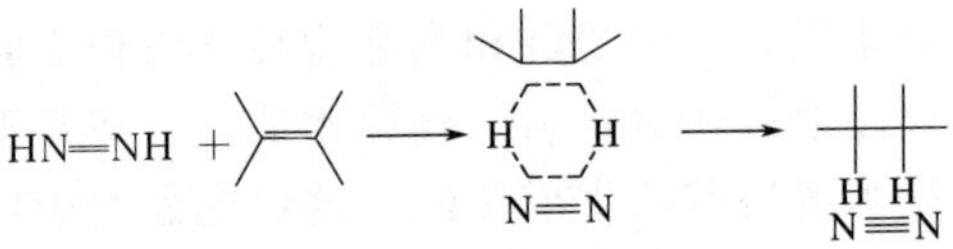

HN═NH + >C═C< ⟶ [六元环过渡态 H…H, N═N] ⟶ H H, N≡N

8.4.3 烷基氢化锡还原法

烷基氢化锡对烷基、芳基和烯基卤化物的碳卤键的还原裂解是非常有用的试剂，常用的是三丁基氢化锡，反应通式如下：

$$R_3SnH + R'X \longrightarrow R_3SnX + R'H$$

通常溴化物比氯化物容易被还原，各种溴化物的反应活性次序为：叔烷基＞仲烷基＞伯烷基。烯丙基卤化物或苄基卤化物的反应特别容易进行。溴化金刚烷在三正丁基氢化锡存在下，以己烷为溶剂，用紫外线照射，以定量的产率转化为金刚烷。环己基溴以偶氮二异丁腈作为引发剂生成环己烷。由二溴卡宾对烯烃加成生成的 1,1-二溴环丙烷，可以分步被还原，成功地得到一溴丙烷和环丙烷。对于氯溴同时存在的衍生物还原时，氯优先消去。例如：

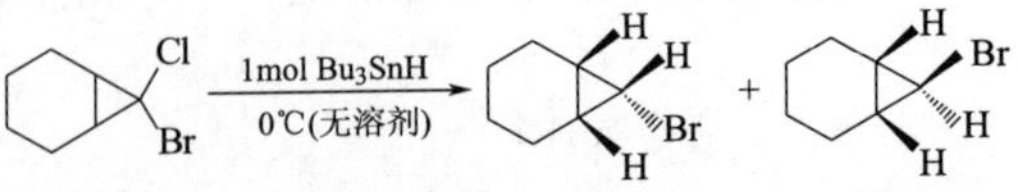

(7-氯-7-溴双环[4.1.0]庚烷) $\xrightarrow[\text{0℃(无溶剂)}]{\text{1mol } Bu_3SnH}$ (7-溴产物，H/Br) 2.5% + (7-溴产物，Br/H) 97%

三正丁基氢化锡可以还原酰氯成醛，例如：

$$RCOCl \xrightarrow{Bu_3SnH} RCHO$$

研究表明，该类反应是通过自由基链机理进行的。一般是在自由基引发剂（如 AIBN）

存在下，或在紫外线照射下才能有效地进行。机理如下：

$$R_3SnH + In\cdot \longrightarrow R_3Sn\cdot + In{-}H$$

$$R_3Sn\cdot + R'X \longrightarrow R'\cdot + R_3SnX$$

$$R'\cdot + R_3SnH \longrightarrow R'H + R_3Sn\cdot$$

三丁基氢化锡对于叔脂肪族硝基和一些仲被氢取代也是一种良好的试剂。在其反应条件下，许多常见的其他官能团，如酮、酯、腈或有机硫基都不发生反应。这种性质大大扩大了硝基化合物在有机合成中的应用，因为众所周知硝基化合物在烷基化和 Michael 加成反应中是非常有用的反应组分。例如

$$PhCH_2NO_2 + CH_2{=}CHCO_2CH_3 \longrightarrow \underset{CH_2CH_2CO_2CH_3}{\overset{PhCHNO_2}{|}} \xrightarrow[\text{AIBH,回流}]{Bu_3SnH} Ph(CH_2)_3CO_2Me$$

具有 Sn—H 结构的聚合物共价型还原剂比相应的低分子锡的氢化物更稳定，无味、低毒、易分离。还原苯甲醛、苯甲酮、叔丁基甲酮成相应的醇，收率为 91%～92%，对二元醛的还原有良好的选择性。在对苯二甲醛的还原产物中，单官能团还原的占 86%。

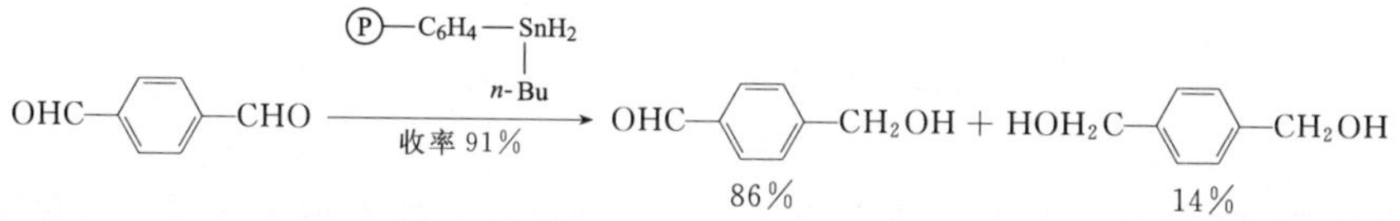

$$OHC{-}C_6H_4{-}CHO \xrightarrow[\text{收率 }91\%]{Ⓟ{-}C_6H_4{-}SnH_2(n\text{-}Bu)} \underset{86\%}{OHC{-}C_6H_4{-}CH_2OH} + \underset{14\%}{HOH_2C{-}C_6H_4{-}CH_2OH}$$

8.5 氯代硝基苯催化氢化

催化加氢法制备氯代苯胺是一种高效清洁的技术，值得大力研究，解决选择性的问题仍集中在催化剂的制备及选择上。多相催化剂可能的研究方向仍然是找出合适的载体，利用合金技术或添加其他助催化剂，从而产生协同效用提高选择性。还有当前广泛研究的催化剂金属纳米化技术、非晶态合金技术及载体纳米化技术都值得借鉴。均相络合催化剂已经有报道利用廉价金属铁的水溶性络合物作催化剂，这不失为一种好的方法，因为该催化剂成本低，金属即使流失一部分，补加相当的金属离子的成本也不高。因此如何利用廉价金属的络合物做催化剂，找出合适的配体及与之相适合的催化体系和仿酶催化，值得人们广泛研究。

氯代苯胺是通过氯代硝基苯的催化加氢而制备得到的，其反应历程如图 8-1 所示[92]。由图 8-1 可知，由氯代硝基苯（**8-25**）加氢得到目标产物氯代苯胺（**8-28**）的过程中，可能出现多种中间产物或副产物，而继续反应就会出现脱氯产物苯胺（**8-34**）。

氯代硝基苯在加氢过程中存在着硝基加氢和脱氯的竞争反应，虽然硝基的加氢较 C—Cl 键的氢解容易发生，但是在加氢过程中不可避免有 C—Cl 键的氢解反应发生。因此，采用催化加氢法合成氯代苯胺的关键问题是如何控制反应的选择性，防止脱氯的产生，而要使加氢选择性提高，关键又在于催化剂体系的选择，对多相催化剂和均相催化剂在选择性催化加氢氯代硝基苯制备氯代苯胺的应用研究进行阐述。

8.5.1 多相催化剂还原法

添加脱氯抑制剂，脱氯抑制剂通常是碱或其他给电子化合物，它们通过孤对电子封闭金属粒子催化剂上的一些活性部位来改变催化剂的某种性质，从而提高反应的选择性。到目前为止，已发现了多种抑制剂，并取得了一定的效果。

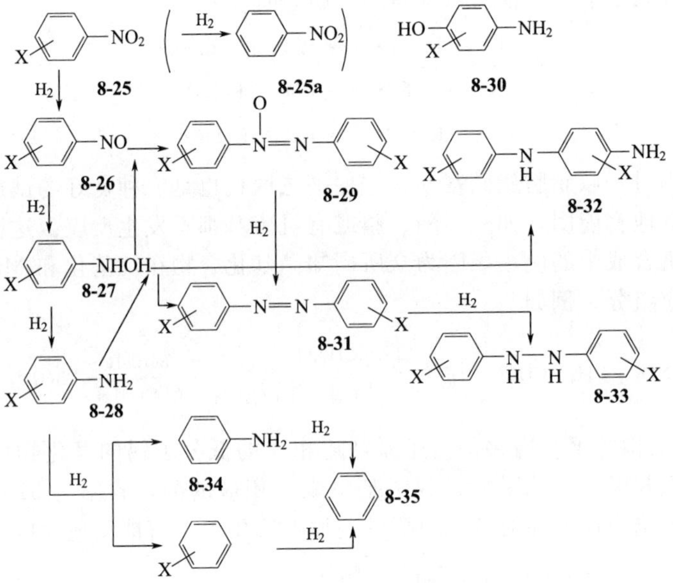

图 8-1 氯代硝基苯加氢历程

金属催化剂的改性通常涉及三个方面：①改变金属粒子的大小或金属粒子在载体上的分散度；②添加助催化剂或修饰剂；③选择适当的载体，以调整金属与载体之间的作用。

高分子是负载金属催化剂的一个惰性载体，它可以利用它本身的配位性稳定活性金属的超细粒子，并能够对催化剂的活性中心进行修饰，使催化剂的结构发生改变，从而影响催化性能，所以日益引起人们的重视。对传统的高分子负载催化剂的改性以提高催化剂的选择性是一种较好的途径。

在金属催化剂中添加其他金属或非金属元素助催化剂、用修饰剂处理或在反应系统里添加修饰剂都能够改变催化剂金属的电子状态和结构，从而改变催化剂的性能。防止脱氯的产生主要表现在：①使产物迅速离开催化剂表面，防止反应的进一步深入；②减少对 C—Cl 键氢解的活性；③改变催化剂的结构状态，如提高活性金属的分散度等；④添加剂本身能够活化 N ═O 键；⑤与氨基化合物配位，从而改变氯代苯胺和氯代硝基苯在催化剂上的吸附强度比，使氯代苯胺容易脱离催化剂表面，进而脱氯减少。通过以上一些因素的变化，从而达到提高选择性的目的。

纳米金属胶体簇含有较少的金属原子颗粒，并有较大的比表面积，它不同于金属原子或大块金属，具有独特的化学性质和物理性质，近来人们对其研究较多。对高分子载体稳定的纳米金属胶体簇催化剂改性或添加其他金属离子、金属配合物都能使催化剂的选择性或活性提高。Yan[93]研究了硼在聚乙烯吡咯烷酮（PVP）稳定的钌金属簇（PVP-Ru）催化加氢邻氯硝基苯中的作用。硼酸盐对邻氯硝基苯的催化加氢有明显的作用，催化剂的活性和选择性都有较大提高，而硼化物对催化性能影响不大。添加金属离子进入催化系统，硼酸盐与金属离子之间具有协同效用，使邻氯硝基苯的转化率得到提高，原因认为与硼酸盐与金属离子形成的配合物有关。孙昱博士详细研究了水溶性纳米镍、Ni-B 非晶态粉末、Raney Ni 催化剂对氯代硝基苯的加氢研究。

8.5.1.1 水溶性纳米镍对氯代硝基苯化合物加氢[94]

水溶性纳米镍、Ni-B 非晶态粉末、Raney Ni 催化剂对邻氯硝基苯催化氢化的活性和选择性见表 8-4。从表 8-4 可以看出，水溶性纳米镍颗粒具有极高的活性和选择性，在室温 298K 和 3.0MPa 条件下，反应 15min 能达到邻氯硝基苯 100％的转化率和邻氯苯胺 97.2％的选择性，而在相同条件下，用 Ni-B 非晶态粉末和 Raney Ni 为催化剂时，邻氯硝基苯的转化率仅分别为 1.7％和 39.5％。而且，所用的水溶性纳米镍的含镍量仅为 0.12g，低于 Ni-B 非晶态粉末、Raney Ni 所用的催化剂量（1g），体现出了其高活性。由于该纳米镍实际上是一种小尺度非晶态纳米催化剂，所以对氯代硝基苯加氢的选择性较高。

表 8-4 不同催化剂对邻氯硝基苯的催化加氢

催化剂	催化剂的量/g	反应时间	邻氯苯胺的选择性/％	邻氯硝基苯的转化率/％
水溶性纳米镍	0.12	15min	97.2	100
Ni-B 非晶态粉末	1	15min	99.8	1.7
Ni-B 非晶态粉末	1	45min	99.7	3.0
Raney Ni	1	15min	34.7	39.5

注：*o*-CNB 2g，$p(H_2)=3MPa$，$n(CTAB)/n(NiCl_2)=1.3$，$T=298K$，pH＝9。

为了探明水溶性纳米镍对加氢还原底物的适应性，考察了一系列氯代硝基苯的催化氢化还原反应，结果见表 8-5。

从表 8-5 可知，水溶性纳米镍催化剂对氯代硝基苯化合物加氢都有很高的活性和选择性，在反应 15min 后，氯代硝基苯的转化率都近 100％，氯代苯胺的选择性大于 97％。由此可知，水溶性纳米镍催化剂对氯代硝基苯化合物加氢具有广泛的适应性，值得更深入研究。

表 8-5 水溶性纳米镍对不同氯代硝基苯的催化加氢

底物	氯代苯胺的选择性/％	氯代硝基苯的转化率/％	底物	氯代苯胺的选择性/％	氯代硝基苯的转化率/％
邻氯硝基苯	97.2	100	对氯硝基苯	98.0	100
间氯硝基苯	97.7	100	2,5-二氯硝基苯	98.2	99.5

注：底物 2g，$p(H_2)=3MPa$，$n(CTAB)/n(NiCl_2)=1.3$，$T=298K$，pH＝9，$t=15min$。

8.5.1.2 Ni-B 非晶态催化剂的传统的载体及改性载体对催化剂性能的影响

考察 Ni-B 非晶态催化剂的传统的载体及改性载体对催化剂性能的影响，反应结果见表 8-6。

表 8-6 载体对催化剂性能的影响

序号	载体	邻氯苯胺选择性/％	脱氯率/％	邻氯硝基苯转化率/％	序号	载体	邻氯苯胺选择性/％	脱氯率/％	邻氯硝基苯转化率/％
1	SiO_2	94.0	6.0	98.7	7	TiO_2-SiO_2(10％)	94.4	5.6	98.2
2	γ-Al_2O_3	93.9	6.1	100	8	TiO_2-Al_2O_3(1％)	94.4	5.6	100
3	C	91.7	8.3	100	9	TiO_2-Al_2O_3(3％)	94.7	5.3	98.6
4	TiO_2-SiO_2(1％)	94.3	5.7	98.6	10	TiO_2-Al_2O_3(5％)	94.7	5.3	99.2
5	TiO_2-SiO_2(3％)	94.2	5.8	98.3	11	TiO_2-Al_2O_3(10％)	94.9	5.1	98.2
6	TiO_2-SiO_2(5％)	94.5	5.5	98.1					

注：$n(KBH_4)/n(Ni^{2+})=2.5$，pH＝12；*o*-CNB＝2g，$p(H_2)=1.0MPa$，$T=363K$，$t=30min$。

表 8-6 列出了采用不同载体制备的 Ni-B 非晶态合金催化剂的催化性能。由表 8-6 可知，载体对催化剂性能的影响并不太大，TiO_2 对催化剂的选择性虽有所改善，但幅度并不大，没有取得预想的效果。活性炭由于比表面积大，制备的催化剂活性稍大，但由于无氮气保护的高温装置，在催化剂制备过程中容易燃烧，难以控制。负载在氧化铝的活性较大，但选择性稍低，故本节选择硅胶为考察载体。

8.5.1.3 过渡金属添加剂对催化剂性能的影响

通过金属添加剂的引入，可以调控非晶态合金的热稳定性和催化性能[95]。表 8-7 是不同含量的过渡金属添加剂（Zn、Mn、Co、Mo、Cr、Cu、Fe）对催化剂性能的影响。

表 8-7 不同含量的过渡金属添加剂对催化剂性能影响[85]

催化剂	金属添加量(以镍计)/%	邻氯苯胺选择性/%	脱氯率/%	邻氯硝基苯转化率/%
Ni-B/SiO$_2$	0	94.0	6.0	98.7
Ni-Zn-B/SiO$_2$	1	96.7	3.3	100
	3	95.9	3.7	99.0
	5	85.3	1.7	72.0
	10	88.8	2.2	45.6
Ni-Mn-B/SiO$_2$	1	94.6	5.4	97.3
	3	94.9	5.1	97.0
	5	95.0	4.5	96.5
	10	95.5	4.4	96.4
Ni-Co-B/SiO$_2$	1	89.6	7.7	90.3
	3	96.6	2.7	70.0
	5	96.8	2.4	38.2
	10	89.6	1.3	20.7
Ni-Mo-B/SiO$_2$	1	96.1	3.9	100
	3	92.9	7.1	100
	5	92.8	7.2	100
	10	88.9	11.1	98.2
Ni-Cr-B/SiO$_2$	1	96.7	3.2	99.1
	3	96.9	3.1	100
	5	96.6	3.1	100
	10	96.1	1.9	78.2
Ni-Cu-B/SiO$_2$	1	90.2	1.8	71.1
	3	75.9	1.2	53.3
	5	77.8	0.7	32.3
	10	70.2	0.5	25.6
Ni-Fe-B/SiO$_2$	1	86.7	1.1	43.3
	3	80.4	0.3	35.9
	5	83.7	1.6	26.7
	10	85.7	0.4	17.3

注：$n(KBH_4)/n(M^{2+})=2.5$，pH=12；o-CNB=2g，$p(H_2)=1.0$MPa，$T=363$K，$t=30$min。

从表 8-7 可以看出，Zn、Mo、Cr 对催化剂的活性的影响呈火山结构，随着 Zn、Mo、Cr 含量的增加，催化剂的活性先增大然后再降低，选择性大部分都有提高。在 Zn、Mo、Cr 适量的条件下，催化剂的活性和选择性达到最佳。Zn 含量为 1%时，邻氯硝基苯的转化率达到 100%，邻氯苯胺的选择性达到 96.7%，脱氯 3.3%；Mo 含量为 1%时，转化率为 100%，邻氯苯胺的选择性为 96.1%，脱氯 3.9%；Cr 含量为 3%时，转化率为 100%，邻氯苯胺的选择性为 96.9%，脱氯 3.1%。以上数据均较不加金属添加剂时 Ni-B/SiO$_2$ 催化剂的转化率 98.7%和邻氯苯胺选择性 94.0%，脱氯 6.0%的指标有进一步提高。Mn 对催化剂的初活性影响不大，能略微提高邻氯苯胺的选择性，但随着 Mn 的继续加入，催化剂的活性降低。加入 Co、Cu、Fe 虽然防脱氯的选择性有所增加，但催化剂的活性大为降低。上述结果的原因与金属添加剂对催化剂的结构和电子方面的影响有关。研究表明，Pt 纳米粒子分散在胶体溶液中作为前驱体，组合 Fe 改性的活性炭作为催化剂，可以形成更多的暴露在表面的活性位点，该催化剂用于邻氯硝基苯的液相催化氢化，不仅完全转化，而且选择性达到

99.5%[96]。据文献报道，添加 Cu、Fe、Mo、Co、Mn 等能够增加催化剂的比表面积，Zn[97]、Cr[98]也使催化剂的比表面积增大。Fe、La、Co 等添加到 NiMoB 非晶态催化剂中对对氯硝基苯还原成对氯硝基苯胺也有着良好的效果[99]。因此，导致各种添加剂对催化剂性能的影响的不同，增加催化剂的比表面积不是主要的原因。

在碱性溶液中[100]，Zn^{2+}/Zn 的电势为 $-1.245V$，Mn^{2+}/Mn 的电势为 $-1.55V$，Cr^{3+}/Cr 的电势为 $-1.27V$，Mo^{6+}/Mo 的电势为 $-1.05V$，与硼氢化钾的还原电势[101]较为接近而难以还原。Zn 在碱性溶液中的溶度积[102]为 1.2×10^{-17}，因此 Zn 在催化剂中很容易以 $Zn(OH)_2$ 的形式出现，文献［77］也证实了这一点。Mn 可能也是以氧化物形式出现在催化剂中。据文献［95］报道，Cr 在催化剂中以 Cr_2O_3 的形式出现。Mo 以较低价态的氧化物出现[103]。Cu、Fe、Co 等则还原电势较低，容易被还原，绝大部分以其金属态形式出现在催化剂中，有一小部分以其氧化态形式出现[104,105]。文献［106］的研究表明，硝基在催化剂上必须形成多位吸附，催化剂活性位的分散不利于硝基的吸附，稍大的催化剂颗粒有利于催化剂活性的提高。Cu、Fe、Co 由于其大部分以金属态出现在催化剂中，易与 Ni 形成合金，再因其原子半径也与镍极为相近，可以替代某些镍原子分散于镍的晶格当中，造成镍原子的分散，降低其与硝基形成多位吸附的能力，因而催化剂的活性降低。

Zn、Cr、Mo、Mn 等以氧化态的形式出现在催化剂中，不会引起镍晶格的变化。虽然因其加入催化剂的比表面积增大，但能使硝基形成多位吸附的单元镍没有太多变化，因此，添加 Zn、Cr、Mo 后催化剂的活性会增大，但是随着添加量的进一步增加，氧化物会覆盖一部分催化剂活性表面，导致催化剂活性下降。实验发现，添加适量的 Zn、Cr、Mo 会抑制脱氯，这可能是由于 Zn^{2+}、Cr^{3+}、Mo^{x+} 能够极化硝基，使其更容易受到活化氢的亲核进攻，因而选择性提高。Mn 对催化剂的影响的原因有待于进一步探讨。

8.5.1.4 脱氯抑制剂的影响

围绕 Raney-Ni 为催化剂报道的脱氯抑制剂很多。其中主要有：①双氰胺、氰氨、氰氨化钙，该类脱氯抑制剂对催化剂活性影响很小，能有效地防止脱氯，脱氯率小于 0.1%；添加硫脲时，氯代硝基苯的转化率大于 99%，没有脱氯产物和其他副产物生成。硫脲抑制剂还适应于钯、铂为催化剂时的氯代硝基苯加氢[107]。添加乙酸甲脒能有效防止脱氯，使相应的氯代苯胺化合物在较短的反应时间内高产率地生成，生成邻、间、对氯苯胺的选择性大于 99.4%[108]；②脒类衍生物。对脒类衍生物的大量试验结果表明，C 和 N 上的取代基及阴离子类型对抑制脱氯有重大影响，乙酸甲脒具有最好的抑制效果[109]。有研究[110、111]表明，采用非晶态 Ni/CNTs 作为氯代硝基苯的加氢催化剂，其转化率均高于 99.8%，脱氯率低于 3%，具有良好的加氢性能和较好的抑制脱氯性能。

以负载铂为催化剂报道的脱氯抑制剂主要有：① 硫醚化合物。Kritzler 等[112]报道了对邻氯硝基苯催化加氢时，以 Pt/C 为催化剂，甲苯为溶剂，在弱碱性条件下，添加脱氯抑制剂［双（2-羟乙基）硫、噻噁烷、噻吩、二噻烷等］硫醚化合物，产物中邻氯苯胺的含量均大于 99%。② 胺类化合物。Kosak[113]报道了以 Pt、Pd 等为催化剂对氯代硝基苯加氢还原时，添加 $(PhO)_3P$、$(HO)_3P$、$HPO(OH)_2$、$H_2PO(OH)$、$PhPHO(OH)$、Ph_2POH 等能够抑制脱氯，抑制脱氯效果以磷酸为佳。③ 亚磷酸三苯酯或亚磷酸三甲酚酯[114]及硫的衍生物。Kritzler 等[115]报道了在以 Pt/C 为催化剂，甲苯为溶剂，对邻氯硝基苯加氢时，在 $(HOCH_2CH_2)_2S$ 存在下，邻氯苯胺的纯度达到 99.97%；Manhong Liu 等[116]在无溶剂条件下，采用胶体铂纳米粒子催化剂对邻氯硝基苯进行加氢，转化率达 99.95%，收率 99.5%，抑制脱氯效果良好。Mane 等[117]以 1%Pt-C 为催化剂，添加 Na_2CO_3 可以抑制脱氯，另外还有报道镁的氧化物或氢氧化物[118]，吗啉或哌嗪[119]均有好的防脱氯效果。

为了扩大催化剂体系对氯代硝基苯加氢的适用性，孙昱博士[120]考察添加脱氯抑制剂 D 对氯代硝基苯的加氢，结果见表 8-8。

表 8-8 添加脱氯抑制剂 D 对其他氯代硝基苯的加氢结果

反应底物	氯代苯胺选择性%	脱氯率%	氯代硝基苯转化率%	反应底物	氯代苯胺选择性%	脱氯率%	氯代硝基苯转化率%
邻氯硝基苯	99.8	0.2	100	2,5-二氯硝基苯	99.9	0.1	98.2
间氯硝基苯	99.9	0.1	100	2-氯-5-硝基甲苯	99.8	0.2	100
对氯硝基苯	99.9	0.1	100				

注：$n(KBH_4)/n(Ni^{2+})=1.25$，$n(NH_2NH_2 \cdot H_2O)/n(Ni^{2+})=9.1$，NaOH 0.05g，$T=333K$，$CH_3OH$ 13mL，C_2H_5OH 2mL，H_2O 0.4mL；$p(H_2)=1.0MPa$，$T=363K$，$t=30min$。

由表 8-8 可以看出，以 Ni-B 非晶态合金为催化剂，添加脱氯抑制剂 D 对氯代硝基苯加氢时，氯代苯胺的选择性都大于 99.8%(氯代硝基苯基本转化完毕)，脱氯抑制剂 D 对氯代硝基苯加氢防脱氯的效用具有广泛的适用性。

8.5.2 均相催化剂还原

均相络合催化剂具有反应条件温和，催化活性高，选择性好，催化剂设计和制备容易控制以及重现性高的特点，并且通过对过渡金属络合物催化剂与催化反应中间体的研究，有助于从分子水平上理解催化反应的机理。关于用均相络合催化剂对氯代硝基苯催化加氢的报道也较为丰富，主要集中在催化剂的配体、各种过渡金属、添加其他金属离子产生的协同效应等。

8.5.2.1 完全均相的络合催化

Bose 等[121]研究了以钯的配合物为催化剂对硝基化合物的催化加氢，在 DMF 为溶剂，氢压为 1atm 和25℃的条件下，以 $Pd_2(2\text{-BzPy})_2(OAc)_2$ 为催化剂，生成邻氯苯胺和对氯苯胺的产率分别为 95%、94%。Bhattacharya 等[122]以 *trans*-$PdPy_2X_2$(X=Cl，Br，I) 配合物为催化剂，以中性的或碱性的乙醇为溶剂，在 30℃的条件下，考察了常压和高压下对硝基化合物的催化加氢。研究发现，X 为氯的配合物的催化性能最好。常压下产物中邻氯苯胺的产率为 90%，对氯苯胺的产率为 60%，高压下对氯苯胺的产率为 70%。一定量的碱能够缩短诱导时间，碱性溶剂如 THF、DMSO、DMF 等会占据催化剂金属的配位位置，使催化剂催化活性降低。Knifton[123]报道了用 $RuCl_2(PPh_3)_3$ 配合物为催化剂，苯-乙醇为溶剂，适量的氢氧化钾，在氢压为 20～100atm，温度为 25～150℃，反应时间为 1～6h 的条件下，催化加氢对氯硝基苯时，可以得到转化率为 99%、选择性为 89% 的对氯苯胺。Khandual 等[124]考察了配体为乙酰丙酮的 Ni、Pd、Pt 金属配合物为催化剂，在常压和以甲醇为溶剂的条件下对硝基化合物的催化加氢。Pd 的配合物比 Pt 的配合物的催化活性更大，邻、间、对氯代苯胺的生成产率分别达到 92%、65%、70%，而 Ni 的配合物没有催化活性，其原因被认为与 Pt 的配合物不稳定和 Ni 的配合物太稳定有关。溶剂以甲醇最为合适，无配位效用的苯、甲苯为溶剂时催化剂在反应中会很快分解，强配位溶剂如 DMF、DMSO 则会占据催化剂的活性位，使底物无法与催化剂配位而无活性。同时具有 π-酸和 π-碱配体的 Pd 配合物，如 $Pd(acac)_2(PPh_3)Cl$ 太稳定而无催化活性。Bose[125]报道了以 $Pd_2(2\text{-BzPy})(OAc)_2$ 配合物为催化剂，DMF 为溶剂，氢压为 1atm 和反应温度为 25℃的条件下，对氯代硝基苯加氢还原，生成邻、间、对氯苯胺的选择性分别为 95%、96%、94%。在对不同配体的研究中发现催化剂的活性与金属离子和配体之间的 π 电子离域有关，π 电子越离域越活泼，催化性能越强。Mukherjee 等[126]报道了以 DMF 为溶剂，在氢压为 1 大气压，温度为 25℃的条件下，以 Pd_2(*N*-methylbenzaldimine)$_2$(OAc)$_2$、Pd_2[*N*-(*p*-toyl)benzaldimine]$_2$(OAc)$_2$、Pd_2(*N*-phenylacetophoneketimine)$_2$(OAc)$_2$ 为催化剂对邻氯硝基苯和对氯硝基苯进行催化加氢，生成邻氯苯胺分别为 93%、88%、88%；生成对氯苯胺为 90%、86%、83%。Bhattacharya 等[127]研究了以 *trans*-$PdPy_2Cl_2$ 为催化剂，乙醇为溶剂，在氢压为常压，30℃下，10h 后，生成对氯苯胺的选择性为 60%，在高压和 100℃下，反应 4h，生成对氯苯胺的选择性为 70%。Santra 等[128]报道了以 $Pd_2(AZ)_2Cl_2$(AZ=偶氮苯)为催化剂，以 DMF 为溶剂，在氢压为 1atm 和 25℃下，对间氯硝基苯和对氯硝基苯加氢还原，得到相应的间氯苯胺和对氯苯胺的选择性为 96%和 97%。

8.5.2.2 水溶性两相络合催化

周娅芬等[129]研究了水/有机两相催化体系中，水溶性钌络合物催化剂 AC-1 催化卤代芳香硝基化合物中硝基的选择性加氢反应。阳离子表面活性剂对反应有明显的影响，表面活性剂作为两亲分子，可以改善分别处于油相和水相中的反应底物和催化剂间的接触机会，加快反应速率。添加 CTAB，当反应条件为 90℃，氢压 4.0MPa，反应 5h 时，对氯硝基苯转化率可达 100%，生成对氯苯胺的选择性可达 99.9%。该催化体系对其他卤代芳香硝基化合物的选择性加氢也具有很高的活性和选择性。周娅芬等[130]考察了水溶性 Ru-TPPTS 催化剂添加过渡金属离子和钯铂离子等对卤代芳香化合物催化加氢性能的影响。添加过渡金属离子 Fe^{3+}、Co^{2+}、Ni^{2+}、Cr^{3+}、Cu^{2+} 和 Sn^{2+} 后，催化活性都比单金属催化剂 Ru-TPPTS 的活性低。但当添加 H_2PtCl_6 和 $PdCl_2$ 后，催化活性比单金属催化剂 Ru-TPPTS 明显提高，尤其是 Ru/Pt-TPPTS 双金属催化剂的活性更高，对氯硝基苯的转化率由 Ru-TPPTS 时的 23.2%提高到 Ru/Pt-TPPTS 时的 100%。说明在 Ru/Pt-TPPTS、Ru/Pd-TPPTS 双金属催化体系中均表现出显著的双金属协同效应。Reetz[131]报道了用水溶性过渡金属配合物（配体为 β-环糊精修饰的二磷化合物）为催化剂，在水/有机相两相条件下对氯代硝基苯进行加氢还原。铂的配合物的活性和选择性是最好的，选择性能够达到 99.5%，生成的氯苯胺大于 98%。Deshpande 等[132]报道了用水溶性的铁配合物为催化剂，在水/有机两相中对氯代硝基苯的加氢还原。在 Fe∶$EDTANa_2$ 为 1∶5，氢压为 400psi(1psi=6.894kPa) 和反应温度为 150℃条件下，间氯硝基苯和对氯硝基苯能完全转化，生成间氯苯胺和对氯苯胺的选择性为 99.0%和 96.2%。姜恒等[133]报道了水溶性双金属催化剂 $PdCl_2(TPPTS)_2$-H_2PtCl_6 对硝基化合物加氢还原，发现双金属催化剂对氯代硝基化合物的加氢活性比单金属催化剂有较大程度的提高，脱氯较少，选择性在 91%～95%之间，双金属之间具有明显的协同效应。

8.5.2.3 负载型络合催化

Xu 等[134]报道了聚（4-乙烯吡啶-共-*N*-乙烯吡咯烷酮）和钯形成的配合物[VPy-NVP-Pd(0)]为催化剂，在溶有氢氧化钾的乙醇溶剂中（KOH 为 0.1mol/L 乙醇溶液），对邻氯硝基苯和对氯硝基苯加氢还原，分别能得到邻氯苯胺和对氯苯胺的产量为 13.6%和 92%。Yu[135]研究了聚合物 PVP 锚定的双金属 PVP-$PdCl_2$-$RuCl_3$ 作催化剂对对氯硝基苯催化加氢，在 1.0mol/%的乙酸钠的条件下，双金属之间对于加氢选择性提高具有明显的协同效用，生成对氯苯胺的选择性达到 94%。主要是 Ru 的化合物能够与催化活性中心 Pd 配位，阻止了 C—Cl 上的氯再与 Pd 配位，Ru 的化合物与 Pd 的化合物的相互作用还会减少双氢对 Pd 的配位作用，减少了脱氯。Han 等[136]研究了添加稀土金属离子（Sm^{3+}、Pr^{3+}、Ce^{3+}、Nd^{3+}、La^{3+}）等对 PVP-Pt 催化加氢邻氯苯胺和间氯苯胺性能的影响，添加稀土金属离子能够提高生成氯苯胺的选择性，但速率降低。在 NaOH 存在的条件下，PVP-Pr-Pt 和 PVP-La-Pt 表现出最高的加氢选择性。Han 等[137]研究了稀土（Sm^{3+}、Pr^{3+}、Ce^{3+}、Nd^{3+}、La^{3+}）和碱（无机碱和有机碱）对以 PVP-Pt 为催化剂催化加氢对氯硝基苯时的催化性能的影响，添加 Nd^{3+}、La^{3+} 到催化系统中，对氯苯胺的选择性会有较大提高。在无机碱 NaOH 存在的情况下，在 PVP-Pt 和 PVP-Re-Pt 上，对氯硝基苯的加氢速率和生成对氯苯胺的选择性都会得到提高。在 NaOH 与底物的摩尔比为 0.12 时，PVP-Sm-Pt 的最高选择性为 95.8%。在同样的条件下，当 PVP 的分子量为 90000 时，PVP-Ce-Pt 表现出高的活性[60.5mol H_2/(molPt · min)]和 98.2%的选择性。

均相络合催化剂虽然具有一定的优点，但完全均相催化剂往往必须通过蒸馏、分解、转化和精馏等较为复杂的操作方法将催化剂与产物分离，既耗能又容易使催化剂氧化而失去活性。近年来研究较多的均相催化剂固载化，即把催化剂负载在固体载体上或采用水溶性催化剂，使得反应在两相介质中进行，从而解决分离的难题。但其中仍存在大量的问题，催化剂负载在固体载体上后，由于载体的作用可能使络合催化剂的活性降低，还有金属离子容易解络，造成金属离子的流失，而均相络合催化剂一般由如铑、钌、铂、钯等贵金属的络合物组成，任何一点金属的流失都将使催化剂失去在工业应用中的意义。水溶性催化剂具有溶剂绿色化，容易与产物分离的特点，但传质较为困难，必须添加助溶剂、表面活性剂或将配体连上非离子表面活性剂的亲水基聚醚等来改善传质。

参 考 文 献

[1] 姜麟忠．催化氢化在有机合成中的应用．北京：化学工业出版社，1987.
[2] 李良助．有机合成中氧化还原反应．北京：高等教育出版社，1989.
[3] 何艳，齐红．哈尔滨师范大学学报（自然科学版），2005，21（5）：55.
[4] 何丽芝，赵振东，王婧等．林产化学与工业，2012,32（2）：107.
[5] 王磊，付海燕，李瑞祥．第十六届全国金属有机化学学术讨论会，2010.
[6] Leblond C，Andrews A T，Sun T K. J Am Chem Soc，1999，121（20）：4920.
[7] 荆宏健，王俊伟，杨丰科等．应用化工，2011,40（07）：1222.
[8] 宋智梅，刘巍巍，杨静等．中国药物化学杂志，2004，14（3）：180.
[9] Cardenas L F，Santiago G Q，Keane M A. Catal Commun，2008，9：475.
[10] Ravasio N，Antenori M，Gargano M，et al. Tetrahedron Lett，1996，37：3529.
[11] Ravasio N，Antenori M，Gargano M，et al. J Mol Catal，1992，74：267.
[12] 王法强，徐祖辉，周国光．上海师范大学学报（自然科学版），2002,31（4）：42.
[13] 裴宏斌．渤海大学学报（自然科学版），2005，26（1）：9.
[14] 王毅，任建纲，李惠黎．陕西化工，1997，26（3）：32.
[15] 王玉炉．有机合成化学．北京：科学出版社，2005.
[16] 尹传奇，冯传武，柏正武．化学学报，2009，67（6）：519.
[17] Kaneda K，Mizugaki T. Organometallics，1996，15（15）：3247.
[18] Gross T，Seayad A M，Ahmad M，et al. Org Lett，2002,4（12）：2055.
[19] 周娅芬，陈骏如，李贤均等．高等学校化学学报，2004，25（5）：884.
[20] Trifonova A，Diesen J S，Chmpman C. Org Lett，2004，6（21）：3825.
[21] 唐培堃．精细有机合成化学及工艺学．第 2 版．天津：天津大学出版社，1993：177.
[22] 张国红．抗感染药学，2005，2（3）：123.
[23] Nisson Chem Ind Ltd. JP-07233126，95-340230，1995.
[24] 钟超．CN102312099，2011.
[25] 闻韧．药物合成反应．北京：化学工业出版社，1988：442.
[26] Pehlivan L，Metay E，Laval S. Tetrahedron Lett，2010，51：1939.
[27] 张鑫，陈祖亮，林玉满．化学研究，2012，23（3）：60.
[28] 李国平，江焕峰，李金恒．有机化学，2002，22（11）：801.
[29] Chou W N，Clark D L，White J B. Tetrahedron Lett，1991,32：299.

[30] Solladie G, Stone G B, Andres J M, et al. Tetrahedron Lett, 1993, 34: 2835.
[31] Sheldrake, Helen M. Tetrahedron Lett, 2007, 48 (25): 4409.
[32] Kaufman D, Johnson M, Mosher M. D. Tetrahedron Lett, 2005, 46 (34): 5614.
[33] Pettier C, Luche J L. Tetrahedron Lett, 1987, 28: 2347.
[34] Comins D L, Brooks C A, Ingalls C L. J Org Chem, 2001, 66 (6): 2181.
[35] Latypova F M, Parfenova M A, Lyapina N K. Chemistry of Heterocyclic Compounds. 2011,47 (9): 1078～1084.
[36] Wang W B, Shi L L, Huang Y Z. Tetrahedron Lett, 1990, 31: 1185.
[37] Kardile G B, Desai D G, Swami S S. Synth Commun, 1999, 29: 2129.
[38] Mukhopadhyay S, Rothenerg G, Wiener H, et al. New J Chem, 2000, 24 (5): 305.
[39] Rosnati V. Tetrahedron Lett, 1992,33: 4791.
[40] Li G P, Jiang H F, Li J H. The 11th IUPAC International symposium on Organo-metallic Chemsitry Directed towards Organic Synthesis. Taipei, 2001: 52.
[41] Liao K H, Mayeno A N, Reardon K F. J. Chromatogr. B, 2005, 824 (1～2): 166～174.
[42] 李国平，江焕峰，李金恒．有机化学，2002，22 (6)：433.
[43] Tingyou Li, Wei Cui, Jigang Liu, et al. Chem Commun, 2000, (2): 139.
[44] Rani B R, Ubukata M, Osada H. Bull Chem Soc Jpn, 1995, 68 (1): 282.
[45] Delair P, Luche J L, J Chem Soc, Chem Commun, 1989, (7): 398.
[46] Vona M L D, Floris B, Luchetti L, et al. Tetrahedron Lett, 1990, 31: 6081.
[47] Cope A C, Barthel J W, Smith R D. Org Synth Coll, 1963, 4: 218.
[48] Sasoka S, Yamamoto T, Kinoshita H, et al. Chem Lett, 1985, 14 (3): 315.
[49] Masuyama Y, Nimytra Y, Kurusu Y. Tetrahedron Lett, 1991,32: 225.
[50] Sarandeses L A, Mourino A, Luche J L. J Chem Soc, Chem Commun, 1992, (11): 798.
[51] Sasaoka S, Yamamoto T, Kinoshita H, et al. Chem Lett, 1985, 14 (3): 315.
[52] Kim S H, Hart E H, Tetrahedron Lett, 2000, 41: 6479.
[53] Wang D K, Dai L X, Hou X L, et al. Tetrahedron Lett, 1996, 37: 4187.
[54] HassnerA, Hobitt R P, Heathcock C, et al. J Am Chem Soc, 1970, 92 (5): 1326.
[55] Danheiser R L, Savariar S. Tetrahedron Lett, 1987, 28: 3299.
[56] Canturk F, Karagoz B, Blcak N. Polymer Chemistry, 2011,49 (16): 3536.
[57] Marton D, Stivanello D, Tagliavini G. J Org Chem, 1996, 61 (8): 2731.
[58] Durant A, Delplancke J L, Winand R, et al. Tetrahedron Lett, 1995, 36: 4257.
[59] Hyldoft L, Madsen R J Am Chem Soc, 2000, 122 (35): 8444.
[60] Sarandeses LA, Mourino A, Luche J L. J Chem Soc, Chem Commun, 1991, (12): 818.
[61] Dupuy C, Pettier C, Sarandeses L A, et al. Synth Commun, 1991,21: 643.
[62] Mukhopadhyay S, Rothenberg G, Gitis D, et al. Org Lett, 2000, 2 (2): 211.
[63] Venkatraman S, Li C J. Tetrahedron Lett, 2000, 41: 4831.
[64] Wang Z, Campagna S, Xu G Y, et al. Tetrahedron Lett, 2000, 41: 4007.
[65] Pfaltz A, Anwar S. Tetrahedron Lett, 1984, 25: 2977.
[66] 赵金武，许景秀，贾振斌．广东化工，2009，36 (195)：38.
[67] Franco D, Dunach E. Tetrahedron Lett, 2000, 41: 7333.
[68] Ide J, Kishida Y. Bull Chem Soc Jpn, 1976, 49 (11): 3239.
[69] Achiwa K, Yamada S I. Tetrahedron Lett, 1975, 16: 2701.
[70] Uchiro H, Kobayashi S. Tetrahedron Lett, 1999, 40: 3179.
[71] Pookot S K, Kuriya M, Lokanatha R. Chemical Papers, 2012, 66 (8): 772.
[72] Lixiong Li, Theodore V M, Lloyd J. N. Ind. Eng. Chem. Res. 2007, 46, 6840.
[73] Rausser R, Weber L, Hershberg E B, et al. J Org Chem, 1966, 31 (5): 1342.
[74] 于世均，郭宏．辽宁师范大学学报（自然科学版），2003，26 (1)：56.
[75] Gemal A L, Luche J L. J Am Chem Soc, 1981,103 (18): 5454.
[76] Dalla V, Catteau J P, Pale P. Tetrahedron Lett, 1999, 40: 5193.
[77] 王葆仁．有机合成反应：上册．北京：科学出版社，1982：139.
[78] Mariappan P, Muniappan T. J Organomet Chem, 2000, 609: 137.
[79] 李杜，赵炎，刘俊娟等．科技创新导报，2012，(25)：5.
[80] Bolm C. Angew Chem Int Ed, 1991,30 (5): 542.

[81] Tenbrink R E. J Org Chem, 1987, 52 (3): 418.
[82] Mckennon M J, Meyers A I. J Org Chem, 1993, 58 (13): 3568.
[83] 张萍,王兰芝,李媛.化学试剂,2002,24 (4):237.
[84] 贺新,邱岳进,王德传.药学进展,2006,30 (6):278.
[85] 赵志全,彭立增.中国医药工业杂志,2004,35 (10):577.
[86] Merley J O. Synthesis, 1976: 528.
[87] 邢其毅.基础有机化学:上册.北京:高等教育出版社,1980:299.
[88] 车荣睿.化学试剂,1986,8 (2):94.
[89] Nagnnam M. Synth Commum, 1989, 19: 805.
[90] Nin Y N. Tetrahedron Lett, 1983, 24: 5346.
[91] Duncia J V, Lansbury P T, Miller T, et al. J Am Chem Soc, 1982, 104 (7): 1930.
[92] Kratky V, Kralik M, Mecarova M, et al. Appl Catal A: General, 2002, 235 (1): 225.
[93] Yan X, Liu M, Liu H, et al. J Mol Catal A: Chemical. 2001,169 (1): 225.
[94] 孙昱,吕春绪,户安军等.应用化学,2007,24 (4):483.
[95] 马爱增,陆婉珍,闵恩泽.石油化工.2000,29 (3):179.
[96] Xu X S, Li X Q, Gu L H, ect. Applied Catalysis A: General, 2012,429~430, 17.
[97] 裘燕,方敬,胡华荣等.化学学报.2005,63 (4):289.
[98] Guo H, Li H, Xu Y et al. Materials Letters. 2002, 57 (2): 392.
[99] Chen Y W, Lee D S. Catal Surv Asia, 2012, 16: 198.
[100] 武汉大学,吉林大学等校编.无机化学.第3版.北京:高等教育出版社,1994.
[101] Shen JY, Li ZY, Yan QJ, et al. J Phys Chem, 1993, 97 (32): 8504.
[102] Tsang C, Dananjay A, kim J. Inorg Chem, 1996, 35 (2): 504.
[103] Li H X, Wu Y D, Zhang J, et al. Appl Catal A: General, 2004, 275: 199.
[104] Li H X, Luo H S, Zhuang L, et al. J Mol Catal A: Chemical, 2003, 203: 267.
[105] Coq B, Tijani A, Dutartre R, et al. J Mol Catal. 1991, 68: 331.
[106] 孙昱,李斌栋,吴秋洁等.工业催化.2006,14:59.
[107] Georges C, Michel G J, Marie B R. Chem Ind, 1994, 53: 103.
[108] Baumeister P, Scherrer W. US4960936, 1990.
[109] Baumeister P, Blaser H U, Scherrer W. Stud Surf Sci Catal, 1991, 59 (Heterog Catal Fine Chem2): 321.
[110] 杨师棣,汤发有,王香爱等.西北大学学报(自然科学版),2010,40 (2):261.
[111] 王文静,严新焕,许丹倩等.催化学报,2004 ,25 (5),369.
[112] Kritzler H, Bohm W, Kiel W, et al. US4059627, 1977.
[113] Kosak J R. Hydrogenation of haloaromatic nitro compounds in: WHJones (Ed) . Catalysis in Orgnic Synth esis. New York: Academic Press, 1980, 107.
[114] Craig W C. US3474144, 1969.
[115] Helmnth K, Walter B, Wolfgang K. Ger Offen 2549900, 1975.
[116] Liu M H; Mo X X; Liu Y Y; etc. Applied Catalysis A: General, 2012,439~440, 192.
[117] Mane R B, Potdar A S, Nadgeri J M. Industr Eng Chem Res, 2012, 51 (48): 15564.
[118] E I du Pont de Nemours&Co. British Pat. Specifiction, 859251,1961.
[119] Kosak J R. Process for preparation of aromatic chloroamines. US3546297, 1970.
[120] 孙昱.氯代硝基苯选择性加氢制备氯代苯胺的研究:[博士学位论文].南京:南京理工大学,2006.
[121] Bose A, Saha C R. Chem Ind, 1987, 16: 199.
[122] Bhattacharya S, Khandual P, Saha C R. Indian J Chem, 1984, 23A (1): 724.
[123] Knifton J F. J Org Chem, 1976, 41 (7): 1200.
[124] Khandual P, Saha C R. J Indian Chem Soc. 1986, l (LXⅢ): 901.
[125] Asish Bose &C R Saha. Indian J Chem, 1990, 29A (1): 461.
[126] Mukherjee D K, Biman K, Palit & Chitta R Saha. Indian J Chem, 1992,31A (1): 243.
[127] Bhattacharya S, Khandual P, Saha C R. Chem Ind, 1982, 21: 600.
[128] Santra P K, Saha C R. J Mol Catal. 1987, 39: 279.
[129] 周娅芬,陈骏如,李瑞祥等.四川大学学报(自然科学版).2003,40 (3):884.
[130] 周娅芬,陈骏如.高等学校化学学报.2004,25 (5):884.
[131] Reetz M T, Frombgen C. Synthesis, 1999 (9): 1555.

[132] Deshpande R M, Mahajan A N, Diwakar M M et al. J Org Chem, 2004, 69 (14): 4835.
[133] 姜恒，徐筠，寥世健等．高等学校化学学报．1997，118 (1)：130.
[134] Xu S G, Xi X L, Shi J, et al. J Mol Catal A: Chemical, 2000, 160 (2): 287.
[135] Yu Z K, Liao S J, Xu Y, et al. J Mol Catal A: Chemical, 1997, 120 (1): 247.
[136] Han X X, Zhou R X, Lai G H, et al. React Kinet Catal Lett, 2004, 81 (1): 41.
[137] Han X X, Zhou R X, Zheng X M, et al. J Mol Catal A: Chemical, 2003, 193 (1): 103.

9 氧化反应

9.1 概述

广义地说，凡是失电子的反应都属于氧化反应。狭义地说，有机物的氧化反应主要是指在氧化剂存在下，有机物分子中增加氧或减少氢的反应。利用氧化反应除了可以制得醇、醛、酮、羧酸、醌、酚、环氧化物和过氧化物等在分子中增加氧的化合物以外，还可用来制备某些在分子中只减少氢而不增加氧的产物。

根据氧化剂和氧化工艺的区别，可把氧化反应分为在催化剂存在下用空气催化氧化、化学试剂氧化以及电解氧化三种类型。

空气能使烃类发生缓慢的氧化，这种氧化方法称为自动氧化，它属于自由基历程，加入催化剂或引发剂能促进这种氧化发生。工业上大吨位的产品多数采用这种空气催化氧化法。根据反应温度和反应物的聚集状态，又分为液相氧化和气相氧化。前一种多在100℃左右，于钴或锰盐催化下进行，后一种则于300～500℃在固体催化剂存在下进行。由于催化氧化不消耗化学氧化剂，生产能力大，对环境污染小，在化工、医药行业越来越受到重视。

化学试剂氧化在医药中间体合成中，特别是在小吨位产品的生产上仍然被广泛采用，以弥补空气催化氧化的局限性。常用的氧化剂有无机高价化合物，如重铬酸盐、高锰酸盐、氯酸盐、硝酸和双氧水等，以及有机过氧化物、硝基和亚硝基化合物等。电解有机合成是在电能作用下进行电子的得失而发生的有机反应。如果条件适当，电解有机反应往往能得到专一选择性产物，因而反应物后处理也就简单些。而且集中在大的精细化工产品研究上面，专业性强，对医药中间体研究相对较少。

9.2 催化氧化

催化氧化是指在催化剂或引发剂存在下的氧气或空气等的氧化。它是以氧气或过氧化氢作为氧化剂，不但价格低廉，而且对环境友好，副产物是水，不会造成环境污染，符合清洁生产和可持续发展的要求。

根据反应机理，催化氧化过程大致可以分为三类：自由基自动氧化过程、金属离子络合催化过程及氧催化转移过程[1~4]。

(1) 自由基自动氧化过程

某些有机物在室温遇到空气会发生缓慢的氧化，这种现象叫做“自动氧化”。在实际生产中，为了提高自动氧化的速率，需要提高反应温度，并加入引发剂或催化剂。自动氧化是自由基的链反应，其反应历程包括链的引发、链的传递和链的终止三个步骤。

① 链的引发　这是指被氧化物 R—H 在能量（热能、光辐射和放射线辐射）、可变价金属盐或自由基 X 的作用下，发生 C—H 链的均裂而生成自由基 R 的过程。例如：

$$\text{R—H} \xrightarrow{\text{能量}} \text{R}\cdot + \cdot\text{H} \tag{9-1}$$

$$\text{R—H} + \text{Co}^{3+} \longrightarrow \text{R}\cdot + \text{H}^+ + \text{Co}^{2+} \tag{9-2}$$

$$R—H+\cdot X \longrightarrow R\cdot +HX \tag{9-3}$$

式中，R 可以是各种类型的烃基；R· 的生成给自动氧化反应提供了链传递物。

② 链的传递　这是指自由基 R· 与空气中的氧相互作用生成有机过氧化氢物的过程。

$$R\cdot +O_2 \longrightarrow R—O—O\cdot \tag{9-4}$$

$$R—O—O\cdot +R—H \longrightarrow R—O—O—H+R\cdot \tag{9-5}$$

通过反应式(9-4) 和式(9-5) 又可以使 R—H 持续地生成自由基 R·，并被氧化成有机过氧化氢物。它是自动氧化的最初产物。

③ 链的终止　自由基 R· 和 R—O—O· 在一定条件下会结合成稳定的化合物，从而使自由基销毁。例如

$$R\cdot +R\cdot \longrightarrow R—R \tag{9-6}$$

$$R\cdot +R—O—O\cdot \longrightarrow R—O—O—R \tag{9-7}$$

显然，有一个自由基销毁，就有一个链反应终止，从而使自动氧化的速率减慢。

(2) 金属离子络合催化过程

金属离子络合物催化过程的关键步骤是作用物与金属离子络合后进行氧化反应，如烯烃 Pd(Ⅱ) 催化氧化（Wacker 反应）和醇的氧化脱氢反应，其关键一步如下：

$$RCH=CH_2+Pd(Ⅱ)X_2+H_2O \longrightarrow RCOCH_3+Pd(0)+2HX$$

$$RR'CH(OH)+M^{n+}X_n \longrightarrow RR'C=OM^{(n-2)}+2HX \quad M^{n+}=Pd^{2+}, Ru^{2+} 等$$

被还原的金属离子被氧化剂或氧分子再氧化，使反应可以继续进行。

贵金属催化剂通常荷载在活性炭上，同时用于醇和二醇的氧化脱氢和碳水化合物氧化，原则上可以包含下面几类反应：

$$RCH_2CH_2OH \xrightarrow[Pt,Pb/C,Bi/C]{O_2,NaOH} R—\overset{O}{\overset{\|}{C}}—\overset{O}{\overset{\|}{C}}—OH$$

对于各种 α-羟基酸氧化为相应的 α-酮酸的反应，采用有不溶的铅盐掺杂的贵金属催化剂使选择性大为增加。这是由于 α-羟基络合在催化剂表面的 Pb(Ⅱ) 上，使氢原子更易从 C_2 羟基转移到 Pt(0) 上。

Salen Mn(Ⅲ) 络合物是催化双键不对称环氧化的一类很重要的催化剂。Mn 的配合物常以均相的形式参与反应，为了使 Mn 固定化，通常将 Mn 的配合物封装在分子筛的笼子中，或将 Mn 的配合物与无机材料或高分子材料形成共价物。Grenz 等[5]将 $Mn(OAc)_2$ 与含有 1,4,7-三阿扎环壬烷的高分子形成 Mn 的配合物，所得到固定化的催化剂仍具有很好的环氧化性能。反应式如下：

$$R^1R^2C=CR^3R^4 \xrightarrow[Na_2C_2O_4, 0℃, 3h]{[聚合物负载 Mn–三阿扎环壬烷配合物, n(\approx 20)], H_2O_2} R^1R^2\overset{O}{C—C}R^3R^4$$

该催化体系对于各种环烯烃类、直链烯烃类及有其他基团存在如羟基的烯烃类，均有良好的选择性环氧化性能。如对于环己烯的转化率和选择性分别为 94% 和 92%。Ghorbanloo 等[6]以普通硅胶为载体，将 Mn 配合物固定化用于催化各类烯烃的环氧化。在双氧水作氧化剂，$NaHCO_3$ 作添加剂的条件下，环己烯在常温下反应 5h，转化率为 92%，但选择性达到 100%。该催化体系对于环烯烃类均有良好的催化性能。Tang 等[7]将含有吡啶基团和吡唑基团的 Mn 配合物通过共价键接合到无机中孔材料 SBA-15 的表面上，所得到的固定化催

化剂对于各种烯烃（包括末端烯烃）均具有良好的选择性环氧化性能。以 m-CPBA 作氧化剂时，苯乙烯在常温下反应 0.5h，转化率和选择性分别为 99%和 91%。将 Mn 配合物置于无机晶状物中也可构筑高性能的固定化催化剂。Goumis 等[8]将双核的锰希夫碱置于蒙脱土的层中，在醋酸铵为添加剂的条件下可有效地进行温和的环氧化反应。典型的反应式和结果见表 9-1。

$Mn_2L_2Br_4,H_2O_2$ / CH_3COONH_4,24h　87.3%

表 9-1　Salen Mn(Ⅲ) 络合物催化二氢化萘和反式二苯乙烯的不对称环氧化反应

底物	催化剂	溶剂	氧化剂	产率/%	*ee* 值/%	构型
	1a	CH_3CN	MePhIO①	72	78	1*R*,2*S*
	3a	CH_2Cl	NaClO②	67	86	1*S*,2*R*
	4	CH_3CN	PhIO	93	49	1*R*,2*S*
	5	CH_3CN	PhIO	25	43	1*S*,2*R*
	6	CH_3CN	PhIO	65	72	1*S*,2*R*
	7	CH_3CN	PhIO	24	60	1*R*,2*S*
	9	CH_2Cl	PhIO	38	91③	1*S*,2*R*
	15	CH_3CN	PhIO	—	92	1*S*,2*R*
	17	CH_3CN	H_2O_2	87	36	1*S*,2*R*
	30	CH_3CN	H_2O_2	61	96④	1*S*,2*R*
Ph Ph	6	CH_3CN	PhIO	95	48	1*R*,2*R*
	6	CH_2Cl	PhIO	36	36④	1*R*,2*R*
	7	CH_3CN	PhIO	19	6	1*R*,2*R*
	8	CH_3CN	PhIO	70	56	1*R*,2*R*
	9	CH_3CN	PhIO	65	62	1*R*,2*R*
	17	CH_3CN	PhIO	37	49	1*R*,2*R*
	18	CH_3CN	PhIO	64	61	1*R*,2*R*

①反应温度为 25℃。

②反应温度为 0℃，其余反应的温度均为室温。

③在反应中添加 4-*N*，*N*-二甲氨基吡啶的 *N*-氧化物。

④在反应中添加了吡啶的 *N*-氧化物。

Marko 等[9]也报道了 CuCl/1,10-菲咯啉/二叔丁基胺二乙酸盐在温和条件下催化伯醇的选择性氧化取得很好效果。研究发现，用其他金属化合物替代 CuCl，可以取得更好的效果。Wang[10]等使用 $PdCl_2$/DMA（*N*,*N*-二甲基乙酰胺）体系，氧气为单一的氧化剂，高产率和选择性地催化活泼和不活泼的醇氧化成醛酮。Herbert 等[11]以 4-乙烯基吡啶修饰的聚二甲基硅氧烷为配体的 Cu 配合物作催化剂，采用［Cu］/TEMPO/O_2 体系，在超临界 CO_2 中，将 4-硝基苯甲醇氧化成 4-硝基苯甲醛。催化剂配体能够良好地溶解在超临界 CO_2 中，为催化反应的顺利进行奠定了基础。Hossain 等[12]研究［Cu（μ-Cl）（Cl）-(phen)]$_2$/TEMPO 体系，有效的催化一系列缺电子和富电子的芳香族、烯丙基类及脂肪族类的伯醇、仲醇高选择性地氧化成相应的醛酮。研究发现，富电子或中性的醇比缺电子的醇易于氧化，而伯醇氧化选择性高于仲醇。Sheldon 等[5]使用 Ru（PPh_3）$_3Cl_2$/TEMPO 体系，顺利地催化活泼和不活泼的醇高选择性（＞99%）地氧化成相应的醛酮，反应的机理如下：

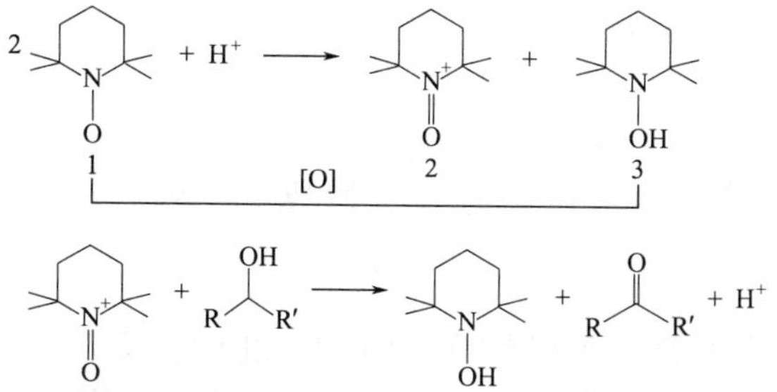

Lin[13]等在 Sheldon 提出的反应机理的基础上，运用密度泛函数理论（density functional theory，DFT）对该机理进行了更深入的研究。

Hill[14]等使用 CuBr/bpy（联吡啶）/NMI（*N*-甲基咪唑）/TEMPO 体系，顺利地催化对位取代的苯甲醇氧化成醛。反应过程中生成的 Cu(Ⅰ) 配合物是催化反应的核心元素。

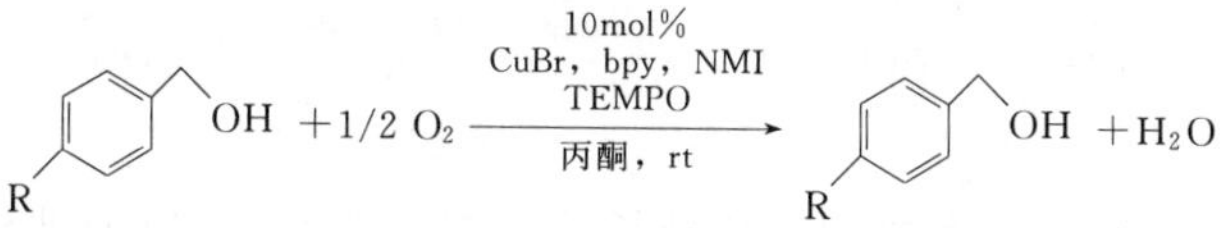

（3）氧催化转移过程

氧催化转移过程是氧授体在催化剂作用下与有机作用物进行反应的过程：

M+X—O—Y+S ⟶ 活性氧化物+S ⟶ M+SO+XY

式中，M 为催化剂，X—O—Y 为氧受体（氧、过氧化氢），S 为作用物（底物）。活性氧化物可以是多氧金属组簇或者金属过氧化物。某些金属，如钒，对不同的作用物的反应机理不同。

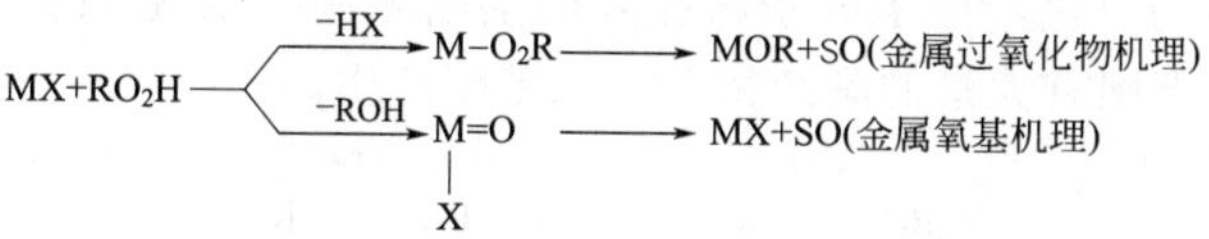

MX+RO_2H —(−HX)→ M−O_2R ⟶ MOR+SO(金属过氧化物机理)

MX+RO_2H —(−ROH)→ M=O(−X) ⟶ MX+SO(金属氧基机理)

氧催化转移过程具有用分子氧进行反应的优点，即价格便宜和不污染环境；同时也有用化学计量氧化剂的同样性能，即选择性高和应用范围广，因而在医药及精细化工中得到广泛的应用。

9.3 催化剂及催化反应

氧化反应的催化剂大致可以分为三大类：金属和金属离子、过渡金属氧化物和多氧金属簇（杂多化合物）、氧化还原分子筛。下面主要介绍三类催化剂在氧化反应中的应用。

9.3.1 金属和金属离子

贵金属催化剂的主要缺点是较易失活，因而它在工业上的应用受到一定的限制。

在铂催化下，*N*,*N*-二甲基苄胺（**9-1**）可选择性地氧化成 *N*-乙基-*N*-苄基甲酰胺(**9-2**)。

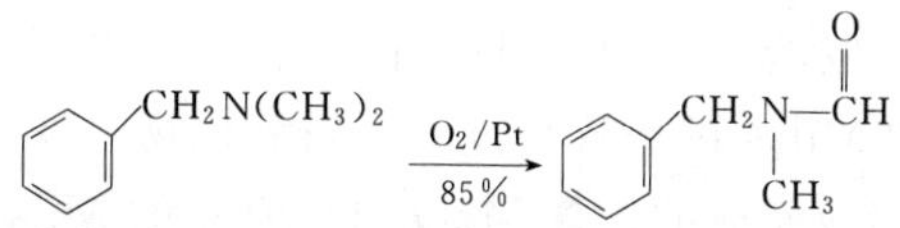

在金属离子催化下，*N*-烷基酰胺或内酰胺可被过氧化物选择性氧化成亚酰胺，二价锰盐、二价钴盐均为有效的催化剂。

在少量的乙酰乙酸乙酯锰盐催化下，己内酰胺（**9-3**）可被叔丁基过氧化氢于室温下氧化生成己二酰亚胺（**9-4**）。

$$\textbf{9-3} + t\text{-BuOOH} \xrightarrow[80\%]{Mn(acac)_2} \textbf{9-4}$$

过渡金属离子荷载在离子交换树脂上可用于氧催化转移反应，如以 TBHP(过氧化叔丁醇）或溴酸钠为氧授体，浸渍在 Nafion(聚三氟磺酸树脂）中的 Cr(Ⅲ）和 Ce(Ⅳ）催化各种不饱和醇的选择氧化。反应如下：

$$PhCH{=}CHCH(OH)CH_3 \xrightarrow[TBHP]{Cr(Ⅲ)/NAFK} PhCH{=}CHCOCH_3$$

产率 81%

$$HO{-}C_6H_{10}{-}CH_2OH \xrightarrow[NaBrO_3]{Ce(Ⅳ)/NAFK} O{=}C_6H_9{-}CH_2OH$$

产率 73%

将金属离子负载在离子交换树脂上能延长催化剂的寿命，用 Cr(Ⅲ)/NAFK 催化 1-苯乙醇氧化，反应后回收催化剂可以再次使用，虽然苯乙酮收率略有降低（从 95%到 92%），但 Cr 没有明显的损耗。以 60%过氧化氢水溶液为氧化剂，用 Pd(Ⅱ）交换的聚苯乙烯磺酸树脂催化 2-甲基萘氧化，二甲基 1,4-萘醌（维生素 K）收率达 55%～60%，比用化学计量氧化剂的传统的有机合成反应高。

金属离子也可以通过离子交换锚合在分子筛上。如以 TBHP、Co(Ⅱ）交换的钠型分子筛催化 2,6-二烷基苯酚氧化，由于分子筛孔穴的空间限制，生成 1,4-二烷基苯醌的选择性很高，而在均相条件下则有大量的副产物 1,4-二苯醌产生。

$$\text{2,6-R}_2\text{C}_6\text{H}_3\text{CH}_3 \xrightarrow[Co(Ⅱ)NaX]{TBHP} \text{2,6-R}_2\text{-1,4-苯醌}$$

以 0.7%Pd(Ⅱ)/1%Fe(Ⅱ）交换的 5A 分子筛经受 400℃煅烧后，以氢还原得到 Pd(0)/1%Fe(Ⅱ）分子筛。它催化烷烃和 H_2、O_2 混合物的氢甲酰化反应。在 Pd(0) 催化下，H_2 和 O_2 生成 H_2O_2，随后在 Fe(Ⅱ）催化下烷烃和 H_2O_2 进行区位高选择性的氢甲酰化反应。用水热法[15]将 Cr（Ⅲ）锚合在中孔分子筛 SBA-15 上，TBHP 为氧化剂，催化二苯甲烷氧化成二苯甲酮，不同的 n（Si）/n（Cr）会影响反应的转化率及产物的选择性，其中以 CrSBA-15（8）活性最高。在浸渍法[16]合成的铱（Ir）催化剂 Ir/TiO_2 的催化下，一些苄醇及烃类可被分子氧顺利地氧化成相应的醛酮。

9.3.2 过渡金属氧化物及多氧金属簇（杂多化合物）

9.3.2.1 过渡金属氧化物

许多过渡金属氧化物可以溶于 H_2O_2/叔丁醇溶液中，生成可溶的无机过氧酸（如从 V_2O_5 生成 HVO_4）。所谓的 Milas 试剂就是过渡金属氧化物（OsO_4、MoO_3、WO_3、V_2O_5、CrO_3）溶于 H_2O_2/叔丁醇溶液而成的。含 MoO_3 和 WO_3 的 Milas 试剂可在碱性条件下催化烯烃的环氧化反应。

$$CH_3CH{=}CH_2 + RO_2H \longrightarrow CH_3\overset{O}{CH{-}CH_2} + ROH$$

9.3.2.2 杂多化合物催化剂

杂多酸是两种以上不同金属的含氧酸缩合而成的酸。杂多化合物是指杂多酸及其盐类。其中最常见的是杂多阴离子 $[X^{n+}M_{12}O_{40}]^{(8-n)-}$ 的 Keggin 结构。杂多化合物在固态时由杂多阴离子、抗衡阳离子（质子、金属阳离子）以及结晶水（或其他分子）组成。它们的三维排列称为二级结构，以区别于杂多阴离子的一级结构。杂多酸（包括一部分和小离子组成的盐）的二级结构具有使水或许多含氧有机物（有时作为反应物）在室温下自由进入或脱离杂多酸体相的行为，这是杂多酸所特有的，即所谓“假液相”的功能，对其催化作用有重要的影响。

杂多酸有很强的酸性和特别强的氧化能力，是很好的双功能催化剂，而且通过改变其组成元素可以较大幅度地调节其酸性和氧化还原性。杂多化合物在含氧有机溶剂中有相当大的溶解度。它既可作为多相催化剂，也可作为均相催化剂，反应条件也比较温和。杂多化合物作为催化剂已经用于几个石油化学工业过程，在精细化工合成中也是很有潜力的新型催化剂，目前已经有许多成功应用的实例。

以杂多酸铵盐 $(NH_4)_5H_4V_6Mo_6O_{40}$(HPC) 为催化剂，在甲苯溶剂中 100℃下通入 O_2 反应 20h，可将苯乙胺氧化为席夫碱二苯乙基亚胺，收率达 81%，反应式如下：

$$PhCH_2NH_2 + O_2(0.1MPa) \xrightarrow[100℃, 20h]{催化剂} PhCH{=}NCH_2Ph$$

用同样的催化剂在同样条件下也可发生以下反应：

$$\text{异色满} + O_2(0.1MPa) \xrightarrow{100℃, 20h} \text{异色满-1-酮}\ 88\%$$

$$\text{茚满} + O_2(0.1MPa) \xrightarrow{100℃, 20h} \text{茚满-1-酮}\ 64\%$$

锰和钴取代的磷钨杂多酸盐，其通式为 $(R_4N)_4HMPW_{11}O_{39}$ (M＝Mn[Ⅱ]、Co[Ⅱ])，以 C_6H_5IO 为氧化剂，则催化烯烃环氧化，并有少量的醇和酮产物。

$$\text{环己烯} \xrightarrow[HPA]{C_6H_5IO} \text{环氧环己烷}$$

M=Co,82%; M=Mn,67%

铁取代的磷钨杂多酸盐也可催化烯烃发生环氧化[17]。将铁取代的磷钨杂多酸盐固载于纳米 SiO_2 上制成的纳米复合材料 $[PW_{11}Fe^{Ⅲ}(H_2O)O_{39}]^{4-}/SiO_2$，可选择性地催化香叶醇中的碳碳双键发生环氧化，而其中的-OH 不被氧化[18]：

$$\text{香叶醇(CH}_2\text{OH)} \xrightarrow[H_2O_2]{[PW_{11}Fe^{Ⅲ}(H_2O)O_{39}]^{4-}/SiO_2} \text{2,3-环氧化物} + \text{6,7-环氧化物} + \text{2,3:6,7-二环氧化物}$$

在铑取代的杂多酸 $SiRu(L)W_{11}O_{39}^{5-}$ 催化下，烯烃能被不同的氧化剂氧化成不同的产物。

9.3.3 氧化还原分子筛

首例氧化还原分子筛是 20 世纪 90 年代初开发的钛硅分子筛 TS-1。现在氧化还原分子筛已经形成系列产品，如 TS-2、VS-1、CrS-1、VAPO、Ti-β、Ti-ZSM-5 等[19,20]。

TS-1 分子筛在温和的条件下以过氧化氢为氧化剂能选择催化许多重要的氧化反应，如烯烃环氧化、苯酚羟基化、环己酮氨氧化、醇的氧化等。

TS-1 催化苯乙烯环氧化物为相应的 β-苯乙醛，收率达 90%～98%。

$$\underset{R}{\overset{Ar}{>}}C\overset{O}{—}CH_2 \xrightarrow{[TS-1]} \underset{R}{\overset{Ar}{>}}C—CHO$$

TS-1 催化氧化产物的化学选择性取决于溶剂的选择。若以水或甲醇为溶剂，2,3-丁二醇氧化为2,3-丁酮醇，有很高的选择性，收率均大于90%。若以丙酮为溶剂，则相当一部分丁酮醇进一步氧化为2,3-丁二酮（丁酮醇48%、丁二酮52%）。

经过改性的TS-1催化剂能够催化其他有机物的氧化反应。如改性的TS-1分子筛[21]可用于催化甲乙酮（MEK）氨氧化反应，MEK转化率可达到97.9%，甲乙酮肟（MEKO）选择性为99.6%，且催化剂可重复使用3次。氧化镁改性后的TS-1分子筛[22]，在甲醇溶剂体系中催化丙烯环氧化生成环氧丙烷，结果表明较改性前其催化活性有显著提高。

9.4 化学氧化

9.4.1 概况及类型

为了讨论方便，把空气和纯氧以外的其他氧化剂统称为“化学氧化剂”。并把使用化学氧化剂的反应统称为“化学氧化剂”。

（1）化学氧化的优缺点

① 化学氧化法的优点　化学氧化一般反应条件比较温和、容易控制、操作简便。只要选择合适的化学氧化剂，就有可能得到良好的结果。由于化学氧化剂的高选择性，它可以用于制备醇、醛、酮、羧酸、酚、醌以及环氧化合物和过氧化物等一系列有机产品。尤其是对于产量小、价值高的精细化工及医药中间体，使用化学氧化法尤为方便。

② 化学氧化法的缺点　化学氧化剂价格较贵。虽然某些化学氧化剂的还原产物可以回收利用，但仍有“三废”治理问题。另外，化学氧化大都是分批操作，设备生产能力低，有时对设备腐蚀严重。但对小的复杂的结构中间体，化学氧化法是不可缺少的。

（2）化学氧化剂的类型

① 金属元素的高价化合物，如$KMnO_4$、MnO_2、Mn_2O_3、CrO_3、$Na_2Cr_2O_7$、PbO_2、$Ce(SO_4)_2$、$SnCl_4$、$FeCl_3$和$CuCl_2$等。

② 非金属元素的高价化合物，如HNO_3、N_2O_4、$NaNO_3$、$NaNO_2$、H_2SO_4、SO_3、NaClO和$NaClO_3$等。

③ 其他无机富氧化合物，如臭氧、双氧水、过氧化钠、过碳酸钠和过硼酸钠等。

④ 有机富氧化合物，如有机过氧化氢物、有机过氧酸、硝基苯、间硝基苯磺酸、2,4-二硝基氯苯等。

⑤ 非金属元素，如卤素和硫黄。

各种化学氧化剂都有它们自己的特点。其中属于强氧化剂的主要有$KMnO_4$、MnO_2、CrO_3、$Na_2Cr_2O_7$、HNO_3。它们主要用于制备羧酸和醌类，但是在温和条件下也可用于制备醛和酮，以及在芳环上直接引入烃基。其他的化学氧化剂大部分属于温和氧化剂，而且局限于特定的应用范围。下面只简要介绍几种重要的化学氧化剂，其他化学氧化剂的应用可查阅有关文献。

9.4.2 无机金属元素化合物

9.4.2.1 锰化合物

（1）高锰酸钾氧化法

高锰酸钾是广泛使用的氧化剂，在酸性、中性和碱性介质中都有氧化性，在酸性水介质中，锰由+7价被还原成+2价，它的氧化能力太强，选择性差，只适用于制备个别非常稳定的氧化产物，而锰盐难于回收，工业上很少使用酸性氧化法。在中性或碱性水介质中，锰由+7价被还原为+4价，也有很强的氧化能力。此法的优点是选择性好，生成的羧酸以钾盐或钠盐的形式溶解于水，产品的分离精制简便，副产的二氧化锰有广泛的用途。它可将伯醇、醛以及芳环或杂环侧链的烷基氧化为羧酸。

$$2KMnO_4 + 6H^+ \longrightarrow 2Mn^{2+} + 3H_2O + 2K^+ + 5[O]$$

$$2KMnO_4 + H_2O \xrightarrow{\text{中性或碱性}} 2MnO_2 + 2KOH + 3[O]$$

将甲基氧化成羧基时，羧基完全形成钾盐，而且还生成当量的游离氢氧化钾，使介质呈碱性。

$$R—CH_3 + 2KMnO_4 \longrightarrow R—COOK + 2MnO_2 + KOH + H_2O$$

将伯醇基氧化成羧基时，也生成一些游离氢氧化钾。

$$3R—CH_2OH + 4KMnO_4 \longrightarrow 3R—COOK + 4MnO_2 + KOH + 4H_2O$$

但是，将醛基氧化成羧基时，为了使羧酸完全转变成可溶于水的盐，还需要另外加入适量的氢氧化钠，才能使溶液保持中性或弱碱性。

$$3R—CHO + 2KMnO_4 + NaOH \longrightarrow 2RCOOK + R—CHO + 2MnO_2 + 2H_2O$$

用高锰酸钾在碱性或中性介质中进行氧化时，操作非常简便，只要在40～100℃，将稍过量的固体高锰酸钾慢慢加入到含被氧化物的水溶液或水悬浮液中，氧化反应就可以顺利完成。过量的高锰酸钾可以用亚硫酸钠将它破坏掉。过滤除去不溶性的二氧化锰后，将羧酸盐的水溶液用无机酸进行酸化，即得到相当纯净的羧酸。例如，用此法可将2-乙基己醇（异辛醇）或2-乙基己醛（异辛醛）氧化制2-乙基己酸（异辛酸）。

用高锰酸钾氧化时，如果生成的氢氧化钾引起副反应，可以向反应液中加入硫酸镁来抑制其碱性。

$$2KOH + MgSO_4 \longrightarrow K_2SO_4 + Mg(OH)_2$$

例如，在从3-甲基-4-硝基乙酰苯胺的氧化制2-硝基-5-乙酰氨基苯甲酸时，加入硫酸镁可避免乙酰氨基的水解。

$$\text{3-}CH_3\text{-4-}O_2N\text{-}C_6H_3\text{-}NHCOCH_3 \xrightarrow[\text{水介质},90\sim97℃]{KMnO_4/MgSO_4} \text{2-}O_2N\text{-5-}(NHCOCH_3)C_6H_3\text{-}COOH$$

高锰酸钾氧化法是可广泛地使烯烃发生多羟基化的一种方法。该方法特别适用于不饱和酸的多羟基化，因为不饱和酸容易溶解在碱性溶液中。在碱性溶液中使用水或含水的有机溶剂（乙醇、丙酮）时效果最好；在酸性溶液或中性溶液中将生成α-羟基酮，甚至生成裂解产物。如果底物不溶于含水的氧化介质中，所得产物收率会很低。例如

$$H_3C—CH=CH—COOH \xrightarrow{\text{顺式多羟基化}} H_3C—CH(OH)—CH(OH)—COOH \quad \text{苏式}$$

$$\xrightarrow{\text{反式多羟基化}} H_3C—CH(OH)—CH(OH)—COOH \quad \text{赤式}$$

$$HOOC—CH=CH—COOH\,(\text{顺式}) \xrightarrow{\text{顺式多羟基化}} HOOC—CH(OH)—CH(OH)—COOH$$

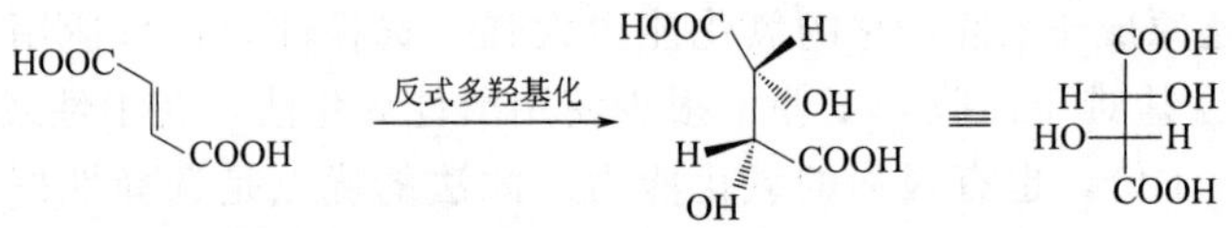

通常认为，这些反应是通过环状锰酸酯的途径进行的，因而能够控制两个羟基顺式加成。用马来酸反应生成内消旋酒石酸，而富马酸转化成（±)-酒石酸的例子可以证明羟基是按照顺式加成进行的。通过^{18}O研究的结果证明，在反应的过程中，高锰酸根中的氧转换到了底物上，这一结果支持了环状内酯的反应机理。反应机理如图 9-1 所示。

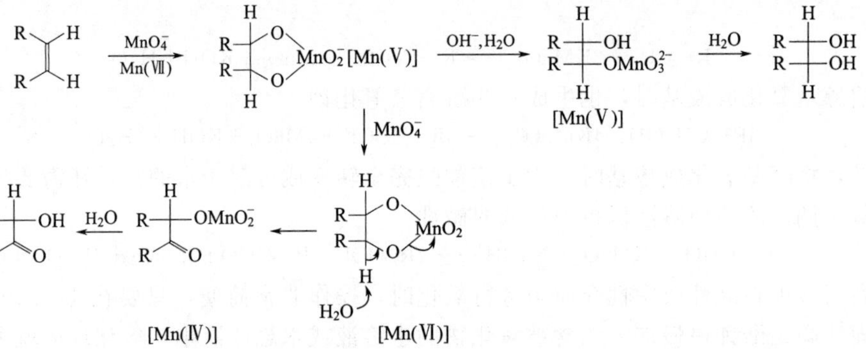

图 9-1 环状内酯的反应机理

该反应反映了 pH 值对产物分配的影响作用，作用之一是羟基离子使环开裂，进而水解生成顺式的邻二羟基化合物；其二是通过高锰酸钾的作用进一步氧化，进而水解生成α-羟基酮，这是两个竞争性反应。若在酸性溶液中双键可能发生裂解，因此，烯烃双键的高锰酸钾氧化多羟基化一定要严格控制，以防进一步氧化。

烯烃和烯烃的衍生物都比较容易发生双键断裂，生成羧酸。

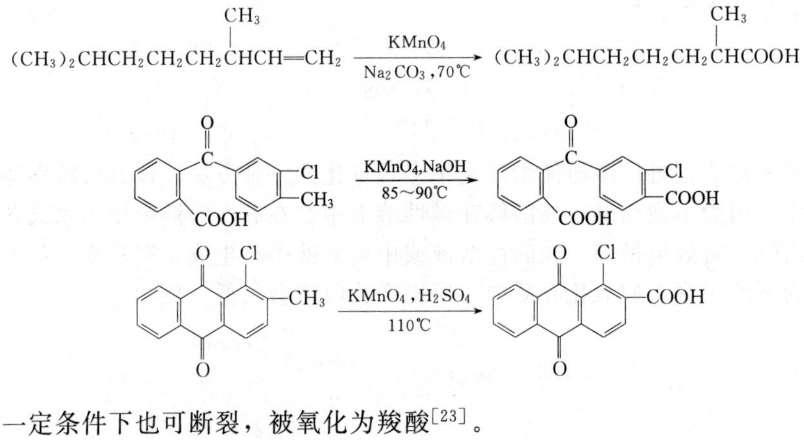

芳环在一定条件下也可断裂，被氧化为羧酸[23]。

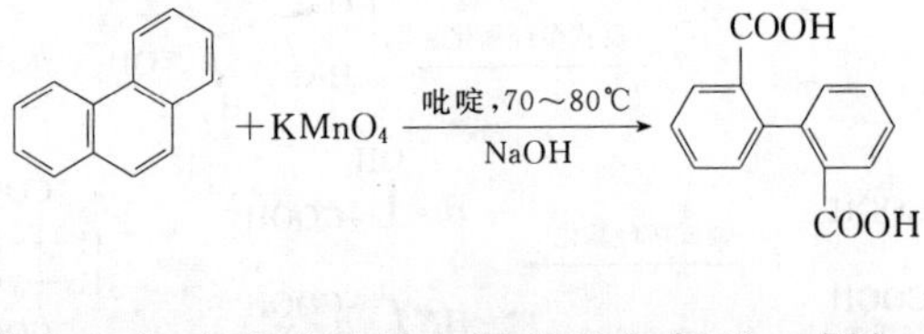

含氨基和羟基的甲苯在氧化时需对氨基和羟基进行保护。例如：

$$p\text{-}CH_3C_6H_4NH_2 \xrightarrow{CH_3COOH} p\text{-}CH_3C_6H_4NHCOCH_3 \xrightarrow[MgSO_4]{KMnO_4} p\text{-}HOOCC_6H_4NHCOCH_3 \xrightarrow{H^+} p\text{-}HOOCC_6H_4NH_2$$

对于一些水溶性小的高碳醇或芳烃，在氧化时加入相转移催化剂是有利的，如冠醚在用高锰酸钾氧化时可以形成：

$$[\text{二苯并-18-冠-6}\cdot K]^+ MnO_4^-$$

相转移催化剂将氧化剂引入有机层，这种氧化方法在高碳醇、芳醇、芳烃的氧化中已得到应用[24]。例如：

$$CH_3(CH_2)_5CH_2OH \xrightarrow[H_2O,苯]{KMnO_4,冠醚} CH_3(CH_2)_5COOH$$

$$H_3C\text{—}C_6H_4\text{—}CH_3 \xrightarrow[室温]{KMnO_4,冠醚} H_3C\text{—}C_6H_4\text{—}COOH$$

甲苯、二甲苯、三甲苯和四甲苯用高锰酸钾水溶液氧化，加入相转移催化剂 CTAB，在 70～90℃氧化，羧酸收率可达 80%～95%。阴离子表面活性剂也可用作相转移催化剂。如甲苯、乙苯及苄醇等用高锰酸钾水溶液氧化，分别加入硬脂酸钠或 CTAB，都可使收率达到 81%～93%。间硝基甲苯在水和硝基苯存在下用高锰酸钾氧化，曾试用四种相转移催化剂，其中以 2,3,5-三苯基氯化四唑的效果最好。

(2) Al_2O_3 固载 $KMnO_4$ 氧化法[25]

1994 年，Zhao 等报道了用氧化铝固载高锰酸钾能选择性氧化芳烃侧链，当苄基 α-碳为仲碳时氧化成酮，为叔碳时得到醇。反应式如下：

$$PhCH_2Ph \xrightarrow[90\%]{KMnO_4/Al_2O_3} PhCOPh$$

$$PhCH(CH_3)_2 \xrightarrow[78\%]{KMnO_4/Al_2O_3} PhC(OH)(CH_3)_2$$

该方法对苯并吡喃型化合物的氧化极具选择性。例如

$$\text{呫吨} \xrightarrow[92\%]{KMnO_4/Al_2O_3} \text{呫吨酮}$$

$$\text{1,3-二氢异苯并呋喃} \xrightarrow[91\%]{KMnO_4/Al_2O_3} \text{苯酞}$$

最近，Christopher 等[26]进一步研究了 $KMnO_4/Al_2O_3$ 体系的氧化性能，发现能使 1,3-和 1,4-环己二烯脱氢氧化，恢复芳香性，具有很好的选择性，其他官能团如烯醇醚、羧基、酯基存在时不受影响。反应式如下：

$$\text{2-甲基环己-2,4-二烯甲酸} \xrightarrow[丙酮,0℃]{KMnO_4/Al_2O_3} \text{2-甲基苯甲酸}\quad 95\%$$

(3) 二氧化锰氧化法

二氧化锰可以是天然的软锰矿的矿粉（含 MnO_2 60%～70%），也可以是用高锰酸钾氧化时的副产物。二氧化锰一般是在各种不同浓度的硫酸中使用，其氧化反应可简单表示如下：

$$MnO_2 + H_2SO_4 \longrightarrow [O] + MnSO_4 + H_2O$$

在稀硫酸中氧化时，要用过量较多的二氧化锰。在浓硫酸中氧化时，可使用过量较少的二氧化锰。

二氧化锰是比较温和的氧化剂，可用于制芳醛、醌类以及在芳环上引入羟基等。例如，从对氯甲苯的氧化可制得对氯苯甲醛（70%硫酸，70℃）；从苯胺的氧化可制得对苯醌（20%硫酸，5～25℃）；从 1,4-二羟基蒽醌的氧化可制得 1,2,4-三羟基蒽醌（100%硫酸，140～150℃）。

二氧化锰是一种能将伯醇和仲醇氧化成羰基化合物的常用的温和试剂，它特别适合于烯丙醇和苄醇羟基的氧化，反应在室温下，中性溶剂（水、苯、石油醚、氯仿）中即可进行。常用的方法是将醇和 MnO_2 在溶剂中搅拌几个小时即可完成。二氧化锰要经特殊方法制备才能具有最高活性，最好的方法是让 $MnSO_4$ 与 $KMnO_4$ 在碱性溶液中反应来制备。

烯键和炔键不与该试剂发生反应。例如：

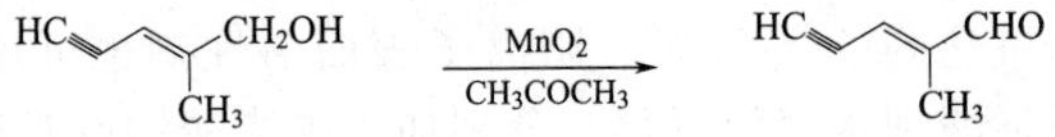

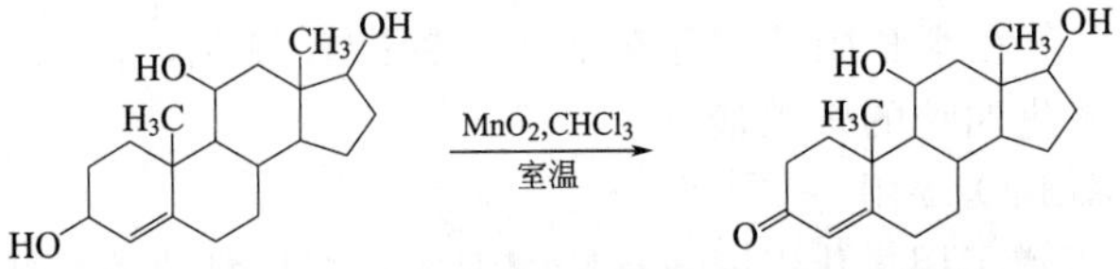

HC≡C–CH=C(CH₃)–CH₂OH →(MnO_2, CH_3COCH_3) HC≡C–CH=C(CH₃)–CHO

HO, H_3C, CH_3, OH, HO →(MnO_2,$CHCl_3$, 室温) HO, H_3C, CH_3, OH, O

82%

通常情况下，二氧化锰氧化烯丙基伯醇，不会进一步氧化成羧酸。

9.4.2.2 铬化合物

(1) 六价铬氧化法[14]

六价的铬化合物也是重要的氧化剂，常用的是重铬酸盐和三氧化铬（铬酸酐），一般在硫酸介质中使用。它们在氧化反应中的价态变化是：

$$K_2Cr_2O_7 + 4H_2SO_4 \longrightarrow K_2SO_4 + Cr_2(SO_4)_3 + 4H_2O + 3[O]$$

$$2CrO_3 + 3H_2SO_4 \longrightarrow Cr_2(SO_4)_3 + 3H_2O + 3[O]$$

重铬酸盐在酸性介质中氧化性很强，容易引起有机分子破坏，适用于较稳定的有机物。虽然氧化剂的强弱对反应有明显的影响，但氧化反应还受其他条件如温度、介质、浓度的影响，因此，重铬酸盐有时还是可以把仲醇氧化为酮，把芳环侧链烷基氧化为醛。在冰醋酸中用三氧化铬氧化芳环侧链的甲基时，首先生成二乙酸酯，接下来在强酸中水解为芳醛。

$$ArCH_3 \xrightarrow[CH_3COOH]{CrO_3} ArCH(OCOCH_3)_2 \xrightarrow[H_2O]{H^+} ArCHO$$

六价铬作氧化剂有许多形式，如重铬酸钾、重铬酸钠。重铬酸钠虽然比较容易潮解，但是它比重铬酸钾的价格便宜得多，在水中溶解度大，故在工业上一般都用重铬酸钠。它通常是在各种浓度的硫酸中使用。其氧化反应可简单表示如下：

$$Cr_2O_7^{2-} + 3H_2SO_4 \longrightarrow 4[O] + Cr_2(SO_4)_3 + 3H_2O$$

副产的 $Cr_2(SO_4)_3$ 和 Na_2SO_4 的复盐称“铬矾”，可用于制革工业和印染工业，也可以将 $Cr_2(SO_4)_3$ 转变成 Cr_2O_3，用于颜料工业。

重铬酸钠主要用于将芳环侧链的甲基氧化成羧基。例如，从对硝基甲苯的氧化制对硝基苯甲酸等。

氧化活性较低的芳烃侧链甲基，如邻位或对位硝基甲苯、2,4-二硝基甲苯以及甲基蒽醌等，多采用重铬酸钠在硫酸介质中进行氧化，因为重铬酸钠比重铬酸钾的溶解度大而且价格较低。例如：

1-硝基-2-甲基蒽醌的氧化是将它悬浮在75%硫酸中，在50℃滴加33%重铬酸钠溶液，然后在65℃保温24h，收率90%左右。

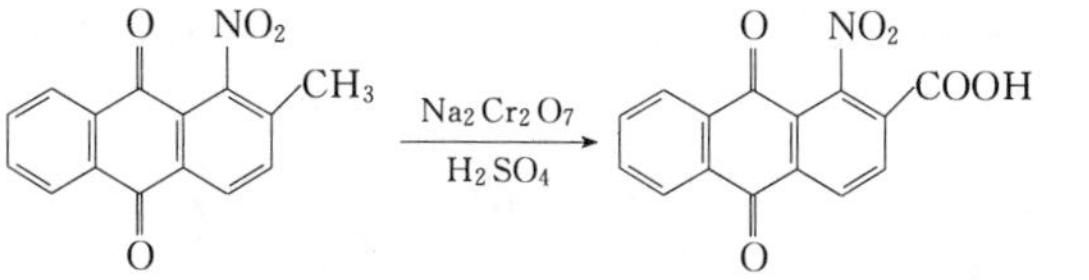

$$\text{1-硝基-2-甲基蒽醌} \xrightarrow[H_2SO_4]{Na_2Cr_2O_7} \text{1-硝基蒽醌-2-甲酸 (COOH)}$$

β-甲基吡啶在pH4.5～8.5时用重铬酸钾水溶液氧化可得到β-吡啶甲酸（烟酸）。γ-甲基吡啶在70%H_2SO_4中用臭氧催化氧化可得异烟酸。以$MnSO_4$为催化剂在70℃反应，异烟酸选择性可达89.6%。

不仅侧链甲基可以被氧化，侧链其他烷基也可以被氧化。例如，二氢苊（**9-5**）在乙酸中用重铬酸钠氧化为1,8-萘二甲酸（**9-6**），收率87%。

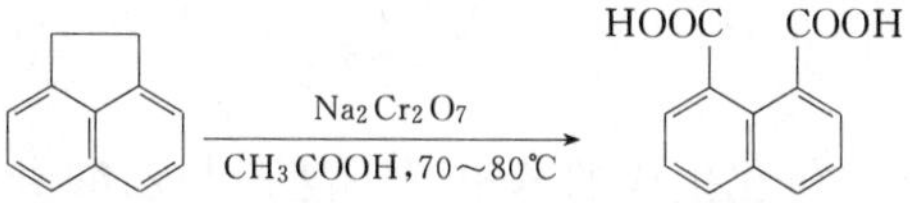

$$\textbf{9-5} \xrightarrow[CH_3COOH,70\sim80℃]{Na_2Cr_2O_7} \textbf{9-6}\ (\text{HOOC, COOH})$$

重铬酸钠在中性或碱性水介质中是温和的氧化剂，可用于将$—CH_3$、$—CH_2OH$、$—CH_2Cl$、$—CH═CHCH_3$等基团氧化成醛基。在化学工业的初期，重铬酸盐氧化法的应用比较广泛。但是，重铬酸盐价格贵，含铬废液处理费用高，因此许多重铬酸盐氧化法已逐渐被其他氧化法所代替。

六价铬化合物与浓硫酸作用生成三氧化铬。反应式如下：

$$K_2Cr_2O_7 + H_2SO_4 \longrightarrow K_2SO_4 + 2CrO_3 + H_2O$$

芳烃侧链的烷基氧化为羧酸时，它们的反应活性与环上的其他取代基有关，有供电子基团时反应活性增加，反之活性下降。以三氧化铬为氧化剂在乙酸介质中甲苯衍生物的反应活性是[28]：在邻氯对二甲苯氧化时，与氯邻位的甲基被钝化；由于对二甲苯氧化时，第一个甲基和第二个甲基的反应活性有很大差别，因此容易得到部分氧化产物。如对二甲苯以三氧化铬为氧化剂，在乙酸和乙酐介质中，20～24℃氧化，对甲基苯甲酸收率为87%[29]。

三氧化铬是铬酸酐，溶于水生成铬酸。反应式如下

$$CrO_3 + H_2O \longrightarrow H_2CrO_4$$

三氧化铬与氯化氢作用生成铬酰氯；与乙酸酐作用生成混合酸酐；与叔丁醇作用生成铬酸丁酯。这些化合物具有不完全相同的氧化作用，各有不同的用途。

① 铬酰氯氧化　用铬酰氯氧化甲基芳烃的反应叫做Etard氧化反应。该反应是以二硫化碳或四氯化碳为溶剂，甲基芳烃在20～45℃与铬酰氯作用，生成有色的复合物沉淀，其组成为$Ar\text{-}CH_3/2CrO_2Cl_2$，用水处理即转变为相应的芳基甲醛。例如

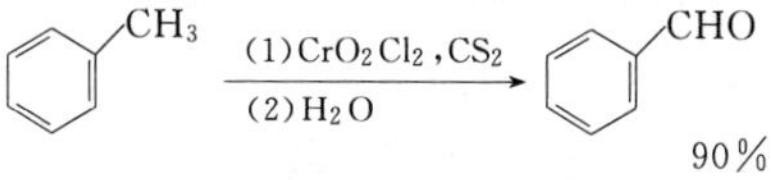

$$C_6H_5CH_3 \xrightarrow[(2)H_2O]{(1)CrO_2Cl_2,CS_2} C_6H_5CHO \quad 90\%$$

如果芳环上有多个甲基，只有其中一个甲基被氧化成甲酰基。例如

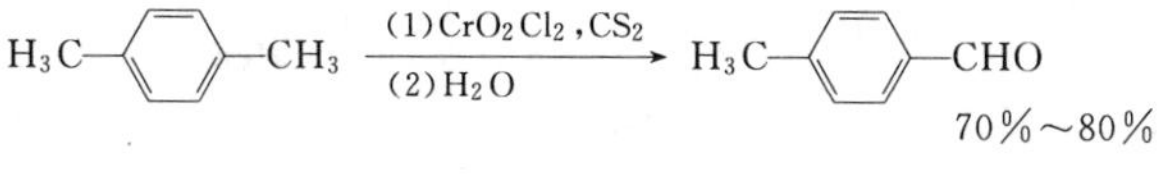

$$H_3C—C_6H_4—CH_3 \xrightarrow[(2)H_2O]{(1)CrO_2Cl_2,CS_2} H_3C—C_6H_4—CHO \quad 70\%\sim80\%$$

芳环上连有长链的烷基发生 Edard 反应生成复杂的混合物，在合成上用处不大。铬酰氯氧化甲苯衍生物收率在 41%～100%。例如

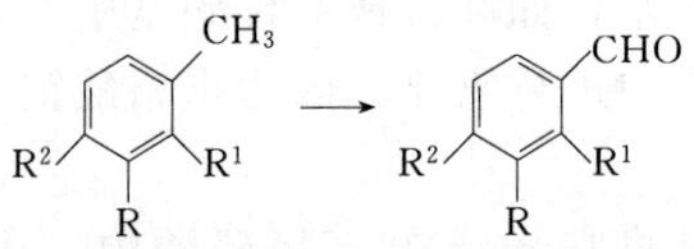

$R^1=Me, R=R^2=H(65\%)$；$R^2=Me, R^1=R=H(80\%)$；
$R^2=Cl, R^1=R=H(62\%)$；$R^2=Br, R=R^1=H(78\%)$；
$R=Me, R^1=R^2=H(41\%)$；$R=R^1=R^2=H$(约 100%)

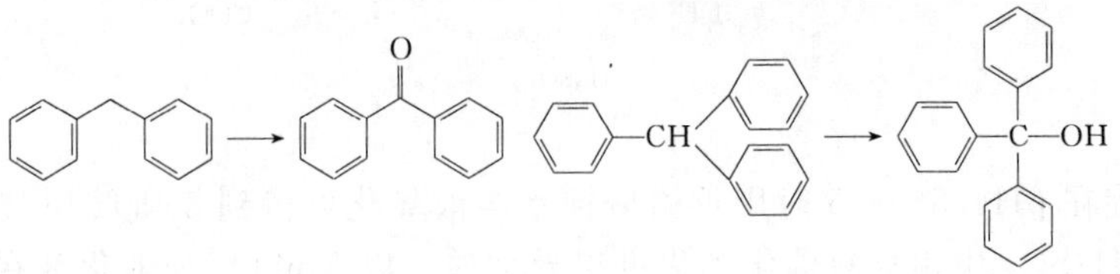

93%

② 铬酸、乙酸混合酸酐氧化　1900 年，Thiele 和 Winter 发现，在乙酸酐中，用强酸，如硫酸的作用下，三氧化铬能氧化各种取代的甲苯成为相应的苯甲醛。例如：

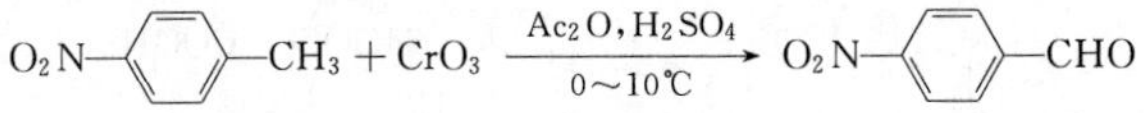

$$O_2N-C_6H_4-CH_3 + CrO_3 \xrightarrow[0\sim10℃]{Ac_2O, H_2SO_4} O_2N-C_6H_4-CHO$$

65%

这是因为在强酸存在下，氧化生成的苯甲醛迅速地与乙酸酐反应，生成二乙酸衍生物。反应式如下：

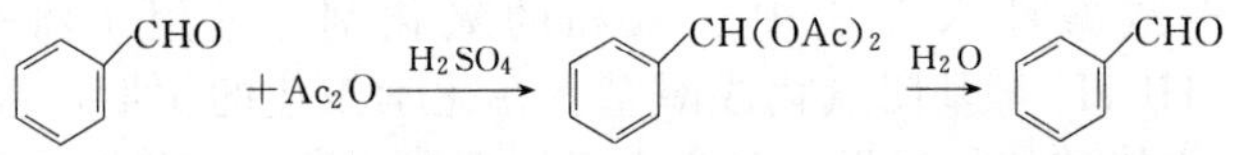

$$C_6H_5CHO + Ac_2O \xrightarrow{H_2SO_4} C_6H_5CH(OAc)_2 \xrightarrow{H_2O} C_6H_5CHO$$

如果没有强酸（H_2SO_4）的催化作用，二乙酸衍生物生成得很慢，苯甲醛将进一步被氧化成苯甲酸。

③ 铬酸氧化　烷基苯或含有孤立芳环的多杂化合物，在比较温和的条件下，通常都发生苯甲位的氧化。不管芳环侧链长短，首先在苯甲位氧化，进一步裂解生成芳香酸。例如，乙苯的氧化

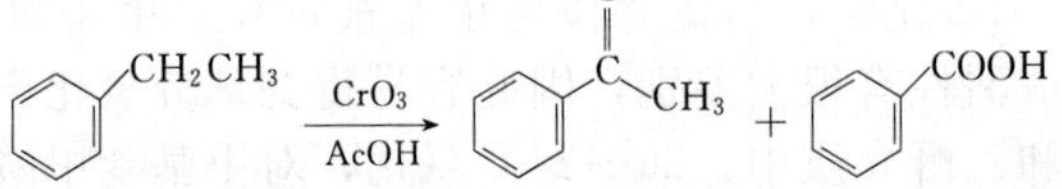

$$C_6H_5CH_2CH_3 \xrightarrow[AcOH]{CrO_3} C_6H_5COCH_3 + C_6H_5COOH$$

具有长侧链的芳烃，除生成苯甲酸外，还生成各种不同长度的脂肪酸。苯甲位碳原子上如果没有氢，这种烷基芳烃相当稳定。例如，叔丁基只有在比较强烈的条件下才被氧化，产物是三甲基乙酸，收率可达 98%。

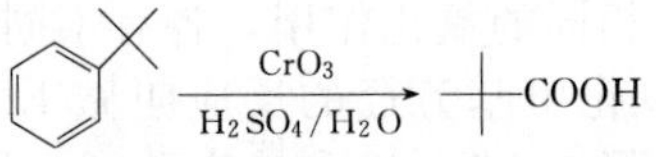

$$C_6H_5C(CH_3)_3 \xrightarrow[H_2SO_4/H_2O]{CrO_3} (CH_3)_3C-COOH$$

处于两个苯环之间的亚甲基更容易被氧化，生成羰基化合物。例如，4,4′-二甲基二苯甲烷（**9-7**）首先氧化成 4,4′-二甲基二苯酮（**9-8**），进一步反应才生成相应的羧酸（**9-9**），反应式如下：

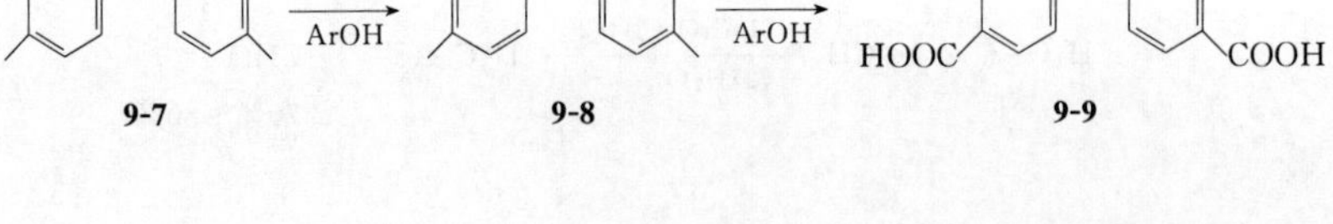

$$\underset{\textbf{9-7}}{} \xrightarrow[ArOH]{CrO_3} \underset{\textbf{9-8}}{} \xrightarrow[ArOH]{CrO_3} \underset{\textbf{9-9}}{HOOC \cdots COOH}$$

处于环中的苯甲位碳原子比通常侧链上的苯甲位碳原子更容易被氧化。例如，去氢松香酸甲酯（**9-10**）在75%乙酸中，50℃，与铬酸作用10h，即得到7-氧代去氢松香酸甲酯（**9-11**），收率可达75%。再延长反应时间，异丙基开始氧化，得化合物（**9-12**），反应式如下：

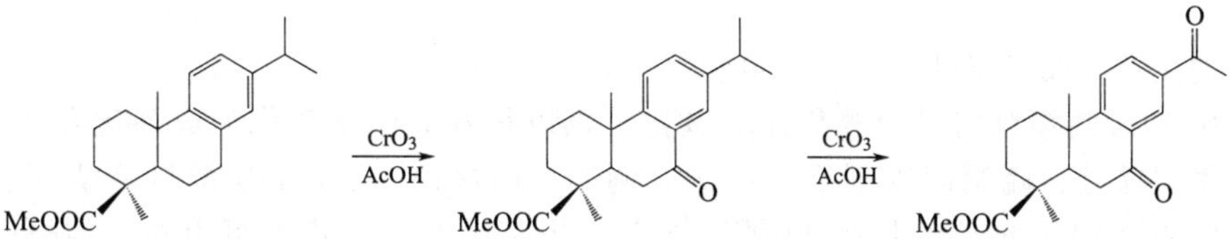

CrO_3 / AcOH ；CrO_3 / AcOH

MeOOC　**9-10**　MeOOC　**9-11**　MeOOC　**9-12**

在乙酸或乙酸酐中用六价铬氧化刚性多环体系的烯丙位，常能得到较好的氧化结果。例如，4,4,10-三甲基八氢合萘（**9-13**）和烯醇酮（pregneolone）乙酸酯（**9-14**）的氧化，反应式如下：

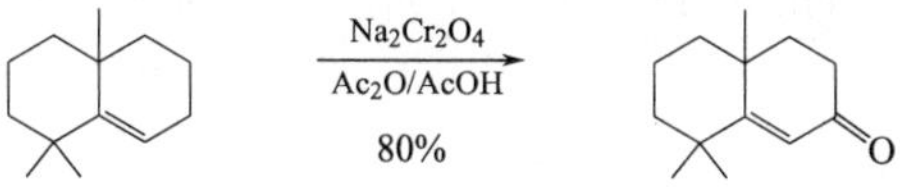

$Na_2Cr_2O_4$ / Ac_2O/AcOH　80%

9-13

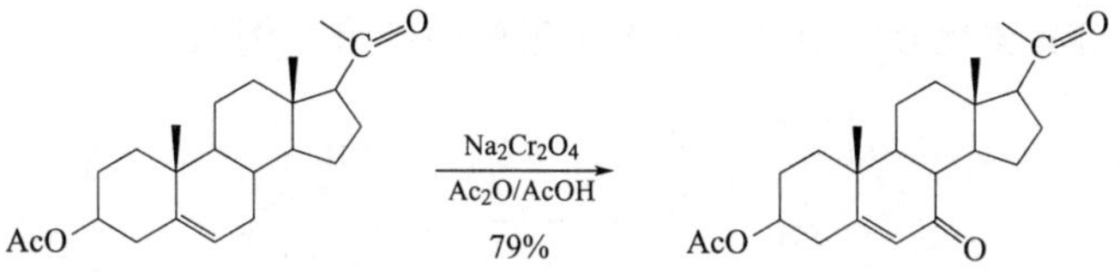

$Na_2Cr_2O_4$ / Ac_2O/AcOH　79%

AcO　**9-14**　AcO

稠环化合物氧化，则倾向于生成醌，进一步氧化成酸，反应式如下：

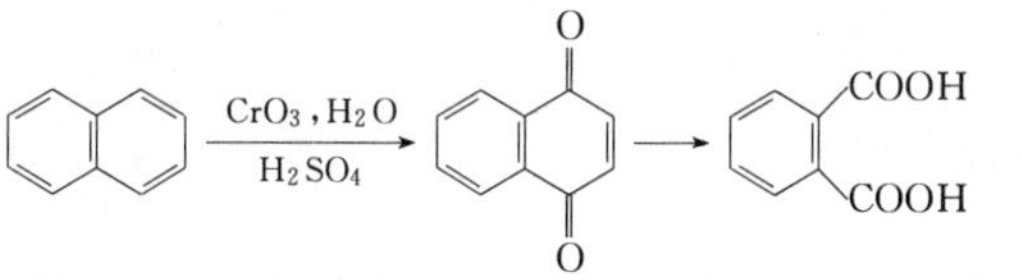

CrO_3, H_2O / H_2SO_4 → → COOH COOH

在中性的重铬酸盐水溶液中，乙苯、丙苯、异丙苯等在270℃氧化时不发生在侧链的α-位，而是在ω-位，碳原子数不减少，生成相应的ω-芳基取代的羧酸；例如

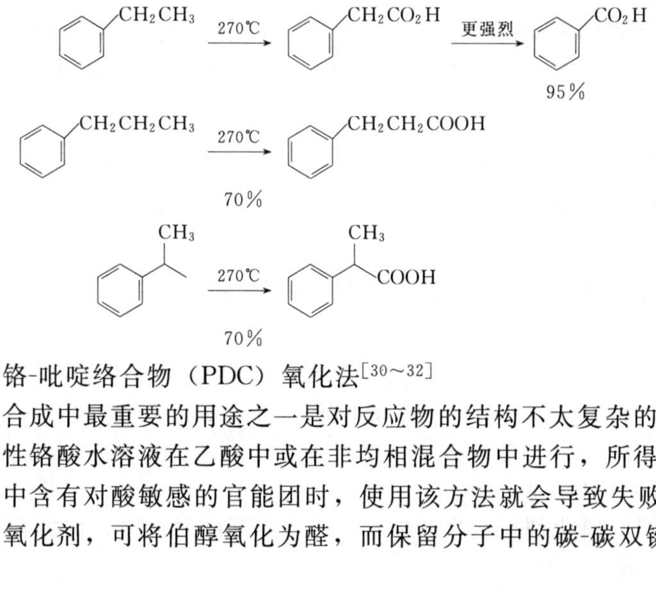

CH_2CH_3 —270℃→ CH_2CO_2H —更强烈→ CO_2H　95%

$CH_2CH_2CH_3$ —270℃→ CH_2CH_2COOH　70%

CH_3 —270℃→ CH_3 COOH　70%

(2) 三氧化铬-吡啶络合物（PDC）氧化法[30~32]

铬酸在有机合成中最重要的用途之一是对反应物的结构不太复杂的仲醇氧化酮的反应。通常是由醇和酸性铬酸水溶液在乙酸中或在非均相混合物中进行，所得产物收率一般良好。但是，当醇分子中含有对酸敏感的官能团时，使用该方法就会导致失败。三氧化铬-吡啶络合物是较缓和的氧化剂，可将伯醇氧化为醛，而保留分子中的碳-碳双键和其他基团不被破

坏。把三氧化铬加到吡啶中就可以得到三氧化铬-吡啶络合物，它是一种温和的试剂，但容易吸湿。反应式如下：

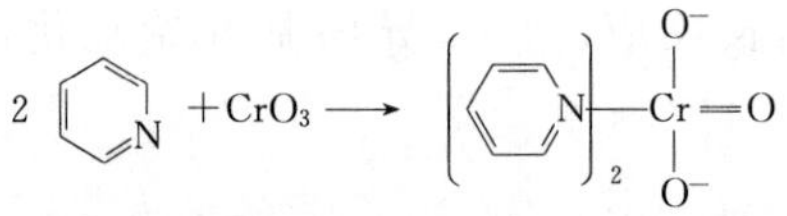

要特别注意，如果将吡啶加到三氧化铬上，就会着火。

三氧化铬-吡啶络合物对伯醇和仲醇氧化可以以很好的产率转化为羰基化合物，而对酸敏感的基团如烯键、硫醚键等则不受影响。例如，用这种方法，1-庚醇以80%的产率生成庚醛，肉桂醇以81%的产率生成肉桂醛，3,5-二甲基-5,9-癸二烯醛可由对应的醇以90%的产率制得。多羟基化合物有时可以通过缩醛的方法来保护其他羟基，从而只使其中一个羟基发生选择性氧化，可以得到同样好的结果。例如

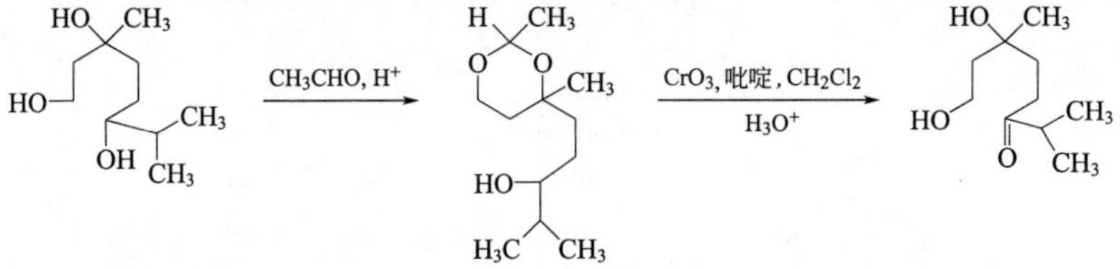

CH_3CHO, H^+ ; CrO_3, 吡啶, CH_2Cl_2 ; H_3O^+

将该法应用于甾醇类化合物中，也取得了很好的结果。例如：

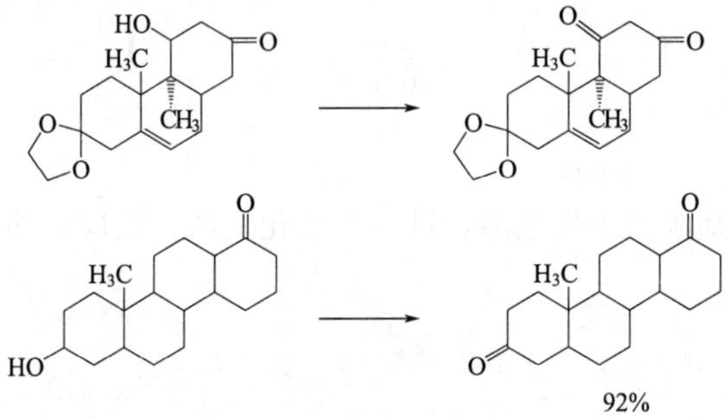

92%

用氯铬酸吡啶盐PCC(Corey氧化法)[33]也能广泛地用于各种醇的氧化，生成羰基化合物，但该法有中等酸性，不适用于对酸敏感的化合物。

(3) Al_2O_3 固载的Cr(Ⅵ)氧化剂[34]

Maso Hirano等报道的 CrO_3 固载到 Al_2O_3 上，以己烷为溶剂，惰性气氛中不断搅拌下，不仅能氧化简单醇，而且能氧化多官能团醇，立体选择性好。例如

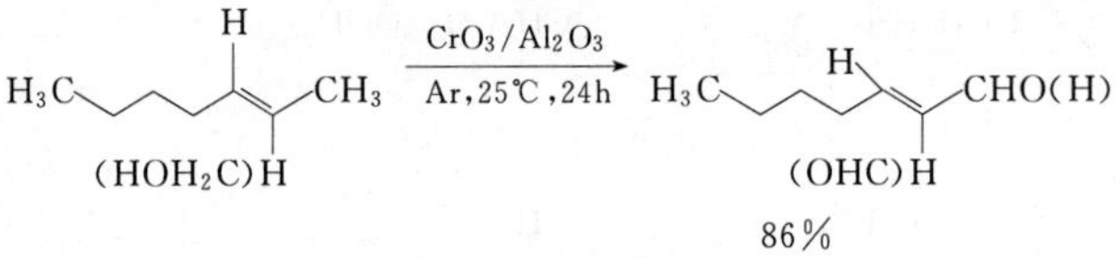

CrO_3/Al_2O_3 ; Ar, 25℃, 24h

86%

于无溶剂和微波照射下[22]，则大大缩短氧化时间。例如

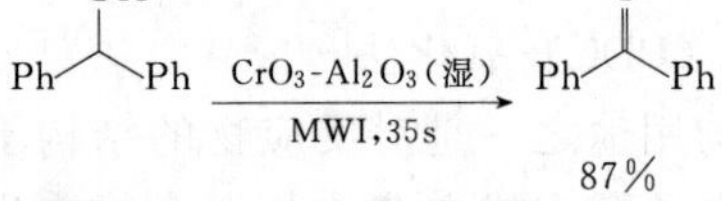

CrO_3-Al_2O_3(湿) ; MWI, 35s

87%

(4) 硅胶固载的Cr(Ⅵ)氧化剂

硅胶固载的Cr(Ⅵ)氧化剂在适当的溶剂中于室温下能对伯醇、仲醇和苄醇进行有效的

氧化，生成相应的醛和酮（见表 9-2）。

$CrO_3 \cdot NMe_3 \cdot HCl$（TCC）[35]固载到硅胶上能在多种介质中氧化醇，尤其对烯丙醇和苄醇非常有效，见表 9-3。

表 9-2 用 H_2CrO_4/SiO_2 氧化醇

醇	产 物	收 率/%
n-$C_9H_{19}CH_2OH$	n-$C_9H_{19}CHO$	86
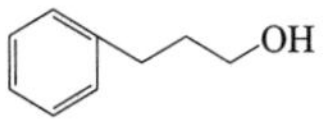 OH	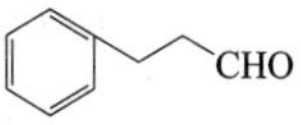 CHO	68
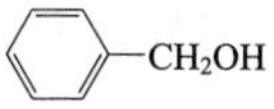 CH_2OH	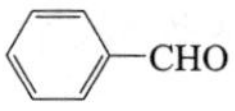 CHO	90
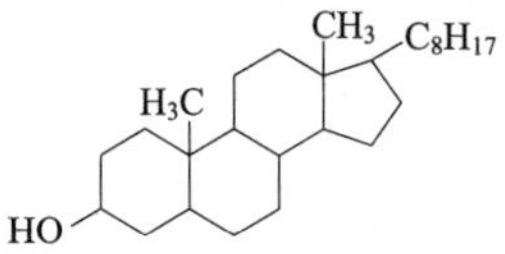 CH_3 C_8H_{17} H_3C HO	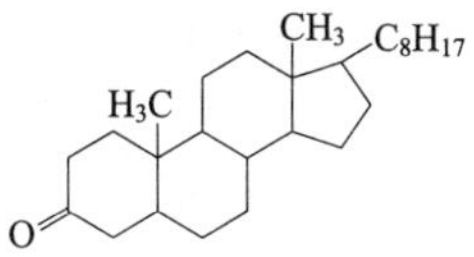 CH_3 C_8H_{17} H_3C O	88
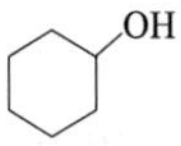 OH	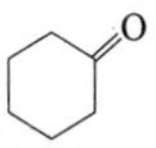 O	82
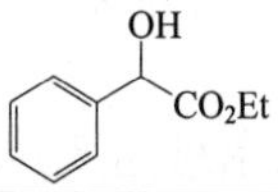 OH CO_2Et	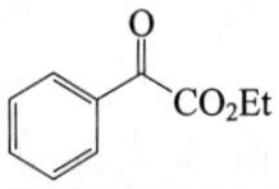 O CO_2Et	85

表 9-3 盐酸三甲胺三氧化铬/硅胶（TCC/硅胶）对醇的氧化

醇	溶 剂	反应温度/℃	反应时间/h	收率/%	醇	溶 剂	反应温度/℃	反应时间/h	收率/%
苯甲醇	环己烷	25～30	0.6	96	烯丙醇	环己烷	25～30	2	82
α-苯乙醇	环己烷	25～30	1	94	环己醇	环己烷	55～60	3	91
肉桂醇	环己烷	25～30	2	91	正辛醇	环己烷	55～60	3	85
呋喃甲醇	环己烷	25～30	2	89	苯甲醇	环己烷	25～30	0.5	95

9.4.3 硝酸

硝酸除了用作硝化剂、酯化剂以外，也用作氧化剂。只用硝酸氧化时，硝酸本身被还原为 NO_2 和 N_2O_3。

$$2HNO_3 \longrightarrow [O]+H_2O+2NO_2$$

$$2HNO_3 \longrightarrow 2[O]+H_2O+N_2O_3$$

在矾催化剂存在下进行氧化时，硝酸可以被还原成无害的 N_2O，并提高硝酸的利用率。

$$2HNO_3 \longrightarrow 4[O]+H_2O+N_2O$$

硝酸氧化法的主要缺点是腐蚀性强、有废气需要处理，在某些情况下会引起硝化副反应。硝酸氧化法的优点是价廉，对于某些氧化反应选择性好、收率高、工艺简单。

硝酸氧化法的最主要用途是从环十二醇/酮混合物的开环氧化制十二碳二酸。

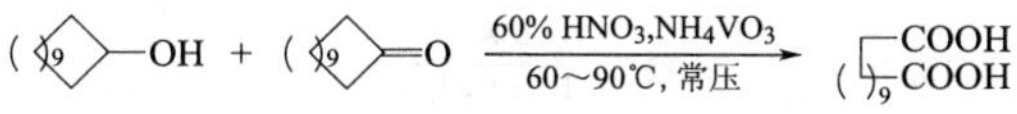

$$(\ )_9\text{—OH} + (\ )_9\text{=O} \xrightarrow[60\sim90℃,\text{常压}]{60\%\ HNO_3,NH_4VO_3} (\ )_9\begin{matrix}COOH\\COOH\end{matrix}$$

此法的优点是选择性好、收率高、反应容易控制。按醇/酮合计，质量收率 120%，产品中约含十二碳二酸 90%。C_{10}～C_{12}二酸合计 98%以上。

硝酸氧化法的另一个重要用途是从环己酮/醇混合物氧化制己二酸。

$$\text{环己酮} + \text{环己醇} \xrightarrow[60\sim70^\circ C,0.2MPa,96\%]{60\%\ HNO_3, CuSO_4, NH_4VO_3} \text{己二酸}(COOH, COOH)$$

此法的优点是选择性好、收率高、质量好，优于己二酸的其他生产方法。

在工业生产中，硝酸可用作催化剂。在连续化装置中，高温高压下用硝酸可将含氯或硝基的芳环侧链甲基及吡啶环的甲基氧化成相应的羧酸。2-甲基-5-乙基吡啶用硝酸氧化，得到吡啶 2,5-二羧酸，再经选择性脱羧，脱去 2 位羧基即得到烟酸。

$$\text{2-甲基-5-乙基吡啶}(H_5C_2, CH_3) \xrightarrow{HNO_3} \text{吡啶-2,5-二羧酸}(HOOC, COOH) \xrightarrow{-CO_2} \text{烟酸}(HOOC)$$

用稀硝酸为氧化剂可将某些活性较高的侧链烷基氧化为羧酸，如对异丙基甲苯（**9-15**）氧化为对甲基苯甲酸（**9-16**），收率为 56%～59%。

$$H_3C-C_6H_4-CH(CH_3)_2 \xrightarrow[\text{煮沸}]{\text{稀硝酸}} H_3C-C_6H_4-COOH$$

9-15 **9-16**

用 10%硝酸在 105℃可将邻或对二甲苯氧化成相应的甲基苯甲酸，同样条件下间二甲苯则不能氧化。提高硝酸浓度，三种二甲苯都可以氧化，最佳条件下，对甲基苯甲酸的收率为 76%。

硝酸和硫酸水溶液可将乙二醇氧化为草酸，在母液循环条件下收率可达 80%[36]。

硝酸和硫酸水溶液，在 V_2O_5 催化下可将 2-氯-6-硝基甲苯（**9-17**）氧化为 2-氯-6-硝基苯甲酸（**9-18**）[35]。

$$\text{(}O_2N, CH_3, Cl\text{)} \xrightarrow[V_2O_5, H_2SO_4]{HNO_3} \text{(}O_2N, COOH, Cl\text{)}$$

9-17 **9-18**

9.4.4 双氧水

过氧化氢（H_2O_2）作为氧化剂，由于其反应的唯一副产物是水，反应后处理容易，故 H_2O_2 在众多氧化剂中脱颖而出。但由于 H_2O_2 水溶液是一种中等活性的无机氧化剂，直接与有机物反应时，反应大多成两相体系，氧化效率低，产品收率不高；同时由于 H_2O_2 作为氧化剂其稳定性差，易受热或在许多金属离子、非金属离子、固体微粒等存在下分解，使其反应范围受到限制。在钼、钨过氧配合物催化下，H_2O_2 氧化烯烃、醇、醛、酮、硫醚及其他类似化合物的研究进展。

野依良治[37～40]采用二水合钨酸钠和甲基三辛基硫酸氢铵为催化剂，在无卤的有机-水两相体系中，稀过氧化氢溶液将一系列醇氧化为相应的酮和羧酸。对于仲醇氧化为相应的酮，其选择性和收率都很好，最高收率可达 97%；而伯醇氧化为羧酸的收率较低，只有 52%～87%；对于烯丙醇的氧化，该体系只氧化羟基，且选择性很好。

$$\text{(OH)}(\ )_n + H_2O_2 \xrightarrow[[CH_3(n\text{-}C_8H_{17})_3N]HSO_4]{Na_2WO_4} \text{(O)}(\ )_n \quad 99\%$$

Sloboda-Rozner 等[41]用 $Na_{12}[WZn(H_2O_2)_2(ZnW_9O_{34})_2]$为催化剂。该催化剂溶于水，是无有机溶剂下，具有高催化活性的两相催化剂。无有机溶剂和相转移催化剂存在的情况下，在 90℃下反应 5h，用 H_2O_2 氧化苯甲醛可 100%地转化为苯甲酸，苯乙醇可 100%地转化为苯乙酮，环己醇也可100%地转化为环己酮。其结果见表9-4。

表9-4 用[$WZn(H_2O_2)_2(ZnW_9O_{34})_2$]催化氧化不同的醇

反应物	转化率/%	产物(选择性)/%	反应物	转化率/%	产物(选择性)/%
1-戊醇	66	戊醛(9),戊酸(91)	苯甲醇	约100	苯甲酸(100)
2-戊醇	94	2-戊酮(100)	1-苯乙醇	约100	苯乙酮(100)
2-丙醇	93	丙酮(100)	环己醇	约100	环己酮(100)
2-辛醇	91	2-辛酮	环辛醇	95	环辛酮(100)
1-戊醇	62	戊醛(41),戊酸(59)	2-乙基-1,3-己二醇	约100	2-乙基-3-氧代-1-己醇(95) 丁酸(4)

Rocha等[42]报道了苯酚、2-萘酚在钨酸和磷酸盐的催化下生成二酚，如邻二酚进一步氧化就生产己二烯二酸。

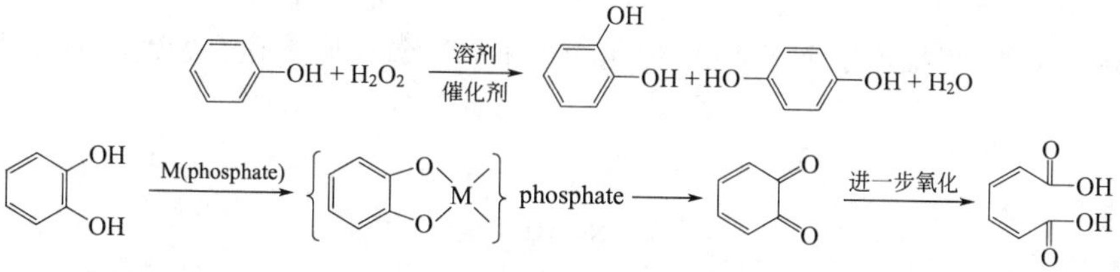

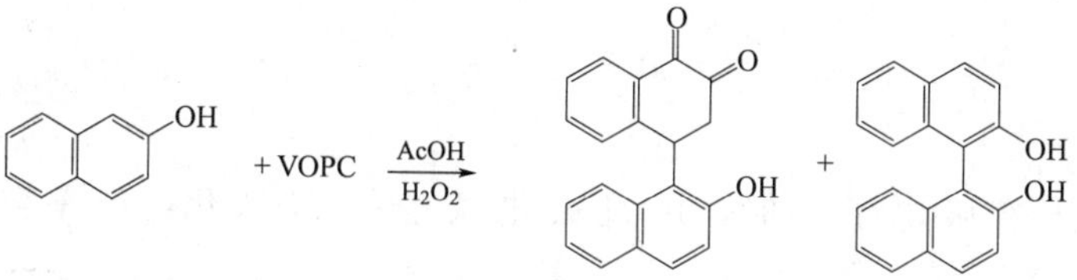

Sato报道了在均相水-叔丁醇或二噁烷体系，无卤条件下钨酸催化30%过氧化氢溶液氧化环酮和环醇为相应的二酸，产率在90%左右[43]。

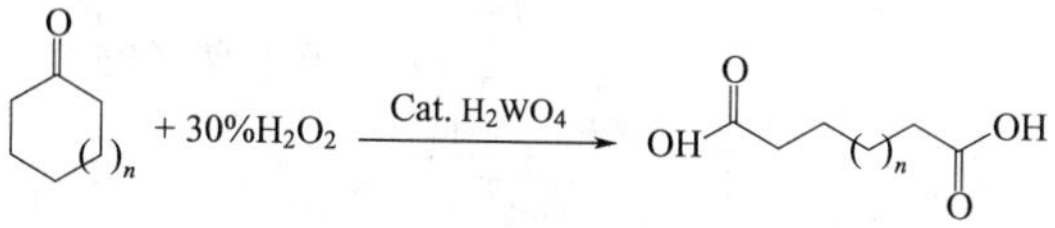

Berkessel在$Sn(NPf_2)_4$存在下，含氟的两相体系中环酮用35%的过氧化氢可以高选择性高收率地转化为内酯，产率为90%～93%。研究发现，该催化剂可以完全回收，重复使用。

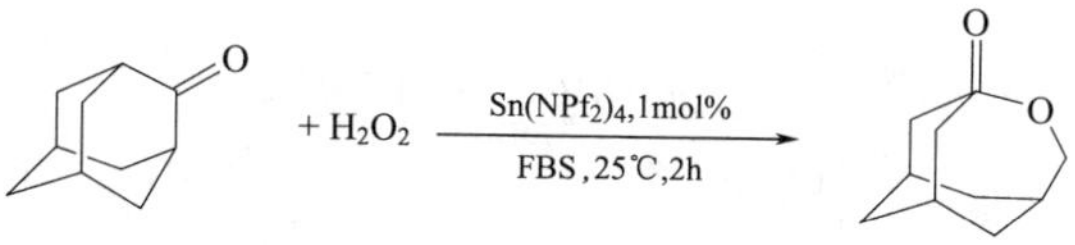

1988年，Venturello等报道了在季铵盐存在下，在温和条件下，以$H_3PW_{12}O_{40}$为催化剂催化H_2O_2选择性环氧化烯烃。例如，3-乙烯基环己烯在以[$CH_3(n\text{-}C_6H_{13})_3N$]Cl-$H_3PW_{12}O_{40}$催化体系中用20%$H_2O_2$环氧化，主要生成环内烯键环氧化物[44]。

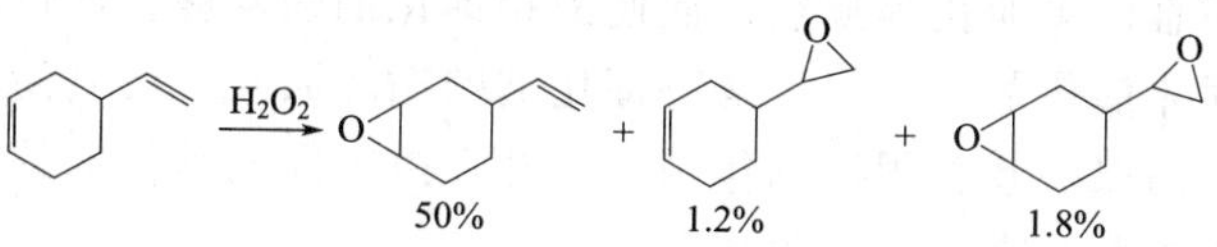

Sandra 等[45]用 6%(摩尔分数)的金鸡纳碱与 2% OsO_4(摩尔分数)催化 H_2O_2 氧化苯乙烯，并在 *N*-甲基吗啉的存在下，0℃下反应 5～10h，实现了芳烯烃的顺二羟基化。该氧化过程具有高度的立体选择性，得到产率为 88%的二羟基物，其中顺式二羟基物占 95%。

野依良治等[45]采用二水合钨酸钠和甲基三辛基硫酸氢铵为催化剂，在无卤的有机-水两相体系中，用稀过氧化氢溶液氧化环己烯为己二酸，收率达 93%。

$$\text{环己烯} + 4H_2O_2 \xrightarrow[{[CH_3(n\text{-}C_8H_{17})_3N]HSO_4}]{Na_2WO_4} (CH_2)_4(CO_2H)_2 + 4H_2O$$

Sato 等[47]报道了在有机溶剂存在下，在相转移催化剂的存在下，H_2O_2 可在 20～50℃之间将硫醚氧化成砜，产率 87%～99%。

$$R^1\text{-S-}R^2 \xrightarrow{H_2O_2} R^1\text{-S(=O)-}R^2 \xrightarrow{H_2O_2} R^1\text{-S(=O)}_2\text{-}R^2$$

Volodarsky 等[48]报道了 Na_2WO_4 催化 30% H_2O_2 氧化胺类化合物使其转变为相应的氮氧化物。

$$\text{2,2,6,6-四甲基-4-哌啶酮 (N-H)} \xrightarrow[H_2O_2]{Na_2WO_4} \text{2,2,6,6-四甲基-4-哌啶酮 (N-O}^-\text{)}$$

50%

当氮杂环上有吸电子基时，用过氧化氢进行 *N*-氧化，产率降低，反应时间增长，如[49]：

$$\text{2-氯吡啶} \xrightarrow[55\sim60℃,8d]{30\%,H_2O_2,AcOH} \text{2-氯吡啶-N-氧化物}$$

64% (70℃过夜，得率77%)

$$\text{咪唑并吡啶} \xrightarrow[70\sim80℃,40h]{30\%,H_2O_2,AcOH} \text{咪唑并吡啶-N-氧化物}$$

71.6%

日本的 Mataumoto[50]用少量吡啶二羧酸-*N*-氧化物、钨酸钠为催化剂，用过氧化氢可将氮杂环及其衍生物氧化为高产率的 *N*-氧化物，反应中，吡啶二羧酸-*N*-氧化物中的氧转移到氮杂环中氮上。

$$\text{2-甲基吡啶} + \text{吡啶二羧酸-N-氧化物} \xrightarrow[55\sim60℃,8h]{30\%,H_2O_2,AcOH} \text{2-甲基吡啶-N-氧化物} + \text{吡啶二羧酸}$$

94.5%(未用催化剂产率只有 71.7%)

H_2O_2 作为氧化剂用于有机反应，一般需要催化剂，催化剂多为均相的过渡金属配合物。在均相反应中，虽然催化剂活性高，但由于存在反应体系复杂、稳定性较差、催化剂成本较高、回收困难、难以工业化等缺点，促使固相催化剂的发展。通过在分子水平上构筑高活性、高选择性的固体催化剂，不仅可解决催化剂的循环回收、反复使用等问题，而且对资源的有效利用和环境的保护起着积极的作用。另外，由于固相催化剂的易修饰性，经常可调制出高选择性的催化体系，高效地制备化学品。

利用 H_2O_2 实现绿色氧化，Ti 是必须首先提及的。钛硅分子筛的发现及作为选择性氧化催化剂的成功应用，被认为是 20 世纪 80 年代分子筛催化领域的里程碑。TS-1 具有的高活性、高选择性和使用 H_2O_2 作为氧化剂的有机催化氧化反应的能力，使得它成为近年来分子筛催化领域的研究热点[51]；研究领域也从环己酮肟的生产扩展到各类氧化反应，其中以应用于环氧化的研究最多[52~54]，对 H_2O_2 的利用也从直接使用 H_2O_2 发展到原位使用 H_2O_2 作为氧化剂。为了提高 H_2O_2 的利用率和活性，最直接的方法是原位生成 H_2O_2，然后应用于氧化反应。Hancu 等[55]采用一种 Pd 的配合物 $Pd_2(DBA)_3$ 和 TS-1 为共催化剂，获得了从 O_2 和 H_2 出发原位生成 H_2O_2 的高效方法，并直接应用于以超临界 CO_2 和 H_2O 为两相体系的烯烃环氧化反应中。反应式如下：

环己烯 $\xrightarrow[ScCO_2/H_2O,\ 22℃,\ 16MPa,\ 3h]{H_2O_2,\ TS\text{-}1,\ Pd_2(DBA)_3}$ 环氧环己烷 5.6%

由于受到原位生成 H_2O_2 量的限制，环氧化物的收率不高，如何提高超临界条件下 H_2O_2 的收率和低 H_2O_2 浓度下反应物的有效转化，需继续研究。

除了环氧化外，还可应用于杂环氮的氧化。通过钛硅分子筛作为催化剂、H_2O_2 为氧化剂可对杂环氮进行高选择性氧化[56]。典型的反应如下：

吡啶 $\xrightarrow[H_2O,\ 60℃,\ 2.5h]{TS\text{-}1,\ H_2O_2}$ 吡啶 N→O 92.9%

吡嗪 $\xrightarrow[CH_3OH,\ 60℃,\ 2.5h]{TS\text{-}1,\ H_2O_2}$ 吡嗪单 N→O (72.8%) + 吡嗪双 N→O (17.1%)

值得提及的是，除了 TS-1 分子筛可有效地催化氧化杂环氮之外，Ti 嵌入分子筛形成如 Ti-ZSM-5 和 Ti-MCM-41 均为有效的固相催化剂。

Ti 除了应用于制备各类含钛分子筛外，还有 Ti 的氧化物 TiO_2，由于具有特别的光催化性能，在 H_2O_2 为氧化剂的条件下，被广泛地应用于污水处理中。

H_2O_2 分解产生的 · OH 是一种强氧化剂，能氧化降解许多有机物。Hu 等[57]将水溶液中的 Cu^+ 用于分解 H_2O_2 产生 · OH。

$$Cu_{aq}^{+} + H_2O_2 \longrightarrow Cu_{aq}^{2+} + OH^- + \cdot OH$$

为了回收使用催化剂，并防止铜离子产生的二次污染，他们将 Cu 固定在孔径为 3nm 的 MCM-41 载体上，在紫外线照射下用 35%的 H_2O_2 氧化苯酚。实验结果显示，在 90min 内，超过 70%的苯酚被氧化。实验用催化剂含铜量为 75mg Cu/g MCM-41，超过此含量 Cu 在载体上形成大晶粒，不再位于载体表面，使得催化效果下降。随催化剂和 H_2O_2 用量增加，苯酚转化率提高。这一研究对水净化和污水处理均有积极的意义。

双氧水的溴化氢溶液也可将烷基芳烃氧化成羧酸[58]。

2-氯-4-磺酸基甲苯（CH_3，Cl，SO_3H） $\xrightarrow{H_2O_2,\ HBr}$ 2-氯-4-磺酸基苯甲酸（COOH，Cl，SO_3H） 93%

氯化十六烷基吡啶（CPC）可与 $H_3PW_{12}O_{40}$（WPA）/H_2O_2 或 $H_3PWo_{12}O_{40}$（MPA）/H_2O_2 组成杂多酸相转移催化体系（简写为 CWP/H_2O_2 或 CMP/H_2O_2）。在此体系中烯烃、烯醇及 α,β-不饱和化合物均能被 H_2O_2 氧化成环氧化物，转化率和选择性都高达 95%以上。

此外，在 H_2O_2/CWP 体系中，烯丙醇化合物同样可以在双键外发生环氧化反应。

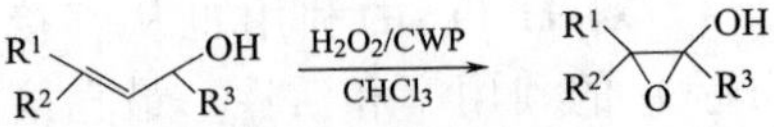

邻位二醇在 H_2O_2/CWP 体系中可以氧化成羧酸。环状不饱和的邻位二醛（或酸）在 H_2O_2/CWP 体系中氧化成环状的二羟基二羧酸。

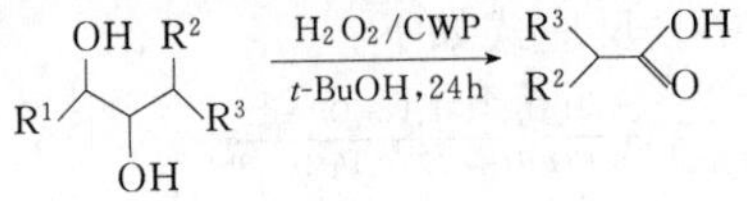

例如：

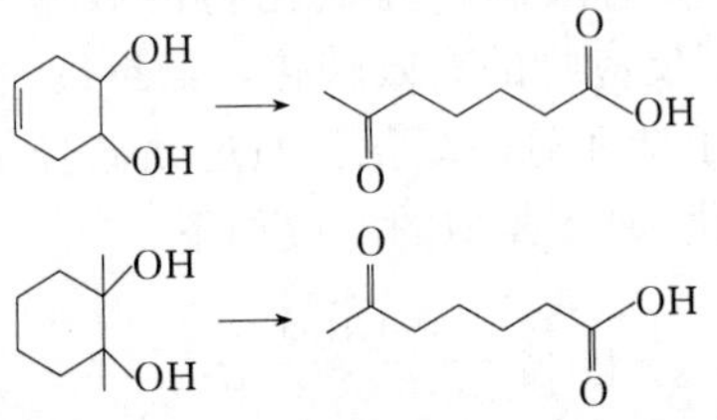

在 H_2O_2/CWP 体系中仲醇可选择性地被氧化成酮，而伯醇则氧化成醛，且收率很高。ω-二醇则可被氧化成内酯。环醚也可被氧化成内酯。

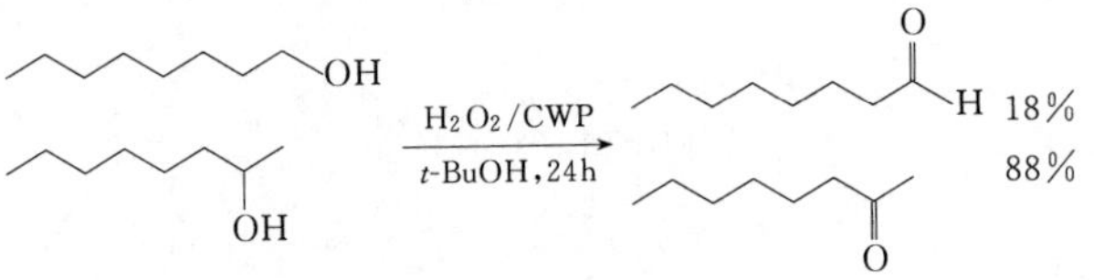

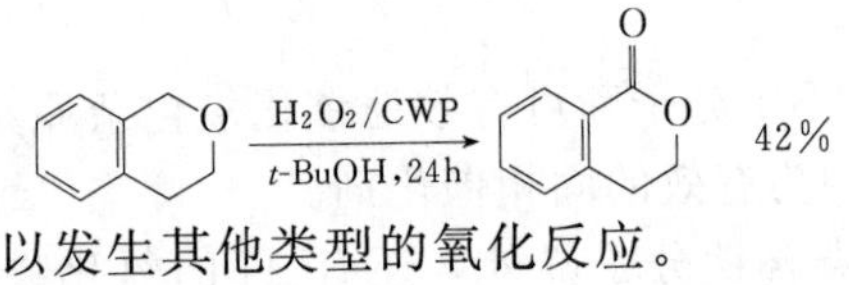

在 H_2O_2/CWP 体系还可以发生其他类型的氧化反应。

9.4.5 过氧酸的氧化反应

有机过氧化物可通过脂肪醛的自动氧化或将过氧化氢作用于有机物制得。过氧酸用途广泛，主要用于羰基插氧反应（Baeyer-Villiger 反应）、烃烯环氧化、芳烃氧化制酚、*N*-氧化、硫氧化等。

9.4.5.1 Baeyer-Villiger 反应

有机过氧酸作为氧化剂有利于在羰基与其邻位碳原子间插入一个氧原子，即使酮转变为酯，特别是环酮（**9-19**）氧化为内酯（**9-20**），这种反应叫 Baeyer-Villiger 反应。

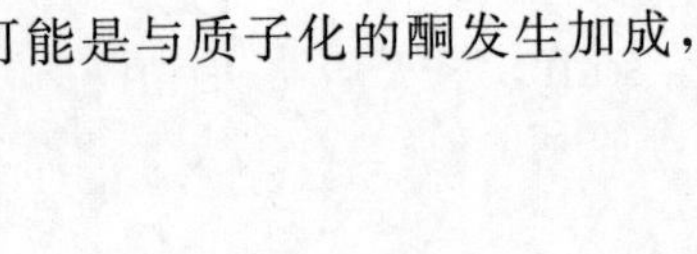

9-19 **9-20**

酮用过氧酸进行氧化生成酯或内酯，一般认为，是通过一个协同的分子内过程进行的，它涉及羰基碳上的一个基团迁移到缺电子的氧上，这种迁移很可能是通过一个环状过渡态进行的。有强酸存在时，过氧酸可能是与质子化的酮发生加成，如果不加强酸，过氧酸可以与酮本身发生加成。例如：

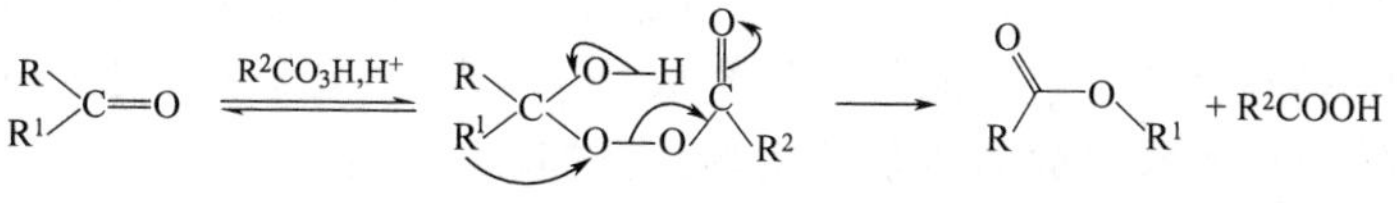

例如，1-甲基降樟脑用过氧乙酸氧化时，可以生成正常的内酯，而异樟脑则只生成“反常”产物。例如：

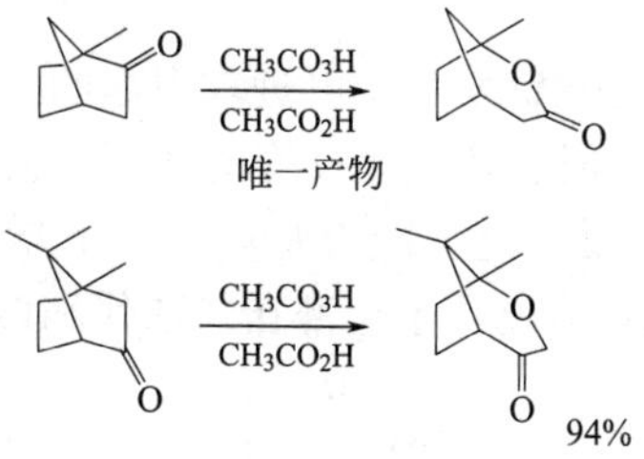

唯一产物

94%

这种反应一般在酸性介质中进行，以乙酸、氯仿、二氯甲烷或醚为溶剂。如：

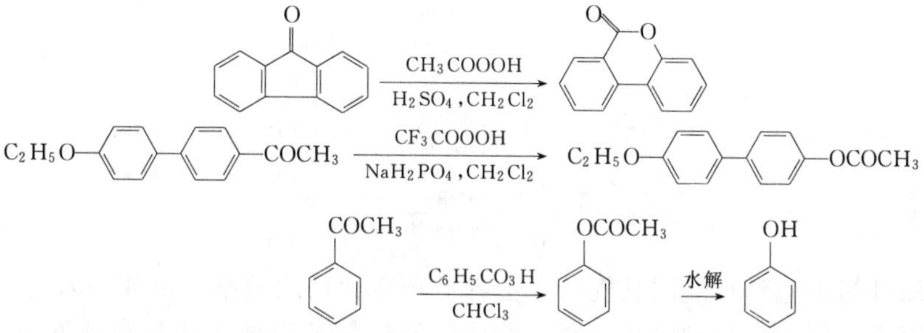

间氯过氧苯甲酸（mCPBA）是一种固体，使用方便、反应条件温和，可以得到更高产率的产物。它既适用于开链酮和酯环酮，也适用于芳香酮。在合成上用于制备多种甾族和萜类内酯以及中环和大环内酯，这些化合物用其他方法是很难得到的。此外，该反应还提供了一种由酮制备醇的方法，即将生成的酯水解或由环酮经内酯水解成羟基酸，或内酯用氢化铝锂还原可生成二醇，而且两个羟基的位置是固定的。例如：

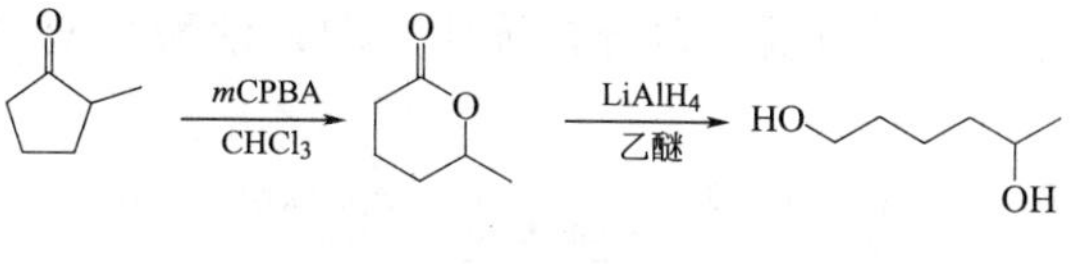

在合成前列腺素的重要中间体内酯的制备中关键的一步就是过氧酸氧化反应，反应表示如下：

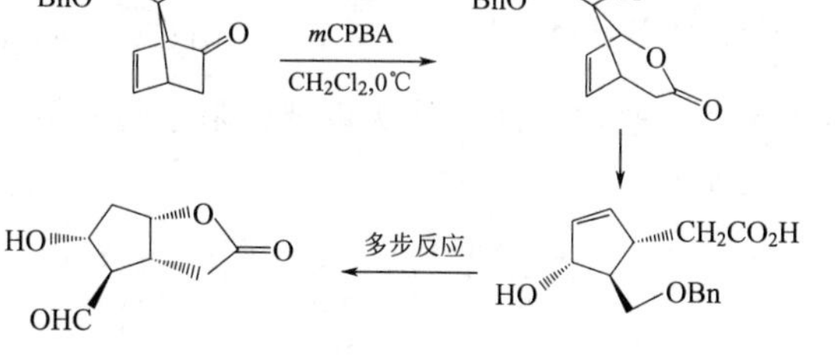

9.4.5.2 烯烃的环氧化

有机过氧化物氧化的另一特点是可将碳碳双键氧化成环氧化物。烯烃用过氧酸氧化，根据实验条件的不同，可以生成环氧化合物或反式 1,2-二醇。过氧酸有许多种，如过氧苯甲酸、过氧甲酸、过氧乙酸等，由于间氯过氧苯甲酸比其他过氧酸稳定性高，在较高温度下可以使用，不活泼的烯烃也能进行环氧化反应等，因此它对烯烃双键的环氧化是一种很好的试剂。

过氧酸与烯烃双键反应时，可能都是先生成环氧化物，但是若不选择适当的反应条件，环氧化物就会直接转化成邻二醇的酰基衍生物。例如：

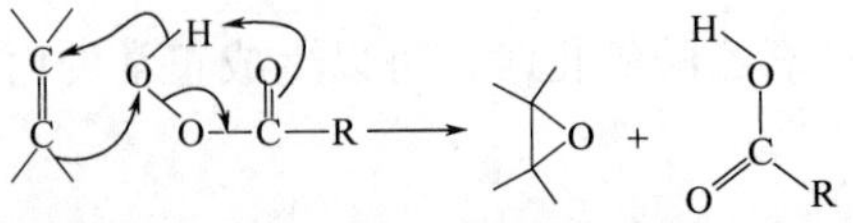

通常认为，反应是由过氧酸对双键发生亲电进攻引起的。与实验相符，当双键上连有供电子基团或过氧酸中带有吸电子基团时，环氧化反应的速率就会增大（过氧三氟乙酸的活性比过氧乙酸强）。末端单烯烃的环氧化反应速率随烷基取代度的增加而增大。例如，4-烯丙基环己烯和1,2-二甲基-1,4-环己二烯的环氧化几乎全部在二取代和四取代的双键上进行。例如：

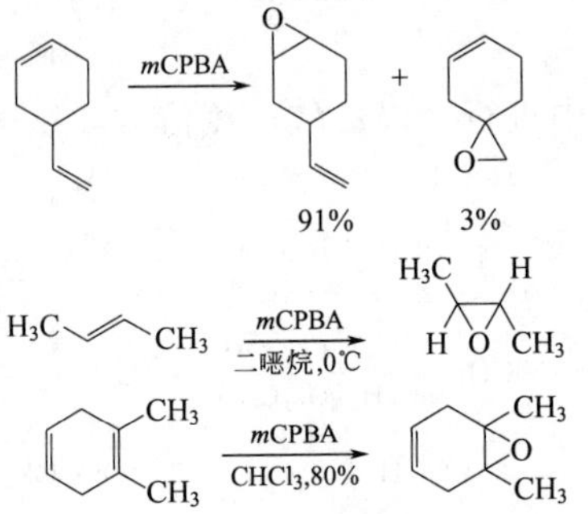

mCPBA

91%　　3%

mCPBA　二噁烷,0℃

mCPBA　$CHCl_3$,80%

当烯烃双键与不饱和官能团共轭时，会降低环氧化反应速率。例如，α,β-不饱和酸或酯需要在较高温度下用强氧化剂过氧三氟乙酸或间氯过氧苯甲酸才能顺利地发生环氧化反应。一般认为反应按下列历程进行：

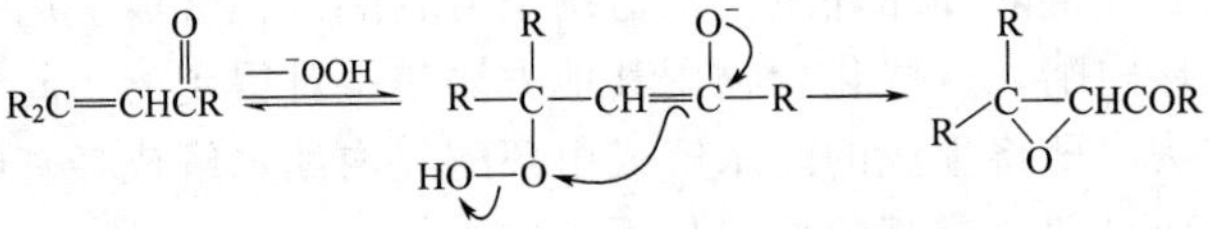

$R_2C{=}CHCR(=O) \xrightleftharpoons{{}^{-}OOH}$ … $\longrightarrow$ R₂C(–O–)CHCOR

大量实验结果表明，用过氧酸进行的环氧化反应是按顺式加成的方式加到烯烃双键上的，具有很高的立体选择性。X射线衍射分析证明，顺式油酸反应时，生成顺式-9,10-环氧硬脂酸。反应式如下：

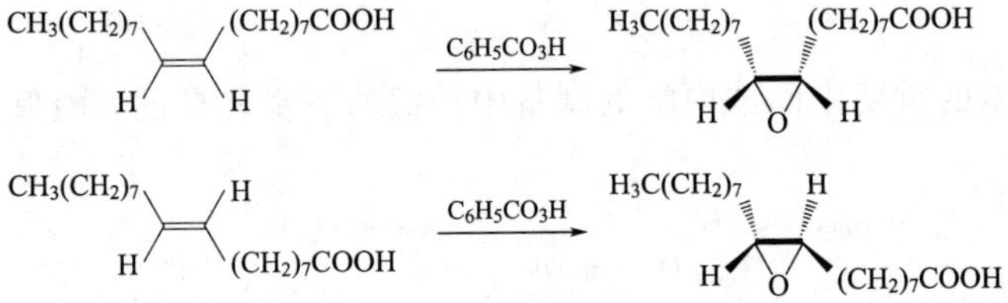

$CH_3(CH_2)_7CH{=}CH(CH_2)_7COOH \xrightarrow{C_6H_5CO_3H}$ 顺式环氧化物

$CH_3(CH_2)_7CH{=}CH(CH_2)_7COOH$（反式）$\xrightarrow{C_6H_5CO_3H}$ 反式环氧化物

具有刚性构象的环状烯烃，通常，试剂是从双键位阻小的一侧进攻，降低片烯的环氧化反应就是一个例子，反应式如下：

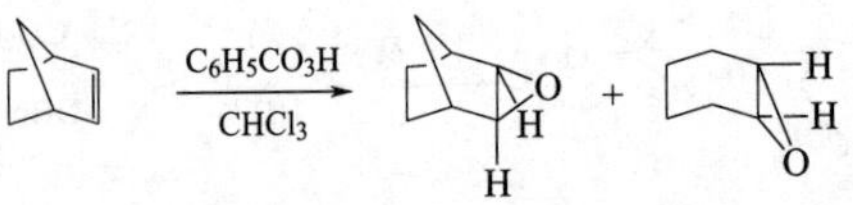

$\xrightarrow[CHCl_3]{C_6H_5CO_3H}$

具有柔韧性较高的分子，预测其反应的立体化学结果是比较困难的。烯丙位上具有一个极性取代基时，可能对过氧酸进攻的方向产生影响。例如，3-乙酰氧基环己烯进行环氧化反应时，从双键位阻较小的一侧进攻，主要生成反式环氧化物，而在相同条件下，α-羟基环己烯则以80%的产率生成顺式环氧化合物。羟基化合物的反应速率较快，这可能是由于氢键使反应物缔合的方式有利于顺式环氧化反应进行的缘故。例如：

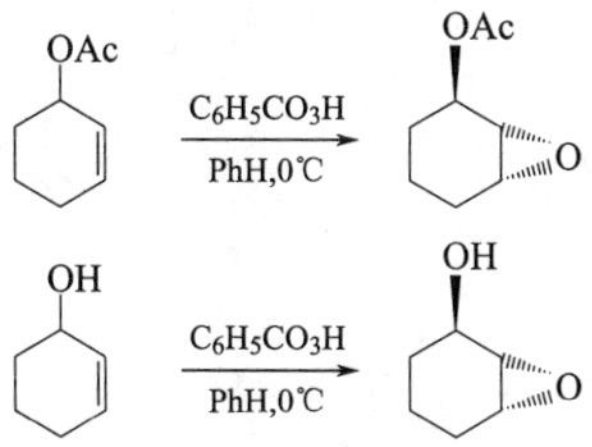

$C_6H_5CO_3H$，PhH，0℃

烯烃与叔丁基过氧化氢（TBHP）作用在铜或钒催化剂存在下进行环氧化反应也是制备环氧化合物的好方法。

9.4.5.3 芳烃直接氧化为酚

过氧酸可以对芳烃进行直接氧化，生成相应的酚，特别是带有烷基或羟基等供电子基的芳烃容易被氧化。

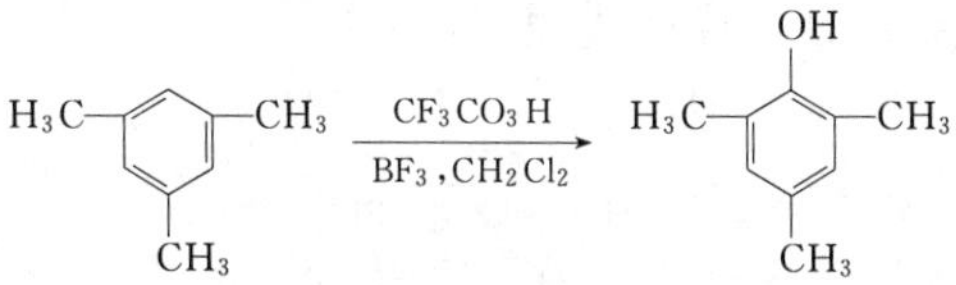

CF_3CO_3H，BF_3，CH_2Cl_2

反应可能是先发生过氧酸的解离，生成羟基正离子，后者对芳环进行亲电进攻[59]。

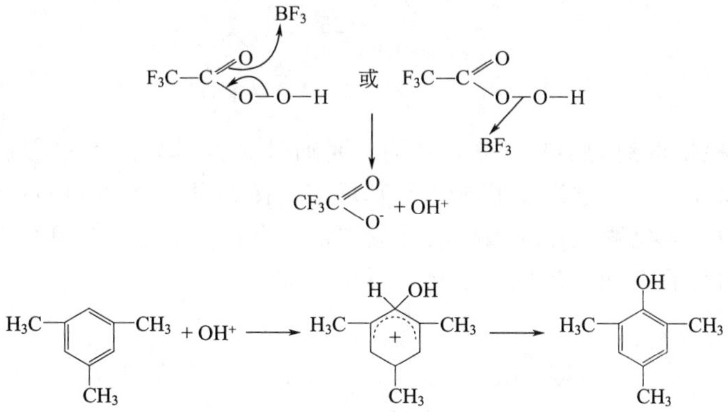

$CF_3C(O)O^- + OH^+$

9.4.5.4 N-氧化

有机酸对叔氮原子的氧化也有较多的应用。例如，Robert 等用 *m*CPBA 将吡啶脲类或哒嗪脲类植物细胞激动素氧化为 *N*-氧化吡啶脲和 *N*-氧化哒嗪脲类[60]，以增强生物活性。

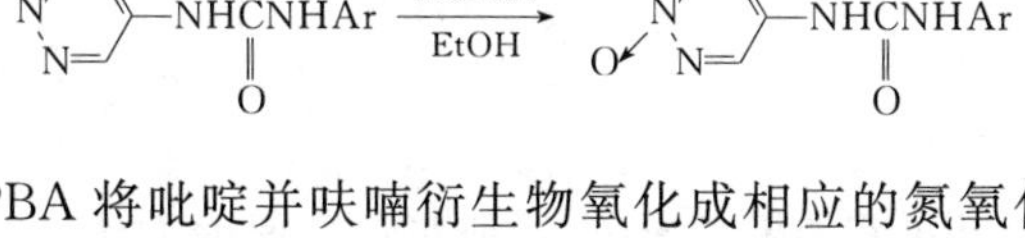

*m*CPBA，EtOH

Benckova 等用 *m*CPBA 将吡啶并呋喃衍生物氧化成相应的氮氧化物[61]。

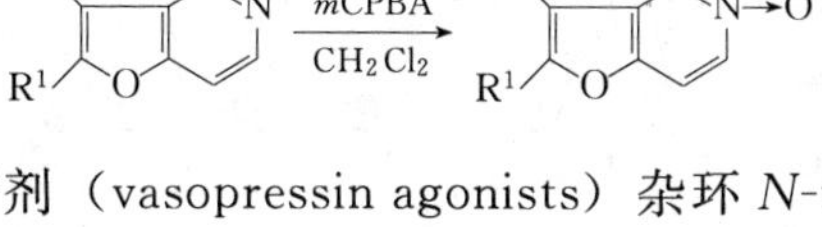

*m*CPBA，CH_2Cl_2

Failli 等合成抗利尿兴奋剂（vasopressin agonists）杂环 *N*-氧化吡啶衍生物中[62]，也用 *m*CPBA 作为氧化剂将杂环中氮氧化。

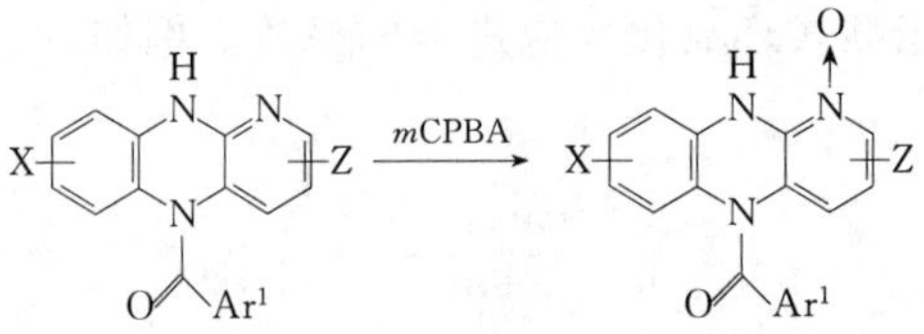

9.4.6 其他氧化法

9.4.6.1 硒化合物氧化

二氧化硒是一种选择性氧化剂，应用 SeO_2 氧化叫 Riley 反应。该法有三个特点：第一，将羰基化合物羰基邻位的活泼次甲基或甲基以及共轭体系中的活泼次甲基或甲基氧化生成相应的羰基化合物；第二，将烯丙位的活泼氢氧化生成相应的羰基化合物；第三，将两个芳环中间的次甲基氧化为酮基。经氧化后它本身还原为硒，可经氧气氧化为 SeO_2 重复使用。这一方法适用于脂肪醛、二烷基酮、甲基方酮、芳基苄基甲酮及氧酮类氧化生成邻二羰基化合物以及烯丙位羰基化合物等。例如，苯乙酮在二噁烷水溶液中与二氧化硒一起加热，就能转化成苯甲酰基甲醛，产率为 70%，反应式如下：

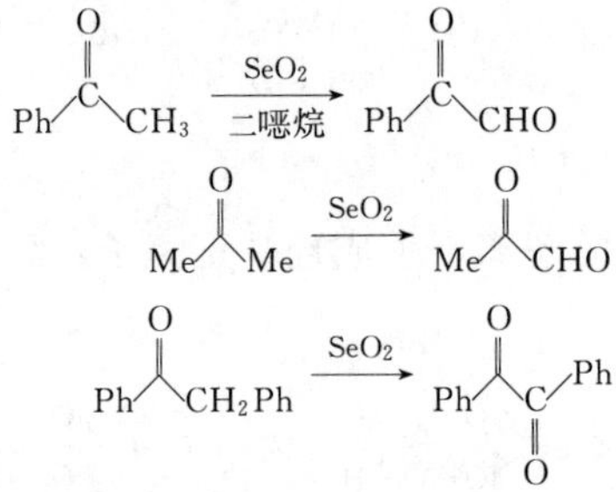

Sharpless[63] 根据得到的实验证据，认为它是通过 β-酮基烯酸的过程进行的。反应过程中先由亚硒酸对烯烃进行亲电进攻形成 β-酮基烯酸，接着发生类 Pummerer 重排形成寿命很短的硒化物。在用二氧化硒氧化醛和酮的反应中常常有 α,β-不饱和羰基化合物形成，这种现象很容易由酮基硒酸的 β-消去反应来解释。反应式如下：

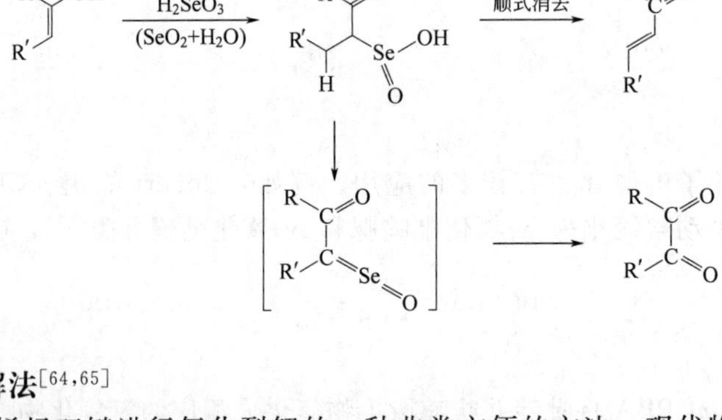

9.4.6.2 臭氧分解法[64,65]

臭氧分解是使烯烃双键进行氧化裂解的一种非常方便的方法。现代物理方法测定的结果表明，臭氧分子具有一个共轭杂化结构，表示如下：

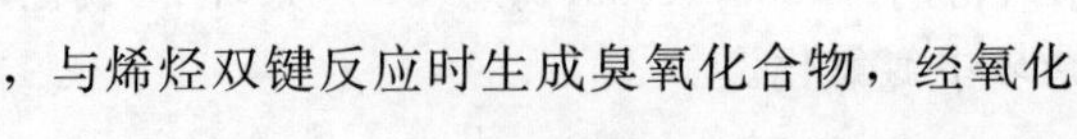

它是一个亲电试剂，与烯烃双键反应时生成臭氧化合物，经氧化裂解或还原裂解生成羧

酸、酮或醛，产物的类型取决于烯烃的结构和所采取的方法。例如，油酸反应时，可生成壬二酸和壬酸，反应式如下：

$$CH_3(CH_2)_7CH{=}CH(CH_2)_7COOH \xrightarrow[\text{氧化裂解}]{O_3} HO_2C(CH_2)_7COOH + CH_3(CH_2)_7COOH$$

环己烯臭氧化生成己二酸，反应式如下：

$$\text{环己烯} \xrightarrow{O_3} \text{臭氧化物} \xrightarrow[H_2O_2]{HCOOH} HO{-}\overset{O}{\overset{\|}{C}}{-}CH_2CH_2CH_2CH_2\overset{O}{\overset{\|}{C}}{-}OH \quad 85\%$$

芳香族化合物也能发生臭氧化反应。例如：

$$\text{萘} \xrightarrow{O_3, H_2O_2} \text{邻苯二甲酸（COOH, COOH）}$$

$$\text{菲} \xrightarrow[HCOOH, H_2O_2]{O_3, H_2O_2} \text{联苯-2,2'-二甲酸（COOH, COOH）}$$

菲放入无水甲醇中，通入臭氧进行反应，所得中间物在 NaOH 乙醇溶液中，加热回流，酸化，可得 2′-甲酰基-2-连苯甲酸，反应式如下：

$$\text{菲} \xrightarrow[CH_3OH]{O_3} \text{中间物（H, OCH}_3\text{; C—O—O—C; H, OCH}_3\text{）} \xrightarrow[\triangle]{NaOH} \text{联苯（COOH, CHO）} \quad 80\%\sim84\%$$

α,β-不饱和酮或酸反应时，一般生成的产物中碳原子数要比预期的少，如三环 α,β-不饱和酮反应时，生成少一个碳原子的酮酸，反应式如下：

$$\text{三环}\alpha,\beta\text{-不饱和酮} \xrightarrow[(2)H_2O_2]{(1)O_3, CH_3COOH} \text{双环酮（O, }CH_2CH_2COOH\text{）}$$

炔键也能发生臭氧化反应，但反应速率较慢，反应生成羧酸或 α-二酮。炔醚氧化生成 α-酮酸酯。反应式如下：

$$RC{\equiv}C{-}O{-}R' \longrightarrow \underset{O}{\overset{R}{C}}{-}\underset{O}{\overset{OR'}{C}}$$

粗臭氧化物对烯烃双键进行还原分解时，可生成醛和酮。还原的方法虽有许多种，如催化氢化法、锌加酸法以及亚磷酸三乙酯法，但用于生成醛的产率都不高。有报道，用二甲硫醚的甲醇溶液还原时，可得到极好的结果。该试剂优于以前的所有试剂，反应在中性条件下进行，分子中有硝基和羰基存在不受影响，具有良好的选择性。例如：

$$CH_2{=}CH(CH_2)_5CH_3 \xrightarrow[(2)CH_3SCH_3, CH_3OH]{(1)O_3} OHC(CH_2)_5CH_3 + CH_2O \quad 75\%$$

利用还原分解可以制备胡椒醛（香料）和联降豆甾醛。例如：

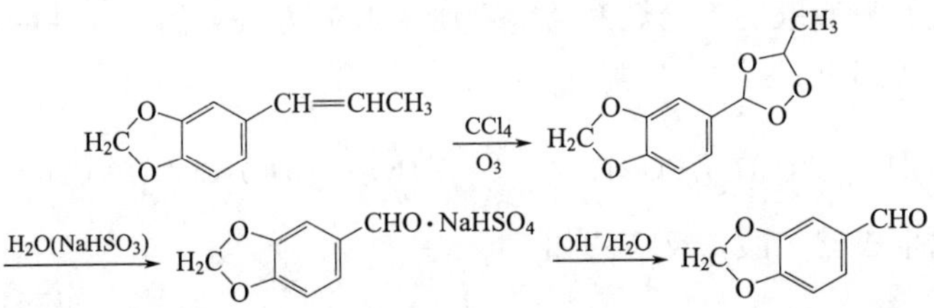

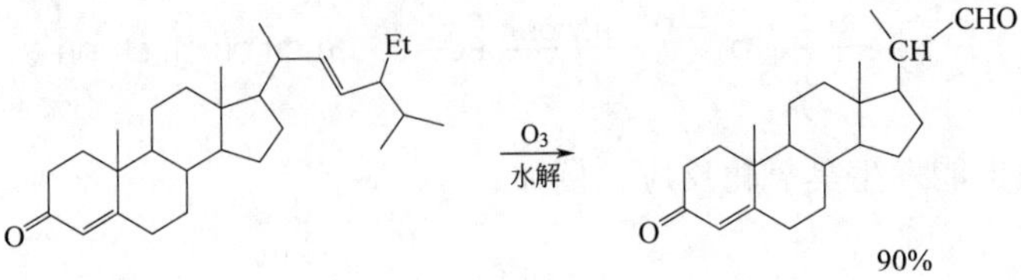

在豆甾二烯酮中，侧链中的双键优先臭氧化。

烯烃的臭氧化物用 $LiAlH_4$ 还原可得醇，反应式如下：

$$C_4H_9CH{=}CHCH_3 \xrightarrow[(2)LiAlH_4]{(1)O_3} C_4H_9CH_2OH + CH_3CH_2OH$$

关于臭氧化反应的历程，1975 年，Criegee 提出臭氧和烯烃双键首先发生 1,3-偶极加成，得到初级臭氧化物 **9-21**。反应历程表示如下：

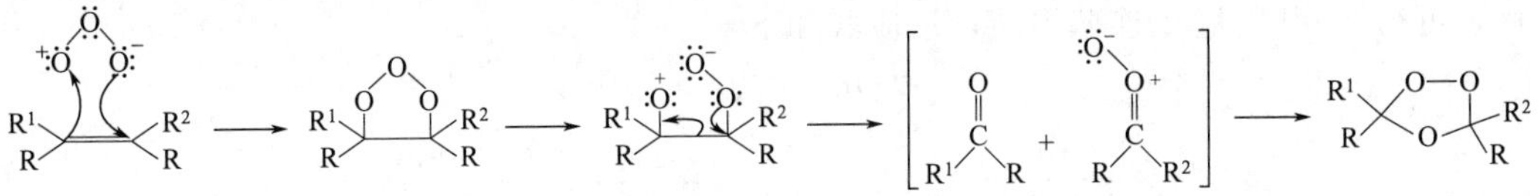

9-21 **9-22** **9-23** **9-24**

9-21 不稳定，发生开环转变成两性离子 **9-22**；**9-22** 进一步裂解成醛或酮和另一个过氧化物两性离子 **9-23**；**9-23** 与羰基化合物再化合得到二级臭氧化物 **9-24**。目前已普遍接受了这种裂解-再化合历程。

9.5 芳香醛的控制氧化

芳香醛是重要的有机合成中间体，在医药、农药、染料等方面具有重要的应用价值。传统的芳香醛的合成方法是甲苯类化合物的氯化水解法，该方法存在着氯化深度难以控制、设备腐蚀严重等缺点，并且反应会产生大量的废水，带来了严重的环境问题，该法得到的芳香醛含氯较高，限制了其在香料和医药等工业中的应用。通过甲苯类化合物侧链甲基的氧化制备芳香醛是一种简洁的解决问题的思路，传统的氧化方法往往采用重铬酸钾（钠）、高锰酸钾、三氧化铬-吡啶、二氧化锰等化学计量的重金属氧化物，反应生成大量的重金属废弃物，严重污染了环境。随着资源的短缺和对环境保护要求的提高以及绿色化学概念的提出，以氧气为廉价、清洁氧源实现甲苯类化合物侧链甲基的绿色选择性氧化受到了人们的普遍重视。采用氧气为氧化剂进行甲苯类化合物的选择性氧化是甲苯类化合物的直接加氧官能化，该路线有明显的原子经济性；符合绿色化学的要求。在催化氧化工艺的开发过程中，催化剂的开发是关键。开发出活性和选择性均较高的催化剂，提高甲苯类化合物氧化产物中芳香醛的产量，减少氧化过程中的副产物。

9.5.1 控制氧化合成苯甲醛的理论基础

从热力学角度来看，甲苯选择性氧化制苯甲醛反应的焓变小于零，Gibbs 自由能变化也小于零，因而为强放热反应，且反应可以自发进行。

由此可知低温对反应有利，但考虑到甲苯分子的惰性，应适当提高反应温度，以增加活化分子数，从而提高甲苯的转化率和反应速率。然而苯甲醛的选择性却随着温度的升高而降低，这是因为苯甲醛在高温下极易深度氧化。另外温度过高，甲苯本身也会分解，副反应也增多。

由于甲苯选择性氧化生成的苯甲醛为连串反应的中间产物，苯甲醛的收率有一极大值，当超过某一转化率时，苯甲醛的收率反而减少。因而必须控制甲苯的转化率和氧化深度，以免苯甲醛大部分深度氧化为苯甲酸。其整体趋势如图 9-2 所示。

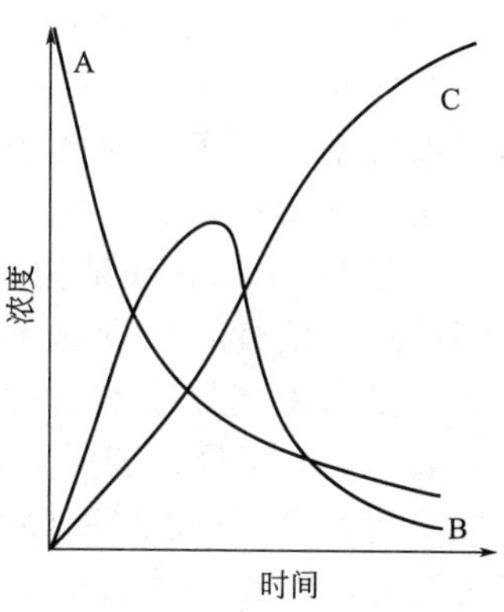

图 9-2 连串反应中物质浓度随时间变化的关系

A—甲苯；B—苯甲醛；C—苯甲酸

AmocoMC 催化剂催化氧化甲苯类化合物的活性较高，工业上广泛应用于甲苯类化合物的氧化制备相应的酸[66]。

9.5.2 $Co(OAc)_2/Mn(OAc)_2/KBr$ 催化氧化

氧气氧化中，最为常用的催化剂组合是 $Co(OAc)_2/Mn(OAc)_2/KBr$，它是一种活性非常好的催化剂，该组合广泛应用于甲苯类化合物的氧化反应中（反应体系如图 9-3 所示）[67]，但一般来说，得到的目标产物是苯甲酸类化合物。

文献中也有将 $Co(OAc)_2/Mn(OAc)_2/KBr$ 催化体系进行改进后用于甲苯类化合物选择性氧化制备醛的报道，但反应中的底物大多是甲苯和含有给电子基团的甲苯类化合物（如对甲氧基甲苯）[68~72]。并且，所报道的反应体系中所用的溶剂通常为纯醋酸，由于反应中会生成水，反应完成后生成了醋酸和水的混合物。虽然醋酸与水不会形成恒沸物，但由于醋酸和水的沸点接近，它们的分离仍然是化学工业中的一个大问题[67,73~80]。实际上，水对 $Co(OAc)_2/Mn(OAc)_2/KBr$ 催化的反应体系可能会有一些有利的影响，水是反应的钝化剂，水的加入可能会在一定程度上抑制对氯苯甲醛的深度氧化[67]，因此适量的含水量可能会增加生成醛的选择性；反应过程中溴组分易于生成使催化剂活性降低的对氯苄溴（见图 9-3，Ⅶ），水的加入可使对氯苄溴溶剂化而大大减弱这作用[81]；最重要的是应用水-醋酸混合溶剂进行反应，在反应过后混合溶剂容易回收利用，利于实现工业化。实际上，已经实现工业化的 MC 催化剂催化氧化生产酸的工艺中，也是采用醋酸-水混合溶剂作为反应介质。

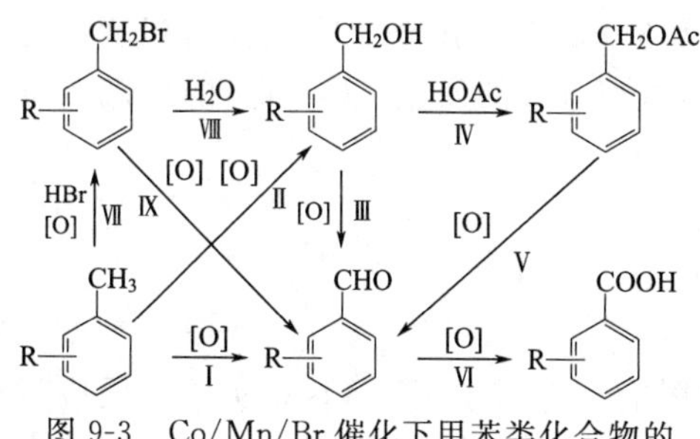

图 9-3 Co/Mn/Br 催化下甲苯类化合物的氧化反应体系[54]

(1) 芳烃类化合物的氧化

考察了 $Co(OAc)_2/MnSO_4/KBr$ 催化体系对其他甲苯类化合物的氧化作用，结果见表 9-5。甲苯的反应活性设为 1，通过 Hammett 结构-反应活性关系：$\lg(k/k_0)=\sigma\rho$（k 为给定反应物的反应速率；k_0 为甲苯的反应速率；σ 是与取代基有关的常数；ρ 是与反应条件有关的反应常数，文献报道的 ρ 值在 -0.6 到 -1.34 之间，在 10wt% 的醋酸-水混合溶剂中其值为-0.95[80,82]）可以计算其他反应物的相对活性。若以反应物的转化率大体表示反应物的反应活性，在该反应条件下，对于甲苯、对氯甲苯、对硝基甲苯、间硝基甲苯（见表9-5，序号1、2、5、7）Hammett结构-反应活性关系大体上是适用的，随着取代基吸电子效应的增强，反应物的活性降低。对于间氟甲苯（见表9-5，序号7）该关系并不适用，这可能与氟取代基特殊的性质有关。对于间甲酚（见表9-5，序号8），似乎与Hammett结构-反应活性关系正好相反，因为羟基为供电子基团，应该具有更高的反应活性，出现这种情况的根本原因在于该反应过程是自由基反应历程，而酚类物质是自由基捕获剂，抑制了反应的进行，这也从侧面证明了反应的自由基反应历程。表9-5中序号4表明，该催化反应体系对于2,4-二氯甲苯也有较高的反应活性，该反应中溶剂/底物比为9（对于其余底物溶剂/底物比为2/3），因此在相同的反应时间内有更高的转化率。通过表9-5还可以得出该方法对于甲苯和系列氯代甲苯的选择性氧化是较为适用的，反应均达到了较高的转化率；但对于单取代的硝基甲苯、间氟甲苯和对甲酚则反应活性较差。

表9-5 $Co(OAc)_2/MnSO_4/KBr$催化下甲苯类化合物的氧化①

序号	反应物	转化率/%	选择性/%	收率/%	校正因子	序号	反应物	转化率/%	选择性/%	收率/%	校正因子
1	甲苯	38.0	51.2	19.4	1	6	邻硝基甲苯	痕量	—	—	—
2	对氯甲苯	33.7	66.6	22.4	0.60	7	间硝基甲苯	1.7	58.2	1.0	0.21
3	邻氯甲苯	25.7	51.3	13.2	—	8	间氟甲苯	痕量	—	—	0.48
4	2,4-二氯甲苯	60.1	33.2	20.0	—	9	对甲酚	痕量	—	—	2.25
5	对硝基甲苯	痕量	—	—	0.18						

① 反应条件：反应物30mL，10%醋酸溶液20mL，$Co(OAc)_2\cdot 4H_2O$ 0.37g，$MnSO_4$ 1.00g，KBr 0.26g，氧气流量30mL/min，回流10h。

(2) $Co(OAc)_2/MnSO_4/KBr$催化体系的UV-Vis光谱

为了考察$Co(OAc)_2$对反应体系UV-Vis光谱的影响，进行了UV-Vis-1实验。反应开始时溶液的颜色为深紫红色，随着反应的进行反应液的颜色进一步加深。对所取的四个样品进行测定时，均出现了一个较强的不对称峰，其最大吸收波长分别出现在518nm、528nm、528nm和524nm，该不对称峰是由于Co(Ⅱ)-醋酸盐八面体配合物的d-d跃迁引起的，其最大吸收波长与文献报道的Co(Ⅱ)-醋酸盐八面体配合物的最大吸收波长大体一致(520nm)[83,84,85]。反应过程中未检测到Co(Ⅲ)配合物的吸收峰(650nm)，这可能是由于Co(Ⅲ)有较高的反应活性，反应过程中生成的Co(Ⅲ)迅速发生了反应式(9-8)和式(9-9)，Co(Ⅲ)的稳态浓度极低造成的。为了考察$Co(OAc)_2/KBr$对反应体系UV-Vis光谱的影响，进行了UV-Vis-2实验。反应时溶液的颜色为深蓝色。对所取的四个样品进行测定时，均出现了一个较强的不对称峰，其最大吸收波长分别出现在538nm、574nm、566nm和568nm，该不对称峰可能是由于Co(Ⅱ)的系列四面体配合物的d-d跃迁引起的[86]。反应过程中也未检测到Co(Ⅲ)配合物的吸收峰(650nm)，由于反应式(9-10)的发生，Co(Ⅲ)的稳态浓度会进一步降低。

$$Co(OAc)_3 \longrightarrow Co(OAc)_2 + CH_3\cdot + CO_2 \tag{9-8}$$

$$Co(\text{Ⅲ}) + RCH_3 \longrightarrow Co(\text{Ⅱ}) + RCH_2\cdot + H^+ \tag{9-9}$$

$$Co(\text{Ⅲ}) + Br^- \longrightarrow Co(\text{Ⅱ}) + Br\cdot \tag{9-10}$$

为了考察$MnSO_4$对反应体系UV-Vis光谱的影响，进行了UV-Vis-3实验。反应过程中溶液为白色。对所取的样品进行测定时均未出现明显的吸收峰，这是由于Mn(Ⅱ)不会出现明显的吸收峰，而反应过程中Mn(Ⅲ)的浓度极低造成的。为了考察$MnSO_4/KBr$对反应体系 UV-Vis 光谱的影响，进行了 UV-Vis-4 实验。结果表明，UV-Vis-4 与 UV-Vis-3 相似，对所取的样品进行测定时均未出现明显的吸收峰。为了考察 $Co(OAc)_2/MnSO_4$ 对反应体系 UV-Vis 光谱的影响，设计了 UV-Vis-5 实验。UV-Vis-5 实验的现象与 UV-Vis-1 相似，测定的结果也与 UV-Vis-1 相似，反应过程中也未出现 Co(Ⅲ)和 Mn(Ⅲ)的吸收峰。文献中有关 MC 催化体系光谱研究的报道几乎均是有关 $Co(OAc)_2/Mn(OAc)_2/Br$ 催化剂的，比较起见，对该体系的 UV-Vis 光谱也进行了研究(UV-Vis-6)，结果与文献[83]报道一致，在 522nm 处有较强的不对称吸收峰，归属于 Co(Ⅱ)-醋酸盐八面体配合物的 d-d 跃迁，在 464nm 处出现的吸收峰归属于 Mn(Ⅲ)簇配合物，Co(Ⅲ)吸收峰未出现。进行了实验 UV-Vis-7，对 $Co(OAc)_2/MnSO_4/KBr$ 催化体系的 UV-Vis 光谱进行了研究。反应开始时溶液的颜色为蓝色，随着反应的进行，溶液的颜色逐渐变为蓝紫色并逐渐加深。对所取的四个样品进行测定，结果表明，在 532nm、528nm、526nm、530nm 处还会出现一个较强的不对称峰，其归属与 UV-Vis-1 相似，Co(Ⅲ)吸收峰仍未出现。对于样品 2、3、4 分别在 726nm、728nm、730nm 处和 776nm、782nm、780nm 处出现了新的吸收峰，两处新的吸收峰文献中均未见报道。在 $Co(OAc)_2/MnSO_4/KBr$ 催化体系中，金属组分有可能与硫酸根形成了新的配合物，两处新的吸收峰可能与此有关。

9.5.3 NHPI 催化氧化

氮氧自由基催化(TEMPO 和 NHPI)在最近几十年用于催化有机反应，特别是 NHPI 广泛用于各种催化。它具有效率高、环境友好、条件温和以及催化剂合成简单等优点。

1977 年，Grochowski 第一次用 NHPI 催化合成反应[87]。1983 年，Masui 用 NHPI 催化电极氧化醇的反应[88]，1986 年，Foricher 第一次用 NHPI 催化有机物自氧化[89]，近年来发现 NHPI 能有效地催化非电化学氧化条件下各种烃类的分子氧氧化合成含氧化合物。特别是辅以过渡金属盐时，能在常压和 25～100℃的温和条件下实现许多有机化合物的催化氧化[90～92]。Yasutaka 等研究了 $NHPI/Co(acac)_n$ ($n=2$，3) 为催化剂的环己烷氧化反应，且已实现工业化生产。这一催化体系的特点是：以分子氧为氧化剂，$NHPI/Co(acac)_n$ ($n=2$，3) 为催化剂，在均相体系及温和的反应条件下进行反应[93～97]。近年来，该体系在烷基苯氧化制苯基羧酸、金刚烷的官能化等反应中取得了重要进展。与传统的氧化法相比，在极温和的条件下也能达到很高的反应效率，且选择性极高，改变催化剂中配合的金属化合物的种类，可以加速反应和控制选择性，能催化氧化多种不同底物。具有羟基酰亚胺骨架的化合物有 *N*-羟基邻苯二甲酰亚胺 (NHPI)、*N*-羟基琥珀酰亚胺、*N*-羟基马来酰亚胺，而性能最佳的是 NHPI。NHPI 更容易被氧分子夺取氢原子生成邻苯二甲酰亚胺-*N*-氧基(PINO)，此 PINO 能从多种不同有机基质中夺取氢原子，促进氧的氧化反应，甚至可使氨被氧气氧化[95]。

NHPI 与过渡金属离子（如 Co^{2+}、Mn^{2+}等）相结合可以在温和条件下催化环烷烃、多环烷烃或其衍生物、烷基苯等的分子氧氧化。NHPI 与 Co(Ⅱ)结合能使烷基苯与 O_2 的氧化反应在常温、常压下进行。例如甲苯与 O_2 在 NHPI(摩尔分数 10%)和 $Co(OAc)_2$(摩尔分数 0.5%）存在下、在乙酸中常温(25℃)、常压下反应 20h，得到苯甲酸，收率是 80%[98]。其反应历程如图 9-4 所示。M(Ⅱ)易与 O_2 反应得到 M(Ⅲ)-OO·，NHPI 与 M(Ⅲ)-OO·反应生成 *N*-氧基邻苯二甲酰亚胺(PINO)，同时 NHPI 吸氧也生成 PINO，PINO 从甲苯的甲基上夺取氢原子使之形成苯甲基自由基，而 PINO 又转化成 NHPI，苯甲基自由基被氧捕获生成甲苯过氧基自由基。在 NHPI 作用下甲苯过氧基自由基生成甲苯氢过氧化物，而在此过程中 NHPI 又转变成 PINO。甲苯的氢过氧化物在 M(Ⅲ)的作用下生成主要产物苯甲酸，而 M(Ⅲ)又转变为 M(Ⅱ)[99]。

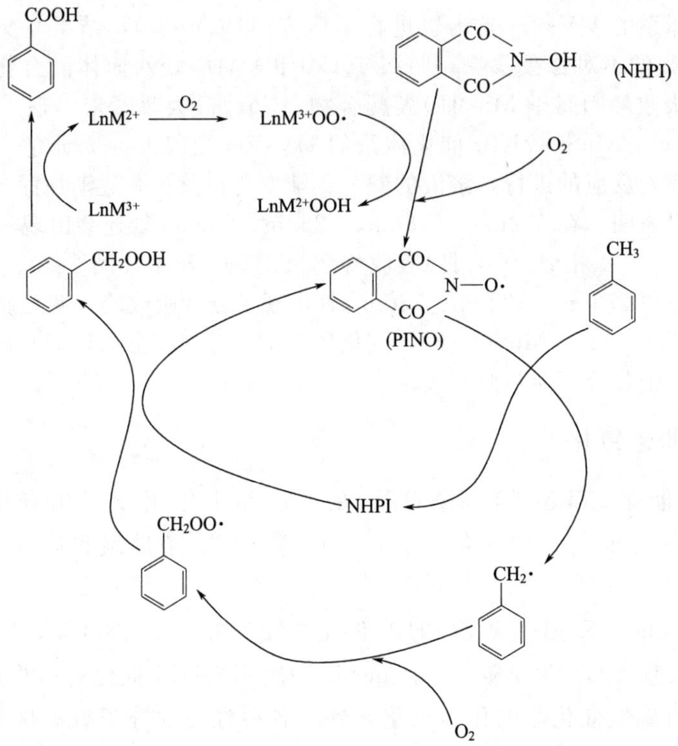

图 9-4 甲苯与分子氧在 NHPI 与 M(Ⅱ)催化作用下的氧化历程

(1) 不同 $MnCl_2 \cdot 4H_2O$/NHPI(mol)配比对催化活性的影响

Fangyahui[100]考察不同 $MnCl_2 \cdot 4H_2O$/NHPI(mol)配比对催化活性的影响，结果见表 9-6。可以看出，在没有金属催化时，NHPI 的转化率也能达到 15.8%，金属浓度为 NHPI 的 5×10^{-3}时，甲苯的转化率提高到了 38.7%，浓度为 5×10^{-2}时转化率达到最大，而金属的浓度为 NHPI 的 10^{-1}时，开始抑制甲苯的反应，当金属浓度为 NHPI 的 5 倍时，甲苯基本上没有反应。虽然 $MnCl_2 \cdot 4H_2O$/NHPI(mol)小于 10^{-4}时，苯甲醛的选择性较高，但是其转化率过小，苯甲醛的产率很低。在浓度为 5×10^{-2}时，苯甲醛的选择性有所下降，但是其产率最大。

(2) NHPI 用量的影响

孙卫芬[101]在利用 NHPI 催化合成间氟甲苯的反应中考察了其用量的关系。

在装有搅拌器、温度计的四口烧瓶中加入 2mL 硝基苯、15.5mL 间氟甲苯、15mL 醋酸、0.14g 氯化锰，改变 NHPI 的量，在 100℃下通入 0.05L/min 氧气进行反应。分别取 NHPI 的含量为间氟甲苯的 5%、6%、7%、8%、10%、15%，反应 5h 取样，通过检测分析，得出相对应的原料的转化率，间氟苯甲醛的选择性、产率结果如图 9-5 和图 9-6 所示。

表 9-6 不同 $MnCl_2 \cdot 4H_2O$/NHPI（mol）配比对反应的影响①

$MnCl_2 \cdot 4H_2O$/NHPI(摩尔比)	转化率/%	苯甲醛选择性/%	苯甲酸选择性/%	产物收率/%	
				苯甲醛	苯甲酸
0	15.8	29.1	19.6	1.2	3.1
10^{-4}	16.4	20.1	23.2	3.3	3.8
5×10^{-3}	38.7	9.0	38.8	3.5	15.0
5×10^{-2}	40.4	12.6	71.3	5.1	28.8
10^{-1}	37.8	7.8	63.2	3.4	23.9
1.5×10^{-1}	37.3	7.5	60.6	2.8	22.6
5	—	—	—	—	—

① 反应条件：甲苯 15mL；醋酸 15mL；n(NHPI)：n(甲苯)=0.1；氧气流速 0.05L/min；温度 100℃；时间 5h。

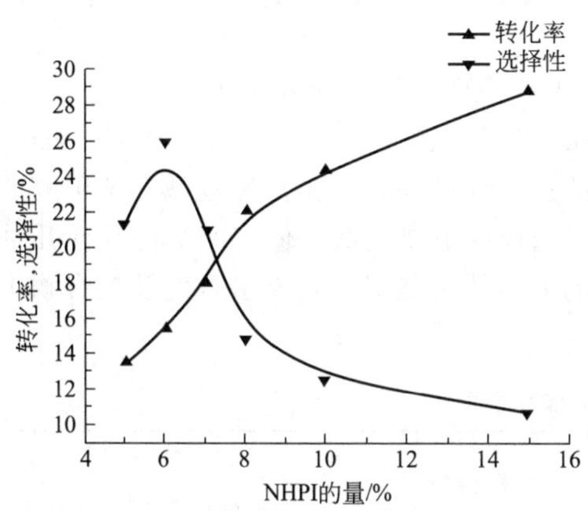

图 9-5 NHPI 的量对原料转化率以及产物选择性的影响变化曲线

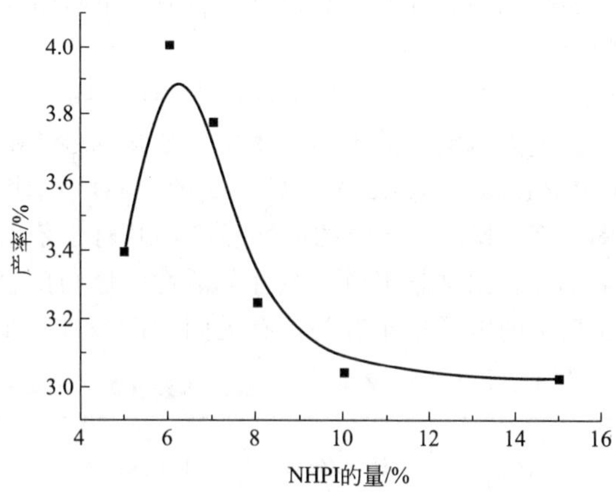

图 9-6 NHPI 的量对产物产率的影响变化曲线

由上图可知，反应 5h 时，随着催化剂 NHPI 量的逐渐增加，底物间氟甲苯的转化率先是有所下降，后又逐渐增大；相反，间氟苯甲醛的选择性和产率先是有所增大后又下降，由上图可以看出，NHPI 的量对反应的影响虽然呈一定的趋势，但是总体看来对于间氟苯甲醛的产率并未有明显提高。

9.5.4 仿生催化氧化

仿生催化是基于生命体中酶催化原理而提出的清洁化工生产工艺，它可在温和条件下高效率、高选择性地催化特定的化学反应[102,103]。在生物体内广泛存在着的细胞色素 P450 单加氧酶（cytochrome P450 monooxygenase）可在温和条件下传递、活化分子氧且高选择性地催化氧化各种烃类化合物[104,105]。因此，以各种金属配合物模拟细胞色素 P-450 单加氧酶，在温和条件下，活化分子氧并实现烃类的选择性氧化已受到广泛的关注。文献报道的金属配合物仿生催化剂有金属卟啉、金属酞菁、金属 Schiff 碱（如金属 salen、冠醚化 Schiff 碱）、金属乙酰丙酮、金属羟胺酸等[106~113]，目前应用较多的是金属卟啉催化剂，该类催化剂催化的氧化反应为自由基反应机理，具体可参阅综述性文献[106]。金属卟啉催化剂用于甲苯类化合物的仿生氧化有良好的催化活性和较高的选择性。Guo 等报道了以四苯基卟啉为催化剂，在无溶剂和引发剂条件下，甲苯的仿生催化氧化。在催化剂浓度为 3.2×10^{-5}

mol/L，反应温度160℃，空气压力为0.8MPa，空气流速为0.04m^3/h的反应条件下反应3.5h后甲苯的转化率可达8.9%，生成苯甲醛和苄醇的选择性可达60%，催化剂的摩尔转化数为25000，与传统的工艺过程相比，该工艺具有明显的环境优势[114]。佘远斌等开发了金属卟啉仿生绿色合成对硝基苯甲醛的新方法。在1.8mol/L的NaOH-MeOH溶液中，以6.0×10^{-5}mol/L的四(邻氯苯基)锰卟啉[T-(*o*-Cl)PPMn]为催化剂，于45℃、1.6MPa氧压下反应10h，可使对硝基甲苯的转化率达83.0%，对硝基苯甲醛的选择性和收率分别达到87.9%和73.0%。对不同金属卟啉催化剂的活性研究表明，所有催化剂均有较高的催化活性，氯化四(邻硝基苯基)锰卟啉[T-(*o*-NO_2)PPMnCl]的活性最高，中心金属离子、取代基的种类及取代位置以及轴向氯配体对催化活性均有影响，并且双核金属卟啉比单核金属卟啉的活性要高[115]。虽然金属卟啉对甲苯类化合物的氧化有良好的催化效果，但金属卟啉催化剂的设计缺乏理论指导，有较大的盲目性，金属卟啉类配合物的合成分离困难，产率较低，成本很高，不同卟啉配合物的合成条件变化较大，因此如何根据目标反应设计出高效的金属卟啉催化剂和开发出高效且广泛适用的金属卟啉类配合物的合成方法是该领域急需解决的问题。

户安军[116]博士在控制氧化合成苯甲醛不同阳离子的催化活性列于表9-7，可以看出，与乙酰丙酮结合的不同金属中，催化活性$Mn(acac)_2>Ni(acac)_2>Co(acac)_2>Cu(acac)_2$。$Cu(acac)_2$、$Ni(acac)_2$、$Co(acac)_2$。对于苯甲醛的选择性稍高，但是活性较低，苯甲醛的产率不高。$Mn(acac)_2$的活性最高，其对于苯甲醛的选择性虽然稍低，但其产率比其他几种金属都好。据文献报道，该催化活性顺序与配合物的前线轨道能级、自旋多重度及配合物中金属离子的电子排布有关，有关问题尚待进一步研究。

表9-7 $M(acac)_2$的催化性能①

催化剂	转化率/%	苯甲醛选择性/%	苯甲酸选择性/%	产物收率/%	
				苯甲醛	苯甲酸
$Cu(acac)_2$	9.3	25.8	13.9	2.4	1.3
$Co(acac)_2$	13.2	18.4	11.4	2.8	1.5
$Ni(acac)_2$	18.1	19.3	18.2	3.5	3.3
$Mn(acac)_2$	28.8	14.5	64.9	4.2	18.7

① 反应条件：甲苯15mL；醋酸15mL；n(NHPI)∶n(甲苯)=0.1；n(催化剂)∶n(甲苯)=0.005；氧气流速0.05L/min；温度100℃；时间5h。

参 考 文 献

[1] Haber J. Oxidation of Hydrocarbons. In：Ertl G，KnoZinger H，Weitkamp J ed. Handbook of Heterogeneous Catalysis. Weinheim：VCH，1997，5：2253.
[2] Sheldon R A. Chemtech，1991：566.
[3] Sheldon R A，Dakka J. Catal Today，1994，19 (2)：215.
[4] Sheldon R A，Van Santen R A. Catalytic Oxidation：Principles & Applications，Singapore：World Scientific Publishing Co.，1995.
[5] Grenz A，Ceccarelli S，Bolm C. Chem Commun，2001，(18)：1726.
[6] Ghorbanloo M，Monfared H H，Janiak C. J Mol Catal A：Chemical，2011,345：12.
[7] Tang J，Zu Y，Huo W，et al. J Mol CatalA：Chemical，2012,355：201.
[8] Goturnis D，Louloudi M，Karakassides M A，et al. Mater Sci Eng C，2002，22：113.
[9] 曹泽环，孙岩，谈明传．精细石油化工，1996，(4)：31.
[10] Wang L Y，Li J，Lv Y，et al. J Organomet Chem，2011，696：3257.
[11] Herbert M，Montilla F，Galindo A. Dalton Trans，2010，39：900.

[12] Hossain Md. M, Shyu S G. Adv Synth Catal, 2010, 352: 3061.
[13] Lin C, Wang J, Wang M, et al. Inorg Chem, 2010, 49: 9392.
[14] Hill N J, Hoover J M, Stahl S S. J Chem Educ, 2013, 90: 102.
[15] Selvaraj M, Park D W, Kawi S, et al. Appl Catal A: General, 2012,415: 17.
[16] Yoshida A, Takahashi Y, Ikeda T, et al. Catal Today, 2011,164: 332.
[17] Estrada A C, Santos I C M S, Cavaleiro A M V, et al. Appl Catal A: General, 2009, 366: 275.
[18] Sousa J L C, Santos I C M S, Cavaleiro A M V, et al. Catal Commun, 2011,12: 459.
[19] 王洪林，王祥生．石油化工，1998，27 (11)：844.
[20] 李全芝．石油化工，1996，25 (4)：299.
[21] 赵地顺，张妍，任培兵等．化学工程，2011,39 (1)：53.
[22] 李俊平，刘民，郭新闻等．石油学报，2012，28 (3)：388.
[23] 姚蒙正，邵玉昌，丁素心．染料与染色，1987，(2)：18
[24] Sam D J, Simmons H E. J Am Chem Soc, 1972, 94 (11): 4024.
[25] Zhao D Y, Lee D G. Synthesis, 1994, 9: 915.
[26] Mchride C, Chrisman W, Harris C E. Tetrahedron Lett, 1999, 40 (1): 45.
[27] Wang Y L et al. Synth. Commun, 1999, 29 (1): 53; 2002,32 (21): 3285; 1999, 29 (3): 423; 2000, 30 (10): 1807.
[28] Ogata Y, Fukui A, Yuguchi S. J Am Chem Soc, 1952, 74 (11): 2707.
[29] 吕光宏，张文瑞．辽宁化工，1987，(2)：4.
[30] Carruthers W. 有机合成的一些新方法．第 3 版．李润涛，刘振中，叶文玉译．开封：河南大学出版社，1991.
[31] 李良助．有机合成中的氧化还原反应．北京：高等教育出版社，1989.
[32] Poos G I. , Arth G E, Beyler R E, et al. J Am Chem Soc, 1953, 75 (2): 422.
[33] 张贵生，张松林，蔡昆．合成化学，1997，5 (3)：303.
[34] Hirano M, Kobayashi T, Morimoto T. Synth Commun, 1994, 24 (13): 1823.
[35] Varama R S, Saini R K. Tetrahedron Lett, 1998, 39 (12): 1481.
[36] 沈国良，徐铁军．精细石油化工，1993，(3)：30.
[37] Helmut H J, Acques D. EP 529426, 1993.
[38] Sato K, Aoki M, Noyori R, et al. J Am Chem Soc, 1997, 119 (50): 12386.
[39] Sato K, Aoki M, Takagi J, et al. Bull Chem Soc Jpn, 1999, 72 (10): 2287.
[40] Sato K, Aoki M, Takagi J, et al. JP11158107.
[41] Sloboda-Rozner D, Alsters P L, Neumann R. J Am Chem Soc, 2003, 125 (18): 5280.
[42] Rocha G, Johnstone R, Neves M. J Mol Catal A: Chemical, 2002, 187 (1): 95.
[43] Usui Y, Sato K. Green Chem, 2003, 5 (4): 373.
[44] Venturello C, Aloisio R D. J Org Chem, 1998, 53 (7): 1553.
[45] Jonssom S Y, Adolfsson H, Baackvall J E. Org Lett, 2001,3 (22): 3463.
[46] Sato K, Aoki M, Noyori R. Science, 1998, 281: 1646.
[47] Sato K, Hyodo M, Aoki M, et al. Tetrahedron, 2001, 57: 2469.
[48] Volodarsky L, Kosover V. Tetrahedron Lett, 2004, 1: 179.
[49] Jain P C; Nitya A. Indian J Chem, 1996, 73: 403.
[50] Ikuo M. Japan Kokai, 1973, (1): 73.
[51] Sheldon R A, Bekkum H V. Fine Chemicals Through Heterogeneous Catalysts, New York: Wiley-VCH, 2001.
[52] Chiker F, Launay F, Nogier J P, et al. Green Chem, 2003, 5 (3): 318.
[53] Devos D E, Sels B F, Jacobs P A. Adv Synth Catal, 2003, 345 (4): 457.
[54] Lane B S, Burgess K. Chem Rev, 2003, 103 (7): 2457.
[55] Hancu D, Green J, Beckman E J Ind Eng Chem Res, 2002,41 (18): 4466.
[56] Prasad M R, Kamalakar G, Madhavi G, et al. J Mol Catal A: Chemical, 2002, 186 (1): 109.

[57] Hu X J, Lam F L Y, Cheung L M, et al. Catal Today, 2001, 68: 129.
[58] Reeve K M, Dear K M. Ind Chem Lib, 1991,3: 127.
[59] Hart H, Buehler C A. J Org Chem, 1964, 29 (8): 2397.
[60] Robert H N Ⅱ, Chagntura J. J Agric Food Chem, 1989, 37, 513; Robert H N Ⅱ, US 4735650, 1986.
[61] Benckova M, Krutosikova A, Collect C. Chem Commun, 1999, 64: 539.
[62] Failli A A, Shumsky J S. WO0046224, 2000.
[63] Sharpless K B, Gordon K M. J Am Chem Soc, 1976, 98 (1): 300.
[64] 李良助, 宋艳林. 有机合成原理和技术. 北京: 高等教育出版社, 1992.
[65] 顾可权, 林吉文. 有机合成化学. 上海: 上海科学技术出版社, 1987.
[66] Komiya N, Naota T, Murahashi S I. Tetrahedron Lett, 1996, 37: 1633.
[67] Partenheimer W. Catal Today, 1995, 23 (2): 69.
[68] Yin G C, Cao G Y, Fan S H, et al. Appl Catal A: General, 1999, 185: 277.
[69] Kantam P S, Kottapalli K R, Thella P K, et al. Catal Lett, 2002, 81 (3): 223.
[70] Baek S C, Roh H S, Chavan S A Appl Catal A: General, 2003, 244: 19.
[71] Nair K, Dhanashri P S, Shanbhag G V, et al. Catal Commun, 2004, 5: 9.
[72] Partenheimer W. J Mol Catal A: Chem, 2003, 206: 105.
[73] Muller W. US3878241,1975.
[74] Sartorius R, Stapf H. US3951755, 1976.
[75] Cohen L R. US4576683, 1986.
[76] Berg L. US4729818, 1988.
[77] Berg L. US5160412, 1992.
[78] Tamada J A, Kertest A S, King C J. Ind Eng Chem Res, 1990, 29 (7): 1319.
[79] Tamada J A, King C J. Ind Eng Chem Res, 1990, 29 (7): 1327.
[80] Tamada J A, King C J. Ind Eng Chem Res, 1990, 29 (7): 1333.
[81] Francesco, Pedulli G F, Lucarini M. J Mol Catal A: Chem, 2003, 204: 63.
[82] Edward B F, Kenneth S S. Science, 1991,253 (5026): 1397.
[83] Chavan S A, Halligudi S B, Srinivas D, et al. J Mol Catal A: Chem, 2000, 161: 49.
[84] Kantam M L, Sreekanth P, Rao K K, et al. Catal Lett, 2002, 81 (3): 223.
[85] Partenheimer W. J Mol Catal, 1991, 67: 35.
[86] Metelski P D, Adamian V A, Espenson J H. Inorg Chem, 2000, 39 (12): 2434.
[87] Grochowski T, Boleslawska, Jurczak J. Synthesis, 1977: 718.
[88] Ueshima M T, Ozaki S, J Chem Soc, Chem Commun, 1983, (8): 479.
[89] Foricher J, Fuerbringer C. US5030739, 1991.
[90] Ishii Y, Sakaguchi S, Iwahama T. Adv Synth Catal, 2001,343 (5): 393.
[91] Ishii Y, Takahiro I, Satoshi S, et al. J Org Chem, 1996, 61 (14): 4520.
[92] Baucherel X, Arends I W C E, Ellwood S, et al. Org Proc Res Dev, 2003, 7 (3): 426.
[93] Yasutaka I., Kouichi N, Mitsuhiro T, et al. J Org Chem, 1995, 60 (13): 3934.
[94] Xavier B, Isabel W C E A, Ellwood S, et al. Org Proc Res Dev, 2003, 7: 426.
[95] Yasutaka I., Satoshi S. Catalysis Surveys from Japan, 1999, 3: 27.
[96] Babak K, Jamshid R. J Mol Catal A: Chem, 2005, 226: 165.
[97] Hayashi Y, Yoshino Y, Takahiro I, et al. J Org Chem, 1997, 62 (20): 6810.
[98] Yoshinoy H, Iwahamat M. J Org Chem, 1997, 62 (20): 6810.
[99] Yasutaka I. J Mol Catal A: Chem, 1997, 117: 123.
[100] 方亚辉. 甲苯控制氧化合成苯甲醛: [硕士学位论文]. 南京: 南京理工大学, 2007.
[101] 孙卫芬. 间氟苯甲醛的合成工艺研究: [硕士学位论文]. 南京: 南京理工大学, 2007.

[102] 阳卫军，郭灿城．应用化学，2004，21 (6)：541.
[103] 佘远斌，王兰芝，宋旭锋等．精细化工，2005，22 (6)：401.
[104] Groves J T，Han Y Z．Cytochrome P-450，Structure，Mechanism and Biochemistry. New York：Plenum Press，1995.
[105] Mennler B. Chem Rev，1992，92 (6)：1411.
[106] 王兰志，佘远斌，徐未未等．化学进展，2005，17 (4)：678.
[107] 童金辉，李臻，夏春谷．化学进展，2005，17 (1)：96.
[108] 李鸿波，曾伟，杜瑛等．有机化学，2002，22 (6)：397.
[109] 周智明，李连友，徐巧等．有机化学，2005，25 (4)：347.
[110] 孙伟，夏春谷．化学进展，2002，14 (1)：8.
[111] Mukaiyama T，Yamada T. Bull Chem Soc Jpn，1995，68 (1)：17.
[112] Murahashi S I，Komiya N. Catal Today，1998，41 (4)：339.
[113] 李建章，李慈，秦圣英．西南民族学院学报，1998，24 (4)：420.
[114] Guo C C，Liu Q，Wang X T，et al. Appl Catal A：General，2005，282：55.
[115] 佘远斌，范莉莉，张燕慧等．化工学报，2004，55 (12)：2032.
[116] 户安军．甲苯类化合物的选择性氧化：[博士学位论文]．南京：南京理工大学，2007.

10 缩合反应

10.1 概述

缩合反应是在有机合成中占有很重要地位的基本反应之一。但它不像取代、加成、氧化、还原那样能够下一个确切的定义。从广义上讲，许多反应都可归纳为缩合反应。

缩合反应的特征是：

① 在分子内部或分子间，彼此不相联的两个原子之间形成新的化学键；

② 在缩合反应中，往往脱去水或其他简单的无机或有机化合物（醇、HX、N_2、NH_3）；

③ 两个或更多的分子结合，生成新的结构更复杂的分子。

缩合反应是在有机化学反应中，分子内或分子间生成新的碳-碳键或碳-杂原子、杂原子-杂原子键的一种方法，同时常常伴随着有简单的无机或有机小分子分离出来。其通式表示如下：

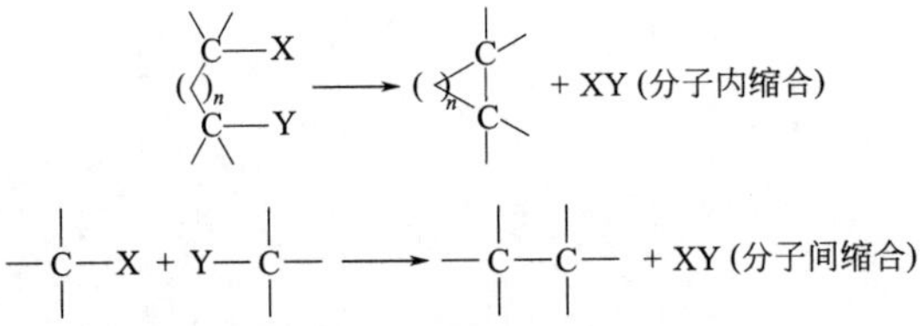

+ XY (分子内缩合)

$$-\overset{|}{\underset{|}{C}}-X + Y-\overset{|}{\underset{|}{C}}- \longrightarrow -\overset{|}{\underset{|}{C}}-\overset{|}{\underset{|}{C}}- + XY$$ (分子间缩合)

缩合反应的类型繁多，可按不同的方法分类。例如：同分子缩合、异分子缩合；分子内缩合、分子间缩合；亲电缩合、亲核缩合。本节采用以脱去小分子种类的不同而分离的方法，如脱卤化物缩合、脱水缩合等。

在药物中间体合成中，特别是母体的合成，经常碰到的偶联反应就是一种典型的缩合反应。偶联反应，按有机反应历程分类，很多是自由基参加的反应，但因反应本身比较复杂，又受动力学测试手段的限制，某些反应的真实机制，目前研究得还不彻底，分类也比较困难。我们涉及的偶联反应主要是成芪、成联苯及萘苯偶联的反应[1~5]。

10.2 反应机理

10.2.1 电子反应机理

10.2.1.1 亲核反应

（1）亲核加成-消除反应

在形成新的碳-碳键的缩合反应中，不同种类的亲核试剂与醛、酮的缩合反应多数属亲核加成-消除反应机理，包括：含有 a-活性氢的醛或酮间的加成-消除反应，a-卤代酸酯对醛、酮的加成-消除反应，Wittig 试剂对醛、酮的加成-消除反应，活性亚甲基化合物对醛、酮的加成-消除反应等[6]。

① 含有 a-活性氢的醛或酮间的亲核加成-消除反应　含 a-活性氢的醛或酮在碱或酸的催

化作用下的羟醛缩合反应属加成-消除反应机理。一般来讲，由于醛、酮羰基的吸电子作用，醛、酮的 α-位氢原子具有弱酸性，它的 pK_a 为 19～20，其酸性强度大于乙炔基中的氢原子（$pK_a=25$）和乙烯基中的氢原子（$pK_a=44$），因此，具有 α-位氢的醛、酮在碱性条件下，易失去一个氢质子而形成一个电子离域的稳定负离子。

$$\mathrm{O{=}C{-}C{-}H} + B^{\ominus} \rightleftharpoons \left[\mathrm{O{=}C{-}C^{\ominus}} \rightleftharpoons \mathrm{{}^{\ominus}O{-}C{=}C}\right] + \text{H-B}$$

稳定负离子的共振式

形成的碳负离子很快与另一分子醛、酮的羰基发生亲核加成，生成碱性氧负离子，进而获得一个氢原子，得到 β-羟基醛或酮类化合物。同理，由于 β-羟基醛或酮类化合物中 α-位氢原子具有弱酸性，在碱存在下，极易与 β-位羟基发生脱水消除，生成更稳定的 α,β-不饱和醛酮。

$$\mathrm{RCH_2C(=O)R'} + \mathrm{R\overset{\ominus}{C}H{-}C(=O)R'} \rightleftharpoons \mathrm{RCH_2C(R')(O^{\ominus}){-}CH(R)C(=O)R'}$$

$$\mathrm{RCH_2C(R')(O^{\ominus}){-}CH(R)C(=O)R'} + \mathrm{BH} \rightleftharpoons \mathrm{RCH_2C(R')(OH){-}CH(R)C(=O)R'} + B^{\ominus}$$

$$\mathrm{RCH_2C(R')(OH){-}CH(R)C(=O)R'} + B^{\ominus} \longrightarrow \mathrm{(R')(RCH_2)C{=}C(R)C(=O)R'} + \mathrm{BH} + {}^{\ominus}\mathrm{OH}$$

前两步均为平衡反应，而碱催化的脱水反应是关键步骤。芳醛与含有 α-活性氢的醛或酮之间的缩合反应、芳醛的 α-羟烷基化反应、Perkin 反应的机理与此类同。

与碱催化缩合不同的是，在酸的存在下，醛、酮分子中的羰基质子化并转化成较稳定的烯醇式，进而与另一分子质子化羰基发生亲核加成，生成质子化的加成产物，然后经质子转移，脱水消除生成 α,β-不饱和醛酮。决定反应速率的是亲核加成一步。

$$\mathrm{RCH_2C(=O)R'} \xrightleftharpoons{\mathrm{HA}} \mathrm{RCH_2C(={}^{\oplus}OH)R'} \rightleftharpoons \mathrm{RCH{=}C(OH)R'}$$

$$\mathrm{RCH_2C(={}^{\oplus}OH)R'} + \mathrm{RCH{=}C(OH)R'} \rightleftharpoons \mathrm{RCH_2C(R')(OH){-}CH(R)C(={}^{\oplus}OH)R'}$$

$$\mathrm{RCH_2C(R')(OH){-}CH(R)C(={}^{\oplus}OH)R'} \rightleftharpoons \mathrm{RCH_2C(R')(OH){-}CH(R)C(=O)R'} + \mathrm{H}^{\oplus}$$

$$\mathrm{RCH_2C(R')(OH){-}CH(R)C(=O)R'} + \mathrm{H}^{\oplus} \rightleftharpoons \left[\mathrm{RCH_2C(R')({}^{\oplus}OH_2){-}CH(R)C(=O)R'}\right] \xrightarrow{-\mathrm{H_2O},\,-\mathrm{H}^{\oplus}} \mathrm{(R)(RCH_2)C{=}CH(R)C(=O)R'}$$

② α-卤代酸酯对醛、酮的加成-消除反应　α-卤代酸酯对醛、酮的缩合反应属亲核加成-消除反应机理。α-卤代酸酯与金属锌首先形成极性的有机锌化合物，然后有机锌化合物中带

负电荷的酯α-位碳原子与醛、酮的羰基发生亲核加成，形成环状β-羟基酸酯的卤化锌盐，再经过酸水解而得β-羟基酸酯。如果β-羟基酸酯的α-碳原子具有氢原子，则在温度较高或在脱水剂（如酸酐、质子酸）存在下脱水而得更稳定的α,β-不饱和酸酯。

Grignard 反应的机理与此类同，仅是反应底物与产物不同而已。

③ Wittig 试剂对醛、酮的加成-消除反应　三苯基膦与有机卤化物作用生成季鏻盐——烃（代）三苯基卤化鏻盐，再在非质子溶剂中加碱处理，失去一分子卤化氢可得 Wittig 试剂。在 Wittig 试剂中，碳原子上带负电荷，和碳相邻的磷原子带正电荷，彼此以半极性键相结合，保持着完整的电子偶，这种化合物称为内𬭩盐（ylide）。内𬭩盐的磷原子因含有低能量的 3d 空轨道，而碳原子上又具有孤立电子对的 p 轨道，故形成一种 p 轨道和 d 轨道重叠的 π 键，即 d-pπ 共轭，分散了α-碳上的负电荷，形成类烯式（ylene）结构。其中带负电荷的碳可对醛、酮羰基作亲核进攻，形成内𬭩盐或氧磷杂环丁烷中间体，进而经顺式消除分解成烯烃及氧化三苯膦。反应产物烯烃可能存在（*Z*）、（*E*）两种异构体，分别由内𬭩盐的苏型和赤型消除分解而得。如下式所示：

$$(C_6H_5)_3\overset{\oplus}{P}-\overset{\ominus}{C}(R^1)H \longleftrightarrow (C_6H_5)_3P=C(R^1)H$$

$$+\ R^2CHO \rightleftharpoons$$

(赤式) $\overset{\oplus}{P}(C_6H_5)_3$, $\overset{\ominus}{O}$ 内𬭩盐 → 氧磷杂环丁烷 → (*Z*)-型 $HC(R^2)=C(H)R^1$

(苏式) $\overset{\oplus}{P}(C_6H_5)_3$, $\overset{\ominus}{O}$ 内𬭩盐 → 氧磷杂环丁烷 → (*E*)-型 $R^2C(H)=C(H)R^1$

④ 活性亚甲基化合物对醛、酮的加成-消除反应　关于活性亚甲基化合物对醛、酮的加成-消除反应的机理，解释甚多，主要有两种：一种是羰基化合物在伯胺、仲胺或胺盐的催化下形成亚胺过渡态，然后活性亚甲基的碳负离子向亚胺过渡态发生亲核加成，再经脱氨而得产物；另一种机理类似醛醇缩合，反应在极性溶剂中进行，在碱催化剂存在下。活性亚甲基化合物形成碳负离子，然后与醛、酮缩合，脱水而得产物。

（2）亲核加成反应

活性亚甲基化合物对α,β-不饱和羰基化合物的加成反应属于亲核加成机理。一般认为，在催化剂碱的作用下，活性亚甲基化合物转化成碳负离子，该碳负离子与α,β-不饱和羰基化合物发生亲核加成而缩合成β-羰烷基化合物[7]。

$$RC(=O)CHR_2 + B^{\ominus} \rightleftharpoons RC(=O)-\overset{\ominus}{C}R_2 + BH$$

$$RC(=O)-\overset{\ominus}{C}R_2 + \;>C=C<^{X} \rightleftharpoons RC(=O)-CR_2-C-C^{\ominus}(X)$$

$$RC(=O)-CR_2-C-C^{\ominus}(X) + BH \rightleftharpoons RC(=O)-CR_2-C-CH(X) + B^{\ominus}$$

10.2.1.2　亲电反应

α-卤烷基化反应、α-羟烷基化反应（Prins 反应）、α-氨烷基化反应、Pictet-Spengler 反应和β-羟烷基化反应等属于亲电反应机理。如在α-卤烷基化反应中，甲醛（多聚甲醛）在氯化氢存在下，形成一种稳定的正离子，该正离子与芳环发生亲电取代，生成的羟甲基物在氯化氢存在下，经过S_N2反应，得到氯甲基产物。

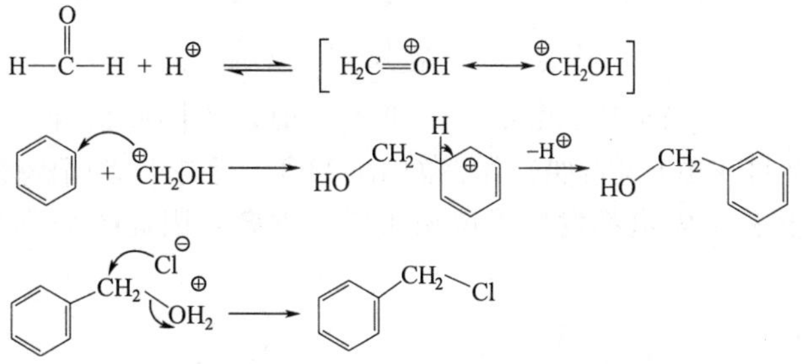

10.2.2 环加成反应机理

环加成反应可看成是两种或两种以上的不饱和化合物通过π键的断裂，相互以σ键结合成环状化合物的反应。在成环过程中，既不发生消除，也不发生σ键的断裂，而σ键的数目有所增加（一般形成两个新的σ键），加成物的组成是反应物的总和。如果分子中含有合适基团，则可进行分子内的环加成反应。

（1）[4+2]环加成反应

共轭二烯烃与烯烃、炔烃进行环加成，生成环己烯衍生物的反应属[4+2]环加成反应，该反应称为 Diels-Alder 反应，也称“双烯加成”。共轭二烯简称二烯，而与其加成的烯烃、炔烃称为亲二烯（dienophile）。亲二烯加到二烯的1,4-位上。

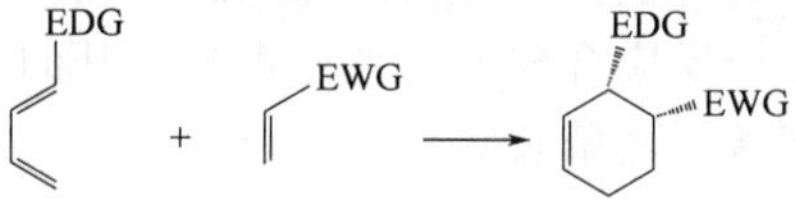

式中，EDG 为给电子基团；EWG 为吸电子基团。

[4+2]环加成反应的机理是六个π电子参与的环加成协同反应机理，可以通过前线轨道理论来解释。根据前线轨道理论，在双分子反应中，起决定作用的是反应物的前线轨道。所谓前线轨道，包括最高占有轨道（HOMO）和最低空轨道（LUMO）。当两个分子接近时，只有 HOMO 和 LUMO 能相互匹配，即相同位相的分子轨道进行重叠，反应才能顺利进行。例如丁二烯与乙烯加成，无论是丁二烯的 HOMO（Ψ_2）和乙烯的 LUMO（π^*），还是丁二烯的 LUMO（Ψ_3）和乙烯的 HOMO（π），其分子轨道都发生了位相相符的重叠（见图10-1），因此[4+2]环加成反应是对称允许反应。

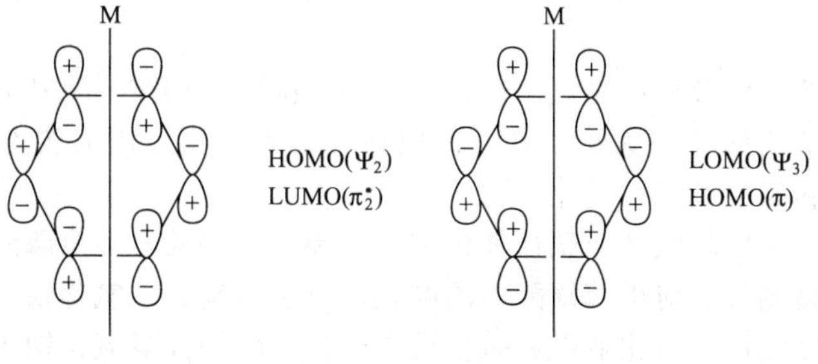

图 10-1 丁二烯与乙烯的前线轨道对称匹配

（2）1,3-偶极环加成反应

1,3-偶极体系 $\overset{+}{a}-b-\overset{-}{c}$ 和亲偶极体系 d=e 形成五元环的反应称为 1,3-偶极环加成反应。1,3-偶极体系种类极多，例如：

$$\overset{\oplus}{a}-\overset{\cdot\cdot}{b}-\overset{\ominus}{c} \longleftrightarrow a=\underset{\cdot\cdot}{\overset{\oplus}{b}}-\overset{\ominus}{c} \quad \text{(b为N、O原子)}$$

$$\overset{\oplus}{a}-\overset{\cdot\cdot}{b}-\overset{\ominus}{c} \longleftrightarrow a\equiv\underset{\cdot\cdot}{\overset{\oplus}{b}}-\overset{\ominus}{c} \quad \text{(b为N原子)}$$

1,3-偶极环加成机理与 Diels-Alder 反应机理类似，按协同机理进行。过渡状态时，无论是 1,3-偶极体系的 HOMO 与亲偶极体系的 LUMO，还是 1,3-偶极体系的 LUMO 和亲偶极体系的 HOMO，其分子轨道都发生了位相相符的重叠，因此 1,3-偶极环加成反应是对称允许反应。

HOMO LUMO

LUMO HOMO

碳烯及氮烯对不饱和键的环加成、烯烃的环加成反应也属于协同反应机理。

10.3 脱水缩合

有机化合物的羟基、羰基与含有活泼氢的化合物容易发生缩合反应。特别是醇、酚、醛、酮、羧酸等易与活泼亚甲基、氨基（包括硝氨基、酰氨基等）起脱水反应。

到目前为止，应用脱水缩合反应合成了一系列含多硝基的高能炸药。如应用曼尼希反应合成多硝胺、应用醛胺缩合制备了环硝胺等。

10.3.1 醛胺缩合

羰基化合物，特别是醛和酮易与亲核试剂作用，通过加成、脱水得到链状或环状化合物。胺与醛、酮脱水缩合，首先生成甲醇胺，然后，在酸或碱催化下，进一步发生脱水，其反应如下式：

$$\overset{|}{C}= +RNH_2 \rightleftharpoons HO-\underset{|}{\overset{|}{C}}-NHR \rightleftharpoons \underset{|}{\overset{|}{C}}=NR +H_2O \qquad (10\text{-}1)$$

脂肪醛中，应用最多的是甲醛水溶液，甲醛在此形成水合物 $CH_2(OH)_2$。在缩合反应中，甲醛脱去一个或两个羟基。近几年，有机合成类型的发展，乙二醛也是另一个重要的醛组分，它分子中含两个醛基，具有醛的所有反应性能。在脂肪酮中，常用的有丙酮、丁二酮等。

作为亲核试剂的胺组分可以是氨、伯胺、仲胺、酰胺、硝胺、氨基酸酯等。随着胺的碱性及氨基上相连接基团的体积大小不同，反应活性也不一样。用伯胺为原料往往得到希夫碱，仲胺则可以得到亚甲基二胺类化合物。

在脱水缩合中，常用的酸性或碱性催化剂有：硫酸、磷酸、多聚磷酸、盐酸、甲酸、乙酸、草酸、磷酐、高氯酸、对甲苯磺酸、乙酰氯、三氯氧磷、三氯化铝、三氟化硼、三氟醋酐、四氯化锡、二氯化锌、氯化亚砜、碱金属碳酸盐、醇钠及氢氧化钠等。

(1) 加成过程

胺及其衍生物与羰基化合物的亲核加成，在形式上和亲核取代相似。反应性取决于试剂和反应介质的不同而有差异。通常，羰基加成是在酸或碱催化下进行的。加成反应过程是可逆的，可以用下面反应式表示：

$$\mathrm{H-\overset{R}{\underset{H}{N}}\!:+\ >C{=}O+HB \rightleftharpoons \left[H\cdots\overset{R}{\underset{H}{N}}\cdots C{=}O\cdots H\cdots B\right] \rightleftharpoons\ >C\!\begin{smallmatrix}OH\\ \overset{+}{N}H_2R\end{smallmatrix} + B^-} \tag{10-2}$$

I

$$\mathrm{B^- + H-\overset{R}{\underset{H}{N}}\!:+\ >C{=}\overset{+}{O}H \rightleftharpoons \left[B\cdots H\cdots\overset{R}{\underset{H}{N}}\cdots C{=}OH\right] \rightleftharpoons\ >C\!\begin{smallmatrix}OH\\ NHR\end{smallmatrix} + HB} \tag{10-3}$$

Ⅱ

式中，HB代表酸；B代表碱。动力学、化学及光谱研究表明，加成反应是通过过液状态（Ⅰ或Ⅱ）发生的。在酸催化的情况下［反应式(10-2)］，氢质子促使羰基质子化，如下面平衡所示：

$$\mathrm{>C{=}O \overset{H^+}{\rightleftharpoons}\ >\overset{+}{C}-OH} \tag{10-4}$$

亲核试剂游离胺向羰基的正碳离子进攻，通过正电荷转移的过渡状态，生成甲醇胺。

在碱催化的情况下［反应式(10-5)］，胺氮原子上的氢脱去，形成胺负离子：

$$\mathrm{R-\ddot{N}H_2 + OH^- \rightleftharpoons R-\underset{H}{\ddot{N}^-}} \tag{10-5}$$

带有未共用电子对的胺负离子，向羰基亲核加成，得到甲醇胺。

(2) 脱水过程

缩合的第二步是加成中间体甲醇胺脱水。脱水过程可以由酸性催化、碱性催化或非催化发生反应。

催化反应类型取决于反应介质的pH值范围和甲醇胺的胺组分的性质。研究表明，三种催化方程式如下。

酸催化：

$$\mathrm{>C\!\begin{smallmatrix}OH\\ NHR\end{smallmatrix} + HB \rightleftharpoons \left[H\overset{R}{N}{=}C\cdots\underset{H}{O}\cdots H\cdots B\right] \rightleftharpoons\ >C{=}\overset{+}{N}HR + H_2O + B^-} \tag{10-6}$$

碱催化：

$$\mathrm{>C\!\begin{smallmatrix}OH\\ NHR\end{smallmatrix} + B^- \rightleftharpoons \left[B\cdots H\cdots\overset{R}{N}{=}C\cdots OH\right] \rightleftharpoons\ >C{=}NR + HB + OH^-} \tag{10-7}$$

没有催化剂的条件下：

$$\mathrm{>C\!\begin{smallmatrix}OH\\ NHR\end{smallmatrix} \rightleftharpoons\ >C{=}\overset{+}{N}HR + OH^-} \tag{10-8}$$

酸碱催化方程(10-6)、方程(10-7)与加成反应的历程相似。没有催化剂的反应，实际上是在碱性溶液中进行的。当加成中间体的胺组分是强碱性的胺时，氮原子接收未共用电子对，并排出氢氧离子而脱水，如方程(10-8)所示。

脱水缩合的光谱研究表明，反应开始后，羰基的吸收峰很快消失，甚至在反应产物亚氨基的特征峰出现之前，就完全消失。这说明，甲醇胺中间体产物的生成速率非常快，可分离出稳定的甲醇胺，也证实了它是加成过程的产物。然后，加成产物甲醇胺开始酸催化脱水，缓慢地出现脱水产物的吸收峰。也说明，反应第二阶段控制了整个反应的速率。醛胺脱水缩合的动力学研究表明，反应属于二级反应，方程如下：

$$速率=k_2[胺][醛] \tag{10-9}$$

反应实例：

(1) 甘脲的合成

反应式：

$$2O=C(NH_2)_2 + \begin{matrix}CHO\\|\\CHO\end{matrix} \xrightarrow{pH=1} \text{(甘脲: 双环 N-H 脲结构, O=C<)} \tag{10-10}$$

将23g尿素溶于40mL水中，加热到40℃，于数分钟内，滴加30%乙二醛20g，同时继续升温，当温度达90~95℃时，加浓盐酸数滴，使pH=1~2，在此温度继续反应30min，冷至室温，过滤，水洗，干燥，所得粗产品用水精制，活性炭脱色，得8.5~9g，产率52%~55%。产物白色结晶，熔点：300℃分解。

(2) N，N'-二硝基咪唑烷的合成

反应式：

$$\begin{matrix}CH_2NHNO_2\\|\\CH_2NHNO_2\end{matrix} + (CH_2O)_n \xrightarrow{H_2SO_4} \text{(1,3-二硝基咪唑烷, N-}NO_2\text{)} \tag{10-11}$$

在反应瓶中，加入50mL 87%~89%的硫酸，冷至0℃，加入1.2g多聚甲醛，然后加入3g亚乙基二硝胺，加料毕，在0℃继续搅拌10~15min，倒入冰水中，立即有白色沉淀析出，过滤，水洗，干燥，得粗产品2.4g，熔点94~102℃。将粗品在0℃下，溶于10mL浓硝酸中，然后倒入冰水中，则析出白色沉淀1.4g，熔点为118~120℃。最后用乙醇重结晶，得产品0.9g，白色片状结晶，熔点为132~133℃。

10.3.2 Mannich 缩合

Mannich反应是缩合反应的一种。一般来说，它是含活泼氢原子的化合物与醛及胺（或氨）之间的缩合，也称为酸与醛及胺三组分的不对称缩合反应。它可用下列通式表示：

$$\underset{酸组分}{Z—H} + \underset{醛组分}{R—CHO} + \underset{胺组分}{R'_2NH} \longrightarrow \underset{曼尼希碱}{Z—\overset{R}{\underset{H}{C}}—NR'_2} + H_2O$$

酸组分：含有活泼氢，可以是C—H类型的硝基化合物，其中最重要的是$(O_2N)_3CH$，其他还有炔、醛、酮、酚、羧酸及其酯、酮酸、芳香化合物、杂环化合物等；也可以是伯硝胺、苯甲酰胺、邻苯二甲酰亚胺等N—H酸组分；还可以是S—H、P—H、Se—H等。

醛组分：含有醛基，其中最重要的是甲醛及乙二醛等脂肪醛；也可以是芳香醛及硝基醛。

胺（碱）组分：含有氢原子的氨、伯胺和仲胺，其中最重要的是氨和脲及其衍生物，也可以是其他的伯、仲脂肪胺或它们的盐、酰胺、胍、肼、芳香胺、杂环胺及不饱和胺等[8]。

曼尼希反应可以从形式上归纳为某种类型反应，按下列三种方法进行。

① 经胺醛加成的方法：即胺先与醛加成生成N-羟甲基衍生物，再与酸组分进行脱水缩合。

$$R_2NH+HCHO \longrightarrow R_2NCH_2OH$$

$$R_2NCH_2OH+Z—H \longrightarrow R_2NCH_2Z+H_2O$$

② 经羰基加成的方法：即酸组分先与醛组分进行羰基加成，制得相应的醇，再与胺

缩合。

$$Z{-}H+HCHO \longrightarrow ZCH_2OH$$
$$ZCH_2OH+R_2NH \longrightarrow R_2NCH_2Z+H_2O$$

对多硝基烷（如硝仿）而言，经 Henry 反应生成三硝基乙醇，再与胺缩合，即所谓三硝基乙醇法：

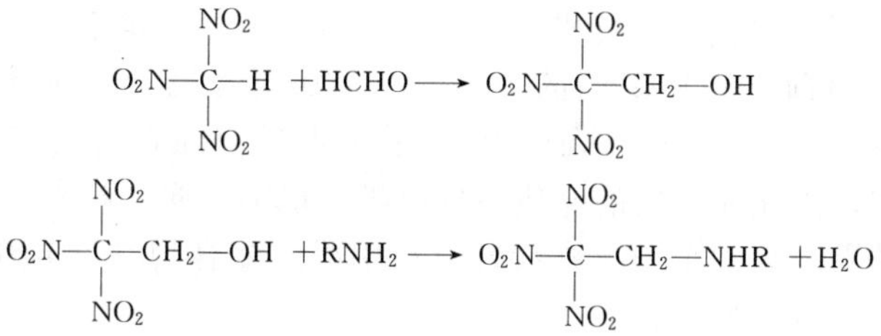

$$(O_2N)_3C{-}H + HCHO \longrightarrow (O_2N)_3C{-}CH_2{-}OH$$
$$(O_2N)_3C{-}CH_2{-}OH + RNH_2 \longrightarrow (O_2N)_3C{-}CH_2{-}NHR + H_2O$$

③ 酸、醛和胺三组分的直接缩合

$$R_2NH+HCHO+Z{-}H \longrightarrow R_2NCH_2Z+H_2O$$

至于曼尼希反应机理，尽管有很多人对它进行了研究，但是，到目前为止，还不能说已经十分清楚了。

由于曼尼希反应是三个组分参加的反应，研究反应机理的关键问题在于三者以什么样的顺序参加反应，换句话说，在缩合过程中，首先生成什么样的中间体？它们的反应能力和寿命如何？

首先探讨曼尼希反应机理的是 Mannich 本人。他发现，当三组分混合时，由于醛对胺的亲电加成，降低了胺的碱性，致使反应介质的 pH 值有所下降。因此他认为 *N*-羟甲基化合物是反应的中间体。

后来，许多研究工作者对曼尼希反应的机理进行过详细的研究，结果表明，曼尼希反应是分两步进行的缩合反应，胺与醛首先起反应得到缩合产物，然后醛胺缩合物与酸组分结合成曼尼希碱。

在许多表示曼尼希反应的图解中，图 10-2 的表示方法能够较好地说明曼尼希反应的机理。

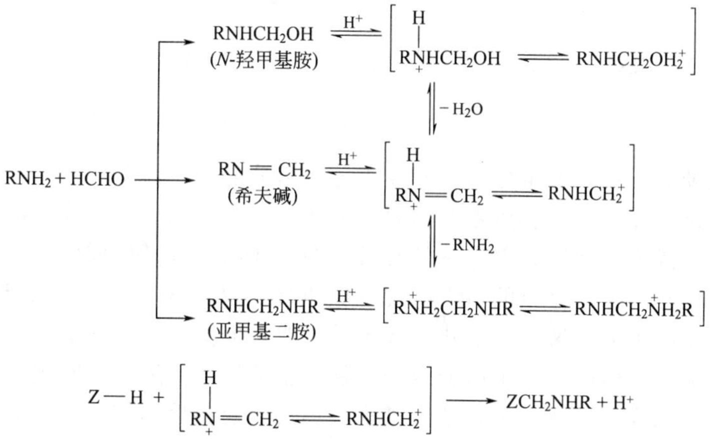

$RNH_2 + HCHO \longrightarrow$

$RNHCH_2OH$（*N*-羟甲基胺）$\overset{H^+}{\rightleftharpoons} [R\overset{+}{N}H(H)CH_2OH \rightleftharpoons RNHCH_2OH_2^+]$

$\downarrow -H_2O$

$RN{=}CH_2$（希夫碱）$\overset{H^+}{\rightleftharpoons} [R\overset{+}{N}H{=}CH_2 \rightleftharpoons RNHCH_2^+]$

$\downarrow -RNH_2$

$RNHCH_2NHR$（亚甲基二胺）$\overset{H^+}{\rightleftharpoons} [R\overset{+}{N}H_2CH_2NHR \rightleftharpoons RNHCH_2\overset{+}{N}H_2R]$

$$Z{-}H + [R\overset{+}{N}H{=}CH_2 \rightleftharpoons RNHCH_2^+] \longrightarrow ZCH_2NHR + H^+$$

图 10-2 曼尼希反应机理

从图 10-2 可以看出反应的关键是烷氨基甲基正离子（$RNHCH_2^+$）与活泼氢化合物结合生成曼尼希碱的过程，烷氨基甲基正离子的来源有三：①*N*-羟甲基化合物（甲醇胺）；②希夫碱（亚胺）；③亚甲基二胺。研究表明：这三种化合物，实际都可能是曼尼希反应的中间体。

即使在合成方法 2 中，采用硝基乙醇为原料，其实质也是硝基醇先分解成硝基烷及醛：

$$R_2C(NO_2)CH_2OH \longrightarrow R_2CHNO_2 + CH_2O$$

然后再按下式进行反应：

$$RNH_2 + CH_2O \longrightarrow RNHCH_2OH + R_2CH(NO_2) \longrightarrow R_2C(NO_2)CH_2NHR$$

既然曼尼希反应属于取代反应的机理，这就需要弄清楚，是亲核取代反应还是亲电取代反应的问题。这方面目前有三种不同的观点：一种认为曼尼希反应是亲核取代 S_N2 机理；另一种认为是亲电取代 S_E2 机理；也有人认为曼尼希反应随着反应物结构不同，所需酸碱催化的 pH 值也不同，因此在不同的介质中反应机理也不一样。看来，后一种说法似乎更符合事实，因为对反应第二阶段而言，在酸性介质中醛胺缩合物（*N*-羟甲基化合物、希夫碱、亚甲基二胺）有利于生成亚胺正离子：

$$\left.\begin{array}{r} RNHCH_2OH \\ RN{=}CH_2 \\ RNHCH_2NHR \end{array}\right\} \xrightarrow{H^+} [HNR{=}CH_2]^+$$

亚胺离子具有很高的活性，它作为亲电试剂（活泼中间体）向酸组分（活泼氢化合物）进攻，生成曼尼希碱。

$$O_2N{-}\overset{\overset{NO_2}{|}}{\underset{\underset{NO_2}{|}}{C}}{-}H + \left[\begin{array}{c} H \\ | \\ \underset{+}{RN}{=}CH_2 \end{array}\right] \xrightarrow{-H^+} O_2N{-}\overset{\overset{NO_2}{|}}{\underset{\underset{NO_2}{|}}{C}}{-}CH_2NHR$$

看来，在酸性介质中反应是按 S_E2 机理进行的。

在碱性介质中，有利于使酸组分的活泼氢活化，对 C—H 组分来讲容易失去氢而形成碳负离子。碳负离子作为活泼中间体进攻醛胺缩合物，是按 S_N2 机理进行的。

曼尼希反应是多组分参加的缩合反应，其产物是曼尼希碱，反应进行的快慢、副产物的多少、生成物的稳定性等受原料结构与性质、介质的 pH 值、反应催化剂及溶剂、温度、料比等的影响。例如：倘若酸组分的亲核性比胺组分的亲核性强，那么，酸将优先和强亲电性的醛起反应，生成 C—C 键化合物：

$$-\overset{|}{\underset{|}{C}}-H + HCHO \longrightarrow -\overset{|}{\underset{|}{C}}-CH_2OH$$

羟甲基衍生物将继续和酸反应，结果得到不希望的副产物：

$$-\overset{|}{\underset{|}{C}}-CH_2OH + -\overset{|}{\underset{|}{C}}-H \longrightarrow -\overset{|}{\underset{|}{C}}-CH_2-\overset{|}{\underset{|}{C}}-$$

因此按照反应机理的要求，酸组分的亲核性应比胺组分的亲核性弱。

酸组分不论是否存在变异、诱导、共轭、电离等影响，在反应条件下都必须能进行亲核反应。这对硝仿来说不成问题，因为它具有较大的电离度，容易生成$(NO_2)_3C^-$负离子。

和醛胺缩合反应一样，介质的 pH 值对反应机理、反应速率及反应结果均有较大影响。酸可以催化正离子的生成，碱可以催化负离子的生成，但酸碱度必须适当。例如，过量的酸虽有利于产生正离子，但同时会阻碍酸组分中氢离子的解离，还会使胺组分成盐，降低游离胺的浓度，对醛胺加成不利。同理，若碱过量，将会引起相反的作用。不同的反应，有不同的适合的 pH 值。当然反应组分本身的酸碱性也包括在考虑之内，必要时再另外加酸或碱。

所用溶液可以是水，也可以是 DMSO、DMF、THF、醇、酯、卤代烷等非水溶剂。

曼尼希反应按参加反应的酸组分的不同，可分为 C—H 酸组分、N—H 酸组分、S—H 酸组分等类型。在 C—H 酸组分的曼尼希反应中又分为醛、酮及酸的氨甲基化、硝基烷的氨甲基化、伯胺的 *N*-三硝基乙基、*N*-亚硝化、芳烃硝基化合物的氨甲基及杂环硝基化合物的氨甲基化等；在 N—H 酸组分的曼尼希反应中也分为一般 N—H 酸的曼尼希反应、伯硝胺的曼尼希反应等。

这里仅对耐热炸药及其他几种炸药合成中应用较广的曼尼希反应介绍如下：

(1) HMX 的合成

$$CH_2(NHNO_2)_2 + 4CH_2O + 2NH_3 \longrightarrow \underset{\text{DPT}}{O_2N\text{—}N(CH_2)_2(CH_2NCH_2)N\text{—}NO_2}$$

$$\text{DPT} + HNO_3 + NH_4NO_3 \longrightarrow \underset{\text{HMX}}{[CH_2N(NO_2)]_4}$$

生成 DPT 的一步是一个曼尼希反应。

(2) DPT 的合成

DPT 是二硝基五亚甲基四胺（dinitropentamethylenetetramine）的缩写，它是合成 HMX 的中间体。由硝酸硝解乌洛托品制得 DPT 是众所周知的，但得率很低。研究表明：硝酰胺、甲醛和氨在水溶液中按曼尼希反应制得 DPT，按硝酰胺计得率达 73%。

$$NH_2NO_2 + 2CH_2O \longrightarrow O_2NN(CH_2OH)_2$$

$$CH_2O + 2NH_3 \longrightarrow H_2C(NH_2)_2 + H_2O$$

$$O_2N\text{—}N(CH_2OH)_2 + H_2C(NHR)_2 + (HOCH_2)_2N\text{—}NO_2 \longrightarrow \text{DPT}$$

该成环反应的关键是如何获得二羟甲基硝胺，围绕着这一问题，人们开展了深入广泛的研究。研究表明：662 在中性条件下水解出 H_2NNO_2。如果水解过程有甲醛存在，则生成的硝酰胺立即与两分子甲醛结合，生成二羟甲基硝胺：

$$\underset{662}{\text{662}} + 4HCHO + 3H_2O \longrightarrow 3O_2N\text{—}N(CH_2OH)_2 + CO_2$$

硝基脲本身是一种炸药，但不太稳定，在水溶液中降解重组为 NH_2NO_2，再与甲醛生成二羟甲基硝胺：

$$NH_2\overset{O}{\overset{\|}{C}}NHNO_2 + H_2O + 2CH_2O \longrightarrow HOCH_2\overset{NO_2}{\overset{|}{N}}CH_2OH + HOCN$$

γ,γ'-二硝氧甲基直链多亚甲基硝胺在中性条件下水解也能释出 H_2NNO_2，通过某种手段提供甲醛，同样可以生成二羟甲基硝胺：

$$O_2NO[CH_2N(NO_2)]_nCH_2ONO_2 + (n-1)CH_2O + (n+1)H_2O \longrightarrow nHOCH_2N(NO_2)CH_2OH + 2NHO_3$$

通过 662 水解生成 H_2NNO_2 进而合成 DPT 是第二条成功的反应路线，现已设计定型，待中型扩试。第三条反应路线也是较为有前途的路线，正在深入研究中。

(3) 7201、662 及四硝基甘脲的合成

基于脲、硝基胍等典型的两性物质，在碱性条件下，它与强酸性物质如硝仿反应时作为碱组分参加反应；在酸性条件下，它又可作为酸组分参与反应。这样 7201、662 及四硝基甘

脲的合成也可看作是按曼尼希反应过程进行的。

① 7201 的合成　7201 是一种高能炸药，其母体就是先用氨与醛缩合，再与酸组分尿素缩合得到。

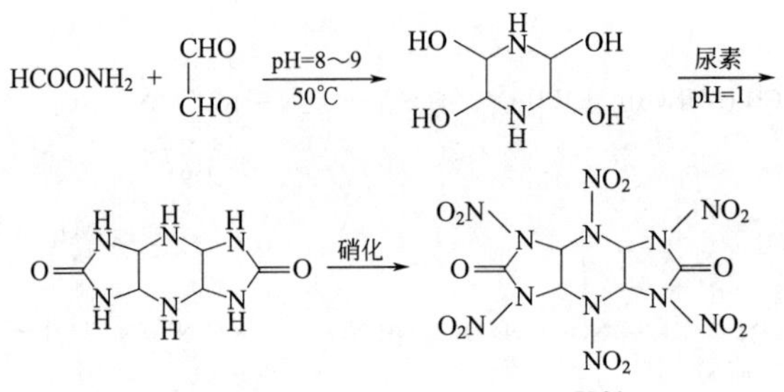

$HCOONH_2$ + CHO—CHO $\xrightarrow[50℃]{pH=8\sim9}$ $\xrightarrow[pH=1]{尿素}$

$\xrightarrow{硝化}$

7201母体　　7201

② 662 的合成　在醛胺缩合反应中介绍了三步法工艺，它的直接法工艺被认为是一个曼尼希反应。

反应的实质是乌洛托品分解出的产物发生缩合，缩合物再与酸组分反应，缩合生成 662 母体。

③ 四硝基甘脲的合成　四硝基甘脲的合成，似乎是一个标准的醛胺缩合反应。但如果认为脲在不同介质中扮演不同的角色的话，也可认为它是一个曼尼希反应。

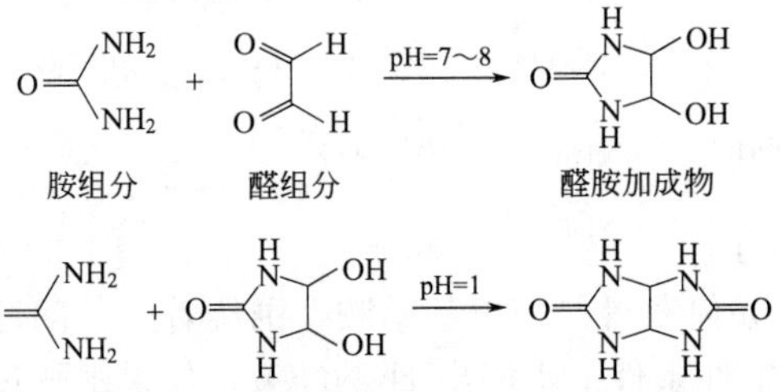

$\xrightarrow{pH=7\sim8}$

胺组分　　醛组分　　醛胺加成物

$\xrightarrow{pH=1}$

醛胺加成物　　甘脲

合成实验过程：将 30g 尿素溶于 50mL 蒸馏水中，加热到 40℃，于数分钟内滴加 40% 乙二醛 30g 同时继续升温。当温度达 90～95℃时，加浓盐酸数滴，使 pH=1，在此温度继续反应 30min，冷至室温，过滤，水洗，粗产品在 700mL 水中重结晶，熔点 280～300℃。四硝基甘脲结晶密度 $\rho=2.01g/cm^3$，当密度为 $1.948g/cm^3$ 时爆速为 9205m/s，冲击感度 100%，也是一个高能脲环炸药。国外已有生产，因水安定性极差，未单独使用，目前有人建议把它制成混合炸药使用，有一定的意义。

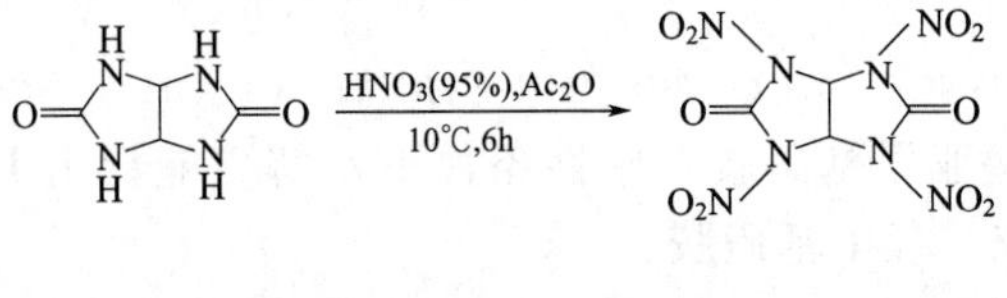

$\xrightarrow[10℃,6h]{HNO_3(95\%),Ac_2O}$

10.3.3 醛酮缩合

含有活泼 α-氢的醛或者酮在酸或碱的催化作用下生成 β-羟基酮的反应统称为 Aldol 缩合反应，中文译名是醇醛缩合反应或叫羟醛缩合反应[10]。

这类缩合反应常需有碱（如苛性钠、醇钠、叔丁醇铝等）催化，有时也可用酸（如盐酸、硫酸、阳离子交换树脂等）催化。

典型的羟醛缩合反应是乙醛在碱催化下的缩合反应：

$$H_3C-\underset{\underset{O}{\|}}{C}-H + OH^- \underset{\text{脱质子}}{\overset{\text{快}}{\rightleftharpoons}} \left[{}^-H_2C-\underset{\underset{O}{\|}}{C}-H \longleftrightarrow H_2C=\underset{\underset{O^-}{|}}{C}-H \right] + H_2O \tag{10-12}$$

乙醛　　碳阴离子

$$H_3C-\overset{\delta^+}{\underset{\underset{O\ \delta^-}{\|}}{C}}-H + {}^-H_2C-\underset{\underset{O}{\|}}{C}-H \underset{\text{亲核加成}}{\overset{\text{慢}}{\rightleftharpoons}} H_3C-\overset{H}{\underset{\underset{O^-}{|}}{C}}-\overset{H_2}{C}-\underset{\underset{O}{\|}}{C}-H \underset{(\text{加质子})}{\overset{+H_2O/-OH^-}{\rightleftharpoons}} H_3C-\overset{H}{\underset{\underset{OH}{|}}{C}}-\overset{H_2}{C}-\underset{\underset{O}{\|}}{C}-H \tag{10-13}$$

乙醛　　碳阴离子　　碳阴离子

式(10-12)和式(10-13)的各步反应是可逆的，其中决定反应速率的最慢步骤是亲核加成反应。

如果醛分子中含有两个活泼 α-氢，而且反应温度较高和催化剂的碱性较强，则 β-羟基醛可以进一步发生消除反应，脱去一分子的水而生成 α,β-不饱和醛。例如：

$$CH_3CH(OH)CH_2CHO \xrightarrow[\text{脱水}]{\text{加热或催化}} CH_3CH=CHCHO + H_2O \tag{10-14}$$

但是，在实际上消除脱水反应是另外在酸催化剂（例如稀硫酸、草酸等）存在下完成的。

羟醛缩合反应有同分子醛、酮的自身缩合和异分子醛、酮的交叉缩合两大类，在工业上都有重要的用途。羟醛自身缩合在有机合成上的特点是可使产物的碳链长度增加一倍，工业上可利用这种缩合反应来制备高级醇，如以丙烯为起始原料，首先经过羰基合成为正丁醛。再在氢氧化钠碱性溶液中或碱性离子交换树脂催化下成为 β-羟基醛，它便具有两倍于原始醛的碳原子数。再经过脱水和加氢还原可转化成 2-乙基己醇，2-乙基己醇在工业上大量用来合成邻苯二甲酸二辛酯，作为聚氯乙烯的增塑剂。

$$CH_2=CHCH_3 + CO + H_2 \xrightarrow{\text{Co催化剂}} CH_3CH_2CH_2CHO \xrightarrow{OH^-} CH_3CH_2CH_2CH(OH)CH(C_2H_5)CHO$$

$$\xrightarrow{-H_2O} CH_3CH_2CH_2CH=C(C_2H_5)CHO \xrightarrow[H_2]{\text{Ni催化剂}} CH_3CH_2CH_2CH_2CH(C_2H_5)CH_2OH \tag{10-15}$$

羟醛交叉缩合反应的典型代表是用一个芳香族醛和一个脂肪族醛或酮，反应是在氢氧化钠的水或乙醇溶液中进行的，得到产率很高的 α，β-不饱和醛或酮，这种反应称为克莱森-史密斯（Claisen-Schmidt）缩合反应。例如苯甲醛和乙醛在低温和稀碱液中缩合反应得到两种缩醛，一种是乙醛自身的缩合产物，另一种是混合缩合产物，但这两种经过一段时间后，能形成一平衡体系，而且混合缩合产物的羟基同时受苯基醛基的作用，容易生成由苯环、稀碱和羰基组成共轭体系的稳定产物，因平衡常数 $K_2 \gg K_1$，所以最终生成的都是肉桂醛：

$$C_6H_5CHO + CH_3CHO \xrightarrow{OH^-} \begin{cases} \overset{k_1}{\rightleftharpoons} CH_3CH(OH)CH_2CHO \\ \rightleftharpoons PhCH(OH)CH_2CHO \overset{k_2}{\rightleftharpoons} PhCH=CHCHO + H_2O \end{cases} \tag{10-16}$$

肉桂醛是合成香料的重要产品之一，具有类似肉桂、桂皮油气息，香气强烈持久。

芳香族醛若和不对称酮缩合，而且不对称酮中的一个 α 位没有活泼氢，则缩合反应不论用酸或碱催化均得到同一产品：

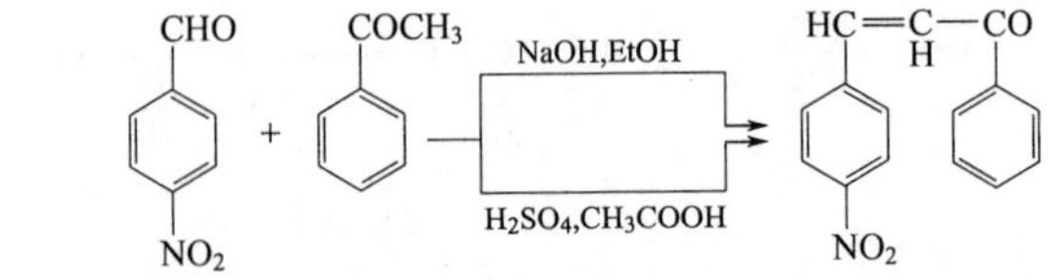

$$p\text{-}NO_2C_6H_4CHO + C_6H_5COCH_3 \xrightarrow[H_2SO_4,CH_3COOH]{NaOH,EtOH} p\text{-}NO_2C_6H_4CH{=}CH{-}CO{-}C_6H_5 \quad (10\text{-}17)$$

在克莱森-史密斯缩合反应中，产品的构型一般都是反式的，例如：

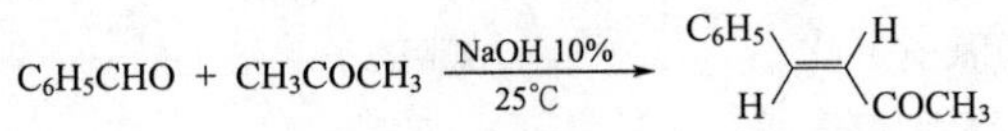

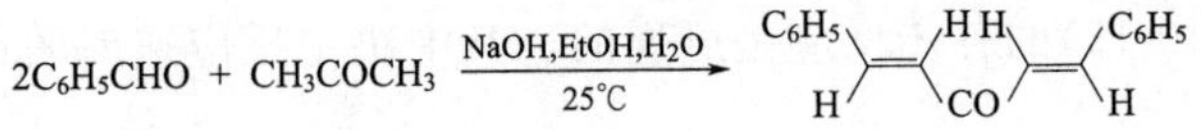

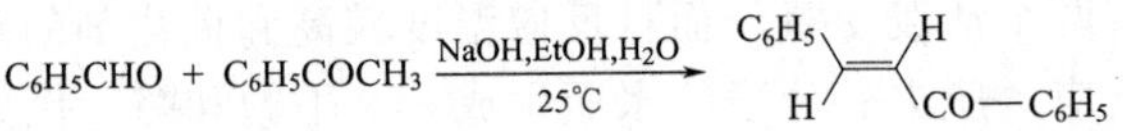

$$C_6H_5CHO + CH_3COCH_3 \xrightarrow[25℃]{NaOH\ 10\%} (E)\text{-}C_6H_5CH{=}CHCOCH_3 \quad (10\text{-}18)$$

$$2C_6H_5CHO + CH_3COCH_3 \xrightarrow[25℃]{NaOH,EtOH,H_2O} (E,E)\text{-}C_6H_5CH{=}CH{-}CO{-}CH{=}CHC_6H_5 \quad (10\text{-}19)$$

$$C_6H_5CHO + C_6H_5COCH_3 \xrightarrow[25℃]{NaOH,EtOH,H_2O} (E)\text{-}C_6H_5CH{=}CH{-}CO{-}C_6H_5 \quad (10\text{-}20)$$

$$C_6H_5CHO + CH_3COC(CH_3)_3 \xrightarrow[25℃]{NaOH,EtOH,H_2O} (E)\text{-}C_6H_5CH{=}CHCOC(CH_3)_3 \quad (10\text{-}21)$$

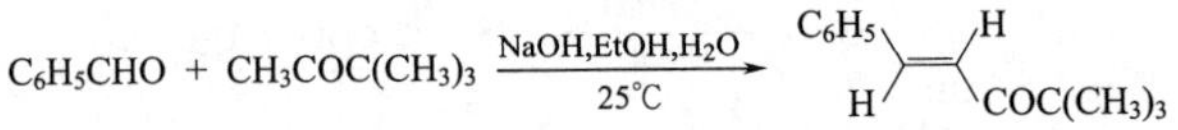

由上面反应产品的构型可见带羰基的大基团总是和另外的大基团成反式。这种专一性的反应方式是由于失水的历程，以及中间产物的不同构型的空间阻碍所决定的。

甲醛由于不含 α-氢，所以它与其他含 α-氢的醛或酮缩合，可得到收率较高的产物，工业上利用此特点产生丙烯醛：

$$HCHO+CH_3CHO \rightleftharpoons HOCH_2CH_2CHO \xrightarrow{-H_2O} CH_2{=}CHCHO \quad (10\text{-}22)$$

10.3.4 Perkin 缩合

Perkin 反应是制备 β-芳基丙烯酸类化合物的重要方法之一。该反应是有芳香醛和脂肪酸酐在相应的脂肪酸碱金属盐催化下进行的醇醛缩合，其反应过程如图 10-3[11,12]。

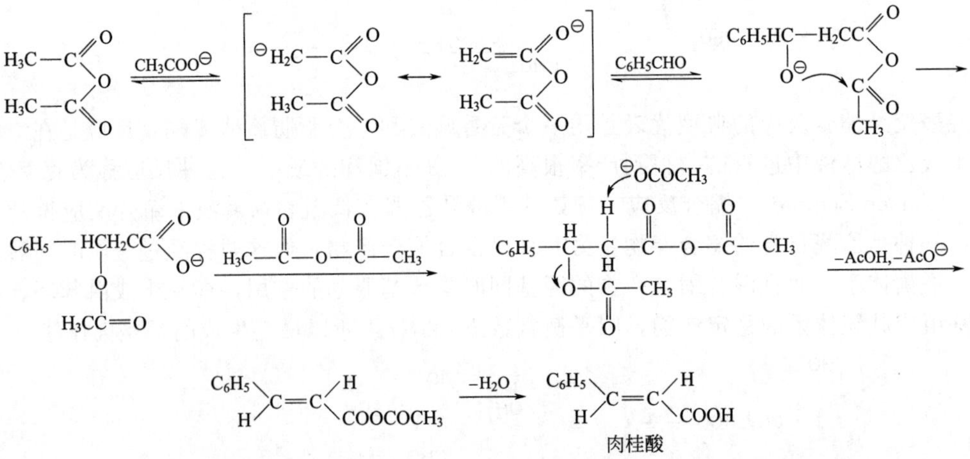

$$(CH_3CO)_2O \xrightleftharpoons{CH_3COO^{\ominus}} [{}^{\ominus}CH_2COOCOCH_3 \longleftrightarrow CH_2{=}C(O^{\ominus})OCOCH_3] \xrightleftharpoons{C_6H_5CHO} C_6H_5CH(O^{\ominus}){-}CH_2COOCOCH_3 \longrightarrow$$

$$C_6H_5{-}CH(OCOCH_3)CH_2COO^{\ominus} \xrightarrow{H_3C{-}CO{-}O{-}CO{-}CH_3} C_6H_5{-}CH(OCOCH_3){-}CH_2{-}CO{-}O{-}CO{-}CH_3 \xrightarrow{-AcOH,-AcO^{\ominus}}$$

$$(E)\text{-}C_6H_5CH{=}CHCOOCOCH_3 \xrightarrow{-H_2O} (E)\text{-}C_6H_5CH{=}CHCOOH$$

肉桂酸

图 10-3　醇醛缩合反应历程

在该反应中，酸酐是较弱的活泼亚甲基化合物，羧酸盐是较弱的碱，所以反应温度要求较高（140～180℃），加热时间为 8～9h，反应中难免发生脱羧反应，生成烯烃副产物。

$$C_6H_5-\underset{\underset{\displaystyle O-\underset{\underset{\displaystyle O}{\|}}{C}-CH_3}{|}}{\overset{H}{C}}-\overset{H_2}{C}-C\overset{O}{\underset{O^{\ominus}}{\lessgtr}} \xrightarrow[\Delta]{-CO_2} C_6H_5-\underset{H}{C}=CH_2$$

Perkin 反应制备 β-芳基丙酸衍生物的收率一般不如 Knoevenagel 反应高，但前者所用原料容易获得。Perkin 反应的产率很大程度上取决于参与反应的芳醛的性质。当芳环上带有拉电子基时，反应容易进行，产率较高；反之，当芳环上有推电子取代基时，反应难以进行，收率也低，甚至不反应。某些芳醛如联苯和萘的醛衍生物，以及糠醛和 2-甲酰基萘酚也可以和酸酐缩合。$(RCH_2CO)_2O$ 型的各种酸酐都能与芳醛发生缩合反应，其中 R 为脂肪基或芳香基。丙酸酐、丁酸酐和己酸酐与芳醛缩合的温度比用醋酐时要低很多；同时，相应的 β-芳基-α-烷基丙烯酸的产率也较高。反应中，所用催化剂无水羧酸钾盐的效果好于钠盐。

$$\text{2-呋喃基}-CHO + (CH_3CO)_2O \xrightarrow[150℃]{AcOK} \xrightarrow{H_3\overset{\oplus}{O}} \text{2-呋喃基}-\underset{H}{C}=CHCOOH \quad 65\%\sim71\%$$

$$C_6H_5CHO + (CH_3CH_2CO)_2O \xrightarrow[130\sim135℃]{CH_3CH_2COONa} \xrightarrow{H_2O} C_6H_5-\underset{H}{C}=\underset{\underset{\displaystyle CH_3}{|}}{C}COOH \quad 60\%\sim70\%$$

$$m\text{-}O_2NC_6H_4CHO + (CH_3CH_2CH_2CO)_2O \xrightarrow[130\sim140℃]{C_3H_7COONa} \xrightarrow{H_3\overset{\oplus}{O}} m\text{-}O_2NC_6H_4-\underset{H}{C}=\underset{\underset{\displaystyle C_2H_5}{|}}{C}-COOH \quad 70\%\sim75\%$$

在反应物中，若有水存在，则反应物的产率降低。因此，Perkin 反应的所有原料必须仔细干燥，以便使酸酐水解的可能性降到最小程度。

这个反应最简单的应用实例是乙酐与苯甲醛缩合制 β-苯基丙烯酸（肉桂酸）。乙酐和丙酐与水杨酸的环合反应。

（1）香豆素的制备

它是重要的香料。可由水杨酸与乙酐在无水乙酸钠的催化作用下，在 180～190℃ 先发生 Perkin 反应，生成邻羟基肉桂酸，同时发生脱水 C—O 键环合而制得。

$$o\text{-}HOC_6H_4CHO + Ac_2O \underset{\text{Perkin反应}}{\overset{\text{NaOAc催化}}{\rightleftharpoons}} o\text{-}HOC_6H_4CH=CHCOOH \xrightarrow[\text{脱水C—O键环合}]{-H_2O} \text{香豆素} \qquad (10\text{-}23)$$

（2）3-甲基香豆素的制备

它是有机中间体，也是香料。它是用水杨酸和丙酸酐在丙酸钠存在下，通过 Perkin 反应和脱水 C—O 键环合反应而制得的。

$$o\text{-}HOC_6H_4CHO + (CH_3CH_2CO)_2O \underset{\text{Perkin反应}}{\overset{CH_3CH_2COONa\text{催化}}{\rightleftharpoons}} o\text{-}HOC_6H_4CH=C(CH_3)COOH \xrightarrow[\text{脱水C—O键环合}]{-H_2O} \text{3-甲基香豆素} \qquad (10\text{-}24)$$

（3）6-甲基香豆素的制备

它是有机中间体和香料。它的制备不采用上述 Perkin 反应的合成路线，而是采用以对甲酚和反丁烯二酸为原料的合成路线。将对甲酚与反丁烯二酸在 72%硫酸中加热，在酚羟基的邻位发生双键加成反应，并脱甲酸生成 2-羟基-5-甲基肉桂酸，然后发生脱水 C—O 键合而得到 6-甲基香豆素。

(10-25)

(4) 4-羟基香豆素的制备

它是医药中间体。它的制备也不采用 Perkin 反应，而是以水杨酸为起始原料，先制成 *O*-乙酰基水杨酸甲酯，然后将它在液体石蜡中在无水碳酸钠存在下，于 240～260℃进行脱甲醇 C—C 链环合而得到的，收率只有 15%。如果改用金属钠脱甲醇，收率可提高到 18%。

(10-26)

10.3.5 Knoevenagel 缩合

活泼亚甲基化合物在氨（或胺）及它们的羧酸盐等弱碱性催化剂催化下，与醛或酮缩合，最后形成不饱和羰基化合物的反应，称为 Knoevenagl 反应[13]。

$$RCOR' + XCH_2COOEt \xrightarrow{催化剂} RR'C{=}C(X)COOEt + H_2O$$

X=NO_2,CN,COR″,COOR‴等

常用的催化剂有哌啶、吡啶、二乙胺、氨以及它们的羧酸盐。另外，季铵碱、碱性离子交换树脂羧酸盐、氢氧化钠、碳酸钠等都可以用作催化剂。反应常用苯或甲苯共沸去水，以促使反应进行完全。

关于 Knoevenagel 反应的机理，说法很多，但概括起来，主要有两种。其一，类似于醇醛缩合反应，即活泼亚甲基化合物在极性溶剂中，在碱作用下形成碳负离子，随后，与醛或酮进行亲核加成反应，最终形成 α,β-不饱和羰基化合物。另一种说法是，羰基化合物在胺或铵盐的存在下，形成亚胺过渡态，然后与活泼亚甲基的碳负离子进行加成。其过程如下：

$$RR'C{=}O + NH_4^+ \rightleftharpoons RR'C(OH)NH_3^+ \rightleftharpoons RR'C{=}NH_2^+ + H_2O$$

亚胺中间体

$$XCH_2Y \rightleftharpoons {}^-CH(X)Y + H^+$$

$$RR'C{=}NH_2^+ + {}^-CH(X)Y \rightleftharpoons H_2N{-}CRR'{-}CH(X)Y \overset{H^+}{\rightleftharpoons} {}^+H_3N{-}CRR'{-}CH(X)Y \longrightarrow RR'C{=}C(X)Y + NH_4^+$$

反应按何种历程进行，主要取决于反应物的活性及反应条件的选择。一般认为用伯胺、仲胺有利于形成亚胺中间体，反应按后一种历程进行；若所用活泼亚甲基化合物的活性很大，且在极性溶剂中进行，则反应倾向于按类似醇醛缩合的机理进行。无论是哪种机理，产物烯烃的构型均以 *E*-型为主。

本反应的产率与羰基化合物的反应活性、位阻、催化剂的种类及其他反应条件有关。一般醛与活泼亚甲基化合物能很容易地进行反应，得到较高产率的 α,β-不饱和羰基化合物。而酮与活泼亚甲基化合物（如丙二酸二乙酯）的缩合要困难一些，即使在较强烈的条件下进行反应，收率也不高。但若用三氯化钛和吡啶作催化剂，在室温下就能反应，生成物产率也较

高。另外，若用位阻较小的甲基酮或活性高的氰基乙酸乙酯缩合，则同样能顺利地进行反应。

$$\text{o-BrC}_6\text{H}_4\text{CHO} + CH_2(COOEt)_2 \xrightarrow[\triangle\ 88\%]{\text{哌啶},\ \text{苯},\ AcOH} \text{o-BrC}_6\text{H}_4\text{CH}{=}C(COOEt)_2$$

$$\text{环戊酮} + CH_2(COOEt)_2 \xrightarrow[100^\circ C, 30\%]{C_6H_5NH_2, HCl, ZnCl_2} \text{环戊亚基}{=}C(COOEt)_2$$

$$R^1R^2C{=}O + CH_2(COOEt)_2 \xrightarrow[\text{室温}\ 73\%\sim100\%]{TiCl_3,\ \text{吡啶}} R^1R^2C{=}C(COOEt)_2$$

$$\text{环己酮} + NCCH_2COOEt \xrightarrow[\text{苯回流分出水，约}100\%]{\text{Dowex-3}, AcOH} \text{环己亚基}{=}C(COOEt)(CN)$$

Dowex-3:弱碱性离子交换树脂

10.4 脱醇缩合

10.4.1 缩醛与胺及其衍生物缩合

在酸催化下，缩醛与胺及其衍生物，可以进行脱醇缩合反应，得到胺的烷基化产物。通常所用催化酸为硫酸、盐酸、磷酸、甲酸、对甲苯磺酸等。反应通式为[16]：

$$RCH(OEt)_2 + R'NHR'' \xrightarrow{R'=H,Ac} RCH(NR'R'')_2 + EtOH \qquad (10\text{-}27)$$

缩醛与胺类的反应历程见式(10-28)：

$$RCH(OEt)_2 \rightleftharpoons RCH(OEt)\overset{+}{O}(H)Et \rightleftharpoons EtO\overset{+}{C}HR + EtOH$$

$$EtO\overset{+}{C}HR + R'NHR'' \longrightarrow EtOC(H)(R){-}\overset{+}{N}(H)(R'')R' \xrightarrow{-EtOH} R{-}\overset{+}{C}H{-}NR'R'' \xrightarrow[-H^+]{R'NHR''} RCH(NR'R'')_2 \qquad (10\text{-}28)$$

反应是在酸催化下进行的。缩醛的一个氧首先质子化，接着脱去一分子乙醇，生成正碳离子。它容易受亲核试剂（胺类）进攻，得到中间体，重复这一过程，继续失去第二个醇分子及进一步亲核反应，最后得到缩合产物。

缩醛与伯胺、仲胺的反应，文献中早有报道。例如：

(1) $$R\text{-(1,3,4-噁二唑-2-基)}NH_2 + (C_2H_5O)_2CHN(CH_3)_2 \longrightarrow R\text{-(1,3,4-噁二唑-2-基)}N{=}CHN(CH_3)_2 + 2C_2H_5OH \qquad (10\text{-}29)$$

(2) $$(NH_2)_2C{=}NH\cdot HNO_3 + (EtO)_2CHCH_2CH(OEt)_2 \xrightarrow{H^+} \text{2-氨基嘧啶} \qquad (10\text{-}30)$$

(3) $$C_6H_5NH_2 + MeO(EtO)CHCH_2CH(OEt)_2 \longrightarrow C_6H_5N{=}CHCH_2CH{=}NC_6H_5 \qquad (10\text{-}31)$$

在酸催化下，缩醛与酰胺进行缩合反应的研究工作，近年来有所发展。丙二醛缩醛衍生物与乙酰胺、氨基甲酸酯和尿素的反应，曾进行了详细的研究。例如，二甲基丙二醛的缩醛与乙酰胺、氨基甲酸酯、尿素反应，分别得到如下产物[14,15]：

$$(CH_3)_2C\begin{cases}CH(OEt)_2\\CH(OEt)_2\end{cases}\xrightarrow[H^+]{NH_2COOEt}(CH_3)_2C(CH{=}NCOOEt)_2 \quad (10\text{-}32)$$

$$(CH_3)_2C\begin{cases}CH(OEt)_2\\CH(OEt)_2\end{cases}\xrightarrow{NH_2COCH_3}\begin{cases}(CH_3CONH)_2CHC(CH_3)_2CH(OEt)NHCOCH_3\\(CH_3)_2C(CH{=}NCOCH_3)_2\end{cases} \quad (10\text{-}33)$$

$$(CH_3)_2C\begin{cases}CH(OEt)_2\\CH(OEt)_2\end{cases}\xrightarrow[H^+]{H_2NCONH_2}O{=}C\begin{matrix}NH-CH-NH\\CH_3CCH_3\\NH-CH-NH\end{matrix}C{=}O \quad (10\text{-}34)$$

缩醛与酰胺的反应同样按式(10-28)的反应历程进行。在此反应中，由于空间位阻及诱导效应，二甲基丙二醛缩醛有两个甲基，降低了反应中间体正碳离子的正电性。因此，酰胺的亲核性具有重要意义，常用的三个酰胺的亲核性按如下顺序递减：

$$NH_2CONH_2 > NH_2COCH_3 > NH_2COOEt$$

反应实例：

(1) 2,4,6,8-四氮杂-9,9-二甲基双环［1. 3. 3］辛烷-3,7-二酮的生成，其反应如下：

$$\begin{matrix}H_3C\\H_3C\end{matrix}\!\!>\!\!<\!\!\begin{matrix}CH(OEt)_2\\CH(OEt)_2\end{matrix} + O{=}C\begin{matrix}NH_2\\NH_2\end{matrix}\longrightarrow O{=}C\begin{matrix}NH-CH-NH\\CH_3CCH_3\\NH-CH-NH\end{matrix}C{=}O$$

往 10.4g 二甲基丙二醛的缩醛中，加入 20mL 水、5.04g 尿素和 2 滴浓 H_2SO_4，搅拌，加热到 90℃，在此温度下反应 4h，析出沉淀，过滤，水洗，丙酮洗，醚洗，干燥，得 7.03g，得率 91%，熔点为 384℃。

(2) 四(乙氧羰基氨基)丙烷的生成，其反应式如下：

$$<\begin{matrix}CH(OEt)_2\\CH(OEt)_2\end{matrix} + NH_2COOEt \longrightarrow <\begin{matrix}CH(NHCOOEt)_2\\CH(NHCOOEt)_2\end{matrix}$$

往 14.2g 氨基甲酸乙酯（溶于 25mL CH_2Cl_2 中）溶液中，加入 8.8g 四乙氧基丙烷和 1.2mL HCl 乙醚溶液，反应经过 3～4h，反应物固化，加入乙醚，沉淀过滤和醚洗，得 11.6g，得率 74.3%，熔点为 201～202℃。

10.4.2 酯与胺及其衍生物缩合

原酸酯、草酸二乙酯、碳酸酯等都能与胺及酰胺发生脱醇缩合反应。原酸酯具有很高的反应活性，由于电负性基团（—OR）的诱导效应，使中心碳原子带有正电荷，因此，对亲核试剂具有亲和力。在酸的质子催化下，原酸酯可以生成活泼的正碳离子，并可以以成盐的形式下分离出来。

$$R-C\begin{matrix}O{---}C\leqslant\\(+\\O{---}C\leqslant\end{matrix}\cdot X^-$$

原酸酯与胺及其衍生物（酰胺、取代脲、肼等）作用，由于反应条件、结构和组分的比例不同，可以得到三种类型的产物[16,17]：

$$RC(OR')_3 + H^+ \rightleftharpoons R-\overset{+}{C}\begin{matrix}OR'\\OR'\end{matrix} + R'OH$$

$$R''NH_2 + R-C(OR')_3 \longrightarrow \begin{cases} R''N{=}C(R)-OR' & (10\text{-}35) \\ R''N{=}C(R)-NHR'' & (10\text{-}36) \\ RC(NHR'')_3 & (10\text{-}37) \end{cases}$$

苯胺与原酸酯反应时，得到亚胺酸酯，它是合成脒的中间体：

$$ArNH_2 + HC(OEt)_3 \xrightarrow{-EtOH} ArNHCH(OEt)_2 \longrightarrow$$

$$ArN{=}CHOEt \xrightarrow{ArNH_2} ArNHCH(OEt)NHAr \longrightarrow ArN{=}CHNHAr \quad (10\text{-}38)$$

在 190～200℃下，N,N'-二苯基乙二胺和原甲酸三乙酯，加热 5h，得到环状产物[18]：

$$PhNHCH_2CH_2NHPh + 2CH(OEt)_3 \longrightarrow \text{(1,1',3,3'-四苯基-2,2'-联亚咪唑烷)} \quad (10\text{-}39)$$

在沸腾的苯中，3mol 的酰胺与 1mol 的原酸酯反应，降低了酰胺的碱性，产物得率较低。在酸催化下，氨基甲酸酯同样可以和原酸酯反应。由于摩尔比不同，产物可以是三氨基甲酸酯基（羧酰胺基）甲烷或烷氧基亚甲基氨基甲酸酯，如下所示[19]：

$$HC(OEt)_3 \underset{EtOH}{\overset{NH_2COOEt}{\rightleftharpoons}} EtOCH{=}NCOOEt \xrightarrow{0.5\%\ H_2SO_4} HCONHCOOEt$$

$$HC(OEt)_3 \underset{EtOH}{\overset{3NH_2COOEt}{\rightleftharpoons}} HC(NHCOOEt)_3\ \mathbf{A}\ (\text{熔点}132\sim133℃) \overset{H^+}{\rightleftharpoons} HC(NHCOOEt)_3\ \mathbf{B}\ (\text{熔点}187\sim188℃)$$

$$EtOCH{=}NCOOEt \underset{HC(COOEt)_3}{\overset{NH_2COOEt}{\rightleftharpoons}} HC(NHCOOEt)_3$$

$$\mathbf{A},\mathbf{B} \xrightarrow[H_2O]{H^+} HCONHCOOEt; \quad \mathbf{A},\mathbf{B} \xrightarrow{R'CONH_2} HC(NHCOR')_3; \quad EtOCH{=}NCOOEt \longrightarrow HC(NHCOR')_3 \quad (10\text{-}40)$$

在甲苯中，当有硫酸或磷酸存在时，原酸酯与三个分子的氨基甲酸乙酯反应，分离出三个分子乙醇和白色结晶（A），熔点为 132～133℃，反应是可逆的。当用有机溶剂精制此产品时，发现得到结构相同的另一种产物，熔点 187～188℃（B），并发现此两种产物可以互相转化。经研究表明，这两种异构体，可能为氢键连接的两种互变异构形式：

$$\mathbf{A} \overset{H^+}{\rightleftharpoons} \mathbf{B}$$

A　　B

在无水乙醇中，乙二胺与草酸二乙酯反应，得到 2,3-二哌嗪：

$$(COOEt)_2 + H_2NCH_2CH_2NH_2 \longrightarrow \text{哌嗪-2,3-二酮} + EtOH \quad (10\text{-}41)$$

10.4.3 Claisen 缩合

这类反应包括酯酯缩合和酮酯缩合两种情况。酯酯 Claisen 缩合是指酯的亚甲基活泼 α-氢在强碱性催化剂的作用下，脱质子形成碳负离子，然后与另一分子酯的羰基碳原子发生亲核加成，并进一步脱 RO^- 而生成 β-酮酸酯的反应。最简单的典型实例是两分子乙酸乙酯在无水乙醇钠的催化作用下缩合，生成乙酰乙酸乙酯：

$$C_2H_5ONa + H{-}CH_2COOC_2H_5 \rightleftharpoons C_2H_5OH + Na^+\ {}^-CH_2COOC_2H_5$$

$$CH_3\overset{O}{\overset{\|}{C}}{-}OC_2H_5 + {}^-CH_2COOC_2H_5 \rightleftharpoons H_3C{-}\underset{OC_2H_5}{\underset{|}{\overset{O^-}{\overset{|}{C}}}}{-}CH_2COC_2H_5 \rightleftharpoons CH_3COCH_2COOC_2H_5 + C_2H_5O^-$$

酯酯缩合可分为同酯自身缩合和异酯交叉缩合两类。异酯缩合时，如果两种酯都含有活泼 α-氢，则可能生成四种不同的 β-酮酸酯，难以分离精制，没有实用价值。如果其中一种酯不含活泼 α-氢，则缩合时有可能生成单一的产物。常用的不含活泼 α-氢的酯有甲酸酯、苯甲酸酯、乙二酸二酯和碳酸二乙酯等。

酮酯 Claisen 缩合是指在均含有活泼 α-氢的酯和酮之间进行的一种缩合。当酯 α-氢的酸性比酮 α-氢的酸性低时，则与 Knoevenagel 反应相反，强碱性催化剂使酮优先脱质子形成碳负离子，然后与酯的羰基碳原子发生亲核加成反应和脱 RO^- 而生成 β-二羰基化合物。例如，丙酮在甲醇钠的催化作用下与甲氧基乙酸甲酯缩合可制得 1-甲氧基-2,4-戊二酮：

$$CH_3O{-}CH_2\overset{O}{\overset{\|}{C}}{-}OCH_3 + CH_3\overset{O}{\overset{\|}{C}}CH_3 \xrightarrow{CH_3ONa/C_6H_4(CH_3)_2,\ 60\sim65^\circ C} CH_3O{-}CH_2\overset{O}{\overset{\|}{C}}{-}CH_2\overset{O}{\overset{\|}{C}}CH_3 + CH_3OH$$

10.5 脱卤化氢缩合

缩合时，分子间或分子内脱掉卤化物，生成新的化学键（碳-碳、碳-杂原子）的反应，称为脱卤化物缩合，大致可分为脱卤化氢、脱卤素、脱卤盐等缩合类型。它是重要的缩合反应之一。

一个反应组分具有活泼的卤素原子，而另一个组分有活泼氢存在时，在反应过程中，则容易消去卤化氢。脂肪族卤素化合物中的卤素比较活泼，一般在加热或碱性缩合剂催化下就可以进行反应，相对而言，叔碳上的卤原子最容易脱掉，仲碳上的卤原子较难脱掉，伯碳上的卤素最难脱掉。芳香族化合物的卤原子活性差，但如果在卤原子的邻、对位上有硝基存在时，则卤素很容易被取代。著名的弗里德尔-克拉夫茨反应和乌尔曼反应均属于这种类型的反应。

10.5.1 Friedel-Crafts 脱卤化氢缩合

弗里德尔-克拉夫茨反应是在路易斯酸、酸式卤化物或质子酸的催化下的亲电反应。由于多年来对此反应的研究，应用范围不断扩大，不仅限于酸催化下芳香族化合物的烷基化和酰化生成新的碳-碳键的化合物，进一步扩大到应用于脂肪族、杂环等，生成新的碳-碳、碳-卤、碳-氧等化学键的反应。从反应类型看，也不仅限于芳香族的亲电取代反应，而且发展到取代、异构化、消除、加成、热裂和缩聚反应。例如：

$$ArH + RX \xrightarrow{AlCl_3} ArR + HX \tag{10-42}$$

R=烷基,烷酰基；　　X=卤素

弗里德尔-克拉夫茨反应分为烷基化反应和酰基化反应，其中弗里德尔-克拉夫茨酰基化反应已在第 6 章“酰化反应”中详细叙述过了，本章仅讨论弗里德尔-克拉夫茨烷基化反应。

反应历程及影响因素：弗里德尔-克拉夫茨反应历程，可以分成如下两个步骤表示：

$$RX + MX_3 \rightleftharpoons \overset{\delta^+}{R}X \longrightarrow M\overset{\delta^-}{X}_3 \rightleftharpoons \overset{+}{R}MX_4^- \tag{10-43}$$

（Ⅰ）　　催化络合物（Ⅱ）

M=金属离子；X=卤素

首先，反应试剂和催化剂作用，生成催化络合物，即催化剂从反应试剂 π-或 σ-给予体接受电子而形成催化剂与试剂间的络合物。这个络合物可以是含有正碳离子的离子对，也可以是给体-受体相结合的偶极络合物。反应试剂和催化剂的种类决定络合物的组成。一般，反应试剂是卤代烷时，多为偶极络合物。反应试剂为酰卤时，以生成离子对为主。

$$\text{C}_6\text{H}_6 \xrightarrow{\overset{\delta^+}{R}-\overset{\delta^-}{X}-MX_3} \text{C}_6\text{H}_6 \to \overset{\delta^+}{R}-\overset{\delta^-}{X}-MX_3 \longrightarrow \left[\text{C}_6\text{H}_6\text{(H)(R)}^{(+)} \ + MX_4^- \right] \longrightarrow \text{C}_6\text{H}_5\text{R} + HX + MX_3 \quad (10\text{-}44)$$

式(10-44)生成的催化络合物具有亲电性，如果第二个组分为苯时，极化分子中带正电荷部分进攻芳香环 π-电子，碳卤键断裂后，与苯形成 σ-络合物，最后从苯环脱去络合物中带负电的部分，生成烷基苯。

布朗（Brown）研究了芳香族取代反应，在均相内用硝基苯作溶剂，进行弗里德尔-克拉夫茨反应的结果表明，对于下式来说：

$$ArH + Ar'CH_2Cl \xrightarrow{AlCl_3} ArCH_2Ar' \quad (10\text{-}45)$$

其反应速率 v 等于：

$$v = k[ArH][Ar'CH_2Cl][AlCl_3] \quad (10\text{-}46)$$

或

$$v = k[ArH][Ar'CH_2Cl \cdot AlCl_3]$$

催化剂：最初主要用 $AlCl_3$ 作为弗里德尔-克拉夫茨反应的催化剂。经过研究以后，许多物质都可以作为该反应的催化剂。

① 路易斯酸的金属卤化物，如 $AlCl_3$、$AlBr_3$、AlI_3、$GaCl_3$、$GaBr_3$、$InCl_3$、$InBr_3$、$SnCl_4$、$TiCl_4$、SbF_5、$SbCl_5$、WCl_5、$FeCl_3$、$ZnCl_2$、BF_3、BCl_3、BBr_3 等。

② 布朗斯特酸（质子酸），如 H_2SO_4、HF、H_3PO_4、FSO_3H、PPA、TfOH、PTS 等。

催化剂的活性与酸本身接受电子的能力有关，也就是酸的强度是决定催化剂活性的重要因素。对于一般路易斯酸的活性，有人曾列出了如下顺序：

$$AlBr_3 > AlCl_3 > FeCl_3 > ZrCl_4 > BF_3 > VCl_4 > TiCl_3 > ZnCl_2 > SnCl_4 > TiCl_4 > SbCl_5 > HgCl_2$$

上述路易斯酸的活性是路易斯酸与反应试剂的未共用对形成配价络合物的能力。由于路易斯酸接受电子的能力弱，生成离子型络合物常常需要质子酸催化。质子酸的活性如下：

$$HF > H_2SO_4 > P_2O_5 > H_3PO_4$$

路易斯酸和质子酸催化没有本质上的区别，只是酸性强弱不同其催化能力不一样。一般，质子酸的催化能力强。如果在路易斯酸中有卤化氢和水存在时，可以供给质子而起助催化作用：

$$HX + MX_3 \rightleftharpoons HMX_{4\sim6} \quad (10\text{-}47)$$

大多数情况下，催化络合物可以在低温下分离出来，用核磁共振光谱、紫外光谱、红外光谱、拉曼光谱、X 射线衍射、同位素效应等方法鉴定它们的结构。

烷基化试剂：在弗里德尔-克拉夫茨反应中，可以采用卤代烷、烯烃、醇、酯、醚等作为烷基化试剂。卤代烷与路易斯酸的反应见式(10-44)。卤代烷中卤原子的未共用电子，一部分进入路易斯酸的空轨道，生成给体-受体络合物。如果完全进入路易斯酸的 p-轨道，使其由 6 个电子变到 8 个电子，成为离子对，也就是生成离子性络合物。烷基化试剂的电子对进入路易斯酸轨道的程度，是由卤代烷中 C—X 键结合的强度和路易斯酸接受电子的能力决定的。经研究表明，对于烷基来说，按如下顺序递增：Me<Et<*i*-Pr<*t*-Bu。

对卤素来讲，按下列顺序递增：I<Br<Cl<F。

路易斯酸接受电子的能力强，反应式(10-44)即向右移动，生成离子性络合物，反之向左移动，生成偶极络合物，如果络合物的偶极性特别小，则表现出亲电性特别差，对反应第二步不利。

利用弗里德尔-克拉夫茨反应烷基化时，容易伴随发生异构化、脱烷基化等副反应，最后得到多种烷基化产物的混合物。但酰化与烷基化不同，一般不生成多取代物，没有异构化现象发生。

除烷基化、酰化反应外，在磺酰化、硝化反应中，采用弗里德尔-克拉夫茨反应的催化剂，同样生成硝化剂（或磺酰化试剂）-催化剂的络合物。磺酰基正离子组成的络合物，比碳酰基正离子亲电性强。例如：

$$RSO_2X+MX_3 \rightleftharpoons RS\overset{\delta+}{O}_2X\cdot M\overset{\delta-}{X}_3 \rightleftharpoons RSO_2^+MX_4^- \qquad (10\text{-}48)$$

$$NO_2X+MX_3 \rightleftharpoons N\overset{\delta+}{O}_2X\cdot M\overset{\delta-}{X}_3 \rightleftharpoons NO_2^+MX_4^- \qquad (10\text{-}49)$$

反应类型及实例：弗里德尔-克拉夫茨反应在有机合成中，取得广泛应用。催化剂及反应类型也在发展和扩大。在硝基化合物及其中间体的合成中的应用也日益增多。

多硝基醇和多卤化物（如 CCl_4），以 $FeCl_3$ 为催化剂进行反应，合成了四(2，2，2-三硝基乙醇)原碳酸酯。某些多硝基羧酸酯，例如，双(三硝基乙醇)己二酸酯，也是用此法合成的。

四(2，2，2-三硝基乙醇)原碳酸酯的合成，其反应式如下：

$$CCl_4+4HOCH_2C(NO_2)_3 \xrightarrow{\text{无水 }FeCl_3} C[OCH_2C(NO_2)_3]_4+HCl \qquad (10\text{-}50)$$

将 4.34g 2，2，2-三硝基乙醇和 0.4g 无水 $FeCl_3$ 加入 10mL 无水 CCl_4 中，加热回流 24h，冷却，过滤。将所得的固体悬浮在水中，冷却下滴加稀盐酸，以溶解 $FeCl_3$，过滤，所得粗品用三氯甲烷或二氯甲烷精制，得到白色晶体，得率为 85%（以三硝基乙醇计），熔点为 161～163℃分解。关于弗里德尔-克拉夫茨反应的催化剂及其产物的性质见表 10-1。

表 10-1 硝基醇的酯化反应

原料	催化剂	反应产物	熔点/℃	得率/%
$(NO_2)_3CCH_2OH,CCl_4$	$FeCl_3$	$C[OCH_2C(NO_2)_3]_4$	163 分解	85
$(NO_2)_3CCH_2OH,COCl_2$	$AlCl_3$	$CO[OCH_2C(NO_2)_3]_2$	115～116	35
$(NO_2)_3CCH_2OH$，$\begin{array}{l}NO_2\\ \vert\\ CH_2NCH_2CH_2COCl\\ \vert\\ CH_2NCH_2CH_2COCl\\ \vert\\ NO_2\end{array}$	$AlCl_3$	$\begin{array}{l}NO_2\\ \vert\\ CH_2NCH_2CH_2OCOCH_2C(NO_2)_3\\ \vert\\ CH_2NCH_2CH_2OCOCH_2C(NO_2)_3\\ \vert\\ NO_2\end{array}$	126～128	85.5
$\begin{array}{l}CH_2C(NO_2)_3\\ \vert\\ N(NO_2)CH_2CH_2OH\end{array}$，$\begin{array}{l}CH_2CH_2COOH\\ \vert\\ CH_2CH_2COOH\end{array}$	$AlCl_3$	$\begin{array}{l}CH_2N(NO_2)CH_2C(NO_2)_3\\ \vert\\ CH_2OCOCH_2CH_2C(NO_2)_3\end{array}$	40～43 分解	
$(NO_2)_3CCH_2OH$，$\begin{array}{l}CH_2CH_2COOH\\ \vert\\ CH_2CH_2COOH\end{array}$	发烟硫酸	$\begin{array}{l}CH_2CH_2COOCH_2C(NO_2)_3\\ \vert\\ CH_2CH_2COOCH_2C(NO_2)_3\end{array}$	87～88	50
$(NO_2)_3CCH_2OH,PhSO_2Cl$	$AlCl_3$	$PhSO_2OCH_2C(NO_2)_3$	108～109	95

10.5.2 Ullmann 脱卤化氢缩合

一个反应组分具有活泼的卤素原子，而另一组分具有活泼氢存在时，在反应过程中，则容易消去卤化氢。在耐热炸药合成中，由苦基卤与胺类之间的缩合反应，便是所谓的 Ullmann 脱卤化氢缩合，生成含有苦氨基的多硝化合物。与前面所说的 Ullmann 脱卤缩合制备联芳烃有所区别。由于该系列化合物往往具有较大的共轭体系，所以具有较高的熔点及良好的热安定性。

在氟化钠存在下，三硝基氯苯与芳胺反应，合成了 *N*-苦基取代芳胺：

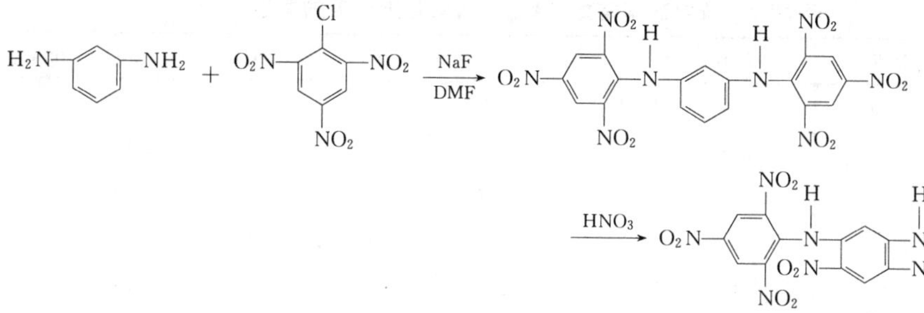

无缩合剂或有碱性缩合剂存在时，卤化物容易与胺的衍生物反应，脱掉卤化氢，生成两个分子的缩合产物。作为脱卤化氢的碱性催化剂有：无机碱、吡啶、醇金属、氧化锌、氧化镁、三氧化铝、有机胺等。

该缩合反应的历程符合一般的亲核取代 S_N2 过程，反应速率取决于胺的亲核性及卤代烃中卤素的特性。试剂的空间位阻对反应速率有很大影响。例如，带支链的卤代烃不易参加反应，带支链的仲胺活性低。芳香胺的碱性弱，反应较难，三芳基胺不能与常用的烷基化试剂作用。

氨基化合物由于氮上存在未共用电子对，所以是强亲核试剂。亲核取代一般历程分下列两步，亲核试剂（胺）与亲电中心结合（a）和消除反应（b）：

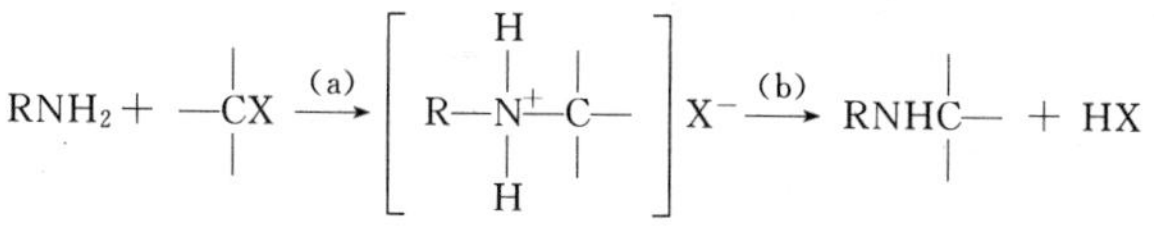

$$RNH_2 + -\overset{|}{\underset{|}{C}}X \xrightarrow{(a)} \left[R-\overset{H}{\underset{H}{N^+}}-\overset{|}{\underset{|}{C}}- \right] X^- \xrightarrow{(b)} RNH\overset{|}{\underset{|}{C}}- + HX$$

卤代芳烃活性差，但芳环上有硝基存在时，苯环的亲电性大大增强。其反应过程如下：

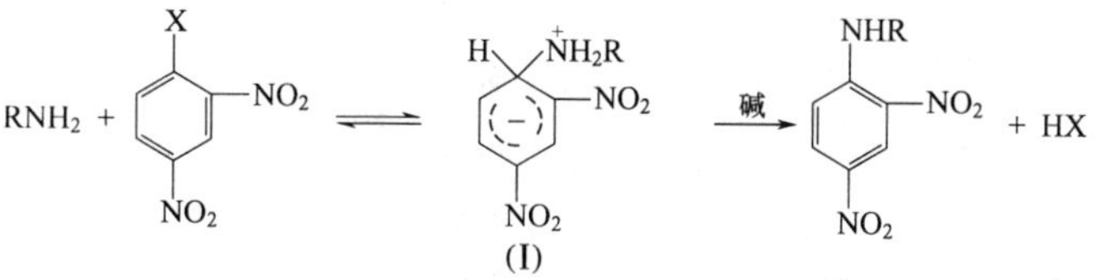

胺与二硝基卤代苯作用，生成中间体（Ⅰ），此过程为可逆过程。然后加碱催化或不用催化剂，生成二硝基苯胺。

有人研究了 Ullmann 脱卤化氢缩合反应的动力学及热力学[20]。卤化芳烃用 1-氨基-4-溴蒽醌-2-磺酸盐，芳胺用苯胺，铜离子作催化剂进行 Ullmann 脱卤化氢缩合反应，发现该反应无论是对单元卤化芳烃还是对苯胺都是一级反应，而且找出了反应速率与催化剂浓度之间的关系。ESR（electro-spin-resonance）吸收光谱表明铜催化剂以离子态存在于体系中。

(反应式：1-氨基-4-溴蒽醌-2-磺酸钠 + 苯胺 $\xrightarrow[OH^-]{Cu^{2+}}$ 1-氨基-4-苯氨基蒽醌-2-磺酸钠 + 1-氨基-4-羟基蒽醌-2-磺酸钠)

速率方程可以表示为：$v=k_{app}c_0[PhNH_2]$

式中，c_0 为初始浓度；k_{app} 为表观速率常数，它是反应条件及铜离子浓度等的函数。

k_{app} 与催化剂浓度等因素的关系见表 10-2。

表 10-2 表观速率常数（k_{app}）与催化剂浓度的关系

序 号	pH 值	T/K	$c[Cu^{2+}]\times10^4$/(mol/L)	$k_{app}\times10^2$/[L/(mol/min)]
1	9.46	343	2.62	3.23
2	9.46	343	5.81	4.86
3	9.46	343	8.32	5.61
4	9.46	343	12.87	7.07
5	9.46	343	16.64	7.53
6	9.94	343	2.50	8.46
7	9.94	343	2.80	9.55
8	9.94	343	5.02	15.74
9	9.94	343	8.12	19.58
10	9.94	343	12.50	24.96
11	9.94	343	50.00	28.72
12	10.57	343	2.74	9.06
13	10.57	343	5.54	13.67
14	10.57	343	8.11	16.90
15	10.57	343	12.88	17.82
16	9.94	333	1.72	5.76
17	9.94	333	5.50	9.91
18	9.94	333	8.29	12.29
19	9.94	333	13.08	13.98
20	9.94	333	2.72	14.21
21	9.94	353	5.35	22.89
22	9.94	353	8.17	31.72
23	9.94	353	12.84	36.86
24	9.94	363	2.96	18.05
25	9.94	363	5.54	32.33
26	9.94	363	8.22	42.55
27	9.94	363	12.77	46.69

初始速率 v_0 与苯胺浓度之间的线性关系如图 10-4 所示。为了获得反应溶液中关于催化剂特性的较多数据，研究了反应体系的 ESR 光谱。结果表明：催化剂主要以两种形式存在，并且在表观速率常数 k_{app} 与信号强度（高度）之间有较好的比例关系。而且表观速率常数 k_{app} 与吸收强度 ESR［用信号强度(cm)表示］之间有较好的比例关系。实验数据如图 10-5 所示。

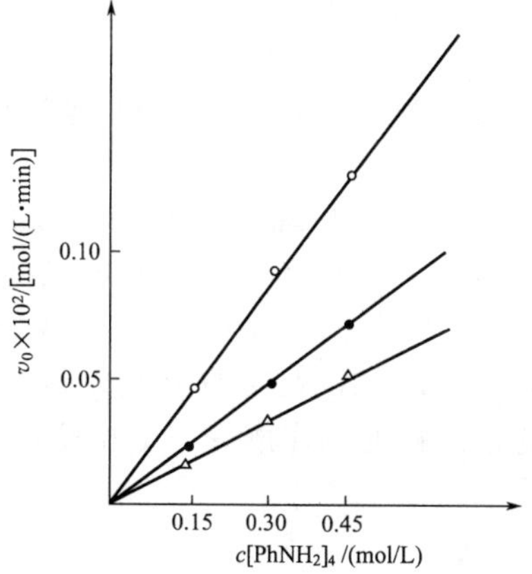

图 10-4 初始速率与苯胺浓度的关系

图中，pH=9.94，T=343K，c_0[I]=1.25×10^{-2}mol/L，

c[Cu^{2+}]=2.50×10^{-4}mol/L(△)

c[Cu^{2+}]=5.00×10^{-4}mol/L(●)

c[Cu^{2+}]=100.00×10^{-4}mol/L(○)

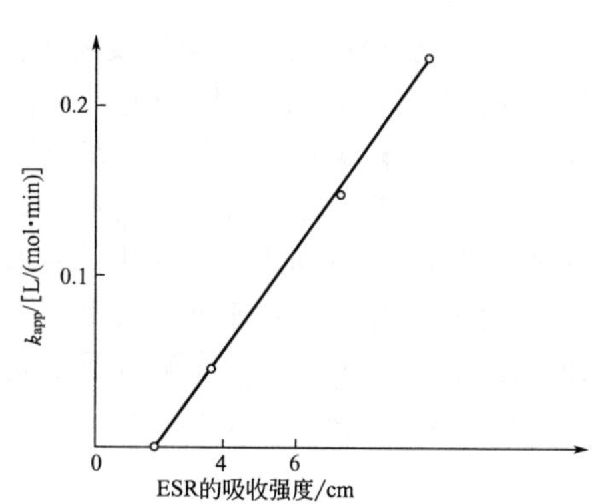

图 10-5 表观速率常数 k_{app} 与 ESR 吸收强度间的线性关系

有人还研究了 Ullmann 脱卤化氢缩合反应中介质、添加剂及取代基等因素的影响[21]。

对 1-氨基-4-溴蒽醌-2-磺酸盐与苯胺在二价铜催化下进行的 Ullmann 脱卤化氢缩合反应，研究了离子强度、pH 值、卤负离子以及取代基效应等的影响。反应体系的离子强度随加入无机盐（硫酸钠）而改变，但正如图 10-6 所示，尽管离子强度（μ）在较大范围内变化，但却没有造成任何显著影响。

据此，控制反应速率步骤中包括离子态铜的这一论点是不可能的。这一结论同热力学结论（频率因素非常低）是相互一致的。

在各种 pH 值（9.37～11.51）条件下，进行了一系列反应，该体系是通过加入 0.20mol 碳酸钠及 0.15mol 硼砂获得的。如图 10-7 所示。

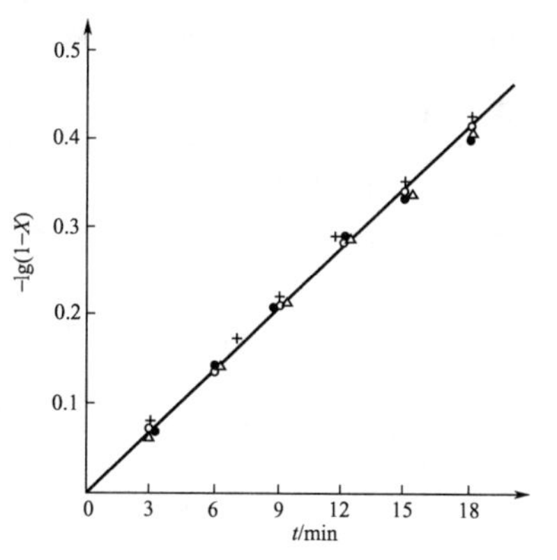

图 10-6 离子强度的影响

图中，X 为反应转化量，c_0[I]=0.31×10^{-2}mol/L，c_0[$PhNH_2$]=0.32mol/L，c_0[Cu^{2+}]=2.50×10^{-4}mol/L；pH=9.94，T=70℃，在氮气氛中实验。μ 分别为 0.435（○），0.585（△），0.885（—），1.035（+），1.485（●）

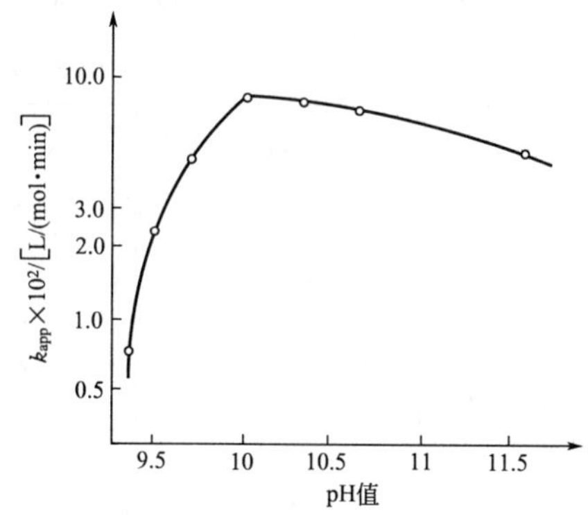

图 10-7 表观速率常数 k_{app} 与 pH 值的关系曲线

图中，c_0[I]=1.25×10^{-2}mol/L，c_0[$PhNH_2$]=0.30mol/L，c_0[Cu^{2+}]=2.50×10^{-4}mol/L，T=70℃，在氮气氛中实验

显见，在反应速率与氢离子之间不存在简单的线性关系。由于不存在离子强度的影响，

该现象显然是氢离子（pH 值）作用的结果，最佳 pH 值的存在可以说是用氢离子既能加速反应又能减缓反应的作用结果。

图 10-8 示出硫酸铜、氯化铜及溴化铜以等摩尔浓度作为催化剂时，对反应速率的影响。其结果表明三者基本上以相同的速率催化反应。

这是由于与铜离子相结合的负离子很容易被存在于体系中的其他配合体所取代。

然而，当负离子增加到足够大量时，情况就不一样了。某些负离子以它的钠盐形式引入，其影响如图 10-9 所示，给出假一级反应曲线。

从图上可看出负离子按如下顺序：$F^- \leqslant Cl^- < Br^- < I^- < CN^-$ 延缓反应。该顺序是针对二价铜离子而言的，对一价铜离子形成的配合物的稳定性的顺序刚好与上相反，为 $CN^- < I^- < Br^- < Cl^- < F^-$（表 10-3）。

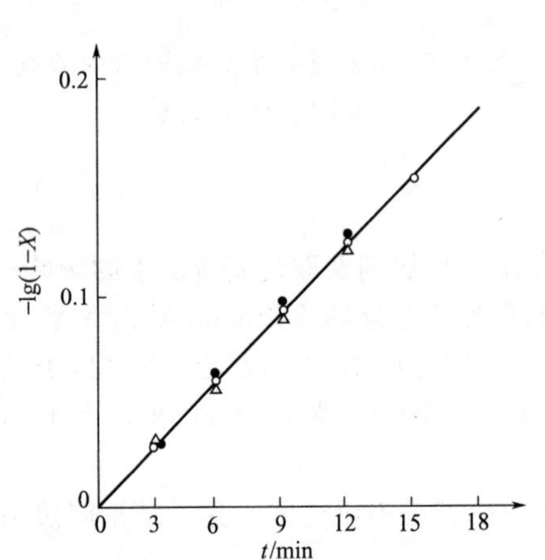

图 10-8 阴离子对反应的影响

图中，c_0[I]=1.25×10^{-2}mol/L，c_0[$PhNH_2$]=0.30mol/L，c_0[Cu^{2+}]=2.50×10^{-4}mol/L，pH=9.94，T=70℃，在氮气氛中实验。

催化剂分别为 $CuSO_4$（○），CuCl（●），CuBr（△）

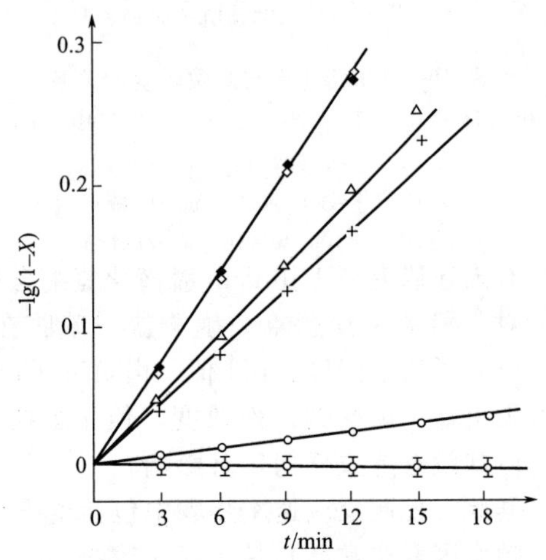

图 10-9 阴离子的影响

图中，c_0[I]=1.25×10^{-2}mol/L，c_0[$PhNH_2$]=0.30mol/L，c_0[NaX]=0.20mol/L，c_0[Cu^{2+}]=2.50×10^{-4}mol/L，pH=9.94，T=70℃，在氮气氛中实验。

X 分别为 F（○），Cl（△），Br（＋），I（■），CN（Φ）

表 10-3 Cl^- 及 Br^- 的延缓作用

序 号	[X^-]/(mol/L)	k_n	序 号	[X^-]/(mol/L)	k_n
1	0.00	1.000	6	0.10	0.785
2	0.10	0.805	7	0.20	0.607
3	0.20	0.625	8	0.30	0.430
4	0.40	0.500	9	0.40	0.236
5	0.60	0.415			

表中，c_0[I]=0.31×10^{-2}mol/L，c_0[$pHNH_2$]=0.30mol/L，c_0[Cu^{2+}]=2.50×10^{-4}mol/L，pH=9.94，T=70℃，氮气氛实验。X^-，1～5 为 Cl^-，6～9 为 Br^-。

由上述结果，人们自然会关心一价铜离子的催化作用。

人们由分子氧、亚铜及新亚铜试剂的影响以及添加负离子等的研究所获得的资料分析得出，当二价铜盐作为催化剂引进时，在反应体系中可以形成一价金属离子，并且这个一价金属离子在促进反应中起重要作用。为了获得比较直接的数据，人们使用氯化亚铜作催化剂。实验表明，初始速率似乎比用硫酸铜更高，很快达到稳定速率，但是，此稳定速率两者几乎相同，如表 10-4 所示。

表 10-4 氯化亚铜及硫酸铜活性比较

序号	$c_0[Cu^+]\times10^3/(mol/L)$	$c_0[Cu^{2+}]\times10^3/(mol/L)$	$k_{app}\times10^2/[L/(mol\cdot min)]$
1	2.00	0.00	32.30
2	0.00	2.00	36.40
3	1.00	0.00	26.90
4	0.00	1.00	28.00

表中，$c_0[I]=1\times10^{-2}mol/L$，$c_0[pHNH_2]=0.30mol/L$，pH=9.94，$T=70℃$，氮气氛中实验。

上述结果在于：亚铜离子迅速转变成二价铜离子，并且按二价离子相同的路线发生反应，反应早期较大的反应速率归因于没变化的一价铜盐，并且该阶段的反应在固体催化剂表面上进行。

使用六个取代苯胺同 1-氨基-4-溴蒽醌-2-磺酸盐反应，其中对氨基苯甲醚、苯胺、对甲苯胺及对氯苯胺所对应的反应速率符合于 Yukawa-Tsunos 方程：

$$\lg(k_X/k_B)=\rho(\sigma+\gamma\times\Delta\sigma_R{}^+)$$

式中 ρ——反应常数为−2.20；

σ——取代基常数；

γ——0.50；

$\Delta\sigma_R{}^+$——Brown-Okamoto 取代基常数与 Hammett 取代基常数之差。

并且有较好的线性关系，而对硝基苯胺及对氨基苯甲酸在上述相同反应条件下，其反应速率却相当低，以至于无法测量。显见，供电子基有利于反应进行，而吸电子基（在对位）却使反应大大减缓。

Ullmann 脱卤化氢缩合反应同样成功用于表 10-5 耐热硝基芳烃合成中。

表 10-5 应用 Ullmann 脱卤化氢缩合反应合成的耐热硝基芳烃

产物	原料 A	原料 B	熔点/℃
TPT	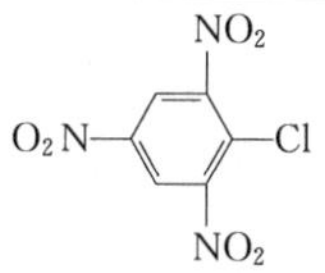 NO_2 / O_2N—(苯环)—Cl / NO_2	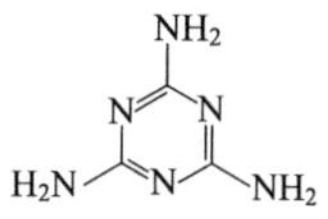 NH_2 / N N / H_2N N NH_2	303
2,6-二苦氨基-3,5-二硝基吡啶	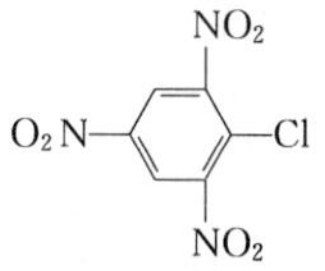 NO_2 / O_2N—(苯环)—Cl / NO_2	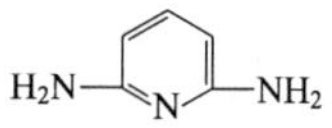 H_2N—(吡啶环) N—NH_2	360

参 考 文 献

[1] 吕春绪. 耐热硝基芳烃化学. 北京：兵器工业出版社，2000.

[2] Shipp K G，Kaplan L A. J Org Chem Soc，1966，31 (3)：857.

[3] Golding P Propell and Explo，1979，(4)：115.

[4] Gilbert E E. US4243614，1981.

[5] Sollott G P. US4268696，1982.
[6] 闻韧．药物合成反应．第3版．北京：化学工业出版社，2010.
[7] 张胜建．药物合成反应．北京：化学工业出版社，2010.
[8] 吕春绪．耐热硝基芳烃化学．北京：兵器工业出版社，2000.
[9] 周发岐．炸药合成化学．北京：国防工业出版社，1984.
[10] 唐培堃．精细有机合成化学及工艺学．第2版．天津：天津大学出版社，1999.
[11] 陈金龙．精细有机合成原理与工艺．北京：中国轻工业出版社，1992.
[12] 蒋登高．精细有机合成反应及工艺．北京：化学工业出版社，2001.
[13] 俞凌翀．有机化学中的人名反应．北京：科学出版社，1984.
[14] Хасанов В Н. и др，Ж Орг. Хим，1973，9 (1)：23.
[15] Ставровскaя А. В. Ж Орг. Хжм.，1973，9 (4)：699.
[16] Межерицкий. В В. и др，усл. хим，1973，42 (5)：896.
[17] Dewolfe R H，Carboxylic Ortho Acid Derivative Organic Chemistry a series of monographs 1970：14.
[18] Wanzlich. H N，Org Synth，1967，47：14.
[19] Ставровская А В. и др，Ж Орг Хим，1967，7：1749.
[20] Tuong T D，Hida M. Bull Chem Soc Jpn，1970，43 (6)：1763.
[21] Tuong T D，Hida M. Bull Chem Soc Jpn，1971,44 (3)：765.

11 氨解反应

氨解有时也叫做“胺化”或“氨基化”。但是氨与双键加成生成胺的反应则只能叫做胺化不能叫做氨解。广义上，氨解和胺化还包括所生成的伯胺进一步反应生成仲胺和叔胺的反应。“氨解”反应的通式可简单表示如下：

$$R—Y+NH_3 \longrightarrow R—NH_2+HY$$

式中，R 可以是脂基或芳基；Y 可以是羟基、卤基、磺基或硝基。

氨水和液氨是进行氨解反应最重要的胺化剂。有时也将氨溶于有机溶剂中或由固体化合物（尿素、铵盐）在反应过程中释放出氨来。应用最广泛的是氨水，它的优点是来源方便，适用面广，许多化合物如磺酸化合物铜盐催化剂均可溶于其中。不足之处是有机氯化物在氨水中溶解度较小，以及产生少量水解副产物。

水和其他溶剂的存在，对于氨的临界温度（131℃）以上进行的氨解反应起重要作用。例如，在封管中进行 2-氨蒽醌的氨解时，悬浮的颗粒与气态氨不能反应，而与氨水则能够反应[1]。

由氨解反应得到的各种脂肪胺和芳香胺具有十分广泛的用途。例如，由脂肪酸和胺构成的铵盐可用作缓蚀剂和矿石浮选剂，不少季铵盐是优良的阳离子表面活性剂或相转移催化剂，胺与环氧乙烷可合成得到非离子表面活性剂，某些芳胺与光气反应制成的异氰酸酯是合成聚氨酯的重要单体等。

11.1 氨解反应的基本原理

11.1.1 脂肪族化合物氨解动力学及反应历程

氨与有机化合物的反应总是采用过量的配比，反应前后氨的浓度变化较小，因此常常按假一级反应处理，而实际上是一个二级反应，即

$$\frac{dc}{dt}=kcc'$$

式中，c 和 c' 表示两种试剂的浓度；k 是速率常数。

当进行脂的氨解时，几乎仅得到酰胺一种产物。而将脂肪醇和氨反应则可得到伯、仲、叔胺的平衡混合物，因而研究较多的是酯类氨解动力学。酯氨解的反应历程可表示如下：

$$R—OH+NH_3 \rightleftharpoons R—\underset{\underset{H}{|}}{O}—H^+—NH_2^-$$

$$R—\underset{\underset{H}{|}}{O}—H^+—NH_2^- + R'COOR'' \rightleftharpoons \left[R—\underset{\underset{H}{|}}{O}—H—NH_2—\overset{\overset{R'}{|}}{\underset{\underset{OR''}{|}}{C^+}}—O^- \right] \longrightarrow R'CONH_2+R''OH+ROH$$

式中，ROH 表示羟基催化剂；R′和 R″表示酯中的脂肪烃或芳烃基团。

值得注意的是，在进行酯氨解反应时，有水存在则会产生部分水解副反应。另外，烷基的结构对氨解反应速率的影响很大，烷基或芳基的分子量越大，结构越复杂，则氨解反应速率越慢。表 11-1 是各种醋酸酯在进行氨解反应时的相对速率[2]。

表 11-1 所测的氨解相对速率数据与上面给出的反应历程是一致的。

在酯的氨解反应中，乙二醇是较好的催化剂，因为它能形成如下环状氢键结构：

H
|
H_2C—O···H
|　　　　　＼
|　　　　　　N—H
|　　　　　／
H_2C—O···H
|
H

表 11-1　醋酸酯氨解的相对反应速率（25℃）（以醋酸甲酯为基准）

酯	100h	300h	酯	100h	300h
醋酸苯酯	1365.0	1443.0	醋酸乙酯	0.358	0.300
醋酸乙烯酯	909.0	957.0	醋酸正丁酯	0.185	0.149
醋酸甲酯	1.000	1.000	醋酸异丁酯	0.136	0.109
醋酸苄酯	0.649	0.678	醋酸叔丁酯	0.0750	0.0643

11.1.2　芳香族化合物氨解动力学及反应历程

对于芳香族化合物的氨解，按氨基置换基团的类别作如下讨论。

（1）氨基置换卤原子

按卤素衍生物活性的差异，可分为非催化氨解和催化氨解。

① 非催化氨解　对于活泼的卤素衍生物，如芳环上含有硝基的卤素衍生物，通常以氨水处理时，可使卤素被氨基置换。例如，邻或对硝基氯苯与氨水溶液加热时，氯被氨基置换反应按下式进行：

$$p\text{-}ClC_6H_4NO_2 + 2NH_3 \longrightarrow p\text{-}H_2NC_6H_4NO_2 + NH_4Cl$$

氯的氨解反应属亲核置换反应，反应分两步进行，首先是带有未共用电子对的氨分子向芳环上与氯相连的碳原子发生亲核进攻，得到带有极性的中间加成物，此加成物迅速转化为铵盐，并恢复环的芳香性，最后再与一分子氨反应，即得到反应产物；速率决定步骤是氨对氯衍生物的加成。对硝基氯苯的氨解可用下列方程式描述：

$$p\text{-}ClC_6H_4NO_2 + NH_3 \rightleftharpoons [\text{Cl}, \overset{+}{N}H_3\text{ 加成物}, =\overset{+}{N}(O^-)_2] \xrightarrow{-Cl^-} p\text{-}H_3\overset{+}{N}C_6H_4NO_2 \xrightarrow{+NH_3,\,-NH_4^+} p\text{-}H_2NC_6H_4NO_2$$

芳胺与 2,4-二硝基卤苯的反应也是一双分子亲核置换反应，其反应历程的通式如下[3]：

$$ArNH_2 + 2,4\text{-}(NO_2)_2C_6H_3X \rightleftharpoons [X, \overset{+}{N}H_2Ar\text{ 加成物}, -NO_2, =N(O^-)_2] \longrightarrow 2,4\text{-}(NO_2)_2C_6H_3NHAr + HX$$

动力学研究证明了反应是双分子的，反应速率直接正比于氨和氯化物的浓度，当氨水大大过量时，可近似认为在反应过程中其浓度不变。动力学方程式可按假一级考虑：

$$\frac{dx}{dt} = k(a - x)c$$

式中 a——硝基氯苯的初始浓度，mol/L；

c——氨的浓度，mol/L；

x——$t$min 后，硝基氯苯的浓度减少量，mol/L；

k——反应速率常数，L/（mol·min）；

t——反应时间，min。

上式积分得

$$k=\frac{1}{tc}\ln\frac{a}{a-x}$$

测定不同温度下的反应速率常数，由上式便可求出对硝基氯苯与邻硝基氯苯的氨解速率常数与温度的关系式以及反应的活化能。对硝基氯苯与邻硝基氯苯与氨溶液反应的活化能分别为 86kJ/mol 和 90kJ/mol，其氨解的速率常数与温度的关系分别服从下列二式：

$$\lg k_{邻}=7.20-\frac{4482}{T}\pm 0.01$$

$$\lg k_{对}=7.24-\frac{4681}{T}\pm 0.01$$

式中，T 为热力学温度，K。

② 催化氨解　氯苯、1-氯萘、1-氯萘-4-磺酸和对氯苯胺等，在没有铜催化剂存在时，在 235℃、加压下与氯不会发生反应；然而在有铜催化剂存在时，上述氯衍生物与氨水共热至 200℃时，都能反应生成相应的芳胺。在氨解反应的动力学研究中已指出：反应速率直接正比于铜催化剂和氯衍生物的浓度，而与氨水浓度无关。因此，可设想，反应是分两步进行的：第一步是由催化剂和氯化物生成加成产物，即生成一正离子络合物，这就是反应速率决定步骤：

$$[ArCl\cdot Cu(NH_3)_2]^+ \xrightarrow[k_1]{+2NH_3} ArNH_2+Cu(NH_3)_2^+ +NH_4Cl$$

$$[ArCl\cdot Cu(NH_3)_2]^+ \xrightarrow[k_2]{+OH^-} ArOH+Cu(NH_3)_2^+ +Cl^-$$

$$[ArCl\cdot Cu(NH_3)_2]^+ \xrightarrow[k_3]{+ArNH_2} Ar_2NH_2+Cu(NH_3)_2^+ +HCl$$

正离子络合物提高了氯的活泼性，很快与氨、氢氧离子或芳胺按下列方程反应：

$$ArCl+[Cu(NH_3)_2]^+ \longrightarrow [ArCl\cdot Cu(NH_3)_2]^+$$

分别得到主产物芳胺，副产物酚和二芳胺，同时又生成铜氨离子，这是反应的第二步。

全部过程的速率不决定于氨的浓度，但主、副产物的比例决定于氨、氢氧根和芳胺的比例，下式已为氯苯氨解实验所证实：

$$\frac{[C_6H_5NH_2]}{[C_6H_5OH]}=K\frac{[NH_3]}{[OH^-]}$$

式中，K 是生成苯胺和苯酚的两速率常数之比，即：

$$K=\frac{k_1}{k_2}$$

副产物的生成随氨浓度的增加而减少（由于$[NH_3]/[OH^-]$比增加）。在铜氨络合离子存在下，氯苯氨解反应的活化能约为 71kJ/mol。

③ 用氨基碱氨解　当氯苯用 KNH_2 在液氨中进行氨解反应时，产物中有将近一半的苯胺，其氨基连接在与原来的氯互为邻位的碳原子上：

$$C_6H_5Cl^{*} \xrightarrow[-HCl]{KNH_2,NH_3} C_6H_5NH_2\,(^{*}C\text{ 上连 }NH_2) + C_6H_5NH_2\,(NH_2\text{ 在 }^{*}C\text{ 邻位})$$

该反应按苯炔历程进行，NH_2^- 是以碱的形式而不是亲核试剂方式开始进攻，首先发生消除反应，氨基负离子夺取一个氢质子形成氨和负碳离子，负碳离子再失去卤离子而形成苯炔，生成的苯炔迅速与亲核试剂加成，产生负碳离子，该负碳离子从 NH_3 上获取质子而得产物，如下式所示：

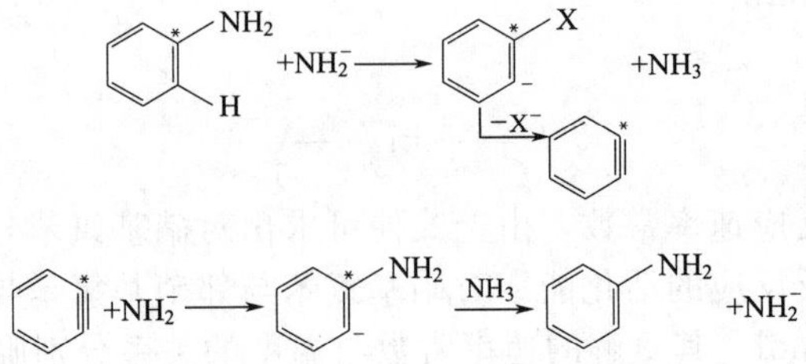

在苯炔中标记的碳和它相邻的碳是等同的，所以 NH_2^- 能等同地加到任一碳原子上。显然这是一个消除-加成的反应历程。

需要指出的是，通过生成中间物苯炔的氨解方法，除了具有理论价值外，还被用来合成某些用一般方法不易得到的产品，如 3-氨基-4-苯基苯甲醚的合成就采用此种方法。

(2) 氨基置换烃基

对于某些胺类，如果采用硝基的还原或其他方法来制备并不经济，而相应的羟基化合物却有充分供应时，则羟基化合物的氨解过程就有重要意义。氨基置换羟基这条途径过去主要应用在萘系和蒽醌系芳胺衍生物的合成上，近十几年来又发展了在催化存在下，通过气相或液相氨解，制取包括苯系在内的芳胺衍生物。

羟基被置换成氨基的难易程度与羟基转化成酮式（即醇式转化为酮式）的难易程度有关。一般来说，转化成酮式的倾向性越大，则氨解反应越容易发生。

萘系羟基衍生物在酸式亚硫酸盐存在下转变为氨基衍生物的反应，称为布赫尔(Bucherer) 反应：

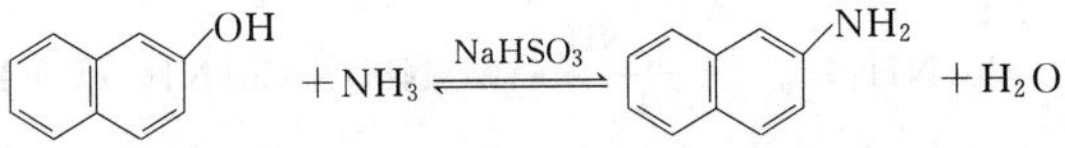

反应动力学研究表明，β-萘酚与氨在 NH_4HSO_3 作用下生成β-萘胺，其反应速率与β-萘酚及亚硫酸浓度成正比：

$$r = k[\beta - C_{10}H_7OH][HSO_3^-]$$

而 1-萘酚-5-磺酸的氨解速率与羟基物的一次方、亚硫酸盐浓度的二次方成正比。

1-萘酚和 2-萘酚中的羟基都能在酸式亚硫酸盐存在下置换成氨基，但它们的磺基衍生物并非都能顺利地进行这类反应。其规律如下：

① 当羟基处于 1 位时，2 位或 3 位的磺基对氨解反应起阻碍作用，若在 4 位上存在磺基，则反应容易进行；

② 当羟基处于 2 位时，3 位或 4 位的磺基对氨解反应起阻碍作用，而 1 位上的磺基则起促进作用；

③ 当羟基和磺基不处于同一环时，磺基的影响很小。

(3) 氨基置换硝基

由于向芳环上引入硝基的方法早已成熟，因此近十几年来利用硝基作为离去基团在有机合成中的应用发展较快。硝基作为离去基团被其他亲核质点置换的活性与卤化物相似。氨基置换硝基的反应按加成-消除反应历程进行。

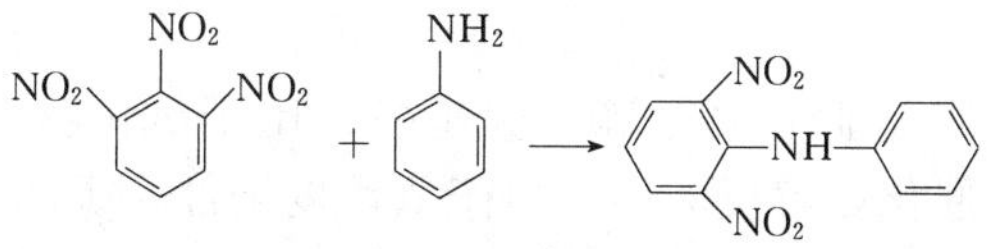

硝基苯、硝基甲苯等未被活化的硝基不能作为离去基团发生亲和取代反应。

（4）氨基置换磺基

磺基的氨解也属于亲核置换反应。磺基被氨基置换只限于蒽醌系列，蒽醌环上的磺基由于受到羟基的活化作用容易被氨基置换。其历程如下：

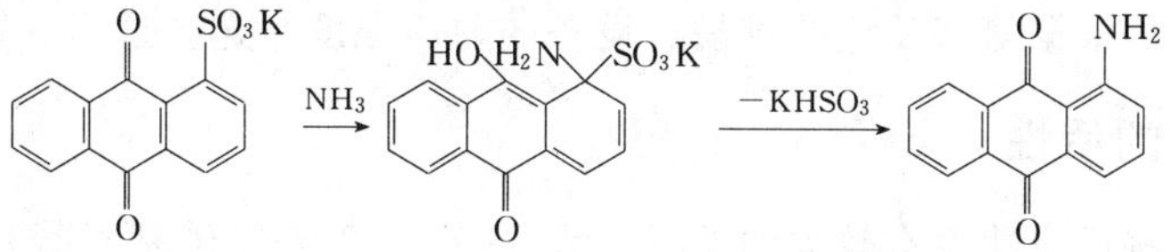

反应中生成的亚硫酸氢盐能与反应产物作用，使产品的质量和收率下降，因此要向反应物中加入温和的氧化剂将亚硫酸盐氧化成硫酸盐。最常用的氧化剂是间硝基苯磺酸钠，其用量按每一个磺基被置换为氨基需要 1/3 间硝基苯磺酸钠来计算。

苯系和萘系磺酸化合物，尤其是当环上不含吸电子取代基时，氨解反应要困难得多，需要采用氨基钠和液氨在加压加热条件下反应。它属于 S_N2 亲核取代历程，其反应通式如下：

$$ArSO_3Na + 2NaNH_2 \longrightarrow ArNHNa + Na_2SO_3 + NH_3$$

$$ArNHNa + H_2O \longrightarrow ArNH_2 + NaOH$$

表 11-2 是以氨基钠为反应剂时的部分反应实例。

表 11-2 以氨基钠为反应剂时的部分反应实例

磺 酸 盐	温度/℃	转化率/%	生成物	收率/%
1-萘磺酸	80	76.4	1-萘胺	75.8
1,5-萘二磺酸	80	79.4	1-萘胺-5-磺酸	78.5
苯磺酸	100	93.1	苯胺	84.5
对苯二磺酸	80	95.6	对氨基苯磺酸	94.6

11.2 影响因素

11.2.1 胺化剂

常用的胺化剂可为各种形式的氨、胺以及它们的碱金属盐、尿素、羟胺等，但对于液相氨解反应，氨水仍是应用量最大和应用范围最广的胺化剂。使用氨水时，应注意氨水的浓度及用量的选择。表 11-3 是在 0.1MPa 压力下氨在水中的溶解度数据。

表 11-3 在 0.1MPa 压力下氨在水中的溶解度

温度/℃	0	10	20	30	40	50	60	70	80	90
溶解度/(g NH_3/100 g 溶液)	47.4	40.7	34.1	29.0	25.3	22.1	19.3	16.2	13.3	10.2

芳香氯化物氨解时所用氨的物质的量之比称为氨比，理论氨比为 2，实际上，间歇氨解时，氨比为 6～15，连续氨解时为 10～17，这是因为增加氨水用量能提高氯化物的溶解量，改进反应物料的流动性，减少副产物二芳胺的生成。氨解反应中生成的氯化氢与氨结合生成 NH_4Cl，25℃时 pH 值为 4.7，对设备有强烈的腐蚀作用；如果过量氨存在，则可减少其腐蚀作用。当 $NH_4Cl : NH_3 = 1 : 10$ 时，腐蚀作用就很弱了；但用量太大则会增加回收氨的

负荷，并降低生产能力。

反应动力学研究已证明，非催化氨解反应速率正比于氯化物和氨水浓度，氨水浓度增加，反应速率加快。但在催化氨解反应中，由于氨浓度增加，提高了氯化物在氨水中的溶解度，因而也加快了反应速率。例如，氯苯在29%氨水中的溶解度为13%，在20%氨水中的溶解度则为6.4%。氨水浓度的增加使转化为伯胺的反应较完全，抑制了仲胺、叔胺及羟基化合物的生成，因此也提高了产率。例如，对硝基氯苯氨解时，用60%氨水在220～240℃反应所得收率最高。但应指出，由于受到溶解度的限制，要配制高浓度的氨水是困难的，因此常采用液氨提高浓度的方法。此外，氨的浓度越高，则在相同温度下的饱和蒸气压越高，因此，生产上往往是根据氨解反应的难易、设备的耐压强度来选择适当的氨水浓度。

11.2.2 卤化物的活性

不同卤素的氨解反应速率有较大的差异，表11-4是2,4-二硝基卤萘和2,4-二硝基卤苯在乙醇中50℃与苯胺的反应速率常数 k 值。

表 11-4 2,4-二硝基卤萘和2,4-二硝基卤苯与苯胺的反应速率

X	$k\times10^4$/[L(mol·s)]		$k_{萘}/k_{苯}$	X	$k\times10^4$/[L(mol·s)]		$k_{萘}/k_{苯}$
	2,4-二硝基卤萘	2,4-二硝基卤苯			2,4-二硝基卤萘	2,4-二硝基卤苯	
I	224	1.31	171	Cl	437	2.69	162
Br	479	4.05	118	F	1910	168	11.3

由表11-4可以看出：卤萘中卤原子的活性比相应的卤苯要高许多，萘衍生物反应的较大速率是由其较低的活化能决定的。从表11-4还可以看出：在非催化氨解反应中氟的置换反应速率大大超过氯和溴，氯和溴又比碘容易些，卤素衍生物的置换速率随卤素性质按下列排序变化：

$$F>Cl>Br>I$$

卤化物上已有取代基对反应速率也有很大影响，通过取代基的强吸电子作用而对负离子中间物的稳定效应只能通过共轭效应来产生。

11.2.3 溶解度与搅拌

在液相氨解反应中，胺化速率取决于反应物质的均一性，在不采用搅拌时，由于氯化物的密度较大而沉到高压釜底部，而氨水溶液却在上面成为明显的一层，反应只会在有限的界面上发生，影响了反应的正常进行和热量的传递，因此，在间歇氨解的高压釜中，要求装配良好的搅拌器，在连接管式反应器中，则要求物料呈湍流状态，以保证良好的传热和传质。

卤素的氨解反应是在水相中进行的，提高卤素衍生物在氨水中的溶解度，能加快氨解反应速率，当增加氨水浓度或提高反应温度时，都可促进溶解。

11.2.4 温度

如前所述，提高反应温度可以增加有机作用物在氨水中的溶解度和加快反应速率，因此对缩短反应时间有利；但是温度过高，会增加副反应，甚至出现焦化现象，同时压力也将升高。

氨解反应是一个放热反应，其反应热约为93.8kJ/mol。如果反应速率过快，将使反应热的移除发生困难，因此对每一个具体氨解反应都规定有最高允许温度。例如，图11-1是邻硝基苯的氨解速率常数与温度的关系。邻硝基苯胺在270℃发生分解，因此连续氨解温度不允许超过240℃。

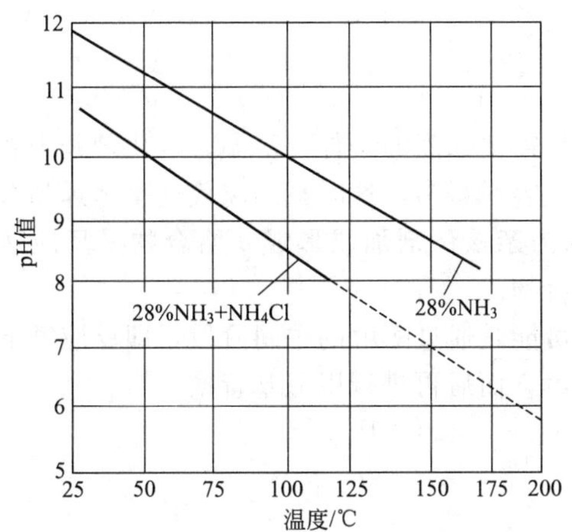

图 11-1 邻硝基氯苯的氨解速率常数曲线

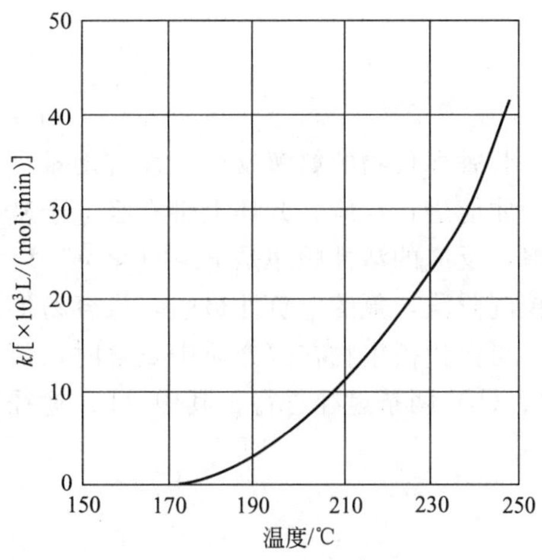

图 11-2 氨水的 pH 值与温度的关系

对于有机氯化物的氨解，温度还会影响介质的 pH 值。由图 11-2 可以看出：28% NH_3 在 180℃时的 pH＝8，在有氯化铵存在时，则 pH 值将为 6.3。因此从防腐观点考虑，在采用碳钢材质的高压釜中进行间歇氨解时，温度应低于 175～190℃；在不锈钢管式反应器中进行连续氨解，可允许在较高温度下反应。

11.3 氨解方法

用氨解法制取胺常常可以简化工艺，降低成本，改进产品质量和减少“三废”，近年来其重要性日益增加，应用范围不断扩大。此外，通过水解、加工和重排反应制胺，工业上有一定的应用。

11.3.1 卤代烃氨解

卤烷与氨、伯胺或仲胺的反应是合成胺的一条重要路线。由于脂肪胺的碱度大于氨，反应生成的胺容易与卤烷继续反应，因此用本方法合成脂肪胺时得到的常为混合胺。

$$RX \xrightarrow{NH_3} RNH_2 \cdot HX$$

$$RX \xrightarrow{RNH_2} R_2NH \cdot HX$$

$$RX \xrightarrow{R_2NH} R_3N \cdot HX$$

一般来说，小分子量的卤烷进行氨解反应比较容易，可以用氨水作胺化剂。大分子量卤烷的活性较低，要求用氨的醇溶液或液氨作胺化剂。卤烷的活性顺序是 I＞Br＞Cl＞F。当叔卤代烷氨解时，由于空间位阻的缘故，将同时进行消除反应，副产大量烯烃。因此，一般不宜采用叔卤烷氨解路线制叔胺。另外，由于得到的是伯胺、仲胺与叔胺混合物，要求庞大的分离系统。而且必须有廉价的原料卤烷，因此除乙二胺等少数品种外，多数腈、酯、胺产品已不采用这条路线生产。

对氨基三氟甲苯[4]由于其不仅具有氟化物的一般共性及生物活性。同时由于氨基对苯环的活化作用，使得该化合物活性点多，容易进一步发生反应，所以它又是一种重要的医药中间体。在对氯三氟甲苯的氨解中，以氯化亚铜和氟化钾为催化剂，在甲醇或乙醇中可以大大提高该反应的转化率，产率达到 30%～35%。

$$\text{4-}CF_3C_6H_4Cl \xrightarrow[NH_3]{Cu_2Cl_2,KF} \text{4-}CF_3C_6H_4NH_2$$

芳香卤代物的氨解反应比卤烷困难得多，往往需要强烈的条件（高温、催化剂和强胺化剂）才能进行反应。芳环上带有吸电子基团时反应容易得多，这时氟的取代速率远远超过氯和溴，反应的活性顺序是 F>Cl≈Br>I。这是因为亲核试剂加成形成 σ-络合物是反应速率的控制阶段，氟的电负性最强，最容易形成 σ-络合物。

当卤代衍生物在醇介质中氨解时，部分反应可能是通过醇解的中间阶段，即反应循下述（a）、（b）两条途径进行，其中（b）途径发生醇解，而后再进行甲氧基置换。

$$\text{2,4-}(NO_2)_2C_6H_3Cl + C_6H_{11}NH_2 \xrightarrow{(a)} \text{2,4-}(NO_2)_2C_6H_3NHC_6H_{11}$$

$$\xrightarrow{(b)} \text{2,4-}(NO_2)_2C_6H_3OCH_3 \longrightarrow \text{2,4-}(NO_2)_2C_6H_3NHC_6H_{11}$$

溶剂的性质对多卤蒽醌的氨解产物结构有重要的影响。例如，1,2,3,4-四氟蒽醌与哌啶在苯（非极性溶液）中 80℃ 反应，得到 86% 的 1-哌啶基衍生物；改用二甲基亚砜作溶剂（极性溶剂），则得到 82% 的 2-哌啶基衍生物。

由此可见，卤化物的结构以及反应条件，对氨解反应速率和所得产物的结构有重要的影响，在选择氨解方法时必须考虑这个因素。

11.3.2 醇与酚的氨解

（1）醇类的氨解

醇类与氨在催化剂作用下生成胺类是目前制备低级胺和一些长链胺类的常用方法。

$$ROH + NH_3 \xrightarrow[\triangle]{\text{催化剂}} RNH_2 + H_2O$$

所得的产物也是伯、仲、叔胺的混合物。采用过量的醇，生产较多的是叔胺；采用过量的氨，则生成较多的伯胺。催化剂除选用 Al_2O_3 外，还可选用脱氢催化剂如载体型镍、钴、铁、铜、氢，用于催化的活化。例如，在 $CuO\text{-}Cr_2O_3$ 催化剂及氢气的存在下，一些长链醇与二甲胺反应可得到高收率的叔胺。

$$R{-}OH + Me_2NH \xrightarrow[220\sim235℃]{H_2,CuO\text{-}Cr_2O_3} R{-}NMe_2 \quad 96\%\sim97\%$$

$$R = C_8H_{17}, C_{12}H_{25}, C_{16}H_{33}$$

醇类氨解由于有多种平衡反应同时发生，因此是一个相当复杂的过程，通过反应条件的控制，如温度、氨比及压力等，可控制产物组成的分布。图 11-3 表示氨比对乙醇氨解制乙胺产物组成的影响。

在环己醇气相氨化法中，以 Ni-硅藻土、Cu-Zn 为催化剂，环己醇、NH_3、H_2（摩尔比为 1∶10∶10）于 160～180℃ 和常压下加氢，得到加氢产物中环己胺与二环己胺比例为 3∶1，环己醇转化率为 70%～80%[5]。

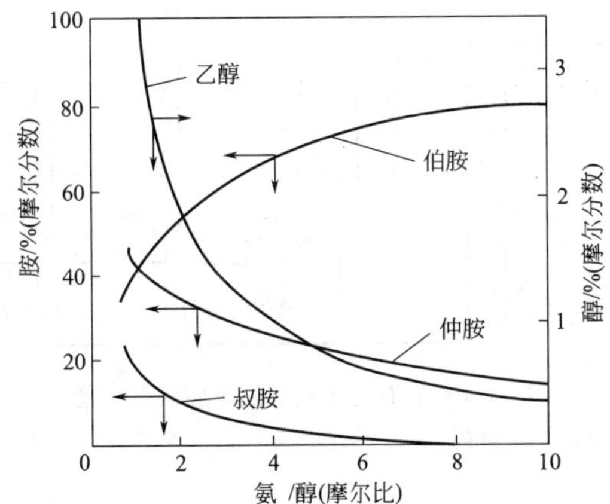

图 11-3 氨比对产物组成的影响

（温度 200℃，压力 0.1MPa，氢：乙醇=4：1）

$$3\ \text{C}_6\text{H}_{11}\text{—OH} + 2NH_3 \xrightarrow{H_2} \text{C}_6\text{H}_{11}\text{—NH}_2 + \text{C}_6\text{H}_{11}\text{—NH—C}_6\text{H}_{11} + 3H_2O$$

又如：羟乙基磺酸钠氨解酸化法是合成牛磺酸的方法之一[6]。其工艺路线如下：

$$\text{环氧乙烷} + NaHSO_3 \xrightarrow{\text{PEG-600}} HOCH_2CH_2SO_3Na \xrightarrow{NH_3\ H_2O} H_2NCH_2CH_2SO_3Na \xrightarrow{H^+} H_2NCH_2CH_2SO_3H$$

（2）酚类的氨解

酚类的氨解方法与其结构有密切关系。不含活化取代基的苯系单烃基化合物的氨解，要求十分剧烈的反应条件。工业上实现酚类的氨解法一般有两种：一种是气相氨解法，它是在催化剂（常为硅酸铝）存在下，气态酚与氨进行的气固相催化反应；二是液相氨解法，它是酚类与氨水在卤化锡、三卤化铝、氯化铵等催化剂存在下于高温高压下制取胺类的过程。

如间苯二酚氨解生产间氨基酚，采用无水的含 NH_3 的有机溶剂代替氨水作氨解剂，并采用硅酸铝 LZM-8 作催化剂，间苯二酚的转化率可达 94%[7]。

$$\text{间苯二酚(OH, OH)} + NH_3 \xrightarrow{\text{催化剂}} \text{间氨基酚(NH}_2\text{, OH)} + H_2O$$

苯酚气相催化氨解制苯胺是典型的、重要的氨解过程。苯胺为一通用中间体，主要用于生产聚氨酯泡沫塑料。

苯酚和氨气生成苯胺和水的反应是可逆的：

$$\text{C}_6\text{H}_5\text{OH} + NH_3 \rightleftharpoons \text{C}_6\text{H}_5\text{NH}_2 + H_2O$$

图 11-4 为苯酚气相氨解制苯胺的工艺流程图。

苯酚和氨的气体进入装有催化剂的绝热式固定床反应器中，通过硅酸铝催化剂进行氨解反应，生成的苯胺和水经冷凝进入氨回收蒸馏塔，自塔顶出来的氨气经分离器除去氮、氢，氨可循环使用。脱氨后的物料先进入干燥器中脱水，再进入提纯蒸馏塔，塔顶得到产物苯胺，塔底为含二苯胺的重馏分，塔中分出的苯酚-苯胺共沸物，可返回反应器继续反应。苯酚的转化率为 95%，苯胺的收率为 93%。

苯酚氨解法生产苯胺的设备投资仅为硝基苯还原法的 1/4，且催化剂的活性高、寿命长，“三废”量少。如有廉价的苯酚供应，此法是有发展前途的路线。

2-羟基萘-3-甲酸与氨水及氯化锌在高压釜中 195℃反应 36h，得到 2-氨基萘-3-甲酸，收

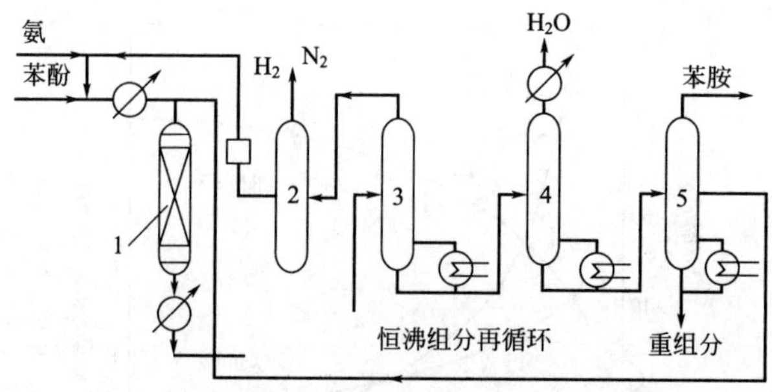

图 11-4　苯酚气相氨解制苯胺流程示意

1—反应器；2—分离器；3—氨回收塔；4—干燥器；5—提纯蒸馏塔

率为 66%～70%。

$$\text{(OH, COOH)} + NH_3 \xrightarrow{ZnCl_2} \text{(NH}_2\text{, COOH)} + H_2O$$

1,4-二羟基蒽醌在硼酸、锌粉存在下，与过量甲苯胺反应，可制得 1,4-二对甲苯氨基蒽醌，它是酸性染料中间体。

$$\text{(O, OH, O, OH)} + \text{(NH}_2\text{, Me)} \xrightarrow[Zn, HCl]{H_3BO_3} \text{(O, HN–Me, O, HN–Me)} + 2H_2O$$

11.3.3　硝基与磺基的氨解

11.3.3.1　硝基氨解

关于硝基的氨解，这里主要介绍硝基蒽醌氨解为氨基蒽醌[8]。由 1-硝基蒽醌氨解制 1-氨基蒽醌的反应式如下：

$$\text{(O, NO}_2\text{, O)} + 2NH_3 \longrightarrow \text{(O, NH}_2\text{, O)} + NH_4NO_2$$

由 1-硝基蒽醌制备 1-氨基蒽醌一般均采用硫化碱还原法或加氢还原法，但硫化碱还原法对环境的污染比较大。氨解法是近年来比较受人关注的 1-氨基蒽醌生产绿色工艺。

将 1-硝基蒽醌与过量的 25%的氨水在氯苯中于 150℃和 1.6MPa 压力下反应 8h，可得到收率为 99.5%的 1-氨基蒽醌，其纯度达 99%。采用 C_1～C_8 的直链一元醇或二元醇的水溶液作溶剂，使 1-硝基蒽醌与过量氨水在 110～115℃反应，亦可得到定量收率的 1-氨基蒽醌。

此外，通过高压计量泵的控制，将 1-硝基蒽醌的 40%甲苯溶液、液氨及催化剂氯化铵的 1%正丁醇溶液以流量比 9.25∶1∶1.85 进入预混合器，之后以 0.15mL/s 的总流量流经外径 6mm、内径 3mm、总长 50m 的管道反应器进行反应，反应温度 200℃，反应压力 15MPa，反应停留时间 40min，减压精馏得到 1-氨基蒽醌红色固体，熔点 235～236℃，含量 98.5%，收率 95%[9]。装置如图 11-5 所示。

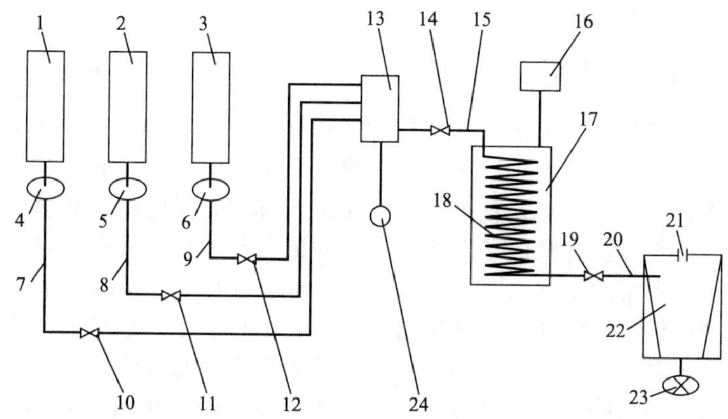

图 11-5 管道化氨解装置图

1—1-硝基蒽醌计量罐；2—催化剂计量罐；3—液氨的计量罐；4～6—高压计量泵；7～9，15，20—管路；10～12，14，19—截止阀；13—预混合器；16—压力表；17—油浴加热；18—反应盘管；21,23—物料出口；22—保温膨胀器；24—磁力搅拌

不管采用哪种工艺流程，值得注意的是，在氨解过程中如果 NH_4NO_2 大量聚积，干燥时会有爆炸危险。采用过量较多的氨水使 NH_4NO_2 溶在氨水中，出料后再用水冲洗反应器，可防止事故发生。

1-硝基蒽醌在苯介质中于 50℃下与哌啶的反应速率为 1-氯蒽醌进行同样反应时的 12 倍。1-硝基蒽醌在乙醇中于 50～60℃与丁胺反应，主要得到硝基被丁胺取代的产物，收率为 74%。这两个例子都说明，作为离去基团，硝基比氯活泼得多。

11.3.3.2 磺基氨解

通常磺基氨解只限于蒽醌系列。磺基氨解的一个重要用途是将 α-蒽醌磺酸氨解制成 α-氨基蒽醌，其工艺条件是以过量 25%氨水与 α-蒽醌磺酸钾盐在间硝基苯磺酸钠及硫酸铵的存在下，在高压釜中于 180℃反应 14h，收率为 76%[10]。

$$\text{蒽醌} + SO_3 \longrightarrow \text{1-}SO_3H\text{-蒽醌} \longrightarrow \text{1-}SO_3K\text{-蒽醌} \longrightarrow \text{1-}NH_2\text{-蒽醌}$$

由这条路线得到的产品质量高，但是在制备 α-蒽醌磺酸时，需加入有毒的汞催化剂定位，故 20 世纪 70 年代以后这条路线几乎被淘汰，而改为硝化-还原或硝化-氨解路线。中国现在已改为由硝化-还原法生产 1-氨基蒽醌；而由蒽醌-2-磺酸制取 2-氨基蒽醌的方法已由 2-氯蒽醌氨解法代替，故较有实际意义的是 2，6-蒽醌二磺酸氨解制备 2，6-二氨基蒽醌。其反应式如下：

$$\text{2,6-}(SO_3NH_4)_2\text{-蒽醌} + NH_3 + \text{间-}O_2N\text{-}C_6H_4\text{-}SO_3Na + H_2O \xrightarrow[\substack{180\sim184℃ \\ 3.8\sim4MPa}]{24\%NH_3} \text{2,6-}(NH_2)_2\text{-蒽醌} + \text{间-}H_2N\text{-}C_6H_4\text{-}SO_3Na + (NH_4)_2SO_4$$

2，6-二氨基蒽醌是制备黄色染料的中间体，反应中的间硝基苯磺酸被还原成间氨基苯磺酸，使亚硫酸盐氧化成硫酸盐。

11.3.4　芳环上的直接氨解

按一般方法，要在芳环上引入氨基，通常先引入—Cl、$—NO_2$、$—SO_3H$ 等吸电子取代基，以降低芳环的碱性，然后，再进行亲核置换成氨基。但从实用的观点看，如能对芳环上的氢直接进行亲核置换引入氨基，就可大大简化工艺过程，因而是特别引人注目的。要使该反应实现，首先芳环上应存在吸电子取代基，以降低芳环碱性；其次，要有氧化剂或电子受体参加，以便在反应中帮助 H^- 脱去，所以用氨基对包含有电子受体的原子或基团的芳香化合物进行氢的直接取代是可能的。应该指出，这种方法目前还处于探索性的研究阶段。比较重要的直接氨化反应是以羟胺为反应剂和以氨基钠为反应剂的方法。

碱性介质中以羟胺为胺化剂的直接氨解是最重要的直接氨解方法，属于亲核取代反应。当苯系化合物中至少存在两个硝基，萘系化合物中至少存在一个硝基时，可发生亲核取代而生成伯胺。

$$\text{1,3-}C_6H_4(NO_2)_2 \xrightarrow[\text{碱性}]{NH_2OH} \text{2,4-}(NO_2)_2C_6H_3NH_2 \qquad \text{1-}C_{10}H_7NO_2 \xrightarrow[\text{碱性}]{NH_2OH} \text{4-}NH_2\text{-}C_{10}H_6NO_2$$

向含氮杂环化合物中直接引入氨基的合成路线，已被工业上用来合成 2-氨基吡啶和 2，6-二氨基吡啶，以及其他氮杂环氨基化合物。杂环化合物的活性大小取决于以下几个因素：碱性的强弱，即化合物在 $NaNH_2$ 表面的吸着能力与碱性大小有关；α-碳原子上正电荷 δ^+ 的大小以及在引入 NH_2^- 后，可保证负电荷离域的 C═N 键的极化度。氨基进入到吡啶氮的 α 位，只有当 α-位被占据时才进入 γ-位，而且反应条件要激烈得多。

$$C_5H_5N \xrightarrow{NaNH_2} \text{2-}NH_2\text{-}C_5H_4N$$

反应过程中释放出氢和氨。反应通常在烃类、二甲基苯胺或醚类溶剂中进行。让杂环化合物与氨基钠在 100℃以上共热，然后用水处理反应物。

11.3.5　羰基化合物的氨解

（1）氢化氨解

在还原剂存在下，羰基化合物与氨发生氢化氨解反应，分别生成伯胺、仲胺或叔胺。对于低级脂肪醛的反应，可在气相及加氢催化剂镍上进行，温度 125～150℃；而对于高沸点的醛和酮，则往往在液相中进行反应。当醛和氨发生反应时，包括了生成的醛-氨的氢化过程或从醛-氨脱水生成亚胺，并进一步氢化的过程，见下式：

$$RCHO+NH_3 \longrightarrow RCHOHNH_2 \xrightarrow[-H_2O]{+H_2} RCH_2NH_2$$

$$RCHOHNH_2 \xrightarrow{-H_2O} RCH{=}NH \xrightarrow{+H_2} RCH_2NH_2$$

反应生成的伯胺同样也能与原料醛反应，生成仲胺，甚至还能进而生成叔胺。通过调节原料中氨和醛的物质的量之比，可以使某一种胺成为主要产物。例如从乙醛制备二乙胺是在氨和氢的物质的量之比 1∶1，在镍-铬催化剂上实现，获得伯胺、叔胺副产物，生成的二乙胺收率按乙醛投料量计为 90%～95%。如果用大大过量的氨，便可由乙醛制备乙胺：

$$CH_3CH{=}O \xrightarrow{+NH_3} CH_3CH(OH)NH_2 \xrightarrow{-H_2O} CH_3CH{=}NH \xrightarrow[NiS\text{-}WS_2]{H_2} CH_3CH_2NH_2$$

由不饱和醛经氢化氨解可制得饱和胺：

$$CH_2{=}CHCHO + NH_3 + 2H_2 \longrightarrow CH_3CH_2CH_2NH_2 + H_2O$$

利用苯甲醛与伯胺反应，再加氢，此法只生成仲胺。例如 N-苄基对氨基酚的制备：

$$HO{-}C_6H_4{-}NH_2 + C_6H_5CHO \xrightarrow{-H_2O} HO{-}C_6H_4{-}N{=}CH{-}C_6H_5 \xrightarrow{+H_2} HO{-}C_6H_4{-}NHCH_2C_6H_5$$

丙酮在钨-镍硫化物为催化剂于 80～160℃、0.2～0.3MPa 压力下，可将它在气相中进行氢化氨解为异丙胺类。

硬脂酸在镍-硫化钼催化剂存在下，于 300～330℃，20MPa 压力下，可以在气相氢化氨解以制成硬脂胺，收率 90%～92%。

（2）霍夫曼重排

酰胺与次氯酸钠或次溴酸钠反应，失去羰基，生成减少一个碳原子的伯胺，这一反应称霍夫曼（Hofmann）重排反应，它是由羧酸或羧酸衍生物制备胺类的重要方法。

霍夫曼重排反应包括了异氰酸酯的生成，异氰酸酯很易发生水解，水解后即得伯胺，其反应过程如下：

$$RCONH_2 \xrightarrow[\text{(或 } NaOH+Br_2)]{NaOBr} \underset{\text{(异氰酸酯)}}{R{-}N{=}C{=}O} \xrightarrow{\text{水解}} R{-}NH_2$$

利用霍夫曼重排反应制胺，产率较高，产物也较纯。工业上利用霍夫曼重排制备硫靛染料的中间体邻氨基苯甲酸及对苯二胺是两个重要的实例。

邻氨基苯甲酸的制备，以邻苯二甲酸酐为原料，其反应过程如下：

$$C_6H_4(CO)_2O \xrightarrow{NH_3} C_6H_4(CONH_2)(COONH_4) \xrightarrow{C_6H_4(CO)_2O,\ NaOH} C_6H_4(CONH_2)(COONa) \xrightarrow{NaClO,NaOH} C_6H_4(NH_2)(COONa)$$

由苯酐、氨水及氢氧化钠溶液在低温和弱碱性条件下制得邻酰氨基苯甲酸钠盐溶液，再加入冷却到 0℃以下的次氯酸钠溶液，经过滤、酸析，即可得邻氨基苯甲酸。

以对二甲苯为原料，经液相空气氧化为对苯二甲酸，再经氨化、霍夫曼重排即得对苯二胺[11]。

$$CH_3{-}C_6H_4{-}CH_3 \xrightarrow[\text{空气}]{O_2} HOOC{-}C_6H_4{-}COOH \xrightarrow{NH_3} H_2NOC{-}C_6H_4{-}CONH_2 \xrightarrow{NaClO} H_2N{-}C_6H_4{-}NH_2$$

反应可在常压、常温下进行，收率达 90%。它开辟了合成胺类的新原料来源，而且“三废”量少，从发展观点看，它将成为制取对苯二胺的重要方法。

11.4 应用实例

11.4.1 芳胺制备

芳胺的工业合成路线主要是硝基化合物还原和卤化物或羟基化合物氨解，只有少部分品种采取其他合成途径。

11.4.1.1 邻(对)位硝基苯胺的制备

邻硝基苯胺与对硝基苯胺是合成药物的常用中间体。而由邻硝基苯胺还原得到的邻苯二胺也是合成农药的主要中间体。邻硝基苯胺是由邻硝基氯苯氨解得到的，其化学反应式如下：

$$o\text{-}ClC_6H_4NO_2 + 2NH_3 \longrightarrow o\text{-}H_2NC_6H_4NO_2 + NH_4Cl$$

合成工艺有间歇和连续两种，表 11-5 列出这两种合成方法的主要工艺参数。由表 11-5 可知，采用高压管道法可以大幅度提高生产能力，而且采用连续法生产便于进行自动控制。但是，连续法技术要求高、耗电多、需要回收的氨多。所以，生产规模不大时一般用间歇法。

表 11-5 两种生产邻硝基苯胺方法的工艺参数对比

反应条件	高压管道法	高压釜法	反应条件	高压管道法	高压釜法
氨水浓度/(g/L)	300～320	250	反应时间/min	15～20	420
邻硝基氯苯：氨(物质的量比)	1：15	1：8	收率/%	98	98
反应温度/℃	230	170～175	产品熔点/℃	69～70	69～69.5
压力/MPa	15	3.5	设备生产能力/[kg/(L·h)]	0.6	0.012

图 11-6 是采用高压管道法生产邻硝基苯胺的工艺流程。首先用高压计量泵分别将已配好的浓氨水及熔融的邻硝基氯苯按 15：1 的物质的量比连续送入反应管道中，反应管道可采用短路电流（以管道本身作为导体，利用电流通过金属材料将电能转化为热能）或道生油加热。反应物料在管道中呈湍流状态，控制反应温度为 225～230℃，物料在管道中的停留时间约 20min。通过减压阀后降为常压的反应物料，经脱氨装置回收过量的氨，再经冷却结晶和离心过滤，即得到成品邻硝基苯胺。

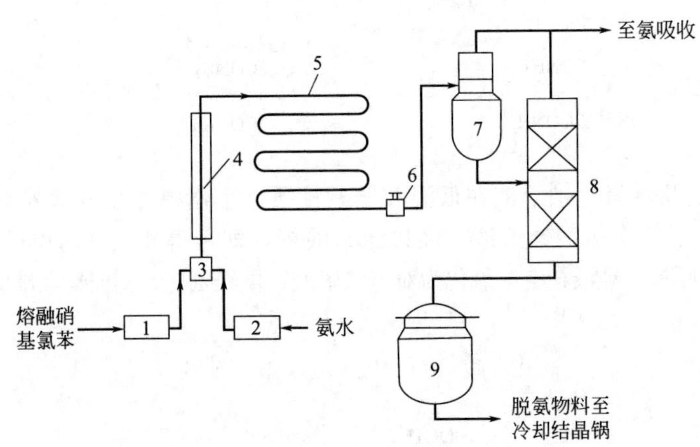

图 11-6 高压管道法生产邻硝基苯胺的工艺流程

1,2—高压泵；3—混合器；4—蒸汽夹套预热；5—反应管道；6—减压阀；7—平衡蒸发器；8—脱氨塔；9—脱氨塔釜

据文献[12]报道，在高压釜中进行邻硝基氯苯氨解时，加入适量四乙基氯化铵作为相转移催化剂，只需在 150℃反应 10h，邻硝基苯胺的收率可达 98.2%，如果不加上述相转移催化剂，则收率仅有 33%。

由对硝基氯苯氨解制对硝基苯胺的方法与由邻硝基氯苯制邻硝基苯胺的方法基本相同，只是反应条件更苛刻一些[13]。据文献，有人研究了利用对硝基氯苯氨解的方法制备对硝基苯胺的过程，并对其工艺条件进行了优化。研究结果表明，该工艺不仅产生的废水量少，而且制得的对硝基苯胺纯度高且不需要提纯处理；在对硝基氯苯用量为

31.5g，氨水加入量为300.0mL，氨水浓度约为35%，反应温度为170.0℃，反应时间为8.0h的条件下，对硝基氯苯的转化率为100%，生成的对硝基苯胺纯度为99.9%，对硝基苯胺收率为97.7%；本工艺条件下结晶母液可以循环套用5次，而且收率随循环次数的增加而升高[14]。

总之，合成这两种产品的设备可以通用。间歇法的主要工艺是采用28%氨水，氯化物与氨的物质的量之比为1∶(8～15)，反应温度180～190℃，压力8～20MPa，收率95%～98%。采用氨与甲酰胺在200～220℃进行对硝基氯苯氨解，可得到较高的收率。由于邻硝基苯胺或对硝基苯胺能使血液严重中毒，在生产过程中必须十分注意劳动保护。

11.4.1.2 苯胺的制备[15,16]

苯胺是最简单的芳伯胺。据粗略统计，目前大约有300种化工产品和药物中间体是由苯胺制得的。世界上普遍采取的苯胺生产路线有两条，即硝基苯加氢与苯酚氨解（气相催化氨解-赫尔康法制取苯胺），其化学反应式如下所示：

$$C_6H_6 \xrightarrow[95\sim98℃]{HNO_3,H_2SO_4} C_6H_5NO_2 \xrightarrow[98\%]{H_2} C_6H_5NH_2$$

$$C_6H_6 \xrightarrow[95\%]{CH_3CH=CH_2} C_6H_5CH(CH_3)_2 \xrightarrow[96\%]{O_2} C_6H_5OH + CH_3COCH_3;\quad C_6H_5OH \xrightarrow[99\%]{NH_3} C_6H_5NH_2$$

赫尔康法制取苯胺的工艺流程如图11-7所示。其工艺过程为：苯酚与氨（包括循环系统）在1.6MPa下，苯酚在320℃、氨在45℃各自蒸发，将两者的蒸气相混合，在385℃和1.5MPa通过硅酸铝催化剂，即可生成苯胺与水。由反应器4流出的反应物被部分冷凝，再在脱氨塔5中脱氨，气态的氨用压缩机送回反应系统循环使用，同时排出部分气体，送往废气净化系统。脱氨后的物料先在干燥塔6中脱水，再进净化分离装置7，在真空下分离出产物苯胺，同时，所分出的苯酚-苯胺共沸物则返回反应器继续反应。

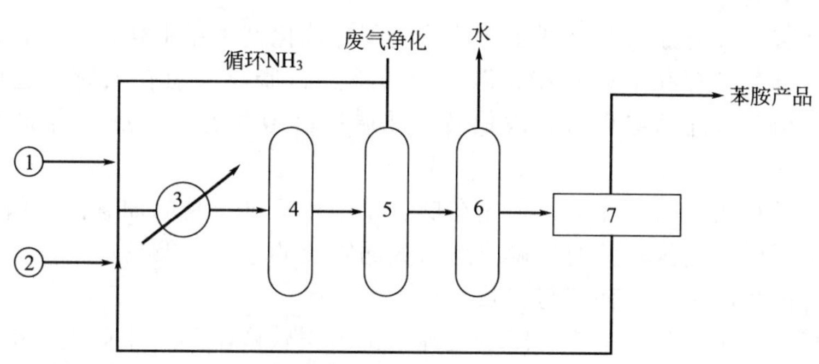

图11-7 气相氨解法由苯酚制苯胺

1—氨贮槽；2—苯酚贮槽；3—热交换器；4—催化反应器；5—脱氨塔；6—干燥塔；7—净化分离装置

赫尔康法制苯胺的关键是选用高活性、高转化率和高寿命的催化剂，常用的催化剂有Al_2O_3-SiO_2或MgO-B_2O_3-Al_2O_3-TiO_2。苯酚氨解制苯胺的投资仅相当于硝基苯加氢还原的1/4，其优点是催化剂寿命长，“三废”少，不需要消耗硫酸。如果能提供足够量的廉价苯酚，则这条苯胺生产路线是优越的。

11.4.2 脂肪胺的制备

11.4.2.1 甲胺的制备

甲胺是生产吨位较大的低级脂肪胺，它是在脱水催化剂存在下由甲醇氨解得到的，产物是伯胺、仲胺、叔胺的混合物。

$$CH_3OH + NH_3 \longrightarrow CH_3NH_2 + (CH_3)_2NH + (CH_3)_3N + H_2O$$

气化的甲醇与胺及循环胺相互混合，在300～500℃下，采用(2～6)∶1的氨与汽化甲醇的比例，流过装有脱水型氨解催化剂的氨解反应器，出口气体通过与进口气体热交换降温后进入粗产品贮罐，在贮罐上方排出少量副产物氢气和一氧化碳。

由于甲胺、二甲胺和三甲胺三者的沸点十分接近，给产物的分离带来困难，一般需要连续通过四个精馏塔，以达到分离的目的。在第一个塔中分离出过量的氨和一部分三甲胺的共沸物，过量的氨流入循环系统；在第二个塔中分离出三甲胺，即可作成品，也可以流入循环系统；第三个塔用来分离甲胺；第四个塔用来分离二甲胺，残余的废液由第四个塔底排出。

由于整个反应产物是一个平衡体系，所以混合胺即可作为成品包装，也可根据对产物的需求将一部分产品循环使用，从而控制该产品的生成量。按上述生产过程，无论按消耗氨或甲醇来计算，收率均在95%以上。

甲胺的最大用途是生产农药西维因，其次是生产表面活性剂。例如

$$NaHSO_3 + \underset{\diagdown O \diagup}{CH_2-CH_2} \longrightarrow HOCH_2CH_2SO_3Na \xrightarrow{CH_3NH_2} CH_3NHCH_2CH_2SO_3Na + H_2O$$

$$CH_3NHCH_2CH_2SO_3Na + C_{17}H_{33}COCl \longrightarrow C_{17}H_{33}CO\underset{\displaystyle CH_3}{\underset{|}{N}}CH_2CH_2SO_3Na + HCl$$

11.4.2.2 高碳脂肪胺的制备

高碳脂肪胺及其盐的重要性是由于它具有较强的碱性、阳离子性以及在许多物质上的强吸附性，从而改变表面性质，被作为表面活性剂和相转移催化剂；有的还具有强生理活性，可作为矿物浮选剂、石油添加剂和细菌控制剂；在化纤工业中作为纤维的柔软剂、乳化剂、染料助剂及抗静电剂。

合成高碳脂肪伯胺的方法有以下几种：①使用镍催化剂和钴催化剂进行氰基加氢；②在Ni/Co或Zn/Cr催化剂存在下以及在高温和压力下进行脂肪酸氢化氨解，也可以将脂肪酸甲酯或甘油酯在相似条件下催化氨解成伯胺；③脂肪醛或酮在Co/Zr催化剂存在下的还原氨解。

脂肪族仲胺的制法有以下几种：①先在低温及中压下进行腈的加氢得到伯胺，然后在高温低压下还原脱氢得到仲胺；②通过调节醇与氨的物质的量的比及反应条件，得到仲胺与叔胺；③由卤烷与伯胺反应得到仲胺与叔胺。

脂肪族叔胺的制法较多，主要有以下几种：①由长碳链醇与二甲胺在360℃、硫酸钍催化剂存在下得到*N*,*N*-二甲基烷胺；②卤烷、硫酸盐与二甲胺一同在加热下反应；③用短链醇烷化长碳链胺；④在铑的催化下仲胺与烯烃、一氧化碳及氢反应，可获得高收率的叔胺；⑤用碱催化法使脂肪胺与环氧乙烷加成，得到脂肪胺的氧乙基化衍生物，这类叔胺化合物可作为非离子表面活性剂。

由脂肪酸腈化路线合成高碳脂肪胺是在有催化剂或无催化剂和压力为0.1～0.7MPa下，脂肪酸与氨在160～310℃进行的液相反应，得到酰胺与腈的混合物，将该混合物汽化送入另一个装有脱水催化剂的反应器，在340～430℃下进一步脱水生成腈，然后在镍催化剂的存在下进行腈的液相或气相加氢，即可制得高碳脂肪胺。如果条件选择适当，则可使伯胺的

收率达到 98%以上。其反应式如下：

$$RCN+2H_2 \longrightarrow RCH_2NH_2$$

在反应过程中将副产生成部分仲胺和叔胺。

$$2RCN+4H_2 \longrightarrow (RCH_2)_2NH+NH_3$$

$$3RCN+6H_2 \longrightarrow (RCH_2)_3N+2NH_3$$

由脂肪酸腈化路线合成高碳脂肪胺的工业流程如图 11-8 所示。其工艺过程为：在胺化塔的上部加入预热至 170℃的脂肪酸，与由塔底经过分配盘逆流输入的氨连续混合，利用道生油加热系统保持胺化塔温度在 300℃，维持塔内压力在 0.5～0.7MPa 下，用铁皂或锌皂为催化剂。塔底流出的反应物中含 70%～90%的腈和少部分酰胺，进入汽化器中汽化后与氨混合。由汽化器底部排除残渣。已汽化的腈和酰胺混合物进入装有脱水催化剂的气相反应器，反应器内的温度约为 340℃，压力约为 0.1MPa。由气相反应器流出的反应物经冷凝后，产物腈流入贮罐，从氨-水的混合蒸汽中回收氨循环使用。得到的脂肪腈在镍催化剂存在下加氢得到脂肪胺。

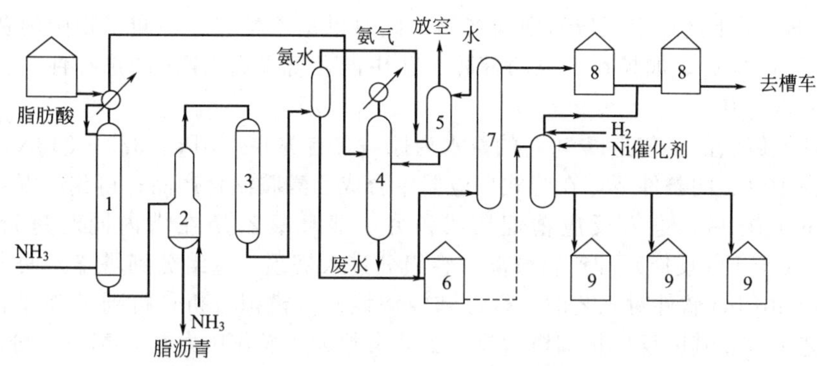

图 11-8 由脂肪酸腈化路线合成脂肪胺

1—氨化塔；2—汽化塔；3—转化器；4—蒸氨罐；5—氨吸收塔；6—粗腈贮罐；7—蒸腈塔；8—蒸馏腈贮罐；9—脂肪胺贮罐

11.4.3 环胺的制备

吗啉与哌嗪是工业上最重要的两个环胺。吗啉(1，4-氧氮杂环己烷)是许多精细化工产品的中间体，可用于生产橡胶助剂，用作防锈剂、表面活性剂，还可用于生产多种医药。

由二甘醇与氨在氢和加氢催化剂的存在下于 3～40MPa 下反应，即可制得吗啉。然后通过汽提操作从粗品中除去过量的氨，最后分馏即可得到合格产物[17]。

$$(HOCH_2CH_2)_2O \xrightarrow{NH_3,H_2} O\langle\quad\rangle NH + (H_2NCH_2CH_2)_2O$$

20 世纪 90 年代之前，制取吗啉的一条路线是在强酸（发烟硫酸、浓硫酸或浓盐酸）的存在下使二乙醇胺脱水，保持酸过量，反应温度在 150℃以上。加碱中和酸性反应物，得到吗啉的水溶液，采用有机溶剂萃取，然后蒸馏得到精制吗啡。其化学反应式如下[18]：

$$(HOCH_2CH_2)_2NH \xrightarrow{-H_2O} O\langle\quad\rangle NH$$

由于反应过程中产生大量无机废液，降低了这一路线的实际生产意义。

哌嗪的生产通常与联产其他含氮衍生物有关。例如，生产方法之一是使氨和一乙醇胺以 3.5∶1 的物质的量比在 195℃和 13MPa 反应条件下连续通过骨架镍催化剂，得到的产品是哌嗪、乙二胺和二亚乙基三胺三者的混合物[19]。

$$HOCH_2CH_2NH_2 \xrightarrow{NH_3,H_2} HN\langle\quad\rangle NH + H_2NCH_2CH_2NH_2 + (H_2NCH_2CH_2)_2NH$$

11.4.4 其他胺类化合物的制备

11.4.4.1 乙醇胺的制备[20]

环氧乙烷氨解法是以氨水和环氧乙烷(EO)为原料合成乙醇胺的一种方法。

乙醇胺是一乙醇胺(MEA)、二乙醇胺(DEA)和三乙醇胺(TEA)3种同系物的统称。由于乙醇胺分子结构中同时具有氨基和羟基，所以该产品有着特殊的用途，广泛用作表面活性剂、气体吸收剂、洗涤剂、水泥增强剂等。通过调查显示，我国对乙醇胺的市场需求量巨大，但国内近三分之二的市场被国外产品占据。另外，我国乙醇胺生产技术水平和规模与国际大公司相比有很大差距，所以改进现有工艺、开发高效节能的新工艺非常重要和迫切。

环氧乙烷氨解法合成乙醇胺的反应如下：

$$EO+NH_3 \longrightarrow NH_2C_2H_4OH \quad (MEA)$$

$$NH_2C_2H_4OH+EO \longrightarrow NH(C_2H_4OH)_2 \quad (DEA)$$

$$NH(C_2H_4OH)_2+EO \longrightarrow N(C_2H_4OH)_3 \quad (TEA)$$

其中，DEA是上述连串反应的中间产物，同时也是乙醇胺3种同系物中消费量最大的产品（占总量的42%）。如果在合成乙醇胺工艺中能显著提高DEA的选择性，将对增加该产品的产量非常有利。

环氧乙烷氨解法的工艺是以90%的氨水为原料，首先在3MPa、323～343K，氨水与环氧乙烷配比为10∶1的条件下，在管式反应器中合成乙醇胺混合产品；得到的混合产品经过减压和蒸出过量氨后，进入反应精馏塔，和另一股环氧乙烷在塔内同时进行化学反应（MEA和DEA与EO反应）和产物分离（轻组分进入塔顶，重组分到塔釜）两个过程。另外，利用Aspen Plus软件对工艺的可行性和经济性进行模拟分析，得到了合理的流程方案和适宜的工艺参数，其中反应精馏塔适宜的工艺参数为：操作压力0.05MPa，分离级数10，环氧乙烷和乙醇胺混合产物进料摩尔比1∶1，再沸比8，同时还得到了塔内温度和浓度的分布。研究表明，在此条件下，环氧乙烷和一乙醇胺在反应精馏塔内能够转化完全，少量水从塔顶采出，二乙醇胺和三乙醇胺重组分通过精馏作用由塔底采出，从而得到的二乙醇胺的选择性达75%以上。工艺流程图如图11-9所示。

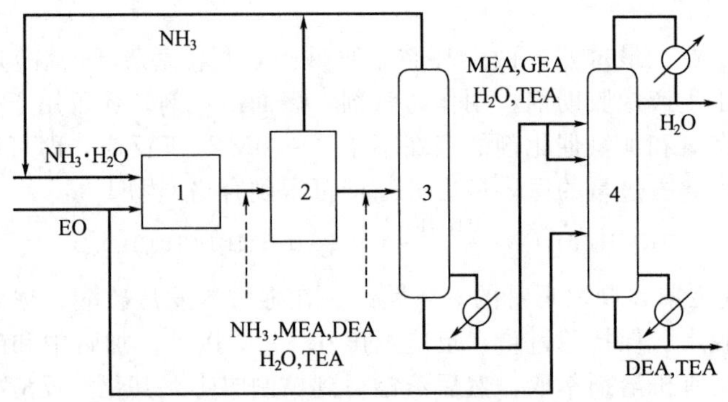

图11-9 管式反应/反应精馏耦合工艺流程图示意

1—管式反应器；2—预分离氨塔；

3—蒸氨塔；4—反应精馏塔

该工艺不需要提纯MEA，反应精馏塔和管式反应器可直接耦合；反应精馏塔中反应热可直接得到利用，从而有效地降低了系统能耗；少量水起到催化剂和载热剂的双重作用，不需要通过脱水塔分离和循环水；反应精馏塔的进料不是只有MEA，而是反应混合物，这更切合工业实际，体现出很好的技术和经济优越性。

11.4.4.2 缩三脲的制备[21]

缩三脲是低级生物有机体内嘌呤降解的副产物，研究其代谢与遗传具有极其重要的意义。缩三脲可以满足一季作物对氮的需求，有明显的增产效果。由于其溶解度较小，降解产物全部是作物生长所需的养分，无基体残留，从而是一种绿色的缓释氮肥。多年来，由于其制备产率及纯度较低，成本较高，而未大规模推广使用，对其生物化学和生理学研究的文献也甚少，对缩三脲进行适当的选择性化学研究很有必要。

缩三脲的合成是以廉价的尿素和绿色试剂碳酸二甲酯为反应原料，以甲醇钠为催化剂，经酯的氨解反应一步合成缩三脲。实验结果表明，当在反应温度 70℃，原料配比 *n*(碳酸二甲酯)∶*n*(尿素)为 1.8∶1，反应时间为 6h 的条件下，得到缩三脲的产率为 93%。反应方程式如下：

$$H_3C-O-C(=O)-O-CH_3 + 2\ H_2N-C(=O)-NH_2 \xrightarrow{CH_3ONa} H_2N-C(=O)-NH-C(=O)-NH-C(=O)-NH_2 + 2\ CH_3OH$$

该合成路线消耗的碳酸二甲酯是由甲醇和二氧化碳合成的，反应生成的副产物甲醇还可与二氧化碳反应，再转化为碳酸二甲酯，从而实现碳酸二甲酯和甲醇的循环使用。因此，该制备方法实质上真正消耗的是尿素和二氧化碳，是一个利用尿素固定二氧化碳的过程，从而是一条利用二氧化碳、降低大气中温室气体含量的绿色合成工艺。

11.4.4.3 甘氨酸的制备[22]

甘氨酸又名氨基乙酸，分子式为 NH_2CH_2COOH，是结构最简单的氨基酸类化合物，广泛用于农药、医药、食品、化肥、饲料等各个领域，是十分重要的有机合成中间体。

甘氨酸化学合成工艺主要有氯乙酸氨解法、氰化钠法和氢氰酸-羟基乙腈法。利用氰化钠法制备甘氨酸，得到的产品易精制，生产成本低（约为氯乙酸氨解法的一半），适合大规模工业化的生产，但原料氰化钠为剧毒物质，操作条件苛刻，反应后的脱盐操作较繁杂，反应路线较长。氢氰酸-羟基乙腈法的优点是原料便宜，但反应副产物亚氨基化合物与产品分离困难，精制工艺比较复杂。氯乙酸氨解法是以氯乙酸、氨水为原料，以乌洛托品(六亚甲基四胺，$C_6H_{12}N_4$）为催化剂，在常温常压下于水相或醇相中合成；该法具有原料易得、反应条件温和、设备投资少等优点，但反应收率偏低，只有 70%左右，而且生产的甘氨酸质量较差。

目前，氯乙酸氨解法合成甘氨酸的工艺已得到了优化。反应式如下：

$$ClCH_2COOH + NH_3 \longrightarrow NH_2CH_2COOH\ (\text{甘氨酸}) + HCl$$

通过研究表明，氨解反应的适宜温度为 70～80℃，催化剂适宜用量为氯乙酸添加量的 15%左右，较高质量分数的氨水有利于反应的进行。在上述工艺条件下，氯乙酸的转化率达 99.0%以上，反应液中甘氨酸的产率达 98.0%以上；然后向反应液中加入甲醇进行重结晶得到甘氨酸，在此醇析过程中甲醇适宜加入量为氨解反应液体积的 4.0～4.5 倍，醇析温度选择在 70～75℃之间，从而醇析过程中甘氨酸的得率大于 79.0%，析出甘氨酸的纯度大于 90.0%。

11.4.4.4 药物的合成

在很多药物的合成路线中，氨解反应是极其重要的一步。

卢非酰胺，化学名为 1-[(2，6-二氟苯基)甲基]-1*H*-1，2，3-三唑-4-甲酰胺，商品名 Inovelon。它可以调节钠通道活性，延长其非活性状态，有助于阻断癫痫发作从病灶源扩散，用于辅助治疗局部癫痫发作和 Lennox-Gastaut 综合征，而且耐受性良好、不良反应较轻。

2，6-二氟甲苯经 NBS 溴代得到 2，6-二氟溴苄后，与叠氮化钠反应得 2，6-二氟苄基叠氮化物，再与丙炔酸甲酯环合得 1-[(2，6-二氟苯基)甲基]-1*H*-1，2，3-三唑-4-甲酸甲酯，最后氨解得抗癫痫药卢非酰胺，总收率约 47%[23]。合成路线如图 11-10 所示。

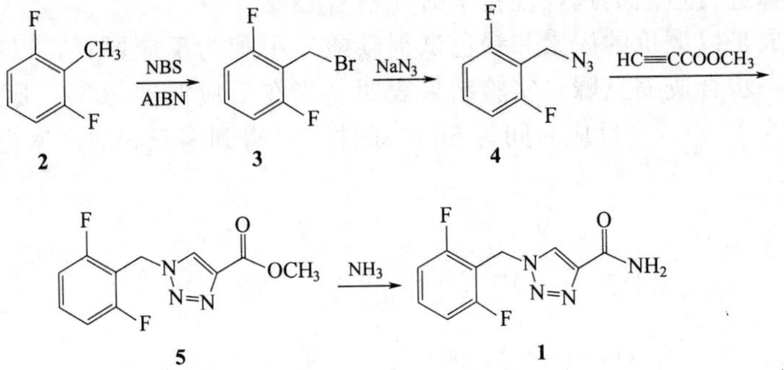

图 11-10 卢非酰胺的合成路线

1—卢非酰胺；2—2，6-二氟甲苯；

3—2，6-二氟溴苄；4—2，6-二氟苄基叠氮化物；

5—1-[(2，6-二氟苯基)甲基]-1*H*-1，2，3-三唑-4-甲酸甲酯

莫达非尼，化学名为 2-[(二苯甲基)亚磺酰基]乙酰胺，是一种中枢 α_1 受体激动剂，用于治疗发作性睡眠，临床剂量下几乎没有周围神经的不良反应，不会对正常睡眠产生影响。另外，与传统的中枢兴奋药咖啡因及苯丙胺类相比，无明显不良反应及成瘾性。

二苯甲醇和巯基乙酸缩合得 2-(二苯甲硫基)乙酸，经双氧水氧化、氯化亚砜氯代后再经氨解得到中枢兴奋药莫达非尼，总收率约 74%[24]。合成路线如图 11-11 所示。

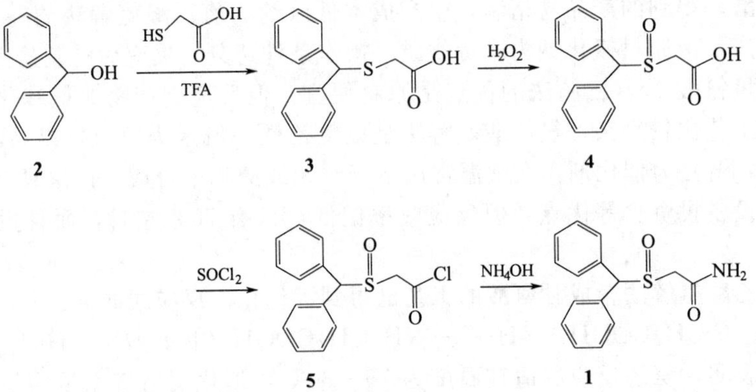

图 11-11 莫达非尼的合成路线

1—莫达非尼；2—二苯甲醇；3—2-(二苯甲硫基)乙酸；

4—2-[(二苯甲基)亚硫酰基]乙酸；

5—2-[(二苯甲基)亚硫酰基]乙酰氯

参 考 文 献

[1] 蒋登高，章亚东，周彩荣．精细有机合成反应及工艺．北京：化学工业出版社，2001.

[2] 唐培堃．精细有机合成化学及工艺学．天津：天津大学出版社，1997.

[3] 苏鹏．科技情报开发与经济，2005，15 (22)：156.

[4] 褚吉成，李巍，刘东志等．化学工业与工程，2001，18 (3)：161.

[5] 蒋登高．郑州工业大学学报，2001，22（4）：31.
[6] 吴江．湖北工学院学报，2004，19（1）：16.
[7] 梁诚．化工科技市场，1999，22（10）：14.
[8] 刘东志，张伟，李永刚．染料工业，1999，36（3）：19.
[9] 潘万贵，钱超，陈新志．化学世界，2011，(6)：362-364.
[10] 唐礼．颜色与染料，1993，6（2）：11.
[11] Zengel H G，Bergfeld M J. GP2216115，1973.
[12] Fadnavis N W，Sharfuddin M，Vadivel S K. Tetrahedron Asymmetry，1999，56（10）：4495.
[13] Barry M T，Richard C B，Remy C L，et al. J Am Chem Soc，2000，122（12）：5968.
[14] 储政．现代化工，2012，32（3）：33.
[15] 李速延，周晓奇．工业催化，2006，14（12）：15.
[16] Fred C. Trager. US2772313，1956.
[17] 王勋章．化工科技，2005，30（5）：12.
[18] Rakehimov R R. US539881，1976.
[19] 刘荣杰，鲍金勇，张彦等．化学工程，2006，34（6）：70.
[20] 安维中，朱建民．计算机与应用化学，2011,28（12）：1505.
[21] 冯桂荣，张宁，关俊霞．唐山师范学院学报，2012，34（5）：8.
[22] 张汉铭．化学工业与工程技术，2010，31（6）：1.
[23] 居文建，陈国华，胡杨，张明亮．中国医药工业杂志，2010，41（4）：247.
[24] 全继平，甘勇军，周辉等．中国医药工业杂志，2010，41（11）：801.

12 烷基化反应

12.1 概述

12.1.1 烷基化反应及其重要性

把烃基引入有机化合物分子中的碳、氮、氧等原子上的反应称为烷基化反应，简称烷基化。所引入的烃基可以是烷基、烯基、芳基等。其中以引入烷基（如甲基、乙基、异丙基等）最为重要。广义的烷基化还包括引入具有各种取代基的烃基（$—CH_2COOH$、$—CH_2OH$、$—CH_2Cl$、$—CH_2CH_2Cl$ 等）。

烷基化反应在药物中间体合成中是一类极为重要的反应，其应用广泛，经其合成的产品涉及诸多领域。最早的烷基化是有机芳烃化合物在催化剂作用下，用卤烷、烯烃等烷化剂直接将烷基引入到芳环的碳原子上，即所谓 *C*-烷基化（Friedel-Crafts 反应）。利用该反应所合成的苯乙烯、乙苯、异丙苯、十二烷基苯等烃基苯，是医药、溶剂、塑料、表面活性剂的重要原料。通过烷基化反应合成的醚类、烷基胺是极为重要的药物中间体，有些烷基化产物本身就是药物、染料、香料、催化剂、表面活性剂等功能产品。如环氧化物烷基化（*O*-烷基化）可以制得重要的聚乙二醇型非离子表面活性剂。采用卤烷烷基化剂进行氨或胺的烷基化（*N*-烷基化）合成的季铵盐是重要的阳离子表面活性剂、相转移催化剂、杀菌剂等。例如，烷基酚聚氧乙烯醚是用途极为广泛的非离子表面活性剂（TX-10、OP-10），其可以由 *C*-烷基化及 *O*-烷基化反应生产。

$$C_6H_5OH \xrightarrow[C\text{-烷基化}]{RX,AlCl_3} R—C_6H_4—OH \xrightarrow[O\text{-烷基化}]{\text{环氧乙烷}} R—C_6H_4—OCH_2CH_2OH \xrightarrow[O\text{-烷基化}]{\text{环氧乙烷}} R—C_6H_4—O\!\left(CH_2CH_2O\right)_nH$$

又如：消毒防腐药度米芬（Domiphen Bromide）的合成，也采用了烷基化反应[1]。

$$C_6H_5—OH \xrightarrow[\substack{100℃,6h\\O\text{-烷基化}}]{BrCH_2CH_2Br} C_6H_5—OCH_2CH_2Br \xrightarrow[\substack{85℃,8h\\N\text{-烷基化}}]{(CH_3)_2NH} C_6H_5—OCH_2CH_2N(CH_3)_2$$

$$\xrightarrow[\substack{80\sim90℃,8h\\N\text{-烷基化}}]{CH_3(CH_2)_{11}Br} C_6H_5—OCH_2CH_2—\overset{CH_3}{\underset{CH_3}{N^+}}—\!\left(CH_2\right)_{11}CH_3Br^- \quad (60\%)$$

氯乙酰氯与 *N*,*N*-二异丙基乙二胺在碱性条件下进行酰化，所得中间体与 α-吡咯烷酮烷基化，得促智药普拉西坦[2]。

$$ClCH_2\overset{O}{\overset{\|}{C}}Cl + H_2NCH_2CH_2N[CH(CH_3)_2]_2 \xrightarrow{Na_2CO_3} ClCH_2\overset{O}{\overset{\|}{C}}NHCH_2CH_2N[CH(CH_3)_2]_2$$

$$\xrightarrow[\triangle]{\text{2-吡咯烷酮-N-Na}} \text{2-吡咯烷酮-}N—CH_2CONHCH_2CH_2N[CH(CH_3)_2]_2$$

(普拉西坦)

吲哚衍生物是一种重要的精细化工原料，广泛用于医药、农药、香料、食品饲料添加剂、染料等领域，新型 3-甲基吲哚衍生物可以由 *C*-烷基化及 *N*-烷基化两步反应得到[3]。

$$\mathbf{1}\xrightarrow{ZnCl_2,CH_3COCl}\mathbf{4}\xrightarrow{RX,NaH,THF}\text{N-R-2-乙酰基-3-甲基吲哚}$$

该方法选择 $ZnCl_2$ 作催化剂，3-甲基吲哚(1)与乙酰氯发生 Friedel-Crafts 反应可选择性地生成 2-乙酰基-3-甲基吲哚(4)，此反应条件温和，不需要保护和脱保护反应；然后再与烷基化试剂反应，合成一系列 *N*-取代基-2-乙酰基-3-甲基吲哚衍生物。

12.1.2 烷基化反应的类型

药物中间体合成中经烷基化反应可将不同的烷基引入结构不同的化合物分子中，所得到的烷基化产物种类与数量众多，结构繁简不一，但从反应产物的结构来看，它们都是由下述三种反应来制备的。

12.1.2.1 *C*-烷基化

在催化剂作用下向芳环的碳原子上引入烷基，得到取代烷基芳烃的反应。如烷基苯的制备反应。

$$C_6H_6+RCl\xrightarrow{AlCl_3}C_6H_5R+HCl$$

又如：

$$C_6H_5NHCOCH_3\xrightarrow[AlCl_3]{\text{丁二酸酐}}CH_3CONH-C_6H_4-COCH_2CH_2COOH$$

再经水解、水合肼反应，可制得哒嗪酮类化合物，在心脑血管系统有广泛的药理作用[4]。

12.1.2.2 *N*-烷基化

向氨或胺类（脂肪胺、芳香胺）氨基中的氮原子上引入烷基，生成烷基取代胺类（伯胺、仲胺、叔胺、季铵）的反应。如 *N*,*N*-二甲基苯胺的制备反应。

$$C_6H_5NH_2+2CH_3OH\xrightarrow[210℃/3MPa]{H_2SO_4}C_6H_5N(CH_3)_2+2H_2O$$

又如：壳聚糖的 *N*-烷基化反应[5]。

$$[\text{壳聚糖单元}(CH_2OH,OH,NH_2)]_n\xrightarrow[NaOH,\ -H_2O,\ PTC]{RX}[\text{单元}(CH_2OH,OH,NHR)]_n$$

12.1.2.3 *O*-烷基化

向醇羟基或酚羟基的氧原子上引入烷基，生成醚类化合物的反应。如壬基酚聚氧乙烯醚的制备反应。

$$H_{19}C_9-C_6H_4-OH+CH_2-CH_2(\text{环氧})\xrightarrow{NaOH}H_{19}C_9-C_6H_4-OCH_2CH_2OH$$

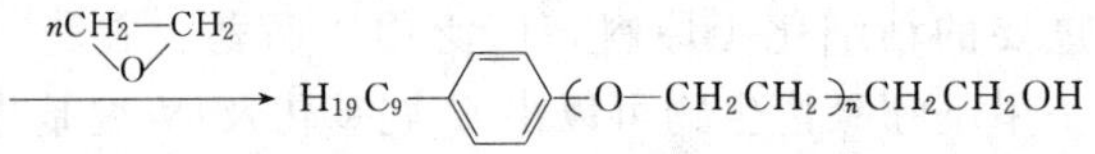

$\xrightarrow{n\,CH_2—CH_2\,(O)}$ $H_{19}C_9$—C₆H₄—$(O—CH_2CH_2)_n$—CH_2CH_2OH

硫酸二甲酯对杯[4]芳烃下缘的酚羟基进行甲基化，根据条件的不同，可分别得到25，27-羟基-26，28-二甲氧基杯[4]芳烃和25-羟基-26，27，28-三甲氧基杯[4]芳烃[6]。反应式如下：

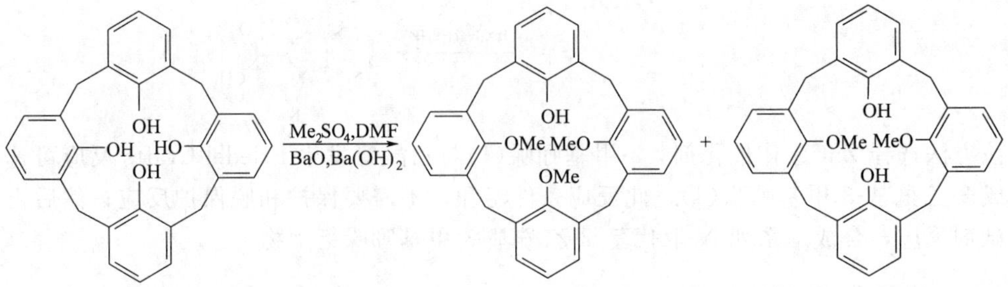

OH OH HO OH $\xrightarrow[BaO,Ba(OH)_2]{Me_2SO_4,DMF}$ OH OMe MeO OMe + OH OMe MeO OH

12.2 烷基化反应的基本原理

12.2.1 芳环上的C-烷基化反应

芳环上的C-烷基化是在催化剂作用下直接向芳环碳原子上引入烷基的反应。该反应最初是在1887年由法国化学家Friedel和美国化学家Crafts两个人发现，故也称为Friedel-Crafts反应。利用这类烷基化反应可以合成一系列烷基取代芳烃，其在药物中间体合成中具有重要的意义。

12.2.1.1 烷化剂

C-烷化剂主要有卤烷、烯烃、醇类以及醛、酮类

(1) 卤烷

卤烷(R-X)是常用的烷化剂。不同的卤素原子以及不同的烷基结构，对卤烷的烷基化反应影响很大。当卤烷中烷基相同而卤素原子不同时，其反应活性次序为：

$$RI > RBr > RCl$$

当卤烷中卤素原子相同，而烷基不同时，其反应活性次序为：

$$C_6H_5CH_2X > R_3CX > R_2CHX > RCH_2X > CH_3X$$

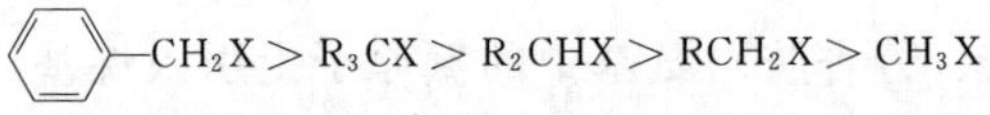

此外，应明确指出，不能用卤代芳烃，如氯苯或溴苯来代替卤烷，因为连在芳环上的卤素受到共轭效应的稳定作用，其反应活性较低，不能进行烷基化反应。

(2) 烯烃

烯烃是另一类常用的烷化剂。由于烯烃是在各类烷化剂中生产成本最低、来源最广泛的原料，故广泛用于芳烃、芳胺和酚类的C-烷基化。常用的烯烃有：乙烯、丙烯、异丁烯以及一些长链α-烯烃，它们是生产长碳链烷基苯、异丙苯、乙苯等最理想的烷化剂。

(3) 醇、醛和酮

它们都是较弱的烷化剂。醛、酮用于合成二芳基或三芳基甲烷衍生物。

醇类和卤烷烷化剂除活性上的差别外，均特别适合于小吨位的药物中间体，在引入较复杂的烷基时使用。

12.2.1.2 催化剂

芳香族化合物的C-烷基化反应最初用的催化剂是三氯化铝，后来研究证明，其他许多物质也同样具有催化作用。目前，工业上使用的主要有两大类。

(1) 路易斯酸

主要是金属卤化物，催化活性如下：

$$AlCl_3 > FeCl_3 > SbCl_5 > SnCl_4 > BF_3 > TiCl_4 > ZnCl_2$$

路易斯酸催化剂分子的共同特点是都有一个缺电子的中心原子，如 $AlCl_3$ 分子中的铝原子只有 6 个外层电子，能接受电子形成带负电荷的碱性试剂，同时形成活泼的亲电质点。

① 氯化铝催化剂　无水三氯化铝是各种傅-克反应用最广泛的催化剂。它由金属铝或氧化铝和焦炭高温下与氯气作用制得。为使用方便，一般制成粉状或小颗粒状。其熔点为 192℃，180℃开始升华。无水三氯化铝能溶于大多数的液态氯烷中，并生成烷基正离子(R^+)。也能溶于许多供电型溶剂中形成配合物。此类溶剂有 SO_2、CS_2、硝基苯、二氯乙烷等。

工业上生产烷基苯时，通常采用的是 $AlCl_3$ 盐酸配合物催化溶液，它由无水三氯化铝、多烷基苯和微量水配制而成，其颜色较深，俗称红油。它不溶于烷化产物，反应后经分离，能循环使用，烷基化时使用这种配合物催化剂比直接使用三氯化铝要好，副产物少，非常适合大规模的连续化工业烷基化过程，只要不断补充少量三氯化铝就能保持稳定的催化活性。

用卤烷作烷化剂时，也可以直接用金属铝作催化剂，因烷基化反应中生成的氯化氢能与金属铝生成三氯化铝配合物。在分批操作时常用铝丝，连续操作时可用铝锭或铝球。

无水三氯化铝能与氯化钠等盐形成复盐，如 $AlCl_3 \cdot NaCl$，其熔点为 185℃，在 140℃开始流体化。若需要较高的烷化温度（140～250℃）而又无合适溶剂时可以使用此种复盐，它既是催化剂又是反应介质。

采用无水三氯化铝作为催化剂的优点是价廉易得，催化活性好。缺点是有大量的铝盐废液生成，有时由于副反应而不适合于活泼芳烃（如：酚、胺类）的烷基化反应。无水三氯化铝具有很强的吸水性，遇水会立即分解放出氯化氢和大量的热，严重时甚至会引起爆炸；与空气接触也会吸收其水分分解，放出氯化氢，同时结块并失去催化活性。

$$AlCl_3 + 3H_2O \longrightarrow Al(OH)_3 + 3HCl$$

因此，无水三氯化铝应装在隔绝空气和耐腐蚀的密闭容器中，使用时也要注意保持干燥，并要求其原料和溶剂以及反应容器都是干燥无水的。

② 固体酸催化剂　固体酸催化剂是将传统的 Lewis 酸催化剂固载化而制得的一种易分离且可循环利用的催化剂，常见的用于 Lewis 酸固载化的载体材料有分子筛、氧化铝等。负载型固体酸催化剂的活性组分与载体之间往往会发生相互作用而形成特定的结构，使其产生单纯的活性组分或载体所不具备的催化效果，例如用蒙脱土 K-10 为载体，负载金属卤化物而制备的固体酸催化剂在 Friedel-Crafts 烷基化反应中表现出了优良的性能[7]。王婷婷等[8]以成本低廉、资源丰富的高岭土为载体，负载 $ZnCl_2$ 制得的固体酸催化剂，用来催化苯与苄基氯的烷基化反应合成二苯甲烷，取得了较高的收率；而且该固体酸催化剂具有较好的重复使用性能，是一种具有工业应用前景的催化剂。

(2) 质子酸

其中主要是氢氟酸、硫酸和磷酸，催化活性次序如下：

$HF > H_2SO_4 > P_2O_5 > H_3PO_4$、阳离子交换树脂

无水氟化氢的活性很高，常温就可使烯烃与苯反应。氟化氢沸点为 19.5℃，与有机物的相溶性较差，所以烷基化时需要扩大相接触面积；反应后氟化氢可与有机物分层而回收，残留在有机物中的少量氟化氢可以加热蒸出，这样便可使氟化氢循环利用，消耗损失较少。采用氟化氢作催化剂，不易引起副反应。当使用其他催化剂而有副反应时，通常改用氟化氢会取得较好效果。但氟化氢遇水后具有强腐蚀性，其价格较贵，因而限制了它的应用。目前

在工业上主要用于十二烷基苯的合成。

以烯烃、醇、醛和酮为烷化剂时，广泛应用硫酸作催化剂。在硫酸作催化剂时，必须特别注意选择适宜的硫酸浓度。因为当硫酸浓度选择不当时，可能会发生芳烃的磺化，烷化剂的聚合、酯化、脱水和氧化等副反应。如对于丙烯要用90%以上的硫酸，乙烯要用98%硫酸，即便如此，这种浓度的硫酸也足以引起苯和烷基苯的磺化反应，因此苯用乙烯进行乙基化时不能采用硫酸作催化剂。

磷酸是较缓和的催化剂，无水磷酸（H_3PO_4）在高温时能脱水变成焦磷酸。

$$2H_3PO_4 \rightleftharpoons H_4P_2O_7 + H_2O$$

工业上使用的磷酸催化剂多是将磷酸沉积在硅藻土、硅胶或沸石载体上的固体磷酸催化剂，常用于烯烃的气相催化烷基化。由于磷酸的价格比三氯化铝、硫酸贵得多，因此限制了它的广泛应用。

阳离子交换树脂也可作为烷基化反应催化剂，其中最重要的是苯乙烯-二乙烯苯共聚物的磺化物。它是烯烃、卤烷或醇进行苯酚烷基化反应的有效催化剂。优点是副反应少，通常不与任何反应物或产物形成配合物，所以反应后可用简单的过滤即可回收阳离子交换树脂，循环使用。缺点是使用温度不高，芳烃类有机物能使阳离子交换树脂发生溶胀，且树脂催化活性失效后不易再生。

(3) 有机铝

烷基铝是用烯烃作烷基化剂时的一种催化剂，其中铝原子也是缺电子的，对于它的催化作用还不十分清楚。酚铝[$Al(OC_6H_5)_3$]是苯酚邻位烷基化的催化剂，是由铝屑在苯酚中加热而制得的。苯胺铝[$Al(NHC_6H_5)_3$]是苯胺邻位烷基化催化剂，是由铝屑在苯胺中加热而制得的。此外，也可用脂肪族的烷基铝(R_3Al)或烷基氯化铝(AlR_2Cl)，但其中的烷基必须要与引入的烷基相同。

12.2.1.3 *C*-烷基化反应历程

芳烃上的烷基化反应都属于亲电取代反应。催化剂大多是路易斯酸、质子酸或酸性氧化物、催化剂的作用是使烷化剂强烈极化，以转变成为活泼的亲电质点。

(1) 用烯烃烷基化的反应历程

烯烃常用质子酸进行催化，质子先加成到烯烃分子上形成活泼亲电质点碳正离子。

$$R{-}CH{=}CH_2 + H^+ \rightleftharpoons R{-}\overset{+}{C}H{-}CH_3$$

用三氯化铝作催化剂时，还必须有少量催化剂氯化氢存在。$AlCl_3$ 先与 HCl 作用生成配合物。该配合物与烯烃反应而形成活泼的碳正离子。

$$AlCl_3 + HCl \rightleftharpoons \overset{\delta^+}{H}{-}\overset{\delta^-}{Cl}:AlCl_3$$

$$R{-}CH{=}CH_2 + \overset{\delta^+}{H}{-}\overset{\delta^-}{Cl}:AlCl_3 \rightleftharpoons [R{-}\overset{+}{C}HCH_3]AlCl_4^-$$

活泼碳正离子与芳烃形成 σ-配合物，再进一步脱去质子生成芳烃的取代产物烷基苯。

$$C_6H_6 + R\overset{+}{C}HCH_3 \rightleftharpoons [C_6H_6^{+}{-}CH(R)CH_3] \xrightarrow{-H^+} C_6H_5CH(R)CH_3$$

上述亲电质点（碳正离子）的形成反应中，H^+ 总是加到含氢较多的烯烃碳原子上，遵循马尔科夫尼可夫（Markovnikov）规则，以得到稳定的碳正离子。

(2) 用卤烷烷化的反应历程

Lewis 酸催化剂三氯化铝能使卤烷极化，形成分子配合物、离子配合物或离子对。

$$\overset{\delta^+}{R}{-}\overset{\delta^-}{Cl} + AlCl_3 \rightleftharpoons \overset{\delta^+}{R}{-}\overset{\delta^-}{Cl}:AlCl_3 \rightleftharpoons R^+ \cdots AlCl_4^- \rightleftharpoons R^+ + AlCl_4^-$$

其以何种形式参加后续反应主要视卤烷结构而定。由于碳正离子的稳定性顺序是：

$$C_6H_5\overset{+}{C}H_2 \approx CH_2{=}CH{-}\overset{+}{C}H_2 > R_3\overset{+}{C} > R_2\overset{+}{C}H > R\overset{+}{C}H_2 > \overset{+}{C}H_3$$

因此伯卤烷不易生成碳正离子，一般以分子配合物参与反应。而叔卤烷、烯丙基卤、苄基卤。因有 σ-π 超共轭或 p-π 共轭，则比较容易生成稳定的碳正离子，常以离子对的形式参与反应。仲卤代烷则常以离子配合物的形式参与反应。

（3）用醇烷基化的反应历程

当以质子酸作催化剂时，醇先被质子化，然后解离为烷基正离子和水。

$$R{-}OH + H^+ \rightleftharpoons R{-}\overset{+}{O}H_2 \rightleftharpoons R^+ + H_2O$$

如用无水 $AlCl_3$ 为催化剂，则因醇烷基化生成的水会分解三氯化铝，所以需用与醇等物质的量的三氯化铝。

$$C_6H_6 + ROH + AlCl_3 \longrightarrow C_6H_5R + Al(OH)Cl_2 + HCl$$

烷基化反应的活泼质点是按下面途径生成的：

$$ROH + AlCl_3 \xrightarrow{-HCl} ROAlCl_2 \rightleftharpoons R^+ + \overset{-}{O}AlCl_2$$

（4）用醛烷基化、酮烷基化的反应历程

催化剂常用质子酸。醛、酮首先被质子化得到活泼亲电质点，与芳烃加成得产物醇；其产物醇再按醇烷基化的反应历程与芳烃反应，得到二芳基甲烷类产物。

$$R^1R^2C{=}O + H^+ \rightleftharpoons R^1R^2C{=}\overset{+}{O}H \rightleftharpoons R^1R^2\overset{+}{C}{-}OH$$

$$R^1R^2\overset{+}{C}{-}OH + C_6H_6 \longrightarrow C_6H_5{-}C(R^1)(R^2){-}OH \xrightarrow{+H^+} C_6H_5{-}C(R^1)(R^2){-}\overset{+}{O}H_2 \rightleftharpoons C_6H_5{-}\overset{+}{C}(R^1)(R^2) + H_2O$$

$$C_6H_6 + C_6H_5{-}\overset{+}{C}(R^1)(R^2) \longrightarrow C_6H_5{-}C(R^1)(R^2){-}C_6H_5 + H^+$$

12.2.1.4 芳环上 *C*-烷基化反应的特点

C-烷基化既是连串反应又是可逆反应，而且引入烷基的烷基正离子会发生重排，生成更为稳定的碳正离子，使生成的烷基苯趋于支链化。这是芳环上 *C*-烷基化反应的三大特点。

（1）*C*-烷基化是连串反应

由于烷基是供电子基团，芳环上引入烷基后因电子密度增加而比原先的芳烃反应物更加活泼，有利于其进一步与烷化剂反应生成二取代烷基芳烃，甚至生成多烷基芳烃。但随着烷基数目增多，空间效应会阻止进一步引入烷基，使反应速率减慢。因此烷基苯的继续烷基化反应速率是加快还是减慢，需视两种效应的强弱而定，且与所用催化剂有关。一般来说，单烷基苯的烷基化速率比苯快，当苯环上取代基的数目增加时，由于空间效应，实际上四元以上取代烷基苯的生成是很少的。为了控制烷基苯和多烷基苯的生成量，必须选择适宜的催化剂和反应条件，其中最重要的是控制反应原料和烷基化剂的物质的量比，常使苯过量较多，反应后再加以回收循环使用。

（2）*C*-烷基化是可逆反应

烷基苯在强酸催化剂存在下能发生烷基的歧化和转移，即苯环上的烷基可以从一个苯环上转移到另一个苯环上，或从一个位置转移到另一个位置上，如：

当苯量不足时，有利于二烷基苯或多烷基苯的生成；苯过量时，则有利于发生烷基转移，使多烷基苯向单烷基苯转化。因此在制备单烷基苯时，可使用这一特性使副产物多烷基苯减少，并增加单烷基苯总收率。

C-烷基化反应的可逆性也可由烷基的给电子特性加以解释，给电子的烷基连于苯环，使芳环上的电子云密度增加，特别是与烷基相连的那个芳环碳原子上的电子云密度增加更多，H^+进攻此位置较易，转化为σ-配合物，其可进一步脱除R^+而转变为起始反应物。

(3) 烷基正离子能发生重排

C-烷基化中的亲电质点烷基碳正离子会重排成较稳定的碳正离子。如用正丙基氯在无水三氯化铝作催化剂与苯反应时，得到的正丙苯只有30%，而异丙苯却高达70%。这是因为反应过程中生成的丙基正离子会发生重排形成更加稳定的异丙基正离子。

$$CH_3CH_2CH_2-Cl+AlCl_3 \rightleftharpoons [CH_3CH_2\overset{+}{C}H_2]AlCl_4^-$$

$$H_3C-CH-\overset{+}{C}H_2 \xrightarrow[\text{H连同一对电子转移}]{\text{重排}} CH_3\overset{+}{C}HCH_3$$

伯碳正离子　　　　仲碳正离子

因此上述烷基化反应生成的是两者的混合物。

当用碳链更长的卤烷或烯烃与苯进行烷基化时，则烷基正离子的重排现象更加突出，生成的产物异构体种类也增多，但支链烷基苯占优的趋势不变。

12.2.1.5 *C*-烷基化方法

(1) 烯烃烷化法

在*C*-烷基化反应中，烯烃是最便宜和活泼的烷化剂，广泛应用于工业上芳烃（另有芳胺和酚类）的*C*-烷基化，常用烯烃有乙烯、丙烯以及长链α-烯烃，其可大规模地制备乙苯、异丙苯和高级烷基苯。由于烯烃反应活性较高，在发生*C*-烷基化反应的同时，还可发生聚合、异构化和成酯等副反应，因此，在烷基化时应控制好反应条件，以减少副反应的发生。工业上广泛使用的烷基化方法有液相法和气相法两类。液相法的特点是：用液态催化剂、液态苯和气相（乙烯、丙烯）或液相烷化剂在反应器内完成*C*-烷基化反应。气相法的特点是使用气态苯和气态烷化剂在一定的温度和压力条件下，通过固体酸催化剂在反应器内完成烷基化反应。液相法所用的催化剂有路易斯酸和质子酸；气相法所用催化剂如磷酸-硅藻土、BF_3-γ-Al_2O_3等。

(2) 卤烷烷化法

卤烷是活泼的*C*-烷化剂。工业上通常使用的是氯烷，如苯系物与氯代高级烷烃在三氯化铝催化下可得高级烷基苯。此类反应常采用液相法，与烯烃作烷基化剂不同的是在生成烷基芳烃的同时，反应会放出氯化氢。工业上利用此点将铝锭或铝球放入烷基化塔内，就地生成三氯化铝作为催化剂，而不再直接使用价格较高的无水三氯化铝。由于水会分解破坏氯化铝或配合物催化剂，不仅铝锭消耗增大，还易造成管道堵塞，出现生产事故。因此进入烷基化塔的氯烷和苯都要预先经干燥处理。将处理后的氯烷和苯按物质的量比1∶5从底部进入烷基化塔（2～3只串联），在55～70℃之间完成反应，烷基化液由塔上部溢流出塔，经冷却和静置分层，配合物催化剂送回烷基化塔内，烷基化液中夹带的少量催化剂，经洗涤、脱苯和精馏，才能得到合乎要求的精烷基苯。反应生成的大量氯化氢由烷基化塔顶部经石墨冷却器回收苯后排出至氯化氢吸收系统制成盐酸。因反应系统中有氯化氢和微量水存在，其腐蚀性极强，所经流的管道和设备均应作防腐处理，一般采用搪瓷、搪玻璃或其他耐腐材料衬里。为防止氯化氢气体外逸，相关设备可在微负压条件下进行操作。

（3）醇、醛和酮烷化法

它们均是反应能力相对较弱的烷化剂，仅适用于活泼芳烃的 *C*-烷基化，如苯、萘、酚和芳胺等。常用的催化剂有路易斯酸和质子酸等。如三氯化铝、氯化锌、硫酸、磷酸。用醇、醛、酮等类进行 *C*-烷基化反应时，共同特点是均有水生成。

在酸性条件下，用醇对芳胺进行烷基化时，如果条件温和，则烷基首先取代氮原子上的氢，发生 *N*-烷化。

$$C_6H_5-NH_2 + C_4H_9OH \xrightarrow[210℃,0.8MPa]{ZnCl_2} C_6H_5-NHC_4H_9 + H_2O$$

若将反应温度升高，则氮原子上的烷基将转移到芳环的碳原子上，并主要生成对位烷基芳胺。

$$C_6H_5-NHC_4H_9 \xrightarrow[240℃,2.2MPa]{ZnCl_2} H_9C_4-C_6H_4-NH_2 \cdot ZnCl_2$$

萘与正丁醇和发烟硫酸可以同时发生 *C*-烷基化和磺化反应。

$$C_{10}H_8 + 2C_4H_9OH + H_2SO_4 \xrightarrow{55\sim60℃} (SO_3H)C_{10}H_5-(C_4H_9)_2 + 3H_2O$$

生成的二丁基萘磺酸即为渗透剂 BX，为纺织工业中大量使用的渗透剂，还可在合成橡胶生产中用作乳化剂。

用脂肪醛和芳烃衍生物进行的 *C*-烷基化反应可制得对称的二芳基甲烷衍生物。如过量苯胺与甲醛在浓盐酸中反应，可制得 4，4′-二氨基二苯甲烷，该产品是偶氮染料的重氮组分，又是制造压敏染料的中间体，还可作为聚氨酯树脂的单体。

$$2H_2N-C_6H_5 + HCHO \xrightarrow[100℃]{浓\ HCl} H_2N-C_6H_4-CH_2-C_6H_4-NH_2 + H_2O$$

2-萘磺酸在稀硫酸中与甲醛反应，其产物为扩散剂 N，是重要的纺织印染助剂。

$$2C_{10}H_7-SO_3H + HCHO \xrightarrow{130℃} HO_3S-C_{10}H_6-CH_2-C_{10}H_6-SO_3H + H_2O$$

用芳醛与活泼的芳烃衍生物进行烷基化反应，可制得三芳基甲烷衍生物。

$$2H_2N-C_6H_5 + C_6H_5-CHO \xrightarrow[145℃]{30\%\ HCl} H_2N-C_6H_4-CH(C_6H_5)-C_6H_4-NH_2 + H_2O$$

苯酚与丙酮在酸催化下，得到 2，2-双(对羟基苯基)丙烷，俗称双酚 A。

$$2HO-C_6H_5 + CH_3\overset{O}{\overset{\|}{C}}CH_3 \xrightarrow{H^+} HO-C_6H_4-C(CH_3)_2-C_6H_4-OH + H_2O$$

工业上常用硫酸、盐酸或阳离子交换树脂为催化剂完成此反应。前两种无机酸虽然反应催化活性很高，但对设备腐蚀严重，且产生大量含酸、酚的废水，污染极大。阳离子交换树脂法则具后处理简单、腐蚀性小、环保经济，同时对设备材质要求低、树脂可重复使用、寿命较长等优点。

12.2.2 N-烷基化反应

氨、脂肪胺或芳胺中氨基上的氢原子被烷基取代或通过直接加成而在上述化合物分子中的N原子上引入烷基的反应均称为N-烷基化反应。这是制备各种脂肪族和芳香族伯胺、仲胺、叔胺的主要方法。其在工业上的应用极为广泛，其反应通式如下。

$$NH_3 + R\text{—}Z \longrightarrow RNH_2 + HZ$$

$$R^1NH_2 + R\text{—}Z \longrightarrow RNHR^1 + HZ$$

$$R^1NHR + R\text{—}Z \longrightarrow R_2NR^1 + HZ$$

$$R_2NR^1 + R\text{—}Z \longrightarrow R_3\overset{+}{N}R^1 + Z^-$$

式中，R—Z为烷基化剂；R为烷基；Z为离去基团，依据烷基化剂的种类不同，Z也不尽相同。如烷基化剂为醇、卤烷、酯等化合物时，离去基团Z分别为—OH、—X、$\text{—}OSO_3H$基团。此外烯烃、环氧化合物、醛和酮也可作为N-烷化剂，其与胺发生加成反应，故无离去基团。

N-烷基化产物是制造医药、表面活性剂及纺织印染助剂时的重要中间体。

12.2.2.1 N-烷化剂

N-烷化剂是完成N-烷基化反应必需的物质，其种类和结构决定着N-烷基化产物的结构。N-烷化剂的种类很多，常用的有以下六类。

① 醇和醚类：如甲醇、乙醇、甲醚、乙醚、异丙醇、丁醇等。

② 卤烷类：如氯甲烷、氯乙烷、溴乙烷、苄氯、氯乙酸、氯乙醇等。

③ 酯类：如硫酸二甲酯、硫酸二乙酯、对甲苯磺酸酯等。

④ 环氧类：如环氧乙烷、环氧氯丙烷等。

⑤ 烯烃衍生物类：如丙烯腈、丙烯酸、丙烯酸甲酯等。

⑥ 醛和酮类：如各种脂肪族和芳香族的醛、酮。

在上述N-烷化剂中，前三类反应活性最强的是硫酸的中性酯，如硫酸二甲酯；其次是卤烷；醇、醚类烷化剂的活性较弱，需用强酸催化或在高温下才可发生反应。后三类的反应活性次序大致为：环氧类＞烯烃衍生物＞醛和酮类。

12.2.2.2 N-烷化反应类型

N-烷基化反应依据所使用的烷化剂种类不同，可分为如下三种类型。

(1) 取代型

所用N-烷化剂为醇、醚、卤烷、酯类。

$$NH_3 \xrightarrow[-HZ]{R^1\text{—}Z} R^1NH_2 \xrightarrow[-HZ]{R^2\text{—}Z} R^1NHR^2 \xrightarrow[-HZ]{R^3\text{—}Z} R^1\text{—}N(R^2)\text{—}R^3 \xrightarrow{R^4\text{—}Z} \left[R^1\text{—}\overset{+}{N}(R^2)(R^4)\text{—}R^3 \right] Z^-$$

其反应可看作是烷化剂对胺的亲电取代反应。

(2) 加成型

所用N-烷化剂为环氧化合物和烯烃衍生物。

$$RNH_2 \xrightarrow{H_2C\overset{O}{\text{—}}CH_2} RNHCH_2CH_2OH \xrightarrow{H_2C\overset{O}{\text{—}}CH_2} RN(CH_2CH_2OH)_2$$

$$RNH_2 \xrightarrow{H_2C{=}CH\text{—}CN} RNHCH_2CH_2CN \xrightarrow{H_2C{=}CH\text{—}CN} RN(CH_2CH_2CN)_2$$

其反应可看作是烷化剂对胺的亲电加成反应。

(3) 缩合-还原型

所用N-烷化剂为醛和酮类。

$$RNH_2 + R^1CHO \xrightarrow{\text{缩合}} RN{=}CHR^1 \xrightarrow[\text{还原}]{[H]} RNHCHR^1 \xrightarrow{R^1CHO} R{-}N(CH_2R^1)(CHR^1{-}OH) \xrightarrow{[H]} RN(CH_2R^1)_2$$

其反应可看作是胺对烷化剂的亲核加成，再消除，最后还原。

应该指出，无论哪种反应类型，都是利用胺(氨)结构中氮原子上孤对电子的活性来完成的。

12.2.2.3 *N*-烷基化方法

(1) 用醇和醚作烷化剂的 *N*-烷基化法

用醇和醚作烷化剂时，其烷化能力较弱，所以反应需在较强烈的条件下才能进行，但某些低级醇(甲醇、乙醇)因价廉易得、供应量大，工业上常用其作为活泼胺类的烷化剂。其中醇的 *N*-烷基化见 11.4.2 节。

甲醚是合成甲醇时的副产物，也可用作烷化剂，其反应式如下：

$$C_6H_5{-}NH_2 + (CH_3)_2O \xrightarrow[230^\circ C]{Al_2O_3} C_6H_5{-}NHCH_3 + CH_3OH$$

$$C_6H_5{-}NHCH_3 + (CH_3)_2O \longrightarrow C_6H_5{-}N(CH_3)_2 + CH_3OH$$

此烷基化反应可在气相进行。使用醚类烷化剂的优点是反应温度可以较使用醇类的低。

近年来，以醇为烷基化试剂的伯胺 *N*-烷基化反应开始受到关注，这类反应的副产物是水，催化过程具有很高的原子经济性，同时大多数醇毒性很低，有利于大规模工业应用。然而，由于大多数醇的亲电性较弱，通常很难与胺发生亲电取代反应，因此，找到一种有效的活化醇的方法成为人们关注的焦点。赫巍等[9]将 $H_2PtCl_6 \cdot 6H_2O$、$SnCl_2 \cdot 2H_2O$ 配制成浸渍液并浸渍 γ-Al_2O_3 后制备得到了多相双金属 Pt-Sn/γ-Al_2O_3 催化剂，并基于借氢策略，将其应用于苄醇与苯胺的烷基化生成仲胺的反应中，在反应过程中醇首先脱氢生成醛，醛再与胺反应生成亚胺，最后在原位形成的氢物种将亚胺还原成相应的胺。该催化剂体系具有良好的底物适应性，Pt-Sn/γ-Al_2O_3 催化剂经简单处理即可分离回收，循环使用多次后仍有较高活性。此催化剂可能在仲胺及叔胺的生产中具有潜在的应用前景。

(2) 用卤烷作烷化剂的 *N*-烷基化法

卤烷作 *N*-烷化剂时，反应活性较醇要强。当需要引入长碳链的烷基时，由于醇类的反应活性随碳链的增长而减弱，此时则需使用卤烷作为烷化剂。此外，对于活性较低的胺类，如芳胺的磺酸或硝基衍生物，为提高反应活性，也要求采用卤烷作为烷化剂。卤烷活性次序为：RI＞RBr＞RCl；脂肪族＞芳香族；短链＞长链。

用卤烷进行的 *N*-烷基化反应是不可逆的，因反应中有卤化氢气体放出。此外，反应放出的卤化氢会与胺反应生成盐，铵盐失去了氮原子上的孤电子对，*N*-烷基化反应则难以进行。工业上为使反应顺利进行，常向反应系统中加入一定的碱（氢氧化钠、碳酸钠、氢氧化钙等）作为缚酸剂，以中和卤化氢。

卤烷的烷基化反应可以在水介质中进行，若卤烷的沸点较低（如一氯甲烷、溴乙烷），反应要在高压釜中进行。烷基化反应生成的大多是仲胺与叔胺的混合物，为了制备仲胺，则必须使用大为过量的伯胺，以抑制叔胺的生成。有时还需要用特殊的方法来抑制二烷化副反应，例如：由苯胺与氯乙酸制苯基氨基乙酸时，除了要使用不足量的氯乙酸外，在水介质中还要加入氢氧化亚铁，使苯基氨基乙酸以亚铁盐的形式析出，以避免进一步二烷化，然后将亚铁盐滤饼用氢氧化钠水溶液处理，使之转变成可溶性钠盐。

$$2C_6H_5NH_2 + 2ClCH_2COOH + Fe(OH)_2 + 2NaOH \longrightarrow (C_6H_5NHCH_2COO)_2Fe\downarrow + 2NaCl + 4H_2O$$

制备 *N*,*N*-二烷基芳胺可使用定量的苯胺和氯乙烷，加入到装有氢氧化钠溶液的高压釜中，升温至 120℃，当压力为 1.2MPa 时，靠反应热可自行升温至 210～230℃，压力 4.5～5.5MPa，反应 3h，即可完成烷基化反应。

$$C_6H_5-NH_2 + 2C_2H_5Cl \xrightarrow[120\sim220℃]{NaOH} C_6H_5-N(C_2H_5)_2 + 2HCl$$

长碳链卤烷与胺类反应也能制取仲胺、叔胺。如用长碳链氯烷可使二甲胺烷基化，制得叔胺，反应生成的氯化氢用氢氧化钠中和。

$$RCl + NH(CH_3)_2 \xrightarrow[130\sim140℃]{NaOH} RN(CH_3)_2 + HCl$$

(3) 用酯作烷化剂的 *N*-烷基化法

硫酸酯、磷酸酯和芳磺酸酯都是活性很强的烷基化剂，其沸点较高，反应可在常压下进行。因酯类价格比醇和卤烷都高，所以其实际应用受到限制。硫酸酯与胺类烷基化反应通式如下：

$$R^1NH_2 + ROSO_2OR \longrightarrow R^1NHR + ROSO_3H$$

$$R^1NH_2 + ROSO_2ONa \longrightarrow R^1NHR + NaHSO_4$$

硫酸中性酯易给出其所含的第一个烷基，而给出第二烷基则较困难。常用的是硫酸二甲酯，但其毒性较大，可通过呼吸道及皮肤进入人体，使用时应格外小心。用硫酸酯烷化时，常需要加碱中和生成的酸，以便提高其给出烷基正离子的能力。如对甲苯胺与硫酸二甲酯于 50～60℃时，在碳酸钠、硫酸钠和少量水存在下，可生成 *N*,*N*-二甲基对甲苯胺，收率可达 95%。此外，用磷酸酯与芳胺反应也可高收率、高纯度地制得 *N*,*N*-二烷基芳胺，反应式如下。

$$3ArNH_2 + 2(RO)_3PO \longrightarrow 3ArNR_2 + 2H_3PO_4$$

芳磺酸酯作为强烷化剂也可发生与上类似的反应。

$$ArNH_2 + ROSO_2Ar' \longrightarrow ArNHR + Ar'SO_3H$$

(4) 用环氧乙烷作烷化剂的 *N*-烷基化法

环氧乙烷是一种活性很强的烷基化剂，其分子具有三元环结构，环张力较大，容易开环，与胺类发生加成反应得到含羟乙基的产物。例如：芳胺与环氧乙烷发生加成反应，生成 *N*-(*β*-羟乙基)芳胺，若再与另一分子环氧乙烷作用，可进一步得到叔胺。

$$ArNH_2 + H_2C\overset{O}{—}CH_2 \longrightarrow ArNHCH_2CH_2OH \xrightarrow{H_2C\overset{O}{—}CH_2} ArN(CH_2CH_2OH)_2$$

当环氧乙烷与苯胺的物质的量之比为 0.5∶1，反应温度为 65～70℃，并加入少量水，生成的主要产物为 *N*-(*β*-羟乙基)苯胺。如果使用稍大于 2mol 的环氧乙烷，并在 120～140℃和 0.5～0.6MPa 压力下进行反应，则得到的主要是 *N*,*N*-二(*β*-羟乙基)苯胺，在医药工业中，主要用来生产芳胺类活性药及中间体[10]，如 *N*-甲基溶肉瘤素等。

$$(ClCH_2CH_2)_2N-C_6H_4-CH_2CH(NH_2)COOH$$

环氧乙烷活性较高，易于含活泼氢的化合物（如水、醇、氨、胺、羧酸及酚等）发生加成反应，碱性和酸性催化剂均能加速此类反应。例如 *N*,*N*-二(*β*-羟乙基)苯胺与过量环氧乙烷反应，将生成 *N*,*N*-二(*β*-羟乙基)芳胺衍生物。

$$ArN(CH_2CH_2OH)_2 + 2m\ H_2C\overset{O}{—}CH_2 \longrightarrow ArN[(CH_2CH_2O)_mCH_2CH_2OH]_2$$

氨或脂肪胺和环氧乙烷也能发生加成烷基化反应，例如制备乙醇胺类化合物。

$$NH_3 + H_2C\overset{O}{—}CH_2 \longrightarrow H_2NCH_2CH_2OH + HN(CH_2CH_2OH)_2 + N(CH_2CH_2OH)_3$$

产物为三种乙醇胺的混合物。反应时先将25%的氨水送入烷基化反应器，然后缓慢通入气化的环氧乙烷；反应温度为35～45℃，反应后期，升温至110℃以蒸除过量的氨；后经脱水，减压蒸馏，收集不同沸程的三种乙醇胺产品。乙醇胺是重要的精细化工原料，它们的脂肪酸酯可制成合成洗净剂。乙醇胺可用于净化许多工业气体，脱除气体中的酸性杂质（如SO_2、CO_2等）。乙醇胺碱性较弱，常用来配制肥皂、油膏等化妆品。此外，乙醇胺也常用于制备药物中间体，例如具有解热镇痛、消炎、降血糖等作用的合成牛磺酸即为乙醇胺法制得，反应式为：

$$NH_2CH_2CH_2OH + H_2SO_4 \longrightarrow NH_2CH_2CH_2OSO_3H + H_2O$$

$$NH_2CH_2CH_2OSO_3H + (NH_4)_2SO_3 \longrightarrow NH_2CH_2CH_2SO_3H + (NH_4)_2SO_4$$

环氧乙烷沸点较低（10.7℃），其蒸气与空气的爆炸极限很宽（空气3%～98%），所以在通环氧乙烷前，务必用惰性气体置换反应器内的空气，以确保生产安全。

（5）用烯烃衍生物作烷化剂的*N*-烷基化法

烯烃衍生物与胺类也可发生*N*-烷基化反应，此反应是通过烯烃衍生物中的碳-碳双键与氨基中的氢加成而完成的。常用的烯烃衍生物为丙烯腈和丙烯酸酯，其分别向胺类氮原子上引入氰乙基和羧酸酯基。

$$RNH_2 + CH_2{=}CHCN \longrightarrow RNHCH_2CH_2CN \xrightarrow{CH_2{=}CHCN} RN(CH_2CH_2CN)_2$$

$$RNH_2 + CH_2{=}CHCOOR^1 \longrightarrow RNHCH_2CH_2COOR^1 \xrightarrow{CH_2{=}CHCOOR^1} RN(CH_2CH_2COOR^1)_2$$

其产物均为生产医药、染料和表面活性剂的重要中间体。

丙烯腈与胺类反应时，常要加入少量酸性催化剂。由于丙烯腈易发生聚合反应，还需要加入少量阻聚剂（对苯二酚）。例如：苯胺与丙烯腈反应时，其物质的量比为1∶1.6时，在少量盐酸催化下，水介质中回流温度进行*N*-烷基化，主要生成*N*-(β-氰乙基)苯胺；取其物质的量比为1∶2.4，反应温度为130～150℃，则主要生成*N*,*N*-二(β-氰乙基)苯胺。

丙烯腈和丙烯酸酯分子中含有较强吸电子基团—CN、—COOR，使其分子中β-碳原子上带部分正电荷，从而有利于与胺类发生亲电加成，生成*N*-烷基取代产物。

$$R\ddot{N}H_2 + \overset{\delta^+}{C}H_2{=}\overset{\delta^-}{C}H{-}CN \longrightarrow RNHCH_2CH_2CN$$

$$R\ddot{N}H_2 + \overset{\delta^+}{C}H_2{=}\overset{\delta^-}{C}H{-}\underset{\delta^+}{\overset{O^{\delta^-}}{\overset{\|}{C}}}{-}OR' \longrightarrow RNH(CH_2CH_2COOR')$$

与卤烷、环氧乙烷和硫酸酯相比，烯烃衍生物的烷化能力较弱，为提高反应活性，常需加入酸性或碱性催化剂。酸性催化剂有乙酸、硫酸、盐酸、对甲苯磺酸等；碱性催化剂有三甲胺、三乙胺、吡啶等。需要指出，丙烯酸酯类的烷基化能力较丙烯腈为弱，故其反应需要更剧烈的反应条件。胺类与烯烃衍生物的加成反应是一个连串反应。

（6）用醛或酮作烷化剂的*N*-烷基化法

醛或酮可与胺类发生缩合-还原型*N*-烷基化反应，其反应通式如下：

$$R{-}\overset{H}{\overset{|}{C}}{=}O + NH_3 \xrightarrow{-H_2O} \left[R{-}\overset{H}{\overset{|}{C}}{=}NH \right] \xrightarrow{[H]} RCH_2NH_2$$

$$R{-}\overset{R^1}{\overset{|}{C}}{=}O + NH_3 \xrightarrow{-H_2O} \left[R{-}\overset{R^1}{\overset{|}{C}}{=}NH \right] \xrightarrow{[H]} R{-}\overset{R^1}{\overset{|}{C}}HNH_2$$

反应最初产物为伯胺，若醛、酮过量，则可相继得到仲胺、叔胺。在缩合-还原型*N*-烷基化中应用最多的是甲醛水溶液，如脂肪族十八胺用甲醛和甲酸反应可以生成*N*,*N*-二甲基十八烷胺。

$$CH_3(CH_2)_{17}NH_2 + 2CH_2O + 2HCOOH \longrightarrow CH_3(CH_2)_{17}N(CH_3)_2 + 2CO_2 + 2H_2O$$

反应在常压液相条件下进行。脂肪胺先溶于乙醇中，再加入甲酸水溶液，升温至50～60℃，缓慢加入甲醛水溶液，再加热至80℃，反应完毕。产物液经中和至强碱性，静置分层，分出粗胺层，经减压蒸馏得叔胺。此法优点为反应条件温和，易操作控制；缺点是消耗大量甲酸，且对设备有腐蚀性。在骨架镍存在下，可用氢代替甲酸，但这种加氢还原需要采用耐压设备。此法合成的含有长碳链的脂肪族叔胺是表面活性剂、纺织助剂等的重要中间体，也是药物合成中重要的相转移催化剂。

另外，硼氢化物化学还原法[11]也是制备胺类化合物常用方法之一，该方法不需要氢气，以硼氢化钠及其衍生物作为催化剂和氢源。以四氢呋喃（THF）为溶剂，醛/酮与脂肪胺或芳香胺在硼氢化钠/硅氯仿作用下可还原烷基化制得仲胺或叔胺；在丙二酰氧基硼氢化钠作用下醛/酮与胺也可进行缩合还原反应，而且丙二酰氧基硼氢化钠是目前已知的唯一稳定的二酰氧基硼氢化物，在给定的条件下不会发生自身还原反应，对醛和位阻较小的酮与胺反应的产率较高，可达到91.2%。金属卤化物-硼氢化物型催化剂如$InCl_3$-$NaBH_4$同样可用于醛/酮与胺的还原烷基化反应中，并且具有产物选择性高、操作简便、反应条件温和等优点；功能化离子液体-硼氢化物催化剂如2-三丁氨基乙氧基硼氢化合物，是将硼氢化钠负载到离子液体*N*-羟乙基-*N*,*N*,*N*-三丁基溴化铵上制成的，是一种具有还原能力的功能化碱性离子液体催化剂，并在苯甲醛与苯胺的一步法还原烷基化反应中得到了应用；在此反应体系中，醛基不会被还原成羟基，具有反应条件温和、更易于控制等优点，有着较好的应用前景。

12.2.3 *O*-烷基化反应

醇羟基或酚羟基中的氢被烷基所取代生成醚类化合物的反应称为*O*-烷基化反应。反应常用的*O*-烷基化剂有活性较高的卤烷、酯、环氧乙烷等，也有活性较低的醇。*O*-烷基化反应是亲电取代反应，能使羟基氧原子上电子云密度升高的结构，其反应活性也高；相反，使羟基氧原子上电子云密度降低的结构，其反应活性也低。可见，醇羟基的反应活性通常较酚羟基的高。因酚羟基不够活泼，所以需要使用活泼烷基化剂，只有很少情况下会使用醇类烷化剂。

12.2.3.1 用卤烷的*O*-烷基化

此类反应容易进行，一般只要将酚先溶解于稍过量的苛性钠水溶液中，使它形成酚钠盐，然后在适中的温度下加入适量卤烷，即可得良好收率的产物。但当使用沸点较低的卤烷时，则需要在加压釜中进行反应。如在高压釜中加入氢氧化钠水溶液和对苯二酚，压入氯甲烷（沸点−23.7℃）气体，密闭，逐渐升温至120℃和0.39～0.59MPa，保温3h，直到压力下降至0.22～0.24MPa为止。处理后，产品对苯二甲醚的收率可达83%。反应式如下：

$$p\text{-}HOC_6H_4OH \xrightarrow[-2H_2O]{2NaOH} p\text{-}NaOC_6H_4ONa \xrightarrow[-2NaCl]{2CH_3Cl} p\text{-}CH_3OC_6H_4OCH_3$$

在*O*-甲基化时，为避免使用高压釜或为使反应在温和条件下进行，常改用碘甲烷（沸点42.5℃）或硫酸二甲酯作烷基化剂。

12.2.3.2 用酯的*O*-烷基化

硫酸酯及磺酸酯均是活性较高的良好烷化剂。它们的共同优点是高沸点，因而可在高温、常压下进行反应，缺点是价格较高。但对于产量小、价值高的产品，常采用此类烷基化剂，特别是硫酸二甲酯应用最为广泛。例如，在碱性催化剂存在下，硫酸酯与酚、醇在室温下能顺利反应，并以良好产率生成醚类。

$$C_6H_5OH + Me_2SO_4 \xrightarrow[10^\circ C]{NaOH} C_6H_5OMe + MeOSO_3Na$$

$$C_6H_5CH_2CH_2OH + Me_2SO_4 \xrightarrow[NaOH]{Bu_4NI} C_6H_5CH_2CH_2OMe + MeOSO_3Na$$

若用硫酸二乙酯作烷化剂时，可不需碱催化剂；且醇、酚分子中含有羰基、氰基、羟基及硝基时，对反应均不会产生不良影响。

除上述硫酸酯和磺酸酯（无机酸酯）外，还可用原甲酸酯、草酸二烷酯、羧酸酯（有机酸酯）等作烷基化剂。例如

$$2\ o\text{-}NO_2C_6H_4OK + (COOEt)_2 \xrightarrow[120^\circ C]{DMF} 2\ o\text{-}NO_2C_6H_4OEt + (COOK)_2$$

12.2.3.3 用环氧乙烷 *O*-烷基化

醇或酚用环氧乙烷的 *O*-烷基化是在醇羟基或酚羟基的氧原子上引入羟乙基。这类反应可在酸或碱催化剂作用下完成，但生成的产物往往不同。

$$\underset{\diagdown O \diagup}{RCH-CH_2} \xrightarrow{H^+} [R\overset{+}{C}HCH_2OH] \xrightarrow{R^1OH} \underset{OR^1}{RCHCH_2OH} + H^+$$

$$\underset{\diagdown O \diagup}{RCH-CH_2} \xrightarrow{R^1O^-} \left[\underset{O^-}{RCHCH_2OR^1}\right] \xrightarrow{R^1OH} \underset{OH}{RCHCH_2OR^1} + R^1O^-$$

由低碳醇（C_1～C_6）与环氧乙烷作用可生成各种乙二醇醚，这些产品都是重要的溶剂。可根据市场需要，调整醇和环氧乙烷的物质的量之比来控制产物组成。反应常用的催化剂是 BF_3-乙醚或烷基铝。

$$ROH + \underset{\diagdown O \diagup}{H_2C-CH_2} \longrightarrow ROCH_2CH_2OH$$

高级脂肪醇或烷基酚与环氧乙烷加成可生成聚醚类产物，它们均是重要的非离子表面活性剂，反应一般用碱催化。由于各种羟乙基化产物的沸点都很高，不宜用减压蒸馏法分离。因此，为保证产品质量，控制产品的分子量分布在适当范围，就必须优选反应条件。例如用十二醇为原料，通过控制环氧乙烷的用量以控制聚合度为 20～22 的聚醚生成。产品是一种优良的非离子表面活性剂，商品名为乳化剂 O 或匀染剂 O。

$$C_{12}H_{25}OH + n\underset{\diagdown O \diagup}{CH_2-CH_2} \xrightarrow{NaOH} C_{12}H_{25}O(CH_2CH_2O)_nH \quad (n=20\sim22)$$

将辛基酚与其质量分数为 1%的氢氧化钠水溶液混合，真空脱水，氮气置换，于 160～180℃通入环氧乙烷，经中和漂白，得到聚醚产品，其商品名为 OP 型乳化剂。

$$C_8H_{17}-C_6H_4-OH + n\underset{\diagdown O \diagup}{CH_2-CH_2} \xrightarrow{NaOH} C_8H_{17}-C_6H_4-O(CH_2CH_2O)_nH$$

12.3 相转移烷基化反应

在烷基化反应中，除芳环上的 *C*-烷基化反应是亲电取代反应外，*N*-烷基化、*O*-烷基化反应在反应机理上均属亲核取代反应。亲核取代反应首先要求亲核试剂（NuH）中的活泼氢原子与碱性试剂作用以形成相应的负离子（Nu^-），随后向烃化剂作亲核进攻。为避免发生酸碱平衡而使 Nu^- 浓度降低，大多数反应要求在无水条件下进行。但当采用无水的质子

极性溶剂时，其能与 Nu^- 发生溶剂化，使 Nu^- 活性降低；若采用非质子极性溶剂时，虽然能克服溶剂化，使 Nu^- 活性提高，但这些溶剂存在价格较贵、毒性较大、不易回收、后处理烦琐及环境污染等问题。相转移催化烷基化技术则能较好地克服上述问题。通过相转移催化剂与反应活性组分经过特定形式结合，从而实现两种不相溶体系的界面离子转移。它有以下优点：既可克服溶剂化反应，不需要无水操作，又可取得如同采用非质子极性溶剂的效果；通常后处理较为简便、容易；可用金属氢氧化物水溶液代替醇钠、氨基钠、氢化钠或金属钠，这在工业生产上是非常有利的；可降低反应温度，改变反应选择性，通过抑制剂反应来提高收率。下面简要介绍相转移催化烷基化技术。

12.3.1 相转移催化 *C*-烷基化

由于碳负离子的烷基化在合成中起到很重要的作用，因此它是相转移催化反应中研究最早和最多的反应之一。例如，苯乙腈在季铵盐催化下进行烷基化反应。

$$PhCH_2CN \xrightarrow[28\sim35℃, 3\sim5h]{EtBr, 浓 NaOH, TEBAC(1\%, 摩尔分数)} PhCH(Et)CN \quad (78\%\sim84\%)$$

又如，醛、酮类化合物采用相转移催化剂，可以顺利地进行 α-碳的烷基化反应。

$$PhCH_2COCH_3 \xrightarrow[CH_2Cl_2, 92\%]{MeI, NaOH, Bu_4NHSO_4} PhCH(CH_3)COCH_3$$

合成抗癫痫药物丙戊酸钠时，可采用 TBAB 催化进行 *C*-烷基化反应。

$$\text{丙二酸环亚异丙酯} \xrightarrow[K_2CO_3/TBAB]{n\text{-}C_3H_7Br} \text{5,5-二}(n\text{-}C_3H_7)\text{取代物} \xrightarrow{NaOH/H_2O} (n\text{-}C_3H_7)_2CH—COONa$$

12.3.2 相转移催化 *N*-烷基化

吲哚和溴苄在季铵盐的催化下，可高收率地得到 *N*-苄基化产物[12]。

$$\text{吲哚} \xrightarrow[33℃, 18h]{PhCH_2Br/50\%NaOH/TBAHS/C_6H_6} N\text{-}CH_2Ph\text{吲哚} \quad (93\%)$$

此反应在无相转移催化剂时将无法进行。

抗精神病药物氯丙嗪的合成也采用了相转移催化反应[13]。

$$\text{吩噻嗪} \xrightarrow[C_6H_6/TBAB]{Cl(CH_2)_3N(CH_3)_2/NaOH} N\text{-}CH_2(CH_2)_2N(CH_3)_2\text{吩噻嗪}$$

1，8-萘内酰亚胺，因分子中羰基的吸电子效应，使氮原子上的氢具有一定的酸性，很难 *N*-烷基化，即使在非质子极性溶剂中或是在含吡啶的碱性溶液中反应速率也很慢，且收率低。但 1，8-萘内酰亚胺易与氢氧化钠或碳酸钠形成钠盐。

$$\text{1,8-萘内酰亚胺(NH)} + NaOH \rightleftharpoons \text{钠盐(NNa)} + H_2O$$

它易被相转移催化剂萃取到有机相，而在温和的条件下与溴乙烷或氯苄反应。若用氯丙嗪为烷基化剂，为避免其水解，需使用无水碳酸钠，并选择使用能使钠离子溶剂化的溶剂（如 *N*-甲基-2-吡咯烷酮），以利于 1,8-萘内酰亚胺负离子被季铵正离子带入有机相而发生固-液相转移催化反应[14]。

$$\text{1,8-萘内酰亚胺} + ClCH{=}CHCN \xrightarrow[\text{无水}Na_2CO_3]{PTC,\text{溶剂}} \text{N-(2-氰基乙烯基)-1,8-萘内酰亚胺}$$

12.3.3 相转移催化 *O*-烷基化

在碱性溶液中正丁醇用氯化苄 *O*-烷基化，相转移催化剂的使用与否，反应收率相差很大。

$$n\text{-}BuOH \xrightarrow[45℃,6h]{PhCH_2Cl/50\%NaOH} n\text{-}BuOCH_2Ph \quad (4\%)$$

$$n\text{-}BuOH \xrightarrow[35℃,1.5h]{PhCH_2Cl/50\%NaOH/TBAHS/C_6H_6} n\text{-}BuOCH_2Ph \quad (92\%)$$

活性较低的醇不能直接与硫酸二甲酯反应得到醚，使用醇钠也较困难，加入相转移催化剂则可顺利反应。

$$Ph\text{—}C(CH_3)_2\text{—}OH \xrightarrow[33℃,18h]{Me_2SO_4/50\%NaOH/TBAI/PE} Ph\text{—}C(CH_3)_2\text{—}OMe \quad (85\%)$$

相转移烃化应用于酚类，也有良好的效果。如

$$C_6H_5\text{—}OH + BrCH_2CO_2C_2H_5 \xrightarrow[TEBAB]{CH_2Cl_2/NaOH} C_6H_5\text{—}OCH_2CO_2C_2H_5 \quad (86\%)$$

12.4 典型烷基化生产工艺及烷基化技术新发展

12.4.1 长链烷基苯的生产

长链烷基主要用于生产洗涤剂、表面活性剂等，有烯烃和卤代烷两种原料路线，目前都在使用。以烯烃为烷化剂，氟化氢为催化剂的制造方法常称为氟化氢法。

$$R\text{—}CH_2CH{=}CH\text{—}R' + C_6H_6 \xrightarrow[30\sim40℃]{HF} RCH_2CH(C_6H_5)CH_2R'$$

以氯代烷为烷化剂，三氯化铝为催化剂的制造方法常称为三氯化铝法。

$$RCHClR' + C_6H_6 \xrightarrow[70℃]{AlCl_3} RCH(C_6H_5)R' + HCl$$

式中，R 和 R′为烷基或氢。

12.4.1.1 氟化氢法

苯与长链正构烯烃的烷基化反应一般采用液相法，也有采用在气相中进行的。凡能提供质子的酸类都可以作为烷基化的催化剂，由于 HF 性质稳定，副反应少，且易与目的产物分

离，产品成本低及无水 HF 对设备几乎没有腐蚀性等优点，使它在长链烯烃烷基化中应用最为广泛。

苯与长链烯烃的烷基化反应较复杂，依原料来源不同主要有以下几个方面：①烷烃、烯烃中的少量杂质，如二烯烃、多烯烃、异构烯烃及芳烃参与反应；②因长链单烯烃双键位置不同，形成许多烷基苯的同分异构体；③在烷基化反应中可能发生异构化、分子重排以及聚合和环化等副反应。上述副反应的程度随操作条件、原料纯度和组成的变化而变化，其总量往往只占烷基苯的千分之几甚至万分之几，但它们对烷基苯的质量影响却很大，主要表现为烷基苯的色泽偏深等。

氟化氢法长链烷基苯生产工艺流程如图 12-1 所示。图 12-1 中的反应器 1 和 2 是筛板塔。将烷烃、烯烃（9%～10%）混合物及 10 倍于烯烃物质的量的苯以及有机物 2 倍体积的氟化氢在混合冷却器中混合，保持 30～40℃，这时大部分烯烃已经反应。将混合物送入反应器 1。为保持氟化氢（沸点 19.6℃）为液态，反应在 0.5～1MPa 下进行。物料由顶部排出至静置分离器 8，上层的有机物和静置分离器 9 下部排出的循环氟化氢及蒸馏提纯的新鲜氟化氢进入反应器 2，使烯烃反应完全。反应产物进入静置分离器 9，上层的物料经脱氟化氢塔 4 及脱苯塔 5，蒸出氟化氢和苯；然后至脱烷烃塔 6 进行减压蒸馏，蒸出烷烃；最后至成品塔 7，在 96～99kPa 真空度、170～200℃蒸出烷基苯成品。静置分离器 8 下部排出的氟化氢溶解了一些重要的芳烃，这种氟化氢一部分去反应器 1 循环使用，另一部分在 HF 蒸馏塔 3 中进行蒸馏提纯，然后送至反应器 2 循环使用。

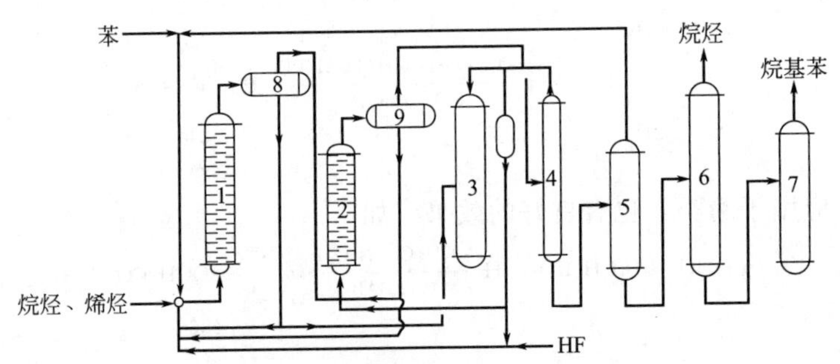

图 12-1 氟化氢法生产烷基苯工艺流程

1，2—反应器；3—HF 蒸馏塔；4—脱氟化氢塔；5—脱苯塔；6—脱烷烃塔；7—成品塔；8，9—静置分离器

12.4.1.2 $AlCl_3$ 法

此法采用的长链氯代烷是由煤油经分子筛或尿素抽提得到的直链烷烃经氯化制得的。在与苯反应时，除烷基化主反应外，其副反应及后处理与上述以烯烃为烷化剂的情况类似，不同点在于烷化器的结构、材质及催化剂。

长链氯代烷与苯烷基化的工艺过程随烷基化反应器的类型不同而不同，常用的烷基化反应器有釜式和塔式两种。单釜间歇烷基化已很少使用，连续操作的烷基化设备有多釜串联式和塔式两种，前者主要用于以三氯化铝为催化剂的烷基化过程。目前，国内广泛采用的都是以金属铝作催化剂，在三个按阶梯形串联的搪瓷塔组中进行，工艺流程如图 12-2 所示。

反应器为带冷却夹套的搪瓷塔，塔内放有小铝块，苯和氯代烷由下口进入，反应温度在 70℃左右，总的停留时间约为 0.5h，实际上 5min 时转化率即可达 90%左右。为了降低物料的黏度和抑制多烃化，苯和氯代烷的物质的量之比为（5～10）：1。由反应器出来的液体物料中未反应的苯、烷基苯，正构烷烃、少量 HCl 及 $AlCl_3$ 络合物，后者静置分离出红油（泥脚）。其一部分可循环使用，余下部分用硫酸处理转变为 $Al_2(SO_4)_3$ 沉淀下来。上层有

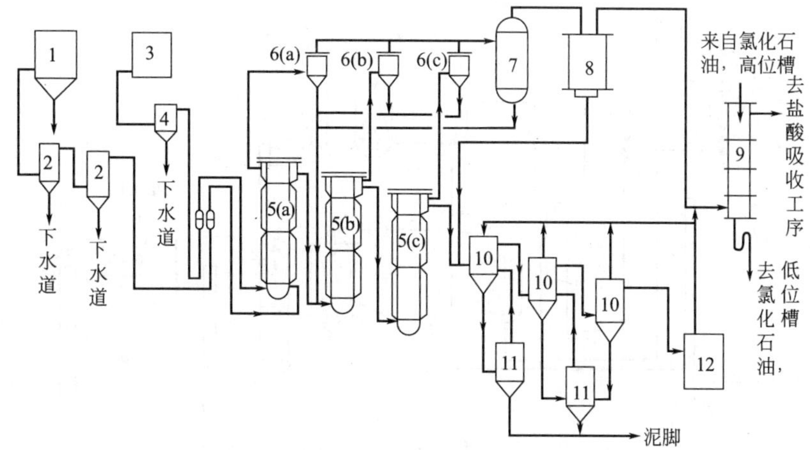

图 12-2 金属铝催化缩合工艺流程

1—苯高位槽；2—苯干燥器；3—氯化石油高位槽；4—氯化石油干燥器；
5—缩合塔；6—分离器；7—气液分离器；8—石墨冷凝器；
9—洗气塔；10—静置缸；11—泥脚缸；12—缩合液贮缸

机物用氨气或氢氧化钠中和，水洗，然后进行蒸馏分离，得到产品。

12.4.2 异丙苯的生产

异丙苯的主要用途是经过氧化和分解，制备苯酚和丙酮，产量非常大。异丙苯法合成苯酚联产丙酮是比较合理的先进生产方法，工业上苯与丙烯的烷基化是该法的第一步。三氯化铝和固体磷酸是目前广泛使用的催化剂，新建投产的工厂几乎均采用固体磷酸法。三氯化硼也是可用的催化剂，以沸石为代表的复合氧化物催化剂是近年较活泼的开发领域。

工业上丙烯和苯的连续烷基化用液相法($AlCl_3$ 法)和气相法(固体磷酸法)均可生产。丙烯来自石油加工过程，允许有丙烷类饱和烃，可视为惰性组分，不会参加烷基化反应。苯的规格除要控制水分含量外，还要控制硫的含量，以免影响催化剂活性。

12.4.2.1 $AlCl_3$ 法

苯和丙烯的烷基化反应如下：

$$C_6H_6 + CH_3CH=CH_2 \xrightarrow{AlCl_3\text{-}HCl} C_6H_5CH(CH_3)_2$$

($\Delta H=-113kJ/mol$)

该法所采用的三氯化铝-盐酸配合催化剂溶液通常是由无水三氯化铝、多烷基苯和少量水配制而成的。此催化剂在温度高于 120℃会产生严重的树脂化，所以烷基化温度一般应控制在 80～100℃。工艺流程见图 12-3。

首先在催化剂配制罐 1 中配制催化配合物，该反应器为带加热夹套和搅拌器的间歇反应釜。先加入多烷基苯（PAB）或其和苯的混合物及 $AlCl_3$，后者与芳烃的物质的量比为 1：(2.5～3.0)，然后在加热和搅拌下加入氯丙烷，制备好的催化配合物周期性地注入烷化塔 2。烷基化反应是连续操作，丙烯、经共沸除水干燥的苯、多烷基苯及热分离器下部分出的催化剂配合物由烷化塔 2 底部加入，塔顶蒸出的苯被换热器 3 冷凝后回到烷化塔，未冷凝的气体经 PAB 吸收塔 8 回收未冷凝的苯，在水吸收塔 9 捕集 HCl 后排放。烷化塔上部溢流的烷化物经热分离器 4 分出大部分催化配合物。热分离器排出的烷化物含有苯、异丙苯和多异丙苯，同时还含有少量其他苯的同系物。烷化物的质量组成为：苯 45%～55%，异丙苯

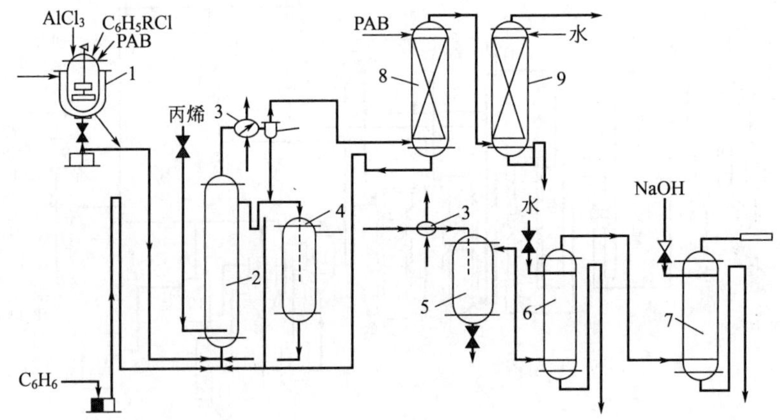

图 12-3 三氯化铝法合成异丙苯工艺流程

1—催化剂配制罐；2—烷化塔；3—换热器；4—热分离器；5—冷分离器；6—水洗塔；7—碱洗塔；8—多烷基苯（PAB）吸收塔；9—水吸收塔

35%～40%，二异丙苯 8%～12%，副产品（包括其他烷基苯及焦油）占 3%。烷化物进一步被冷却后，在冷分离器 5 中分出残余的催化配合物，再经水洗塔 6 和碱洗塔 7，除去烷化物中溶解的 HCl 和微量 $AlCl_3$，然后进行多塔蒸馏分离。异丙苯收率可达到 94%～95%，1t 异丙苯约消耗 10kg $AlCl_3$。

12.4.2.2 固体磷酸法

固体磷酸气相烷化工艺以磷酸-硅藻土作催化剂，可以采用列管式或多段塔式固定床反应器，工艺流程如图 12-4 所示。

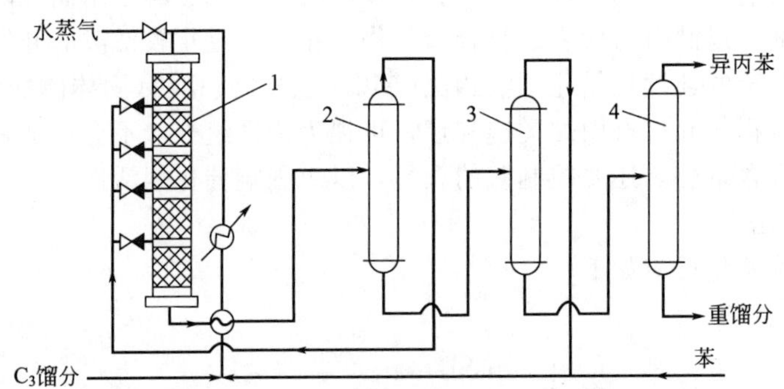

图 12-4 磷酸法生产异丙苯工艺流程

1—反应器；2—脱丙烷塔；3—脱苯塔；4—成品塔

反应操作条件一般控制在 230～250℃，2.3MPa，苯与丙烯的物质的量之比为 5∶1。将丙烯-丙烷馏分与苯混合，经换热器与水蒸气混合后由上部进入反应器。各段塔之间加入丙烷并调节温度。反应物由下部排出，经脱烃塔、脱苯塔进入成品塔，蒸出异丙苯。脱丙烷塔蒸出的丙烷有部分作为载热体送往反应器，异丙苯产率在 90%以上。催化剂使用寿命一年。

12.4.3 分子筛催化剂在烷基化反应中的应用

分子筛是多相催化中广泛应用的催化剂之一，又称沸石或结晶硅铝酸盐。分子筛催化剂的种类繁多，而且它的改性和可调变性非常大，采用合适的制备方法，通过化学组成和骨架晶体结构的变化以及不同类别分子筛的有机组合，往往有可能研发出具有新催化活性（特别是选择性）的催化剂材料，从而应用于重要的催化反应中。

12.4.3.1 在异丙苯生产技术中的应用

由于 $AlCl_3$ 和 SPA 催化剂都不同程度地存在对设备的腐蚀和废物处理等问题，因而近年来，世界各大公司异丙苯生产已逐步转向以沸石催化剂为基础的生产工艺。国外已开发成功这些新工艺的公司有 Mobil/Badger、Dow/Kellogg、CD Tech、UOP 以及 EniChem 等，通常采用这些工艺生产的异丙苯纯度可达到 99.97%以上，收率为 99.7%，每 100kg 异丙苯重组分低于 0.2kg。由于大部分异丙苯装置可与下游的苯酚装置配套，从而提高了以苯和丙烯为原料制苯酚的得率。另外公用工程的消耗也较低。这些工艺所用的沸石催化剂完全可以再生，这样避开了采用 $AlCl_3$ 或 SPA 法所需的废物处理问题。由于这些工艺反应条件温和，并对环境没有腐蚀性，故设备可用碳钢制造，因而降低了生产成本。现将这些新工艺作简要评述[15]。

沸石催化剂的液相分子筛烃化技术制取异丙苯的典型流程如图 12-5 所示。

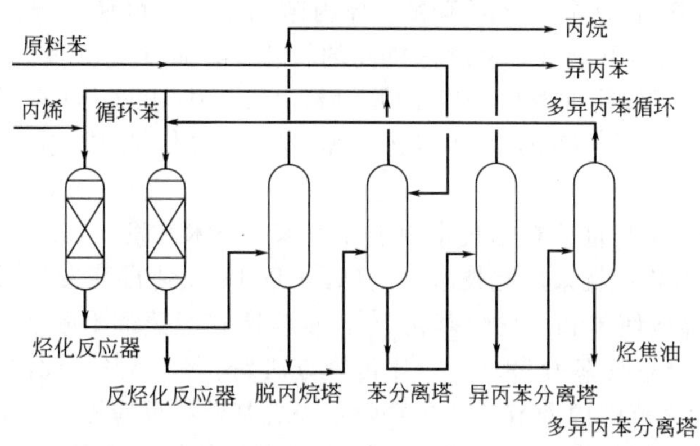

图 12-5 液相分子筛烃化技术制取异丙苯流程

流程叙述：用可再生的沸石催化剂通过苯和丙烯的烃化反应生产高纯异丙苯。在此工艺中有两个反应步骤：烃化反应和反烃化反应。在烃化反应步骤中，苯与丙烯反应生成异丙苯，同时一些生成的异丙苯又进一步与丙烯反应生成二异丙苯，烃化反应是发生在富苯的环境中，丙烯转化率基本上为 100%。在反烃化步骤中：二异丙苯与苯反应生成另外的异丙苯。新鲜丙烯直接进料到烃化区并且与循环苯混合。从烃化区来的物料进入脱丙烷塔以分离出与丙烯一起进入装置的丙烷（丙烯原料中通常含有一定量的丙烷）。同时新鲜苯进脱丙烷塔脱水。脱丙烷塔的侧线馏分为干苯，与苯塔循环苯混合再循环到烃化反应区。脱丙烷塔塔底物料与反烃化区的物料分别进入苯塔，苯塔的塔顶回收苯再循环到烃化和反烃化区。但需定期从苯塔塔顶排出污苯，以避免非芳烃的积累，保证循环苯的纯度。苯塔塔底物料进入异丙苯塔，在异丙苯塔中主要产品与重芳烃分离。异丙苯塔塔底物料中含有大量二异丙苯。二异丙苯塔将二异丙苯与重组分分离。二异丙苯作为侧线馏分被送入反烃化区转化成异丙苯。来自二异丙苯塔塔底的少量物料中含有重组分芳烃，作为烃焦油出售。塔顶需定期排出异丁苯，以避免异丁苯的积累，保证循环二异丙苯的纯度。

（1）Mobil/Badger 工艺

据统计，目前全球异丙苯生产能力中采用此工艺的约占其总量的 36%，而且在以沸石为催化剂的异丙苯工艺中是用得较早、应用最多的一种新工艺[16]。

烷基化反应器条件为：苯与烃的摩尔比为 3、反应温度 130℃、反应压力 2.1MPa。烷基转移反应器条件为：苯与二异丙苯的摩尔比为 5，反应温度 220℃，反应压力 3.5MPa。

Mobil/Badger 工艺采用的催化剂是 MCM-22 沸石催化剂。这种催化剂由具有 10 元环小孔的两个不同而独立的孔道系统所组成，其结构是复杂的。催化剂还具有大的超笼结构，其空心直径测定达到12元环。MCM-22沸石催化剂总产物选择性高。

由于Mobil/Badger工艺采用较低的苯/丙烯比，可以较传统技术节省更多能耗。系统所有物流都是非腐蚀性的，因此反应器可采用碳钢，也降低了投资成本。催化剂寿命可达5年，再生周期为2年，产品纯度达到99.97%（质量分数），获得的收率接近化学计量比。与不带烷基转移的工艺相比较，苯实际利用率提高5%。此外，工艺所选用的压力和温度都不高，操作很方便。而且，该技术尤适用于传统法$AlCl_3$和SPA法装置的改造。

(2) Dow/Kellog工艺

获得该工艺许可的生产装置有8套，总计生产能力约2000千吨/年，约占全球异丙苯生产能力的23%。Dow开发了高性能的脱铝丝光沸石，牌号为3DDM。该催化剂可使丙烯转化率达100%，正丙苯生成量减少到最低程度，异丙苯产品中正丙苯含量小于100μg/g。由于催化剂的选择性，阻止了邻二异丙苯和三异丙苯的生成，可使二异丙苯只生成对位和间位，烷基转移可以在低温下进行，又能保持高的转化率。此工艺尤其适用于SPA法装置的改造。使用3DDM沸石催化剂取代SPA的异丙苯生成方法1992年首次在荷兰Terneuzen地区Dow公司340千吨/年装置的烷基转移反应器上获得应用，生成成本明显降低。

(3) CD Tech工艺

CD Tech于1985年将催化精馏技术用于异丙苯的技术开发。1995年台湾化纤公司兴建的270千吨/年异丙苯装置就采用此技术。据称，CD Tech独自开发的沸石催化精馏技术是在120～180℃下等温地使苯和丙烯烷基化[17]，反应产物经蒸馏不断地从反应段移出，异丙苯纯度达99.95%，产品收率为99.6%，比传统方法高5%～6%。此法的其他优点还包括：①反应段操作可在较大范围内调节；②多异丙苯经烷基转移反应器转化为异丙苯后再进入催化蒸馏塔，因而产品选择性高；③节能，所耗热量约为传统方法的3/4；④反应条件缓和，可用碳钢反应器。

(4) UOP工艺

UOP开发的Q-max^{TM}工艺使用一种牌号为QZ-2000的沸石催化剂，以苯和丙烯为原料，经催化烷基化转化成高质量异丙苯。此催化剂不同于传统的固体磷酸催化剂，它可以再生。催化剂的循环周期为18个月，总寿命超过5年，其另一个特点是各催化剂床层采用了相同的催化剂，无专门的烷基化和烷基转移催化剂成分。UOP介绍，对原先使用SPA工艺的异丙苯装置仅需作最低程度的改造即可使用该技术。

烷基化反应器条件为：苯与烃的摩尔比为3.5、反应温度145℃、反应压力2.6MPa。烷基转移反应器条件为：苯与二异丙苯的摩尔比为4，反应温度140℃，反应压力1.1MPa。

UOP公司的Q-max^{TM}液相分子筛烃化技术，在全世界范围内共有四套装置：

① 1996年开工，在美国芝加哥兰岛的JLM工厂，生产能力约65千吨/年。

② 1997年开工，在美国德克萨斯州，生产能力约450千吨/年。

③ 1998年12月开工，在美国新泽西州，生产能力约110千吨/年。

④ 1999年在中国上海高桥石化公司化工厂，生产能力约108千吨/年。

丙烯和苯在烷基化反应器中转化，烷基转移反应器将烷基化阶段产生的所有二异丙苯转化成异丙苯。Q-max^{TM}工艺的投资和操作费用均较低，产品质量又得到提高。使用该工艺生产异丙苯，其芳烃含量、溴指数以及丁苯含量均比使用SPA的传统工艺低。

(5) EniChem工艺

EniChem公司开发的新工艺采用新的β-沸石催化剂，并以Al_2O_3为黏合剂。催化剂活性稳定，丙烯转化率接近100%。催化剂可通过空气加热再生，经过5个再生周期，仅比新鲜催化剂活性降低5%。采用固定床反应工艺，工艺条件是苯和丙烯的摩尔比为7.4，反应温度150℃，反应压力为3.0MPa。

包括 Al_2O_3 法、SPA法以及各沸石催化剂为基础的工艺技术经济指标比较可以得出，沸石催化技术在总收率和产品纯度上都相当高。但是各种沸石催化技术的适用性略有差异，而采用何种技术为好，需视各公司生产、投资规模以及原料等情况而定。

12.4.3.2 β-沸石催化剂在甲苯丙烯烷基化反应中的应用

甲苯与丙烯烷基化反应的产物是异丙基甲苯（IPT），又称为伞花烃，分子式为 $C_{10}H_{14}$。IPT有3种同分异构体，分别是对异丙基甲苯（*p*-IPT）、间异丙基甲苯（*m*-IPT）、邻异丙基甲苯（*o*-IPT）；IPT是重要的基本有机化工原料，主要用于生产间甲酚和对甲酚。近年来，由于间甲酚供不应求，使得间甲酚价格一直居高不下，因此为了满足间甲酚的生产，*m*-IPT的生产也就显得非常重要。目前工业IPT的生产主要是利用 $AlCl_3$ 作催化剂，但是存在着严重的腐蚀和污染问题，因此研发高效和环境友好型的烷基化催化剂更为迫切。

刘靖等[18]采用等温固定床反应器，研究了以β-沸石为基础制备的催化剂对甲苯-丙烯烷基化反应的影响，并考察了适宜的烷基化反应条件。结果表明，该催化剂对烷基化反应有着良好的催化活性和选择性；IPT的选择性随反应体系温度升高呈先升后降的趋势，3种同分异构体的选择性在200～260℃内相对恒定；在220℃时，*m*-IPT的选择性最高（催化剂活性最高），在240℃时 *o*-IPT的选择性最低；随着甲苯/丙烯摩尔比的提高，甲苯转化率更接近理论转化率，且IPT的3种异构体分布变化不大；实验所用β-沸石催化剂上甲苯与丙烯烷基化反应合成IPT较为适宜的条件为：质量空速为 $3.4h^{-1}$，温度220℃，甲苯/丙烯摩尔比7.75。

固定床反应工艺装置主要由气路和液路两部分组成，气路部分用于催化剂的活化和管路吹扫，液路部分包含甲苯和丙烯两路。在反应开始时，甲苯进料前需要用氮气吹扫30min，另外，为防止丙烯发生低聚而导致催化剂失活，在通入丙烯前需先通1h的甲苯，然后再通入丙烯，可用稳压阀调节系统的压力。反应原料由反应器底部进入，反应产物从反应器顶部间歇流入气液分离罐。每隔1h将气液分离罐内的液体取出，供分析和检测用。工艺流程如图12-6所示。

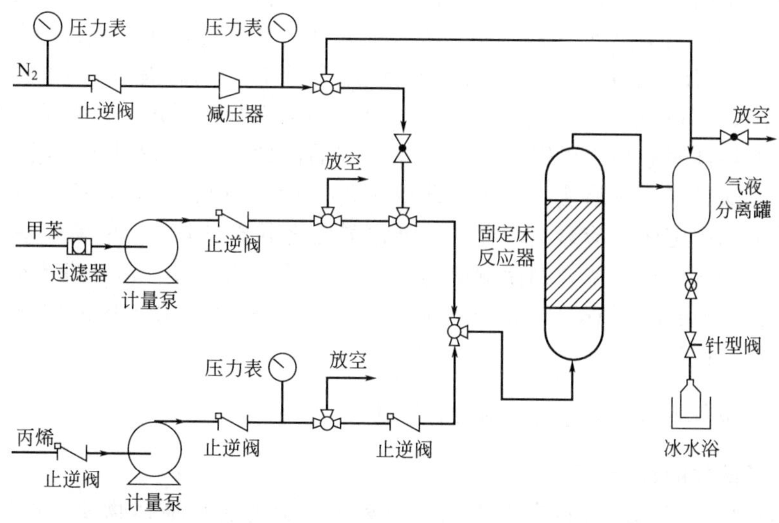

图12-6 甲苯与丙烯烷基化工艺流程示意

12.4.3.3 ZSM-5分子筛在烷基化反应中的应用

二甲苯是重要的基本有机化工原料之一，其中对二甲苯是合成聚酯纤维的重要原料之一，也可以生产苯二甲酸二甲酯或合成纯的对苯二甲酸。

利用相对廉价的粗苯和甲醇合成高附加值的甲苯、二甲苯等下游产品，具有良好的工业开发价值。陆璐等[19]采用固相水热合成法，以有机硅烷作添加剂，直接合成了多级孔ZSM-5分子筛，并将其应用于催化苯-甲醇烷基化反应中。研究表明，与普通ZSM-5分子筛相比，多级孔ZSM-5分子筛由于引进大量的介孔而具有较好的催化活性及稳定性，使苯的转化率提高了约8%，甲苯及二甲苯的选择性提高了约3%，收率提高了近9%，是比较理想的苯-甲醇烷基化的催化剂。

多级孔ZSM-5分子筛拥有微孔和介孔2种孔道，具有扩散阻力小、催化剂寿命长、大分子进出容易、沸石利用率高和载体-分散度更高的特征，是一种工业应用前景良好的催化剂和催化剂载体。

甲苯与甲醇进行烷基化反应也可制得对二甲苯，但在烷基化过程中会伴有甲苯歧化副反应的发生，因此有效地抑制甲苯歧化是提高甲苯烷基化效率的关键。一方面，烷基化反应和甲苯歧化反应对应于不同酸强度的活性中心，强酸和中强酸中心对烷基化都有活性，而烷基转移反应只与强酸中心有关，并且催化剂酸性越强，越容易积炭，所以合理控制分子筛的酸性可以很好地抑制甲苯歧化反应且能延长催化剂的寿命。另一方面，从分子动力学的角度，由于对二甲苯的最小分子直径远小于其他两种异构体，扩散速度是其他两种异构体的10^3倍，若要得到较高的对位选择性，必须增加反应产物的扩散阻力，使对位产物优先扩散出分子筛孔道，同时要对外表面非选择性酸性活性中心进行控制，避免扩散出的对二甲苯在分子筛外表面上发生二次异构化反应。

张立东等[20]采用浸渍法制备了系列磷镁改性ZSM-5分子筛催化剂，利用双元素改性方法解决了副反应甲苯歧化问题，并考察了磷镁改性对HZSM-5催化剂甲苯-甲醇烷基化反应活性和选择性的影响。HZSM-5由于酸强度较高，酸量较大，所以在反应中表现出较高的催化活性，但也因此使甲苯歧化反应严重而影响了甲苯参与烷基化反应的利用率。在HZSM-5分子筛中引入P(用磷酸溶液浸渍)元素，降低了分子筛的酸强度，从而有效地抑制了甲苯的歧化反应，减少了副产物苯在液相产物中的含量；以$Mg(Ac)_2$为前驱体引入的MgO主要分散于HZSM-5分子筛外表面，起到覆盖外表面酸性活性位的作用，超过单层分散域值后，MgO聚集成的颗粒分散在分子筛外表面，可能堵塞了孔口，从而提高了对位选择性。

碳酸二甲酯(DMC)是一种含有甲基、甲氧基的高活性绿色试剂。以DMC为烷基化试剂合成对二甲苯的活性明显高于以甲醇为烷基化试剂的活性。张俞等[21]以硝酸镁为前体、柠檬酸为络合剂，通过络合浸渍法制备了负载量为20%的MgO改性MCM-22分子筛催化剂，并在气相连续流动固定床反应器上研究了该催化剂催化甲苯与碳酸二甲酯烷基化反应合成对二甲苯的性能。加入柠檬酸络合剂使形成的络合物分子尺寸较大，不易进入分子筛孔道内，焙烧分解的MgO仅分散在MCM-22分子筛外表面，从而保留了孔道内的部分酸性位，使其保持较高的催化活性。

12.4.4 离子液体在烷基化反应中的应用

12.4.4.1 离子液体的性质

离子液体是指在室温或接近室温下完全由离子组成的有机液体物质，也称为低温熔融盐，外观呈水和甘油一样的无色液体，一般由有机阳离子和无机阴离子所组成。离子液体应用于烷基化反应，具有以下独特的性质[22]：

① 具有酸性或超强酸性，酸性可以根据需要进行调节。一些酸性离子液体（如 $AlCl_3$ 型离子液体），在烷基化反应中起到催化剂和溶剂的双重作用。

② 蒸气压很低，几乎为零，不会随产品一同带出，产品容易纯化。

③ 烷基化反应产品一般不溶解于离子液体，产品与催化剂通过分层或简单的萃取很容易分离。

④ 采用不同阴、阳离子的结合，可以调节离子液体的物理和化学性质。有机阳离子决定离子液体的溶解性、密度和黏度，而反应活性与阴离子有很大关系。

⑤ 离子液体可以循环使用，不会产生废酸废渣等环境污染问题。

12.4.4.2 离子液体在烷基化反应中的应用

（1）烯烃的烷基化反应

异丁烷与丁烯的烷基化反应是合成环境保护型辛烷值汽油的主要方法之一。Chauvin 等采用离子液体作为催化剂，合成出具有很高辛烷值的燃料汽油。与传统的液体催化剂相比，离子液体的催化活性可以通过调节催化活性组分的浓度来控制。利用具有超强酸的离子液体，可能使异丁烷在较低的温度(－30～＋50℃)下与 C_2～C_4 的烯烃进行烷基化反应，而这个反应在传统的液体酸化剂中是不能反应的。黄崇品等采用 $AlCl_3$ 型离子液体研究了异丁烷与丁烯烷基化反应。利用活性中心$[Al_2Cl_7]^-$中的 Cl^- 是一种很强的配体，引入 Cu^{2+} 和 Cu^+ 后，离子液体催化异丁烷与丁烯烷基化反应性能有明显的改善，烷基化油中 C_8 组分含量为 75%以上，已经接近或达到工业硫酸法烷基化的水平，同时离子液体还可以重复使用，对碳钢材料的腐蚀也较轻，说明用改性离子液体催化烷基化反应具有较好的应用前景[23]。

Kysang 等人应用一系列不同组成的 1-烷基-3-甲基咪唑(Rmim)卤化物—三氯化铝（其中烷基为丁基、己基和辛基；卤素为氯、溴、碘）的离子液体，对异丁烷和丁烯烷基化的催化性能进行了详尽的研究。经研究发现，阴离子相同时，阳离子中烷基链较长的离子液体([C_8mim])的活性较高，这主要是由于烷基链越长，与反应物的溶解性越好。含有不同卤素的离子液体中，[C_8mim] Br-$AlCl_3$ 表现出很高的反应活性，这主要是其潜在的酸性决定的。并与传统的硫酸法相比发现，采用[C_8mim] Br-$AlCl_3$ 为催化剂，烯烃的转化率可以达到 91%，高于硫酸法，但 C_8 组分的选择性却低于硫酸法。离子液体循环使用多次后，烯烃的转化率几乎不变。

（2）芳香烃的烷基化反应

Friedel-Crafts 烷基化反应是生产精细化学品的重要反应。常规的 Friedel-Crafts 烷基化反应催化剂（无水 $AlCl_3$）遇水容易分解，导致其失活，而且不适用于活泼芳香族（如酚、芳胺）的烷基化。反应结束后，需要将催化剂分解，才能使产物得以提纯。这样会有大量含酸和有机物废水产生，增加了此过程的生产成本。而以离子液体为催化剂进行反应不仅可以提高反应的转化率和装置的生产能力，而且催化剂可以重复使用，避免了因催化剂破坏而造成的废水处理等诸多问题。

采用酸性的 $AlCl_3$ 型离子液体作为催化剂，芳香环对烯烃表现出很高的反应活性，能够进行许多 Lewis 酸催化的化学反应[24,25]。

① 苯与低碳烯烃(C_2～C_4)的烷基化反应　乙苯是重要的工业溶剂和生产苯乙烯的原料，乙苯通常是以苯和乙烯为原料通过烷基化反应合成的。

Abdul-Sada 等采用[Emim]Cl-$AlCl_3$ 离子液体作催化剂，考察了苯与乙烯的烷基化反应，苯转化率可达到 44%，乙苯的选择性为 80.2%。Deng 等采用不同组成的离子液体作催化剂，在较温和的条件下（室温～120℃、0.1～1.0MPa 下反应 10～90min），将汽油中过量的烯烃和苯通过烷基化和异构化，使含量降低到合适水平的同时，保持辛烷值不变，适当

降低汽油中的 C_4 和 C_5 组分含量，降低了汽油的挥发性。此外，催化剂容易分离、抗硫中毒性很强，可循环使用。

② 苯与高碳烯烃(C_6～C_{18})的烷基化反应　近年来，由苯和长链烯烃（C_6～C_{18}）在离子液体中合成线性烷基苯得到了普遍的关注。目前，生产线性烷基苯的主要工业过程是在液体酸和固体酸催化剂作用下完成的，存在着一系列的问题，在工艺上难以实现连续生产。

Song 等比较系统地研究了烯烃与芳烃的 Friedel-Crafts 反应。考察了介质对烷基化反应的影响，实验证明在一些传统溶剂、水和亲水性离子液体中不能进行的反应；在疏水性的离子液体中却能进行。当以[Emim]PF_6、[Emim]SbF_6 等离子液体固载 $Sc(OTf)_3$（三氟甲基磺酸钪）作为催化剂，进行苯与己烯的烷基化反应时，与传统催化体系相比，不仅具有反应条件温和、转化率高、单烷基选择性好（大于 93%）的特点，而且还具有催化剂可循环使用、无设备腐蚀等优点。缺点是反应时间较长（12h）、催化剂用量多、价格昂贵等。陈惠等研究报道了一种新型的离子液体体系：由盐酸三乙胺与三氯化铁组成，该体系具有超强酸性，与具有 π 电子对的 1-己烯形成碳正离子。使反应条件温和，副反应减少，最佳反应转化率和选择性都达到了 100%，与 Song 等使用[Emim]PF_6、[Emim]SbF_6 等离子液体固载 $Sc(OTf)_3$ 的催化剂相比，反应时间从 12h 缩短到了 1h，苯烯比从 22∶1 降到 15∶1，并且氯化铁离子液体常温为固态，对水、空气敏感度降低，对设备的腐蚀性减弱，更易于储存、运输和应用。

Lacroix 等研究了离子液体[M_3NH]Cl-$AlCl_3$ 催化苯与十二烯的烷基化反应。十二烯的转化率可达 93%，单烷基苯的选择性可达 95%。离子液体在循环使用 6 次以后，转化率依然可达 90%以上，选择性也丝毫没有降低，反应温度与固体酸相比有所降低。Decastro 等人将[Bmim]Br^- $AlCl_3$ 离子液体固载到 T-350 上形成固载型的离子液体[T-350/Al-IL(N=0.60)]催化体系。结果表明，在温度为 80℃，催化剂用量为 6%，苯烯比为 10∶1 的情况下，十二烯的转化率可达 99.9%，单烷基化的选择性可达到 99.8%，异构化和聚合的副产物较少。固载型离子液体催化剂，不仅减少了离子液体的用量，使催化剂与反应体系容易分离，而且催化剂在连续液相反应中表现出很好的选择性。但是催化剂存在容易失活的现象，其主要的原因可能是体系中含有少量的水，使催化剂分解，另外一个原因就是有十二烯的低聚物生成造成的。所以，通过洗涤催化剂和除去少量的低聚物，有可能延长催化剂的使用寿命，有关这方面的研究还在不断进行之中。Qiao 等采用 HCl 修饰的[Emim]-$AlCl_3$ 的离子液体，对苯与十二烯的烷基化进行了研究。在 0～30℃的温度下，反应 5min 后，十二烯的转化率达 100%，单烷基取代的选择性为 99.9%，2-位烷基化产物的选择性可高达 40.5%，远远高于无水 $AlCl_3$ 作催化剂时的 26.7%，也高于无 HCl 加入时的 34.7%。

③ 苯与卤代烷烃的烷基化反应　合成乙苯的烷基化试剂主要是乙烯和乙醇。对于乙烯资源稀缺的地区，利用乙烯作烷基化试剂会有很大的局限性，目前研究较多的是乙醇作为烷基化试剂的反应。乙烯和乙醇作为烷基化试剂多采用分子筛催化剂，反应温度较高，乙苯容易发生异构化反应生成二甲苯；由于二甲苯与乙苯的沸点相近，分离较困难，残留在乙苯中的二甲苯，将会影响苯乙烯及后续产品的质量；另外，分子筛催化剂易结焦失活，寿命短，因此开发新型催化剂对乙苯的生产具有积极的意义。徐新等[26] 以氯铝酸离子液体([Et_3NH]Cl-$AlCl_3$)为催化剂，使苯与氯乙烷进行烷基化反应合成乙苯，考察了反应投料方式、原料配比、反应温度、反应时间和[Et_3NH]Cl-$AlCl_3$ 用量对烷基化反应的影响，并对比了[Et_3NH]Cl-$AlCl_3$ 和 $AlCl_3$ 的催化效果。结果表明，在间歇式和半间歇式两种不同的投料方式下，最佳反应条件均为：反应温度 70℃，n(苯)∶n(氯乙烷)=(8.0～10.0)∶1，催化剂用量为原料总质量的 10%，反应时间 20～30min；半间歇式反应中的苯转化率和乙苯选

择性均高于间歇式反应，半间歇式反应的苯转化率可达到 9.48%，乙苯选择性为 93.65%，而间歇式反应苯的转化率为 8.43%，乙苯的选择性为 85.92%；[Et_3NH]Cl-$AlCl_3$ 的催化活性和选择性明显高于 $AlCl_3$，是一种良好的苯与氯乙烷烷基化反应的催化剂。

前已述及，异丙苯可经氧化制备苯酚，但在其反应过程中不可避免地会产生等摩尔量的丙酮，而丙酮的市场需求量常常处于饱和状态，如何妥善处理或合理利用积压的丙酮已成为目前苯酚生产过程中亟待解决的问题。丙酮经加氢得到异丙醇，再使异丙醇与苯在分子筛催化剂作用下进行烷基化反应合成异丙苯，从而实现了丙酮的循环利用，但是此烷基化反应存在条件苛刻及能耗大等缺点。谢方明等[27]采用分步烷基化法使异丙醇与苯进行烷基化反应，即异丙醇与 HCl 发生取代反应生成 2-氯丙烷，再由易与苯发生烷基化反应的 2-氯丙烷作烷基化剂，氯铝酸离子液体作催化剂制备异丙苯，并考察了苯/2-氯丙烷的摩尔比、离子液体加入量和反应温度对烷基化反应的影响及离子液体的重复使用性。结果表明，在苯/2-氯丙烷摩尔比 3.3、离子液体加入量为苯质量的 10%、反应温度 55℃的条件下，苯的转化率为 29.38%，异丙苯选择性为 90.60%，离子液体循环使用 5 次，苯转化率和异丙苯选择性未明显下降。另外，反应产物中的 HCl 可继续与异丙醇反应制备 2-氯丙烷，这样可实现原料的循环利用。分步烷基化法具有反应条件温和、产物选择性高、催化剂稳定等优点，具有很高的应用价值。

吴田田等选用氯代丁基吡啶和 $AlCl_3$ 反应生成的离子液体作为催化剂，研究了邻二甲苯与 1，2-二氯乙烷的烷基化反应，1,2-双(3,4-二甲基苯基)乙烷的产率为 66.1%，催化剂在使用 4 次后，产率并未随着催化剂使用次数的增加而减少，而是基本保持一致，并且产物的纯度也是相当的。Qiao 等采用 HCl 修饰的[Emim]-$AlCl_3$ 离子液体作为催化剂，研究了二苯基甲烷和三苯基甲烷的生产。原有的 $AlCl_3$ 催化剂，存在着产品纯化与回收难、催化剂不能重复使用、有废液产生、反应时间长、产率非常低等诸多问题，而采用离子液体作催化剂，在 30℃下，5min 后，三苯基甲烷的产率为 21.6%，三氯甲烷的转化率为 23%。但反应 8h 后，三苯基甲烷的产率可高达 91%，三氯甲烷的转化率达到 96%，产率显著提高。

④ 酚类的烷烃化反应　苯酚烷基化是重要的工业过程，其产物是生产多种树脂、耐用表面衣料、清漆、表面活性剂、塑橡胶、抗氧剂和石油添加剂等原材料。苯酚与叔丁基醇的烷基化是一个酸催化反应，选择性在很大程度上取决于酸强度和温度。Shen 等采用[Bmim]PF_6 作催化剂和溶剂，有很好的转化率和选择性，转化率远远高于传统的催化剂，2，4-二叔丁基苯酚（DTBP）的选择性可达到 75%，产物是邻叔丁基苯酚（*o*-TBP）、*p*-TBP 和 2，4-DTBP 的混合物，没有酚醚和 *m*-TBP 生成，当用传统溶剂 CCl_4 时，有酚醚和 *m*-TBP 生成。这说明[Bmim]PF_6 表现出强酸性，这主要是由于 PF_6^- 在少量水存在下，容易分解为 HF 而引起的。由于产生 HF，存在设备腐蚀和环境污染等问题。Shen 等研究了苯酚与叔丁基醇在[Bmim]BF_4 中并不发生烷基化反应，但当离子液体存在可提高传统催化剂 H_3PO_4 和 HPW/MCM-41 的催化活性，转化率加倍，选择性也提高，同时克服了用[Bmim]PF_6 离子液体时分解生成 HF 所引起的不便之处。

⑤ 萘类的烷基化反应　Wartyn 等研究了碱性条件下，[Bmim]PF_6 催化芳环的定位烷基化反应。反应 2～3h 后，*β*-萘酚的转化率可达到 100%，则选择氧原子烷基化率在 90%以上，而碳原子烷基化率很小。反应产物很容易用乙醚从反应体系中萃取出来，溶剂循环多次后，转化率和选择性几乎不变。Thoms 以简单的卤化磷和胺盐为反应溶剂，研究了 *β*-萘酚钠的碳和氧的烷基化反应。实验表明反应的配向性取决于 2-萘酚盐和溶剂中异性离子的特性。在偶极非质子溶剂中，有利于氧烷基化。以 *n*-Bu_4PBr、*n*-Bu_4NBr、[Emim]Br 和 *n*-Bu_4PCl 为溶剂，氧烷基化产品的配向性高（93%～97%），显示了离子液体所具有的极性。

离子液体不受反应的影响，可以再利用，并可达到相同的结果。在[Bmim]PF_6 离子液体中，2-萘酚的烷基化结果很理想，但对 *N*-烷基化反应来说，吲哚的结果是最好的。

Li 等研究报道了用 $Et_xNH_{4-x}Cl\text{-}AlCl_3$ 一系列离子液体作催化剂，对 2-甲基萘与长链烯烃（C_{11}～C_{12}）的烷基化反应进行了评价。实验表明，在苯烯比为 4∶1、环己烷与萘的比为 2∶1、7%的离子液体存在的情况下，烯烃的转化率达到 90%，单烷基化的甲基萘选择性达到 100%。产物通过简单的倾析即可分离出来，离子液体通过简单的处理能够重新利用。

12.4.5 微波促进的烷基化反应

微波促进的烷基化反应已较为广泛[28]。

(1) 成醚反应

Gedye 等最早报道的微波促进有机反应研究中就包括烷基化反应[29]。在常规加热条件下，氰基苯酚钠与氯化苄反应需要 12h，收率为 72%。在微波催化下，该反应只需要 4min，时间缩短了 240 倍，收率提高到 93%。Yuan 等报道在催化剂存在下醇（ROH）直接与卤代烃（R′X）反应生成醚（ROR′），与常规加热相比，微波照射下反应时间可以缩短 288 倍，收率 52%～96%，数据见表 12-1。

$$\mathrm{ROH} + \mathrm{R'X} \xrightarrow[\mathrm{MWI}]{\text{催化剂}} \mathrm{ROR'}$$

表 12-1 常规加热和微波照射下的卤化苄和醇成醚反应

醇	卤代烃	催化剂	MW		加热	
			时间/min	收率/%	时间/min	收率/%
乙醇	氯化苄	TMBAC	5	85	1440	82
乙醇	氯化苄	CTAB	5	85	1440	80
乙醇	氯化苄	NCPB	5	85	1440	66
甲醇	氯化苄	TMBAC	5	87	1440	62
正辛醇	氯化苄	TMBAC	10	68	1440	92
乙醇	溴化苄	TMBAC	5	94	300	86
乙醇	碘化苄	TMBAC	5	96	300	91
苄醇	溴代正丁烷	TMBAC	10	92	1440	90

Loupy 等研究了长链醇和酚与长链溴代烃（R′Br）的反应，反应在 30s 至 5min 内完成，收率近定量。他们还报道了长链烷烃与羟甲基呋喃的无溶剂反应[30]，数据见表 12-2。

表 12-2 溴代正辛烷和酚及醇的成醚反应

醇或酚	产物	收率/%	醇或酚	产物	收率/%
			1,3,5-三甲基苯酚	1,3,5-三甲基苯基正辛基醚	98
苯酚	苯基正辛基醚	99	正十七碳醇	正十七烷基正辛基醚	98
1,3,5-三甲基苯酚	1,3,5-三甲基苯基正辛基醚	97	甲醇	甲基正辛基醚	98

$$\mathrm{ROH} + \mathrm{R'Br} \xrightarrow{\mathrm{MWI}} \underset{97\%\sim99\%}{\mathrm{ROR'}}$$

Wang 等报道苯酚衍生物与卤代芳烃和烷烃在氢氧化钠存在下反应生成相应的芳香醚，反应在 10～90s 内完成，收率很好[31]。

$$\text{R-}C_6H_4\text{-OH} + \mathrm{R'X} \xrightarrow[\mathrm{NaOH}]{\mathrm{MWI}} \underset{48\%\sim100\%}{\text{R-}C_6H_4\text{-OR'}}$$

R=4-甲基，R′X=4-硝基溴化苄（100%），2，4-二硝基氯苯（94%），*β*-溴甲基并四苯

(96%)；R=3-甲基，R′X=4-硝基溴化苄（100%），2，4-二硝基氯苯（97%）；R=H，R′X=4-硝基溴化苄（97%），2，4-二硝基氯苯（98%），溴乙酰苯（93%）。

苯酚衍生物与氯乙酸反应生成苯氧乙酸衍生物，为植物生长调节剂。3号和4号烷基化分别加在3位和2位的羟基上。反应在0.3～4min内完成，收率为55%～76%，见表12-3。

$$\text{(R}^1\text{–R}^5\text{)C}_6\text{OH} + ClCH_2CO_2H \xrightarrow{MWI} \text{(R}^1\text{–R}^5\text{)C}_6\text{OCH}_2\text{CO}_2\text{H}$$

表 12-3 苯酚衍生物与氯乙酸的成醚反应

R^1	R^2	R^3	R^4	R^5	收率/%	R^1	R^2	R^3	R^4	R^5	收率/%
H	H	H	H	H	70	NO_2	H	H	H	H	70
t-Bu	H	H	H	H	76	CH_3	H	H	H	CH_3	70

在氢氧化钠存在下，苯酚衍生物与氯代环氧丙烷反应生成相应的苯氧基环氧丙烷衍生物，反应时间为1min，收率63%～88%。

$$\text{R-C}_6\text{H}_4\text{OH} + \text{Cl-CH}_2\text{-环氧丙烷} \xrightarrow[NaOH]{MWI} \text{R-C}_6\text{H}_4\text{O-CH}_2\text{-环氧丙烷}$$

R=H（88%）、2-Cl（88%）、2-CH_3（83%）、4-CH_3（80%）、1-萘酚（69%）。

在氢氧化钾、碳酸钾存在下，酚与一级卤代烃快速反应生成芳醚。反应时间为25～65s，收率为64%～92%，见表12-4。

$$\text{R-C}_6\text{H}_4\text{OH} + R'X \xrightarrow{MWI} \text{R-C}_6\text{H}_4\text{OR}'$$

表 12-4 苯酚衍生物和卤代烃及硫酸二甲酯的成醚反应

酚	卤代烃	收率/%	酚	卤代烃	收率/%
苯酚	氯化苄	78	间甲基苯酚	氯化苄	92
苯酚	硫酸二甲酯	87	邻氯苯酚	硫酸二甲酯	89
对氨基苯酚	氯化苄	89	对氨基苯酚	1-溴代己烷	79

8-羟基喹啉衍生物与卤代烃在聚乙二醇、氢氧化钠、DMF存在下反应生成相应的醚。反应在15min内完成，收率为54%～91%，见表12-5。

$$\text{Y-(8-OH-喹啉)} + RX \xrightarrow{MWI} \text{Y-(8-OR-喹啉)}$$

表 12-5 8-羟基喹啉衍生物的成醚反应

取代基	卤代烃	收率/%	取代基	卤代烃	收率/%
H	溴乙酰苯	91	H	4-硝基氯化苄	86
H	氯化苄	87	5,7-二氯	氯乙酰苯	80

在三氯化铁催化作用下，2-萘酚与甲醇和乙醇反应成醚，反应时间为15min，收率分别

为 75%和 81%。

(2) 成酯反应

Loupy 等报道了醋酸钾与长链卤代烃反应生成酯的研究，反应时间为 1～2min，收率为 96%～98%。相继又报道了以氧化铝为载体各种因素的影响[32]。

$$CH_3CO_2K + RX \xrightarrow[\text{MWI}]{\text{氧化铝}} CH_3CO_2R$$

RX=正溴辛烷（98%）、正氯辛烷（98%）、正碘辛烷（92%）、正溴代十六碳烷（98%）、正氯十六碳烷（96%）。

该课题组报道了苯甲酸衍生物与溴代正辛烷在碳酸钾、四丁基溴化铵或 Aliquat 336 存在下的反应，时间为 2～25min，收率为 95%～100%。

$$Z\text{-}C_6H_4\text{-}COOH + n\text{-}C_8H_{17}Br \xrightarrow[\text{TATB 或 Aliquat 336}]{K_2CO_3\text{, MWI}} Z\text{-}C_6H_4\text{-}COOC_8H_{17}$$

Z=—H(99%)、—$N(CH_3)_2$(100%)、—OCH_3(98%)、—CN(95%)、—NO_2(95%)。

Villemin 等报道[33]，在氧化铝载体上苯基亚磺酸钠与卤代烃反应生成亚磺酸酯，时间为 5min，收率为 30%～99%。

$$C_6H_5S(O)ONa + RCH_2X \xrightarrow[\text{MWI}]{Al_2O_3} C_6H_5S(O)OCH_2R$$

RCH_2X=氯化苄(99%)、溴乙酰苯(98%)、溴乙酸乙酯(99%)、烯丙基溴(99%)。

(3) *N*-烷基化

金钦汉等报道[34]，苯并三氮唑与氯乙酸生成苯并三氮唑乙酸，收率 67.2%，反应速率提高了 15 倍。

$$\text{苯并三氮唑} + ClCH_2CO_2H \xrightarrow[\text{MWI}]{\text{NaOH}} \text{1-}(CH_2CO_2H)\text{苯并三氮唑}$$

Ding 等报道[35]，在硅胶或氧化铝载体上，苯环、羰基和烯键 α-位卤代物与磺酰亚胺的钠盐反应生成 *N*-烷基化产物，收率为 21%～97%。

$$\text{糖精}N^-Na^+ + RX \xrightarrow[\text{或氧化铝}]{\text{硅胶}} \text{糖精}N\text{—}R$$

R=溴化苄、氯化苄、正溴代十六烷、溴乙酸乙酯、氯乙酸丁酯、烯丙基溴。

Bogdal 等[36]报道了一系列氮杂环化合物（吡啶、咪唑、吡唑、吲哚、咔唑）与卤代烷在碳酸钾和相转移催化剂催化下迅速反应，得到氮烷基化衍生物，反应时间为 30s 至 10min，收率为 58%～95%。

硅胶作为载体，三乙基苄基溴化铵为催化剂，苯并杂环衍生物与卤代烃无溶剂下反应生成 *N*-烷基化衍生物。时间为 8～10min，收率为 72%～90%。

$$\text{(NH)} + RX \xrightarrow[\text{MWI}]{\text{硅胶,PTC}} \text{(N—R)}$$

Y=O，RX=MeI(90%)、BnBr(84%)；Y=S，RX=MeI(86%)、BnBr(80%)。

C_{60}上杂环的 *N*-烷基化也有报道。

在 Raney 镍催化下醇的羟基可以直接被胺取代生成 *N*-烷基化产物，Jiang 等报道[37]苯胺衍生物与醇的反应时间为 30～60min，收率为 19%～91%。

$$\mathrm{R\text{-}C_6H_4\text{-}NH_2 + R'OH \xrightarrow[\text{MWI}]{\text{Raney Ni}} R\text{-}C_6H_4\text{-}NHR}$$

胺＝苯胺，R′OH＝EtOH(91%)、*n*-PrOH(91%)、BnOH(86%)；R′OH＝EtOH，胺＝甲基苯胺(91%)、4-甲氧基苯胺(86%)。

在 K-10 黏土上，羰基化合物与一级胺及硼氢化钠进行还原烃基化反应，时间为 0.5～5min，收率为 66%～97%。以甲酸为还原剂，甲醛与胺进行还原烷基化也有报道，见表 12-6。

$$\mathrm{RC(=O)R' + R''NH_2 \xrightarrow[\text{MW}]{\text{Mont.K-10}} RC(=NR'')R' \xrightarrow[\text{MW}]{\text{Mont.K-10, NaBH_4}} RCH(NHR'')R'}$$

表 12-6 苯甲醛衍生物与苯胺的还原烷基化反应

羰基化合物	胺	收率/%	羰基化合物	胺	收率/%
苯甲醛	苯胺	97	水杨醛	苯胺	96
苯甲醛	正庚胺	94	4-甲氧基苯甲醛	苯胺	93

(4) *C*-烷基化

Jiang 等报道[37]，在碳酸钾和相转移催化剂上苯磺酰基乙酸乙酯与卤代烃反应生成 *C*-烷基化产物。时间为 2～3min，收率为 76%～86%。

$$\mathrm{C_6H_5SO_2CH_2CO_2C_2H_5 + RX \xrightarrow[\text{MWI}]{K_2CO_3,\,PTC} C_6H_5SO_2CH(R)CO_2C_2H_5}$$

RX＝4-氯溴苄(76%)、*β*-溴甲基萘(86%)、溴代正辛烷(79%)、溴代正丁烷(83%)。

该课题组相继又报道了 2-乙酸乙酯基苯基硫醚与卤代烃反应生成 *α*-碳烷基化产物。以及乙酰乙酸乙酯与卤代烃在相转移催化剂、碱存在下反应生成亚甲基烷基化产物，收率 59%～82%。

$$\mathrm{C_6H_5SCH_2CO_2C_2H_5 + RX \xrightarrow[\text{KOH, MWI}]{K_2CO_3,\,PTC} C_6H_5SCH(R)CO_2C_2H_5}$$

RX＝氯化苄(83%)、烯丙基溴(67%)、4-氯溴苄(61%)、正溴丁烷(59%)。

$$\mathrm{CH_3COCH_2COOC_2H_5 + RX \xrightarrow[\text{PTC, MWI}]{KOH/K_2CO_3} CH_3COCH(R)COOC_2H_5}$$

RX＝烯丙基溴(81%)、3-甲氧基氯苄(82%)、氯化苄(69%)、正溴丁烷(61%)。

为了合成氨基酸，邓等研究了甘氨酸乙酯苯甲醛肟的烷基化反应[38]。

$$\mathrm{PhCH{=}NCH_2COOEt + RX \xrightarrow[\text{MWI}]{K_2CO_3,\,TEBAC} PhCH{=}NCH(R)COOEt}$$

苯乙腈与卤代烃在相转移催化剂存在下进行亚甲基烷基化反应，单烷基化收率可以达到 80%以上。

$$\mathrm{C_6H_5CH_2CN + RX \xrightarrow[\text{PTC, MWI}]{KOH,\,K_2CO_3} C_6H_5CH(R)CN + C_6H_5C(R)_2CN}$$

R=Bn、正己基、烯丙基。

参 考 文 献

[1] Merianos J. Quaternary ammonium antimicrobial compounds. In：Block S S，Disinfection，sterilization，and preservation. 4th ed. Philadelphia：Lea and Febiqer，1991：225.

[2] 卢丽霞，关恺珍. 化工时刊，2004，18 (7)：40.

[3] 桑安国，何小兰，梁花，齐凉琳，张焱. 新型 3-甲基吲哚衍生物的合成. 化学试剂，2012，34 (2)：173.

[4] 李洪森，凌云，郭钰来. 有机化学，2005，25 (2)：204.

[5] 孙晓丽，辛梅华，李明春等. 化工进展，2006，25 (9)：1096.

[6] Iwamoto K，Araki K，Shinkai S. Tetrahedron，1991，47 (25)：4325.

[7] Clark J H，Cullen S R，Barlow S J，et al. J Chem Soc，Perkin Trans 2，1994，6：1117.

[8] 王婷婷，张恒，李言信，赵斌. 化学试剂，2012，34 (1)：51.

[9] 赫巍，何松波，孙承林等. 催化学报，2012，33 (4)：717.

[10] 薛叙明. 精细有机合成技术. 北京：化学工业出版社，2001：118.

[11] 丁巧灵，张群峰，丰枫，卢春山，马磊. 化工生产与技术，2012，19 (3)：24.

[12] Pine S H，Hendrickson J B，Cram D J，et al. Organic Chemistry. 4th ed. Boston：McGraw-Hill，1980.

[13] Freedman H H，Dubois R A. Tetradron Lett，1975，35 (3)：3251.

[14] Mukaiyama T，Matsubara K，Hora M. Synthesis，1994，1368.

[15] 张佩君. 石化技术，2005，12 (2)：62.

[16] Perego C，Ingallina Y，Catal Today，2002，73 (1)：3.

[17] Wood I C B，Lawn J V，Shoemaker L W，et al. Hydrocarbon Processing，2001，80 (12)：79.

[18] 刘靖，宋芳芳，赵其献等. 2012，19 (3)：1.

[19] 陆璐，张会贞，朱学栋. 石油学报，2012，28 (1)：111.

[20] 张立东，周博，王蕾. 化学工程师，2012，(5)：50.

[21] 张俞，薛冰，许杰，刘平，李永昕. 石油化工，2012，41 (3)：277.

[22] Zhao H. Physics and Chemistry of Liquids，2003，41 (6)：545.

[23] 王鹏，高金森，王大喜. 分子催化，2006，20 (3)：278.

[24] Welton T. Chem Rev，1999，99 (14)：2071.

[25] Sherif F G，Shyu L I. US5824832，1998.

[26] 徐新，罗国华，王莉. 石油化工，2012，41 (1)：33.

[27] 谢方明，罗国华，徐新，陈晗. 过程工程学报，2012，12 (1)：87.

[28] Loupy A. Microwaves in Organic Synthesis. New York：John Wiley，2002.

[29] Gedye R，Smith F，Westaway K，et al. Tetrahedron Lett，1986，27 (3)：279.

[30] Loupy A，Petit A，Hamelin J，et al. Synthesis，1998，156 (3)：1213.

[31] Wang J X，Zhang M L，Xing Z L，et al. Synth Commun，1996，26 (2)：301.

[32] Loopy A. Topics in Current Chemistry，1999，206 (12)：153.

[33] Villemin D，Alloum A B. Synth Commun，1990，29 (7)：925.

[34] 金钦汉，戴树珊，黄卡玛. 微波化学. 北京：科学出版社，1999.

[35] Ding J C，Gu H J，Wen T Z. Synth Commun，1994，24 (3)：301.

[36] Bogdal D，Pielichowski J，Jaskot K. Heterocycles，1997，45 (4)：715.

[37] Jiang Y L，Hu Y Q，Feng S Q，et al. Synth Commun，1996，26 (1)：161.

[38] Deng P H，Wang Y L，Jiang Y Z. Synth Commun，1994，24 (13)：1917.

13 卤化反应

卤化反应，顾名思义就是在化合物中引入卤素原子的反应，在有机化学中是指在有机化合物分子中建立碳-卤键的反应。由于卤素原子的特殊的物理化学性质，卤代化合物常常具有较强的生理活性，尤其是氟原子，因此广泛用于药物合成中。另外卤素原子常常作为合成中改变化合物性质的“辅助基团”用于一些特殊反应中。

卤化反应从机理上讲主要包括亲电加成（如不饱和烃的加成卤化反应）、亲电取代（如芳烃和活泼氢的卤取代反应）、亲核取代（如羟基的卤素转换反应）和自由基反应（如饱和烃和烯丙位的卤素取代反应和重氮基的卤素置换反应）。从引入卤素原子的不同角度，可以分为氟化反应、氯化反应、溴化反应和碘化反应。本书的卤化反应将按这四种卤素原子的反应分别进行叙述。其中由于氟原子的特殊性质以及含氟药物的广泛应用，将对氟化反应作重点介绍，溴化反应与氯化反应非常相似，碘化反应应用相对较少，这两个卤化反应而仅作简要介绍。

13.1 氟化反应

13.1.1 氟原子的特殊生理活性

氟是一个很特殊的元素，许多有机氟化合物也有着特别甚至奇怪的性质。对于自然界中的生物圈来说，有机氟化物几乎完全是外来的。生物过程完全不依赖于氟的代谢，但许多现代的药物或农用化学品又含有氟原子，它们通常都有特别的功能[1]。

含 C—F 键的有机氟化合物主要有两种类型：一种是含氟材料，如聚四氟乙烯、氟橡胶和氟里昂等；另一种是含氟生理活性物质，如含氟医药、农药和兽药等。这两者都是利用氟与其他元素相比具有的特殊物性和功能而得到重用，尤其是在医药行业。

在很多情况下，在分子的“要害”位置上引入一个到几个氟原子或者三氟甲基，就可以使得化合物的生理活性得到有效提高，对于某种结构的分子来说，氟原子的引入可以使其生理活性与不含氟的场合相比高出 10 倍以上，而且其副作用可以被有效抑制。当然，由于引入多个氟原子而使化合物生理活性下降甚至消失的例子也有。因此为了得到有效的生理活性效应，就有必要对氟原子或三氟甲基应该引入的位置及数量进行严格的选择，这是属于药理和病理学研究的范畴，而如何在指定的位置上引入氟原子或三氟甲基则是属于有机合成的内容。

含氟药物的开发和应用数目非常多。从 20 世纪 50 年代的氟代甾体类激素（如氟羟氢化泼尼松 **13-1**）开始，经由中枢神经药氟哌啶醇（**13-2**）、抗癌物药呋喃啶（**13-3**）到现在常用的抗菌药诺氟沙星（**13-4**）、消化道质子泵抑制剂兰索拉唑（**13-5**）、含氟心脑血管药物（如阿伐他汀 **13-6**）以及最近应用的吸入式麻醉剂七氟烷（**13-7**）和人造血（如全氟萘烷 **13-8** 和全氟三丙胺 **13-9**）。其中他汀类药物销售额占所有药物的 5.5%。仅阿伐他汀全球销售额 2006 年达 140 亿美元，2010 年也达到 118 亿美元。人造血也用了大量的含氟化合物，其优点主要有：①天然血只能冷藏保存 42d，人工血可在室温中存储一至三年；②人造血不必考虑血型是否吻合；③捐赠的血输入体内后，要 24h 之后才能恢复 100%的运载氧气的能力，人工血则可以立即达到100%运送氧气的作用。

含氟药物的开发及应用方兴未艾，据统计，目前每年全球含氟药物销售额为400亿美元左右。25%～30%的新原料药研发是建立在氟化学产品基础之上的。在全球销售额前200名医药品种中，含氟药物占29个，销售额总计320亿美元左右。

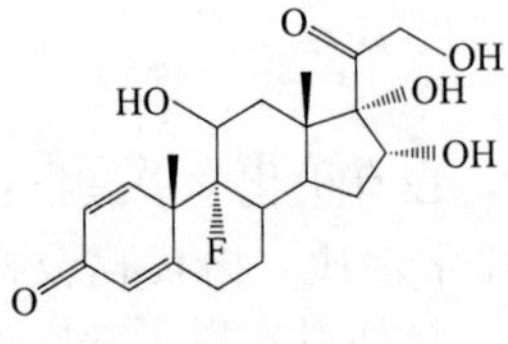

13-1
氟羟氢化泼尼松(triamcinolone)
(副肾皮质激素)

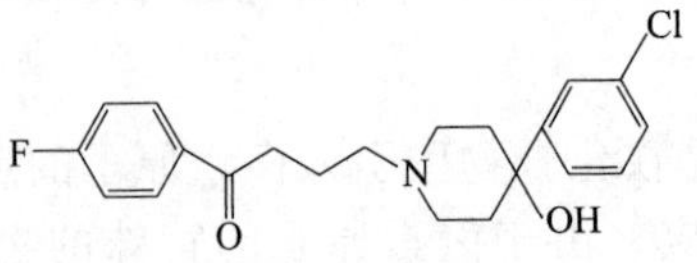

13-2
氟哌啶醇(haoperidol)
(中枢神经药)

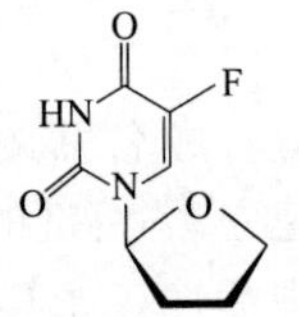

13-3

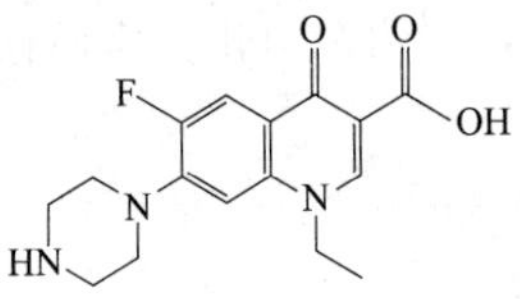

13-4
诺氟沙星(norfloxacin)
(抗菌药)

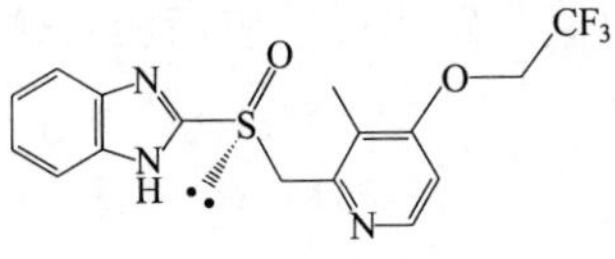

13-5
兰索拉唑(lansoprazole)
(质子泵抑制药)

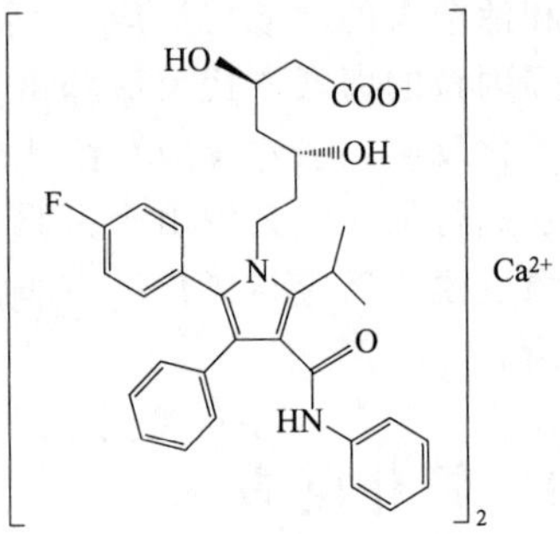

13-6
阿伐他汀(astovastatin)
(降血脂药)

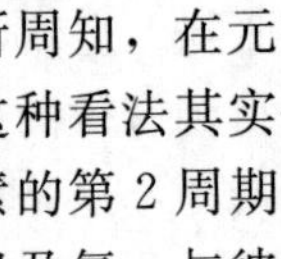

13-7
七氟烷(sevoflurane)
(吸入式麻醉剂)

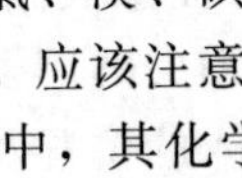

13-8
全氟萘烷
(人造血)

$(CF_3CF_2CF_2)_3N$

13-9
全氟三丙胺
(人造血)

众所周知，在元素周期表中氟与氯、溴、碘形成卤族，因此一般会认为氟具有近似氯的性质。这种看法其实会招致大的误解。应该注意到，即使处于同一族，更应该被称为所谓的典型元素的第2周期与第3周期元素中，其化学性质往往有很大区别。例如，第3周期的碳、氮以及氧，与彼此为同一族的第3周期元素的硅、磷和硫性质有很大差别，氟与氯的差别尤为明显。

一般来说，元素的化学性质取决于最外层的电子状态。碳与氟都使用与原子核相近的2s和2p轨道成键，而氯的外层电子是使用较氟原子更外一层的3s、3p和3d轨道与其他原子成键，因此键的性质有很大不同。由于氟的电负性为4.0，而氯的电负性为3.2，因此C—F键比C—Cl键短且刚性更大，因此氟原子将碳原子周围的电子更强地拉到自己一边；另外，因为氟原子半径比氯原子半径小得多，C—F键与C—H键相比较差距并不大，所以即使向分子中引入一个氟原子，生物体一般也不能识别分子的差别而仍被吸收入代谢体系。但若将C—Cl键引入分子中，大部分场合生物体能够明显加以识别，这就造成了氟与氯在生理活性上的巨大差异。表13-1列出了氢、氟和氯原子的物理性质差别。

表 13-1 氢、氟和氯的部分物理性质比较

X	H	F	Cl
最外层电子结构	$1s^1$	$2s^2 2p^5$	$3s^2 3p^5 3d^0$
电负性(Pauling)	2.1	4.0	3.2
范德华半径/nm	0.12	0.135	0.181
共价半径/nm	0.0371	0.064	0.099
C—X 键长/nm	0.1091	0.1317	0.1766
C—C 键能/(kJ/mol)	416.6	485.76	326.6
稳定的离子	H^+	F^-	Cl^-

当然，有时氯元素的引入也可以增强一些物质的生理活性，但一般不如氟元素效果好。为了使生物体与活性分子之间产生相互作用，如人们常说生物体中的受体立体结构与活性分子立体结构之间要求有特殊的相关性。因此氯元素增强生理活性的一个效应，可能的一个原因就是来自它比氟庞大的体积对相关性的贡献。氯元素还有一个效应是亲油性。分子进入生物体之后，为避免成为副作用原因的有害反应，能够迅速到达受体的某个位置，必须顺利通过含有脂质的生物膜，为此，非常有必要在某种程度上具有与脂质的相溶性。

氯元素具有的以上两个效应，某种程度上氟也有，但氟自身的体积较氯小得多，所以不具有庞大体积引起的空间效应，而且 C—F 键的亲油性比 C—Cl 键小。

但是，还必须注意到三氟甲基具有相当接近氯的性质。首先从立体上看其体积比氯还大，从与受体相互作用来看区别并不大。而且从亲油性来看，作为芳香族的取代基的三氟甲基至少比氯原子具有更大的数值。

在含有氯原子的药物分子中，用三氟甲基取代氯可以提高药效，并能减少副作用，原因可能是 C—CF_3 键较 C—Cl 键生物化学稳定性好，从而在到达受体前发生分解反应的概率小。

在生理活性分子中氟原子的个数对生理活性也有较大的影响。一个例子是一氟代乙酸具有较强毒性，而三氟乙酸则小得多，这一现象在 20 世纪 40 年代在第二次世界大战期间就已有研究。此后关于含氟生理物质的活性机理作了很多研究。现在考虑氟原子的效应必须同时考虑立体效应和电子效应。

立体效应：氟原子与氢的原子半径相差不多，只比氢大十分之一左右，因此大多数情况用氟代替氢时并不能引起分子明显的立体变化，生物体可能不能分别出氟原子和氢子而吸收进入代谢反应，这就是氟元素的伪拟效应（mimic effect）。

电子效应：氟在所有元素中具有最强的电负性，往往与其他元素强烈地结合成键并表现出强烈的吸电子性，使周围的电子云密度下降。因而生理活性分子在生物体内有可能受到氧化等攻击的场合，若成为反应点的位置或周边位置用氟取代，结果使受攻击的位置钝化，这种阻断效应也是氟原子所特有的，与上述伪拟效应一起成为产生生理活性的重要特点。

现在含氟生理活性分子以芳香族氟化物居多，应该注意的是在这样的场合下，作为氟的取代效应，邻位电子密度大大下降，而对位的电子密度几乎不下降。如果是三氟甲基取代的场合，不仅是邻位、间位的 π 电子，而且出现芳香环的电子密度全部下降的效应。在分子设计时，若要使芳香环的 π 电子密度下降，可引入一个三氟甲基，这样分子就会对光氧化反应更加稳定。

含氟药物中间体的合成主要有亲电氟化（直接氟化）、亲核氟化（重氮化-氟化、基团直接交换等）以及由含氟合成子组装法（间接氟化）。链烃的氟化大多以直接氟化和含氟合成子组装法为主，芳香族的氟化则多用亲核氟化法。

13.1.2 亲电氟化

13.1:2.1 脂肪族化合物亲电氟化反应

自1886年Moissan分离得到纯的元素氟后不久，在研究其与有机物进行反应时发现，无论是在室温下进行还是在液氮冷却下进行都会发生爆炸，也无法分离到反应主要产物。20世纪30年代，Bockemüller根据热化学理论对这些反应结果作出了说明。首先是由于反应生成的高度稳定的C—F键而释放出来的能量(约485kJ/mol)大于C—C键(约347kJ/mol)或C—H键(414kJ/mol)的断裂能[2]。第二个原因是元素氟的均裂能特别低(仅155kJ/mol)，因此即使在低温和无光照条件下也很容易引发一个无法控制的自由基反应[3]。因此运用未经处理的元素氟气体直接氟化将产生大量的热和气体，通常伴随着爆炸的发生，因此通常不直接应用到工业生产中。唯一的例外是尿嘧啶直接氟化生产抗癌药物重要中间体5-氟尿嘧啶是可以这样做，但这一反应的机理并不是氟直接取代氢原子，而是元素氟与水先反应生成次氟酸，由次氟酸对烯键进行亲电加成后，再加热回流脱去一分子水，因此发热量并不是很大[4]。

$F_2/N_2(2:1)$，H_2O，90℃；回流，16h；78%

当然将氟气稀释在大量惰性气体如氮气中时在某些场合下是可以应用的。如香豆素及其衍生物的直接氟化就是用10%的F_2在氮气中进行的[5]。

10% F_2/N_2，H_2SO_4，5℃，52%转化率；69%；10%

由于元素氟的直接氟化难以控制，人们发展了将氟气与其他元素或化合物化合后使之反应性下降而易于利用的氟化剂，如SF_4、$FClO_3$、CF_3OF、XeF_2、$PhIF_2$、CF_3COOF、Cs^+SO_2OF、*N*-氟代-*N*-吡啶酮等。

以日本著名氟化学家梅本照雄开发的*N*-氟代吡啶盐（**13-10**、**13-11**和**13-12**）为例，该氟化剂优点在于它是稳定的晶体，吸电子基团的存在可以使其氟化能力增强，因此对于不同活性的反应物可以选择不同取代基和取代基数目的*N*-氟代吡啶盐为氟化剂。

13-10:$R^{1,3,5}=CH_3$,$R^{2,4}=H$
13-11:$R^{1\sim5}=H$
13-12:$R^{1\sim5}=Cl$

对于活性较高的丙二酸酯而言，可以用氟化活性较低的五甲基吡啶盐（**13-10**）作氟化剂[6]。

13-10；73%

13-10，$ZnCl_2$；88%

而对于甾体化合物而言，用氟化剂（**13-11**）可以取得满意的结果[7]。

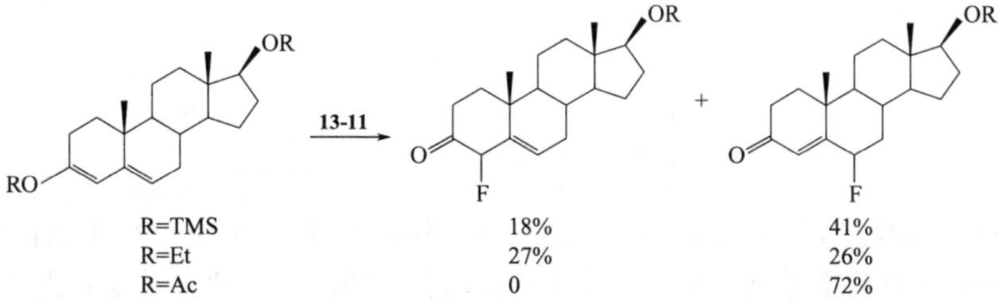

R=TMS 18% 41%
R=Et 27% 26%
R=Ac 0 72%

从 20 世纪 80 年代开始，一系列所谓的“NF”试剂被广泛用于代替危险的亲电氟化试剂。主要有中性和 N-氟代鎓盐两大类，比较常见的氟化剂结构列举如下。

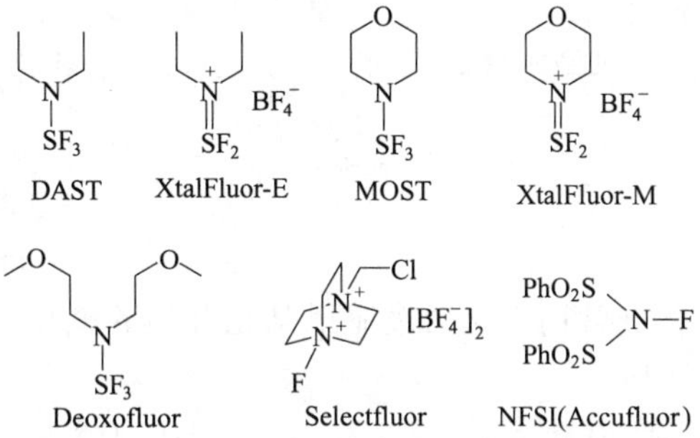

DAST　XtalFluor-E　MOST　XtalFluor-M

Deoxofluor　Selectfluor　NFSI(Accufluor)

例如红霉素是治疗呼吸道病的重要药物，但病原体可产生抗药性，引入一个氟原子的衍生物 2-氟红霉素（**13-13**）可用于替代红霉素。可用 Selectfluor™ 对 β-酮酸酯中的活泼亚甲基进行亲电氟化合成。受到底物本身的空间导向作用影响，可以立体选择性地引入氟原子[8~10]。

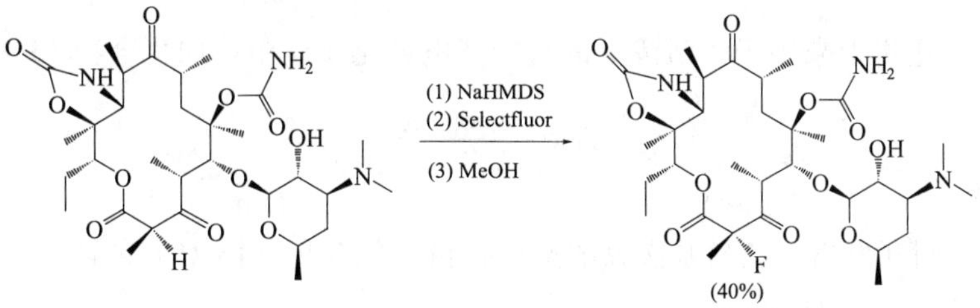

(1) NaHMDS (2) Selectfluor (3) MeOH

(40%)
2-氟红霉素 (**13-13**)

喜树碱（Camptothecin）引入氟原子后的衍生物（**13-14**），其抗肿瘤活性有较大幅度增加，其合成通常可以两条路线进行。其中一条以化合物 **13-15** 为原料，也用 Selectfluor™ 对羰基 α 进行亲电氟化，另一条路线是以喜树碱为原料将羟基用 DAST 置换成氟原子[11,12]。

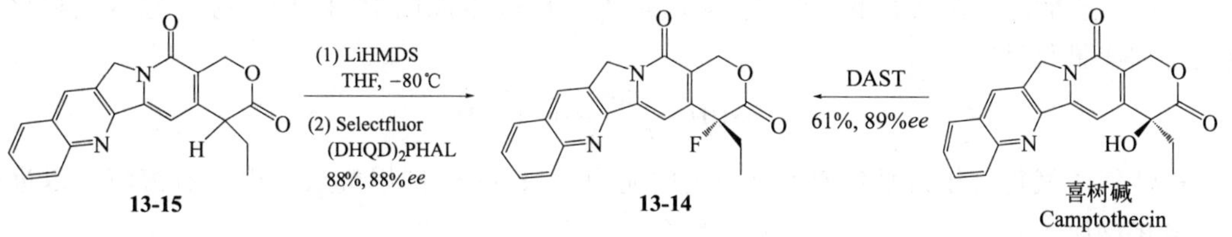

13-15 —(1) LiHMDS THF, −80℃ (2) Selectfluor (DHQD)$_2$PHAL 88%, 88%*ee*→ **13-14** ←DAST 61%, 89%*ee*— 喜树碱 Camptothecin

如果应用手性 NF 试剂，还可以对活泼次甲基进行不对称亲电氟化反应，例如 Lang 等人使用了 *N*-氟代樟脑磺酰胺（**13-16**），但这种靠手性试剂进行的分子间诱导效果并不是太好，非对映选择性不是很高[13]。

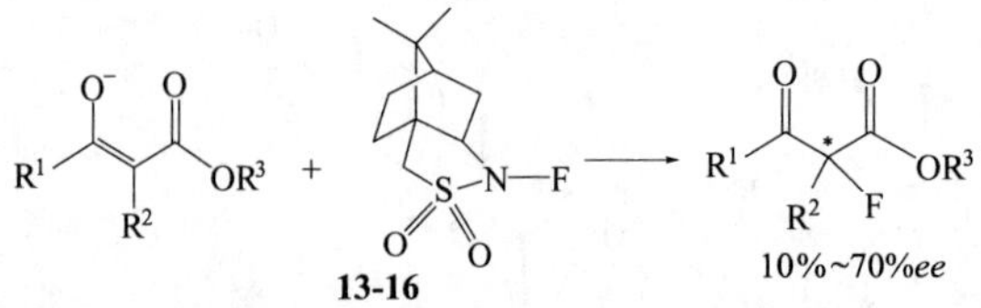

13-16

10%~70%*ee*

Plaquevent 等报道了在离子液体[Bmim]PF_6 中用 *N*-氟代奎宁碱衍生物的四氟硼酸盐（**13-17**）催化的不对称亲电氟化反应，该反应比用传统的溶剂乙腈有明显的优越性，对映选择性较高，实验条件温和。离子液体对金鸡纳碱的溶解性很好，使得离子液体和手性试剂均可以回收使用[14]。

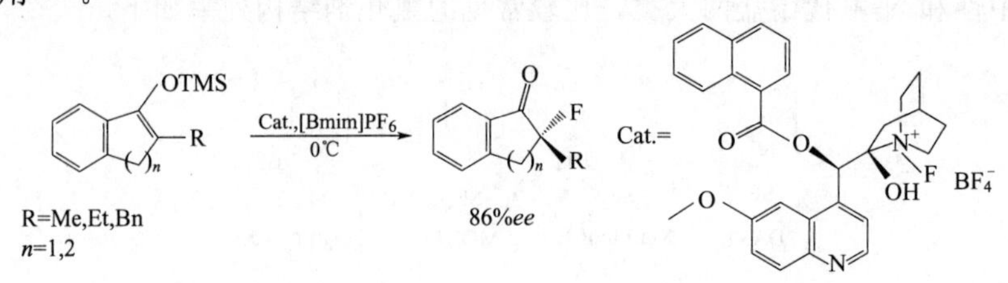

R=Me,Et,Bn
n=1,2

Cat.,[Bmim]PF_6, 0℃

86%*ee*

13-17

N-氟代磺酰亚胺类氟化剂常用于含活泼亚甲基化合物的氟化反应，如 *N*-氟代苯磺酰亚胺（NFSI，Accufluor®）[15,16]。

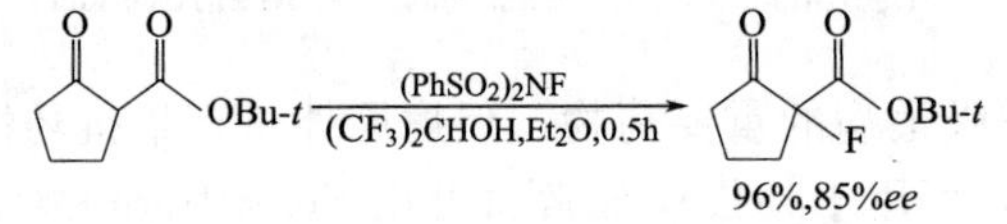

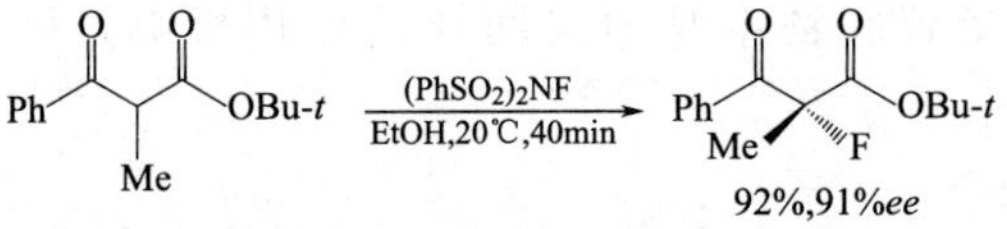

$(PhSO_2)_2NF$, $(CF_3)_2CHOH$, Et_2O, 0.5h

96%,85%*ee*

$(PhSO_2)_2NF$, EtOH, 20℃, 40min

92%,91%*ee*

三氟化胺氧化物近来用于含活泼氢的直接亲电氟化反应中，如化合物 **13-18** 的合成[17]。

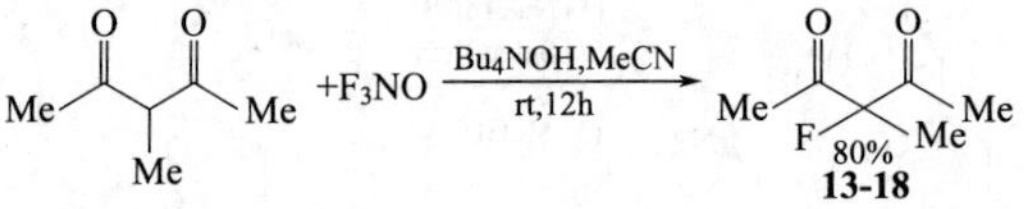

$+F_3NO$ $\xrightarrow[\text{rt,12h}]{Bu_4NOH,MeCN}$

80%
13-18

Rozen 等人则开发出了乙酰基次氟酸酯用作甾体化合物（**13-19**）的氟化[18]。

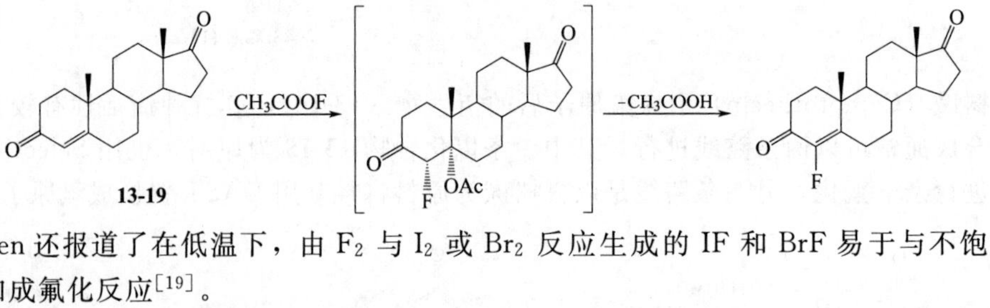

13-19 $\xrightarrow{CH_3COOF}$ [ ] $\xrightarrow{-CH_3COOH}$

Rozen 还报道了在低温下，由 F_2 与 I_2 或 Br_2 反应生成的 IF 和 BrF 易于与不饱和化合物进行加成氟化反应[19]。

$$RC\equiv CH \xrightarrow[X=I,Br]{XF} RCF_2CHX_2$$

惰性气体氟化物作为氟化剂也有一定的应用，如 XeF_2 的甲醇或二甲硫醚溶液可以进行亲电氟化反应[20]。

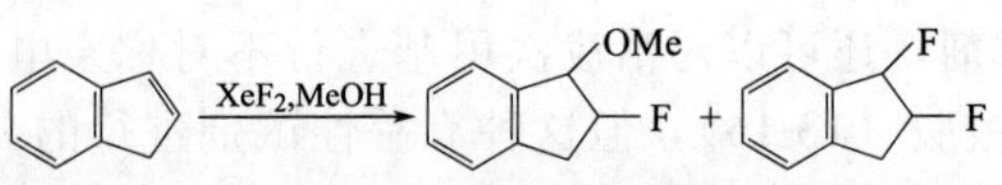

XeF_2, MeOH

约 70%，98 : 2

Zefirov 和 Zupan 等人报道了次氟酰基磺酸铯为亲电氟化试剂，对饱和或不饱和的链状烃氟化都取得了成功，还可以对醇产生氧化氟化[21,22]。

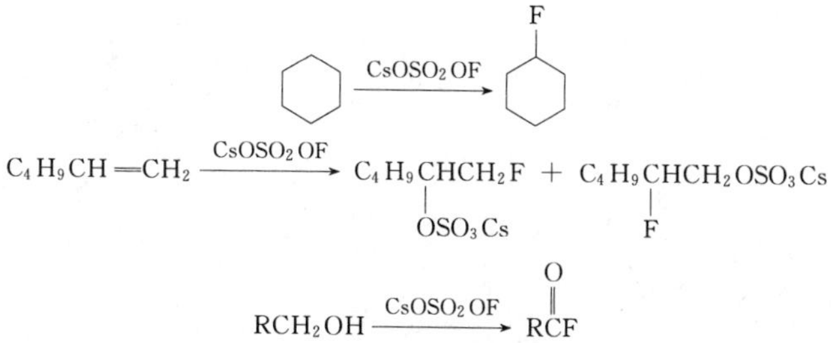

$$C_4H_9CH{=}CH_2 \xrightarrow{CsOSO_2OF} C_4H_9CH(OSO_3Cs)CH_2F + C_4H_9CHFCH_2OSO_3Cs$$

$$RCH_2OH \xrightarrow{CsOSO_2OF} RCOF$$

当然，还有很多亲电氟化剂被开发和应用，在此不再一一列举，可以参看有关综述[23,24]。

13.1.2.2 芳香族亲电氟化反应

XeF_2、$FClO_3$、CH_3COOF、CF_3COOF 和 CF_3OF 等都可用于对芳香环进行亲电取代。反应通常按经典的芳香族的双分子亲电取代反应机理进行。以对三氟甲基乙酰苯胺用 CF_3OF 进行氟化反应为例，反应机理如下[25]：

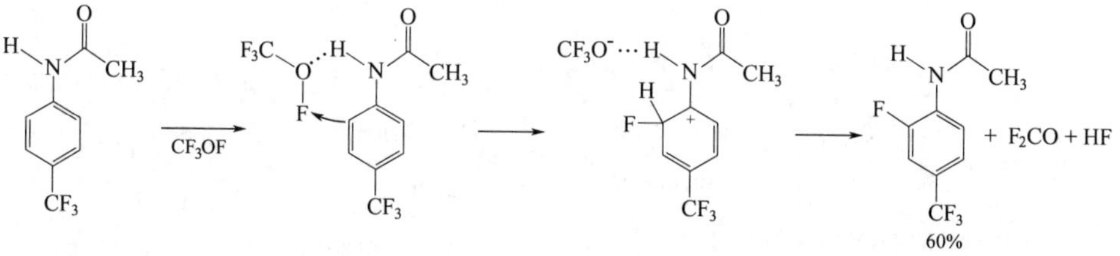

CF_3OF；$+ F_2CO + HF$；60%

用特殊的试剂可以通过氢键等弱相互作用实现可控的区域选择性氟化[26]。

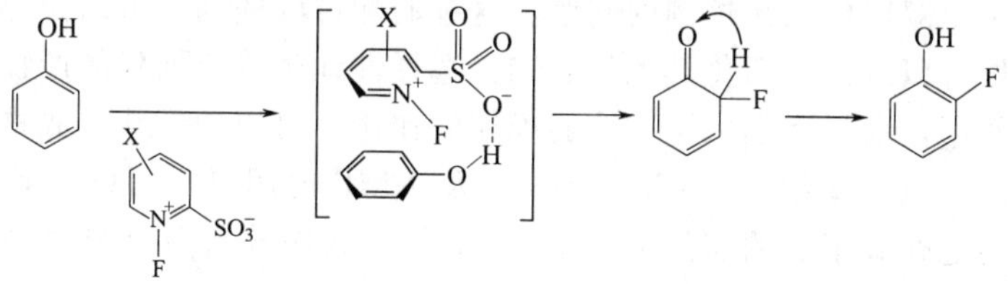

有机芳香族 C—H 键区域选择性地转化为 C—F 键是极其困难的。除了极少数情况下，氟化反应一般都需要其他卤化物、硅化物、硼化物、锡化物等作为中间体进行转化。2006 年，Sanford 小组成功地实现了 sp^3 和 sp^2 的 C—H 键活化转化为 C—F 键，为金属催化的 C—F 键形成奠定了坚实的基础。在二价钯催化下，实现了一系列吡啶化合物的氟化。其工作使用的是 F^+ 作为氟源，醋酸钯作为催化剂，主要产物是邻位氟化产物，芳环上连有强吸电子和给电子基团均能发生此反应[27]。但是，此反应不能控制单双取代。原因是钯配位到吡啶上后很难解离，会直接发生第二次的 C—H 键活化氟化。实验只有靠增加间位的位阻或者邻位取代的方式控制单双取代。用醋酸钯的另一个缺点是容易形成吡啶导向邻位 C—H 键的乙酰氧化的副产物。这在合成及应用中受到了很大的限制。

$Pd(OAc)_2$(10mol%)；MeCN, $PhCF_3$, MW, 1.5h

R = F, Cl, CF_3, COOEt, Me, MeO

50%~75%

反应机理：

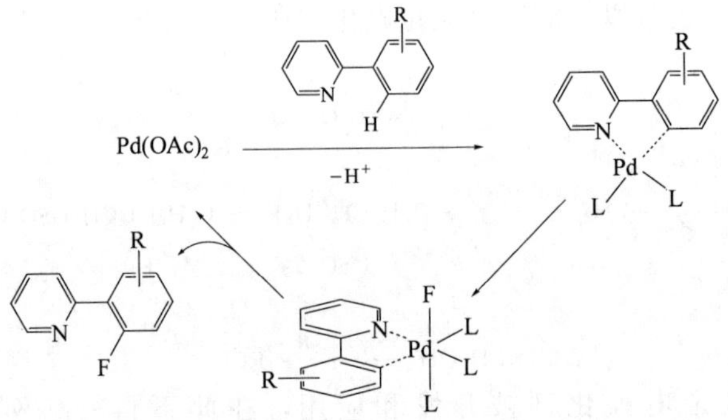

醋酸钯与吡啶环中的氮原子配位后对相邻苯环的C—H键进行活化，脱去一个氢质子得到比较稳定的二价钯络合物，然后与氟试剂进行反应得到六价钯络合物，最后发生还原消除得到氟化产物，二价钯催化剂再生。

2009年，余金权小组改用 $Pd(OTf)_2 \cdot 2H_2O$ 为催化剂，成功地避免了乙酰氧化副产物，而且底物适应性更好，可以获得更多有用的化合物，但是同样其单双取代无法控制[28]。

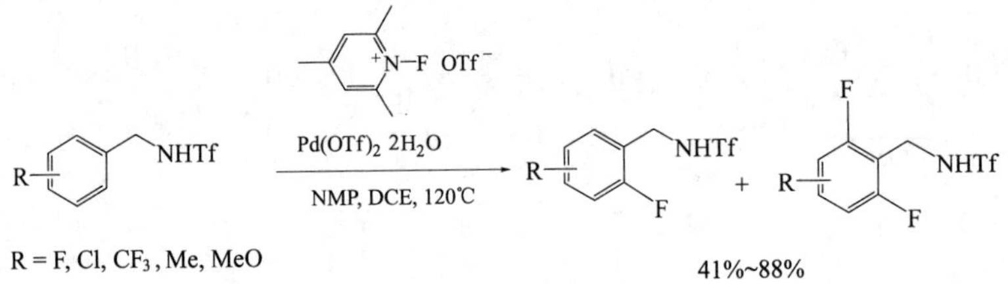

R = F, Cl, CF_3, Me, MeO　　41%~88%

最近，他们采用连有强吸电子基团的苯胺作为辅助基团，与苯甲酸反应生成弱配位的底物，成功地解决了单双取代无法控制的问题。这种弱配位的底物，可以使钯盐顺利地从产物中解离出来。这样可以继续去活化其他的底物，选择性地生成单取代的产物。反应中乙腈不仅起到了溶剂的作用，而且还起到了一个弱配体的作用，可以使钯盐从底物中释放出来。如果采用配位很弱的三氟甲苯作为溶剂，增加 F^+ 及NMP的用量，可以有效地生成双取代的产物。此反应成功地在苯甲酸的邻位引入了C—F键，在医药行业有很大的用处。例如重要医药中间体邻氟苯甲酸的合成就可以用这种方法实现[29]。

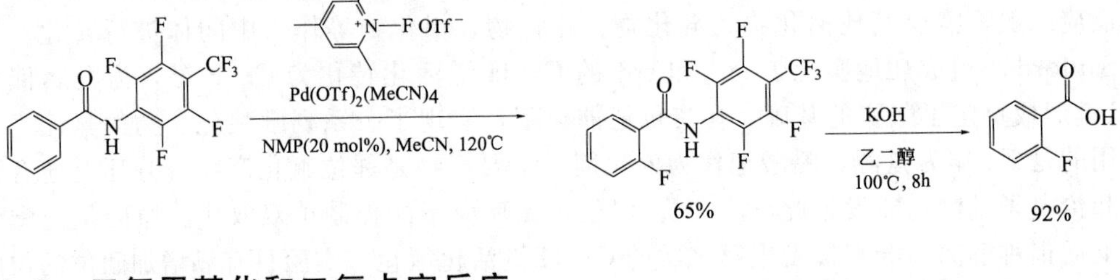

65%　　92%

13.1.3 三氟甲基化和二氟卡宾反应

芳香族的氟化一般是通过重氮化-氟化方法和氟交换方法合成，这将在下两节中进行详细阐述；链烃的直接氟化也在13.1.2节中进行了叙述。通过含氟砌块引入氟的反应有很多，在此不进行详述，本节讨论较为典型的三氟甲基化和二氟卡宾反应。

13.1.3.1 三氟甲基化

引入三氟甲基方法较多，主要三氟甲基化试剂有三氟甲基三甲基硅烷、三氟碘甲烷、三氟乙酸盐、三氟甲基硫鎓盐等。

（1）三氟甲基三甲基硅烷

三氟甲基三甲基硅烷（CF_3SiMe_3，Ruppert 试剂）在 TBAF 作用下产生三氟甲基负离子，对羰基进行亲核进攻，然后在酸作用下水解得到相应的三氟甲基加成化合物。如黄酮受体抗体药物（**13-20**）的合成[30]。

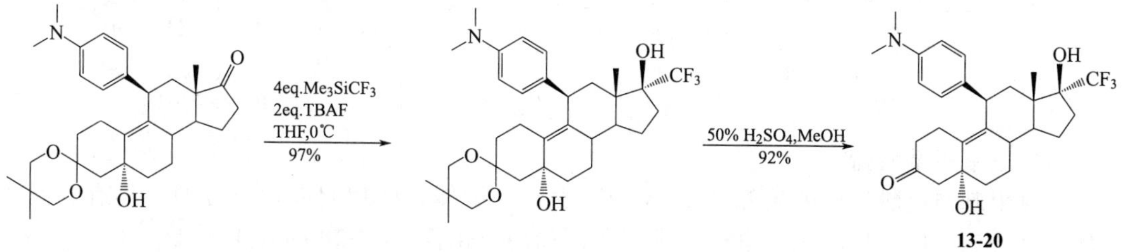

4eq.Me_3SiCF_3, 2eq.TBAF, THF, 0℃, 97%；50% H_2SO_4, MeOH, 92%

13-20

含氟青蒿素（**13-21**）也可用这种方法合成[31]：

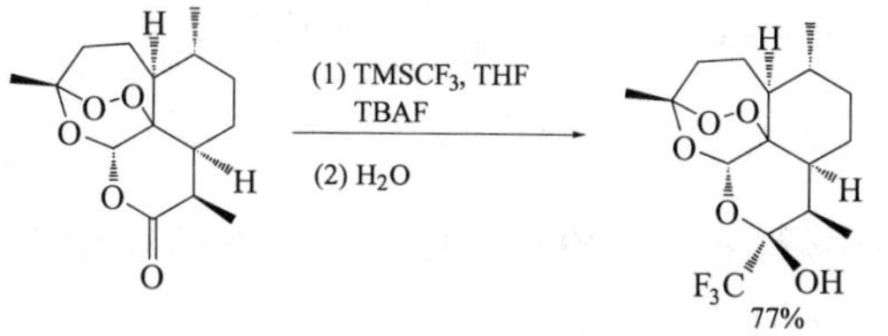

(1) $TMSCF_3$, THF, TBAF；(2) H_2O

77%

13-21

如果用于与酯反应，则可将其中的烷氧基变成三氟甲基，如肉桂酸甲酯的三氟甲基化反应[32]：

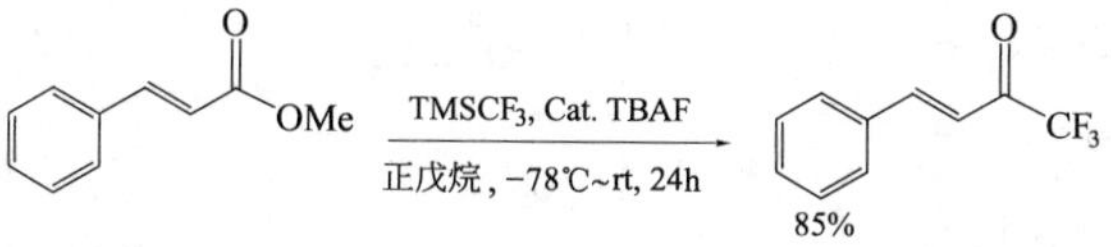

$TMSCF_3$, Cat. TBAF；正戊烷，−78℃~rt, 24h

85%

（2）三氟碘甲烷

三氟碘甲烷通常在光引发下进行自由基反应引入三氟甲基，如组氨酸衍生物（**13-22**）可用来合成咪唑环上含三氟甲基的衍生物[33]。

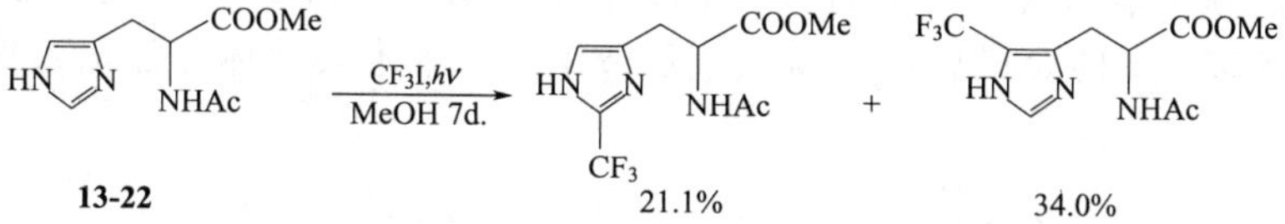

CF_3I, $h\nu$；MeOH 7d.

13-22 21.1% 34.0%

化合物 **13-23** 存在手性辅基，可以诱导羰基 α-位不对称地引入三氟甲基得到化合物 **13-24**，反应以三氟碘甲烷为三氟甲基化试剂，反应同样按自由基机理进行[34]。

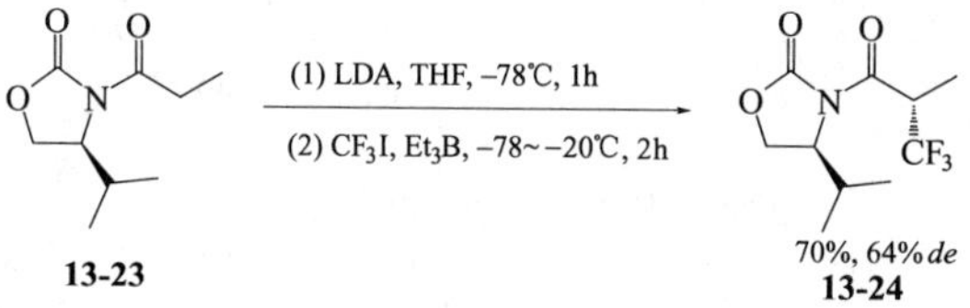

(1) LDA, THF, −78℃, 1h；(2) CF_3I, Et_3B, −78~−20℃, 2h

13-23 70%, 64% *de* **13-24**

（3）三氟乙酸钠

CF_3COONa 可在铜等重金属催化剂存在条件下加热脱羧放出三氟甲基负离子，然后进攻羰基得到目标产物。通常用 CuI 催化，如苯甲醛的三氟甲基化反应合成 α-三氟甲基苄醇（**13-25**）[35,36]。

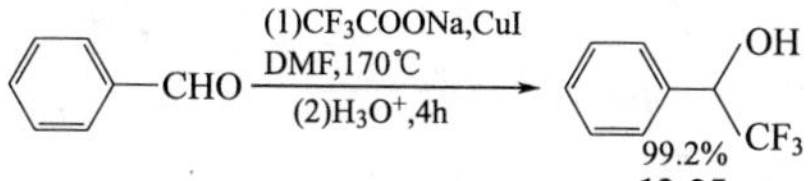

(1) CF_3COONa, CuI, DMF, 170℃；(2) H_3O^+, 4h

99.2% **13-25**

此法也可以用于5-α还原酶抑制剂度他雄胺中间体2,5-二(三氟甲基)苯胺（**13-26**）的合成[37]：

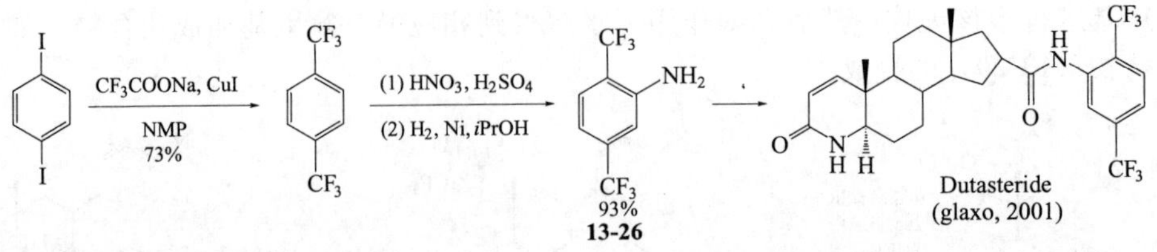

CF_3COONa, CuI / NMP 73%；(1) HNO_3, H_2SO_4 (2) H_2, Ni, *i*PrOH；93% **13-26**；Dutasteride (glaxo, 2001)

（4）三氟甲基锍盐

三氟甲基与硫醚形成的硫鎓盐（**13-27**）由于是固体，处理起来比较方便，具有较高的活性，进行三氟甲基化时按亲电机理进行。例如用于化合物**13-28**的合成[38]。

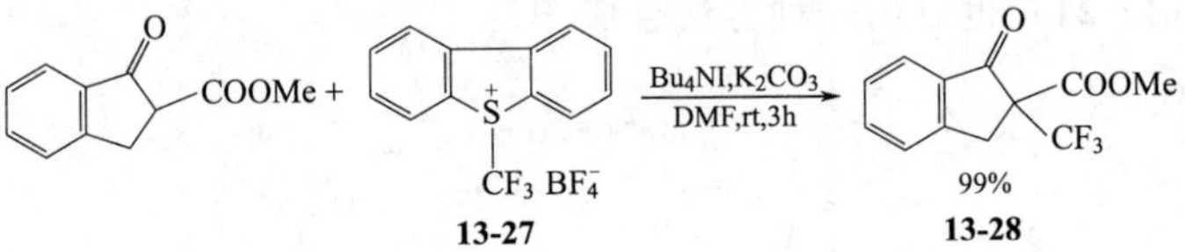

COOMe + CF_3 BF_4^- **13-27**；Bu_4NI,K_2CO_3 / DMF,rt,3h；COOMe CF_3 99% **13-28**

抗偏头痛药物醋酸氟美烯酮（**13-30**）也可用三氟甲基锍盐**13-29**进行亲电三氟甲基化反应的合成[39]。

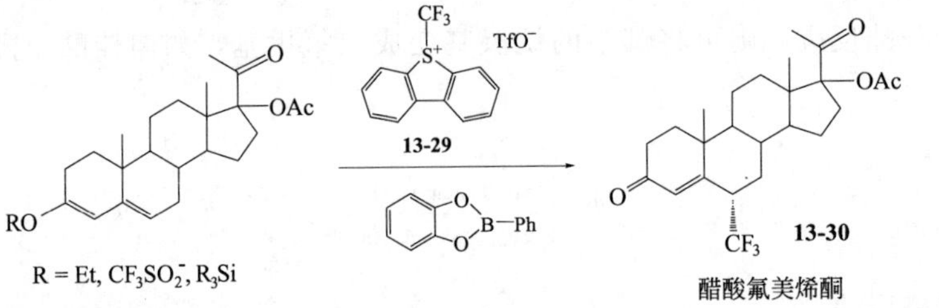

OAc；RO；R = Et, $CF_3SO_2^-$, R_3Si；CF_3 TfO⁻ **13-29**；B—Ph；OAc；CF_3 **13-30** 醋酸氟美烯酮

13.1.3.2 二氟卡宾反应

二氟卡宾通常用于对烯键的加成，生成偕二氟环丙烷结构。一氯二氟乙酸钠、三氟乙酸钠是最常用的二氟卡宾前体。如前列腺素中间体（**13-31**）[40]和24，24-二氟-25-羟基维生素D_3中间体（**13-32**）[41]的合成就用一氯二氟乙酸钠为二氟卡宾前体在加热条件下进行反应制备。

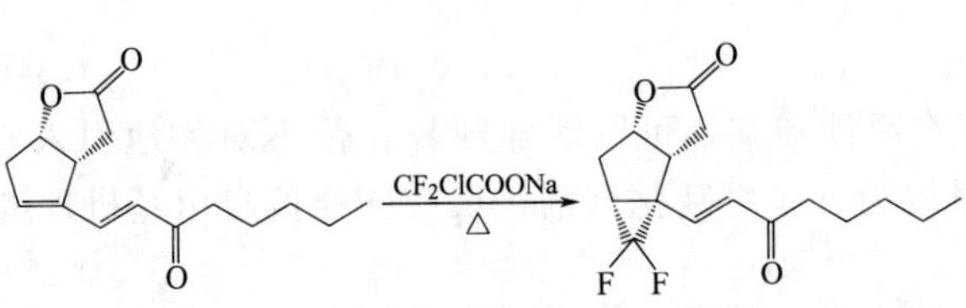

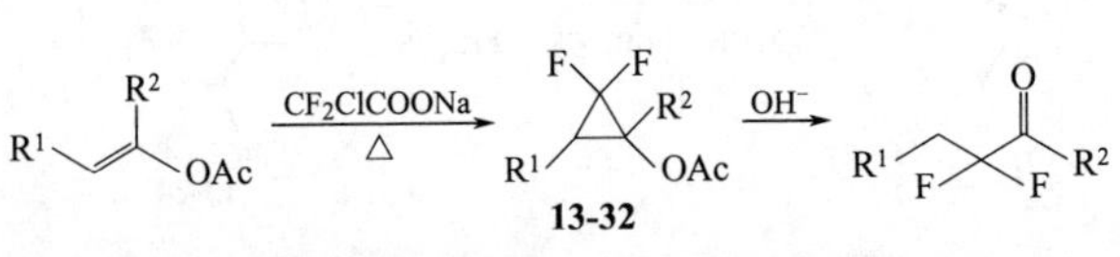

$CF_2ClCOONa$ / △；F F **13-31**

R^1 R^2 OAc；$CF_2ClCOONa$ / △；F F R^1 R^2 OAc **13-32**；OH^-；R^1 F F R^2

氟磺酰基二氟乙酸三甲基硅醇酯（TFDA）可以在少量氟离子催化下热分解产生二氟卡宾，用于药物中间体的合成中也可以取得满意的效果[42]。

$$FSO_2CF_2COOTMS+F^- \longrightarrow FSO_2CF_2COO^- + TMSF$$

$$FSO_2CF_2COO^- \longrightarrow :CF_2 + CO_2 + SO_2 + F^-$$

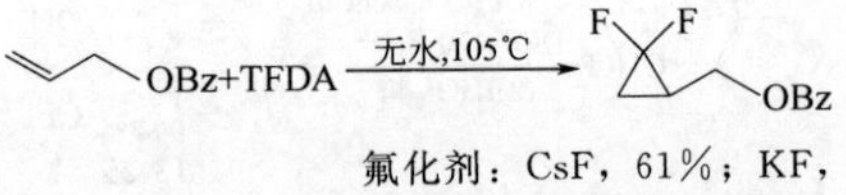

OBz+TFDA —无水,105℃→ F F OBz

氟化剂：CsF，61%；KF，78%；NaF，89%

蔡春等人采用三氟乙酸钠体系在研究三氟甲基化的同时，还发现三氟甲基阴离子不稳定，在自由基引发剂存在下容易分解生成二氟卡宾，成为二氟卡宾生成的新方法[43]。

+CF_3COONa $\xrightarrow{\text{AIBN,DMF}}$

R=H,86%
R=Cl,93%

13.1.4 重氮化-氟化法

重氮化-氟化法是合成含氟化合物的重要方法，对含氟芳香族化合物来说尤其如此。其中最为常用的是 Balz-Shiemann 反应，将苯胺类化合物进行重氮化得到芳香族氟硼酸重氮盐，然后加热分解得到芳香族氟化物。此方法研究历史较长、工艺成熟，虽然步骤较长、工艺较为复杂、危险性大，但到目前为止仍然是合成一些含氟芳香族化合物的工业化生产方法。由于含氟药物合成中，不稳定的重氮盐的合成与精制较麻烦，而且由于固体盐的热分解反应难于控制及重复性差，还由于溶剂及底物取代基对反应的影响，此反应在某些场合应用受到限制。由此又出现了一些新的方法。

13.1.4.1 Balz-Shiemann 反应

芳烃重氮氟硼酸盐的制备方法是将芳胺的盐酸盐（或其他无机酸盐）用亚硝酸钠进行重氮化后，然后加入氟硼酸或氟硼酸钠进行阴离子交换反应，最后把固体重氮氟硼酸盐加热分解得到氟代芳烃。氟化产率受热分解条件影响较大。通常热分解在砂子及碱金属盐等固体稀释剂及二甲苯、十氢化萘、石油醚、液体石蜡等有机溶剂中于氮气或减压条件下进行。除氟硼酸盐外，也可以用 AsF_6^-、SbF_6^- 或 PF_6^- 等的重氮盐制备芳基氟，但一般来说这些重氮盐仅限于实验室制备。

当重氮盐的邻、对位有羟基、硝基等时，重氮基与这些基团之间会产生共振效应，导致分解氟化反应变得更为困难，而且容易产生氧化副反应。在酸中溶解性较低的氨基酚类化合物用常规方法难于重氮化，可以利用有机溶剂的氮氧化物或在浓硫酸中的亚硝酰硫酸或亚硝酸衍生物等进行重氮化反应。但是，这些化合物的四氟硼酸盐在水及乙醚中溶解度大，难以分离；另外，在邻、对位化合物中还伴随着异常的热分解反应。若利用弱酸 PF_5，可以以较高的产率得到低溶解性的六氟磷酸盐，但是它的热分解效率低。

例如，2,6-二取代-3-氨基吡啶经重氮化制成六氟磷酸重氮盐（**13-33**），可在有机溶剂中分解得到中等收率的相应氟化物（**13-34**），可以作为广谱抗菌药依诺沙星（Enoxacin）的中间体[44]（见表 13-2）。

N_2PF_6 AcHN N N NAc → F AcHN N N NAc

13-33 **13-34**

13.1.4.2 三氮烯类化合物在 HF 中的分解

三氮烯可由重氮盐和仲胺以良好收率制备，若用 HF 分解（18～60℃），反应经过 ArN^+、Ar^+ 得到 ArF，收率为 20%～97%。4-氟代甲氧基苯可以得到良好收率，但由邻甲氧基、对硝基及对氯苯胺却得不到氟代产物（见表 13-3）。而更为复杂的取代三氮烯 **13-35**、**13-36** 和 **13-37** 却可以分离以 76%、20%和 85%的产率得到相应的氟代物[45~47]。

表 13-2 依诺沙星中间体的合成

溶剂	反应温度/℃	反应时间/h	产率/%
石油醚	50～90	10.5	62
四氯化碳	77	18.0	67
乙酸乙酯	77	10.5	75
环己烷	81	3.5	81
乙酸异丙酯	89	3.0	40
正己烷	98	0.5	64
甲苯	111	0.3	65

表 13-3 芳基三氮烯制备芳基氟

$X-C_6H_4-N=N-NR_2 \xrightarrow{HF} X-C_6H_4-F$

X	R_2	溶剂	助溶剂	温度/℃	时间/min	产率/%
H	$-(CH_2)_5-$	HF-70%Py	AcOH	18	15	97
4-MeO	$-(CH_2)_5-$	HF-70%Py	AcOH	18	60	89
3-COOH	$-(CH_2)_5-$	HF-70%Py	—	18	60	96
4-COOH	$-(CH_2)_5-$	HF-70%Py	—	45	30	95
4-COOEt	$-(CH_2)_5-$	HF-70%Py	AcOH-EtOH	18	20	90
2,4,6-Me_3	$-(CH_2)_5-$	HF-70%Py	—	30	60	97
2-MeO	$-(CH_2)_5-$	HF-70%Py	AcOH	18	15	0
4-Cl	$-(CH_2)_5-$	HF-70%Py	—	50	60	35
2-COOH	Me_2	HF-70%Py	AcOH	18	60	75
2-TsO	Me_2	HF-70%Py	—	18	60	79
4-NO_2	Me_2	HF-70%Py	—	18	60	0
4-Me	$-(CH_2)_5-$	48%HF	—	18	30	27
4-Bu	$-(CH_2)_5-$	48%HF	—	18	30	16
4-*i*-Pr	$-(CH_2)_5-$	HF-Py/苯	—	18	30	19
2-MeO-5-Ph	$-(CH_2)_5-$	HF-Py/苯	—	18	30	0
2-MeO-5-Me	$-(CH_2)_5-$	HF-Py/苯	—	18	30	0

EtOOC AcNH EtOOC N N N OMe Ac O

13-35 13-36 13-37

13.1.4.3 光催化重氮化-氟化反应

芳基重氮盐的脱重氮化氟化反应可以用光来促进，相应的四氟硼酸盐和六氟磷酸盐反应性能优良（见表 13-4）。给电子取代基（特别是 4-烷氨基苯基）苯胺制备的氟硼酸重氮盐热分解时只得到炭化产物，若用 350nm 的光照射（30℃）能以 37%的产率制备氟化物。如果苯环上存在吸电子基团，由于光的作用可能产生分解，因此有必要从光照射装置中用减压蒸馏等方法迅速分离出产物[48]。

由 2-氨基-4-乙氧基羰基咪唑形成的重氮盐用热分解方法得偶氮副产物，但在氟硼酸溶液中，用光照射时则可以以 30%的产率得到正常氟代产物。在此反应中，由于有氨基的底物不稳定，且易分解，作为起始原料利用咪唑-4-乙氧基羰基偶氮化合物，使其发生 Curtius 重排，原位生成的氨基化合物被重氮化并在光照射下分解生成相应的氟代物，如二氟代咪唑甲酸乙酯（**13-38**）的合成[49～52]。

表 13-4 重氮盐 $RPhN_2X$ 的光分解合成 RPhF

R	X	时间/h	产率/%	R	X	时间/h	产率/%
H	BF_4	2	34	4-MeO	BF_4	19	69
4-Et_2N	BF_4	4.5～49	53～55	4-PhNH	BF_4	24	37
4-Et_2N	PF_6	4	72	3-Ph	BF_4	2	29
4-Et_2N	PF_6	94	74	4-Cl	BF_4	8	10
4-Me_2N	BF_4	17	55				

(1)$NaNO_2$,HBF_4 (2)$h\nu$,53%

13-38

13.1.4.4 一步重氮化-氟化反应

一步重氮化-氟化反应就是重氮和脱氮氟化在无水 HF 体系中进行的反应。如苯胺在无水 HF 中重氮化可一步生成氟苯，产率 88%[53]。有时利用溶有亚硝酰氟及亚硝酸钠的 HF 以改善重氮化效率。

HF 虽然便宜且具有较强的氟化能力，但会对生物体造成严重伤害，同时其挥发性高(沸点 19.5℃)，因此将之与碱性有机物形成盐以降低其蒸气压和提高氟离子的亲核性，这样就可以作为常规氟化剂加以利用。其中最为常用的就是氟化氢吡啶盐（Py•HF）。

使用无水 HF 反应时，芳基取代基对反应影响很大，给电子基本原则从诱导效应来说对反应起促进作用，吸电子基团或者重氮盐离子的电荷非局域化的基团以及具有孤对电子的邻位取代基（如硝基、卤素和羟基等）引起电荷非局域化而使离子变得稳定，从而抑制氟化反应。另一方面，在 Py•HF 中反应时，芳香单烷基取代的芳胺一般能高产率地得到芳香氟，特别是邻、间位取代时比苯胺的重氮化-氟化活性大 3～65 倍（对位取代仅为 0.1～0.3 倍）。这样大的反应差异表明 ArN_2F 在脱重氮氟化时，Ar^+ 作为中间体以 S_N1 机理参与反应。间位取代化合物反应性与取代基无关。当对位取代基为烷基、烷氧基、卤素及以烷氨基取代时，芳胺的重氮化-氟化反应可以以较高产率生成相应的芳香氟，但由硝基、氨基、羟基和甲氧基等邻位取代的芳胺进行重氮化-氟化反应往往产率不高。

活性较低的对氨基苯酚在 HF-70%H_2O 中产率为 30%，若在 HF-40%Py 中进行反应生成的对氟苯酚产率在 70%以上。这种情况下水与吡啶的浓度对芳基氟产率有较大影响。

另外，芳胺的重氮化在含卤化氢的无水醇溶液中，用亚硝酸酯也可以进行，其重氮盐可以分离出来，在 HF-碱溶液中，用热或光分解可以高产率地得到氟代苯酚。而且，在常规方法中，对活性较低的邻甲氧基苯胺等也可以在 HF-碱中利用光照射以较高得率生成氟代苯衍生物，如表 13-5 所示[54]。

表 13-5 由苯胺取代物制氟代苯衍生物

$NaNO_2$,30%～50%Py•HF, $h\nu$

R	汞灯光照/W	温度/℃	反应时间/h	产率/%	R	汞灯光照/W	温度/℃	反应时间/h	产率/%
H	300	20	6	68(31)	*o*-COOH	500	13	6	58(0)
o-Me	500	13	2	80(少量)	*p*-COOH	500	13	18	23(0)
o-F	300	20	18	43(0)	*o*-CF_3	500	13	18	62(0)
o-NO_2	300	13	18	7(0)	*o*-MeO	500	13	2	73(0)
m-NO_2	300	13	18	27(0)	*m*-MeO	500	13	2	89(少量)

续表

R	汞灯光照/W	温度/℃	反应时间/h	产率/%	R	汞灯光照/W	温度/℃	反应时间/h	产率/%
o-NH_2	500	13	18	22(0)	*p*-MeO	500	13	2	23(0)
p-NH_2	500	13	18	62(0)	2-MeO-4-NO_2	500	20	18	64(0)

注：括号内数据为不使用光照射产率。

杂环芳胺也可用 Py·HF 进行重氮化-氟化反应，高得率地得到相应的氟化物，如 2-氟-3-硝基吡啶的合成[55]。

$NaNO_2$,40%Py·HF, rt; 97%

13.1.5 张力杂环化合物的开环氟化反应

由于氮和氧等杂原子电负性比碳原子大，与之相连的碳原子往往显示出一定的电正性，当用氢氟酸铵盐进行开环氟化时，如果用的是中性和碱性试剂，则反应主要是经过氟离子对三元环碳原子的进攻再开环过程完成，按 S_N2 历程进行反应，因此反应往往具有较高的立体选择性[56]。

X = O, NH
n = 0,1,2,3

如果用的是酸性试剂，酸中心可以与杂原子通过氢键或络合作用使之活化，也就是可以进一步降低正碳中心的电子云密度，从而有利于氟离子进攻[57,58]

X = O, NH
n = 0,1,2,3

杂环化合物的开环氟化反应通常都是亲核氟化反应。如 SiF_4 与胺合用时可以将环氧化合物顺利地转化为氟代醇[59,60]。

SiF_4, 胺

Poulter 等人将 HF 与二异丙胺制备的氟化剂用于环氧化合物的开环氟化[61]。

i-$Pr_2NH(HF)_3$, *n*=1～3

如用体积较大的 TBABF-KHF_2 进行的这种 S_N2 亲核氟化反应，可以得到良好的区域选择性，如化合物 **13-39** 的开环氟化反应，1-位氟化产物的选择性可以达到 91%[62]。

$Bu_4N^+HF_2^-$,KHF_2, 庚烷,120℃,4h

13-39　92%　91:9

一种既作溶剂也作氟化剂的新型离子液体[Emim][F(HF)$_{2.3}$]（**13-40**）也被开发出来用于亲电氟化[63～65]。这种离子液体中 HF 与氟离子的络合物为一平衡过程。可以用于对烯烃的加成氟碘化和氟溴化，也可以对环氧化合物进行开环氟化生成氟代醇，产率良好。同时，其最大的优点是对水和空气稳定。

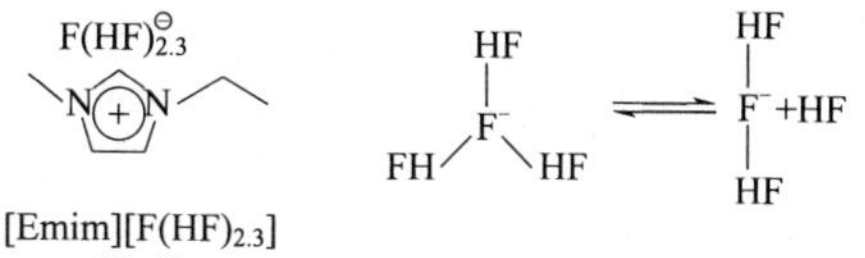

[Emim][F(HF)2.3]
13-40

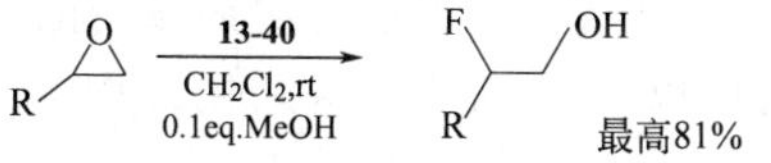

最高81%

醋酸地塞米松（**13-41**）一般也是用 HF 其环氧前体进行开环氟化合成[66]。

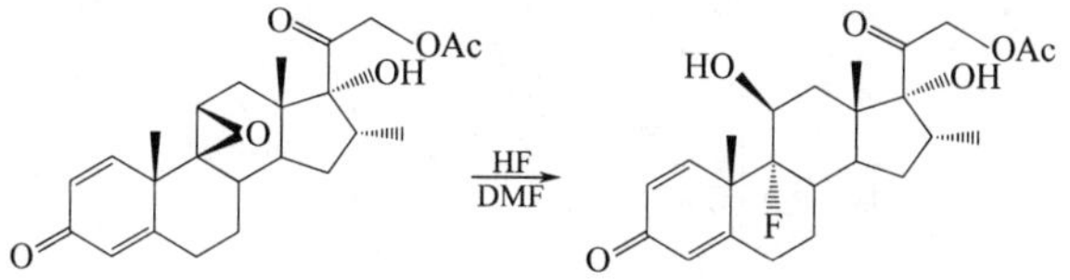

醋酸地塞米松(13-41)

对于氮杂三元环的亲核开环氟化反应也可以用相似的体系进行，通常可以取得较高的产率[67]。

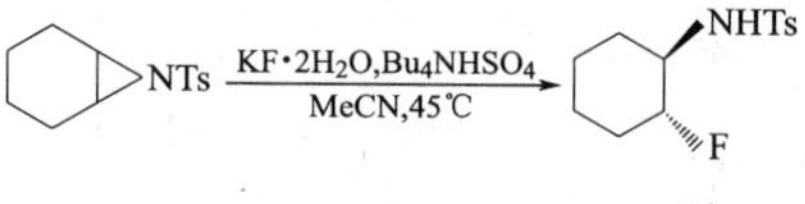

96%

环丙烷结构也可以进行开环氟化反应，如化合物 **13-42** 就可以被 DAST 开环氟化合成 **13-43**[68]。

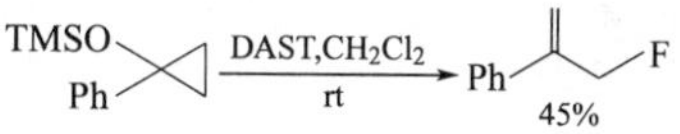

13-42　　45%　13-43

13.1.6 利用吸电子基团作为离去基团的亲核氟化反应

用于亲核反应的氟化剂有很多，例如，HF、Py·HF、KF、KHF_2、CsF、AgF、HgF_2、CuF、CeF_4、SbF_3、SbF_5、CoF_3、ClF_3、BrF_3、IF_5、TBAF、SF_4、DAST 等，还有氟烷基胺如 Et_2NCF_2CHClF、$Et_2NCF_2CHFCF_3$ 和 Ph_nPF_{5-n}。其中主要用 HF 及其有机碱的盐、KF、氟化季铵盐（如 TMAF 和 TABF）等。亲核氟化反应主要有亲核加成和亲核取代两种方式，其中亲核取代氟化反应研究较多。上一节的开环氟化是属于亲核加成开环氟化，而下面的氟代金刚烷类化合物的合成则属于亲核加成氟化反应。

Clark 等人报道 $NXS\text{-}Ph_4PHF_2$ 是一种良好的氟化卤化剂[69]。而 TBAF 与 HF 的复合物与 *N*-卤代琥珀酰胺一起与 3，7-二亚甲基双环[3.3.1]壬烷（**13-44**）反应可以生成重要药物中间体氟代卤甲基金刚烷[70]（见表 13-6）。

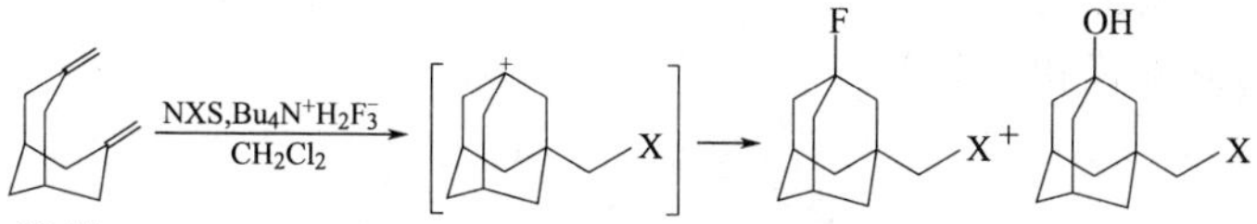

13-44

a(X=I)
b(X=Br)
c(X=Cl)

d(X=I)
e(X=Br)

表 13-6 由 3,7-二亚甲基双环[3.3.1]壬烷合成氟代卤甲基金刚烷

产品	反应温度/℃	反应时间/h	分离产率/%	产品	反应温度/℃	反应时间/h	分离产率/%
a	0	1	60	d	0	1	15
b	0	1	54	e	0	1	16
c	rt	20	25				

当溶剂用氧杂环烷烃时（2～4 个碳），还会有溶剂参与的反应产物。如以 THF 为溶剂，NIS 为卤化剂时，反应 1.5h 可以以 90%的产率得到化合物 **13-45**，如用 NBS 时，还可以得到少量其他副产物。

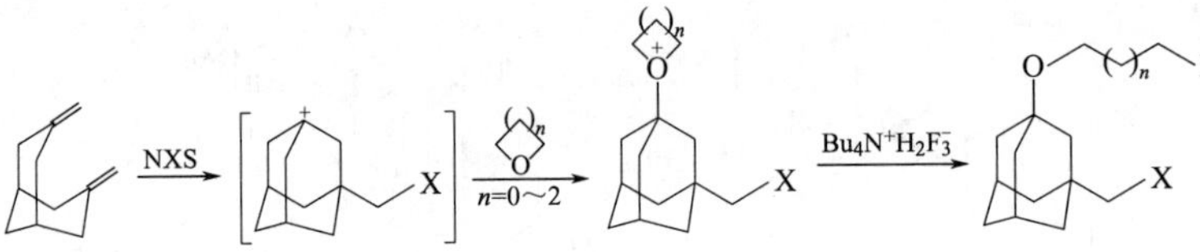

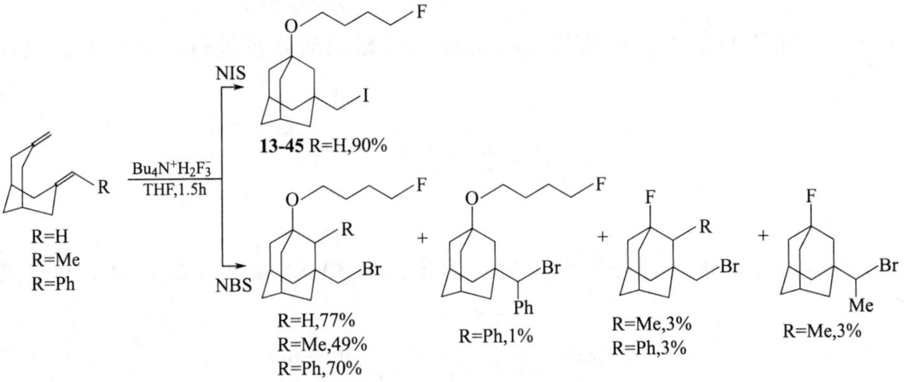

NXS; n=0～2; $Bu_4N^+H_2F_3^-$

NIS; **13-45** R=H,90%

$Bu_4N^+H_2F_3^-$ THF,1.5h; R=H R=Me R=Ph

NBS; R=H,77% R=Me,49% R=Ph,70% + R=Ph,1% + R=Me,3% R=Ph,3% + R=Me,3%

13.1.6.1 取代羟基的亲核氟化

（1）一步法

这里所说的羟基指的是醇羟基和酚羟基，这类羟基活性较小，直接用氟离子取代通常需要特殊的氟代试剂，如 SF_4、DAST、MOST、Deoxofluor 等。只有少量活性较高的羟基可以用 HF 酸的铵盐进行氟化，如化合物 **13-46** 用氢氟酸吡啶试剂可以选择性地对叔碳羟基进行取代得到化合物 **13-47**，反应按 S_N1 机理进行[71]。

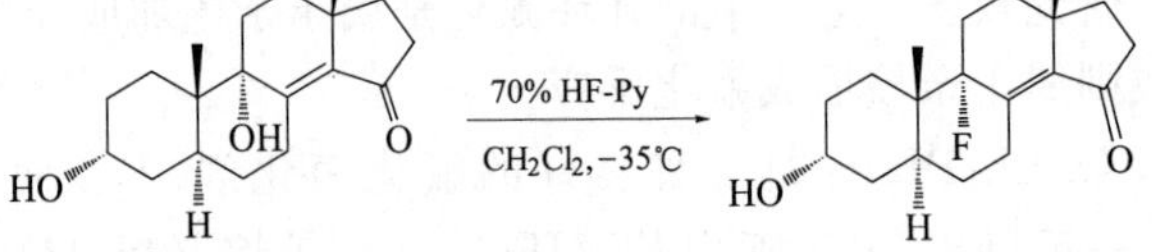

13-46 —— 70% HF-Py, CH_2Cl_2, -35℃ ——> **13-47**

SF_4 用途广泛，氟化过程是首先将醇转化为一个易离去的中间体 $ROSF_3$ 并放出氟离子，后者再与之反应得到氟代物和 SOF_2[72]。

$$R—OH \xrightarrow{SF_4} R—OSF_3 \xrightarrow{S_N2} R—F + HF + SOF_2$$

但 SF_4 最大的缺点是毒性大，沸点低（－38℃），通常要在密闭体系中进行[73]。所以

开发出了一些挥发性小的衍生物。其中 DAST（沸点 46～47℃）活性虽然稍小于 SF_4，但易于处理，要注意的是反应时通常在低温下进行，高于 50℃时可能发生爆炸，而且反应中会生成碳正离子，因此可能出现一些消除或重排副产物，从而降低选择性，如环辛醇的氟化就有 30%脱水副产物生成[74]。

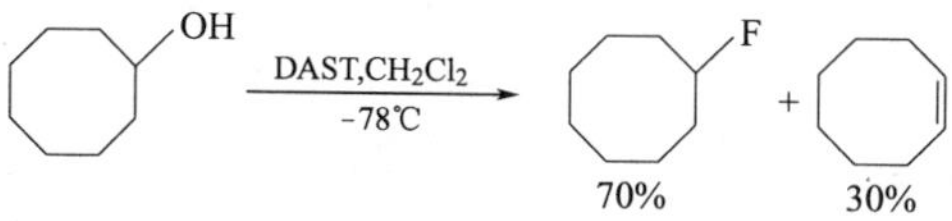

相对来说，MOST 和 Deoxofluor 则更安全，如木糖衍生物 **13-48** 的 1-位羟基氟代反应，用 Deoxofluor 为氟化剂时在室温下反应可以得到 98%的产率[75,76]。DAST 应用广泛，尤其是含氟糖类药物中间体的合成。如化合物 **13-48** 的 1-位羟基氟化反应如用 DAST 在 THF 中进行，虽然产率不如 Deoxofluor 氟化剂，但立体选择性更好，α∶β 达到 1∶99[77]。

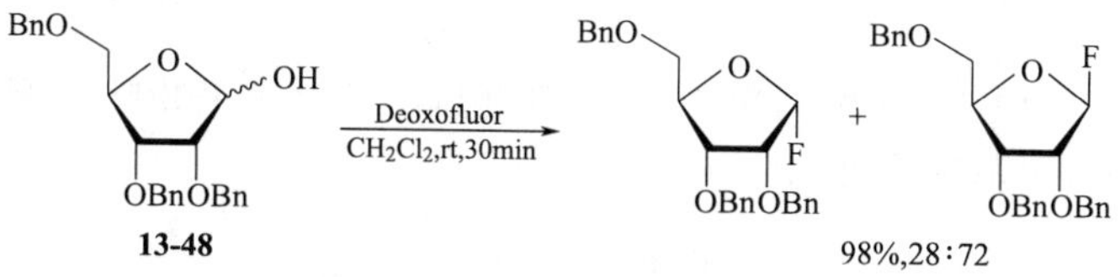

Nicoleau 等人在研究化合物 **13-49** 的氟化反应时，发现了重排现象，得到化合物 **13-50**[78]。

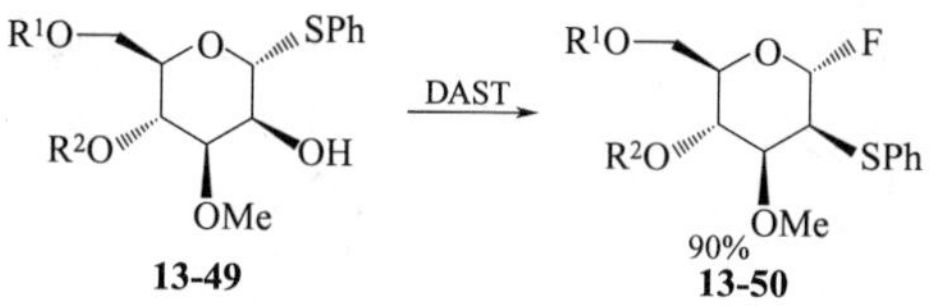

一类新的氟化剂 XtalFluor 系列与 DAST 等相比热稳定性更强，而且活性高、消除副产物少[79]。

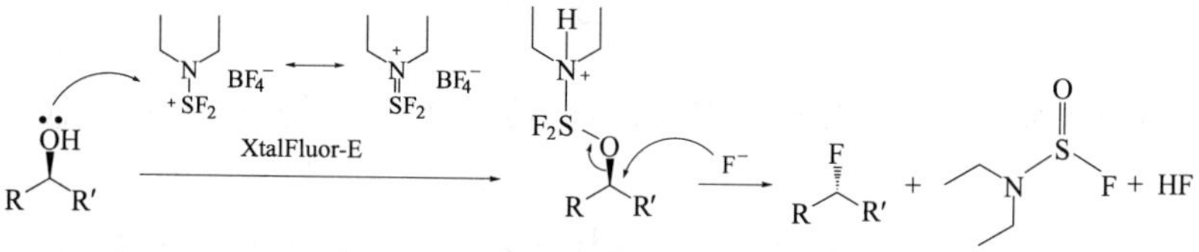

比较方便的一步法取代羟基的方法是用足够缺电子的含氟试剂与醇反应。首先缺电子氟化试剂与醇发生加成反应并放出氟离子，同时生成良好的离去基团，氟离子再进攻与氧原子相连的碳，发生 S_N2 反应完成氟对羟基的取代。如 Ghosez 等开发的 α-氟代烯胺（**13-51**）氟化剂[80]。此试剂的一大优点是可以在中性条件下反应。

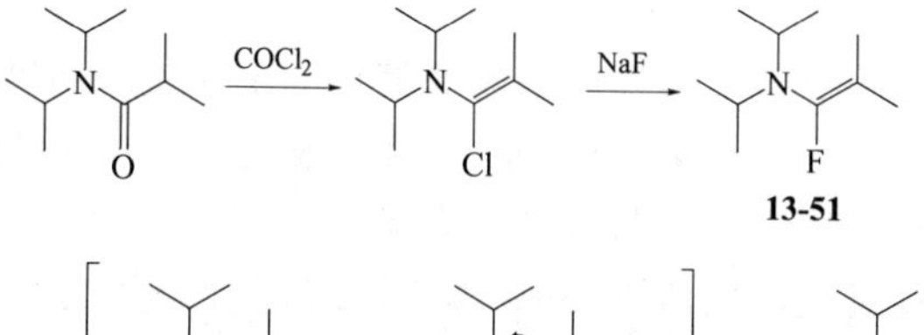

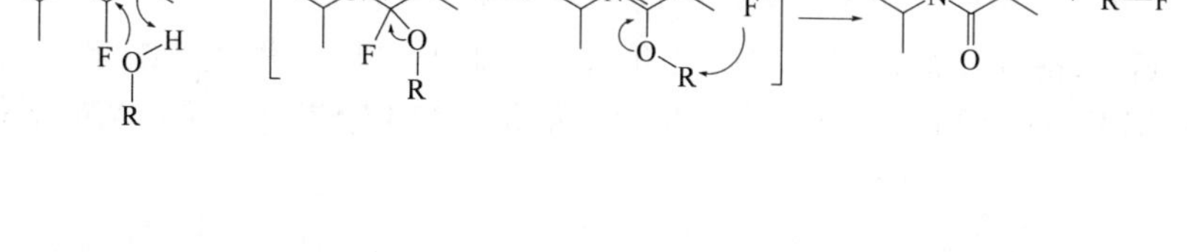

如化合物 **13-52** 中的仲羟基用化合物 **13-51** 进行取代时可以完全按 S_N2 机理进行，得到构型翻转的氟代产物 **13-53**[80]。

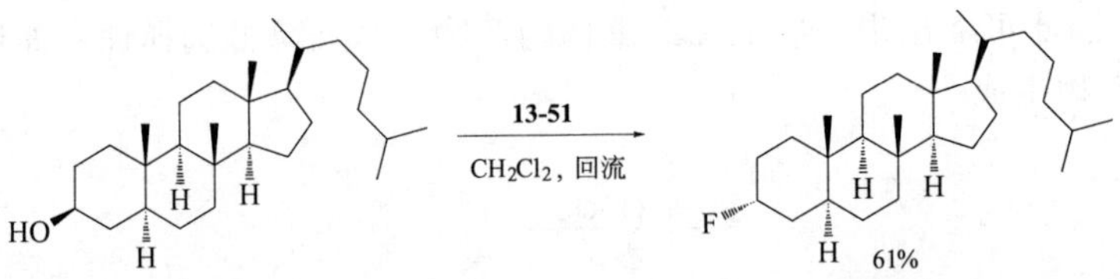

13-51
CH_2Cl_2，回流

13-52

61%
13-53
100% 构型翻转

但对烯丙醇来说，更偏向于按 S_N1 机理进行，如香叶醇（**13-54**）即使在室温下反应，预计的产物 **13-55** 也只有 29%的产率，还有 71%的重排产物 **13-56** 产生[81]。

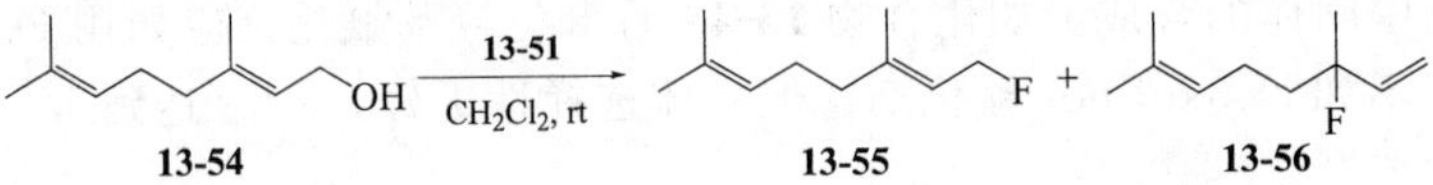

13-51
CH_2Cl_2, rt

13-54 **13-55** 29% **13-56** 71%

2,2-二氟-1,3-二甲基咪唑啉（DFI）的活性更高，可由二甲咪唑啉酮与光气反应得到，经过氟化后再得到二甲基咪唑啉酮。

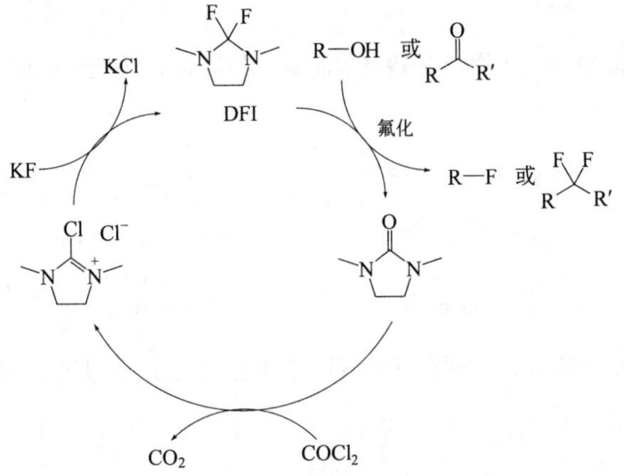

KCl DFI R—OH 或 R(C=O)R′ 氟化 R—F 或 RCF_2R' KF Cl^- CO_2 $COCl_2$

这一试剂可以工业化应用，DFI 不但可以将脂肪醇羟基转化成相应的氟代烃，还可以将酚羟基取代[82]。

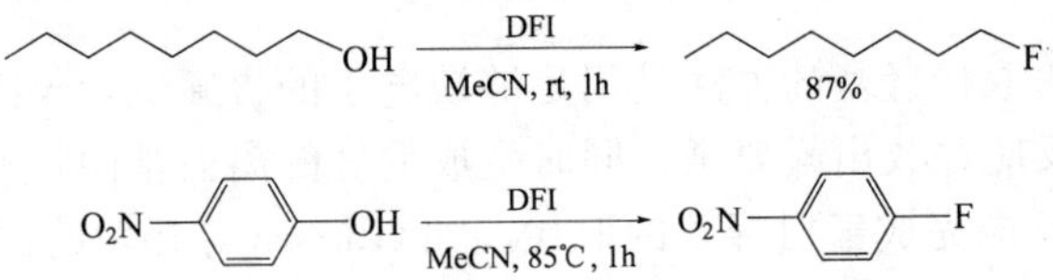

DFI
MeCN, rt, 1h
87%

DFI
MeCN, 85℃, 1h
62%

（2）两步法

羟基活性很低，离去性很差，如果用一般的氟化剂不能实现有效的氟化反应，则可以先将醇与含硫化合物反应生成 O—S 键，由于硫基团的吸电子效应和 O—S 键的稳定性，从而活化 C—O 键，使之离去性变强，而与氧相连的碳原子电子云密度变小，更易受到亲核进攻，从而实现羟基的亲核氟化，反应通常按 S_N2 机理进行。其实前面提到的 SF_4、DAST、MOST、Deoxofluor 等对羟基的直接氟化也是利用这个性质。

一些位阻较大的羟基氟化用 DAST 不能反应，此时可以先将羟基酰化变成磺酸酯，再与高活性的 TBAF 进行 Finkelstein 交换反应，如化合物 **13-57** 中 2-位羟基的氟代[83]。

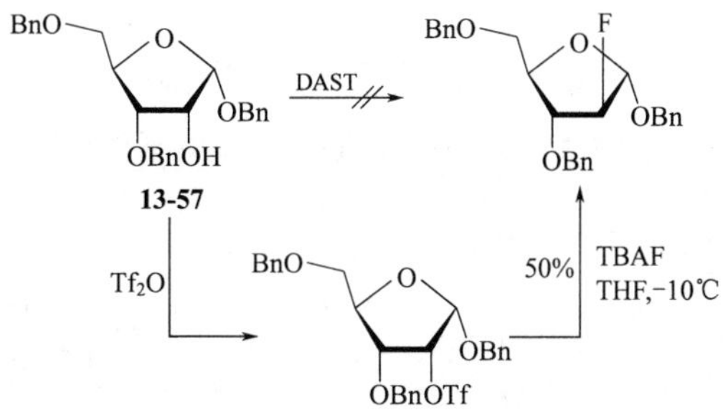

吉冈等人报道了在同一分子中用 TBAF 与对甲苯磺酰氟可以选择性地氟化伯羟基。其实也是先经过对甲苯磺酰氟与羟基反应生成对甲苯磺酸酯后，再与氟离子反应进行的[84]。

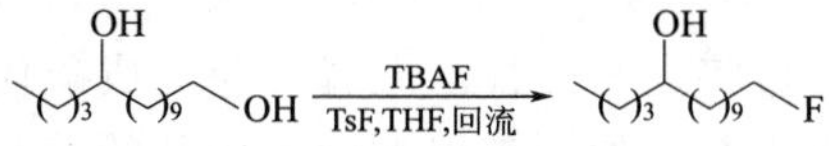

甲磺酸酯也可以方便得到并用于氟化反应，反应也可以在可回收的离子液体中进行，如化合物 **13-58** 的合成[85]。

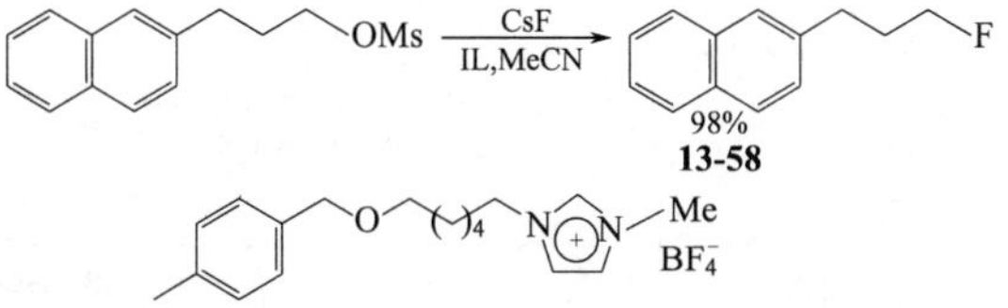

当然，也有其他磺酸酯用于氟取代羟基反应，不过应用较少，如化合物 **13-59** 的合成先将醇变成全氟丁基磺酸酯，再进行 Finkelstein 交换反应制备[86]。

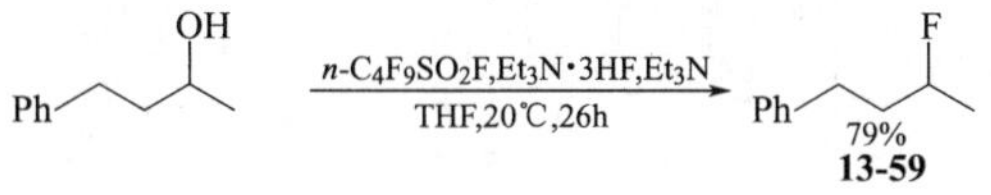

13.1.6.2 羰基的亲核氟化

以上对羟基进行亲核氟化的氟化剂基本上都可以对羰基进行亲核氟化，使羰基变成二氟亚甲基[87]。如 SF_4 对酯羰基的氟化反应[88,89]。

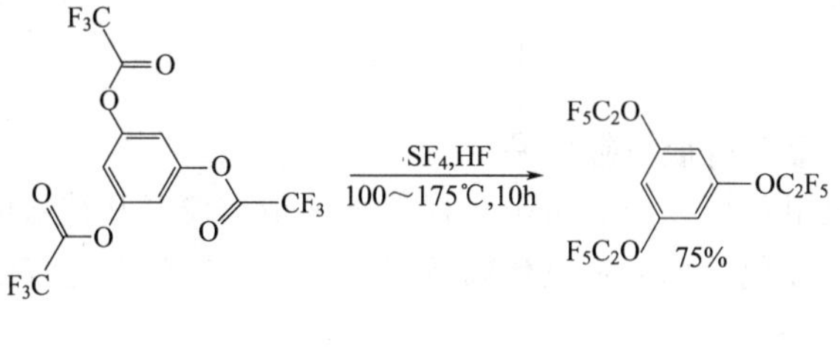

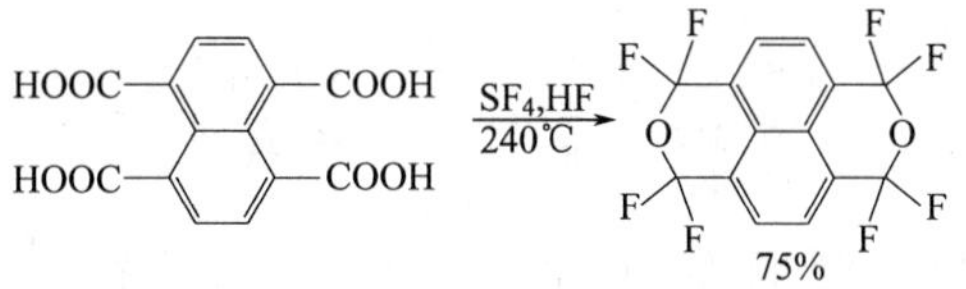

Medebielle 等报道用 DAST 对羰基进行二氟化合成了具有抗 HIV 活性的化合物 **13-60**[90]。

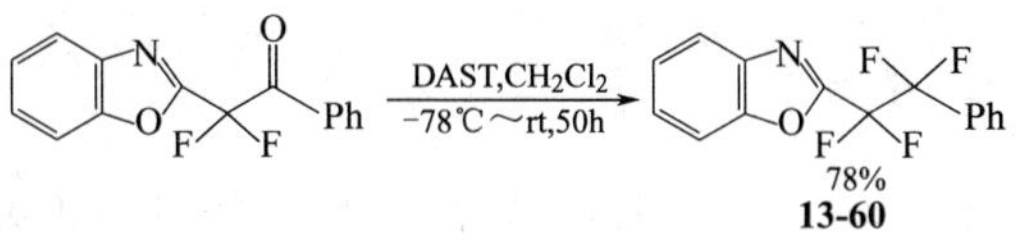

DAST 还可以将硫代酯转化为二氟醚[91]。

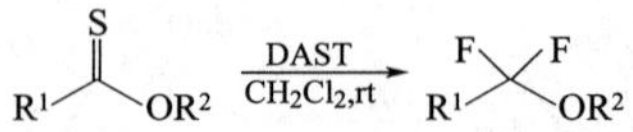

也可用 DAST 的一种衍生物 XtalFluor-E 进行这种羰基的偕二氟化反应[92]。

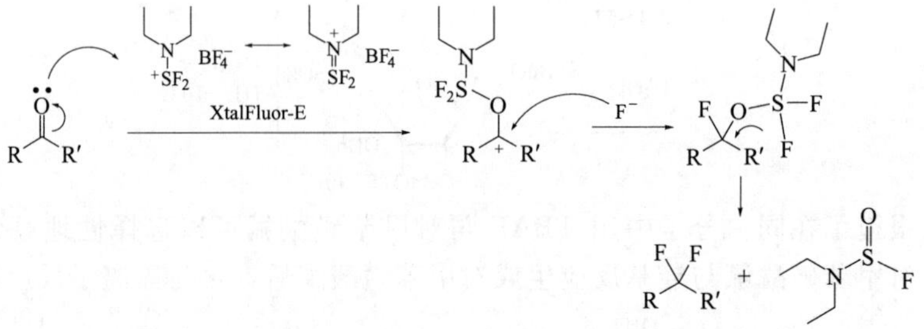

对一些活性较低的羰基，可将之与硫代乙二醇反应变成硫代缩酮，然后在亲电试剂活化下进行亲核氟化变成偕二氟亚甲基，如二苯甲酮中酮羰基的偕二氟化[93]。

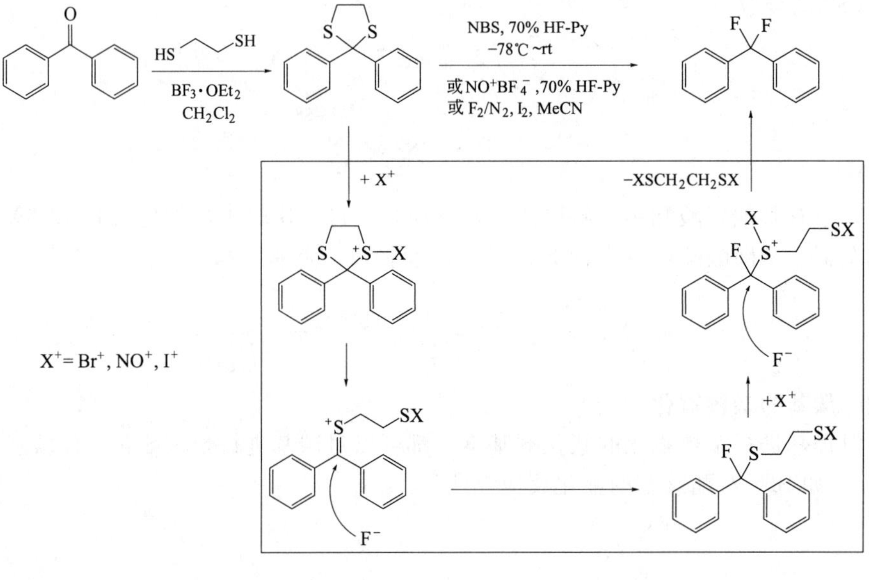

13.1.6.3 羧基的亲核氟化合成三氟甲基

将羧基转化为三氟甲基可以经过两步过程：第一步是羧羟基被氟取代变成酰氟，这一步可以用一些活性较低的氟化试剂如 α-氟代烯胺或 DAST；然后在更苛刻条件下用 SF_4 把酰氟中的羰基进行偕二氟化[72]。

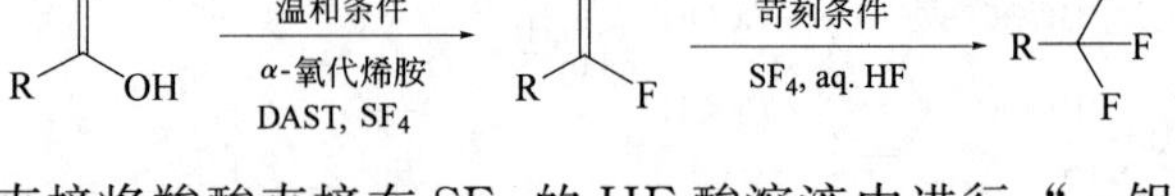

但最方便的还是直接将羧酸直接在 SF_4 的 HF 酸溶液中进行“一锅煮”法合成，通常可以得到良好的产率[94]。

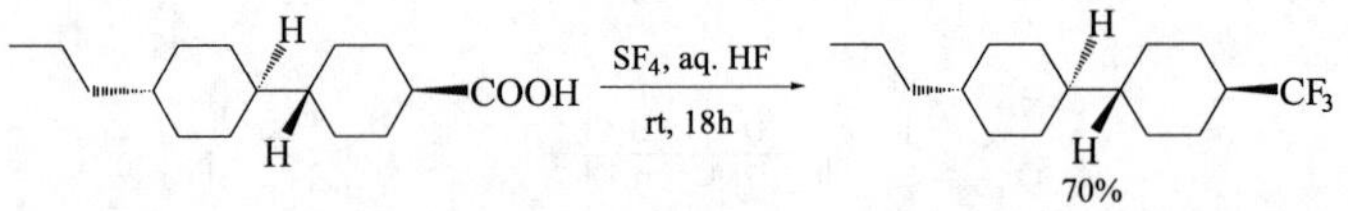

一个主要的副反应是生成双(α,α-二氟烷基)醚，反应经过一正离子中间体[95]。

三氟甲基化机理：

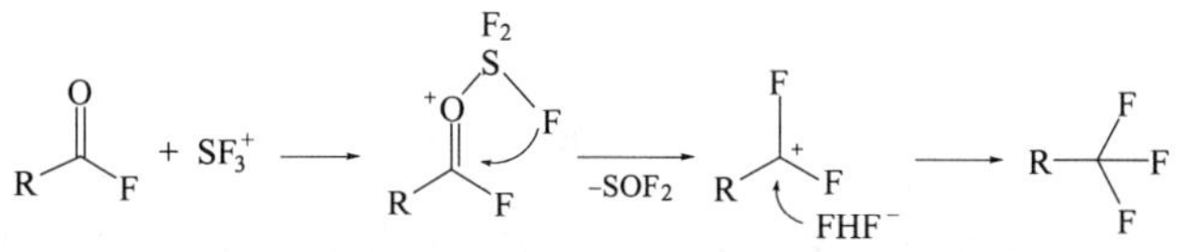

副反应机理：

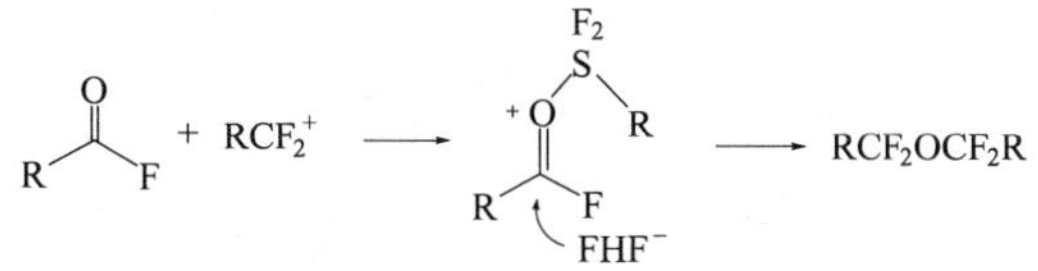

13.1.6.4 氟取代氯或溴的交换氟化反应

氟取代氯的交换氟化反应所用底物包括烷基氯、酰氯、取代氯苯类等多种不同结构。这类反应通常都要用到极性非质子性溶剂以及相转移催化剂。为增大 KF 的活性，对无水 KF 固体的改性也有较多的研究，这方面问题可以参考相关综述，在此不再详述[96]。

氟罗沙星中间体 1-溴-3-氟乙烷的合成就可以 1,2-二溴乙烷为原料用 KF 进行卤素交换氟化得到[97]。

$$BrCH_2CH_2Br \xrightarrow[CH_3CN, 70℃]{KF} BrCH_2CH_2F \quad 60\%\sim70\%$$

很多芳香族三氟甲基化合物是通过相应的三氯甲基化合物用 HF 等进行卤素交换反应制备的，如重要的药物中间体邻氨基三氟甲苯的合成[98,99]。

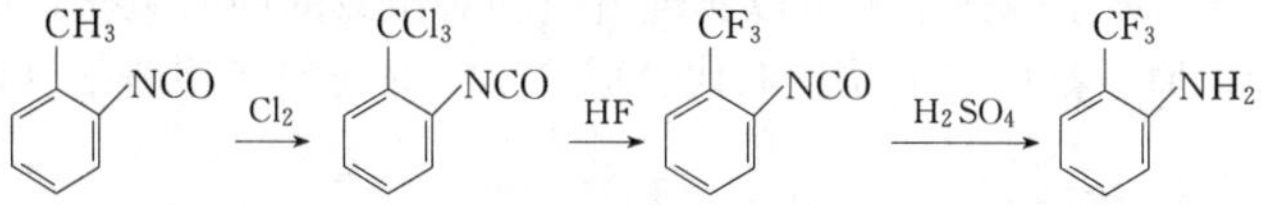

对甲基苯磺酰氟的合成都是通过卤素交换氟化进行的，常用方法有三种：①直接用磺酰氯与 KF 在复合溶剂（如二氧六环和水）中反应，可得 70%产率；②从磺酰氨出发经重氮化-氟化方法合成，产率为 53%～78%；③磺酰氯与 NaF 于环丁砜、乙腈或 DMF 中反应，产率为 62%～72%。Yadav 等人用 PEG-400 作为催化剂在乙腈中于 30℃下就可以以 90%的转化率和 100%的选择性等到对甲苯磺酰氟[100]。

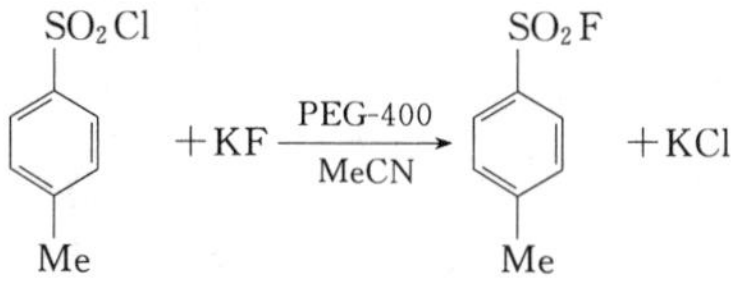

比较典型的是位于邻、对位的硝基氯苯类化合物卤素交换氟化反应底物。一般来说，硝基处于氯的对位比邻位的氟化效果更好、产率更高。原因认为是当硝基处于氯的邻位时，氟取代硝基的副反应更易于进行，而且会由于发生二次副反应造成原料和产物的分解。但有的邻硝基氯苯类化合物在一定条件下也可以取得满意的结果[101,102]。

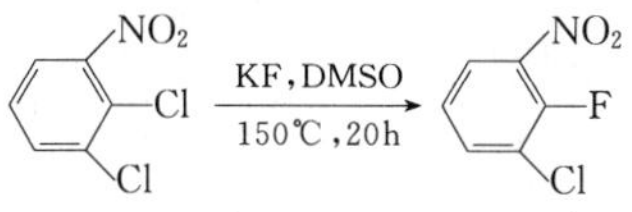

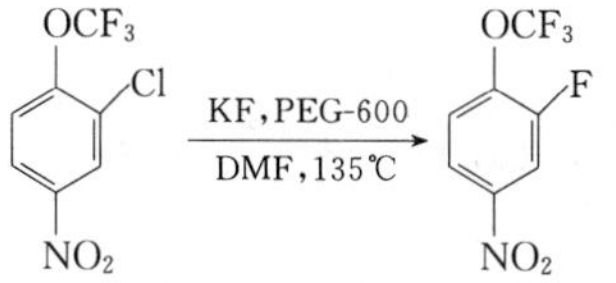

氰基的吸电子能力也很强，仅次于硝基，因此也能有效促进卤素交换氟化反应进行，如

对氟苯甲腈的合成[103]。

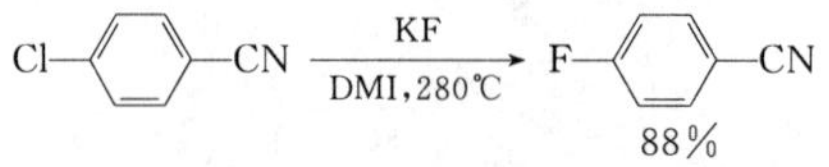

$$Cl-C_6H_4-CN \xrightarrow[DMI,280℃]{KF} F-C_6H_4-CN \quad 88\%$$

四氯邻苯二腈[104,105]和四氯对苯二腈[106]的氟化也可以良好的产率得到。

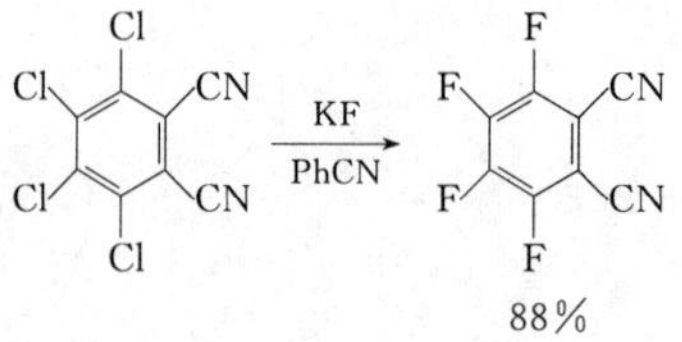

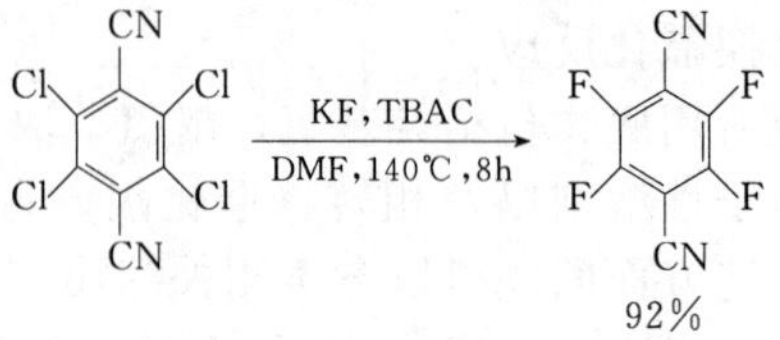

KF / PhCN: 88%

KF,TBAC / DMF,140℃,8h: 92%

结构相似的 *N*-苯基四氯邻苯二甲酰胺在 DMF 中也可以 86%的产率得到[107]。

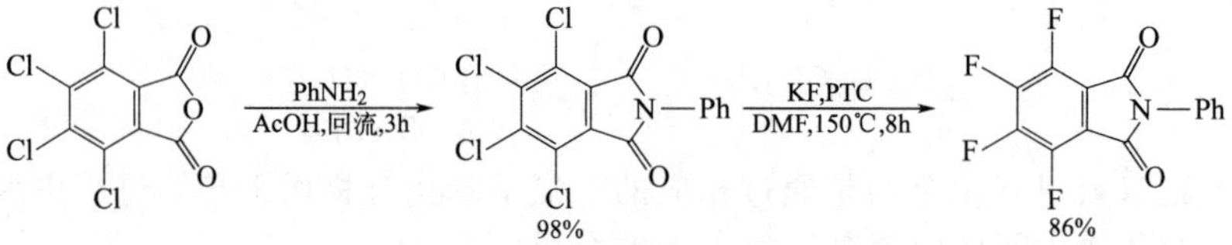

$PhNH_2$ / AcOH,回流,3h: 98%; KF,PTC / DMF,150℃,8h: 86%

氯代苯甲酰氯在 KF-环丁砜体系中可以实现酰氯和对位氯的同时氟化，如 3，4，5-三氯苯甲酰氯（**13-61**）中四个氯原子都可被氟原子取代合成 3，4，5-三氟苯甲酰氟（**13-62**）[108]。

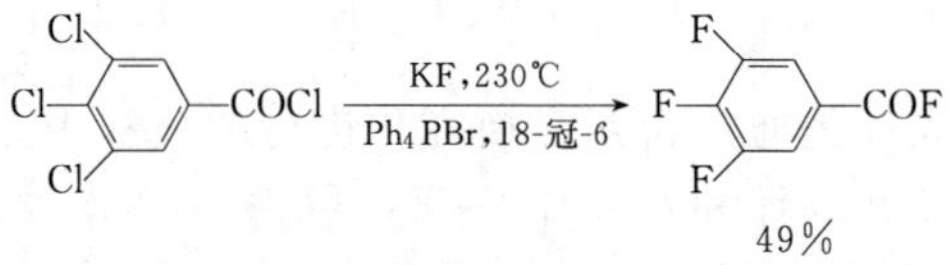

KF,230℃ / Ph_4PBr,18-冠-6: 49%

13-61 **13-62**

三氟甲基的吸电子能力较硝基和氰基弱，一般还需有一个吸电子基团存在时才能有效进行氟化反应，如 3，4-二氯三氟甲苯（**13-63**）的交换氟化反应可以得到很高的产率[109]。

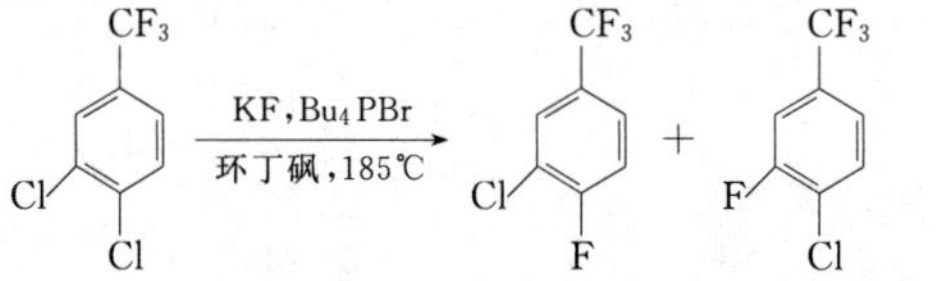

KF,Bu_4PBr / 环丁砜,185℃

13-63

转化率 92%，选择性 96%
比例 9∶1

氟代苯甲醛类化合物是重要的药物中间体，其合成也常用卤素交换氟化方法进行。醛基的吸电子能力不如硝基，但在合适的条件下也能取得较好的结果，主要副反应是醛基的歧化反应，产率通常不会很高[110]。

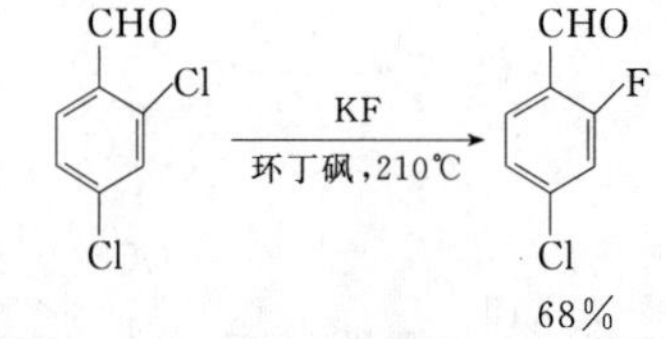

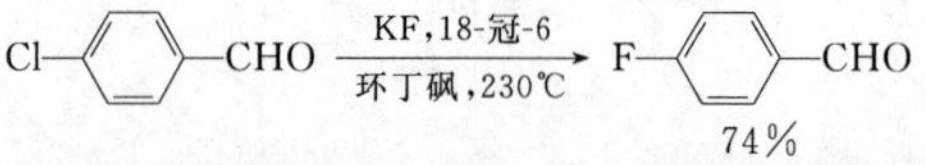

KF / 环丁砜,210℃: 68%

$$Cl-C_6H_4-CHO \xrightarrow[环丁砜,230℃]{KF,18-冠-6} F-C_6H_4-CHO \quad 74\%$$

由于这种卤素交换氟化反应是有机液相与无机固相的两相反应，为加快反应速率，相转移催化剂的应用是必要的。常用的相转移催化剂有季铵盐（包括吡啶鎓盐和离子液体）、季鏻盐、聚乙二醇和冠醚。由于成本等原因，工业上主要是用季铵盐作为相转移催化剂。最近又有一些新的相转移催化剂得到开发和应用，但主要限于实验室理论研究。例如，Gingras 发现三苯基氟化锡可以与四丁基氟化铵反应得到稳定的晶体 $Bu_4N^+Ph_3SnF_2^-$，此化合物可以作为氟离子来源用于亲核氟化反应中[111]。但是，这种化合物价格昂贵、分子量大，应用不多。后来，Makosza 将三苯基氟化锡用作季铵盐的助催化剂应用于卤素交换氟化反应中取得成功[112]。

$$PhCH_2Br + KF \xrightarrow[\text{环丁砜},60^\circ C,24h]{Bu_4N^+HSO_4^-(5\%),Ph_3SnF(5\%)} PhCH_2F + KBr$$

59%

13.1.6.5 氟取代硝基的氟代脱硝反应

当苯环上还有其他吸电子基团时，硝基就有可能作为离去基团而被氟取代，这就是氟代脱硝反应。此反应在 20 世纪末研究非常广泛，为卤素交换氟化不能合成的间氟代芳烃提供了一种新的合成方法，因此受到极大重视，反应是芳香族双分子亲核取代机理[113]。

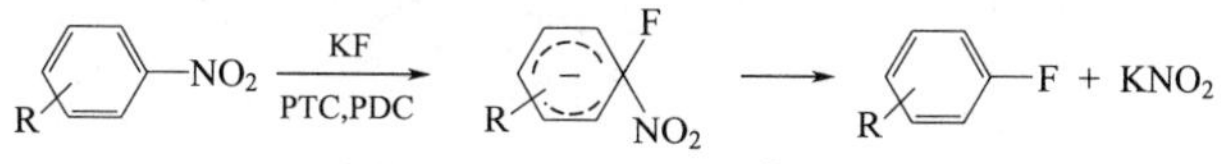

KF, PTC, PDC; + KNO_2

R=CHO,NO_2,CN等

如果用卤素交换氟化体系进行氟化，则间二硝基苯合成间硝基氟苯的产率很低。田边敏夫等人认为是由于反应生成的 KNO_2 热分解生成的活性较高的 K_2O 进一步与原料及产物反应造成的。熊井清作加入邻苯二甲酰氯（PDC）解决了这一个问题[114]。

KF, PDC; 环丁砜, 200℃

70%

PDC 消除亚硝酸根离子的机理：

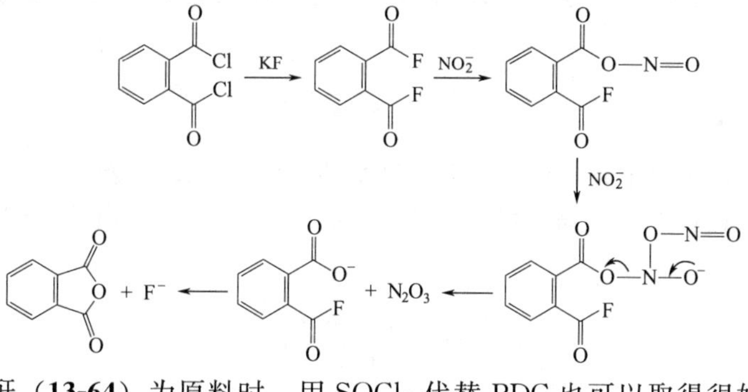

KF; NO_2^-; NO_2^-; + N_2O_3; + F^-

以 3-硝基苯酐（**13-64**）为原料时，用 $SOCl_2$ 代替 PDC 也可以取得很好的结果[115]。

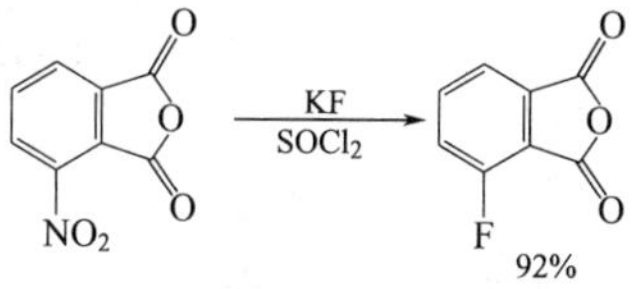

KF; $SOCl_2$

92%

13-64

认为其机理是：

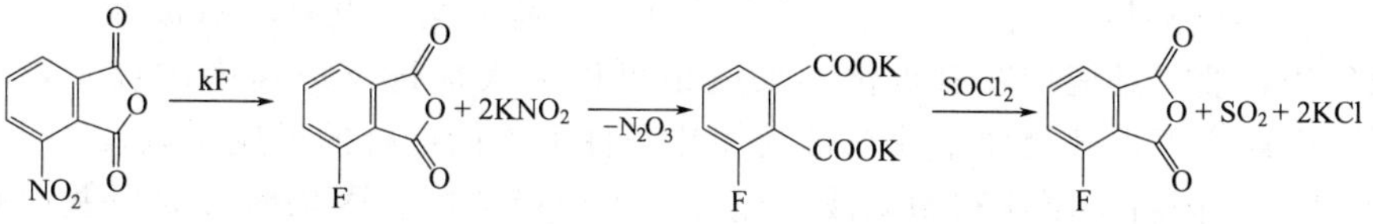

kF; + 2KNO_2; $-N_2O_3$; $SOCl_2$; + SO_2 + 2KCl

如用四丁基氟化铵为氟化剂，氟代脱硝反应可以在较低温度下进行，有时甚至可以在室温下反应，脱下的亚硝酸根可以与四丁基铵正离子形成稳定的盐，不会发生明显的分解，因此副反应少，产率通常较高，如邻二硝基苯的氟代脱硝反应可以得到理论产率的邻氟硝基苯[116]。

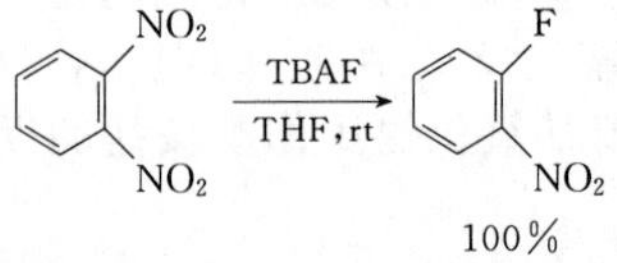

TBAF, THF, rt
100%

13.1.6.6 氟取代磺酰基的交换氟化反应

早在20世纪60年代，就有报道显示磺酰基也可以被氟取代。与脱硝基氟化相比，脱磺酰基氟化产率略低，但有一好处就是无需用到价格昂贵的PDC，如3,4-二氟苯磺酰氟（**13-65**）和间氟苯磺酰氟（**13-66**）的合成[117]。

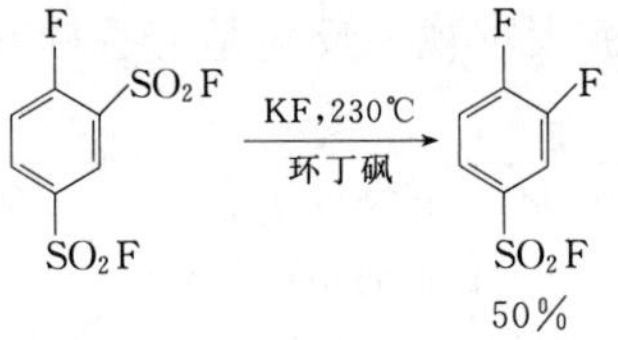

KF, 230℃, 环丁砜
50%
13-65

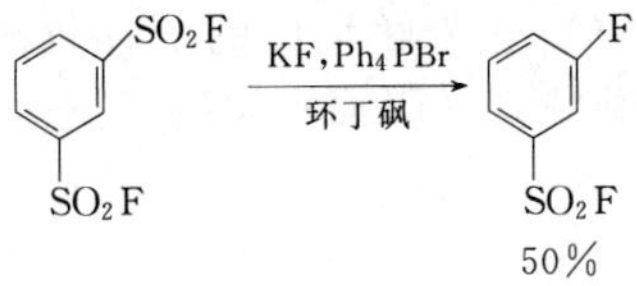

KF, Ph_4PBr, 环丁砜
50%
13-66

13.1.6.7 氟取代三氯甲基的交换氟化反应

熊井清作发现三氯乙酰基苯也可以与KF反应导致三氯甲基被氟取代得到相应的苯甲酰氟[118]。

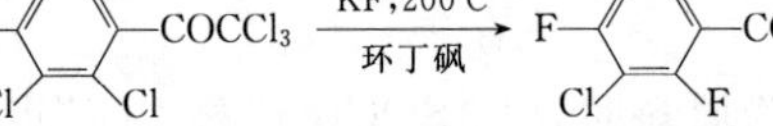

KF, 150℃, 环丁砜
61%

当苯环上还存在氯原子时，处于三氯乙酰基的邻位或对位的氯原子也可能被氟取代。本反应提供了含氟安息香酸衍生物（**13-67**）简单的新合成方法，这也是喹诺酮类抗菌药的中间体。

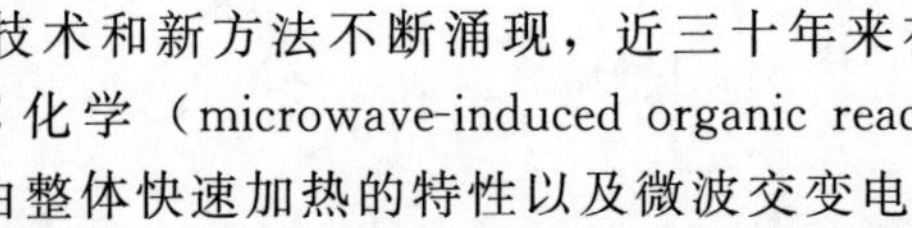

KF, 200℃, 环丁砜
72%
13-67

13.1.7 微波促进氟化反应

随着科技的发展，新技术和新方法不断涌现，近三十年来在有机化学中出现了微波促进有机化学——MORE化学（microwave-induced organic reactions enhancement chemistry）。由于微波加热具有由整体快速加热的特性以及微波交变电磁场对极性分子的特殊取向和极化作用，使得其应用在有机化学反应中可以大大促进反应速率的提高，从而缩短反应时间、提高产率，甚至使某些在常规加热条件下不能进行的反应得以发生[119]。虽然早在1969年，美国科学家就利用微波加热进行了丙烯酸酯、丙烯酸和α-甲基丙烯酸的乳液聚合[120]，但真正有目的地以微波加热促进有机化学反应却被公认为是1986年Gedye

进行的酯化反应[121]。

微波技术用于氟化反应最早记载是1987年Hwang发表的一篇关于合成放射性含氟化合物的文章[122]，以后又相继有报道利用微波技术加速放射性含氟药物的合成。例如，Ponde等人利用微波加热高效合成了用于单纯疱疹病毒成像探测剂的9-(4-[^{18}F]氟-3-羟甲基丁基)鸟嘌呤([^{18}F]FHBG，13-68)[123]，在60W微波下反应55～60min后可得到放射性纯度大于99%的目标化合物。

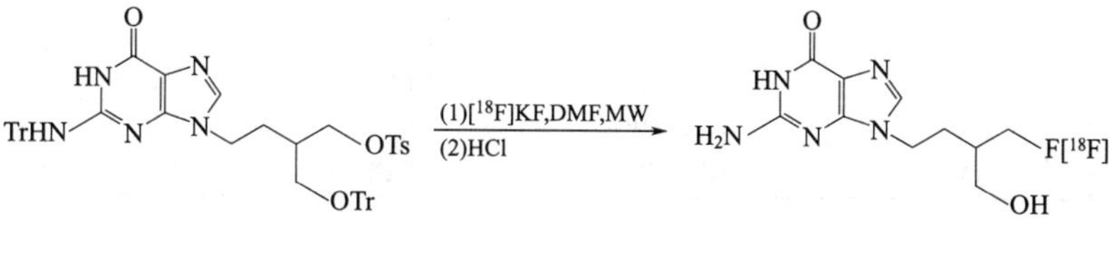

(1)[^{18}F]KF,DMF,MW (2)HCl

13-68

在神经药物WAY-100635的含氟类似物（**13-69**）的合成中，为了加快反应，以减少放射性损失也用了微波加热，仅需1～3min就可以完成反应，而常规加热反应最多需要30min，微波促进反应速率约10倍[124]。

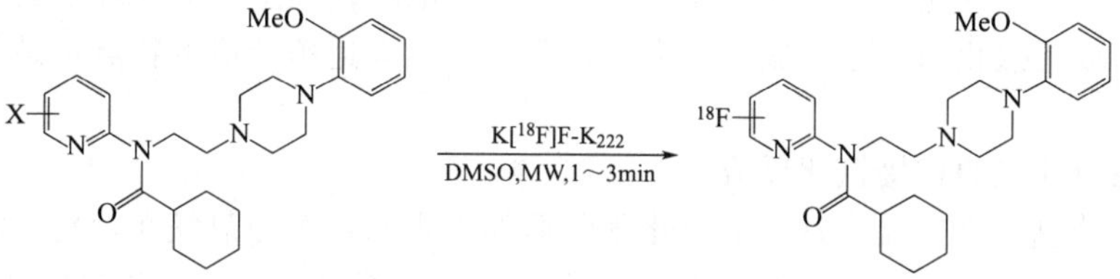

K[^{18}F]F-K_{222} DMSO,MW,1～3min

13-69

在普通卤素交换氟化中1999年Kidwai最先用了微波，他研究了2-氯-3-甲酰基喹啉在微波加热下用KF与TMAF为氟化剂，发现氟化反应产率有所提高，反应时间从常规加热的几小时减少到几分钟，但氟化剂用量太大（为理论量的7～70倍)[125]。

KF,TMAF DMF,MW

笔者对以微波促进的KF为氟化剂的卤素交换氟化反应进行了深入系统的研究[126～131]。利用微波加热快速的性质用微波对KF水溶液进行快速烘干制备的无水KF也可以取得较普通KF更好的效果。例如用于对氯硝基苯卤素交换合成对氟硝基苯的研究中发现，微波干燥的KF效果比普通KF和溶剂共沸干燥的KF效果好。研究了卤素交换氟化反应常用极性非质子溶剂在微波场中的沸点升高，并发现沸点升高与其偶极矩成正比。沸占升高加强了溶剂的分解，DMSO、DMF、DMAc在微波中稳定，但环丁砜和NMP则会发生严重分解，因此这两种溶剂在微波加热下用于卤素交换氟化反应虽然反应速率大大加快，但产率低、副反应多。还研究了聚二烯丙基二甲基氯化铵（PDMDAAC，**13-70**）催化的卤素交换氟化反应（见表13-7)，取得了不错的结果，催化剂可以回收[126]。

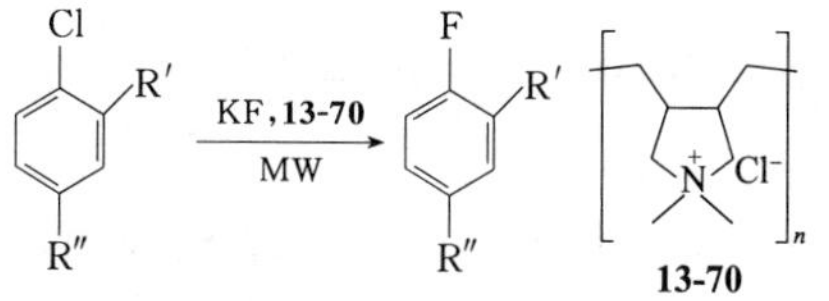

KF，**13-70** MW

13-70

表 13-7 13-70 催化下卤素交换氟化反应

R′	R″	加热方式	溶剂	反应时间	产率/%
H	NO_2	350W(MW)	DMSO	2h	92.5
H	NO_2	200℃(油浴)	DMSO	3h	90.1
NO_2	H	300W(MW)	DMSO	3h	60.5
NO_2	H	200℃(油浴)	DMSO	5h	51.1
Cl	NO_2	350W(MW)	DMSO	10min	94.5
Cl	NO_2	200℃(油浴)	DMSO	1h	88.6
NO_2	Cl	350W(MW)	DMSO	15min	58.0
NO_2	Cl	190℃(油浴)	DMSO	30min	41.2
NO_2	NO_2	200W(MW)	MeCN	2h	89.2
NO_2	NO_2	110℃(油浴)	MeCN	10h	80.5

13.2 氯化反应

13.2.1 芳香环上的氯化反应

芳香环上的氯化反应通常是在催化剂存在下的亲电取代反应，芳香环上的取代氯化反应常常在生成单取代氯化物时也生成一些多氯代产物，具有连串反应的特点，是合成氯代芳烃的重要反应。

13.2.1.1 氯取代氢的直接氯化反应

氯气是直接氯化反应最为常用的氯化剂。但如无光照，苯与氯气在较高的温度下也不反应。如果存在 Lewis 酸（如 $FeCl_3$、$AlCl_3$、$MnCl_2$、$ZnCl_2$、$SnCl_4$、$TiCl_4$ 等），则反应将顺利进行。反应历程一般认为是催化剂使氯分子发生极化并使之离解成亲电的氯正离子，氯负离子则与催化剂形成络合负离子，则氯正离子对芳环发生亲电进攻，生成σ-络合物，然后质子离去得到环上取代氯化物，以硫酸或碘作催化剂时也是催化剂使氯分子转化为氯离子。如以 $FeCl_3$ 为催化剂时苯的氯化反应历程如下[132]：

$$Cl_2 + FeCl_3 \rightleftharpoons Cl^+ FeCl_4^-$$

$$C_6H_6 + Cl^+ FeCl_4^- \xrightleftharpoons{慢} \left[\text{H, Cl-σ-络合物}(+) \right] \xrightarrow{快} C_6H_5Cl$$

一个典型例子是重要的药物中间体间氯三氟甲苯的合成[133]。

$$C_6H_5CF_3 \xrightarrow[20℃,10h]{Cl_2,FeCl_3} m\text{-}ClC_6H_4CF_3 \quad 79\%$$

次氯酸是一种比氯气活性低的氯化剂，要使其具有一定的氯化活性，需要有强酸存在。用次氯酸为氯化剂的一大好处是反应可以在水相中进行，这对工业化放大反应来说具有优势。酸催化下次氯酸氯化反应历程是：

$$HOCl + H^+ \xrightleftharpoons{快} H_2OCl^+ \xrightleftharpoons{-H_2O} Cl^+ \xrightleftharpoons{ArH} \left[Ar\begin{matrix} H \\ Cl \end{matrix} \right]^+ \xrightarrow[快]{-H^+} ArCl$$

三氯氧磷有时也可以作为直接氯化剂。例如抗结核药丙硫异烟胺中间体 2-丙基-4-氯吡啶（**13-71**）和 2-氯吡啶（**13-72**）的合成[134,135]。

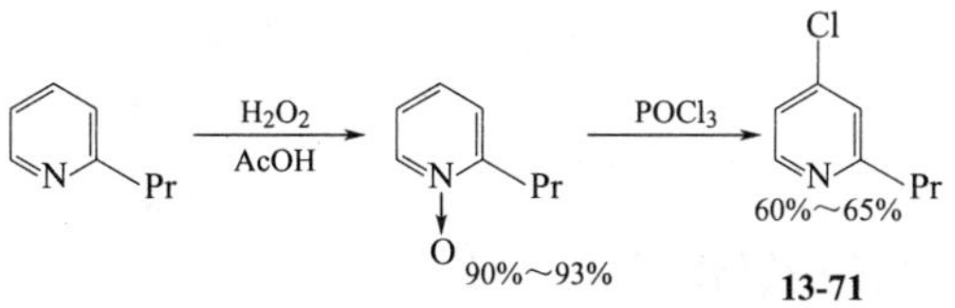

H_2O_2 / AcOH 90%～93%; $POCl_3$ 60%～65% **13-71**

$POCl_3$,CH_2Cl_2 10℃,Et_3N,30min, 然后△,1h 90% **13-72**

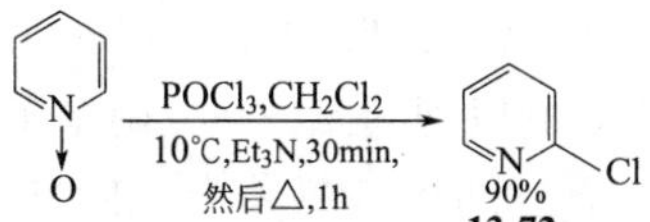

N-氧化烟酸用三氯氧磷处理可以得到 2-氯代烟酸（**13-73**），然后与间三氟甲基苯胺进行缩合得到止痛药尼氟酸（**13-74**）[136]。

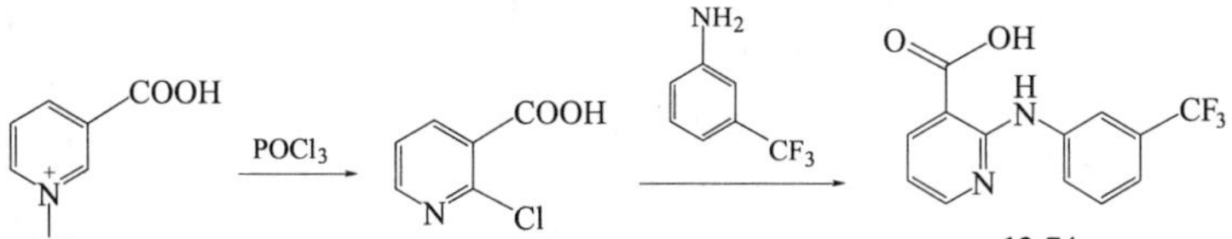

$POCl_3$ **13-73** **13-74** 尼氟酸(nifluminic acid)

盐酸中氯是以负离子存在的，通常不作为芳环氯化剂，但在过氧化物等强氧化剂存在下，氯负离子可以被氧化成正离子，从而可以对芳环进行亲电氯化反应，如对氯苯甲醚的合成[137]。

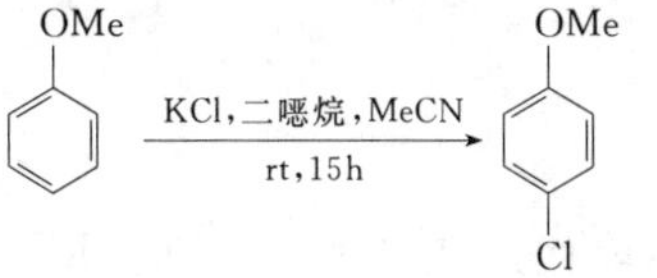

KCl，二噁烷，MeCN / rt，15h

98％转化率

$p:o=90:8$

重金属氯化物很多都可以用于活泼芳烃的直接氯化，如最近有人研究了五氯化钼的氯化反应合成化合物 **13-75**[138]。

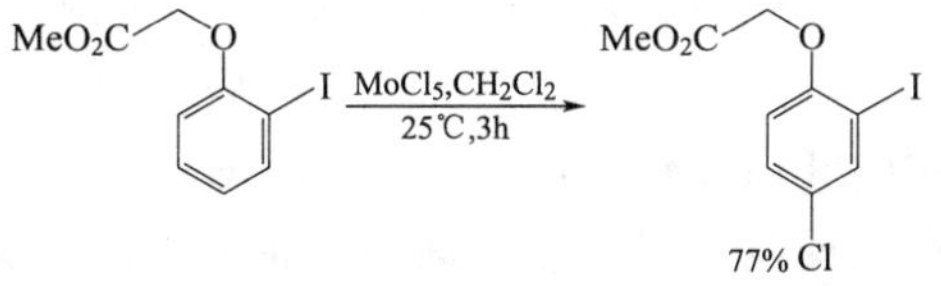

$MoCl_5$,CH_2Cl_2 / 25℃,3h 77% **13-75**

13. 2. 1. 2　氯取代氨的重氮化-氯化反应

重氮化-氯化反应是胺经重氮化，然后在氯化亚铜存在下脱氮后生成氯代物的反应，是高选择性制备氯代物特别是氯代芳烃的经典方法。常见的重氮化-氯化反应有两种：Sandmeyer 反应和 Gattermann 反应。Sandmeyer 反应需要氯化亚铜为氧化还原型自由基催化剂，如重要药物中间体邻氯甲苯的工业化合成就是采用 Sandmeyer 反应进行的[139]。

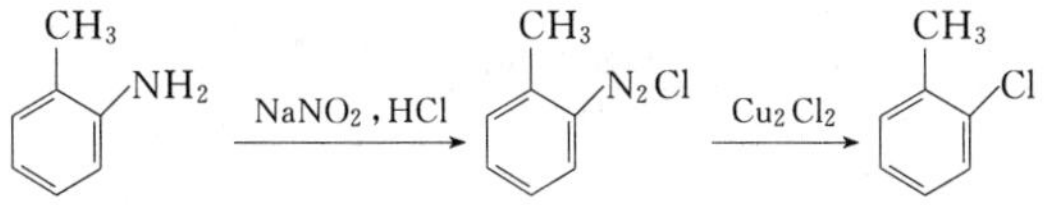

$NaNO_2$，HCl; Cu_2Cl_2 约 70％

如果用新制的铜粉和盐酸来进行氯化就是 Gattermann 反应，由于铜粉和盐酸反应可以生成氯化亚铜，因此其机理与 Sandmeyer 反应一样。但此法应用范围更广，除了氯化外，同样适用于溴代、氰基化和重氮化-硝化[140,141]。本法优点是操作比较简单，反应可在较低温度下进行；缺点是其产率一般较 Sandmeyer 反应低，而且如果芳环上有强吸电子基团，则会发生芳环的偶联反应。

$$Ar—N_2^+X^- + HX(浓) \xrightarrow[约 50℃]{Cu 粉} Ar—X \quad 40\%\sim50\%$$

$$X=Cl, Br, CN, NO_2$$

13.2.1.3 氯取代吸电子基团的氯化反应

芳香族氯化物还可以通过氯取代已有的吸电子基团如硝基和磺基等来实现。这是一个自由基反应过程。如2，4-二氯氟苯就可以通过2，4-二硝基氟苯用氯气在高温（如200℃）进行氯化得到[142]。同样用此法可以通过间硝基氯苯合成间二氯苯[143]。

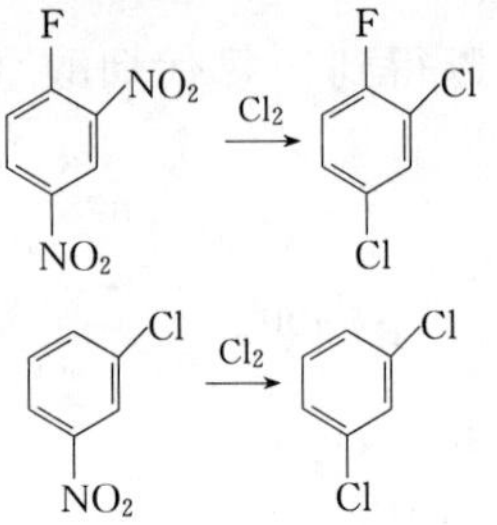

二氯亚砜在高温（180～200℃）下也可将间硝基苯磺酸中的硝基和磺酸基都取代为氯[144]。

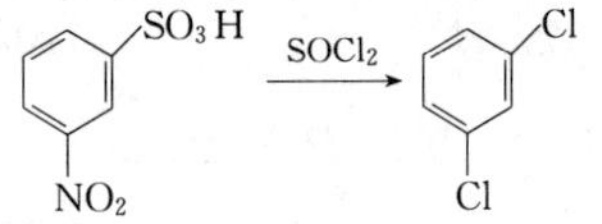

磺酰氯和磺酸盐也可以被氯取代，在光和引发剂作用下反应能够加快，因此也是自由基反应历程，如氯代蒽醌的合成[145]。

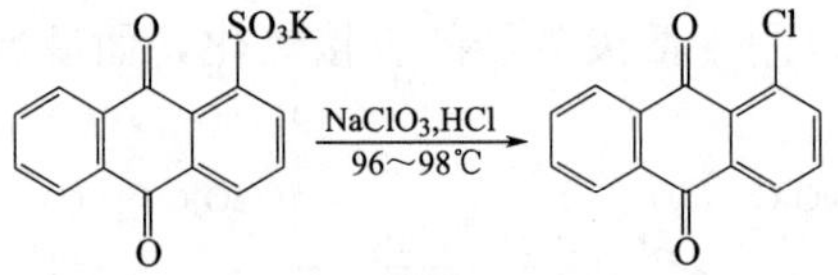

13.2.1.4 张力环的亲核加成开环氯化反应

加成开环氯化反应为亲核反应，很多氯化剂如金属氯化盐、氯化氢等都可以用于这类氯化反应。例如，在离子液体中以卤化锂为卤化剂，在室温下就可以以高产率得到开环氯代醇，用于溴化和碘化反应也可以取得非常好的效果[146]。

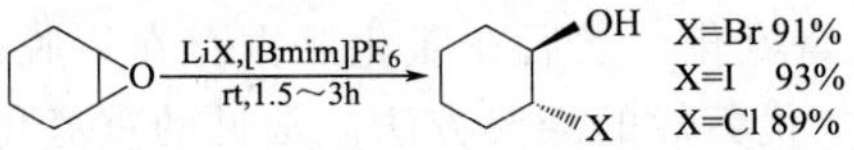

X=Br 91%
X=I 93%
X=Cl 89%

金属氯化物除用作 Lewis 酸外，也常用于开环加成氯化反应。例如，$FeCl_3$[147]和$InCl_3$[148]是三元杂环化合物有效的开环氯化剂，得到反式产物。

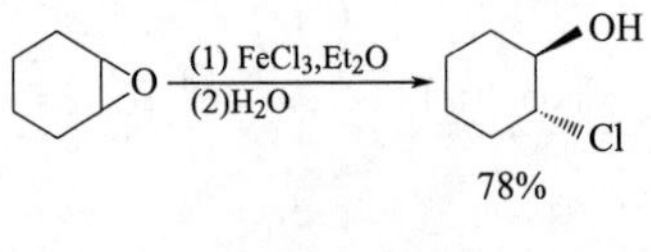

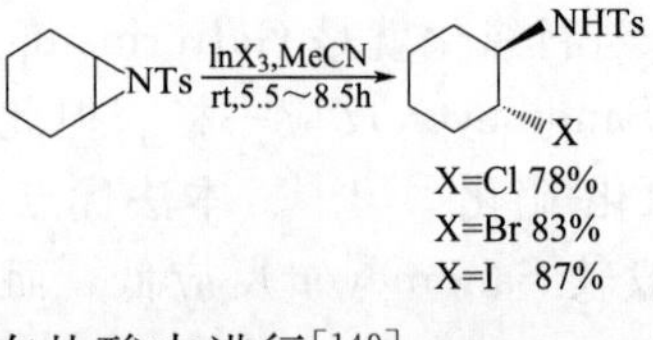

78%

X=Cl 78%
X=Br 83%
X=I 87%

吖丙啶的开环卤化甚至可以在盐酸中进行[149]。

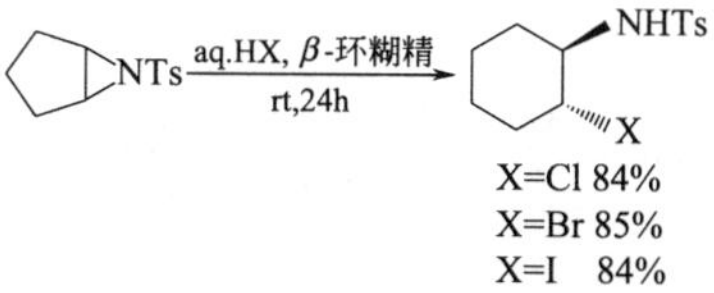
NTs
aq.HX, β-环糊精
rt,24h
NHTs
X
X=Cl 84%
X=Br 85%
X=I 84%

内酯也可以在卤化剂作用下进行开环加成生成相应的卤代酸，其过程认为是通过先酸催化开环生成羟基酸，然后羟基被卤原子取代，如丁内酯可用 HCl 进行开环加成卤化生成 4-氯丁酸[150]。

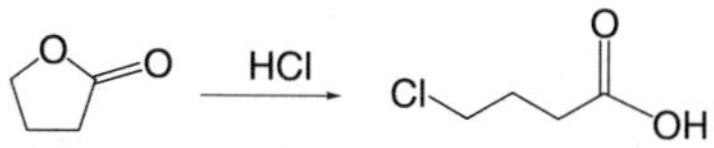
HCl
Cl
O
OH

13.2.1.5 金属络合物催化的芳环 C—H 键活化氯化反应

近些年来科学家们采用金属催化芳烃氯化反应可以实现高区域选择性，此方法也适用于溴化和碘化反应。例如，在钯催化下，用 NCS 作为氯源对芳基 C—H 进行氯化可以得到很好的结果[151]。

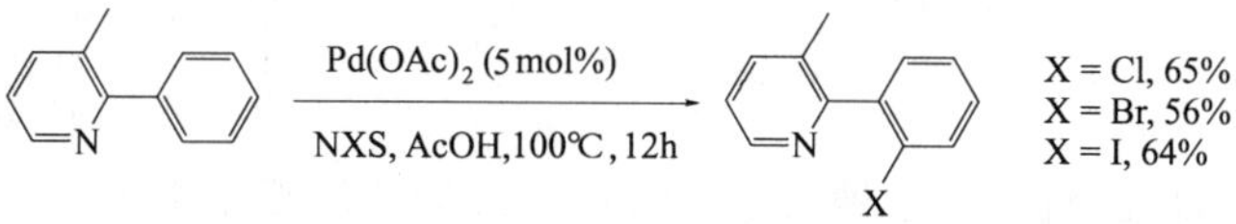
Pd(OAc)2 (5mol%)
NXS, AcOH,100℃,12h
X = Cl, 65%
X = Br, 56%
X = I, 64%

反应机理：

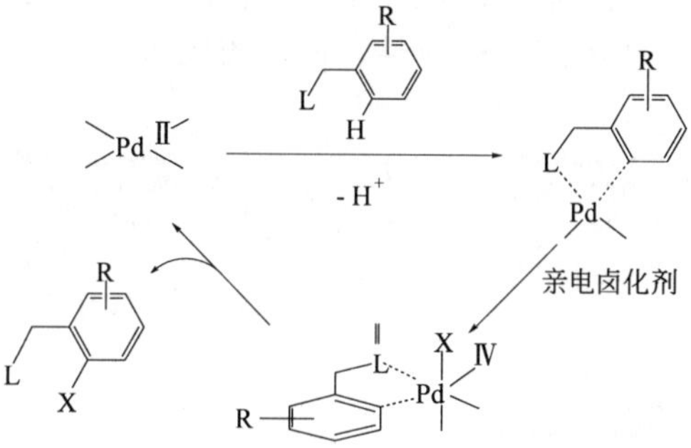
-H+
亲电卤化剂
Pd
IV

对于间位取代的芳环来说存在两个邻位氢，一般来说，位阻更小的位置发生卤化反应的选择性更高，无论是吸电子还是给电子基团都是如此，导向基团的情况也一样。

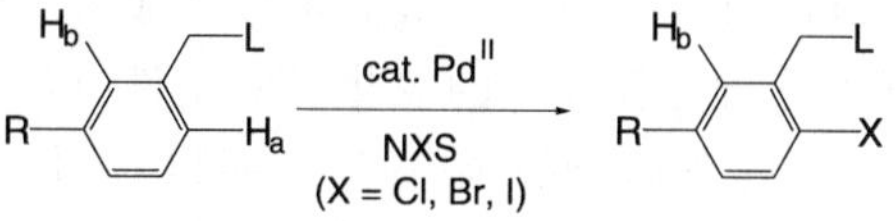
cat. Pd^II
NXS
(X = Cl, Br, I)

但是，如果两个取代基都可形成配位，则往往是在二者之间的碳原子上进行卤化。例如，化合物 **13-76** 有三个可反应位置，反应结果是在位阻最大的 2-位发生氯化生成产物 **13-77** 的选择性极高（>20：1），原因可能是酰胺和肟的协同络合作用。

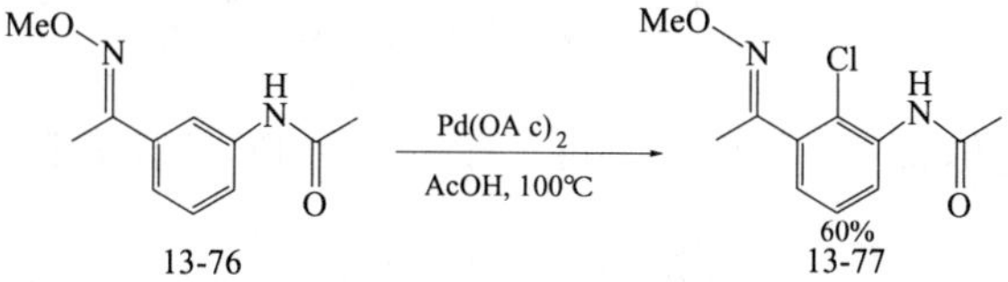
MeO
Pd(OA c)2
AcOH, 100℃
60%
13-76 13-77

通常联芳烃中某一芳环 2-位有氮原子，可作为钯配体，结果可以活化另一芳环 2-位 C—H 键。这类化合物如果不加钯，则往往是电子效应诱导卤化富电子的芳环，而且区域选择性由取代基性质决定。例如化合物 **13-78** 和 **13-79** 的氯化。

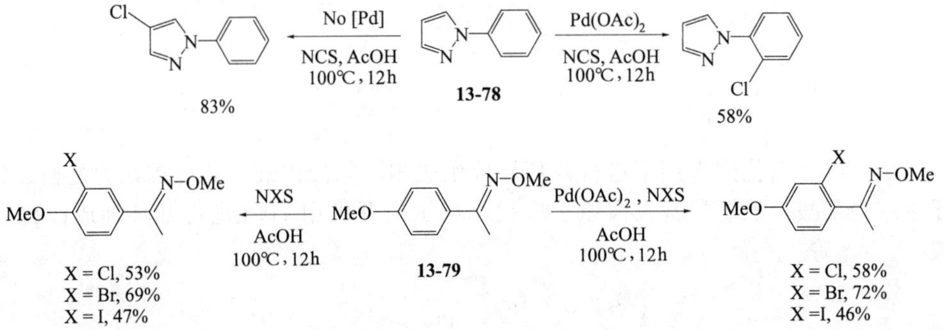

最近，施章杰小组发展了用 $Pd(OAc)_2/Cu(OAc)_2/CuCl_2$ 混合体系。其设计原理是用 $Pd(OAc)_2$ 作为催化剂，$Cu(OAc)_2$ 作为氧化剂，$CuCl_2$ 作为氯源。成功地实现了钯催化的乙酰苯胺类底物的邻位氯化[152]。

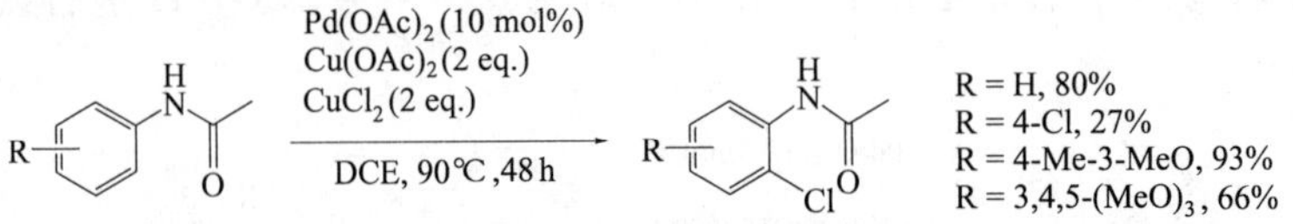

这个反应使用的是乙酰苯胺这种富电子芳烃。最近，许斌小组报道了钯催化的以三氟乙酸铜和空气作为氧化剂，以氯化钙作为氯源，对嘧啶导向的芳烃类底物进行邻位 C—H 键活化。这个反应可以通过加入醋酸酐和 $CaCl_2$ 用量来控制单双取代；也可用溴化钙为溴源进行溴化反应。这个反应具有广泛的底物适应性，R 基团既可以是供电子基，也可以是吸电子基团[153]。

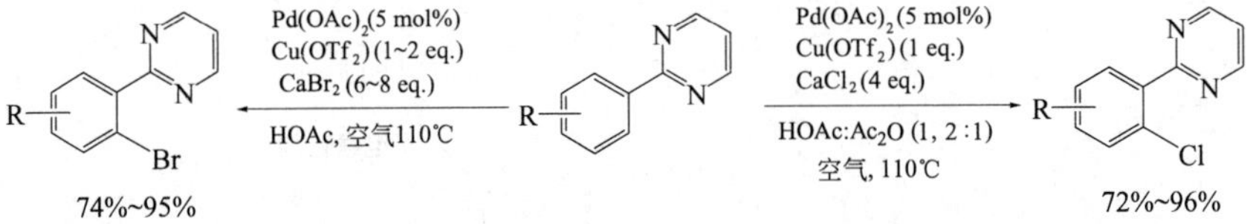

13.2.2 芳香环侧链的氯化反应

芳香环侧链烷基的氯化反应是合成药物中间体的常见反应之一，以甲苯为例，通过甲基一氯化可以得到苄氯，进而得到苄醇，或向其他分子中引入苄基；二氯化产物水解可以得到苯甲醛；三氯化产物水解则可以得到苯甲酸，进而可以合成苯甲酰氯或三氟甲苯等。

芳香环侧链的氯化反应条件与芳香环上的氯化反应条件有所不同，芳环上氯化通常是以 Lewis 酸或质子酸为催化剂，以氯正离子的亲电进攻为反应历程；而芳环侧链的氯化通过自由基引发剂或光和热等物理条件促进反应进行，属于自由基反应历程。例如，三氯甲氧基苯的合成是以甲氧基苯为原料用 Cl_2 在光照条件下直接氯化实现的[154]。

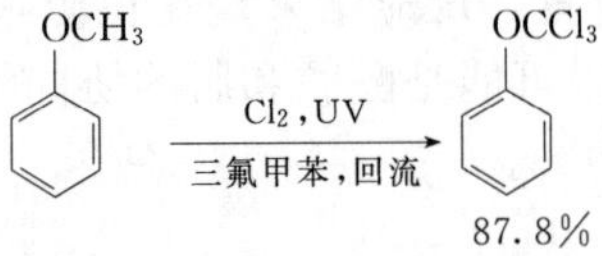

抗菌药克霉唑中间体邻氯三氯甲苯也可以用 Cl_2 在 PCl_5 催化下加热氯化邻氯甲苯方法合成[155]。

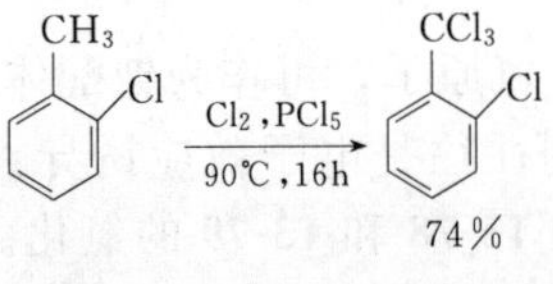

苯唑青霉素钠中间体 **13-80** 的合成综合运用了多种氯化反应：Sandmeyer 反应、侧链甲基自由基氯化、苯甲肟烯氢取代氯化和取代羧羟基的酰氯化反应[156]。

(1) $NaNO_2$, HCl, 0～5℃; (2) Cu_2Cl_2, 80℃ 约 70%; UV, Cl_2 / PCl_3, $SOCl_2$, 150℃ 99%; $FeCl_3$, $ZnCl_2$ / H_2O, 120～130℃ 72%～75%; $HONH_2 \cdot HCl$ / Na_2CO_3, rt; Cl_2, HCl / EtOH, rt; 乙酰乙酸, NaOH / 回流 51%～57%; PCl_5, BuOAc / 80～85℃

13-80

对 *N*-氧化吡啶来说，如果存在甲基取代，则进行氯化反应时，通常发生在甲基上，如 2-氯甲基吡啶（**13-81**）的合成[157]。

三光气, CH_2Cl_2, 15min / *i*-Pr_2NH, 1h, -20℃ 90%

13-81

13.2.3 氯甲基化反应

氯甲基化反应常用于合成氯甲基芳香族化合物，用于芳烃增加一个碳原子的 *α*-氯代烷基。一般认为氯甲基化反应是一个亲电取代反应，甲醛与氯化氢作用形成具有共振式的中间体：

$$[H_2C{=}\overset{+}{O}H]Cl^- \longleftrightarrow [H_2\overset{+}{C}{-}OH]Cl^-$$

此中间体先与苯发生亲电取代生成苯甲醇，再与氯化氢作用很快形成苄氯。当芳环上有给电子取代基存在时有利于反应进行；有吸电子取代基时不利于反应进行。对有吸电子基团的氯甲基芳烃的合成通常是采用相应的甲基化合物直接一氯化得到。常用的氯甲基化试剂有甲醛或多聚甲醛以及氯化氢，质子酸和 Lewis 酸都可以用作催化剂。如苄氯和氯甲基萘的合成[158]。

$$\text{PhH} + HCHO + HCl \xrightarrow{ZnCl_2} \text{PhCH}_2Cl$$

$$\text{C}_{10}H_8 + (HCHO)_n + HCl \xrightarrow[AcOH]{H_3PO_4} \text{C}_{10}H_7CH_2Cl$$

芳香杂环化合物也可以进行氯甲基化，但产率并不高，如 2-氯甲基噻吩的合成[159]。

HCHO, HCl / <0℃ 45%～49%

烯烃也可以进行 *C*-氯甲苯化反应，如镇痛剂强痛定中间体肉桂基氯（**13-82**）的合成[160]。

$$C_6H_5{-}CH{=}CH_2 + HCHO + HCl \xrightarrow{\text{回流，3h}} C_6H_5{-}CH{=}CHCH_2Cl$$

70%

13-82

某些羟基化合物可以进行 *O*-氯甲基化，产率同样很高，如苄醇的氯甲基化反应可以合成氯甲基苄基醚，产率可以达到 83%[161]。

$$\text{PhCH}_2\text{OH} + \text{HCHO} + \text{HCl} \xrightarrow{83\%} \text{PhCH}_2\text{OCH}_2\text{Cl}$$

13.2.4 氯取代羟基的氯化反应

氯取代羟基是很重要的一类氯化反应，是合成氯代烷和酰氯最重要的反应。取代羟基主要的氯化剂有盐酸、氯化亚砜、三氯氧磷和五氯化磷等。盐酸取代羟基是一个亲核反应过程，而其他氯化剂采用亲电反应机理。如二氯亚砜对醇羟基的氯化反应认为是先生成氯化亚硫酸酯，再分解脱去一分子二氧化硫等到氯化物。取代羧酸中羟基也按相似机理进行。而酚羟基的取代较醇羟基难，常用三氯氧磷或五氯化磷等强氯化剂。

13.2.4.1 醇羟基和酚羟基的氯置换反应

(1) 盐酸和氯化氢

在醇羟基的氯代反应中，活性较大的叔醇和苄醇等可直接用浓盐酸或氯化氢进行[162]，而活性较小的伯醇可加入 Lewis 酸催化进行，常用 Lucas 试剂（浓盐酸-氯化锌）[163]。

$$\text{(CH}_3\text{)}_2\text{C(OH)CH}_2\text{CH}_3 \xrightarrow[\text{rt,15min}]{\text{HCl}} \text{(CH}_3\text{)}_2\text{C(Cl)CH}_2\text{CH}_3 \quad 97\%$$

$$\text{CH}_3(\text{CH}_2)_3\text{OH} \xrightarrow[\text{加热,4h}]{\text{HCl-ZnCl}_2} \text{CH}_3(\text{CH}_2)_3\text{Cl} \quad 66\%$$

叔醇、烯丙醇或β位有叔碳取代基的伯醇与氢卤酸反应时会发生重排，重排的动力是形成更稳定的正碳离子，例如：

$$\text{CH}_3\text{CH=CHCH}_2\text{OH} \xrightarrow[-\text{H}_2\text{O}]{\text{H}^{\oplus}} \text{CH}_3\text{CH=CHCH}_2^{\oplus} \longleftrightarrow \text{CH}_3\text{CH}^{\oplus}\text{CH=CH}_2$$

$$\downarrow \text{Br}^{\ominus} \qquad\qquad \downarrow \text{Br}^{\ominus}$$

$$\text{CH}_3\text{CH=CHCH}_2\text{Br} \qquad \text{CH}_3\text{CHBrCH=CH}_2$$

条件	$\text{CH}_3\text{CH=CHCH}_2\text{Br}$	$\text{CH}_3\text{CHBrCH=CH}_2$
48%HBr/−15℃	86%	14%
饱和HBr/0℃ ≥50%	79%	21%

烯丙醇乙酸酯可以用 AcCl-EtOH 体系原位产生 HCl 进行先脱乙酰基保护再取代羟基反应，得到高产率的烯丙基氯 **13-83**[164]。

$$\text{PhCH=CHCH}_2\text{OAc} \xrightarrow[\text{25℃,30min}]{\text{AcCl,EtOH}} \text{PhCH=CHCH}_2\text{Cl} \quad 96\% \ (\textbf{13-83})$$

(2) 氯化磷和三氯氧磷

三氯氧磷是取代羟基最为常用的氯化试剂之一，可以取代醇羟基、酚羟基、羧基中的羟基等。例如 2-氨基-4-甲氧基-6-三氟甲基嘧啶（**13-84**）的合成就经过以三氯氧磷进行芳香杂环上羟基的氯化反应进行的，其中缚酸剂选择很重要，用三乙胺为缚酸剂产率可以达到 86.3%，而用 N,N-二甲基苯胺作缚酸剂时产率仅为 50.8%[165]。

$$\text{2-氨基-4-羟基-6-三氟甲基嘧啶} \xrightarrow[\text{MeCN,75℃,5h}]{\text{POCl}_3\text{,Et}_3\text{N}} \text{2-氨基-4-氯-6-三氟甲基嘧啶} \quad 86.3\% \ (\textbf{13-84})$$

在氮芥类抗肿瘤药物合成中也可用三氯氧磷取代醇羟基[166]。

$$\text{PhN[CH}_2\text{CH(R)OH]}_2 \xrightarrow[\text{90℃,1h}]{\text{POCl}_3} \text{PhN[CH}_2\text{CH(R)Cl]}_2$$

R	产率/%
H	85
Me	75
CH_2Cl	70

五氯化磷活性较三氯氧磷强，甚至可以将酰胺氯化生成氯代亚胺，这一反应广泛用于匹呋西林中间体 **13-85** 的合成中，并实现工业化生产[167]。

PCl_5，喹啉，-10℃，15min，>86%；COOCH$_2$OBoc → **13-85** → 匹呋西林

（3）氯化亚砜

以氯化亚砜为羟基取代氯化剂的优点是副产物 HCl 和 SO_2 容易离去，而且可以氯化亚砜为溶剂，反应结束后可以直接蒸馏回收，因此产物纯度高。反应机理与反应条件，尤其是溶剂有很大的关系。例如 2-辛醇在不同反应条件下用二氯亚砜进行氯化得到的产品 2-氯辛烷构型有很大的差异。加入 $ZnCl_2$ 可提高反应速率，且有利于反应按 S_N1 机理进行。

$$CH_3CH(OH)C_6H_{13} \xrightarrow{SOCl_2} CH_3CH(Cl)C_6H_{13}$$

(1) PhH,rt,16h	15%(93%构型转化)
(2) Diox,rt,42h	100%(82%构型保持)
(3) Diox,$ZnCl_2$,rt,1h	100%(98%外消旋化)

二氯亚砜是一种较三氯氧磷弱的取代羟基的氯化剂，加入催化剂如 DMF 或 Lewis 酸等可以增大活性。如吉非替尼中间体 6-乙酰氧基-4-氯-7-甲氧基喹唑啉（**13-87**）就是通过 6-乙酰氧基-7-甲氧基-3*H*-喹啉-4-酮（**13-86**）用二氯亚砜氯化在 DMF 中氯化制备[168]的。

13-86 $\xrightarrow[DMF,70℃,6h]{SOCl_2}$ **13-87**（88%）

（4）氯代烃与 Ph_3P 的复合物

作为溶剂的 CCl_4 在三苯基膦存在下也可以作为氯化剂取代羟基，三苯基膦被氧化成三苯基氧化膦，CCl_4 变成氯仿，反应为 S_N2 历程，因此如果用手性醇作为原料，生成的氯代物构型发生翻转。

反应机理：

$$Ph_3P + CX_4 \longrightarrow Ph_3\overset{+}{P}X + CX_3^- \longrightarrow Ph_3P—O—R + X^- + HCX_3$$

X=Cl,Br

$$\downarrow$$

$$Ph_3P{=}O + R—X$$

Ph_3P/CCl_4，△，1h，>80%

用六氯代丙酮（HCA）代替 CCl_4 进行氯化反应，其机理相似，但反应条件更温和。这种方法特别适合用其他方法易引起重排的烯丙醇类化合物的羟基取代。用 HCA/Ph_3P 体系进行脱羟基氯化反应通常不发生异构和烯丙基重排。如化合物 **13-88** 的合成[169]。

Ph_3P,HCA，0℃～rt,10min → **13-88**（94%,>99%翻转）

（5）碱金属氯化盐

碱金属氯化盐本身不能与羟基反应，但可用间接的方法进行取代。常用的方法是先将羟

基变成磺酸酯后，再与碱金属卤化物发生 S_N2 反应完成取代，如 1-氯-2-丁胺（**13-89**）的合成[170]。

Et—CH(NH₂)—CH₂OH →[(1)MsCl,TEA,THF；(2)NaCl,DMF,75℃ 或95℃,16h] Et—CH(NH₂)—CH₂Cl 87% **13-89**

13.2.4.2 羧羟基的氯置换反应

羧羟基的卤置换与醇羟基反应机理相似，部分卤化剂也通用。通常脂肪族羧酸活性比芳香族羧酸高。

（1）氯化磷

氯化剂的活性顺序为：$PCl_5>PCl_3>POCl_3$。以 PCl_5 为例，羧羟基的卤置换反应机理如下：

$$R-\overset{O}{\overset{\|}{C}}-OH + PCl_5 \xrightarrow{-HCl} R-\overset{O}{\overset{\|}{C}}-O-PCl_4 \;(Cl^-) \longrightarrow R-\overset{O}{\overset{\|}{C}}-Cl + Cl_3P{=}O$$

例如 1，2，4，5-苯四甲酸用 PCl_5 可将四个羧羟基全部取代生成相应的苯四甲酰氯。

1,2,4,5-苯四甲酸 →[PCl_5/1,2,4-Cl_3Ph，120℃,6h] 1,2,4,5-苯四甲酰氯 85% + $POCl_3$(分馏除去)

（2）氯化亚砜

二卤亚砜也可用于羧羟基的卤取代，但活性不如氯化磷，可以加入 DMF 提高反应活性。例如，对硝基苯甲酸的酰氯化[171]。

$$O_2N-C_6H_4-COOH \xrightarrow[90\sim95℃]{SOCl_2,\ Cat.\ DMF} O_2N-C_6H_4-COCl$$

有些化合物中本身具有三级氮原子，可以不用外加催化剂，相当于原料作催化剂。如苯唑青霉素钠中间体苯甲异噁唑酰氯（**13-90**）的合成仅用二氯亚砜就可以得到较为满意的结果[172]。

3-Ph-5-CH_3-异噁唑-4-COOH →[$SOCl_2$，95℃,2h] 3-Ph-5-CH_3-异噁唑-4-COCl 80% **13-90**

（3）三苯基膦氯化物

三苯膦与四氯化碳等形成加成物也可以用于羧羟基的氯取代反应。如乙酸与正丁胺的酰化反应，可以先将乙酸变成乙酰氯，再与正丁胺反应生成乙酰正丁胺。

$$CH_3COOH + n\text{-}BuNH_2 \xrightarrow[(2)\triangle,45min]{(1)\ Ph_3P,CCl_4} CH_3CONH\text{-}n\text{-}Bu\ \ 91\%$$

（4）草酰氯

草酰氯可用五氯化磷与草酸反应制备。草酰氯可在中性条件下对羧羟基进行氯取代反应，适合于当羧酸分子中含有对酸敏感官能团的情况。

(OAc 取代双环)—CH_2COOH →[$(COCl)_2$，PhH,rt,12h] (OAc 取代双环)—CH_2COCl 97%

（5）氰尿酰氯

氰尿酰氯作为氯化剂经常用于酰胺的合成。其实就是先将羧酸变成酰氯，再在温和条件下与胺反应生成肽键。

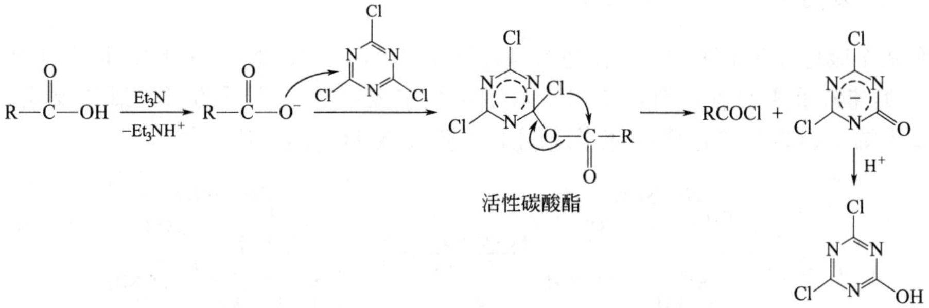

活性碳酸酯

13.2.5 烯烃加成氯化反应

HCl 对烯键的加成是非常经典的反应，在此不再详述，仅举一例，硝基乙烯可以加成两分子 HCl 生成 1,2-二氯乙醛肟（**13-91**），这是对杂原子共轭二烯的 1,4-加成产物[173]。

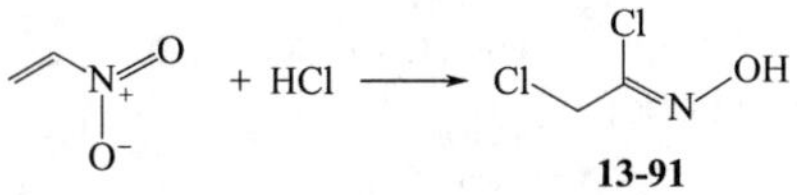

13-91

氯代烷在 Lewis 酸催化下可以对烯进行加成氯化反应，在烯键两端引入氯原子和烷基。如氯代二苯甲烷在氯化锌催化下可以与丙烯反应得到氯代烷烃 **13-92**[174]。

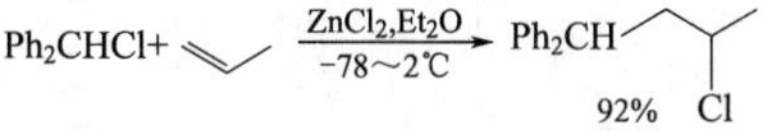

Ph_2CHCl+ 丙烯 $\xrightarrow[-78\sim2℃]{ZnCl_2,Et_2O}$ Ph_2CH… 92% **13-92**

乙酰氯也可以当作氯化剂对烯烃进行加成氯化反应，用环辛烯与乙酰氯在 $AlCl_3$ 存在下反应为亲电加成机理，但绝大部分发生重排生成六元或七元环状化合物，其中更稳定的六元环状化合物占主要成分。而当用 1，5-环辛二烯在相同条件下反应时则生成氯代双环化合物 **13-93**[175]。

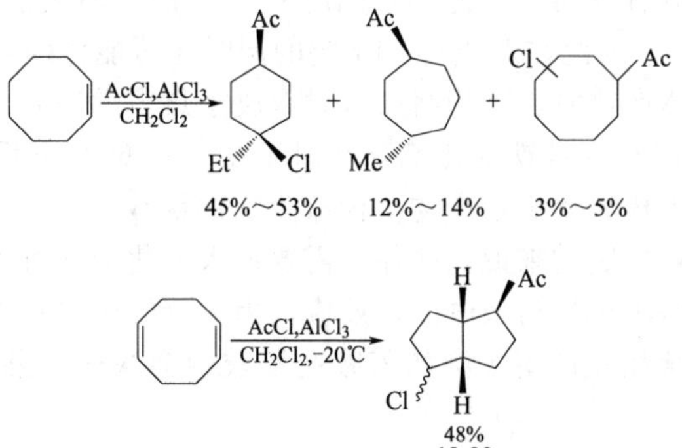

AcCl,AlCl₃ / CH₂Cl₂：45%～53%　12%～14%　3%～5%

AcCl,AlCl₃ / CH₂Cl₂,−20℃：48% **13-93**

在钯催化下，金属氯化物也可以进行亲核氯化。例如，LiCl 就可以在 $Pd(OAc)_2$ 催化下对共轭二烯进行氯化[176]。反应经过 Pd 的氧化还原过程得到 1,4-二亲核加成产物，产率高，而且具有非常好的立体选择性。大部分共轭二烯化合物用此法得到顺式加成产率。

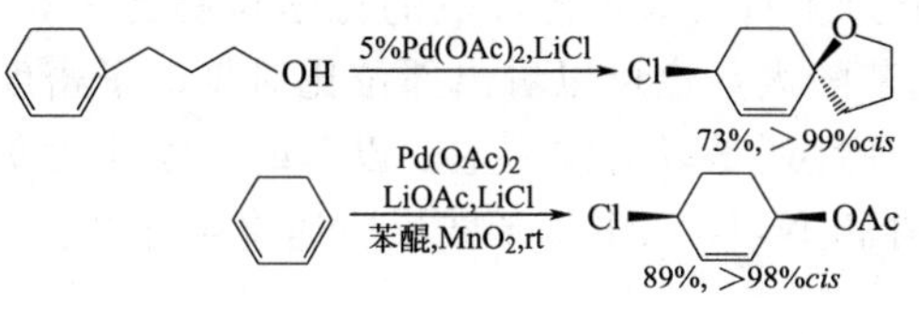

5%Pd(OAc)₂,LiCl：73%，>99%*cis*

Pd(OAc)₂, LiOAc,LiCl, 苯醌,MnO₂,rt：89%，>98%*cis*

13.2.6 活泼亚甲基取代氯化反应

含有两个吸电子基团的亚甲基上的氢原子具有较强的酸性，易于发生亲电取代反应。NCS是一类非常重要的氯化剂，常用于对脂肪烃中较活泼氢原子的取代氯化反应。如四环类抗生素甲烯土霉素盐酸盐中间体半缩酮土霉素（**13-94**）的合成[177]。

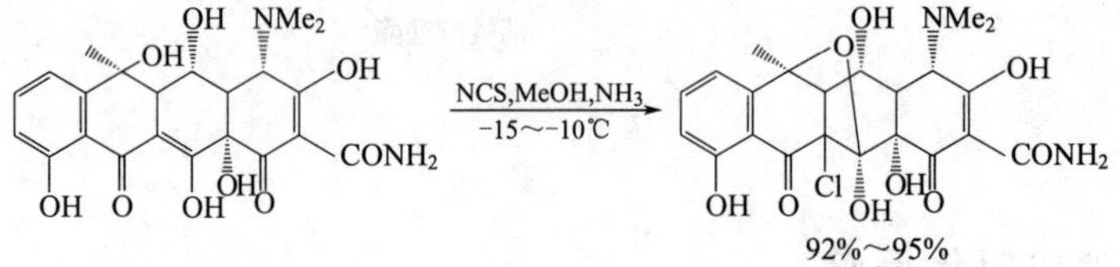

NCS,MeOH,NH_3

−15～−10℃

92%～95%

13-94

氯乙酰氯有时也可以对活泼氢进行氯化，如1,5-二氯乙酰丙酮就可以用氯乙酰氯直接对乙酰丙酮在Lewis酸催化下氯化得到二氯乙酰丙酮 **13-95**[178,179]。

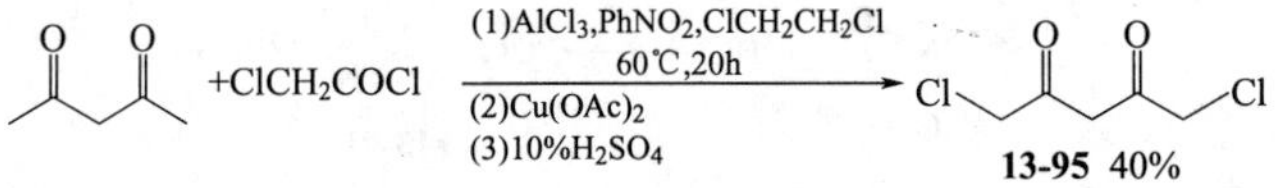

$+ClCH_2COCl$ (1)$AlCl_3$,$PhNO_2$,$ClCH_2CH_2Cl$ 60℃,20h (2)$Cu(OAc)_2$ (3)10%H_2SO_4

13-95 40%

13.3 溴化反应

在卤素中溴与氯性质最为接近，绝大部分氯化反应也适用于溴化反应。溴化反应中常用溴、溴化物、溴酸盐或次溴酸盐以及NBS等有机溴为溴化剂。本章将按溴化剂类型进行简单叙述。

(1) 液溴

液体溴对芳香环的溴化反应与氯气的氯化反应相似。但溴原子较氯原子大，因此卤化过程中生成产物的空间效应有较明显的差别，同时C—Br键平均键能（221.9kJ/mol）比C—Cl键（287.9kJ/mol）小，因此在形成C—Br键的同时还可能伴随C—Br键的断裂，尤其是可能生成几种溴化异构体产物时，产物组成有时取决于热力学控制。如萘在室温下无催化剂溴化时可得到1-溴萘，而在少量铁催化剂存在时于150～160℃下反应，则得到2-溴萘，这正是由于较高温度有利于热力学稳定产物2-溴萘生成的缘故。

对于含强给电子基团的底物来说，往往不需要加入催化剂就可以用液溴进行溴化。苯胺比相应的苯酚和苯氧负离子更易与亲电试剂反应，因为氮原子电负性比氧小，孤对电子能量能高，因此更易与π系统相互作用。例如苯胺在乙酸中会快速剧烈地与溴反应生成2,4,6-三溴苯胺。

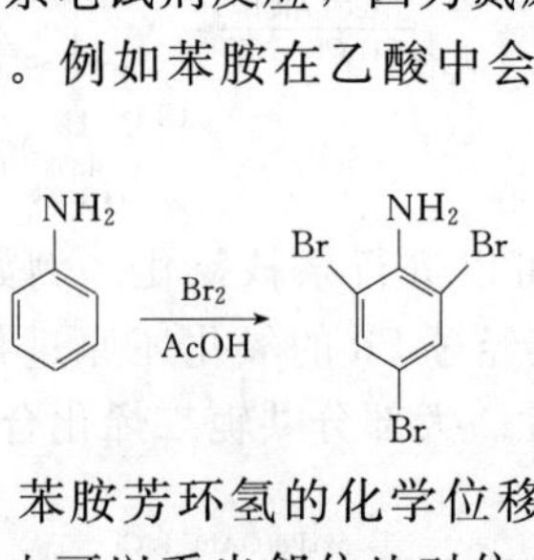

Br_2

AcOH

^{1}H NMR表明，以苯为参照，苯胺芳环氢的化学位移比苯酚向低场红移更多，这表明苯胺芳环上电子云密度比苯酚大，也可以看出邻位比对位电子密度更大，但受到空间位阻的影响，第一步卤化区域选择性还是以对位为主。以苯的一溴化为基准，甲苯溴化反应速率大约是苯的4000倍；苯甲醚和*N*,*N*-二甲基苯胺反应速率都比苯大很多，*N*,*N*-二甲基苯胺又比苯甲醚大五个量级。

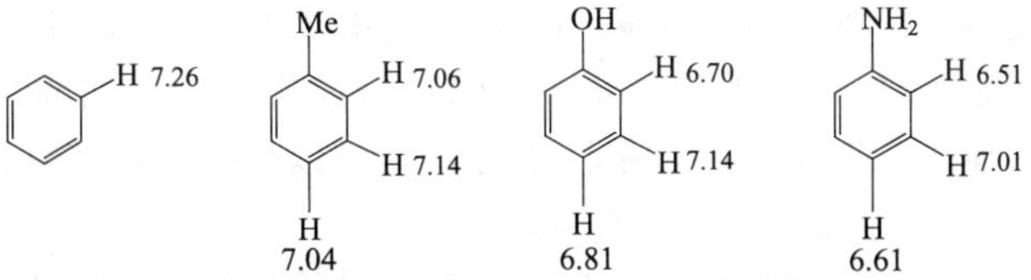

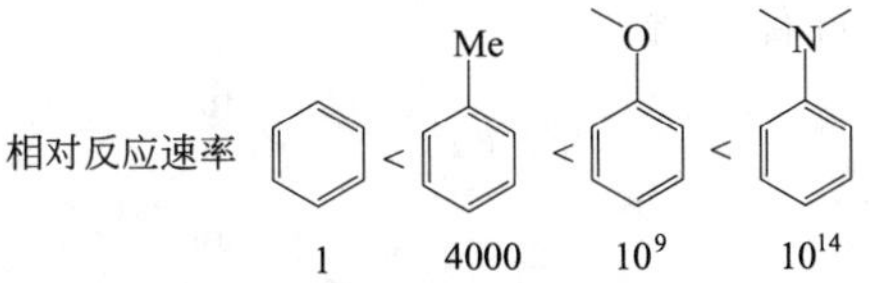

相对反应速率 1 < 4000 < 10^9 < 10^{14}

对苯酚来说，如果在低于5℃条件下向非极性的二硫化碳中将溴慢慢滴加到反应体系中，主要产物是对溴苯酚；但对苯胺来说，相同条件下还是生成三溴苯胺。

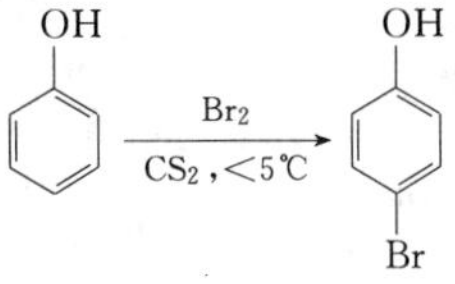

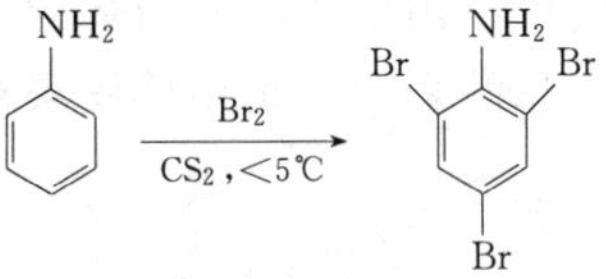

如果要降低苯胺的反应活性，可以在氨基上引入一个吸电子基团，比较方便和常用的方法是进行酰化。例如，用醋酐进行酰化生成乙酰苯胺后反应活性就会大大下降，即使在常温下反应，也主要得到对溴乙酰苯胺，然后在酸性条件下水解就可以得到对溴苯胺。

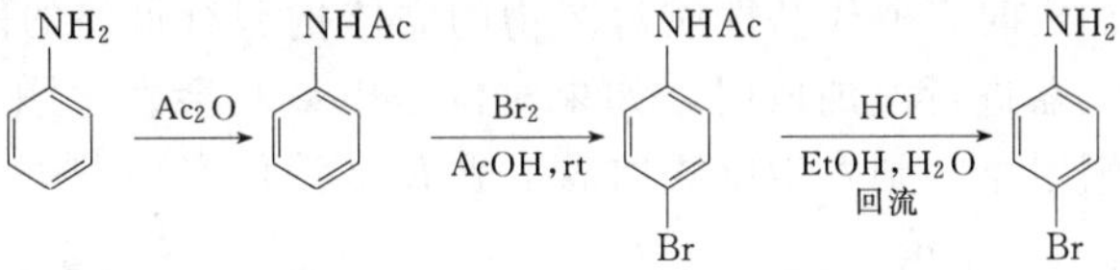

对于活性较低的底物来说，通常需要加入催化剂。实验发现，催化剂对芳烃溴化反应位置选择性有很大影响，如苯甲醚用溴在0～5℃下进行溴化可得到75%的对溴苯甲醚，加入催化剂乙酸铊则对溴苯甲醚产率可提高到90%。对不活泼芳烃的溴化，用溴为溴化剂的反应条件更为苛刻，如吡啶的溴化则要在500℃的高温下反应，产率也仅有48%，也可以通过重氮化-溴代的方法合成[180]。

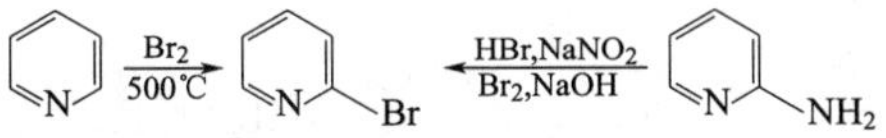

液溴对烯烃的加成有两种途径：一是经三元环状𬭩盐中间体；二是经过经典的碳正离子中间体。究竟经过哪种历程，主要根据烯烃的结构而定。

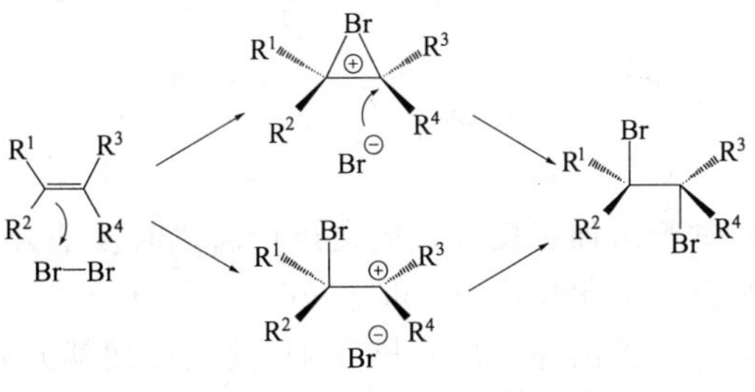

但这两种不同的历程生成产物时会产生不同的立体选择性。经由三元环状𬭩盐中间体历

程时，溴负离子会发生对向加成（anti-addition）；经由经典正碳离子时则由于C—C单键可以自由旋转，因此遵循S_N1反应规律，可以生成对向加成和同向加成（syn-addition）两种产物。如果烯键经过加成后产生了两个手性中心，则可以根据产物的立体化学性质推导反应的准确历程。

例如：环己烯与液溴的反应仅得到外消旋的反式异构体，没有顺式加成，说明反应完全是通过三元环状溴正离子中间体历程。

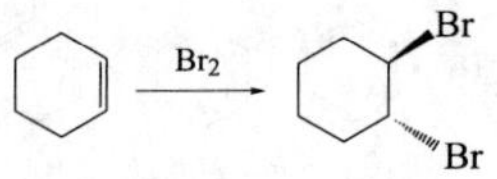

反应机理：

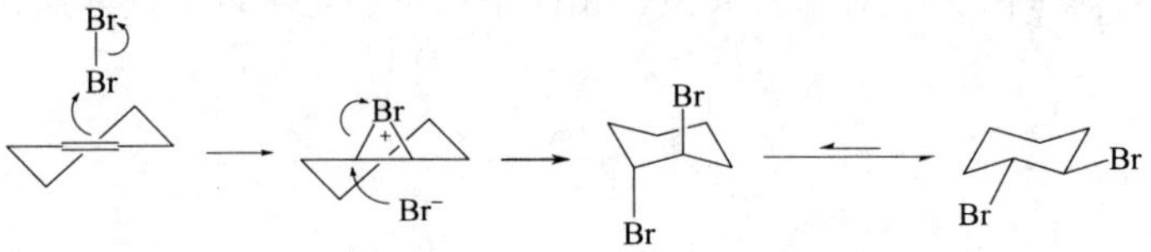

如要对烯烃进行取代溴化，则可以用单质溴先与烯键进行加成生成二溴代烷烃，然后在碱的作用下脱去一分子的溴化氢，总的来看，是用单质溴对烯氢进行取代溴化反应，如化合物**13-96**的合成[181]。

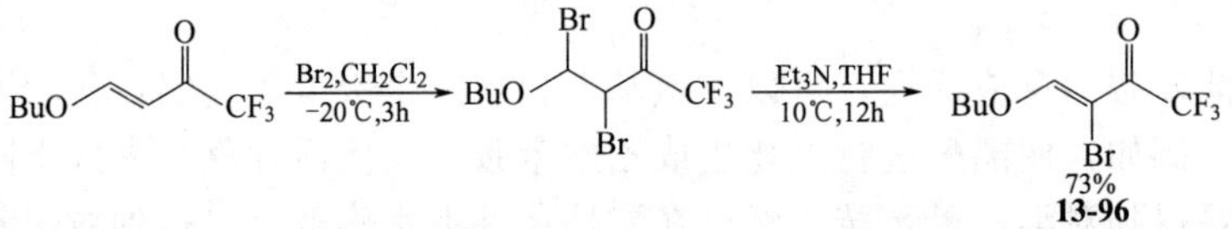

在对炔键进行卤加成时，取代基性质对产物的立体构型有重要的影响。例如，^{1}H NMR研究表明，取代苯丙炔在进行溴加成时，如果对位是甲氧基会发生顺式加成生成*Z*-二溴代烯烃；如果对位是三氟甲基，则发生反式加成生成*E*-二溴代产物[182]。

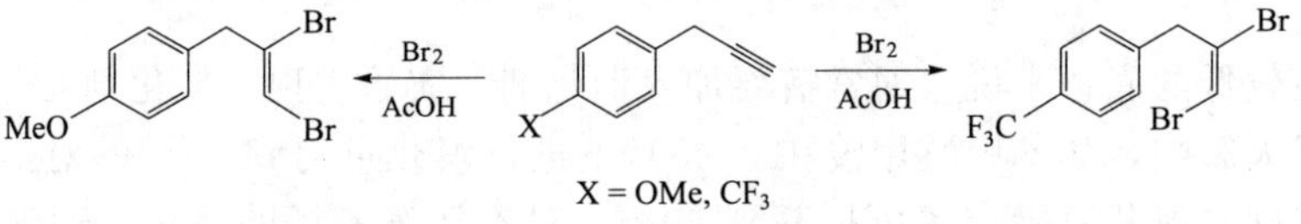

对于三氟甲基取代苯丙炔的溴加成结果比较好解释。反应经过一溴桥正离子中间体，因此溴负离子从背面进攻，得到反应加成产物。

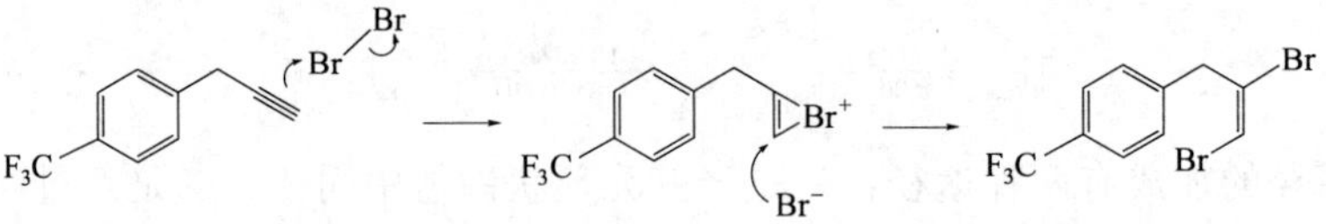

而甲氧基在溴化反应中会参与反应过程，生成一个三元碳环状中间体：

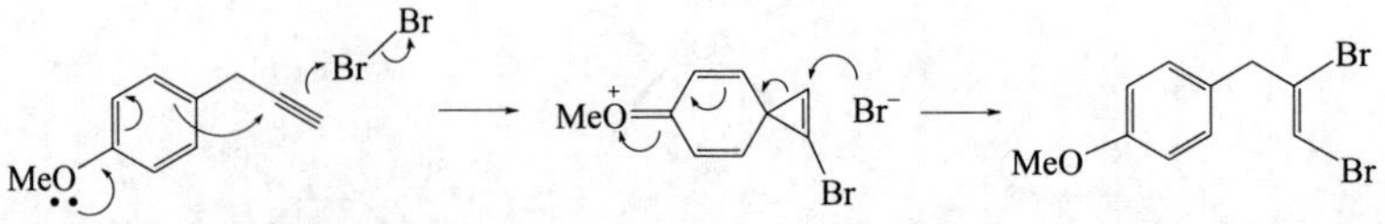

如果用烯酸代替烯烃进行卤加成反应，则在进行卤化时羧基会进攻卤桥碳原子生成相应的卤代内酯，这种反应叫卤内酯化反应（hologenolactonization）。第一个卤素引发的分子间环化反应就是卤内酯化反应，溴内酯化反应早在19世纪后期就开始研究了，碘内酯化反应也很快有人研究，氯内酯化反应过了约20年后才有报道，而且研究较少；氟极少用于亲电

环化反应[183,184]。

反应条件对卤内酯化结果有很大影响，如4-戊烯酸用液溴进行的溴内酯化反应，如果反应在中性有机溶剂中进行，则主要发生溴加成反应生成二溴戊酸（**13-97**）；而如果有碱存在，则会将羧基变成羧酸根负离子，由于羧氧负离子的亲核性比溴大，因此主要生成内酯（**13-98**）[185]。

Br_2, CH_2Cl_2, aq. $NaHCO_3$ → **13-98**

Br_2, CH_2Cl_2 → **13-97**

（2）HBr

溴化氢对烯键的加成是非常经典的反应。反应可能经过亲电加成历程和自由基历程两种竞争反应，对非对称烯烃来说意味着得到两种溴代烷烃异构体，其比例与反应条件有相当大的关系。

例如用溴化氢对1-辛烯进行加成时生成的产物有两种异构体[186~188]。

C_5H_{11}–CH=CH$_2$ $\xrightarrow{HBr}$ C_5H_{11}CH$_2$CH$_2$CH$_2$Br (83%) + C_5H_{11}CH$_2$CHBrCH$_3$ (11%)

按自由基机理的加成反应主要生成1-溴辛烷：

$$HBr \xrightarrow{\text{引发}} H\cdot + Br\cdot$$

C_5H_{11}CH=CH$_2$ + Br· ⟶ C_5H_{11}ĊHCH$_2$Br

C_5H_{11}ĊHCH$_2$Br + HBr ⟶ C_5H_{11}CH$_2$CH$_2$Br + Br·

而按亲电加成机理进行的反应主要生成2-溴辛烷：

C_5H_{11}CH=CH$_2$ + H^+ $\xrightarrow{HBr}$ C_5H_{11}CH$^+$CH$_2$H $\xrightarrow{Br^-}$ C_5H_{11}CHBrCH$_2$H

当无自由基加成的竞争反应时，在相转移催化剂存在时得到符合Markovnikov规则的产物。为防止自由基反应发生，可以加入硅胶或氧化铝，如用草酰溴与氧化铝一起现场制备HBr用于1-辛烯的加成，产率可提高到99%[189]。

氢溴酸与具有张力的环可以进行加成反应，例如环氧乙烷和吖丙啶的开环加成生成相应的溴乙醇[190,191]和溴乙胺[192]。

环氧乙烷 + HBr ⟶ BrCH_2CH_2OH

吖丙啶 + HBr ⟶ Br$CH_2CH_2NH_2$

溴取代醇羟基的反应与氯取代羟基反应一样典型。例如，*S*-1，2-丙二醇在乙酸中进行溴化时，可选择性地取代伯羟基，同时氢溴酸催化乙酸与仲羟基的酯化反应，以较高的产率得到*S*-1-溴-2-乙酰氧基丙烷[193]。

(*S*)-1,2-丙二醇 $\xrightarrow[AcOH]{HBr}$ (*S*)-1-溴-2-乙酰氧基丙烷 (78%~85%)

LiBr 可以在质子酸存在时，作为亲核试剂对环氧化合物进行开环溴化，得到反式溴代醇（**13-99**）。如果不存在 Lewis 酸，则环氧化合物通常发生重排反应，得到醛（**13-100**）[194～196]。

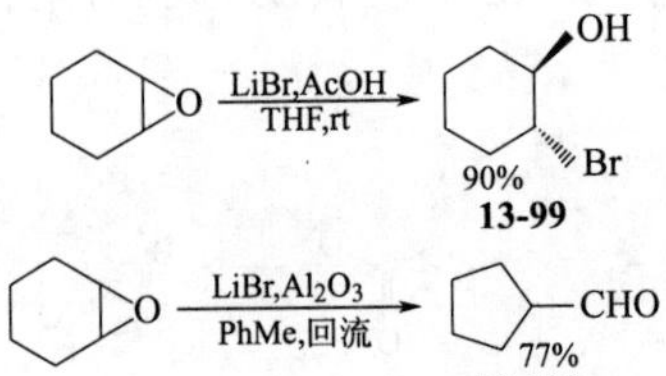

(3) NBS

NBS 是一种非常常用的溴化剂，广泛用于羰基的 α-位溴化、芳环的溴化等。与溴相比，NBS 是固体，反应活性高，通常可在室温条件下进行，而且没有还原性的 HBr 生成，所以不用加入氧化剂[197～199]。

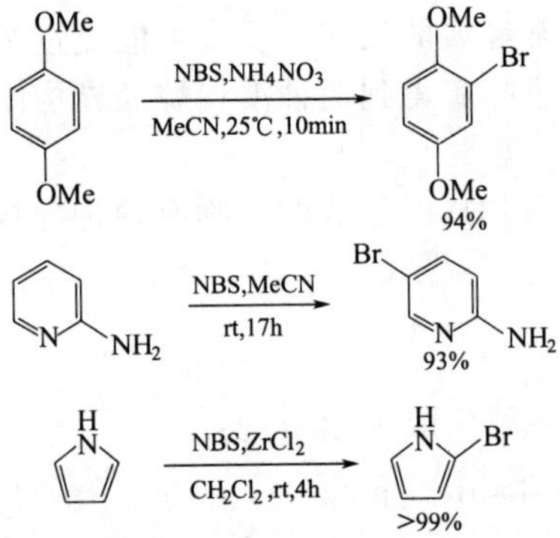

对于含烯键的羰基 α-位溴化，如果用液溴为溴化剂会产生大量对烯键进行溴加成的副产物，为了有效防止这一副反应的发生，可用 NBS 在 Lewis 酸催化下进行溴化[200]。

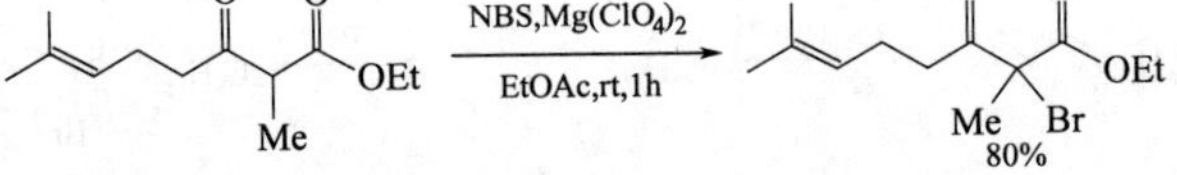

对活性很低的芳烃的溴化反应要选用高活性的 N-溴代溴化剂，如单溴代氰尿酸钠（**13-101**）可在酸性条件下对硝基苯实现高效溴化合成间溴硝基苯[201]。

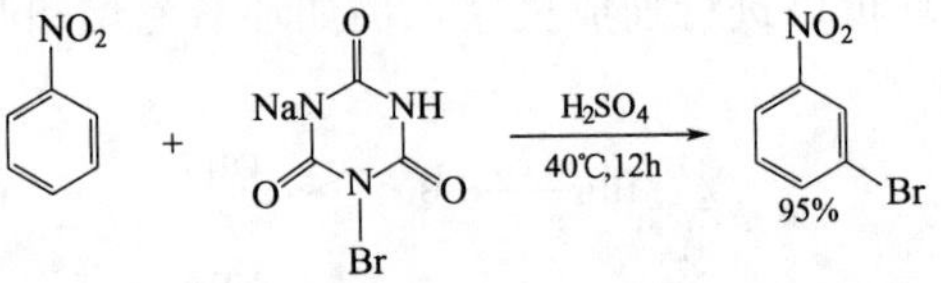

(4) 溴化磷及其类似物

PBr_3 是一种非常强的溴取代羟基的试剂，常用于对质子酸敏感的特殊场合。在抗惊厥药 K-76 中间体 **13-102** 的合成中可以直接将羟基取代成溴，几乎可以得到理论的溴化产率。也可以将羟基衍生成甲磺酸酯，再在低温下与 LiBr 进行交换溴化反应，如其类似物 **13-103** 的合成[202]。

OH

PBr_3

Et_2O,0℃,10min

Br

99%

13-102

OH

(1)MsCl,Et_3N,CH_2Cl_2

−50℃,45min

(2)LiBr/THF,−20℃,1h

Br

99%

13-103

也可以用于活性较高的脂肪羧酸的羟基溴置换合成相应的酰溴。

CO_2H $\xrightarrow[\triangle]{PBr_3}$ COBr + H_3PO_4

90%

也可用三苯基膦溴化物进行这种反应。通常以 DMF 作溶剂，反应条件温和，按 S_N2 反应历程得到构型翻转的溴代烃。

H—C(Et)(Me)—OH $\xrightarrow[15\sim45℃]{Ph_3PBr_2/DMF}$ Br—C(Et)(Me)—H

$[\alpha]_D^{25}=10.69°$ (79%光学纯)　　$[\alpha]_D^{27}=-26.02°$ (76%～81%光学纯)

用 Ph_3PBr_2 在高温下还可以实现酚羟基的置换溴化：

Cl—C_6H_4—OH $\xrightarrow[200℃]{Ph_3PBr_2}$ Cl—C_6H_4—Br

90%

Ph_3PBr_2 还可用于醚的断链溴化反应，例如用于四氢吡喃保护醇的脱保护溴化：

$C_{16}H_{33}O$ $\xrightarrow[rt,0.5h]{Ph_3PBr_2/ClCH_2CH_2Cl}$ $C_{16}H_{33}Br$

87%

(5) 溴化硼

BBr_3 作为强 Lewis 酸，在很多场合也是一种有效的溴化剂，尤其在开环溴化反应中应用广泛。反应可以在很温和的条件下进行。其过程是 BBr_3 与环醚反应生成三(溴烷氧基)硼(如 **13-104**)，如用醇分解则得到溴代醇（如 **13-105**)，如用氧化剂（如 PCC）氧化则得到溴代醛（如 **13-106**)[203]。

$\xrightarrow[CH_2Cl_2,0℃\sim rt]{BBr_3}$ (Br～～～O$)_3$B

13-104

MeOH 86%　　PCC 72%

Br～～～OH　　Br～～～=O

13-105　　**13-106**

BBr_3 也可以将内酯开环生成溴代酸（**13-107**)，可以得到很高的产率[204]。

$\xrightarrow[rt,98\%]{BBr_3,CH_2Cl_2}$ Br～～～COOH

13-107

如用二甲溴化硼对环氧环己烷开环溴化，则在−78℃下仅用 15min 就以 90%产率得到反式-2-溴环己醇。当化合物中同时具有环醚键和链状醚键时，二甲基溴化硼可以选择性地断开环醚键而不影响链状醚，如化合物 **13-108** 的开环溴化反应[205]。

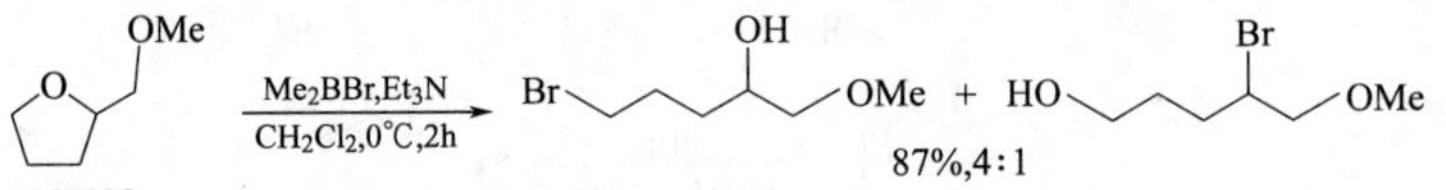

13-108 $\xrightarrow[CH_2Cl_2,0℃,2h]{Me_2BBr,Et_3N}$ Br~~~CH(OH)~OMe + HO~~~CH(Br)~OMe 87%,4∶1

(6) 其他溴化剂

其他如氧化溴化、溴酸盐的还原溴化、溴化重金属盐的溴化、吡啶多溴化氢盐、四溴化碳等都可以用于不同的溴化反应中。

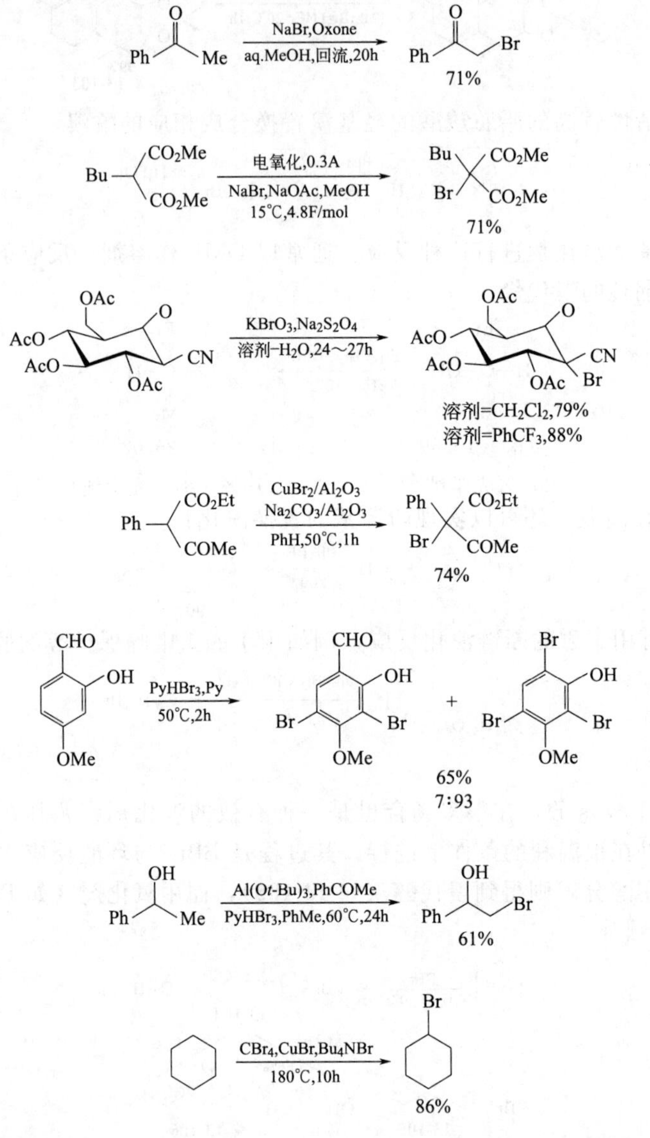

PhCOMe $\xrightarrow[aq.MeOH,回流,20h]{NaBr,Oxone}$ PhCOCH$_2$Br 71%

Bu-CH(CO_2Me)$_2$ $\xrightarrow[NaBr,NaOAc,MeOH\ 15℃,4.8F/mol]{电氧化,0.3A}$ Bu(Br)C(CO_2Me)$_2$ 71%

$\xrightarrow[溶剂-H_2O,24\sim27h]{KBrO_3,Na_2S_2O_4}$

溶剂=CH_2Cl_2,79%

溶剂=$PhCF_3$,88%

Ph-CH(CO_2Et)(COMe) $\xrightarrow[PhH,50℃,1h]{CuBr_2/Al_2O_3,\ Na_2CO_3/Al_2O_3}$ Ph(Br)C(CO_2Et)(COMe) 74%

$\xrightarrow[50℃,2h]{PyHBr_3,Py}$ + 65% 7∶93

PhCH(OH)Me $\xrightarrow[PyHBr_3,PhMe,60℃,24h]{Al(Ot\text{-}Bu)_3,PhCOMe}$ PhCH(OH)CH$_2$Br 61%

$\xrightarrow[180℃,10h]{CBr_4,CuBr,Bu_4NBr}$ 86%

13.4 碘化反应

(1) I_2

碘化与氯化和溴化反应不同，由于C—I键平均键能在C—X键中最小（162.0kJ/mol），同时生成的碘化氢具有很强的还原性，因此碘化反应通常都具有可逆性，生成产物更接近于热力学控制。所以为了制备碘化物，必须避免可逆反应发生。常用的方法是设法除去反应中生成的碘化氢，或使用亲电性较强的碘化剂。去除碘化氢的方法一般是加入氧化剂，使还原性较强的碘化氢被氧化成单质碘重复参加反应，常用的氧化剂有硝酸、碘酸、双氧水、三氧化硫等。如对碘苯甲醚的合成，可用氧气为氧化剂，在杂多酸催化下进行碘化反应，可以得到 98%的产率[213]。

OMe　I_2, O_2, $H_5PV_2Mo_{10}O_{40}$ / MeCN, 80℃, 8h　OMe, I　98%

对不活泼芳烃的碘化反应，如用单质碘为碘化剂，则需要更强烈的条件，如邻甲氧基苯乙酮的碘化反应[214]。

OMe O　I_2, $PhI(O_2CCF_3)_2$ / MeCN, rt, 2h　OMe O, I　86%

β-碘代醇也可以如其他 β-卤代醇一样由环氧乙烷类化合物通过亲核开环得到，由于其空间体积比其他卤素大，因此显示出良好的区域选择性[215]。

Ph, O　I_2, 硫脲 / MeCN, 25℃, 50min　OH, Ph, I　90%

最近钯催化剂存在下的碘化反应也被开发出来。例如，采用 I_2 和 $PhI(OAc)_2$（这种组合可现场生成 IOAc）时，当底物中存在不同类型的 sp^3 C—H 键时，碘化反应总是发生在伯碳上。手性导向基团的引入，使得碘代产物取得了一个良好的非对应选择性。这个反应还有一个很大的优势是催化剂可以循环利用，并且反应的产率基本维持不变[216]。

N, O, Bu-t　$Pd(OAc)_2$ (10 mol%), I_2 (1 equiv), $PhI(OAc)_2$ (1 equiv) / DCM, 24℃, 48h　I, N, O, Bu-t　97%

（2）ICl

单质碘进行碘化反应的活性较低，为了提高其活性，可以将碘与氯制成 ICl_n（n 为奇数），由于氯电负性较碘大，电子云偏向氯原子而碘则显正电性，从而易于离解和进行亲电进攻。例如，抗菌药碘苷（**13-109**）的合成[217]。

O, HN, O, N, HO, OH　ICl / MeOH　O, HN, I, O, N, HO, OH　48.3%　**13-109**

抗阿米巴病药的双碘喹啉（**13-110**）也是通常喹啉用 ICl 进行二碘化反应制备，产率达到 81%以上。如用 ICl_3 代替 ICl 反应则会得到 76%的混合卤化产物氯碘喹啉（**13-111**）[218]。

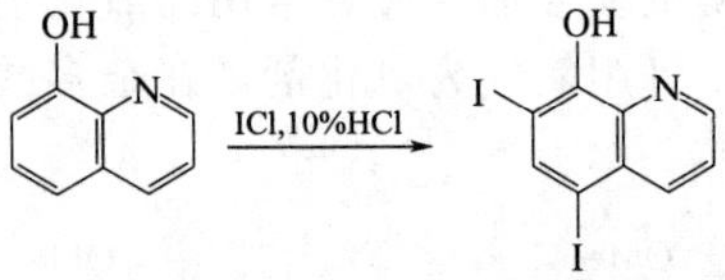

ICl,10%HCl

>81%
13-110

ICl_3,20%HCl

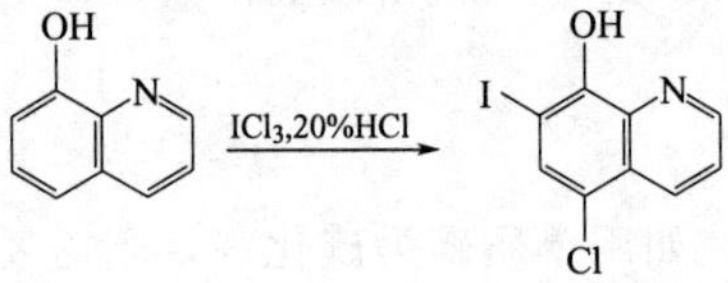

76%
13-111

ICl 与氯化季铵盐的复合物也可以作为碘化试剂，现在苄基三甲基二氯碘化铵（BTMA）已作为一种商品化的碘化试剂用于一系列芳烃碘化反应中，如对碘苯胺的合成[219]，也可用碘在脲-双氧水氧化作用下进行碘化[220]。

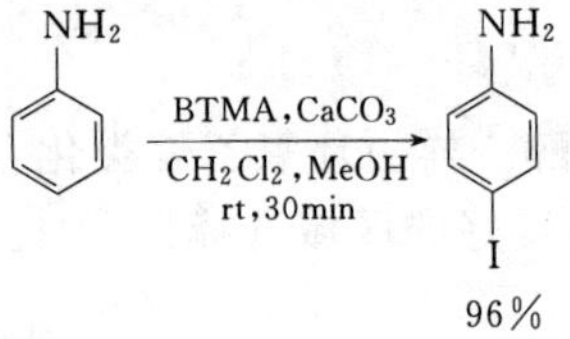

BTMA, $CaCO_3$
CH_2Cl_2, MeOH
rt, 30min

96%

（3）HI

氢碘酸在氧化剂存在下可以起到单质碘一样的作用，也用于对羟基的取代碘化反应，但更常用于对不饱和烃的亲核加成反应。例如，用于环己烯的加成可以得到约 90%的碘代环己烷[221]，用于对 4-辛炔的加成可以 92%的产率得到顺式 4-碘-4-辛烯[222]。

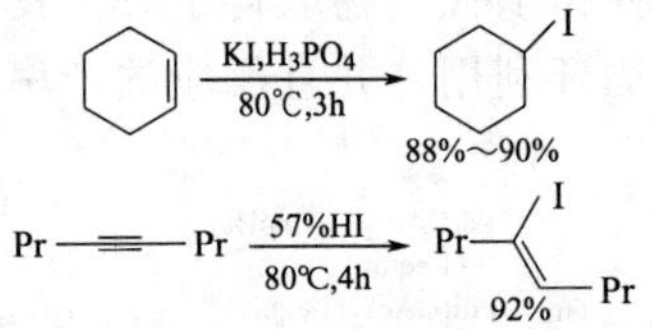

KI, H_3PO_4
80℃, 3h

88%～90%

Pr—≡—Pr 57%HI, 80℃, 4h → 92%

但如果将碘化剂 PI_3 附载在酸性惰性介质（如酸性氧化铝）上则形成表面氢碘化反应，将得到反式烯烃，产物也符合 Markovnikov 规则[223～225]。

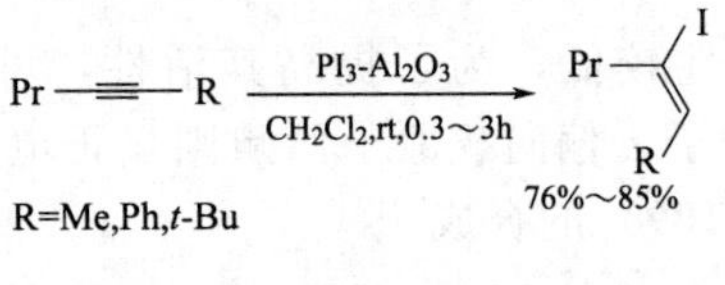

Pr—≡—R PI_3-Al_2O_3, CH_2Cl_2, rt, 0.3～3h → 76%～85%

R=Me, Ph, *t*-Bu

（4）NIS

同 NCS 和 NBS 可以进行氯化反应和溴化反应一样，NIS 也可以进行碘化反应，如苯乙酮羰基 α-位的碘化反应[226]。

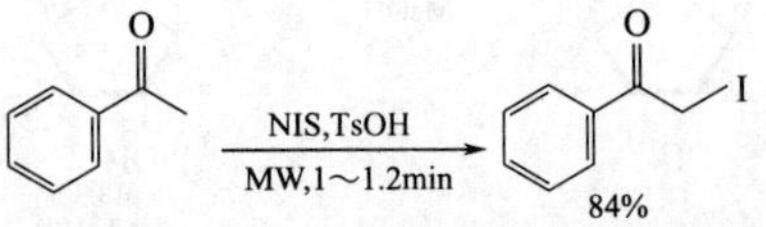

NIS, TsOH
MW, 1～1.2min

84%

（5）TMSI

三甲基碘硅烷（TMSI）作为碘化剂常用于糖苷合成。如糖 1-位氧的碘代，可用于糖苷 **13-112** 和 **13-113** 的合成[227,228]。

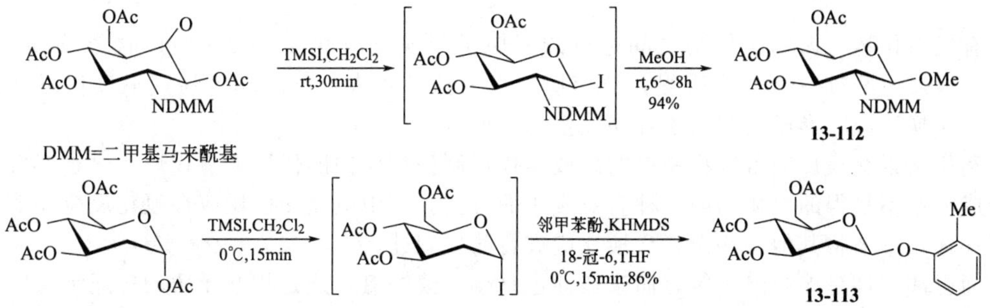

DMM=二甲基马来酰基

(6) 其他碘化剂

氯胺 T（*N*-氯代对甲磺酰胺钠）可用于烷基硼酸钾的碘代反应，如对碘苯甲醚和 β-碘代苯乙烯的合成[229,230]。

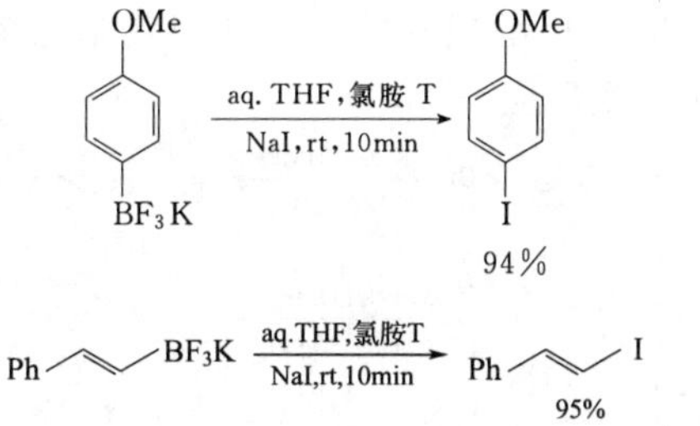

三苯氧磷与碘甲烷的季鏻盐也可以作为一种温和的碘化剂对羟基进行置换，如甾体化合物 **13-114** 中羟基的碘代。

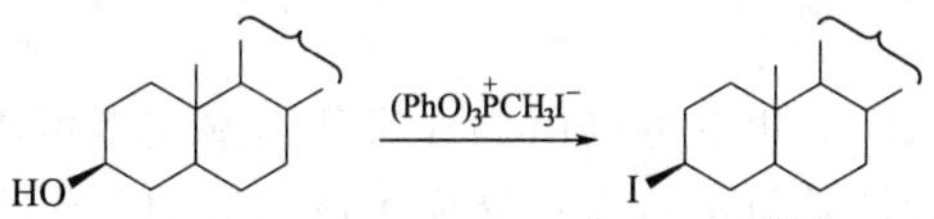

单质碘对芳香烃的碘取代反应十分困难，目前取得成功的例子并不多。但是金属催化的通过 C—H 活化形成 C—I 键的方法在近年来得到了迅速的发展。2008 年，余金权小组用 IOAc 作氧化剂，在二价钯催化下对苯甲酸底物成功地实现了邻位 C—H 键活化碘化。反应要在碱性条件下拔去羧酸的酸性氢，才能很好地反应。DMF 可以促进反应的进行，原因可能是 DMF 作为碱接受了苯甲酸的一个质子。加入了 Bu_4NI（TBAI）不仅可以在不加碱的情况下推动 C—H 键的碘化，而且可以显著提高单双取代的比例[231]。

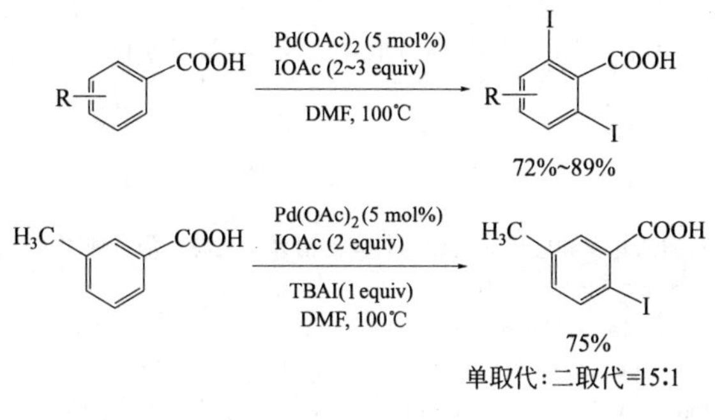

单取代:二取代=15:1

13.5 卤素交换反应

有机卤化物与无机卤化物之间进行的卤原子交换反应称为 Finkelstein 卤素交换反应。卤素交换反应经过 S_N2 反应历程，被交换的卤素活性越大，反应越容易，不过叔卤化合物的卤素交换反应时形成的阳离子容易发生消除反应。

利用卤素交换反应可以将易得的氯或溴代烃制备相应的碘代烃或氟代烃。卤素交换反应是合成一些不易得的卤化物的一种有效实用的方法。其中氟氯交换反应在氟化反应一节中进行了详述，本节将其他一些卤素交换反应进行简要叙述。

通常离去性是碘＞溴＞氯，而亲核性也是碘＞溴＞氯，这是相互矛盾的。通常氯原子可以被溴和碘取代，但氯原子一般情况下不能取代溴和碘。而溴和碘却能在不同条件下可以实现互换，但这种现象也造成了溴和碘的交换反应很难进行彻底，为了使交换反应顺利进行，通常需要大量的进攻试剂。卤素交换反应中，为了使反应顺利进行，往往要加入极性溶剂，最好是对相应的无机卤化物有较大的溶解度，而对生成的无机卤化物溶解度很小或几乎不溶解。常用的溶剂有 DMF、丙酮、甲醇或水等。如 β-溴代苯乙烯与 KI 的溴-碘交换[232]和 2,4-二硝基氯苯与 NaI 的氯-碘交换反应[233]。

Ph–CH=CH–Br →(KI,CuI,HMPA; 120℃,10h) Ph–CH=CH–I 85%

2,4-$(NO_2)_2C_6H_3Cl$ →(NaI,DMF; 回流,15min) 2,4-$(NO_2)_2C_6H_3I$ 71%

再如眼病用药安妥碘中间体 1,3-二碘-2-丙醇的合成采用了氯-碘交换[234,235]。

环氧氯丙烷 →(KI,HCl; 90℃,2h) $ICH_2CH(OH)CH_2I$ 70% ←(NaI; 130～140℃,2h) $ClCH_2CH(OH)CH_2Cl$ 66%

叔烷基氯和苄氯在 $FeCl_3$ 催化下可以用 NaI 进行卤素交换生成相应的碘化物[236]。用氢溴酸在溴化铁催化下可以对烷基氯进行卤素交换生成相应的溴代物[237～239]。

对不活泼的芳溴的碘化反应则可以通过丁基锂实现与碘的交换[240]。

4-溴苯甲醚 + 5-碘甲基-γ-丁内酯 →(BuLi,THF; −78℃,120min) 4-碘苯甲醚 68%

在含氯或溴的强 Lewis 酸作用下，碘也可以被氯或溴原子取代，如叔丁基碘与 $BiCl_3$ 或 $BiBr_3$ 反应可以定量地实现卤素交换，得到相应的叔丁基氯和叔丁基溴[241]。

t-Bu—Cl (100%) ←($BiCl_3$,DCE; 25℃,1.75h) *t*-Bu—I →($BiBr_3$,DCE; 25℃,4h) *t*-Bu—Br (100%)

参 考 文 献

[1] 石川延男．含氟生理活性特质的开发和应用．闻建勋，闻宇清译．上海：华东理工大学出版社，2000：1.
[2] Tedder J M. Adv Fluorine Chem，1961，2：104.
[3] Lagow R J，Margrave J L. Prog Inorg Chem，1979，26：161.
[4] Schuman P D，Tarrant P，Warner D A，et al. US 3954758，1976.
[5] Holling D，Sandford G，Batsanov A，et al. J Fluorine Chem，2005，126 (9)：1377.

[6] Umemoto T，Tomita K. Tetrahedron Lett，1986，27：3271.
[7] 梅本照雄，小野寺喜久子，富田恭一等．日本化学会第54春季年会予稿集，1987，3Ⅲ：34.
[8] Xu X，Henninger T，Abbanat D，et al. Bioorg Med Chem Lett，2005，15：883.
[9] Liang C H，Yao S，Chiu Y H，et al. Bioorg Med Chem Lett，2005，15：1307.
[10] Denis A，Bonnefoy A. Drugs Fut. 2001，26：975.
[11] Tangirala R S，Dixon R，Yang D，et al. Bioorg Med Chem Lett，2005，15：4736.
[12] Shibata N，Ishimaru T，Nakamura M，et al. Synlett，2004：2509.
[13] Differding E D，Lang R W. Tetrahedron Lett，1988，29：6087.
[14] Baudequin C，Plaquevent J C，Audouard C，et al. Green Chem，2002，4：584.
[15] Ma J A，Cahard D. Tetrahedron Asymmetry，2004，15（6）：1007.
[16] Hamashima Y，Yagi K，Takano H，et al. J Am Chem Soc，2002，124（49）：14530.
[17] Gupta O D，Shreeve J M. Tetrahedron Lett，2003，44（14）：2799.
[18] Rozen S，Brand M. J Org Chem，1986，51（2）：222.
[19] Rozen S，Brand M. J Org Chem，1985，50（18）：3342.
[20] Shellhamer D F，Curtis C M，Dunham R H，et al. J Org Chem，1985，50（15）：2751.
[21] Zefirov N S，Zhankin V V，Kozmin A S，et al. Tetrahedron，1988，44（20）：6505.
[22] Stavber S，Zupan M. Tetrahedron，1989，45（9）：2737.
[23] 许斌，朱士正．有机化学，1998，18（3）：202.
[24] Shimizu M，Hiyama I. Angew Chem Int Ed，2005，44（2）：213.
[25] Fifolt M J，Olczak R T，Mundhenke R F. J Org Chem，1985，50（23）：4576.
[26] Umemoto T，Tomizawa G. J Org Chem，1995，60（20）：6563.
[27] Sanford M S，Huljij K L，Anani W Q. J Am Chem Soc，2006，128：7134.
[28] Yu J Q，Wang X S，Mei T S. J Am Chem Soc，2009，131：7520.
[29] Chan K S L，Wasa M，Wang X S，et al. Angew Chem Int Ed，2011，50：9081.
[30] Cleve A，Klar U，Schwede W. J Fluorine Chem，2005，126（2）：217.
[31] Grellepois F，Chorki F，Crousse B，et al. J Org Chem，2002，67（4）：1253.
[32] Wiedemann J，Heiner T，Mloston G，G，et al. Angew Chem Int Ed，1998，37：820.
[33] Kimoto H，Fujii S. J Org Chem，1984，49（6）：1060.
[34] Iseki K，Nagai T，Kobayashi Y. Tetrahedron：Asymmetry，1994，5：961.
[35] Chang Y，Cai C. Tetrahedron Lett，2005，46（18）：3161.
[36] Chang Y，Cai C. J Fluorine Chem，2005，126（6）：937.
[37] Bakshi R K，Rasmusson G H，Patel G F，et al. J Med Chem，1995，38（17）：3189.
[38] Ma J A，Cahard D. J Org Chem，2003，68（22）：8726.
[39] Rasmusson G H，Brown R D，Arth G E. J Org Chem，1975，40（6）：672.
[40] Crabbe P，Cervantes A. Tetrahedron Lett，1973：1319.
[41] Kobayashi Y，Taguchi T，Oshida J，et al. Tetrahedron Lett，1979，22：2023.
[42] Dolbier J W R，Tiana F，Duana J X，et al. J Fluorine Chem，2004，125（3）：459.
[43] Chang Y，Cai C. Chem Lett，2005，34（10）：1440.
[44] Mstsumoto J，Miyamoto T，Minamida A，et al. J Heterocyclic Chem，1984，21：673.
[45] Tewson T J，Welch M J. J Chem Soc，Chem Commun，1979：1149.
[46] Rosenfeld M N，Widdowson D A. J Chem Soc，Chem Commun，1979：914.
[47] Ng J S，Katzenellenbogen J A，Kilbourn M E. J Org Chem，1981，46（12）：2520.
[48] Petterson R C，DiMaggio A，Hebert A L，et al. J Org Chem，1971，36（5）：631.
[49] Kirk K L，Cohen L A. J Am Chem Soc，1971，93（12）：3060.
[50] Kirk K L，Cohen L A. J Am Chem Soc，1973，95（14）：4619.
[51] Kirk K L. J Org Chem，1976，41（14）：2373.
[52] Takahashi K，Kirk K L，Cohen L A. J Org Chem，1984，49（11）：1951.
[53] 石川延男．含氟生理活性物质的开发和应用．闻建勋，闻宇清译．上海：华东理工大学出版社，2000：83.
[54] Yoneda N，Fukuhara T，Suzuki A. Synth Commun，1989，19：865.
[55] Boudakian M M. J Fluorine Chem，1981，18（4）：497.
[56] Sulser U，Widmer J，Goeth H. Z. Helv Chim Acta，1977，60：1676.
[57] Bonini C，Righi G. Synthesis，1994，（3）：225.

[58] Skupin R, Haufe G. J Fluorine Chem, 1998, 92: 157.
[59] Shimizu M, Yoshioka H. Tetrahedron Lett, 1988, 29: 4101.
[60] Shimizu M, Nakahara Y, Yoshida H. J Chem Soc, Chem Commun, 1989: 1881.
[61] Muehlbacher M, Poutler C D. J Org Chem, 1988, 53 (5): 1026.
[62] Akiyama Y, Fukuhara T, Hara S. Synlett, 2003, (10): 1530.
[63] Hagiwara R, Matsumoto K, Nakamori Y T, et al. J Electrochem. Soc, 2003, 150: D195.
[64] Yoshino H, Matsubara S, Oshima K, et al. J Fluorine Chem, 2004, 125 (3): 455.
[65] Yoshino H, Matsumoto K, Hagiwara R, et al. J Fluorine Chem, 2006, 127 (1): 29.
[66] 祝翠红，闻建平，卢彦昌等．化学工业与工程，2005，22 (6): 430.
[67] Fan R H, Zhou Y G, Zhang W X, et al. J Org Chem, 2004, 69 (2): 335.
[68] Kirihara M, Kakuda H, Tsunooka M, et al. Tetrahedron Lett, 2003, 44 (35): 6691.
[69] Brown S T, Clark J H. J Fluorine Chem, 1985, 30 (3): 251.
[70] Serguchev Y A, Ponomarenko M V, Lourie L F, et al. J Fluorine Chem, 2003, 123 (2): 207.
[71] Parish E J, Schroepfer G J Jr. J Org Chem, 1980, 45: 4034.
[72] Wang C L. J Org React, 1985, 34: 319.
[73] Nickson T E. J Fluorine Chem, 1991, 55 (2): 169.
[74] Middleton W J. J Org Chem, 1975, 40 (5): 574.
[75] Kirsch P, Heckmeier M, Tarumi K, Liquid Cryst, 1999, 26: 449.
[76] Lal G S, Pez G P, Pesaresi R J, et al. J Org Chem, 1999, 64 (19): 7048。
[77] Posner G H, Haines S R. Tetrahedron Lett, 1985, 26: 5.
[78] Nicolaou K C, Ladduwahetty T, Randall J L, et al. J Am Chem Soc, 1985, 107 (3): 735.
[79] Bennett C, Clayton S, Tovell D. Chem Ind, 2010: 21.
[80] Muneyama F, Frisque-Hesbain A M, Devos A, et al. Tetrahedron Lett, 1989, 30: 3077.
[81] Ernst B, Winkler T. Tetrahedron Lett, 1989, 30: 3081.
[82] Hayashi H, Sonoda H, Fukumura K, et al. Chem Commun, 2002: 1618.
[83] Su T L, Klein R S, Fox J J. J Org Chem, 1982, 47 (8): 1506.
[84] Shimizu M, Nakahara Y, Yoshioka H. Tetrahedron Lett, 1985, 26: 4207.
[85] Kim D W, Chi D Y. Angew Chem Int Ed, 2004, 43 (4): 483.
[86] Yin J, Zarkowsky D S, Thomas D W, et al. Org Lett, 2004, 6 (9): 1465.
[87] Tozer M J, Herpin T F. Tetrahedron, 1996, 52 (26): 8619.
[88] Alekseeva L A, Belous V M, Yagupolskii L M, J Org Chem USSR, 1974, 10: 1053.
[89] Kunshenko B V, Alekseeva L A, Yagupolskii L M. J Org Chem USSR, 1974, 10: 1698.
[90] Medebielee M, Ait-Mohand S, Burkhloder C, et al. J Fluorine Chem, 2005, 126 (4): 533.
[91] Street I P, Withers S G. Can J Chem, 1986, 64 (7): 1400.
[92] L'Heureux A, Beaulieu F, Bennett C, et al. J Org Chem, 2010, 75 (10) : 3401.
[93] Sondej S C, Katzenellenbogen J A. J Org Chem, 1986, 51 (18): 3508.
[94] Kirsch P, Bremer M. Angew Chem Int Ed, 2000, 39: 4216.
[95] Yoshida Y, Kimura Y. Chem Lett, 1988, 17 (8) : 1355.
[96] 陈卫东，钱旭红，宋恭华．化工生产与技术，2003，10 (2): 1.
[97] Comagic S, Piel M, Schirrmacher R, et al. Appl Radial Isot, 2002, 56 (6): 847.
[98] Debois M. US4748277, 1988.
[99] 刘海辉，杜晓华，陈静华等．农药，2005，44 (10): 464.
[100] Yadav G D, Paranjape P M. J Fluorine Chem, 2005, 126 (1): 99.
[101] 朱志华，徐佩若，严之光等．1999，16 (1): 44.
[102] 陈其亮，徐杰．精细化工，2001，18 (7): 432.
[103] 沈之芹，陈金华，金文清等．精细化工，2001，18 (12): 713.
[104] Kaieda O, Awajima M, Ookidaka I, et al. JP63211259, 1988.
[105] Konishi A, Mizukami M, Takakuwa K, et al. JP63295547, 1988.
[106] Zhu S Z, Zhao J W, Cai X. J Fluorine Chem, 2004, 125 (3): 451.
[107] 温新民，陈卫东，彭延庆等．华西药学杂志，2000，15 (2): 97.
[108] Yoshida Y, Kimura Y. JP63270640, 1988.
[109] Kumai S. Asahi Garasu Kenkyu Hokoku, 1987, 39 (2): 317.

[110] Yoshida Y, Kimura Y. Chem Lett, 1988, 17 (8): 1355.
[111] Gingras M. Tetrahedron Lett, 1991, 32: 7381.
[112] Makosza M, Bujok R. J Fluorine Chem, 2005, 126 (2): 209.
[113] 石川延男．含氟生理活性物质的开发和应用．闻建勋，闻宇清译．上海：华东理工大学出版社．2000: 101.
[114] Kumai S. Asahi Garasu Kenhyu Hokoku, 1985, 35 (2): 153.
[115] Milner D J. Synth Commun, 1985, 15: 485.
[116] Clark J H, Smith D K. Tetrahedron Lett, 1985, 26: 2233.
[117] Van der Puy M. J Org Chem, 1988, 53: 4389.
[118] 熊井清作．第 14 次氟化学讨论会．1989: 1.
[119] 罗军，蔡春，吕春绪．合成化学，2002, 10 (1): 17.
[120] Vanderhoff J W. US3432413, 1969.
[121] Gedye R, Smith F, Westaway K, et al. Tetrahedron Lett, 1986, 27 (3): 87.
[122] Hwang O R, Moerlein S M, Lang L, et al. J Chem Soc, Chem Commun, 1987, 21: 1799.
[123] Ponde D E, Dence C S, Schuster D P, et al. Nuclear Medicine and Biology, 2004, 31 (1): 133.
[124] Karramkam, Hinnen F, Berrehouma M, et al. Bioorg Med Chem, 2003, 11 (13): 2769.
[125] Kidwai M, Sapra P, Bhushan K R. Indian J Chem, 1999, 38B: 114.
[126] Luo J, Lü C X, Cai C, Qü W C. J Fluorine Chem, 2004, 125 (5): 701.
[127] 罗军，蔡春，吕春绪．精细化工，2002, 19 (10): 593.
[128] 罗军，蔡春，吕春绪．现代化工，2002, 22 (增刊): 43.
[129] 罗军，蔡春，吕春绪．应用化学，2003, 20 (1): 47.
[130] 罗军，蔡春，吕春绪．精细化工，2003, 20 (1): 53.
[131] 罗军，蔡春，吕春绪．石油化工，2003, 32 (1): 37.
[132] 张铸勇．精细有机合成单元反应．第 2 版．上海：华东理工大学出版社，2003: 18.
[133] 李红运，朱旭容．南京工业大学学报，2005, 27 (3): 54.
[134] 国家医药管理总局．全国原料药工艺汇编．北京：化学工业出版社，1980: 197.
[135] Jung J C, Jung Y J, Park O S. Synth Commun, 2001, 31 (16): 2507.
[136] Havasi G, Nagy F, Godo L, et al. Hung Teljes 30026, 1984-02-28.
[137] Narender N, Srinivasu P, Kulkarni S J, et al. Synth Commun, 2002, 32 (2): 279.
[138] Mirk D, Kataeva O, Frohlich R, et al. Synthesis, 2003, (15): 2410.
[139] Lee J G, Cha H T. Tetrahedron Lett, 1992, 33 (22): 3167.
[140] Hodgson H H. Chem Rev, 1947, 40 (2): 251.
[141] Pfeil E. Angew. Chem, 1953, 65 (1): 155.
[142] Woroshzow et al. Nauka Prom-st. 1958, 3: 404; Chem Abstr. ; 1958; 19987.
[143] Davies H. J Chem Soc, 1922, 121: 2649.
[144] Kinzlberger Co. DE280739, 1921.
[145] 张铸勇．精细有机合成单元反应．第 2 版．上海：华东理工大学出版社，2003: 160.
[146] Yadav J S, Reddy B V S, Reddy C S, et al. Chem Lett, 2004, 33 (4): 476.
[147] Kagan J, Firth B D, Shih N Y, et al. J Org Chem, 1977, 42 (2): 343.
[148] Yadav J S, Subba B V, Kumar G M. Synlett, 2001, (9): 1417.
[149] Krishnaveni N S, Surendra K, Narender M, et al. Synthesis, 2004, (4): 501.
[150] Hoffmann M G, Zeiss H J. Tetrahedron Lett, 1992, 33: 2669.
[151] Kalyani D, Dick A R, Anani W Q, et al. Tetrahedron, 2006, 62: 11483.
[152] Wan X B, Ma Z X, Li B J, et al. J Am Chem Soc, 2006, 128: 7416.
[153] Song B, Zheng X J, Mo J, et al. Adv Synth Catal, 2010, 352: 329.
[154] 张虹，张喜军，杨德臣等．有机氟工业，2005, 3: 3.
[155] 国家医药管理总局．全国原料药工艺汇编．北京：化学工业出版社，1980: 218.
[156] 国家医药管理总局．全国原料药工艺汇编．北京：化学工业出版社，1980: 12.
[157] Narendar P, Gangadasu B, Ramesh C, et al. Synth Commun, 2004, 34 (6): 1097.
[158] 张铸勇．精细有机合成单元反应．第 2 版．上海：华东理工大学出版社．2003: 147.
[159] 国家医药管理总局．全国原料药工艺汇编．北京：化学工业出版社，1980: 773.
[160] 国家医药管理总局．全国原料药工艺汇编．北京：化学工业出版社，1980: 769.
[161] Reich H J, Rigby J H Handbook of Reagents for Organic Synthesis: Acidic and Basic Reagents. Chichester: John Wi-

ley & Sons, 1999: 187.
[162] Brown H C, Roi M H. J Org Chem, 1966, 31 (4): 1090.
[163] Norris J F. Org Synth Coll, 1950, 1: 142.
[164] Yadav V K, Babu K G. Tetrahedron, 2003, 59 (46) : 9111.
[165] 袁晶，李亚明，张华. 化学研究与应用，2004, 16 (6): 825.
[166] 郭灿城，李可来，童荣标等. 有机化学，2005, 25 (3): 308.
[167] 国家医药管理总局. 全国原料药工艺汇编. 北京：化学工业出版社，1980: 24.
[168] 金波，陈国华，邹爱峰等. 中国药科大学学报，2005 , 36 (1): 92.
[169] Magid R M, Fruchey O S, Johnson W L, et al J Org Chem, 1979, 44 (3): 359.
[170] Lee J, Zhong Y L, Reamer R A, et al. Org Lett, 2003, 5 (22): 4175.
[171] Benati L, Leardini R, Minozzi M, et al. Synth Lett, 2004, 6: 985.
[172] 国家医药管理总局. 全国原料药工艺汇编. 北京：化学工业出版社，1980: 9.
[173] Heath R L, Rose J D. J Chem Soc, 1947: 1485.
[174] Mayr H, Striepe W. J Org Chem, 1983, 48 (8): 1159.
[175] Cantrell T S. J Org Chem, 1967, 32 (5): 1669.
[176] Backvall J E, Andersson P G. J Org Chem, 1991, 56 (7): 2274.
[177] 国家医药管理总局. 全国原料药工艺汇编. 北京：化学工业出版社，1980: 53.
[178] Rychnovsky S D, Griesgraber G, Zeller S, et al. J Org Chem, 1991, 56 (17): 5161.
[179] Matsui K, Motoi M, Nojiri T. Bull Chem Soc Jpn, 1973, 46 (2): 562.
[180] 陈立功，王东华，宋传君等. 药物中间体合成工艺. 北京：化学工业出版社，2001: 43.
[181] Rulev A Y, Fedorov S V, Nenajdenko V G, et al. Russ Chem Bull, 2003, 52 (10): 2287.
[182] Clayden J, Greeves N, Warren S, et al. Organic chemistry. New York: Oxford University press, 2001: 1085.
[183] Dowle M D, Davies D I. Chem Soc Rev, 1979, 8: 171.
[184] Ranganathan S, Muraleedharan K M, Vaish N K, et al. Tetrahedron, 2004, 60: 5273.
[185] Van Zee N J, Dragojlovic V. Phase-vanishing reactions with PTFE (Teflon) as a phase screen [J] . Org Lett, 2009, 11 (15): 3190.
[186] Kropp P J, Daus K A, Crawford S D, et al. J Am Chem Soc, 1990, 112 (20): 7433.
[187] Kropp P J, Daus K A, Tubergen M W, et al. J Am Chem Soc, 1993, 115 (8): 3071.
[188] Kropp P J, Crawford S D. J Org Chem, 1994, 59 (11): 3102.
[189] Walborsky H M, Topolski M. J Am Chem Soc, 1992, 114 (9): 3455.
[190] Layachi K, Guerro M, Robert A, et al. Tetrahedron, 1992, 48 (9): 1585.
[191] Hudrlik A M, Rona R J, Misra R N, et al. J Am Chem Soc, 1977, 99 (6): 1993.
[192] Jenkins T C, Naylor M A, Neill P, et al. J Med Chem, 1990, 33 (9): 2603.
[193] Ellis M K, Golding B T. Org Synth Coll, 1990, 7: 356.
[194] Bonini C, Giuliano C, Righi G, et al. Synth Commun. 1992, 22: 1863.
[195] Shimizu M, Yoshida A, Fujisawa F. Synlett. 1992: 204.
[196] Bajwa J S, Anderson R C. Tetrahedron Lett. 1991, 32: 3021.
[197] Tanemura K, Suzuki T, Nishida Y, et al. Chem Lett, 2003, 32 (10): 932.
[198] Canibano V, Rodriguez J F, Santos M, et al. Synthesis, 2001, (14): 2175.
[199] Zhang Y, Shibatomi K, Yamamoto H. Synlett, 2005, (18): 2837.
[200] Yang D, Yan Y L, Lui B. J Org Chem, 2002, 67 (21): 7429.
[201] Okada Y, Yokozawa M, Akib M, et al. Org Biomol Chem, 2003, 1 (14): 2506.
[202] McMurry J E, Erion M D. J Am Chem Soc, 1985, 107 (9): 2712.
[203] Olah G A, Karpeles R, Narang S C. Synthesis, 1982: 963.
[204] Guindon Y, Therien M, Girard Y, et al. J Org Chem, 1987, 52 (9): 1080.
[205] Kulkami S U. , Patil V D. Heterocycles, 1982, 18: 163.
[206] Kim E H, Koo B S, Song C E, et al. Synth Commun, 2001, 31 (23): 3627.
[207] Okimoto M, Takahashi Y. Synthesis, 2002, (15): 2215.
[208] Czifrak K, Somsak L. Tetrahedron Lett, 2002, 43 (49): 8849.
[209] Aoyama T, Takido T, Kodomari M. Tetrahedron Lett, 2004, 45 (9): 1873.
[210] Cordoba R, Plumer J. Tetrahedron Lett, 2002, 43 (51): 9303.
[211] Cami-Kobeei G, Williams J M J. Synlett, 2003, (1): 124.

[212] Smirnov V V, Zelikman V M, Beletskaya I P, et al Russian J Org Chem, 2002, 38 (7): 962.
[213] Dranytska O V, Noumano R. J Org Chem, 2003, 68 (24): 9510.
[214] Panunzi B, Rotiroti L, Tingoli M. Tetrahedron Lett, 2003, 44 (49): 8753.
[215] Giri R, Chen X, Yu J Q. Angew Chem Int Ed, 2005, 44: 2112.
[216] Sharghi H, Eskandari M M. Tetrahedron, 2003, 59 (43): 8509.
[217] 国家医药管理总局. 全国原料药工艺汇编. 北京: 化学工业出版社, 1980: 228.
[218] 国家医药管理总局. 全国原料药工艺汇编. 北京: 化学工业出版社, 1980: 338.
[219] Kajigaeshi S, Kakinami T, Yamasaki H, et al. Bull Chem Soc Jpn, 1988, 61 (2): 600.
[220] Lulinski P, Kryska A, Sosnowski M, et al. Synthesis, 2004, (3): 441.
[221] Kropp P J, Adkins R. J Am Chem Soc, 1991, 113 (7): 2709.
[222] Hudrlik P E, Kulkarni A K, Jain S, et al. Tetrahedron, 1983, 39 (6): 877.
[223] Kropp P J, Daus K A, Crawford S D, et al. J Am Chem Soc, 1990, 112 (20): 7433.
[224] Kropp P J, Daus K A, Tubergen M W, et al. J Am Chem Soc, 1993, 115 (8): 3071.
[225] Kropp P J, Crawford S D. J Org Chem, 1994, 59 (11): 3102.
[226] Lee J C, Bae Y H. Synlett, 2003, (4): 507.
[227] Miquel N, Vignando S, Russo G, et al. Synlett, 2004, (2): 341.
[228] Lam S N, Gervay H. J Org Lett, 2003, 5 (22): 4219.
[229] Kabalka G W, Mereddy A R. Tetrahedron Lett, 2004, 45 (2): 343.
[230] Kabalka G W, Mereddy A R. Tetrahedron Lett, 2004, 45 (7): 1417.
[231] Mei T S, Giri R, Maugel N, et al. Angew Chem Int Ed, 2008, 47: 5215.
[232] Suzuki H, Aikara M, Yamamoto H, et al. Synthesis, 1988: 236.
[233] Bunnett J F, Conner R M. J Org Chem, 1958, 23 (2): 305.
[234] 国家医药管理总局. 全国原料药工艺汇编. 北京: 化学工业出版社, 1980: 1047.
[235] Barluenga J, Concellon J M, Fernandez-Simon J L, et al. J Chem Soc, Chem Commun, 1988, (8): 536.
[236] Miller J A, Nunn M J. J Chem Soc, Perkin Trans 1, 1976: 416.
[237] Bowers S D, Sturtevant J M. J Am Chem Soc, 1955, 77 (18): 4903.
[238] Bailey W J, Fujiwara E. J Am Chem Soc, 1955, 77 (1): 165.
[239] Willy W E, Mekean D R, Garcia B A. Bull Chem Soc Jpn, 1976, 49 (7): 1989.
[240] Harrowven D C, Nunn M I T, Fenwick D R. Tetrahedron Lett, 2001, 42 (42): 7501.
[241] Boyer B, Keramane E M, Arpin S, et al. Tetrahedron, 1999, 55: 1971.

14 手性药物中间体的合成

14.1 手性药物简介

14.1.1 手性的重要性

Pasteur 在 100 多年前就说明了自然界的基本现象和定律是由手性产生的，而两个对映的具有生物活性的化合物在手性环境中常常有不同的行为。对药物来说，与它的受体部位通常是以手性的方式相互作用从而达到治疗效果的，不同的对映体会以不同的方式参与作用并导致不同的效果。外消旋药物有可能具有相等的药理活性；也可能二者具有不同程度的活性或不同种类的活性；还可能一种有活性而另一种无活性，甚至具有副作用。如治疗帕金森症的 L-多巴是经多巴脱羧酶脱羧后生成具有药效的多巴胺，多巴脱羧酶是立体专一的，仅对(－)-对映体起作用[1]。

手性药物引起重视是因为 20 世纪 60 年代在欧洲发生的一个人间悲剧。外消旋的沙利度胺（也叫反应停，thalidomide）用作高效的镇静剂和止吐剂，尤其是早期妊娠反应，但不幸的是，很多服用这种药物的孕妇产下了畸形的婴儿。后来的研究发现，该药的(*S*)-异构体（**14-1**）是一种极强的致畸剂，而(*R*)-异构体（**14-2**）却不会引起畸变[2]。

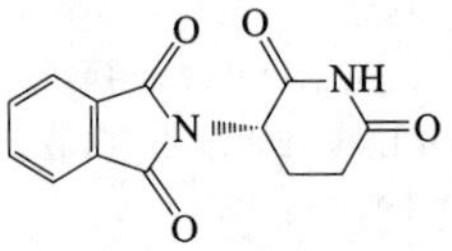

(*S*)-沙利度胺,**14-1** 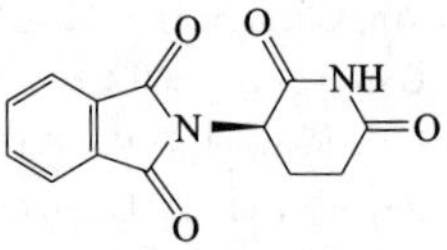　　(*R*)-沙利度胺,**14-2**

1992 年，美国 FDA 开始要求手性药物以单一对映体（对映体纯）形式上市，农药也存在着手性要求。在 1993 年，手性药物的全球销售额只有 330 亿美元，到 2000 年已达到 1330 亿美元。至 2003 年，手性药物市场每年以 8％的速度递增。中国科学院上海有机研究所林国强院士曾经在一次医药企业峰会上说“21 世纪将是手性药物发展的世纪”。

14.1.2 大规模拆分制备手性药物及中间体

随着制备手性色谱和色谱手性分析的迅速发展，为手性药物及其中间体的合成工业技术提供了经济实用的方法，一般采用非对映异构体拆分或酶法拆分。非对映体拆分是与光学纯的拆分试剂形成一种盐或共价衍生物后，分离不同衍生物，再将其分解成相应的两个对映体。另一个广泛使用的方法是不对称合成。但不对称合成反应步数比较多，需要使用价值昂贵的对映体试剂。据报道，目前大约 65％非天然对映体药物是通过外消旋药物或中间体拆分制造的。商业规模制备色谱最有希望的技术是模拟移动床色谱（simulated moving bed chromatography，SMBC）。常规的色谱是液体携带样品向前流经一个填料固定床，各组分根据其与填料的相对亲和力不同而被分离。模拟移动床的运行像在同一时间内填料都向后移动。实际过程中填料床并不移动，而是将柱子首尾两端连接成为一个闭路循环，操作人员改变样品与溶剂的注入点和混合组分的移出点。整个过程像不断开和关的一串电灯泡，虽然灯泡本身并没有移动，而光亮的图案则显示在不断移动。每个回路中连有 8～12 根色谱柱，柱与柱之间的连接点处有 4 个阀门，用来注入外消旋体与溶剂和取出产品。反复注入和取出的时间与位点都是由电脑软件控制的。UOP 在 Chiral USA’95 讨论会上称，该公司大型 SMB 装置每年可以从消旋体生产(*R*)-3-氯-1-苯丙醇 10000kg，成本 750＄/kg。该醇是 Lilly 公司制备抗抑郁药氟西丁单一异构体的中间体[3]。

液相色谱不仅是一种工业生产方法，还是一种测定对映体纯度的方法。在手性药物分析方面，现已装配成液相色谱手性分离数据库，可以快速确定所要的详细分析方法。该数据库描述了 24000 个分析分离系统，而且每年以 4000 个的速度在增加。已有 8000 个化合物对映体的结构完成色谱分离，并建立了档案。数据库可以采用定向的分子结构进行检索。FDA 要求制药公司对手性药物的两个单一异构体和外消旋体进行测定，同时对原料药、制剂和每个关键中间体也要进行测定。色谱法对于对映选择分析是各制药公司广泛采用的方法。

14.1.3 大规模不对称合成制备手性药物及中间体

不对称合成现已从实验室进入了工业生产。不对称合成是使用一种对映体试剂或催化剂，对某种底物进行反应，使之只形成一个对映体的手性产品。对于大规模工业生产而言，催化氢化可能是最实用的不对称技术。20 世纪 70 年代中期，美国 Monsanto 公司首先采用不对称催化氢化工业生产 L-多巴。80 年代，Ve-blsis-Chemie 采用 Rh 催化体系以工业规模生产同一产品。之后，Merck、高砂和 Anic Enichem 三家公司分别用不对称环氧化反应和氢化反应生产抗高血压药物 Cromakalim、Carbapenem 及新型甜味剂 Aspartame 的原料 L-苯丙氨酸。日本的野依良治利用 BINAP-Ru 络合物不对称催化氢化反应合成了光学纯度高达 97%*ee* 的 *S*-萘普生(*S*-Naprxen)。表 14-1 为现已用于工业化生产的不对称催化反应[3]。

表 14-1 几种已用于工业化生产的不对称催化反应

产品	反应类型(金属)	公司(发明人)
L-多巴(L-Dopa)	氢化(Rh)	Monsanto(Knowles)
西司他丁(Cilastatin)	环丙烷化(Cu)	住友(Aratani 等)
L-苯丙氨酸(L-Phenylalanine)	环氧化(Rh)	Anic Enichem(Fiorini 等)
Disparlure	环氧化(Ti)	T T Baker(Sharpless)
缩水甘油(Glycidol)	环氧化(Ti)	ARCO(Sharpless)
L-薄荷脑(L-Menthol)	重排(Rh)	高砂(Noyori)
MK-0417	羰基还原	Merck(Corey)
色满卡林(Cromakalim)	环氧化(Mn)	Merck(Jacobson)
Carbapenem	氢化(Ru)	高砂(Noyori)

不对称合成的另一策略是应用手性原料，以它们为起始原料，在以后的反应过程中诱发出所希望的手性。应用合成子的一个新实例是 Smithkline Beecham 公司的化学家 Pridgen 应用(*R*)-苯甘氨醇与对溴苯甲醛反应，合成出(*R*)-*α*-对溴苯乙胺。这是一个重要拆分试剂，用来拆分外消旋羧酸。另一个例子是 Glaxo 制备环戊烷氨基醇。这些氨基醇在抗病毒药中模拟核糖和脱氧核糖。一个特别重要的化合物就是单一对映体 4-氨基-2-羟甲基环戊醇。

手性辅基 (chiral auxiliaries) 是不对称合成的另一新技术，德国 Rhine-Westphalia 研究所在这方面研究处于世界前列。手性辅基均是对映体化合物，这些化合物通过共价键暂时与底物相连接。在该底物以后所进行的反应过程中，这些手性辅基诱导出所希望的手性，最后再将这些辅基断裂掉回收。

手性化合物的生物合成，是手性药物生产取得突破的关键技术。生物合成是利用酶促反应或微生物转化的高度化学、区域和立体选择性地将化学合成的外消旋衍生物、前体或潜手性化合物转化成单一光学活性产物。优点为反应条件温和（通常在 20～30℃)、选择性高、副反应少、收率高、光学纯度高、无环境污染。手性化合物的生物合成主要有两种途径。早期是利用水解酶类如脂肪酶、酯酶、蛋白酶、酰胺酶、腈水合酶、酰化酶等，对外消旋底物进行不对称水解拆分制备手性化合物。这种方法的缺点是必须先合成外消旋目标产物，拆分的最高收率不超过 50%，需将另一对映体消旋化，经过循环最终转化成目标产物。最近的发展是微生物或酶直接转化，或利用氧化还原酶、合成酶、裂解酶、水解酶、羟化酶、环氧化酶等，直接从前体化合物不对称合成各种复杂的手性醇、酮、醛、酯、胺衍生物，以及各种含磷、硫、氮及金属的手性化合物。该法不需制备前体衍生物，可将前体 100%地转化为手性目标产物，因此具有更大的工业价值。

在合成中引入生物转化在制药工业中已成为关键技术。如 Merck 公司开发的 β-内酰胺酶抑制剂西司他丁的生产就是一个实例，可以从易得原料合成消旋的 2,2-二甲基环丙羰基腈开始，通过腈水合酶和酰胺酶生产西司他丁所要的(S)-酰胺。酶技术的一个新方向是美国 Altus Biologics 的交联酶结晶（cross-linked enzyme crystals)。将来自 *Candida rugosa* 酵母的一种交联结晶酯酶加入到其肽酶产品 Thermolysin 中，该酯酶能催化广泛的酯化和水解。Thermolysin 可以将肽缝合在一起，又可以将它们拆散。作为交联酯酶能力的一个实例是布洛芬消旋体甲酯的选择水解成(S)-布洛芬，对映体过量值达到 95%。

我国手性药物工业是随制药工业的发展而发展的。据对中国药典（1995 年版）二部收载的化学药品、抗生素等原料药（不包括制剂）的统计，其中单一对映体药物 144 种。我国手性药物的工业生产多采用传统的拆分方法，对外消旋最终产物或对消旋中间体进行拆分。通常是用光学纯的拆分试剂形成非对映异构体盐进行分离，如用酒石酸拆分肾上腺素、对羟基苯甘氨酸，樟脑酸拆分苯甘氨酸，辛可尼定拆分萘普生等。

早在 20 世纪 60 年代我国就开展甾体化合物的微生物转化研究，并用于工业生产，如采用霉菌氧化在可的松和氢化可的松的生产中形成 11α-醇和 11β-醇。从 70 年代后期开始进行手性化合物的生物合成研究，实现了 L-天冬氨酸和 L-苹果酸的工业化。对 D-苯甘氨酸、D-对羟基甘氨酸、L-苯丙氨酸、L-色氨酸的不对称合成和(S)-布洛芬的酶法拆分也取得了很好的结果。

我国手性药物工业虽有一定基础，但对化学合成和生物合成的研究并不多，更缺少创新和基础性研究，与世界手性工业的发展有较大差距，因此亟待加强手性技术的研究与开发。

手性金属络合物催化由于其价格昂贵、有毒、难回收和处理等缺点，限制了其实际应用，经过 Knowles 和野依良治等人的努力，已有一些手性金属络合物催化剂得到了实际应用。利用消旋体混合物的手性拆分、天然手性原料、天然手性催化剂、手性金属络合物催化剂和近来兴起的生物制药是研究的重点，现在大部分手性药物的合成都是通过这几种途径进行的。

14.2 天然手性原料

利用天然产物中存在的手性源来制备手性化合物的方法也叫手性池法。由于天然产物通常具有很高的光学纯度，因此运用手性池方法合成过程中往往可以不涉及手性分离。利用自然界存在的光学纯物质作为不对称合成的反应原料已是手性化合物合成历史上最久的一棵“常青树”。手性片段往往是药物中最为重要的中间体，对药物的生理活性起着核心作用，因此其合成也是药物合成中的重要部分。由于不对称合成通常要用到有毒、昂贵的金属配合物和低温（通常为-78℃）反应条件，对工业化大规模生产来说是不利的。而天然原料通常都是手性的，可以通过一些非手性合成得到所需的手性中间体，因此其应用非常广泛。常用的天然手性原料都是易得的化合物，如氨基酸、糖、萜、羟基酸等[4～6]。

14.2.1 氨基酸

氨基酸来源广泛，价格便宜，是非常理想的手性药物中间体的合成原料。氨基酸除脯氨酸外，一般都是无环的3～6个碳原子的链状化合物，含1～2个手性中心，通常L-型的氨基酸易得，其中谷氨酸（glutamic acid）尤其便宜，应用广泛[7]。例如，可用于制备应用广泛的(*S*)-4-羟甲基丁内酯（**14-3**）或(*R*)-4-羟甲基丁内酯（**14-4**）[8]，前者可用于蛋白水解酶复合体抑制剂Lactacystin中间体*γ*-内酰胺[9～12]。

HOOC / NH_2 / COOH —HNO_2, 75%～85%→ **14-3** (OH) → (OTs) → (COOMe) → **14-4** (OH)

L-天冬氨酸（L-aspartic acid）比谷氨酸少一个亚甲基，可用于构建硫霉素的*β*-内酰胺母核[13]。

硫霉素 ⟸ L-天冬氨酸

L-丝氨酸（L-serine）在药物合成中也有广泛应用。如可用于构建阿莫西林的四元*β*-内酰胺中间体（**14-5**）[14]。

HO / NHCbz / OH —EDC, H_2NOBn, DMF,H_2O, 89%→ HO / NHCbz / NHOBn —DEAD,PPh_3, THF,20h, 54%～82%→ **14-5** (NCbz, BnO) ⟶ 阿莫西林

Nicolaou则将D-丝氨酸用于PKC抑制剂（**14-6**）的合成中[15]。

HO / NH_2 / OH ⟶ TPSO / NHBoc / OMe ⟶ **Balanol 14-6**

L-脯氨酸（L-proline）作为唯一的含亚氨基的氨基酸，近来多用于有机小分子仿生催化

反应中，但也常用于作为手性源，如华佗豆甲碱（Ipalbidine，**14-7**）的合成[16]。

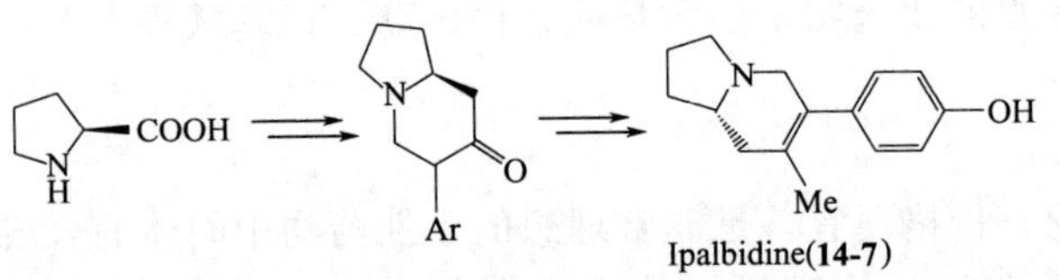

Ipalbidine(**14-7**)

L-色氨酸（L-tryptophane）应用最多的是用于合成吲哚类生物碱，如 Gypsetin（**14-8**）的合成[17]。

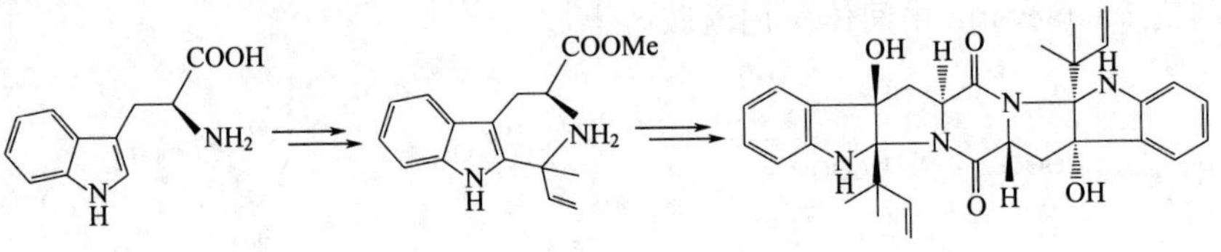

Gypsetin(**14-8**)

L-缬氨酸（L-valine）也可以延长一个碳链变成β-氨基酸 **14-9**[18]。

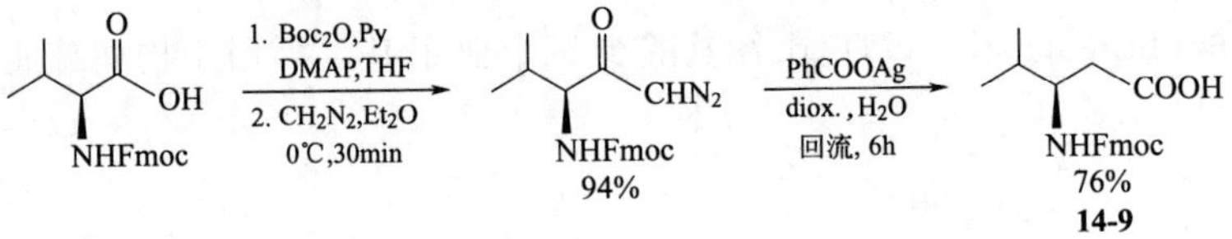

1. Boc_2O,Py DMAP,THF 2. CH_2N_2,Et_2O 0℃,30min；94%；PhCOOAg diox.，H_2O 回流，6h；76% **14-9**

14.2.2 糖类化合物

糖是一类非常价廉易得的天然产物，其光学纯度高、价格低，是有机化学家们使用频率较高的手性原料。但天然的糖类为 D-型，L-型异构体则相对不易得。糖类化合物用于制备手性元的可变性较大，因为存在多个手性中心，但也因此而使其转化过程步骤多，通常都涉及一个或多个手性中心的消除（主要是脱羟基）。糖在药物中间体的合成中应用非常广泛，是药物合成中一个非常重要的领域[19~23]。

葡萄糖是一种非常便宜的糖类，用它作手性原料的研究非常广泛。通过不同的条件可以转化为不同形式的手性中间体[24~28]。

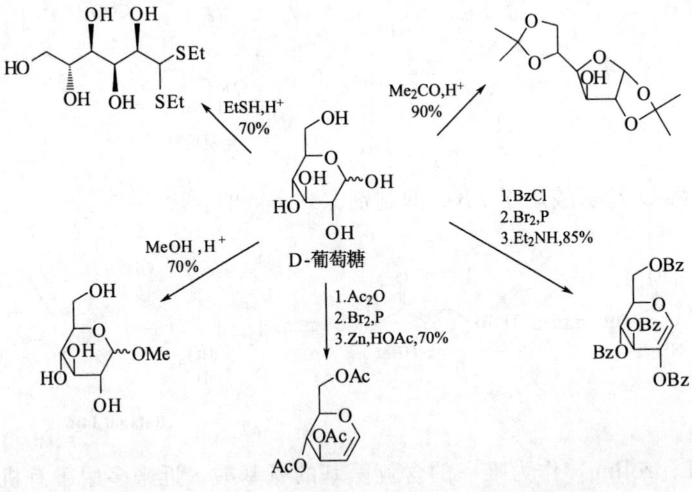

D-葡萄糖：EtSH,H^+ 70%；Me_2CO,H^+ 90%；MeOH，H^+ 70%；1.Ac_2O 2.Br_2,P 3.Zn,HOAc,70%；1.BzCl 2.Br_2,P 3.Et_2NH,85%

D-葡萄糖酸内酯也是一个很好的手性原料，从它出发可以制备成其他一些手性中间体而得到广泛应用，如2,3：4,5-二丙酮叉-D-阿拉伯糖（**14-10**）[29]和单四氢呋喃番荔枝内酯（**14-11**）[30]的合成。

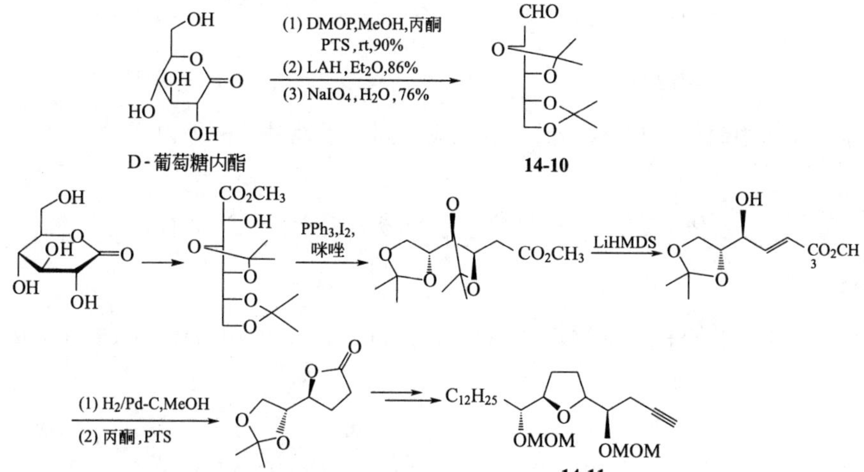

果糖也是一种非常便宜的单糖，与葡萄糖不同，它是一个酮糖。果糖也是一种用途广泛的天然手性原料，可以转化为诸多手性中间体[31~35]。

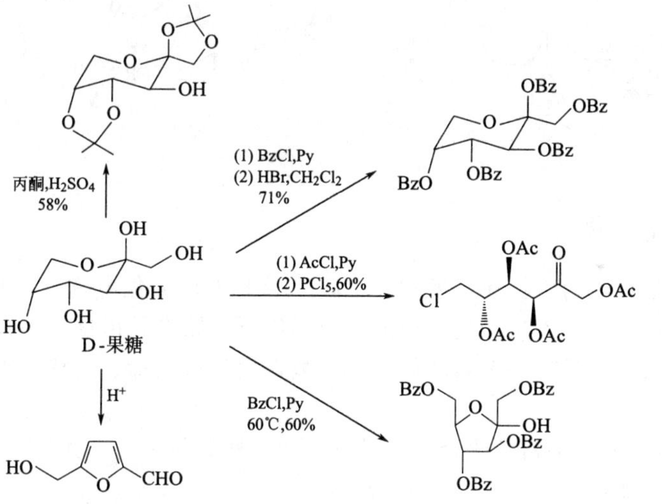

D-甘露醇具有 C_2 对称性，可作为手性原料用于合成一些天然产物，如化合物**14-12**[36]。

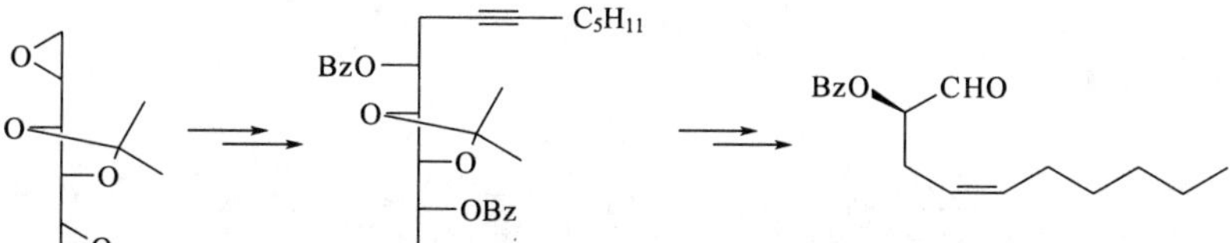

甘油醛缩丙酮（**14-13**）是非常重要的手性合成中间体，其D-构型可由D-甘露醇合成，*S*-构型可由维生素C合成[37]。

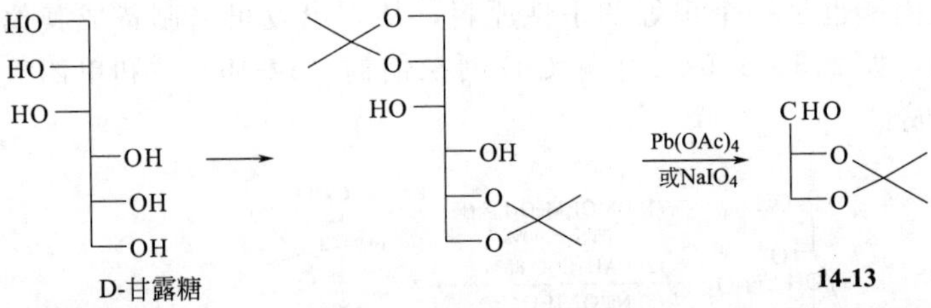

D-甘露糖

14-13

白三烯类药物中间体（**14-14**）的合成就应用到了手性甘油醛缩丙酮[38]。

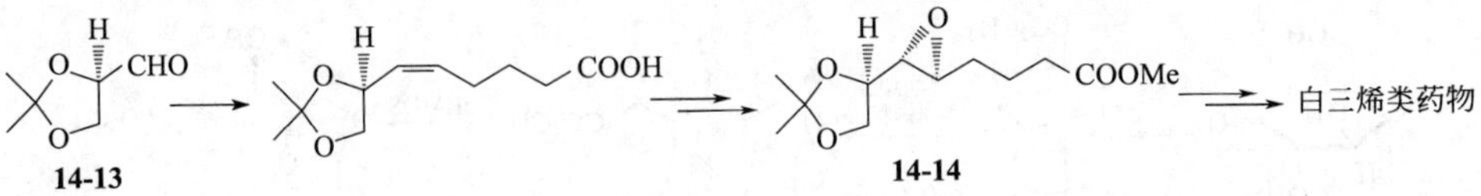

14-13　14-14　白三烯类药物

木糖也可用于药物合成，如潜在的药物 Slagenin A～C 的中间体 **14-15** 的合成中就以 L-木糖为原料[39]。

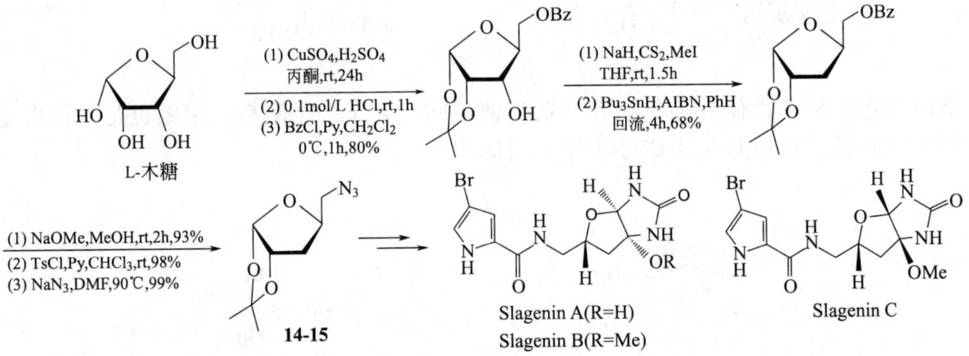

L-木糖　(1) $CuSO_4$,H_2SO_4 丙酮,rt,24h (2) 0.1mol/L HCl,rt,1h (3) BzCl,Py,CH_2Cl_2 0℃,1h,80%　(1) NaH,CS_2,MeI THF,rt,1.5h (2) Bu_3SnH,AIBN,PhH 回流,4h,68%　(1) NaOMe,MeOH,rt,2h,93% (2) TsCl,Py,$CHCl_3$,rt,98% (3) NaN_3,DMF,90℃,99%

14-15　Slagenin A(R=H) Slagenin B(R=Me)　Slagenin C

14.2.3　萜类化合物

萜类化合物是常用的手性元，通常十个碳原子的单萜类化合物含 1～2 个手性中心，由于其价格便宜，在药物和天然产物全合成中应用广泛。缺点是由这种手性元出发得到目标产物的反应较难，通常也只有一个对映体易得。最常用的有蒎烯、蒈烯、香草醛、香芹酮、香茅醇、樟脑等。

香芹酮（Carvone）是萜类化合物中最常用的手性原料之一，如(+)-香芹酮可以合成 4-甲基环己烯酮（**14-16**）[40]。

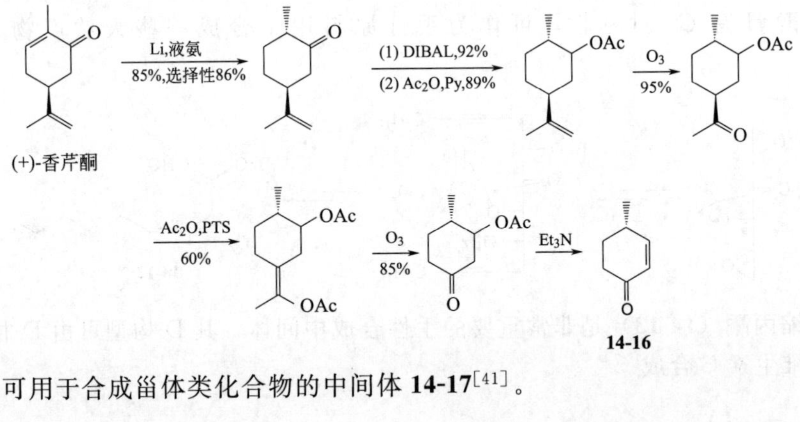

(+)-香芹酮　Li,液氨 85%,选择性86%　(1) DIBAL,92% (2) Ac_2O,Py,89%　O_3 95%　Ac_2O,PTS 60%　O_3 85%　Et_3N

14-16

樟脑则可用于合成甾体类化合物的中间体 **14-17**[41]。

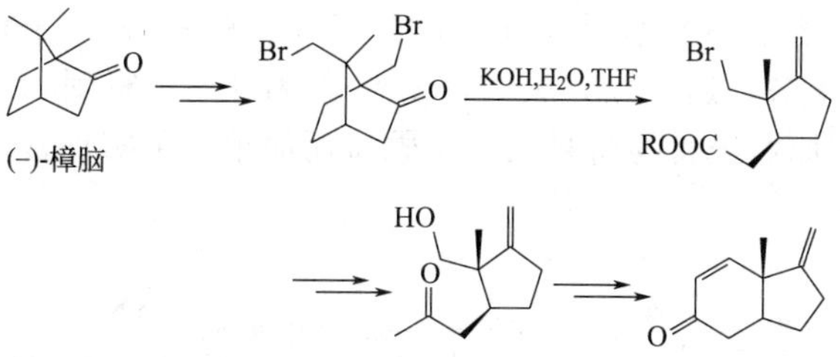

(−)-樟脑 KOH,H_2O,THF 14-17

Holton 等用了(－)-龙脑作为起始原料构建高活性抗癌药紫杉醇的 A 环和 B 环中间体[42]。

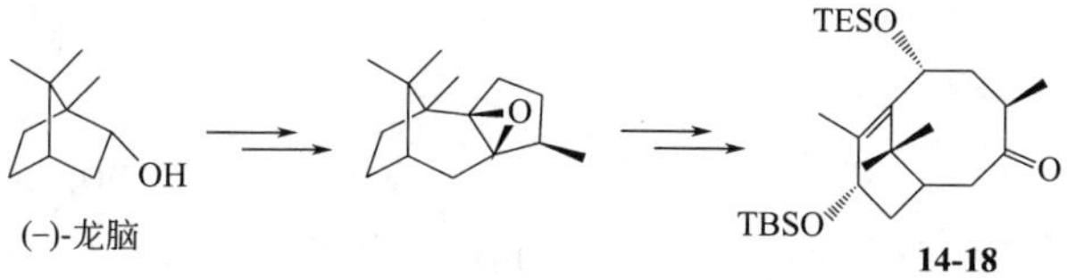

(−)-龙脑 14-18

Danishefsky 等在 Eleuthesides 类海洋天然产物 **14-20** 合成中用了(R)-(－)-α-水芹烯(Phellandrene) 为原料构建了其双环中间体 **14-19**[43]。

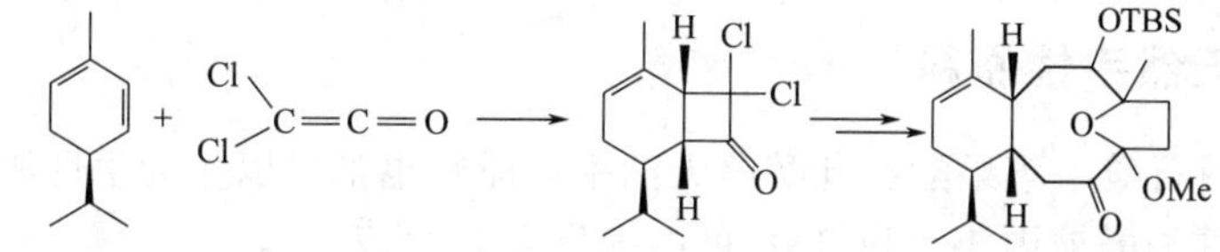

α-水芹烯 14-19 14-20

有很多物质都可以用不止一种天然产物为原料合成，此时原料的选择以原料价格、合成路线的难易等多方面确定，如 α-蒎烯、β-蒎烯和柠檬醛都可以作为合成异植物醇（**14-21**，维生素 E）的起始原料，其中 α-蒎烯是我国松节油的主要成分，资源丰富、价格低，因此是合适的合成原料[44]。

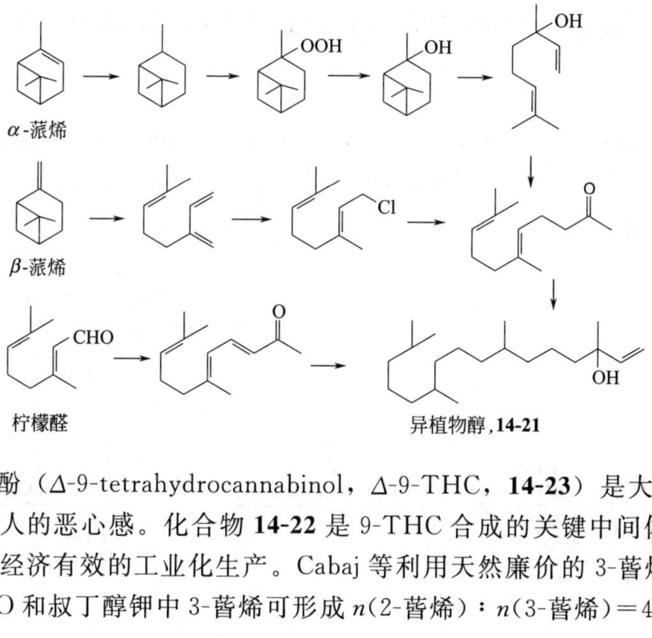

α-蒎烯 β-蒎烯 柠檬醛 异植物醇，14-21

Δ-9-四氢大麻酚（Δ-9-tetrahydrocannabinol，Δ-9-THC，**14-23**）是大麻中的活性成分，可用于减轻化疗病人的恶心感。化合物 **14-22** 是 9-THC 合成的关键中间体，其合成报道很多，但都无法实现经济有效的工业化生产。Cabaj 等利用天然廉价的 3-蒈烯为手性源进行了合成[45]。在 DMSO 和叔丁醇钾中 3-蒈烯可形成 n(2-蒈烯)∶n(3-蒈烯)＝4∶6 的混合物。将混合物环氧化后在有机溶剂中与水反应开环，由于3-蒈烯的环氧物在该条件下不反应，经过重结晶可直接得到**14-22**。通过该方法从85kg 3-蒈烯开始可得到20kg 的化合物**14-22**，虽然总产率不高，但由于原料廉价易得且反应步骤短而简单，可实现Δ-9-四氢大麻酚的工业化合物。

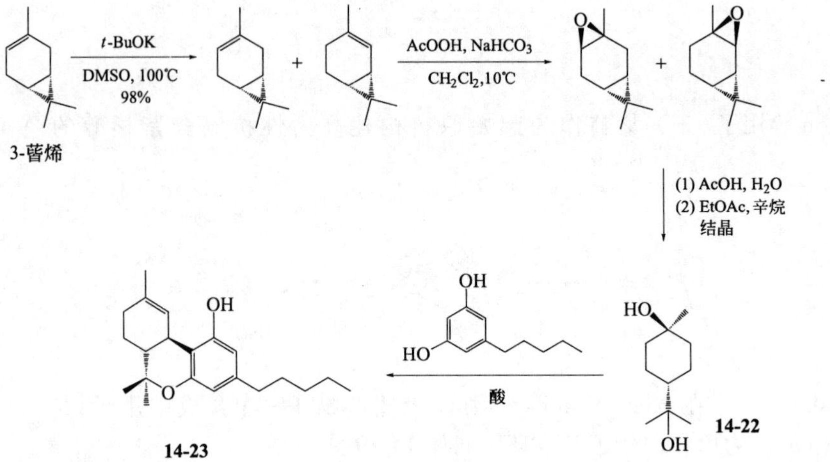

t-BuOK
DMSO, 100℃
98%
3-蒈烯
AcOOH, $NaHCO_3$
CH_2Cl_2,10℃
(1) AcOH, H_2O
(2) EtOAc, 辛烷
结晶
OH
HO
酸
HO
OH
14-22
OH
O
14-23

14.2.4 其他天然手性原料

维生素C、酒石酸、苹果酸、乳酸等天然手性原料也都可以作为手性源合成众多手性化合物。例如，L-甘油醛缩丙酮（**14-24**）可由维生素C合成[46]。

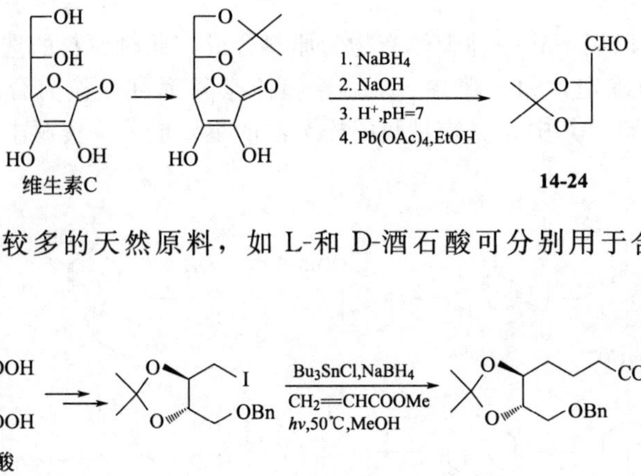

OH
OH
O
O
HO
OH
维生素C
1. $NaBH_4$
2. NaOH
3. H^+,pH=7
4. $Pb(OAc)_4$,EtOH
CHO
14-24

酒石酸也是用得较多的天然原料，如L-和D-酒石酸可分别用于合成化合物**14-25**和**14-26**[47,48]。

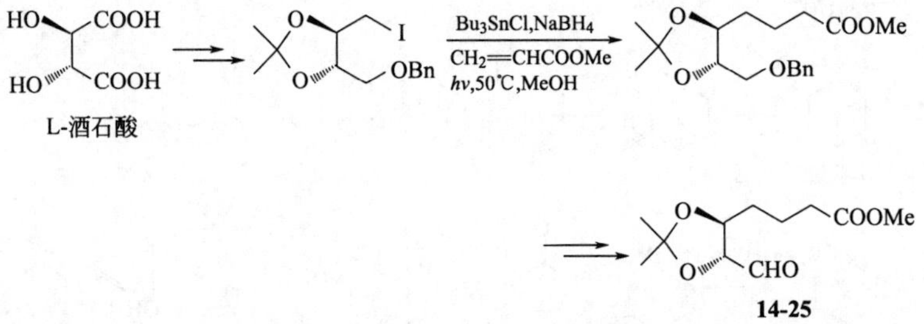

HO COOH
HO COOH
L-酒石酸
I
OBn
Bu_3SnCl,$NaBH_4$
CH_2=CHCOOMe
$h\nu$,50℃,MeOH
COOMe
OBn
COOMe
CHO
14-25

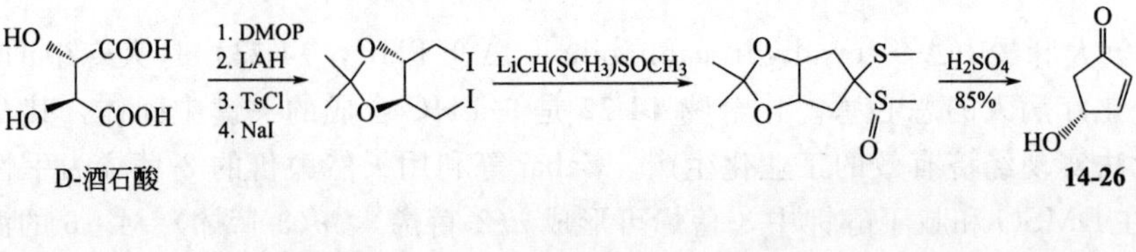

HO COOH
HO COOH
D-酒石酸
1. DMOP
2. LAH
3. TsCl
4. NaI
I
I
$LiCH(SCH_3)SOCH_3$
S—
S—
O
H_2SO_4
85%
O
HO
14-26

苹果酸也是一种常用的天然手性原料，可以合成多种手性中间体。如可用于合成他汀类降血脂药的手性中间体 **14-27**[49～52]。

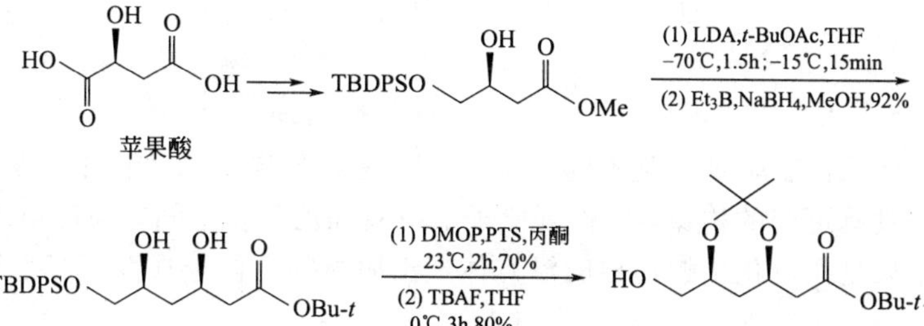

苹果酸

(1) LDA,t-BuOAc,THF −70℃,1.5h;−15℃,15min
(2) Et_3B,$NaBH_4$,MeOH,92%

(1) DMOP,PTS,丙酮 23℃,2h,70%
(2) TBAF,THF 0℃,3h,80%

14-27

乳酸是一种非常便宜的手性小分子，可以用于合成多个手性中间体，如化合物 **14-28**[53,54]。

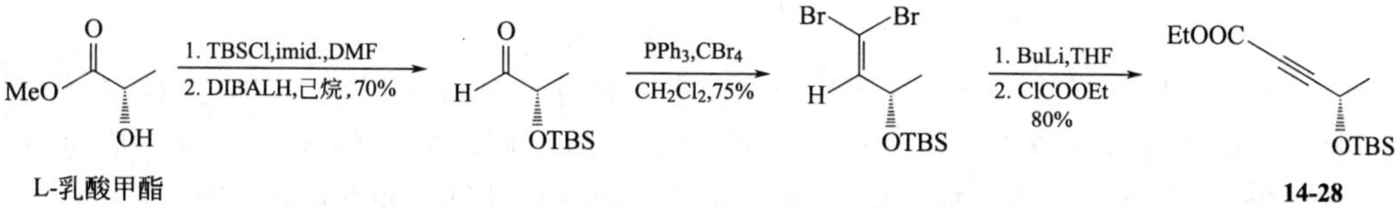

L-乳酸甲酯

1. TBSCl,imid.,DMF
2. DIBALH,己烷,70%

PPh_3,CBr_4
CH_2Cl_2,75%

1. BuLi,THF
2. ClCOOEt
80%

14-28

洛非西定（lofexidine，**14-29**）作为肾上腺素能受体 α_2 的拮抗剂用于脱毒治疗。Crooks 等利用(−)-乳酸甲酯为起始原料，经过 Mitsunobu 反应、氨解、环合、成盐反应得到目标产物。整个工艺无需柱色谱分离和减压蒸馏，总收率高达 75%～80%[55]。

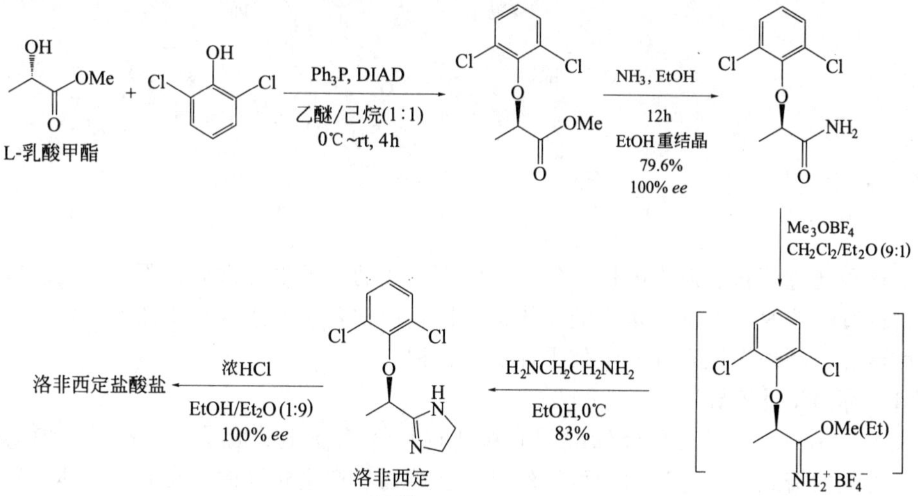

L-乳酸甲酯

Ph_3P, DIAD
乙醚/己烷(1:1)
0℃~rt, 4h

NH_3, EtOH
12h
EtOH重结晶
79.6%
100% *ee*

Me_3OBF_4
CH_2Cl_2/Et_2O (9:1)

$H_2NCH_2CH_2NH_2$
EtOH,0℃
83%

浓HCl
EtOH/Et_2O (1:9)
100% *ee*

洛非西定盐酸盐

洛非西定
14-29

14.3 利用手性反应物的不对称合成

14.3.1 手性底物诱导

手性底物诱导是通过手性底物中已存在的手性单元进行分子内定向诱导。在底物中，新的手性单元常常通过手性底物与非手性试剂反应而产生，此时邻近的手性单元控制非对映面上的反应。

总的来说，如果手性底物具有刚性的结构，通常用非手性试剂反应时可以取得相对更好的立体选择性。以氢化铝锂还原酮羰基为例，降樟脑（norcamphor）具有刚性结构，结果是还原生成的羟基体现出了较好的立体选择性，产物降冰片（norborneol）面内和面外异构体比例为 8∶1。

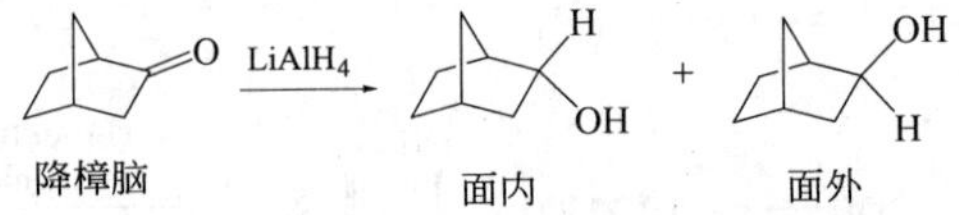

降樟脑 —LiAlH₄→ 面内 + 面外

降冰片 (面内∶面外=8∶1)

而对于链状体系而言，情况则不同，(*R*)-3-甲基戊-2-酮中的手性中心虽然在羰基 α-位，但这种开链结构具有可变的构象，3-位碳原子上甲基和乙基在空间效应和电子效应上都没有显著的差别，结果是用氢化铝锂还原时没有体现出明显的立体选择性，产生等量的两个非对映异构体。

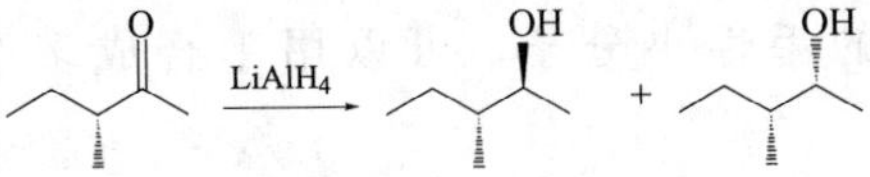

反式∶顺式=1∶1

再以 Diels-Alder 反应为例。非手性双烯体苯乙酸丁二烯酯可以从 *Si*-面进攻，也可以从 *Re*-面进攻，由于连接在原料中的手性中心的两个基团不同，即小的氢和大的苄基的差别，双烯对潜手性面的进攻体现出明显的差别，结果是可以取得很高的立体选择性[56]。

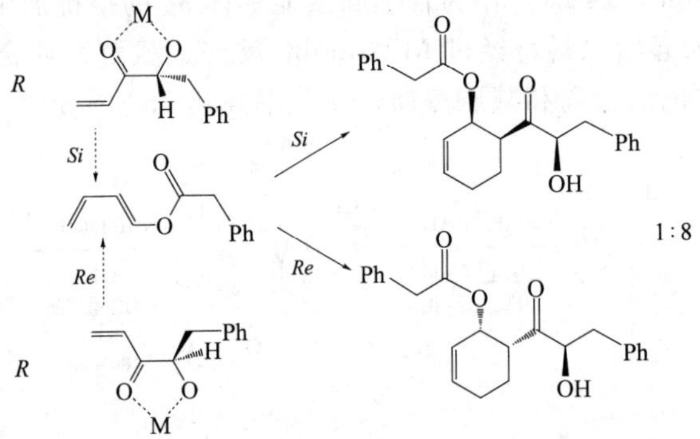

1∶8

除了这种通过环状过渡态的诱导外，环状中间体的诱导更为常见，用非手性进攻试剂对手性底物进行进攻时，为了获得高的立体选择性，通常要想办法构建刚性中间体，主要分为环内手性诱导、环外手性诱导和配位手性诱导三种。

14.3.1.1 环内手性诱导

涉及 1,2-不对称诱导的环外烯醇的非对映选择性烷基化反应是反式诱导。烯醇化合物具有两种可能的椅式构象，这两种可能的过渡态结构均产生相同的主要非对映体（取代基采取平伏键位置)。然而，当 R 为甲基，X 为烷氧基或烷基时，直立键构象（前者）比平伏键构象更有利。平伏键构象受烷基的空间张力影响，使得亲电试剂更有利于从直立键方向进攻，而不是从平伏键方向进攻（相比之下平伏键构象较不稳定)[57]。

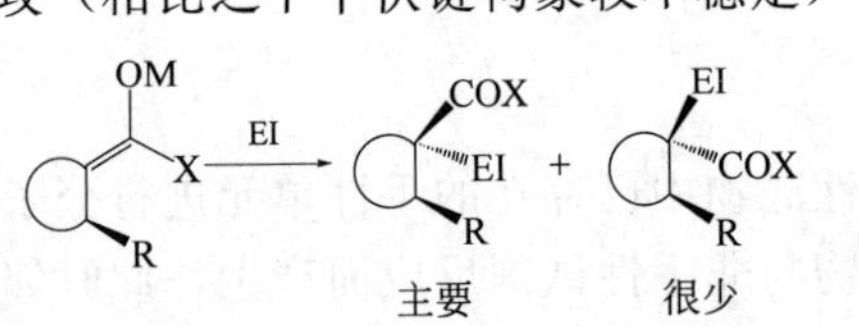

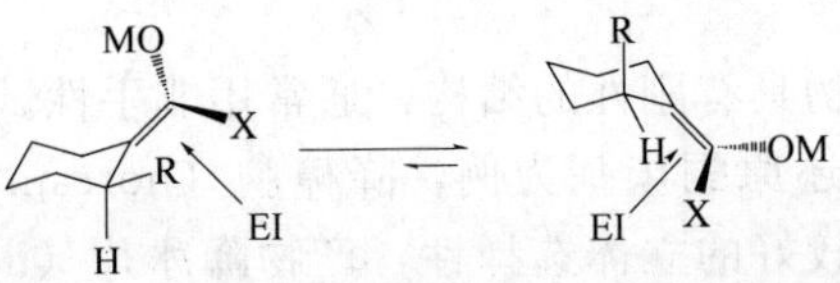

主要　　很少

空间位阻诱导效果通常较为明显，例如[58,59]：

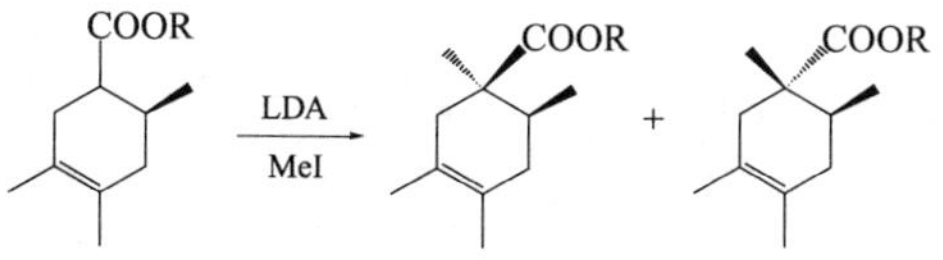

95:5

手性传递发生在六元环（环内烯醇型）的烯醇时，除了空间因素外，还要考虑立体电子效应（stereoelctronic effect）的影响。在反应过渡态中，进攻的亲电试剂必须遵守“参与轨道最大重叠”原则，即亲电试剂从垂直方向进攻构成烯醇官能团的原子的平面，使得参与反应的原子团的轨道达到最大重叠。亲电试剂进攻发生在烯醇的两个非对映面上，即存在 a 和 e 两种进攻方式，生成酮产物 **14-30a** 和 **14-30e**。通过椅型过渡态形成 **14-30a** 的“竖键烷基化”的能垒相对较小，因此产物 **14-30a** 比 **14-30e** 优先形成。对于给定的烯醇化合物，产物中 **14-30a/14-30e** 的比例与反应所用的烷基化试剂关系不大。取代的六元烯醇化合物发生 α-烷基化反应，反应的立体选择性受底物本身取代基的影响较大，而受所使用进攻试剂取代影响较小。

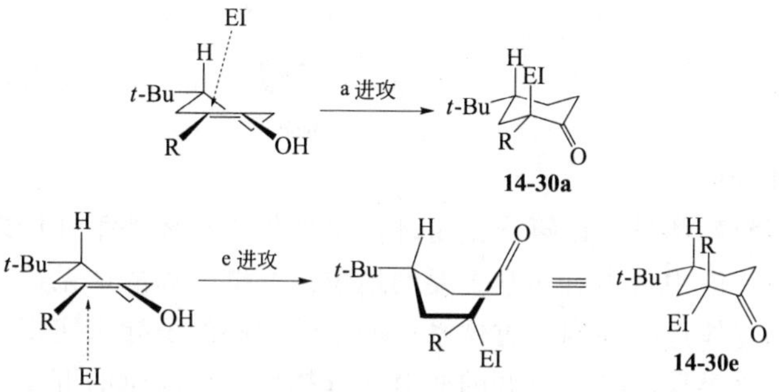

14-30a

14-30e

降冰片体系的烷基化反应通常都可以取代很好的立体选择性，主要原因是这种体系本身是刚性的，无论环外的还是环内的烯醇化合物，在发生反应时都表现出高度的不对称诱导[60,61]。

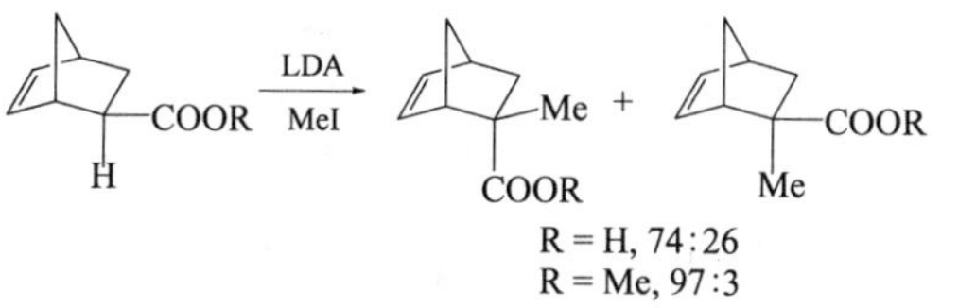

R = H, 74:26
R = Me, 97:3

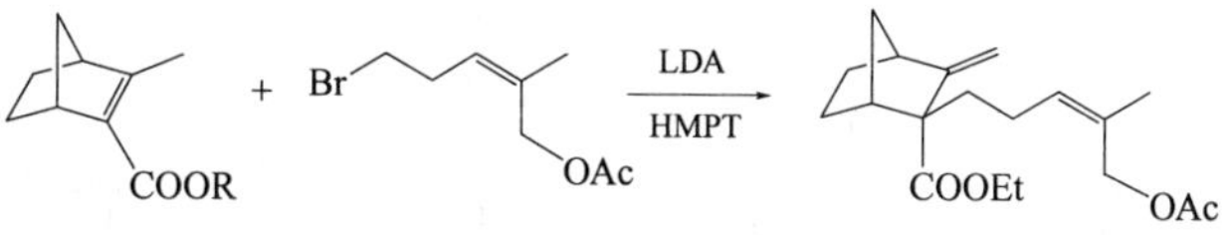

14.3.1.2 环外手性诱导

环外诱导虽然所形成的不对称中心通过共价键连接到烯醇化合物上，但手性传递和烯醇间的立体化学关系并不固定，从分子的构象来看，原有的手性部分并没有通过共价键连接到发生取代反应的三角中心上，未能使手性基团的构象在两个或多个接触点上被固定。由于底物分子本身构象的可变性，一般情况下比较难预料这类反应的立体选择性。尽管如此，通过对开链体系，特别是对与环张力或空间位阻有关的体系进行构象分析，可以通过选择合适的进攻试剂及底物来提高开链体系的非对映选择性[62]。

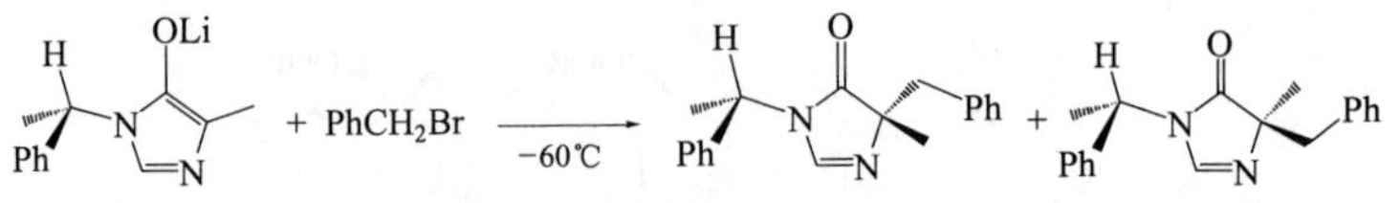

+ $PhCH_2Br$ —— −60℃ ——→

>95 : 5

LDA / MeI

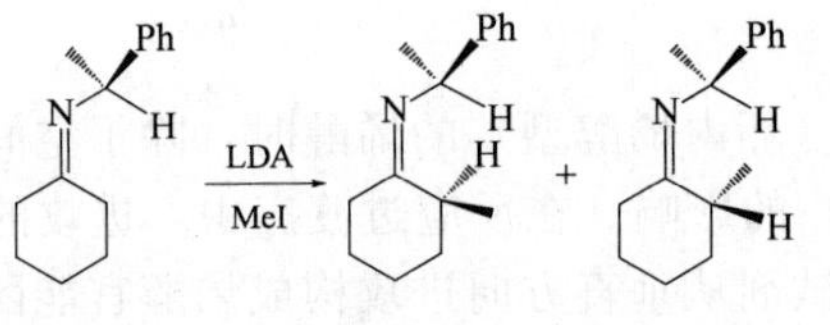

3.2 : 1

手性甘氨酸衍生物通过底物诱导的不对称烷基化反应是合成手性氨基酸的简单有效方法之一。可以采用双内酰亚胺体系进行这类反应。将甘氨酸与其他手性氨基酸反应得到二酮哌嗪化合物，接着用 Meerwein 盐对二酮哌嗪进行 *O*-甲基化得到六元杂环产物，经过碱处理和烷基化反应，得到的产物在酸性条件下水解可以得到手性氨基酸，通常可以得到 95%以上的 *ee* 值[63]。

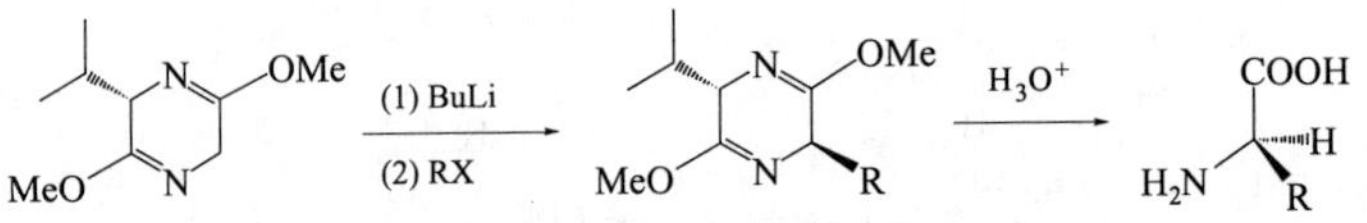

(1) BuLi (2) RX；H_3O^+

>98%*de*

14.3.1.3 配位手性诱导

配位型的环内不对称诱导可以算作是由环内手性传递和环外手性传递相结合而产生的概念，它在不对称有机反应中曾占有非常重要的地位。开链的烯醇体系通过金属的螯合作用成为环状体系，反应的立体选择性则通过体系中的手性中心的诱导来实现。通过选择合适的手性烯醇体系，可以使这类反应具有较好的非对映选择性。锂配位的五元环或六元环固定了手性诱导基团和烯醇之间的取向[64~66]。

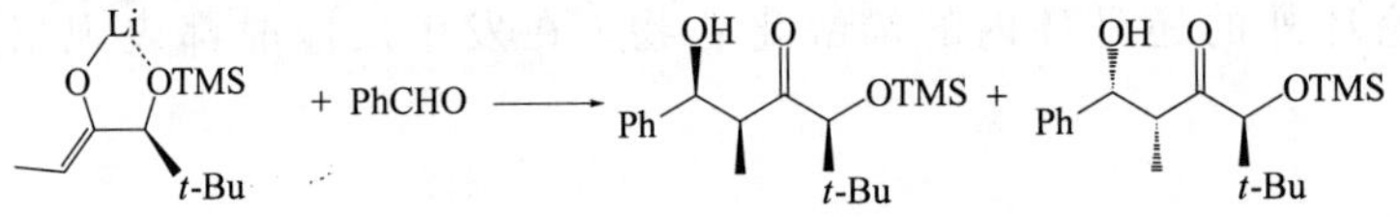

+ PhCHO ——→

3 : 1

+ $PhCH_2Br$ ——→

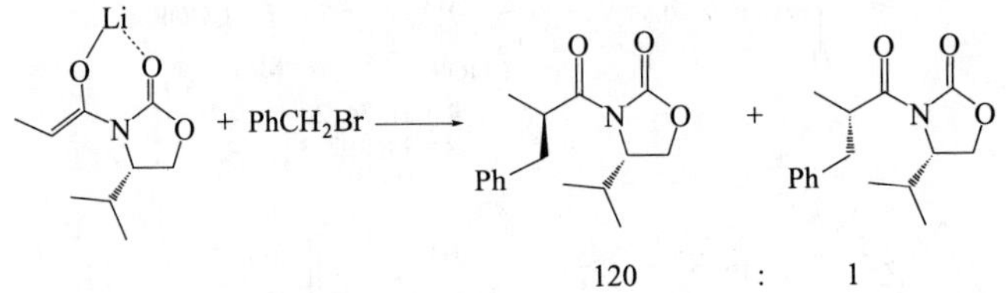

120 : 1

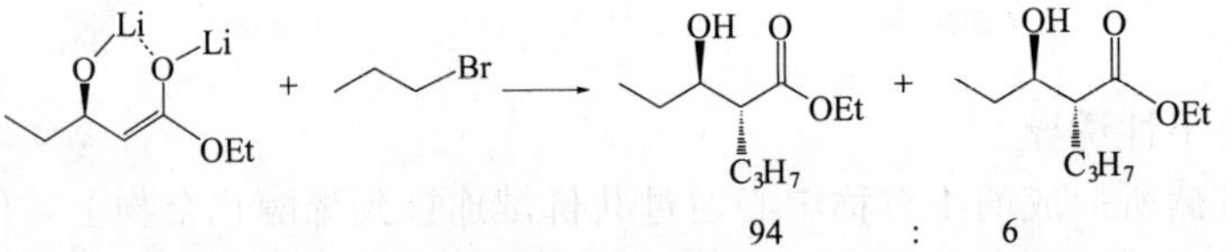

94 : 6

开链的烯醇化合物通过金属的螯合作用变成环状，这种体系中金属离子的配位作用固定了原有的手性基团和烯醇部分之间的立体化学关系，从而使得烯醇的几何结构在确定进攻试剂的 π-面选择性中起到决定性的作用。这种螯合的手性诱导是手性金属络合物催化的重点，也是涉及羰基化合物的不对称合成反应中最有效的方法之一。

14.3.2 手性辅基诱导

辅基诱导与底物诱导相似，手性控制仍是通过底物的手性基团在分子内实现。与前者不同的是，为了完成立体选择性反应而在非手性底物上连接手性定向基团（即手性辅基，chiral auxiliary）以诱导反应的立体选择性，该手性辅基在完成不对称合成反应后可以从产物中脱去，有时还可以回收并重复使用。手性辅基有很多种，本书仅介绍几种重要的手性辅基。

14.3.2.1 脯氨醇类手性辅基

Evans 首先使用了脯氨醇类化合物为手性辅基。通过锂烯醇盐中锂的螯合作用使反应过渡态具有刚性结构，使得羧酸的 α-取代反应具有较高的非对映选择性。采用这种方法可以得到一系列具有手性的 α-取代羧酸类化合物[67,68]。

对于烯醇体系 **14-31a**，烷基化反应优先从 *Si*-面发生，而对于 **14-31b** 来说，则优先从 *Re*-面发生。因此，使用相同构型的手性辅基，通过在手性中心引入不同的基团可以得到不同的烷基化产物，去除手性辅基后分别可以得到 *R*-和 *S*-构型的羧酸衍生物。

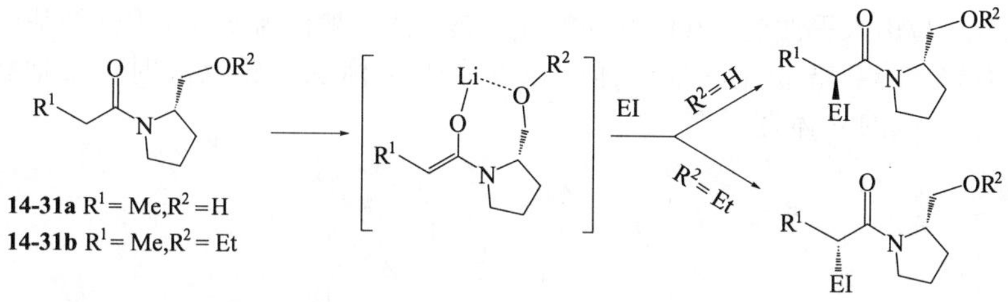

14-31a R^1 = Me, R^2 = H
14-31b R^1 = Me, R^2 = Et

不过由于脯氨醇水溶性较大，使得这类价格昂贵的手性辅基不易从反应中回收，为了克服这一缺点，林国强等改进了 Evans 试剂，在脯氨醇中引入两个甲基，所得的叔醇水溶性降低，反应结束后容易回收[69]。

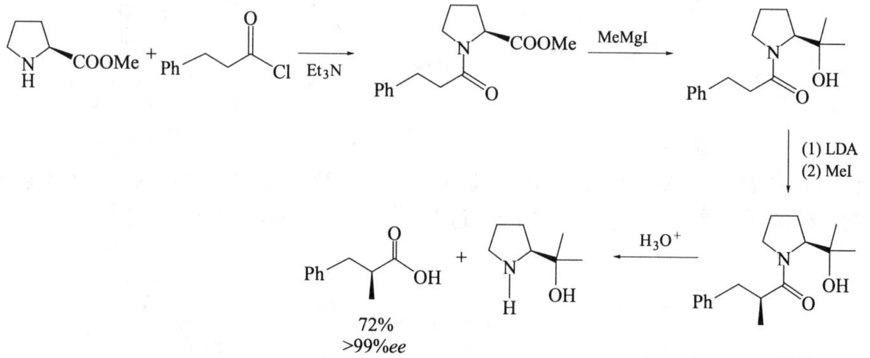

72%
>99%*ee*

具有 C_2-对称性的手性辅基在不对称合成反应中往往显示出很高的立体选择性，如双取代吡咯烷衍生物，其酰胺的烯醇化合物在不对称烷基化反应中取得了较好的结果，产率和对映选择性均很高[70]。

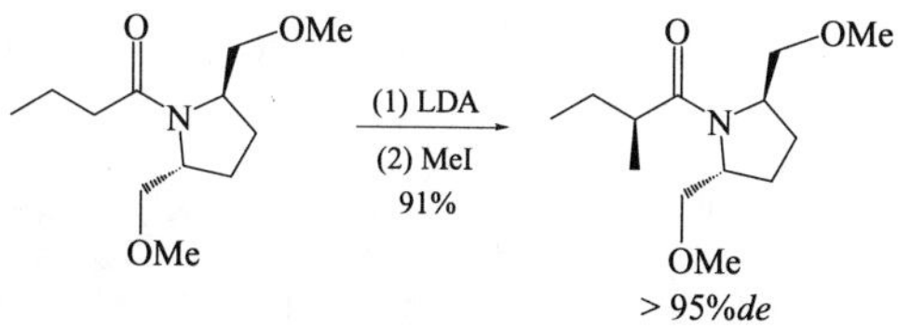

(1) LDA
(2) MeI
91%
> 95%*de*

这种双取代吡咯烷衍生物也可用于不对羟醛缩合，表现出良好的立体选择性，如果用烯醇锆盐则效果更好[71,72]。

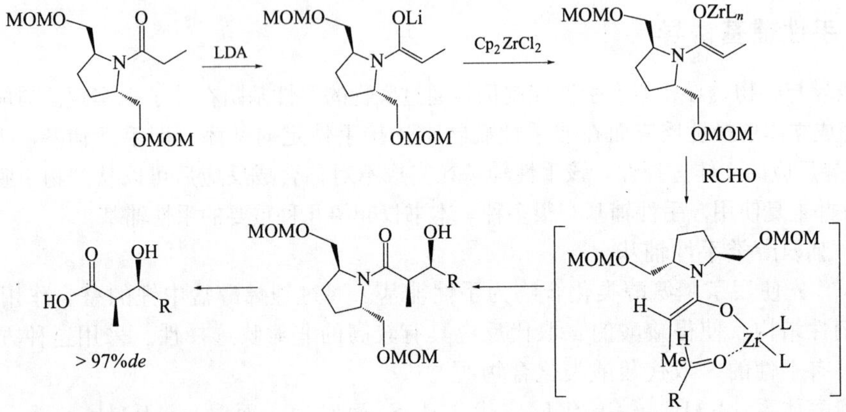

14.3.2.2 噁唑烷酮类手性辅基

手性噁唑烷酮是非常有效的手性辅基，已广泛用于多种手性化合物的不对称合成。其中氮原子多与酰基相连，用于酰基 α-位的手性取代反应。这类手性辅基也由 Evans 开发，其应用非常广泛，已成为羧基 α-位引入手性烷基和酰基等的最经典方法，被称为 Evans 手性辅基。

化合物 **14-32** 和 **14-33** 衍生的烯醇锂盐在发生不对称烷基化反应时，带取代基的 C_4 的立体化学决定了反应的立体选择性[65]。

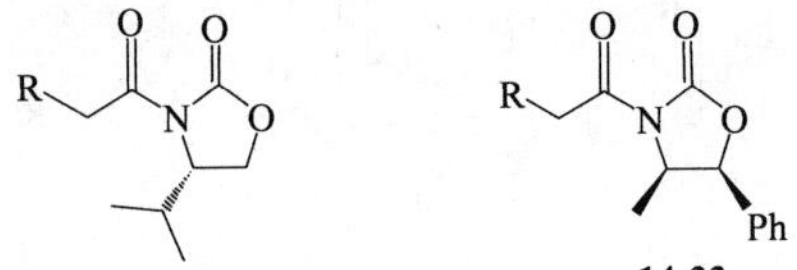

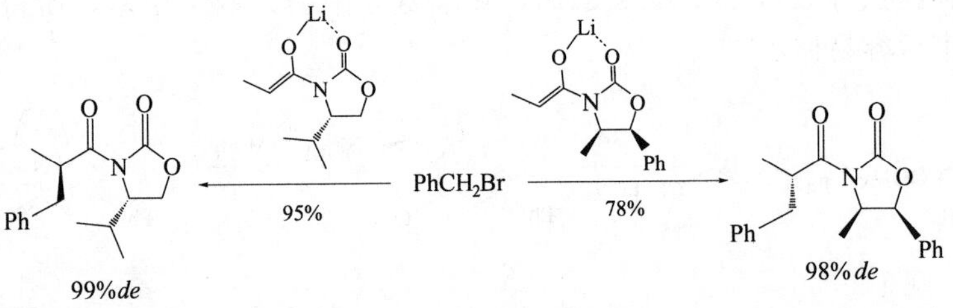

降血脂药物依泽替米贝（Ezetimibe，Zetia®，**14-37**）中间体 **14-36** 的合成就应用了噁唑酮化合物 **14-34** 为原料，与化合物 **14-35** 进行不对称 Michael 加成得到[73]。

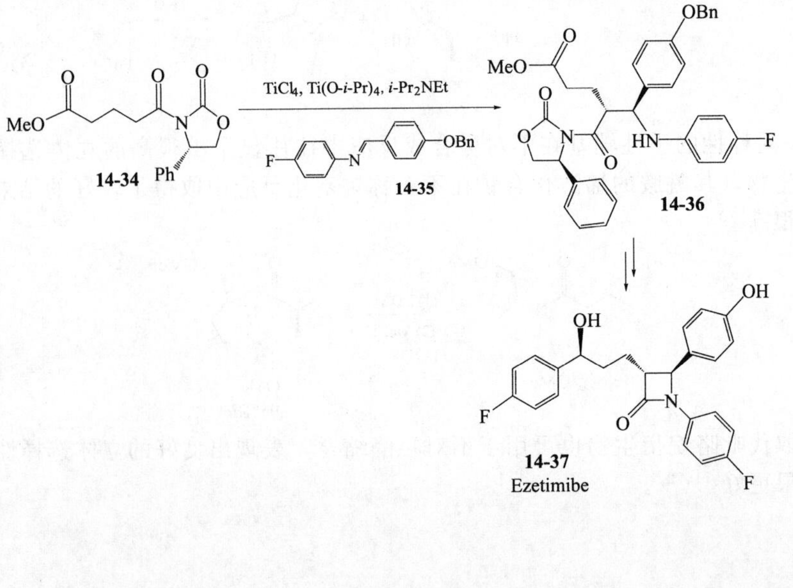

14.3.2.3 伯胺类手性辅基

手性伯胺可与醛和酮发生缩合反应生成亚胺，在碱性条件下这些手性亚胺可以转化为相应的金属烯胺，这些烯胺可受亲电进攻在羰基 α-位引入手性基团[74~76]。

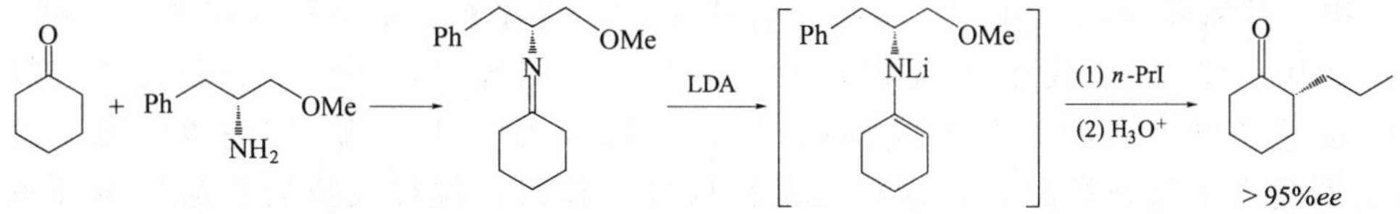

LDA (1) n-PrI (2) H_3O^+ >95%ee

14.3.2.4 肼类手性辅基

这种手性辅基首先由 Corey 和 Enders 在 1976 年报道，应用于各类区域选择性和非对映选择性的 C—C 键形成反应中都能给出很好的结果。羰基化合物首先与手性肼作用得到手性腙，再经金属化生成相应的烯胺类活性中间体，被卤代烃类亲电试剂捕获后可得到相应的 α-取代产物。

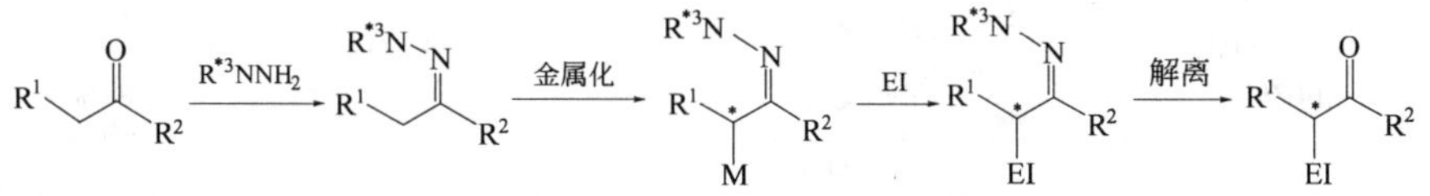

$R^{*3}NNH_2$ 金属化 El 解离

这种手性肼类辅基有很多优点。首先是腙的形成反应通常具有很高的收率，即使是空间位阻很大的酮，通常也能定量地形成腙；其次是腙类化合物很稳定，同时其金属化衍生物具有非常高的反应活性；第三，亲电取代反应产率较高；再有就是手性辅基可采用多种温和方法去除，甚至可以在中性条件（pH=7）通过铜酸盐氧化去除。

Enders 采用 SAMP 和 RAMP 为手性辅基制备了一系列 α-取代的羰基化合物[77~80]。

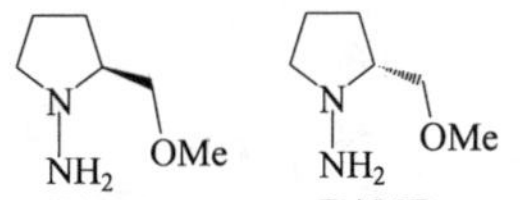

SAMP **RAMP**

例如，将 SAMP 用于光学活性信息素（**14-38**）的制备[81]。先将 SAMP 与 3-戊酮反应生成手性腙，金属化后与亲电试剂反应，最后去除手性辅基后得到产物，其对映体过量值超过 97%。

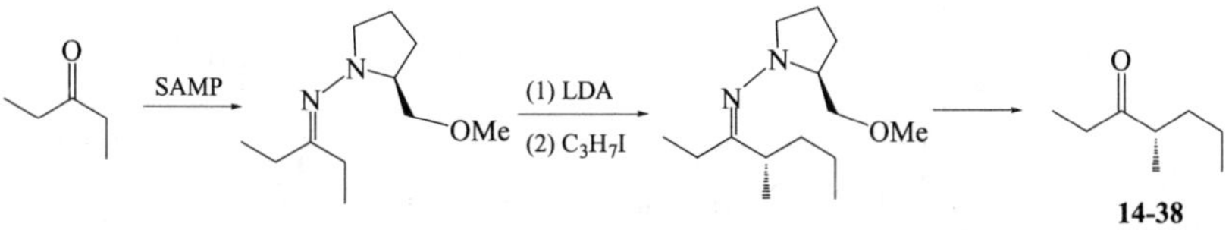

SAMP (1) LDA (2) C_3H_7I **14-38**

利用肼类辅基还可用于羰基化合物的 α-羟基化反应，可得到 89%～96%的对映体过量值，手性辅基同样可以回收并重复使用[82]。

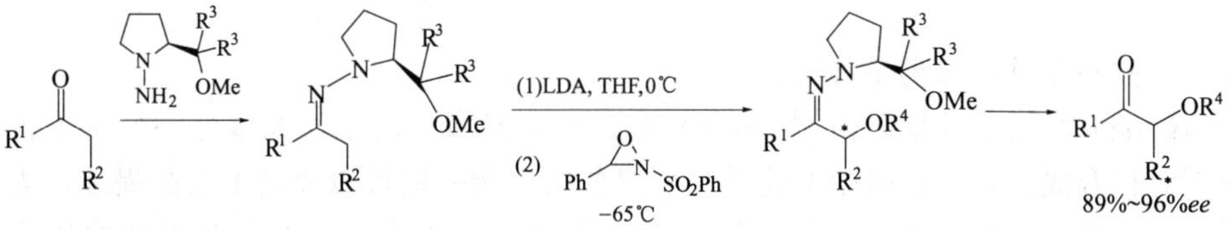

(1)LDA, THF, 0℃ (2) −65℃ 89%~96%ee

14.3.2.5 噁唑烷类手性辅基

手性噁唑烷作为手性辅基最早出现在 1974 年[83]。2-噁唑烷类化合物很容易通过 2-

氨基乙醇衍生物和羧酸制备，具有易于制备、原料易得、很宽的反应温度范围和对各种试剂都具有很好的稳定性等优点，因此常用于羧酸合成的潜在前体。噁唑烷化合物的 2-位可以用金属有机试剂金属化，形成的衍生物可与各种亲电试剂（卤代烷烃、羰基化合物、环氧化合物）作用，可用于合成手性 α-烷基酸、α-羟基（烷氧基）酸、β-羟基（烷氧基）酸、α-取代-γ-丁内酯和 2-取代-1,4-丁二醇等，手性中心和其他官能团的位置可通过采取不同的制备方式加以控制。例如，手性噁唑烷（**14-39**）用丁基锂或 LDA 金属化产生氮杂烯醇，存在顺反两种构型，和卤代烷烃反应后在酸性条件下脱去手性辅基得到相应的 α-取代酸[84]。

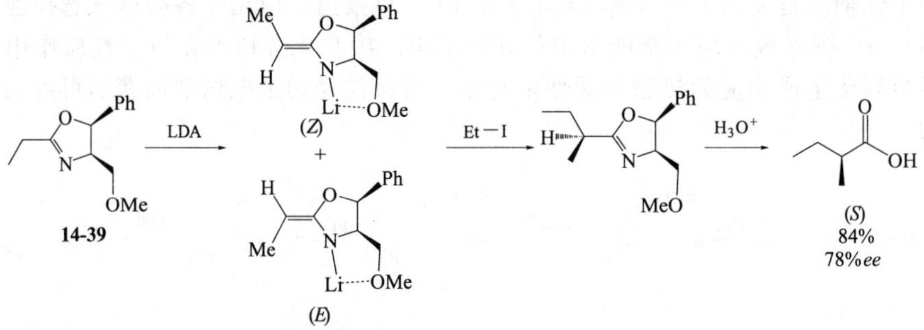

14-39 LDA (Z) + (E) Et—I H_3O^+ (S) 84% 78%ee

Merck 公司 Song 等人以含手性噁唑烷手性辅基的化合物 **14-40** 为原料与溴苯甲醚锂化物 **14-41** 发生不对称 Michael 加成得到 **14-42**，酸性水解脱去手性辅基得到 **14-43**，可用于合成内皮素受体阻滞剂（**14-44**），这一过程可以实现大规模合成[85]。

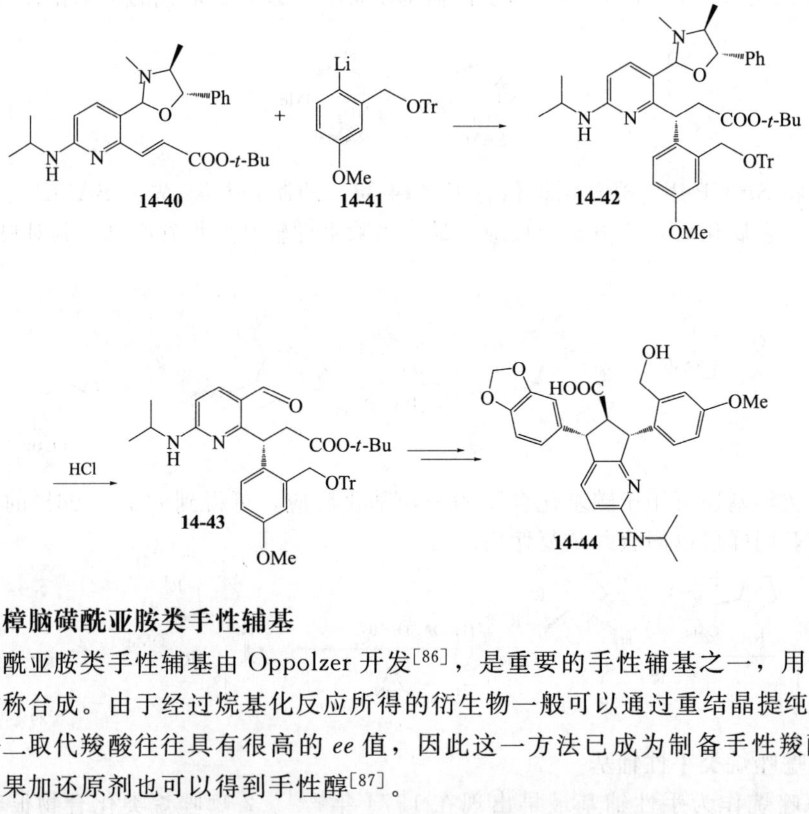

14-40 + 14-41 → 14-42

HCl → 14-43 → 14-44

14.3.2.6 樟脑磺酰亚胺类手性辅基

樟脑磺酰亚胺类手性辅基由 Oppolzer 开发[86]，是重要的手性辅基之一，用于各类手性羧酸的不对称合成。由于经过烷基化反应所得的衍生物一般可以通过重结晶提纯，去除手性辅基后 α,α-二取代羧酸往往具有很高的 *ee* 值，因此这一方法已成为制备手性羧酸的通用方法之一，如果加还原剂也可以得到手性醇[87]。

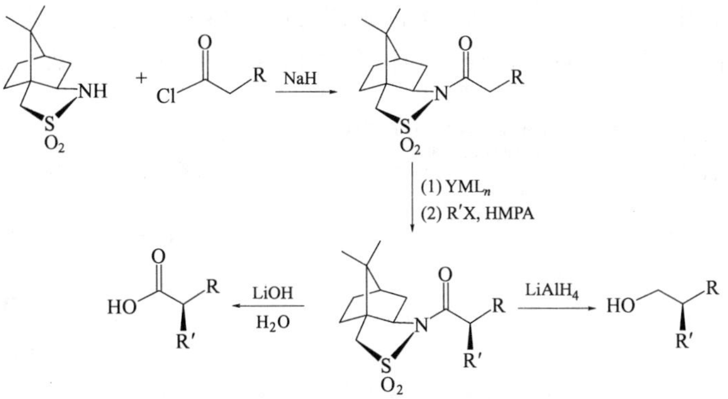

樟脑磺酰亚胺类手性辅基还可用于手性氨基酸的制备，例如苯丙氨酸的合成[88]。首先是 *N*-(二甲硫基次甲基)甘氨酸甲酯在甲基铝作用下与樟脑磺酰胺发生酰化反应，用丁基锂脱氢后生成 *Z*-烯醇，加入苄基碘发生 *Si*-面进攻，然后在温和条件下用酸和碱先后处理以高产率地得到(*S*)-苯丙氨酸，樟脑磺内酰胺回收。

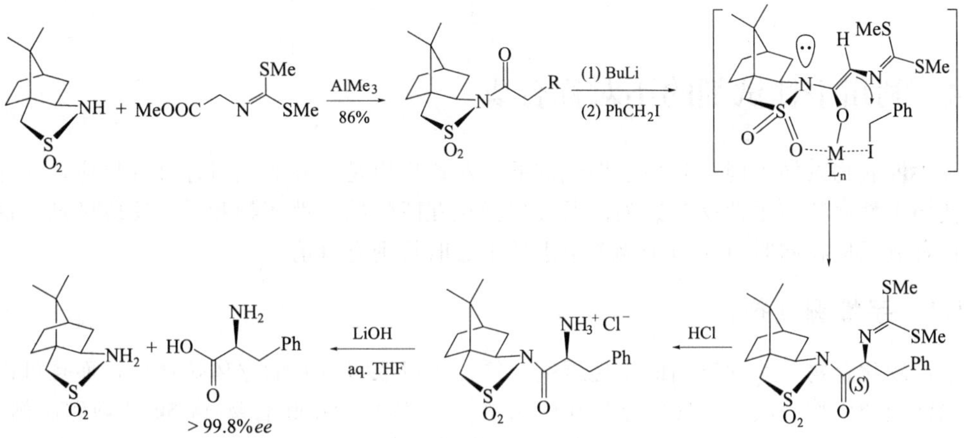

14.3.2.7 酒石酸酯类手性辅基

早在 1982 年，Yamanoto 就报道了酒石酸酯作为手性辅基的丙二烯基硼酸的不对称反应[89]。但数年后才由 Roush 深入研究，开发了一类基于酒石酸酯的烯丙基硼酸酯类化合物，基于这种化合物的不对称烯丙基加成反应就叫 Roush 反应[90,91]。

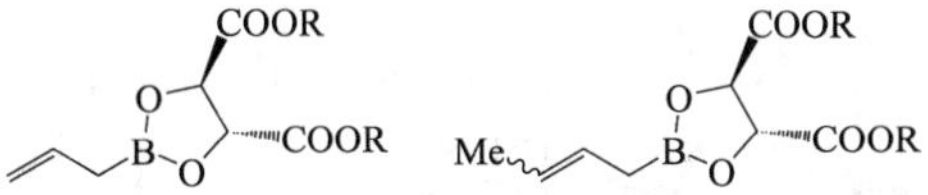

醛发生不对称烯丙基化反应可分别得到 *syn*-或 *anti*-两种异构体。在(*R*，*R*)-酒石酸酯烯丙基硼酸酯与醛的反应中，观察到亲核试剂对羰基 *Si*-面的进攻；*Re*-进攻则发生于(*S*，*S*)-酒石酸酯烯丙基硼酸酯的反应中。因此，当使用(*R*，*R*)-试剂时，产物以(*S*)-醇为主；对于(*S*，*S*)-试剂则主要得到(*R*)-产物。这一结论在超过 40 个反应中得到证明。

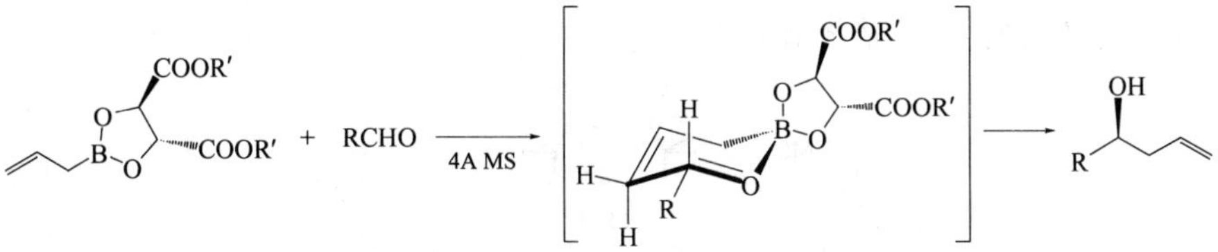

Roush 还报道了另一个酒石酸酯硼酸酯用于天然产物苦马豆碱（**14-49**）的全合成。先

将 E-γ-[(薄荷呋喃基)二甲基甲硅烷基]烯丙基硼酸酯(**14-45**)引入手性 Roush 辅基得到化合物 **14-46**,然后与化合物 **14-47** 反应得到化合物 **14-48**,非对映选择性为 90∶10[92,93]。

(1) BuLi, KO-*t*-Bu, THF, −78℃
(2) (*i*-PrO)$_3$B, −78℃
(3) aq. NH_4Cl
(4) DIPT, $MgSO_4$

14-45　14-46　14-47　14-48 90 : 10　14-49 (−)-苦马豆碱

14.4 利用手性试剂的不对称合成

和手性底物诱导不同,利用手性试剂的不对称反应是一种双不对称合成反应,这种反应同时使用手性底物和手性反应试剂。通过选择相互匹配的手性底物和手性反应试剂,这类双不对称合成反应在同时引入两个或多个手性中心时特别有价值。

14.4.1 手性硼试剂

手性硼化合物是非常有用的手性试剂,往往可以取得较好的立体选择性,而且可以通过改变硼试剂的手性来改变反应的立体化学结果[94]。用噁唑烷化合物 **14-50** 处理硼试剂 **14-51** 得到氮杂烯醇化合物 **14-52**,后者与醛发生羟醛反应得到的主要是苏式产物,反应立体选择性一般都较高[95]。

14-50　14-51 (−)-(Ipc)$_2$BOTf, *i*-Pr_2NEt　14-52
(1) *c*-HexCHO (2) H_2SO_4 (3) CH_2N_2
syn 95 : *anti* 5

使用 β-烯丙基异松莰烷基硼酸(**14-53**)对亚胺底物进行加成反应,所得的产物水解后给出相应的高烯丙基伯胺,产率为 54%～90%,产物的 *ee* 值最高达到 73%。反应体系中少量水的存在可使产物的 *ee* 值显著增加[96]。

(1) 14-53 (2) H_3O^+

当用β-烯丙基硼杂噁唑烷（**14-54**）与之反应时，产率可提高到89%，*ee*值高达92%[97]。这一结果可通过反应的过渡态进行解释。烯丙基试剂与底物作用形成椅式过渡态，具有最佳的立体电子效应和最小的空间排斥，使得在此过渡态中体积硕大的三甲基硅烷基和对甲苯磺酰基的空间排斥得以避免，因此具有较高的立体选择性。这类试剂是不对称烯丙基化反应合成胺类化合物的重要方法之一。

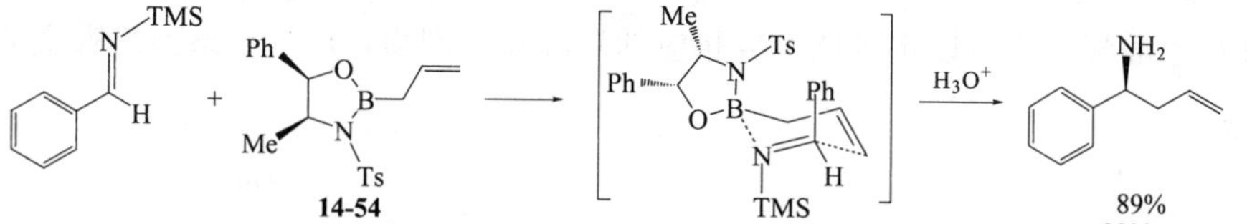

14-54

H_3O^+

89%
92%*ee*

具有治疗精神分裂症活性的化合物3-(4-氟哌啶-3-基)-2-苯基吲哚（**14-58**）中间体**14-57**的合成应用到了(−)-二异松蒎基硼烷[(−)-Ipc_2BH]（**14-56**）为手性还原试剂，以化合物**14-55**为原料可以经过还原和氧化以50% *ee*得到反式仲醇**14-57**[98]。

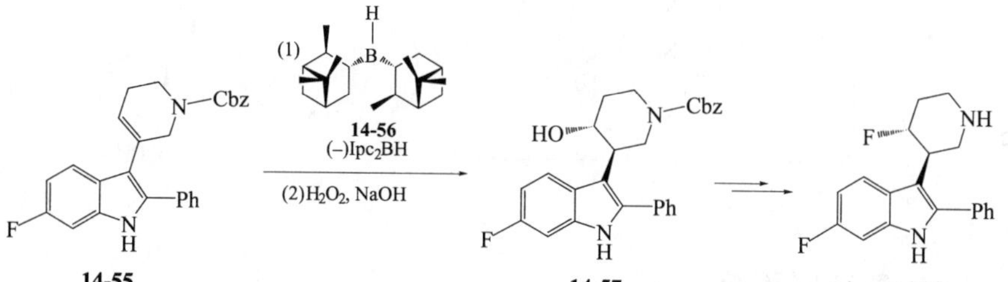

(1) **14-56** (−)-Ipc_2BH
(2) H_2O_2, NaOH

14-55 **14-57** 50%*ee* **14-58**

14.4.2 Corey试剂

Corey等开发了一类含N—B键的手性硼试剂，称为Corey试剂，常用于不对称羟醛缩合反应[99]。

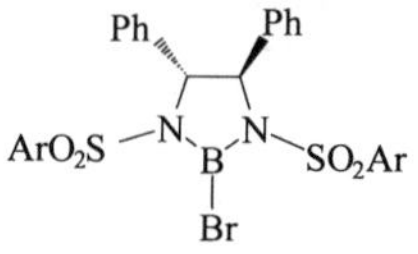

Corey试剂

该化合物原料易得、易于制备、反应结束后可回收并重复使用，同时在反应中表现出非常高的对映选择性。这些优点使Corey试剂表现出很好的应用潜力。通过对反应过渡态进行构象分析，Corey试剂参与的不对称反应产物的绝对构型基本上是可以预计的。一般情况下，使用Corey试剂进行反应时，使用(*R*，*R*)-型试剂主要是进行*Re*-进攻；使用(*S*，*S*)-型试剂主要是进行*Si*-进攻。例如用于苯硫酚乙酸酯与苯甲醛的羟醛缩合反应。反应的立体选择性可以通过反应的过渡态进行解释。在反应过程中。由于Corey试剂空间体积的关系，相邻的*N*-磺酰基在五元环中占据与苯基相反的位置，发生反应时过渡态以最佳的立体电子和空间排列，使反应产物的立体化学可以预计。

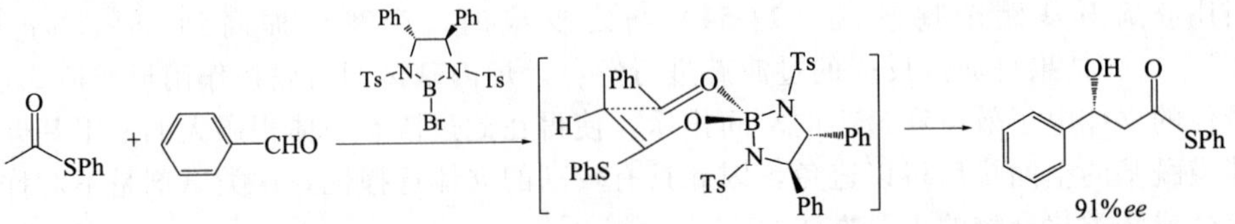

使用(*S*，*S*)-试剂［Ar＝3,5-二(三氟甲基)苯基，**14-59**］为手性催化剂，对硝基苯甲醛与叔丁基溴乙酸酯反应可以定量地生成相应的羟醛缩合产物，用于一系列氯霉素类抗生素的合成[100]。

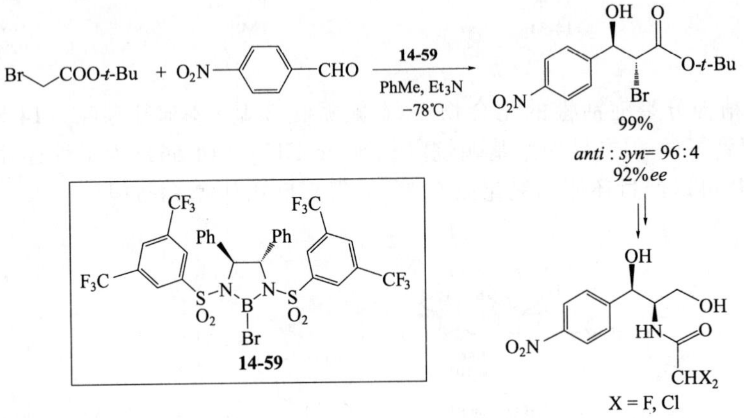

14.4.3 Davis 氧杂吖丙啶

Davis 氧杂吖丙啶（**14-60**）主要用于对羰基 α-位进行不对称氧化引入手性羟基。如 Nagao 等将之用于(＋)-camptothecin 的合成[101]。

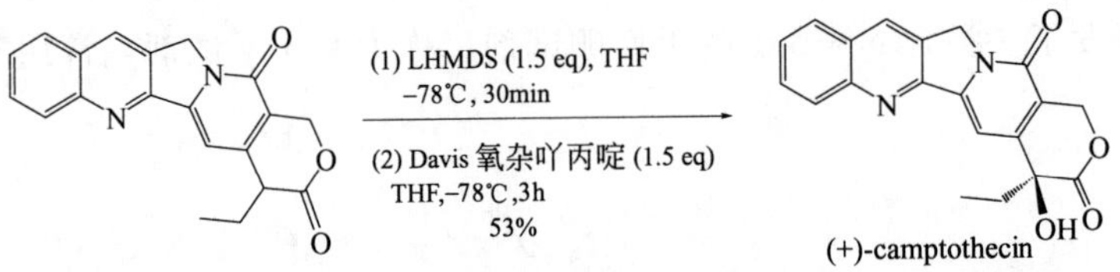

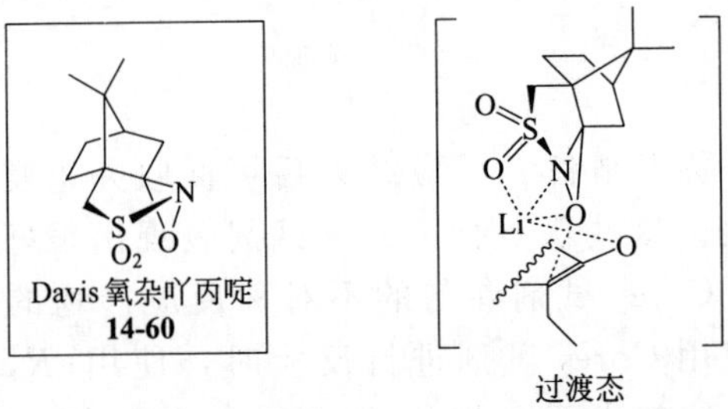

14.4.4 手性过氧酮

很多手性酮都可以用相应的天然产物来合成，尤其是糖类。手性酮在过氧化物存在的条件下可以现场产生过氧酮（二氧杂环丙烷），用于不对称氧化反应。典型的手性酮如下所示：

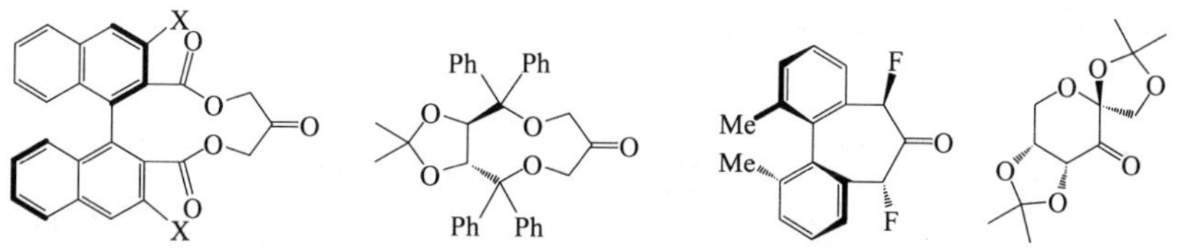

14-61 14-62 14-63 14-64

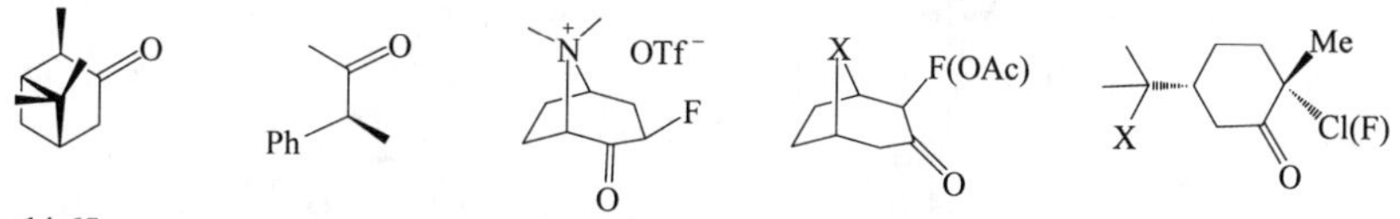

14-65 14-66 14-67 14-68 14-68

田边制药株式会社将手性联萘酮 **14-61** 用于对甲氧基肉桂酸酯的不对称环氧化反应，用于合成治疗心绞痛和高血压药物地尔硫䓬盐酸盐（**14-70**）中间体 **14-69**，并实现了大规模合成[102~105]。值得注意的手性酮可以方便回收，回收率达到 88%，重复使用活性也没有明显降低，手性环氧产物经过重结晶可得到 64%的产率和大于 99%的 *ee* 值。

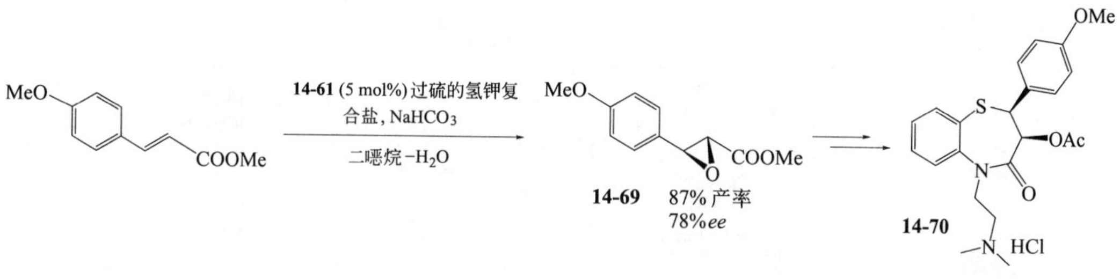

14-61 (5 mol%) 过硫的氢钾复合盐，$NaHCO_3$；二噁烷-H_2O

14-69 87%产率 78%*ee*

14-70 地尔硫䓬盐酸盐

Shi 等人以天然葡萄糖为原料合成了一系列手性酮，与过硫酸氢钾一起用于一系列顺式和反式烯烃的不对称环氧化反应，可以取得很高的立体选择性[106,107]。这一 Shi 氏环氧化反应被成功用于天然产物中间体梯式多醚 **14-71** 的合成[108,109]。

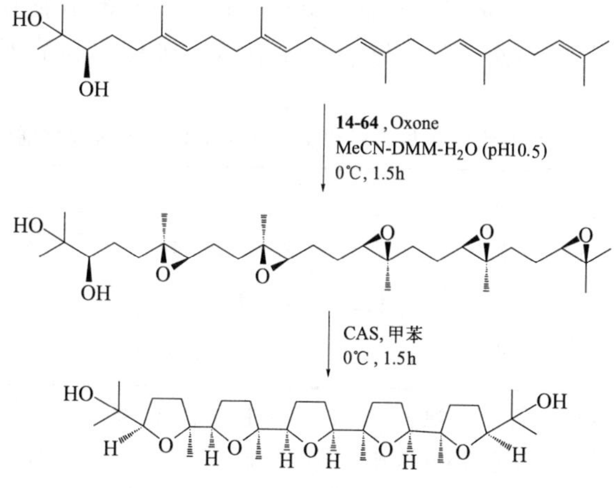

14-64, Oxone；MeCN-DMM-H_2O (pH10.5)；0℃, 1.5h

CAS, 甲苯；0℃, 1.5h

14-71

14.4.5 其他手性试剂

用环戊二烯基钛-糖类配合物（**14-72**）在进行羰基化合物的烷基化时表现出较高的立体选择性[110]。产率 *ee* 值可达 90%～95%。烯醇酯的主要进攻是芳香醛的 *Re*-面。钛烯醇酯可以承受较高的反应温度，因此反应对映选择性受温度的影响非常小，反应甚至可以在室温条件下进行，而立体选择性不会出现明显降低。

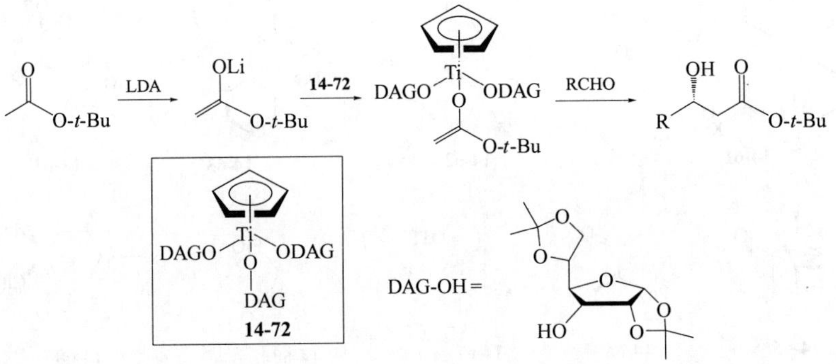

化合物 **14-73** 可用手性还原剂 Li(*ent*-Chirald®)$_2$AlH$_2$ 以 90%的产率和 85%～90% *ee* 还原得到(*S*)-**14-74**，可以用于合成抗抑郁药度洛西汀（Duloxetine，**14-75**）[111]。

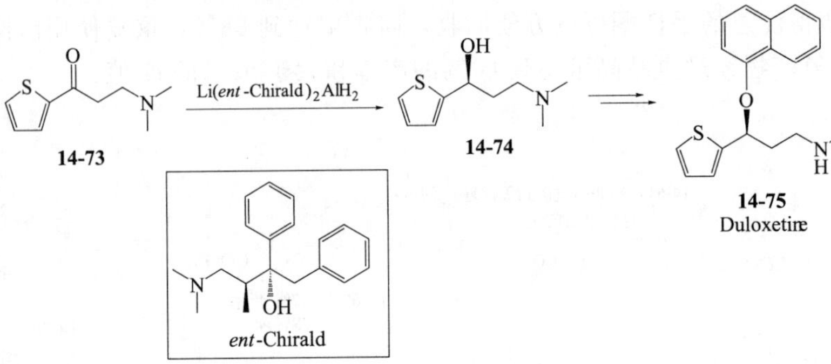

14.5 手性有机小分子催化剂

最近，有机小分子催化的不对称合成研究迅速兴起，有机小分子催化不对称有机合成可简称为不对称有机催化（asymmetric organocatalysis），是连接金属有机催化和酶催化以及合成化学和生物有机化学的桥梁[112]。与不对称金属有机催化和酶催化的优缺点对比如表 14-2 所示。

表 14-2 不对称有机催化与不对称金属有机催化及不对称酶催化的比较

不对称催化类型	优点	缺点
不对称金属有机催化	广泛的反应底物、配体灵活可控	催化剂价格昂贵、不易操作、大多有毒
不对称酶催化	高选择性、高活性	反应底物适应范围较窄
不对称有机催化	催化剂来源广泛、易制、价格便宜、易操作	大多反应选择性、活性中等 催化剂用量较大

有机小分子主要有以下几类：氨基酸及其衍生物、生物碱（主要是奎宁及其类似物）、肽及其类似化合物、多原子中心 Lewis 碱、叶立德、卡宾、手性 Bronsted 酸等。手性天然化合物则主要是氨基酸、肽和生物碱。

由于手性天然化合物来源广泛、价廉易得、绿色环保、可再生等诸多优点，是现代不对称催化合成研究的重点，对手性药物的合成研究来说更是具有独特的优势。

14.5.1 氨基酸及其衍生物

在天然氨基酸中，脯氨酸由于具有独特的五元环状亚胺结构，有利于与羰基形成烯胺、结构刚性较强，因此应用较多，大多在室温下就可以得到很高的立体选择性，是研究得最多的天然催化剂。

14.5.1.1 Aldol 缩合反应

List 等[113]发现以 L-脯氨酸为催化剂，DMSO 为溶剂，多种芳香醛均可与丙酮在室温下反应得到具有光学活性的 Aldol 缩合产物。当以异丁醛和丙酮为底物反应时，产率和 *ee* 值分别高达 97%和 96%，这是脯氨酸催化分子间 Aldol 反应中的最好结果之一。

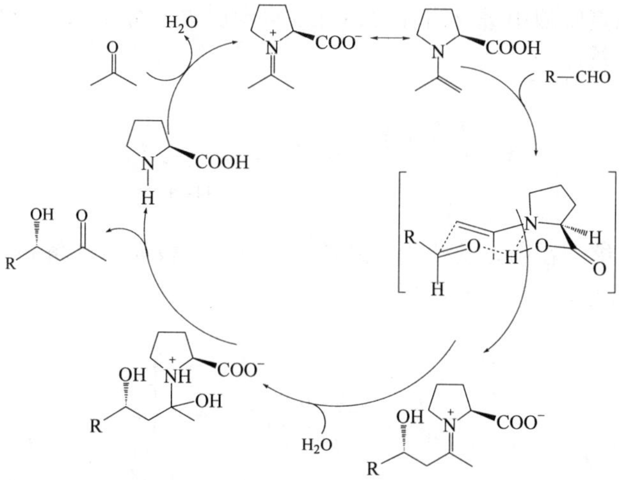

Tornat 和 Loh 等人在室温下用离子液[Bmim]PF_6 作溶剂，也是芳香醛与丙酮反应，仅用 1%～5%的脯氨酸就可以得到较好的产率（55%～93%）和 *ee* 值（65%～82%），并使催化剂与产品的分离和催化剂的重复使用得到大幅度的改善[114,115]。

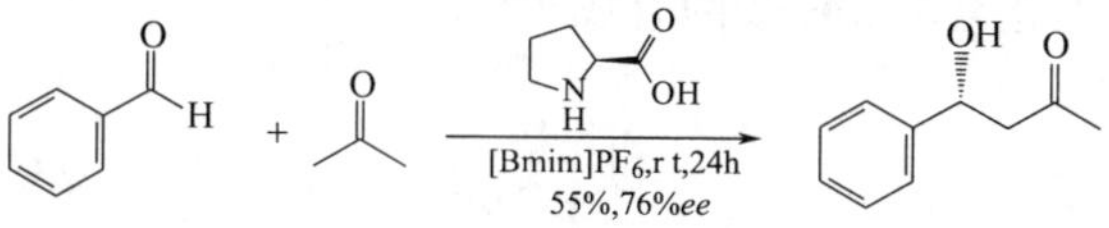

[Bmim]PF_6,r t,24h
55%,76%*ee*

目前，多种不同的醛和酮已被应用于脯氨酸催化的 Aldol 反应中。总的来说，芳醛得到大约 70% *ee* 和 54%～94%的产率；*α*-取代醛可获得 90%左右的 *ee* 值和 41%～97%的产率；三级醛可得到大于 99%的 *ee* 值。*α*-未取代醛在丙酮为给体时，被证明是一种不良的底物，DMSO 为溶剂时不能得到相应的分子间 Aldol 反应产物[116]。

脯氨酸可以有效催化异丁醛和正丙醛的缩合反应，以高产率和极高的立体选择性合成 **14-76**，经过缩合和酯化得到 Prelactone B（**14-77**）[117]。

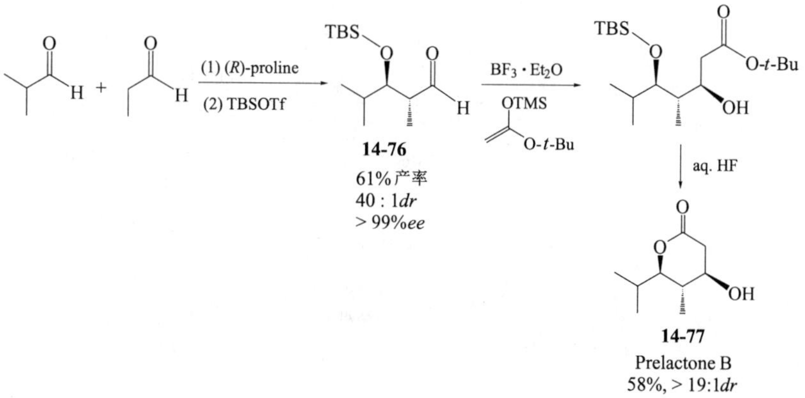

(1) (*R*)-proline
(2) TBSOTf

14-76
61%产率
40∶1*dr*
>99%*ee*

$BF_3 \cdot Et_2O$

aq. HF

14-77
Prelactone B
58%, >19∶1*dr*

三分子醛在脯氨酸催化下也可以顺利地进行缩合反应，如丙醛可以进行三分子缩合得到

六元环醚 **14-78** 和少量异构体 **14-79**[118]。

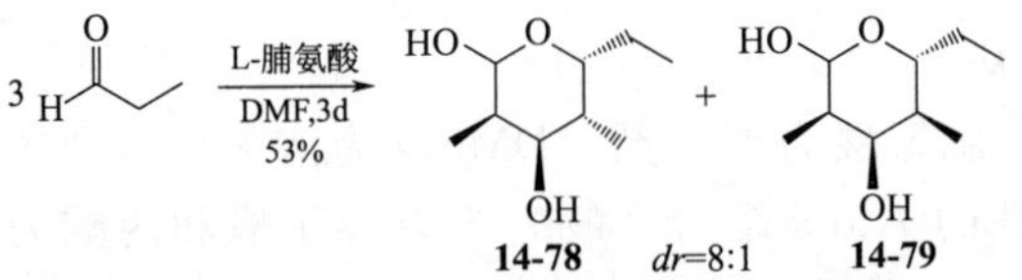

三分子乙醛在四氢呋喃中进行缩合后还可以自动脱去一分子水生成羟基烯醛 **14-80**，产率低，但立体选择性较高[119]。

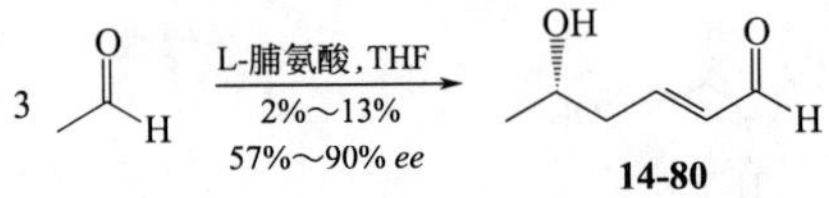

分子内的 Aldol 缩合在脯氨酸催化下通常都可以得到极高的产率和 *ee* 值，如化合物 **14-81** 的合成可以得到理论产率和 93.4%的 *ee* 值[120]。

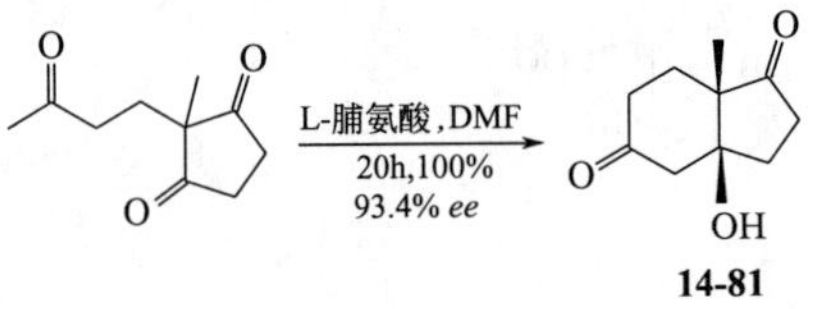

除 L-脯氨酸外，其他氨基酸也有一些应用。如 L-缬氨酸也可用于催化 Aldol 缩合，但由于没有仲氨基存在，因此为使丙酮变成烯胺，可以向反应中加入一种反-2，5-二甲基哌嗪，使反应顺利进行，如化合物 **14-82** 的合成[121]。

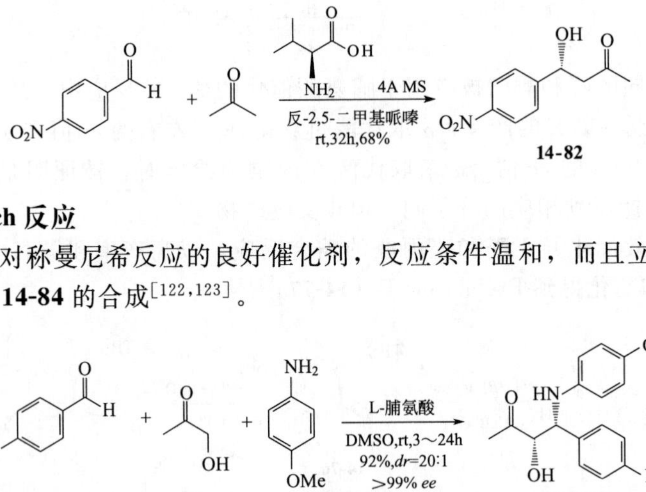

14.5.1.2 Mannich 反应

脯氨酸也是不对称曼尼希反应的良好催化剂，反应条件温和，而且立体选择性都很高，如化合物 **14-83** 和 **14-84** 的合成[122,123]。

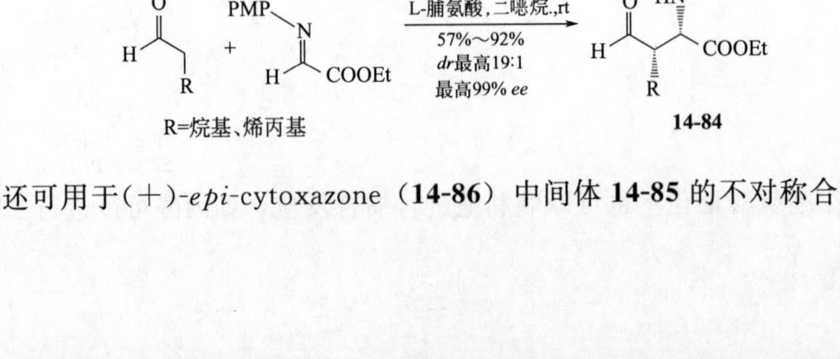

R=烷基、烯丙基

脯氨酸是还可用于(+)-*epi*-cytoxazone（**14-86**）中间体 **14-85** 的不对称合成[124]。

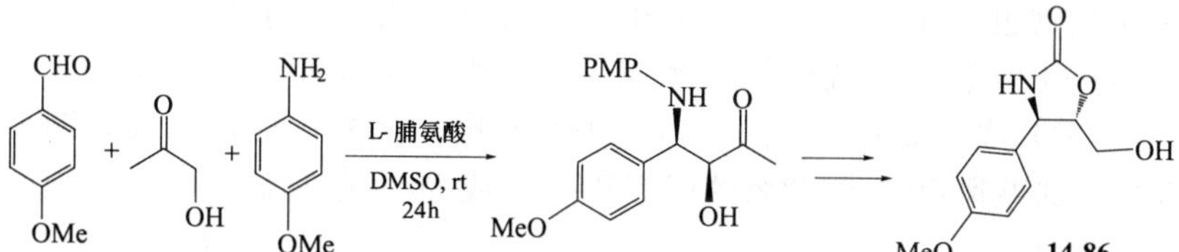

14-85　**14-86**

(+)-*epi*-cytoxazone

14. 5. 1. 3 Michael 加成反应

脯氨酸用于 Michael 加成反应通常可以得到中等以上的 *ee* 值。Hanessian 和 Pham 用脯氨酸和顺-2,5-二甲基哌嗪的混合物为催化剂催化硝基烷烃和环酮之间的 Michael 反应，与脯氨酸铷盐催化相比可显著提高 *ee* 值。其中环己-2-烯酮和 2-硝基丙烷的 Michael 反应效果最佳，产品 **14-87** 的收率为 88%，*ee* 值为 93%[125]。

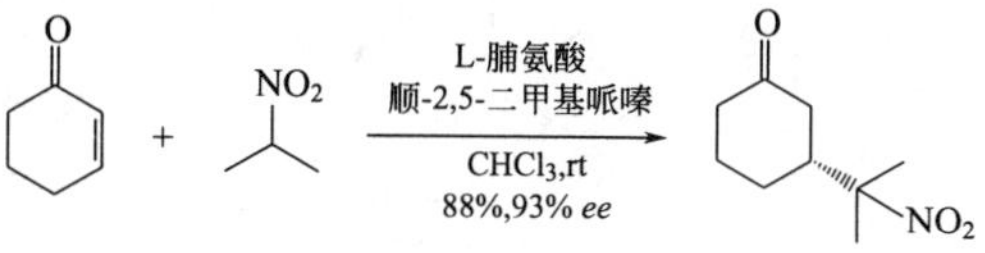

14-87

脯氨酸催化分子内 Michael 加成反应的效果不如 Aldol 缩合，产率和对映选择性都较低，如化合物 **14-88** 和 **14-89** 的合成[126,127]。

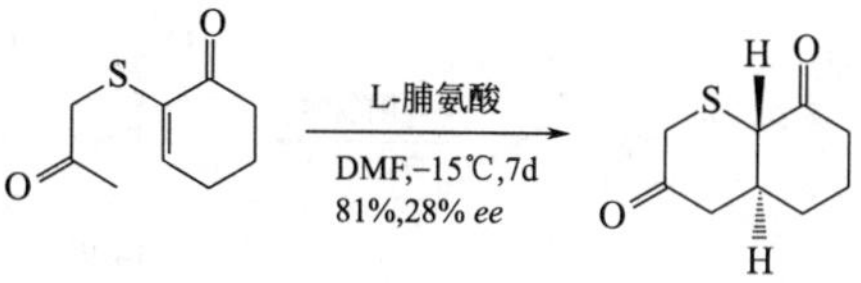

14-88

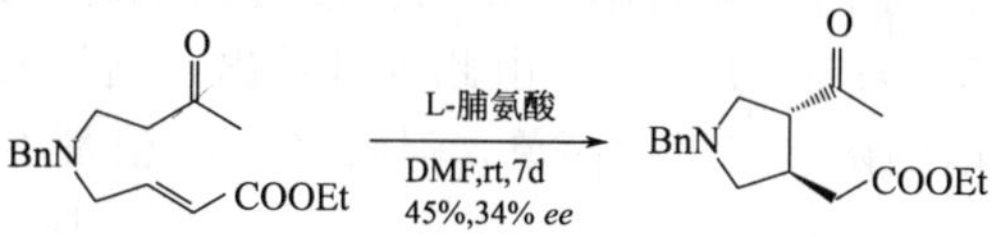

14-89

在环己酮与硝基苯乙烯的 Michael 加成合成 **14-90** 的反应中，溶剂对反应产率和对映选择性有很大影响。发现当在 DMSO 中催化时，可以得到高收率和高的去对称性，但光学活性很低；当在甲醇中催化时，产率下降，*ee* 值却有较大提高，去对称选择性无明显变化[128,129]。

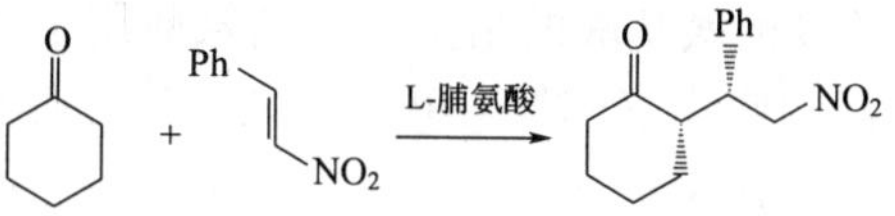

14-90

DMSO: 94%, 23% *ee*, *dr*>20∶1

MeOH: 79%, 57% *ee*, *dr*>20∶1

List 研究了一个新颖的脯氨酸催化醛、酮和丙二酸丙酮酯的三组分反应，可以得到较高产率和很高的去对称选择性，但对映体过量值很低（<5% *ee*)[130]。

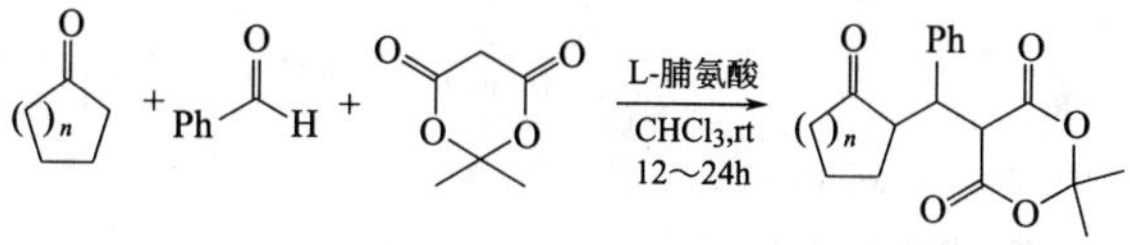

n=1, 69%, >95%*dr*

n=2, 75%, >95%*dr*

脯氨酸的衍生物也用作手性小分子催化剂，用于催化不对称 Michael 加成反应，例如 Jørgensen 等就将 **14-91** 应用于抗抑郁药物(－)-帕罗西汀（**14-93**）和类似物(＋)-femexotine（**14-94**）中间体 **14-92** 的合成[131]。丙二酸二苄酯与肉桂醛的反应可以构建两个手性中心，化合物 **14-92** 可分别得到 80％或 72％的产率和 91％或 86％的 *ee* 值。

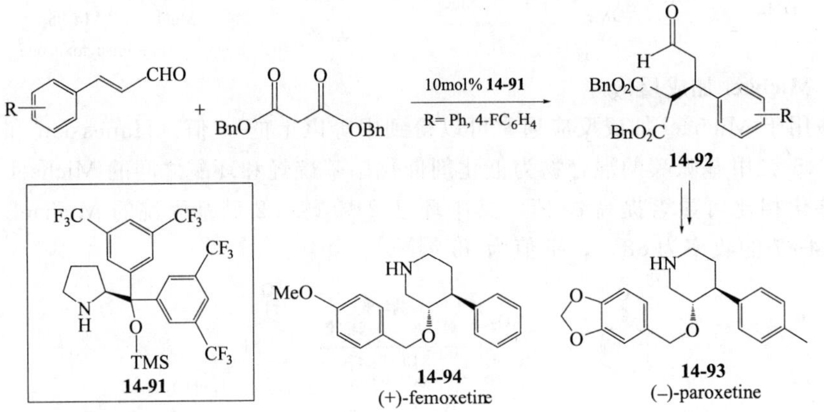

10mol% **14-91**

R= Ph, 4-FC_6H_4

14-92

14-91

14-94
(+)-femoxetine

14-93
(–)-paroxetine

14.5.1.4 Robinson 成环反应

Swaminathan 等报道了第一个脯氨酸催化的不对称 Robinson 成环反应。2-甲酰基环己酮和 3-丁烯酮在脯氨酸的催化下直接从中等产率得到螺环化合物 **14-95**，*ee* 值为 34％[132]。

L-脯氨酸
DMSO,rt
49%,34% *ee*

14-95

Wicha 等发现了脯氨酸催化二酮与不饱和酮直接得到 Hajos-Parrish-Eder-Sauer-Wiechert 反应产物 **14-96** 的反应，*ee* 值为 57％。由此可以看出，脯氨酸催化的一锅煮 Robinson 成环反应实验条件虽较以前的两步法大大简单，但收率和 *ee* 值都不高[133]。

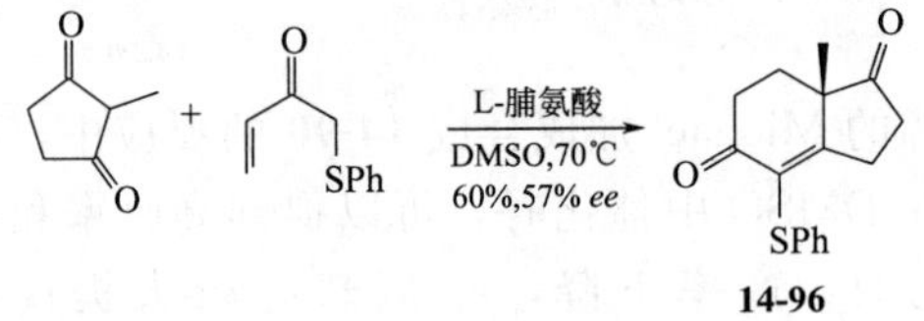

L-脯氨酸
DMSO,70℃
60%,57% *ee*

14-96

14.5.1.5 α-氨基化反应

α-氨基化反应可用于合成多种氨基酸的衍生物。脯氨酸用于偶氮二羧酸酯与酮或醛的 α-氨基化反应通常可以得到很高的收率（93％～99％）和立体选择性（＞95％ *ee*）[134～136]。

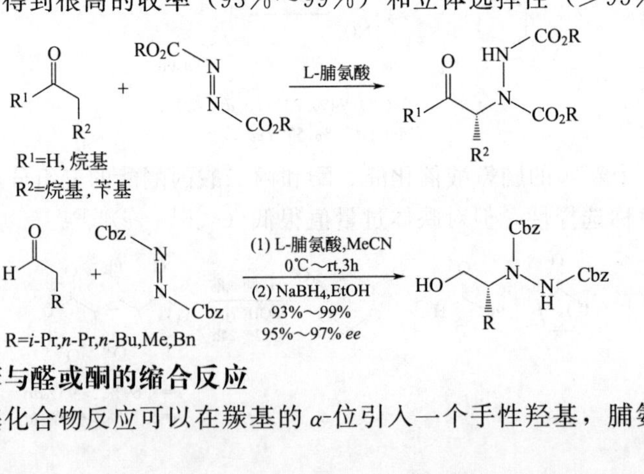

L-脯氨酸

R^1=H, 烷基
R^2=烷基，苄基

(1) L-脯氨酸,MeCN
0℃～rt,3h
(2) $NaBH_4$,EtOH
93%～99%
95%～97% *ee*

R=*i*-Pr,*n*-Pr,*n*-Bu,Me,Bn

14.5.1.6 亚硝基苯与醛或酮的缩合反应

醛或酮与亚硝基化合物反应可以在羰基的 α-位引入一个手性羟基，脯氨酸的应用可以起到极好的效果，最高可以得到 99％左右的 *ee* 值[137,138]。

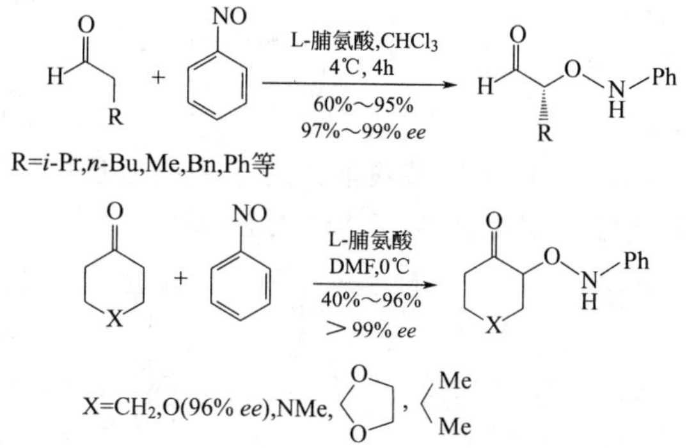

R=*i*-Pr,*n*-Bu,Me,Bn,Ph等

L-脯氨酸,$CHCl_3$ 4℃, 4h 60%～95% 97%～99% *ee*

L-脯氨酸 DMF,0℃ 40%～96% ＞99% *ee*

X=CH_2,O(96% *ee*),NMe,

14.5.2 肽

肽是由不同氨基酸通过肽键连接起来的手性分子，其结构比简单氨基酸复杂，比蛋白质简单，可以用作仿生催化剂，显示出一定的立体选择性。肽 **14-97** 可用于化合物 **14-98** 的动力学酯化拆分，得到 **14-99** 和目标产物 **14-100**，后者具有 90％的对映体过量值，经过一次简单重结晶后就可以达到 99％的对映体过量值[139]。

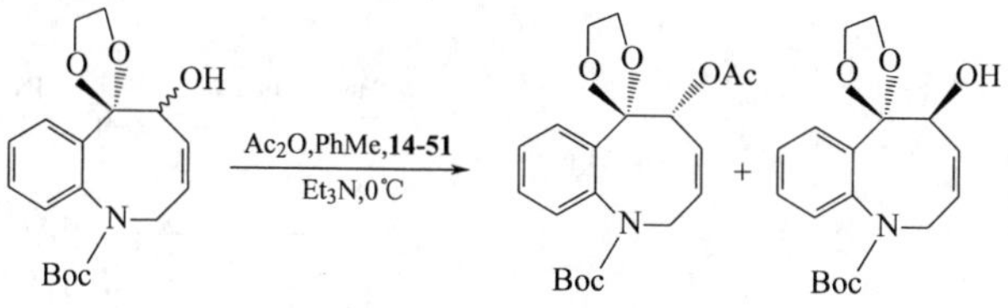

Ac_2O,PhMe,**14-51** Et_3N,0℃

14-98 **14-99** 40%,90% *ee*,**14-100**

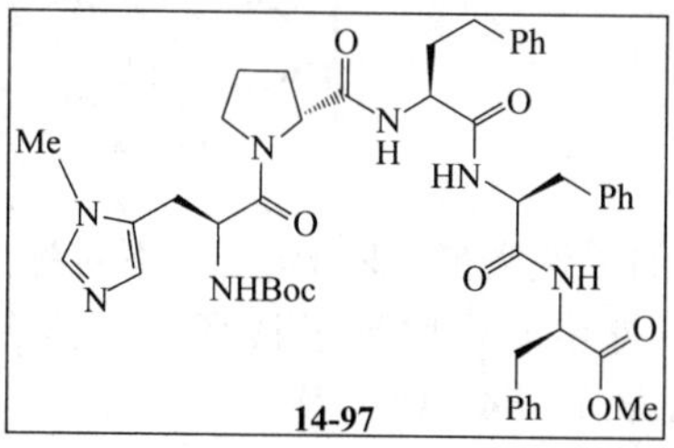

14-97

烯酮 **14-101** 的不对称叠氮化反应如果在肽 **14-102** 的催化下进行，可以以 65％的产率和 92％ *ee* 得到化合物 **14-103**[140]。

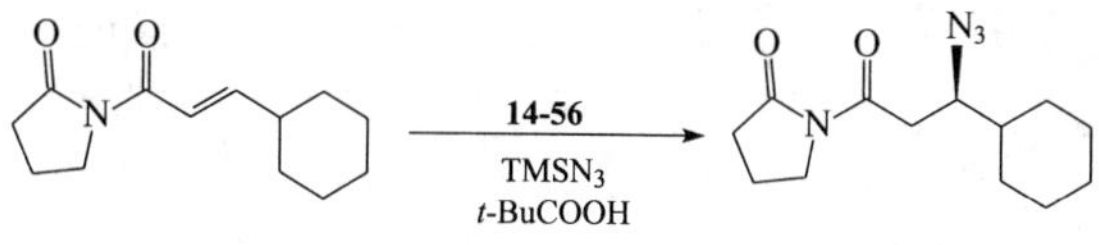

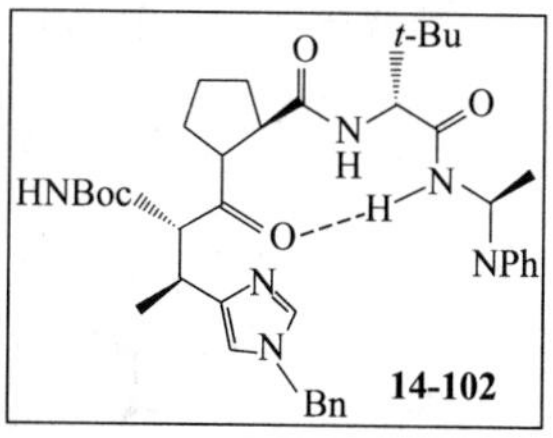

14-56 $TMSN_3$ *t*-BuCOOH

14-101 **14-103** **14-102**

14.5.3 生物碱

生物碱有很多，但真正用于手性催化的极少，研究得最多的是奎宁及其衍生物。例如，奎宁（**14-104**）可用于丙二酸型化合物 **14-105** 的不对称脱羧反应，虽然立体选择性并不好，但产率还较高（77％）[141]。

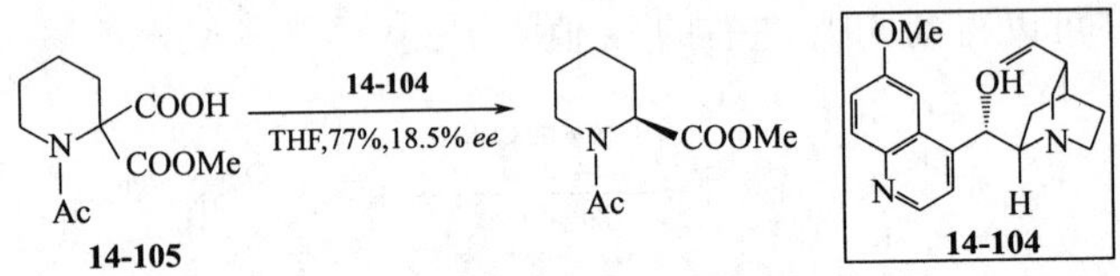

14-105 —(14-104; THF,77%,18.5% *ee*)→

14-104

乙酰化奎宁类似物 **14-106** 可用于醛基羧酸的分子内缩合反应，合成环状羟基酸并迅速发生分子内酯化反应得到内酯，如化合物 **14-107** 的合成[142]。

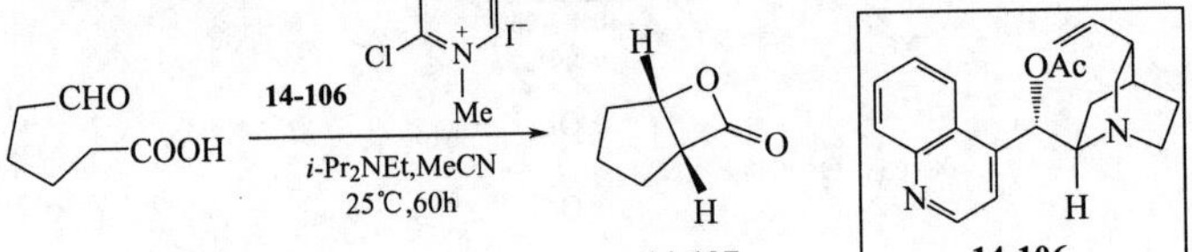

CHO / COOH —(14-106; i-Pr_2NEt,MeCN, 25℃,60h)→ **14-107**

14-106

14.5.4 手性磷酸

2008 年，Schaus 报道了手性磷酸 **14-108** 催化的不对称 Biginelli 反应合成了二氢嘧啶酮 **14-109**，可用于合成很多具有生物活性的物质，如钙通道调节剂、抗高血压药物、有丝分裂驱动蛋白抑制剂、黑色素聚集激素受体抑制剂等[143]。

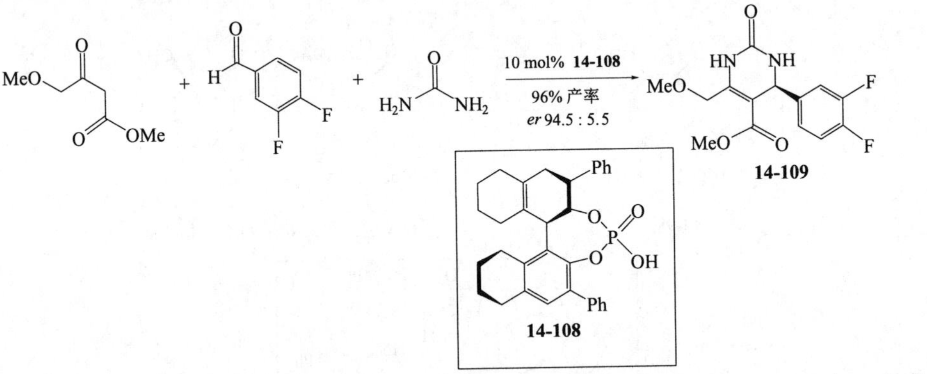

MeO + H + H_2N NH_2 —(10 mol% 14-108; 96% 产率; *er* 94.5 : 5.5)→ **14-109**

14-108

Masson 和 Zhu 将结构相似的手性磷酸 **14-110** 用于不对称三组 Povarov 反应，合成了化合物 **14-111**，一次构建了两个手性中心，取得了很高的立体选择性，并以此为中间体合成了心脑血管药物托彻普（torcetrapid，**14-112**）[144]。

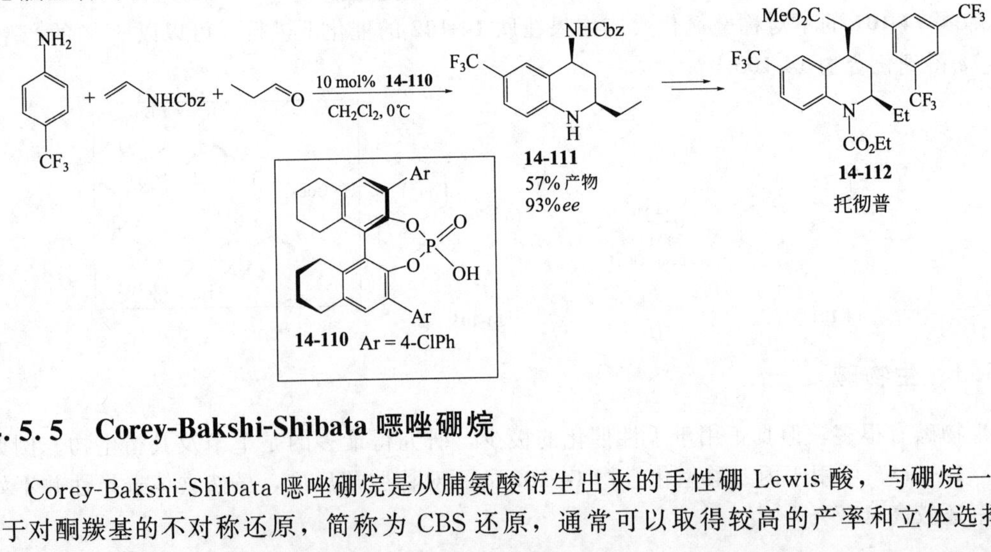

NH_2 / CF_3 + NHCbz + O —(10 mol% 14-110; CH_2Cl_2, 0℃)→ **14-111** 57% 产物 93%*ee* ⟶ **14-112** 托彻普

14-110 Ar = 4-ClPh

14.5.5 Corey-Bakshi-Shibata 噁唑硼烷

Corey-Bakshi-Shibata 噁唑硼烷是从脯氨酸衍生出来的手性硼 Lewis 酸，与硼烷一起可用于对酮羰基的不对称还原，简称为 CBS 还原，通常可以取得较高的产率和立体选择性，

已成为酮羰基不对称还原的重要方法之一。

例如，默沙东公司在 2012 年 7 月结束了有关其骨质疏松症药物 odanacatib（**14-116**）的一项 III 期临床试验，该实验性药物确实有效，正准备申请上市，其合成第一步就是运用 Corey-Bakshi-Shibata 催化剂 **14-113** 催化对溴三氟乙酰苯 **14-114** 的羰基不对称还原，以 92%*ee* 值得到手性醇 **14-115**[145]。

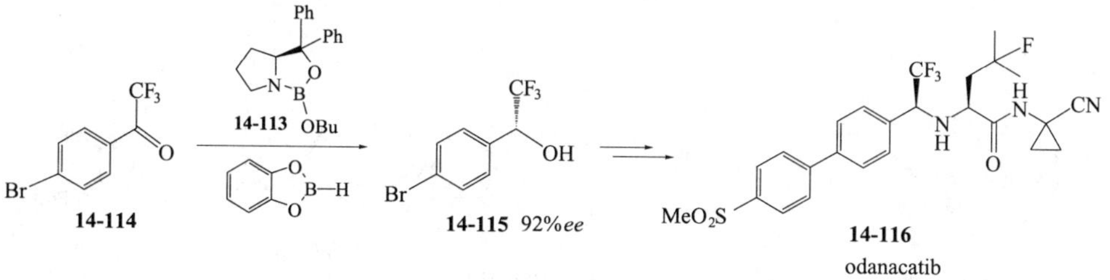

14-114　**14-113**　**14-115** 92%*ee*　**14-116** odanacatib

礼莱公司将 CBS 还原用于度洛西汀（Duloxetine，**14-118**）手性中间体 **14-117** 的合成[146,147]。

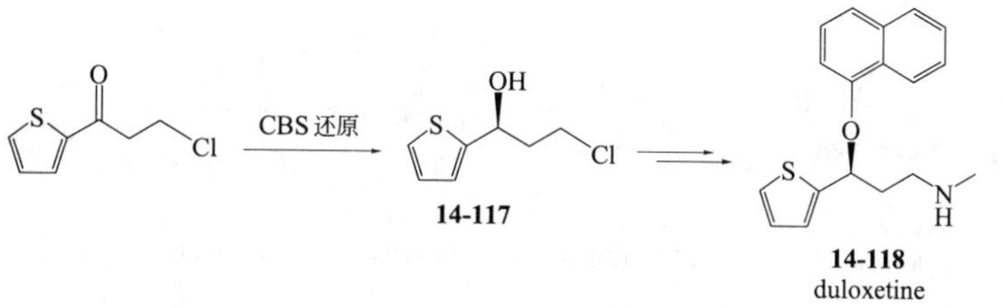

CBS还原　**14-117**　**14-118** duloxetine

14.6 手性金属络合物催化剂

金属络合物广泛使用仅有几十年时间，不过由于其特殊的结构和活性，已在有机合成化学中占有非常重要的地位。有机过渡金属化学的巨大价值在于一些条件极为苛刻的并难于实现的有机反应可以在金属络合物催化下容易进行，而手性金属络合物催化剂可以实现催化当量的不对称合成，还可以通过改变配体的结构来调整催化剂的活性和立体选择性，这些性质都是用手性源和手性试剂不能比拟的。金属有机化学基础理论可以参考相关著作[148,149]。

常用的代表性手性配体如图 14-1 所示。

14.6.1 手性过渡金属络合物催化的不对称还原反应

不对称还原是手性过渡金属络合物催化领域研究得较早、较为深入和完善的不对称反应体系，广泛应用于 C═C 双键、C═O 双键和 C═N 双键的不对称还原。

14.6.1.1 C═C 双键的不对称还原

DIPAMP-Rh 催化烯胺不对称氢化还原合成 L-多巴(L-DOPA)是成功实现工业化生产的典型例子，可以得到很高的产率和对映选择性，其中对映选择性来源于与金属络合的膦配体的手性[150]。

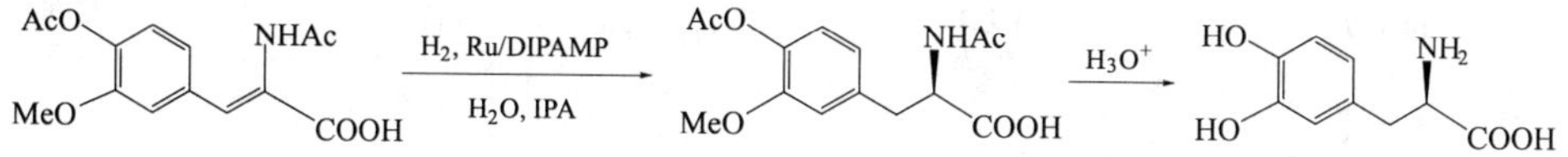

H_2, Ru/DIPAMP; H_2O, IPA　H_3O^+　*L*-多巴

(+)-生物素（biotin）中间体 **14-121** 可通过 Rh 与配体 **14-120** 形成的络合物催化四取

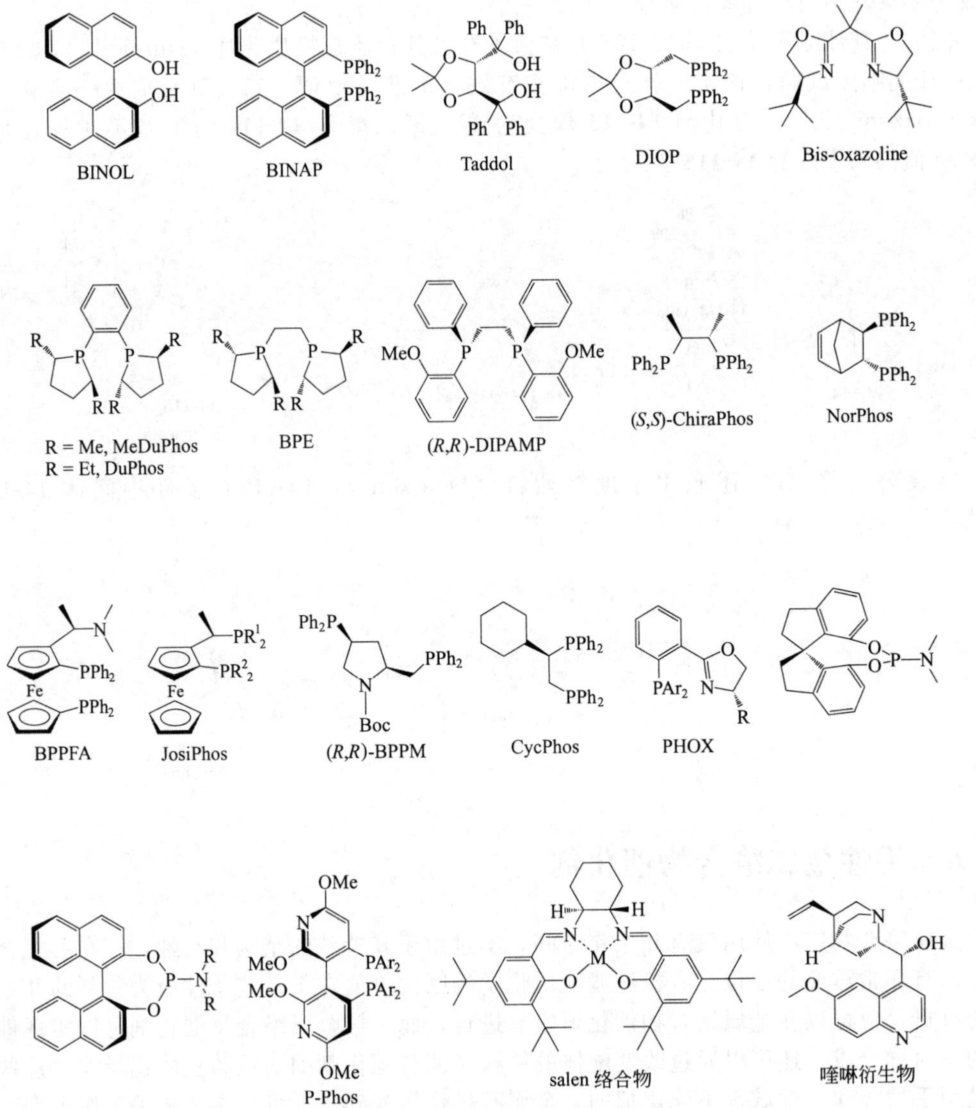

BINOL　BINAP　Taddol　DIOP　Bis-oxazoline

R = Me, MeDuPhos
R = Et, DuPhos
BPE　(*R*,*R*)-DIPAMP　(*S*,*S*)-ChiraPhos　NorPhos

BPPFA　JosiPhos　(*R*,*R*)-BPPM　CycPhos　PHOX

P-Phos　salen 络合物　喹啉衍生物

图 14-1　常用的代表性手性配体

代烯 **14-119** 的不对称还原合成，可以取得极高的非对映选择性，并能实现工业化规模生产[151]。

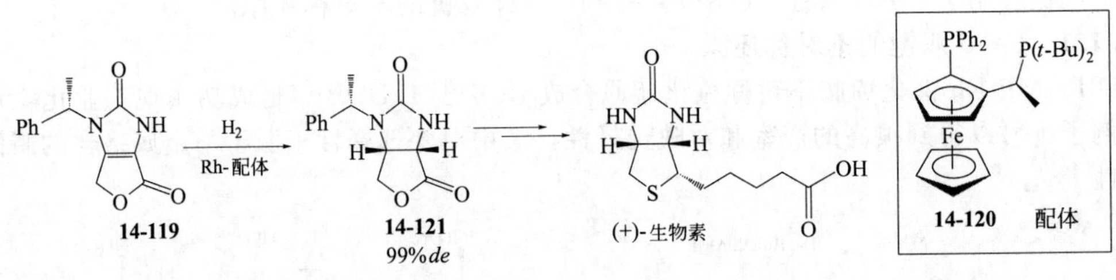

$$\textbf{14-119} \xrightarrow[\text{Rh-配体}]{H_2} \textbf{14-121}\ (99\%\,de) \longrightarrow (+)\text{-生物素}$$

14-120 配体

14.6.1.2　C═O 双键的不对称还原

降血脂药物阿伐他汀（Atorvastatin）手性中间体(*S*)-4-氯-3-羟基丁酸乙酯（**14-122**）

的合成采用相应的氯代丁酮酸酯在手性钌催化剂存在条件进行加氢还原得到，对映选择性很高（>98% *ee*），而且转化频率数可达 45000，为工业化规模合成提供了理想的工艺[152~154]。

Cl–CH₂–CO–CH₂–COOEt $\xrightarrow[H_2, 100℃, TON=45000]{Ru(ArH)(C_3\text{-TunePhos})Cl_2}$ **14-122**

C3-TunePhos

抗生素碳青霉烯（carbapenem）的合成中充分体现了不对称氢化反应的强大，其关键手性中间体 **14-123** 通过 Ru/(*R*)-BINAP 催化前手性酮的不对称氢化反应实现了高选择性[155]。

$\xrightarrow[H_2]{Ru/(R)\text{-BINAP}}$ **14-123** → → 碳青霉烯

14.6.1.3 C=N 双键的不对称还原

以环状亚胺 **14-124** 为原料通过手性铱络合物催化的不对称 C=N 双键还原可以制备抗菌药物左氧氟沙星（levofloxacin）中间体 **14-125**[156]。

14-124 $\xrightarrow[BiI_3]{Ir(I)\text{-}(2S,4S)\text{-BPPM}}$ **14-125** $\xrightarrow{6步}$ 左氧氟沙星

14.6.2 手性过渡金属络合物催化的不对称氧化反应

Sharpless 在手性不对称氧化领域做出了卓越的贡献，尤其是在烯烃的环氧化、双羟化和氨羟化反应方面取得了重大的突破，大大推动了不对称氧化反应的发展。

14.6.2.1 不对称环氧化反应

在早期的研究中，用了手性过氧羧酸为氧化剂，但很少给出超过 20%的对映体过量。Sharpless 开发出用天然酒石酸酯为手性配体，用钛酸酯催化烯丙醇的环氧化，一般可以产生>90%*ee* 的对映选择性。自 1980 年发现以来，Sharpless 环氧化反应已成为烯丙醇类化合物不对称环氧化反应中的标准方法。

$\xrightarrow[Ti(O\text{-}i\text{-}Pr)_4, (+)\text{-DET}]{TBHP}$ 99:1

Sharpless 环氧化反应机理：

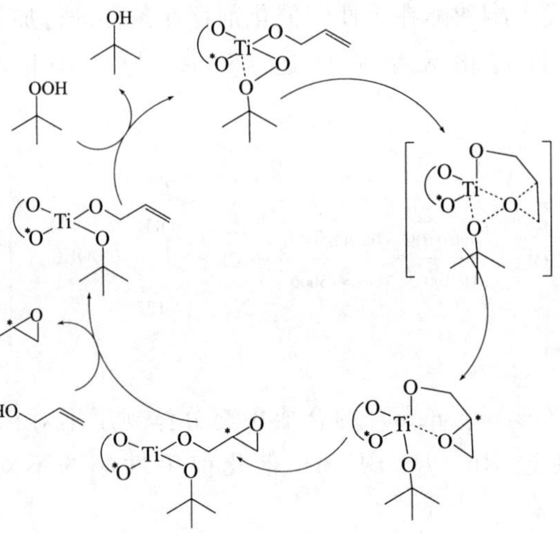

在反应体系中存在多种钛-酒石酸酯配合物，但双核配合物被证实比四异丙氧基钛反应快得多，显示出选择性地配体加速作用[157,158]。

Sharpless 环氧化除依赖于烯丙醇结构外，对非官能团烯烃的环氧化则更具挑战性，由于这些烯烃无法形成构象确定的螯合络合物，因而造成底物对映面的区分相当困难，也就造成对映选择性不高。

非官能化烯烃的不对称环氧化主要用以下几种催化剂：salen 络合物、卟啉络合物和手性酮。其中手性酮在前面已讲过，这里简单介绍 salen 和卟啉络合物的应用例子。

salen 络合物用于烯烃的不对称环氧化由 Jacobsen 和 Katsuki 开发[159,160]。铬、镍、铁、钌、钴和锰都可以和 salen 络合，然后用作简单烯烃的环氧化催化剂，但三价锰最有效[161]。

以紫杉醇手性边链（**14-127**）的合成为例。经过（salen）Mn（Ⅲ）络合物催化的反式肉桂酸乙酯的不对称环氧化反应，生成的环氧酯 **14-126** 可得到很高的对映选择性[162]。

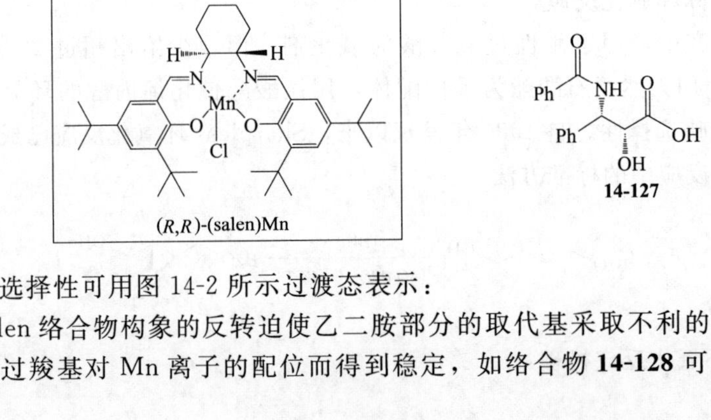

14-126 56% 95%~97% *ee*

14-127

(*R*,*R*)-(salen)Mn

反应的立体选择性可用图 14-2 所示过渡态表示：

手性 Mn-salen 络合物构象的反转迫使乙二胺部分的取代基采取不利的竖键位置，这一不利构象可以通过羧基对 Mn 离子的配位而得到稳定，如络合物 **14-128** 可以作为几种 2,2-

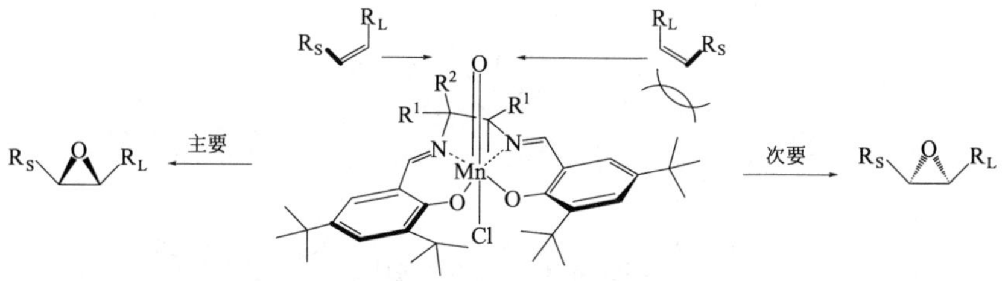

图 14-2 反应的立体选择性示意

二甲基苯并吡喃衍生物的不对称环氧化的有效催化剂[163]。

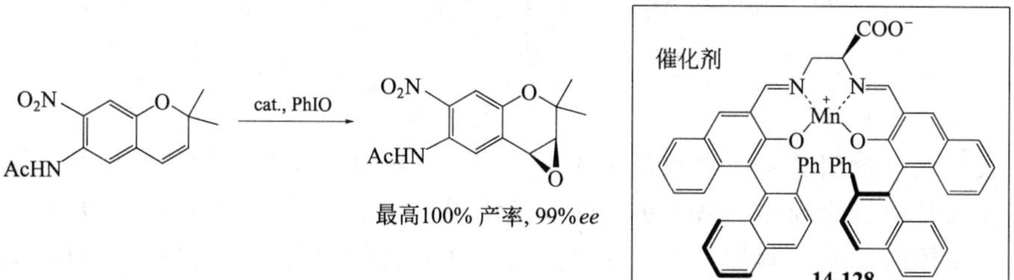

卟啉类金属络合物用于氧化反应研究较多，但由于核心部分基本是平面结构，所以很难获得理想的立体选择性。可以将某个面封起来，这样就只能从另一面进攻，但立体选择性依然不高。如化合物 **14-129** 应用于苯乙烯的不对称环氧化仅能得到中等立体选择性[164,165]。

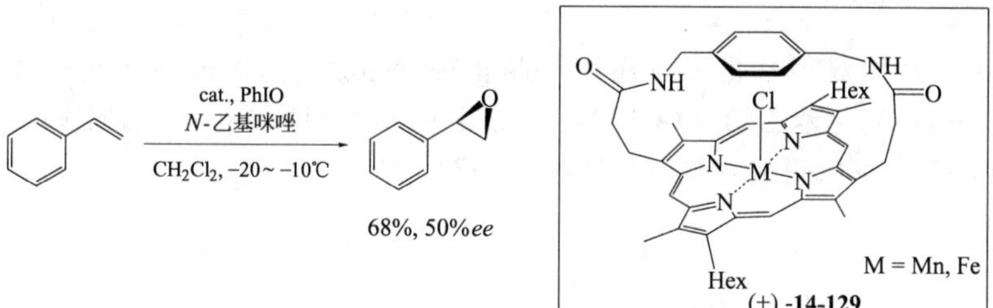

14.6.2.2 Sharpless 双羟化反应

Sharpless 开发了用四氧化锇对烯键的不对称双羟化反应，称为 Sharpless 双羟化反应(AD 反应)[166]。在亲核配体存在下锇酸酯的形成速率可以提高。

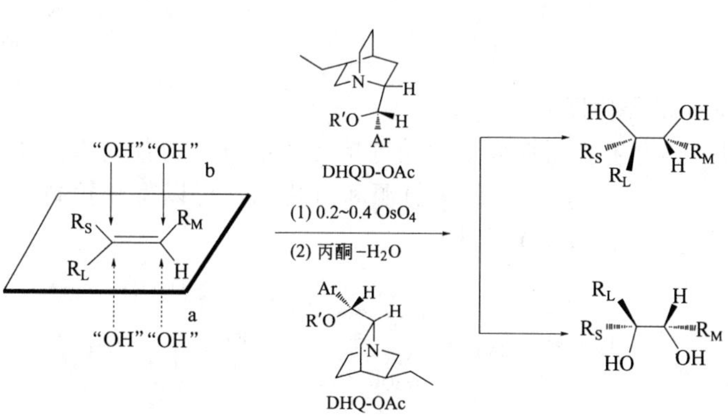

反应机理：

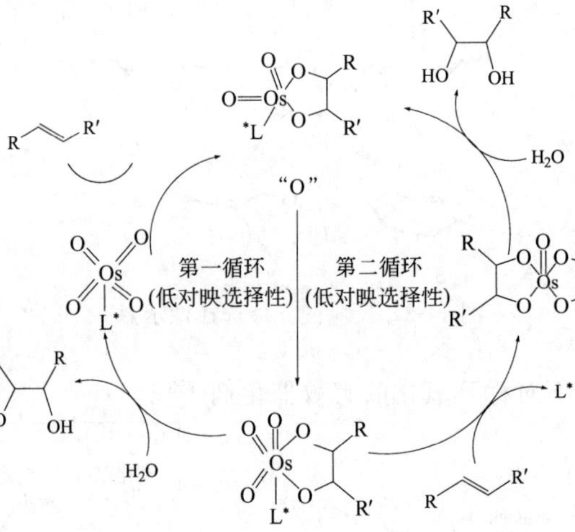

烯烃双羟化最常用的氧化剂就是氧化锇，但由于毒性和价格原因使其应用受到限制，一种改进是加入其他氧化剂如 NMO 使之可以仅使用催化量[167]。Sharpless 双羟化反应广泛用于药物及中间体的合成。例如，非甾体抗感染药物奈普生的合成就可以以不对称双羟化反应为关键步骤。以化合物 **14-130** 为原料合成双羟基化合物 **14-131**，可以得到 98%*ee*[168]。

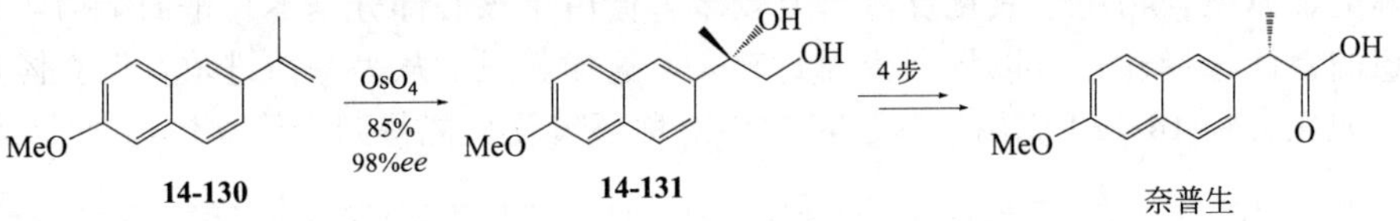

Sharpless 不对称双羟基化反应还用于制备神经激肽-1（neurokinin-1，NK-1）中间体 3，5-二(三氟甲基)氧化苯乙烯（**14-132**）的制备。应用 AD-mix-α 氧化相应的苯乙烯可以以 80%的产率和 92% *ee* 值得到双羟基化产物 **14-131**[169]。

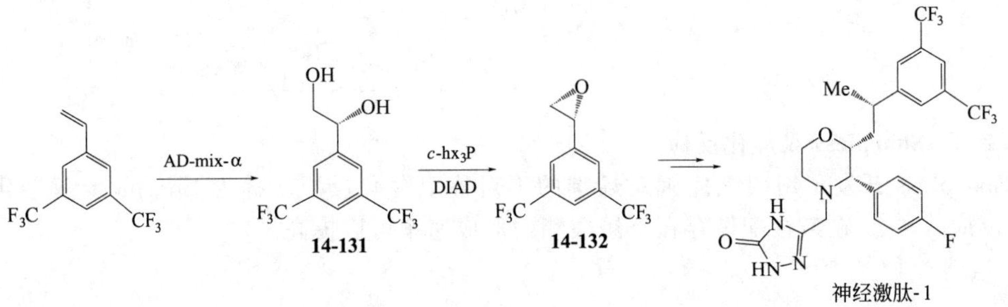

14.6.2.3 Sharpless 氨羟化反应

β-氨基醇是很多具有生物活性分子中关键单元，最有效的合成方法就是对烯烃直接引入羟基和氨基。Sharpless 应用氯胺-T 作为氮源和氧化剂，可以得到较高的对映选择性，称为 Sharpless 氨羟化反应（AA 反应）[170,171]。

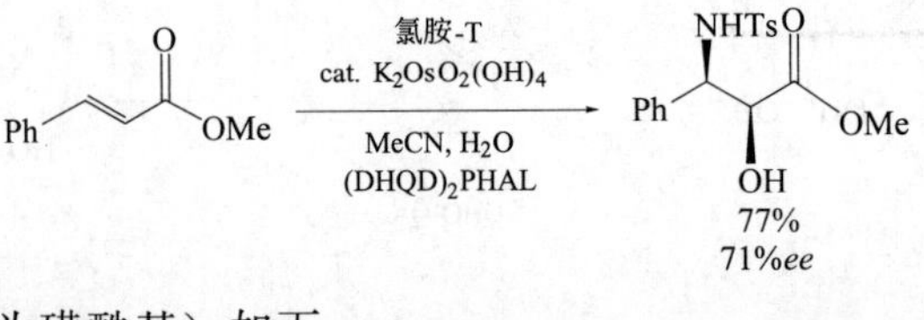

反应机理（图中 X 为磺酰基）如下：

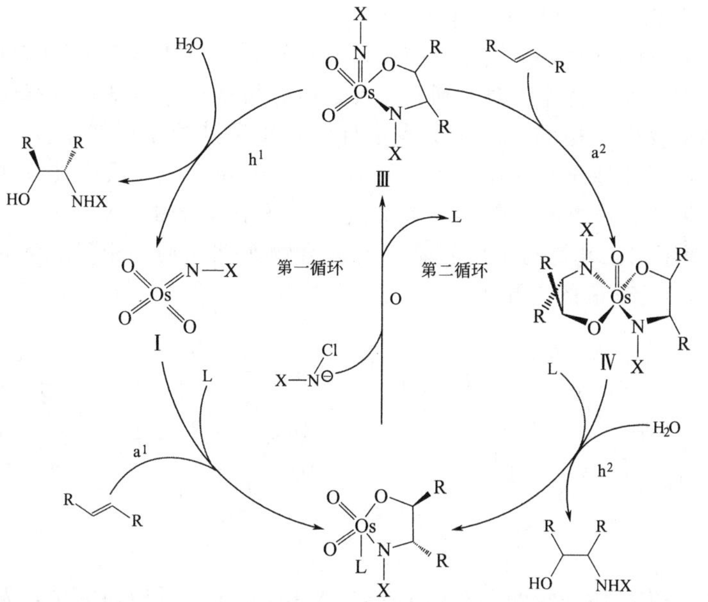

H_2O h¹ Ⅲ a² 第一循环 第二循环 Ⅰ Ⅳ a¹ h² H_2O

抗生素药物氯拉卡比（loracarbef）中间体 **14-133** 可用这种方法合成，以 α,β-不饱和酯为原料，用 Sharpless 不对称氨羟化反应可以得到良好的收率、高的区域选择性（>13∶1）和立体选择性（89% *ee*）[172]。

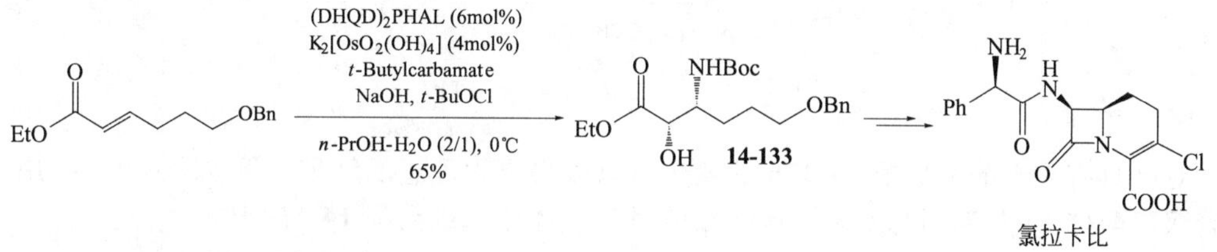

$(DHQD)_2PHAL$ (6mol%)
$K_2[OsO_2(OH)_4]$ (4mol%)
t-Butylcarbamate
NaOH, *t*-BuOCl
n-PrOH-H_2O (2/1), 0℃
65%

14-133 氯拉卡比

14.6.2.4 硫醚的不对称氧化

含两个不同取代基的硫醚是潜手性化合物，氧化为亚砜后具有手性。上述不对称氧化体系大多适用于硫醚的不对称氧化反应。例如，治疗胃和十二指肠溃疡的药物艾索美拉唑（Esomeprazole，Nexium®）最后一步硫醚 **14-134** 的不对称氧化可在手性钛络合物催化剂作用下用枯基过氧化氢进行氧化，可以得到非常高的立体选择性，而且可以实现 100t/a 的规模化生产[173]。

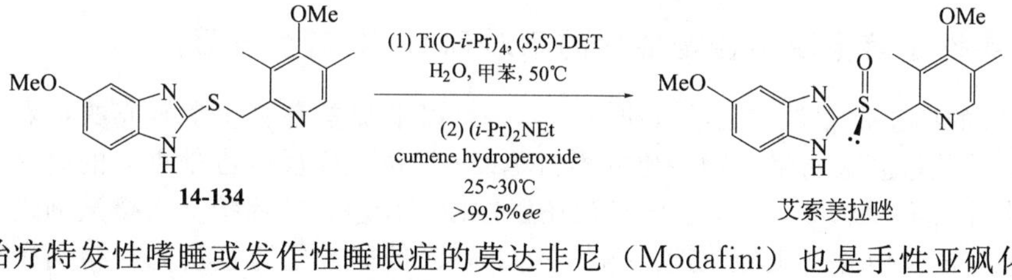

(1) Ti(O-*i*-Pr)$_4$, (*S*,*S*)-DET
H_2O, 甲苯, 50℃
(2) (*i*-Pr)$_2$NEt
cumene hydroperoxide
25~30℃
>99.5%*ee*

14-134 艾索美拉唑

用于治疗特发性嗜睡或发作性睡眠症的莫达非尼（Modafini）也是手性亚砜化合物，可以以硫醚 **14-135** 为原料用相似工艺合成[174]。

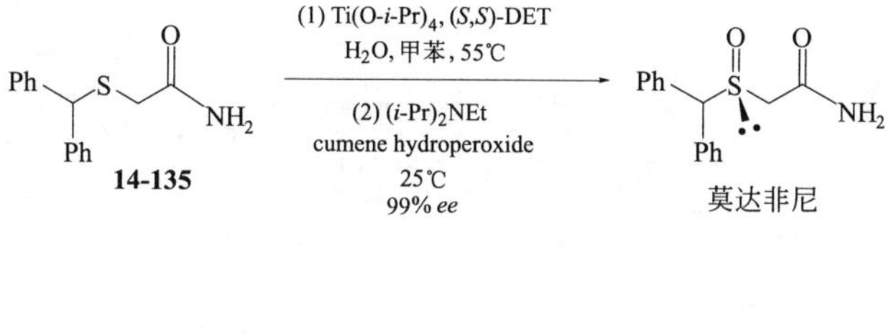

(1) Ti(O-*i*-Pr)$_4$, (*S*,*S*)-DET
H_2O, 甲苯, 55℃
(2) (*i*-Pr)$_2$NEt
cumene hydroperoxide
25℃
99%*ee*

14-135 莫达非尼

14.6.2.5 不对称 Baeyer-Villiger 氧化反应

酮或醛发生 Baeyer-Villiger 氧化反应可以生成酯，是一种非常重要的氧化反应。其优点主要有：当分子中有其他官能团时，通常不受影响；可根据与羰基相连基团的电子特性预测产物的构型；如果发生迁移的碳原子具有手性，重排后其构型保持不变；产率通常都非常高；操作简单。在手性催化剂存在条件下的 Baeyer-Villiger 氧化反应具有立体选择性。常用的氧化剂包括过氧酸、过氧醇（包括双氧水）、氧气和次氯酸钠等。

Kotsuki 等使用二乙基锌与手性氨基醇的配合物作催化剂，用氧气氧化 3-取代环丁酮，可以得到 31%～40%ee 值的内酯[175]。

$ZnEt_2$,O_2 ; OH ; NEt_2 ; Ph ; N ; O ; Zn ; O ; O ; O ; H ; R

在对前手性 4-苯基环己酮的不对称 Baeyer-Villiger 氧化反应研究中，发现 BINAP-Pt 催化剂相对可以取得较好的效果[176,177]。

(R,R)-BINAP-Pt$(OH)_2$(Ⅱ) ; 35%H_2O_2, $ClCH_2CH_2Cl$; Ph ; 53%, 68%ee

对已具有手性的刚性酮 **14-136** 的氧化可以取得更为理想的结果。例如，Katsuki 用手性氮磷双齿配体 **14-137**，可以以大于 99%的对映选择性生成内酯 **14-138**[178]。

Pd-L, UHP ; THF, −40℃, 44h ; **14-136** ; **14-138** (1S, 4R, 7R, 10S) 89%, >99%ee ; **14-137** ; N ; PPh_2

14.6.3 手性过渡金属络合物催化的不对称 C—C 键生成反应

C—C 键的构建是非常有用的有机反应，一直以来都是有机化学研究的重点。除了多组分缩合外，手性过渡金属络合物催化的不对称 C—C 键生成反应也是重要的研究方向。反应过程中通常涉及金属对 C—X 键发生氧化还原性插入反应，然后接受亲核试剂进攻，最后发生还原消除完成反应并再生催化剂。例如 Buchwald 等研究了芳基溴化物与酮在碱存在下甲基萘满酮的不对称芳基化反应。用 BINAP 为配体，可以在酮羰基 α-位不对称地引入芳基[179]。

Me ; Br ; BINAP-Pd(0) ; NaO-t-Bu, PhMe ; 100℃ ; 24% 84%ee

Hayashi 等发展了一种非常高效的催化硼酸与烯键偶合反应的铑络合物催化体系。例如托特罗定（tolterodine）中间体 **14-140** 的合成，以 SegPhos（**14-139**）为配体几乎可以得到光学纯的产物[180]。

PPh_2 PPh_2 $B(OH)_2$ **14-139** $Rh(acac)(C_2H_4)_2$ 二噁烷 H_2O,60℃ Ph **14-140** 88% 99.6%*ee* Ph N OH (*R*)-托特罗定

分子内 Heck 反应在 C═C 双键与 C—Pd 键发生插入反应时，生成至少一个手性中心，因此使用手性配体可以实现不对称分子内 Heck 反应。例如化合物 **14-141** 的不对称 Heck 反应，Overman 使用相同构型的 BINAP 为配体，在不同条件下可分别得到 *R*-或 *S*-构型产物，*ee* 值最高可达 95%。在此反应中，由于羰基 *α*-位上的氢不能达到顺式共平面消除的要求，而是羰基 *γ*-位上的氢被消除，所以通过插入反应生成的手性中心在产物中得以保留[181]。

Me N (*R*) 45% 89%~95%*ee* 10% $Pd_2(dpa)_3$ 20%(*R*)-BINAP DMAc 80~100℃ N Me I **14-141** 5% $Pd_2(dpa)_3$ 10%(*R*)-BINAP Ag_3PO_4, DMAc 60~80℃ Me N (*S*) 74% 79%~81%*ee*

Shibasaki 利用这一些反应完成了斑鸠菊内酯（Vernolepin）的手性合成，以化合物 **14-142** 为原料，用(*R*)-BINAP 为配体，产物 **14-143** 可以获得 86%的 *ee* 值[182]。

OCOBu-*t* HO OTf **14-142** 9% $Pd_2(dpa)_3$ 11% (*R*)-BINAP *t*-BuOH, K_2CO_3 $ClCH_2CH_2Cl$ OCOBu-*t* H **14-143** 86%*ee* OH H 斑鸠菊内酯

对于取代烯丙基化合物在手性金属络合物催化下的取代反应要经过典型的 π-烯丙基钯中间体，这一中间体有 *syn*、*anti*、*syn*/*syn* 以及 *anti*/*anti* 四种。其中 *syn* 和 *syn*/*syn* 明显在能量上有利，因此反应主要以这类中间体进行[183]。

R Pd^+ L L *syn* 有利　R Pd^+ L L *anti* 不利　R R Pd^+ L L *syn*/*syn* 有利　R Pd R + L L *anti*/*anti* 不利

例如，光学活性烯丙基乙酸酯 **14-144** 和 **14-145** 在钯催化下与丙二酸酯的钠盐反应均以 90∶10 的比例给出产物 **14-149** 和 **14-150**。这是因为 **14-144** 和 **14-145** 在钯

催化下首先分别发生构型翻转生成中间体 **14-146** 和 **14-147**，但 **14-146** 和 **14-147** 经异构化后生成能量上更有利的 π-烯丙基钯中间体 **14-148**，最后经亲核取代生成 **14-149** 和 **14-150**[184]。

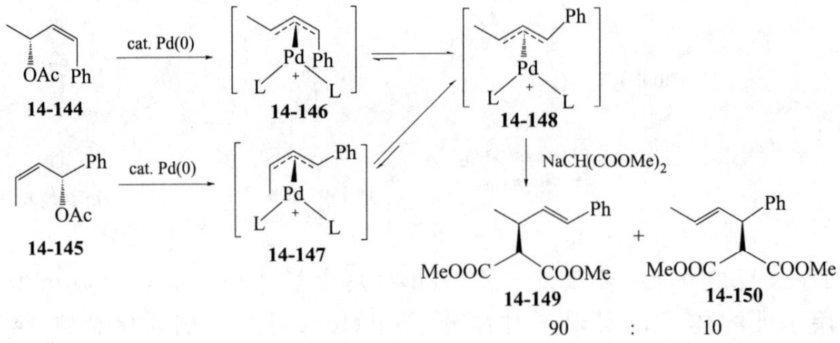

另一个例子是利用(+)-BINAP 作配体，外消旋的 1,3-二苯基烯丙基乙酸酯（**14-151**）在钯催化下与乙酰丙酮反应，以 92%的 *ee* 值给出亲核取代产物 **14-153**[185]。这一反应中 η^3-烯丙基钯可以翻转，所以在手性配体的存在下生成中间体 **14-152**，虽然有两个位置接受进攻，但手性配体决定了最后的对映选择性。

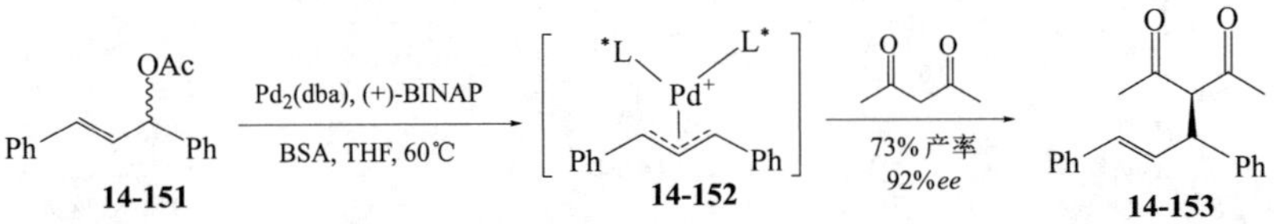

Jacobsen 用三齿 Schiff 碱的配合物 **14-154** 为催化剂成功实现了高选择性、高产率的杂烯反应，加入氧化钡是为了保持无水状态[186]。

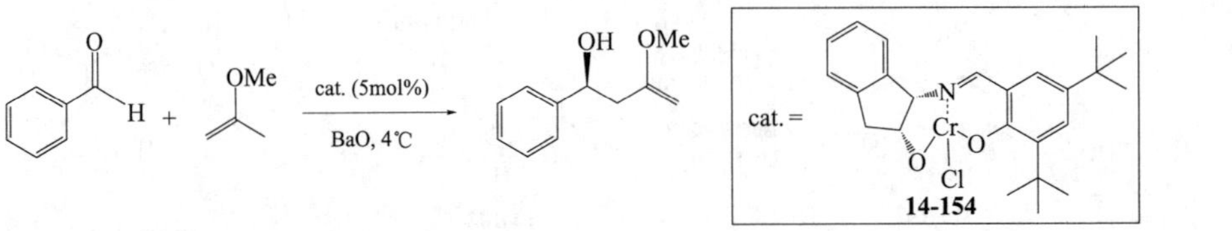

14.6.4 手性非过渡金属 Lewis 酸催化剂

非过渡轻金属催化机理跟钯、铑等过渡金属有较大的不同，通常不能发生氧化还原性插入反应，而是通过配合等弱相互作用影响反应的电子效应和空间效应。

例如，Trost 等报道了从脯氨酸衍生的手性配体（**14-155**）用于不对称羟醛反应[187,188]。这类配体与二乙基锌作用形成相应的含有两个锌原子的手性配合物，其中一个锌原子在反应中起到 Lewis 碱的作用参与酮的烯醇化得到 **14-156**，而另一个锌原子则作为 Lewis 酸与醛配位得到 **14-157**，然后发生反应得到 **14-158**，一个锌原子再与苯乙酮配位得到 **14-159**，最后得到产物。在这种双金属催化剂存在下，不对称羟醛缩合反应产物的 *ee* 值最高可达 99%。

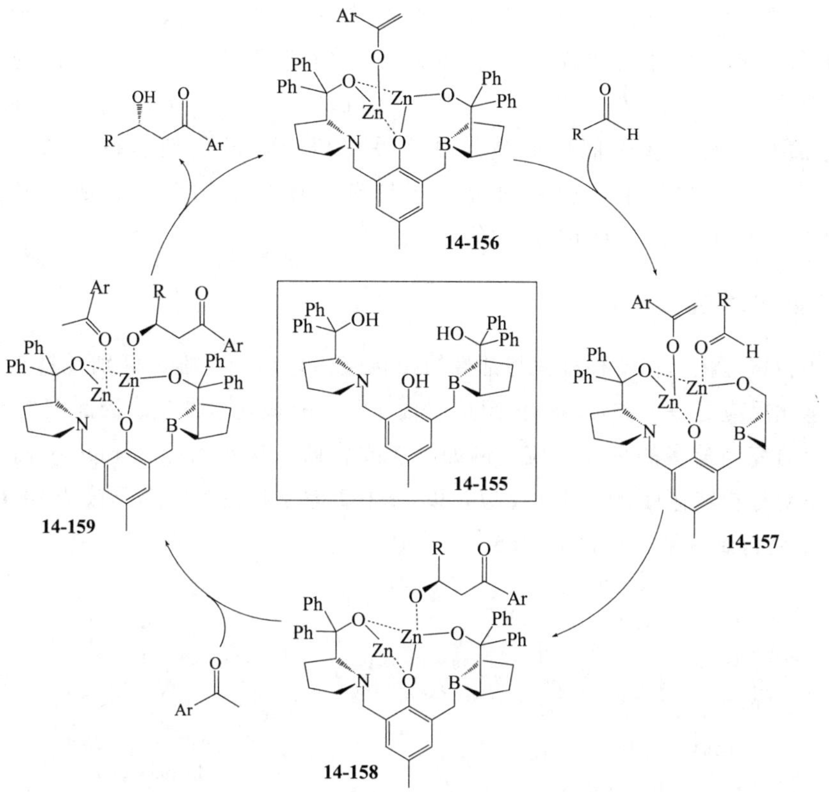

14-156

14-155

14-159

14-157

14-158

2002 年，Barnes 等人报道了以手性噁唑啉 **14-160** 为配体的手性 Lewis 酸催化硝基烯 **14-161** 与丙二酸酯的不对称 Michael 加成反应，可以以极高的产率和立体选择性得到化合物 **15-162**，可以用于合成抗精神失常药(*R*)-咯利普兰(rolipram)[189]。

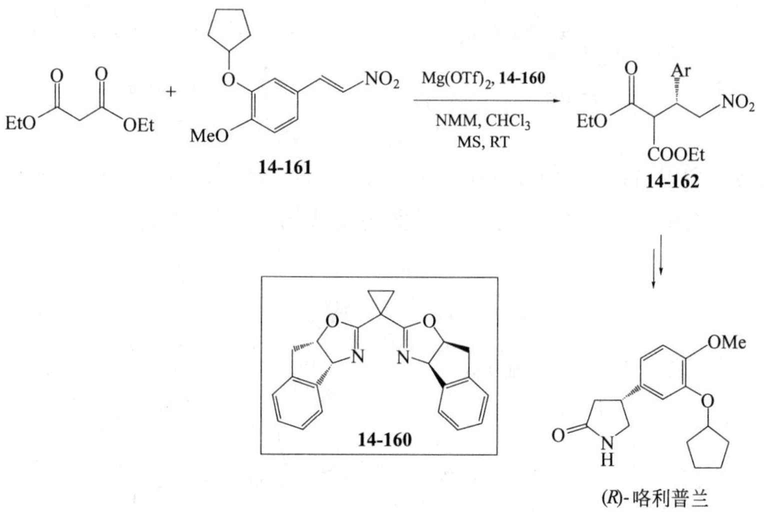

Mg(OTf)$_2$, **14-160**

NMM, $CHCl_3$

MS, RT

14-161

14-162

14-160

(*R*)-咯利普兰

14.7 手性相转移催化剂

手性相转移催化剂是最近才发展起来的手性催化技术，利用催化剂本身的立体构型影响反应的立体选择性，但由于相转移催化剂通常以松散的离子对形式存在，因此往往得不到很高的对映选择性。大多数手性相转移催化剂是从易得的原料合成得到的。应用的不对称相转移催化剂主要是有机鎓盐，后来又出现了手性冠醚、手性 salen 双金属络合物相转移催化剂等。由于手性相转移催化剂易得并通常在相对温和的条件下反应，因此除了实验室研究，还具有工业化应用前景。所涉及的反应主要有环氧化、烷基化和去对称化反应等[190]。

14.7.1 奎宁鎓盐

手性相转移催化的相转移过程与常规的相转移催化相同，唯一区别是具有立体选择性。羰基 α-烷基化反应是一个非常基础的反应，由于往往有卤化氢产生，因此也是不对称鎓盐类相转移催化研究得最多的单元反应。例如，能改善糖尿病药物(－)-ragalitazar 的六步法合成就经过不对称相转移催化烷基化反应，以 **14-163** 为原料在奎宁类季铵盐 **14-164** 催化下可以以 90%*ee* 值得到烷基化产物 **14-165**[191~193]。

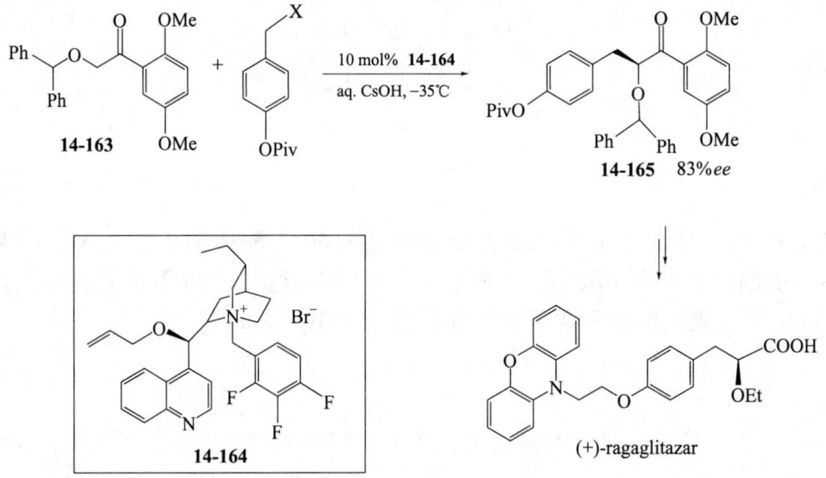

14-163 + (X, OPiv) —10 mol% 14-164, aq. CsOH, −35℃→ 14-165 83%*ee* ⟶ (+)-ragaglitazar

14-164

奎宁类相转移催化剂还可用于 Darzens 反应。Shioiri 和 Arai 等用 α-氯代酮与醛在 **14-166** 存在下反应合成手性环氧酮，反应全部得到反式构型[194~196]。

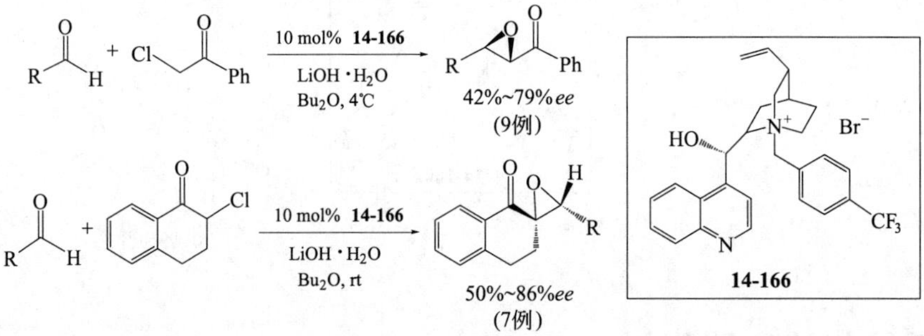

RCHO + ClCH₂COPh —10 mol% 14-166, $LiOH \cdot H_2O$, Bu_2O, 4℃→ 42%~79%*ee* (9例)

RCHO + 2-氯-1-四氢萘酮 —10 mol% 14-166, $LiOH \cdot H_2O$, Bu_2O, rt→ 50%~86%*ee* (7例)

14-166

Corey 等研究了不对称相转移催化剂 **14-167** 和 **14-168** 催化的不对称 Henry 反应，并将之用于手性氨基醛与硝基甲烷的反应合成抗艾滋病药物安泼那韦（amprenavir）中间体 **14-**

169 和 14-170[197]。

Bn_2N MeNO$_2$ 10mol% 14-167 KF, THF −10℃ 14-169 86% (17 : 1) 安泼那韦

BocHN MeNO$_2$ 10mol% 14-168 KF, CH_2Cl_2 −10℃ 14-170 88% (9 : 1)

14-167 14-168

14.7.2 联萘和联苯类手性鎓盐

联萘和联苯类手性鎓盐是另一大类手性相转移催化剂[198]。在手性相转移催化剂中，这种 *N*-螺环联芳烃衍生物具有良好的选择性和反应活性。当用阻旋异构（atropmeric）催化剂（如 **14-171**）时，甘氨酸希夫碱与空间位阻较小的亲电试剂（如烯丙基溴和炔丙基溴）反应得到烷基化反应产物的 *ee* 值最高可达 97%[199]。

1mol% (*R,R*)-14-171 PhMe, 50% aq. NaOH −20~0℃，95~96h 70%~90% 产率 最高97%*ee* 14-171

Maruoka 等制备了联萘螺环季铵盐手性相转移催化剂 **14-172**，用于同样的烷基化反应也可以取得很好的产率和极高的立体选择性[200,201]。

1mol% (*S,S*)-14-172 50% aq. KOH PhMe, 0℃, 6h 86%产率 96%*ee* 14-172

14.7.3 冠醚类手性相转移催化剂

Bakó 和 Tōke 深入研究了冠醚类手性相转移催化剂[202]。不像手性鎓盐，这种冠醚类手

性相转移催化剂很少用于不对称烷基化反应合成氨基酸，但却发现对于硝基烷烯醇盐的不对称 Michael 加成、Darzens 反应和 α,β-不饱和酮的不对称环氧化反应非常高效。冠醚 **14-173** 和 **14-174** 具有最高的立体选择性，用于 Michael 加成可以合成 **14-175**，分别可以得到 43%产率、94%*ee* 值和 82%的产率、90%*ee* 值[203]。

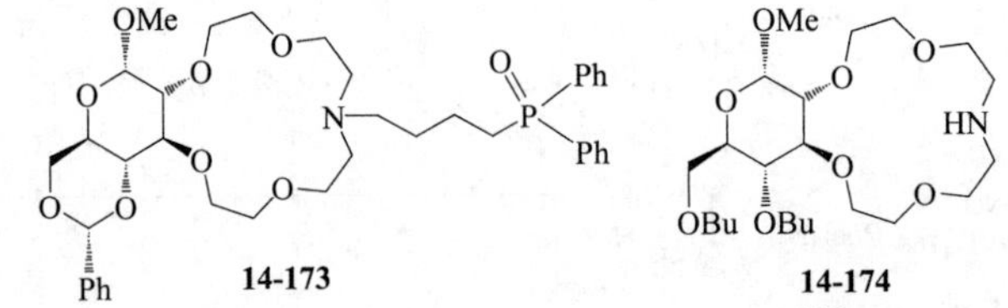

14-173 **14-174**

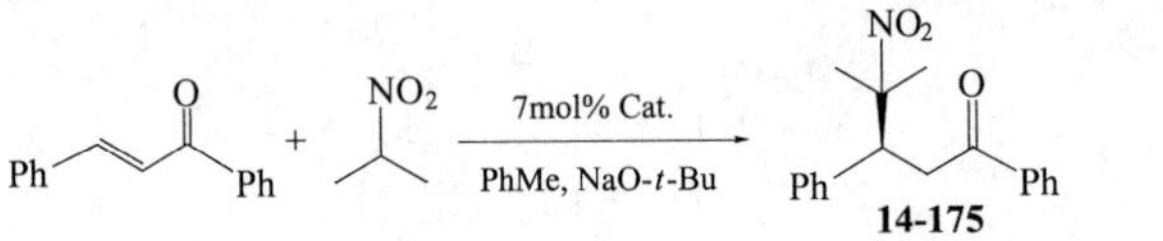

7mol% Cat.; PhMe, NaO-*t*-Bu → **14-175**

cat. = **14-173** 43%产率, 94%*ee*
cat. = **14-174** 82%产率, 90%*ee*

Akiyama 等应用天然产物 L-白雀木醇制备 C_2-对称的冠醚 **14-176**，用于 Michael 加成显示出很高的活性。在叔丁醇钾作用下与含吸电子基团的烯烃反应可以得到氨基酸衍生物 **14-177**，最高可得到 96%的 *ee* 值[204]。

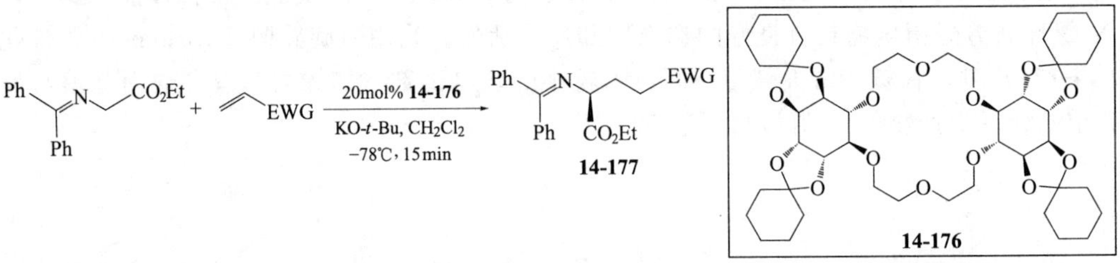

20mol% **14-176**; KO-*t*-Bu, CH_2Cl_2; −78℃, 15min → **14-177**

14-176

65%~80% 产率
46%~96% *ee*

14. 7. 4 Taddol 醇及其衍生物

Taddol 醇源自酒石酸，已广泛用于手性辅基或手性配体[205]。1997 年 Belokon 首先发现它还用作固-液相转移催化剂[206]。Belokon 等研究的第一个 Taddol 醇不对称相转移催化剂是镍络合物 **14-178**，用于不对称 Michael 加成反应，发现用 10mol%的 Taddol 醇的二钠盐 **14-179** 能得到最高的对映选择性和非对映选择性（20%*ee* 和 65%*de*）；如果用化学计量的催化剂，对映选择性可以提高到 28%，但非对映选择性降低到 40%。原因可能是过多的钠盐存在会拨去产物 **14-180** 和 **14-181** 中的酸性氢。**14-180** 和 **14-181** 可以通过重结晶分离，**14-180** 的 *ee* 值可以提高到 85%以上，用于合成(2*S*，4*R*)-γ-甲基谷氨酸 **14-182**。

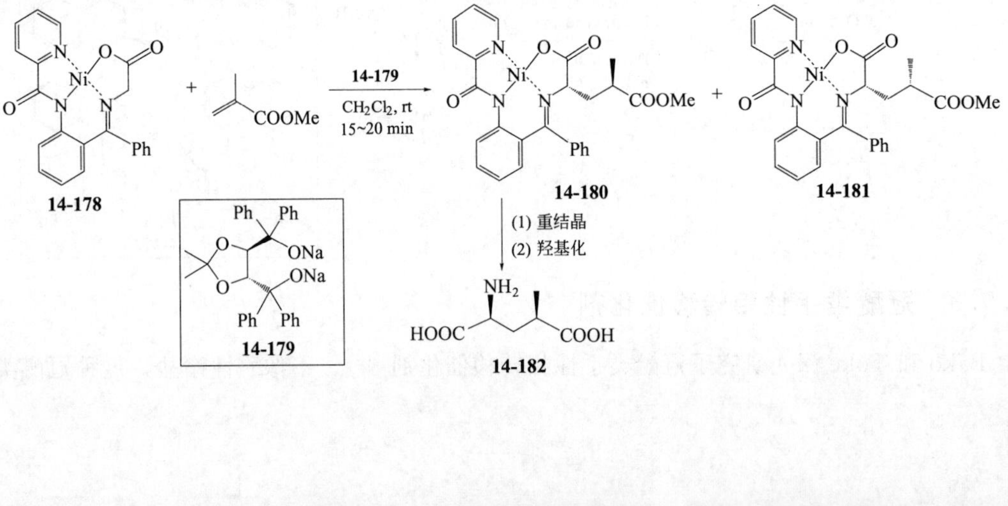

14-178 + methacrylate; **14-179**; CH_2Cl_2, rt; 15~20 min → **14-180** + **14-181**

14-180 → (1) 重结晶 (2) 羟基化 → **14-182**

14-179

将 Taddol 醇钠盐用于 **14-183** 烷基化反应时，发现底物中亚胺单元的变换对不对称诱导并没显示出明显的影响，仅用非极性溶剂（如甲苯或正己烷）就可以得到很高的不对称诱导[207]。但是，把烷基化试剂从苄基溴变成苄基氯后产物 **14-184** 的对映体过量可以提高到93%。经过对 Taddol 醇结构的改变研究发现，*O*-单烷基化和 *O*,*O'*-双烷基化衍生物都有降低不对称诱导的作用，将苯环换成氢或萘环也都有损不对称诱导作用。基于这些现象，作者提出了反应机理如下：

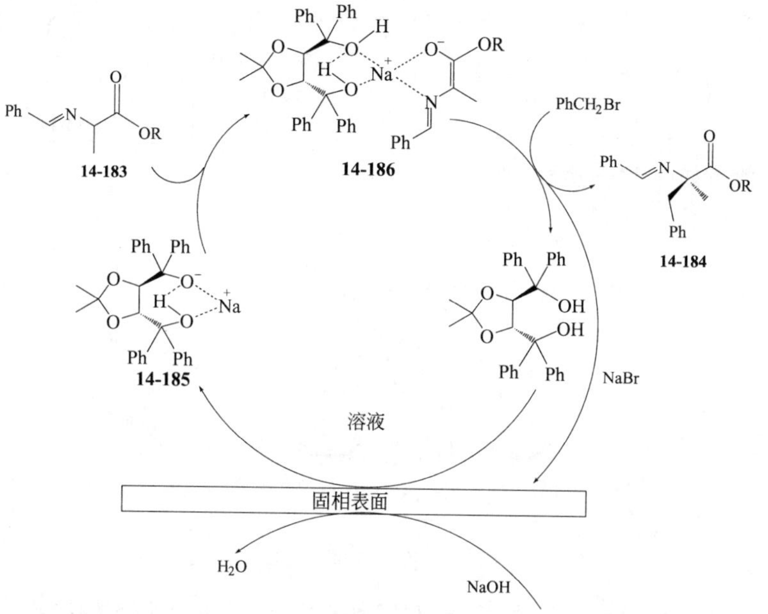

14.7.5 手性 salen 络合物

另一种可以将杂原子固定的方法是与合适的金属形成配合物。salen 配合物可以用氧原子与两种金属同时配位，这就为其作为手性相转移催化剂提供了条件。

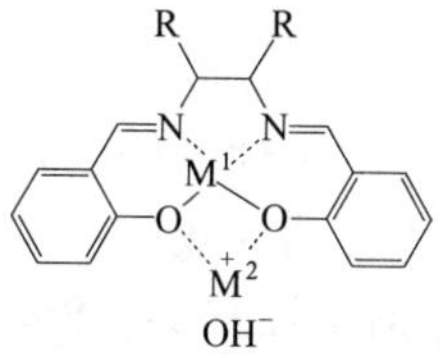

1999 年，Belokon 和 North 就开始研究这种手性 salen 络合物作为相转移催化剂，用于氨基酸衍生物的苄基化反应[208]。不过化合物 **14-187** 没有表现出手性“诱导”作用，而相应的硫醚衍生物 **14-188** 则是较有效的不对称相转移催化剂。这一结果表明催化剂主要是靠 salen 氧原子而不是锍鎓盐。化合物 **14-189** 与 **14-188** 相似，如果在氧原子邻位引入了体积较大的叔丁基（**14-190**），反而效果要差很多，如果把镍离子去掉，则也不显示手性诱导作用。可见中心金属离子在两个氧原子固定中占有重要的作用。

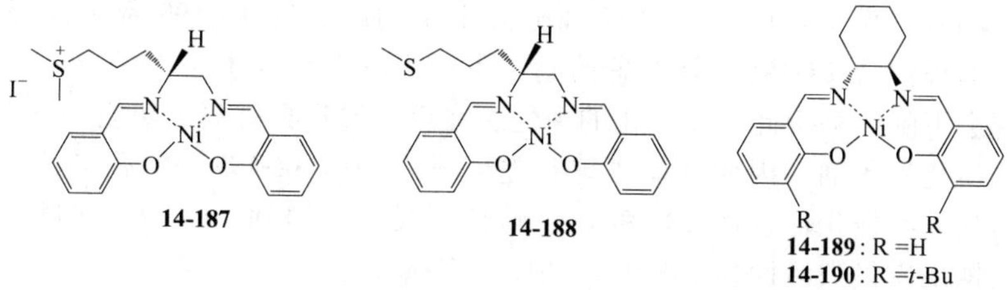

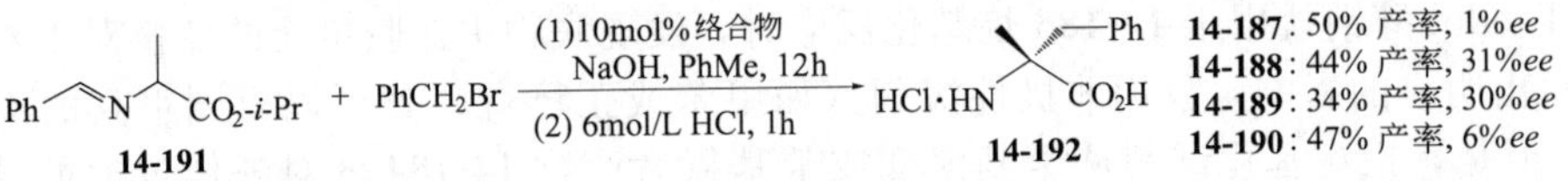

Ph N CO₂-i-Pr (14-191) + PhCH₂Br —(1)10mol%络合物 NaOH, PhMe, 12h (2) 6mol/L HCl, 1h→ HCl·HN Ph CO₂H (14-192)

14-187: 50% 产率, 1%ee
14-188: 44% 产率, 31%ee
14-189: 34% 产率, 30%ee
14-190: 47% 产率, 6%ee

研究发现，salen 铜络合物 **14-193** 显示出很高的手性诱导作用。可用于 **14-194** 与苄基或烯丙基卤的反应，以大于 90%产率和 77%～81%的 *ee* 值合成(*R*)-氨基酸衍生物 **14-195**[209]。

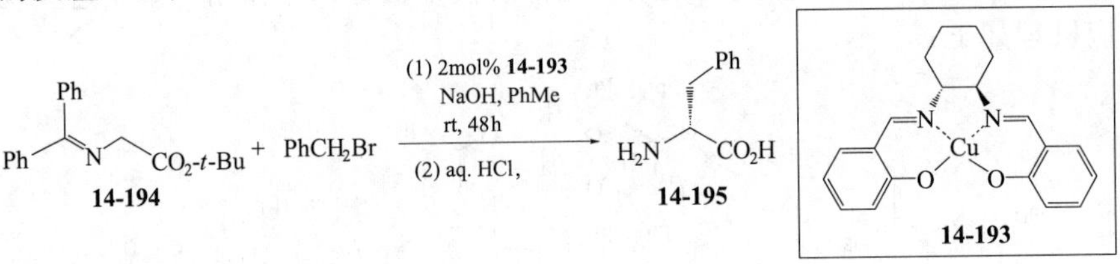

Ph Ph N CO₂-t-Bu (14-194) + PhCH₂Br —(1) 2mol% 14-193 NaOH, PhMe rt, 48h (2) aq. HCl,→ H₂N CO₂H Ph (14-195)

14-193

推测的过渡态如图 14-3 所示[210]。

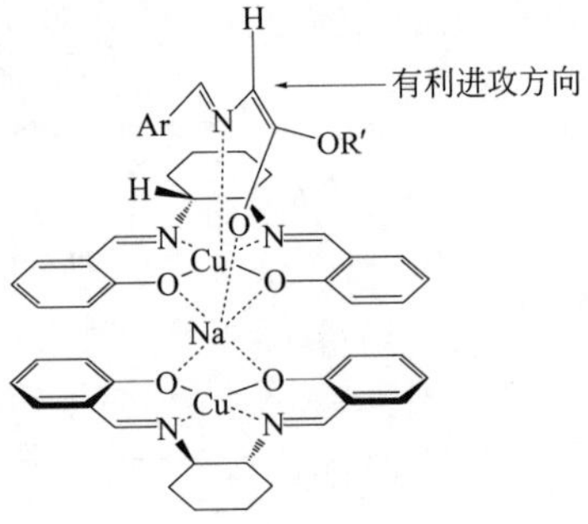

图 14-3　推测的过渡态结构

在这个模型中，烯醇负离子同时与钠和铜离子螯合，硬碱配体与钠结合，而更软的氮原子与铜络合。这样将烯醇负离子保持在平面上，与 salen 络合物垂直。以 *Re* 面进攻空间位阻比 *Si* 面进攻更小。如果在氧原子邻位引入体积较大的官能团，就会破坏烯醇负离子的络合，于是会破坏络合物的催化活性。在其他位置也一样会降低催化活性和立体选择性。

14.7.6　其他手性相转移催化剂

除奎宁鎓盐外，其他一些链状或环状手性季铵盐也时有研究，不过由于结构刚性不足，大多在应用过程中不能体现出足够的手性诱导效应，应用也不是很广泛。

Aggarwal 课题组报道了一种简单的手性胺 **14-196** 作为烯烃不对称环氧化的相转移催化剂，立体选择性一般[211]。在手性吡咯烷铵盐的存在下，用过硫的氢钾复合盐 Oxone 氧化体系可以得到较好的不对称诱导效应。研究发现手性胺 **14-197** 是活性组分，除了作为手性相转移催化剂外，还可以活化氧化剂[212]。质子化的手性胺不仅可以得到较高的产率，还能提高环氧化反应的对映选择性。值得注意的是，在较低温度（－10℃）可以提高对映选择性，手性胺可以以 90%的产率回收。Oxone 和手性胺的络合物 **14-197** 和 **14-198** 可以分离出来，发现是 **14-197**（40%）和 **14-198**（60%）的混合物。分离出来的络合物也具有相同的效率。可见手性胺 **14-196**、质子化的胺 **14-197** 和分离出来的络合物 **14-199** 都可以促进反应的进行，生成相同的季铵盐 **14-198**。有意思的是，当用甲基取代氮原子上的氢时，反应活性和对映选择性都会下降。基于此，质子化的手性胺在反应过程具有双重功能，作为相转移催化剂并通过氢键活化氧化剂。因此反应机理是先生成季铵盐 **14-197**，然后与过硫酸氢根离子进行交换，得到具有催化活性的 **14-198**，氧转移到烯键上得到 **14-199**，它再与过硫酸根交换或与碳酸氢钠反应得到活性物 **14-198**，从而实现循环。

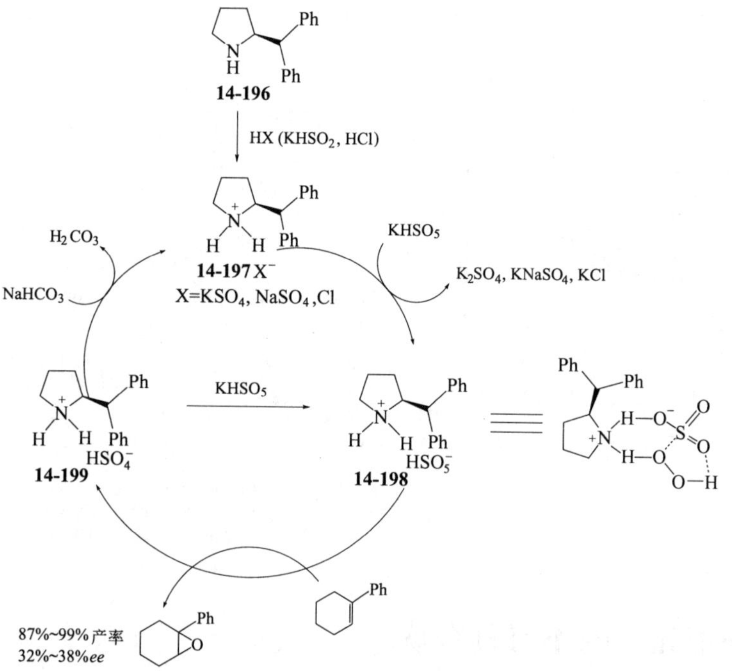

14-196

HX ($KHSO_2$, HCl)

14-197 X^-
X=KSO_4, $NaSO_4$, Cl

H_2CO_3 NaHCO$_3$ KHSO$_5$ K_2SO_4, $KNaSO_4$, KCl

14-199 HSO_4^- KHSO$_5$ 14-198 HSO_5^-

87%~99% 产率
32%~38%ee

手性开链季铵盐 **14-200** 被用于外消旋 α-甲基苄醇（**14-201**）的不对称 O-甲基化反应，取得了一定的拆分效果，所得(R)-**14-202** 具有中等对映体过量值[213]。

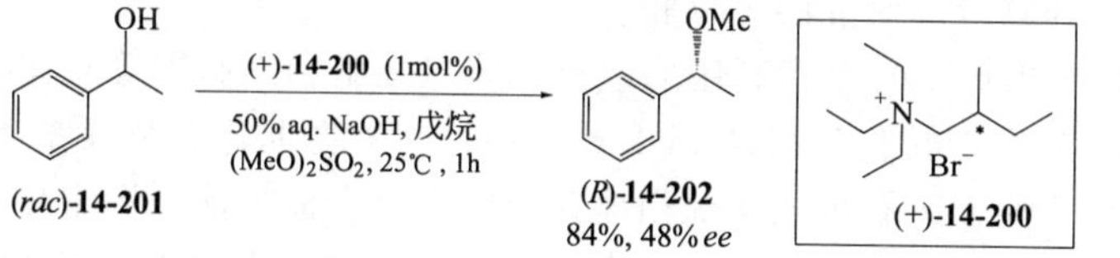

(rac)-**14-201** —(+)-**14-200** (1mol%)，50% aq. NaOH, 戊烷，$(MeO)_2SO_2$, 25℃, 1h→ (R)-**14-202** 84%, 48%ee

(+)-**14-200**

另一种脯氨醇衍生的季铵盐 **14-203** 用于二苯亚甲基苄胺 **14-204** 的不对称烷基化，可以取得较高的产率和很高的立体选择性[214]。

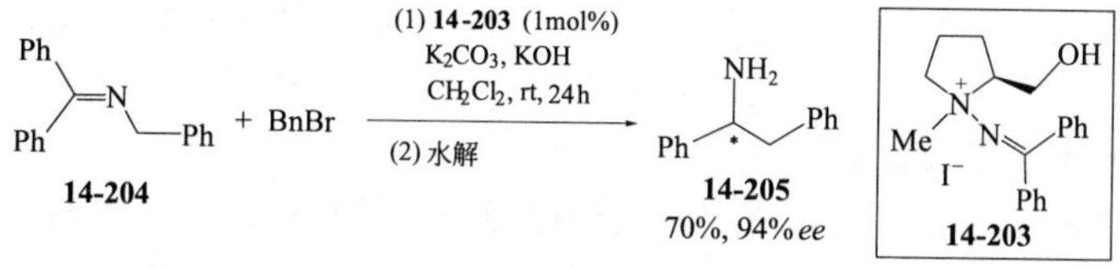

14-204 + BnBr —(1) **14-203** (1mol%)，K_2CO_3, KOH，CH_2Cl_2, rt, 24h；(2) 水解→ **14-205** 70%, 94%ee

14-203

一种更为复杂的季铵盐 **14-206** 和 **14-207** 也被用于烷基化反应合成氨基酸，发现离季铵中心氮原子较远的取代基为甲基和氢时对立体选择性有相当大的影响，当 R 为甲基时，烷基化产物可以得到 90%ee；而当 R 为氢时，仅能得到 13%ee[215]。

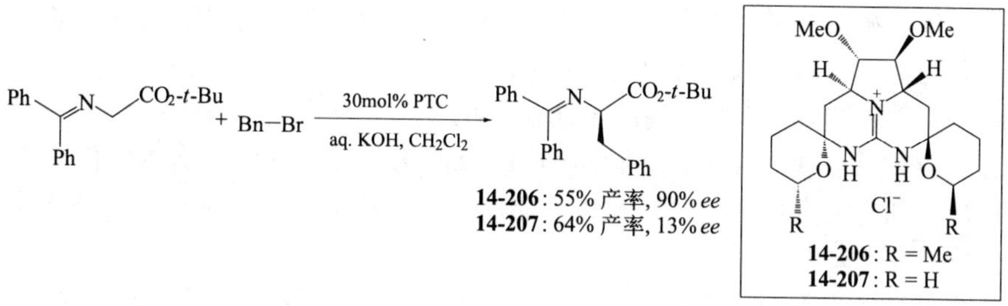

+ Bn—Br —30mol% PTC，aq. KOH, CH_2Cl_2→

14-206: 55% 产率, 90%ee
14-207: 64% 产率, 13%ee

14-206: R = Me
14-207: R = H

从 L-薄荷醇衍生出来的季铵盐手性相转移催化剂被用于不对烷基化反应，可以得到中等对映选择性[216]。

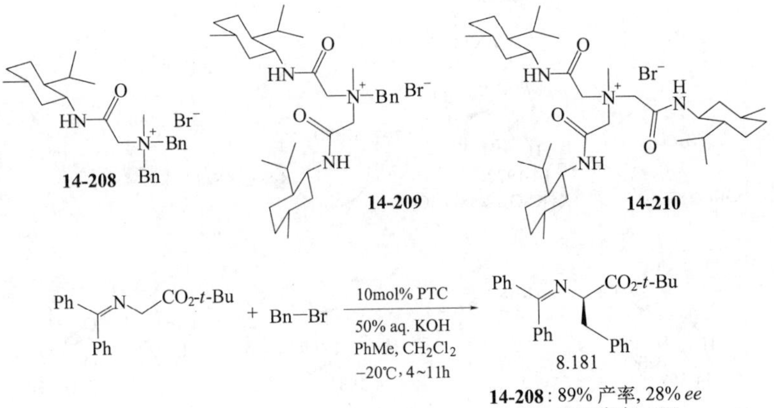

14-208 14-209 14-210

10mol% PTC; 50% aq. KOH; PhMe, CH_2Cl_2; −20℃，4~11h

8.181

14-208: 89% 产率，28% *ee*
14-209: 87% 产率，66% *ee*
14-210: 80% 产率，26% *ee*

14.8 生物催化下的不对称合成

14.8.1 生物催化不对称有机合成简介

对映体纯药物可以用手性合成和手性拆分法制备。利用酶为催化剂进行手性合成或消旋体拆分是当前手性药物合成研究的重点和热点[217]。

生物催化（biocatalysis）是指利用酶或有机体（细胞和细胞器等）作为催化剂实现化学转化的过程，又称为生物转化（biotransformation）。生物催化有机反应绝大多数涉及手性合成，已形成为与手性金属有机催化剂相提并论的手性合成方法。固定化酶和固定化细胞技术的出现和不断完善，使生物催化在连续生物转化反应中生物催化剂寿命延长、回收重复利用得以实现，通过基因工程等现代生物技术进行设计改造出的功能微生物具有特殊的性质，这些都使得生物催化技术具有了更为广阔的实际应用价值。

生物催化反应具有高度的化学选择性、区域选择性和立体选择性，尤其适用于药物及其手性中间体的合成。生物催化过程是具有无毒、环境友好、低能耗、高效的现代有机合成方法，是绿色化学的重要组成部分。

近年来，生物催化剂在有机合成中的应用已经成为一种极具吸引力的化学合成方法，大量的生物催化反应相继报道，其中不少生物催化反应已应用到实际工业生产中，如丙烯腈的生物催化水解制备重要单体丙烯酰胺。

生物体内的化学反应绝大多数是由酶所催化的，酶几乎能催化各种类型的化学反应，如酯（内酯）、酰胺（内酰胺）、醚、酸酐、环氧化物及腈等化合物的水解和合成；烷烃、芳烃、醇、醛和酮、硫醚和亚砜等化合物的氧化与还原；水、氨及氰化氢等化合物的加成与消除；以及卤化与脱卤反应、烷基化与去烷基化、异构体、偶联、醇醛缩合（Aldol 反应）、Michael 加成等反应，但也发现一些酶不能催化的反应，例如，Diels-Alder 反应和 Cope-重排，但 σ-迁移重排反应如 Claisen 重排反应可由酶催化。另一方面，酶能催化一些化学法难以实现的反应，如有机合成中化学法难以对脂肪烃中非活泼位进行选择性羟基化反应，而采用微生物生物转化法却容易做到。

同一产物可以通过不同生物途径得到，如手性醇 **14-211** 和酮 **14-212** 的合成。

Ph / 生物催化 / 化学催化 或生物催化 / 生物催化 / OCOR′ / (S)-14-211 + (R)-14-211 / NAD(P)H NAD(P)$^+$ 酶A 14-212 / 酶B NAD(P)$^+$ NAD(P)H 14-212

14.8.1.1 酶催化特点

酶催化具有如下特点。

① 酶是生物催化剂，酶催化反应速率比非酶催化反应速率一般快 10^6～10^{12}倍。

② 酶用量少，一般化学催化剂的用量是 0.1%～10%（摩尔分数），而酶用量为 10^{-3}%～10^{-4}%（摩尔分数）。

③ 酶与其他催化剂一样，仅能加快反应速率，不影响反应平衡，酶催化的反应往往是可逆的。

④ 酶催化反应条件通常非常温和，pH 值为 5～8，更常在 pH7 左右，反应温度通常为 20～40℃，更常在 30℃左右，个别固定化酶能在 60℃左右催化反应。温和的反应条件通常会减少产物的分解、异构化反应、消旋化和重排反应。

⑤ 不同酶所催化反应的条件往往相同或相似，因此一些连续反应可采用多酶复合体系以简化反应步骤、省去中间体的分离纯化过程，同时连续酶反应体系可使反应过程中某些化学平衡上不利的反应朝所需产物生成的方向进行。

⑥ 酶在生物体内主要是催化水溶液中的化学反应，在体外也能催化非水介质中的化学反应。

⑦ 酶对底物表现出高度的专一性，但大多数酶并非绝对专一性，它们也能接受人工合成的非天然化合物作为反应底物，表现出一定的底物适应性。

酶催化生物转化有两种形式：分离酶和全细胞。其应用各有优缺点，见表 14-3。

表 14-3 分离酶和全细胞催化的优缺点对比

催化剂	形态	优 点	缺 点
分离酶	游离酶	操作简单，产率高	需要辅酶循环
	溶于水	酶活性高	有副反应，亲脂底物不溶解
	非水介质	易操作，回收，亲脂底物	酶活性低
	固定化	酶易回收	酶活性损失
全细胞		不需要辅酶循环	副反应多，产率低，不耐有机溶剂
	生长细胞	高活性	生物量大，副产物多，过程难控制
	静态细胞	易操作，副产物少	活性低
	固定细胞	可反应使用	活性低

生物催化的手性合成与发酵法制备手性化合物本质上没有太大的区别，都是利用酶催化化学反应，产物一般具有手性，但有许多不同之处，如表 14-4 所示。

14.8.1.2 酶的分类

1961 年，国际酶学委员会（International Enzyme Commission，EC）提出了酶的系统分类法，分别用 EC1～6 表示。

① 氧化还原酶（oxidoreductases，EC 1. x. x. x）催化氧化或还原反应，需要电子供体

或受体。生物体内的氧化还原酶在反应时需要辅酶，仅少量不需要辅酶，如葡萄糖氧化酶。

表 14-4 生物催化法与发酵法的比较

项　目	生物催化法	发酵法	项　目	生物催化法	发酵法
微生物	静态细胞	生长细胞	产物	非天然或天然	天然
酶	数目少	数目多	浓度	高	低
反应时间	短,催化作用	长,生命过程	产物分离	容易	困难
起始原料	有机合成物	C+N 源	副产物	少	多

② 转移酶（transferases，EC 2. x. x. x）　催化官能团从一个底物转移到另一个底物，它们的底物必须有两个，一个是供体，另一个是受体。转移的官能团可以是一个很小的基团，如氨基，也可以是大的基团，如一个糖基，甚至一条多糖链，如转氨酶、糖基转移酶。

③ 水解酶（hydrolases，EC 3. x. x. x）　催化底物的水解，需要水分子参与。水解酶分子结构简单，来源丰富，广泛用于生物催化的手性合成反应中，如脂肪酶、酯酶、蛋白酶等。

④ 裂合酶（lyases，EC 4. x. x. x）　催化底物分子裂解成两个部分，其中之一含有双键，它与水解酶不同。这类酶催化的反应具有可逆性，裂解的键可以是碳碳、碳氧或碳氮键等，如醛缩酶。

⑤ 异构酶（isomerases，EC 5. x. x. x）　催化底物分子内的重排反应，特别是构型的改变，如警戒糖异构酶。

⑥ 连接酶（ligases，EC 6. x. x. x）　又称合成酶（synthetase），催化两个底物连接成一个分子，在反应时由 ATP 或其他高能化合物供给反应所需的能量，如脂酰 CoA 合成酶。

各种酶的利用情况如表 14-5 所示。

表 14-5 酶的利用情况

作用类型	命名	反应类型	利用率
氧化还原酶(oxidoreductases)	EC1	催化底物氧化或还原	25%
转移酶(transferases)	EC2	催化底物之间官能团的转移	约 5%
水解酶(hydrolases)	EC3	催化底物水解	65%
裂合酶(lyases)	EC4	催化底物分子裂解成两部分	约 5%
异构酶(isomerases)	EC5	催化底物内分子重排	约 1%
连接酶(ligases)	EC6	催化两个底物的连接	约 1%

迄今为止，人们已发现和鉴定出 2000 多种酶，其中有 200 多种已得到结晶。

14. 8. 2 C—O 键形成与水解反应

C—O 键的形成与水解主要包括酯的形成与水解反应和烃的氧化与水解反应，本节主要涉及酯的形成与水解、环氧化合物的水解。

水解酶（hydrolases，EC 3. x. x. x）是最常用的生物催化剂，占生物催化反应用酶的 65%。它们能催化酯的水解和生成，也能催化腈、酰胺、蛋白质、核酸、多糖、环氧化合物等化合物的水解。在水解酶中，酯酶、脂肪酶和蛋白酶最为常用。

14.8.2.1 酯水解和形成

微生物脂肪酶（lipases）和酯酶（esterases）在水解反应中使用较多，猪胰酶（pig pancreatic lipase，PPL）、猪肝酯酶（pig liver esterase，PLE）、假单胞菌荧光酶（*Pseudomonas* Fluorescens lipase，PFL）、柱状假丝酵母脂肪酶（*Candida cylindracea* lipase，CCL）、假单胞菌脂肪酶（*Pseudomonas* sp. lipase，PSL）由于来源广泛、制备简单在酯的形成和水解反应中得到广泛应用。

从生物转化角度来说，酯通常分为两种类型：Ⅰ型酯的手性中心在羧酸部分，Ⅱ型酯的手性中心在醇部分。但无论是Ⅰ型酯还是Ⅱ型酯，水解酶都要求底物分子中的手性中心尽可能在水解反应位点附近，以保证其手性识别。α-取代的羧酸酯（Ⅰ型）和仲醇酯（Ⅱ型）水解反应的立体选择性分别大于β-取代羧酸酯（Ⅰ型）和伯醇酯（Ⅱ型）。取代基可以是烷基或芳基，酯分子中也可有两个羧基形成内消旋或潜手性酯。由于各种酯的分子大小和极性各不相同，因此酶催化不同酯的水解和形成的立体选择性会有差异。酯酶对高亲水性化合物的反应性较差，因而底物分子中不宜有极性或带电基团，如羧基、酰氨基、氨基等。如果分子中存在这些基团，应采用极性较小的基团加以保护。由于Ⅰ型羧酸酯分子中的长链醇基团会降低酯酶和蛋白酶的催化效率，所以Ⅰ型酯中的醇基部分应尽可能短。就Ⅱ型酯而言，要求酰基部分尽可能短，如乙酰基、卤代乙酰基或丙酰基等。为了增加酶催化酯水解反应的速率，常在分子中添加吸电子基团（如卤代乙酰基或2-卤代乙基），以加强羰基的反应活性，对于上述两种类型的底物都要求手性碳原子上必须保留一个氢原子，否则很难用于生物催化反应[218]。

（1）酯的生成（转移酯化）

向醇羟基中引入酰基的酯生成反应通常用相应羧酸的烯酯（如乙烯酯和异丙烯酯）、羧酸酐和羧酸短链醇酯为酰化试剂，所用酶与相应的酯的水解反应相同或类似。乙酸乙烯酯和乙酸异丙烯酯是最常用的酶催化转移乙酰化试剂，如外消旋仲醇**14-213**和**14-214**的酶催化转移酯化拆分[219~221]。

14-213 + OAc —Novozym-435, 30℃, 96h→ 39%, 99.0% *ee* + 31%, 98.9% *ee*

14-214 + OAc —PCL, Na_2CO_3, [Emim]BF_4→ 99% *ee* + 77% *ee*

14-214 + OAc —水解酶(PSC-L), 4A MS, PhMe, 4h, 56%转化率→ 76% *ee* + ＞99% *ee*

苯甲酸乙烯酯也可用于酶催化转移酯化反应（MML，Mucor miehei lipase），但立体选择性并不很好[222]。

Me–CH(OH)–CH₂OH + OBz —MML, *t*-BuOMe, rt, 15min→ 60%转化率, 70% *ee*

还可用化学催化和酶催化相结合的方法进行转移酯化拆分。这种方法由于金属催化剂存在而得到高产率，酶的存在实现高效拆分，如化合物 **14-215** 可用乙酸对氯苯酚酯为酰化剂在钌和酶催化下实现高产率和高对映选择性拆分[223]。

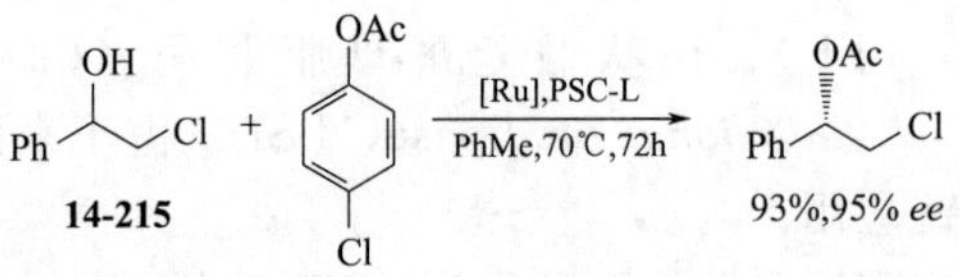

14-215　[Ru],PSC-L　PhMe,70℃,72h　93%,95% *ee*

酸酐用于酶催化拆分酰化剂研究较少，通常用于一些特殊的场合，如大环化合物 **14-216** 的酯化反应就用了琥珀酸酐为酰化剂在 Novozym-435 催化下酯化[224]。

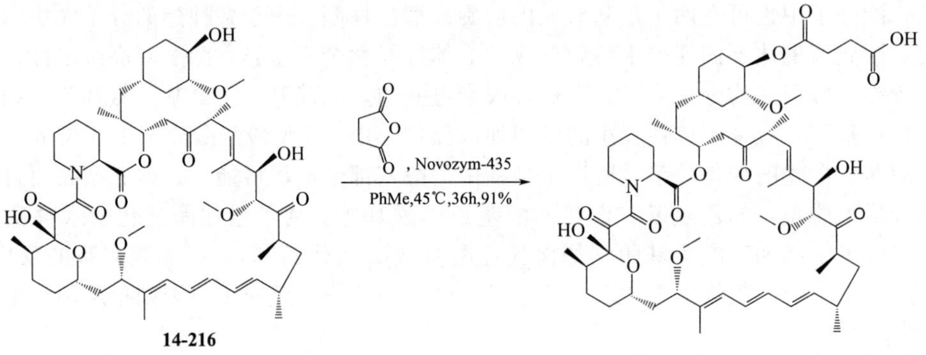

, Novozym-435　PhMe,45℃,36h,91%　14-216

外消旋醇的拆分最多只能利用一半的原料，而对内消旋的醇来说，采用生物催化的转移酯化可以完全转化得到某一种构型的酯，原料可以得到完全利用，如内消旋二醇 **14-217** 的转移酯化[225]。

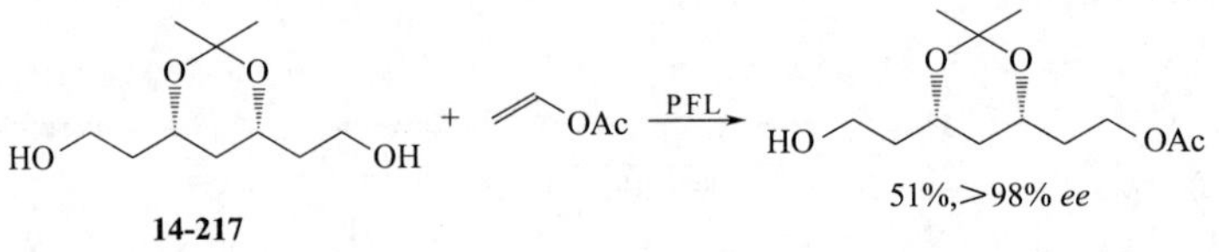

PFL　14-217　51%,>98% *ee*

(2) 酯的水解

对消旋体酯的酶催化水解和消旋体醇的酶催化酯化反应来说，合适的酶可以实现高效地拆分。例如 Bennasar 用猪肝酯酶对前手性的丙二酸甲酯 **14-218** 进行去对称化水解，可以以高产率和高对映选择性水解一个酯基团得到 camptothecin 的手性中间体单酯 **14-219**[226]。

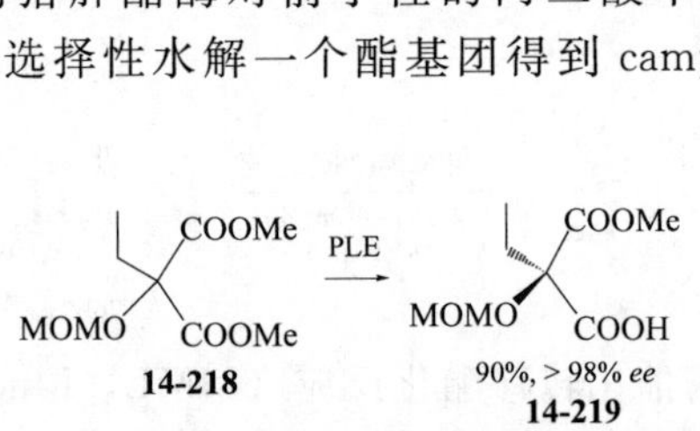

PLE　14-218　90%, >98% *ee*　14-219

抗惊厥药普瑞巴林（Pregabalin，**14-223**）中间体 **14-222** 的合成也用到了前手性丙二醇酯（**14-220**）人酶催化拆分，未反应的(*R*)-构型可以在碱性条件下消旋后重复利用。生成的钠酸 **14-221** 经过脱羧就可以得到 **14-222**，由此合成的普瑞巴林可以得到极高的化学和光学纯度[227]。

LIPOZYME-TL水解酶 $Ca(OAc)_2$, NaOH pH＝7.0,24h 42%~45%

14-220 → **14-221** (aq. NaCl, PhMe 75~80℃, 2h) → **14-222**

(*R*)-**14-220** (NaOEt, EtOH 80℃, 20h, 100%) → **14-220**

"一锅法" (1) aq. KOH,rt, 4h (2) Raney Ni, H_2 35℃, 6h (3) 加AcOH至pH7.0

普瑞巴林, **14-223**
pregabalin (Lyrica)
30% 总收率
99.5% 纯度
99.75%*ee*

紫杉醇是一种非常高效的抗肿瘤药物，由于提取量小，价格非常昂贵，现多用半合成方法制备，其侧链中间体 **14-224** 的合成中就用到了酶催化水解拆分。所用脂肪酶 PS-30 来自洋葱假单胞菌（*Pseudomonas cepacia*）或假单胞菌 SC13856，均能高对映选择性地水解乙酰基。可将脂肪酶附载于聚丙烯树脂上，反应使用 10 次未见酶明显失活[228]。

脂肪酶PS-30 29℃,pH7.0

14-224

(*S*)-萘普生是最为常用的非甾体消炎药之一，经过生物催化水解步骤的合成方法已被研究出来。例如利用真菌脂肪酶选择性拆分消旋体萘普生酯（**14-225**）可以得到(*S*)-萘普生，其对映体过量值超过 98%[229]。将圆柱状假丝酵母脂肪酯 CCL 固定在离子交换树脂 Amberlite XAD-7 上，并装填于柱式反应器中，可以连续水解得到光学纯的(*S*)-萘普生，在 35℃下反应 1200h 后，酶仍能保留 80%的活性，被认为具有工业生产价值[230,231]。

固定化CCL

14-225 (*S*)-萘普生

14.8.2.2 环氧化合物水解

环氧化合物的水解是合成手性二醇的有效方法，手性二醇在手性配体、手性药物合成等领域有广泛的应用。与常规方法相比，生物催化的环氧化合物水解具有温和、高立体选择性、环保、可持续和高效的方法，其地位日益显著，如外消旋甘油衍生物 **14-226** 的水解[232,233]。

酶 H_2O

14-226

(1) 肝微粒体环氧化物水解酶

肝细胞中存在两种环氧化物水解酶：微粒体环氧化物水解酶（microsomal epoxide hydrolase，MEH）和胞质环氧化物水解酶（cytosolic epoxide hydrolase，CEH），两者对底物的选择性不同。一般常用 MEH 作为生物催化剂，它对非天然环氧化物具有很高的反应活性和立体选择性[234]。

① 末端环氧化物的水解　环氧化物水解酶的使用受到底物在水溶液中稳定性的影响，

一些环氧化物在酸性或碱性 pH 值条件下不稳定，会自发性水解。这种水解过程没有选择性，因而最终产物的光学纯度差。外消旋体单取代芳基或烷基环氧乙烷可以被 MEH 催化拆分，一般是(*R*)-环氧乙烷的 *ω*-碳原子优先被进攻产生(*R*)-二醇，留下 *S*-型环氧乙烷。取代基 R 的性质对反应选择性有很大影响，直链烷基环氧乙烷不能被有效拆分，而支链烷基则可增加反应的选择性；另外，增加底物浓度也可提高反应选择性[235]。

外消旋体 —MEH/缓冲液→ *R* + *S*

R	转化率/%	二醇 *ee* 值/%	选择性 *E*	R	转化率/%	二醇 *ee* 值/%	选择性 *E*
正丁基	16	14	2	新戊基	28	72	8
正辛基	14	16	3	叔丁基	38	92	42

② 非末端环氧化物的水解

环氧化物水解酶能催化顺式构型的非末端环氧化物立体选择性水解。外消旋体顺式 2,3-环氧戊烷（**14-227**）被 MEH 催化水解后，产生(2*R*，3*R*)-苏式-2,3-戊二醇（**14-228**）和未水解的(2*R*，3*S*)-2,3-环氧戊烷，两者均具有极高的光学纯度[236]。

rac-**14-227** —MEH/缓冲液→ **14-228** ＞99% *ee* + ＞99% *ee*

③ 环状环氧化物的水解

环氧化物水解酶能催化内消旋顺式 1,2-环氧环烷烃不对称水解产生反式环烷连二醇，反应中环氧环烷烃的(*S*)-构型碳原子被优先水解，并发生构型转化产生反式(*R*，*R*)-连二醇。相对于 MEH 而言，CEH 催化该反应的选择性较低[237]。

顺式内消旋体 —CEH/缓冲液→ *R,R*

n	MEH/%	CEH/%	*n*	MEH/%	CEH/%	*n*	MEH/%	CEH/%	*n*	MEH/%	CEH/%
1	90	60	2	94	22	3	40	30	4	70	—

MEH 也能催化甾体类化合物 **14-229** 中的环氧化基团和氮杂环基团水解，分别生成反式-1，2-连二醇和氨基醇，而硫杂丙环则不能被 MEH 水解[238]。

14-229 —MEH/缓冲液→

快反应：X=O

慢反应：X=NH,NCH_3

无反应：X=S

(2) 微生物环氧化物水解酶

肝环氧化物水解酶的研究虽然很多，但主要集中在解毒机理方面。由于这些酶的制备困难，一般很难用于制备性生物转化。微生物来源的环氧化物水解酶制备容易，因而常被用于生物催化反应中。

在微生物催化烯烃的环氧化过程中，可以观察到环氧化物的水解现象，这是由于微生物环氧化水解酶所引起的，微生物环氧化物水解酶在手性合成中的应用还不多[239]。

① 非末端环氧化物水解 外消旋萜类化合物（**14-230**）分子中含有顺式取代环氧乙烷基团，它可被蒜头长蠕孢菌（*Heminthosporium sativum*）细胞选择性水解，同时分子中的烯丙醇基被氧化为羧基，生成(10*S*，11*S*)-二羟基烯酸（**14-231**），消旋体中另一对映体(*R*，*S*)-环氧化物不能被水解[240]。

OH 蒜头长蠕孢菌 OH + OH OH OH
14-230 **14-231**

② 末端环氧化物水解 最近的研究发现，黑曲霉静止态细胞能高选择地催化外消旋氧化苯乙烯的水解[241]。细胞内环氧化物水解时水分子优先进攻*R*-型环氧化物中位阻较小的碳原子，产生中等光学纯度的(*R*)-二醇（**14-232**），而*S*-型环氧化物（**14-233**）则不被水解，其对映体过量为96%。另一株微生物白僵菌株 *Beauveria sulfurescens* 表现出相似的对映体选择性，它催化水分子进攻(*S*)-环氧化物中连有较大位阻的苄基碳，发生构型转化产生(*R*)-二醇，而(*R*)-环氧化物（**14-234**）不发生反应。因此把这两种微生物混合在同一反应器中催化生物转化，则会使消旋体去消旋化产生对映会聚，最终产物是(*R*)-1-苯基乙二醇（**14-232**），其产率为92%，对映体过量值为89%[242]。

黑曲霉 构型保持 → **14-233**,96% *ee* + **14-232**,51% *ee*
黑曲霉,白僵菌 去消旋化 → **14-232**,92%,89%*ee*
白僵菌 构型转化 → **14-234**,98% *ee* + **14-232**,83% *ee*

细菌环氧化物水解酶能催化消旋体分支末端环氧化物 **14-235** 的对映选择性水解[243]，其水解发生在未取代环氧碳原子上，这种催化反应可采用冻干细菌细胞作为催化剂[244]。

14-235 冻干细菌细胞 缓冲液，pH7～8

R_L	催化剂	选择性E
n-C_5H_{11}	红球菌属	105
n-C_7H_{15}	红球菌属	125
n-C_9H_{19}	红球菌属	＞200
烯丙基	红球菌属	39
苄氧基甲基	分枝杆菌属	＞200

在酶法环氧化物水解反应体系中，添加其他亲核试剂会产生非乙二醇产物，反应同样具

有立体选择性。例如氨解会产生 α-氨基乙醇（**14-236**）[245]，叠氮化物参加反应则产生 α-叠氮醇（**14-237**）[246]。

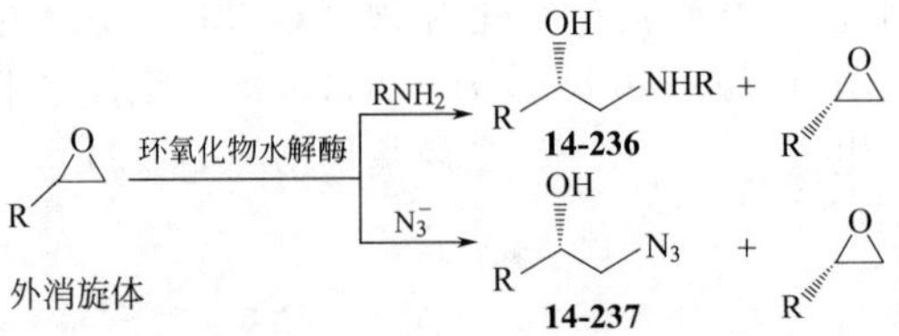

14.8.3 C—N 键形成与水解反应

腈类化合物是一类重要的有机合成原料，生物体可对氰基进行氧化和水解。根据底物的不同，腈水解有腈水解酶和腈水合酶两种[247]。脂肪族腈类一般是在腈水合酶作用下先水解生成相应的酰胺，然后再经过酰胺酶或蛋白酶水解为羧酸。芳香族、杂环和不饱和脂肪腈一般被腈水解酶直接水解产生羧酸，而不形成中间体酰胺。

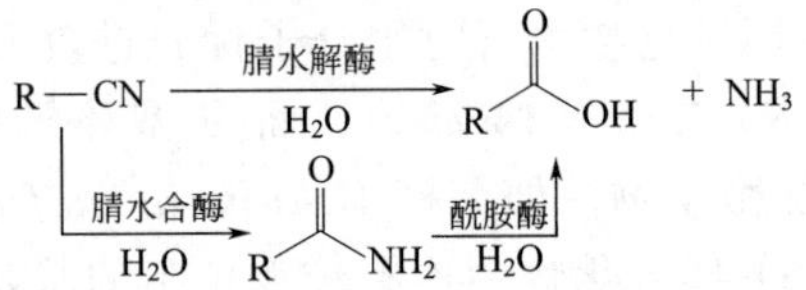

14.8.3.1 腈的化学选择性水解

现已发现能提供腈类化合物水解酶的微生物有芽孢杆菌属、短杆菌属、小球菌属等。它们的代谢具有多样性，细胞内产生腈水解酶还是腈水合酶取决于培养基中的碳源和氮源，以及在培养基中酶表达诱导剂的性质。当需要将氰基转化为酰胺时，可在培养基中添加脂肪族腈作为诱导剂，以诱导腈水合酶的表达；当需要羧酸时，可在培养基中添加芳香族腈以诱导出腈水解酶的表达。

（1）腈水合酶

芳香腈和杂环芳香腈可以被玫瑰色红球菌选择性水解为相应的酰胺[248]，而化学水解一般得到羧酸，并且反应缺少选择性。例如，单取代的氰基吡啶（**14-238**）能被催化转化为重要的药物中间体吡啶甲酰胺，由于酰胺类产物的溶解度低，产物以结晶形式存在于反应介质中，产物纯度大于 99%[249]。结核菌抑制剂吡嗪酰胺（**14-239**）也可以用腈水合酶催化氰基吡嗪水解合成。

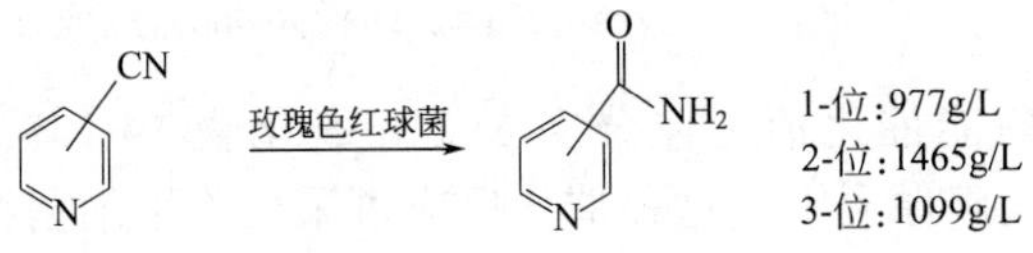

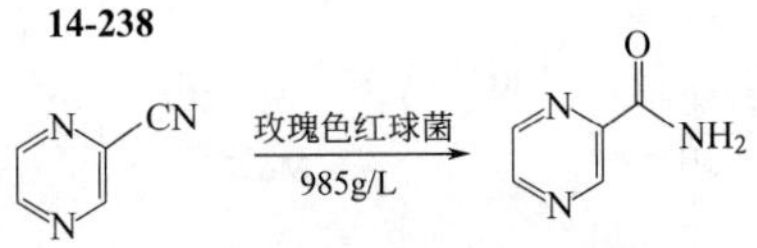

（2）腈水解酶

腈水解酶能使氰基直接转化为羧基。如改变玫瑰色红球菌的培养条件以诱导出腈水解酶，可用于催化对氨基苯甲腈水解制备对氨基苯甲酸[250]。同样可用于水解氰基吡嗪制备吡嗪酸（一种抗分枝杆菌剂），其产物纯度极高[251]。尼克酸是抗癞皮病药物维生素 PP 的成分，可以用玫瑰色红球菌、玫瑰色诺卡氏菌定量地催化 3-氰基吡啶水解合成[252]。

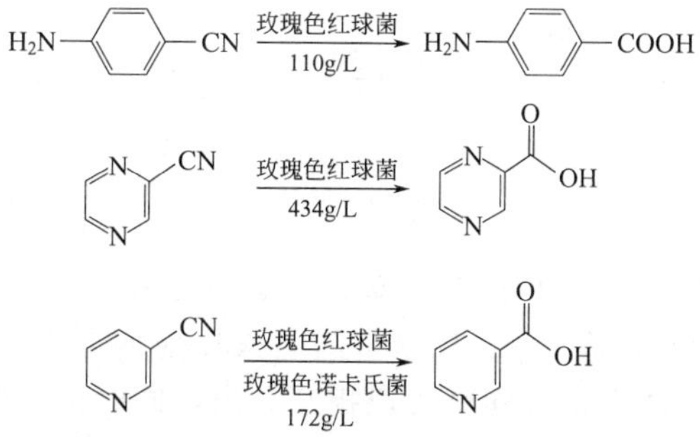

14.8.3.2 腈的区域选择性水解

化学法水解多氰基化合物没有区域选择性，而酶法水解则通常具有很高的区域选择性[253]。例如，酶能选择性水解1,3-和1,4-二氰基苯中的一个氰基为一元羧酸[254]。*Acremonium* sp. 可区域选择性地水解反式1,4-二氰基环己烷（**14-240**）的区域选择性水解得到氰基环己烷酸（**14-241**），后者经还原即得到止血剂——氨甲环酸（tranexamic acid）（**14-142**）[255]。

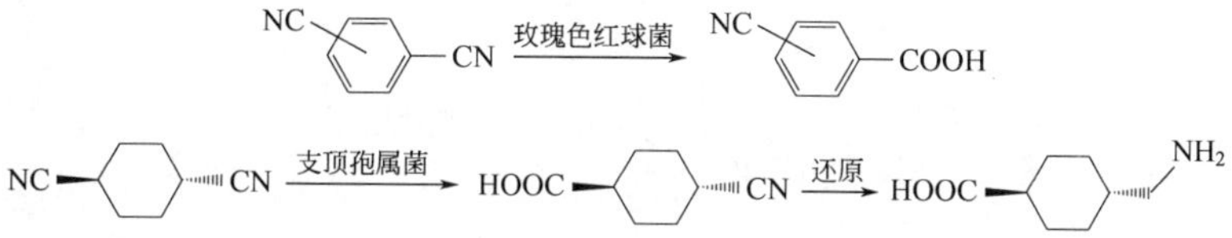

14-240 14-241 14-242

14.8.3.3 腈的对映选择性水解

生物催化腈水解一般在温和条件下进行，具有良好的化学选择性、区域选择性和立体选择性。腈水合酶通常不具有对映选择性，而酰胺酶则具有，它能使酰胺对映选择性水解为羧酸。例如潜手性二酰胺 **14-243**，酰胺酶能将之水解为手性酸 **14-244**，产率 92%，对映体过量值为 95%[256]。

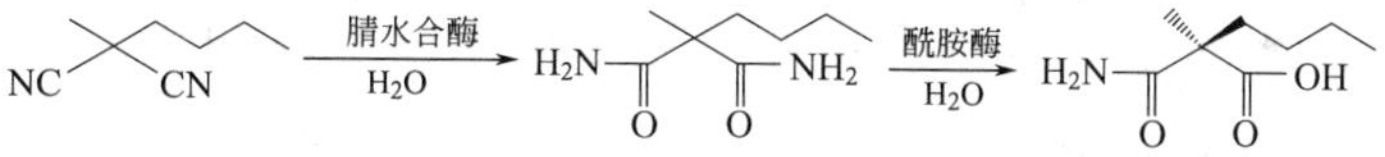

14-243 14-244

α-氰基醇和 α-氨基腈水解可用于制备 α-羟基酸和 α-氨基醇。运用醛与氢氰酸加成反应或 Strecker 反应可以制备 α-氰基醇和 α-氨基腈。白色球拟酵母（*Torulopsis candida*）能催化消旋体脂肪族氰基醇水解为(*S*)-α-羟基酸（**14-245**）[257]。粪产碱杆菌（*Alcaligenes facecalis*）静态细胞培养法能催化消旋体扁桃腈水解成光学纯的(*R*)-扁桃酸（**14-246**），反应中底物可原位消旋化，使最终产物(*R*)-扁桃酸产率达 91%[258]。

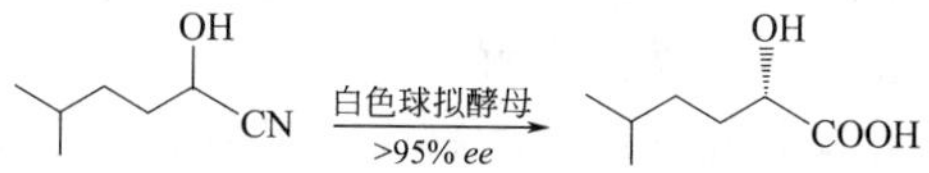

14-245

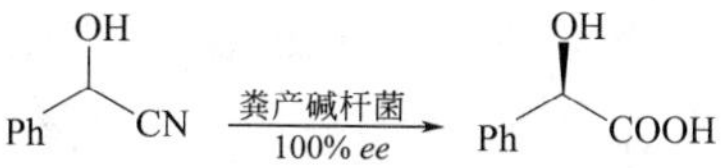

14-246

内消旋的庚二腈用腈水解酶可以以极高的产率和立体选择性得到单氰基水解的羧酸衍生物 **14-247**，这一化合物可以用作降血脂药阿伐他汀（Atorvastatin）合成[259,260]。

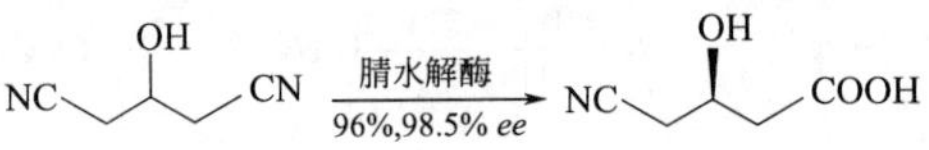

14-247

14.8.3.4 氨基酸酰胺酶

氨基酸酰胺酶（amidase），又称氨基肽酶，对氨基酸酰胺的动力学拆分合成手性氨基酸中应用广泛，如L-氨基酸的合成[261]。L-氨基酸与未反应的D-氨基酰胺在不同溶剂和不同pH值条件下具有不同的溶解度，这样可实现相互分离，同时由于酰胺在水溶液中较稳定和不易自发性水解，因此可以利用这种方法生产高光学纯度的L-氨基酸。D-氨基酰胺则可以在高温或苯甲醛帮助下进行消旋化，从而可以再进行拆分，如此循环理论上可以使消旋体氨基酰胺全部转化为所需的L-氨基酸。

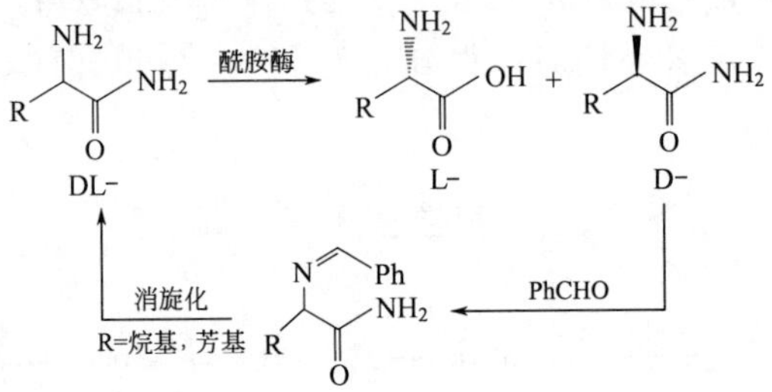

14.8.3.5 氨基酰化酶

氨基酰化酶（acylase）能选择性地催化L-*N*-酰基氨基酸水解，常用的酰基主要有乙酰基、氯乙酰基和丙酰基，另外氨甲酰基也较常用[262]。这种酶可从猪肾、曲霉、青霉等物质中分离提取，在催化*N*-乙酰基色氨酸和*N*-乙酰基苯丙氨酸水解制备L-色氨酸和L-苯丙氨酸反应中已实现工业化，采用固定化酶柱式反应器。

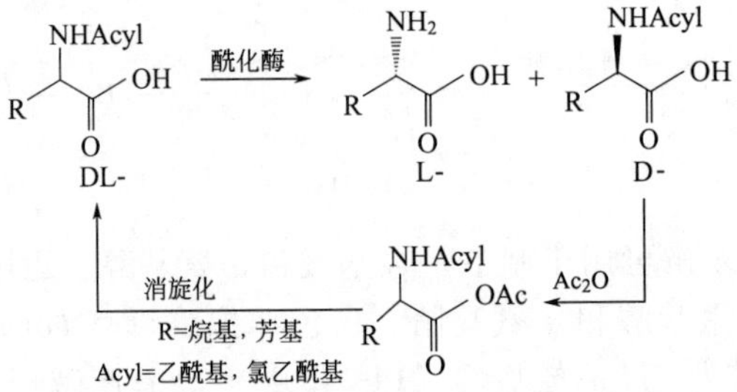

7-氨基去乙酰氧基头孢烷酸（7-ADCA，**14-248**）和7-氨基头孢烷酸（7-ACA，**14-249**）是半合成青霉素和半合成头孢菌素的β-内酰胺母核，是重要的药物合成原料。在它们的合成过程中都用到了青霉素酰化酶进行酰胺的水解。

7-ADCA采用青霉素酰化酶催化水解副产物少、产率高，已被工业化生产采用[263]。

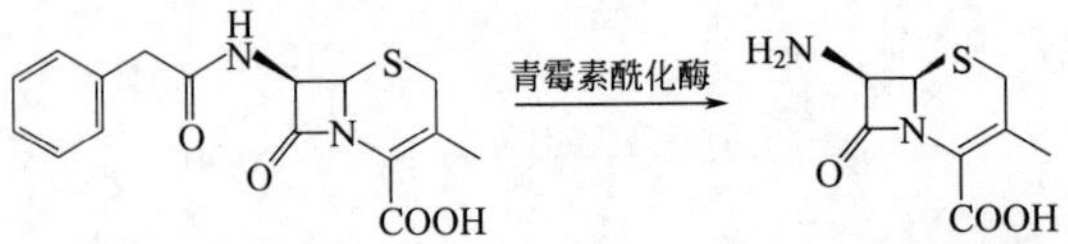

7-ADCA,14-248

采用酶法可以水解头孢菌素C的侧链产生7-ACA。由于头孢菌素C侧链是一个非天然氨基酸 D-高谷氨酸，因此在水解过程用 D-氨基酸氧化酶（来自纤细红酵母 ATCC2621，*Rhodotorula gracilis*）先将其氧化为 α-酮基己二酸单酰基-7-ACA（**14-250**），再用过氧化氢进行化学氧化脱羧产生戊二酸单酰-7-ACA（**14-251**），最后用酰化酶水解除去侧链得到 7-ACA。

头孢菌素C —D-氨基酸氧化酶, O_2→ **14-250** —H_2O_2, $-CO_2$→ **14-251** —戊二酸单酰-7-ACA酰化酶→ **7-ACA,14-249**

一些较复杂的分子如青霉素衍生物 **14-252** 的手性合成中也可以应用这种酶进行动力学拆分[264]。

DL- —酰化酶→ D- + L- ；D- → **14-252**

14.8.3.6 内酰胺酶

化学上比较稳定的内酰胺通常用内酰胺酶进行水解拆分。如内酰胺 **14-253** 的水解拆分，未水解的内酰胺可用于抗真菌类抗生物(—)-Cispentacin（**14-254**）的制备[265]。

14-253 —红球菌属内酰胺酶→ （未水解内酰胺）+ 氨基酸；（未水解内酰胺）→ **14-254**

这种内酰胺酶还能催化双环-γ-内酰胺 **14-255** 水解生成 γ-氨基酸 **14-256**，然而利用假单胞菌中内酰胺酶催化这一种反应则产生相反构型的 γ-氨基酸 **14-257**，产物光学纯度很高。它们是手性合成的原料，其中(1*S*，4*R*)-4-氨基-2-环戊烯羧酸 **14-257** 可用于抗病毒药物卡波韦（Carbovir，**14-258**）和阿巴卡韦（Abacavir，**14-259**）的合成[266～269]。

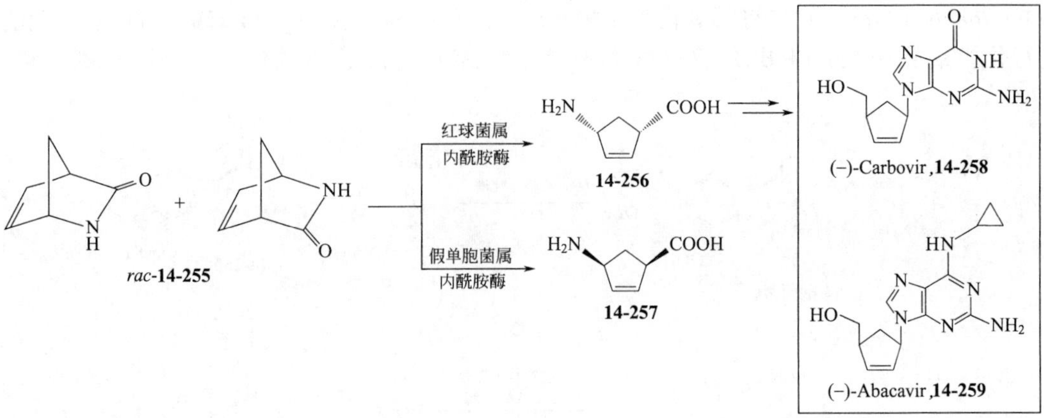

红球菌属 内酰胺酶

假单胞菌属 内酰胺酶

rac-14-255

14-256

14-257

(−)-Carbovir, 14-258

(−)-Abacavir, 14-259

14.8.3.7 氨基转移酶

氨基转移酶（aminotransferases）是另一种 C—N 键裂解和生成同时进行的反应，通常用于氨基酸的合成。氨基转移酶是以磷酸吡哆醛（PLP）为辅酶催化下的反应，反应中氨基酸将分子中氨基转移给 α-酮酸，生成新的 α-氨基酸和 α-酮酸。

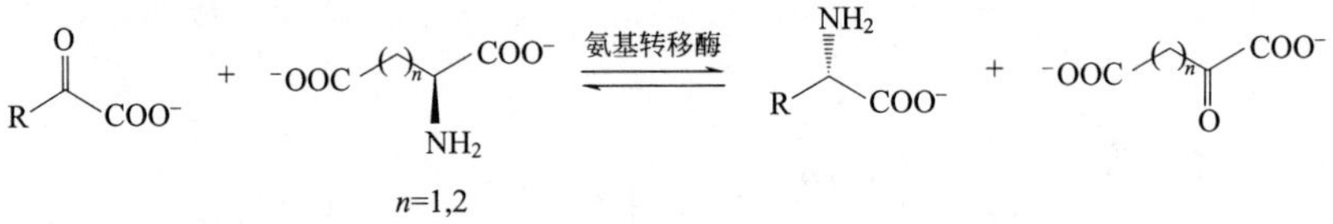

氨基转移酶

n=1,2

生物催化合成中常用的氨基转移酶有支链氨基转移酶（branched chain aminotransferase，BCAT）、天冬氨酸氨基转移酶（aspartate aminotransferase，AAT）、酪氨酸氨基转移酶（tyrosine aminotransferase，TAT）等。氨基转移酶种类多、分布广，用于 L-氨基酸的生物合成[270]，现在研究较多的是 D-氨基酸转移酶（D-amino acid transaminase，DAT）[271,272]。利用氨基转移酶可制备非天然氨基酸，它们是多种手性药物合成的前体。例如 L-叔亮氨酸可用于合成 HIV 蛋白酶抑制剂[273]；L-高苯丙氨酸可用于合成 ACE 酶抑制剂，用于治疗高血压[274]；D-谷氨酸用于合成 CCK 受体拮抗剂，治疗胆囊炎[275]；D-苯丙氨酸用于制备凝血酶抑制剂，防止血栓形成[276]。

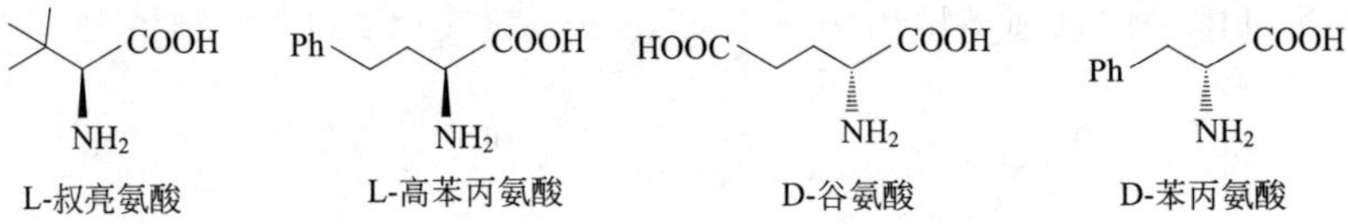

L-叔亮氨酸　　L-高苯丙氨酸　　D-谷氨酸　　D-苯丙氨酸

14.8.4 P—O 键形成与水解反应

P—O 键的生成与断裂在核苷类药物合成中占有重要地位。例如，抗核苷类抗病毒药物利巴韦林（Ribavirin，又名病毒唑 Virazole，**14-260**）就可以运用嘌呤核苷磷酸化酶和嘧啶核苷磷酸化酶实现了商业化生物催化合成[277]。已从胡萝卜欧文杆菌（*Erwinia carotovora*）中分离纯化这两种磷酸化酶。嘌呤核苷磷酸化酶可以催化腺苷、鸟苷、尿苷和乳清酸核苷的磷酸化生成核糖-1-磷酸（**14-261**），嘧啶核苷磷酸化酶催化核糖-1-磷酸与 1，2，4-三唑-3-甲酰胺反应生成利巴韦林[278]。

14.8.5 生物催化 C—C 键形成

C—C 键形成中醛缩酶（aldolases）是最为重要的一种，能使醛分子延长碳链，对有机合成极为有用。醛缩酶常用于糖的合成，如氨基糖、硫代糖和二糖类似物的合成。醛缩酶的底物适应性较高，能催化多种底物反应。

醛缩酶一般以酮为供体、醛为受体，当然醛自身也可作为供体。绝大多数醛缩酶对供体结构要求很高，但对受体结构特异性要求不高。如以丙酮酸为供体、甘油醛及其衍生物为受体的 Aldol 缩合反应[279]。

醛缩酶 DERA 研究较多，在很多反应中显示出高活性。由叠氮基丙醛与两分子乙醛在醛缩酶催化 6d 可以得到 35%产率的六元环状内酯 **14-262**，可以用于阿伐他汀的合成[280]。

利用 DERA 还可以合成另一种非常相似的制备阿伐他汀开链手性中间体（**14-264**）。用 2%的 DERA，在最终浓度为 93g/L 的情况下，可以通过生物转化得到 100g 化合物 **14-263**，然后经过氧化、取代和羟基保护可以得到目标产物[281]。

14.8.6 生物催化还原反应

生物催化的还原反应能使分子内的酮羰基和 C—C 双键立体选择性地还原为特定构型的手性化合物，而常规化学法还原酮和烯烃则通常产生消旋体，虽然手性金属有机配合物的应用可以实现立体选择性还原，但成本往往较高，而且需要采用极端条件（如低温）等，因此生物催化的还原反应在手性药物合成中有着重要的应用，如三氟乙酰苯可在不同酶催化下得到不同对映体选择性的(S)-仲醇或(R)-仲醇[282]。

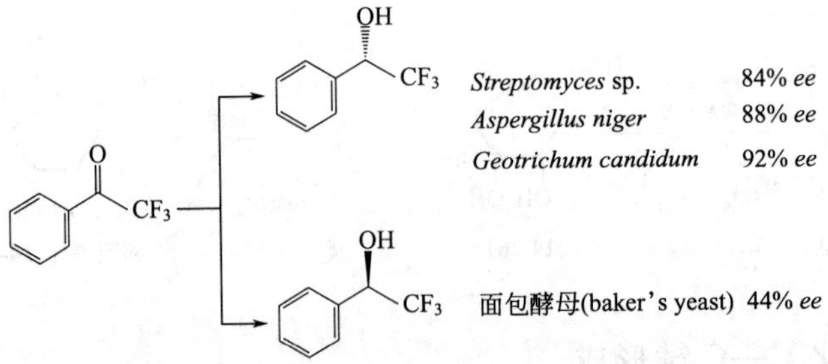

Streptomyces sp. 84% ee
Aspergillus niger 88% ee
Geotrichum candidum 92% ee
面包酵母(baker's yeast) 44% ee

(—)-LY300164（**14-266**）是 Eli Lilly 公司开发的治疗神经退行性疾病，化学合成过程中需要使用大量的有机溶剂，并产生大量的含铬污染物。礼莱公司研究人员通过重新设计合成路线，在关键的手性中间体 **14-265** 的合成中利用生物催化法，接合酵母 ATCC14462（*Zygosaccharomyces rouxii*）表现出很好的还原活性，产率达到 96%，对映体过量 99.9%。采用生物还原后，整个合成步骤减少，总产率就由原来的 16%提高到 51%，降低了生产成本。同时，生物催化法制备避免了大量有机溶剂的使用和大量重金属铬污染物的产生，可以减少污染、保护生态环境。该研究获得了 1999 年美国总统绿色化学挑战奖[283,284]。

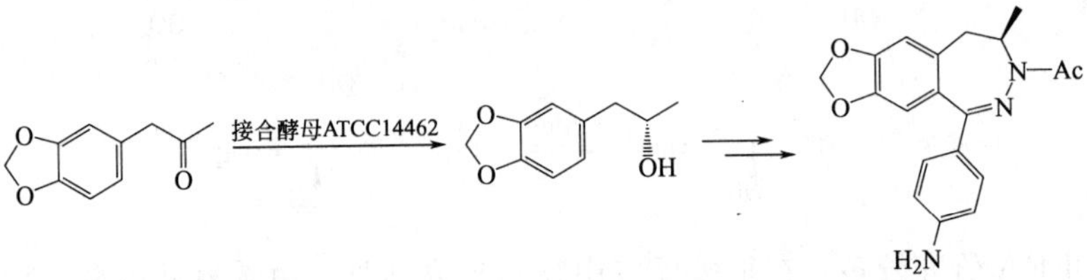

接合酵母ATCC14462

14-265 (-)-LY300164,**14-266**

MK0507（**14-270**）是一种碳酸酐酶抑制剂，可用于青光眼的治疗，由 Merck 公司开发上市，商品名为 Trusopt（盐酸多佐胺），以(*R*)-3-羟基丁酸甲酯（**14-267**）为起始原料合成。生物催化法可选择性还原中间体酮砜 **14-268** 生成所需构型的中间体醇 **14-269**[285]。通过微生物筛选，发现粗糙脉孢菌（*Neurospora crassa*）能在 pH 值为 4 的条件下催化酮羰基还原，产率大于 80%，非对映体过量值为 99.8%[286]。

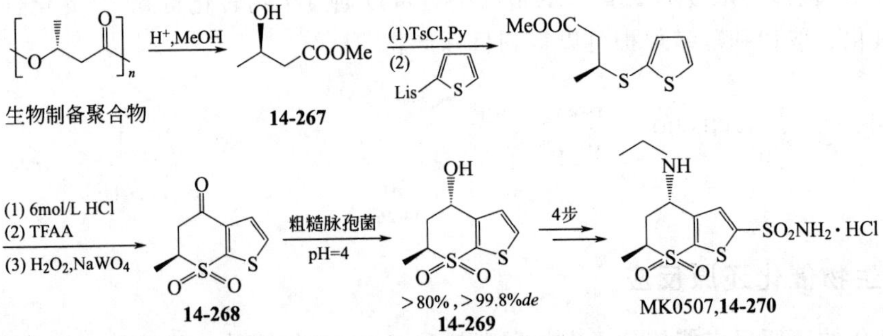

生物制备聚合物 —H^+,MeOH→ **14-267** —(1)TsCl,Py (2) Lis-thienyl→

(1) 6mol/L HCl (2) TFAA (3) H_2O_2,$NaWO_4$ → **14-268** —粗糙脉孢菌 pH=4→ **14-269** (>80%，>99.8%de) —4步→ MK0507,**14-270**

抗艾滋病药物阿扎那韦（atazanavir，**14-273**）的合成虽然有不少路线，但通过生物催化还原的路线更为简捷。*Rhodococcus erythropolis* SC 13845 具有最高的活性，经过条件优化，**14-271** 的还原可以以 95% 的产率得到手性醇 **14-272**，同时还有 98.2%的非对映体过量值和 99.4%的对映体过量值，而用硼氢化钠还原则只得到不需要的氟丙烷衍生物[287]。

14-271 → (Rhodococcus Erythropolis SC 13845, 95h) → 14-272 (95% 产率, 98.2% de, 99.4% ee) → 14-273 atazanavir

14.8.7 生物催化氧化反应

氧化反应是药物合成中重要的反应之一。传统的化学氧化法主要采用金属化合物如六价铬、七价锰、醋酸铅和有机过氧酸等为氧化剂，具有无立体选择性、副反应多、污染严重等缺点。采用生物催化氧化可以解决这些问题，这对药物合成来说意义重大。生物催化剂还可使不活泼的有机化合物发生氧化反应，如催化烷烃中 C—H 键的羟基化反应，反应具有区域选择性和对映选择性。

生物催化氧化反应主要分为三大类酶催化：单加氧酶、双加氧酶和氧化酶。前两者能直接在底物分子中加氧，而氧化酶则是催化底物脱氢，脱下的氢再与氧结合生成水或过氧化氢。单加氧酶在有机合成反应中最为常用。脱氢酶与氧化酶相似，也是催化底物脱氢，但它催化脱下的氢是与氧化态的 $NAD(P)^+$ 结合，而不是与氧结合，这是两者的主要区别。

饱和烃氧化是用单加氧酶，最常用的就是细胞色素 P450，如(+)-樟脑 5-位亚甲基的氧化可以得到面外醇 **14-274**[288]。

(+)-樟脑 → (P450) → 14-274

生物催化的氧化反应可以使分子内非活泼的碳氢键立体选择性氧化得到特定构型的羟基化合物，这种反应用化学方法很难进行。甾体激素的微生物转化是生物催化法在手性合成研究中应用最早和最成功的例子，推动了生物催化的手性合成研究与发展。

例如，蓝色犁头霉（*Absidia coerulea*）AS365 能使 17α-羟基-11-脱氢皮质酮（**14-275**）甾体环上亚甲基氧化产生 11β-羟基取代物氢化可的松（**14-276**）[289]。黑根霉（*Rhizopus niger*）能使孕酮（**14-277**）氧化产生 11α-羟基孕酮（**14-278**）[290]。另外也可用微生物降解甾体的侧链，例如，谷甾醇（Sitosterol，**14-279**）可被偶发分枝杆菌（*Mycobacterium fortuitum*）的突变体氧化降解可除去侧链生成雄甾二酮（Androstenedione，**14-280**）[291]。

14-275 → (蓝色犁头霉) → 14-276 (50%~60%)

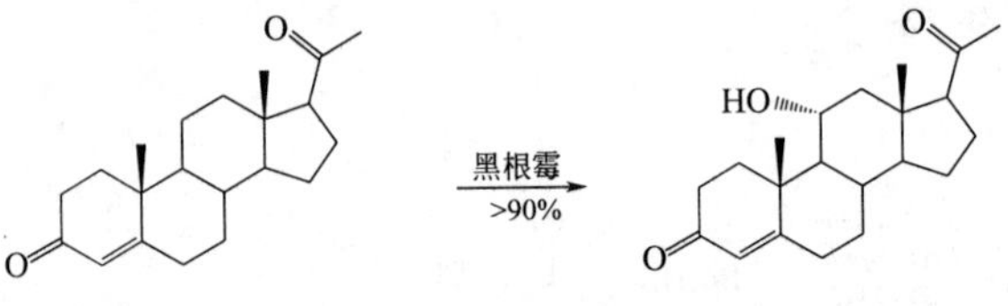

黑根霉 >90%

14-277 14-278

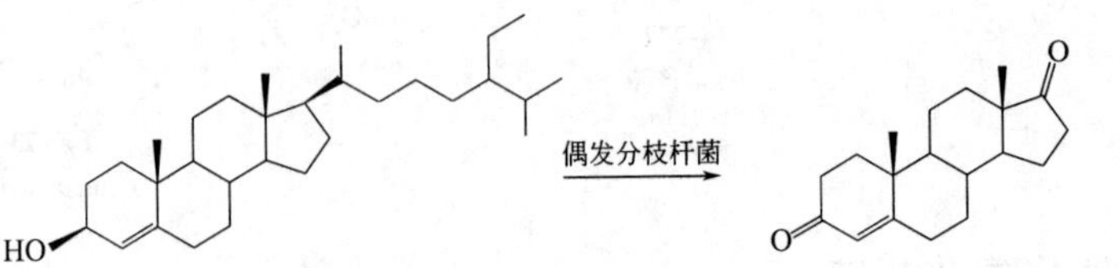

偶发分枝杆菌

14-279 14-280

卡托普利（Captopril，**14-282**）是第一个口服血管紧张素转化酶抑制剂类药物，分子中含有两个手性中心，活性取决于含巯基烷基链的构型，其 *S*-构型是 *R*-构型药物活性的 100 倍以上，因此药物分子应为(*S*，*S*)-构型。传统化学合成法生成非对映体混合物，然后用二环己胺进行拆分[292]。用化学-酶法合成则是通过采用生物方法将异丁酸立体选择性氧化为(*R*)-*α*-甲基-*β*-羟基丙酸（**14-281**），后者与 L-脯氨酸缩合，再巯基化得到(*S*)-卡托普利[293]。

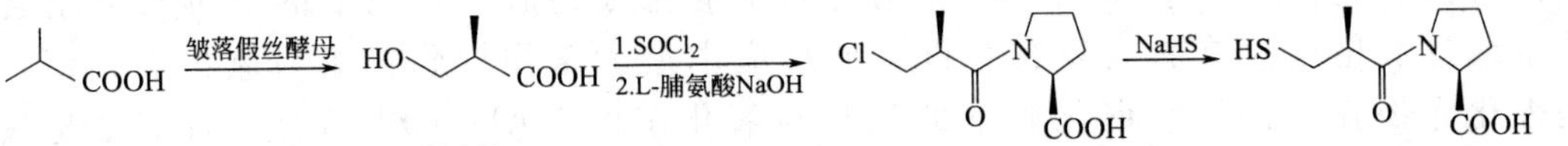

COOH —皱落假丝酵母→ HO COOH (**14-281**) —1.$SOCl_2$ 2.L-脯氨酸NaOH→ Cl … N … O COOH —NaHS→ HS … N … O COOH 卡托普利,**14-282**

Baeyer-Villiger 氧化是非常重要的氧化反应，常用于醛的氧化消除一个碳原子，或用于酮的氧化合成酯。常用的化学氧化法没有立体选择性，用手性金属催化剂虽然有较多研究，但也很难超过 70%的对映体过量值。用环己酮单加氧酶就不同了，对酮的立体选择性氧化通常都可以得到极高的对映体过量值，如表 14-6 中取代环己酮的氧化[294~297]。

表 14-6 用 CHMO 催化取代环己酮的 Baeyer-Villiger 氧化反应

底 物	产 物	产 率/%	%*ee*	底 物	产 物	产 率/%	%*ee*
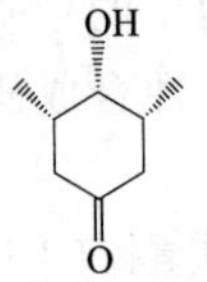	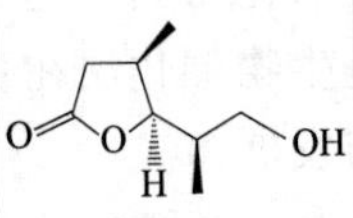	88	>98	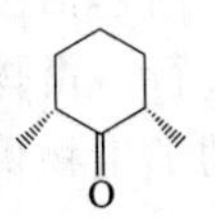	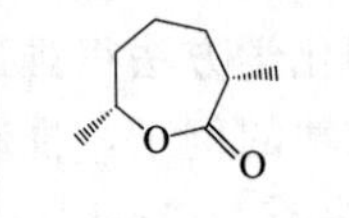	27	>98
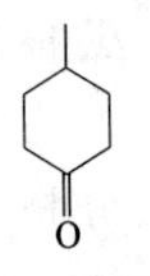	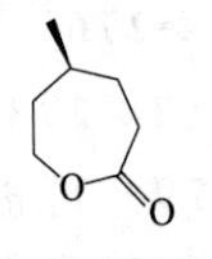	80	>98	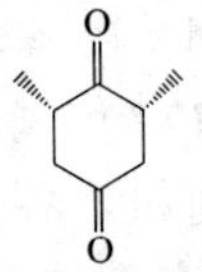	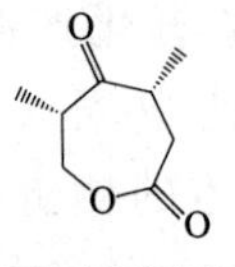	25(开环甲酯 58)	>98
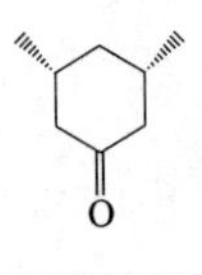	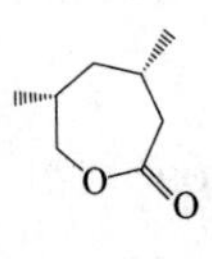	73	>98	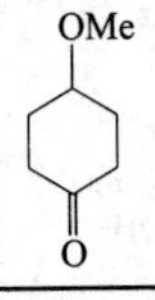	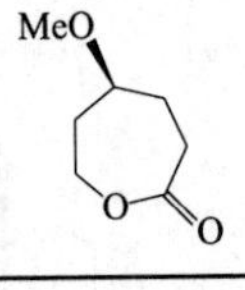	76	75

β-紫罗兰酮的生物降解反应中也包含了生物催化的 Baeyer-Villiger 反应，对烯键没有影响，显出良好的化学选择性[298]。

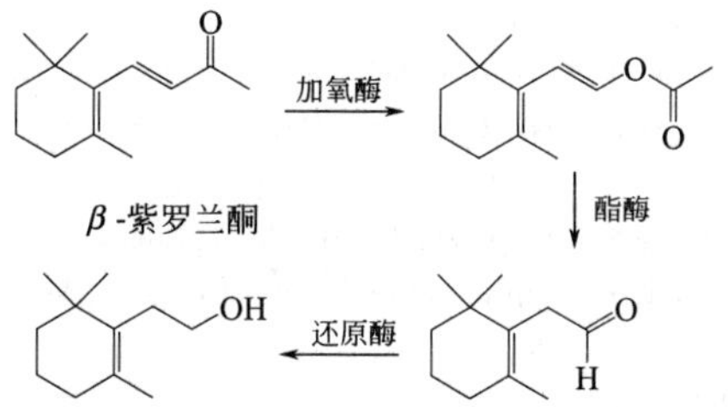

加氧酶 酯酶 还原酶 β-紫罗兰酮

核黄素类单加氧酶除用于 Baeyer-Villiger 反应外，还可以用于取代硼酸、硫醚的氧化，但需要等当量的辅酶 NADPH[299,300]。

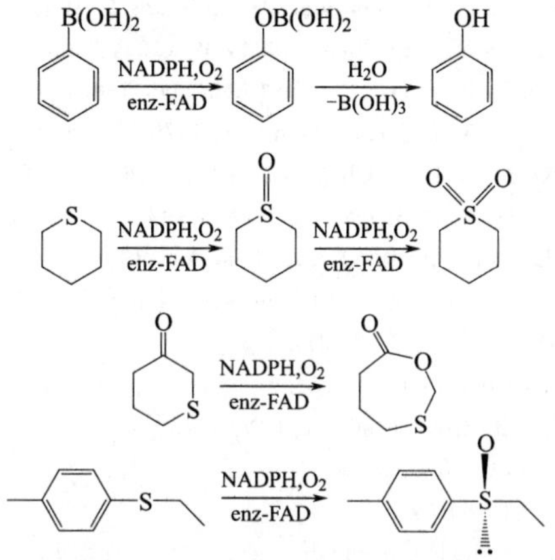

$NADPH,O_2$ enz-FAD H_2O $-B(OH)_3$

(R)-巴氯芬（Baclofen，**14-284**）是一种常用的解痉药物，有人将生物催化 Baeyer-Villiger 氧化反应用于合成其关键手性中间体(R)-3-对氯苯基-4-丁内酯（**14-283**），反应产率约 31%[301]。

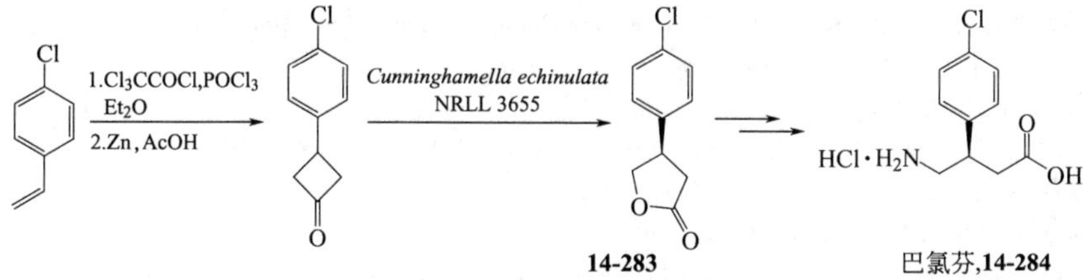

1.$Cl_3CCOCl,POCl_3$ Et_2O 2.Zn, AcOH *Cunninghamella echinulata* NRRL 3655

14-283 巴氯芬,**14-284**

环氧化酶用于烯烃的环氧化反应，也是属于单加氧酶，如三氟环氧丙烷（**14-285**）的合成[302,303]。

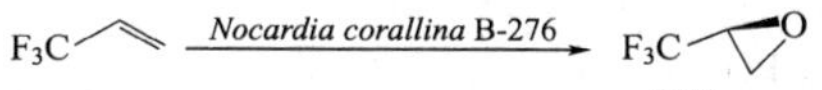

Nocardia corallina B-276 75% *ee* **14-285**

生物催化的羟基氧化成羰基的反应用到的是脱氢酶，如氟代丙二醇 **14-286** 可以用马肝脱氢酶氧化成氟代羟基丙醛 **14-287**，再用含醛脱氢酶的酵母催化下进一步氧化成氟代羟基丙酸 **14-288**[304]。

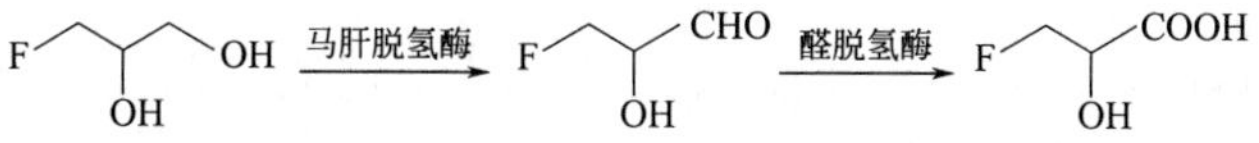

马肝脱氢酶 醛脱氢酶 **14-286** **14-287** **14-288**

参 考 文 献

[1] 林国强，陈耀全，陈新滋 等．手性合成——不对称反应及其应用．北京：科学出版社，2000：1.
[2] Blaschke G，Kraft H P，Markgraf H．Chem Ber，1980，113（6）：2318.

[3] 王普善．中国新药杂志．1998，7（5）：335；415.
[4] Hanessian S. Total Synthesis of Natural Products：The "Chiron" Approach. New York：Pergamon Press，1983.
[5] Fuhrhop J，Penzlin G. Oragnic Synthesis：Concepts，Methods，Starting Materials. 2nd rev. Ed. Weinheim：VCH，1994.
[6] Morrison J D，Scott J W. Asymmetric Synthesis Vol 4. Orlando：Academic Press，1984.
[7] Coppola G M，Schuster H F. Asymmetric Synthesis-Construction of Chiral Molecules Using Amino Acids. New York：John Wiley & Sons，1987.
[8] Ho P T，Davis N. Synthesis，1983：462.
[9] Casiraghi G，Rassu G，Spanu P，et al. J Org Chem，1992，57（14）：3760.
[10] Rassu G，Casiraghi G，Spanu P，et al. Tetrahedron：Asymmetry，1992，3（8）：1035.
[11] Casiraghi G，Ulgheri G，Spanu P，et al. J Chem Soc，Perkin Trans 1，1993，2991.
[12] Casiraghi G，Spanu P，Rassu G，et al. J Org Chem，1994，59（10）：2906.
[13] Thomas N，Salzmann R W，Ratcliffe B G，et al. J Am Chem Soc，1980，102（19）：6161.
[14] Mattingly P G，Kenwin J J F，Miller M J. J Am Chem Soc，1979，101（14）：3983.
[15] Nicolaou K C，Bunnage M E，Koide K. J Am Chem Soc，1994，116（18）：8402.
[16] Liu Z J，Lu R R，Chen Q，et al. Huaxue Xuebao，1985，43：992.
[17] Schkeryantz J M，Woo J C G，Danishefsky S J. J Am Chem Soc，1995，117（26）：7025.
[18] Vasanthakumar G，Patil B S，Suresh Babu V V. J Chem Soc，Perkin Trans 1，2002，(18)：2087.
[19] Seebach D. Modern Synthetic Methods，1980，2：91.
[20] Vasella A. Modern Synthetic Methods，1980，2：173.
[21] Jurczak J，Pikul S，Baller T. Tetrahedron，1986，42（2）：447.
[22] Takano S. Pure Appl Chem，1987，59（3）：353.
[23] Hanson R M. Chem Rev，1991，91（4）：437.
[24] Wolfrom M L，Thompson W A. Methods Carbohydr Chem，1963，2：427.
[25] Schmidt O T. Methods Carbohydr Chem，1963，2：318.
[26] Bollenback G N. Methods Carbohydr Chem，1963，2：327.
[27] Roth W，Pigman W. Methods Carbohydr Chem，1963，2：405.
[28] Ferrier R J，Prasad N. J Chem Soc C，1969，570.
[29] Regeling H，Rouville E，Chittenden G J F. Rec Trav Chim Pays-Bas，1987，106：461.
[30] Hu T S，Wu. Y K，Wu Y L. Org Lett，2000，2（7）：887.
[31] Brady R F. Carbohydr Res，1970，15（1）：35.
[32] Ness R K，Flecher H G J. J Am Chem Soc，1953，75（11）：2619.
[33] Brauns D H. J Am Chem Soc，1920，42（9）：1846.
[34] Van Cleve J W. Methods Carbohydr Chem，1963，2：237.
[35] Theander O，Nelson D A. Adv Carbohydr Chem Biochem.，1988，46：284.
[36] Merrer Y L，Dureault A，Gravier C，et al. Tetrahedron Lett，1985，26：319.
[37] Hubschwerlen C. Synthesis，1986，962.
[38] Wu Y L，Li J C，Wang Y F. Huaxue Xuebao，1988，46：472.
[39] Jiang B，Liu J F，Zhao S Y. Org Lett，2002，4（22）：3951.
[40] Hua D H，Venkataraman S. J Org Chem，1988，53（3）：1095.
[41] Hutchinson J H，Money T，Piper S E. J Chem Soc，Chem Commun，1984：455.
[42] Holton R A，Somoza C，Kim H B，et al. J Am Chem Soc，1994，116（4）：1597.
[43] Chen X T，Gutterdge C E，Bhattacharya S K，et al. Angew Chem Int Ed，1998，37（1-2）：185.
[44] 吴毓林，姚祝军，胡泰山．现代有机合成化学——选择性有机合成反应和复杂有机分子合成设计．第2版．北京：科学出版社，2006：189.
[45] Cabaj J E，Lukesh J M，Pariza R J，et al. Org Process Res Dev，2009，13（2）：358.
[46] Hubschwerlen C. Synthesis，1986，962.
[47] Mori K，Takeuchi T. Tetrahedron，1988，44（2）：333.
[48] Corey E J，Niimura K，Konishi Y，et al. Tetrahedron Lett，1986，27（20）：2199.
[49] Wess G，Kesseler K，Baader E，et al. Tetrahedron Lett，1990，31（18）：2545.
[50] Guindon Y，Yoakin C，Bernstein M A，et al. Tetrahedron Lett，1985，26（9）：1185.
[51] Fernandes R A.，Kumar P Eur. J Org Chem，2002，2002（17）：2921.

[52] Prasad K. , Chem K M, Repic O, et al. Tetrahedron Asymmetry, 1990, 1 (5): 307.
[53] Saito S, Hasegawa T, Inaba M, et al. Chem Lett, 1984, 13 (8): 1389.
[54] Yao Z J, Wu Y L. Tetrahedron Lett, 1994, 35: 157.
[55] Vartak A P, Crooks P A. Org Process Res Dev, 2009, 13 (3): 415.
[56] Masamune S, Choy W, Petersen J S, et al. Angew Chem Int Ed Engl, 1985, 24: 1.
[57] Johnson F, Malhotra S K. J Am Chem Soc, 1965, 87 (23): 5492.
[58] House H O, Bare T M. J Org Chem, 1968, 33 (3): 943.
[59] Ziegler F E, Wender P A. J Am Chem Soc, 1971, 93 (17): 4318.
[60] Krapcho A P, Dundulis E A. J Org Chem, 1980, 45 (16): 3236.
[61] Sato K, Miyamoto O, Inoue S, et al. Chem Lett, 1981: 1183.
[62] Johnson F. Chem Rev, 1968, 68 (4): 375.
[63] Fitzi R, Seebach D. Angew Chem Int Ed Engl, 1986, 25 (4): 345.
[64] Heathcock C H, Pirrung M C, Lampe J, et al. J Org Chem, 1981, 46 (11): 2290.
[65] Evans D A, Enms M D, Mathre D J. J Am Chem Soc, 1982, 104 (6): 1737.
[66] Kraus G A, Taschner M J. Tetrahedron Lett, 1977, 18 (52): 4575.
[67] Evans D A, Takacs J M. Tetrahedron Lett, 1980, 21 (44): 4233.
[68] Sonnet P E, Heath R R. J Org Chem, 1980, 45 (15): 3137.
[69] Lin G Q, Hjalmarsson M, Högberg H E, et al. Acta Chem Scand B, 1984, 38: 795.
[70] Kawanami Y, Ito Y, Kitagawa T, et al. Tetrahedron Lett, 1984, 25 (8) : 857.
[71] Evans D A, McGee L R. J Am Chem Soc, 1981, 103: 2876.
[72] Yamamoto Y, Maruyama K. Tetrahedron Lett, 1980, 21 (48): 4607.
[73] Sasikala C, Padi P, Sunkara V, et al. Org Process Res Dev, 2009, 13: 907.
[74] Meyers A I, Williams D R, Druelinger M. J Am Chem Soc, 1976, 98 (10): 3032.
[75] Hashimoto S, Koga K. Tetrahedron Lett, 1978, 19 (6): 573.
[76] Hashimoto S, Koga K. Chem Pharm Bull, 1979, 27: 2760.
[77] Corey E J, Enders D. Tetrahedron Lett, 1976, 17 (1): 3.
[78] Corey E J, Enders D, Bock M G. Tetrahedron Lett, 1976, 17 (1): 7.
[79] Corey E J, Enders D. Tetrahedron Lett, 1976, 17 (1): 11.
[80] Enders D, Weuster P. Tetrahedron Lett, 1978, 19 (32): 2853.
[81] Enders D, Eichenatier H. Angew Chem Int Engl, 1979, 18 (5): 397.
[82] Enders D, Sch? fer T, Mies W. Tetrahedron, 1998, 54 (35): 10239.
[83] Meyers A I, Knaus G, Kamata K. J Am Chem Soc, 1974, 96 (1): 268.
[84] Meyers A I, Knaus G, Kamata K, et al. J Am Chem Soc, 1976, 98 (2): 567.
[85] Song Z J, Zhao M, Frey L, et al. Org Lett, 2001, 3: 3357.
[86] Oppolzer W, Moretti R, Thorni S. Tetrahedron Lett, 1989, 30 (41): 5603.
[87] Oppolzer W. Pure Appl Chem, 1990, 62 (7): 1241.
[88] Oppolzer W, Moretti R, Thorni S. Tetrahedron Lett, 1989, 30 (44): 6009.
[89] Haruta R, Ishiguro M, Iketa N, et al. J Am Chem Soc, 1982, 104 (26): 7667.
[90] Roush W R, Walts A E, Heong L K. D. J Am Chem Soc, 1985, 107 (26): 8186.
[91] Roush W R, Halterman R L. J Am Chem Soc, 1986, 108 (2): 294.
[92] Hunt J A, Roush W R. Tetrahdron Lett, 1995, 36 (4): 501.
[93] Hunt J A, Roush W R. J Org Chem, 1997, 62 (4), 1112-1114.
[94] Meyers A I, Yamamoto Y. J Am Chem Soc, 1981, 103 (14): 4278.
[95] Meyers A I, Yamamoto Y. Tetrahedron, 1984, 40 (12): 2309.
[96] Chem G M, Ramachandran P V, Brown H C. Angew Chem Int Ed Engl, 1999, 38 (6): 825.
[97] Itsuno S, Watanabe W, Ito K, et al. Angew Chem Int Ed Engl, 1997, 36 (1-2): 109.
[98] Rowley M, Hallett D J, Goodacre S, et al. J Medicinal Chem, 2001, 44: 1603.
[99] Corey E J, Imwinkelried R, Pikul S, et al. J Am Chem Soc, 1989, 111 (4): 5493.
[100] Corey E J, Choi S Y. Tetrahedron Lett, 2000, 41 (16): 2765.
[101] Tagami K, Nakazawa N, Sano S, et al. Heterocycles, 2000, 53: 771.
[102] Seki M, Yamada S, Kuroda T, et al. Synthesis, 2000: 1677.
[103] Seki M, Furutani T, Hatsuda M, et al. Tetrahedron Lett, 2000, 41: 2149.

[104] Seki M, Furutani T, Imashiro R, et al. Tetrahedron Lett, 2001, 42: 8201.
[105] Furutani T, Imashiro R, Hatsuda M, et al. J Org Chem, 2002, 67: 4599.
[106] Tu Y, Wang Z X, Shi Y. J Am Chem Soc, 1996, 118: 9806.
[107] Tian H Q, She X G, Shu L H, et al. J Am Chem Soc, 2000, 122: 11551.
[108] Xiong Z M, Corey E J. J Am Chem Soc, 2000, 122: 4831.
[109] Simpson G L, Heffron T P, et al. J Am Chem Soc, 2006, 128: 1056.
[110] Duthaler R O, Herold P, Lottenbach W, et al. Angew Chem Int Ed Engl, 1989, 28 (4): 495.
[111] Deeter J, Frazier J, Staten G, et al. Tetrahedron Lett, 1990, 31: 7101.
[112] Trost B M, Muller T J J, Martinez J. J Am Chem Soc, 1995, 117 (7): 1888.
[113] List B, Pojarliev P, Castello C. Org Lett, 2001, 3 (4): 573.
[114] Kotrusz P, Kmentova I, Gotov B, et al. Chem Commun, 2002, (21): 2510.
[115] Loh T P, Feng L C, Yang H Y, et al. Tetrahedron Lett, 2002, 43 (48): 8741.
[116] Izquierdo I, Plaza M T, Robles R, et al. Tetrahedron: Asymmetry, 2001, 12 (19): 2749.
[117] Pikho P M, Erkkilä A. Tetrahedron Lett, 2003, 44: 7607.
[118] Cortez G S, Tennyson R L, Romo D. J Am Chem Soc, 2001, 123 (32): 7945.
[119] Córdova A, Notz W, Barbas C F, et al. J Org Chem, 2002, 67 (1): 301.
[120] Hajos Z G, Parrish D R. J Org Chem, 1974, 39 (12): 1615.
[121] Gao M Z, Gao J, Lane B S, et al. Chem Lett, 2003. , 32 (6): 524.
[122] Zhuang W, Saaby S, Jorgensen K A. Angew Chem Int Ed, 2004, 43 (34): 4476.
[123] List B, Pojarliev P, Biller W T, et al. J Am Chem Soc, 2002, 124 (5): 827.
[124] Paraskar A S, Sudalai A. Tetrahedron, 2006, 62: 5756.
[125] Hanessian S, Pham V. Org Lett, 2000, 2 (19): 2975.
[126] Kozikowski A P, Mugrage B B. J Org Chem, 1989, 54 (10): 2275.
[127] Hirai Y, Takashi. , Yamazaki T, et al. J Chem Soc, Perkin Trans 1, 1992: 509.
[128] List B, Pojarliev P, Martin H. Org Lett, 2001, 3 (16): 2423.
[129] Enders D, Seki A. Synlett, 2002, 26.
[130] List B, Castello C. Synlett, 2001: 1687.
[131] Brandau S, Landa A, Franzen J, et al. Angew Chem Int Ed, 2006, 45: 4305.
[132] Ramamurthi N, Swaminathan S. Indian J Chem, 1990, 29B: 401.
[133] Przezdziecka A, Stepanenko W, Wicha J. Tetrahedron: Asymmetry, 1999, 10 (8): 1589.
[134] Zhuang W, Bogevig A, Jorgensen K A, et al. J Am Chem Soc, 2002, 124 (22): 6254.
[135] Merino P, Tejero T. Angew Chem Int Ed, 2004, 43 (23): 2995.
[136] List B. J Am Chem Soc, 2002, 124 (20): 5656.
[137] Brown S P, Brochu M P, Sinz C J, et al. J Am Chem Soc, 2003, 125 (36): 10808.
[138] Hayashi Y, Yamaguchi J, Sumiya T, et al. Angew Chem Int Ed, 2004, 43 (9): 1112.
[139] Papaioannou N, Evans C A, Blank J T, et al. Org Lett, 2001, 3 (18): 2879.
[140] Horstmann T E, Guerin D J, Miller S J. Angew Chem Int Ed, 2000, 39 (20): 3635.
[141] Rogers L M A, Rouden J, Lecomte L, et al. Tetrahedron Lett, 2003, 44: 3047.
[142] Cortez G S, Tennyson R L, Romo D. J Am Chem Soc, 2001, 123 (32): 7945.
[143] Goss J M, Schaus S E. J Org Chem, 2008, 73: 7651.
[144] Liu H, Dagousset G, Masson G, et al. J Am Chem Soc, 2009, 131: 4598.
[145] O' Shea P D, Chen C Y, Gauvreau D, et al. J Org Chem, 2009, 74: 1605.
[146] Li J, Liu K, Sakya S. Mini-Reviews Medicinal Chem, 2005, 5: 1133.
[147] Bymaster F P, Beedle E E, Findlay J, et al. Bioorg Med Chem Lett, 2003, 13: 4477.
[148] 郭建权，张生勇．有机过渡金属化学——反应及其在有机合成中的应用．北京：高等教育出版社，1992.
[149] 麻生明．金属参与的现代有机合成反应．广州：广东科技出版社，2001.
[150] Knowles W S. J Chem Educ, 1986, 63: 222.
[151] Imwinkelried R. Chimia, 1997, 51: 300.
[152] Liu D, Zhang X. Eur J Org Chem, 2005: 646.
[153] Liu D, Gao W Z, Wang C J, et al. Angew Chem Int Ed, 2005, 44: 1687.
[154] Sun X F, Zhou L, Wang C J, et al. Angew Chem Int Ed, 2007, 46: 2623.
[155] Noyori R, Ohkuma T. Angew Chem Int Ed, 2001, 40: 40.

[156] Satoh K, Inenaga M, Kanai K. Tetrahedron: Asymmetry, 1998, 9: 2657.
[157] Katsuki T, Sharpless K B. J Am Chem Soc, 1980, 102 (18): 5974.
[158] Martin V S, Woodard S S, Katsuki T, et al. J Am Chem Soc, 1981, 103 (20): 6237.
[159] Zhang W, Loebach J L, Wilson S R, et al. J Am Chem Soc, 1990, 112 (7): 2801.
[160] Irie R, Noda K, Ito Y, et al. Tetrahedron Lett, 1990, 31 (50): 7345.
[161] Bolm C. Angew Chem Int Ed, 1991, 30 (4): 403.
[162] Deng L, Jacobsen E N. J Org Chem, 1992, 57: 4320.
[163] Ito Y N, Katsuki T. Tetrahedron Lett, 1998, 39 (11): 4325.
[164] Konishi K, Sugino T, Aida T, et al. J Am Chem Soc, 1991, 113: 6487.
[165] Konishi K, Oda K, Nishida K, et al. J Am Chem Soc, 1992, 114: 1313.
[166] Hentges S G, Sharpless K B. J Am Chem Soc, 1980, 102 (12): 4263.
[167] Brooks P R, Caron S, Coe J W, et al. Synthesis, 2004, (11): 1755.
[168] Griesbach R C, Hamon D P G, Kennedy R J. Tetrahedron: Asymmetry, 1997, 8: 507.
[169] Weissman S A, Rossen K, Reider P J. Org Lett, 2001, 3: 2513.
[170] Li G, Chang H T, Sharpless K B. Angew Chem Int Ed, 1996, 35: 451.
[171] Rudolph J, Sennhenn P C, Vlaar C P, et al. Angew Chem Int Ed, 1996, 35 (23-24): 2810.
[172] Lee J C, Kim G T, Shim Y K, et al. Tetrahedron Lett, 2001, 42: 4519.
[173] Larsson E M, Stenhede U J, Sörensen H, et al. P WO9602535, 1996.
[174] Rebiere F, Duret G, Prat L, et al. US20050222257, 2005.
[175] Shinohara T, Fujioka S, Kotsuki H. Hetehocycles, 2001, 55 (2): 237.
[176] Gavagnin R, Cataldo M, Strukul G, et al. Organometallics, 1998, 17 (4): 661.
[177] Michelin R A, Pizzo E, Scarso A, et al. Organometallics, 2005, 24 (5): 1012.
[178] Ito K, Ishii A, Kuroda T. Synlett, 2003, (5): 643.
[179] Åhman J, Wolfe J P, Troutman, M V, et al. J Am Chem Soc, 1998, 120 (8): 1918.
[180] Chen G, Tokunaga N, Hayashi T. Org Lett, 2005, 7: 2285.
[181] Ashimori A, Overman L E. J Org Chem, 1992, 57 (17): 4571.
[182] Kondo K, Sodeoka M, Mori M, et al. Tetrahedron Lett, 1993, 34 (26): 4219.
[183] Frost C G, Howarth J, Williams J M J. Tetrahedron: Asymmetry, 1992, 3 (9): 1089.
[184] Hayashi T, Yamamoto A, Hagihara T. J Org Chem, 1986, 51 (5): 723.
[185] Trost B M, Murphy D J. Organometallics, 1985, 4 (6): 1143.
[186] Ruck R T, Jacobsen E N. J Am Chem Soc, 2002, 124 (12): 2882.
[187] Trost B M, Ito H. J Am Chem Soc, 2000, 122 (48): 12003.
[188] Trost B M, Silcoff E R, Ito H. Org Lett, 2001, 3 (16): 2497.
[189] Barnes D M, Ji J G, Fickes M G, et al. J Am Chem Soc, 2002, 124: 13097.
[190] Hashimoto T, Maruoka K. Chem Rev, 2007, 107: 5656.
[191] Andrus M B, Hicken E J, Stephens J C. Org Lett, 2004, 6 (13): 2289.
[192] Andrus M B, Hicken E J, Stephens J C, et al. J Org Chem, 2005, 70 (23): 9470.
[193] Andrus M B, Hicken E J, Stephens J C, et al. J Org Chem, 2006, 71 (22): 8651.
[194] Arai S, Shioiri T. Tetrahedron Lett, 1998, 39 (15): 2145.
[195] Arai S, Shirai Y, Ishida T, et al. Chem Commun, 1999: 49.
[196] Arai S, Shirai Y, Ishida T, et al. Tetrahedron, 1999, 55 (20): 6375.
[197] Corey E J, Zhang F Y. Angew Chem Int Ed, 1999, 38 (13-14): 1931.
[198] He R J, Ding C H, Maruoka K. Angew Chem Int Ed, 2009, 48: 4559.
[199] Ooi T, Kubota Y, Maruoka K. Synlett , 2003: 1931.
[200] Hashimoto T, Maruoka K. Tetrahedron Lett, 2003, 44 (16): 3313.
[201] Hashimoto T, Tanaka Y, Maruoka K. Tetrahedron: Asymmetry, 2003, 14 (12): 1599.
[202] Bakó P, Szöllõ sõ, Á, Bombicz P, et al. Synlett, 1997: 291.
[203] Bakó P, Bajor Z, Tõke L. J Chem Soc, Perkin Trans 1, 1999: 3651.
[204] Akiyama T, Hara M, Fuchibe K, et al. Chem Commun, 2003: 1734.
[205] Seebach D, Beck A K, Heckel A. Angew Chem Int Ed, 2001, 40 (1): 92.
[206] Belokon Y N, Kochetkov K A, Churkina T D, et al. Mendeleev Commun, 1997, (4): 137.
[207] Belokon Y N, Kochetkov K A, Churkina T D. et al. J Org Chem, 2000, 65 (21): 7041.

[208] Belokon, Y N, North M, Kublitski V S, et al. Tetrahedron Lett, 1999, 40 (13): 6105.
[209] Belokon, Y N, North M, Churkina T D, et al. Tetrahedron, 2001, 57 (13): 2491.
[210] Belokon Y N, Bhave D, D'Addario D, et al. Tetrahedron, 2004, 60 (8): 1849.
[211] Adamo M F A, Aggarwal V K, Sage M A. J Am Chem Soc, 2000, 122 (34): 8317.
[212] Aggarwal V K, Lopin C, Sandrinelli F. J Am Chem Soc, 2003, 125 (25): 7596.
[213] Verbicky J W Jr, O'Neil E A. J Org Chem, 1985, 50 (10): 1786.
[214] Jamal Eddine J, Cherqaoui M. Tetrahedron: Asymmetry, 1995, 6 (6): 1225.
[215] Kita T, Georgieva A, Hashimoto Y, et al. Angew Chem Int Ed, 2002, 41 (15): 2832.
[216] Kumar S, Sobhia M E, Ramachandran U. Tetrahedron: Asymmetry, 2005, 16 (15): 2599.
[217] 张玉彬．生物催化的手性合成．北京：化学工业出版社，2001：346.
[218] Barnier J P, Blanco L, Jampel E G, et al. Tetrahedron, 1989, 45 (16): 5051.
[219] Ma S, Xu D, Li Z. Chem Eur J, 2002, 8 (21): 5012.
[220] Park S, Kazlauskas R J. J Org Chem, 2001, 66 (25): 8395.
[221] Ghanem A, Schurig V. Monatsh Chem, 2003, 134 (8): 1151.
[222] Ciuffreda P, Alessandrini L, Terraneo G, et al. Tetrahedron: Asymmetry, 2003, 14 (20): 3197.
[223] Pamies O, Backvall J E. J Org Chem, 2002, 67 (25): 9006.
[224] Gu J, Ruppen M E, Cai P Org Lett, 2005, 7 (18): 3945.
[225] Bonini C, Giugliano A, Racioppir, et al. Tetrahedron Lett, 1996, 37 (14): 2487.
[226] Ciufolini M A, Roschangar F. Tetrahedron, 1997, 53 (32): 11049.
[227] Hu S, Martinez C A, Tao J, et al. US20050283023, 2005.
[228] Pearson A J, Bansal H S, Lai Y S. J Chem Soc, Chem Commun, 1987, 519.
[229] Patel R N, Banerjee A, Ko R Y, et al. Biotechnol Appl Biochem, 1994, 20: 23.
[230] Wu S H, Guo Z W, Shi C H. J Am Chem Soc, 1990, 112 (5): 1990.
[231] Battistel E, Bianchi D, Cesti P, et al. Biotechnol Bioeng, 1991, 38 (6): 659.
[232] Reetz M T, Bocola M, Carballeira J D, et al. Angew Chem Int Ed, 2005, 44 (27): 4192.
[233] Reetz M T, Torre C, Eipper A, et al. Org Lett, 2004, 6 (2): 177.
[234] Darboun T, Elalaoui M A, Dao H T, et al. Biocatalysis, 1993, 7: 227.
[235] Bellucci g, Chiappe C, Conti L, et al. J Org Chem, 1989, 54 (25): 5978.
[236] Wistuba D, Schurig V. Angew Chem Int Ed. , 1986, 25 (11): 1032.
[237] Bellucci G, Chiappe C, Mariom F. J Chem Soc, Perkin Trans 1, 1989, 2369.
[238] Watabe T, Suzuki S. Biochem Biophys Res Commun, 1972, 46: 1120.
[239] Moreau S P, Archelas A, Furstoss R. J Org Chem, 1993, 58 (20): 5528.
[240] Imai K, Marumo S, Mori K. J Am Chem Soc, 1974, 96: 5925.
[241] Moreau S P, Archelas A, Furstoss R. J Org Chem, 1993, 58 (20): 5533.
[242] 周维善，庄治平．不对称合成．北京：科学出版社，1987：225.
[243] Mischitz M, Kroutil W, Wandel U, et al. Tetrahedron: Asymmetry, 1995, 6 (6): 1261.
[244] Mischitz M, Faber K, Willetts A. Biotechnol Lett, 1995, 17: 893.
[245] Kamal A, Rao A B, Rao M V. Tetrahedron Lett, 1992, 33: 4077.
[246] Mischitz M, Faber K. Tetrahedron Lett, 1994, 35: 8.
[247] Nagasawa T, Yamada H. Trends Biotechnol, 1989, 7: 153.
[248] Mauger J, Nagasawa T, Yamada H. Tetrahedron, 1989, 45 (5): 1347.
[249] Ogawa J, Shimizu S. TIBTECH, 1999, 17: 13.
[250] Kobahashi M, Nagasawa T, Yanaka N, et al. Biotechnol Lett, 1989, 11: 27.
[251] Kobayashi M, Yanaka N, Nagasawa T, et al. J Antibiot, 1990, 43 (10): 1316.
[252] Vaughan P A, Cheetham P S J. , Knowles C J. J Gen Microbiol, 1988, 134: 1099.
[253] Nagasawa Y, Yamada H, Kobayashi M. Appl Microbiol Biotechnol, 1988, 29: 231.
[254] Garber C B, Gutman A L. Tetrahedron Lett, 1988, 29: 2589.
[255] Nishise H, Kurihara M, Tani Y. Agric. Biol. Chem, 1987, 51: 2613.
[256] Yokoyama M, Sugai T, Ohta H. Tetrahedron: Asymmetry, 1993, 4 (6): 1081.
[257] Bhalla T C, Miura A, Wakamoto A, et al. Appl Microbiol Biotechnol, 1992, 37: 184.
[258] Yamamoto K, Oishi K, Fujimatsu I. Appl Environ Microbiol, 1991, 57: 3028.
[259] DeSantis G, Wong K, Farwell B, et al. J Am Chem Soc, 2003, 125 (38): 11476.

[260] DeSantis G, Zhu Z, Greenberg W A, et al. J Am Chem Soc, 2002, 124 (31): 9024.
[261] Schneider M P. Enzymes as catalysis in organic synthesis. Dordrecht: Reidel, 1986: 355.
[262] Sambale C, Kula M R. Biotechnol Appl Biochem, 1987, 9: 251.
[263] Drauz K, Waldmann H. Enzyme Catalysis in Organic Synthesis: A Comprehensive Handbook. Weinheim: VCH, 1995: 388.
[264] Solodenko V A, Kasheva T N, Kukhar V P, et al. Tetrahedron, 1991, 47 (24): 3989.
[265] Evans C, McCague R, Roberts S M, et al. J Chem Soc, Perkin Trans 1, 1991: 2276.
[266] Evans C, McCague R, Roberts S M, et al. J Chem Soc, Perkin Trans 1, 1991: 656.
[267] Evans C T, Roberts S M. EP0424064, 1991.
[268] Taylor S J C, Brown R C, Keene P A, et al. Bioorg Med Chem, 1999, 7: 2163.
[269] Mahmoudian M, Lowdon A, Jones M, et al. Tetrahedron: Asymmetry, 1999, 10: 1201.
[270] Rozzell J D, Wagner F. Biocatalytic production of Amino Acids and Derivatieves, Carl Hanser Verlag: Munich, 1992: 43.
[271] Taylor P P, Fothermgbam I G. Biochim. Biophys Acta, 1997, 1350 (1): 38.
[272] Galkin A, Kulakova L, Yamanoto H, et al. J Ferment Bioeng, 1997, 83: 299.
[273] Kempf D J, Codacovi L M, Norbeck D W, et al. US486948, 1991.
[274] Krapcho J, Turk C, Cushman DW, et al. J Med Chem, 1988, 31 (6): 1148.
[275] Stinson S C. Chem Eng News, 1995, 73: 44.
[276] Bajusz S, Szell E, Bagdy D, et al. J Med Chem, 1990, 33 (6): 1729.
[277] Shirae H, Yokozeki K. Agric Biol Chem, 1988, 52: 1233.
[278] Shirae H, Yokozeki K. Agric Biol Chem, 1991, 55: 1849.
[279] Shelton M C, Cottenill I C, Novak S T A, et al. J Am Chem Soc, 1996, 118 (9): 2117.
[280] Junjie Liu, Hsu C C, Wong C H. Tetrahedron Lett, 2004, 45: 2439.
[281] Greenberg W A, Varvak A, Hanson S R, et al. Proc Natl Acad Sci USA, 2004, 101: 5788.
[282] Bernardi R, Cardillo R, Ghiringhelli D, et al. J Chem Soc, Perkin Trans 1, 1987, 1607.
[283] 梁文平. 化学进展, 2000, 12 (1): 119.
[284] Anderson B A, Hansen M M, Harkness A R, et al. J Am Chem Soc, 1995, 117 (49): 12358.
[285] Collins A N, Sheldrake G N, Crosby J. Chrial in Industry II. New York: wiley, 1997: 245.
[286] Holt R A, Rigby S R. WO94/05802, 1994.
[287] Patel R N, Chu L, Muller R. Tetrahedron: Asymmetry, 2003, 14: 3105.
[288] Munzer D F, Meinhold P, Peters M W, et al. Chem Commun, 2005, 20: 2597.
[289] 张树政, 王修垣. 工业微生物学成就. 北京: 科学出版社, 1988: 17.
[290] 叶秀林. 立体化学. 北京: 高等教育出版社, 1982: 419.
[291] Hogg J A. Steroids, 1992, 57 (12): 593.
[292] 彭司勋. 药物化学. 北京: 化学工业出版社, 1988: 309.
[293] Ager D J. Handbook of chiral chemicals. Mew York: Marcel Dekker Inc., 1999, 38.
[294] 姜标, 罗军, 黄浩等. 有机化学, 2005, 25 (10): 1198.
[295] Kyte B G, rouviere P, Cheng Q, et al. J Org Chem, 2004, 69 (1): 12.
[296] Stewart J D, Reed K W, Kayser M M. J Chem Soc, Perkin Trans 1, 1996, 755.
[297] Stewart J D, Reed K W, Martinez C A, et al. J Am Chem Soc, 1998, 120 (15): 3541.
[298] Krasnobajew V, Helmlinger D. Helv Chim Acta, 1982, 65 (5): 1590.
[299] Branchaud B P, Walsh C T. J Am Chem Soc, 1985, 107 (7): 2153.
[300] Colonna S, Gaggero N, Pasta P, et al. J Chem Soc, Chem Commun, 1996: 2302.
[301] Maxxini C, Lebreton J, Alphand V. Tetrahedron Lett, 1997, 38: 1195.
[302] Takahashi O, Umezawa J, Furuhashi K, et al. Tetrahedron Lett, 1989, 30 (12): 1583.
[303] Takahashi O, Furuhashi K, Fukumasa M, et al. Tetrahedron Lett, 1990, 31 (48): 7031.
[304] Wong C H, Matos J R. J Org Chem, 1985, 50 (11): 1992.

15 典型药物中间体合成与工艺

15.1 选择性硝化制造对硝基乙酰苯胺新工艺研究

15.1.1 概述

对氨基乙酰苯胺、对甲氧基乙酰苯胺是重要的药物中间体及染料中间体[1]。

1875年，发现苯胺有较强的解热镇痛作用，但毒性大，无药用价值。1886年，发现乙酰苯胺（退热冰）有较强的解热镇痛作用，因其可引起高铁血红蛋白血症，故早已不用。在研究苯胺和乙酰苯胺的体内变化时发现，代谢物对氨基苯酚也有解热镇痛作用，但毒性大，不符合临床要求。因此，引起了人们对氨基酚衍生物的兴趣。首先应用于临床的是（非那西丁对乙酰氨基苯乙醚 Phenacetin），因疗效肯定，曾广泛应用。在研究非那西丁及退热冰的体内代谢产物时发现，二者在体内大部分转化为对乙酰氨基苯酚（扑热息痛）而呈现药效，由于扑热息痛的毒性比非那西丁小得多，目前已基本代替非那西丁。扑热息痛与阿司匹林形成的酯叫作贝诺酯，在体内可水解成扑热息痛和阿司匹林而挥发各自的药效，同时还兼有一定的协同作用。

对氨基乙酰苯胺、间氨基甲氧基乙酰苯胺是合成染料的中间体，产品出口到韩国和日本。前者是酸性红 GB200（Acid Red GB200）的重氮组分的母体，后者是分散蓝 S-3GL（Disperse Blue S-3GL）的偶合组分的母体。酸性红 BG200，可溶于水，呈樱桃红色，用于毛、丝、棉花的染色，丝、毛的直接印花及阳极铝、纸、肥皂的着色，其盐可用作硝化纤维素的颜料及皮革着色。分散蓝 S-3GL，外观为蓝褐色结晶，用于涤纶、涤棉混纺、醋纤的印染。

对氨基乙酰苯胺的合成通常是由乙酰氨基苯经硝化、还原制得。

$$C_6H_5NHCOCH_3 \xrightarrow[<7℃]{MA} p\text{-}O_2NC_6H_4NHCOCH_3 \xrightarrow{[H]} p\text{-}H_2NC_6H_4NHCOCH_3$$

间氨基对甲氧基乙酰苯胺由对甲氧基乙酰苯胺经硝硫混酸低温硝化，再经铁粉或催化加氢或 Na_2S 还原制得。

$$p\text{-}CH_3OC_6H_4NHCOCH_3 \xrightarrow[<7℃]{MA} 4\text{-}CH_3O\text{-}3\text{-}O_2NC_6H_3NHCOCH_3 \xrightarrow{[H]} 4\text{-}CH_3O\text{-}3\text{-}H_2NC_6H_3NHCOCH_3$$

由于硝化反应需要在低温（<7℃）下进行，因而反应时间长（20～40h）。客观要求在保持原有产品质量和产量的基础上，改进工艺条件，使反应温度提高到20～25℃，反应时间缩短，降低生产成本。同时针对乙酰氨基苯的定位效应，区域选择性地控对位产物，人们

开始了这方面的研究工作。

15.1.2 乙酰苯胺硝化产物异构体比例分析

常温下，乙酰苯胺的一硝化产物在乙醇中的溶解度有很大差异，邻位和间位产物较易溶于乙醇而对位产物微溶，因此，先制得对硝基乙酰苯胺的乙醇饱和溶液，再以此溶液洗去硝化产物中的邻位和间位异构体，即得对位产物。由于间位产物很少，并假设反应条件下无二硝化物生成，则被饱和溶液洗去的部分都可算作邻位异构体，没被洗去的部分都是对位异构体。取 2g 产物以 40mL 对硝基乙酰苯胺饱和溶液分三次（20mL、10mL、10mL）洗涤，抽滤，置于 50℃烘箱中烘至恒重。称量，计算 $1/2o/p$ 值及对位产物得率（y_2），测定熔程（记为 mp_2）

15.1.3 实验研究

（1）单因素实验

乙酰苯胺硝化的单因素实验见表 15-1。

表 15-1 乙酰苯胺硝化单因素

因素								指标					
变因素	NA 含量/%	ρ/%	V_{NA}/mL	Φ	V_{SA}/mL	T/℃	t/h	y_1/%	mp_1/℃	o/p	$1/2o/p$	y_2/%	mp_2/℃
NA 浓度	98	0	8.6		30	25	3	—	—	—	—	—	—①
	76.7	0	11.4		30	25	3	91.5	165～192	0.5/1.5	0.167	68.2	211～215②
	*65～68	0	13.7		30	25	3	81.1	173～181	0.5/1.5	0.167	60.8	201～205
ρ	65～68	5	14.4		30	25	3	90.8	136～176	0.5/1.5	0.167	60.6	205～215
	65～68	*10	15.0		30	25	3	93.1	145～165	0.5/1.5	0.167	69.7	200～209
	65～68	15	15.7		30	25	3	95.0	137～167	0.55/1.45	0.190	68.9	201～209
V_{SA}	65～68	10	15.0	71	61.5	25	3	—	—	—	—	—	—③
	65～68	10	15.0	81	30	25	3	93.1	145～165	0.5/1.5	0.167	69.7	200～209
	65～68	10	15.0	*85	45	25	3	92.2	140～173	0.4/1.6	0.125	73.9	209～213
T	65～68	10	15.0	85	45	*15	3	96.7	170～193	0.4/1.6	0.125	77.2	207～211
	65～68	10	15.0	85	45	5	3	98.3	161～190	0.45/1.55	0.145	76.1	207～210
t	65～68	10	15.0	85	45	15	1	93.1	156～189	0.3/1.7	0.088	79.2	211～215
	65～68	10	15.0	85	45	15	*2	94.4	159～190	0.2/1.8	0.056	85.0	209～213
	65～68	10	15.0	85	45	15	3	96.7	170～193	0.4/1.6	0.125	77.2	207～211
	65～68	10	15.0	85	45	15	5	90.8	158～190	0.2/1.8	0.056	81.7	206～209
	65～68	10	15.0	85	45	15	7	94.2	166～191	0.25/1.75	0.071	82.5	207～212

① 滴加硝酸立即喷料。

② 滴加硝酸时 T 不易控制。

③ 反应不完全。

以 y_2 为判断指标，得较好水平（表 15-1 中以 * 标出）是：硝酸含量 65%～68%，ρ=10（15mL）；硫酸含量 95%～98%，Φ=85（45mL）；T=15℃；t=2h。

（2）正交试验[2]

① 表 15-2 列出了以 2、4、1 中得出的较好水平作正交试验数据，表 15-3 作了分析。

表 15-2 乙酰苯胺硝化的正交试验（65%～68%硝酸，95%～98%硫酸）

序号	A	B	C	D	指标					
	V_{NA} /mL ρ /%	V_{SA}/mL	T/℃	t/h	y_1/%	mp_1/℃	o/p	$1/2o/p$	y_2/%	mp_2/℃
1	1(14.4 5)	1(35)	1(10)	1(1.5)	90.8	161～189	0.35/1.65	0.056	75.0	209～213
2	1	2(45)	2(15)	2(2)	94.4	159～186	0.3/1.7	0.088	80.3	210～214
3	1	3(55)	3(20)	3(2.5)	95.3	161～181	0.2/1.8	0.056	85.8	209～213
4	2(15.0 10)	1	2	3	91.9	162～191	0.4/1.6	0.125	73.6	213～216
5	2	2	3	1	93.6	147～191	0.35/1.65	0.106	77.2	208～213
6	2	3	1	2	93.1	154～192	0.2/1.8	0.056	83.9	208～212
7	3(15.7 15)	1	3	2	93.3	161～191	0.35/1.65	0.106	76.9	209～214
8	3	2	1	3	93.1	159～191	0.35/1.65	0.106	76.7	209～213
9	3	3	2	1	94.2	157～197	0.2/1.8	0.056	84.7	210～214

表 15-3 乙酰苯胺硝化正交试验数据分析（65%～68%硝酸，95%～98%硫酸）

项目		A	B	C	D	较好水平组合
y_1	k_1	93.5	92.0	92.3	92.9	B3C3D2A1,3
	k_2	92.9	93.7	93.5	93.6	
	k_3	93.5	94.2	94.1	93.4	
	R	0.6	2.2	1.8	0.7	
$1/2o/p$	k_1	0.083	0.112	0.089	0.089	B3A1D2C1,3
	k_2	0.096	0.100	0.090	0.083	
	k_3	0.089	0.056	0.089	0.096	
	R	0.013	0.056	0.001	0.013	
y_2	k_1	80.4	75.2	78.5	79.0	B3A1D2C3
	k_2	78.2	78.1	79.5	80.4	
	k_3	79.4	84.8	80.0	78.7	
	R	2.2	9.6	1.5	1.7	
最优水平组合		B3A1D2C3				

最优水平组合为：硝酸 65%～68%，14.4mL，$\rho=5$；硫酸 95%～98%，55mL，$\Phi=87$；$T=20$℃；$t=2$h。

② 表 15-4 列出了（1）中最优水平组合的验证、平行和放大试验。

表 15-4 乙酰苯胺硝化验证、平行、放大试验（65%～68%硝酸，95%～98%硫酸）

项目	A_1		B_3		C_3	D_2	指标					
	ρ /%	V_{NA} /mL	Φ	V_{SA} /mL	T/℃	t/h	y_1/%	mp_1/℃	o/p	$1/2o/p$	y_2/%	mp_2/℃
验证试验	5	14.4	87	55	20	2	97.8	161～191	0.25/1.75	0.071	85.6	211～214
平行试验	5	14.4	87	55	20	2	95.0	165～192	0.25/1.75	0.071	83.1	211～215
放大试验	5	43.2	87	165	20	2	100.0	159～190	0.2/1.8	0.056	90.0	211～214

③ 为了试图减少硫酸的消耗量，将硝酸含量从 65%～68%提高到 85%，按照①中正交试验最优水平组合（$\rho=5$，$\Phi=87$，$T=20$℃，$t=2$h）相应为（硝酸 10.6mL，硫酸 33mL，$T=20$℃，$t=2$h），将硝酸 10.6mL，$\rho=5$ 的水平固定，作正交、验证和放大试验，数据列于表 15-5～表 15-7 中。

表 15-5 乙酰苯胺硝化正交试验（85%硝酸，95%～98%硫酸）

序号	B	C	D		指标					
	V_{SA}/mL	T/℃	t/h		y_1/%	mp_1/℃	o/p	$1/2o/p$	y_2/%	mp_2/℃
1	1(33)	1(15)	1(1.5)	1	90.6	161～190	0.35/1.65	0.106	74.7	209～213
2	1	2(20)	2(2)	2	90.8	162～192	0.3/1.7	0.088	77.2	208～212
3	1	3(25)	3(2.5)	3	89.1	168～188	0.4/1.6	0.125	71.3	207～210
4	2(43)	1	2	3	93.2	162～191	0.25/1.75	0.071	81.6	210～213
5	2	2	3	1	93.0	161～190	0.3/1.7	0.088	79.1	208～212
6	2	3	1	2	91.5	159～191	0.25/1.75	0.071	80.1	211～214
7	3(53)	1	3	2	92.0	158～188	0.3/1.7	0.106	78.2	208～210
8	3	2	1	3	92.5	166～192	0.2/1.8	0.056	83.2	212～215
9	3	3	2	1	92.1	163～189	0.25/1.75	0.071	80.1	211～214

表 15-6 乙酰苯胺硝化正交试验数据分析（85%硝酸，95%～98%硫酸）

		B	C	D		较好水平组合
y_1	k_1	90.2	91.8	91.5	91.9	B2C2D2
	k_2	92.6	92.1	92.0	91.4	
	k_3	92.2	90.9	91.3	91.6	
	R	2.0	1.2	0.7	0.5	
$1/2o/p$	k_1	0.106	0.094	0.078	0.088	B2C2D2
	k_2	0.077	0.081	0.077	0.088	
	k_3	0.078	0.089	0.106	0.083	
	R	0.029	0.013	0.029	0.005	
y_2	k_1	74.4	78.2	79.4	78.3	B3C2D2
	k_2	80.3	79.9	79.6	78.5	
	k_3	80.5	77.2	76.2	78.7	
	R	6.1	2.7	3.4	0.4	
最优水平组合				B2C2D2		

最优水平组合为：硝酸 85%，$\rho=5$，10.6mL；硫酸 95%～98%，$\Phi=90$，43mL；$T=20$℃；$t=2$h。

表 15-7 乙酰苯胺硝化验证、平行、放大试验（85%硝酸，95%～98%硫酸）

项　目	B_2	C_2	D_2	指标					
	V_{SA}/mL	T/℃	t/h	y_1/%	mp_1/℃	o/p	$1/2o/p$	y_2/%	mp_2/℃
验证试验	43	20	2	95.1	165～192	0.25/1.75	0.071	83.2	210～213
平行试验	43	20	2	93.7	163～191	0.25/1.75	0.071	82.0	211～214
放大试验	129	20	2	96.0	159～190	0.2/1.8	0.056	86.4	211～214

15.1.4 实验结果与讨论

通过上述试验，得到如下结果：

① MA 是乙酰苯胺化制对硝基乙酰苯胺的较好硝化剂。

② 当使用 2、2、2 的加料顺序，最优因素是：

a. 当硝酸浓度为 65%～68%，$\rho=5$，硫酸浓度 95%～98%，$\Phi=87$，反应温度 20℃，保温时间 2h，硝化得率 95%～100%，1/2（o/p）值 0.071～0.056，$p/(o+p)$值 87.5%～90%，对硝基乙酰苯胺产率 83%～90%。

b. 当硝酸浓度 85%，$\rho=5$，硫酸浓度 95%～98%，$\Phi=90$，反应温度 20℃，保温时间

2h，硝化得率 93%～96%，1/2o/p 值 0.071～0.056，$p/(o+p)$ 值 87.5%～90%，对硝基乙酰苯胺产率 82%～86%。

③ 每 kg 乙酰苯胺消耗 65%～68% 硝酸 0.747kg，95%～98%硫酸 3.748kg 或 85%硝酸 0.606kg，95%～98%硫酸 2.930kg。每产 1kg 对硝基乙酰苯胺消耗乙酰苯胺 0.833～0.903kg，65%～68%硝酸 0.623～0.675kg，95%～98%硫酸 3.123～3.386kg 或乙酰苯胺 0.872～0.915kg，85%硝酸 0.528～0.554kg，95%～98%硫酸 2.554～2.681kg。

④ A 厂的工艺是将乙酰苯胺溶于底酸（95%硫酸）中，再在 7℃下滴加一定酸比的 MA，在 7℃下反应约 20h，硝化得率 85%～90%，熔点 210～212℃，与作者的工艺比较见表 15-8。

表 15-8　乙酰苯胺硝化工艺参数比较

项　目	每吨乙酰苯胺物耗		ρ	反应温度	时间	硝化得率	$p/(o+p)$	对硝基乙酰	硝化产物
	95%～98%硫酸/kg	65%～68%硝酸/kg	/%	/℃	/h	/%	/%	苯胺得率/%	熔点/℃
A 厂	3000	735	3	7	20	85～90			210～212
南理工	3750	750	5	20	2	95～100	87.5～90	83～90	≥210①

① 对硝基乙酰苯胺乙醇饱和溶液洗硝化产物后的熔点。

可见，把反应温度提高、保温时间缩短，硝化得率及 $p/(o+p)$ 值也较好，硫酸用量增加 25%，建议中试。

⑤ 反应温度虽然提高到 20℃，但冷却系统仍不能取消，特别是滴加硝酸反应放热和气温较高时。

⑥ 从单因素试验可以得出：

a. 硝酸浓度和 ρ 对 o/p 值影响较小；

b. 硫酸用量少时，反应很慢，要较长时间才能完成，且得率偏低，o/p 值较大；

c. 温度升高，o/p 值减小，但硝化得率下降，是由于副反应随温度上升增加而引起；

d. 反应时间 2～3h 内，硝化得率和 o/p 值较好，过短则反应不完全，过长则副反应增加。

15.1.5　添加剂对乙酰苯胺硝化得率和 o/p 值的影响

上面讨论了以 MA 硝化乙酰苯胺的工艺，由于要使用大量硫酸，既增加了原材料的消耗，又产生大量废酸，本节试图寻找一种添加剂，目的是为了减少硫酸用量，硝化得率不变，而 o/p 比下降。

硝化反应产物异构体的比例取决于各个位置的相对分速度[14,34,35]，而相对分速度受许多因素的影响，包括：被硝化物和活化硝化剂的空间位阻，被硝化物的电子效应，硝化试剂的活性和反应条件（溶剂、温度、催化剂等）。

Nishino Jun 指出：对于甲苯的硝化，在有多孔性物质如硅胶、活性炭、分子筛或硅藻土等存在下硝化甲苯，产品中对位产物增多。往混酸中加入无水 $CaSO_4$，对位异构体含量增多。有一些催化剂如 P_2O_5、对二甲苯磺酸、甲苯-2,4-二磺酸、2,4,6-三硝基苯磺酸、1,3,6-萘三磺酸等显著提高甲苯硝化的 o/p 值，但总的来说硝化得率较低。在硝化苯胺类化合物时，亚硝酸起催化作用，并使 o/p 值降低。

参照上述理论，又做了加入添加剂的乙酰苯胺 MA 硝化试验，观察它们对乙酰苯胺得率和 o/p 值的影响。

① 加 $NaNO_2$ 总得率偏低，o/p 值增大。

实验一：在 250mL 圆底烧瓶中将 27g 乙酰苯胺在搅拌下加到 45mL 67%的硫酸(25mL 98%硫酸与水 20mL 配成)中，温度不超过 10℃，然后滴加 14.4mL 65%～68%硝酸，温度不超过 20℃，再加入 0.3g $NaNO_2$（分析纯），在 20℃保温 2h，反应液呈蓝色，倒入冰水中，抽滤，冰水洗之，得蓝色滤液，为副产物。

实验二：将实验一中硫酸浓度改为 79%，$NaNO_2$ 加入量 0.8g，其余不变，产物为蓝色，黏稠，以热水洗后呈黄棕色，烘后测熔程为 84～98℃，为副产物。

实验三：将 95%～98%硫酸 10mL 与 14.4mL 65%～68%硝酸配成 MA，底酸是 10mL 95%～98%硫酸，先将乙酰苯胺 27g 加入底酸中，再滴加 MA，再加 $NaNO_2$ 0.02g，温度与时间同实验一，硝化得率 67.2%，熔程 156～160℃，$p/(o+p)$值 55%，对硝基乙酰苯胺得率 36.9%，熔程 202～210℃。

② 加脲　65%～68%硝酸 14.4mL，95%～98%硫酸 20mL，反应温度 20℃，保温时间 2h，乙酰苯胺 27g，加脲 0.1g。硝化得率 45.8%，熔程 130～68℃，$p/(o+p)$值 35%，对硝基乙酰苯胺得率 16.0%，熔程 208～212℃。硝化得率和 p/o 值都偏低。

③ 加 $CaSO_4$　试验方法同②，加 $CaSO_4$ 0.1g。硝化得率 58.1%，熔程 150～167℃，$p/(o+p)$值 50%，对硝基乙酰苯胺得率 29.0%，熔程 209～211℃。

④ 加 NH_2SO_3H　试验方法同②，加入量 0.1g。硝化得率 68.0%，熔程 157～168℃，$p/(o+p)$值 60%，对硝基乙酰苯胺得率 40.8%，熔程 210～212℃。

⑤ 加 H_3PO_4　试验方法同②，加 85% H_3PO_4 4mL。硝化得率 65.6%，$p/(o+p)$值 76%，对硝基乙酰苯胺得率 49.9%，熔程 211～213℃。

上述加入添加剂的实验，硝化得率及 p/o 值都较低，有待于进一步探索。

15.2 氯苯的选择性绿色催化硝化的工艺研究

15.2.1 概述

氮氧化物，特别是 NO_2 硝化芳烃的研究已引起人们的关注，作为一种硝基芳烃化合物的合成方法，与传统硝硫混酸硝化相比，该方法具有较好的硝化产物选择性、特殊的定位效应以及反应的环境友好等优点。从现有的报道来看，该方法能应用于芳烃化合物和杂环芳香化合物的硝化[3～10]。NO_2 作为一弱酸亲核试剂，一般情况下对芳环进攻是呈现惰性的，但能被 O_3 活化成为许多芳烃化合物的优良硝化剂，该方法对氯苯的硝化反应方程式可表示为：

$$C_6H_5Cl + O_3 + NO_2 \longrightarrow ClC_6H_4NO_2 + HNO_3 + O_2$$

从现有的文献看，NO_2-O_3 硝化应用于氯苯硝化的一个有趣的现象是硝化产物中邻/对硝基异构体的比例随氯苯初始浓度的变化而变化，在稀的二氯甲烷溶液中，能使硝化产物邻/对硝基异构体的比例达到 1.14，而在 HNO_3-8% H_2SO_4，0℃下硝化 50mL CH_2Cl_2 中的 10mmol 氯苯时的邻/对硝基异构体的比例为 0.49。作者对氯苯在固体酸催化下 O_3 介质中的 NO_2 硝化进行了较为详尽的探讨，发现固体酸的存在，可以促进氯苯硝化反应的进程，同时对硝化产物的选择性产生很大的影响。

研究所采用的实验方法如下：向三口烧瓶中加入 50mL 溶剂和 2mL 氯苯，在冰水浴中冷却至 0℃，加入一定量已制备的催化剂和液态 NO_2。磁力搅拌器搅拌，同时通入臭氧化的氧气，反应一定时间，用碳酸氢钠饱和溶液终止反应，过滤分出有机相，水洗至中性后，以硝基苯作为内标物，进行产物的气相色谱分析。

15.2.2 SO_4^{2-}/ZrO_2、SO_4^{2-}/TiO_2 及其复合物 SO_4^{2-}/ZrO_2-TiO_2 催化 NO_2 硝化氯苯

(1) 反应时间对硝化反应的影响

为考察氯苯的氮氧化物硝化反应的速率，取 550℃下焙烧 3h 后所得的固体酸催化剂 0.5g，1mL 液态 NO_2，在 CH_2Cl_2 溶剂中，按上述实验方法，反应不同的时间，结果列于表 15-9。

表 15-9 反应时间对硝化反应的影响

反应时间/min	氯苯硝化异构体/%			邻/对	得率/%
	邻	间	对		
15	34.7	1.1	64.2	0.54	26.9
30	36.6	0.9	62.5	0.58	36.6
45	29.1	0.4	70.5	0.42	45.9
60	25.8	1.9	72.3	0.36	52.3
120	24.7	1.7	73.6	0.34	74.8

表 15-9 表明：随着反应时间的增加，氯苯硝化产物得率也相应增加，特别是反应初期，产物得率增加较快，但 45min 之后趋向缓和；硝化产物中邻/对硝基氯苯异构体的比例随反应时间的增加而发生着变化，有降低的趋势，说明反应初期，邻硝基氯苯的生成较快，但随着时间的增加，有利于对位产物的生成，在 45min 之后产物异构体的比例变化不大，趋于稳定。

(2) 溶剂对硝化反应的影响

溶剂的存在，对氯苯硝化反应的选择性和产物得率均产生较大的影响，为考察该反应受溶剂的影响，按上述实验方法，选取不同的反应溶剂，加 550℃下焙烧 3h 后所得的 SO_4^{2-}/ZrO_2 固体酸催化剂 0.5g，1mL 液态 NO_2，所得结果列于表 15-10。

表 15-10 溶剂对硝化反应的影响

溶 剂	氯苯硝化异构体/%			邻/对	得率/%
	邻	间	对		
CCl_4	22.5	1.3	76.2	0.30	46.0
$CHCl_3$	26.7	1.6	71.8	0.37	35.2
CH_2Cl_2	25.8	1.9	72.3	0.36	52.3
C_6H_5Cl①	34.4	0.3	65.3	0.53	5.4
C_6H_5Cl②	35.0	0.4	64.6	0.54	3.8
C_6H_5Cl③	37.5	0.8	61.7	0.61	6.3
C_6H_5Cl④	33.8	0.5	65.7	0.51	4.9

① 反应在 20mL 氯苯中进行。

② 反应在 20mL 氯苯和 0.5g SO_4^{2-}/TiO_2-ZrO_2 (1∶1) 中进行。

③ 反应在 20mL 氯苯和 0.5g SO_4^{2-}/TiO_2-ZrO_2 (2∶1) 中进行。

④ 反应在 20mL 氯苯和 0.5g SO_4^{2-}/TiO_2-ZrO2 (3∶1) 中进行。

①～④ 反应中氯苯与 NO_2 的物质的量比为 5.87∶1。

至于溶剂，文献指出，溶剂极性的变化，如在极性较强的乙酰腈、硝基甲烷等，和在极

性较弱的四氯化碳、正己烷等溶剂中反应时，并不能引起硝化产物异构体组成的改变，臭氧介质中 NO_2 硝化反应选择性不仅受含氯原子的溶剂的影响，作者选择了一系列含氯原子的溶剂，考察了它们对氯苯硝化反应结果的影响。结果表明：容积的不同，对硝化产物的得率和选择性有较大的影响，且有一定的规律。在 CCl_4 和 CH_2Cl_2 溶剂中反应得率较在 $CHCl_3$ 中的高，可能是由于前者极性较后者小的缘故；当以反应物 C_6H_5Cl 自身作溶剂时，其硝化产物的邻位选择性增加，另一有趣的现象是，以反应物自身作溶剂时，其硝化产物的选择性随催化剂组成的变化而变化，$SO_4{}^{2-}/TiO_2$-ZrO_2（2∶1）催化下氯苯的硝化显示出较好的邻位选择性，硝化产物异构体的邻/对比达 0.61。

（3）催化剂组成对硝化反应的影响

改变催化剂中钛锆的物质的量之比，取 550℃下焙烧 3h 后所得的系列 $SO_4{}^{2-}/TiO_2$-ZrO_2 固体酸催化剂 0.5g，1mL 液态 NO_2，按上述实验方法，在 CH_2Cl_2 溶剂中进行反应，结果列于表 15-11。

表 15-11　不同硝化剂上氯苯的 NO_2 硝化

催化剂	氯苯硝化异构体/%			邻/对	得率/%
	邻	间	对		
SO_4^{2-}/TiO_2-ZrO_2(3∶1)	52.4	0.6	47.0	1.11	31.8
SO_4^{2-}/TiO_2-ZrO_2(2∶1)	43.3	0.7	56.0	0.77	56.1
SO_4^{2-}/TiO_2-ZrO_2(1∶1)	34.8	0.4	64.8	0.54	62.4
SO_4^{2-}/TiO_2-ZrO_2(1∶2)	34.1	0.3	65.6	0.52	59.6
SO_4^{2-}/TiO_2-ZrO_2(1∶3)	31.4	1.2	67.4	0.46	54.3
SO_4^{2-}/ZrO_2	25.8	1.9	72.3	0.36	52.3

从表 15-11 可以看出，在 $SO_4{}^{2-}/ZrO_2$ 中引入不同量的 TiO_2 所得的催化剂催化下，在相同的反应时间内，硝化产物的得率变化较大，并有一个最大值，邻/对硝基氯苯异构体之比可在 0.36～1.11 之间变化，说明改变催化剂中 TiO_2 和 ZrO_2 的物质的量之比，可以改变硝化产物的选择性，而且随着 TiO_2 含量的增加，硝化产物异构体的邻/对比有增高的趋势。其原因可能是由于催化剂中 TiO_2 的引入，改变了催化剂的酸强度和酸量，ZrO_2 和 TiO_2 之间协同作用的结果，使得催化活化和催化选择性产生了变化。另一方面，Zr^{4+}、Ti^{4+} 原子所引起的氯苯自由基离子各个碳原子上的电子自旋密度的变化可能是引起硝化产物异构体变化的更重要的因素。

（4）NO_2 的初始浓度对硝化反应的影响

硝化剂的量一般对硝化反应产生较大的影响，按上述实验方法，改变初始 NO_2 的浓度，取 550℃下焙烧 3h 后所得的 $SO_4{}^{2-}/TiO_2$ 固体酸催化剂 0.5g，反应 1h，结果列于表 15-12。

从表 15-12 可以看出，当加入液态 NO_2 的量从 0.5mL 增加到 1mL 时，同一反应时间内产物的得率增加 11.7%，而产物的邻/对硝基氯苯异构体之比并没有显著变化。

$SO_4{}^{2-}/ZrO_2$ 及其添加 TiO_2 后的改性物 $SO_4{}^{2-}/TiO_2$-ZrO_2 对臭氧介质中 NO_2 硝化氯苯的反应有明显的催化活性，硝化产物的选择性随催化剂的组成而变化，邻/对硝基氯苯异构体之比可在 0.36～1.11 之间调节，550℃焙烧温度下的固体酸催化剂 $SO_4{}^{2-}/TiO_2$-ZrO_2（1∶1）对该反应有较好的得率，在 CH_2Cl_2 溶剂中反应 1h 可达 62.4%，反应在纯氯苯中也能顺利进行，1mL 液态 NO_2 硝化 20mL 纯氯苯，使其在冰水浴中冷却至 0℃，同时通入臭氧 1h，产率最高可达 6.3%。

表 15-12 NO_2 的初始浓度对硝化反应的影响

NO_2 的体积 /mL	氯苯硝化异构体			邻/对	得率/%
	邻	间	对		
0.5	37.3	0.8	62.9	0.59	22.7
1.0	35.9	0.9	63.2	0.57	4.4

15.2.3 $SO_4{}^{2-}/WO_3$-ZrO_2 催化 NO_2 硝化氯苯

ZrO_2 中添加了 WO_3 后，ZrO_2 的晶相组成等性质发生了变化，也引起了对氯苯硝化反应催化性能的改变。

(1) 催化剂组成对硝化反应的影响

取 550℃焙烧 3h 后所得的 WO_3 与 ZrO_2 的物质的量之比不同的 $SO_4{}^{2-}/WO_3$-ZrO_2 固体酸催化剂 0.5g，按上述实验方法进行氯苯硝化反应，结果列于表 15-13。

表 15-13 催化剂组成对硝化反应的影响

催化剂	氯苯硝化异构体/%			邻/对	得率/%
	邻	间	对		
SO_4^{2-}/ZrO_2	25.8	2.7	71.5	0.36	52.3
SO_4^{2-}/WO_3-ZrO_2(0.10)	41.8	—	58.2	0.72	26.2
SO_4^{2-}/WO_3-ZrO_2(0.15)	42.8	—	57.2	0.75	37.8
SO_4^{2-}/WO_3-ZrO_2(0.20)	41.1	—	58.9	0.70	33.6
SO_4^{2-}/WO_3-ZrO_2(0.25)	40.7	—	59.3	0.69	26.7

表 15-13 表明了由于 WO_3 的引入，氯苯催化硝化反应结果产生了明显的变化，一是硝化产物邻/对硝基氯苯异构体之比较相同条件下的 $SO_4{}^{2-}/ZrO_2$ 催化剂催化下显著增加，而且在一定范围内引入 WO_3 的多少对硝化产物选择性几乎不产生影响；二是硝化产物的得率变化显著，WO_3 与 ZrO_2 物质的量之比的变化，产物得率随着发生变化，在 WO_3 与 ZrO_2 物质的量之比为 0.15 的硝化产物的得率最大，可以推测 WO_3 的引入量的变化对催化剂酸强度和酸量产生显著影响。同时在 550℃下焙烧 3h 后所得的 $SO_4{}^{2-}/WO_3$-ZrO_2 固体酸催化剂的催化活性相差较大，可能是由于 WO_3 的引入使得 ZrO_2 的晶体温度提高，550℃下焙烧催化剂的结晶程度低的缘故。这一点可以从 $SO_4{}^{2-}/WO_3$-ZrO_2 的 X 射线衍射图谱上得到证实。

(2) 催化剂焙烧温度对硝化反应的影响

取在不同温度下焙烧 3h 的 WO_3 与 ZrO_2 物质的量之比为 0.15 的 $SO_4{}^{2-}/WO_3$-ZrO_2 固体酸催化剂各 0.5g，加入 1mL NO_2，按上述实验方法，结果列于表 15-14。

从表 15-14 可以清楚地看出，焙烧温度对催化剂的催化活性产生显著的影响，在 650℃下焙烧，WO_3 与 ZrO_2 的物质的量之比为 0.15 的 $SO_4{}^{2-}/WO_3$-ZrO_2 催化剂具有最好的催化活性，一硝化产物产率最高，达 56.1%。同时硝化产物的选择性随催化剂焙烧温度的改变而产生变化，催化剂的焙烧温度愈高，一硝化产物中的对位选择性提高，表明焙烧温度对催化剂的酸强度和酸量皆产生影响。650℃焙烧的 SO_4^{2-}/WO_3-ZrO_2 催化剂可能具有较多的适宜氯苯硝化酸强度的酸量。

加入 SO_4^{2-}/WO_3 后催化剂性能发生显著的变化，650℃焙烧温度下的固体酸催化剂 SO_4^{2-}/WO_3-ZrO_2 (0.15) 0.5g，反应条件为：50mL CH_2Cl_2 溶剂，2mL 氯苯，1mL 液态二氧化氮，使其在冰水浴中冷却至 0℃，同时通入臭氧 1h，氧气流量为 200mL/min，其催化效果最为理想。

表 15-14 催化剂焙烧温度对硝化反应的影响

焙烧温度/℃	氯苯硝化异构体/%			邻/对	得率/%
	邻	间	对		
550	42.8	—	57.2	0.75	37.8
600	38.6	—	61.4	0.63	44.2
650	32.2	—	67.8	0.47	56.1
700	29.3	—	70.7	0.41	31.4

15.2.4 SO_4^{2-}/MoO_3-ZrO_2 催化 NO_2 硝化氯苯

(1) 催化剂组成对硝化反应的影响

取 550℃焙烧 3h 后所得的 SO_4^{2-}/MoO_3-ZrO_2 固体酸催化剂 0.5g，改变 MoO_3 与 ZrO_2 的物质的量之比，进行反应，结果列于表 15-15。

表 15-15 催化剂组成对硝化反应的影响

催化剂	氯苯硝化异构体/%			邻/对	得率/%
	邻	间	对		
SO_4^{2-}/ZrO_2	25.8	2.7	71.5	0.36	52.3
SO_4^{2-}/MoO_3-ZrO_2(0.10)	41.7	2.3	56.0	0.74	56.5
SO_4^{2-}/WO_3-ZrO_2(0.15)	50.8	—	49.2	1.03	61.1
SO_4^{2-}/WO_3-ZrO_2(0.20)	49.3	—	50.7	0.99	61.4

从表 15-15 可以看出 ZrO_2 中 MoO_3 的引入，对催化剂的催化活性影响较大，随着 MoO_3 含量的增加，硝化产物的得率也在不断增加，MoO_3 与 ZrO_2 的物质的量之比达 0.15 时，硝化产物的得率几乎达最大。而且硝化产物邻/对硝基氯苯异构体的比也有了显著的提高，但有一个最大值，最大点也出现在 MoO_3 与 ZrO_2 的物质的量之比为 0.15 处。

通过上述实验可以得出：加入 550℃焙烧温度下的固体酸催化剂 SO_4^{2-}/MoO_3-ZrO_2(0.15)，对氯苯的 NO_2 在 0℃，和 O_3 存在下显示出较理想的催化活性，反应 1h，硝化产物得率达 61.1%，邻/对硝基氯苯异构体的比达到了 1.03，较传统的硝硫混酸硝化，邻位的选择性极大地提高了。

(2) 主族元素氧化物对催化硝化的影响

SO_4^{2-}/ZrO_2 及其掺杂后的改性物 SO_4^{2-}/TiO_2-ZrO_2、SO_4^{2-}/WO_3-ZrO_2 及 SO_4^{2-}/MoO_3-ZrO_2 等对氯苯 NO_2 硝化具有较好的催化活性，能使硝化产物邻/对硝基氯苯异构体之比在一定范围内变化。同样条件下，一些主族元素的氧化物对该反应的催化活性却相当低，作者探讨了 SO_4^{2-}/Al_2O_3、SO_4^{2-}/SnO_2 固体酸催化下氯苯 NO_2 硝化，结果列于表 15-16。

表 15-16 SO_4^{2-}/Al_2O_3、SO_4^{2-}/SnO_2 催化剂上氯苯的选择性硝化

催化剂	氯苯硝化异构体/%			邻/对	得率/%
	邻	间	对		
SO_4^{2-}/Al_2O_3(500℃)	29.4	1.3	69.3	0.42	32.2
SO_4^{2-}/Al_2O_3(600℃)	30.7	1.1	68.2	0.45	31.7
SO_4^{2-}/SnO_2(500℃)	28.2	1.5	70.3	0.40	35.3
SO_4^{2-}/SnO_2(600℃)	27.9	1.4	70.7	0.39	34.8

(3) 氯苯 NO_2 绿色催化硝化可能的机理

就目前的研究，NO_2 硝化氯苯的机理可被认为与硝酸硝化氯苯的机理相似，为一单电子转移的取代过程，不同之处在于，NO_2 硝化氯苯时，氯苯自由基阳离子的产生是由于具有较强氧化性的 NO_3 氧化氯苯所致。NO_3 的产生是由于 NO_2 被 O_3 氧化：

$$O_3 + NO_2 \longrightarrow NO_3 + O_2$$

$$NO_3 + C_6H_5Cl \longrightarrow [C_6H_5Cl]^+ + NO_3^-$$

硝化反应的选择性是由于在不同条件下氯苯自由基阳离子的各个碳原子上电子自旋密度发生改变的缘故。有利于对位选择性可能是由于该条件下氯苯自由基阳离子的对位碳原子上电子自旋密度增大，或者氯苯自由基阳离子的邻位碳原子上电子自旋密度降低，而使得生成对位异构体的比例增加；反之，则生成邻位异构体的比例增加。

实验证实 NO_2-O_3 体系中氯苯硝化反应的速率控制步骤是 NO_3 对氯苯的氧化形成氯苯自由基阳离子。自由基阳离子的存在已通过 EPR 跟踪 NO_2-O_3 体系硝化反应过程中捕获。

该自由基阳离子受另一分子 NO_2 亲核进攻形成 σ-配合物，该络合物迅速失去一质子形成硝基芳烃：

$$NO_2 + [C_6H_5Cl]^+ \longrightarrow C_6H_4ClNO_2 + H^+$$

15.3 二氯氟苯合成新工艺

15.3.1 概述

二氯氟苯，化学名为 2,4-二氯氟苯，是合成新一代广谱、高效喹诺酮类抗菌药环丙沙星即环丙氟哌酸的重要中间体。环丙沙星通过干扰 DNA 功能而导致细菌死亡，又能破坏细菌的细胞膜[11,12]。它是喹诺酮中最新和作用最强的药物。目前美国 Mallinckrodt 公司、Du Pont 公司，法国的 Phone-Poulene 公司，意大利的 Mit Eni 公司，英国的 Shell Chem. 集团、ICI Colours & Fine Chemicals 公司、ISC 公司及 Wendstne 公司，德国的 Hoechst 公司，荷兰的 Du Phar 公司，日本的日本化药、新秘田、森田化学、井原化学、大日本油墨公司等相继在 20 世纪 80 年代实现了连续化生产[1]。我国广泛开展 2，4-二氯氟苯的研究是近几年的事，国内生产厂家少、规模小、成本高，各生产厂家主要集中在辽宁、江苏、浙江等省区。随着大规模环丙氟哌酸的生产，为增加出口，2,4-二氯氟苯的市场需求将达到 2000～3000t。因此开发中间体二氯氟苯的新工艺具有较大的经济及社会效益和良好的市场前景。

15.3.2 二氯氟苯生产工艺

我国武进江春化工厂、江南化工厂、胜西化工厂曾经大量生产过二氯氟苯，他们生产工艺主要有下面几种。

① 以 2,4-二硝基氯苯为原料，经高温氟化、氯化蒸馏得产物：

$$\text{(Cl, }NO_2\text{, }NO_2\text{)} + KF \xrightarrow{180℃} \text{(F, }NO_2\text{, }NO_2\text{)} \xrightarrow[180℃]{Cl_2} \text{(F, Cl, Cl)}$$

该工艺流程短、原料和催化剂易得，成本较低，总收率可达 55%，江苏武进江春化工厂等采用该工艺。但该工艺反应温度较高，又因为工艺中含有易燃烧爆炸的二硝基苯衍生物，易发生事故。(2,4-二硝基苯在空气中的爆炸极限为 2%～22%)。

② 以氟苯为原料，在铁粉催化下氯化得产物：

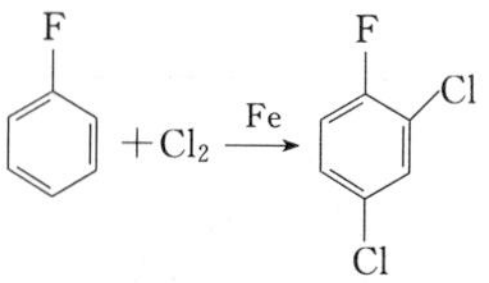

F-苯 $+Cl_2 \xrightarrow{Fe}$ 2,4-二氯氟苯

该工艺简单，仅一步完成，目前大多数工厂都采用该工艺。如浙江建德市启明化工厂、杭州茂源化工厂、溧阳市金烨化工厂等。但因氯苯价格在43000元/吨，而二氯氟苯市场一般在55000元/吨，生产成本高，同时该工艺产品含20%～30%副产物3,4-二氯氟苯。

③ 以乙酰苯胺为原料，经氯化、脱乙酰基、重氮化、氟化等得产物：

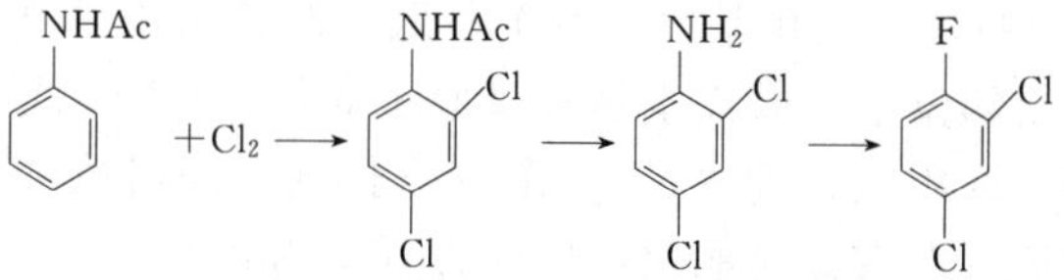

NHAc-苯 $+Cl_2 \longrightarrow$ 2,4-二氯乙酰苯胺 $\longrightarrow$ 2,4-二氯苯胺（NH_2） $\longrightarrow$ 2,4-二氯氟苯

该工艺流程长，收率低，少数企业采用该法后因成本高而改向。

④ 以氟氯苯胺作原料，经重氮化法合成：

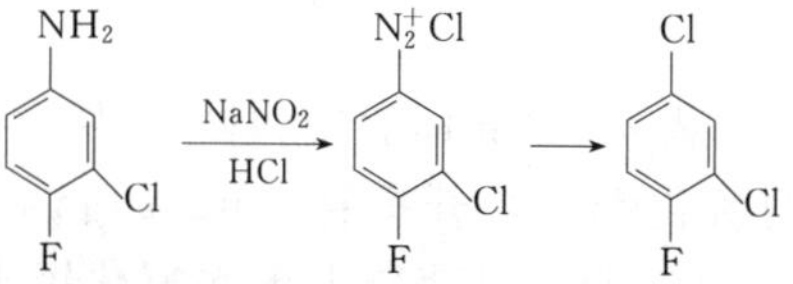

3-氯-4-氟苯胺（NH_2） $\xrightarrow[HCl]{NaNO_2}$ 重氮盐（N_2^+Cl） $\longrightarrow$ 3,4-二氯氟苯

该工艺因氟氯苯胺成本比二氯氟苯还高，同时工艺因“三废”较多，故无法采用。

⑤ 用苯胺作原料，即苯胺和氟化氢作用，经硝化、氯化，该工艺反应温度较低，收率可达70%，目前有少数工厂采用该工艺。

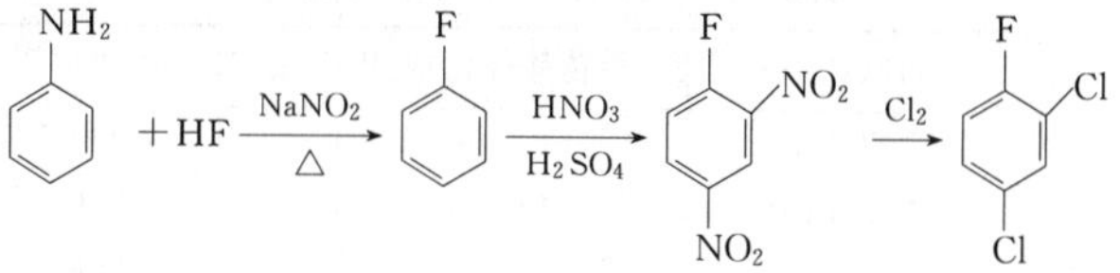

NH_2-苯 $+HF \xrightarrow[\triangle]{NaNO_2}$ 氟苯 $\xrightarrow[H_2SO_4]{HNO_3}$ 2,4-二硝基氟苯（NO_2） $\xrightarrow{Cl_2}$ 2,4-二氯氟苯

关于二氯氟苯新工艺的研究国内报道也不少，但大多未能用于工业生产。

我们研究以对二氯苯（价格在9000元/吨左右）为原料，经硝化、氟化、氯化共三步合成二氯氟苯的新工艺，克服了以往工艺原料价格高，反应中易燃易爆物存在等缺点。其原料、硝化物、氟化物及产物的主要物理性质见表15-17。

该研究主要探讨了对二氯苯的硝化和氟化，优化了对二氯苯硝化生产工艺，缩短了反应时间，提高了原料转化率，有效控制了二硝化物的生成；利用相转移催化氟化，改进氟化工艺，摸索到较好的氟化条件。氟化转化率78%，得率70%，包括氟化工艺在内，2，4-二氯氟苯总得率65%，含量99.5%。

表15-17 反应物、产物及中间体物理性质

化合物结构	分子量 M	熔点/℃	沸点/℃	密度 d/(g/cm³)
 Cl-苯-Cl（对二氯苯）	147.0	53	173	1.4581
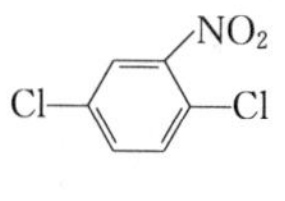 2,5-二氯硝基苯（NO_2）	192.0	56	267	1.4390
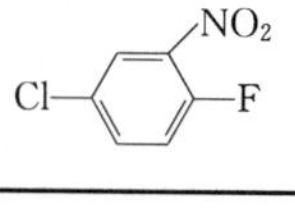 5-氯-2-氟硝基苯（NO_2）	175.5	10.2	237[14] 138.5℃/29mmHg	

续表

化合物结构	分子量 M	熔点/℃	沸点/℃	密度 $d/(g/cm^3)$
Cl—C₆H₃(—F)(—Cl)	165.0		172~174 169~171[15]	1.4090

15.3.3 2,5-二氯硝基苯氟化的实验研究

(1) 原理

2,5-二氯硝基苯上含吸电子的硝基 ($—NO_2$) 取代基，由于硝基作用，邻、对位上的碳原子正电荷密度较大，使邻位上氯取代基易被氟原子取代，反应无异构体生成。

利用相转移催化剂，选用氟化钾 (KF) 作主氟化剂，同时改变 KF 的处理方法，选用二甘醇、环丁砜等溶剂进行卤素交换氟化，反应方程式为：

$$\text{Cl—C}_6\text{H}_3(\text{NO}_2)\text{—Cl} + \text{KF(s)} \xrightarrow[\text{溶剂}]{\text{PTC}} \text{Cl—C}_6\text{H}_3(\text{NO}_2)\text{—F} + \text{KCl(s)}$$

(2) 实验研究[11,12]

将相转移催化剂和溶剂一起装入 500mL 的四口烧瓶中，充分搅拌下，加热至 120℃左右，约 30min 后加入处理过的氟化钾，敞开搅拌 30min 后调节至反应温度，装上回流管，加入已称好的 19.2g 硝化物 (0.1mol)，迅速装上无水氯化钙干燥管，调整搅拌速度，反应结束后，冷却、过滤 (萃取)、减压蒸馏、精馏得浅黄色液体，水洗、干燥得产品。结果如表 15-18~表 15-21 所示。

表 15-18 氟化条件摸索实验①

序号	T/℃	t/h	溶剂(V)/mL	相转移催化剂(W_1)/g	氟化剂②(W_2)/g	GC 产率/%
F_1	120~130	5	DEG(12)	PEG-600(6.0)	D-KF(8.0)	0
F_2	170~185	5	DEG(40)	PEG-600(6.0)	D-KF(10.0)	13.8
F_3	170~185	5	DEG(40)	PEG-1000(10.0)	D-KF(10.0)	27.3
F_4	170~185	5	DEG(40)	PEG-1000(10.0)	A-KF(10.0)	37.0
F_5	170~190	8	DEG(40)	PEG-600(6.0)	A-KF(10.0)	27.6
F_6	170~190	8	DEG(40)	PEG-2000(20.0)	A-KF(10.0)	10.1
F_7	170~185	18	DEG(40)	PEG-1000(10.0)	A-KF(10.0)	43.4
F_8	160~170	8	DEG(40)	PEG-600(6.0)	A-KF(10.0)	3.5
F_9	170~180	5	DMSO(50)	PEG-1000(10.0)	D-KF(10.0)	30.0
F_{10}	140~145	6	DMSO(40)	PEG-1000(10.0)	D-KF(10.0)	固化
F_{11}	140~145	8	DMSO(40)	PEG-1000(10.0)	D-KF(10.0)	固化
F_{12}	170~185	6	NMP(40)	PEG-1000(10.0)	D-KF(10.0)	21.0
F_{13}	185~195	6	NMP(40)	TMBAC(2.12)	D-KF(10.0)	21.0

① 工艺中产物未经蒸馏，采用直接水洗、干燥。未考虑产品收率，直接用产物作气相色谱分析其含量。

② A-KF，活性氟化钾 (工业品)；D-KF，干燥研磨过 60 目筛氟化钾。

表 15-19 氟化正交实验①

序 号	T/℃	t/h	空白	相转移催化剂 W/g	GC/%
F_{14}	1(120)	1(6)		1(1)	0.0
F_{15}	1	2(9)		2(2)	0.1
F_{16}	1	3(12)		3(3)	0.8
F_{17}	2(150)	1		3	8.2
F_{18}	2	2		1	8.0

续表

序　号	T/℃	t/h	空白	相转移催化剂 W/g	GC/%
F_{19}	2	3		2	8.4
F_{20}	3(180)	1		2	8.0
F_{21}	3	2		3	12.0
F_{22}	3	3		1	11.8
T_1	0.9	16.2		19.8	
T_2	24.6	20.1		16.5	
T_3	31.8	21.0		21.0	
极差 R	30.9	4.8		4.5	
较优条件	T_3(180℃)	t_3(12h)		W_3(3g)	

① 工艺固定条件为：DEG 60mL、PEG-1000、活性氟化钾 17.5g(0.3mol)、硝化物投料 34.8g(0.2mol)，工艺仍采用水洗、干燥、不蒸馏，不考虑产品得率。

表 15-20　氟化条件进一步摸索实验①

序号	T/℃	t/h	溶剂(V)/mL	相转移催化剂(W_1)/g	氟化剂(W_2)/g	GC 产率/%
F_{23}	200±4	30	DEG(40)	PEG-1000(10.0)	A-KF(10.0)	69.0
F_{24}	200±4	18	DEG(40)	无	A-KF(10.0)	56.9
F_{25}	200±4	18	DEG(40)	PEG-1000(6.0)	A-KF(10.0)	63.0
F_{26}	200±4	18	DEG(40)	PEG-1000(20.0)	A-KF(10.0)	66.7
F_{27}	200±4	18	DEG(40)	PEG-1000(10.0)	A-KF(10.0)	68.1
F_{28}	200±4	18	DEG(40)	PEG-1000(5.0)	A-KF(10.0)	66.1
F_{29}	200±4	18	DEG(40)	PEG-2000(20.0)	A-KF(10.0)	54.9
F_{30}	200±4	18	DEG(40)	TMBAC(2.12)	A-KF(10.0)	38.3
F_{31}	200±4	18	DEG(40)	PEG-1000 10.0	A-KF+CaF_2(9.2) (1∶1,5.0+4.9)	7.3
F_{32}	200±4	18	DEG(40)	PEG-1000(10.0)	D-KF+CaF_2(9.5) (8+1.2)	40.1
F_{33}	200±4	18	DEG(40)	PEG-1000(10.0)	CaF_2(13.2)	0.0
F_{34}②	200±4	18	DEG(52) (40+12)	PEG-1000(10.0)	A-KF(20.0) (10+10.0)	88.6

① 工艺中产物采用水洗、干燥、未经蒸馏，不计产品收率。

② F_{34}实验是先反应至 8h 后，经过滤再加 10.0g 活性氟化钾和 12mL 二乙醇，在同一条件下继续反应 10h。

15.3.4　2,5-二氯硝基苯氟化实验结果与讨论

(1) 氟化剂

采用氟化钾作氟化剂，在卤素交换的相转移催化反应中，由于 F^- 和 H_2O 的亲和力较强，故一旦体系有水存在，就会使 F^- 和 H_2O 结合而使之难以溶剂化。这样就必然会影响氟化反应的进行，这就要求反应体系去水。

表 15-21　放大后氟化结果①

序 号	反应物量 W_0/g	T/℃	t/h	环丁砜 /mL	相转移催化剂 (W_1)/g	氟化剂 (W_2)/g	产量/g	得率 y/%	含量 GC /%
F_{35}	57.6	208±1	12	30		A-KF(25.0)	34.2	65.0	77.1
F_{36}	57.6	205±2	12	40	TMAC(1.6)	A-KF(6.1)	37.6	71.4	86.0
F_{37}	57.6	190±2	12	40	TMAC(1.6)	A-KF(26.1)	34.4	65.3	79.7
F_{38}	57.6	190±2	8	40	TMAC(1.6)	A-KF(26.1)			75.6

续表

序号	反应物量 W_0/g	T/℃	t/h	环丁砜 /mL	相转移催化剂 (W_1)/g	氟化剂 (W_2)/g	产量/g	得率 y/%	含量 GC /%
F_{39}	57.6	205±2	10	40		A-KF:CaF_2 (18+12)	36.0	68.4	71.6
F_{40}	57.6	205±2	10	30		A-KF(25.0)	37.5	71.2	99.4
F_{41}	57.6	190±2	10	40		A-KF:CaF_2 (18+12)	32.9	62.4	99.5
F_{42}	57.6	205±2	10	20		A-KF(26.1)	37.6	71.4	99.6
F_{43}	57.6	205±2	10	10		A-KF(21.0)		油相固化	
F_{44}	57.6	205±2	10	25		A-KF(21.0)	36.5	69.5	99.5
F_{45}	57.6	205±2	10	25		A-KF(26.1)	38.0	72.1	99.7
F_{46}	86.4	210±2	10	无溶剂		A-KF:CaF_2 (8.7+5.85)			
F_{47}	86.4	190±2	10	无溶剂	TMAC(2.5)	A-KF(11.6)			
F_{48}	192.0	205±2	10	85		A-KF(70)	37.7	71.6	
F_{49}	192.0	205±2	10	85		A-KF(70)	37.3	70.8	99.6

① 放大后工艺操作稍有改变。实验 F_{40}～F_{49}的收率为产品精馏后称量得出。F_{35}～F_{39}实验为溶剂萃取后再水洗、干燥后得出产物。

由于是液-固反应体系，故要求对氟化钾进行粉碎研细，氟化钾颗粒越小，单位质量的反应物接触面积就大，反应就越充分。文献指出采用冷干氟化钾（FD-KF）作氟化剂对对硝基氯苯等卤素交换的氟化反应更有效，主要原因为 FD-FK 的比表面比焙烧粉碎氟化钾（CD-KF）要大得多。其 FD-KF（含 1%～40%的氟化钾水溶液的冷干氟化钾）与 CD-FK 的物理性质对比如表 15-22。

表 15-22　FD-FK 与 CD-FK 物理性质比较

物理性能	CD-KF	FD-KF/%				
		1	5	10	20	40
粒子大小/μm	200～300(80～47 目)	31.9	37.6	34.7	56.6	58.0
比表面积/(m^2/g)	0.13	0.78	0.72	0.62	0.39	0.39
假密度/(g/mL)	1.14	0.13	0.24	0.39	0.85	1.00

鉴于实验条件，采用化学纯商品氟化钾经干燥研细并过 60 目筛（记为 D-KF）和工业品活性氟化钾（A-KF，其假密度为 0.39，比表面积为 0.48m^2/g，相当于 10%FD-KF）。实验结果见表 15-18。对比实验 F_3 和 F_4 见表 15-23。

表 15-23　A-KF 与 D-KF 结果比较

氟　化　剂	D-KF	A-KF
GC 测含量/%	27.3	37.0

可见：若其他条件相同，用活性氟化钾比干研氟化钾对氟化反应有效，即活性氟化钾反应较好。

又考察表 15-20 中 F_{31}、F_{26}、F_{32}、F_{33}实验，结果见表 15-24。

表 15-24　氟化剂配比改变对氟化影响

氟　化　剂	A-KF	A-KF+CaF_2	D-KF+CaF_2	CaF_2
氟化剂配比	10.0	5.0+4.5	8.0+1.2	13.2
GC 结果/%	66.7	7.3	40.1	0.0

可见：在其他条件相同时，氟化钾中加 CaF_2 后效果较差，但实验中发现只要少量的氟化钾的加入即能使氟化反应操作方便，能使硝化物和氟化钾在搅拌时不凝在反应壁上。文献报道极少量的氟化钙加入有利于氟化。

引起注意的是，考察表 15-20 中 F_{26}、F_{35} 实验发现，当反应进行 8h 后，经过滤再加 10.0g 活性氟化钾，在同一条件下反应 10h，氟化产物经气相色谱（GC）测定含量为 88.6%，比较 F_{26} 和 F_{34} 结果见表 15-25。

表 15-25 氟化钾加料的操作方式对氟化影响

氟化剂加料操作方式	一次性加 A-KF 10.0g	分两次加 A-KF 各 10.0g
GC 结果/%	66.7	88.6

这可能是因为存在平衡：

$$DEG_{(溶液)}+KF_{(固)} \rightleftharpoons [DEG\text{-}K]^+ \cdot F^-_{(溶液)} \rightleftharpoons [DEG\text{-}K]^+ \cdot F^-_{(有机相)}$$

$$[DEG\text{-}K]^+ \cdot F^- + \text{Cl-C}_6\text{H}_3(\text{NO}_2)\text{-Cl} \rightleftharpoons \text{Cl-C}_6\text{H}_3(\text{NO}_2)\text{-F} + [DEG\text{-}K]^+ \cdot Cl^-$$

$$[DEG\text{-}K]^+ \cdot Cl^-_{(有机相)} \rightleftharpoons [DEG\text{-}K]^+ \cdot Cl^-_{(溶液)} \rightleftharpoons DEG+KCl$$

当增加氟化钾的量，同时减少氯化钾的量，可使上述平衡向右移动。

（2）反应温度

考察表 15-18 中 F_1～F_8、F_{10}、F_{11}、F_{13} 及表 15-20 中 F_{23}、F_{26}，结果见表 15-26。

表 15-26 反应温度对氟化的影响

反应温度/℃	120～130	140～145	140～145	160～170	170～190	170～185	170～185
GC 结果/%	0	固化	固化	3.5	10.1	13.8	27.3
反应温度/℃	170～185	170～185	170～190	185	185～195	196～204	196～204
GC 结果/%	37.0	43.4	27.6	21.0	21.0	69.0	66.7

可见：不考虑各实验的其他反应条件，采用二甘醇和二甲亚砜作溶剂，反应温度在 145℃以下时，氟化效果很差，氟化转化率几乎为零，而反应温度高于 170℃时，氟化物经气相色谱测定有较大提高。因此，在该氟化反应中，反应温度可能是一个显著性决定因素。

（3）相转移催化剂

考察表 15-18 中 F_4、F_5、F_6，结果见表 15-27。可见：当其他条件相同时，用 0.01mol PEG-600 和 PEG-2000 催化剂，尽管反应时间比用 0.01mol PEG-1000 催化剂还长 3h。氟化产物含量经气相色谱（GC）测定仍低于 PEG-1000。这说明三者催化效果：PEG-1000＞PEG-600＞PEG-2000。

表 15-27 不同分子量聚乙二醇对氟化影响

PEG-$\overline{M}$(0.01mol)	PEG-600	PEG-1000	PEG-2000
反应时间/h	8	5	8
GC 结果/%	27.6	37.0	10.1

其原因可能是由于不同分子量的聚乙二醇的分子链能卷曲成的螺旋口径不同，而 PEG-1000 能形成的螺旋口径与 K^+ 的直径匹配较好，使得对 K^+ 的配合效果好，从而 PEG-1000 催化更有效。

考察表 15-18 中 F_{12} 和 F_{13}，结果见表 15-28。

表 15-28 PEG-1000 和季铵盐催化剂对氟化影响

相转移催化剂(0.01mol)	PEG-1000	TMBAC
反应温度/℃	120～185	185～195
GC 结果/%	21.0	21.0

可见，在用 NMP 作溶剂时，采用季铵盐 TMBAC 催化效果比 PEG-1000 稍差。

考察表 15-20 中 F_{30} 与 F_{25}、F_{26}、F_{29}，实验结果见表 15-29。

表 15-29 聚乙二醇与季铵盐催化效果比较

相转移催化剂(0.1mol)	TMBAC	PEG-600	PEG-1000	PEG-2000
反应温度/℃	200±4	200±4	200±4	200±4
GC 结果/%	38.3	63.0	66.7	54.9

可见，当其他条件相同，反应温度为 200℃±2℃，40mL DEG 为溶剂，上述催化剂催化效果为：

PEG-1000＞PEG-600＞PEG-2000＞TMBAC

即：季铵盐 TMBAC 的催化效果不如聚乙二醇。其原因可能是季铵盐在高温下催化时会发生分解。同时，由上述实验可进一步证明 PEG-1000 效果最好（在选定催化剂中）。

考察表 15-20 中 F_{26}、F_{27}、F_{28}，实验结果见表 15-30。

表 15-30 催化剂用量改变对催化效果影响

PEG-1000 用量/g	20	10	5
GC 结果/%	68.1	66.7	66.1

可见：当其他条件相同时，催化剂 PEG-1000 用量超过 5g 时，对反应影响不大。

又考察表 15-20 中 F_{24} 与 F_{25}、F_{26} 及表 15-21 中 F_{36}、F_{37}，结果见表 15-31。

表 15-31 相转移催化剂对氟化的影响

相转移催化剂	无	PEG-1000	PEG-1000	无	TMAC
反应温度/℃	196～204	196～204	196～204	207～209	203～207
溶剂	DEG(40mL)	DEG(40mL)	DEG(40mL)	环丁砜(30mL)	环丁砜(40mL)
GC 结果/%	56.9	66.7	63.0	77.1	86.0

可见：不管用何种溶剂，相转移催化剂的加入对氟化反应有利。

（4）溶剂

考察表 15-18 中 F_3、F_9、F_{12}，表 15-20 中 F_{26}、F_{30} 及表 15-21 中 F_{38}、F_{37}，实验结果见表 15-32。

表 15-32 溶剂对氟化的影响

溶剂	DEG	DMSO	NMP	DEG	DEG	环丁砜	环丁砜
反应温度/℃	170～185	170～185	170～185	196～204	196～204	188～192	203～207
PTC	PEG-1000	PEG-1000	PEG-1000	PEG-1000	TMBAC	TMAC	TMAC
反应时间/h	5	5	6	18	18	12	12
GC 产率/%	27.3	30.0	21.0	66.7	38.3	79.7	86.0

可见：仅讨论 DEG、DMSO 和 NMP 时，当其他条件相同时，三者氟化效果为：

DMSO＞DEG＞NMP

但是 DMSO 有毒又昂贵且效果和 DEG 相比又不太显著。综合三者，对工业生产来讲，用 DEG 较佳。

但是，当用 DEG 作溶剂，用 PEG-1000 作催化剂，尽管其反应时间长达 18h，其氟化效果仍不如相同温度下用环丁砜作溶剂、用季铵盐四甲基氯化铵作催化剂的条件。由此可见，在溶剂中以环丁砜的氟化效果最好，即：

环丁砜＞DEG≈DMSO＞NMP

（5）反应时间

考察表 15-18 中 F_4、F_7 及 F_{23}、F_{26}，实验结果见表 15-33。

表 15-33 反应时间对氟化效果的影响

反应时间/h	5	18	18	30
反应温度/℃	170～185	170～185	196～204	196～204
GC 结果/%	37.0	43.4	66.7	69.0

可见：在其他条件相同时，反应时间延长，对反应有利。但反应时间的延长，生产成本将会增加。

（6）正交实验

为优化氟化条件，找出各影响因素显著性差别以进一步调整各参数，设计固定：

溶剂：二甘醇（60mL）。

相转移催化剂：PEG-1000。

氟化剂：活性氟化钾（17.5g，0.3mol）。

硝化反应物量：38.4g（0.2mol）。

在这些条件下，设计-$L_9(3^4)$正交实验，其各因素水平见表 15-34。

表 15-34 正交实验因素水平表

因素 水平	T/℃	t/h	催化剂量/g	因素 水平	T/℃	t/h	催化剂量/g
1	120	6	1	3	180	12	3
2	150	9	2				

其结果见表 15-19。可见在给出的各因素水平中以反应温度 180℃、反应时间 12h、PEG-1000 用量 3g 为最佳组合条件，同时由极差：

$$R_T = 30.9 > R_t = 4.8 > R_w = 4.5$$

说明反应温度 T 是影响该氟化的最显著因素，而反应时间和催化剂用量则较不显著。

（7）工艺参数确定

结合正交实验结果，同时考虑工厂大规模生产对工艺要求：

① 反应原料组分越少越好；

② 反应时间不易太长；

③ 溶剂应易于回收；

④ 采用安全、易于实现的工艺流程；

⑤ 生产成本要低。

实验设计中可对相应参数进行调整。

实验中发现：用相转移催化剂催化，不管用聚乙二醇还是用季铵盐，实验中总有一定的焦油生成。而且由于反应体系多一个催化剂组分，产品分离难度加大。同时，尽管二甘醇是很廉价的溶剂。但如果不回收，生产成本仍将大大增加；考虑二甘醇、环丁砜对氟化反应的效果（见表 15-32）及它们与氟化产物的沸点比较，见表 15-35。

表 15-35 几种溶剂和氟化产物沸点比较[72]

物质名称	DEG	环丁砜	DMSO	2-氟-5-氯硝基苯
沸点/℃	245	285	189	237

综合考虑，选择环丁砜作溶剂为最佳。

考察 F_{36}、F_{37}、F_{38}，实验结果见表 15-36。

表 15-36 氟化温度对产率的影响

反应温度/℃	208±1	205±2	190±2
GC 结果/%	77.1	86.0	79.7

可见：氟化温度以 205℃±2℃为佳。

考察 F_{41}、F_{43}、F_{44}、F_{45}、F_{46}，实验结果见表 15-37。

表 15-37 溶剂用量及氟化剂用量确定（硝化物量为 57.6g）

溶剂用量/mL	30	25	20	10	25
氟化剂用量/g	25.0	26.1	26.1	21.0	21.0
产量/g	37.5	38.0	37.6	—	36.5
得率/%	71.2	72.1	71.4	—	69.5

可见：在其他条件相同时，溶剂用量以每摩尔硝化物加 84mL 左右环丁砜为佳。同时氟化剂用量以硝化物与氟化剂之比为 1∶(1.2～1.5) 为佳。

综合以上分析，结合工厂生产要求，氟化反应较佳工艺条件为投料比（摩尔比）∶硝化物∶活性氟化钾∶环丁砜＝1∶1.21∶85。反应温度：205℃±2℃。反应时间：10h。

(8) 放大验证实验

按较佳工艺条件，以 1mol 硝化物投料，重复二次放大实验结果见表 15-38。

表 15-38 放大验证实验

重复放大实验序号	F49	F50
得率/%	71.6	70.8

可见：按较佳工艺条件实验重复性较好，产品得率为 71%左右。同时将 F_{49}、F_{50} 二次实验产品混合，经气相色谱分析检测，氟化物含量达 99.6%。

15.4 硝基苯甲醛的控制性氧化新工艺研究

15.4.1 概述

在甲苯硝化所得的产物中，存在邻硝基甲苯、对硝基甲苯及间硝基甲苯，由于其在医药、农药、染料等的工业制备中的重要作用，对其的研究愈来愈受到重视。其中利用硝基苯甲醛、羟基苯甲醛就是两个重要的应用[13～19]。

由于硝基苯甲醛用于制备治疗高血压和其他心血管、脑血管类等疾病的药物领域，目前世界范围内此类疾病患者呈不断上升趋势，我国每年新增患者达 1000 万人，随着生活水平的提高，对疾病的预防、保健和治疗的认识和观念也在相应提高。因此，此类疾病用药的需求正逐年递增，硝基苯甲醛的出口量一直在持续稳定增长，目前国内年需求量约为 1000t，外贸出口约为 8000t。邻硝基苯甲醛（*o*-nitrobenzaldehyde，简称 *o*-NBA）分子式

$C_7H_5NO_3$，分子量151.2，浅黄色针状结晶，熔点43.5～44℃，沸点153℃，不溶于水，易溶于乙醇、乙醚、丙酮等有机溶剂。在氨与甲醇存在下与乙酰乙酸甲酯一步环合即得硝基吡啶（俗称心痛定）。近年来由于心血管疾病的增加，硝基吡啶需求量日益上升，也推动了邻硝基苯甲醛的市场。

间硝基苯甲醛作为重要的有机合成的中间体，在制药工业中有着广泛的应用，尤其在治疗高血压和其他心血管、脑血管类等疾病的药物领域，如尼莫地平和尼群地平。此外，也用于碘普酸钙、碘番酸、间羟胺重酒石酸盐、碘泊酸和硝基苄啶等的制备。因此，硝基苯甲醛不仅在国内拥有广泛的市场，同时也是固定出口化工产品。

对硝基苯甲醛也可用于制造治疗高血压等疾病的药物，如尼卡地平有非常好的市场前景。

15.4.2 邻硝基苯甲醛合成工艺研究

15.4.2.1 邻硝基苯甲醛合成工艺路线的选定[13~19]

由于硝基强烈的吸电子作用，使得邻位的甲基电子云密度大大降低，氧化比较难以进行。事实证明，邻硝基甲苯（以下简称 *o*-MNT）和对硝基甲苯（*p*-MNT）即使在很高的Co浓度下也难以被 O_2 氧化成相应的羰基化合物。因此生产 *o*-NBA 一般采用间接法，如先保护醛基再硝化，或者是侧链卤代、水解再氧化，而直接氧化要用到化学计量的重金属盐或氧化物，如 $KMnO_4$ 和 CrO_3 等，显然对环境不利。作者研究了在碱性体系下氧化烷基芳烃，醛的得率可以得到大幅度提高。事实证明，这种方法也能用在含有硝基等钝化基团的烷基芳烃氧化上面，替代以往的 $Co(OAc)_2/HOAc$ 体系，而且有比较好的结果。

研究的工艺过程如下[13]。

（1）氧化

0～5℃时，往125mL四口烧瓶中加入6mL(0.25mol)*o*-MNT，0.05g $MnSO_4 \cdot H_2O$ 和50mL吗啉溶剂，往溶液中通入纯氧，搅拌，将3.3g KOH溶于7mL甲醇中的溶液缓慢滴入。加毕继续通氧一定时间，然后关闭氧气，以80% H_2SO_4 中和过量的碱。

$$\text{邻硝基甲苯} + O_2 \xrightarrow[\text{溶剂},MnSO_4]{KOH/MeOH} \text{邻硝基苯甲醛} + H_2O$$

（2）浓缩和萃取

把氧化中和后的混合物移入500mL单口烧瓶中，旋转蒸发器减压蒸馏，油浴温度设定在110℃左右，最高不超过120℃，馏分吗啉集中回收，母液加入60mL水，H_2SO_4 酸化至pH=2～3，用二氯甲烷分三次萃取，蒸除二氯甲烷，母液即反应混合物，留待分析及提取。

（3）提取和析晶

往萃取后的反应混合物中加入20mL焦亚硫酸钠溶液，水浴冷却，机械搅拌下反应2h，加入25mL水，抽滤，洗涤滤饼，滤液倒入分液漏斗分出油相，油相集中回收利用（绝大部分是未反应的 *o*-MNT），水相在搅拌下缓慢加入30%NaOH溶液至pH=12～13，有淡黄色晶体析出，过滤，清水洗涤得 *o*-NBA 粗品，称重分析。集几次小试样样品重结晶即得纯 *o*-NBA。

$$\text{2-NO}_2C_6H_4CH(OH)SO_3Na \rightleftharpoons \text{2-NO}_2C_6H_4CHO + NaHSO_3$$

$$NaHSO_3 \xrightarrow{NaOH} Na_2SO_3 + H_2O$$

15.4.2.2 邻硝基苯甲醛合成最佳工艺条件研究

(1) 温度对反应的影响

取－8～－5℃、－4～－1℃、2～5℃、8～10℃四个不同反应温度下的产物0.05g左右，配成0.1mg/mL甲醇溶液，液相色谱分析其组成，每个样平行分析两次，对照各自的标准曲线进一步计算可得 *o*-MNT 转化率和 *o*-NBA 的产率及反应对目标产物的选择性。温度对反应的影响可用表15-39表示。

表15-39 碱性条件下，温度对反应的影响①

T/℃	*o*-MNT 转化率/%	*o*-NBA 产率/%	选择性/%
－8～－5	40.57	20.30	50.03
－4～－1	51.12	27.22	53.24
2～5	62.97	31.02	49.26
8～10	65.73	25.42	38.67

① 反应时间4.5h，氧气30mL/min。

从表15-39可以看出，随着温度的上升，转化率也随着增加，这是因为温度升高，反应速率加快，在相同的时间内消耗的反应物就愈多。表中还显示，温度超过5℃时，转化率增加速率减缓。

反应温度同样也影响着 *o*-NBA 的得率，但却与转化率的影响稍有不同。*o*-NBA 得率先随温度升高而增加，超过2～5℃后又开始下降。结合选择性数据可以看出，反应在低温时对醛的选择性较高，而在高温时，由于副反应的增加，对醛的选择性急剧下降，因此导致了醛得率的减少。实验证明理想的反应温度应在0～5℃。

(2) 时间对反应的影响

6mol *o*-MNT、0.05g $MnSO_4 \cdot H_2O$ 催化剂在0～5℃下反应2～7.5h，结果见表15-40。

表15-40说明：*o*-MNT 转化率随时间延长而增加，而 *o*-NBA 得率先增后减，且在前4.5h内增加很快，之后平稳下降，这说明随着时间的延长，*o*-NBA 被继续氧化成酸，另外一个可能的原因是反应呈多步骤，起始反应相对容易些，而随着转化率的上升，中间产物积聚过多而使反应不往预期的方向发展，副反应增多，选择性下降。适宜的反应时间在4.5h左右。

表15-40 碱性条件下，时间对反应的影响

t/h	*o*-MNT 转化率/%	*o*-NBA 产率/%	选择性/%
2.0	38.45	20.12	52.32
3.0	49.07	24.23	49.37
4.5	60.97	31.02	50.87
6.0	65.76	28.25	42.96
7.5	70.63	25.62	36.27

(3) 催化剂加入量对反应的影响

6mol *o*-MNT，50mL溶剂，在温度2～5℃，反应时间4.5h下，考察了催化剂硫酸锰加入量对反应的影响，结果见表15-41。

表15-41可初步说明，催化剂质量的成倍变化对 *o*-MNT 转化率影响并不大，均在60%左右，但对 *o*-NBA 得率有较大的影响，过少或过多的催化剂均使得 *o*-NBA 得率大幅度降低，这进一步表明反应呈多步骤的说法。反应的起始步骤可能是脱氢，后续才是氧化，而金属催化剂只对氧化剂起作用，因此 *o*-MNT 的转化率基本上不受什么影响，表15-41表明催化剂适宜的加入量在0.05g左右，即浓度为1g/L左右为宜，过量的催化剂使得副产物增

多，选择性下降，反而不理想。

表 15-41 催化剂加入量对反应的影响

m/g	o-MNT 转化率/%	o-NBA 产率/%	选择性/%
0.0261	56.08	14.23	25.37
0.0524	60.97	31.02	50.87
0.1078	62.38	17.29	27.71

(4) 氧气流量对反应影响

6mol o-MNT，在 0～5℃，0.05g 催化剂，50mL 溶剂，不同氧气流量下反应 4.5h，考察氧气流量对反应的影响，结果见图 15-1。

图 15-1 数据表明：氧气流量从 10mL/min 到 50mL/min 变化的过程中，o-MNT 的转化率变化不大，均在 55%～60%之间。而 o-NBA 得率变化都很明显，先增大，在 O_2 流量达到一定值时，基本保持不变，维持在 30%左右。这表明反应是按多步骤进行的，起始步骤较容易进行，并且与氧化无关，氧气作用在后半程。而当氧流量增大到一定值时，氧化速率已不取决于传质因素，可以认为氧化反应在动力学区域内进行，这点结论对以后研究动力学很重要。从图中可以看出，适宜的氧气量为 30mL/min。

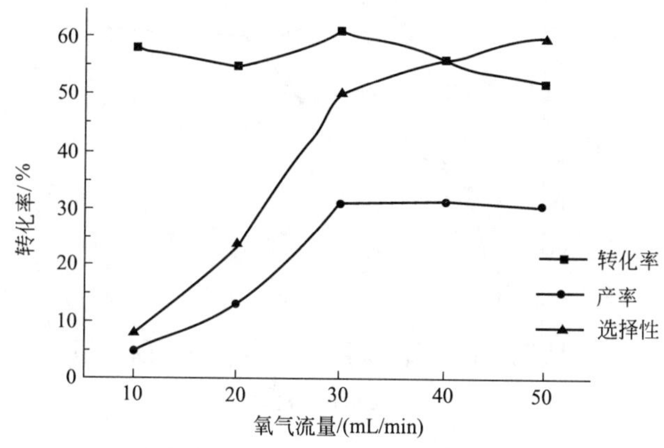

图 15-1 碱性条件下氧气流量对反应的影响

(5) 物料体积分数对反应的影响

同酸性体系下的氧化反应一样，同样考察了 o-MNT 浓度对反应的影响，在 0～5℃，氧气流量 30mL/min，催化剂加入量 0.05g，往 50mL 反应溶剂中分别加入不同体积的底物 o-MNT 反应 4.5h 后，结果见表 15-42。

表 15-42 显示，随着物料浓度的增加，转化率和得率基本上是先上升，后下降，不过转化率的变化幅度不大，而得率却有明显不同，在很低浓度时，没有检测到产品的生成。这表明在低浓度时，由于反应可能按多步骤进行，中间产物积聚过多而使得反应不往预期的方向进行。由表可见，合适的物料溶剂体积比应为 6∶50，这要比酸性条件下的最宜物料浓度 25%小一半左右。这正是酸碱体系有自己不同特征所致。

表 15-42 物料体积分数对反应的影响

物料浓度/(mL/mL)	o-MNT 转化率/%	o-NBA 得率/%	选择性/%
1/50	50.10	0	0
4/50	43.39	13.71	31.59
6/50	61.44	30.74	50.03
10/50	52.69	11.69	22.18
15/50	52.22	8.35	15.99

15.4.3 强碱对反应的助催化作用

碱性条件下的氧气氧化反应，不但所用的溶剂是碱性的有机胺类溶剂，而且要在强碱（如 NaOH、KOH）参与下反应才能顺利进行。强碱的参与，是碱性条件下氧气反应的一个最主要特征。为此，自然地应该考虑一下强碱的浓度对反应的影响，特别是强碱对反应转化率及得率的影响。

0～5℃下，往 150mL 四口烧瓶中加入 6mL（0.05mol）*o*-MNT、50mL 吗啉溶剂、0.05g $MnSO_4$ 催化剂，在常压下通入纯氧，出口处用硫酸液封，氧气流量 30mL/min，将不同浓度的氢氧化钾甲醇溶液缓慢加入反应体系，搅拌反应 4.5h 后，中和至中性，后处理同前，分析产物组成。

为了便于加料，实验中底物 *o*-MNT 投入质量保持恒定，以 KOH 与 *o*-MNT 的质量比 *m* 作为投加碱量的指标，考察了 *m*（KOH/*o*-MNT）分别为 0.1、0.2、0.3、0.5、0.6、0.8、1.0、1.5 情况下，*o*-MNT 转化率及 *o*-NBA、*o*-NBA 的得率和选择性，结果如图 15-2 和图 15-3 所示。

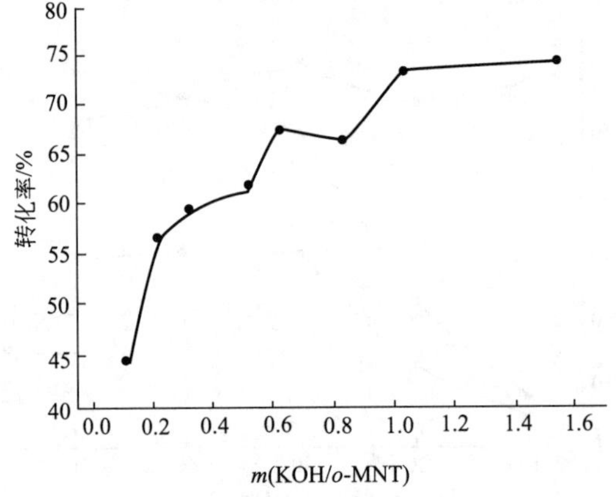

图 15-2 加碱量和 *o*-MNT 转化率的关系

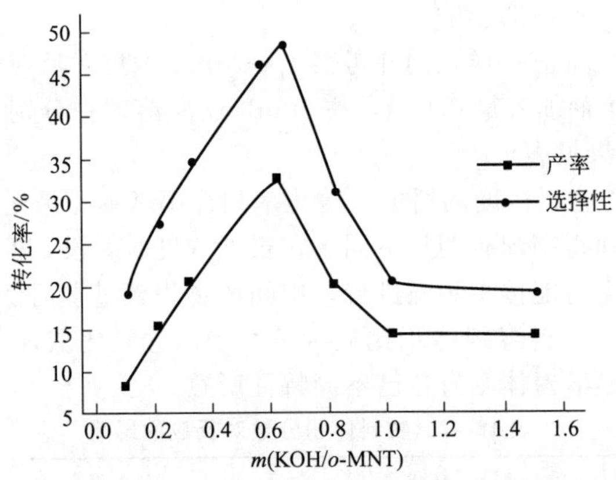

图 15-3 加碱量和生成 *o*-NBA 的关系

从图 15-2 与图 15-3 看出，随着 KOH 投入量的不断增加，*o*-MNT 转化率逐渐上升，开始增加很快，而后上升的幅度逐渐趋于平稳。在 *m* 为 0.6 时，转化率接近 80%。与转化率相比，*o*-NBA 的得率先增加，在 *m* 为 0.6 时达到最大值 33.76%，而后逐渐下降，最后趋于平稳。结合选择性曲线和转化率曲线可以看出，得率的变化趋势主要是因为反应的选择性先上升，而后又急剧下降的结果。这恰好印证了前述反应呈多步骤的设想。即强碱作用在反应的起始步，碱浓度愈高，反应愈易进行。而在高碱浓度下，生成的中间产物大量聚集，活性中间体相互作用而使得反应不往预期的方向发展，导致目标产物得率下降。

15.4.4 邻硝基苯甲醛合成工艺的发展

邻硝基苯甲醛（对硝基苯甲醛）主要通过氧化苯环上的甲基为醛基，来合成相应的硝基苯甲醛。由于醛的氧化状态处于醇和酸之间，将苯环上的甲基氧化为醛基一般较难控制，目前的报道主要有两种方法：化学氧化和电解氧化。

化学氧化一般先将硝基甲苯卤化，苯环上甲基的卤化属于自由基反应，需要在紫外线照射下进行，反应中应避免有铁等金属的存在而引起苯环上的亲电卤化发生。主要产物有一卤代物、二卤代物及少量的三卤代物。一般二卤代物的水解产物是所需要的醛，而一卤代物和三卤代物的水解产物是醇和酸。所以反应的关键是要提高二卤代物的选择性，在卤代过程中采用溴便于操作，收率也比较高。溴较重且价格更符合实际情况，但操作有一定的困难和危险性。

直接催化氧化也是较有前景的方法，有报道称利用 Bi_2O_3-MoO_3-硅钨酸、W-Mo 和 NH_4VO_5-$RbCl_3$-硅酸铯等催化剂进行氧化，但由于需要的氧化温度较高，选择性和得率均不理想。

苯环上甲基电解氧化今年来有所报道，如采用铅板作电极，阳极液是硫酸锰的硫酸溶液，经过电解后可以获得 Fenton 试剂，同样可以使芳环和甲基氧化成为醛基。用间接成对电解法将间硝基甲苯氧化为间硝基甲醚收到了较好的效果，电流效率高达 150%左右，显示了较好的工业前景。

虽然电解法具有得率高，产品纯，无燃烧等优点，但要应用于工业制备尚有相当多的困难。

15.5 氟代苯甲醛的控制性氧化及微波氟化新技术研究

15.5.1 概述

氟代苯甲醛是一类重要的精细化工中间体，广泛用于农药、医药、兽药及其他精细有机化学品的合成，以对氟苯甲醛为利，可用于合成医药如降血压药（ZD-4522，Rosuvastatin)、解热镇痛消炎药、抗癌药、肌肉松弛药、抗老年性痴呆药物等，另外，还可以合成农药氟氯氰菊酯、氟氯苯菊酯等[20,21]。近几年来，日、美等国认识到氟代芳香醛在药物合成中的重要性，大力进行该类化合物新合成方法的研究，取得了重大突破，开发了一些可用于大规模生产、经济合理的合成方法。而目前我国的氟代苯甲醛合成工艺非常落后、生产能力小、消耗定额高，该类产品的来源还大部分依赖进口，许多工业品还没有形成规模生产，在应用方面受到限制。随着氟代苯甲醛应用领域的不断扩大，尤其在药物合成领域的用途越来越多，导致氟代苯甲醛的需求量逐增，因此研究开发一种在工业生产规模上有实用价值的生产氟代苯甲醛的方法，有较大的经济意义和社会意义。

以对氟苯甲醛为例，其最早的合成方法有对氟甲苯氧化法、对氟苯甲醇或对氟苯乙酸氧化法、对氟苯腈还原法等，这些方法由于使用的中间体不稳定、原料氟化氢有剧毒、合成步骤多等原因，不能用于大规模工业生产。目前适用于工业化生产对氟苯甲醛的方法主要是对氟甲苯氯化水解法、对氟甲苯电化学氧化法，其主要缺点是对氟甲苯价格昂贵，生产成本高。但是对控制性氧化法的研究，尤其是对其催化剂的研究，有更深的且较宽的程度，有的也取得突破性进展。氟化方法主要有卤素交换法及微波氟化法，尤其是微波氟化法呈现出很多突出的优势及长处，是目前氟化工作者关心的热点，也是大量研究的核心内容之一。

微波技术用于氟化反应的最早记载是 1987 Hwang 发表的一篇关于合成放射性含氟化合物的文章，他用含放射性氟元素氟进行取代硝基和氟，他之所以运用微波是为了加快反应，使得放射性在反应中损失尽量减少，当时，他还没有把微波看成是加快化学反应并得到更高得率同时减少副反应的手段。到 1991 年和 1993 年，Stone-Elander 又发表了两篇关于在微波中合成放射性氟化物的文章，取得了类似结果。他们的研究都未能深入下去。直到 1999，Kidwai 首先研究了 2-氯-3-甲酰基喹啉在微波辐射下用 KF 和四甲基氟化铵混合氟化剂的卤素交换氟化，发现反应时间从几小时减少到几分钟，而且氟化产品 2-氯-3-甲酰基喹啉的得率得到提高。尽管他取得了很不错的结果，但由于用了大量（7～8mol）的氟化钾和大过量的四甲基氟化铵（7～8mol）的混合氟化剂，同时，其反应时所用的原料量太少，而且反应在密封系统内进行，所以不具有工业生产参考价值。而且从理论上分析，四甲基氟化铵在有机溶剂中溶解度很大，而氟化钾相对来说其在上述有机溶剂中的溶解度可以忽略不计，而且氟化钾中的氟要进入有机反应相还必须通过四甲基氟化铵这个相转移催化剂的作用，从而使四甲基氟化铵的反应活性势必远远大于氟化钾，这也是有人专门研究过的。综上分析，可以认为此反应体系中真正的氟化剂应为四甲基氟化铵（也可以说它主要并不是我们所想象的催化剂），氟化钾的作用不大。所以从严格意义上说，这个反应还不能说是微波诱导催化卤素交换氟化反应[22]。

我们的研究包括一系列含卤（主要为氯）和硝基的芳烃反应物的选择、氟化剂（包括种类和量）的选择、溶剂和催化剂的选择、加热方式的选择等。开展了大量研究工作，具体内容为：①反应物将选对硝基氯苯、邻硝基氯苯、2，4-二硝基氯苯、二氯硝基苯（包括 3，4-二氯硝基苯、2，5-二氯硝基苯、2，4-二氯硝基苯）、对氯苯甲醛、间二硝基苯、间硝基苯腈、间三氯（氟）甲基硝基苯、对硝基苯甲醛、硝基蒽醌等；②氟化剂选择有 KF·$2H_2O$ 共沸干燥制得的无水 KF、微波干燥制备的无水 KF 等，另外选用 NaF、RbF 和 CsF 作对照；③溶剂将选 DMF、DMAc、DMSO、环丁砜、乙腈和 NMP 等，通过实验确定适用于微波加热条件下的溶剂；④催化剂选择 CTAB、TEAC、TBAB、Ph_4PBr、PEG-400、PEG-600、PEG-1000、PEG-6000 和负载于高分子上的季铵盐，以及吡啶盐和冠醚，同时还将创新地应用金属氯化物 Lewis 酸作为催化剂，对比这些催化剂在微波加热和常规加热下的不同及适用于微波加热条件和不同反应物的合适的催化剂；⑤加热方式用于对比实验，选常规（电加热套或油浴）和微波加热两种方式——考察二者的区别和微波加热对速率提高的倍数；⑥用气相色谱-质谱联用仪、元素分析仪、红外光谱分析仪和核磁共振仪等现代仪器研究伴随产生的副反应，定性确定副产物组成，从而提出其产生机理并进行副产物研究，进一步可对工艺研究提供理论上的指导；⑦用气相色谱跟踪反应，研究反应的动力学，确定反应的级数 S_NAr 及证明二步反应机理，比较微波加热和常规加热动力学的异同，从而从宏观动力学上了解微波加热的“非热效应”，也可指导微波加热下对反应条件的控制和改变[23～31]。

氟化苯甲醛项目的主要研究内容为以氟代甲苯为原料，以空气选择性氧化得到氯代苯甲醛，再经氟交换或微波催化氟化得到氟代苯甲醛。

15.5.2 对氯甲苯选择性氧化成对氯苯甲醛的研究

对氯苯甲醛是一种重要的精细化工中间体，在医药、农药、染料等方面具有重要的应用价值。传统的对氯苯甲醛的合成方法是对氯甲苯氯化水解法，但该方法存在着氧化深度难以控制、设备腐蚀严重等缺点，且带来了严重的环境问题。随着绿色化学工艺的兴起，以氧气为清洁氧源实现对氯甲苯的绿色氧化已成为研究热点。但对氯甲苯氧化为对氯苯甲醛时，生成的醛比反应物更易发生深度氧化而生成酸，因而如何提高生成醛的选择性是该问题的难点。生物体内，细胞色素 P-450 单加氧酶（monooxygenase）在温和条件下传递、活化分子氧且高选择性地催化氧化多种反应物。因此，以各种金属配合物模拟细胞色素 P-450 单加氧酶，在温和条件下，活化分子氧并实现烃类的选择性氧化已受到广泛的关注。Murahashi 等以金属卟啉及金属冠醚配合物为催化剂，在乙醛的存在下实现了烃类的选择性氧化，但卟啉配合物较为昂贵且较难合成，冠醚类化合物毒性较大，这限制了该体系的应用。乙酰丙酮（acetylacetone，acac）廉价易得，且可与大多数金属形成稳定的配合物，其应用于芳烃的仿酶催化氧化文献中未见报道。作者以乙酰丙酮配合物为催化剂，在乙醛存在下，以氧气为氧源，温和条件下实现了对氯甲苯的选择性氧化[32~36]。

$$\text{4-}ClC_6H_4CH_3 \xrightarrow[CH_2Cl_2,\ rt]{M(acac)_n,\ CH_3CHO,\ O_2} \text{4-}ClC_6H_4CHO + H_2O$$

$M = Cu, Fe, Ni, Co, Mn; n = 2,3$

（1）不同乙酰丙酮配合物的催化性能

不同乙酰丙酮配合物的催化性能列于表 15-43，可以看出，在此反应体系中各金属配合物催化对氯甲苯氧化的选择性均非常高。根据对氯甲苯的转化率可得各配合物的催化活性顺序为：$Co(acac)_3 > Co(acac)_2 > Fe(acac)_2 > Fe(acac)_3 > Ni(acac)_2 > Mn(acac)_2 > Mn(acac)_3 > Cu(acac)_2$，据文献报道，该催化活性顺序与配合物的前线轨道能级、自旋多重度及配合物中金属离子的电子排布有关，有关问题尚待进一步研究。

表 15-43 不同乙酰丙酮配合物对对氯甲苯选择性氧化的催化性能比较①

序号	催化剂	转化率/%	选择性/%	得率/%
1	$Cu(acac)_2$	1.17	88.00	1.03
2	$Fe(acac)_3$	6.32	85.18	5.38
3	$Fe(acac)_2$	7.11	89.47	6.36
4	$Ni(acac)_2$	4.31	91.30	3.94
5	$Co(acac)_2$	8.47	91.16	7.72
6	$Co(acac)_3$	9.26	87.88	8.14
7	$Mn(acac)_2$	2.06	88.64	1.82
8	$Mn(acac)_3$	1.36	86.21	1.17

① 反应条件：对氯甲苯 20mL，二氯甲烷 20mL，0.764mmol M(acac) 催化剂，2mL 40%的乙醛水溶液，氧气压力 0.3 MPa，室温反应 11h。

（2）不同 $Co(acac)_3$ 用量对反应的影响

改变催化剂 $Co(acac)_3$ 的用量，其余反应条件不变，考察其对反应的影响，见图 15-4。由图 15-4 可以看出，催化剂 $Co(acac)_3$ 的用量对反应转化率和得率有较大的影响，对反应的选择性影响较小，随着催化剂用量的增多，反应的转化率和得率先增加后降低，当催化剂用量为 0.764mmol 时，反应的转化率和得率达最高（分别为 9.26%和 8.14%），而选择性则缓慢下降，转化率和得率达最高时的选择性为 87.88%。催化剂的用量增加使转化率先增加后减小，催化剂用量有最佳的用量范围，这与传统的催化反应不同。实际上，在过渡金属催化剂催化的自动氧化反应中也存在这种现象，即“催化剂-抑制剂-转化率”现象（catalyst inhibitor conversion phenomenon)，并且在甲苯的仿酶催化中也观察到了这种现象。

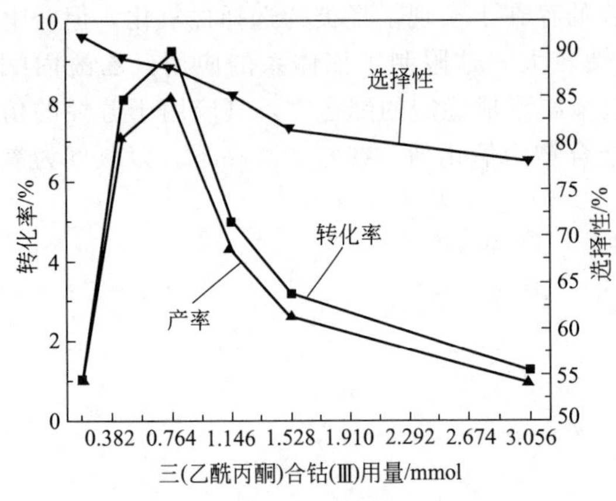

图 15-4　不同 $Co(acac)_3$ 用量对对氯甲苯选择性氧化的影响

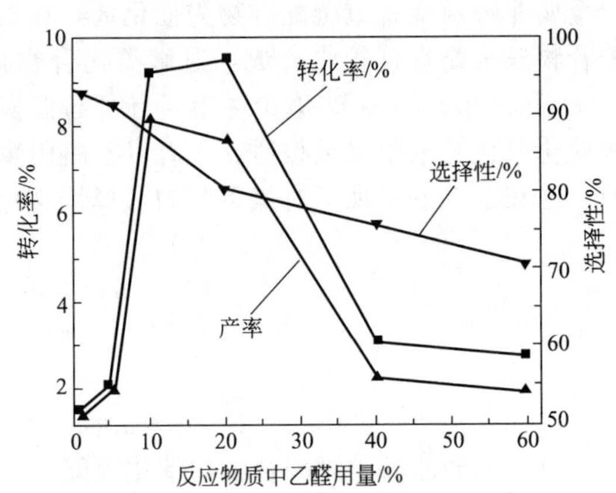

图 15-5　不同乙醛用量对对氯甲苯选择性氧化的影响

(3) 不同乙醛用量对反应的影响

改变乙醛的用量，使其物质的量分别为反应物物质的量的 1%、5%、10%、20%、40%、60%，考察其对反应的影响，结果见图 15-5。

由图 15-5 可以看出，随着乙醛用量的增多，反应的转化率和得率先增加后降低，当乙醛物质的量为反应物物质的量的 10%时，反应的转化率和得率达最高（分别为 9.26%和 8.14%），而选择性开始时缓慢下降，降至转化率和得率达最高时的 87.88%后开始迅速下降，GC-MS 分析表明，副产物主要为对氯苯甲醇与乙酸形成的酯，这说明乙醛过量时，多余的乙醛被氧化为乙酸，乙酸与生成的对氯苯甲醇生成了酯。

(4) 不同氧气压力对反应的影响

改变氧气的压力，其余反应条件不变，考察氧气压力对反应的影响，结果见图 15-6。从图中可以看出，当压力小于 2MPa 时，由于氧气在液相中的溶解度随压力的增大而增大，转化率迅速增加，选择性缓慢下降，得率也相应地迅速增加：当压力大于 2MPa 时，转化率基本不变，此时氧气在液相中的溶解已达饱和，由于生成酯的副反应和对氯苯甲醛的深度氧化加剧，反应的选择性急剧下降，相应的得率也迅速下降。反应压力为 2MPa 时，反应转化率及得率均最高，分别为 14.27%和 12.07%，此时反应选择性为 84.19%。

(5) 反应时间对反应的影响

改变反应时间，其余反应条件不变，考察反应时间对反应的影响，结果见图 15-7。从图 15-7 可以看出，反应初始阶段醛的浓度较低，此时反应取决于对氯甲苯的浓度，反应是一级反应，对氯甲苯的转化率不断提高；随着反应时间增长，对氯甲苯的转化率仍不断增高，醛的浓度也在增加，醛进一步氧化为酸的反应加剧，选择性急剧下降，此时反应变为由反应物和醛共同控制的二级反应。当反应时间超过 11h 时，反应生成醛的速率要小于醛深度氧化的速率，因而得率有所下降。

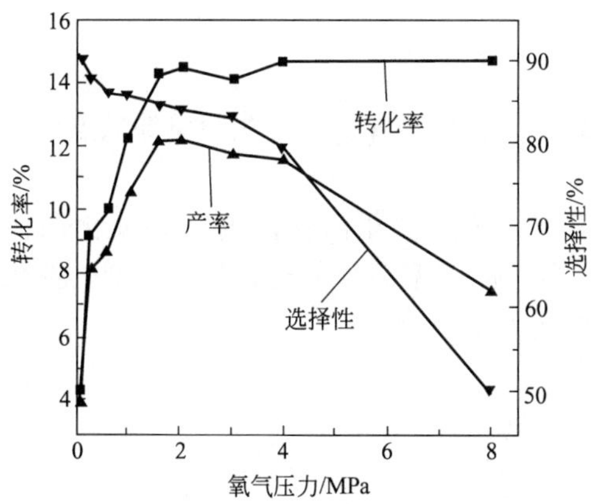

图 15-6 氧气压力对对氯甲苯选择性氧化的影响

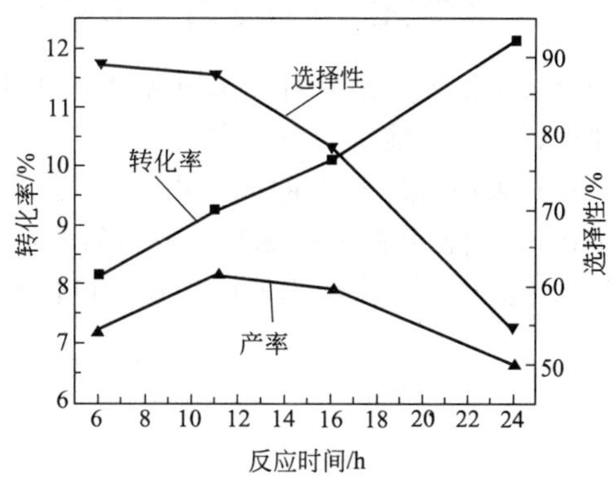

图 15-7 反应时间对对氯甲苯选择性氧化的影响

(6) 反应介质对反应的影响

据文献报道，该反应体系的常用溶剂为乙腈、二氯甲烷、乙酸乙酯、二乙二醇二甲醚等；金属配合物在吡啶、四氢呋喃、二甲亚砜中有较好的氧合性能。以上述溶剂为反应介质，考察了不同溶剂对反应的影响，实验结果见表 15-44。催化剂在不同溶剂中的活性顺序为：乙腈＞二氯甲烷＞乙酸乙酯＞二乙二醇二甲醚；在金属配合物易发生氧合的溶剂中对氯甲苯基本上没有转化，这与文献报道的结果一致，可能是因为此类溶剂中配合物与氧发生氧合后，使催化剂失活。值得提及的是，反应在无溶剂时也能进行，且有较好的转化率和选择性，这是符合绿色化学原则的。

表 15-44 反应介质对对氯甲苯选择性氧化的影响①

序号	溶剂	转化率/%	选择性/%	得率/%
1	CH_3CN	15.3	87.16	13.34
2	CH_2Cl_2	14.27	84.59	12.07
3	EtOAc	10.25	86.30	8.85
4	$O(CH_2CH_2OCH_3)_2$	—	—	—
5	Py	—	—	—
6	THF	—	—	—
7	DMSO	—	—	—
8	无溶剂	8.14	89.08	7.25

① 反应条件：对氯甲苯 20mL，各不同溶剂 20mL，0.764mmol $Co(acac)_3$，2mL 40%的乙醛水溶液，氧气压力 2MPa，室温反应 11h。无溶剂时催化剂、乙醛用量分别为 0.382mol、1mL，其余条件相同。

(7) 几点结论

我们研究了以乙酰丙酮金属配合物为催化剂，氧气为氧源，乙醛存在下，对氯甲苯的液相选择性氧化，优化了反应条件。结果表明，该催化体系对对氯甲苯的选择性氧化有良好的催化性能，反应有较好的转化率和非常高的选择性。金属配合物中 $Co(acac)_3$ 的催化性能最好，在 $Co(acac)_3$ 用量为 0.764mmol、乙醛用量为反应物物质的量的 10%、氧气压力为 2MPa 时，以乙腈为反应介质，室温下反应 11h，反应的转化率和选择性可达 15.3%和 87.16%，对氯苯甲醛得率可达 13.34%。反应也可在无溶剂时进行，此时反应的转化率、选择性及醛的得率分别为 8.14%、89.08%、7.25%。与传统的氯化水解工艺相比，该反应体系反应条件温和，对设备无腐蚀，且环境友好。

15.5.3 卤素交换法合成对氟苯甲醛

卤素交换氟化制取对氟苯甲醛具有原料廉价易得、合成步骤少、工艺简单等优点而成为一种极具工业化前景的合成方法。

我们采用廉价易得的硝基芳烃类化合物作溶剂，选用催化活性高的复合催化剂体系(Ph_4PBr＋自制环醚 Cat. A) 合成对氟苯甲醛，具有产品得率高、分离容易，溶剂、催化剂回收套用简便，生产成本低的优点。设计的合成路线如下[37~41]：

Cat.A

CHO / Cl + KF —PTC→ [CHO / Cl F] → CHO / F

(1) 对氟苯甲醛的合成

在 100mL 四口烧瓶中加入处理后的 SD-KF 8.7g (150 mmol)，Ph_4PBr 2.1g (5mmol)、Cat. A 1.08g (2.5mmol)、10mL $PhNO_2$ 和适量苯，搅拌升温进行共沸去水，去水毕后，蒸除苯。然后加入对氯苯甲醛（简称 PCAD，下同）7.0g (50mmol)，在 N_2 保护下进行回流反应，GC 跟踪。反应完毕，冷却后滤出无机盐，用适量 $PhNO_2$ 洗涤滤饼。有机相用适量 H_2O 洗涤并经无水 $MgSO_4$ 干燥后用 ϕ24mm×500mm 内置玻璃填料的精馏柱精馏，收集 76～80℃/3.3kPa 馏分，可得对氟苯甲醛（简称 PFAD，下同）5.1g。GC 分析：PFAD 含量为 99.5%，得率 80.9%。GC-MS：123 (100)，124(M^+，86)，95(73)，75 (15)，96(10)，125(7)，74(5)，50(5)，78(4)，70(3)；与其标准图谱相符，证明是目标产物。

(2) 对氟苯甲醛反应条件的确定

实验表明：反应物的投料比、溶剂用量及反应时间是影响产物得率的主要因素。因此，采用 $L_9(3^3)$ 正交实验考察以上各因素对产物对氟苯甲醛得率的影响。因素 A：n(KF)/n (PCAD)；因素 B：溶剂硝基苯用量；因素 G：反应时间。由表 15-45 和表 15-46 可以看出：各影响因素作用大小顺序是：A＞C＞B，最佳方案为：$A_3B_2C_3$，此条件下产物的得率可达 80.9%。对于卤素交换氟化反应来说，由于反应过程中生成的 KCl 易于覆盖在 KF 的表面，从而使反应受到抑制。因此，必须使用过量的 KF 以保证有充足的新鲜 KF 进行反应。KF 价格便宜，从成本考虑，也应使用过量的 KF 以保证 PCAD 有较高的转化率。由预实验得知，n(KF)/n(PCAD)＝3 即可，多则效果增加不明显。另外，KF 的粒度和表面状态对投料比也有一定的影响。由于反应系为液-固非均相反应，在无溶剂或溶剂过少的情况下，体系黏度过大，不利于反应传热与传质，因此，适量的溶剂对于改善反应状况以及 PTC 的相转移能力都是相当必要的，但溶剂过多，则会使体系中反应物的浓度下降，从而降低反应速率，如在 $A_3B_3C_3$ 工艺条件下，PFAC 的得率降为 79.2%。从节省溶剂回收成本考虑，也应以 10mL 为宜。从表 15-46 还可看出：在 A_3B_2 条件下，当反应进行 8h 后，原料已基本消耗完毕，延长反应时间(10h)则会由于副反应的加剧而使产物得率下降(75.6%)。

表 15-45 $L_9(3^3)$ 正交实验因素与水平

水平	A	B	C	水平	A	B	C
1	1.5	5	4	3	3	20	8
2	2	10	6				

表 15-46 正交实验结果

序号	A	B	C	转化率/%	得率/%
1	1	1	1	47.4	42.3
2	1	2	2	59.3	49.1
3	1	3	3	66.5	54.2
4	2	1	3	84.8	70.1
5	2	2	1	75.6	66.8
6	2	3	2	93.9	77.6
7	3	1	2	82.4	68.2
8	3	2	3	99.1	80.9
9	3	3	1	77.6	68.4
K_{1j}	145.6	180.6	177.5		
K_{2j}	214.5	196.8	194.9		
K_{3j}	217.5	200.2	205.2		
$K_{1j/3}$	48.5	60.2	59.2		
$K_{2j/3}$	71.5	65.6	64.9		
$K_{3j/3}$	72.5	66.7	68.4		
R_j	24.0	6.5	9.2		

注：$n(\mathrm{PCAD}):n(\mathrm{Ph_4PBr}):n(\mathrm{Cat.\ A})=1:0.1:0.05$。

(3) 催化剂种类及用量对反应的影响

我们分别选用了 Ph_4PBr(5mmol)与不同种类及数量的醚类相转移催化剂复配，其他条件均固定为最优条件，实验结果如表 15-47 所示。

表 15-47 催化剂种类及用量对产物得率的影响

序号	醚类催化剂	用量/mmol	转化率/%	得率/%	序号	醚类催化剂	用量/mmol	转化率/%	得率/%
1	Cat. A	0	66.4	48.6	5	Cat. A	10	98.9	79.8
2	Cat. A	1.25	91.3	74.1	6	PEG-300-Me_2	2.5	93.2	78.3
3	Cat. A	2.5	99.1	80.9	7	PEG-4000	0.25	98.1	72.5
4	Cat. A	5	99.5	81.2					

注：$n(\mathrm{KF}):n(\mathrm{PCAD}):n(\mathrm{Ph_4PBr})=3:1:0.1$，$PhNO_2$ 10mL。

由于该反应在几近无水的条件下进行，而 KF 在溶剂或反应物中的溶解度又太小，反应多是在固-液相界面上进行，为了增强相间传质能力，提高反应速率，人们相继开发了多种 PTC。起先使用的季铵盐由于在强碱性 F^- 和高温条件下易发生分解而导致催化能力大大下降，故在反应中需不断补充以维持反应继续进行。因此，化学稳定性好、热稳定性高的季鏻盐成为用于 PFAD 合成的重要 PTC。在此催化剂体系中，Ph_4PBr 的用量较大，因为它除作为通常意义上的 PTC 外还用来稳定反应过程中的 Meisenheimer 中间体。冠醚及开链聚醚的作用则是用来产生裸露的高活性的 F^-，从而利于反应的进行。对于 Cat. A 来说，其孔径与 K^+ 半径 0.266nm 相当，故其对 K^+ 具有较强的配位作用而使 F^- 呈现很高的活性；链状聚醚的配位能力则相对弱些，对于 PEG-4000 和 PEG-300-Me_2 来说，前者由于分子链卷曲形成的螺旋结构，其孔径也大体与 K^+ 相近，故相对于后者有较强的反应活性，但同时由于其分子端羟基的影响（易吸水和降解），导致轻微的水解副反应，从而表现出相对较低的选择性。

(4) 溶剂种类对反应的影响

由于醛基的吸电子能力较弱（苯环上不同取代基的吸电子效应可由其对应物的偶极矩反映出来，PhCHO：2.8；PhCN：3.9；$PhNO_2$：4.0），对处于其邻、对位上的Cl原子活化作用不强，因此，其反应难度较硝基化合物大，反应常需较高的温度；为增加KF在体系中的溶解度，又要求溶剂具有相当的极性。传统的非质子强极性溶剂如DMSO、DMF等，由于在较高的反应温度和强碱性F^-作用下，常会发生较为严重的分解反应，因此极性适中、稳定性高的硝基芳烃溶剂和氯代芳烃成为理想溶剂。此外，$PhNO_2$本身还是一种防脱卤剂，所用溶剂的反应结果如表15-48所示。

表 15-48 溶剂对产物得率的影响

序号	溶剂	T/℃	t/h	转化率/%	得率/%
1	$PhNO_2$	210	2	64.8	60.3
			4	87.6	77.1
			6	93.2	78.8
2	3,4-二氯甲苯	208	2	45.7	43.3
			4	68.4	61.3
			6	84.4	69.2
3	环丁砜	210	2	38.4	30.7
			4	64.5	48.5
			6	85.5	61.5
4	DMSO	189	2	7.1	5.3
			4	15.4	10.8
			6	20.8	12.5
5	DMI	220	2	13.8	12.4
			4	28.9	23.9
			6	38.6	31.4
6	—	230	4.5	94.0	74.0

注：$n(KF):n(PCAD):n(Ph_4PBr):n(Cat.\ A)=3:1:0.1:0.05$，溶剂10mL。

(5) 催化剂Ph_4PBr的回收与套用

洗涤有机相后的水相经过滤、浓缩、结晶、纯化、干燥后，可得回收的Ph_4PBr。回收的催化剂在外观上与新鲜催化剂无明显差别。表15-49列出了催化剂的回收次数与催化性能之间的关系。

表 15-49 催化剂回收次数与催化性能之间的关系

序号	回收次数	转化率/%	得率/%	序号	回收次数	转化率/%	得率/%
1	0	99.1	80.9	3	2	89.5	73.2
2	1	93.7	77.3				

注：$n(KF):n(PCAD):n(Ph_4PBr):n(Cat.\ A)=3:1:0.1:0.05$，$PhNO_2$ 10mL，$t=8h$，$T=210℃$。

可以看出，回收的Ph_4PBr在催化性能上下降程度不大，虽然其添加量较大，但经过回收，可反复使用3次以上，且回收率大于70%，故成本显著降低。

(6) 水分对反应的复杂影响

在此氟化反应中，体系中的水对反应具有复杂的影响：当水分含量过高时，由于氢键作用而使KF的活性降低，导致反应速率减小，甚至停止。当KF中水含量大于2%时，反应几乎不进行。水分的增加使水解副产物酚及其衍生物的量大大增加，导致反应选择性下降。当水分含量过低（如无水状态下），无机相与有机相间的传质过程受到很大的阻力，反应仅限于原料与溶解于有机相中的极微量的KF和无机固相表面进行，反应就会受到抑制；但水分的减少，使由水分引起的副反应大大减小，反应表现出很高的选择性。KF中适量水［w

($(H_2O)_{出}$ = 0.2% ~ 0.3%] 的存在对固体 KF 表面 F^- 的传质过程非常重要，这对有无催化剂都适用。

(7) 几点结论

以硝基芳烃类化合物为溶剂，采用卤素交换氟化来制取对氟苯甲醛是一种行之有效的方法。在以 $PhNO_2$ 为溶剂，$n(KF):n(PCAD):n(Ph_4PBr):n(Cat.\ A)=3:1:0.1:0.05$，反应温度 210℃，反应时间 8h 的最佳工艺条件下，产品对氟苯甲醛的得率可达 80.9%，纯度 99.5%。

15.5.4 微波作用下卤素交换制备氟代苯甲醛

微波独特的内加热方式使得在其作用下的有机反应具有热效率高、反应速率快、选择性好等优点。至今，微波技术已成功用于多种有机合成反应，效果显著。但其在氟化反应中的应用却鲜见报道，作者将微波技术应用于卤素交换氟化反应，取得了令人满意的结果。我们对此方法还进行了改进与拓展，采用高活性的复合催化体系（Ph_4PBr + Cat. A），在微波作用下高效、高得率地合成了系列含氟芳香醛(酮)化合物，并就微波对反应的加速机理进行了相关探讨[42,43]（见表 15-50）。

COR COR
Cl_n —[苯环]— (1) $\xrightarrow[\text{MW}]{\text{SD-KF,PTC}}$ Cl_{n-m} —[苯环]— F_m (2)
R=H,Ph

(1) 氟化反应实验

在 100mL 烧瓶中加入新鲜干燥的 75mmol 或 150mmol SD-KF、5mmol Ph_4PBr 和 215mmol Cat. A 以及 10mL 反应溶剂和适量苯，加热回流进行共沸去水，去水完毕后蒸除苯。然后迅速加入 50mmol 反应底物 1a～1i，N_2 保护下，于一定功率的微波下进行反应。GC 跟踪，反应完毕后，过滤，滤液真空精馏或柱色谱分离，可得产物 2a～2i。常规反应操作如上，只是加热源为油浴。化合物 2a～2i 的物性数据见表 15-51。

表 15-50 微波作用下不同催化剂对 PCAD 氟化的催化效果（300W）

序 号	催化剂用量/mmol	转化率/%	得率/%
1	$Ph_4PBr(0.1)$ + Cat. A(0.05)	80.6	72.3
2	$Ph_4PBr(0.1)+CH_3O(C_2H_4O)_4CH_3(0.05)$	72.4	64.1
3	$Ph_4PBr(0.1)$ + PEG-300-Me_2(0.05)	75.8	67.9
4	$Ph_4PBr(0.1)$ + PEG-4000(0.01)	79.8	64.8

注：$n(KF):n(PCAD)=1.5:1$，$V(PhNO_2)=10mL$，$t=2h$。

在各催化剂体系中，Ph_4PBr 的用量均较大，因为其除作为 PTC 外，还用来稳定反应过程中的 Meisenheimer 中间体。冠醚及链醚的作用则是用来产生高活性的 F^-，从而利于反应的进行。对于 Cat. A 来说，其孔径与 K^+ 半径 0.266nm 相当，故其对 K^+ 具有较强的配位作用而使 F^- 呈现很高的活性；链状聚醚的配位能力则相对弱些，PEG-4000 相对于 PEG-300-Me_2 和 $CH_3O(C_2H_4O)_4CH_3$ 而言，前者由于分子链卷曲形成的螺旋结构，其孔径也大体与 K^+ 相近，故相对后者有较强的反应活性，但同时由于其分子端羟基的影响（易吸水和降解），而导致轻微的水解副反应，从而表现出相对较低的反应选择性。

表 15-51 化合物 2a～2i 的物性数据

产　物		熔点或沸点/℃	MS(EI),m/z
4-氟苯甲醛	2a	76～78/313kPa(bp)	123(100),124(M^+,86),95(73),75(15),96(10),125(7),74(5),50(5)
2-氟苯甲醛	2b	65～67/310kPa(bp)	123(100),124(M^+,80),95(38),75(15),96(10),70(7),74(6),69(5)
2,4-二氟苯甲醛	2c	66～69/212kPa(bp)	141(100),142(M^+,73),113(52),63(18),115(10),143(6)
3-氯-4-氟苯甲醛	2d	28～30(mp)	157(100),77(84),158(77),123(58),128(54),159(M^+,38),94(28),160(25),161(M^+,13)
3-氯-2-氟苯甲醛	2e	31～33(mp)	77(100),123(74),157(58),158(41),159(M^+,23),94(21),128(18),60(13),161(M^+,6)
2,6-二氟苯甲醛	2f	16～18(mp)	141(100),125(57),142(M^+,68),113(40),94(8)
4-氟二苯甲酮	2g	43～45(mp)	123(100),200(M^+,98),105(75),77(32),94(23),201(19),199(18),75(12),124(7)
3-氯-4-氟二苯甲酮	2h	79～8(mp)	105(100),157(46),235(M^+,40),77(36),129(23),159(12),237(M^+,11),199(10),51(9)
2-氯-4-氟二苯甲酮	2i	20～22(mp)	123(100),235(M^+,35),139(32),95(25),207(14),277(13),75(12),237(M^+,10),141(9)

(2) 微波加速反应机理

微波对反应的促进作用有“热效应”和“非热效应”两种。“热效应”是因提高了反应温度而导致反应速率的加快，故对于特定的反应而言，在反应物、催化剂、产物等不变的情况下，其作用与常规加热无异。而微波的“非热效应”则可以改变反应的动力学特征，比如降低活化能、改变反应级数等。微波的这种“非热效应”是一种偶极机理，在此 S_N2 亲核氟化反应中，其活化过渡态（Meisenheimer 中间体）由疏松的离子对组成，与初态相比(紧密的 K^+F^- 离子对)，其离子分散性增加。

$$M^+Nu^- + R—X \rightleftharpoons [Nu^- \cdots R \cdots X \cdots M^+]^{\neq}$$

微波作用可使这种离子分散能力增强，从而有助于活化中间体生成而体现出对反应具有促进作用的“非热效应”。由于卤素交换氟化反应是一个长时间的高温反应，不能稳定地控制反应温度低于沸点，微波加热的反应温度乃体系的沸腾温度，因此从实验本身来说不能如文献那样通过改变反应温度来研究微波反应动力学。在此，基于微波“非热效应”可以改变反应动力学特征的前提，将反应在对微波呈透明或半透明的弱极性溶剂中进行，通过对比微波和常规加热下宏观动力学曲线的变化来研究微波的“非热效应”。

(3) 溶剂对氟化反应的影响

溶剂对 PCAD 微波氟化反应的影响见表 15-52。

表 15-52 溶剂对 PCAD 微波氟化反应的影响（功率 300W）

序号	溶剂	温度/℃	转化率/%	得率/%	序号	溶剂	温度/℃	转化率/%	得率/%
1	DMSO	202	25.8	21.9	3	PhCN	200	64.9	55.8
2	$PhNO_2$	216	98.6	87.3	4	3,4-二氯甲苯	214	92.4	86.7

注：n(KF)∶n(PCNB)=1.5∶1，溶剂 10mL，t=3.5h。

由于醛和苯甲酰基的吸电子能力较弱，使得底物反应活性不强，反应条件苛刻。传统的非质子强极性溶剂（如 DMSO 等）在较高的反应温度和强碱 KF 作用下常会发生严重分解，有恶臭且得率也不够高。此外，其价格贵，易吸水，回收困难，而且对微波“非热效应”具有较强的屏蔽作用。因为在反应过程中，微波主要是与极性大的溶剂作用，其能量也是从溶剂以热能形式向底物转移。因此，在此情况下，微波作用较为突出地表现为“热效应”，其反应动力学也与常规加热相差不大（常规加热下反应呈一级），其在微波下的 ln[c(PCAD)]-t 曲线仍接近于线性关系（见图 15-8）；相比之下，采用弱极性溶剂（如 3，4-二氯甲苯等），则可以体现出微波的“非热效应”，因为溶剂对微波吸收较弱，微波能量主要由极性较大的反应底物吸收，就可显著体现出微波对反应的特殊作用，其 ln[c(PCAD)]-t 曲线发生较大的改变而显著具备了二级反应的特征（见图 15-9）。此时，由于“非热效应”作用加强，在选用较弱极性的反应溶剂时可取得较好的反应结果，从而增大了氟化反应溶剂的选择空间。

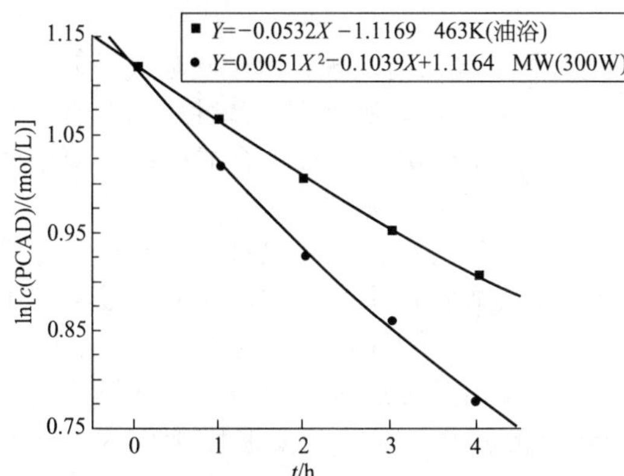

图 15-8 DMSO 中 PCAD 的氟化动力学曲线

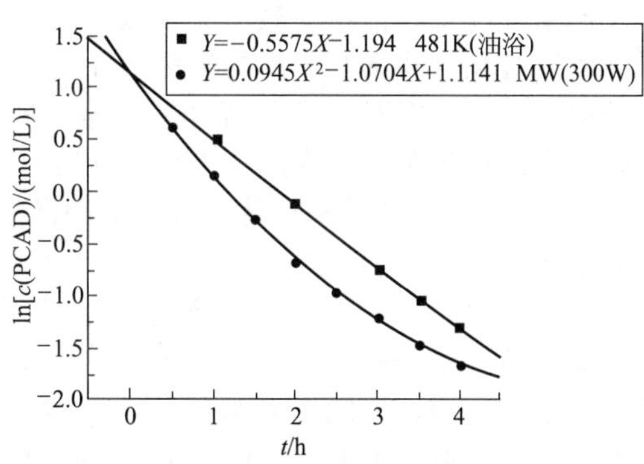

图 15-9 3，4-二氯甲苯中 PCAD 的氟化动力学曲线

（4）不同反应底物的氟化反应结果

以 3，4-二氯甲苯为溶剂，考察了不同底物的反应情况，其结果如表 15-53 所示。由表 15-53 可以看出，各反应底物都不同程度地体现了微波对反应的加速作用。不同反应底物的氟化反应活性可由电子效应和空间效应来解释。就电子效应而言，由 Hammett 方程预测可知，—CHO 和—Bz 的吸电子能力远较—NO_2、—CF_3、—CN 等为弱，因此对处于其邻、对位上的 Cl 原子活化作用不强，氟化反应要较硝基氯苯类化合物困难得多。相对于醛基而言，苯甲酰基可与苯环母体形成一个大的离域体系，因此，与 Cl 原子相连的碳原子上所带的正电荷会离域分散到整个体系中，从而使 F^- 的亲核反应变得更加困难。就空间效应而言，由于位阻影响，一般来说，对位底物的氟化反应活性要高于邻位，这在氯代二苯甲酮类底物氟化中表现得尤为明显。但总的来说，芳香族含氯化合物中的 C—Cl 极性键在微波诱导极化作用下，其极性增强，可使 Cl 原子的离去能力进一步增强，从而降低反应活化能，提高反应速率。

表 15-53 不同反应底物的微波氟化结果(300W)

产物 ArCOR	Ar	R	n(KF)：n(底物)	温度/℃		时间/h		GC 得率/%	
				油浴	微波	油浴	微波	油浴	微波
2a	4-FC_6H_4	H	1.5	208	215	8	3.5	90.9	86.7
2b	2-FC_6H_4	H	1.5	208	216	8	3.5	77.6	79.5
2c	2,4-$F_2C_6H_3$	H	3	208	214	4	1.5	86.5	80.3
2d	3-Cl,4-FC_6H_3	H	1.5	210	218	4	0.5	88.6	92.6
2e	3-Cl,2-FC_6H_3	H	1.5	210	216	4	0.5	82.5	89.6
2f	2,6-$F_2C_6H_3$	H	3	210	215	5	2	75.3	80.2
2g	42ClC_6H_4	Ph	1.5	212	219	9	4	痕量	53.3
2h	3-Cl,4-FC_6H_3	Ph	1.5	211	218	6	2.5	75.3	78.5
2i	2-Cl,4-FC_6H_3	Ph	3	210	217	6	3	73.5	71.3

注：得率由气相色谱分析所得。

(5) 几点结论

在微波辐射下，采用卤素交换氟化反应于中等极性的非质子溶剂中制备氟代芳香醛(酮)类化合物是一种行之有效的方法，具有反应速率快、产物得率高、节能高效、成本低廉等优点。相信随着大功率微波反应器的出现，此方法将具有较强的实用性和工业化前景。

15.6 二氨基吡啶的合成新工艺研究

15.6.1 概述

氨基吡啶及其衍生物是一类含氨基的氮杂环化合物。经研究发现，由吡啶环代替苯环而得到的氨基化合物具有更高的生物活性、更低的毒性、更高的内吸性和选择性，因此吡啶类中间体在农药与医药合成方面得到迅速发展。3，5-二氨基吡啶作为有机合成中的重要中间体，被广泛用于医药、农药、染料、功能材料等精细化学品的合成中[44]。

以3，5-二氨基吡啶代替苯胺合成的微型电子电路、航空宇宙等外包材料，其热稳定性显著增强；3，5-二氨基吡啶衍生物也是抗痉挛及治疗心血管疾病的药物。此外，吡啶环上亲核取代制取的2-氯吡啶或甲氧基硝基吡啶或氨基吡啶，可抑制锈病、白粉病、稻瘟病、苹果霜霉病等多种病菌，已应用的有ICIA0858，它的作用是可通过作物的木质部迅速到达叶片及新芽顶端，抑制病菌蛋氨酸的合成，对作物十分安全。卤代4-氨基吡啶作为吡啶基脲类植物生长调节剂的重要中间体已得到研究和应用，该类化合物对植物生长和早熟有促进作用，还能延缓作物后期叶片的衰老，提高作物产量，在农业生产中有着广泛的用途和发展前景。2-氯-3-氨基吡啶用来合成抗消化性溃疡药哌仑西平和二氨杂草类抗艾滋病药，也是合成杀虫剂的中间体。氨基吡啶的醇化和硝化产物也是重要的药物中间体，2-氨基吡啶-3-甲醇是抗抑郁药米氮平(mirtazapine)的关键单体，其衍生物是NO合成酶抑制剂的有效组分，能抑制NO合成过多而导致的免疫系统受损，它在治疗败血症休克、慢性类风湿关节炎、糖尿病等疾病方面也有重要应用。5-硝基-2-氨基吡啶用作[45]无机离子高效液相色谱分离用的优良柱前衍生试剂——新的偶氮试剂2-(5-硝基-2-吡啶偶氮)间苯二酚和2-(5-硝基-2-吡啶偶氮)-5-二乙氨基苯酚的原料。另外，氨基吡啶的硝化衍生物是一类高氮低碳氢含量的化合物，具有很高的正生成焓和较高的密度，而且容易达到氧平衡，所以氨基硝基化合物可以用作钝感炸药，受到国内外的广泛关注。1995年，美国Lawrence-Livermore国家试验室(LLNL)首次合成了2,6-二氨基-3,5-二硝基吡嗪-1-氧化物(LLM-105)，它的密度为1.913g/cm^3，其能量比TATB高15%，是HMX的85%，是一种热稳定性好、低爆速的钝感炸药，德国和英国也相应合成了此炸药。瑞典国防研究院FOA高能材料研究所于1998年首次合成了1,1-二氨基-2,2-二硝基乙烯(FOX-7，密度为1.885g/cm^3)，能量为HMX的85%～90%。

对于氨基吡啶的合成方法有很多种，采用叠氮还原法合成的2-氨基吡啶及其衍生物，是药物柳氮磺胺吡啶的主体，可用于治疗溃疡性结肠炎和类风湿关节炎，有消炎和抗菌的功能[46]；将硝基吡啶还原(金属催化加氢，活泼金属加酸还原，金属氢化物还原)成氨基吡啶，可直接作为药物及分析检测试剂应用，如将4-氨基吡啶[47]烷基化、季铵化，制成抗金球菌的抗生素，同时也是制备强心剂、抗病毒剂、灭菌剂、抗心律不齐药、新型抗高血压药吡那地尔(Pinacidil)等药物的中间体；也可用于食品添加剂和超高效酰化催化剂等物质的原料。

15.6.2 二氨基吡啶的合成工艺

目前，对于3,5-二氨基吡啶的合成，据文献报道主要有两种路线[48,49]。

路线1以吡啶为原料，经溴化、氨解合成了3,5-二氨基吡啶。溴代反应在215℃下发生，主要生成单溴代吡啶，产率只有11%，取代产物之间难以分离；氨解反应在260℃，180atm的条件下，条件苛刻，且氨基在此条件下极易被氧化；

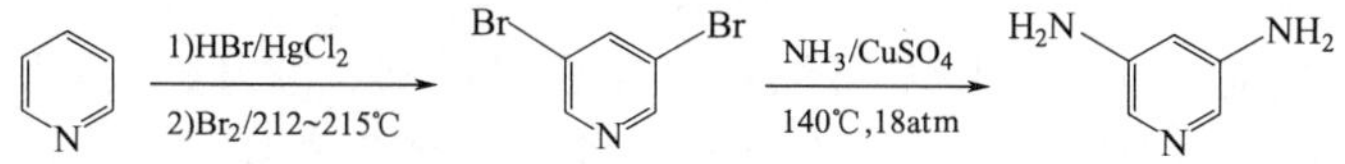

路线2以2-氯-3,5-二硝基吡啶为原料，经催化加氢还原而得，除了Pd/C价格昂贵、加氢安全隐患外，原料3,5-二硝基-2-氯吡啶极为昂贵。

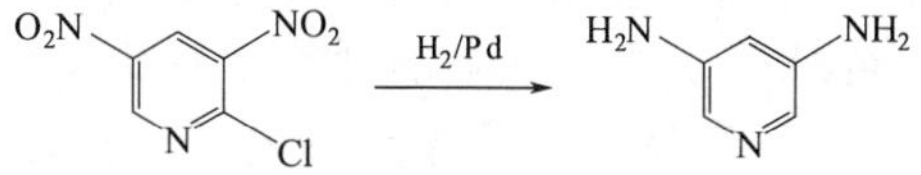

鉴于以上合成路线的种种缺陷，我们以3,5-二甲基吡啶为原料，经中性高锰酸钾氧化、$SOCl_2/NH_3 \cdot H_2O$体系酰胺化和霍夫曼降解三步反应合成3,5-二氨基吡啶，工艺路线如下所示：

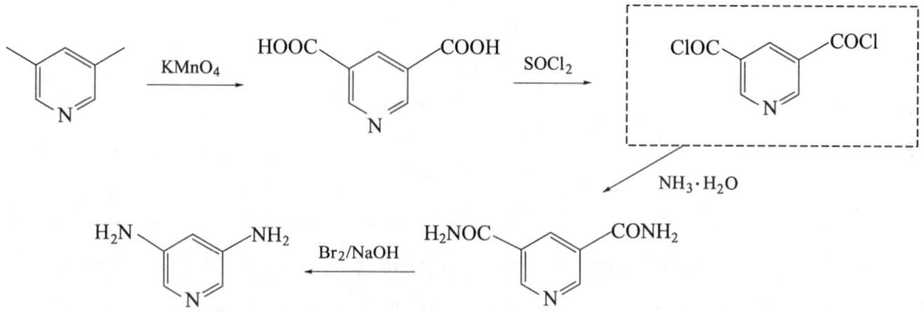

15.6.3 二氨基吡啶的合成实验研究[50,51]

(1) 3,5-吡啶二甲酸的合成

在250mL三口烧瓶加入5mL 3,5-二甲基吡啶（0.044moL），75mL水，搅拌并加热至62℃，将38g高锰酸钾（0.22mol）分批加入，加料间隔约为15min，加完后恒温反应1h，抽滤，滤液用盐酸调pH 1.5～2.0，析出白色沉淀，抽滤，用100mL水洗涤，滤饼烘干，得3,5-吡啶二甲酸的白色粉末。

(2) 3,5-吡啶二甲酰胺的合成

在100mL三口烧瓶加入5g 3,5-吡啶二甲酸、1mL DMF、30mL二氯亚砜，升温至78℃，恒温搅拌0.25h后蒸出多余的二氯亚砜，冷却至室温，加入20mL二氯甲烷溶解，在冰浴条件下，迅速加入25%的用碳酸铵饱和的30mL氨水，超声5min，得到乳白色悬浊液，抽滤，洗涤，真空干燥，得3,5-吡啶二甲酰胺米白色固体。

(3) 3,5-二氨基吡啶的合成

将4mL溴加入0℃的60mL 6mol/L氢氧化钠的烧杯中，超声20s得亮黄色次溴酸钠溶液。在250mL三口烧瓶中于0～2℃下加入4.00g粉末状3,5-吡啶二甲酰胺于氢氧化钠溶液，分批加入先配好的次溴酸钠溶液，超声10min或冰浴下搅拌40min，溶液变为清亮溶液，迅速升温至75℃，保温1h后变成淡黄色或暗红色溶液。冷却到室温，用60mL氯仿分三次萃取，合并有机层，无水硫酸钠干燥，减压蒸干，得米白色固体，经苯、亚硫酸氢钠重结晶得白色3,5-二氨基吡啶。

15.6.4 二氨基吡啶的合成实验结果与讨论

15.6.4.1 3,5-吡啶二甲酸的合成条件研究

(1) 氧化剂的选择

对3,5-二甲基吡啶氧化时，甲基可以被氧化成羟甲基、醛基、羧基，或者只有一个甲基被氧化，也能被深度氧化成二氧化碳，甚至吡啶环被氧化开环，目标产物的选择性较低。当采用含质子酸的氧化体系时，吡啶环上的氮能与质子结合，形成稳定的吡啶盐，吡啶盐的正离子在β-位的电子云密度更低，使甲基的氧化更困难。所以，选择合适氧化能力的氧化剂及反应条件才有可能高产率地得到3,5-吡啶二甲酸。分别采用二氧化硒、硝酸、氧化铬、重铬酸钾、高锰酸钾氧化体系对3,5-二甲基吡啶进行了氧化反应研究。根据产物分析，发现氧化剂的氧化能力和体系中是否含有质子酸是影响反应产率的主要因素，其结果见表15-54。

表 15-54 氧化体系对氧化反应产率的影响

序号	氧化剂	产率/%
1	二氧化硒	25
2	硝酸(65%)	37
3	酸性重铬酸钾	45
4	三氧化铬/硫酸	49
5	酸性高锰酸钾	47
6	中性高锰酸钾	90.7
7	碱性高锰酸钾	83

从表15-54可看出，酸性高锰酸钾、酸性重铬酸钾氧化能力过强，过度氧化了原料，产率很低；氧化性相对较弱的SeO_2体系的氧化产物则主要是3-甲基吡啶-5-甲酸；另外，当采用含质子酸体系时，因为吡啶成盐，使氧化能力适中的氧化体系氧化产率也不高；中性高锰酸钾氧化体系的3,5-吡啶二甲酸收率最高，本质上说，中性高锰酸钾与碱性高锰酸钾氧化效果差别不大，但采用中性高锰酸钾作为氧化剂具有以下优点：①中性高锰酸钾在氧化的过程中也产生了氢氧化钾，随着反应的进行，氧化体系成碱性高锰酸钾，氧化能力增强，促进3-甲基吡啶-5-甲酸的进一步氧化，使氧化反应彻底；②副产物为二氧化锰的沉淀，过滤洗涤后可以回收利用，而碱性高锰酸钾的还原产物大部分为锰酸钾，在后续调pH值过程中，需要消耗大量的酸，所以中性高锰酸钾为最佳氧化剂。

(2) 高锰酸钾的用量的影响

探索了原料与高锰酸钾最佳物料比，结果如表15-55所示。

表 15-55 高锰酸钾的用量对氧化反应产率的影响

序号	n(原料)∶n(高锰酸钾)	产率/%
1	1∶4	67
2	1∶4.5	78
3	1∶5	86
4	1∶5.5	87
5	1∶6	79
6	1∶6.5	68
7	1∶7	62

由表15-55可知，当物料配比n(原料)∶n(高锰酸钾)为1∶5.5时产率达到最高，增大高锰酸钾的量，产率不见增长。由于氧化反应剧烈放热，高锰酸钾的加料速度过快，也会导

致反应温度急剧上升，通过实验探索得到，最佳的反应条件是缓慢连续加入高锰酸钾的方式，使反应温度在75℃左右。

（3）反应温度的影响

反应时温度控制也是反应产率的重要影响因素，以原料与高锰酸钾的摩尔比为1∶5.5，控制温度不超过如下温度时，结果如表15-56所示。

由表15-56中数据可知：在反应温度低于55℃时，反应进行得很慢甚至不反应，当温度升至75℃，反应剧烈放热，难以控制，过高的反应温度使吡啶环过度氧化，收率降低；同时，由于氧化反应剧烈放热，高锰酸钾的加料速度过快也会导致反应温度急剧上升，通过实验发现最佳反应条件是分批加入高锰酸钾的方式，将反应温度控制在65℃左右。

表15-56　温度对氧化反应产率的影响

序号	反应温度/℃	产率/%
1	50	72
2	55	81
3	60	87
4	65	83
5	70	76
6	75	67
7	80	52

（4）pH值对反应的影响

反应结束后，调节滤液的pH值到适当值使3,5-吡啶二甲酸析出，在该过程中，滤液pH值的控制非常重要，pH值对其产率的影响如表15-57所示。

表15-57　pH值对氧化反应产率的影响

序号	pH值	产率/%
1	3	51
2	2.5	65
3	2	87
4	1.5	83
5	1	72

由表15-57数据可见：pH值低于2，吡啶容易成盐溶解在水中，pH值高于2，3,5-吡啶二甲酸不能完全析出。实验结果表明，pH值控制在1.5～2，产物完全析出。

15.6.4.2　3,5-吡啶二甲酰胺的合成条件研究

常用合成酰胺的方法是由羧酸首先生成酸酐、酰氯、酯等羧酸衍生物，再由这些羧酸衍生物经过氨解生成酰胺，本文选择酰氯法先将3,5-吡啶二甲酸酰氯化，然后再氨化得3,5-吡啶二甲酰胺，通过实验发现，该法在制备过程中具有以下优势：①$SOCl_2$不仅是反应物还作溶剂，反应后蒸出多余的$SOCl_2$，简化了后处理流程；②回收的$SOCl_2$可以再用，降低了成本，且反应原料不溶于$SOCl_2$，而产物溶于二氯亚砜，反应终点很容易确定。

（1）酰氯化反应

在酰氯的合成中选用二氯亚砜作酰氯化试剂，由于3,5-吡啶二甲酸与二氯亚砜属于固-液非均相反应，在不加催化剂的情况下，反应缓慢，且吡啶氮原子易与产物HCl反应生成不溶于有机溶剂的盐，使反应进行不彻底。在酰氯化反应中，使用有机碱作为缚酸剂，往往可以有效促进反应的进行，鉴于实验条件，考察了几种有机碱催化剂对该反应的影响，结果

如表 15-58 所示。

表 15-58 催化剂对酰氯化反应的影响

序号	催化剂	反应时间/h	产率/%
1	无	7	71
2	吡啶	2	84
3	*N*,*N*-二甲基苯胺	2	86
4	二甲基甲酰胺	0.5	98

可以看出，DMF 的催化效果最好，这可能是因为在该反应中，催化剂的碱性越强，越容易与反应过程中生成的 HCl 结合，促进反应的进行。同时，由于 DMF 较好的溶解性能，原料在 DMF 中的溶解性更好，使 DMF 在该反应中起到了类似于相转移催化剂的功能，增加了分子之间的接触概率，促进了反应的进行。

(2) 氨化反应

氨化反应若在常温下加入氨水，反应剧烈且放热，生成氯化氢气体，容易爆沸溅出反应液，且酰氯的水解反应随温度升高而明显加强。根据液质联用检测产物组成，常温下反应生成 15%的酰氯水解产物 3,5-吡啶二甲酸，当温度控制在 2℃以下时，酰氯的水解产物消失。所以选择在冰浴条件下加入 25%的碳酸铵饱和的氨水，基于以下两点考虑：①碳酸铵能与盐酸反应产生氨气，消耗氯化氢，提供原料；②碳酸铵分解吸热，能降低反应体系的温度。加完氨水后超声 5min，通过微泡[52]的形成和破裂时释放高能量击碎固体状反应原料与氨充分接触，促进反应完全。

15.6.4.3 3,5-二氨基吡啶的合成条件研究

霍夫曼重排反应是在碱性条件下，首先形成异氰酸酯中间体。然后异氰酸酯水解后脱羧生成胺和二氧化碳。由于其降解过程中有多处需要氢氧根负离子参与，中间体异氰酸酯不稳定，易与生成的胺发生连串副反应生成稳定的副产物脲类化合物，因此碱的用量和温度是反应的主要影响因素。

(1) 碱用量对反应的影响

固定 3,5-吡啶二甲酰胺 (3g) 与次溴酸钠的物质的量比为 1∶4，考察氢氧化钠的量对产率的影响。其实验结果见表 15-59。

表 15-59 氢氧化钠的量对 3,5-二氨基吡啶产率的影响

序号	n(NaOH)∶n(3,5-吡啶二甲酰胺)	产率/%
1	8∶1	69
2	9∶1	73
3	10∶1	79
4	11∶1	81
5	12∶1	84
6	13∶1	78
7	14∶1	72

结果表明：当氢氧化钠与原料的物质的量比为 12∶1 时，产率达到最大值，再增加氢氧化钠的量，反应产率反而降低，因为酰胺的水解随碱性的增大而加强。

(2) 温度对反应的影响

固定反应物料比，产率与温度的关系见图 15-10。

由图可知，当反应温度超过 3℃时，产率开始下降，温度越高，产率下降越快，因为温

度升高同时加速了次溴酸钠的分解。当反应液澄清后，迅速加热到75℃左右反应1h，异氰酸酯完全降解为胺，反应时间延长，副反应增加，产率降低。

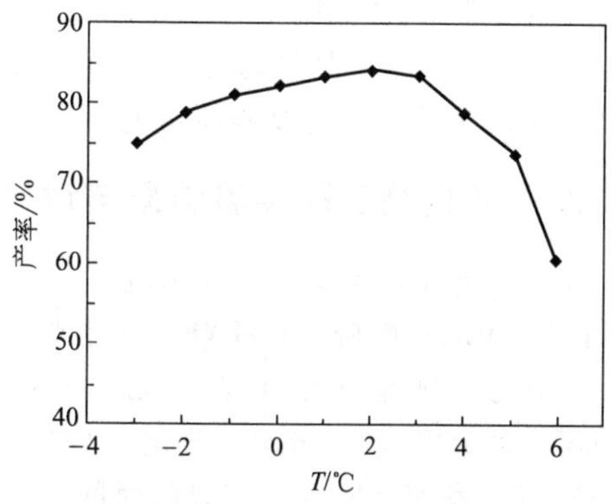

图 15-10 反应温度对3,5-二氨基吡啶产率的影响

15.7 哈格曼乙酯的合成研究

15.7.1 概述

哈格曼乙酯（化学名称：3-甲基-4-乙氧甲酰-2-环己烯酮），室温条件下是一种黄色的液体，不溶于水，易溶于有机溶剂中，是一种重要的有机合成中间体[53~55]，其不饱和的环状结构具有很高的化学反应活性，常被用来合成结构复杂的多/杂环物质，如维生素E、天然卟吩的饱和吡咯环结构单元等[56]。

对于哈格曼乙酯的合成，常规的方法是以乙酰乙酸乙酯和多聚甲醛为原料，在哌啶作为催化剂的条件下，其合成路线可表示为：

COOEt O COOEt O + CH_2O ⟶ COOEt O O COOEt O $\xrightarrow{B^-}$ (B^- = 哌啶) OH COOEt COOEt O $\xrightarrow{\triangle}$ COOEt COOEt O $\xrightarrow[\triangle]{NaOEt}$ COOEt O

在哌啶作为碱性催化剂的条件下，哈格曼乙酯的产率只有40%左右[57]，因此对于催化剂的选择是提高反应产率的至关因素。1,8-二氮杂双环[5.4.0]-7-十一烯（DBU），是一种双环结构的叔胺碱，在许多生成碳-碳单键和碳-碳双键的亲核取代（加成）反应中，它能有效促进亲核试剂对底物的进攻[58,59]。在哈格曼乙酯的制备过程中，关键步骤是生成中间产物的分子内亲核加成反应，利用DBU的结构特点，以DBU代替哌啶用作催化剂，在脱羧反应前加入苯回流，使其中所含的少量水分与苯形成恒沸物而除去，并用固体状的多聚甲醛代替液体甲醛，以减少水分的侵入，使产率提高到58%[60]。

15.7.2 哈格曼乙酯实验研究

由于DBU作为一种特殊的有机碱，它的存在有利于有机反应中的亲核加成。事实证明DBU代替哌啶后，哈格曼乙酯的收率也取得较理想的结果。研究工艺如下。

（1）反应　在装有磁力搅拌器、温度计和回流冷凝管的三口烧瓶内投入130.14g（126.5ml，1mol）乙酰乙酸乙酯、16.52g（0.55mol）多聚甲醛和3.05mL（0.02mol）DBU，搅拌，使油浴温度缓慢上升至45℃，反应温度迅速上升时，立即换成冰浴冷却，控制反应温度不要超过90℃，待温度明显下降后，改用油浴于80℃下保温搅拌2.5h。

（2）萃取和脱羧　用150mL二氯甲烷对反应器内溶液进行萃取，有机相以无水硫酸钠干燥后再经旋转蒸发器除去溶剂，加入250mL苯加热回流，蒸干苯及苯-水恒沸物，加入由200mL无水乙醇和11.5g（0.5mol）金属钠生成的溶液，此时烧瓶内溶液的颜色由黄色变为红色，在氮气保护下加热回流2h，冷却后，向反应烧瓶内缓慢加入由55mL冰醋酸和55mL水组成的混合溶液，回流搅拌3h，通过减压蒸馏除去混合溶液中的乙醇和多余的醋酸。将烧瓶中剩下的反应液倒入盛有150mL二氯甲烷的分液漏斗中，依次加入100mL 2mol/L盐酸、饱和碳酸氢钠溶液和饱和氯化钠溶液洗涤、萃取，所得有机相先以无水硫酸钠干燥，再经旋转蒸发器除去溶剂。

(3) 提纯　粗产品经过减压蒸馏，在 120～130℃温度范围内收取馏分，收集到 52.8g (0.29mol，58%) 黄色液体即得纯哈克曼乙酯。

15.7.3　哈格曼乙酯实验结果与讨论

(1) 催化剂对反应产率的影响

选用 DBU、哌啶、DMAP、二乙胺、氢氧化钠和乙醇钠等 6 种物质作为催化剂进行比较，其中乙醇钠是在使用前以无水乙醇和金属钠临时制备的。反应物按乙酰乙酸乙酯 0.2mol、多聚甲醛 0.1mol、催化剂 0.004mol 投入，所得结果见表 15-60。表中预热时间指在 45℃下引发缩合反应所需要的时间。

表 15-60　催化剂对产率的影响

序号	催化剂	预热时间/min	产率/%
1	DBU	25	50
2	Piperidine	21	41
3	DMAP	28	35
4	Diethylamine	19	28
5	NaOH	10	15
6	NaOEt	7	12

从表 15-60 可以看出，在乙醇钠等强碱性物质作用下，分子间缩合反应虽然能迅速发生(预热时间短)，但是亲核加成反应进行得很不完全，产率较低。而 DBU 等有机碱比较温和，需要较长的预热时间才能引发分子间缩合反应，但是有利于亲核加成反应[61]，反应产率较高。

(2) 反应物摩尔比对反应产率的影响

当 DBU 用量为 0.004mol 时，两个反应物之间的摩尔比对产率影响的结果见表 15-61。当多聚甲醛的加入量不足时，产率明显降低；而多聚甲醛过量太多时，产率并无显著增加，反而还会降低。以多聚甲醛过量 10%左右对反应最为有利。

表 15-61　多聚甲醛对产率的影响

序号	乙酰乙酸乙酯用量/mol	多聚甲醛用量/mol	产率/%
1	0.2	0.09	35
2	0.2	0.10	50
3	0.2	0.11	54
4	0.2	0.14	53
5	0.2	0.17	48

(3) 苯回流对反应产率的影响

在最后转化成目标产物的脱羧反应中，水分的存在有很大的影响。因水可以与苯形成恒沸物随苯一道被蒸出，故在脱羧反应前加入过量的苯并加热回流，苯被蒸干后，残留在中间产物 3-甲基-4，6-二乙氧羰基-2-环己烯酮中的水分便被彻底除掉。如实验研究中所述，以 DBU 作为催化剂，在脱羧反应前加入苯回流，产率可保持在 52%～56%。而不经加苯回流处理，产率仅 46%左右。

(4) 副反应对产率的影响

实验中发现，约有 25% 的脱羧水解副产物 3-甲基-2-环己烯酮［沸点 93～96℃ (0.7mmHg)］产生，在酸性条件（如硫酸）下，此副产物的产率甚至高达 60%。当加入双倍量的乙醇钠时，目标产物的产率只有 15%，而当以乙醇钾代替乙醇钠时，产率也在 10%

左右。提高脱羧反应的选择性关键在于控制水解反应的酸碱度及其加入量。此外，回流时间过长，也会促进副反应的进行。

参 考 文 献

[1] 顾建良. 乙酰苯胺和对甲氧基乙酰苯胺的选择性硫化研究：[硕士论文]. 南京：南京理工大学 ,2001.
[2] 金良超. 正交设计与多指标分析. 北京：中国铁道出版社 ,1988.
[3] 吕早生. N_2O_4-O_3 硫化芳香化合物的宏观动力学及机理研究：[博士论文]. 南京：南京理工大学 ,2001.
[4] 程广斌. 固体酸催化剂在芳香族化合物区域选择性硫化反应研究：[博士论文]. 南京：南京理工大学 ,2002.
[5] 吕早生，吕春绪. 火药炸药学报，2000，23 (4)：29.
[6] 吕早生，吕春绪. 南京理工大学学报，2001，25 (4)：432.
[7] 程广斌，吕春绪，彭新华. 应用化学，2002，19 (3)：181.
[8] 程广斌，吕春绪，彭新华. 应用化学，2002，19 (3)：181.
[9] 程广斌，吕春绪，彭新华. 火炸药学报，2002，25 (1)：61.
[10] 程广斌，吕春绪，彭新华. 精细化工，2001，18 (7)：426.
[11] 茹立新. 2，4-二氯氟苯合成工艺研究：[硕士论文]. 南京：南京理工大学，1997.
[12] 南京理工大学化工学院. 南京：南京理工大学，1993.
[13] 蔡敏敏. 氧气/空气液相氧化一元取代甲苯成芳香醛工艺及机理研究：[博士论文]. 南京理工大学，2001.
[14] 蔡敏敏，魏运洋，蔡春等. 江苏化工. 2001，29 (3)：18.
[15] 蔡敏敏，王雪梅，蔡春等. 化学世界. 2002，43 (1)：37.
[16] 蔡敏敏，魏运洋，吕春绪. 南京理工大学学报. 2002，(2)：26.
[17] 蔡敏敏，魏运洋，吕春绪. 火炸药学报. 2002，25 (1)：59.
[18] 蔡敏敏，魏运洋，蔡春等. 化学反应工程与工艺. 2002，18 (1)：23.
[19] 蔡敏敏，曹阳，魏运洋等. 染料工业. 2002，39 (1)：39.
[20] 户安军. 甲苯类化合物的氧气选择性氧化：[博士论文]. 南京：南京理工大学，2008.
[21] 梁政勇. 卤素交换氟化反应技术研究：[博士论文]. 南京：南京理工大学，2008.
[22] 罗军. 微波促进卤素交换氟化反应研究：[博士论文]. 南京：南京理工大学，2003.
[23] 罗军，蔡春，吕春绪. 江苏化工，2002，29 (增刊)：40.
[24] 罗军，蔡春，吕春绪. 合成化学，2002，10 (1)：17.
[25] 罗军，曲文超，蔡春等. 南京理工大学学报 (自然科学版)，2002，26 (5)：98.
[26] 罗军，蔡春，吕春绪. 精细化工，2002，19 (10)：593.
[27] 罗军，蔡春，吕春绪. 精细化工，2003，20 (1)：53.
[28] 罗军，蔡春，吕春绪. 石油化工，2003，32 (1)：37.
[29] 罗军，蔡春，吕春绪. 现代化工，2002，22 (增刊)：43.
[30] 罗军，蔡春，吕春绪. 应用化学，2003，20 (1)：47.
[31] Luo J，Lü C X，Cai C，Qü W C. J Fluorine Chem，2004，125 (5)：701.
[32] Hu A J，Lü C X. Ind Eng Chem Res，2006，45 (16)：5688.
[33] 户安军，吕春绪，李斌栋等. 对氯甲苯选择性氧化新催化体系研究. 有机化学，2006，26 (8)：1083.
[34] 户安军，吕春绪，霍婷等. 化学通报 (网络版)，2006，69 (2)：w014.
[35] Hu A J，Lü C X，Wang H Y，et al. Catal Commun，2007，8 (8)：1279.
[36] 户安军，吕春绪，李斌栋. 化学进展 2007，19 (2)：292.
[37] 梁政勇，徐珍，吕春绪等. 染料染色，2006，43 (1)：25.
[38] 梁政勇，徐珍，李斌栋等. 精细化工，2006，23 (5)：510.
[39] 梁政勇，徐珍，李斌栋等. 江苏化工，2005，33 (增刊)：76.
[40] 梁政勇，徐珍，李斌栋等. 化学工程，2006，26 (增刊)：209.
[41] 梁政勇，李斌栋，吕春绪等. 化学工程，2007，35 (8)：33.
[42] 梁政勇，吕春绪，李斌栋. 化学通报，2006，69 (11)：836.
[43] 梁政勇，李斌栋，徐珍等. 应用化学，2007，24 (4)：406
[44] Chambers R D，Hall C W，Hutchinson J，et al. Chem. Soc.，Perkin Trans. 1，1998，1705.
[45] Zhou Y F，Gregor V E，Ayida B K，et al. Bioorg. Med. Chem. Lett. 2007，17：1206.
[46] Ulfk Junggren，Sven E Sjostrand. US4225431，1981.
[47] Lo Y，Welstead J，William J. CA 1262553，1984.

[48] 李金山，黄奕刚，董海山等．含能材料．2004，12：576.
[49] Y. F. Zhou，V. E. Gregor，B. K. Ayida，et aL. Bioorg. Med. Chem. Lett. 2007，17：1204.
[50] 胡炳成，梁长玉，陆明等．应用化学．2012，29：80.
[51] 梁长玉，胡炳成，戴红升．含能材料．2011，19：513.
[52] Maier-Bode H. Ber. Deut. Chem.，Ges. 1934，49：1533.
[53] 胡炳成，吕春绪．精细化工．2004，21（11）：872.
[54] 胡炳成，吕春绪．应用化学．2005，22（6）：669.
[55] 胡炳成，吕春绪，张才．应用化学．2006，23（5）：548.
[56] Bore L. Ph. D. Thesis. Bremen：Bremen Unisersity，1997.
[57] Smith L I，Rouault G F. J. Am. Chem. Soc.，1943，65：631.
[58] Sosnicki JG，Liebscher J. Synlett，1996，1117.
[59] Ballini R，Bosica G，Fiorini D，etal. Org. Lett.，2001，3：1265.
[60] 胡炳成，吕春绪，刘祖亮．应用化学．2003，20（10）：1012.
[61] Ballini R，Bosica G，Fiorini D，etal. Tetrahedron Lett.，2002，43：5233

16 药物中间体分离与结构鉴定

一个药物中间体经结构设计及化学合成获得之后，首先是一个混合物，需经过一步或多步的分离提纯后，再对其结构进行鉴定，才能得知它是否是预定的化合物。因此，分离和结构鉴定是药物中间体合成中不可缺少的关键步骤之一。

16.1 色谱分析技术

色谱法（chromatography）也称色层法或层析法[1,2]，是一种物理或物理化学的分离分析方法。该法根据待分离组分间吸附、分配、分子大小或电荷大小的差异，使其在两相中差速迁移而使混合物达到分离，进而对被分离组分进行定性定量分析的方法。

色谱法是俄国的波兰植物化学家 Twseet 于 1906 年创立的。他在研究植物叶色素成分时，使用了一根竖直的玻璃管，管内充填颗粒状的碳酸钙，然后将植物叶的石油醚浸取液由柱顶端加入，并继续用纯净石油醚淋洗。结果发现在玻璃管内植物色素被分离成具有不同颜色的谱带，“色谱”一词也就由此得名。后来这种分离方法逐渐应用于无色物质的分离，“色谱”一词虽然已失去原来的含义，但仍被沿用下来。色谱法应用于分析化学中，并与适当的检测手段相结合时，就构成了色谱分析法。通常所说的色谱法就是指色谱分析法。

目前，最常用的色谱分析方法是气相色谱法和高效液相色谱法。同时，本节也对由经典色谱法引申而来的离子色谱和高效毛细管电泳技术进行介绍。

20 世纪 50 年代以后，化学工业特别是石油化工得到广泛的发展，亟须建立快速、方便、有效的石化成分分析，而石化成分十分复杂，结构十分相似，且多数成分熔点比较低，气相色谱正好吻合石化成分分析的要求，效果十分明显、有效。同样，石化工业的发展也使色谱技术特别是气相色谱得到广泛的应用，气相色谱的仪器也不断得到改进和完善。气相色谱逐渐成为一种工业分析必不可少的手段和工具。

20 世纪 60 年代以来，生物技术飞速发展，生物成分复杂，相对分子质量大，而且熔点、沸点高，在高温条件下易分解。因此，用气相色谱作为分析方法已经不能满足对生物成分分析测试的要求。于是人们就重新考虑采用液相色谱，并进一步提高传统的液相色谱的分离效率。因此，液相色谱成为一种分析工具即高效液相色谱（HPLC）。与传统液相色谱不同的是，高效液相色谱采用了高压泵及填有很细颗粒的高效色谱柱，可以对许多成分进行高效分离和分析。由于高效液相色谱通常采用紫外可见光度检测，而大多数有机化合物均有紫外可见吸收，因此高效液相色谱可以对大量有机化合物进行分析。它在生物科学中得到广泛的应用，特别是对高沸点、高熔点、易分解物质的分析具有气相色谱不可替代的作用。

20 世纪 70 年代，美国 Dow 化学公司的 Small 等人首先提出了离子交换分离、抑制电导检测分析思维，即提出了离子色谱这一概念[3]。离子色谱概念一经提出，便立即被商品化、产业化。我国从 20 世纪 80 年代开始引进离子色谱仪器，在我国“八五”、“九五”科技攻关项目中，均列有离子色谱国产化的项目，对其进行了重点技术攻关。对离子色谱技术的高度重视，使离子色谱目前有了中国产品。

20 世纪 80 年代以后，一种新型的色谱技术——毛细管电泳技术随之出现。毛细管电泳分离效率高、取样量少，与传统的色谱分析相比更为优越，这些优点使毛细管电泳的研究成为色谱技术又一新的热点[4]。而20世纪90年代以来，以毛细管电泳为基础的微分析芯片又将分析科学带入一个全新的领域。

色谱技术作为一种成熟的分析方法，广泛应用于世界各国的生产研究领域。当前，在国外不论是气相色谱还是高效液相色谱、离子色谱、毛细管电泳均是各行各业分析测试的首选工具，特别是作为科学研究中的色谱技术更是一种必不可少的分析方法。

色谱仪是以分离为主的分析仪器，虽然分离时气、液试样有差异，不同的色谱仪的结构组成有独自的要求与特点，但各种色谱仪的结构原理基本相同，如图16-1所示。

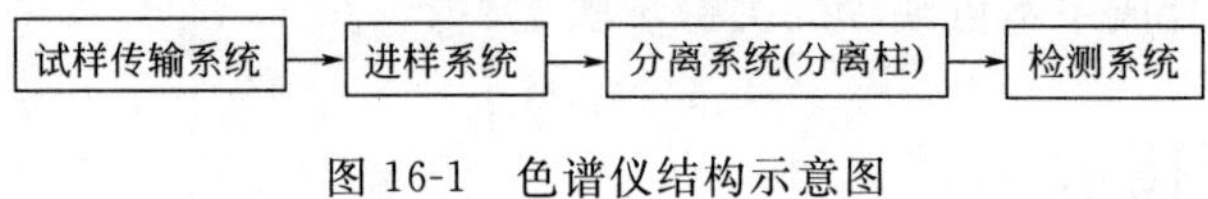

图16-1　色谱仪结构示意图

16.1.1　气相色谱

气相色谱法[5]（gas chromatography，GC）系采用气体为流动相（载气）的色谱方法。按分离原理，气相色谱法主要分为气-液分配色谱法和气-固吸附色谱法。气相色谱法是近几十年来迅速发展起来的分离分析方法，它最早用于石油产品的分离分析，现在已广泛应用于石油化学、化工、有机合成、医药及食品等工业的科学研究和生产等方面中；气相色谱法还可用于生物化学、临床诊断，特别在环境保护中对水、空气等的监测中起着愈来愈重要的作用。

待测样品通过微量注射器进入气相色谱仪后，在汽化室被汽化，混合物通过色谱柱时，在固定相和流动相之间利用吸附-脱附、溶解-挥发等分配过程实现分离。样品经色谱柱分离后，各组分按其不同的保留时间，顺序进入检测器，检测器将其转化为电信号，并经放大传递给记录仪。因此，不具腐蚀性的气体或只要在仪器所能承受的温度下能够汽化，且自身又不分解的化合物都可用气相色谱法分析。

根据气相色谱中所采用柱子的种类，气相色谱法又可分为填充柱气相色谱法和毛细管气相色谱法。与填充柱气相色谱法相比，毛细管气相色谱法具有操作简便、分离效能高、灵敏度高、用量少、分析速度快、应用广等特点。

在一定的分析条件下，不同的待测物依次实现分离。常用的定性物理量有保留时间、保留指数以及与其他仪器联用定性；在知道混合物基本组成的情况下，也可以用标准物质进行分析比对（见图16-2）。色谱定量分析的依据是被测物质的量与它在色谱图上的峰面积（或峰高）成正比，通过因子校正，可以定量分析出某物质在待测体系中的含量。常用的定量分析方法主要有归一化法、内标法、外标法和标准加入法。

由于气相色谱是以气体作为流动相，待分析物质汽化后才能进行分离检测，因此该方法不适于高沸点、难挥发、热稳定性差的高分子化合物和生物大分子化合物的分析。高效液相色谱的出现解决了这一问题。

16.1.2　高效液相色谱

高效液相色谱法[6,7]（high performance liquid chromatography，HPLC）是20世纪60年代末70年代初发展起来的一种新型分离分析技术，目前已成为应用广泛的分离、分析、纯化有机化合物（包括能通过化学反应转变为有机化合物的无机物）的有效方法之一。它是在经典液相色谱基础上，于60年代后期引入了气相色谱理论而迅速发展起来的。它与经典

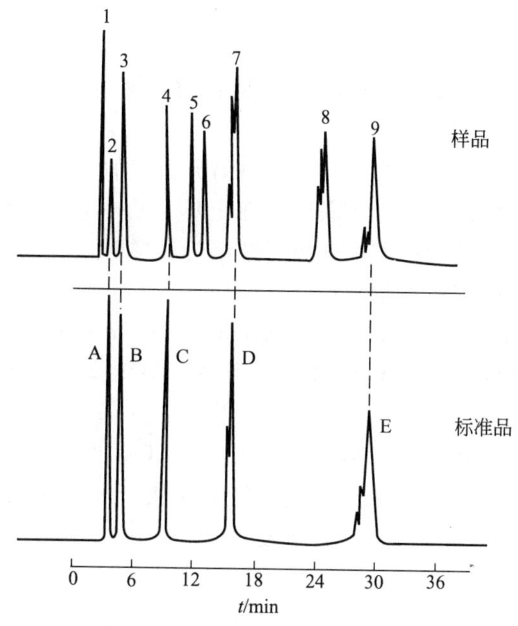

图 16-2 醇溶液定性分析的色谱图

标准品：A—甲醇；B—乙醇；C—正丙醇；D—正丁醇；E—正戊醇

液相色谱法的区别是填料颗粒小而均匀，小颗粒具有高柱效，但会引起高阻力，需用高压输送流动相，故又称高压液相色谱。又因分析速度快而称为高速液相色谱，在技术上采用了高压泵、高效固定相和高灵敏度检测器，因而具备速度快、效率高、灵敏度高、操作自动化的特点。

高效液相色谱是目前应用最多的色谱分析方法，高效液相色谱系统由流动相储液瓶、输液泵、进样器、色谱柱、检测器和记录器组成（见图 16-3），其整体组成类似于气相色谱，但是针对其流动相为液体的特点作出很多调整。HPLC 的输液泵要求输液量恒定平稳；进样系统要求进样便利，切换严密；由于液体流动相黏度远远高于气体，为了降低柱压，高效液相色谱的色谱柱一般比较粗，长度也远小于气相色谱柱。HPLC 应用非常广泛，几乎遍及定量定性分析的各个领域。

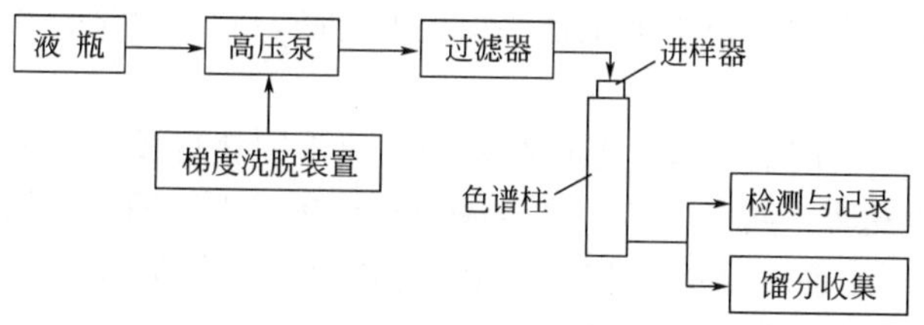

图 16-3 高效液相色谱仪结构示意

使用高效液相色谱时，液体待测物被注入色谱柱，通过压力在固定相中移动，由于被测物中不同物质与固定相的相互作用不同，不同的物质顺序离开色谱柱，通过检测器得到不同的峰信号，最后通过分析比对这些信号来判断待测物所含有的物质。

高效液相色谱作为一种重要的分析方法，广泛地应用于化学和生化分析中。在已知的有机化合物中，约有 80%能用高效液相色谱法分离、分析。高效液相色谱从原理上与经典的液相色谱没有本质的差别，它的特点是采用了高压输液泵、高灵敏度检测器和高效微粒固定相。由于此法条件温和，不破坏样品，因此特别适合高沸点、难汽化挥发、热稳定性差的有机化合物和生命物质。

高效液相色谱可分为四个基本类型，即液-固色谱、液-液色谱、离子交换色谱和体积排阻色谱。

高效液相色谱的定性和定量分析，与气相色谱分析相似，在定性分析中，采用保留值定性，或与其他定性能力强的仪器分析法联用；在定量分析中，采用测量峰面积的归一化法、内标法或外标法等，但高效液相色谱在分离复杂组分试样时，有些组分常不能出峰，因此归一化法定量受到限制，而内标法定量则被广泛使用。

近年来，超高效液相色谱法（ultra performance liquid chromatography，UPLC）的应用愈加广泛。UPLC 是借助了 HPLC 的理论及原理，集新型耐压小颗粒填料、新型超高压输液泵及高速检测器等为一体的新技术。

UPLC 与 HPLC 具有相同的分离原理，但 UPLC 可以在很宽的线速度、流速和反压下进行高效的分离，具有分离度高、分析速度快、检测灵敏度高的特点。特别适合于生化药物、天然药物、代谢组学等复杂体系中微量组分的快速分析和高通量筛选。

16.1.3 离子色谱

离子色谱（ion chromatography，IC）是由离子交换色谱法发展起来的一种高效液相色谱分离方法，是采用高压输液泵系统将规定的洗脱液泵装有填充剂的色谱柱中进行分离测定的色谱分析方法。该法利用物质在离子交换柱上迁移的差异而达到分离。

离子色谱与传统的高效液相色谱方法不同点在于检测原理。我们知道，对于大多数电离物质，在溶液中电离，产生电导，通过对它们的电导检测，就可以对它的电离程度进行分析。由于在稀溶液中大多数电离物质完全电离，因此可以通过电导检测被测物质的含量。由于在溶液中不同离子都不同程度地表现出一定的电导，所以离子色谱通用检测器是以电导检测器为基础。

在离子色谱问世前，阳离子的测定可以采用原子吸收分光光度法，一次只能测定一个元素，如果要同时分析其他元素，需更换相应的空心阴极灯，比较麻烦。而对阴离子的分析一直是沿用经典的容量法、重量法和光度法等，这些方法大都繁琐费时，灵敏度低且干扰大。离子色谱的问世对阴阳离子的分析来说是一项新的突破，它能灵敏、快速、准确地测定多种阴阳离子。

1975 年，Small 等人用电导检测器连续检测柱流出物获得成功，标志着离子色谱法的诞生。经过近三十年的发展，离子色谱法已经成为分析离子性物质的常用方法。我国第一代离子色谱仪于 1983 年 6 月通过了专家鉴定。离子色谱仪与一般的液相色谱仪一样，由输液系统、进样系统、分离系统和检测系统构成。

离子色谱经过近 40 年的发展，已成为一种比较成熟的分析技术。主要用于可电离、无（或弱）紫外吸收组分的分离分析，包括无机阳离子、无机阴离子、有机酸、糖醇类、氨基糖类、氨基酸、蛋白质及糖蛋白等物质的定性和定量分析。

随着新材料和新技术的出现，离子色谱仍会有很大的发展空间。仪器将向一体化、小型化、便携化方向发展（如毛细管离子色谱）。新的固定相将会不断出现（如具有阴离子和阳离子交换功能的混合色谱柱），寿命长、抗污染能力强的色谱柱等。新的检测手段亦将扩展离子色谱的应用范围。

16.1.4 毛细管电泳

毛细管电泳（capillary electrophoresis，CE）又称高效毛细管电泳（high performance capillary electrophoresis，HPCE），是指以弹性石英毛细管为分离通道，以高压直流电场为驱动力，根据供试品中各组分的淌度（单位电场强度下的迁移速度）和（或）分配行为差异而实现分离的一种分析方法。该技术是分析科学中继高效液相色谱之后的又一重大进展，它使分析科学得以从微升水平进入纳升水平，使单细胞分析，乃至单分子分析成为可能。高效毛细管电泳仪具有高效、快速、仪器简单、分析样品用量少等特点，目前已广泛应用于有机化合物、无机离子、中性分子、手性化合物、蛋白质和多肽、DNA 和核酸片段的分析，在临床医学诊断、卫生防疫、环境监测、食品安全等领域得到广泛应用。

毛细管电泳法属液相分离技术，有多重分离模式。其装置结构非常简单，通常由高压电源、铂电极、缓冲液池、样品池、毛细管、检测器和分析记录仪构成。

与传统电泳技术及现代色谱相比，HPCE 具有如下突出特点。

① 仪器简单，操作方便，容易实现自动化。简易的高效毛细管电泳仪器组成极其简单，只要有一个高压电源、一根毛细管、一个检测器和两个缓冲溶液瓶，就能进行高效毛细管电泳实验。

② 分离效率高，分析速度快。由于毛细管能抑制溶液对流，并具有良好的散热性，允许在很高的电场下（可达 400V/cm 以上）进行电泳，因此可在很短时间内完成高效分离。

③ 操作模式多，分析方法开发容易。只要更换毛细管填充溶液的种类、浓度、酸度或添加剂等，就可以用同一台仪器实现多种分离模式。

④ 实验成本低，消耗少。因为进样为 nL 级或 ng 级；分离在水介质中进行，消耗的大多是价格较低的无机盐；毛细管长度仅 50～70cm，内径 20～75cm，容积仅几微升。

⑤ 应用范围广。由于 HPCE 具有高效、快速、样品用量少等特点，所以广泛用于分子生物学、医学、药学、材料学以及与化学有关的化工、环保、食品、饮料等各个领域，从无机小分子到生物大分子，从带电物质到中性物质都可以用 HPCE 进行分离分析。

16.2 元素分析技术

16.2.1 元素分析

测定合成的化合物的元素组分是鉴定化合物辅助手段之一，常用的方法有“经典”测定法和仪器分析法[8]。

(1)“经典”测定法

测定 C、H 含量唯一可靠的方法是进行燃烧分析。不论常量法、半微量法或微量法都是把样品和适当的氧化剂放在燃烧管中加热，同时通入空气或氧气进行氧化作用，使样品中的 C 定量地变成 CO_2、H 定量地变成 H_2O。常用的氧化剂是氧化铜。然后把生成的 CO_2 用烧碱石棉吸收，H_2O 用无水过氯酸镁吸收，再称定它们的质量。

测定 N 的含量通常采用杜马法（Dumas method）。杜马法是在二氧化碳气流下把样品和氧化铜放在燃烧管中进行燃烧分析，样品燃烧后其中的 N 除了变成 N_2 外，部分地生成 N_xO_y，需要用金属铜把它还原为 N_2。然后把混合气通过浓的氢氧化钾溶液，使 CO_2 被氢氧化钾溶液吸收，测量留下的 N_2 的体积。

测定硫的含量也是采用燃烧法。有机硫在氧瓶中燃烧分解后，以 H_2O_2 水溶液吸收、氧化生成的 SO_2 与 SO_3，使之转化为 SO_4^{2-}。以偶氮氯膦Ⅲ（Chlorphosphona Ⅲ）为指示剂，用高氯酸钡标准溶液滴定生成的 SO_4^{2-}。

其他有机元素（F、Cl、Br、I、P 等）含量的测定详见相关文献。

(2) 仪器测定法

第二次世界大战以后，物理学、电子学和材料学的发展促进了仪器分析的大量发展和应用，快速简便的方法和仪器取代了费时费力的“经典法”。

元素分析仪是应用较为普遍的测定化合物元素组分的仪器，配备微计算机和微处理机进行条件控制和数据处理，方法简便迅速。

① C、H、N 分析仪　测定方法有 4 种。

a. 示差热导法　又称自积分热导法。样品的燃烧部分采用有机元素定量分析的 C、H、N 分析方法。在分解样品时通入一定量的氧气助燃，以 He 为载气，将燃烧气体带过燃烧管和还原管，二管内分别装有氧化剂和还原铜，并充填银丝以除去干扰物（如卤素等），最后从还原管流出的气体（除 He 外只有 CO_2、H_2O 和 N_2）通入一定体积的容器中混匀后，再由载气带入装有高氯酸镁的吸收管中以除去水分。在吸收管前后各有一热导池检测器，由二者响应信号之差给出水含量。除去水分的气体再通入烧碱石棉吸收管中，由吸收管前后热导池信号之差求出 CO_2 含量。最后一组热导池测量 He 与含 N_2 的载气信号之差，提出 N_2 的含量。

b. 反应气相色谱法　这种元素分析仪由燃烧部分与气相色谱仪组成，燃烧装置与上述相似，燃烧气体由氦气载入填充有聚苯乙烯型高分子小球的气相色谱柱，分离为 N_2、CO_2、H_2O 三个色谱峰，由积分仪求出各峰面积，从已知 C、H、N 含量的标准样品中求出此 3 元素的换算因数，即可得出未知样品的各元素含量。

c. 电量法　又称库仑分析法。

d. 电导法

后两种方法都只能同时测定 C、H，其应用不如前两种方法广泛。

② O、S 分析仪　现代测 C、H、N 的仪器在换用燃烧热解管后，即可用于测量 O 和 S。将样品在高温管内热解，由 He 将热解产物带入活性炭（涂有镍或铂）的填充床，使氧完全氧化为 CO，混合气体通过分子筛柱将各组分分离，用热导池检测 CO 求得氧含量。或将热解气体通过氧化铜柱，将 CO 氧化为 CO_2，然后用烧碱石棉吸收进行示差热导法测定。S 的测定是在热解管内填充氧化钨等氧化剂，并且通入氧气助氧化，使 S 氧化为 SO_2。此 SO_2 可使之通过分子筛柱用气相色谱测量；或通过氧化银吸收管，用示差热导法测量。

③ 卤素分析仪　含卤素的样品燃烧分解后生成卤离子，常用库仑滴定法测量；也可用离子选择性电极测量；或以它为测量电极，直接读取电位值，由已知电位-浓度关系求得含量；或以它为指示电极，用硝酸银标准溶液滴定，滴定至预先调好的电位值即自动停止，由消耗的标准溶液体积计算卤素含量。

现以德国 Vario EL Ⅲ元素分析仪为例，该仪器是一种较为先进的实验室仪器，具有线性范围宽，稳定性好，自动化程度高等优点，可分析 C、H、N、S、O 五种元素，多种分析模式组合 CHNS、CHN、CNS、CN、N、S、O 应用于化学、药物、合成材料、煤、油、地质、肥料、农产品、环境等多个领域。

Vario EL Ⅲ元素分析仪采用色谱热导法进行测定，仪器由燃烧部分与气相色谱仪组成。分析时将精确称量的样品盛放在锡金属容器内，置于样品自动供给器上，样品依靠重力作用被定期投入约 1150℃的垂直式高温燃烧管中，燃烧温度高达 1800℃，样品完全燃烧，有机物中的 C、H、N、S 元素，经催化氧化-还原后，分别转化成 CO_2、H_2O、N_2、SO_2，然后在以氦气为载气的推动下用色谱法将混合气体分离后，用热导池检测器分别测定各组分的响应信号值，根据组分的信号值和对应元素的校正曲线，分别计算出样品中各种元素的含量。元素分析仪的工作原理如图 16-4 所示。

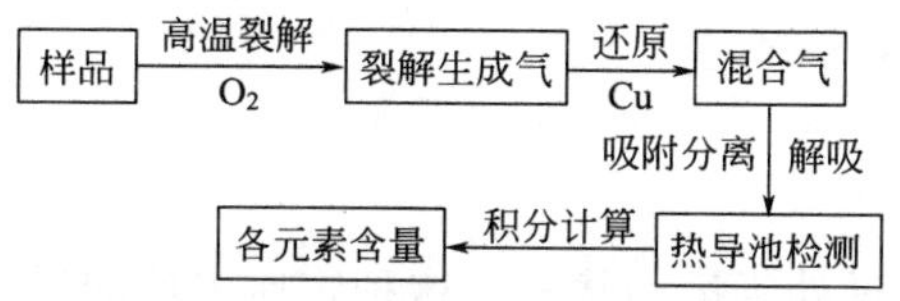

图 16-4 元素分析仪的工作原理

16. 2. 2 相对分子质量测定

相对分子质量测定是判别化合物是否纯净，以及鉴定化合物的辅助手段之一。可以采用常规的物理化学方法即凝固点下降或沸点上升法[9]。其实验装置如图 16-5 所示。

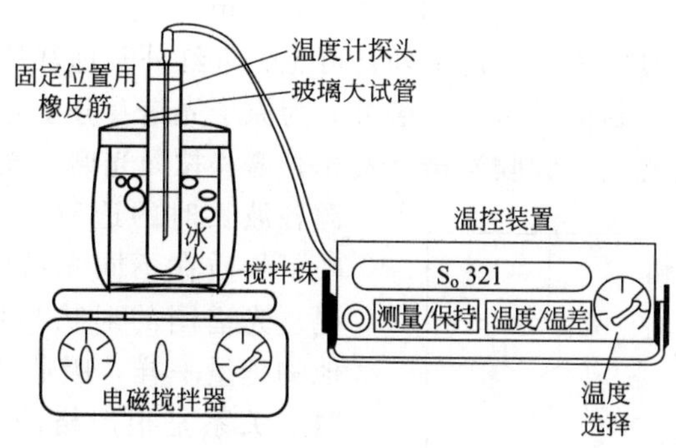

图 16-5 凝固点下降法测定相对分子量试验图

在大试管中加入固定的溶剂（通常为苯），调节水浴锅内冰水的温度，使其比试管中溶剂的凝固点温度低 1～2℃，磁力搅拌使水溶液温度均匀。当温差显示低于 5℃时，用探头轻轻摩擦试管壁几下，可见到温度迅速回升，读出回升的最高温度作为纯溶剂凝固点 T_0。用分析天平准确称取 0.1～0.2g 萘，加入大试管，待完全溶解后用同样方法测量溶液凝固点 T_f；按公式计算分子质量：

$$相对分子质量=\frac{K_f g}{\Delta TG}$$

式中 K_f——凝固点下降常数（对苯为 5.12）；

g——溶质（实验中为萘）的质量；

G——溶剂（实验中为苯）的质量；

ΔT——凝固点下降值（T_0-T_f）。

也可以用 Rast 熔点法测定相对分子质量。把待测物与樟脑混合，测定樟脑的熔点下降。用下式计算相对分子质量：

$$相对分子质量=\frac{40m\times 1000}{Dw}$$

式中 w——未知物的质量；

m——樟脑的质量；

D——由于待测物的存在而引起的樟脑的熔点下降；

40——樟脑的摩尔下降常数。

近代采用质谱法测定有机物的相对分子质量具有相当高的准确度及可靠性，应用也愈加广泛。

16.3 光谱分析技术

物质中的原子、分子永远处于运动状态。这种物质内部的运动在外部可以以辐射或吸收能量的形式表现出来，这种形式就是电磁辐射，而光谱就是按照波长排列的电磁辐射。由于原子、分子的运动是多样的，因此，光谱的表现也是多种多样的[10,11]。

从广义上讲，各种电磁辐射都属于光谱。一般依其波长及测定方法可以分为：

γ射线	$(5.0\times10^{-13})\sim(1.4\times10^{-10})$m
X射线	$(1.0\times10^{-10})\sim(1.0\times10^{-8})$m
光学光谱	$(1.0\times10^{-8})\sim(3.0\times10^{-4})$m
微波光谱	$(3.0\times10^{-4})\sim1$m

而光学光谱又可分为真空紫外、近紫外、可见、近红外及远红外光谱。一般所说的光谱是指光学光谱。根据电磁辐射的本质，光谱可分为原子光谱及分子光谱。根据辐射能传递的情况，光谱又可分为发射光谱、吸收光谱、发光光谱和拉曼光谱。光谱图是被研究物质在光源各波长时的透射率或吸光度的记录，它反映了物质在不同光谱区域吸收能力的分散情况。光谱图的形状和物质的结构有关。与其他物理量一样，吸收光谱与物质结构之间的对应关系是很严格的。因此，光谱图可作为鉴定有机物的根据，而在某些选定波长下测量吸光度即可对物质进行定量分析。

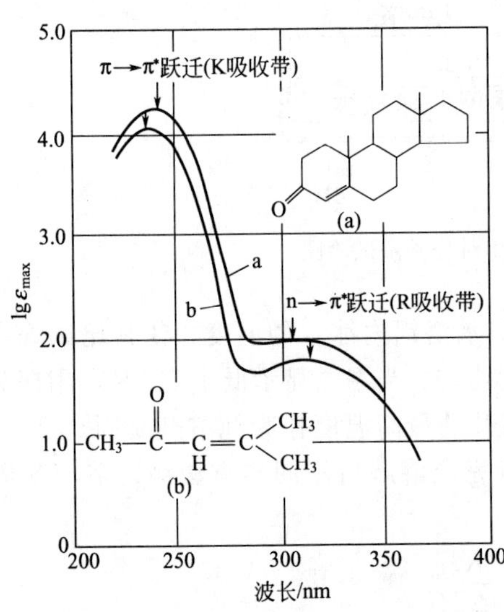

图 16-6 生色团对分子紫外吸收的影响

16.3.1 紫外-可见光谱

分子的紫外-可见吸收光谱法是基于分子内电子跃迁产生的吸收光谱进行分析的一种常用的光谱分析法[12]。分子在紫外-可见区的吸收与其电子结构紧密相关。紫外光谱的研究对象大多是具有共轭双键结构的分子。如图 16-6，胆甾酮（a）与异亚丙基丙酮（b）分子结构差异很大，但两者具有相似的紫外吸收峰。两分子中相同的 O═C—C═C 共轭结构是产生紫外吸收的关键基团。

紫外-可见光区一般用波长（nm）表示。其研究对象大多在 200～380nm 的近紫外区和/或 380～780nm 的可见光区有吸收。紫外-可见吸收测定的灵敏度取决于产生光吸收分子的摩尔吸光系数。该法仪器结构简单，应用十分广泛。如医院的常规化验中，95%的定量分析都用紫外-可见分光光度法。在化学研究中，如平衡常数的测定、求算主客体结合常数等都离不开紫外-可见吸收光谱。

紫外-可见光谱也可用于有机物的定性和定量分析，也是物质结构分析的常用方法。但由于一些有机物的紫外-可见区无吸收或仅有 1～2 个吸收带，所以利用紫外-可见光谱作定性分析远不如红外光谱有效，仅用来鉴定某些含在紫外-可见区有强吸收的特征官能团。

16.3.2 红外光谱

红外光谱可反映分子的振动情况[13]。当用一定频率的红外线照射某物质分子时，若该物质的分子中某基团的振动频率与它相同，则此物质就能吸收这种红外线，使分子由振动基态跃迁到激发态。因此，若用不同频率的红外线依次通过测定分子时，就会出现不同强弱的吸收现象。用 $T\%$-λ 作图就得到其红外吸收光谱。红外光谱具有很高的特征性，每种化合物都具有特征的红外光谱。用它可进行物质的结构分析和定量测定。图 16-7 是双光束红外光谱仪的光路图。

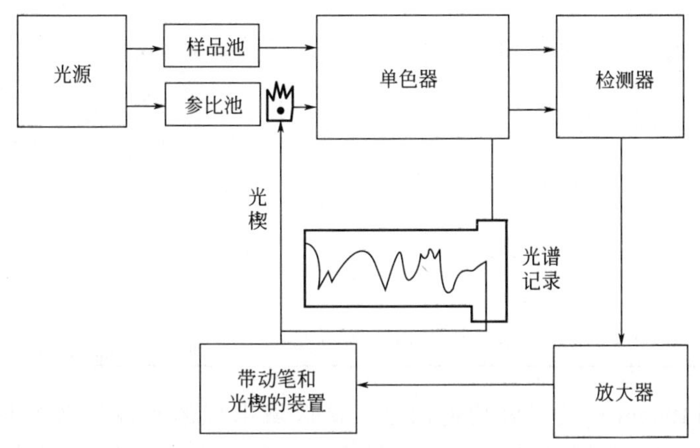

图 16-7 双光束红外光谱仪的光路示意

即使是最简单的水分子，也有不同的振动模式。以最简单的不改变键角的沿轴振动为例，两个氢原子可以是对称地同时向氧原子靠近或离开，也可以是反对称一个靠近氧原子，一个离开氧原子。当然，还会有其他形式的振动和转动，例如改变键角的剪式振动和摇摆振动。下面是亚甲基的各种振动类型：

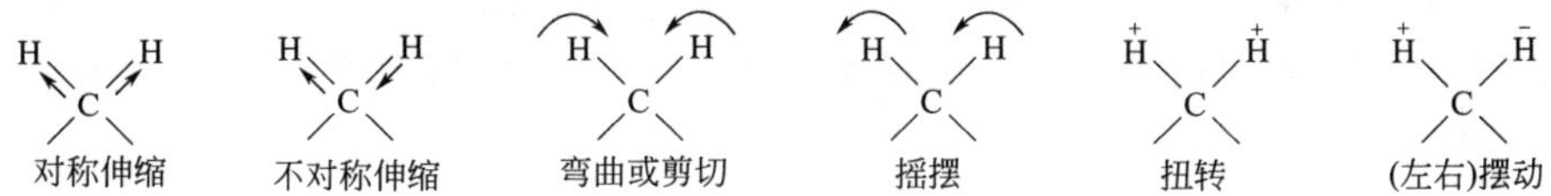

由力学知识可知：由 n 个原子组成的分子有 $3n-6$ 个（线性分子为 $3n-5$ 个）振动模式，例如：

HCl 自由度 $=3\times2-5=1$ 只有一个伸缩振动

H_2O 自由度 $=3\times3-6=3$ 有三个基本振动模式

C_6H_6 自由度 $=3\times12-6=30$ 有 30 个基本振动模式

上述振动虽然不改变极性分子中正、负电荷中心的电荷量，却改变着正、负电荷中心间的距离，导致分子偶极矩的变化。相应这种变化，分子中总是存在着不同的振动状态，有着不同的振动频率，因而形成不同的振动能级。能级间的能量差与红外光子的能量相当。选择吸收当一束连续波长的红外线透过极性分子材料时，某一波长的红外线的频率若与分子中某一原子或基团的振动频率相同时，即发生共振。这时，光子的能量通过分子偶极矩的变化传递给分子，导致分子对这一频率的光子，从振动基态激发到振动激发态，产生振动能级的跃迁。

值得注意的是：正是由于偶极矩的变化才导致了红外吸收，所以对于那些对称原子组成的分子（H_2、O_2、N_2）振动不会改变偶极矩，自然也就不会产生红外吸收，对于这样的分子，拉曼光谱方法会更有效。

总结了大量的红外光谱数据后，发现具有同一类型的化学键或者功能团的不同化合物，其红外吸收频率总是出现在一定的波数范围内。我们把这种能代表某基团，具有较高强的吸收峰，称为该基团的特征吸收峰（功能团吸收峰）。表 16-1 是红外光谱的八个峰区。

表 16-1　红外光谱数据

序号	波长/nm	波数/cm^{-1}	键的振动类型
1	2.7～3.3	3750～3000	$\bar{\nu}_{O-H}$，$\bar{\nu}_{N-H}$
2	3.0～3.3	3300～3000	$\bar{\nu}_{C-H}$（—C≡C—H，>C=C—H，Ar—H）
3	3.3～3.7	3000～2700	$\bar{\nu}_{C-H}$（—CH_3，—CH_2—，>C—H，—C(=O)—H）
4	4.2～4.9	2400～2100	$\bar{\nu}_{C\equiv C}$，$\bar{\nu}_{C\equiv N}$
5	5.3～6.1	1900～1650	$\bar{\nu}_{C=O}$（酸、醛、酮、酰胺、酯、酸酐）
6	5.9～6.2	1675～1500	$\bar{\nu}_{C=C}$（脂肪族及芳香族，C=N）
7	6.8～7.2	1450～1300	δ >C—H（面内）
8	10.1～15.4	1000～650	$\delta_{C=C-H}$，$\delta_{Ar-H(面外)}$

其中 4000～1400cm^{-1} 又叫做功能团区，该区域出现的吸收峰较为稀疏，容易辨认。1400～400cm^{-1} 区域又叫做指纹区，这一区域主要是各种单键和各种弯曲振动的吸收峰，由于此类振动模式的多样性，使得该区谱带密集，难以辨认。这样就可以预先通过已知结构化合物的红外吸收光谱来确定某一特定的功能团的吸收峰，然后再在未知结构化合物的吸收光谱中寻找不同的吸收峰对应的功能团，来确定其功能团组成，为其进一步的结构测定提供帮助。

但是在吸收谱线中功能团与吸收峰并非是一一对应的，还有其他不同的因素去影响基团的吸收频率，使之产生位移，例如电子效应、共轭效应、诱导效应、空间效应和氢键的影响。总的来说，都是通过改变键的极性或者键长，来使化学键的力常数发生变化，从而改变对应的吸收频率。

16.3.3　拉曼光谱

光照射到物质上发生弹性散射和非弹性散射。弹性散射的散射光是与激发光波长相同的成分，非弹性散射的散射光有比激发光波长长的和短的成分，统称为拉曼效应[14]。20 世纪 60 年代激光被用作拉曼光谱的激发光源之后，由于激光的优越性，从而大大提高了拉曼散射的强度，使拉曼光谱进入了一个新时期，得到了日益广泛的应用。

当入射光子与物质相互作用时，除了会发生 Rayleigh 散射（光子发生弹性碰撞，无能量交换，仅改变方向）外，还会发生 Raman 散射。Raman 散射的产生是由于在光电场 E 中，分子产生诱导偶极距 P，其中 $P=\alpha E$，其中 α 为分子极化率。从这里可以看出，当分子极化率发生改变时，便会出现拉曼光谱，而不像红外光谱对对称分子免疫。一般来说：拉曼光谱和红外光谱可以互相补充。对于具有对称中心的分子来说，具有一个互斥规则：与对称中心有对称关系的振动，红外不可见，拉曼可见；与对称中心无对称关系的振动，红外可见，拉曼不可见。图 16-8 是红外与拉曼光谱的对比。

拉曼光谱的具体优点如下。

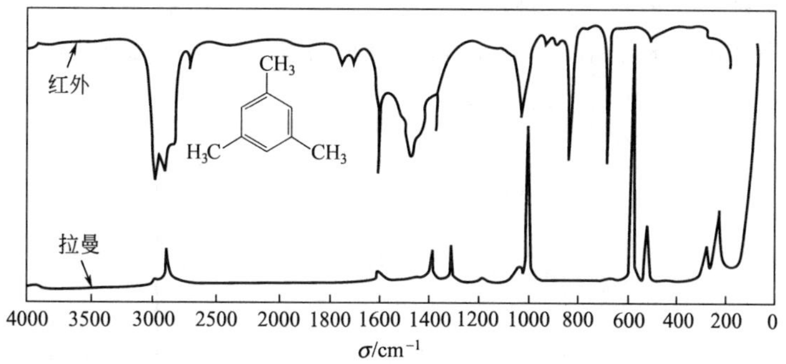

图 16-8 红外与拉曼光谱对比图

① 一些在红外光谱中为弱吸收或强度变化的谱带，在拉曼光谱中可能为强谱带，从而有利于这些基团的检出；

② 拉曼光谱低波数方向的测定范围宽，有利于提供重原子的振动信息；

③ 对于结构的变化，拉曼光谱有可能比红外光谱更敏感；

④ 特别适合于研究水溶液体系；

⑤ 比红外光谱有更好的分辨率；

⑥ 固体样品可直接测定，无需制样。

总的来说，拉曼光谱分析技术是以拉曼效应为基础建立起来的分子结构表征技术，其信号来源与分子的振动和转动密切相关。拉曼光谱和红外光谱可以互补去测定复杂分子的结构。

16.3.4 核磁共振波谱

核磁共振[15]（nuclear magnetic resonance，NMR）是原子核的磁矩在恒定磁场和高频磁场同时作用，且满足一定条件时所发生的共振吸收现象，是一种利用原子核在磁场中的能量变化来获得关于核信息的技术。自 1945 年首次被发现以来，由于其可深入物质内部而不破坏样品，并具有迅速、准确、分辨率高等优点而得以迅速发展，成为测定有机化合物结构的有力工具。目前，核磁共振与其他仪器配合，已鉴定了十几万种化合物，在科研和生产中发挥了巨大的作用。

核磁共振的信号是某些原子核的自然特性，它只能通过一个外在磁场被探测到。多数现代核磁共振谱仪采用一块由超导材料制造的磁铁，在磁铁周围环绕液氦来进行冷却。核磁共振样品通常保持在室温下。在元素周期表中每个元素的同位素都有不同的核磁共振信号频率。虽然通过某些适当的硬件，许多原子核也能观察到核磁共振信号，但最常用的被观察的原子核是水（H_2O）中的氢（^1H）。

大多数谱仪的核磁共振信号指的是^1H NMR 频率，例如 60MHz、300MHz 或 500MHz。在多数高场超导磁铁核磁共振系统里，射频（RF）信号在短的爆发中“脉冲”，因而被命名为“脉冲”核磁共振。通常用在低场永久磁铁核磁共振系统里，以连续的 RF 扫射磁场来观察核磁共振信号，被命名为“连续波”核磁共振或“CW”核磁共振。相对来说，脉冲核磁共振系统比 CW 核磁共振系统能做更多类型的核磁共振实验，但是脉冲核磁共振的信号必须通过计算机处理以傅里叶变换（FT）来解读，因而也被命名为 FT 核磁共振。当然除傅里叶变换之外，其他变换也能被使用。

NMR 是化合物分子结构分析的重要方法之一，大量地应用于有机结构分析，包括生物分子（如蛋白质分子等），但一般要事先确定分子式。对于大多数原子核来说，随着分子环境的变化，或化学键合，核磁共振的频率会发生轻微变化，这就是所谓的“化学位移”。化学位移被制成表用来确定分子结构。有机物的核磁共振谱图示意见图 16-9。

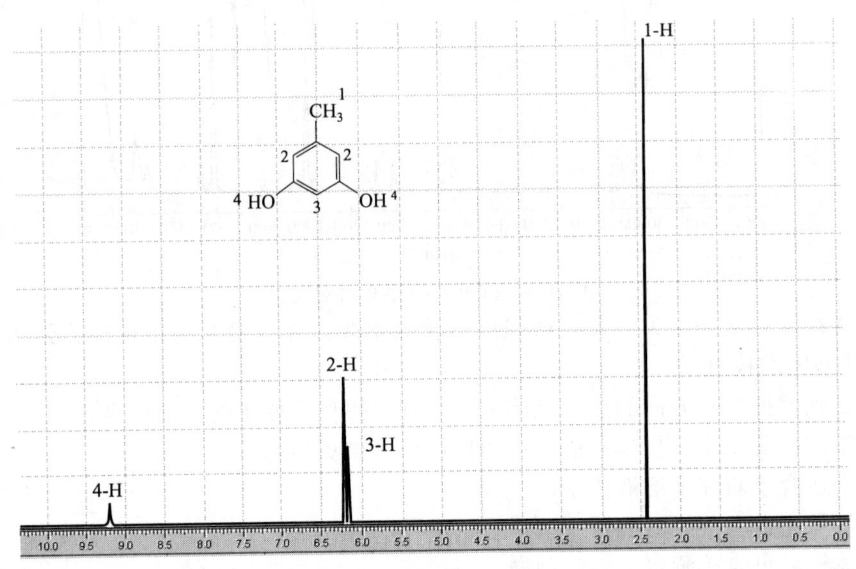

图 16-9　有机物的核磁谱图示意

核磁共振的样品通常是液体溶液，装在玻璃试管里。样品量取决于核磁共振探针，取样量范围 50μL 到 5mL。^{1}H 核磁共振的样品量通常在 100μg 到 5g 的范围内，10～50mg 比较典型。核磁共振不是一项化学追踪分析技术，固体和气体的核磁共振信号也能被记录下来，但测量固体核磁共振必须有其他专业硬件。

自 20 世纪 70 年代后期以来，核磁共振成为鉴定有机化合物结构的最重要工具。这是因为核磁共振可提供多种一维、二维谱，反映了大量的结构信息。再者，所有的核磁共振谱具有很强的规律性，可解析性最强。以上两点是任何其他谱图（质谱、红外、拉曼、紫外等）所无法相比的。

近年来，使用的强磁场超导核磁共振仪大大提高了仪器灵敏度，在生物学领域的应用迅速扩展；脉冲傅里叶变换核磁共振仪使得^{11}B、^{13}C、^{15}N、^{17}O、^{19}F、^{31}P 等的核磁共振得到了广泛应用；计算机解谱技术使复杂谱图的分析成为可能。测量固体样品的高分辨技术则是尚待解决的重大课题。

16.3.5　X 射线衍射法

1912 年，德国物理学家劳厄（M. von Laue）等人根据理论预见，并用实验证实了 X 射线与晶体相遇时能发生衍射现象。当一束单色 X 射线入射到晶体时，由于晶体是由原子规则排列成的晶胞组成，这些规则排列的原子间距离与入射 X 射线波长有相同数量级，故由不同原子散射的 X 射线相互干涉，在某些特殊方向上产生强 X 射线衍射，衍射线在空间分布的方位和强度，与晶体结构密切相关。这就是 X 射线衍射的基本原理。

X 射线衍射法是研究药物多晶型的主要手段，常用的有 X 射线粉末衍射法和 X 射线单晶衍射法。X 射线粉末衍射法可用于区别药物的晶态和非晶态，鉴别晶体的晶型，区别混合物和化合物。X 射线单晶衍射法可用于确定药物晶型结构，测定晶胞参数（如原子间的距离、环平面的距离等），确定晶体的对称性，比较不同晶型，是研究药物多晶型的最常用且有效的方法。

X射线衍射仪由三个部分构成：X光源、衍射角测量部分、X射线强度测量及记录部分。图16-10为衍射仪的基本原理示意图。

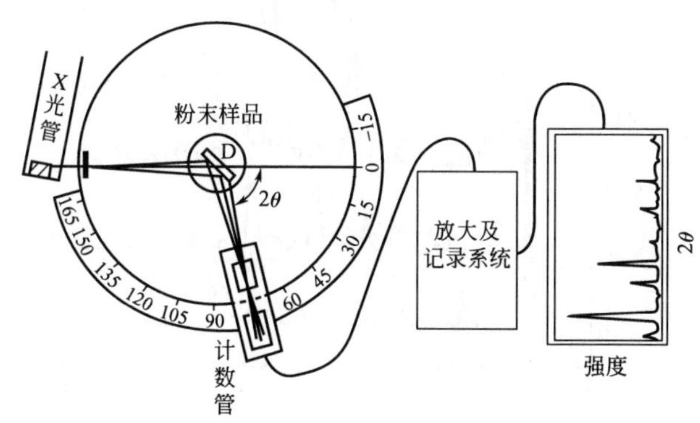

图16-10　X射线衍射仪原理示意图

粉末样品经磨细之后，在样品架上压成平片，安放在测角器中心的底座D上。计数管始终对准中心，绕中心旋转。样品每转θ，计数管转2θ，计算机记录系统或记录仪逐一将各衍射线记录下来。在记录得到的衍射图中，一个坐标表示衍射角2θ，另一个坐标表示衍射强度的相对大小。

目前，X射线衍射法定量测定药物多晶的应用较少，主要是定性鉴别药物晶型。

X射线粉末衍射定性分析的主要参数测定：①从衍射峰位置测量2θ值，再经Bragg公式$2d\sin\theta=n\lambda(n=1、2、3)$，计算得出晶面间距$d$值；②从图谱内相应$d$值的衍射峰强度($I$)与最强衍射峰强度（$I_0$，习惯以100计）的比值求出衍射峰强度比（$I/I_0$）。从X射线衍射谱可得出晶型变化、结晶度、有无混晶等信息。X射线粉末衍射分析因其制样方便、鉴定迅速、结果准确已经被许多国家药典列为分析药物多晶型的常用手段之一。

国际上公认的确证多晶型的最可靠方法是X射线单晶结构测定。它可以直接获得晶体的晶胞参数、空间群等分子的立体结构信息。应用X射线衍射技术可对含有C、O、H、N、S等原子的复杂有机物的晶体结构作出迅速精确的测定、准确计算相应粉晶图谱的理论计算值、绘出相应晶型的空间结构图，是多晶研究领域的重要进展。在微观分子水平上阐明药物多晶型的构效关系，是该领域研究动向之一。

图16-11为D-苯丙氨酸衍生物那格列奈(Nateglinide)B、H、S和X2晶型的X射线衍射多重比较图。表16-2列出了B、H、S和X2晶型的X射线衍射9强线数据[16]。

表16-2　B、H、S、X2晶型的X射线衍射9强线数据

晶型	2θ/(°)								
B	3.76	4.78	5.06	6.04	13.94	16.46	17.80	18.92	20.14
H	5.44	8.10	11.48	13.12	15.18	15.94	16.20	19.54	19.74
S	3.78	7.56	8.30	11.06	15.58	16.98	18.68	19.94	20.64
X2	4.58	7.44	13.34	14.96	15.56	16.00	18.44	19.10	20.92

16.3.6　电感耦合等离子体发射光谱

电感耦合等离子体发射光谱（inductively coupled plasma-atomic emission spectrometry，ICP-AES）是20世纪60年代中期发展起来的一种新型原子发射光谱分析法[17]。它是以电感耦合等离子体光源（ICP）代替经典的激发光源（电弧、火花），而其后的分光检测系统

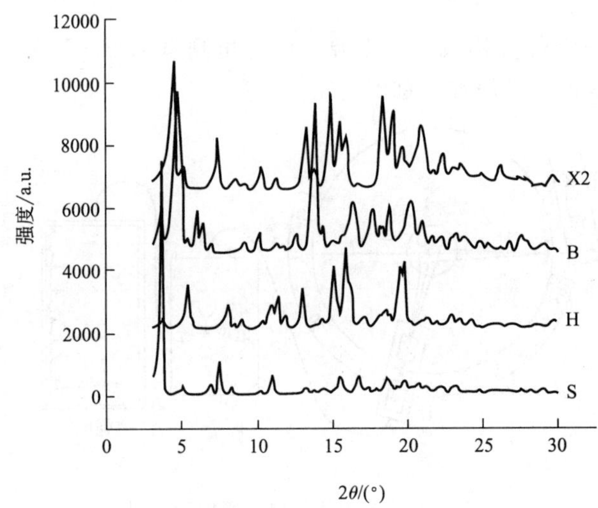

图 16-11　尼群地平晶型Ⅰ，Ⅱ，Ⅲ X射线衍射图谱

与原有光谱法并无两样。

ICP是由高频电流经感应线圈产生高频电磁场，使工作气体形成等离子体，并呈现火焰状放电（等离子体焰炬），达到10000K的高温，是一个具有良好的蒸发-原子化-激发-电离性能的光谱光源。而且由于等离子体焰炬呈环状结构，有利于从等离子体中心通道进样并维持火焰稳定；较低的载气流速便可穿透ICP，使样品在中心通道停留时间达2～3ms，可完全蒸发、原子化；ICP环状结构的中心通道的高温，高于任何火焰或电弧火花的温度，是原子、离子的最佳激发温度，分析物在中心通道内被间接加热，对ICP放电性质影响小；ICP光源又是一种薄的光源，自吸现象小，且系无电极放电，无电极沾污。

由于ICP-AES的光源特点、适用范围、分析方法等均与经典的光谱分析有所不同，它已形成一种独立的分析手段。既可以根据光谱中各金属元素固有的特征谱线的存在与否进行定性分析，也可以采用标准曲线法或标准加入法对各金属元素的含量进行定量测定。具有检出限低、精密度好、动态范围宽、基体效应小、无电极污染等特点。

ICP-AES可对固、液、气态样品直接进行分析。进样技术有固体超微粒气溶胶进样、液体雾化进样、气体直接进样。对于液体样品的分析优越性明显；对于固体样品的分析，只需将样品溶解制成一定浓度的溶液即可。通过溶解制成溶液再进行分析，不仅可以消除样品结构干扰和非均匀性，同时也有利于标准样品的制备。分析速度快：多道仪器可同时测定30～50个元素，单道扫描仪器10min内也可测定15个以上元素，且已可实现全谱自动测定。可测定的元素之多，大概比任何类似的分析方法都要多。

16.4　色谱联用技术

16.4.1　质谱

质谱分析（mass spectrometry，MS）是将待测化合物转化成离子，按质荷比（m/z）的大小将离子分离、检测并记录成质谱图的分析方法[18]。其基本原理是使试样中各组分在离子源中发生电离，生成不同质荷比的带正电荷的离子，经加速电场的作用，形成离子束，进入质量分析器。在质量分析器中，再利用电场和磁场使发生相反的速度色散，利用不同离子在电场或磁场中运动行为的不同，把离子按质荷比分开而得到质谱，从而确定其质量。通过样品的质谱和相关信息，可以得到样品的定性定量结果。

质谱是一种与光谱并列的谱学方法，被认为是一种同时具备高特异性和高灵敏度且得到了广泛应用的普适性方法。1912 年，J. J. Thomson 制成第一台质谱仪进行同位素测定和无机元素分析；20 世纪 40 年代以后开始用于有机物分析；60 年代出现了气相色谱-质谱联用仪，使质谱仪的应用领域大大扩展，开始成为有机物分析的重要仪器。计算机的应用又使质谱分析法发生了飞跃变化，使其技术更加成熟，使用更加方便；80 年代以后又出现了一些新的质谱技术，如快原子轰击电离源、基质辅助激光解吸电离源、电喷雾电离源、大气压化学电离源，以及随之而来的比较成熟的液相色谱-质谱联用仪、感应耦合等离子体质谱仪、傅里叶变换质谱仪等。这些新的电离技术和新的质谱仪使质谱分析又取得了长足进展。目前质谱分析法已广泛应用于化学、药学、医学、生命科学等各个领域。

质谱仪的基本组成包括真空系统、进样系统、离子源、质量分析器、检测器和数据处理系统。真空系统用来控制质谱仪不同组件的真空状态；进样系统是根据电离方式的不同，将供试品送入离子源的适当部位；离子源使供试品分子电离，并使生成的离子汇聚成有一定能量和运动方向的离子束；质量分析器是利用电磁场的作用将来自离子源的离子束中不同质荷比的离子按空间位置、时间先后或运动轨道稳定与否等形式进行分离；检测器用于接收、检测和记录被分离后的离子信号；数据处理系统实现计算机系统对整个仪器的控制，并进行数据采集和处理。

质谱离子的多少用丰度（abundance）表示，即具有某质荷比离子的数量。由于某个具体离子的“数量”无法测定，故一般用相对丰度表示其强度；设最强的峰为基峰（base peak），其他离子的丰度用相对于基峰的百分数表示。在质谱仪测定的质量范围内，有离子的质荷比（横坐标）和其相对丰度（纵坐标）构成质谱图，如图 16-12 所示。

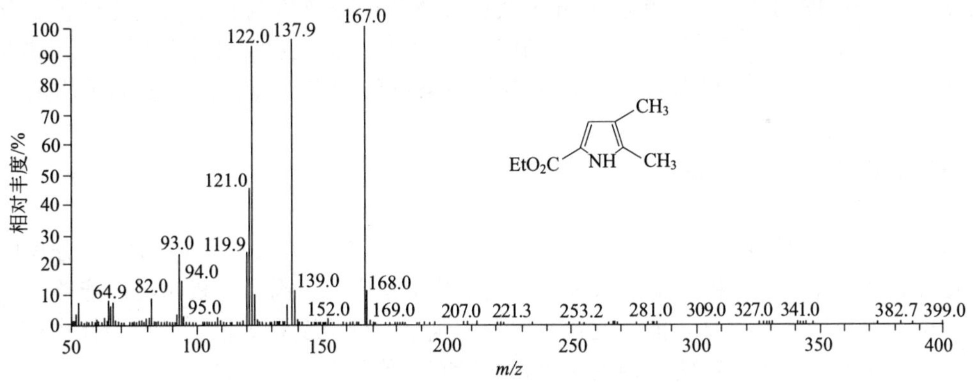

图 16-12 有机物的质谱图

质谱法在药物领域的主要应用是药物的定性鉴别、定量分析和结构解析。用于定性分析，可确认化合物准分子离子峰，进行二级质谱扫描，推断结构化合物断裂机理，并结合其他表征及相关信息，推测化合物分子结构；用于定量分析，其选择性、精密度和准确度较高，可选用内标法或外标法。

16.4.2 色谱联用

色谱法作为一种应用广泛的分析方法，具有高效的分离能力，能将复杂的样品分离成单个纯组分；但其明显的缺点是对分离后的定性（定结构）能力较差，尤其是对组分完全未知的样品。目前常用的定性分析方法，如质谱、核磁共振波谱、红外光谱等，只能对纯物质进行定性分析，而对复杂样品必须分离后才能进行定性分析，不仅操作繁杂，而且样品易损失和污染，为了分析复杂样品，常将色谱方法和一些定性分析方法结合起来，发展了各种联用技术。此外，部分联用技术还能进一步提高分析方法的检测灵敏度[19]。

常见的色谱联用技术有如下几种。

(1) 气相色谱-质谱联用技术 (gas chromatography-mass spectrometry，GC-MS)

GC-MS 综合了气相色谱和质谱的优点，具有分离效果好、灵敏度高、分析速度快、鉴别能力强的特点，可同时完成待测组分的分离、鉴别和定量研究。因此，GC-MS 在分析检测和研究的许多领域中起着越来越重要的作用，尤其是在有机化合物常规检测工作中成为一种必备的工具。包括药物研究、生产、质量控制等方面；药物的体内过程及其体内代谢物的研究；中草药及其天然产物的成分研究；环保领域中有机污染物的检测等。

(2) 液相色谱-质谱联用技术 (liquid chromatography-mass spectrometry，LC-MS)

与 GC-MS 相比，LC-MS 具有如下特点：①适应性广，可以用于不挥发性化合物、极性化合物、热不稳定化合物的分析，弥补了 GC-MS 只适宜分析分子小、易挥发、热稳定、能气化的化合物的缺陷；②灵敏度高，可以在$<10^{-12}$g 水平下检测样品；③分离能力强，即使在色谱上没有完全分开，也能依据特征离子质量色谱图得到各组分的色谱图进行定量分析；④适合于大分子化合物的分析测定。可用于从分子水平上研究生命科学的领域。

(3) 毛细管电泳色谱-质谱联用技术 (capillary electrophoresis-mass spectrometry，CE-MS)

CE-MS 作为一种具有高分离效率和高灵敏度的分析方法，适用于大分子（如蛋白质、糖等）和小分子的分析；适用于热不稳定化合物、强极性乃至离子型化合物的分离分析；一些在 HPLC 分离比较困难或者条件比较苛刻的样品，也可以使用 CE-MS 进行分析。就应用领域而言，CE-MS 可用于医学生物大分子及相关物质的分离检测和结构功能分析、分子间相互作用研究及代谢组分研究，中草药及其他天然产物中活性和毒性成分分析，药物及药物代谢物分析，食品分析，以及环境分析中有机污染物的测定、金属离子和无机阴离子的分析等。

(4) 液相色谱-核磁共振波谱联用技术 (liquid chromatography-nuclear magnetic resonance，LC-NMR)

LC-NMR 是一种将分离和结构鉴定结合于一体的新分析方法，是将 HPLC 分离的纯组分直接导入 NMR 进行分析、鉴定结构，简化了分析程序，提高了分析速度。能够获得复杂试样中微量组分的定性信息，能测定这些组分的氢谱、碳谱及相关谱，已成为体内药物及其代谢产物结构研究、天然产物结构鉴定等领域最有价值的分析工具之一。

(5) 气相色谱-傅里叶红外联用技术 (gas chromatography-fourier transform infrared spectrum，GC-FTIR)

GC-FTIR 结合了气相色谱分离效果高、分析速度快，和红外光谱能提高大量分子结构信息、具有很强的结构鉴定能力的优点，成为复杂样品定性分析的有效方法。随着 GC-FT-IR 联用技术的不断发展和完善，它在医药、食品、化工、环保和生化等领域得到了广泛的应用。

参 考 文 献

[1] 傅若农. 色谱分析概论. 第2版. 北京：化学工业出版社，2005.
[2] 田颂九，胡昌勤，马双成. 色谱在药物分析中的应用. 第2版. 北京：化学工业出版社，2006.

[3] 牟世芬，刘克纳，丁晓静．离子色谱方法及应用．第2版．北京：化学工业出版社，2005.
[4] 陈义．毛细管电泳技术及应用．第2版．北京：化学工业出版社，2006.
[5] 李浩春，卢佩章．气相色谱法．北京：科学出版社，1993.
[6] Scott R P W．现代液相色谱．天津：南开大学出版社，1992.
[7] 于世林．高效液相色谱方法及应用．第2版．北京：化学工业出版社，2000.
[8] 林铁铮．近代有机元素分析．北京：科学出版社，1966.
[9] 周志高．有机化学实验．北京：化学工业出版社，1998.
[10] 李全臣，蒋月娟．光谱仪器原理．北京：北京理工大学出版社，1999.
[11] [苏] 劳季安（Раутиан，С．Г.）．现代光谱学技术．北京：机械工业出版社，1987.
[12] 周名成，俞汝勤．紫外与可见分光光度分析法．北京：化学工业出版社，1986.
[13] 吴瑾光．近代傅里叶变换红外光谱技术及应用．北京：科学技术文献出版社，1994.
[14] 许以明．拉曼光谱及其在结构生物学中的应用．北京：化学工业出版社，2005.
[15] 宋启泽，陈洁．核磁共振原理及应用．北京：兵器工业出版社，1992.
[16] 李钢，徐群为，李瑞等．那格列奈的多晶型与溶解度．化学学报，2007，65（24）：2817-2820.
[17] 陈新坤．电感耦合等离子体光谱法原理和应用．天津：南开大学出版社，1987.
[18] 王光辉，熊少祥．有机质谱解析．北京：化学工业出版社，2005.
[19] 傅强．现代药物分离与分析技术．西安：西安交通大学出版社，2011.